全国优秀数学教师专著系列

Learn How to Solve Problems from the Process of Solving Problems—
Research on Vector Geometry and Inequality in Competition (I)

从分析解题过程学解题——
竞赛中的向量几何与不等式研究（上）

● 王扬 著

哈尔滨工业大学出版社
HARBIN INSTITUTE OF TECHNOLOGY PRESS

内 容 简 介

本书精选了多道竞赛试题并给予详细分析介绍，阐述其潜在的本质内涵，揭示其命制规律和解法思想，进一步挖掘出相关题目的系列问题以及解法的形成过程，为发现问题及其解法打开学习之门.

本书适合高中学生、大学师范生、中学数学教师阅读.

图书在版编目(CIP)数据

从分析解题过程学解题:竞赛中的向量几何与不等式研究:全两册/王扬著. —哈尔滨:哈尔滨工业大学出版社,2019.6
ISBN 978 - 7 - 5603 - 8173 - 2

Ⅰ.①从…　Ⅱ.①王…　Ⅲ.①数学－竞赛题－题解
Ⅳ.①O1－44

中国版本图书馆 CIP 数据核字(2019)第 074774 号

策划编辑　刘培杰　张永芹
责任编辑　张永芹　聂兆慈　宋　淼　陈雅君
封面设计　孙茵艾
出版发行　哈尔滨工业大学出版社
社　　址　哈尔滨市南岗区复华四道街 10 号　邮编 150006
传　　真　0451 - 86414749
网　　址　http://hitpress.hit.edu.cn
印　　刷　哈尔滨市石桥印务有限公司
开　　本　787mm×1092mm　1/16　印张 32.25　字数 614 千字
版　　次　2019 年 6 月第 1 版　2019 年 6 月第 1 次印刷
书　　号　ISBN 978 - 7 - 5603 - 8173 - 2
定　　价　138.00 元(全 2 册)

◎ 前 言

学数学的意义人所共知,学数学的第一要务就是要提高数学学科的核心素养,包括提高数学抽象、逻辑推理、数学建模、直观想象、数据分析等方面的能力,具体则表现为解题能力的提升.一个人数学素养的高低,可以通过考查解题能力的方式来检验.同样,解题实践是提升数学素养的重要途径.

具体的解题过程是否有规律可寻?这个问题不会有统一的答案.那么,是否有提高数学解题能力的一些特别方法呢?我们认为临摹即可.临摹的方法是什么呢?多年的数学教学经验告诉我们,从分析解题过程学习解题是一条重要的途径.一是听老师讲解解题方法,二是看相关解题的书籍.第一种方法是暂时性的,第二种方法将是长期性的.一个人不可能一辈子听老师讲解,在更多的时间里主要靠自学,这就需要一些阐述、论述解题方法的数学书.

前一段时间,我和赵小云老师出版了一部解题专著《从分析解题过程学解题——竞赛中的几何问题研究》(该书被中国图书网列为"全国很好数学教师专著系列"(共五本)之一(截止 2018年 12 月 10 日)),这本书主要对竞赛中的几何问题予以研究,指出了此类问题的一些产生过程和解决方法之来历.其实,数学各分支之间是相通的,无论是几何、代数,还是数学的其他分支,其思想方法都是通用的.

我们通常看到的数学书,主要内容大都是题目及解答——习题解答集,让人感叹书中的很多数学命题及其解法之完美、高明,但不知其所以然.

笔者通过三十多年的竞赛培训经验和对高考试题的学习研究,认为老师、学生都需要一些能够反映数学问题起源及解法的来龙去脉的书籍,尽可能透彻分析题目以及解答的由来的书籍.换句话说,就是这种书要能从学生知识的最近发展区切入问题,或者说给题目解答多做一些铺垫,一步一步达到解决一些较难题目的终极目的.本着这个切实解决实际问题的想法,本书在前一部著作的基础上,继续讨论如何从分析解题过程学解题,不过这本书侧重于从一些综合问题入手,逐步展开问题及其解法分析,期望学生从中学会解决一些基本问题的方法.

笔者再次强调,解完一个问题后不要急于收手,而要继续做好以下工作:第一,回顾问题解决过程中所用的知识;第二,抓住解决问题所用的技巧和关键;第三,总结解决问题所用的方法;第四,思考与本问题相关的问题还有哪些?第五,努力追溯问题的来历;第六,问题的结论和方法有何应用?(问题的工具作用);第七,此问题还可以演变出哪些其他的好问题?(题目的进一步发展前景).以上这些工作都要做出书面资料整理出来,如果能够日复一日地长期坚持,相信我们的数学解题能力将会有长足进步.

本书的大部分内容,都是根据笔者在学校和全国多地对一些优秀学生进行竞赛培训时用过的讲稿资料整理而成的,所讲内容受到众多优秀学生和老师的欢迎.不断有老师和学生通过电话、QQ、微信等途径与笔者联系,希望获得这些讲稿的详细内容,故现在集结成册正式出版.

本书的一般体例是先从一些熟悉的题目入手去讲解,阐述这些问题的解法特点,分析其解决过程中的关键步骤,以及所运用的知识、技巧和方法,揭示解决该问题的本质所在,进一步将该题扩展为具有广泛意义的一般情形.为进一步巩固本书阐述的解题思想、技巧和方法,书末还附有110道精选练习题,供大家练习玩味.

本书的重点是分析题目的渊源、演变和方法的起源,尽可能地为竞赛初学者和研究高考难题的读者提供一些清晰而高效的解题思路和方法,尽可能使得一些难题从庙堂、神坛走下来,步入我们普通学生的学习与生活中.

本书在写作过程中得到了山东隋振林老师的热情指导和帮助,在此表示感谢.

限于作者的水平,疏漏和不妥之处在所难免,期望读者批评指正.

作　者
2019 年 2 月

◎ 目　录

1

2

第3章　从老问题到新问题的探索　//406

从问题到工具的跨越

本章重点讨论一些重要的解题工具(只给出本书后面要用的一些常用结论,课本上已有的不在这里给出,下同)及其简单应用,同时挖掘课本上一些简单问题在解题中的应用,目的是让读者从中领悟一些重要结论的作用,也学会挖掘一些课本习题的解题功效,这是竞赛解题的一个重要环节 —— 竞赛大题(高考压轴题也经常如此)的解决经常伴随有先解决一个引理甚至几个引理,然后运用此结论才能解决应该解决的问题.

§1 多元均值不等式及其应用

一、二元均值不等式,三元均值不等式,多元均值不等式

1. 基础知识.

关于二元均值不等式,设 a,b,c 为正数,则有以下关系:

(1) $a^2 + b^2 \geqslant 2ab \Leftrightarrow \dfrac{a^2}{b} \geqslant 2a - b$;

(2) $\dfrac{a+b}{2} \geqslant \sqrt{ab} \Leftrightarrow ab \leqslant \left(\dfrac{a+b}{2}\right)^2$;

(3) $\dfrac{a^2+b^2}{2} \geqslant \left(\dfrac{a+b}{2}\right)^2 \Leftrightarrow \sqrt{2(a^2+b^2)} \geqslant a+b$;

(4) 对 $a,b,\lambda \in \mathbf{R}^*$,有 $ab \leqslant \dfrac{1}{2}\left(\lambda^2 a^2 + \dfrac{b^2}{\lambda^2}\right)$;

第 1 章

$(5)a^2 + b^2 + c^2 \geqslant ab + bc + ca \Leftrightarrow ab + bc + ca \leqslant a^2 + b^2 + c^2 \Rightarrow abc(a + b + c) \leqslant a^4 + b^4 + c^4$;

$(6)(a + b + c)^2 \geqslant 3(ab + bc + ca) \Leftrightarrow \sqrt{ab + bc + ca} \leqslant \dfrac{\sqrt{3}}{3}(a + b + c) \Leftrightarrow a + b + c \geqslant \sqrt{3}\sqrt{ab + bc + ca} \Rightarrow (ab + bc + ca)^2 \geqslant 3abc(a + b + c)$;

$(7)\dfrac{a^2 + b^2}{2} \geqslant \left(\dfrac{a + b}{2}\right)^2 \Rightarrow \sqrt{\dfrac{a^2 + b^2}{2}} \geqslant \dfrac{a + b}{2} \Rightarrow \sqrt{\dfrac{a + b}{2}} \geqslant \dfrac{\sqrt{a} + \sqrt{b}}{2}$;

$(8)\dfrac{a^2 + b^2 + c^2}{3} \geqslant \left(\dfrac{a + b + c}{3}\right)^2 \Leftrightarrow \dfrac{a + b + c}{3} \leqslant \sqrt{\dfrac{a^2 + b^2 + c^2}{3}}$;

$(9)a^2 + b^2 \geqslant \dfrac{2}{3}(a^2 + ab + b^2)$;

$(10)a^2 + ab + b^2 \geqslant \dfrac{3}{4}(a + b)^2$;

$(11)a^2 - ab + b^2 \geqslant \dfrac{1}{4}(a + b)^2$;

$(12)3(a^2 - ab + b^2) \geqslant (a^2 + ab + b^2)$.

2. 关于三元均值不等式:对于三个正数 x,y,z,求证:$x^3 + y^3 + z^3 \geqslant 3xyz$. 等号成立的条件为三个量相等.

证明 1 分解因式

$$
\begin{aligned}
x^3 + y^3 + z^3 - 3xyz &= x^3 + y^3 + 3x^2y + 3xy^2 + z^3 - 3xyz - 3x^2y - 3xy^2 \\
&= (x + y)^3 + z^3 - 3xy(x + y + z) \\
&= (x + y + z)[(x + y)^2 - (x + y)z + z^2] - 3xy(x + y + z) \\
&= (x + y + z)[(x + y)^2 - (x + y)z + z^2 - 3xy] \\
&= \dfrac{1}{2}(x + y + z)[(x - y)^2 + (y - z)^2 + (z - x)^2] \geqslant 0
\end{aligned}
$$

即 $x^3 + y^3 + z^3 \geqslant 3xyz$,等号成立的条件为三个量相等.

证明 2 因为

$$(x - y)(x^2 - y^2) \geqslant 0 \Rightarrow x^3 + y^3 \geqslant xy(x + y) = x^2y + xy^2$$

同理可得

$$y^3 + z^3 \geqslant y^2z + yz^2, z^3 + x^3 \geqslant z^2x + zx^2$$

三个式子相加得到

$$
\begin{aligned}
2(x^3 + y^3 + z^3) &\geqslant x(y^2 + z^2) + y(z^2 + x^2) + z(x^2 + y^2) \\
&\geqslant 2xyz + 2xyz + 2xyz = 6xyz
\end{aligned}
$$

证明 3 运用二元均值不等式

$$x^3 + y^3 \geqslant 2\sqrt{x^3 y^3}$$

$$z^3 + xyz \geqslant 2\sqrt{xyz^4}$$

$$x^3 + y^3 + z^3 + xyz$$

$$\geqslant 2(\sqrt{x^3 y^3} + \sqrt{xyz^4})$$

$$\geqslant 4\sqrt[4]{(x^3 y^3)(xyz^4)} = 4xyz$$

$$\Rightarrow x^3 + y^3 + z^3 \geqslant 3xyz$$

证明 4　令 $xyz = a$,则

$$\frac{x^3}{a} + \frac{y^3}{a} + \frac{z^3}{a} + 1 \geqslant 2\sqrt{\frac{x^3}{a} \cdot \frac{y^3}{a}} + 2\sqrt{\frac{z^3}{a} \cdot 1}$$

$$\geqslant 4\sqrt{\sqrt{\frac{x^3}{a} \cdot \frac{y^3}{a}} \cdot \sqrt{\frac{z^3}{a}}} = 4$$

$$\Rightarrow \frac{x^3}{a} + \frac{y^3}{a} + \frac{z^3}{a} \geqslant 3$$

$$\Rightarrow x^3 + y^3 + z^3 \geqslant 3xyz$$

证明 5　由熟知的不等式 $(a + b + c)^2 \geqslant 3(ab + bc + ca)$ 知

$$(x^3 + y^3 + z^3)^4 = (x^3 + y^3 + z^3)^2 (x^3 + y^3 + z^3)^2$$

$$\geqslant 9(x^3 y^3 + y^3 z^3 + z^3 x^3)(x^3 y^3 + y^3 z^3 + z^3 x^3)$$

$$\geqslant 9(x^3 y^3 + y^3 z^3 + z^3 x^3)^2$$

$$\geqslant 27(x^3 y^3 \cdot y^3 z^3 + y^3 z^3 \cdot z^3 x^3 + z^3 x^3 \cdot x^3 y^3)$$

$$= 27 x^3 y^3 z^3 (x^3 + y^3 + z^3)$$

$$\Rightarrow x^3 + y^3 + z^3 \geqslant 3xyz$$

证明 6　从开始直接配方,构造结论

$$x^3 + y^3 + z^3 = (\sqrt{x^3} - \sqrt{y^3})^2 + (\sqrt{z^3} - \sqrt{xyz})^2 + 2(\sqrt{x^3 y^3} + \sqrt{z^3 \cdot xyz}) - xyz$$

$$\geqslant (\sqrt{x^3} - \sqrt{y^3})^2 + (\sqrt{z^3} - \sqrt{xyz})^2 + 4\sqrt[4]{x^3 y^3 \cdot z^3 \cdot xyz} - xyz$$

$$= (\sqrt{x^3} - \sqrt{y^3})^2 + (\sqrt{z^3} - \sqrt{xyz})^2 + 3xyz$$

$$\geqslant 3xyz$$

$$\Rightarrow x^3 + y^3 + z^3 \geqslant 3xyz$$

变形 1　$x + y + z \geqslant 3\sqrt[3]{xyz} \Leftrightarrow xyz \leqslant \dfrac{1}{27}(x + y + z)^3$.

应用 1　(2009 年爱沙尼亚竞赛题)对于一组互不相等的正数 a, b, c,求证

$$\frac{(a^2 - b^2)^3 + (b^2 - c^2)^3 + (c^2 - a^2)^3}{(a - b)^3 + (b - c)^3 + (c - a)^3} > 8abc$$

3

证明 因 $(a-b)+(b-c)+(c-a)=0$，$(a^2-b^2)+(b^2-c^2)+(c^2-a^2)=0$，据三元均值不等式的上述证明 1 的过程知道

$$(a-b)^3+(b-c)^3+(c-a)^3=3(a-b)(b-c)(c-a)$$

$$(a^2-b^2)^3+(b^2-c^2)^3+(c^2-a^2)^3$$

$$=3(a^2-b^2)(b^2-c^2)(c^2-a^2)$$

所以

$$\frac{(a^2-b^2)^3+(b^2-c^2)^3+(c^2-a^2)^3}{(a-b)^3+(b-c)^3+(c-a)^3}=(a+b)(b+c)(c+a)>8abc$$

评注 本证明方法是证明三元均值不等式的一个方法 —— 证明 1 的过程，可见一些题目的证明过程在别的问题解决过程中也具有十分重要意义.

应用 2 设 $a,b\in[-1,1]$，求证：$\left|ab\pm\sqrt{(1-a^2)(1-b^2)}\right|\leqslant 1$.

证明 运用绝对值不等式以及逆用二元均值不等式

$$\left|ab\pm\sqrt{(1-a^2)(1-b^2)}\right|$$

$$\leqslant|ab|+\sqrt{(1-a^2)(1-b^2)}$$

$$\leqslant\frac{1}{2}[a^2+b^2+(1-a^2)+(1-b^2)]=1$$

即结论获得证明.

评注 本题的证明运用了绝对值不等式和二元均值不等式，由此联想下去，可能会有不错的想法，比如，本题可否推向更多个变量的情况.

推广 1 设 $a,b,c\in[-1,1]$，求证：$\left|abc\pm\sqrt[3]{(1-a^3)(1-b^3)(1-c^3)}\right|\leqslant 1$. 对于多个变量如何？

应用 3 （2004 年北京高一竞赛题）设 $a,b,c\in\mathbf{R}^*$，求证

$$\frac{a^4}{4a^4+b^4+c^4}+\frac{b^4}{4b^4+c^4+a^4}+\frac{c^4}{4c^4+a^4+b^4}\leqslant\frac{1}{2}$$

证明 由于

$$\frac{a^4}{4a^4+b^4+c^4}+\frac{b^4}{4b^4+c^4+a^4}+\frac{c^4}{4c^4+a^4+b^4}$$

$$=\frac{a^4}{2a^4+a^4+b^4+a^4+c^4}+\frac{b^4}{2b^4+b^4+c^4+b^4+a^4}+\frac{c^4}{2c^4+c^4+a^4+c^4+b^4}$$

$$\leqslant\frac{a^4}{2a^4+2a^2b^2+2a^2c^2}+\frac{b^4}{2b^4+2b^2c^2+2a^2b^2}+\frac{c^4}{2c^4+2a^2c^2+2b^2c^2}$$

$$=\frac{a^4}{2a^2(a^2+b^2+c^2)}+\frac{b^4}{2b^2(a^2+b^2+c^2)}+\frac{c^4}{2c^2(a^2+b^2+c^2)}$$

$$=\frac{1}{2(a^2+b^2+c^2)}\cdot(a^2+b^2+c^2)=\frac{1}{2}$$

即

$$\frac{a^4}{4a^4+b^4+c^4}+\frac{b^4}{4b^4+c^4+a^4}+\frac{c^4}{4c^4+a^4+b^4}\leqslant\frac{1}{2}$$

评注 对分母运用恰当的放缩变形——运用二元均值不等式放大,促成三个分式成为同分母的分式是解决问题的关键.

应用4 求最大的常数 λ,使得对于任意的 $x,y,z\in\mathbf{R}^*$ 有

$$\frac{x}{y^2+z^2}+\frac{y}{z^2+x^2}+\frac{z}{x^2+y^2}\geqslant\frac{\lambda}{\sqrt{x^2+y^2+z^2}}$$

恒成立.

解 记 $f(x,y,z)=\sqrt{x^2+y^2+z^2}\left(\frac{x}{y^2+z^2}+\frac{y}{z^2+x^2}+\frac{z}{x^2+y^2}\right)$,则对于任意的 $x,y,z\in\mathbf{R}^*$, $\lambda\leqslant f(x,y,z)$ 恒成立.因为 $x,y,z\in\mathbf{R}^*$,所以,可设 $x^2+y^2+z^2=a^2(a>0)$,则

$$f(x,y,z)=a\left(\frac{x}{a^2-x^2}+\frac{y}{a^2-y^2}+\frac{z}{a^2-z^2}\right)$$

运用均值不等式得

$$2x^2(a^2-x^2)^2\leqslant\left[\frac{2x^2+(a^2-x^2)+(a^2-x^2)}{3}\right]^3$$

$$=\left(\frac{2a^2}{3}\right)^3\Rightarrow x(a^2-x^2)\leqslant\frac{2a^3}{\sqrt{27}}$$

$$\Rightarrow\frac{1}{x(a^2-x^2)}\geqslant\frac{3\sqrt{3}}{2a^3}$$

$$\Rightarrow\frac{x}{a^2-x^2}\geqslant\frac{3\sqrt{3}}{2a^3}x^2$$

同理有

$$\frac{y}{a^2-y^2}\geqslant\frac{3\sqrt{3}}{2a^3}y^2,\frac{z}{a^2-z^2}\geqslant\frac{3\sqrt{3}}{2a^3}z^2$$

于是

$$f(x,y,z)\geqslant a\left(\frac{3\sqrt{3}}{2a^3}x^2+\frac{3\sqrt{3}}{2a^3}y^2+\frac{3\sqrt{3}}{2a^3}z^2\right)=\frac{3\sqrt{3}}{2a^2}(x^2+y^2+z^2)=\frac{3\sqrt{3}}{2}$$

$$f(x,y,z)_{\min}=\frac{3\sqrt{3}}{2}$$

所以 λ 的最大值是 $\frac{3\sqrt{3}}{2}$.

评注 由于原不等式是轮换对称的,故可以先利用特殊值 $x=y=z=1$,求

5

得 $\lambda = \dfrac{3\sqrt{3}}{2}$，再设法去证明.

应用 5 （1990 年中国国家集训队试题）对于 $x,y,z > 0$，且

$$\frac{x^2}{1+x^2} + \frac{y^2}{1+y^2} + \frac{z^2}{1+z^2} = 1$$

求证：$xyz \leqslant \dfrac{\sqrt{2}}{4}$.

证明　令 $x = \tan\alpha, y = \tan\beta, z = \tan\gamma\left(\alpha,\beta,\gamma \in \left(0,\dfrac{\pi}{2}\right)\right)$

由条件

$$\frac{x^2}{1+x^2} + \frac{y^2}{1+y^2} + \frac{z^2}{1+z^2} = 1$$

$$\Leftrightarrow \sin^2\alpha + \sin^2\beta + \sin^2\gamma = 1$$

$$\Rightarrow \cos^2\gamma = \sin^2\alpha + \sin^2\beta$$

$$\geqslant 2\sin\alpha\sin\beta$$

$$\cos^2\gamma \geqslant 2\sin\alpha\sin\beta,$$

$$\cos^2\beta \geqslant 2\sin\gamma\sin\alpha, \cos^2\alpha \geqslant 2\sin\beta\sin\gamma$$

$$\Rightarrow \tan\alpha\tan\beta\tan\gamma \leqslant \frac{\sqrt{2}}{4}$$

即

$$xyz \leqslant \frac{\sqrt{2}}{4}$$

应用 6 （2009 克罗地亚竞赛）设 $x,y,z \in \mathbf{R}^*$，且 $xyz = 1$，求证

$$\frac{x^3+y^3}{x^2+xy+y^2} + \frac{y^3+z^3}{y^2+yz+z^2} + \frac{z^3+x^3}{z^2+zx+x^2} \geqslant 2$$

证明　由前面介绍的熟知的不等式 $3(a^2 - ab + b^2) \geqslant (a^2 + ab + b^2)$ 得到

$$\frac{x^3+y^3}{x^2+xy+y^2} + \frac{y^3+z^3}{y^2+yz+z^2} + \frac{z^3+x^3}{z^2+zx+x^2} \quad (\text{令 } x^3 \to x, y^3 \to y, z^3 \to z)$$

$$= \frac{(x+y)(x^2-xy+y^2)}{x^2+xy+y^2} + \frac{(y+z)(y^2-yz+z^2)}{y^2+yz+z^2} +$$

$$\frac{(z+x)(z^2-zx+x^2)}{z^2+zx+x^2}$$

$$\geqslant \frac{x+y}{3} + \frac{y+z}{3} + \frac{z+x}{3}$$

$$= \frac{2(x+y+z)}{3}$$

$$\geqslant 2\sqrt[3]{xyz} = 2$$

引申 1 设 $x,y,z \in \mathbf{R}^*$，求证

$$\frac{x^3}{x^2+xy+y^2} + \frac{y^3}{y^2+yz+z^2} + \frac{z^3}{z^2+zx+x^2} \geqslant \frac{x+y+z}{3}$$

证明 1 由前面介绍的熟知的不等式 $3(a^2-ab+b^2) \geqslant (a^2+ab+b^2)$ 知，令

$$A = \frac{x^3}{x^2+xy+y^2} + \frac{y^3}{y^2+yz+z^2} + \frac{z^3}{z^2+zx+x^2}$$

$$B = \frac{y^3}{x^2+xy+y^2} + \frac{z^3}{y^2+yz+z^2} + \frac{x^3}{z^2+zx+x^2}$$

$$\Rightarrow A - B = \frac{x^3-y^3}{x^2+xy+y^2} + \frac{y^3-z^3}{y^2+yz+z^2} + \frac{z^3-x^3}{z^2+zx+x^2}$$

$$= 0$$

$$\Rightarrow 2A = A + B = \frac{x^3+y^3}{x^2+xy+y^2} + \frac{y^3+z^3}{y^2+yz+z^2} + \frac{z^3+x^3}{z^2+zx+x^2}$$

$$\geqslant \frac{1}{3}\left(\frac{x^3+y^3}{x^2-xy+y^2} + \frac{y^3+z^3}{y^2-yz+z^2} + \frac{z^3+x^3}{z^2-zx+x^2}\right)$$

$$= \frac{1}{3}\big[(x+y)+(y+z)+(z+x)\big] = \frac{2}{3}(x+y+z)$$

$$\Rightarrow \frac{x^3}{x^2+xy+y^2} + \frac{y^3}{y^2+yz+z^2} + \frac{z^3}{z^2+zx+x^2}$$

$$\geqslant \frac{1}{3}(x+y+z)$$

证明 2 （（2018 年 2 月 4 日）浙江三门中学戴尚好（高一））

因为

$$x^2+xy+y^2 \geqslant 3xy$$

$$\Rightarrow \frac{x^3}{x^2+xy+y^2} = \frac{x^3+x^2y+xy^2-x^2y-xy^2}{x^2+xy+y^2}$$

$$= \frac{x(x^2+xy+y^2)-x^2y-xy^2}{x^2+xy+y^2} = x - \frac{x^2y+xy^2}{x^2+xy+y^2}$$

$$\geqslant x - \frac{x+y}{3}$$

同理可得

$$\frac{y^3}{y^2+yz+z^2} \geqslant y - \frac{y+z}{3}$$

$$\frac{z^3}{z^2+zx+x^2} \geqslant z - \frac{z+x}{3}$$

7

这三个式子相加即得结论.

引申 2 设 $x,y,z \in \mathbf{R}^*$, 求证

$$\frac{x^3+y^3}{x^3+y^3+xyz} + \frac{y^3+z^3}{y^3+z^3+xyz} + \frac{z^3+x^3}{z^3+x^3+xyz} \geqslant 2$$

证明
$$\sum \frac{x^3+y^3}{x^3+y^3+xyz} \geqslant \sum \frac{x^3+y^3}{x^3+y^3+\frac{1}{3}(x^3+y^3+z^3)}$$

$$= \sum \frac{3(x^3+y^3)}{4(x^3+y^3)+z^3}$$

$$= \sum \frac{3(x+y)}{4(x+y)+z}$$

（令：$x^3 \to x, y^3 \to y, z^3 \to z, x+y+z=1$）

$$= \sum \frac{3(1-z)}{4(1-z)+z}$$

$$= \sum \left(1 + \frac{1}{3x-4}\right) \geqslant 2$$

再引申可以得到多个变量.

3. (多元均值不等式) 设 $a_i \in \mathbf{R}^* (i=1,2,3,\cdots,n, n \geqslant 4, n \in \mathbf{N})$, 求证

$$a_1^n + a_2^n + \cdots + a_n^n \geqslant n \cdot a_1 a_2 \cdots a_n$$

证明 由二元均值不等式知

$$a_1^4 + a_2^4 + a_3^4 + a_4^4 \geqslant 2 \cdot (a_1 a_2)^2 + 2 \cdot (a_3 a_4)^2 \geqslant 4 a_1 a_2 a_3 a_4$$

即四元均值不等式得到证明.

有了二元、三元均值不等式, 对于五个变量的不等式只要用一次两个变量、三个变量的均值不等式, 再运用一次二元均值不等式即可, 如此, 等等, 不再赘述.

应用 1 设 $a > b > 0$, 求 $a^2 + \dfrac{1}{ab} + \dfrac{1}{a(a-b)}$ 的最小值.

解 由四元均值不等式知

$$a^2 + \frac{1}{ab} + \frac{1}{a(a-b)} = ab + a(a-b) + \frac{1}{ab} + \frac{1}{a(a-b)}$$

$$= ab + \frac{1}{ab} + a(a-b) + \frac{1}{a(a-b)}$$

$$\geqslant 4\sqrt[4]{ab \cdot \frac{1}{ab} \cdot a(a-b) \cdot \frac{1}{a(a-b)}}$$

$$= 4$$

等号成立的条件 $ab = a(a-b) \Rightarrow a = \sqrt{2}$, $b = \dfrac{\sqrt{2}}{2}$.

应用 2　设 $a,b,c,d \in \mathbf{R}^{*}$,求证

$$\frac{1}{a^2 + ab} + \frac{1}{b^2 + bc} + \frac{1}{c^2 + cd} + \frac{1}{d^2 + da} \geqslant \frac{4}{ac + bd}$$

题目解说　本题为范建雄(越南)著,隋振林译的《不等式的秘密(第一卷)》P10 例 11.13.

证明　由四元均值不等式知

$$(ac + bd)\left(\frac{1}{a^2 + ab} + \frac{1}{b^2 + bc} + \frac{1}{c^2 + cd} + \frac{1}{d^2 + da}\right)$$

$$= \left(\frac{ac + bd}{a^2 + ab} + 1\right) + \left(\frac{ac + bd}{b^2 + bc} + 1\right) +$$

$$\left(\frac{ac + bd}{c^2 + cd} + 1\right) + \left(\frac{ac + bd}{d^2 + da} + 1\right) - 4$$

$$= \frac{a^2 + ab + ac + bd}{a^2 + ab} + \frac{b^2 + bc + ac + bd}{b^2 + bc} +$$

$$\frac{c^2 + cd + ac + bd}{c^2 + cd} + \frac{d^2 + da + ac + bd}{d^2 + da} - 4$$

$$= \frac{a(a+c) + b(a+d)}{a^2 + ab} + \frac{b(b+d) + c(a+b)}{b^2 + bc} +$$

$$\frac{c(a+c) + d(b+c)}{c^2 + cd} + \frac{d(b+d) + a(c+d)}{d^2 + da} - 4$$

$$= \left(\frac{a(a+c)}{a^2 + ab} + \frac{b(a+d)}{a^2 + ab}\right) + \left(\frac{b(b+d)}{b^2 + bc} + \frac{c(a+b)}{b^2 + bc}\right) +$$

$$\left(\frac{c(a+c)}{c^2 + cd} + \frac{d(b+c)}{c^2 + cd}\right) + \left(\frac{d(b+d)}{d^2 + da} + \frac{a(c+d)}{d^2 + da}\right) - 4$$

$$= \left(\frac{a+c}{a+b} + \frac{b(a+d)}{a(a+b)}\right) + \left(\frac{b+d}{b+c} + \frac{c(a+b)}{b(b+c)}\right) +$$

$$\left(\frac{a+c}{c+d} + \frac{d(b+c)}{c(c+d)}\right) + \left(\frac{b+d}{d+a} + \frac{a(c+d)}{d(d+a)}\right) - 4$$

$$\geqslant \left(\frac{a+c}{a+b} + \frac{b+d}{b+c} + \frac{a+c}{c+d} + \frac{b+d}{d+a}\right) +$$

$$4\sqrt[4]{\frac{b(a+d)}{a(a+b)} \cdot \frac{c(a+b)}{b(b+c)} \cdot \frac{d(b+c)}{c(c+d)} \cdot \frac{a(c+d)}{d(d+a)}} - 4$$

$$= \frac{a+c}{a+b} + \frac{b+d}{b+c} + \frac{a+c}{c+d} + \frac{b+d}{d+a}$$

$$= (a+c)\left(\frac{1}{a+b} + \frac{1}{c+d}\right) + (b+d)\left(\frac{1}{b+c} + \frac{1}{d+a}\right)$$

$$\geqslant (a+c)\frac{4}{a+b+c+d}+(b+d)\frac{4}{b+c+d+a}$$

$$=4$$

结论获得证明.

应用 3 设 $a,b,c\in \mathbf{R}^*,a^2+b^2+c^2=1$,求证

$$\sqrt{\frac{1}{a}-a}+\sqrt{\frac{1}{b}-b}+\sqrt{\frac{1}{c}-c}\geqslant \sqrt{2}(\sqrt{a}+\sqrt{b}+\sqrt{c})$$

证明 由均值不等式知

$$\sqrt{\frac{1}{a}-a}+\sqrt{\frac{1}{b}-b}+\sqrt{\frac{1}{c}-c}$$

$$=\sqrt{\frac{a^2+b^2+c^2}{a}-a}+\sqrt{\frac{a^2+b^2+c^2}{b}-b}+\sqrt{\frac{a^2+b^2+c^2}{c}-c}$$

$$=\sqrt{\frac{b^2+c^2}{a}}+\sqrt{\frac{a^2+c^2}{b}}+\sqrt{\frac{a^2+b^2}{c}}$$

$$\geqslant \sqrt{\frac{2bc}{a}}+\sqrt{\frac{2ac}{b}}+\sqrt{\frac{2ab}{c}}$$

$$=\sqrt{2}\left(\sqrt{\frac{bc}{a}}+\sqrt{\frac{ac}{b}}+\sqrt{\frac{ab}{c}}\right)$$

$$\geqslant \sqrt{2}(\sqrt{a}+\sqrt{b}+\sqrt{c})$$

到此本题获证.

§2 柯西不等式及其应用

一、(柯西(Cauchy)不等式) 设 $a_i,b_i\in \mathbf{R}^* (i=1,2,\cdots,n)$,求证

$$\left(\sum_{i=1}^{n}a_i^2\right)\left(\sum_{i=1}^{n}b_i^2\right)\geqslant \left(\sum_{i=1}^{n}a_ib_i\right)^2$$

方法透析 下面的证明1广泛流行于多种资料,笔者第一次看到并给学生原样讲述时学生问:"这是怎么想到的?"后来,笔者从解答过程联系思路给学生讲,如果原不等式两边乘以 4,就变形为 $\left(2\sum_{i=1}^{n}a_ib_i\right)^2\leqslant 4\left(\sum_{i=1}^{n}a_i^2\right)\left(\sum_{i=1}^{n}b_i^2\right)$,这不就是二次方程里的判别式吗?于是要构造相应的二次函数(或者二次不等式).这样讲了以后,学生感觉其自然优美,其实,本证明就是这样来的,书上没有讲,初次做竞赛题的同学看了觉得此法从天而降,不好理解.

证明 1 构造二次函数法

设 $f(x) = \sum_{i=1}^{n}(a_ix - b_i)^2 = \left(\sum_{i=1}^{n}a_i^2\right)x^2 - 2\left(\sum_{i=1}^{n}a_ib_i\right)x + \left(\sum_{i=1}^{n}b_i^2\right) \geqslant 0$，所以

$4\left(\sum_{i=1}^{n}a_ib_i\right)^2 - 4\left(\sum_{i=1}^{n}a_i^2\right)\left(\sum_{i=1}^{n}b_i^2\right) \leqslant 0$，整理即得结论.

等号成立的条件为 $\dfrac{a_i}{b_i} = x$（常数）$(i = 1, 2, \cdots, n)$.

证明 2 二元均值不等式法.

原不等式等价于

$$\sum_{i=k}^{n}\frac{a_i}{\sqrt{\sum\limits_{i=1}^{n}a_i^2}} \cdot \frac{b_i}{\sqrt{\sum\limits_{i=1}^{n}b_i^2}} \leqslant 1 \tag{1}$$

事实上，由二元均值不等式知

$$\sum_{i=k}^{n}\frac{a_i}{\sqrt{\sum\limits_{i=1}^{n}a_i^2}} \cdot \frac{b_i}{\sqrt{\sum\limits_{i=1}^{n}b_i^2}} \leqslant \frac{1}{2}\left[\sum_{i=1}^{n}\frac{a_i^2}{\sum\limits_{i=1}^{n}a_i^2} + \sum_{i=1}^{n}\frac{b_i^2}{\sum\limits_{i=1}^{n}b_i^2}\right] = 1$$

证明 3 递推法或者数学归纳法.

当 $n = 2$ 时，需要证明 $\left(\sum_{i=1}^{2}a_i^2\right)\left(\sum_{i=1}^{2}b_i^2\right) \geqslant \left(\sum_{i=1}^{2}a_ib_i\right)^2$，这是熟知的结论，即 $n = 2$ 时，结论成立.

假设当 $n = k$ 时，结论成立，即 $\left(\sum_{i=1}^{k}a_i^2\right)\left(\sum_{i=1}^{k}b_i^2\right) \geqslant \left(\sum_{i=1}^{k}a_ib_i\right)^2$，那么，当 $n = k+1$ 时

$$\left(\sum_{i=1}^{k+1}a_i^2\right)\left(\sum_{i=1}^{k+1}b_i^2\right) = \left(\sum_{i=1}^{k}a_i^2 + a_{k+1}^2\right)\left(\sum_{i=1}^{k}b_i^2 + b_{k+1}^2\right)$$

$$= \left(\left(\sqrt{\sum_{i=1}^{k}a_i^2}\right)^2 + a_{k+1}^2\right)\left(\left(\sqrt{\sum_{i=1}^{k}b_i^2}\right)^2 + b_{k+1}^2\right)$$

$$\geqslant \left(\sqrt{\sum_{i=1}^{k}a_i^2} \cdot \sqrt{\sum_{i=1}^{k}a_i^2} + a_{k+1}b_{k+1}\right)^2$$

$$\geqslant \left(\sum_{i=1}^{k+1}a_ib_i\right)^2$$

据数学归纳法原理知原结论获得证明.

证明 4 多维向量法.

设 $\overrightarrow{OA_n} = (a_1, a_2, \cdots, a_n)$，$\overrightarrow{OB_n} = (b_1, b_2, \cdots, b_n)$，$\overrightarrow{OA_n}$ 与 $\overrightarrow{OB_n}$ 的夹角为 α，则由向量内积与数量积之间的关系知

$$|\overrightarrow{OA_n} \cdot \overrightarrow{OB_n}| = |a_1b_1 + a_2b_2 + \cdots + a_nb_n|$$

$$|\overrightarrow{OA_n} \cdot \overrightarrow{OB_n}| = |\overrightarrow{OA_n}| \cdot |\overrightarrow{OB_n}| \cdot |\cos\alpha|$$

$$= \sqrt{a_1^2 + a_2^2 + \cdots + a_n^2} \cdot \sqrt{b_1^2 + b_2^2 + \cdots + b_n^2} \cdot |\cos\alpha|$$

$$\leqslant \sqrt{a_1^2 + a_2^2 + \cdots + a_n^2} \cdot \sqrt{b_1^2 + b_2^2 + \cdots + b_n^2}$$

所以

$$\left(\sum_{i=1}^n a_i^2\right)\left(\sum_{i=1}^n b_i^2\right) \geqslant \left(\sum_{i=1}^n a_ib_i\right)^2$$

评注 本题的几种证明都是比较好的做法,其中证明 2,3 属于通法,可以推广到多组变量的情形.

几个简单变形:

(1) $\dfrac{\sum\limits_{i=1}^n a_i^2}{n} \geqslant \dfrac{\left(\sum\limits_{i=1}^n a_i\right)^2}{n}$;

(2) $\sum\limits_{i=1}^n \dfrac{x_i^2}{a_i} \geqslant \dfrac{\left(\sum\limits_{i=1}^n x_i\right)^2}{\sum\limits_{i=1}^n a_i}$ $(a_i, x_i \in \mathbf{R}^*)$(有人称此形式的不等式为权方和不

等式,因其不是国际上普遍采用的称谓,故以下本书称为分式型柯西不等式,或者柯西不等式的变形);

(3) 设 $a,b,c \in \mathbf{R}^*$,求证:$\dfrac{a}{b+c} + \dfrac{b}{c+a} + \dfrac{c}{a+b} \geqslant \dfrac{3}{2}$.

应用 1 设 $a,b,c \in \mathbf{R}^*$,$a+b+c=1$,求证:$\dfrac{a-bc}{a+bc} + \dfrac{b-ca}{b+ca} + \dfrac{c-ab}{c+ab} \leqslant \dfrac{3}{2}$.

题目解说 本题源于张艳宗、徐银杰的《数学奥林匹克中的常见重要不等式》P86 习题 23.

证明 注意到 $(bc+ca+ab)^2 \geqslant 3abc(a+b+c)$,再结合条件知,原不等式等价于

$$\left(1 - \frac{a-bc}{a+bc}\right) + \left(1 - \frac{b-ca}{b+ca}\right) + \left(1 - \frac{c-ab}{c+ab}\right) \geqslant \frac{3}{2}$$

$$\Leftrightarrow \frac{bc}{a+bc} + \frac{ca}{b+ca} + \frac{ab}{c+ab} \geqslant \frac{3}{4}$$

而

$$\frac{bc}{a+bc} + \frac{ca}{b+ca} + \frac{ab}{c+ab}$$

12

$$= \frac{(bc)^2}{bc(a+bc)} + \frac{(ca)^2}{ca(b+ca)} + \frac{(ab)^2}{ab(c+ab)}$$

$$\geqslant \frac{(bc+ca+ab)^2}{3abc + (bc)^2 + (ca)^2 + (ab)^2}$$

$$= \frac{(bc+ca+ab)^2}{3abc(a+b+c) + (bc)^2 + (ca)^2 + (ab)^2}$$

$$= \frac{(bc+ca+ab)^2}{(bc+ca+ab)^2 + abc(a+b+c)}$$

$$\geqslant \frac{(bc+ca+ab)^2}{(bc+ca+ab)^2 + \frac{1}{3}(bc+ca+ab)^2}$$

$$= \frac{3}{4}$$

从而原不等式获得证明.

应用 2　设 $a,b,c \in \mathbf{R}^*$,求证

$$\frac{b+c}{a} + \frac{c+a}{b} + \frac{a+b}{c} \geqslant \sum \frac{c}{a+b} + \frac{9}{2}$$

题目解说　本题源于微信群里陈煜的解答.

证明　原不等式等价于

$$\frac{b+c}{a} + 1 + \frac{c+a}{b} + 1 + \frac{a+b}{c} + 1$$

$$\geqslant \frac{c}{a+b} + 1 + \frac{a}{b+c} + 1 + \frac{b}{c+a} + 1 + \frac{9}{2}$$

$$\Leftrightarrow (a+b+c)\left(\frac{1}{a} + \frac{1}{b} + \frac{1}{c}\right)$$

$$\geqslant (a+b+c)\left(\frac{1}{a+b} + \frac{1}{b+c} + \frac{1}{c+a}\right) + \frac{9}{2}$$

$$\Leftrightarrow (a+b+c)\left(\frac{a}{b(a+b)} + \frac{b}{c(b+c)} + \frac{c}{a(c+a)}\right) \geqslant \frac{9}{2}$$

$$\Leftrightarrow \left(\sum a\right)\left(\sum \frac{a}{b(a+b)}\right) \geqslant \frac{9}{2}$$

但

$$(a+b+b+c+c+a)\left(\frac{a}{b(a+b)} + \frac{b}{c(b+c)} + \frac{c}{a(c+a)}\right)$$

$$\geqslant \left(\sqrt{\frac{a}{b}} + \sqrt{\frac{b}{c}} + \sqrt{\frac{c}{a}}\right)^2 \geqslant 9$$

从而原不等式获得证明.

应用 3 设 $a,b,c \in \mathbf{R}^*$，$a+b+c=3$，求证

$$\frac{a}{a+b} + \frac{b}{b+c} + \frac{c}{c+a} \leqslant \frac{6}{1+ab+bc+ca}$$

题目解说 本题源于张艳宗、徐银杰的《数学奥林匹克中的常见重要不等式》P86 习题 25.

证明 原不等式等价于

$$\frac{a}{a+b} - 1 + \frac{b}{b+c} - 1 + \frac{c}{c+a} - 1 \leqslant \frac{6}{1+ab+bc+ca} - 3$$

$$\Leftrightarrow \frac{b}{a+b} + \frac{c}{b+c} + \frac{a}{c+a} \geqslant \frac{3(ab+bc+ca)-3}{1+ab+bc+ca}$$

$$\frac{b}{a+b} + \frac{c}{b+c} + \frac{a}{c+a} = \frac{b^2}{b(a+b)} + \frac{c^2}{c(b+c)} + \frac{a^2}{a(c+a)}$$

$$\geqslant \frac{(b+c+a)^2}{b(a+b)+c(b+c)+a(c+a)}$$

$$= \frac{(b+c+a)^2}{(b+c+a)^2-(ab+bc+ca)}$$

$$= \frac{9}{9-(ab+bc+ca)}$$

于是，只要证明

$$\frac{9}{9-(ab+bc+ca)} \geqslant \frac{3(ab+bc+ca)-3}{1+ab+bc+ca}$$

$$\Leftrightarrow (ab+bc+ca)^2 - 7(ab+bc+ca) + 12 \geqslant 0$$

$$\Leftrightarrow (ab+bc+ca-3)(ab+bc+ca-4) \geqslant 0$$

而 $3 = a+b+c \Rightarrow ab+bc+ca \leqslant 3$.

从而原不等式获得证明.

§3　舒尔不等式及其应用之一

世界上没有无缘无故的爱，也没有无缘无故的恨，数学里更没有无缘无故的第一小问.

小时候觉得做人很简单，做正确的事就行了，后来发现，有些事不分对错，有些事怎么做都是错，比如做数学题！

你说你对数学的感情很深，怎么考试总是错？老师："感情的事情不分对错！"

14

人生有九苦,生、老、病、死、爱别离,恨长久,求不得,放不下,学数学!

生活就是这样,你想赢却偏偏输,像数学,它是我的远方,我却不是它的故乡.

评注 这是我的学生(高二李欣宇(女))对数学的感情表达.其中第一段话的意义应该是,在解数学题时要密切注意试题里的第一小问,尤其是高考试题,第一小问往往是后续小问的基础.换句话说,第一小问就是后面题目(第二小问等)的一个引理,这在竞赛场合经常使用,下节再解释后面几句话的意义.

一、引理及其证明

引理 对于任意 $x,y,z \in \mathbf{R}^*,k \geqslant 0$,都有

$$x^k(x-y)(x-z) + y^k(y-x)(y-z) + z^k(z-x)(z-y) \geqslant 0 \quad (1)$$

式(1)通常被许多人称为舒尔(Schur 或许尔)不等式.

证明 由欲证结论结构的对称性可设 $x \geqslant y \geqslant z > 0$,则

$$z^k(z-x)(z-y) \geqslant 0$$

又

$$x^k(x-y)(x-z) + y^k(y-x)(y-z)$$
$$= (x-y)[x^k(x-z) - y^k(y-z)]$$
$$\geqslant (x-y)[y^k(x-z) - y^k(y-z)]$$
$$= (x-y)^2 y^k$$
$$\geqslant 0$$

这两个不等式相加即得结论.

评注 上面结论对于任意 $x,y,z \in \mathbf{R}^*,k \geqslant 0$ 均成立,于是,可以对这些变量赋值,获得许多很不错的常用结论.

引申 令 $k=1$ 得,$x(x-y)(x-z) + y(y-x)(y-z) + z(z-x)(z-y) \geqslant 0$,或者

$$xyz \geqslant (-x+y+z)(x-y+z)(x+y-z)$$

或者

$$x^3 + y^3 + z^3 + 3xyz \geqslant x(y^2+z^2) + y(z^2+x^2) + z(x^2+y^2)$$

以上被人们称为三次舒尔不等式.

评注 为行文方便,以下不等式需要熟记,并掌握,简记为

(1) $\sum x(y^2+z^2) = x(y^2+z^2) + y(z^2+x^2) + z(x^2+y^2) = \sum x^2(y+z)$;

(2) $\sum x^3 = x^3 + y^3 + z^3$;

$(3) (x+y+z)^3 = \sum x^3 + 3\sum x^2(y+z) + 6xyz;$

$(4) (x^2+y^2+z^2)(x+y+z) = \sum x^3 + \sum x^2(y+z);$

$(5) (xy+yz+zx)(x+y+z) = \sum x^3 + 3\sum x^2(y+z);$

$(6) (x+y+z)^2(x+y+z) \geqslant \sum x^3 + 2\sum x^2(y+z) + 6xyz;$

$(7) \sum x^4 + xyz(x+y+z) \geqslant \sum x^3(y+z)$（四次舒尔不等式）

$\Leftrightarrow 2\sum x^4 + xyz(x+y+z) \geqslant \left(\sum x^3\right)\left(\sum x\right).$

其中(6)(7)被称为四次舒尔不等式,只需在引理中取 $k=2$.

二、引理的应用 —— 证明不等式

问题 1 设 $a,b,c \in \mathbf{R}^*$, $a+b+c=1$,求证

$$a^2+b^2+c^2+9abc \geqslant 2(ab+bc+ca)$$

题目解说 本题为 2004 年南昌竞赛一题.

证明 注意到条件,则

$$a^2+b^2+c^2+9abc \geqslant 2(ab+bc+ca)$$

$$\Leftrightarrow \sum a^2\left(\sum a\right) + 9abc \geqslant 2(ab+bc+ca)\sum a$$

$$\Leftrightarrow \sum a^3 + 9abc + \sum a(b^2+c^2) \geqslant 2\left[3abc + \sum a(b^2+c^2)\right]$$

$$\Leftrightarrow \sum a^3 + 3abc \geqslant \sum a(b^2+c^2)$$

由引理知道,本结论成立,从而原不等式获得证明,即

$$a^2+b^2+c^2+9abc \geqslant 2(ab+bc+ca)$$

评注 解决本题的重要技巧是凑齐次,将不等式两端都凑成三次齐次式, 再利用(1)或引申变形一步到位.

问题 2 设 $a,b,c \in \mathbf{R}^*$, $a+b+c=3$,求证:$2(a^3+b^3+c^3)+3abc \geqslant 9$.

题目解说 《数学通讯》2010 年第 9 期(上半月,学生刊)征解问题 27.

证明 注意到条件,以及

$$(x+y+z)^3 = \sum x^3 + 6xyz + 3\sum x(y^2+z^2)$$

知原不等式等价于

$$2(a^3+b^3+c^3)+3abc \geqslant 9\left[\frac{\sum a}{3}\right]^3$$

$$\Leftrightarrow 6\sum a^3 + 9abc \geqslant \sum a^3 + 6abc + 3\sum a(b^2+c^2)$$

$$\Leftrightarrow 5\sum a^3 + 3abc \geqslant 3\sum a(b^2+c^2)$$

16

而

$$\sum a^3 + 3abc \geqslant \sum a(b^2 + c^2) \text{（舒尔不等式）}$$

只要证

$$4\sum a^3 \geqslant 2\sum a(b^2 + c^2)$$

即只要证明

$$2\sum a^3 \geqslant \sum a(b^2 + c^2)$$

这由熟知的不等式

$$a^3 + b^3 \geqslant ab(a + b)$$

等三个式子相加即得，即

$$2(a^3 + b^3 + c^3) + 3abc \geqslant 9$$

评注 凑三次齐次式再次发挥巨大的威力.

问题 3 设 $x, y, z \geqslant 0$，且 $x + y + z = 1$，求证：$5\sum x^2 + 18xyz \geqslant \dfrac{7}{3}$.

题目解说 《数学通讯》2013 年第 1 期（下半月）P65 例 2.

证明 注意到条件，以及

$$(x + y + z)^3 = \sum x^3 + 6xyz + 3\sum x(y^2 + z^2)$$

所以

$$5\sum x^2 + 18xyz \geqslant \frac{7}{3}$$

$$\Leftrightarrow 5\sum x^2 \left(\sum x\right) + 18xyz \geqslant \frac{7}{3}\left(\sum x\right)^3$$

$$\Leftrightarrow 15\sum x^3 + 15\sum x(y^2 + z^2) + 54xyz$$

$$\geqslant 7\sum x^3 + 42xyz + 21\sum x(y^2 + z^2)$$

$$\Leftrightarrow 4\sum x^3 + 6xyz \geqslant 3\sum x(y^2 + z^2)$$

但

$$\sum x^3 + 3xyz \geqslant \sum x(y^2 + z^2)$$

只要证明

$$4\sum x^3 \geqslant 2\sum x(y^2 + z^2)$$

这已是问题 2 证明过的熟知的结论，所以

$$5\sum x^2 + 18xyz \geqslant \frac{7}{3}$$

17

问题 4 设 $x,y,z \geqslant 0, x+y+z=1$，求证

$$0 \leqslant xy + yz + zx - 2xyz \leqslant \frac{7}{27}$$

题目解说 本题为第 25 届 IMO 第 1 题.

证明 由条件知道 $x,y,z \geqslant 0, x+y+z=1 \Rightarrow x,y,z \in [0,1]$. 所以，据三元均值不等式知道

$$xy + yz + zx - 2xyz$$
$$= (xy + yz + zx)(x+y+z) - 2xyz$$
$$\geqslant 9xyz - 2xyz = 7xyz \geqslant 0$$

不等式左端获得证明.（注意到上面的技巧是凑齐次.）

下面证明不等式右端，注意到 $x+y+z=1$，于是

$$xy + yz + zx - 2xyz \leqslant \frac{7}{27}$$

$$\Leftrightarrow \left(\sum xy\right)\left(\sum x\right) - 2xyz \leqslant \frac{7}{27}\left(\sum x\right)^3$$

$$\Leftrightarrow 27xyz + 27\sum x(y^2+z^2)$$

$$\leqslant 7\left[\sum x^3 + 6xyz + 3\sum x(y^2+z^2)\right]$$

$$\Leftrightarrow 7\sum x^3 + 15xyz \geqslant 6\sum x(y^2+z^2)$$

但

$$5\sum x^3 + 15xyz \geqslant 5\sum x(y^2+z^2)$$

$$2\sum x^3 \geqslant \sum x(y^2+z^2)$$

这已是熟知的结论. 所以

$$0 \leqslant xy + yz + zx - 2xyz \leqslant \frac{7}{27}$$

即原不等式获得证明. 等号成立的条件为 $x=y=z=\frac{1}{3}$.

评注 此证明再次运用了凑齐次的技巧，使得证明如行云流水般通畅！尽管此证明可能不是最简单的证明方法，但更具趣味性，有章可循.

问题 5 设 $a,b,c > 0$，求证：$3(a^3+b^3+c^3+abc) \geqslant 4(a^2b+b^2c+c^2a)$.

题目解说 本题为 2006 年乌克兰竞赛题.

证明 本解答见张艳宗、徐银杰的《数学奥林匹克中的常见重要不等式》P153.

由舒尔不等式知

$$a^3 + b^3 + c^3 + 3abc \geqslant a^2b + b^2c + c^2a + ab^2 + bc^2 + ca^2$$

即只要证明

$$2(a^3 + b^3 + c^3) + ab^2 + bc^2 + ca^2 \geqslant 3(a^2b + b^2c + c^2a) \qquad (1)$$

而

$$a^3 + a^3 + b^3 \geqslant 3a^2b$$
$$b^3 + b^3 + c^3 \geqslant 3b^2c$$
$$c^3 + c^3 + a^3 \geqslant 3c^2a$$
$$a^3 + b^3 + c^3 \geqslant a^2b + b^2c + c^2a$$
$$a^3 + b^2a \geqslant 2a^2b$$
$$b^3 + c^2b \geqslant 2b^2c$$
$$c^3 + a^2c \geqslant 2c^2a$$

即

$$a^3 + b^3 + c^3 + a^2c + b^2a + c^2b \geqslant 2(a^2b + ac^2 + b^2c)$$

从而(1)成立,即原不等式获得证明.

§4　舒尔不等式及其应用之二

这是上一节的继续.

世界上没有无缘无故的爱,也没有无缘无故的恨,数学里更没有无缘无故的第一小问.

小时候觉得做人很简单,做正确的事就行了,后来发现,有些事不分对错,有些事怎么做都是错,比如做数学题!

你说你对数学的感情很深,怎么考试总是错? 老师:"感情的事情不分对错!"

人生有九苦,生、老、病、死、爱别离,恨长久,求不得,放不下,学数学!

生活就是这样,你想赢却偏偏输,像数学,它是我的远方,我却不是它的故乡.

下面解释第二小段的意义,其实李欣宇想说数学不好学,我们觉得,学数学要学会总结,数学解题需要从如下几个方向去思考,解决完一个问题后不要急于收手,而要继续做以下几个方面的工作:第一,回顾问题解决过程中所用的知识;第二,抓住解决问题所用的技巧和关键点;第三,总结解决问题所用的方法;第四,思考与本问题相关的问题还有哪些? 第五,认真回顾问题的来历;第六,问题的结论和方法有何应用？——问题的工具作用；第七，问题的拓展延伸——
题目的进一步发展前景.以上这些都要做出书面资料整理出来,如果能够长此
以往地坚持,相信你的数学解题能力必能突飞猛进.

问题 1 设 $a,b,c>0$,求证

$$\frac{a}{b+c}+\frac{b}{c+a}+\frac{c}{a+b}+\frac{3\sqrt[3]{abc}}{2(a+b+c)}\geqslant 2$$

题目解说 《数学通讯》2012 年第 10 期(上半月)问题 111,2013 年第 1,2
合刊给出了解答,但是不够简洁自然.

证明 由柯西不等式变形得

$$\sum\frac{a}{b+c}+\frac{3\sqrt[3]{abc}}{2(\sum a)}=\sum\frac{a^2}{a(b+c)}+\frac{3\sqrt[3]{abc}\left(\sum ab\right)}{2\left(\sum a\right)\left(\sum ab\right)}$$

$$\geqslant\frac{\left(\sum a\right)^2}{2\left(\sum ab\right)}+\frac{9abc}{2\left(\sum a\right)\left(\sum ab\right)}$$

$$=\frac{\left(\sum a\right)^3}{2\left(\sum a\right)\left(\sum ab\right)}+\frac{9abc}{2\left(\sum a\right)\left(\sum ab\right)}$$

$$=\frac{\sum a^3+6abc+3\sum a(b^2+c^2)+9abc}{2\left(\sum a\right)\left(\sum ab\right)}$$

$$=\frac{\sum a^3+3abc+3\sum a(b^2+c^2)+12abc}{2\left(\sum a\right)\left(\sum ab\right)}$$

$$\geqslant\frac{\sum a(b^2+c^2)+3\sum a(b^2+c^2)+12abc}{2\left(\sum a\right)\left(\sum ab\right)}$$

$$=2$$

中间一步运用了(三次)舒尔不等式.

即原不等式获得证明.

评注 从以上几个问题可以看出,解决不等式证明问题,只要从构造三次
齐次式出发,再利用前面的引申等即可获得较为满意的效果.

三、解决最值或含参量问题

问题 2 求最小的正实数 m,使对于满足 $a+b+c=1$ 的任意正实数 $a,b,$
c,都有 $m\left(\sum a^3\right)\geqslant 6\left(\sum a^2\right)+1$.

题目解说 本题为福建省 2012 年暑期数学奥林匹克夏令营活动一题.

渊源探索 本题明显是利用凑齐次的方法,并结合三次舒尔不等式构造

而来.

方法透析　本题结构左端为三次式结构,右端为零次和二次式结构,故需要齐次化 —— 将两端凑成统一的三次式,然后考虑三次舒尔不等式是否可用.

解　因为

$$\frac{6\left(\sum a^2\right)+1}{\sum a^3}=\frac{6\left(\sum a^2\right)\left(\sum a\right)+\left(\sum a\right)^3}{\sum a^3}$$

$$=\frac{6\left[\sum a^3+\sum a(b^2+c^2)\right]+\sum a^3+6abc+3\sum a(b^2+c^2)}{\sum a^3}$$

$$=7+\frac{6abc+9\sum a(b^2+c^2)}{\sum a^3}$$

$$\leqslant 7+\frac{6abc+9\left(\sum a^3+3abc\right)}{\sum a^3}$$

$$=7+9+\frac{33abc}{\sum a^3}$$

$$\leqslant 7+9+11$$

$$=27$$

这个解答要比《数学通讯》2013 年(上半月)1,2 合刊 P125 的文章《一道竞赛题的别解》给出的两个解法自然简洁.本解法没有什么高超的技巧,只用到了凑齐次的方法和前边的引申,顺理成章,一气呵成!

问题 3　设 $\triangle ABC$ 的三边长分别为 a,b,c,且 $a+b+c=3$,求 $f(a,b,c)=a^2+b^2+c^2+\dfrac{4}{3}abc$ 的最小值.

题目解说　本题为 2008 年的第 3 届中国北方数学竞赛题.

渊源探索　本题明显是利用凑齐次的方法,并结合三次舒尔不等式构造而来.

方法透析　本题结构包含二次、三次式结构,故需要齐次化 —— 将两端凑成统一的三次式,然后考虑三次舒尔不等式是否可用.

解　尽管本题已有人在文献[1]中给出了一些解题方法,但是下面的凑齐次的方法也很有趣.

注意到前边的引申,有

$$f(a,b,c)=a^2+b^2+c^2+\frac{4}{3}abc$$

$$= \frac{(a^2 + b^2 + c^2)\left(\dfrac{a+b+c}{3}\right) + \dfrac{4}{3}abc}{\left(\dfrac{a+b+c}{3}\right)^3}$$

$$= 9 \cdot \frac{\sum a^3 + 4abc + \sum a(b^2 + c^2)}{\sum a^3 + 6abc + 3\sum a(b^2 + c^2)}$$

$$= 9 \cdot \cfrac{1}{1 + \cfrac{2\left[abc + \sum a(b^2 + c^2)\right]}{\sum a^3 + 4abc + \sum a(b^2 + c^2)}}$$

$$= 9 \cdot \cfrac{1}{1 + \cfrac{2}{1 + \cfrac{\sum a^3 + 3abc}{abc + \sum a(b^2 + c^2)}}}$$

$$\geqslant 9 \cdot \cfrac{1}{1 + \cfrac{2}{1 + \cfrac{\sum a(b^2 + c^2)}{abc + \sum a(b^2 + c^2)}}}$$

$$= 9 \cdot \cfrac{1}{1 + \cfrac{2}{1 + \cfrac{1}{1 + \cfrac{abc}{\sum a(b^2 + c^2)}}}}$$

$$\geqslant 9 \cdot \cfrac{1}{1 + \cfrac{2}{1 + \cfrac{1}{1 + \cfrac{1}{6}}}} = \frac{13}{3}$$

这里注意 $\sum a(b^2 + c^2) \geqslant 6abc$. 由上述两处等号成立的条件为 $a = b = c$, 即 $u_{\min} = \dfrac{13}{3}$, 等号成立的条件为 $a = b = c = 1$.

评注 解决本题显得稍微复杂一些, 需要一定的运算功夫.

问题 4 设 $x, y, z \geqslant 0$, 且 $x + y + z = 1$, 求 $S = x^2(y + z) + y^2(z + x) + z^2(x + y)$ 的最大值.

题目解说 本题为 2006 年匈牙利－以色列竞赛题之一.

渊源探索 本题明显也是利用凑齐次的方法, 并结合三次舒尔不等式构造而来.

22

方法透析 本题结构包括直接呈现三次式结构,故考虑三次舒尔不等式是否可用.

解 由条件注意到 $(x+y+z)^3 = \sum x^3 + 6xyz + 3\sum x(y^2+z^2)$,所以

$$S = x^2(y+z) + y^2(z+x) + z^2(x+y)$$

$$= \sum x(y^2+z^2)$$

$$= \frac{\sum x(y^2+z^2)}{\left(\sum x\right)^3}$$

$$= \frac{\sum x(y^2+z^2)}{\sum x^3 + 6xyz + 3\sum x(y^2+z^2)}$$

$$= \frac{1}{3 + \dfrac{\sum x^3 + 6xyz}{\sum x(y^2+z^2)}}$$

$$\leqslant \frac{1}{3 + \dfrac{\sum x(y^2+z^2)3xyz}{\sum x(y^2+z^2)}}$$

$$= \frac{1}{4 + \dfrac{3xyz}{\sum x(y^2+z)^2}}$$

$$\leqslant \frac{1}{4}$$

等号成立的条件为 $xyz = 0$,即三个变量至少有一个为 0.

评注 这里的证明要比《数学通讯》2013 年第一期(下半月)P64 给出的解答简洁多了.

问题 5 在 $\triangle ABC$ 中,$a+b+c=1$,求多元函数 $u = a^2 + b^2 + c^2 + 4abc$ 的值域.

题目解说 本题同问题 3 的类型.

方法透析 凑齐次是我们的一贯想法,利用前面证明过的结论是我们的套路.

解 由条件注意到引理,所以

$$u = a^2 + b^2 + c^2 + 4abc$$

$$= \frac{(a^2 + b^2 + c^2)(a+b+c) + 4abc}{(a+b+c)^3}$$

23

$$= \frac{\sum a^3 + 4abc + \sum a(b^2 + c^2)}{\sum a^3 + 6abc + 3\sum a(b^2 + c^2)}$$

$$= \frac{1}{1 + \dfrac{2\left[abc + \sum a(b^2 + c^2)\right]}{\sum a^3 + 4abc + \sum a(b^2 + c^2)}}$$

$$= \frac{1}{1 + \dfrac{2}{1 + \dfrac{\sum a^3 + 3abc}{abc + \sum a(b^2 + c^2)}}}$$

$$\geqslant \frac{1}{1 + \dfrac{2}{1 + \dfrac{\sum a(b^2 + c^2)}{abc + \sum a(b^2 + c^2)}}}$$

$$= \frac{1}{1 + \dfrac{2}{1 + \dfrac{1}{1 + \dfrac{abc}{\sum a(b^2 + c^2)}}}}$$

$$\geqslant \frac{1}{1 + \dfrac{2}{1 + \dfrac{1}{1 + \dfrac{1}{6}}}}$$

$$= \frac{13}{27}$$

这里注意引理中式(1)以及 $\sum a(b^2 + c^2) \geqslant 6abc$. 由上述两处等号成立的

条件为 $a = b = c$, 即 $u_{\min} = \dfrac{13}{27}$, 等号成立的条件为 $a = b = c = \dfrac{1}{3}$.

另外, 因

$$2\sum a(b^2 + c^2) \geqslant \sum a^3 + 9abc \tag{1}$$

(在不等式 $xyz \geqslant (-x+y+z)(x-y+z)(x+y-z)(x,y,z \in \mathbf{R}^*)$ 中,
作代换 $x = -a+b+c, y = a-b+c, z = a+b-c$ 展开即得.) 故

$$u = a^2 + b^2 + c^2 + 4abc$$

$$= \frac{(a^2 + b^2 + c^2)(a+b+c) + 4abc}{(a+b+c)^3}$$

$$= \frac{\sum a^3 + 4abc + \sum a(b^2 + c^2)}{\sum a^3 + 6abc + 3\sum a(b^2 + c^2)}$$

$$= \frac{1}{1 + \dfrac{2[abc + \sum a(b^2 + c^2)]}{\sum a^3 + 4abc + \sum a(b^2 + c^2)}}$$

$$= \frac{1}{1 + \dfrac{2}{1 + \dfrac{\sum a^3 + 3abc}{abc + \sum a(b^2 + c^2)}}}$$

$$< \frac{1}{1 + \dfrac{2}{1 + \dfrac{\sum a^3 + 3abc}{abc + \dfrac{1}{2}\left(\sum a^3 + abc\right)}}}$$

$$= \frac{3}{5}$$

注意,最后一步不等式的变形用到了(1),所以 $\dfrac{13}{27} \leqslant u \leqslant \dfrac{3}{5}$.

评注 从以上各例的解法可以看出,解决上述多个问题曾多次用到等式

$$(x + y + z)^3 = \sum x^3 + 6xyz + 3\sum x(y^2 + z^2)$$

目的就是将题目中涉及的式子凑成三次齐次式,到需要放缩时再拿来前面的引申结论,这样解决这些问题没有过高的技巧,只是凑齐次,利用引申结论和上述等式,故此法经济适用,简单可靠,有章可循,值得推荐,必须掌握.

§5　舒尔不等式及其应用之三

这是上一节的继续.

世界上没有无缘无故的爱,也没有无缘无故的恨,数学里更没有无缘无故的第一小问.

小时候觉得做人很简单,做正确的事就行了,后来发现,有些事不分对错,有些事怎么做都是错,比如做数学题!

你说你对数学的感情很深,怎么考试总是错? 老师:"感情的事情不分对错!"

人生有九苦,生、老、病、死、爱别离,恨长久,求不得,放不下,学数学!

生活就是这样,你想赢却偏偏输,像数学,它是我的远方,我却不是它的故乡.

在此解释第三小段的意义,其实李欣宇想说数学不好学,我们觉得,学数学要学会总结,要有一个合理运用草纸的习惯,我觉得用草纸,也要按照顺序编号书写,并为做完题之后检查做准备,否则,检查运算时影响速度和准确度.

问题 1 在 $\triangle ABC$ 中,$a+b+c=1$,求证:$u=a^2+b^2+c^2+2\sqrt{3abc}\leqslant 1$.

题目解说 本题为一道常见熟题.

方法透析 前面几节我们讲过凑齐次的方法,这里继续介绍前面的技巧和方法.

证明 原不等式等价于

$$a^2+b^2+c^2+2\sqrt{3abc(a+b+c)}\leqslant(a+b+c)^2$$

$$\Leftrightarrow ab+bc+ca\geqslant\sqrt{3abc(a+b+c)}$$

$$\Leftrightarrow(ab+bc+ca)^2\geqslant 3abc(a+b+c)$$

这已经是事实了,从而结论得到证明.

评注 (1)这个凑齐次是对分式两端全部凑齐次(全部凑成二次式),目的是消去相关项 —— 暂且称为凑齐次法(也有人称其为齐次化).

(2)这个最后的不等式 $(ab+bc+ca)^2\geqslant 3abc(a+b+c)$ 是一个常见的三元不等式,希望大家牢记并能灵活运用.

问题 2 设 $x,y,z\in\mathbf{R}^*$,$x+y+z=1$,求使得 $x^2+y^2+z^2+\lambda\sqrt{xyz}\leqslant 1$ 恒成立的 λ 的最大值.

题目解说 本题为第 14 届"希望杯"高二第 2 大题.

渊源探索 本题为上题的简单参数改造.

方法透析 看到类似的三个变量的式子,继续凑齐次是我们的一贯战略.

解 原不等式等价于

$$x^2+y^2+z^2+\lambda\sqrt{xyz}\leqslant(x+y+z)^2$$

$$\Leftrightarrow 2(xy+yz+zx)\geqslant\lambda\sqrt{xyz}$$

$$\Leftrightarrow 4(xy+yz+zx)^2\geqslant\lambda^2 xyz$$

$$\Leftrightarrow\frac{(xy+yz+zx)^2}{xyz}\geqslant\frac{\lambda^2}{4}$$

因

$$(xy+yz+zx)^2\geqslant 3xyz(x+y+z)=3xyz$$

26

得

$$\lambda \leqslant 2\sqrt{3}$$

评注　本题在局部凑齐次后利用分离参数法来解决,它这是中学数学里的常用方法.

问题 3　在 $\triangle ABC$ 中,$a+b+c=1$,求证

$$4(ab+bc+ca) \leqslant 1+9abc$$

$$\Leftrightarrow abc \geqslant (-a+b+c)(a-b+c)(a+b-c)$$

题目解说　本题为一道常见题目.

渊源探索　本题为上面几道题的简单改造.

方法透析　继续凑齐次是我们的一贯战略.

证明　$4(ab+bc+ca) \leqslant 1+9abc$

$$\Leftrightarrow 4(ab+bc+ca)(a+b+c) \leqslant (a+b+c)^3+9abc$$

$$\Leftrightarrow \sum a^3+3abc \geqslant ab(a+b)+bc(b+c)+ca(c+a)$$

$$\Leftrightarrow abc \geqslant (-a+b+c)(a-b+c)(a+b-c)$$

这是熟知的不等式.

评注　(1)本题是在不等式两端全面凑齐次 —— 将整个式子整理成三次齐次式,然后利用舒尔不等式.

(2)上面最后获得的不等式 $abc \geqslant (-a+b+c)(a-b+c)(a+b-c)$,也要熟记于心,包括它的几个等价形式,比如 $a(a-b)(a-c)+b(b-a)(b-c)+c(c-a)(c-b) \geqslant 0$ 等.

问题 4　若 $a,b,c \in \mathbf{R}^*$,$a+b+c=3$,求证:$\sum a^2+abc \geqslant 4$.

题目解说　本题为一道常见题目.

渊源探索　本题为上面几道题的简单改造.

方法透析　继续凑齐次是我们的一贯战略.

证明　注意到条件,则

$$\sum a^2+abc \geqslant 4 \Leftrightarrow \left(\sum a^2\right)\left[\frac{\sum a}{3}\right]+abc \geqslant 4\left[\frac{\sum a}{3}\right]^3$$

$$\Leftrightarrow 9\left[\sum a^3+\sum a(b^2+c^2)\right]+27abc$$

$$\geqslant 4\left[\sum a^3+3\sum a(b^2+c^2)+6abc\right]$$

$$\Leftrightarrow 5\sum a^3+3abc \geqslant 3\sum a(b^2+c^2)$$

因为

27

$$\sum a^3 + 3abc \geqslant \sum a(b^2 + c^2)$$

$$4 \sum a^3 \geqslant 2 \sum a(b^2 + c^2)$$

这是显然的,到此结论得证.

评注 本题是在不等式两端全面凑齐次——将整个式子整理成三次齐次式(想到三次舒尔不等式),然后利用舒尔不等式.

问题 5 在 $\triangle ABC$ 中,$a + b + c = 1$,求证:$\sum ab > \dfrac{1}{4} + 2abc$.

题目解说 本题为一道常见题目.

渊源探索 本题为上面几道题的简单改造.

方法透析 继续凑齐次是我们的一贯战略.

证明 结合条件知,不等式

$$\sum ab > \frac{1}{4} + 2abc$$

$$\Leftrightarrow \left(\sum ab \right)(a + b + c) > \frac{1}{4}(a + b + c)^3 + 2abc$$

$$\Leftrightarrow 4 \left(\sum ab \right)(a + b + c) > (a + b + c)^3 + 8abc$$

$$\Leftrightarrow (a + b + c) \left[4 \left(\sum ab \right) - (a + b + c)^2 \right] > 8abc$$

$$\Leftrightarrow -\sum a^3 + \sum a(b^2 + c^2) > 2abc$$

$$\Leftrightarrow a^2(b + c - a) + a(b - c)^2 - (b + c)(b - c)^2 > 0$$

$$\Leftrightarrow (b + c - a)[a^2 - (b - c)^2] > 0$$

$$\Leftrightarrow (-a + b + c)(a - b + c)(a + b - c) > 0$$

这早已成立.

评注 本题是在不等式两端全面凑齐次——将整个式子整理成三次齐次式,然后利用舒尔不等式.

问题 6 已知 $a, b, c \in \mathbf{R}^*$,求证:$2 \sum a^3 + 3abc \geqslant 3(ab^2 + bc^2 + ca^2)$.

题目解说 本题为《数学通报》2005 第 7 期. 问题 1557,李建潮提供.

方法透析 本题结构已经是三次齐次式,看看舒尔不等式可否直接应用.

证明 因为

$$abc \geqslant (-a + b + c)(a - b + c)(a + b - c) \qquad (1)$$

展开后为

$$\sum a^3 + 3abc \geqslant ba^2 + cb^2 + ac^2 + ab^2 + bc^2 + ca^2 \qquad (2)$$

又

$$\sum a^3 + ba^2 + cb^2 + ac^2$$
$$= a(a^2 + c^2) + b(b^2 + a^2) + c(c^2 + b^2)$$
$$\geqslant 2a^2c + 2b^2a + 2c^2b \qquad (3)$$

$(2) + (3)$ 得到 $2\sum a^3 + 3abc \geqslant 3(ab^2 + bc^2 + ca^2)$.

评注　本题是直接利用舒尔不等式,但是中间还有一些技巧,主要思考方向还是看目标式子的需要去配凑.

问题 7　已知 $a, b, c \in \mathbf{R}^*$ $a + b + c = 3$,求证:$abc + \dfrac{12}{ab + bc + ca} \geqslant 5$.

题目解说　本题流行于各种资料.

方法透析　看到三个变量之积 abc,你能想到什么？—— 舒尔不等式(上题证明中的(1)).

证明 1　由舒尔不等式知:$a(a-b)(a-c) + b(b-a)(b-c) + c(c-a)(c-b) \geqslant 0$,即

$$(a+b+c)^3 - 4(a+b+c)(ab+bc+ca) + 9abc \geqslant 0$$
$$\Rightarrow 27 - 12(ab+bc+ca) + 9abc \geqslant 0$$
$$\Rightarrow abc \geqslant \frac{4}{3}(ab+bc+ca) - 3$$

$$abc + \frac{12}{ab+bc+ca}$$
$$\geqslant \frac{4}{3}(ab+bc+ca) + \frac{12}{ab+bc+ca} - 3$$
$$\geqslant 8 - 3 = 5$$

到此结论获得证明.

证明 2　注意到

$$abc \geqslant (a-b+c)(a+b-c)(-a+b+c)$$
$$= (a+b+c-2b)(a+b+c-2c)(a+b+c-2a)$$
$$= (3-2b)(3-2c)(3-2a)$$
$$= 27 - 3^2 \cdot 2 \cdot (a+b+c) + 3 \cdot 4(ab+bc+ca) - 8abc$$
$$\Rightarrow abc \geqslant \frac{4}{3}(ab+bc+ca) - 3$$

以下同证明 1.

评注　这个证明来源于对熟知的不等式

$$abc \geqslant (a-b+c) \cdot (a+b-c) \cdot (-a+b+c)$$

29

的深刻理解和掌控能力.

问题 8 设 $a,b,c \in \mathbf{R}^*$,求证:

$$\frac{a}{b+c}+\frac{b}{c+a}+\frac{c}{a+b}+\frac{abc}{2(a^3+b^3+c^3)} \geqslant \frac{5}{3}$$

题目解说 本题来自"奥数之家"论坛(2005 年左右).

方法透析 本题左端的分式中分子与分母呈现齐次式的形式(均为一次或三次),右端为零次式,需要对两端同时进行齐次化处理,同时注意到 $a^3+b^3+c^3$ 与 abc 同时出现,应该想到这两者之间的关系(不等关系、等量关系等).

证明 据柯西不等式知道

$$\frac{a}{b+c}+\frac{b}{c+a}+\frac{c}{a+b}+\frac{abc}{2(a^3+b^3+c^3)}$$

$$\geqslant \frac{(a+b+c)^2}{2\sum ab}+\frac{abc}{2(a^3+b^3+c^3)}$$

只需证明

$$\frac{\sum a^2}{\sum ab}+\frac{abc}{a^3+b^3+c^3} \geqslant \frac{10}{3}$$

$$\Leftrightarrow \frac{\sum a^2}{\sum ab}-3 \geqslant \frac{1}{3}-\frac{abc}{a^3+b^3+c^3}$$

$$\Leftrightarrow \frac{\sum a^2}{\sum ab}-3 \geqslant \frac{a^3+b^3+c^3-3abc}{3(a^3+b^3+c^3)}$$

$$\Leftrightarrow \frac{\sum (a-b)^2}{\sum ab} \geqslant \frac{(a+b+c)\left[\sum (a-b)^2\right]}{3(a^3+b^3+c^3)}$$

$$a^3+b^3+c^3 \geqslant \frac{1}{3}\left(\sum ab\right)\left(\sum a\right)$$

这由切比雪夫不等式知

$$a^3+b^3+c^3 \geqslant \frac{1}{3}\left(\sum a^2\right)\left(\sum a\right) \geqslant \frac{1}{3}\left(\sum ab\right)\left(\sum a\right)$$

所以结论获得证明.

评注 这个证明比较巧妙,合理利用了熟知的因式分解结论

$$a^3+b^3+c^3-3abc=(a+b+c)\left[\sum (a-b)^2\right]$$

问题 9 正数 a,b,c 满足 $a+b+c=1$,求证

$$abc \geqslant \frac{27}{8}(a-bc)(b-ca)(c-ab)$$

证明 结论等价于 $2 \geqslant 3 \cdot \sqrt[3]{\left(1-\dfrac{bc}{a}\right)\left(1-\dfrac{ca}{b}\right)\left(1-\dfrac{ab}{c}\right)}$，联想到熟知的三元算术－几何平均值不等式知，只要证

$$2 \geqslant \left(1-\frac{bc}{a}\right)+\left(1-\frac{ca}{b}\right)+\left(1-\frac{ab}{c}\right) \tag{1}$$

当 $\left(1-\dfrac{bc}{a}\right),\left(1-\dfrac{ca}{b}\right),\left(1-\dfrac{ab}{c}\right) \leqslant 0$ 时，(1) 显然成立.

当 $\left(1-\dfrac{bc}{a}\right),\left(1-\dfrac{ca}{b}\right),\left(1-\dfrac{ab}{c}\right) > 0$ 时：

(1) 进一步等价于

$$\frac{bc}{a}+\frac{ca}{b}+\frac{ab}{c} \geqslant 1$$
$$\Leftrightarrow a^2 b^2 + b^2 c^2 + c^2 a^2 \geqslant abc \tag{2}$$

但是由熟知的不等式 $a^2 + b^2 + c^2 \geqslant ab + bc + ca$ 知

$$a^2 b^2 + b^2 c^2 + c^2 a^2 \geqslant abc(a+b+c) = abc$$

注意到 $a+b+c=1$，所以 (2) 获证. 至此结论获得证明.

评注 这个不等式的证明采用分析与综合相结合的方法是数学解题中常用的方法.

问题 10 设 $a,b,c > 0, abc = 1$，求证

$$\frac{1}{a^2+2b^2+3} + \frac{1}{b^2+2c^2+3} + \frac{1}{c^2+2a^2+3} \leqslant \frac{1}{2}$$

题目解说 本题是流行于多种资料的熟题.

渊源透析 本题源于一道熟知的习题：若 $a,b,c > 0, abc = 1$，求证

$$\frac{1}{ab+b+1} + \frac{1}{bc+c+1} + \frac{1}{ca+a+1} = 1 \tag{1}$$

方法透析 设法利用已知条件将不等式左端转化为 (1) 的左端形式.

证明 因为

$$\frac{1}{a^2+2b^2+3} + \frac{1}{b^2+2c^2+3} + \frac{1}{c^2+2a^2+3}$$

$$= \frac{1}{(a^2+b^2)+b^2+1+2} + \frac{1}{(b^2+c^2)+c^2+1+2} + \frac{1}{(c^2+a^2)+a^2+1+2}$$

$$\leqslant \frac{1}{2ab+2b+2} + \frac{1}{2bc+2c+2} + \frac{1}{2ca+2a+2}$$

$$= \frac{1}{2}\left[\frac{1}{ab+b+1} + \frac{1}{bc+c+1} + \frac{1}{ca+a+1}\right]$$

$$= \frac{1}{2}\left[\frac{ca}{abca+cab+ca}+\frac{a}{abc+ca+a}+\frac{1}{ca+a+1}\right]$$

$$= \frac{1}{2}\left[\frac{ca}{a+1+ca}+\frac{a}{1+ca+a}+\frac{1}{ca+a+1}\right]$$

$$= \frac{1}{2}$$

到此结论证明完毕.

评注 本题是建立在初中数学课本的一道习题(1)的基础上的一道不等式习题,这就是数学命题的一个方法.

问题 11 设 $a,b,c>0,abc=1$,求证

$$\frac{1+c}{1+a+ab}+\frac{1+a}{1+b+bc}+\frac{1+b}{1+c+ca}\geqslant 2$$

题目解说 本题是我的大学同学安振平在自己的博客里的问题 4796.

渊源透析 本题仍然源于熟知的习题(1).

方法透析 设法利用已知条件将不等式左端转化为上题式(1)的形式.

证明 在已知条件下,有 $\dfrac{1}{1+a+ab}+\dfrac{1}{1+b+bc}+\dfrac{1}{1+c+ca}=1$,所以只要证明

$$\frac{c}{1+a+ab}+\frac{a}{1+b+bc}+\frac{b}{1+c+ca}\geqslant 1$$

又由柯西不等式知

$$\frac{c}{1+a+ab}+\frac{a}{1+b+bc}+\frac{b}{1+c+ca}$$

$$= \frac{c^2}{c(1+a+ab)}+\frac{a^2}{a(1+b+bc)}+\frac{b^2}{b(1+c+ca)}$$

$$\geqslant \frac{(a+b+c)^2}{c(1+a+ab)+a(1+b+bc)+b(1+c+ca)}$$

$$= \frac{(a+b+c)^2}{(a+b+c)+ab+bc+ca+3}$$

$$= \frac{a^2+b^2+c^2+2(ab+bc+ca)}{(a+b+c)+ab+bc+ca+3}$$

$$= \frac{a^2+b^2+c^2+(ab+bc+ca)+(ab+bc+ca)}{(a+b+c)+ab+bc+ca+3}$$

$$\geqslant \frac{\frac{1}{3}(a+b+c)^2+(ab+bc+ca)+3\sqrt[3]{(abc)^2}}{(a+b+c)+ab+bc+ca+3}$$

$$= \frac{\frac{1}{3}(a+b+c)(a+b+c)+(ab+bc+ca)+3}{(a+b+c)+ab+bc+ca+3}$$

$$\geqslant \frac{\frac{1}{3} \cdot 3\sqrt[3]{abc}(a+b+c)+(ab+bc+ca)+3}{(a+b+c)+ab+bc+ca+3}$$

$$= \frac{(a+b+c)+(ab+bc+ca)+3}{(a+b+c)+ab+bc+ca+3}$$

$$= 1$$

到此结论证明完毕.

评注　本题又是建立在初中数学课本的习题(1)的基础上的一道不等式习题,这就是数学命题的一种方法.

问题 12　设 $a,b,c \in \mathbf{R}^*$, $a+b+c=3$, 证明

$$\frac{a}{1+ab}+\frac{b}{1+bc}+\frac{c}{1+ca} \geqslant \frac{3}{2}$$

题目解说　本题为山东滕州一中杨烈敏老师提出于 2012 年 1 月 13 日.

引理　对于 $x,y,z \in \mathbf{R}^*$, 有 $(x^2+y^2+z^2)^2 \geqslant 3(x^3z+y^3x+z^3y)$.

引理的证明　$6(左边-右边) = \sum (2x^2-y^2-z^2-xy+yz)^2 \geqslant 0.$

现在回到原题的证明

$$\sum \frac{a}{1+ab} = \sum \frac{a+a^2b-a^2b}{1+ab} = 3 - \sum \frac{a^2b}{1+ab} \geqslant \frac{3}{2}$$

$$\Leftrightarrow \sum \frac{a^2b}{1+ab} \leqslant \frac{3}{2}$$

$$\sum \frac{a^2b}{1+ab} \leqslant \sum \frac{a^2b}{2\sqrt{ab}} = \frac{1}{2}\sum (\sqrt{a})^3 (\sqrt{b})^1 \leqslant \frac{1}{2} \cdot \frac{1}{3} \left(\sum a\right)^2 = \frac{3}{2}$$

评注　这个引理(很有用,希望大家记住)的证明是否有更好的方法,我们十分期待.

§6　谈赫尔德不等式及其应用

世界上没有无缘无故的爱,也没有无缘无故的恨,数学里更没有无缘无故的第一小问.

小时候觉得做人很简单,做正确的事就行了,后来发现,有些事不分对错,有些事怎么做都是错,比如做数学题!

你说你对数学的感情很深，怎么考试总是错？老师："感情的事情不分对错！"

人生有九苦，生、老、病、死、爱别离，恨长久，求不得，放不下，学数学！

生活就是这样，你想赢却偏偏输，像数学，它是我的远方，我却不是它的故乡.

在此解释第四小段的意义，其实李欣宇也是想说数学不好学，想放弃，又舍不下，数学很重要，说明她对数学有较高的认识，所以学习是一个慢功夫，需要逐步积累，久而久之，可能会有不错的收获.

一、赫尔德不等式(四组变量的情况)

设 $a_i > 0, b_i > 0, c_i > 0, d_i > 0 (i=1,2,3,4)$，求证

$$(a_1^4 + a_2^4 + a_3^4 + a_4^4) \cdot (b_1^4 + b_2^4 + b_3^4 + b_4^4) \cdot$$
$$(c_1^4 + c_2^4 + c_3^4 + c_4^4) \cdot (d_1^4 + d_2^4 + d_3^4 + d_4^4)$$
$$\geqslant (a_1 b_1 c_1 d_1 + a_2 b_2 c_2 d_2 + a_3 b_3 c_3 d_3 + a_4 b_4 c_4 d_4)^4$$

证明　为书写方便，设

$$A = \sqrt[4]{a_1^4 + a_2^4 + a_3^4 + a_4^4}, B = \sqrt[4]{b_1^4 + b_2^4 + b_3^4 + b_4^4}$$
$$C = \sqrt[4]{c_1^4 + c_2^4 + c_3^4 + c_4^4}, D = \sqrt[4]{d_1^4 + d_2^4 + d_3^4 + d_4^4}$$

原不等式等价于

$$ABCD \geqslant a_1 b_1 c_1 d_1 + a_2 b_2 c_2 d_2 + a_3 b_3 c_3 d_3 + a_4 b_4 c_4 d_4$$
$$\Leftrightarrow \sum_{i=1}^{4} \frac{a_i}{A} \cdot \frac{b_i}{B} \cdot \frac{c_i}{C} \cdot \frac{d_i}{D} \leqslant 1$$

由四元均值不等式，有

$$\sum_{i=1}^{4} \frac{a_i}{A} \cdot \frac{b_i}{B} \cdot \frac{c_i}{C} \cdot \frac{d_i}{D} \leqslant \frac{1}{4} \sum_{i=1}^{4} \left(\frac{a_i^4}{A^4} + \frac{b_i^4}{B^4} + \frac{c_i^4}{C^4} + \frac{d_i^4}{D^4} \right)$$
$$= \frac{1}{4} \left(\frac{1}{A^4} \cdot \sum_{i=1}^{4} a_i^4 + \frac{1}{B^4} \cdot \sum_{i=1}^{4} b_i^4 + \frac{1}{C^4} \cdot \sum_{i=1}^{4} c_i^4 + \frac{1}{D^4} \cdot \sum_{i=1}^{4} d_i^4 \right)$$
$$= \frac{1}{4} (1 + 1 + 1 + 1) = 1$$

等号成立的条件显然为

$$a_1 : b_1 : c_1 : d_1 = a_2 : b_2 : c_2 : d_2 = a_3 : b_3 : c_3 : d_3 = a_4 : b_4 : c_4 : d_4$$

评注　这个不等式的应用非常广泛，下面我们举出若干应用实例.

引申 1　设 $a, b, c \in \mathbf{R}^*$，求证：$(a^3 + b^3 + c^3)(a + b + c) \geqslant (a^2 + b^2 + c^2)^2$.

引申 2　设 $a, b, c, d \in \mathbf{R}^*$，求证

$$(a^3 + b^3 + c^3 + d^3)(a + b + c + d) \geqslant (a^2 + b^2 + c^2 + d^2)^2$$

引申 3 设 $a,b,c \in \mathbf{R}^*$，求证：$\dfrac{a^2}{b} + \dfrac{b^2}{c} + \dfrac{c^2}{a} \geqslant \sqrt{\dfrac{(a^2+b^2+c^2)^3}{a^2b^2+b^2c^2+c^2a^2}}$.

证明 因为

$$\left(\dfrac{a^2}{b} + \dfrac{b^2}{c} + \dfrac{c^2}{a}\right)\left(\dfrac{a^2}{b} + \dfrac{b^2}{c} + \dfrac{c^2}{a}\right)(a^2b^2 + b^2c^2 + c^2a^2) \geqslant (a^2+b^2+c^2)^3$$

证明完毕.

引申 4 已知 $x > 0, y > 0, z > 0$，则有 $\dfrac{1}{x^2} + \dfrac{1}{y^2} + \dfrac{1}{z^2} \geqslant \dfrac{27}{(x+y+z)^2}$.

证明 因为

$$\left(\dfrac{1}{x^2} + \dfrac{1}{y^2} + \dfrac{1}{z^2}\right)(x+y+z)(x+y+z) \geqslant 27$$

证明完毕.

引申 5 已知 $x_i, a_i \in \mathbf{R}^* (i=1,2,3)$，则有 $\displaystyle\sum_{i=1}^{m} \dfrac{x_i^{n+1}}{a_i^n} \geqslant \dfrac{\left(\displaystyle\sum_{i=1}^{m} x_i\right)^{n+1}}{\left(\displaystyle\sum_{i=1}^{m} a_i\right)^n}$.

证明 由赫尔德不等式知

$$\left(\sum_{i=1}^{m} \dfrac{x_i^{n+1}}{a_i^n}\right)\left(\sum_{i=1}^{m} a_i\right)^n \geqslant \left(\sum_{i=1}^{m} x_i\right)^{n+1}$$

证明完毕.

引申 6 设 $a,b,c \in \mathbf{R}^*$，求证：$(a^3+b^3+c^3)^2 \geqslant \dfrac{(ab+bc+ca)^3}{3}$.

证明 因为

$$(a^3+b^3+c^3)(b^3+c^3+a^3)(1+1+1) \geqslant (ab+bc+ca)^3$$

证明完毕.

二、应用

问题 1 已知 $x > 0, y > 0, \dfrac{1}{x} + \dfrac{1}{2y} = 1$，求 $x^2 + y^2$ 的最小值.

题目解说 这是邹生书微信公众号（2018 年 11 月 14 日）发表过的一题，有位老师给出了一种三角换元法解答，有点麻烦，现在利用赫尔德不等式简单解答如下：

解 由赫尔德不等式以及条件得到

$$(x^2+y^2)\left(\dfrac{1}{x} + \dfrac{1}{2y}\right)\left(\dfrac{1}{x} + \dfrac{1}{2y}\right)$$

$$\geqslant \left(\sqrt[3]{x^2} \cdot \sqrt[3]{\dfrac{1}{x}} \cdot \sqrt[3]{\dfrac{1}{x}} + \sqrt[3]{y^2} \cdot \sqrt[3]{\dfrac{1}{2y}} \cdot \sqrt[3]{\dfrac{1}{2y}}\right)^3$$

$$= \left(1 + \frac{1}{\sqrt[3]{4}}\right)^3$$

$$= \frac{5}{4} + \frac{3}{4}\sqrt[3]{4} + \frac{3}{2}\sqrt[3]{2}$$

等号成立的条件为

$$\frac{\frac{x^2}{1}}{\frac{1}{x}} = \frac{\frac{y^2}{1}}{\frac{1}{2y}}, \frac{1}{x} + \frac{1}{2y} = 1 \Rightarrow x = 1 + \frac{\sqrt[3]{2}}{2}, y = 1 + \frac{\sqrt[3]{4}}{2}$$

评注 要说这个解答简单,也是简单,但是我们利用了远离中学课本的知识,属于竞赛范畴,所以简单是相对的,另外,这也许是命题者的思路.

问题 2 若 x, y, z 均为正数,且 $xyz = 1$,证明

$$\frac{x^3}{(1+y)(1+z)} + \frac{y^3}{(1+z)(1+x)} + \frac{z^3}{(1+x)(1+y)} \geqslant \frac{3}{4}$$

题目解说 本题为第 39 届 IMO 预选试题.

证明 1 由三元均值不等式可得

$$\begin{cases} \dfrac{x^3}{(1+y)(1+z)} + \dfrac{1+y}{8} + \dfrac{1+z}{8} \geqslant \dfrac{3x}{4} \\[2mm] \dfrac{y^3}{(1+z)(1+x)} + \dfrac{1+z}{8} + \dfrac{1+x}{8} \geqslant \dfrac{3y}{4} \\[2mm] \dfrac{z^3}{(1+x)(1+y)} + \dfrac{1+x}{8} + \dfrac{1+y}{8} \geqslant \dfrac{3z}{4} \end{cases} \tag{1}$$

三式相加得到

$$\frac{x^3}{(1+y)(1+z)} + \frac{y^3}{(1+z)(1+x)} + \frac{z^3}{(1+x)(1+y)}$$

$$\geqslant \frac{x+y+z}{2} - \frac{3}{4} \geqslant \frac{3\sqrt[3]{xyz}}{2} - \frac{3}{4} = \frac{3}{4}$$

到此结论获得证明.

证明 2 运用赫尔德不等式知

$$\left[\frac{x^3}{(1+y)(1+z)}\right] \cdot$$

$$[(1+y)+(1+z)+(1+x)][(1+z)+(1+x)+(1+y)]$$

$$\geqslant (x+y+z)^3$$

$$\Leftarrow 4(x+y+z)^3$$

$$\geqslant 3(x+y+z+3)^2$$

设 $x+y+z = t$,注意到 $xyz = 1$,所以 $t = x+y+z \geqslant 3\sqrt[3]{xyz} = 3$,则上述

不等式变成了

$$4t^3 \geqslant 3(t+3)^2 \Longleftrightarrow (t-3)(4t^2+9t+9) \geqslant 0$$

这显然成立.

评注 这里运用赫尔德不等式的证明显得简单明了,但是对于一般中学生来讲就有点距离感.

问题 3 若 $a,b,c,d \in \mathbf{R}^*$ 均为正数,且 $abcd=1$,证明

$$\frac{a^4}{(1+b)(1+c)(1+d)} + \frac{b^4}{(1+c)(1+d)(1+a)} +$$

$$\frac{c^4}{(1+d)(1+a)(1+b)} + \frac{d^4}{(1+a)(1+b)(1+c)} \geqslant \frac{1}{2}$$

题目解说 本题为一新题.

渊源探索 本题为上题的变量个数方面的推广.

方法透析 看看上面一题的证明方法是否可用.

证明 1 由四元均值不等式可得

$$\frac{a^4}{(1+b)(1+c)(1+d)} + \frac{1+b}{16} + \frac{1+c}{16} + \frac{1+d}{16} \geqslant \frac{a}{2}$$

$$\frac{b^4}{(1+c)(1+d)(1+a)} + \frac{1+c}{16} + \frac{1+d}{16} + \frac{1+a}{16} \geqslant \frac{b}{2}$$

$$\frac{c^4}{(1+d)(1+a)(1+b)} + \frac{1+d}{16} + \frac{1+a}{16} + \frac{1+b}{16} \geqslant \frac{c}{2}$$

$$\frac{d^4}{(1+a)(1+b)(1+c)} + \frac{1+a}{16} + \frac{1+b}{16} + \frac{1+c}{16} \geqslant \frac{d}{2}$$

以上四个式子相加即得

$$\frac{a^4}{(1+b)(1+c)(1+d)} + \frac{b^4}{(1+c)(1+d)(1+a)} +$$

$$\frac{c^4}{(1+d)(1+a)(1+b)} + \frac{d^4}{(1+a)(1+b)(1+c)}$$

$$\geqslant \frac{5a-3}{16} + \frac{5b-3}{16} + \frac{5c-3}{16} + \frac{5d-3}{16}$$

$$= \frac{5(a+b+c+d)-12}{16} \geqslant \frac{5 \cdot 4\sqrt[4]{abcd}-12}{16}$$

$$= \frac{1}{2}$$

证明 2 运用赫尔德不等式,由于

$$\left[\frac{a^4}{(1+b)(1+c)(1+d)} + \frac{b^4}{(1+c)(1+d)(1+a)} + \right.$$

37

$$\left.\frac{c^4}{(1+d)(1+a)(1+b)}+\frac{d^4}{(1+a)(1+b)(1+c)}\right]\cdot$$

$$[(1+b)+(1+c)+(1+d)+(1+a)]\cdot$$

$$[(1+c)+(1+d)+(1+a)+(1+b)]\cdot$$

$$[(1+d)+(1+a)+(1+b)+(1+c)]$$

$$\geqslant(a+b+c+d)^4$$

$$\Rightarrow\frac{a^4}{(1+b)(1+c)(1+d)}+\frac{b^4}{(1+c)(1+d)(1+a)}+$$

$$\frac{c^4}{(1+d)(1+a)(1+b)}+\frac{d^4}{(1+a)(1+b)(1+c)}$$

$$\geqslant\frac{(a+b+c+d)^4}{(4+a+b+c+d)^3}$$

于是,只要证明

$$\frac{(a+b+c+d)^4}{(4+a+b+c+d)^3}\geqslant\frac{1}{2}$$

即只要证明

$$2(a+b+c+d)^4\geqslant(4+a+b+c+d)^3$$

设 $a+b+c+d=t$,注意到 $abcd=1$,所以 $t=a+b+c+d\geqslant4\sqrt[4]{abcd}=4$.

则上述不等式变成了

$$2t^4\geqslant(4+t)^3\Leftrightarrow(t-4)(2t^3+7t^2+16t+16)\geqslant0$$

这显然成立.

从而原不等式获得证明.

评注 这个证明采用了赫尔德不等式,但是方法相比证明 1 稍微有点麻烦.这里主要问题是关于多项式 $2t^4-(4+t)^3$ 的因式分解.注意到 $t=4$ 是它的一个根,分解就不会太困难.

问题 4 已知 $a,b,c\in\mathbf{R}^*$,求证:$\dfrac{a}{\sqrt{a^2+8bc}}+\dfrac{b}{\sqrt{b^2+8ca}}+\dfrac{c}{\sqrt{a^2+8ab}}\geqslant1$.

题目解说 本题为第 42 届 IMO 一题,本题在过往的杂志上已经出现过不少解法,但是反观多种方法,还是运用赫尔德不等式最为简洁.

证明 由赫尔德不等式知

$$\left[\frac{a}{\sqrt{a^2+8bc}}+\frac{b}{\sqrt{b^2+8ca}}+\frac{c}{\sqrt{c^2+8ab}}\right]\cdot$$

$$\left[\frac{a}{\sqrt{a^2+8bc}}+\frac{b}{\sqrt{b^2+8ca}}+\frac{c}{\sqrt{a^2+8ab}}\right]\cdot$$

$$\left[a(a^2+8bc)+b(b^2+8ca)+c(c^2+8ab)\right]$$
$$\geqslant (a+b+c)^3$$
$$\Rightarrow \left[\frac{a}{\sqrt{a^2+8bc}}+\frac{b}{\sqrt{b^2+8ca}}+\frac{c}{\sqrt{c^2+8ab}}\right]^2$$
$$\geqslant \frac{(a+b+c)^3}{a(a^2+8bc)+b(b^2+8ca)+c(c^2+8ab)}$$
$$= \frac{(a+b+c)^3}{a^3+b^3+c^3+24abc} \tag{1}$$

但是

$$(a+b+c)^3 = a^3+b^3+c^3+3a(b^2+c^2)+3b(a^2+c^2)+3c(b^2+a^2)+6abc$$
$$\geqslant a^3+b^3+c^3+24abc$$

即(1)成立.

从而原不等式获得证明.

评注   这个证明在凑赫尔德不等式时将目标式子左端利用了两次,目的在于乘积之后可以去掉根号,最后一个式子$\left[a(a^2+8bc)+b(b^2+8ca)+c(c^2+8ab)\right]$的由来是想在三个式子做乘积之后去掉分母,但是去掉分母后无法使a,b,c直接从根号下开出,所以需要对每一项再配凑相应的变量a,b,c.

问题 5   已知 $a,b,c \in \mathbf{R}^*$,$ab+bc+ca \geqslant 3$,求证
$$a^5+b^5+c^5+a^3(b^2+c^2)+b^3(c^2+a^2)+c^3(a^2+b^2) \geqslant 9$$

题目解说   本题为 2013 年全国高中数学联赛浙江预赛一题.

方法透析   简单看,分解因式是不可少的一步,接下来看看目标式子与已知条件的距离即可.

证明   (本解法源于文献[1])注意到
$$a^5+b^5+c^5+a^3(b^2+c^2)+b^3(c^2+a^2)+c^3(a^2+b^2)$$
$$=a^5+b^5+c^5+a^3(b^2+c^2+a^2-a^2)+$$
$$b^3(c^2+a^2+b^2-b^2)+c^3(a^2+b^2+c^2-c^2)$$
$$=(a^3+b^3+c^3)(a^2+b^2+c^2)$$
$$\geqslant (a^3+b^3+c^3)(ab+bc+ca)$$
$$\geqslant 3(a^3+b^3+c^3)$$

以下只要证明 $a^3+b^3+c^3 \geqslant 3$,而
$$(a^3+b^3+c^3)(b^3+c^3+a^3)(1+1+1) \geqslant (ab+bc+ca)^3$$
$$\Rightarrow (a^3+b^3+c^3)^2 \geqslant 9$$

即 $a^3+b^3+c^3 \geqslant 3$,从而原不等式获得证明.

评注 这个证明没什么难度,只是最后一部分在运用赫尔德不等式时有点技巧,就是望着条件:$ab + bc + ca \geqslant 3$ 凑赫尔德不等式结构.

问题 6 已知 $a, b, c \in \mathbf{R}^*$,求证

$$\sqrt{\frac{a^4 + 2b^2c^2}{a^2 + 2bc}} + \sqrt{\frac{b^4 + 2c^2a^2}{b^2 + 2ca}} + \sqrt{\frac{c^4 + 2a^2b^2}{c^2 + 2ab}} \geqslant a + b + c$$

题目解说 本题为文献[1]P107 例 31.4.

方法透析 看看不等式左端每一个分式的分子与分母的差距,主要是指数的差距,故需要探索它们内部的关系,从赫尔德不等式一看

$$(a^4 + b^2c^2 + b^2c^2)(a + b + c)(a + c + b) \geqslant (a^2 + bc + bc)^3 = (a^2 + 2bc)^3$$

就找到差距了!

证明 (本解法源于文献[1])由赫尔德不等式得到

$$(a^4 + b^2c^2 + b^2c^2)(a + b + c)(a + c + b)$$

$$\geqslant (a^2 + bc + bc)^3 = (a^2 + 2bc)^3$$

$$\Rightarrow \frac{a^4 + 2b^2c^2}{a^2 + 2bc} \geqslant \frac{(a^2 + 2bc)^2}{(a + b + c)^2}$$

$$\Rightarrow \sqrt{\frac{a^4 + 2b^2c^2}{a^2 + 2bc}} \geqslant \frac{a^2 + 2bc}{a + b + c}$$

$$\Rightarrow \sqrt{\frac{a^4 + 2b^2c^2}{a^2 + 2bc}} + \sqrt{\frac{b^4 + 2c^2a^2}{b^2 + 2ca}} + \sqrt{\frac{c^4 + 2a^2b^2}{c^2 + 2ab}}$$

$$\geqslant \frac{a^2 + 2bc}{a + b + c} + \frac{b^2 + 2ca}{a + b + c} + \frac{c^2 + 2ab}{a + b + c}$$

$$= a + b + c$$

到此结论获得证明.

评注 这个方法的关键在于从目标式的左端分子利用赫尔德不等式构造出分母,可见作者的解题功底!

问题 7 设 $abc \in \mathbf{R}^*$,求证

$$(a^2 + ab + b^2)(b^2 + bc + c^2)(c^2 + ca + a^2) \geqslant (ab + bc + ca)^3$$

题目解说 本题为第 28 届 IMO 预选题.

渊源探索 本题似乎与费马点有关.

(注意多元均值不等式的运用或者构造三角形,利用费马点的性质定理.)

证明 由赫尔德不等式得

$$(a^2 + ab + b^2)(b^2 + bc + c^2)(c^2 + ca + a^2)$$

$$= (a^2 + ab + b^2)(c^2 + b^2 + bc)(ac + a^2 + c^2)$$

$$\geqslant (ab + bc + ca)^3$$

推广 1 设 $a,b,c,d \in \mathbf{R}^*$，求证

$$(a^3 + a^2 b + ab^2 + b^3) \cdot (b^3 + b^2 c + bc^2 + c^3) \cdot$$
$$(c^3 + c^2 d + cd^2 + d^3) \cdot (d^3 + d^2 a + da^2 + a^3)$$
$$\geqslant (abc + bcd + cda + dab)^4$$

题目解说 本题为一个新题(大约在 1996 年提出，一直没有发表，后来在大约 2013 年有人在《数学通报》发表了).

渊源探索 本题为上题的变量个数方面的推广——上题中每一个括弧中三个数依次成等比数列，故对于四个变量就产生了这个结论.

证明 运用赫尔德不等式

$$(ab^2 + b^3 + a^3 + a^2 b) \cdot (b^2 c + bc^2 + c^3 + b^3) \cdot$$
$$(c^3 + c^2 d + cd^2 + d^3) \cdot (a^3 + d^3 + d^2 a + da^2)$$
$$\geqslant (abc + bcd + cda + dab)^4$$

推广 2 设 $a,b,c,d \in \mathbf{R}^*$，求证

$$(a^3 + b^3 + c^3 + abc) \cdot (b^3 + c^3 + d^3 + bcd) \cdot$$
$$(c^3 + d^3 + a^3 + cda) \cdot (d^3 + a^3 + b^3 + dab)$$
$$\geqslant (abc + bcd + cda + dab)^4$$

题目解说 本题为一个新题(本题大约在 1996 年提出，一直没有发表，后来大约在 2013 年有人在《数学通报》发表了).

渊源探索 本题为上题的变量个数方面的推广——问题 7 中每一个括弧中三个数中间有一个是另外两个的几何平均值，故对于四个变量就产生了这个结论.

证明 运用柯西不等式的推广结论

$$(a^3 + b^3 + abc + c^3) \cdot (b^3 + bcd + c^3 + d^3) \cdot$$
$$(d^3 + c^3 + a^3 + cda) \cdot (dab + d^3 + b^3 + a^3)$$
$$\geqslant (abc + bcd + cda + dab)^4$$

即结论获得证明.

评注 上面几个结论是否可以给出变量个数方面的再推广，留给读者练习吧.

问题 8 设 $m > 0, n > 0, \alpha \in \left(0, \dfrac{\pi}{2}\right)$，求证：$m\sec \alpha + n\csc \alpha \geqslant (m^{\frac{2}{3}} + n^{\frac{2}{3}})^{\frac{3}{2}}$.

题目解说 这是广为流行的一道题目.

渊源探索 本题是(称为源头题目)$m>0,n>0,\alpha\in\left(0,\dfrac{\pi}{2}\right)$,求证:

$m\sec^2\alpha+n\csc^2\alpha\geqslant(\sqrt{m}+\sqrt{n})^2$ 的一个变题.

方法透析 源头题目可采用柯西不等式立刻解决,解决的原因是分母中两个数之和含有 $\sin^2\alpha+\cos^2\alpha=1$,当没有这个条件时,会有什么结论产生? 这样就产生出本题.

证明 由赫尔德不等式知

$$(m\sec\alpha+n\csc\alpha)(m\sec\alpha+n\csc\alpha)\left(\frac{1}{\sec^2\alpha}+\frac{1}{\csc^2\alpha}\right)$$

$$\geqslant\left[\sqrt[3]{(m\sec\alpha)^2\cdot\frac{1}{\sec^2\alpha}}+\sqrt[3]{(n\csc\alpha)^2\cdot\frac{1}{\csc^2\alpha}}\right]^3$$

$$=(m^{\frac{2}{3}}+n^{\frac{2}{3}})^3$$

评注 从本题的解决过程可以看出,本题还可以推广.

问题 9 设 $a,b,c\in\mathbf{R}^*$,求证

$$(a^5-a^2+3)(b^5-b^2+3)(c^5-c^2+3)\geqslant(a+b+c)^3$$

题目解说 本题为第 33 届美国数学竞赛第 5 题.

方法透析 本题的左端与右端差距较大,而且每一个括弧中间有一个减号,需要设法将其缩小,并消去减号,再使用一些不等式,这大概是我们奋斗的方向.

证明 由函数知识知道 $(a^3-1)(a^2-1)\geqslant0$,所以,$a^5-a^2+3\geqslant a^3+2$,同理可得

$$b^5-b^2+3\geqslant b^3+2,c^5-c^2+3\geqslant c^3+2$$

所以

$$(a^5-a^2+3)(b^5-b^2+3)(c^5-c^2+3)$$

$$\geqslant(a^3+2)(b^3+2)(c^3+2)$$

$$=(1+a^3+1)(b^3+1+1)(1+1+c^3)$$

$$\geqslant(a+b+c)^3$$

评注 本题证明的关键一步是利用排序思想(或者说成是函数思想),获得 $(a^3-1)(a^2-1)\geqslant0$,进一步得到 $a^5-a^2+3\geqslant a^3+2$,为成功利用赫尔德不等式打下坚实的基础.

练习题

1.(2011 年爱沙尼亚竞赛题)已知 $a,b,c\in\mathbf{R}^*,2a^2+b^2=9c^2$,求证

42

$$\frac{2c}{a}+\frac{c}{b}\geqslant\sqrt{3}$$

提示

$$\frac{1}{9}\left(\frac{2a^2}{c^2}+\frac{b^2}{c^2}\right)\left(\frac{2c}{a}+\frac{c}{b}\right)\left(\frac{2c}{a}+\frac{c}{b}\right)\geqslant\frac{1}{9}(2+1)^3=3$$

$$\frac{2c}{a}+\frac{c}{b}\geqslant\sqrt{3}\quad(a=b=\sqrt{3}\,c\ \text{时取等号})$$

2. (2016 年江苏夏令营试题) 已知 $a,b,c\in\mathbf{R}^*$，$\frac{2}{a}+\frac{1}{b}=\frac{\sqrt{3}}{c}$，求 $\frac{2a^2+b^2}{c^2}$ 的最小值.

提示

$$\frac{2a^2+b^2}{c^2}=\frac{1}{3}(2a^2+b^2)\left(\frac{2}{a}+\frac{1}{b}\right)^2\geqslant\frac{1}{3}(2+1)^2=9$$

$$\Rightarrow\frac{2a^2+b^2}{c^2}\geqslant9\quad(a=b=\sqrt{3}\,c\ \text{时取等号})$$

对比上边两道练习题，大家得到什么信息？是不是要重视前几年的国际竞赛题!

参考文献

[1] 张艳宗,徐银杰.数学奥林匹克中的常见重要不等式[M].哈尔滨:哈尔滨工业大学出版社,2017.

§7　从琴生不等式到若干函数不等式

世界上没有无缘无故的爱，也没有无缘无故的恨，数学里更没有无缘无故的第一小问。

小时候觉得做人很简单，做正确的事就行了，后来发现，有些事不分对错，有些事怎么做都是错，比如做数学题!

你说你对数学的感情很深，怎么考试总是错？老师："感情的事情不分对错！"

人生有九苦，生、老、病、死、爱别离，恨长久，求不得，放不下，学数学!

生活就是这样，你想赢却偏偏输，像数学，它是我的远方，我却不是它的故乡.

在此解释第五小段的意义,其实李欣宇也是想说数学不好学,数学离她很远,但是自己却经常未在数学的周围.其实当一个人长大了才知道,学习的过程就是不断探索的过程,学数学要学会总结,所以,探索的过程是一个磨炼人的意志的过程,也是不断提高总结的过程,学数学不是简单地学一点知识.这是我的一点浅显观点.

本节发表于《中学数学教学参考》(1994 年).

一、引言

众所周知如下著名的琴生(Jensen)不等式:对于 $x_i \in D(i=1,2,\cdots,n)$,且在 D 上连续的函数 $f(x)$,若 $\dfrac{f(x_1)+f(x_2)}{2} \geqslant f\left(\dfrac{x_1+x_2}{2}\right)$,则 $\dfrac{\sum\limits_{i=1}^{n} f(x_i)}{n} \geqslant f\left(\dfrac{\sum\limits_{i=1}^{n} x_i}{n}\right)$.

上面的结论表明 $f(x)$ 具有如下一条重要规律:当两个变量处的函数值的算术平均值不小于两个变量的算术平均值处的函数值时,那么,n 个变量处的函数值的算术平均值就不小于 n 个变量的算术平均值处的函数值.如果我们抓住这段话中的几个重要字眼 —— 算术平均值,仔细捉摸一下,由此进行类比联想,可能会发现许多意外的收获.例如琴生不等式所述的算术平均值改为几何平均值时,结论会怎样?

二、新结论及其推广

命题 1[1]   若 $x_i \in \mathbf{R}^*(i=1,2,\cdots,n)$,且正值函数 $f(x)$ 满足
$$\sqrt{f(x_1)f(x_2)} \geqslant f(\sqrt{x_1 x_2})$$
则
$$\sqrt[n]{\prod_{i=1}^{n} f(x_i)} \geqslant f\left(\sqrt[n]{\prod_{i=1}^{n} x_i}\right)$$

证明   对自然数 n 应用数学归纳法.

分两种情况.

1.首先,证明当 $n=2^m (m \in \mathbf{N})$ 时结论正确.

显然,当 $n=2$ 时结论正确,现设当 $n=2^k (k \in \mathbf{N})$ 时结论正确,则当 $n=2^{k+1} (k \in \mathbf{N})$ 时,有

$$\prod_{i=1}^{2^{k+1}} f(x_i) = \prod_{i=1}^{2^k} f(x_i) \cdot \prod_{i=2^k+1}^{2^{k+1}} f(x_i) \geqslant \left[f\left(\sqrt[2^k]{\prod_{i=1}^{2^k} x_i} \right) \right]^{2^k} \cdot \left[f\left(\sqrt[2^k]{\prod_{i=2^k+1}^{2^{k+1}} x_i} \right) \right]^{2^k}$$

$$= \left[f\left(\sqrt[2^k]{\prod_{i=1}^{2^k} x_i} \right) \cdot f\left(\sqrt[2^k]{\prod_{i=2^k+1}^{2^{k+1}} x_i} \right) \right]^{2^k}$$

$$\geqslant \left[f\left(\sqrt{ \sqrt[2^k]{\prod_{i=1}^{2^k} x_i} \cdot \sqrt[2^k]{\prod_{i=2^k+1}^{2^{k+1}} x_i} } \right)^2 \right]^{2^k}$$

$$= \left[f\left(\sqrt[2^{k+1}]{\prod_{i=1}^{2^{k+1}} x_i} \right) \right]^{2^{k+1}}$$

即

$$\sqrt[2^{k+1}]{\prod_{i=1}^{2^{k+1}} f(x_i)} \geqslant f\left(\sqrt[2^{k+1}]{\prod_{i=1}^{2^{k+1}} x_i} \right)$$

即 $n = 2^{k+1} (k \in \mathbf{N})$ 时命题成立,所以,命题对 $n = 2^m (m \in \mathbf{N})$ 均成立.

2. 下证 $n \neq 2^m (m \in \mathbf{N})$ 时结论成立.

对于 $n \in \mathbf{N}$,存在 $m \in \mathbf{N}$,使得 $2^m \leqslant n < 2^{m+1}$,对函数 $f(x)$ 考虑 2^m 个点 x_1, $x_2, \cdots, x_n, \underbrace{g, \cdots, g}_{2^m - n}$,其中 $g = \sqrt[n]{x_1 x_2 \cdots x_n}$.

根据应用 1 的结论我们有

$$\sqrt[2^m]{f(x_1) f(x_2) \cdots f(x_n) f(g)^{2^m - n}} \geqslant f\left(\sqrt[2^m]{x_1 x_2 \cdots x_n g^{2^m - n}} \right)$$

$$\Leftrightarrow f(x_1) f(x_2) \cdots f(x_n) f(g)^{2^m - n} \geqslant f(g)^{2^m}$$

$$\Leftrightarrow f(x_1) f(x_2) \cdots f(x_n) \geqslant f(g)^n$$

$$\Leftrightarrow \sqrt[n]{f(x_1) f(x_2) \cdots f(x_n)} \geqslant f(g)$$

$$= f\left(\sqrt[n]{x_1 x_2 \cdots x_n} \right)$$

综上可知,命题对任意自然数 n 都成立.

命题 1 表明,当定义在 $\mathbf{R}^*$ 上的正值函数在两个变量处函数值的几何平均值不小于其两个自变量几何平均值处的函数值时,就有 n 个变量处函数值的几何平均值不小于其 n 个自变量几何平均值处的函数值.

用类似的方法可以证明下面的两个结论.

命题 2[1]   设正值函数 $f(x)$ 在 $\mathbf{R}^*$ 上有定义,且对任意 $x_i \in \mathbf{R}^* (1 \leqslant i \leqslant n)$,有

$$\frac{f(x_1) + f(x_2)}{2} \geqslant f\left(\sqrt{x_1 x_2} \right)$$

那么

$$\frac{\sum\limits_{i=1}^{n} f(x_i)}{n} \geqslant f\left(\sqrt[n]{\prod_{i=1}^{n} x_i}\right)$$

命题 2 表明,当定义在 $\mathbf{R}^*$ 上的正值函数 $f(x)$ 在两个变量处函数值的算术平均值不小于其两个自变量几何平均值处的函数值时,就有 n 个变量处函数值的算术平均值不小于其 n 个自变量几何平均值处的函数值.

命题 3 设正值函数 $f(x)$ 在 D 上有定义,且 $x_i \in D (1 \leqslant i \leqslant n)$ 时,有

$$\sqrt{f(x_1) f(x_2)} \geqslant f\left(\frac{x_1 + x_2}{2}\right)$$

那么

$$\sqrt[n]{\prod_{i=1}^{n} f(x_i)} \geqslant f\left(\frac{1}{n} \sum_{i=1}^{n} x_i\right)$$

命题 3 表明,当定义在 D 上的正值函数 $f(x)$ 在两个变量处函数值的几何平均值不小于其两个自变量算术平均值处的函数值时,就有 n 个变量处函数值的几何平均值不小于其 n 个自变量算术平均值处的函数值.

上述两个结论的证明略. 这几个结论看似普通,实际上,它们在命题方面却有着奇特的效果和广泛的应用.

为叙述方便,以下记 $\sum\limits_{i=1}^{n} x_i = \sum x_i$,$\prod\limits_{i=1}^{n} x_i = \prod x_i$.

问题 1 设 $a_i, b_i, c_i, d_i, e_i, f_i \in (0,1)(1 \leqslant i \leqslant n)$,且记

$A = \sqrt[n]{\prod a_i}, B = \sqrt[n]{\prod b_i}, C = \sqrt[n]{\prod c_i}, D = \sqrt[n]{\prod d_i}, E = \sqrt[n]{\prod e_i}, F = \sqrt[n]{\prod f_i}$

则

$$\sum \frac{1}{\sqrt{1 - a_i b_i c_i d_i e_i f_i}} \geqslant \frac{n}{\sqrt{1 - ABCDEF}}$$

证明 先证当 $x_1, x_2 \in (0,1)$ 时,有

$$\frac{1}{2}\left(\frac{1}{\sqrt{1 - x_1}} + \frac{1}{\sqrt{1 - x_2}}\right) \geqslant \frac{1}{\sqrt{1 - \frac{1}{2}(x_1 + x_2)}} \tag{1}$$

事实上,由二元均值不等式,有

$$式(1) 左端 \geqslant \frac{1}{\sqrt[4]{(1 - x_1)(1 - x_2)}} = \frac{1}{\sqrt{\sqrt{(1 - x_1)(1 - x_2)}}}$$

$$\geqslant \frac{1}{\sqrt{\frac{(1 - x_1) + (1 - x_2)}{2}}} = \frac{1}{\sqrt{1 - \frac{x_1 + x_2}{2}}}$$

46

从而(1)成立.

于是,据著名的琴生不等式,有

$$\frac{1}{n}\sum\frac{1}{\sqrt{1-x_i}} \geqslant \frac{1}{\sqrt{1-\frac{1}{n}\sum x_i}} \quad (x_i \in (0,1), 1 \leqslant i \leqslant n) \qquad (2)$$

在(2)中,令 $x_i = a_i b_i c_i d_i e_i f_i$,得

$$\frac{1}{n}\sum\frac{1}{\sqrt{1-a_i b_i c_i d_i e_i f_i}} \geqslant \frac{1}{\sqrt{1-\frac{1}{n}\sum a_i b_i c_i d_i e_i f_i}}$$

$$\geqslant \frac{1}{\sqrt{1-\sqrt[n]{\prod a_i b_i c_i d_i e_i f_i}}}$$

$$= \frac{1}{\sqrt{1-ABCDEF}}$$

结论得证.

问题 2 $x_i \in \mathbf{R}^*$ $(i = 1, 2, 3, \cdots, n)$,$\sum x_i = 1$,求证

$$\sum\frac{x_i}{\sqrt{1-x_i}} \geqslant \sqrt{\frac{n}{n-1}}$$

证明 先证当 $x_1, x_2 \in (0,1)$ 时,有

$$\frac{1}{2}\left(\frac{x_1}{\sqrt{1-x_1}} + \frac{x_2}{\sqrt{1-x_2}}\right) \geqslant \frac{\frac{1}{2}(x_1+x_2)}{\sqrt{1-\frac{1}{2}(x_1+x_2)}} \qquad (1)$$

事实上,由函数单调性知 $(x_1-x_2)\left(\dfrac{1}{\sqrt{1-x_1}} - \dfrac{1}{\sqrt{1-x_2}}\right) \geqslant 0$,即

$$\frac{x_1}{\sqrt{1-x_1}} + \frac{x_2}{\sqrt{1-x_2}} \geqslant \frac{1}{2}(x_1+x_2)\left(\frac{1}{\sqrt{1-x_1}} + \frac{1}{\sqrt{1-x_2}}\right)$$

$$\geqslant \frac{x_1+x_2}{\sqrt{1-\frac{1}{2}(x_1+x_2)}}$$

故式(1)成立.

据琴生不等式,有

$$\frac{1}{n}\sum\frac{x_i}{\sqrt{1-x_i}} \geqslant \frac{\frac{1}{n}\sum x_i}{\sqrt{1-\frac{1}{n}\sum x_i}} = \frac{\frac{1}{n}}{\sqrt{1-\frac{1}{n}}} = \sqrt{\frac{n}{n-1}}$$

到此本题得证.

令 $n=3$,则本例变为:设 $x_i \in \mathbf{R}^*$ $(i=1,2,3)$,且 $\sum\limits_{i=1}^{3} x_i = 1$,则

$$\frac{x_1}{\sqrt{1-x_1}} + \frac{x_2}{\sqrt{1-x_2}} + \frac{x_3}{\sqrt{1-x_3}} \geqslant \sqrt{\frac{3}{2}}$$

在此式中作代换

$$x_1 = \frac{x}{x+y+z}, x_2 = \frac{y}{x+y+z}, x_3 = \frac{z}{x+y+z} \quad (x,y,z \in \mathbf{R}^*)$$

则有

$$\frac{x}{\sqrt{y+z}} + \frac{y}{\sqrt{z+x}} + \frac{z}{\sqrt{x+y}} \geqslant \frac{\sqrt{6}}{2}\sqrt{x+y+z}$$

这是 2005 年塞尔维亚数学奥林匹克一题.

这是 1994 年 1 月《中学生数理化》杂志中数学通讯赛中的第 1 题,故问题 2 的结果在某种程度上可视作该赛题在变量个数方面的一种推广.

问题 3 设 $a_i, b_i, c_i, d_i, e_i, f_i \in (1, +\infty)(1 \leqslant i \leqslant n, i \in \mathbf{N})$,且记

$$A = \sqrt[n]{\prod a_i}, B = \sqrt[n]{\prod b_i}, C = \sqrt[n]{\prod c_i}, D = \sqrt[n]{\prod d_i}, E = \sqrt[n]{\prod e_i}, F = \sqrt[n]{\prod f_i}$$

则

$$\frac{1}{n} \sum \frac{a_i b_i c_i d_i e_i f_i + 1}{\sqrt{a_i b_i c_i d_i e_i f_i - 1}} \geqslant \frac{ABCDEF + 1}{\sqrt{ABCDEF - 1}}$$

证明 先证当 $x, y \in (1, +\infty)$ 时有

$$\frac{1}{2}\left(\frac{x+1}{\sqrt{x-1}} + \frac{y+1}{\sqrt{y-1}}\right) \geqslant \frac{\sqrt{xy}+1}{\sqrt{\sqrt{xy}-1}} \tag{1}$$

事实上,由柯西不等式以及二元均值不等式,有

$$\frac{1}{2}\left(\frac{x+1}{\sqrt{x-1}} + \frac{y+1}{\sqrt{y-1}}\right) \geqslant \sqrt{\frac{(x+1)(y+1)}{\sqrt{(x-1)(y-1)}}} = \frac{\sqrt{(x+1)(y+1)}}{\sqrt{\sqrt{xy-(x+y)+1}}}$$

$$\geqslant \frac{\sqrt{xy}+1}{\sqrt{\sqrt{xy - 2\sqrt{xy}+1}}} = \frac{\sqrt{xy}+1}{\sqrt{\sqrt{xy}-1}}$$

(1) 得证.

于是,据命题 2,对 $x_i > 1 (1 \leqslant i \leqslant n)$ 有 $\dfrac{1}{n} \sum \dfrac{x_i+1}{\sqrt{x_i-1}} \geqslant \dfrac{\sqrt[n]{\prod x_i}+1}{\sqrt{\sqrt[n]{\prod x_i}-1}}$.

在上式中令 $x_i = a_i b_i c_i d_i e_i f_i$,便得欲证结论.

问题 4 同问题 3 的记号,有 $\prod \dfrac{a_i b_i c_i d_i e_i f_i + 1}{\sqrt{a_i b_i c_i d_i e_i f_i - 1}} \geqslant \left(\dfrac{ABCDEF + 1}{\sqrt{ABCDEF - 1}} \right)^n$.

证明 设 $f(x) = \dfrac{x+1}{\sqrt{x-1}}(x > 1)$,据问题 3 知

$$\sqrt{f(x)f(y)} \geqslant f(\sqrt{xy}) \quad (x, y > 1)$$

所以,据问题 1 知,当 $x_i > 1 (1 \leqslant i \leqslant n)$ 时,有 $\sqrt[n]{\prod f(x_i)} \geqslant f\left(\sqrt[n]{\prod x_i} \right)$,在此式中令 $x_i = a_i b_i c_i d_i e_i f_i$ 得

$$\sqrt[n]{\prod \dfrac{a_i b_i c_i d_i e_i f_i + 1}{\sqrt{a_i b_i c_i d_i e_i f_i - 1}}} \geqslant \dfrac{\sqrt[n]{\prod a_i b_i c_i d_i e_i f_i} + 1}{\sqrt{\sqrt[n]{\prod a_i b_i c_i d_i e_i f_i} - 1}} = \dfrac{ABCDEF + 1}{\sqrt{ABCDEF - 1}}$$

再整理便得结论.

问题 5 设 $x_i \in (0, 1)(1 \leqslant i \leqslant n)$,则

$$\prod \left(x_i + \dfrac{1}{1 - x_i} \right) \geqslant \left[\dfrac{n}{\sum \dfrac{1}{x_i}} + \dfrac{1}{1 - \dfrac{n}{\sum \dfrac{1}{x_i}}} \right]^n$$

证明 令 $f(x) = x + \dfrac{1}{1-x}$,我们证明,对于 $x, y \in (0, 1)$ 有

$$\left(x + \dfrac{1}{1-x} \right) \left(y + \dfrac{1}{1-y} \right) \geqslant \left(\sqrt{xy} + \dfrac{1}{1 - \sqrt{xy}} \right)^2$$

成立.

事实上,据柯西不等式知

$$\left(x + \dfrac{1}{1-x} \right) \left(y + \dfrac{1}{1-y} \right) \geqslant \left(\sqrt{xy} + \dfrac{1}{\sqrt{(1-x)(1-y)}} \right)^2$$

$$= \left(\sqrt{xy} + \dfrac{1}{\sqrt{1 - (x+y) + xy}} \right)^2$$

$$\geqslant \left[\sqrt{xy} + \dfrac{1}{\sqrt{1 - 2\sqrt{xy} + xy}} \right]^2$$

$$= \left(\sqrt{xy} + \dfrac{1}{1 - \sqrt{xy}} \right)^2$$

所以,$\sqrt{f(x)f(y)} \geqslant f(\sqrt{xy})$,根据命题 1,有

$$\prod \left(x_i + \dfrac{1}{1 - x_i} \right) \geqslant \left[\sqrt[n]{\prod x_i} + \dfrac{1}{1 - \sqrt[n]{\prod x_i}} \right]^n$$

又知 $f(x) = x + \dfrac{1}{1-x}$ 在 $(0, 1)$ 内单调上升,再根据几何 - 调和平均值不等式

49

便有

$$\sqrt[n]{\prod x_i} + \frac{1}{1 - \sqrt[n]{\prod x_i}} \geqslant \frac{n}{\sum \dfrac{1}{x_i}} + \frac{1}{1 - \dfrac{n}{\sum \dfrac{1}{x_i}}}$$

从而原题得证.

问题 6 设 $r_i, s_i, t_i, u_i, v_i \in (1, +\infty)(1 \leqslant i \leqslant n)$，且记

$$R = \sqrt[n]{\prod r_i}, S = \sqrt[n]{\prod s_i}, T = \sqrt[n]{\prod t_i}, U = \sqrt[n]{\prod u_i}, V = \sqrt[n]{\prod v_i}$$

则

$$\frac{1}{n} \sum \frac{r_i s_i t_i u_i v_i + 1}{r_i s_i t_i u_i v_i - 1} \geqslant \frac{RSTUV + 1}{RSTUV - 1}$$

证明 令 $f(x) = \dfrac{x+1}{x-1}$，我们证明

$$\frac{1}{2}\left(\frac{x+1}{x-1} + \frac{y+1}{y-1} \right) \geqslant \frac{\sqrt{xy}+1}{\sqrt{xy}-1} \quad (x, y > 1) \tag{1}$$

事实上，由二元算术－几何平均值不等式，有

$$\frac{1}{2}\left(\frac{x+1}{x-1} + \frac{y+1}{y-1} \right) \geqslant \sqrt{\frac{(x+1)(y+1)}{(x-1)(y-1)}} = \frac{\sqrt{(x+1)(y+1)}}{\sqrt{xy - (x+y) + 1}}$$

$$\geqslant \frac{\sqrt{xy}+1}{\sqrt{xy - 2\sqrt{xy} + 1}} = \frac{\sqrt{xy}+1}{\sqrt{xy}-1}$$

于是(1)得证.

根据命题 2 知，对 $x_i > 1 (1 \leqslant i \leqslant n)$ 有 $\dfrac{1}{n} \sum f(x_i) \geqslant f\left(\sqrt[n]{\prod x_i} \right)$，在此式中令 $x_i = r_i s_i t_i u_i v_i$，有

$$\frac{1}{n} \sum \frac{r_i s_i t_i u_i v_i + 1}{r_i s_i t_i u_i v_i - 1} \geqslant \frac{\sqrt[n]{\prod r_i s_i t_i u_i v_i} + 1}{\sqrt[n]{\prod r_i s_i t_i u_i v_i} - 1}$$

$$= \frac{\sqrt[n]{\prod r_i} \cdot \sqrt[n]{\prod s_i} \cdot \sqrt[n]{\prod t_i} \cdot \sqrt[n]{\prod u_i} \cdot \sqrt[n]{\prod v_i} + 1}{\sqrt[n]{\prod r_i} \cdot \sqrt[n]{\prod s_i} \cdot \sqrt[n]{\prod t_i} \cdot \sqrt[n]{\prod u_i} \cdot \sqrt[n]{\prod v_i} - 1}$$

$$\tag{2}$$

但知 $f(x) = \dfrac{x+1}{x-1}$ 在 $(1, +\infty)$ 内单调下降，据算术－几何平均值不等式知(2)的右端 $\geqslant \dfrac{RSTUV + 1}{RSTUV - 1}$，所以

50

$$\frac{1}{n} \sum \frac{r_i s_i t_i u_i v_i + 1}{r_i s_i t_i u_i v_i - 1} \geqslant \frac{RSTUV + 1}{RSTUV - 1}$$

问题 7 设 $a_i, b_i, c_i, d_i, e_i, f_i \in (0,1)(1 \leqslant i \leqslant n)$，且记

$$A = \sqrt[n]{\prod a_i}, B = \sqrt[n]{\prod b_i}, C = \sqrt[n]{\prod c_i}, D = \sqrt[n]{\prod d_i}, E = \sqrt[n]{\prod e_i}, F = \sqrt[n]{\prod f_i}$$

则

$$\prod \frac{1}{1 - a_i b_i c_i d_i e_i f_i} \geqslant \left(\frac{1}{1 - ABCDEF}\right)^n$$

证明 令 $f(x) = \frac{1}{1-x} (x \in (0,1))$，则对任意 $x, y \in (0,1)$，有

$$\sqrt{f(x)f(y)} \geqslant f(\sqrt{xy})$$

（证明略），据命题 1，知 $\sqrt[n]{\prod f(x_i)} \geqslant f\left(\sqrt[n]{\prod x_i}\right)$，即

$$\prod \frac{1}{1-x_i} \geqslant \left[\frac{1}{1 - \sqrt[n]{\prod x_i}}\right]^n \tag{1}$$

在上式中令 $x_i = a_i b_i c_i d_i e_i f_i$，整理便得结论.

评注 在(1) 中令 $x_i = |t_i|^n (t_i \in (-1,1), 1 \leqslant i \leqslant n)$，有

$$\sqrt[n]{\prod \frac{1}{1 - |t_i|^n}} \geqslant \frac{1}{1 - \prod |t_i|} \geqslant \frac{1}{1 - \prod t_i}$$

又由算术－几何平均值不等式知

$$\sum \frac{1}{1 - |t_i|^n} \geqslant n \sqrt[n]{\prod \frac{1}{1 - |t_i|}}$$

所以

$$\sum \frac{1}{1 - |t_i|^n} \geqslant \frac{n}{1 - \prod t_i} \tag{2}$$

问题 8 （1994 年中国数学奥林匹克集训队选拔考试第 4 题）设 $5n$ 个数 a_i，$b_i, c_i, d_i, e_i, f_i \in (1, +\infty)(1 \leqslant i \leqslant n, i \in \mathbf{N})$，且记

$$A = \frac{1}{n} \sum a_i, B = \frac{1}{n} \sum b_i, C = \frac{1}{n} \sum c_i, D = \frac{1}{n} \sum d_i, E = \frac{1}{n} \sum e_i$$

则

$$\prod \frac{a_i b_i c_i d_i e_i + 1}{a_i b_i c_i d_i e_i - 1} \geqslant \left(\frac{ABCDE + 1}{ABCDE - 1}\right)^n$$

证明 令 $f(x) = \frac{x+1}{x-1}$，则 $f(x)$ 在 $(1, +\infty)$ 内单调下降（证明略），则由

问题 6 中(1) 的证明过程知 ，$\sqrt{f(x)f(y)} \geqslant f(\sqrt{xy})(x, y > 1)$，所以据命题 1

知,当 $x_i \in (1, +\infty)(1 \leqslant i \leqslant n)$ 时,有

$$\sqrt[n]{\prod f(x_i)} \geqslant f\left(\sqrt[n]{\prod x_i}\right)$$

即

$$\prod \frac{x_i + 1}{x_i - 1} \geqslant \left(\frac{\sqrt[n]{\prod x_i} + 1}{\sqrt[n]{\prod x_i} - 1}\right)^n$$

在此式中令 $x_i = a_i b_i c_i d_i e_i (1 \leqslant i \leqslant n)$,得

$$\prod \frac{a_i b_i c_i d_i e_i + 1}{a_i b_i c_i d_i e_i - 1} \geqslant \left(\frac{\sqrt[n]{\prod a_i b_i c_i d_i e_i} + 1}{\sqrt[n]{\prod a_i b_i c_i d_i e_i} - 1}\right)^n$$

再由熟知的算术 - 几何平均值不等式知

$$\sqrt[n]{\prod a_i b_i c_i d_i e_i} \leqslant ABCDE$$

结合 $f(x) = \dfrac{x+1}{x-1}$,则由 $f(x)$ 在 $(1, +\infty)$ 内单调下降可得

$$\frac{\sqrt[n]{\prod a_i b_i c_i d_i e_i} + 1}{\sqrt[n]{\prod a_i b_i c_i d_i e_i} - 1} \geqslant \frac{ABCDE + 1}{ABCDE - 1}$$

即

$$\prod \frac{a_i b_i c_i d_i e_i + 1}{a_i b_i c_i d_i e_i - 1} \geqslant \left(\frac{ABCDE + 1}{ABCDE - 1}\right)^n$$

事实上,上边各题目还可以从变量组数方面予以推广,限于篇幅,这里仅给出这道选拔试题的推广,其余留给感兴趣的读者.

推广 设 $a_{ij} > 1 (1 \leqslant i \leqslant m, 1 \leqslant j \leqslant n)$,且 $A_i = \sum\limits_{j=1}^{n} a_{ij}$,则

$$\prod_{i=1}^{m} \frac{\prod\limits_{j=1}^{n} a_{ij} + 1}{\prod\limits_{j=1}^{n} a_{ij} - 1} \geqslant \left(\frac{\prod\limits_{j=1}^{n} A_j + 1}{\prod\limits_{j=1}^{n} A_j - 1}\right)^n$$

证明 略.

问题 8 的证明是否道出了命题(的来源)者的初衷,还要由命题人来检验.

问题 9 设 $x_i \in (0,1)(i = 1, 2, 3, \cdots, n)$,则 $\sum \dfrac{1}{1 + x_i^n} \leqslant \dfrac{n}{1 + \prod x_i}$.

证明 先证对 $x, y \in (0,1)$,有

$$\frac{1}{2}\left(\frac{1}{1+x^2} + \frac{1}{1+y^2}\right) \leqslant \frac{1}{1+xy} \tag{1}$$

事实上,(1) 等价于

$$\frac{2}{1+xy} \geqslant \frac{2+x^2+y^2}{(1+x^2)(1+y^2)}$$

$$\Leftrightarrow 2(1+x^2)(1+y^2) - (1+xy)(2+x^2+y^2) \geqslant 0$$

$$\Leftrightarrow (x-y)^2(1-xy) \geqslant 0$$

这显然成立,(1) 得证.

在(1) 中令 $x^2 = a^n, y^2 = b^n (a, b \in (0,1))$,得

$$\frac{1}{2}\left(\frac{1}{1+a^n} + \frac{1}{1+b^n}\right) \leqslant \frac{1}{1+\sqrt{a^n b^n}}$$

根据命题 2 中的反向不等式,知对 $x_i \in (0,1)(i=1,2,3,\cdots,n)$ 都有

$$\frac{1}{n}\sum \frac{1}{1+x_i^n} \leqslant \frac{1}{1+\prod x_i}$$

再整理即得结论.

顺便指出:

(1) 当 $x_i > 1 (i=1,2,3,\cdots,n)$ 时

$$\frac{1}{n}\sum_{i=1}^{n} \frac{1}{1+x_i^n} \geqslant \frac{1}{1+\prod_{i=1}^{n} x_i} \tag{$*$}$$

(2) 设 $x_i \in (0,1)(i=1,2,3,\cdots,n)$,则

$$\sum_{i=1}^{n} \frac{1}{1+x_i^2} \leqslant \sum_{i=1}^{n} \frac{1}{1+x_i x_{i+1}} \quad (x_{n+1} = x_1)$$

(3) 设 $x_i \in (0,1)(i=1,2,3,\cdots,n)$,则

$$\sum_{i=1}^{n} \frac{1}{\sqrt{1+x_i^2}} \leqslant \sum_{i=1}^{n} \frac{1}{\sqrt{1+x_i x_{i+1}}} \quad (x_{n+1} = x_1)$$

证明　只要证明 $\dfrac{1}{\sqrt{1+x^2}} + \dfrac{1}{\sqrt{1+y^2}} \leqslant \dfrac{2}{\sqrt{1+xy}}(x, y \in (0,1))$ 即可.

上式两边平方,知道原式等价于

$$\frac{1}{1+x^2} + \frac{1}{1+y^2} + \frac{2}{\sqrt{(1+x^2)(1+y^2)}} \leqslant \frac{4}{1+xy}$$

于是只要证明

$$\frac{1}{2}\left(\frac{1}{1+x^2} + \frac{1}{1+y^2}\right) \leqslant \frac{1}{1+xy}$$

和

$$\frac{1}{\sqrt{1+x^2}} \cdot \frac{1}{\sqrt{1+y^2}} \leqslant \frac{1}{1+xy}$$

这两个式子易证,从而容易证明结论.

最后我们再给出几个有用的命题,证明从略.

命题 4 定义在 $\mathbf{R}^*$ 上的正值函数 $f(x)$,如果对任意 $x_i \in \mathbf{R}^*$ $(1 \leqslant i \leqslant n)$,有

$$\frac{1}{2}[f(x_1) + f(x_2)] \geqslant f\left(\frac{2}{\dfrac{1}{x_1} + \dfrac{1}{x_2}}\right)$$

那么

$$\frac{1}{n}\sum_{i=1}^{n} f(x_i) \geqslant f\left(\frac{n}{\sum \dfrac{1}{x_i}}\right)$$

命题 5 定义在 $\mathbf{R}^*$ 上的正值函数 $f(x)$,如果对任意 $x_i \in \mathbf{R}^*$ $(1 \leqslant i \leqslant n)$,有

$$\frac{1}{2}[f(x_1) + f(x_2)] \geqslant f\left(\sqrt{\frac{x_1^2 + x_2^2}{2}}\right)$$

那么

$$\frac{1}{n}\sum f(x_i) \geqslant f\left(\sqrt{\frac{\sum x_i^2}{n}}\right)$$

命题 6 定义在 $\mathbf{R}^*$ 上的正值函数 $f(x)$,如果对任意 $x_i \in \mathbf{R}^*$ $(1 \leqslant i \leqslant n)$,有

$$\sqrt{f(x_1)f(x_2)} \geqslant f\left(\sqrt{\frac{x_1^2 + x_2^2}{2}}\right)$$

那么

$$\sqrt[n]{\prod f(x_i)} \geqslant f\left(\sqrt{\frac{\sum x_i^2}{n}}\right)$$

关于命题 4 ~ 6 的应用将在别处论述.

若以上命题条件中的不等式反向,则结论同样处理.

参考文献

[1] 黄仁寿. 两个函数不等式[J]. 湖南数学通讯,1991(2):34.

从分析解题过程学解题——
竞赛中的向量几何与不等式研究

§8　托勒密不等式及其应用

一、题目与解答

问题 1　设 $ABCD$ 为任意凸四边形,则 $AB \cdot CD + AD \cdot BC \geqslant AC \cdot BD$.

渊源探索　本题为托勒密(Ptolemy)定理的一般情形.

托勒密定理(源头题目):圆内接四边形的两对边乘积之和等于其对角线乘积.

源头题目的证明　如图 1,如果 $ABCD$ 是圆内接四边形,需要证明

$$AB \cdot CD + AD \cdot BC = AC \cdot BD$$

如图 1,设 AC 上有一点 E(也可以在 BD 上找一个点),使得

$$AB \cdot CD + AD \cdot BC = BD(AE + EC)$$
$$= BD \cdot AE + BD \cdot EC \tag{1}$$

我们寻求 E 应满足的条件.

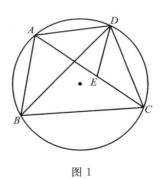

图 1

要使(1)成立,需要

$$AD \cdot BC = BD \cdot AE \tag{2}$$

$$AB \cdot CD = BD \cdot EC \tag{3}$$

同时成立.

而(2)成立的条件为 $\triangle ADE \backsim \triangle BDC$,(3)成立的条件为 $\triangle ABD \backsim \triangle ECD$.

于是,只要在 AC 上找一点 E,使得 $\angle ADE = \angle BDC$ 即可,这样就有(2)(3)同时成立,于是,这两个式子相加即得(1).

方法透析　思考方法——类比托勒密定理的证明方法——在线段 AC 上

55

找一点 E 凑等式,找相似.

证明 如图 2,取点 E 使得

$$\angle BAE = \angle CAD, \angle ABE = \angle ACD$$

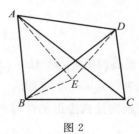

图 2

于是

$$\triangle ABE \backsim \triangle ACD \Rightarrow \frac{AD}{AE} = \frac{AC}{AB}, \frac{AC}{AB} = \frac{CD}{BE}$$

即

$$AB \cdot CD = AC \cdot BE \tag{1}$$

又

$$\angle DAE = \angle CAB \Rightarrow \triangle ADE \backsim \triangle ACB$$

即有

$$AD \cdot BC = AC \cdot DE \tag{2}$$

注意到

$$BE + ED \geqslant BD$$

上边的两个式子相加即得

$$AB \cdot CD + AD \cdot BC = AC \cdot DE + AC \cdot BE = AC(DE + BE) \geqslant AC \cdot BD$$

其中等号成立的条件为当 E 在 BD 上,即 $\angle ABD = \angle ACD$ 时成立,此时 $A, B,$ C, D 四点共圆. 所以,本题是托勒密定理的推广.

二、托勒密不等式(结论与方法)的应用

问题 1 设 $ABCDEF$ 是凸六边形,$AB = BC, CD = DE, EF = FA$,证明

$$\frac{BC}{BE} + \frac{DE}{DA} + \frac{FA}{FC} \geqslant \frac{3}{2}$$

题目解说 本题为第 38 届 IMO 预选题第 7 题,见《中等数学》1998(5): 31.

方法透析 从欲证结构分析,可知应联想到已有的几何不等式.

证明 如图 3,令 $AC = c, AE = b, CE = a$,在四边形 $ABCE$ 中,运用托勒密不等式便有

$$AB \cdot CE + BC \cdot AE \geqslant AC \cdot BE$$

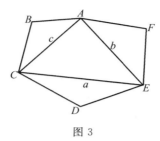

图 3

再注意已知条件,有

$$BC(a + b) \geqslant c \cdot BE$$

即 $\dfrac{BC}{BE} \geqslant \dfrac{c}{a + b}$,同理有

$$\frac{DE}{DA} \geqslant \frac{a}{b + c}, \frac{FA}{FC} \geqslant \frac{b}{c + a}$$

这三个式子相加得到

$$\frac{BC}{BE} + \frac{DE}{DA} + \frac{FA}{FC} \geqslant \frac{c}{a + b} + \frac{a}{b + c} + \frac{b}{c + a} \geqslant \frac{3}{2} \tag{1}$$

最后一步用到了常见的不等式.

评注 这个证明是利用托勒密不等式直接凑出目标线段,然后利用已知的代数不等式完成证明.

问题 2 设 P 为平行四边形 $ABCD$ 内部任意一点,求证:$PA \cdot PC + PB \cdot PD \geqslant AB \cdot BC$,并指出等号成立的条件.

题目解说 本题大约为某刊物上的一道问题.

方法透析 本题明显是反映了托勒密不等式结构的题目,故设法将目标线段与运用托勒密不等式联结起来是解决问题的关键.

证明 如图 4,PQ 平行且等于 CD,联结 CQ,BQ,则四边形 $CDPQ$ 与 $ABQP$ 都是平行四边形,所以,在四边形 $PBQC$ 中,运用托勒密不等式有

$$BQ \cdot PC + PB \cdot CQ \geqslant PQ \cdot BC$$

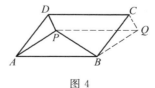

图 4

即
$$PA \cdot PC + PB \cdot PD \geqslant AB \cdot BC$$

等号成立的条件是 P,B,Q,C 四点共圆,即
$$\angle CPB + \angle CQB = 180°$$

但是,$\angle CQB = \angle APD$,所以,原等式等号成立的条件是
$$\angle APD + \angle CPB = 180°$$

评注 这个证明是从题目的结构联想到托勒密不等式构想出来的,可见,类比联想能力是解决问题的好方法.

问题 3 设 M 为单位正方形内部任意一点,记
$$MA = a, MB = b, MC = c, MD = d$$

求证:$ab + bc + cd + da + ac + bd \geqslant 3$.

题目解说 本题为《数学通报》1997(4-5)问题1068.

方法透析 本题结构也是明显反应托勒密不等式结构的样子,故需要设法利用托勒密不等式去凑目标线段.

证明 如图5,将 $\triangle ABM$ 平移到 $\triangle DCE$ 的位置,则
$$AM = DE, MB = CE$$

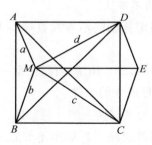

图 5

在四边形 $MCED$ 中,运用托勒密不等式有
$$ac + bd \geqslant CD \cdot ME = 1 \tag{1}$$

而
$$ab + bc + cd + ad = (a+c)(b+d) \geqslant AC \cdot BD = 2 \tag{2}$$

(1)+(2)得到
$$ab + bc + cd + da + ac + bd \geqslant 3$$

等号成立的条件是 M,C,E,D 四点共圆,即 M 落在正方形的中心.

评注 上面两个问题的上界如何?

问题 4 如图6,边长为1的正 $\triangle ABC$ 内部有一个点 P,记 $PA = a$, $PB = b$,

$PC = c$,求证:$ab + bc + ca \geqslant 1$.

题目解说　本题为《数学通报》1997(11) 问题 1103.

渊源探索　本题为问题 3 从四边形退化为正三角形时的结论.

证明 1　（1998 年 2 月 11 日得到）

设 P 关于正 $\triangle ABC$ 的边 BC，CA，AB 的对称点分别为 M，N，Q，则 $AQ = AP = AN$，$\angle QAN = 120°$.

由余弦定理知 $NQ = \sqrt{3}\,a$，同理得到

$$MQ = \sqrt{3}\,b, MN = \sqrt{3}\,c$$

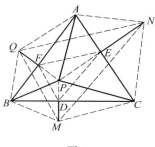

图 6

由平面几何知识不难知道

$$S_{AQBMCN} = 2S_{\triangle ABC} = \frac{\sqrt{3}}{2}$$

又由

$$\frac{\sqrt{3}}{2} = S_{AQBMCN}$$

$$= S_{\triangle MNQ} + S_{\triangle AQN} + S_{\triangle BMQ} + S_{\triangle CMN}$$

$$= S_{\triangle MNQ} + \frac{1}{2}(a^2 + b^2 + c^2)\sin 120°$$

$$\Rightarrow S_{\triangle MNQ} = \frac{\sqrt{3}}{2} - \frac{\sqrt{3}}{4}(a^2 + b^2 + c^2)$$

在 $\triangle MNQ$ 中运用费恩斯列尔－哈德维格尔(Finsler-Hadwiger) 不等式

$$MN^2 + NQ^2 + QM^2 \geqslant 4\sqrt{3} \cdot S_{\triangle MNQ} + \sum (MN - NQ)^2$$

得到

$$(\sqrt{3}\,a)^2 + (\sqrt{3}\,b)^2 + (\sqrt{3}\,c)^2 \geqslant 4\sqrt{3}\left[\frac{\sqrt{3}}{2} - \frac{\sqrt{3}}{4}(a^2 + b^2 + c^2)\right] + 3\sum (a - b)^2$$

化简即得 $ab + bc + ca \geqslant 1$.

评注 本题的证明借助于费恩斯列尔－哈德维格尔不等式(已知结果)来证明,再次表明已有结果需要掌握.

证明 2 供题人的证明是利用正三角形内一点到三边距离之和为定值,通过大量运算完成的.

事实上,过 P 作 $PD \perp BC$,$PE \perp CA$,$PF \perp AB$,D,E,F 分别为垂足,设 $PD = u$,$PE = v$,$PF = w$,则 $u + v + w = \dfrac{\sqrt{3}}{2}$,于是

$$EF = \sqrt{v^2 + w^2 - 2vw\cos 120°} = \sqrt{v^2 + w^2 + vw}$$

注意到 A,F,P,E 四点共圆,且 PA 为该圆的直径,所以

$$a = PA = \frac{EF}{\sin A} = \frac{2}{\sqrt{3}}EF = \frac{2}{\sqrt{3}}\sqrt{v^2 + w^2 + vw}$$

同理可得

$$b = \frac{2}{\sqrt{3}}\sqrt{w^2 + u^2 + wu}, c = \frac{2}{\sqrt{3}}\sqrt{u^2 + v^2 + uv}$$

所以

$$\begin{aligned}
bc &= \frac{4}{3}\sqrt{w^2 + u^2 + wu}\sqrt{u^2 + v^2 + uv}\\
&= \frac{4}{3}\sqrt{(w^2 + u^2 + wu)(u^2 + v^2 + uv)}\\
&= \frac{1}{3}\sqrt{[3(w+u)^2 + (w-u)^2][3(u+v)^2 + (v-u)^2]}\\
&\geqslant \frac{1}{3}[3(w+u)(u+v) + (w-u)(v-u)]\\
&= \frac{1}{3}(4u^2 + 4vw + 2uv + 2uw)
\end{aligned}$$

同理可得

$$ca = \frac{1}{3}(4v^2 + 4wu + 2vw + 2vu), ab = \frac{1}{3}(4w^2 + 4uv + 2wu + 2wv)$$

所以

$$ab + bc + ca \geqslant \frac{4}{3}(u + v + w)^2 = 1$$

本节将托勒密不等式的应用给予简单阐述.其实,它的应用远不止于此,留给读者讨论吧!

§9 欧拉不等式的证明及其空间移植

我们将从平面上的欧拉不等式出发,先讨论其几个证明,再将其推广到空间,不妥之处,请大家批评指正.

一、题目与解答

问题 1 设 R,r 分别为 $\triangle ABC$ 外接圆、内切圆的半径,$\triangle ABC$ 的三边分别为 a,b,c,求证:$R \geqslant 2r$.

题目解说 本题为平面上著名的欧拉不等式.

证明 1 在 $\triangle ABC$ 中,由于

$$\sin \frac{A}{2} \cdot \sin \frac{B}{2} \cdot \sin \frac{C}{2} \leqslant \frac{1}{8}$$

且

$$r = 4R\sin \frac{A}{2} \cdot \sin \frac{B}{2} \cdot \sin \frac{C}{2} \leqslant \frac{1}{2}R$$

即结论获得证明.

证明 2 设 $\triangle ABC$ 的外心为 O,内心为 I,由欧拉定理

$$R^2 - 2Rr = OI^2$$

立刻知道 $R \geqslant 2r$.

证明 3 如图 7,设 O 为 $\triangle ABC$ 的外心,D,E,F 分别为边 BC,CA,AB 的中点,则

$$2 \cdot S_{四边形 ODCE} \leqslant OC \cdot DE = \frac{1}{2} \cdot c \cdot R$$

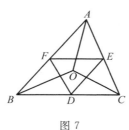

图 7

同理可得

$$2 \cdot S_{四边形 OEAF} \leqslant OA \cdot EF = \frac{1}{2} \cdot a \cdot R$$

$$2 \cdot S_{\text{四边形}ODBF} \leqslant OB \cdot DF = \frac{1}{2} \cdot b \cdot R$$

这三个式子相加得到结论

$$2 \cdot (S_{\text{四边形}ODCE} + S_{\text{四边形}OEAF} + S_{\text{四边形}ODBF}) \leqslant \frac{R}{2} \cdot (a+b+c)$$

即

$$2S_{\triangle ABC} \leqslant \frac{R}{2}(a+b+c) \Rightarrow (a+b+c) \cdot r \leqslant \frac{R}{2} \cdot (a+b+c)$$

所以 $R \geqslant 2r$.

证明 4 如图 8,设 O 为 $\triangle ABC$ 的外心,分别过 A,B,C 作对边的平行线交成一个 $\triangle DEF$,则 $\triangle ABC \backsim \triangle DEF$,且相似比为 $1 : 2$,即 $S_{\triangle DEF} = 4S_{\triangle ABC}$,但是

$$S_{\triangle DEF} \leqslant \frac{1}{2} \sum OC \cdot DE = \frac{R}{2} \sum DE = \frac{R}{2} \cdot 2(a+b+c)$$

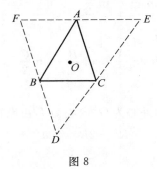

图 8

即

$$2 \cdot r \cdot (a+b+c) \leqslant \frac{R}{2} \cdot 2 \cdot (a+b+c)$$

所以 $R \geqslant 2r$.

证明 5 如图 9,O 为外心,延长 AO 交 BC 与 D,记 $\triangle BOC$,$\triangle COA$,$\triangle AOB$,$\triangle ABC$ 的面积分别为 $\triangle_1$,$\triangle_2$,$\triangle_3$,$\triangle$,则 $\dfrac{R}{d_A} \geqslant \dfrac{OA}{OD} = \dfrac{\triangle_2 + \triangle_3}{\triangle_1}$($d_A$ 为 O 到 BC 的距离)

即

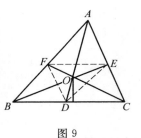

图 9

$$R \geqslant \frac{\triangle_2 + \triangle_3}{\triangle_1} \cdot d_A = \frac{\triangle_2 + \triangle_3}{\frac{1}{2} \cdot a \cdot d_A} \cdot d_A$$

$$\Rightarrow R \cdot a \geqslant 2(\triangle_2 + \triangle_3)$$

同理可得

$$R \cdot b \geqslant 2(\triangle_1 + \triangle_2), R \cdot c \geqslant 2(\triangle_1 + \triangle_3)$$

这三个式子相加得到

$$R \cdot (a + b + c) \geqslant 4(\triangle_1 + \triangle_2 + \triangle_3) = \frac{r}{2} \cdot 4(a + b + c)$$

所以 $R \geqslant 2r$.

证明 6 设 O 为外心,记 $\triangle BOC$,$\triangle COA$,$\triangle AOB$,$\triangle ABC$ 的面积分别为 $\triangle_1$,$\triangle_2$,$\triangle_3$,$\triangle$,d_A 为 O 到 BC 的距离,h_A 为 a 边上的高,则

$$R + d_A \geqslant h_A \Rightarrow R \cdot a + a \cdot d_A \geqslant a \cdot h_A$$

即

$$a \cdot R + 2 \cdot \triangle_1 \geqslant 2 \cdot \triangle$$

同理有

$$b \cdot R + 2 \cdot \triangle_2 \geqslant 2 \cdot \triangle, c \cdot R + 2 \cdot \triangle_3 \geqslant 2 \cdot \triangle$$

这三个式子相加得到

$$R \cdot \sum a + 2 \cdot \triangle \geqslant 6 \cdot \triangle \Rightarrow R \cdot \sum a \geqslant 4 \cdot \triangle = 2 \cdot r \cdot \sum a$$

所以 $R \geqslant 2r$.

评注 证明 5 可以移植到立体几何中去,用于证明四面体中的类似结论.

二、问题 1 的空间推广

笔者在证明完毕问题之 1 后,想着如何将本题推广到空间四面体,想起了笔者之前曾经建立的移植原则:

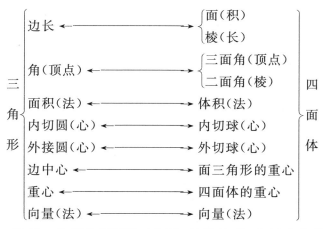

问题 2 设 R,r 分别为四面体 $ABCD$ 的外接球、内切球半径,求证:$R \geqslant 3r$.

证明1 如图 10，O 为外心，延长 AO 交面 BCD 于 E，作 $OF \perp BCD$ 于 F，记 $OF = d_A$，三棱锥 $O\text{-}BCD$，$O\text{-}ACD$，$O\text{-}ABD$，$O\text{-}ABC$，$ABCD$ 的体积分别为 V_1，V_2，V_3，V_4，V，则

$$\frac{R}{d_A} \geqslant \frac{OA}{OE} = \frac{V_2 + V_3 + V_4}{V_1}$$

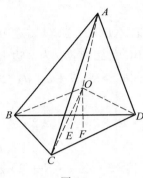

图 10

即

$$R \geqslant \frac{V_2 + V_3 + V_4}{V_1} \cdot d_A = \frac{V_2 + V_3 + V_4}{\frac{1}{3} \cdot S_{\triangle BCD} \cdot d_A} \cdot d_A$$

即

$$R \cdot S_{\triangle BCD} \geqslant 3(V_2 + V_3 + V_4)$$

同理可得

$$R \cdot S_{\triangle ACD} \geqslant 3(V_1 + V_3 + V_4)$$
$$R \cdot S_{\triangle ABD} \geqslant 3(V_1 + V_2 + V_4)$$
$$R \cdot S_{\triangle ABC} \geqslant 3(V_1 + V_2 + V_3)$$

这四个不等式相加得到

$$R \cdot (S_{\triangle ABC} + S_{\triangle ABD} + S_{\triangle ACD} + S_{\triangle BCD})$$
$$\geqslant 9 \cdot (V_1 + V_2 + V_3 + V_4)$$
$$= 9 \cdot \frac{S_{\triangle ABC} + S_{\triangle ABD} + S_{\triangle ACD} + S_{\triangle BCD}}{3} \cdot r$$

所以 $R \geqslant 3r$.

证明2 如图 11，设四面体 $B_1 B_2 B_3 B_4$ 的各面重心分别为 A_1，A_2，A_3，A_4，$V_B = V_{B_1 B_2 B_3 B_4}$，$V_A = V_{A_1 A_2 A_3 A_4}$，则 $V_B = 27 \cdot V_A$，$A_1 A_2 = \frac{1}{3} B_1 B_2$，$\cdots$，$S_{A_1} = \frac{1}{9} S_{B_1}$（$S_{A_1}$ 为四面体 $A_1 A_2 A_3 A_4$ 中的 $\triangle A_2 A_3 A_4$ 的面积，S_{B_1} 为四面体

64

$B_1B_2B_3B_4$ 中的 $\triangle B_2B_3B_4$ 的面积,其他类推).

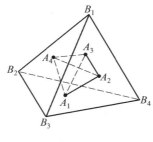

图 11

于是

$$\frac{1}{3}R\sum_{i=1}^{4}S_{B_i} \geqslant V_B = 27V_A = 27 \cdot \frac{1}{3}r\sum_{i=1}^{4}S_{A_i}$$

即

$$\frac{1}{3}R \cdot 9\sum_{i=1}^{4}S_{A_i} = \frac{1}{3}R\sum_{i=1}^{4}S_{B_i} \geqslant 9r\sum_{i=1}^{4}S_{A_i}$$

所以 $R \geqslant 3r$.

评注 本结论的证明完全是照搬平面几何中的结论的证明方法,只是所运用的知识稍有不同,可见对于一道已有题目解答方法的理解和掌握有多重要.

参考文献

[1] 王扬,赵小云.从分析解题过程学解题——竞赛中的几何问题研究[M].哈尔滨:哈尔滨工业大学出版社,2018.

§10 三次函数及其应用之一

本节将讨论一些相关三次函数的不等式问题,因其在高考和竞赛中有着极其重要的应用,故有必要介绍之,不妥之处,请大家批评指正.

一、三次函数基础知识

1.三次函数的表示形式(三根式).

$$f(x) = (x-a)(x-b)(x-c)$$
$$= x^3 - (a+b+c)x^2 + (ab+bc+ca)x - abc$$

或

$$f(x) = (x+a)(x+b)(x+c)$$
$$= x^3 + (a+b+c)x^2 + (ab+bc+ca)x + abc$$

2. 三次函数的根与系数关系.

$f(x) = ax^3 + bx^2 + cx + d(a \neq 0,$ 三次函数的一般式) 的三个零点分别为 $\alpha, \beta, \gamma,$ 则

$$\begin{cases} \alpha + \beta + \gamma = -\dfrac{b}{a} \\ \alpha\beta + \beta\gamma + \gamma\alpha = \dfrac{c}{a} \\ \alpha\beta\gamma = -\dfrac{d}{a} \end{cases}$$

性质 1 已知三次函数 $f(x) = x^3 + ax^2 + bx + c$ 三个零点成等比数列,求 $a^3 c - b^3$ 的值.

题目解说 这是《中等数学》2009(5):39 第 8 题.

方法透析 题目给出了三个根,故需要利用三次函数的根与系数关系,再利用三个根与等比数列的关系可得出三个等式,再求出三个参量 a, b, c 与三个根之关系.

解 设已知三次函数的三个零点分别为 d, dq, dq^2,则由根与系数关系得到

$$\begin{cases} d + dq + dq^2 = -a & (1) \\ d^2 q + d^2 q^2 + d^2 q^3 = b & (2) \\ d^3 q^3 = -c & (3) \end{cases}$$

$$\frac{(2)}{(1)} \Rightarrow -\frac{b}{a} = \frac{d^2 q + d^2 q^2 + d^2 q^3}{d + dq + dq^2} = dq$$

从而 $a^3 c - b^3 = a^3\left(c - \dfrac{b^3}{a^3}\right) = a^3(c + d^3 q^3) = 0.$

性质 2 三次函数 $f(x) = ax^3 + bx^2 + cx + d(a \neq 0)$ 的图像的对称中心为 $\left(-\dfrac{b}{3a}, f\left(-\dfrac{b}{3a}\right)\right)$.

题目解说 本题为《中学生数学》2018(2):40 一题.

方法透析 考虑特殊三次函数 $f(x) = ax^3$ 的对称性,以及平移后的对称中心位置.

证明 (山东滕州二中高二学生班昌宇)由

$$f(x) = ax^3 + bx^2 + cx + d$$

$$= a\left[x^3 + 3 \cdot \frac{b}{3a}x^2 + 3 \cdot \left(\frac{b}{3a}\right)^2 x + \left(\frac{b}{3a}\right)^3\right] -$$

$$3a \cdot \left(\frac{b}{3a}\right)^2 x - a\left(\frac{b}{3a}\right)^3 + cx + d$$

$$= a\left(x + \frac{b}{3a}\right)^3 - \left[3a \cdot \left(\frac{b}{3a}\right)^2 - c\right]x - a\left(\frac{b}{3a}\right)^3 + d$$

$$= a\left(x + \frac{b}{3a}\right)^3 - \left[3a \cdot \left(\frac{b}{3a}\right)^2 - c\right]\left(x + \frac{b}{3a}\right) -$$

$$a\left(\frac{b}{3a}\right)^3 + d + b \cdot \left(\frac{b}{3a}\right)^2 - c \cdot \frac{b}{3a}$$

$$= a\left(x + \frac{b}{3a}\right)^3 - \left[3a \cdot \left(\frac{b}{3a}\right)^2 - c\right]\left(x + \frac{b}{3a}\right) + f\left(-\frac{b}{3a}\right)$$

$$\Rightarrow f\left(x - \frac{b}{3a}\right) + f\left(-x - \frac{b}{3a}\right) = 2f\left(-\frac{b}{3a}\right)$$

即三次函数 $f(x) = ax^3 + bx^2 + cx + d(a \neq 0)$ 的图像的对称中心为 $\left(-\dfrac{b}{3a}, f\left(-\dfrac{b}{3a}\right)\right)$.

性质 3 求证：三次函数 $f(x) = x^3 + ax^2 + bx + c$ 的图像的对称中心为 $\left(-\dfrac{a}{3}, f\left(-\dfrac{a}{3}\right)\right)$.

证明 只要将函数式配方.

事实上

$$f(x) = x^3 + ax^2 + bx + c$$

$$= x^3 + 3 \cdot \frac{a}{3}x^2 + 3 \cdot \left(\frac{a}{3}\right)^2 x + \left(\frac{a}{3}\right)^3 +$$

$$bx + c - \left(\frac{a}{3}\right)^3 - 3 \cdot \left(\frac{a}{3}\right)^2 x$$

$$= \left(x + \frac{a}{3}\right)^3 + x\left[b - 3 \cdot \left(\frac{a}{3}\right)^2\right] + c - \left(\frac{a}{3}\right)^3$$

$$= \left(x + \frac{a}{3}\right)^3 + \left(x + \frac{a}{3}\right)\left[b - 3 \cdot \left(\frac{a}{3}\right)^2\right] +$$

$$c - \left(\frac{a}{3}\right)^3 - b \cdot \frac{a}{3} + a \cdot \left(\frac{a}{3}\right)^2$$

$$= \left(x + \frac{a}{3}\right)^3 + \left(x + \frac{a}{3}\right)\left[b - 3 \cdot \left(\frac{a}{3}\right)^2\right] + f\left(-\frac{a}{3}\right)$$

$$= \left(x + \frac{a}{3}\right)^3 + \left(x + \frac{a}{3}\right)\left[b - 3 \cdot \left(\frac{a}{3}\right)^2\right] + \frac{2a^3 - 9ab + 27c}{27}$$

即

$$f(x) = x^3 + ax^2 + bx + c$$

$$= \left(x + \frac{a}{3}\right)^3 + \left(x + \frac{a}{3}\right)\left[b - 3 \cdot \left(\frac{a}{3}\right)^2\right] + \frac{2a^3 - 9ab + 27c}{27}$$

对上式也可以作代换,令

$$y = x + \frac{a}{3} \Rightarrow f(y) = y^3 + y\left[b - 3 \cdot \left(\frac{a}{3}\right)^2\right] + \frac{2a^3 - 9ab + 27c}{27}$$

二、例题精讲

问题 1 函数 $f(x) = \frac{1}{3}x^3 + \frac{1}{2}bx^2 + cx + d$ 在 $(0, 2)$ 内既有极大值,也有极小值,求 $c^2 + 2bc + 4c$ 的取值范围.

题目解说 本题为 2016 年河南预赛第 4 题.

方法透析 由题意知 $f'(x) = x^2 + bx + c$ 在 $(0, 2)$ 内有两个不同零点,即方程 $x^2 + bx + c = 0$ 有两个不同实数根,再用两个实数根表示 $c^2 + 2bc + 4c$,化为函数式,转化为求二元函数的最值问题.

解 由条件知 $f'(x) = x^2 + bx + c$ 在 $(0, 2)$ 内有两个不同零点,即方程 $x^2 + bx + c = 0$ 有两个不同实数根,不妨设为 $x_1, x_2 \in (0, 2)$,且 $x_1 \neq x_2$,$x_1 + x_2 = -b$,$x_1 x_2 = c$.

于是

$$c^2 + 2bc + 4c = c(c + 2b + 4) = x_1 x_2 (x_1 x_2 - 2x_1 - 2x_2 + 4)$$

$$= x_1 x_2 (x_1 - 2)(x_2 - 2) = x_1 x_2 (2 - x_1)(2 - x_2)$$

$$= [x_1 (2 - x_1)][x_2 (2 - x_2)]$$

$$\leqslant \left[\frac{x_1 + (2 - x_1)}{2}\right]^2 \left[\frac{x_2 + (2 - x_2)}{2}\right]^2 = 1$$

即 $c^2 + 2bc + 4c$ 的取值范围为 $(0, 1]$.

评注 本题的求解过程告诉我们,根据题意构造以函数零点为变量的二元函数式是解决问题的关键.

引申 1 设 $f(x) = x^3 - \frac{3}{2}x^2 + \frac{3}{4}x + \frac{1}{8}$,求

$$\sum_{k=1}^{2\,016} f\left(\frac{k}{2\,017}\right)$$

题目解说 本题为 2017 年广州第一次模拟考试选择题最后一题.

68

方法透析　回顾本节性质 3 的三次函数的对称性可得一对函数式之和为一个定值,即需要寻找题中函数的对称中心,即需要对题设函数式进行配方.

解　原函数可以化为 $f(x) = \left(x - \dfrac{1}{2}\right)^3 + \dfrac{1}{4}$,此函数的图像关于点 $P\left(\dfrac{1}{2}, \dfrac{1}{4}\right)$ 对称,从而

$$f(x) + f(1-x) = 2 \cdot f\left(\frac{1}{2}\right) = \frac{1}{2}$$

$$\left(\text{或 } f\left(\frac{1}{2} + x\right) + f\left(\frac{1}{2} - x\right) = 2 \cdot f\left(\frac{1}{2}\right)\right)$$

从而

$$2\sum_{k=1}^{2\,016} f\left(\frac{k}{2\,017}\right) = \left[f\left(\frac{1}{2\,017}\right) + f\left(\frac{2\,016}{2\,017}\right)\right] + \left[f\left(\frac{2}{2\,017}\right) + f\left(\frac{2\,015}{2\,017}\right)\right] + \cdots +$$

$$\left[f\left(\frac{2\,016}{2\,017}\right) + f\left(\frac{1}{2\,017}\right)\right] = \frac{1}{2} \cdot 2\,016$$

$$\Rightarrow \sum_{k=1}^{2\,016} f\left(\frac{k}{2\,017}\right) = 504$$

评注　本题的求解源于对函数对称性的把握.

问题 2　已知实数 x, y 满足 $2^x + 3^y = 4^x + 9^y$,求 $U = 8^x + 27^y$ 的取值范围.

题目解说　本题为 2016 年河南竞赛第二大题(16 分),见《中等数学》2017(5):21.

解　令 $a = 2^x, b = 3^y (a > 0, b > 0)$,结合条件知

$$a + b = a^2 + b^2 \Rightarrow \left(a - \frac{1}{2}\right)^2 + \left(b - \frac{1}{2}\right)^2 = \frac{1}{2}$$

令 $t = a + b \in (1, 2]$(运用数形结合可以获得),则

$$ab = \frac{(a+b)^2 - (a^2 + b^2)}{2} = \frac{t^2 - t}{2}$$

$$U = 8^x + 27^y = a^3 + b^3 = (a+b)^3 - 3ab(a+b)$$

$$= t^3 - 3\,\frac{t^2 - t}{2} \cdot t = -\frac{1}{2}t^3 + \frac{3}{2}t^2$$

记　　　　　　$f(t) = -\frac{1}{2}t^3 + \frac{3}{2}t^2 \quad (t \in (1, 2])$

$$\Rightarrow f'(t) = -\frac{3}{2}t^2 + 3t = -\frac{3}{2}t\left(\frac{t}{2} - 1\right) \geqslant 0$$

$f(t)$ 在 $t \in (1, 2]$ 内单调递增.

易得,当 $t \in (1, 2]$ 时,$f(t) \in (1, 2]$.

综合以上知道，$U=8^x+27^y$ 的取值范围为 $(1,2]$.

评注 本题有两个难点，一是获得 $t=a+b\in(1,2]$，二是将 U 化为 t 的函数.

问题 3 设 $x,y,z\in\mathbf{R}^*$，且 $xy+yz+zx=1$，求证

$$xyz(x+y)(y+z)(z+x)\geqslant(1-x^2)(1-y^2)(1-z^2)$$

题目解说 本题为 2016 年江西竞赛第 11 题.

方法透析 从条件 $xy+yz+zx=1$ 联想三角函数部分的恒等式：在 $\triangle ABC$ 中，有

$$\tan\frac{A}{2}\tan\frac{B}{2}+\tan\frac{B}{2}\tan\frac{C}{2}+\tan\frac{C}{2}\tan\frac{A}{2}=1$$

由此三角代换的想法顿时涌上心头.

证明 1 由条件可设 $x=\tan\alpha,y=\tan\beta,z=\tan\gamma,\alpha+\beta+\gamma=\dfrac{\pi}{2}$，即

$$\tan2\alpha\cdot\tan2\beta\cdot\tan2\gamma=\tan2\alpha+\tan2\beta+\tan2\gamma$$
$$\geqslant3\sqrt[3]{\tan2\alpha\cdot\tan2\beta\cdot\tan2\gamma}$$
$$\Rightarrow\tan2\alpha\cdot\tan2\beta\cdot\tan2\gamma\geqslant3\sqrt{3}$$

原不等式等价于

$$\frac{2x}{1-x^2}\cdot\frac{2y}{1-y^2}\cdot\frac{2z}{1-z^2}$$
$$\geqslant\frac{8}{(x+y)(y+z)(z+x)}$$
$$\Leftrightarrow\tan2\alpha\tan2\beta\tan2\gamma$$
$$\geqslant\frac{8}{(\tan\alpha+\tan\beta)(\tan\beta+\tan\gamma)(\tan\gamma+\tan\alpha)}（再切化弦）$$
$$=\frac{8\cos^2\alpha\cos^2\beta\cos^2\gamma}{\sin(\alpha+\beta)\sin(\beta+\gamma)\sin(\gamma+\alpha)}（注意\ \alpha+\beta+\gamma=\frac{\pi}{2}）$$
$$=\frac{8\cos^2\alpha\cos^2\beta\cos^2\gamma}{\cos\gamma\cos\beta\cos\alpha}$$
$$=8\cos\alpha\cos\beta\cos\gamma$$
$$\Leftrightarrow\tan2\alpha\tan2\beta\tan2\gamma$$
$$\geqslant8\cos\alpha\cos\beta\cos\gamma$$
$$\Leftrightarrow\frac{\sin2\alpha\sin2\beta\sin2\gamma}{\cos2\alpha\cos2\beta\cos2\gamma}$$
$$\geqslant8\cos\alpha\cos\beta\cos\gamma$$
$$\Leftrightarrow\frac{8\sin\alpha\sin\beta\sin\gamma\cos\alpha\cos\beta\cos\gamma}{\cos2\alpha\cos2\beta\cos2\gamma}$$

$$\geqslant 8\cos\alpha\cos\beta\cos\gamma$$

$$\Leftrightarrow \cos 2\alpha\cos 2\beta\cos 2\gamma \leqslant \sin\alpha\sin\beta\sin\gamma \tag{1}$$

$$2\cos 2\alpha\cos 2\beta = \cos(2\alpha + 2\beta) + \cos(2\alpha - 2\beta)$$

$$\leqslant \cos(2\alpha + 2\beta) + 1 = 1 - \cos 2\gamma = 2\sin^2\gamma$$

$$\Rightarrow \cos 2\alpha\cos 2\beta \leqslant \sin^2\gamma$$

同理可得

$$\cos 2\beta\cos 2\gamma \leqslant \sin^2\alpha, \cos 2\gamma\cos 2\alpha \leqslant \sin^2\beta$$

三个式子相乘即得(1),所以原不等式获得证明.

评注 本题的证明过程显示的三角不等式(1),其实就是前面我们介绍过的结论:在 $\triangle ABC$ 中,有 $\cos A\cos B\cos C \leqslant \sin\dfrac{A}{2}\sin\dfrac{B}{2}\sin\dfrac{C}{2}$. 换句话说,解决本题的过程就是利用三角代换将目标代数不等式转化为上面的三角不等式.

证明 2 原不等式等价于

$$(zx + yz)(xy + yz)(yz + zx)$$

$$\geqslant (1 - x^2)(1 - y^2)(1 - z^2)$$

$$\Leftrightarrow (1 - xy)(1 - yz)(1 - zx)$$

$$\geqslant (1 - x^2)(1 - y^2)(1 - z^2)$$

$$\Leftrightarrow xyz(x + y + z) - (xyz)^2$$

$$\geqslant 1 - x^2 - y^2 - z^2 + x^2y^2 + y^2z^2 + z^2x^2 - (xyz)^2$$

$$\Leftrightarrow xyz(x + y + z)$$

$$\geqslant 1 - x^2 - y^2 - z^2 + x^2y^2 + y^2z^2 + z^2x^2 \tag{1}$$

但是

$$1 = (xy + yz + zx)^2 = x^2y^2 + y^2z^2 + z^2x^2 + 2xyz(x + y + z)$$

$$x^2 + y^2 + z^2 = (x^2 + y^2 + z^2)(xy + yz + zx)$$

$$= xy(x^2 + y^2) + yz(y^2 + z^2) + zx(x^2 + z^2) + xyz(x + y + z)$$

代入到(1),有

$$xy(x^2 + y^2) + yz(y^2 + z^2) + zx(x^2 + z^2)$$

$$\geqslant 2(x^2y^2 + y^2z^2 + z^2x^2)$$

$$\Leftrightarrow xy(x - y)^2 + yz(y - z)^2 + zx(z - x)^2 \geqslant 0$$

到此结论获得证明.

评注 这个证明方法有一点小的技巧,就是对原不等式左端将三个变量分配到三个括弧中,运用条件等式之后再将两端展开,再凑齐次就圆满完成了解答.

§11 三次函数及其应用之二

这是上一节的继续.

问题 1 已知实数 a, b, c 满足 $a + b + c = 9$，$ab + bc + ca = 24$，求 abc 的取值范围.

题目解说 本题为流行于多种刊物上的一道题目.

渊源探索 本题为早年一道竞赛题（大约为 1964 年上海竞赛题）的继续和深入.

原赛题 已知实数 a, b, c 满足 $a + b + c = 9$，$ab + bc + ca = 24$，求 c 的取值范围.

方法透析 联想当年的竞赛题解法，需要利用二次方程的根与系数关系，求出一个变量的取值范围，进一步将三个变量的取值范围问题转化为一个变量的函数问题.

解 1 由条件知道 $a + b = 9 - c$，$ab = 24 - c(b + a) = 24 - c(9 - c) = 24 - 9c + c^2$.

于是，可以构造关于以 a, b 为根的二次方程，即
$$x^2 - x(9 - c) + 24 - 9c + c^2 = 0$$
由 $\Delta \geqslant 0 \Rightarrow (9 - c)^2 - 4(24 - 9c + c^2) \geqslant 0 \Rightarrow 1 \leqslant c \leqslant 5$，所以
$$abc = c(24 - 9c + c^2) = c^3 - 9c^2 + 24c$$
令
$$f(c) = c^3 - 9c^2 + 24c$$
所以
$$f'(c) = 3(c - 2)(c - 4) \quad (1 \leqslant c \leqslant 5)$$
由导数知识知道 $16 \leqslant f(c) \leqslant 20$，所以，$16 \leqslant abc \leqslant 20$.

解 2 由条件，设
$$f(x) = (x - a)(x - b)(x - c)$$
$$= x^3 - (a + b + c)x^2 + (ab + bc + ca)x - abc$$
$$= x^3 - 9x^2 + 24x - abc$$
所以
$$f(x) = x^3 - 9x^2 + 24x - abc \tag{1}$$
结合解 1 知道 $1 \leqslant c \leqslant 5$，在 (1) 中，令 $x = c$ 得到

$$abc = c^3 - 9c^2 + 24c$$

令

$$f(c) = c^3 - 9c^2 + 24c$$

所以 $f'(c) = 3(c-2)(c-4)(1 \leqslant c \leqslant 5)$，由导数知识知道 $16 \leqslant f(c) \leqslant 20$，所以 $16 \leqslant abc \leqslant 20$.

评注 解决本题的两个要点，第一个是需要掌握一道竞赛题的解法，第二个是需要从条件等式捕捉三次函数的三根关系式，这是联想的结果.

问题 2 已知实数 a, b, c 满足 $a + b + c > 0, ab + bc + ca > 0, abc > 0$，求证：$a, b, c$ 均为正数.

题目解说 本题是广为流传的一道题目，散见于多种资料.

方法透析 本题大多采用反证法，这里考虑到条件与三次函数的根与系数关系有关，故想到运用构造三次函数.

证明 构造三次函数

$$\begin{aligned}
f(x) &= (x-a)(x-b)(x-c) \\
&= x^3 - (a+b+c)x^2 + (ab+bc+ca)x - abc \\
\Rightarrow f'(x) &= 3x^2 - 2(a+b+c)x + (ab+bc+ca) \\
\Rightarrow \frac{\Delta}{4} &= (a+b+c)^2 - 3(ab+bc+ca) \\
&= \frac{1}{2}\left[(a-b)^2 + (b-c)^2 + (a-c)^2\right]
\end{aligned}$$

若 $a = b = c$，则结论已经成立.

若 a, b, c 不全相等，则 $\Delta > 0$，式 $f'(x)$ 有两个不相等的实数根，设其根分别为 x_1, x_2，则由根与系数关系知

$$x_1 + x_2 = \frac{2(a+b+c)}{3} > 0, \quad x_1 x_2 = \frac{ab+bc+ca}{3} > 0 \Rightarrow x_1 > 0, x_2 > 0$$

即 $f(x)$ 有两个正实数极值点，又 $f(0) = -abc < 0$，从而，结合三次函数图像知，三次函数 $f(x) = (x-a)(x-b)(x-c)$ 的三个零点 a, b, c 均为正数，即 a, b, c 均为正数.

评注 本证明运用三次函数的根与系数关系比较实惠，从函数零点出发，探索零点的位置（在 x 轴正方向，即大于 0），利用三次函数图像性质获得信息，即这个解法是利用图像性质解决问题.

问题 3 已知实系数多项式 $\varphi(x) = ax^3 + bx^2 + cx + d$ 有三个正根，且 $\varphi(0) < 0$. 求证

$$2b^3 + 9a^2d - 7abc \leqslant 0 \tag{1}$$

73

题目解说   本题为 2008 年女子数学竞赛试题之一.

方法透析   从条件回顾上题的求解过程可以看出,本题所描述的三次函数图像同于上题的大致样子,立刻判断可得 $d<0$,故 $a>0$,再由根与系数关系可得三个零点与 $\varphi(x)=ax^3+bx^2+cx+d$ 的系数之关系,最后只需要判断含有三个正数的不等式关系.

证明   设实系数多项式 $\varphi(x)=ax^3+bx^2+cx+d$ 的三个正根分别为 x_1, x_2,x_3,由根与系数关系知

$$x_1+x_2+x_3=-\frac{b}{a},x_1x_2+x_2x_3+x_3x_1=\frac{c}{a},x_1x_2x_3=-\frac{d}{a}$$

由 $\varphi(0)<0$,可得 $d<0$,故 $a>0$.

不等式(1)两边同除以 a^3 得

$$7\left(-\frac{b}{a}\right)\frac{c}{a}\leqslant 2\left(-\frac{b}{a}\right)^3+9\left(-\frac{d}{a}\right)$$

$$\Leftrightarrow 7(x_1+x_2+x_3)(x_1x_2+x_2x_3+x_3x_1)$$

$$\leqslant 2(x_1+x_2+x_3)^3+9x_1x_2x_3$$

$$\Leftrightarrow x_1^2x_2+x_1^2x_3+x_2^2x_1+x_2^2x_3+x_3^2x_1+x_3^2x_2$$

$$\leqslant 2(x_1^3+x_2^3+x_3^3) \tag{2}$$

因为 $x_1,x_2,x_3>0$,所以

$$(x_1-x_2)(x_1^2-x_2^2)\geqslant 0$$

也就是

$$x_1^2x_2+x_2^2x_1\leqslant x_1^3+x_2^3$$

同理

$$x_2^2x_3+x_3^2x_2\leqslant x_2^3+x_3^3,x_3^2x_1+x_1^2x_3\leqslant x_3^3+x_1^3$$

三个不等式相加可得不等式(2),当且仅当 $x_1=x_2=x_3$ 时不等式等号成立.

评注   这个证明没有什么技巧,只是有一点比较简单的运算,这样写有点不方便,不如将三个变量直接写成 x,y,z 来的快捷.

问题 4   实数 a,b,c 以及 $\lambda\in\mathbf{R}^*$,使得 $f(x)=x^3+ax^2+bx+c$ 三个零点分别为 x_1,x_2,x_3,且满足

$$x_2-x_1=\lambda,x_3>\frac{1}{2}(x_1+x_2)$$

求证:(1) $\dfrac{2a^3+27c-9ab}{\lambda^3}=0$,当且仅当 x_1,x_2,x_3 成等差数列;(2)求出

$\dfrac{2a^3 + 27c - 9ab}{\lambda^3}$ 的最大值.

题目解说　本题为 2000 年全国高中数学竞赛题,见《中等数学》2008(3):15.

方法透析　本题可以看成上面两题的类似题,故可以按照上一题的方法继续讨论.

解　由 §10 性质 3 得到

$$f(x) = x^3 + ax^2 + bx + c$$

$$= x^3 + 3 \cdot \dfrac{a}{3} x^2 + 3 \cdot \left(\dfrac{a}{3}\right)^2 x + \left(\dfrac{a}{3}\right)^3 + bx + c - \left(\dfrac{a}{3}\right)^3 - 3 \cdot \left(\dfrac{a}{3}\right)^2 x$$

$$= \left(x + \dfrac{a}{3}\right)^3 + x\left(b - 3 \cdot \left(\dfrac{a}{3}\right)^2\right) + c - \left(\dfrac{a}{3}\right)^3$$

$$= \left(x + \dfrac{a}{3}\right)^3 + \left(x + \dfrac{a}{3}\right)\left(b - 3 \cdot \left(\dfrac{a}{3}\right)^2\right) +$$

$$\quad c - \left(\dfrac{a}{3}\right)^3 - b \cdot \dfrac{a}{3} + a \cdot \left(\dfrac{a}{3}\right)^2$$

$$= \left(x + \dfrac{a}{3}\right)^3 + \left(x + \dfrac{a}{3}\right)\left(b - 3 \cdot \left(\dfrac{a}{3}\right)^2\right) + f\left(-\dfrac{a}{3}\right)$$

$$= \left(x + \dfrac{a}{3}\right)^3 + \left(x + \dfrac{a}{3}\right)\left(b - 3 \cdot \left(\dfrac{a}{3}\right)^2\right) + \dfrac{2a^3 - 9ab + 27c}{27}$$

于是,$\dfrac{2a^3 + 27c - 9ab}{\lambda^3} = 0$,当且仅当 x_1, x_2, x_3 成等差数列,且 $x_2 = 0$. 结合条件 $x_2 - x_1 = \lambda$ 知道 $x_1 < 0 < x_3$,作代换 $y = x + \dfrac{a}{3}$,$p = b - 3 \cdot \left(\dfrac{a}{3}\right)^2$,$q = \dfrac{2a^3 - 9ab + 27c}{27}$,则上述问题转化为对于实数 p, q 以及 $\lambda \in \mathbf{R}^*$ 使得 $g(y) = y^3 + py + q$ 的三个实数根为 y_1, y_2, y_3,且满足 $y_2 - y_1 = \lambda$,$y_3 > \dfrac{1}{2}(y_1 + y_2)$,求证:(1)$q = 0 \Leftrightarrow y_1, y_2, y_3$ 成等差数列;(2) 求 $\dfrac{27q}{\lambda^3}$ 的最大值.

解　(1)$q = 0 \Rightarrow y_1, y_2, y_3$ 成等差数列;

反之,若 y_1, y_2, y_3 成等差数列,即 $y_1 + y_3 = 2y_2$,但是

$$y_1 + y_2 + y_3 = 0 \Rightarrow y_2 = 0 \Rightarrow y_1 y_2 y_3 = 0 = q$$

(2) 令

$$y_1 = m - \dfrac{\lambda}{2} \qquad\qquad (1)$$

$$y_2 = m + \frac{\lambda}{2} \tag{2}$$

$$y_3 = m + t \tag{3}$$

$$y_1 + y_2 + y_3 = 0 = 3m + t \Rightarrow t = -3m \tag{4}$$

因为

$$y_3 > \frac{1}{2}(y_1 + y_2) \Rightarrow 3y_3 > y_1 + y_2 + y_3 = 0 \Rightarrow y_3 > 0 \tag{5}$$

结合(3)(5)

$$t > -m \tag{6}$$

结合(4)(6)

$$-3m > -m \Rightarrow m < 0 \tag{7}$$

由根与系数关系知道 $y_1 y_2 y_3 = -q$，从而

$$\frac{27q}{\lambda^3} = \frac{27}{\lambda^3}(-y_1 y_2 y_3) = \frac{-27}{\lambda^3}\left(m^2 - \frac{\lambda^2}{4}\right)(m + t)$$

$$= \frac{-27}{\lambda^3}\left(m^2 - \frac{\lambda^2}{4}\right)(m - 3m)$$

$$= \frac{27}{2\lambda^3} \cdot m(4m^2 - \lambda^2)$$

令

$$U = -m(4m^2 - \lambda^2)$$

$$\Leftrightarrow U^2 = \frac{1}{8} \cdot 8m^2(\lambda^2 - 4m^2)(\lambda^2 - 4m^2)$$

$$\leqslant \frac{1}{8} \cdot \left(\frac{2\lambda^2}{3}\right)^3$$

等号成立当且仅当 $8m^2 = \lambda^2 - 4m^2 \Leftrightarrow \lambda^2 = 12m^2$.

不妨取 $m = -1, \lambda = 2\sqrt{3}, y_1 = -1 - \sqrt{3}, y_2 = -1 + \sqrt{3}, y_3 = 2$，此时 $\frac{27q}{\lambda^3}$ 取得最大值.

评注 原题条件中的 $\frac{2a^3 + 27c - 9ab}{\lambda^3} = 0$ 实质上是对原函数图像经过上下平移后的纵坐标为 0.

问题 5 实数 a, b, c 和正数 λ，使得 $f(x) = x^3 + ax^2 + bx + c$ 有三个实数根 x_1, x_2, x_3，且满足：(1) $x_2 - x_1 = \lambda$，(2) $x_3 > \frac{1}{2}(x_1 + x_2)$. 求 $\frac{2a^3 + 27c - 9ab}{\lambda^3}$ 的最大值.

题目解说 本题为 2002 年全国高中数学联赛二试中第 2 题.

方法透析 （《中学数学》湖北 2005(4):46）肖果能先生给出了一种不错的方法，但美中不足的是在最后得到的三次函数 $g(z) = z^3 - z$ $(z > 0)$ 的最小值的求法上饶了较大的弯子，用到待定系数法，显得不够简洁，实为一大遗憾，这里给出一种直接求得最小值的最为简洁的方法：

解 1 原函数可以配方成

$$f(x) = x^3 + ax^2 + bx + c = \left(x + \frac{a}{3}\right)^3 + \left(b - \frac{a^2}{3}\right)\left(x + \frac{a}{3}\right) + \frac{2a^3 + 27c - 9ab}{27}$$

令 $t = x + \dfrac{a}{3}$，则原函数可以简写为

$$g(t) = t^3 + \left(b - \frac{a^2}{3}\right)t + \frac{2a^3 + 27c - 9ab}{27}$$

于是，按照题设条件知道上述关于 t 的三次多项式有三个实数根 t_1, t_2, t_3 满足 $t_i = x_i + \dfrac{a}{3}$ $(i = 1, 2, 3)$，那么由根与系数关系知道

$$t_1 + t_2 + t_3 = 0, t_1 t_2 t_3 = -\frac{2a^3 + 27c - 9ab}{27}$$

由题设中的两个条件可知

$$t_2 - t_1 = \left(x_2 + \frac{a}{3}\right) - \left(x_1 + \frac{a}{3}\right) = x_2 - x_1 = \lambda (> 0)$$

$$t_3 = x_3 + \frac{a}{3} > \frac{1}{2}(x_1 + x_2) + \frac{a}{3}$$

$$= \frac{1}{2}\left(x_1 + \frac{a}{3}\right) + \frac{1}{2}\left(x_2 + \frac{a}{3}\right)$$

$$= \frac{1}{2}(t_1 + t_2) = -\frac{1}{2}t_3 \Rightarrow t_3 > 0$$

由 $t_1 + t_2 + t_3 = 0, t_2 - t_1 = \lambda$ 可以知道 t_1, t_2 可以用 t_3 表示为

$$\begin{cases} t_1 = -\dfrac{1}{2}(t_3 + \lambda) \\ t_2 = -\dfrac{1}{2}(t_3 - \lambda) \end{cases}$$

所以

$$\frac{2a^3 + 27c - 9ab}{\lambda^3} = -27 \cdot \frac{t_1 t_2 t_3}{\lambda^3} = -\frac{27}{4} \cdot \left(\frac{t_3}{\lambda} + 1\right) \cdot \left(\frac{t_3}{\lambda} - 1\right)\frac{t_3}{\lambda}$$

令 $z = \dfrac{t_3}{\lambda}$，则由 $t_3 > 0, \lambda > 0 \Rightarrow z > 0$，于是问题化归为求三次函数

$$g(z) = (z + 1)(z - 1)z = z^3 - z \quad (z > 0)$$

的最小值(显然是负值,因为当 $z > 1$ 时,$g(z)$ 可以充分大),设有正实数 a 使得 $g(z) = z^3 + a + a - 2a - z$,由三元均值不等式知

$$g(z) = z^3 + a + a - 2a - z \geqslant 3 \cdot z \cdot \sqrt[3]{a^2} - z - 2a$$

为了消去 z,可以令

$$3\sqrt[3]{a^2} = 1 \Rightarrow a = \frac{\sqrt{3}}{9}$$

即 $a = \frac{\sqrt{3}}{9}$ 时,$g(z)_{\min} = -\frac{2\sqrt{3}}{9}$,从而可求得

$$\frac{2a^3 + 27c - 9ab}{\lambda^3} \leqslant \left(-\frac{27}{4}\right)\left(-\frac{2}{9}\sqrt{3}\right) = \frac{3}{2}\sqrt{3}$$

评注 本题的这个方法值得认真思考,第一步是对原函数进行配方,它是解决三次函数问题的常用手法 —— 目标是解决掉 x^2,表明任意(含有一次到三次)三次函数都可以通过变换化为上述类型的三次函数式,这样运用根与系数关系时结构就简单多了;第二步就是尽量减少变量个数 —— 减元,这是解决多变量问题的常用手法;第三步就是引进参数求三元函数的最小值;第四步,条件中的第二个不等式想告诉人们 $x_3 > 0$,这是一个非常隐秘的条件;第五步,通过上述变换,使得我们清楚地看出题目的由来,这才是本方法的本质所在.

解 2 由条件中的两个式子知道,可设

$$\lambda = 2u, x = \frac{x_1 + x_2}{2}, x_3 = x + v, x_1 = x - u, x_2 = x + u \quad (u > 0, v > 0)$$

则

$$\frac{2a^3 + 27c - 9ab}{\lambda^3}$$

$$= \frac{-2(x_1 + x_2 + x_3)^3 - 27x_1x_2x_3 + 9(x_1 + x_2 + x_3)(x_1x_2 + x_2x_3 + x_1x_3)}{8u^3}$$

$$= \frac{-2(2x + x + v)^3 - 27(x^2 - u^2)(x + v) + 9(2x + x + v)[x^2 - u^2 + (x + v)2x]}{8u^3}$$

$$= \frac{v(9u^2 - v^2)}{4u^3} (\text{下令 } t = \frac{v}{u})$$

$$= \frac{1}{4}t(9 - t^2) \leqslant \frac{3\sqrt{3}}{2} (\text{等号成立的条件为 } t = \sqrt{3})$$

(因为,当 $9 - t^2 > 0$ 时,$[t(9 - t^2)]^2 = t^2(9 - t^2)(9 - t^2) \leqslant \frac{1}{2} \cdot 6^3$),所以

$$\left(\frac{2a^3 + 27c - 9ab}{\lambda^3}\right)_{\max} = \frac{3\sqrt{3}}{2}$$

评注　这个解法首先给出的代换通常称为增量法,此法在明确各量的大小关系后是一个变不等为等的有效手法,需要读者仔细领悟.

解 3　因为

$$f(x) = (x - x_1)(x - x_2)(x - x_3)$$
$$= (x_2 + x_3 - 2x_1)(x_3 + x_1 - 2x_2)(-a - 3x_3) \qquad (1)$$

令 $x_2 = x_1 + 2m, x_3 = x_1 + m + n (m > 0, n > 0, \lambda = 2m)$,代入(1)化简可得

$$2a^3 + 27c - 9ab = 2n(9m^2 - n^2)$$

所以

$$\frac{2a^3 + 27c - 9ab}{\lambda^3} = \frac{2n(9m^2 - n^2)}{8m^3} = \frac{1}{4}\left[9\left(\frac{n}{m}\right) - \left(\frac{n}{m}\right)^3\right] \leqslant \frac{3\sqrt{3}}{2}$$

评注　上述的两个解法都采用了增量法,当然最后一步用到了三元平均值不等式,参见《中学教研》2007(11):36.

问题 6　实数 a, b, c 以及 $\lambda \in \mathbf{R}^*$,使得 $f(x) = x^3 + ax^2 + bx + c$ 三个零点都是非负实数,只要 $x \geqslant 0$,就有 $f(x) \geqslant \lambda(x - a)^3$ 成立,求最大的实数 λ,并指出等号成立的条件.

题目解说　本题为 1999 年中国数学冬令营一题,见《中等数学》2008(4):9.

解　设 $f(x) = x^3 + ax^2 + bx + c$ 的三个非负实数根分别为 $\alpha, \beta, \gamma (0 \leqslant \alpha \leqslant \beta \leqslant \gamma)$,则由根与系数关系知道

$$\begin{cases} \alpha + \beta + \gamma = -a \\ \alpha\beta + \beta\gamma + \alpha\gamma = b \Rightarrow x - a = x + \alpha + \beta + \gamma \\ \alpha\beta\gamma = -c \end{cases}$$

$$f(x) = (x - \alpha)(x - \beta)(x - \gamma)$$

(1) 当 $0 \leqslant x \leqslant \alpha \leqslant \beta \leqslant \gamma$ 时,有

$$-f(x) = (\alpha - x)(\beta - x)(\gamma - x)$$
$$\leqslant \left[\frac{(\alpha - x) + (\beta - x) + (\gamma - x)}{3}\right]^3$$
$$\leqslant \left(\frac{\alpha + \beta + \gamma + x}{3}\right)^3$$
$$\Rightarrow f(x) \geqslant -\frac{1}{27}(\alpha + \beta + \gamma + x)^3$$
$$= -\frac{1}{27}(x - a)^3$$

上式等号成立的条件为

$$\begin{cases} \alpha+\beta+\gamma-3x=\alpha+\beta+\gamma+x \\ x-\alpha=x-\beta=x-\gamma \end{cases} \Leftrightarrow \begin{cases} x=0 \\ \alpha=\beta=\gamma \end{cases}$$

（2）当 $0 \leqslant \alpha \leqslant x \leqslant \beta \leqslant \gamma$ 时,有

$$-f(x)=(x-\alpha)(x-\beta)(\gamma-x)$$

$$\leqslant \left[\frac{(x-\alpha)+(x-\beta)+(\gamma-x)}{3} \right]^3$$

$$= \left(\frac{-\alpha-\beta+\gamma+x}{3} \right)^3$$

$$\leqslant \left(\frac{\alpha+\beta+\gamma+x}{3} \right)^3$$

$$\Rightarrow f(x) \geqslant -\frac{1}{27}(\alpha+\beta+\gamma+x)^3$$

$$= -\frac{1}{27}(x-a)^3$$

上式等号成立的条件为

$$\begin{cases} x-\alpha-\beta+\gamma=\alpha+\beta+\gamma+x \\ x-\alpha=x-\beta=\gamma-x \end{cases} \Leftrightarrow \begin{cases} \gamma=2x \\ \alpha=\beta=0 \end{cases}$$

（3）当 $0 \leqslant \alpha \leqslant \beta \leqslant \gamma \leqslant x$ 时,有

$$f(x)=(x-\alpha)(x-\beta)(x-\gamma)>0>-\frac{1}{27}(x-a)^3$$

综上所述,所求 $\gamma=-\dfrac{1}{27}$,且等号成立的充要条件为

$$\begin{cases} \gamma=2x \\ \alpha=\beta=0 \end{cases} \text{或} \begin{cases} x=0 \\ \alpha=\beta=\gamma \end{cases}$$

评注　解决本题需要按照自变量与三次函数的三个零点的位置关系分类讨论解决,这是因为有三个正根的三次函数在三段里具有不同的单调性,并结合三元均值不等式.

§12　三角形中的三角不等式证明之一

一、一些基础知识与解答

课本上已有的一些三角恒等式,我们默认为大家已熟悉,故不在此论述,以

下我们给出若干常用的三角不等式,它们在以后的问题解决中都比较有用,大家一般都视为常识.

问题 1 在 $\triangle ABC$ 中,求证:

(1) $\sin A + \sin B + \sin C \leqslant \dfrac{3\sqrt{3}}{2}$;

(2) $\cos A + \cos B + \cos C \leqslant \dfrac{3}{2}$;

(3) $\tan A + \tan B + \tan C \geqslant 3\sqrt{3}$(锐角三角形);

(4) $\cot A + \cot B + \cot C \geqslant \sqrt{3}$(锐角三角形);

(5) $\sin \dfrac{A}{2} + \sin \dfrac{B}{2} + \sin \dfrac{C}{2} \leqslant \dfrac{3}{2}$;

(6) $\cos \dfrac{A}{2} + \cos \dfrac{B}{2} + \cos \dfrac{C}{2} \leqslant \dfrac{3\sqrt{3}}{2}$;

(7) $\sin \dfrac{A}{2} \sin \dfrac{B}{2} \sin \dfrac{C}{2} \leqslant \dfrac{1}{8}$;

(8) $\cos \dfrac{A}{2} \cos \dfrac{B}{2} \cos \dfrac{C}{2} \leqslant \dfrac{3\sqrt{3}}{8}$;

(9) $\tan \dfrac{A}{2} + \tan \dfrac{B}{2} + \tan \dfrac{C}{2} \geqslant \sqrt{3}$;

(10) $\sin A + \sin B + \sin C \leqslant \cos \dfrac{A}{2} + \cos \dfrac{B}{2} + \cos \dfrac{C}{2}$;

(11) $\cos A + \cos B + \cos C \leqslant \sin \dfrac{A}{2} + \sin \dfrac{B}{2} + \sin \dfrac{C}{2}$;

(12) $\tan A + \tan B + \tan C \geqslant \cot \dfrac{A}{2} + \cot \dfrac{B}{2} + \cot \dfrac{C}{2}$(锐角三角形);

(13) $\cot A + \cot B + \cot C \geqslant \tan \dfrac{A}{2} + \tan \dfrac{B}{2} + \tan \dfrac{C}{2}$(锐角三角形);

(14) $\cos A \cos B \cos C \leqslant \sin \dfrac{A}{2} \sin \dfrac{B}{2} \sin \dfrac{C}{2}$;

(15) $\sin A \sin B \sin C \leqslant \cos \dfrac{A}{2} \cos \dfrac{B}{2} \cos \dfrac{C}{2}$;

(16) $\tan A \tan B \tan C \geqslant \cot \dfrac{A}{2} \cot \dfrac{B}{2} \cot \dfrac{C}{2}$(锐角三角形);

(17) $\cot A \cot B \cot C \geqslant \tan \dfrac{A}{2} \tan \dfrac{B}{2} \tan \dfrac{C}{2}$(锐角三角形);

证明 (1) 由和差化积公式知

$$\sin A + \sin B = 2\sin \frac{A+B}{2}\cos \frac{A-B}{2} \leqslant 2\sin \frac{A+B}{2}$$

$$\sin C + \sin \frac{A+B+C}{3} \leqslant 2\sin \frac{C+\frac{A+B+C}{3}}{2}$$

$$\sin A + \sin B + \sin C + \sin \frac{A+B+C}{3}$$

$$\leqslant 2\sin \frac{A+B}{2} + 2\sin \frac{C+\frac{A+B+C}{3}}{2}$$

$$\leqslant 4\sin \frac{\frac{A+B}{2}+\frac{C+\frac{A+B+C}{3}}{2}}{2}$$

$$= 4\sin \frac{A+B+C}{3}$$

即

$$\sin A + \sin B + \sin C \leqslant 3\sin \frac{A+B+C}{3} = \frac{3\sqrt{3}}{2}$$

即(1)获得证明.

同理可证明(2)(5)(6)过程略.

(3) 由熟知的恒等式以及三元均值不等式知

$$\tan A \tan B \tan C = \tan A + \tan B + \tan C$$

$$\geqslant 3\sqrt[3]{\tan A \tan B \tan C}$$

$$\Rightarrow \tan A \tan B \tan C \geqslant 3\sqrt{3}$$

所以 $\tan A + \tan B + \tan C \geqslant 3\sqrt{3}$.

(4) 由

$$\cot A + \cot B = \frac{\cos A}{\sin A} + \frac{\cos B}{\sin B} = \frac{\sin B\cos A + \cos B\sin A}{\sin A\sin B}$$

$$= \frac{\sin(B+A)}{\sin A\sin B}$$

$$= \frac{2\sin C}{\cos(B-A) - \cos(B+A)}$$

$$\geqslant \frac{2\sin C}{1 - \cos(B+A)}$$

$$= \frac{2\sin C}{1 + \cos C} = 2\cot \frac{A+B}{2}$$

82

$$\cot A + \cot B + \cot C + \cot \frac{A+B+C}{3}$$

$$\geqslant 2\cot \frac{A+B}{2} + 2\cot \frac{C + \dfrac{A+B+C}{3}}{2}$$

$$\geqslant 4\cot \frac{\dfrac{A+B}{2} + \dfrac{C + \dfrac{A+B+C}{3}}{2}}{2}$$

$$= 4\cot \frac{A+B+C}{3}$$

即 $\cot A + \cot B + \cot C \geqslant \sqrt{3}$.

同理可得(9)的证明.

（7）由

$$\cos A + \cos B + \cos C = 1 + 4\sin \frac{A}{2}\sin \frac{B}{2}\sin \frac{C}{2} \leqslant \frac{3}{2}$$

$$\Rightarrow \sin \frac{A}{2}\sin \frac{B}{2}\sin \frac{C}{2} \leqslant \frac{1}{8}$$

即结论获得证明.

同理可证明(8).

（10）由(1)的证明过程知道

$$\sin A + \sin B \leqslant 2\sin \frac{A+B}{2} = 2\cos \frac{C}{2}$$

$$\sin B + \sin C \leqslant 2\cos \frac{A}{2}$$

$$\sin C + \sin A \leqslant 2\cos \frac{B}{2}$$

三个式子相加得到

$$\sin A + \sin B + \sin C \leqslant \cos \frac{A}{2} + \cos \frac{B}{2} + \cos \frac{C}{2}$$

评注　类似的不等式(左端为三个之和,右端为三个之和),一般都是构造两个之和小于或等于(或者大于或等于)另一端一个量的 2 倍,将类似三个式子求和即可.

类似可证明(11).

（13）由(4)的证明过程知

$$\cot A + \cot B = \frac{\cos A}{\sin A} + \frac{\cos B}{\sin B} = \frac{\sin B\cos A + \cos B\sin A}{\sin A\sin B}$$

$$= \frac{\sin(B+A)}{\sin A \sin B} = \frac{2\sin C}{\cos(B-A) - \cos(B+A)}$$

$$\geqslant \frac{2\sin C}{1 - \cos(B+A)} = \frac{2\sin C}{1 + \cos C}$$

$$= 2\cot \frac{A+B}{2} = 2\tan \frac{C}{2}$$

$$\Rightarrow \cot A + \cot B \geqslant 2\tan \frac{C}{2}$$

同理可得

$$\cot A + \cot C \geqslant 2\tan \frac{B}{2}$$

$$\cot B + \cot C \geqslant 2\tan \frac{A}{2}$$

这三个式子相加得到 $\cot A + \cot B + \cot C \geqslant \tan \frac{A}{2} + \tan \frac{B}{2} + \tan \frac{C}{2}$.

类似可以证明(12).

(15) 由积化和差公式知

$$\sin A \sin B = \frac{1}{2}\big[\cos(A-B) - \cos(A+B)\big]$$

$$\leqslant \frac{1}{2}\big[1 - \cos(A+B)\big] = \frac{1}{2}\big[1 + \cos C\big]$$

$$= \sin^2 \frac{C}{2}$$

$$\Rightarrow \sin A \sin B \leqslant \sin^2 \frac{C}{2}$$

类似的还有两式,三式相乘即得结论.

类似的可以证明(14),(16),(17),(18),略.

评注　对于左端是三个式子之积,右端也是三个式子之积的类似不等式,一般先证明两个之积不大于(或者不小于)另一端一个量的平方,再将类似此三个式子求积即可.

问题 2　在 $\triangle ABC$ 中,求证:

(1) $\sin A + \sin B + \sin C = 4\cos \dfrac{A}{2}\cos \dfrac{B}{2}\cos \dfrac{C}{2}$.

(2) $\dfrac{\sin \dfrac{A}{2}}{\cos \dfrac{B}{2}\cos \dfrac{C}{2}} + \dfrac{\sin \dfrac{B}{2}}{\cos \dfrac{C}{2}\cos \dfrac{A}{2}} + \dfrac{\sin \dfrac{C}{2}}{\cos \dfrac{A}{2}\cos \dfrac{B}{2}} = 2$.

（3）$\sin 2A + \sin 2B + \sin 2C = 4\sin A\sin B\sin C$.

（4）$\dfrac{\cos A}{\sin B\sin C} + \dfrac{\cos B}{\sin C\sin A} + \dfrac{\cos C}{\sin A\sin B} = 2$.

（5）$\cos A + \cos B + \cos C = 1 + 4\sin\dfrac{A}{2}\sin\dfrac{B}{2}\sin\dfrac{C}{2}$.

（6）$\cos 2A + \cos 2B + \cos 2C = -1 - 4\cos\dfrac{A}{2}\cos\dfrac{B}{2}\cos\dfrac{C}{2}$.

（7）$\cos^2 A + \cos^2 B + \cos^2 C + 2\cos\dfrac{A}{2}\cos\dfrac{B}{2}\cos\dfrac{C}{2} = 1$.

（8）$\sin^2 A + \sin^2 B + \sin^2 C = 2 + 2\cos\dfrac{A}{2}\cos\dfrac{B}{2}\cos\dfrac{C}{2}$.

（9）$\tan A + \tan B + \tan C = \tan A \cdot \tan B \cdot \tan C$（锐角三角形）.

（10）$\sum \cot A\cot B = \sum \tan\dfrac{A}{2}\tan\dfrac{B}{2} = 1$（锐角三角形）.

证明 略.

二、提高问题及其应用

问题 3 在 $\triangle ABC$ 中，求证：$\sum \dfrac{\cos\dfrac{B}{2}\cos\dfrac{C}{2}}{\sin\dfrac{A}{2}} \geqslant \dfrac{9}{2}$.

题目解说 本题为《数学通讯》1992 年左右的一道问题征解题目.

方法透析 分式型不等式，一般可以考虑运用分式型柯西不等式.

证明 由三角关系式、柯西不等式，以及三角形里面的恒等式得

$$\sum \dfrac{\cos\dfrac{B}{2}\cos\dfrac{C}{2}}{\sin\dfrac{A}{2}} = \sum \dfrac{1}{1 - \tan\dfrac{B}{2}\tan\dfrac{C}{2}}$$

$$\geqslant \dfrac{9}{3 - \tan\dfrac{B}{2}\tan\dfrac{C}{2} - \tan\dfrac{C}{2}\tan\dfrac{A}{2} - \tan\dfrac{A}{2}\tan\dfrac{B}{2}}$$

$$= \dfrac{9}{2}$$

评注 对于分式型不等式的证明，一般是设法运用分式型柯西不等式. 特别值得一提的是三角形中的恒等式：$\tan\dfrac{B}{2}\tan\dfrac{C}{2} + \tan\dfrac{C}{2}\tan\dfrac{A}{2} + \tan\dfrac{A}{2}\tan\dfrac{B}{2} = 1$ 要牢牢记住，并灵活运用，此恒等式的一个等价形式是：$\cot A\cot B + \cot B\cot C + \cot C\cot A = 1$.

问题 4 在锐角 $\triangle ABC$ 中,求证

$$\sum \sqrt{\tan^2 A + \tan^2 B} \geqslant \sum \sqrt{\cot^2 \frac{A}{2} + \cot^2 \frac{B}{2}}$$

题目解说 本题为笔者多年前(2003 年左右)在"奥数之家"论坛提出的问题.

方法透析 从不等式的结构看,两端都有根式,怎么去掉根式,联想不等式里哪些地方具有这样的形式?

证明 由熟知的代数不等式 $\sqrt{a^2 + b^2} \geqslant \dfrac{\sqrt{2}}{2}(a + b)$ 知原不等式

$$左边 \geqslant \frac{1}{\sqrt{2}} \sum (\tan A + \tan B)$$

又由代数不等式

$$\sqrt{a + b + c} \geqslant \frac{1}{\sqrt{3}}(\sqrt{a} + \sqrt{b} + \sqrt{c})$$

知

$$原不等式右边 \leqslant \sqrt{3} \sqrt{\sum \left(\cot^2 \frac{A}{2} + \cot^2 \frac{B}{2}\right)} = \sqrt{6} \sqrt{\sum \cot^2 \frac{A}{2}}$$

于是,要证原式,只要证

$$\sqrt{2} \sum \tan A \geqslant \sqrt{6} \sqrt{\sum \cot^2 \frac{A}{2}}$$

$$\Leftrightarrow \left(\sum \tan A\right)^2 \geqslant 3 \sum \cot^2 \frac{A}{2} \tag{1}$$

但是

$$\tan^2 A + \tan^2 B \geqslant 2\tan A \tan B$$

$$= 2\frac{\sin A \sin B}{\cos A \cos B} = 2\frac{\cos(A - B) - \cos(A + B)}{\cos(A + B) + \cos(A - B)}$$

$$= 2\frac{\cos(A - B) + \cos C}{\cos(A - B) - \cos C}$$

$$= 2\left[1 + \frac{2\cos C}{\cos(A - B) - \cos C}\right]$$

$$\geqslant 2\left[1 + \frac{2\cos C}{1 - \cos C}\right]$$

$$= 2\frac{1 + \cos C}{1 - \cos C} = 2\cot^2 \frac{C}{2}$$

从而 $\tan^2 A + \tan^2 B \geqslant 2\cot^2 \dfrac{C}{2}$,$\tan A \tan B \geqslant \cot^2 \dfrac{C}{2}$,等.

于是得

$$\sum \tan^2 A \geqslant \sum \cot^2 \frac{A}{2}$$

$$2\sum \tan A \tan B \geqslant 2\sum \cot^2 \frac{C}{2}$$

这两式相加便得(1).

评注 上面两题的顺利证明彰显三角变换公式的威力,以及代数不等式的神来之笔.

问题 5 在锐角 $\triangle ABC$ 中,求证

$$\sum \sqrt{\sec^2 A + \sec^2 B} \geqslant \sum \sqrt{\csc^2 \frac{A}{2} + \csc^2 \frac{B}{2}}$$

题目解说 本题为笔者多年前(大约 2003 年左右)在"奥数之家"论坛提出的问题.

方法透析 从不等式的结构看,两端都有根式,怎么去掉根式,联想不等式里哪些地方具有这样的形式?

证明 因为

$$\sum \sqrt{\sec^2 A + \sec^2 B} \geqslant \frac{1}{\sqrt{2}} \sum (\sec A + \sec B)$$

$$= \sqrt{2} (\sec A + \sec B + \sec C)$$

及

$$\sum \sqrt{\csc^2 \frac{A}{2} + \csc^2 \frac{B}{2}} \leqslant \sqrt{6 \sum \csc^2 \frac{A}{2}}$$

故只要证

$$\sum \sec A \sec B \geqslant \sum \csc^2 \frac{A}{2}$$

但是

$$2\cos A \cos B = \cos(A+B) + \cos(A-B) \leqslant 1 - \cos C = 2\sin^2 \frac{C}{2}$$

所以 $\sec A \sec B \geqslant \csc^2 \frac{C}{2}$,类似的还有两个式子,相加即得结论.

评注 运用均值不等式的变形将目标式子中根号脱去,进一步将原不等式转化为常见的三角不等式,这是成功解决本题的关键.

问题 6 在锐角 $\triangle ABC$ 中,求证

$$\sum \sqrt{\csc^2 A + \csc^2 B} \geqslant \sum \sqrt{\sec^2 \frac{A}{2} + \sec^2 \frac{B}{2}}$$

题目解说　本题为笔者多年前(大约 2003 年左右)在"奥数之家"论坛提出的问题.

方法透析　从不等式的结构看,两端都有根式,怎么去掉根式,联想不等式里哪些地方具有这样的形式是我们的思维套路.

证明　由熟知的代数不等式

$$\sqrt{a^2+b^2} \geqslant \frac{\sqrt{2}}{2}(a+b)$$

知原不等式左边 $\geqslant \dfrac{1}{\sqrt{2}} \sum (\csc A + \csc B)$,又由代数不等式

$$\sqrt{a+b+c} \geqslant \frac{1}{\sqrt{3}}(\sqrt{a}+\sqrt{b}+\sqrt{c})$$

知

$$原不等式右边 \leqslant \sqrt{3}\sqrt{\sum\left(\sec^2\frac{A}{2}+\sec^2\frac{B}{2}\right)}=\sqrt{6}\sqrt{\sum\sec^2\frac{A}{2}}$$

于是,要证原式,只要证

$$\sqrt{2}\sum\csc A \geqslant \sqrt{6}\sqrt{\sum\sec^2\frac{A}{2}} \Leftrightarrow \left(\sum\csc A\right)^2 \geqslant 3\sum\sec^2\frac{A}{2} \tag{1}$$

但是

$$\csc^2 A + \csc^2 B \geqslant \frac{8}{(\sin A + \sin B)^3} \geqslant \frac{2}{\cos^2\dfrac{C}{2}} = 2\sec^2\frac{C}{2}$$

同理还有两个式子,这三式相加即得

$$\sum\csc^2 A \geqslant \sum\sec^2\frac{A}{2} \tag{2}$$

又

$$\csc A \csc B = \frac{2}{\cos(A-B)+\cos(A+B)} \geqslant \frac{2}{1+\cos C} = \sec^2\frac{C}{2}$$

同理还有两个式子,这三式相加即得

$$2\sum\csc A\cos B \geqslant 2\sum\sec^2\frac{A}{2} \tag{3}$$

(2)+(3)得(1),到此本题证毕.

评注　运用熟知的代数不等式

$$\sqrt{a^2+b^2} \geqslant \frac{\sqrt{2}}{2}(a+b) \text{ 和 } \sqrt{a+b+c} \geqslant \frac{1}{\sqrt{3}}(\sqrt{a}+\sqrt{b}+\sqrt{c})$$

将根号脱去,进一步转化为熟知的三角不等式(2).

问题 7　在非钝角 $\triangle ABC$ 中,求证

$$\cos(A-B)\cos(B-C)\cos(C-A)\geqslant 8\cos A\cos B\cos C$$

题目解说　本题为《数学通报》1998 年 7 月刊问题 1144,2003 年 3 月刊问题 1421.

证明　三角方法自然是考虑的首选了,考查

$$\frac{\cos(A-B)}{\cos C}=\frac{\cos A\cos B+\sin A\sin B}{-\cos A\cos B+\sin A\sin B}$$

$$=\frac{1+\cot A\cot B}{1-\cot A\cot B}$$

$$=-1+\frac{2}{1-\cot A\cot B}$$

令 $x=\cot A\cot B,y=\cot B\cot C,z=\cot C\cot A$,于是 $x+y+z=1$,则原不等式等价于

$$(1+x)(1+y)(1+z)\geqslant 8(1-x)(1-y)(1-z)$$

即

$$(x+y+z+x)(x+y+z+y)(x+y+z+z)\geqslant 8(y+z)(z+x)(x+y)$$

但是

$$2x+y+z=(x+y)+(z+x)\geqslant 2\sqrt{(z+x)(x+y)}$$

类似的还有两个,三个乘积即得结论.

评注　对于本题的证明,一下子从左端向右端转化较难,就想着用左端除以右端去分析,然后按照轮换对称式的思维去想,需要分别考虑 $\dfrac{\cos(A-B)}{\cos C}$ 等的变形,再运用熟知的三角恒等式 $\cot A\cot B+\cot B\cot C+\cot C\cot A=1$,这是前面曾提到过的结论.

问题 8　在 $\triangle ABC$ 中,求证:$\displaystyle\sum\frac{\sin A}{\sqrt{1-\sin B\sin C}}\leqslant 3\sqrt{3}$.

题目解说　本题来源于"奥数之家"论坛(2004 年左右).

证明　因为

$$1-\sin B\sin C=1-\frac{1}{2}\left[\cos(B-C)-\cos(B+C)\right]$$

$$\geqslant 1-\frac{1}{2}\left[1-\cos(B+C)\right]=\sin^2\frac{A}{2}$$

所以

$$\sqrt{1-\sin B\sin C}\geqslant\sin\frac{A}{2}$$

即

$$\sum \frac{\sin A}{\sqrt{1-\sin B\sin C}} \leqslant \sum \frac{\sin A}{\sin \frac{A}{2}} = \sum 2\cos \frac{A}{2} \leqslant 3\sqrt{3}$$

评注　利用三角变换公式将目标式子的分母根号脱去,然后利用熟知的三角不等式便完成了本题的证明.

§13　三角形中的三角不等式证明之二

这是上一节的继续.

问题 1　在锐角 $\triangle ABC$ 中,求证

$$\sqrt{\cot A}+\sqrt{\cot B}+\sqrt{\cot C} \leqslant \sqrt{\cot \frac{A}{2}+\cot \frac{B}{2}+\cot \frac{C}{2}}$$

题目解说　这是(2006 年 1 月 6 日)笔者在"奥数之家 —— 不等式"论坛上提出的一个三角不等式,曾有人给出证明,但出现一些问题,不够完满,这里给出完整的解答.

方法透析　本题两端都是无理式呈现,联想什么公式里有目标式子里的三角函数结构 —— 余弦定理,三角形面积公式.

证明　由余弦定理知 $a^2=b^2+c^2-2bc\cos A=b^2+c^2-4\triangle\cot A(\triangle$ 为 $\triangle ABC$ 的面积)等,知

$$\text{原不等式左边}=\sqrt{\frac{b^2+c^2-a^2}{4\triangle}}+\sqrt{\frac{c^2+a^2-b^2}{4\triangle}}+\sqrt{\frac{a^2+b^2-c^2}{4\triangle}}$$

设 $\triangle ABC$ 的内切圆半径为 r,则 $\cot \frac{A}{2}+\cot \frac{B}{2}+\cot \frac{C}{2}=\frac{a+b+c}{2r}$,再考虑到

$$\triangle=\frac{r(a+b+c)}{2}$$

所以,原不等式等价于

$$\sqrt{b^2+c^2-a^2}+\sqrt{c^2+a^2-b^2}+\sqrt{a^2+b^2-c^2} \leqslant a+b+c \tag{1}$$

但是

$$\sqrt{b^2+c^2-a^2}+\sqrt{c^2+a^2-b^2} \leqslant 2c \tag{2}$$

事实上,(2)进一步等价于

$$\sqrt{b^2+c^2-a^2}\cdot\sqrt{c^2+a^2-b^2} \leqslant c^2$$
$$\Leftrightarrow c^4 \geqslant c^4-(a-b)^4$$

这是显然的结论. 即(2)成立.

类似的,还可得

$$\sqrt{c^2 + a^2 - b^2} + \sqrt{a^2 + b^2 - c^2} \leqslant 2a \tag{3}$$

$$\sqrt{a^2 + b^2 - c^2} + \sqrt{b^2 + c^2 - a^2} \leqslant 2b \tag{4}$$

(2)+(3)+(4)便得(1),从而原不等式获证.

问题 2　在 $\triangle ABC$ 中,求证

$$\sin A \sin B + \sin B \sin C + \sin C \sin A \geqslant 18 \sin \frac{A}{2} \sin \frac{B}{2} \sin \frac{C}{2}$$

题目解说　本题为某个刊物(忘记出处了)上的一道问题.

本题结构简单,对称优美,勾人情趣,诱发解题欲望,作者提供了一种几何与三角相结合方法的证明,绕了较大的弯子,其实.本题最简单的方法莫过于纯正的三角方法,这有点像空中客车(飞机)—— 直达目的,请看:

证明　由柯西不等式及三角形中的恒等式

$$\sin A + \sin B + \sin C = 4\cos \frac{A}{2} \cos \frac{B}{2} \cos \frac{C}{2}$$

知,因为

$$\sin A \sin B + \sin B \sin C + \sin C \sin A$$

$$= \sin A \sin B \sin C \left(\frac{1}{\sin A} + \frac{1}{\sin B} + \frac{1}{\sin C} \right)$$

$$\geqslant \frac{9 \sin A \sin B \sin C}{\sin A + \sin B + \sin C}$$

$$= 18 \sin \frac{A}{2} \sin \frac{B}{2} \sin \frac{C}{2}$$

从而原不等式得证.

评注　本题的证明对原不等式左端进行提公因式,然后使用柯西不等式,为成功利用三角恒等式 $\sin A + \sin B + \sin C = 4\cos \frac{A}{2} \cos \frac{B}{2} \cos \frac{C}{2}$ 提供舞台.

问题 3　在锐角 $\triangle ABC$ 中,求证: $\sum \sqrt[3]{\tan A + 6\cot B} \leqslant \sum \tan A$.

题目解说　本题是江西省南昌市第十中学学生吴昊在"奥数之家 —— 不等式论坛"上提出的一个三角不等式问题,其实,它等价于第 45 届 IMO 预选题代数部分第 5 题,作者给出的是一个代数变换证明,笔者给出一个纯三角的证明,相比之下,比较淳朴自然.

方法透析　目标式子左端又是三个无理式,想想什么不等式里有类似的

式子——对 $\dfrac{a^3+b^3+c^3}{3} \geqslant \left(\dfrac{a+b+c}{3}\right)^3$ 作代换便产生需要的结果.

证明　根据熟知的代数不等式 $\dfrac{a^3+b^3+c^3}{3} \geqslant \left(\dfrac{a+b+c}{3}\right)^3$ 知

$$\sqrt[3]{a}+\sqrt[3]{b}+\sqrt[3]{c} \leqslant 3 \cdot \sqrt[3]{\dfrac{a+b+c}{3}}$$

所以

$$\sum \sqrt[3]{\tan A + 6\cot B} \leqslant 3 \cdot \sqrt[3]{\dfrac{\sum \tan A + 6\cot B}{3}}$$

故要证原式,只要证

$$\left(\sum \tan A\right)^3 \geqslant 27\left[\dfrac{\sum \tan A + 6\sum \cot A}{3}\right] \tag{1}$$

注意到在锐角 $\triangle ABC$ 中有熟知的恒等式 $\sum \tan A = \prod \tan A$,从而(1)等价于

$$\left(\sum \tan A\right)^4 \geqslant 9\left(\sum \tan A\right)^2 + 54\sum \tan A \tan B \tag{2}$$

但是,根据代数不等式 $(x+y+z)^2 \geqslant 3\sum xy$,知

$$(x+y+z)^4 \geqslant 9\left(\sum xy\right)^2 \geqslant 9 \cdot 3 \cdot xyz\left(\sum x\right)$$

所以

$$\left(\sum \tan A\right)^4 \geqslant 27\prod \tan A\left(\sum \tan A\right)$$

$$= 9\prod \tan A\left(\sum \tan A\right) + 18\prod \tan A\left(\sum \tan A\right)$$

$$= 9\prod \tan A\left(\sum \tan A\right) + 18\left(\sum \tan A\right)^2$$

$$\geqslant 9\left(\sum \tan A\right)^2 + 18 \cdot 3 \cdot \sum \tan A \tan B$$

即(2)得证.

评注　这一证明是回归自然的反璞归真的三角方法,让人觉得与题目陈述相当亲切,不绕弯子,属于直筒子方法.

本结论的一个等价命题为:

在 $\triangle ABC$ 中,求证:$\sum \sqrt[3]{\cot \dfrac{A}{2} + 6\tan \dfrac{B}{2}} \leqslant \sum \cot \dfrac{A}{2}$.

问题 4　在锐角 $\triangle ABC$ 中,求证

$$\tan A + \tan B + \tan C \geqslant 3\left(\dfrac{\cos A}{\sin C} + \dfrac{\cos B}{\sin A} + \dfrac{\cos C}{\sin B}\right)$$

92

题目解说　这是笔者(2006 年 3 月 15 日)在"奥数之家"论坛上提出的一个三角不等式,下面给出本题的证明.

方法透析　本题为纯粹的三角不等式,左端为轮换式,右边比较凌乱(好像与余切函数有关),故需要设法将左端先缩小(尽力与余切函数联系),努力与右端靠近.

证明　先证明

$$\tan A + \tan B + \tan C \geqslant 3(\cot A + \cot B + \cot C) \tag{1}$$

事实上,(1)等价于

$$\tan A + \tan B + \tan C$$

$$\geqslant 3\left(\frac{1}{\tan A} + \frac{1}{\tan B} + \frac{1}{\tan C}\right)$$

$$= 3\,\frac{\tan A\tan B + \tan B\tan C + \tan C\tan A}{\tan A\tan B\tan C}$$

进一步等价于

$$\tan A\tan B\tan C(\tan A + \tan B + \tan C)$$

$$= 3(\tan A\tan B + \tan B\tan C + \tan C\tan A) \tag{2}$$

结合锐角三角中的恒等式 $\tan A\tan B\tan C = \tan A + \tan B + \tan C$ 知(2)等价于

$$(\tan A + \tan B + \tan C)^2 \geqslant 3(\tan A\tan B + \tan B\tan C + \tan C\tan A) \tag{3}$$

这已是熟知的代数不等式.从而(1)获证.

于是,要证明原题,只要证明

$$\cot A + \cot B + \cot C \geqslant \frac{\cos A}{\sin C} + \frac{\cos B}{\sin A} + \frac{\cos C}{\sin B} \tag{4}$$

在锐角 $\triangle ABC$ 中,由上式的对称性,无妨设 $A \geqslant B \geqslant C$,于是有

$$\cos A \leqslant \cos B \leqslant \cos C,\; \frac{1}{\sin A} \leqslant \frac{1}{\sin B} \leqslant \frac{1}{\sin C}$$

根据排序不等式知(4)早已成立.于是,原命题得证.

评注　(1)因为

$$\cot A + \cot B + \cot C \geqslant \frac{\cos A}{\sin C} + \frac{\cos B}{\sin A} + \frac{\cos C}{\sin B}$$

$$\Leftrightarrow \frac{\cos A}{\sin A} + \frac{\cos B}{\sin B} + \frac{\cos C}{\sin C} \geqslant \frac{\cos A}{\sin C} + \frac{\cos B}{\sin A} + \frac{\cos C}{\sin B}$$

从左到右一看便是排序不等式了,这就是本题证明的由来.

（2）本结论的一个等价命题为：在 $\triangle ABC$ 中，求证

$$\cot \frac{A}{2} + \cot \frac{B}{2} + \cot \frac{C}{2} \geqslant 3\left(\frac{\sin \frac{A}{2}}{\cos \frac{C}{2}} + \frac{\sin \frac{B}{2}}{\cos \frac{A}{2}} + \frac{\sin \frac{C}{2}}{\cos \frac{B}{2}}\right)$$

问题 5 在 $\triangle ABC$ 中，求证：$\sum \dfrac{1}{\sin A \sin B} \geqslant \sum \dfrac{1}{\cos \frac{A}{2} \cos \frac{B}{2}}$.

题目解说 本题是较为流行的一道题目，记得首次（1990 年左右）看到此题是在《数学通讯》杂志上，一时无法下手，后来看到有人运用排序不等式（切比雪夫不等式）予以解决，感觉很神奇.

方法透析 首先需要将原不等式左端的单角使用一些手段转化为类似的半角关系，时刻牢记前面曾经介绍的基础知识.

证明 分两步进行证明.

第一步，先证明

$$3 \sum \frac{1}{\sin A \sin B} \geqslant \sum \frac{1}{\sin \frac{A}{2} \sin \frac{B}{2}} \tag{1}$$

注意到 $\sin \dfrac{A}{2} + \sin \dfrac{B}{2} + \sin \dfrac{C}{2} \leqslant \dfrac{3}{2}$ 知

$$式（1）右端 \leqslant \frac{3}{2} \cdot \frac{1}{\prod \sin \frac{A}{2}}$$

$$式（1）左端 = 3 \cdot \frac{\sum \sin A}{\prod \sin A} = 3 \cdot \frac{\prod \sin \frac{A}{2}}{8 \prod \sin \frac{A}{2} \cos \frac{A}{2}} = \frac{3}{2} \cdot \frac{1}{\prod \sin \frac{A}{2}}$$

即（1）成立.

第二步，再证明

$$\sum \frac{1}{\sin \frac{A}{2} \sin \frac{B}{2}} \geqslant 3 \sum \frac{1}{\cos \frac{A}{2} \cos \frac{A}{2}} \tag{2}$$

由（2）的对称性，可设 $A \geqslant B \geqslant C$，则

$$\csc \frac{A}{2} \csc \frac{B}{2} \leqslant \csc \frac{B}{2} \csc \frac{C}{2} \leqslant \csc \frac{C}{2} \csc \frac{A}{2}$$

$$\tan \frac{A}{2} \tan \frac{B}{2} \geqslant \tan \frac{B}{2} \tan \frac{C}{2} \geqslant \tan \frac{C}{2} \tan \frac{A}{2}$$

由切比雪夫不等式知

$$\left(\sum \csc \frac{A}{2} \csc \frac{B}{2}\right)\left(\sum \tan \frac{A}{2} \tan \frac{B}{2}\right) \geqslant 3 \sum \csc \frac{A}{2} \csc \frac{B}{2} \cdot \tan \frac{A}{2} \tan \frac{B}{2}$$

结合

$$\sum \tan \frac{A}{2} \tan \frac{B}{2} = 1$$

整理得(2).

由上面两个式子知结论得证.

评注 本证明的思想是从左端向右端转化,方法是化单角为半角,只是一些熟知的三角恒等式.

问题 6 在 $\triangle ABC$ 中,求证

$$\sum \cos \frac{A}{2} \cos \frac{B}{2} \geqslant \sum \sin A \sin B \left(\sum \cos \frac{A}{2} \cos \frac{B}{2}\right)$$

（表示对 A,B,C 轮换求和）

题目解说 本题也是流行于很多刊物上的一道题目.

方法透析 基于上题的证明方法,考虑分步进行排序不等式或者切比雪夫不等式,看看有无应用的可能.

证明 分两步进行证明.

第一步,先证明

$$\sum \cos \frac{A}{2} \cos \frac{B}{2} \geqslant 3 \sum \sin \frac{A}{2} \sin \frac{B}{2} \tag{1}$$

事实上,(1)等价于

$$\sum \cos \frac{A}{2} \cos \frac{B}{2} - \sum \sin \frac{A}{2} \sin \frac{B}{2}$$

$$\geqslant 2 \sum \sin \frac{A}{2} \sin \frac{B}{2}$$

$$\Leftrightarrow \sum \sin \frac{A}{2} \geqslant 2 \sum \sin \frac{A}{2} \sin \frac{B}{2}$$

但是

$$\left(\sum \sin \frac{A}{2}\right)^2 \geqslant 3 \sum \sin \frac{A}{2} \sin \frac{B}{2}$$

故只需证明

$$\sum \sin \frac{A}{2} \geqslant \frac{2}{3}\left(\sum \sin \frac{A}{2}\right)^2 \Leftrightarrow \sum \sin \frac{A}{2} \leqslant \frac{3}{2}$$

这是显然的.即(1)得证.

第二步,再证

$$3 \sum \sin \frac{A}{2} \sin \frac{B}{2} \geqslant \sum \sin A \sin B \qquad (2)$$

由(2)的对称性,可设 $A \geqslant B \geqslant C$,则

$$\cos \frac{A}{2} \cos \frac{B}{2} \leqslant \cos \frac{B}{2} \cos \frac{C}{2} \leqslant \cos \frac{C}{2} \cos \frac{A}{2}$$

$$\sin \frac{A}{2} \sin \frac{B}{2} \geqslant \sin \frac{B}{2} \sin \frac{C}{2} \geqslant \sin \frac{C}{2} \sin \frac{A}{2}$$

由切比雪夫不等式知

$$\left(\sum \cos \frac{A}{2} \cos \frac{B}{2} \right) \left(\sum \sin \frac{A}{2} \sin \frac{B}{2} \right) \geqslant 3 \sum \cos \frac{A}{2} \cos \frac{B}{2} \cdot \sin \frac{A}{2} \sin \frac{B}{2} \quad (3)$$

注意到 $\sum \cos \frac{A}{2} \cos \frac{B}{2} \leqslant \sum \cos^2 \frac{A}{2} \leqslant \frac{9}{4}$,代入(3)整理便得(2).

综合以上证明的(1)与(2),便得到要证结论.

评注　注意切比雪夫不等式可以使得两组变量对应乘起来,对应的两个角的半角正弦和余弦乘积就可以化为单角——诀窍!

§14　三角形中的三角不等式证明之三

这是上一节的继续.

问题1　在 $\triangle ABC$ 中,求证

$$\tan^2 \frac{A}{2} + \tan^2 \frac{B}{2} + \tan^2 \frac{C}{2} \geqslant 2 - 8 \sin \frac{A}{2} \sin \frac{B}{2} \sin \frac{C}{2}$$

证明　运用向量方法.

设 i, j, k 是平面上的单位向量,且 j 与 k 成角为 $\pi - A$,k 与 i 成角为 $\pi - B$,i 与 j 成角为 $\pi - C$.那么,$\left(i \tan \frac{A}{2} + j \tan \frac{B}{2} + k \tan \frac{C}{2} \right)^2 \geqslant 0$,所以

$$\tan^2 \frac{A}{2} + \tan^2 \frac{B}{2} + \tan^2 \frac{C}{2}$$

$$\geqslant 2 \tan \frac{A}{2} \tan \frac{B}{2} \cos C + 2 \tan \frac{B}{2} \tan \frac{C}{2} \cos A + 2 \tan \frac{C}{2} \tan \frac{A}{2} \cos B$$

$$= 2 \tan \frac{A}{2} \tan \frac{B}{2} \left(1 - 2 \sin^2 \frac{C}{2} \right) + 2 \tan \frac{B}{2} \tan \frac{C}{2} \left(1 - 2 \sin^2 \frac{A}{2} \right) +$$

$$2 \tan \frac{C}{2} \tan \frac{A}{2} \left(1 - 2 \sin^2 \frac{B}{2} \right)$$

$$= 2 \left(\tan \frac{A}{2} \tan \frac{B}{2} + \tan \frac{B}{2} \tan \frac{C}{2} + \tan \frac{C}{2} \tan \frac{A}{2} \right) -$$

$$4\sin\frac{A}{2}\sin\frac{B}{2}\sin\frac{C}{2}\left(\frac{\sin\dfrac{A}{2}}{\cos\dfrac{B}{2}\cos\dfrac{C}{2}}+\frac{\sin\dfrac{B}{2}}{\cos\dfrac{C}{2}\cos\dfrac{A}{2}}+\frac{\sin\dfrac{C}{2}}{\cos\dfrac{A}{2}\cos\dfrac{B}{2}}\right)$$

$$=2-4\sin\frac{A}{2}\sin\frac{B}{2}\sin\frac{C}{2}\cdot\frac{\sin A+\sin B+\sin C}{2\cdot\cos\dfrac{A}{2}\cos\dfrac{B}{2}\cos\dfrac{C}{2}}$$

$$=2-8\sin\frac{A}{2}\sin\frac{B}{2}\sin\frac{C}{2}$$

注意到，在 $\triangle ABC$ 中，有熟知的等式：$\tan\dfrac{A}{2}\tan\dfrac{B}{2}+\tan\dfrac{B}{2}\tan\dfrac{C}{2}+\tan\dfrac{C}{2}\tan\dfrac{A}{2}=1$.

到此证明完毕.

评注 这个向量证明(参考《中等数学》2006 年第 5 期笔者的文章"2005 年联赛加试不等式问题的讨论")在 2005 年之前我看到的资料里没有找到,也许别的资料里早已有之,此法的技巧在于合理利用了从平面上一点出发的三个向量夹角和为一个周角,这是值得重视的一个重要信息.

问题 2 在锐角 $\triangle ABC$ 中,求证：$2\sum\sqrt{\dfrac{\cos^3 A}{\sin A}}\leqslant\sqrt{\sum\tan A}$.

方法透析 由于 $2\sum\sqrt{\dfrac{\cos^3 A}{\sin A}}\leqslant\sqrt{\sum\tan A}$ 可以变形为

$$2\sum\sqrt{\cos^2 A\cot A}\leqslant\sqrt{\sum\frac{1}{\cot A}}$$

$$\Leftrightarrow 2\sum\sqrt{\frac{\cos^2 A}{\cos^2 A+\sin^2 A}\cdot\cot A}\leqslant\sqrt{\sum\frac{1}{\cot A}}$$

$$\Leftrightarrow 2\sum\sqrt{\frac{\cot^2 A}{1+\cot^2 A}\cdot\cot A}\leqslant\sqrt{\sum\frac{1}{\cot A}}$$

于是,联想到 $\cot A\cot B+\cot B\cot C+\cot C\cot A=1$.

证明 令 $x=\cot A,y=\cot B,z=\cot C\Rightarrow xy+yz+zx=1$.

原不等式等价于 $2\sum\sqrt{\dfrac{x^3}{1+x^2}}\leqslant\sqrt{\sum\dfrac{1}{x}}$

$$\Leftrightarrow 2\sum\sqrt{\frac{x^3}{x^2+xy+yz+zx}}\leqslant\sqrt{\frac{xy+yz+zx}{xyz}}$$

$$\Leftrightarrow 2\sum\sqrt{\frac{x^3 yz}{(x+y)(x+z)}}\leqslant 1$$

但

$$2 \sum \sqrt{\frac{x^3yz}{(x+y)(x+z)}} \leqslant \sum \left(\frac{x^2y}{x+y} + \frac{x^3z}{x+z} \right)$$
$$= xy + yz = zx = 1$$

到此证明完毕.

评注 这个证明采用三角代换的逆代换便于运算,值得推广!

问题3 在 $\triangle ABC$ 中,求证:$\sum \dfrac{\cos^2 A}{\sin^2 B + \sin^2 C} \geqslant \dfrac{1}{2}$.

题目解说 本题是流行于多种资料上的熟题.

方法透析 在寻找 $\sin^2 B + \sin^2 C \leqslant 2\cos^2 \dfrac{A}{2}$ 的过程中,需要判断三角形的种类,故解决本题需要分两种情况讨论.

提示 思想方法是分情况讨论,分两种情况证明如下

证明 (1) 当 $\triangle ABC$ 为钝角三角形时,此时不妨设 $A > 90°$,于是 $a^2 > b^2 + c^2$,所以

$$\sin^2 A > \sin^2 B + \sin^2 C = 2 - \cos^2 B - \cos^2 C$$

所以

$$\cos^2 B + \cos^2 C > 1 + \cos^2 A$$

再根据 $\sin A > \sin B, \sin A > \sin C$,有

$$\frac{\cos^2 A}{\sin^2 B + \sin^2 C} + \frac{\cos^2 B}{\sin^2 C + \sin^2 A} + \frac{\cos^2 C}{\sin^2 A + \sin^2 B}$$
$$> \frac{\cos^2 B}{\sin^2 A + \sin^2 C} + \frac{\cos^2 C}{\sin^2 A + \sin^2 B}$$
$$> \frac{\cos^2 B + \cos^2 C}{2\sin^2 A} > \frac{1}{2}$$

即此种情况原不等式得证.

(2) 当 $\triangle ABC$ 为非钝角三角形时

$$\sin^2 B + \sin^2 C = 1 - \cos(B+C)\cos(B-C)$$
$$= 1 + \cos A \cos(B-C)$$
$$\leqslant 1 + \cos A （注意这里的 \angle A 必须为非钝角）$$
$$= 2\cos^2 \frac{A}{2}$$

所以

$$\frac{\cos^2 A}{\sin^2 B + \sin^2 C} \geqslant \frac{\cos^2 A}{2\cos^2 \dfrac{A}{2}} = \frac{1 - \sin^2 A}{2\cos^2 \dfrac{A}{2}}$$

$$= \frac{\cos^2 \dfrac{A}{2} + \sin^2 \dfrac{A}{2} - 4\sin^2 \dfrac{A}{2}\cos^2 \dfrac{A}{2}}{2\cos^2 \dfrac{A}{2}}$$

$$= \frac{1}{2} + \frac{1}{2}\tan^2 \frac{A}{2} - 2\sin^2 \frac{A}{2}$$

从而

$$\frac{\cos^2 A}{\sin^2 B + \sin^2 C} + \frac{\cos^2 B}{\sin^2 C + \sin^2 A} + \frac{\cos^2 C}{\sin^2 A + \sin^2 B}$$

$$\geqslant \frac{\cos^2 A}{2\cos^2 \dfrac{A}{2}} + \frac{\cos^2 B}{2\cos^2 \dfrac{B}{2}} + \frac{\cos^2 C}{2\cos^2 \dfrac{C}{2}}$$

$$= \frac{3}{2} + \frac{1}{2}\left(\tan^2 \frac{A}{2} + \tan^2 \frac{B}{2} + \tan^2 \frac{C}{2}\right) - 2\left(\sin^2 \frac{A}{2} + \sin^2 \frac{B}{2} + \sin^2 \frac{C}{2}\right)$$

$$\geqslant \frac{3}{2} + \frac{1}{2}\left(2 - 8\sin \frac{A}{2}\sin \frac{B}{2}\sin \frac{C}{2}\right) - 2\left(1 - 2\sin \frac{A}{2}\sin \frac{B}{2}\sin \frac{C}{2}\right) = \frac{1}{2} \quad (1)$$

即三角形为非钝角三角形时结论也成立,综上结论得证.

评注 本题的证明用到了上一节问题5的结果,并给出了为什么要分类讨论,值得深思.

问题 4 在锐角 $\triangle ABC$ 中,求证

$$\sum (\tan A + \sin A) \geqslant \sum \left(\cot \frac{A}{2} + \cos \frac{A}{2}\right)$$

题目解说 本题源于多种刊物,第一次看到应该是在《数学通讯》,大约是 1991 年左右.

方法透析 本题两端都是类似的三个式子(视 $(\tan A + \sin A)$ 为一个)相加得到的,故可以采用证明类似于两个之和大于右端的某一个的 2 倍的方式进行.

证明 在锐角 $\triangle ABC$ 中,因为

$$\tan A + \sin A + \tan B + \sin B - 2\cot \frac{C}{2} - 2\cos \frac{C}{2}$$

$$= (\tan A + \tan B) - 2\cot \frac{C}{2} + \left(\sin A + \sin B - 2\cos \frac{C}{2}\right)$$

$$= \left[\frac{\sin(A+B)}{\cos A \cos B} - 2\frac{\sin \dfrac{A+B}{2}}{\cos \dfrac{A+B}{2}}\right] + 2\sin \frac{A+B}{2}\left(\cos \frac{A-B}{2} - 1\right)$$

$$= \frac{\sin\dfrac{A+B}{2}\left(2\cos^2\dfrac{A+B}{2}-2\cos A\cos B\right)}{\cos A\cos B\cos\dfrac{A+B}{2}}+2\sin\dfrac{A+B}{2}\left(\cos\dfrac{A-B}{2}-1\right)$$

$$= \frac{\cos\dfrac{C}{2}[1-\cos(A-B)]}{\cos A\cos B\cos\dfrac{A+B}{2}}+2\cos\dfrac{C}{2}\left(\cos\dfrac{A-B}{2}-1\right)$$

$$= \frac{2\cos\dfrac{C}{2}}{\cos A\cos B\cos\dfrac{A+B}{2}}\left(1-\cos^2\dfrac{A-B}{2}\right)-2\cos\dfrac{C}{2}\left(1-\cos\dfrac{A-B}{2}\right)$$

$$= \frac{2\cos\dfrac{C}{2}}{\cos A\cos B\cos\dfrac{A+B}{2}}\left(1-\cos\dfrac{A-B}{2}\right)\left[\frac{\left(1+\cos\dfrac{A-B}{2}\right)}{\cos A\cos B\cos\dfrac{A+B}{2}}-1\right]$$

注意到上式中两个括号均不小于 0,所以,上式不小于 0. 等号成立的条件为 $A=B$. 所以

$$\tan A+\sin A+\tan B+\sin B\geqslant 2\left(\cot\frac{C}{2}+\cos\frac{C}{2}\right)$$

同理还可以得到

$$\tan B+\sin B+\tan C+\sin C\geqslant 2\left(\cot\frac{A}{2}+\cos\frac{A}{2}\right)$$

$$\tan C+\sin C+\tan A+\sin A\geqslant 2\left(\cot\frac{B}{2}+\cos\frac{B}{2}\right)$$

这三个式子相加即得结论.

评注 本题证明采用轮换式分析,是前面曾经介绍过的常用方法,只是运用三角变换公式较多些,希望读者慢慢领悟.

问题 5 在锐角 $\triangle ABC$ 中,求证:$\sum\cot^2 A\geqslant\dfrac{1}{9}\sum\cot^2\dfrac{A}{2}$.

题目解说 此题也是流行于多种资料上的题目.

方法透析 此不等式左右两端差距在于单角与半角,故需要从左端开始将单角化为半角,或者联想与余切函数有关的边的关系式有哪些.

证明 1 先证明

$$\sum\cot A\geqslant\frac{1}{3}\sum\cot\frac{A}{2}\tag{1}$$

因为由余弦定理知

$$\cot A=\frac{b^2+c^2-a^2}{4\triangle}\text{ 和 }\cot\frac{A}{2}=\frac{(b+c)^2-a^2}{4\triangle}$$

100

在此 $\triangle$ 为 $\triangle ABC$ 的面积，a,b,c 为 $\triangle ABC$ 三边长，所以

$$\sum \cot A = \frac{b^2+c^2+a^2}{4\triangle} \text{ 和 } \sum \cot \frac{A}{2} = \frac{(a+b+c)^2}{4\triangle}$$

但是 $a^2+b^2+c^2 \geqslant \frac{1}{3}(a+b+c)^2$，即（1）成立.

对（1）两端平方并注意三角恒等式

$$\sum \cot A \cot B = \sum \tan \frac{A}{2} \tan \frac{B}{2} = 1$$

$$\sum \cot^2 A + 2\sum \cot A \cot B \geqslant \frac{1}{9}\left(\sum \cot^2 \frac{A}{2} + 2\sum \cot \frac{A}{2}\cot \frac{B}{2} \right)$$

$$= \frac{1}{9}\left[\sum \cot^2 \frac{A}{2} + 2\sum \frac{1}{\tan \frac{A}{2}\tan \frac{B}{2}} \right]$$

$$\geqslant \frac{1}{9}\left[\sum \cot^2 \frac{A}{2} + 2\cdot \frac{9}{\sum \tan \frac{A}{2}\tan \frac{B}{2}} \right]$$

$$= \frac{1}{9}\left(\sum \cot^2 \frac{A}{2} + 2\cdot \frac{9}{1} \right)$$

即 $\sum \cot^2 A \geqslant \frac{1}{9}\sum \cot^2 \frac{A}{2}$ 成立，证明完毕.

评注 （1）也可以用三角法证明.

证明 2 事实上

$$\sum \cot A = \frac{1+\prod \cos A}{\prod \sin A}, \sum \cot \frac{A}{2} = \prod \cot \frac{A}{2} = \frac{\prod \cos \frac{A}{2}}{\prod \sin \frac{A}{2}}$$

（1）等价于 $3\sum \sin^2 A \geqslant \left(\sum \sin A \right)^2$，这是熟知的代数不等式.

证明 3 因为

$$\cot A = \frac{1}{2}\left(\cot \frac{A}{2} - \tan \frac{A}{2} \right)$$

所以

$$\sum \cot A = \frac{1}{2}\sum \left(\cot \frac{A}{2} - \tan \frac{A}{2} \right)$$

从而原不等式等价于

$$\sum \cot \frac{A}{2} \geqslant 3\sum \tan \frac{A}{2} = 3\sum \frac{1}{\cot \frac{A}{2}}$$

101

$$= \frac{3 \sum \cot \dfrac{A}{2} \cot \dfrac{B}{2}}{\prod \cot \dfrac{A}{2}}$$

$$\Leftrightarrow \left(\prod \cot \frac{A}{2} \right) \left(\sum \cot \frac{A}{2} \right)$$

$$\geqslant 3 \sum \cot \frac{B}{2} \cot \frac{B}{2}$$

$$\Leftrightarrow \left(\sum \cot \frac{A}{2} \right)^{2}$$

$$\geqslant 3 \sum \cot \frac{B}{2} \cot \frac{B}{2}$$

这是熟知的代数不等式 $\left(\sum x \right)^{2} \geqslant 3 \sum xy$.

评注　上面的几个证明都很好,反映了不同方向上的思考,表明有些三角不等式可以运用代数法,有时候也可以运用纯三角法,在解决问题时需要灵活运用.

§15　三角形中的三角不等式证明之四

这是上一节的继续.

问题 1　在 $\triangle ABC$ 中,求证: $\prod \left(\tan^{2} \dfrac{A}{2} + \tan^{2} \dfrac{B}{2} \right) \geqslant \dfrac{8}{27}$.

题目解说　本题为 1990 年左右几种刊物上的一道题.

渊源探索　本题为 $\prod (a^{2} + ab + b^{2}) \geqslant \prod (ab + bc + ca)^{3}$ 的一个直接应用.

证明 1　运用代数不等式 $x^{2} + y^{2} \geqslant \dfrac{2}{3} (x^{2} + xy + y^{2})$ 以及

$$\prod (a^{2} + ab + b^{2}) \geqslant \prod (ab + bc + ca)^{3}$$

和

$$\tan \frac{A}{2} \tan \frac{B}{2} + \tan \frac{B}{2} \tan \frac{C}{2} + \tan \frac{C}{2} \tan \frac{A}{2} = 1$$

证明 2　这是某个刊物上安振平的证明.

记 $m = \tan^{2} \dfrac{A}{2} + \tan^{2} \dfrac{B}{2} + \tan^{2} \dfrac{C}{2}$,则

$$\prod \left(\tan^2 \frac{A}{2} + \tan^2 \frac{B}{2} \right)$$

$$= \prod \left(m - \tan^2 \frac{A}{2} \right) \left(m - \tan^2 \frac{B}{2} \right) \left(m - \tan^2 \frac{C}{2} \right)$$

$$= m^3 - m^2 \left(\tan^2 \frac{A}{2} + \tan^2 \frac{B}{2} + \tan^2 \frac{C}{2} \right) +$$

$$m \left(\tan^2 \frac{A}{2} \tan^2 \frac{B}{2} + \tan^2 \frac{B}{2} \tan^2 \frac{C}{2} + \tan^2 \frac{C}{2} \tan^2 \frac{A}{2} \right) - \tan^2 \frac{A}{2} \tan^2 \frac{B}{2} \tan^2 \frac{C}{2}$$

$$= m \left(\tan^2 \frac{A}{2} \tan^2 \frac{B}{2} + \tan^2 \frac{B}{2} \tan^2 \frac{C}{2} + \tan^2 \frac{C}{2} \tan^2 \frac{A}{2} \right) - \prod \left(\tan \frac{A}{2} \tan \frac{B}{2} \right)$$

$$\geqslant 1 \cdot \frac{1}{3} \left(\sum \tan \frac{A}{2} \tan \frac{B}{2} \right)^2 - \left(\frac{1}{3} \sum \tan \frac{A}{2} \tan \frac{B}{2} \right)^3$$

$$= \frac{8}{27}$$

到此结论得证.

评注 从本题的渊源可以看出,当掌握了问题的来历之后,再去解决问题就容易多了,表明掌握解决过的问题多么重要,当然有些问题还是几个问题的串联.

问题 2 在 $\triangle ABC$ 中,求证:$\sum \dfrac{\tan^2 \dfrac{A}{2} \left(\tan \dfrac{B}{2} + \tan \dfrac{C}{2} \right)^2}{\tan^2 \dfrac{B}{2} + \tan^2 \dfrac{C}{2}} \geqslant 2$.

题目解说 本题也是 1995 年左右出现在几本杂志上的一道题目.

证明 令 $x = \tan \dfrac{A}{2}, y = \tan \dfrac{B}{2}, z = \tan \dfrac{C}{2}$,那么,$xy + yz + zx = 1$

$$\sum \frac{\tan^2 \dfrac{A}{2} \left(\tan \dfrac{B}{2} + \tan \dfrac{C}{2} \right)^2}{\tan^2 \dfrac{B}{2} + \tan^2 \dfrac{C}{2}} = \sum \frac{x^2 (y+z)^2}{y^2 + z^2}$$

$$= \sum \frac{\left[x^2 + y^2 + z^2 - (y^2 + z^2) \right] (y+z)^2}{y^2 + z^2}$$

$$= (x^2 + y^2 + z^2) \sum \frac{(y+z)^2}{y^2 + z^2} - \sum (y+z)^2$$

$$\geqslant (x^2 + y^2 + z^2) \frac{4 (x+y+z)^2}{2 \sum x^2} - \sum (y+z)^2$$

$$= 2$$

注意到 $\sum xy = 1$.

103

到此本题得证.

评注 应该注意的是,本题不能直接使用柯西不等式.

问题 4 已知 $a,b,c \in \mathbf{R}^*$,求最大的实数 λ,使得不等式

$$(a^2+1)(b^2+1)(c^2+1) \geqslant \lambda(a+b+c)^2$$

对于任意 $a,b,c \in \mathbf{R}^*$ 恒成立.

题目解说 本题为《数学教学》2006 年 6 月刊问题 675.

方法透析 看到条件中的结构 a^2+1,就联想到 $\tan^2\alpha+1=\sec^2\alpha$ 等,于是,三角代换应运而生.

解 1 令 $a=b=c=\dfrac{1}{\sqrt{2}}$,有 $k \leqslant \dfrac{3}{4}$,下面我们证明,当 $k=\dfrac{3}{4}$ 时,有

$$(a^2+1)(b^2+1)(c^2+1) \geqslant \frac{3}{4}(a+b+c)^2 \tag{1}$$

事实上

$$(b^2+1)(c^2+1) - \frac{3}{4}[(b+c)^2+1] = \frac{1}{4}[(2bc-1)^2+(b-c)^2] \geqslant 0$$

所以

$$(b^2+1)(c^2+1) \geqslant \frac{3}{4}[(b+c)^2+1]$$

等号成立的条件是 $2bc=1, b=c$,即 $b=c=\dfrac{1}{\sqrt{2}}$.

因此,根据柯西不等式知

$$(a^2+1)(b^2+1)(c^2+1) \geqslant (a^2+1) \cdot \frac{3}{4} \cdot [1+(b+c)^2] \geqslant \frac{3}{4}(a+b+c)^2$$

等号成立的条件为 $b=c=\dfrac{1}{\sqrt{2}}, a(b+c)=1$,即 $a=b=c=\dfrac{1}{\sqrt{2}}$.

解 2 (2006 年 8 月 18 日)

只要求出

$$\lambda \leqslant \frac{(a^2+1)(b^2+1)(c^2+1)}{(a+b+c)^2} \tag{1}$$

成立的最大的 λ 即可.

事实上,由于(1)的右端是三个变量的对称式,所以,λ 的最大值只可能在三个量相等时达到,于是只要求一元函数 $f(a)=\dfrac{(a^2+1)^3}{(3a)^2}$ 的最小值即可.

而

$$9f(a) = \frac{(a^2+1)^3}{a^2} = t^2+3t+\frac{1}{t}+3 \quad (\text{令 } t=a^2)$$

$$= \left(t - \frac{1}{2}\right)^2 + 4t + \frac{1}{t} + 3 - \frac{1}{4} \geqslant 0 + 4 + 3 - \frac{1}{4} = \frac{27}{4}$$

等号成立的条件是

$$t = \frac{1}{2} \Rightarrow a^2 = \frac{1}{2}$$

以下只要证明

$$(a^2 + 1)(b^2 + 1)(c^2 + 1) \geqslant \frac{3}{4}(a + b + c)^2$$

由抽屉原理知，$\left(a^2 - \frac{1}{2}\right)$，$\left(b^2 - \frac{1}{2}\right)$，$\left(c^2 - \frac{1}{2}\right)$ 中至少有两个同号，故不妨设前面两个是同号的，于是 $\left(a^2 - \frac{1}{2}\right)\left(b^2 - \frac{1}{2}\right) \geqslant 0$，因此

$$(a^2 + 1)(b^2 + 1) \geqslant \frac{3}{4}\left[2(a^2 + b^2) + 1\right] \geqslant \frac{3}{4}\left[(a + b)^2 + 1\right]$$

所以

$$(a^2 + 1)(b^2 + 1)(c^2 + 1) \geqslant \frac{3}{4}\left[(a + b)^2 + 1\right](1 + c^2) \geqslant \frac{3}{4}(a + b + c)^2$$

解 3 三角代换法(2006 年 8 月 18 日).

设 $a = \tan x$，$b = \tan y$，$c = \tan z$，$\left(x, y, z \in \left(0, \frac{\pi}{2}\right)\right)$，则原不等式等价于对于 $x, y, z \in \left(0, \frac{\pi}{2}\right)$ 恒有

$$1 \geqslant \sqrt{\lambda}\left(\sin \alpha \cos \beta \cos \gamma + \sin \beta \cos \alpha \cos \gamma + \sin \gamma \cos \alpha \cos \beta\right)$$

$$\Leftrightarrow 1 \geqslant \sqrt{\lambda}\left[\sin(\alpha + \beta + \gamma) + \sin \alpha \sin \beta \sin \gamma\right]$$

$$\Leftrightarrow \sqrt{\lambda} \leqslant \frac{1}{\sin(\alpha + \beta + \gamma) + \sin \alpha \sin \beta \sin \gamma}$$

要求上式右端的最小值，只要求出 $u = \sin(\alpha + \beta + \gamma) + \sin \alpha \sin \beta \sin \gamma$ 的最大值即可，但是因 $\sin \alpha \sin \beta \sin \gamma \leqslant \sin^3 \dfrac{\alpha + \beta + \gamma}{3}$，再令 $3\theta = \alpha + \beta + \gamma$，则

$$u \leqslant \sin 3\theta + \sin^3 \theta$$
$$= 3\sin \theta - 4\sin^3 \theta + \sin^3 \theta$$
$$= 3\sin \theta(1 - \sin^2 \theta)$$
$$\leqslant \frac{2}{\sqrt{3}}$$

等号成立的条件是 $\theta = \alpha = \beta = \gamma = \arctan \dfrac{1}{\sqrt{2}}$，所以

$$\sqrt{\lambda} \leqslant \frac{\sqrt{3}}{2} \Rightarrow \lambda \leqslant \frac{3}{4}$$

即 $\lambda_{\max} = \dfrac{3}{4}$ 时,原不等式恒成立.

评注 本题给出了三个证明,其中三角代换法想起来比较自然.

问题 4 设 $a, b, c \in \mathbf{R}^*$,且 $a + b + c = abc$,求证

$$\sqrt{(1+a^2)(1+b^2)} + \sqrt{(1+b^2)(1+c^2)} +$$
$$\sqrt{(1+c^2)(1+a^2)} - \sqrt{(1+a^2)(1+b^2)(1+c^2)} \geqslant 4$$

题目解说 本题为 2017 年摩尔多瓦竞赛一题.

渊源探索 本题为下面一道三角不等式试题的等价形式.

方法透析 从条件 $a + b + c = abc \Rightarrow \dfrac{1}{ab} + \dfrac{1}{bc} + \dfrac{1}{ca} = 1$ 联想到三角形中的

恒等式

$$\tan\frac{A}{2}\tan\frac{B}{2} + \tan\frac{B}{2}\tan\frac{C}{2} + \tan\frac{C}{2}\tan\frac{A}{2} = 1$$

或者

$$\cot A\cot B + \cot B\cot C + \cot C\cot A = 1$$

于是,代换的念头涌上心来.

证明 1 代数方法

由柯西不等式知道

$$\sqrt{(1+a^2)(1+b^2)} + \sqrt{(1+b^2)(1+c^2)} +$$
$$\sqrt{(1+c^2)(1+a^2)} - \sqrt{(1+a^2)(1+b^2)(1+c^2)}$$
$$\geqslant \sum(1+ab) - abc\sqrt{\prod\left(\frac{1}{a^2}+1\right)}$$
$$= 3 + \sum ab - abc\sqrt{\prod\left(\frac{1}{a^2}+\frac{1}{ab}+\frac{1}{bc}+\frac{1}{ca}\right)}$$
$$= 3 + \sum ab - abc\sqrt{\prod\left(\frac{1}{a}+\frac{1}{b}\right)\left(\frac{1}{a}+\frac{1}{c}\right)}$$
$$= 3 + \sum ab - abc\prod\left(\frac{1}{a}+\frac{1}{b}\right)$$
$$= 3 + \frac{\left(\sum ab\right)\left(\sum a\right) - \prod(a+b)}{abc} = 4$$

证明 2 三角代换法(2017 年 8 月 30 日).

由条件知道,可作代换,令 $a = \tan A, b = \tan B, c = \tan C, A, B, C$ 为 $\triangle ABC$

内角,则原不等式等价于

$$\sqrt{(1+a^2)(1+b^2)}+\sqrt{(1+b^2)(1+c^2)}+$$
$$\sqrt{(1+c^2)(1+a^2)}-\sqrt{(1+a^2)(1+b^2)(1+c^2)}$$

$$=\frac{1}{\cos A\cos B}+\frac{1}{\cos B\cos C}+\frac{1}{\cos C\cos A}-\frac{1}{\cos A\cos B\cos C}$$

$$=\frac{\cos A+\cos B+\cos C-1}{\cos A\cos B\cos C}$$

$$=\frac{\sin\dfrac{A}{2}\sin\dfrac{B}{2}\sin\dfrac{C}{2}}{\cos A\cos B\cos C}$$

$$\geqslant 4$$

最后一步用到了熟知的不等式 $\cos A\cos B\cos C\leqslant\sin\dfrac{A}{2}\sin\dfrac{B}{2}\sin\dfrac{C}{2}$.

证明3 三角代换法(2017 年 8 月 30 日).

由条件知道,可做代换,令 $a=\cot\dfrac{A}{2},b=\cot\dfrac{B}{2},c=\cot\dfrac{C}{2}$($A,B,C$ 为 $\triangle ABC$ 三内角),则原不等式等价于

$$\sqrt{(1+a^2)(1+b^2)}+\sqrt{(1+b^2)(1+c^2)}+$$
$$\sqrt{(1+c^2)(1+a^2)}-\sqrt{(1+a^2)(1+b^2)(1+c^2)}$$

$$=\frac{1}{\sin\dfrac{A}{2}\sin\dfrac{B}{2}}+\frac{1}{\sin\dfrac{B}{2}\sin\dfrac{C}{2}}+\frac{1}{\sin\dfrac{C}{2}\sin\dfrac{A}{2}}-\frac{1}{\sin\dfrac{A}{2}\sin\dfrac{B}{2}\sin\dfrac{C}{2}}$$

$$=\frac{\sin\dfrac{A}{2}+\sin\dfrac{B}{2}+\sin\dfrac{C}{2}-1}{\sin\dfrac{A}{2}\sin\dfrac{B}{2}\sin\dfrac{C}{2}}$$

$$=\frac{\sin\dfrac{A}{2}+\sin\dfrac{B}{2}+\sin\dfrac{C}{2}-(\cos A+\cos B+\cos C-4\sin\dfrac{A}{2}\sin\dfrac{B}{2}\sin\dfrac{C}{2})}{\sin\dfrac{A}{2}\sin\dfrac{B}{2}\sin\dfrac{C}{2}}$$

$$=4+\frac{\sin\dfrac{A}{2}+\sin\dfrac{B}{2}+\sin\dfrac{C}{2}-(\cos A+\cos B+\cos C)}{\sin\dfrac{A}{2}\sin\dfrac{B}{2}\sin\dfrac{C}{2}}$$

$$\geqslant 4$$

最后一步用到了熟知的不等式

$$\sin\frac{A}{2}+\sin\frac{B}{2}+\sin\frac{C}{2}\geqslant\cos A+\cos B+\cos C$$

评注   从本题的三角代换证明方法可以看出,原题就是上述的熟知的三角不等式的等价变形,换句话说就是,掌握一些三角恒等式 $\cos A + \cos B + \cos C - 4\sin\dfrac{A}{2}\sin\dfrac{B}{2}\sin\dfrac{C}{2}=1$ 和不等式 $\sin\dfrac{A}{2}+\sin\dfrac{B}{2}+\sin\dfrac{C}{2}\geqslant\cos A+\cos B+\cos C$ 十分有用.

§16   三角形中的三角不等式证明之五

这是上一节的继续.

一、问题与解答

问题 1   在 $\triangle ABC$ 中,求证

$$\sum\cot A\geqslant\sum\tan\frac{A}{2}\sec^2\frac{B-C}{2} \tag{1}$$

题目解说   本题来源于多种刊物.

渊源探索   本题为不等式 $\sum\cot A\geqslant\sum\tan\dfrac{A}{2}$ 的加强.

方法透析   前面已经证明了

$$\sum\cot A\geqslant\sum\tan\frac{A}{2} \tag{2}$$

但是,现在要证明的结论强于这个结果,那么,思考方法应该从(2)的证明过程中去挖掘,不能轻易舍弃变量 $(A-B)$ 等,重点就在这里.

证明   因为

$$\cot A+\cot B=\frac{\sin(A+B)}{\sin A\sin B}=\frac{4\sin\dfrac{C}{2}\cos\dfrac{C}{2}}{\cos(A-B)-\cos(A+B)}$$

$$=\frac{4\sin\dfrac{C}{2}\cos\dfrac{C}{2}}{\cos(A-B)\left(\cos^2\dfrac{C}{2}+\sin^2\dfrac{C}{2}\right)+\left(\cos^2\dfrac{C}{2}-\sin^2\dfrac{C}{2}\right)}$$

$$=\frac{4\tan\dfrac{C}{2}}{\left(1+\tan^2\dfrac{C}{2}\right)\cos(A-B)+1-\tan^2\dfrac{C}{2}}$$

$$=\frac{4\tan\dfrac{C}{2}}{1+\cos(A-B)-\tan^2\dfrac{C}{2}(1-\cos(A-B))}$$

$$\geqslant \frac{4\tan \dfrac{C}{2}}{1 + \cos(A - B)} = 2\tan \frac{C}{2}\sec^2\left(\frac{A - B}{2}\right)$$

同理还有两个公式,这三个公式相加即得结论.

评注 这个证明具有一点小小的技巧,就是不能直接舍弃 $\cos(A - B)$ 进行放大,而要将 $\cos C$ 利用二倍角公式转化为 $\cos^2 \dfrac{C}{2} - \sin^2 \dfrac{C}{2}$,再将 $\cos(A - B)$ 转化为也涉及 $\cos^2 \dfrac{C}{2} - \sin^2 \dfrac{C}{2}$ 的类似关系:$\cos(A - B)\left(\cos^2 \dfrac{C}{2} + \sin^2 \dfrac{C}{2}\right)$,这是解决本题的关键之处.

问题 2 在锐角 $\triangle ABC$ 中,求证:$\sum \cos^n A \geqslant \sum \sin^n \dfrac{A}{2}$ $(n \in \mathbf{N}^*, n \geqslant 2)$.

题目解说 可以证明 $\sum \cos^2 A \geqslant \sum \sin^2 \dfrac{A}{2}$,但是,方向与 $\sum \cos A \leqslant \sum \sin \dfrac{A}{2}$ 相反,为什么?

渊源探索 这是对熟知的三角不等式 $\sum \cos A \leqslant \sum \sin \dfrac{A}{2}$ 的思考结果.

证明 在锐角 $\triangle ABC$ 中,由于

$$\begin{aligned}
\cos^2 A + \cos^2 B &= 1 - \sin^2 A + \cos^2 B \\
&= \cos^2 B - \sin^2 A + 1 \\
&= \cos(B + A)\cos(B - A) + 1 \\
&= 1 - \cos C\cos(B - A) \\
&\geqslant 1 - \cos C \\
&= 2\sin^2 \frac{C}{2}
\end{aligned}$$

即

$$\cos^2 A + \cos^2 B \geqslant 2\sin^2 \frac{C}{2}$$

同理可得另外两个式子,这三个式子相加即得 $\sum \cos^2 A \geqslant \sum \sin^2 \dfrac{A}{2}$,这与 $\sum \cos A \leqslant \sum \sin \dfrac{A}{2}$ 矛盾,那么,当 $\sum \cos^2 A \geqslant \sum \sin^2 \dfrac{A}{2}$ 的指数更高时,结论如何?

由赫尔德不等式知

$$\cos^2 A + \cos^2 B \geqslant 2\sin^2 \frac{C}{2}$$

$$(\cos^n A + \cos^n B) \cdot (\cos^n A + \cos^n B) \cdot \underbrace{(1+1)\cdots(1+1)}_{(n-2)\text{个}}$$

$$\geqslant (\cos^2 A + \cos^2 B)^n$$

$$\geqslant (2\sin^2)^n \Rightarrow \cos^n A + \cos^n B$$

$$\geqslant 2\sin^n \frac{C}{2}$$

同理可得

$$\cos^n B + \cos^n C \geqslant 2\sin^n \frac{A}{2}, \cos^n C + \cos^n A \geqslant 2\sin^n \frac{B}{2}$$

三个式子相加即得

$$\cos^n A + \cos^n B + \cos^n C \geqslant \sin^n \frac{A}{2} + \sin^n \frac{B}{2} + \sin^n \frac{C}{2}$$

问题 3　在锐角 $\triangle ABC$ 中，$n \geqslant 2, n \in \mathbf{N}$，求证

$$\tan^n A + \tan^n B + \tan^n C \geqslant \cot^n \frac{A}{2} + \cot^n \frac{B}{2} + \cot^n \frac{C}{2}$$

题目解说　这是一些资料上流行的结论.

渊源探索　这是上题的类比思考结果.

方法透析　考虑上题的证明过程，也许对解决本题有益.

证明　由于

$$\frac{\tan^n A + \tan^n B}{2} \geqslant \left(\frac{\tan A + \tan B}{2}\right)^n \geqslant \left(\frac{2\cot \dfrac{C}{2}}{2}\right)^n = \cot^n \frac{C}{2}$$

同理还有两个式子，这三个式子相加即得结论.

评注　本题的证明很简单，只是上题的简单重复，类似可以证明问题 4.

问题 4　在锐角 $\triangle ABC$ 中，$n \geqslant 2, n \in \mathbf{N}$，求证

$$\cot^n A + \cot^n B + \cot^n C \geqslant \tan^n \frac{A}{2} + \tan^n \frac{B}{2} + \tan^n \frac{C}{2}$$

题目解说　这是多年前多种刊物上流行的一道题目.

渊源探索　本题为 $\cot A + \cot B + \cot C \geqslant \tan \dfrac{A}{2} + \tan \dfrac{B}{2} + \tan \dfrac{C}{2}$ 的推

广.

证明　同上题的方法，过程略.

问题 5　在 $\triangle ABC$ 中，$n \geqslant 2, n \in \mathbf{N}$，求证

$$\frac{1}{\sin^n A} + \frac{1}{\sin^n B} + \frac{1}{\sin^n C} \geqslant \frac{1}{\cos^n \dfrac{A}{2}} + \frac{1}{\cos^n \dfrac{B}{2}} + \frac{1}{\cos^n \dfrac{C}{2}}$$

从分析解题过程学解题——

竞赛中的向量几何与不等式研究

题目解说　这是一些资料上流传的题目.

渊源探索　本题为问题 $3 \sim 4$ 的延伸思考.

方法透析　回顾问题 5 的证明,看看有无可用的信息.

证明　由于

$$\frac{1}{\sin^n A} + \frac{1}{\sin^n B} + \frac{1}{\sin^n C} \geq \frac{1}{\cos^n \frac{A}{2}} + \frac{1}{\cos^n \frac{B}{2}} + \frac{1}{\cos^n \frac{C}{2}}$$

$$\frac{\frac{1}{\sin^n A} + \frac{1}{\sin^n B}}{2} \geq \left(\frac{\frac{1}{\sin A} + \frac{1}{\sin B}}{2} \right)^n$$

$$\geq \left(\frac{4}{\frac{\sin A + \sin B}{2}} \right)^n$$

$$\geq \left(\frac{4}{\frac{2\cos \frac{C}{2}}{2}} \right)^n$$

$$= \left(\frac{1}{\cos \frac{C}{2}} \right)^n$$

$$\geq \frac{1}{\cos^n \frac{C}{2}}$$

$$\Rightarrow \frac{1}{\sin^n A} + \frac{1}{\sin^n B}$$

$$\geq \frac{1}{\cos^n \frac{C}{2}}$$

同理可得另外两个式子,这三个式子相加即得结论.

评注　本题的证明完全是上题的照搬,同理可证下面的问题 6.

问题 6　在锐角 $\triangle ABC$ 中,$n \geq 2, n \in \mathbf{N}$,求证

$$\frac{1}{\cos^n A} + \frac{1}{\cos^n B} + \frac{1}{\cos^n C} \geq \frac{1}{\sin^n \frac{A}{2}} + \frac{1}{\sin^n \frac{B}{2}} + \frac{1}{\sin^n \frac{C}{2}}$$

题目解说　这是一些资料上流传的题目.

渊源探索　本题为 $\dfrac{1}{\cos A} + \dfrac{1}{\cos B} + \dfrac{1}{\cos C} \geq \dfrac{1}{\sin \frac{A}{2}} + \dfrac{1}{\sin \frac{B}{2}} + \dfrac{1}{\sin \frac{C}{2}}$ 的指

数推广.

方法透析 回顾上题的证明是有益的.

证明 略.

问题 7 在 $\triangle ABC$ 中,求证

$$\sum \sqrt{\cot^2 A + \cot^2 B} \geqslant \sum \sqrt{\tan^2 \frac{A}{2} + \tan^2 \frac{B}{2}} \tag{1}$$

题目解说 这是流行于多种刊物上的一道题目.

渊源探索 这是对问题 3～4 的思考结果.

方法透析 关于本题笔者的第一种思路是如下的做法,这是解决复杂的三角不等式问题的常用方法.

证明 设 $a = y+z, b = z+x, c = x+y (x,y,z \in \mathbf{R}^*)$ 则根据余弦定理知($\triangle$ 为 $\triangle ABC$ 的面积)

$$a^2 = b^2 + c^2 - 2bc\cos A = b^2 + c^2 - 4\triangle\cot A = (b-c)^2 + 4\triangle\tan \frac{A}{2}$$

从而(1) 等价于

$$\sum \sqrt{(b^2 + c^2 - a^2)^2 + (c^2 + a^2 - b^2)^2}$$
$$\geqslant \sum \sqrt{[a^2 - (b-c)^2]^2 + [b^2 - (a-c)^2]^2} \tag{2}$$

但

$$\sqrt{(b^2 + c^2 - a^2)^2 + (c^2 + a^2 - b^2)^2}$$
$$= \sqrt{[(z+x)^2 + (x+y)^2 - (y+z)^2]^2 + [(x+y)^2 + (y+z)^2 - (z+x)^2]^2}$$
$$= 2\sqrt{[x(x+y) + z(x-y)]^2 + [y(x+y) + z(y-x)^2]^2}$$
$$= 2\sqrt{(x^2 + y^2)(x+y)^2 + 2z^2(x-y)^2 + 2z(x+y)(x-y)^2}$$
$$\geqslant 2(x+y)\sqrt{x^2 + y^2}$$

且

$$\sqrt{[a^2 - (b-c)^2]^2 + [b^2 - (a-c)^2]^2}$$
$$= \sqrt{(a-b+c)^2(a+b-c)^2 + (a+b-c)^2(b-a+c)^2}$$
$$= \sqrt{16y^2z^2 + 16z^2x^2} = 4z\sqrt{x^2 + y^2}$$

从而,要证(2),只要证明

$$2\sum (x+y)\sqrt{x^2 + y^2} \geqslant 4\sum z\sqrt{x^2 + y^2}$$

此式进一步等价于

$$\sum (x+y)\sqrt{x^2 + y^2} \geqslant 2\sum z\sqrt{x^2 + y^2} \tag{3}$$

112

由对称性,不妨设 $x \geqslant y \geqslant z > 0$,则由排序不等式知

$$\sum (x+y)\sqrt{x^2+y^2} \geqslant \sum (x+y)\sqrt{y^2+z^2} = 2\sum z\sqrt{x^2+y^2}$$

即(3)得证. 从而原不等式获证.

评注 本题证明是运用代数方法解决三角不等式证明的,这是纯三角法的无能之举,期望有读者给出纯粹的三角方法.

问题 8 在 $\triangle ABC$ 中,求证

$$3\sum \cos \frac{A}{2} + \sum \cot \frac{A}{2} \geqslant \frac{15\sqrt{3}}{2} \tag{1}$$

题目解说 本题为多种刊物流行的一道题目. 较早(大约在 1999 年左右)出现在《数学通讯》.

方法透析 本题用三角法难以对付,经过探索,需要转化为边长来解决.

证明 由半角公式

$$\cos^2 \frac{A}{2} = \frac{p(p-a)}{bc}, \quad \cot \frac{A}{2} = \frac{\sqrt{p(p-a)(p-b)(p-c)}}{4(p-b)(p-c)}$$

等,知

$$\begin{aligned}
\text{式}(1)\,\text{左端} &= 3\cos \frac{A}{2} + 3\cos \frac{B}{2} + 3\cos \frac{C}{2} + \\
&\quad \frac{1}{2}\cot \frac{A}{2}\cot \frac{B}{2}\cot \frac{C}{2} + \frac{1}{2}\cot \frac{A}{2}\cot \frac{B}{2}\cot \frac{C}{2} \\
&\geqslant 5\left(3^3 \cdot \prod \cos \frac{A}{2} \cdot \frac{1}{4} \cdot \prod \cot^2 \frac{A}{2}\right)^{\frac{1}{5}} \\
&= 5\left(\frac{27}{4} \cdot \frac{p\triangle}{abc} \cdot \frac{p^4}{\triangle^2}\right)^{\frac{1}{5}} = 5\left(\frac{27}{5} \cdot \frac{p^5}{abc\triangle}\right)^{\frac{1}{5}}
\end{aligned} \tag{2}$$

($\triangle$ 为 $\triangle ABC$ 的面积,p 为 $\triangle ABC$ 的半周长)

但

$$p = \sum (p-a) \geqslant 3\prod (p-a)^{\frac{1}{3}} \Rightarrow p^{\frac{3}{2}} \geqslant 3\sqrt{3}\prod (p-a)^{\frac{1}{2}}$$

$$2p = a+b+c \geqslant 3\sqrt[3]{abc} \Rightarrow p^3 \geqslant \frac{27}{8}abc$$

所以

$$\text{式}(2) \geqslant 5\left(\frac{27}{4} \cdot \frac{27}{8} \cdot 3\sqrt{3}\right) = \frac{15\sqrt{3}}{2}$$

问题 9 在 $\triangle ABC$ 中,求证: $\cos A\cos B\cos C \leqslant 8\sin^2 \frac{A}{2}\sin^2 \frac{B}{2}\sin^2 \frac{C}{2}$.

题目解说 这个题目笔者没有看到过.

渊源探索　本题为一个熟知的三角形中的三角不等式

$$\tan A + \tan B + \tan C \geqslant \cot \frac{A}{2} + \cot \frac{B}{2} + \cot \frac{C}{2}$$

的等价变形.

方法透析　思考三角形中的恒等式与上面提到的三角不等式两端有什么关系.

证明　对于直角三角形,原不等式显然成立,故只要证明,题目对于非直角三角形成立即可.

由熟知的恒等式

$$\tan A + \tan B + \tan C = \tan A \tan B \tan C$$

$$\cot \frac{A}{2} + \cot \frac{B}{2} + \cot \frac{C}{2} = \cot \frac{A}{2} \cot \frac{B}{2} \cot \frac{C}{2}$$

由熟知的三角不等式

$$\tan A + \tan B + \tan C \geqslant \cot \frac{A}{2} + \cot \frac{B}{2} + \cot \frac{C}{2}$$

知

$$\tan A + \tan B + \tan C \geqslant \cot \frac{A}{2} + \cot \frac{B}{2} + \cot \frac{C}{2}$$

$$\Leftrightarrow \tan A \tan B \tan C \geqslant \cot \frac{A}{2} \cot \frac{B}{2} \cot \frac{C}{2}$$

$$\Leftrightarrow \frac{\sin A \sin B \sin C}{\cos A \cos B \cos C} \geqslant \frac{\cos \frac{A}{2} \cos \frac{B}{2} \cos \frac{C}{2}}{\sin \frac{A}{2} \sin \frac{B}{2} \sin \frac{C}{2}}$$

$$\Leftrightarrow \frac{\left(2\sin \frac{A}{2} \cos \frac{A}{2}\right)\left(2\sin \frac{B}{2} \cos \frac{B}{2}\right)\left(2\sin \frac{C}{2} \cos \frac{C}{2}\right)}{\cos A \cos B \cos C}$$

$$\geqslant \frac{\cos \frac{A}{2} \cos \frac{B}{2} \cos \frac{C}{2}}{\sin \frac{A}{2} \sin \frac{B}{2} \sin \frac{C}{2}}$$

$$\Leftrightarrow \cos A \cos B \cos C \leqslant 8\sin^2 \frac{A}{2} \sin^2 \frac{B}{2} \sin^2 \frac{C}{2}$$

即结论获得证明.

评注　本结论较强,是两个熟知的三角不等式

$$\cos A \cos B \cos C \leqslant \sin \frac{A}{2} \sin \frac{B}{2} \sin \frac{C}{2}$$

与

$$8\sin\frac{A}{2}\sin\frac{B}{2}\sin\frac{C}{2}\leqslant 1$$

的合成,但是是将前者右端进行再次缩小,即由

$$\cos A\cos B\cos C\leqslant 8\sin^{2}\frac{A}{2}\sin^{2}\frac{B}{2}\sin^{2}\frac{C}{2}$$

$$=\sin\frac{A}{2}\sin\frac{B}{2}\sin\frac{C}{2}\left(8\sin\frac{A}{2}\sin\frac{B}{2}\sin\frac{C}{2}\right)$$

$$\leqslant\sin\frac{A}{2}\sin\frac{B}{2}\sin\frac{C}{2}$$

本题结论其实质是熟知的三角不等式(证明过程)

$$\tan A+\tan B+\tan C\geqslant\cot\frac{A}{2}+\cot\frac{B}{2}+\cot\frac{C}{2}$$

的一个等价形式.

问题 10 在 $\triangle ABC$ 中,求证

$$\sum\cot A\geqslant\frac{1}{3}\sum\cot\frac{A}{2} \tag{1}$$

题目解说 这个题目是《数学竞赛之窗》中奥林匹克问题角(16)的问题 61,贵刊在 2006 年第 7 期由骆龙山、郭文飞分别给出了两种代数证明,对于本题来讲,证明完了,也许就是完成了任务,但是,从证明问题的角度看,三角问题给出了一个代数证明,给人的感觉总是显得不那么正宗,是否有纯正的三角证明? 如果可能的话,这样便给人以回归自然的感觉,亲切自然,下面笔者再给出三个证明.

证明 1 设 $\triangle ABC$ 的三边长和面积分别为 $a,b,c,\triangle$,由余弦定理知

$$\cot A=\frac{b^{2}+c^{2}-a^{2}}{4\triangle}\;\text{和}\;\cot\frac{A}{2}=\frac{(b+c)^{2}-a^{2}}{4\triangle}$$

所以

$$\sum\cot A=\frac{b^{2}+c^{2}+a^{2}}{4\triangle}\;\text{和}\;\sum\cot\frac{A}{2}=\frac{(a+b+c)^{2}}{4\triangle}$$

于是原不等式等价于

$$a^{2}+b^{2}+c^{2}\geqslant\frac{1}{3}(a+b+c)^{2}$$

这是熟知的不等式,即(1)成立.

证明 2 事实上

$$\sum \cot A = \frac{1 + \prod \cos A}{\prod \sin A}, \quad \sum \cot \frac{A}{2} = \prod \cot \frac{A}{2} = \frac{\prod \cos \frac{A}{2}}{\prod \sin \frac{A}{2}}$$

(1) 等价于 $3 \sum \sin^2 A \geqslant \left(\sum \sin A \right)^2$，这是熟知的代数不等式，从而(1)获得证明.

证明 3 因为

$$\cot A = \frac{1}{2} \left(\cot \frac{A}{2} - \tan \frac{A}{2} \right)$$

所以

$$\sum \cot A = \frac{1}{2} \sum \left(\cot \frac{A}{2} - \tan \frac{A}{2} \right)$$

从而原不等式等价于

$$\sum \cot \frac{A}{2} \geqslant 3 \sum \tan \frac{A}{2} = 3 \sum \frac{1}{\cot \frac{A}{2}} = \frac{3 \sum \cot \frac{A}{2} \cot \frac{B}{2}}{\prod \cot \frac{A}{2}}$$

$$\Leftrightarrow \left(\prod \cot \frac{A}{2} \right) \left(\sum \cot \frac{A}{2} \right) \geqslant 3 \sum \cot \frac{B}{2} \cot \frac{B}{2}$$

$$\Leftrightarrow \left(\sum \cot \frac{A}{2} \right)^2 \geqslant 3 \sum \cot \frac{B}{2} \cot \frac{B}{2}$$

这是熟知的代数不等式：$\left(\sum x \right)^2 \geqslant 3 \sum xy$.

本题证完.

其实，由上面的不等式顺便可得

$$\sum \cot^2 A \geqslant \frac{1}{9} \sum \cot^2 \frac{A}{2} \tag{2}$$

对(1)两边平方并注意三角恒等式

$$\sum \cot A \cot B = \sum \tan \frac{A}{2} \tan \frac{B}{2} = 1$$

即得结论(2).

问题 11 在锐角 $\triangle ABC$ 中，求证

$$\frac{1}{1 + \tan A \tan B} + \frac{1}{1 + \tan B \tan C} + \frac{1}{1 + \tan C \tan A} \leqslant \frac{3}{4}$$

题目解说 本题来源于多种刊物.

渊源探索 本题实质上是证明一个代数不等式：

如果 $a, b, c \in \mathbf{R}^*$，$ab + bc + ca = 1$，求证：$\dfrac{ab}{1 + ab} + \dfrac{bc}{1 + bc} + \dfrac{ca}{1 + ca} \leqslant 1$.

这是熟知的不等式.

方法透析　设法运用柯西不等式.

证明　因为 $\sum \cot A \cot B = 1$,所以

$$\frac{1}{1+\tan A \tan B} + \frac{1}{1+\tan B \tan C} + \frac{1}{1+\tan C \tan A}$$

$$= \frac{\cot A \cot B}{1+\cot A \cot B} + \frac{\cot B \cot C}{1+\cot B \cot C} + \frac{\cot C \cot A}{1+\cot C \cot A}$$

$$= \frac{\cot A \cot B + 1 - 1}{1+\cot A \cot B} + \frac{\cot B \cot C + 1 - 1}{1+\cot B \cot C} + \frac{\cot C \cot A + 1 - 1}{1+\cot C \cot A}$$

$$= 3 - \left(\frac{1}{1+\cot A \cot B} + \frac{1}{1+\cot B \cot C} + \frac{1}{1+\cot C \cot A} \right)$$

$$\leqslant 3 - \frac{9}{3+\cot A \cot B + \cot B \cot C + \cot C \cot A}$$

$$= \frac{3}{4}$$

评注　这个证明基于柯西不等式的联想发现.

问题 12　在锐角 $\triangle ABC$ 中,求证

$$\frac{\tan A}{1+\tan A} + \frac{\tan B}{1+\tan B} + \frac{\tan C}{1+\tan C} > \frac{3}{2}$$

题目解说　本题源于多种刊物.

方法透析　将一个角的正切作代换,可能简单许多.

证明 1　记 $x = \tan A, y = \tan B, z = \tan C$,则在锐角 $\triangle ABC$ 中,由

$$A + B > \frac{\pi}{2} \Rightarrow \tan A > \cot B \Rightarrow \tan A \tan B > 1 \Leftrightarrow xy > 1$$

所以

$$\frac{\tan A}{1+\tan A} + \frac{\tan B}{1+\tan B} = \frac{x}{1+x} + \frac{y}{1+y} = \frac{x+y+2xy}{1+x+y+xy} > 1$$

同理可得

$$\frac{\tan B}{1+\tan B} + \frac{\tan C}{1+\tan C} > 1$$

$$\frac{\tan C}{1+\tan C} + \frac{\tan A}{1+\tan A} > 1 .$$

三个式子相加即得结论.

证明 2　这是原作者的证明.

因为原不等式等价于

$$\frac{1}{1+\cot A}+\frac{1}{1+\cot B}+\frac{1}{1+\cot C}>\frac{3}{2}$$

但是,在锐角 $\triangle ABC$ 中,有

$$A+B>\frac{\pi}{2}\Rightarrow\tan A>\cot B\Rightarrow\cot A\cot B<1$$

所以

$$\frac{1}{1+\cot A}+\frac{1}{1+\cot B}=\frac{2+\cot A+\cot B}{1+\cot A+\cot B+\cot A\cot B}$$
$$>\frac{2+\cot A+\cot B}{1+\cot A+\cot B+1}$$
$$=1$$

即有 $\dfrac{1}{1+\cot A}+\dfrac{1}{1+\cot B}>1$,同理还有两个式子,这三个式子相加即得结论.

评注　上面的两个证明很简单,是联赛一试中经常采用的较简单题目.

问题 13　在 $\triangle ABC$ 中,求证

$$\sum\cot^{n}A\geqslant\sum\tan^{n}\frac{A}{2}\sec^{2n}\frac{B-C}{2}\quad(n\geqslant2,n\in\mathbf{N})$$

题目解说　本题为一个新题.

渊源探索　本题为问题 1 的指数推广.

方法透析　运用问题 1 以及代数不等式.

证明　由代数不等式以及问题 1 的证明过程得

$$\cot A+\cot B\geqslant2\tan\frac{C}{2}\sec^{2}\frac{A-B}{2}$$

所以

$$\cot^{n}A+\cot^{n}B\geqslant\frac{(\cot A+\cot B)^{n}}{2^{n-1}}\geqslant2\tan^{n}\frac{C}{2}\sec^{2n}\frac{A-B}{2}$$

同理可得

$$\cot^{n}B+\cot^{n}C\geqslant\frac{(\cot B+\cot C)^{n}}{2^{n-1}}\geqslant2\tan^{n}\frac{A}{2}\sec^{2n}\frac{B-C}{2}$$

$$\cot^{n}C+\cot^{n}A\geqslant\frac{(\cot C+\cot A)^{n}}{2^{n-1}}\geqslant2\tan^{n}\frac{B}{2}\sec^{2n}\frac{C-A}{2}$$

以上三个式子相加即得

$$\cot^{n}A+\cot^{n}B+\cot^{n}C$$
$$\geqslant\tan^{n}\frac{C}{2}\sec^{2n}\frac{A-B}{2}+\tan^{n}\frac{A}{2}\sec^{2n}\frac{B-C}{2}+\tan^{n}\frac{B}{2}\sec^{2n}\frac{C-A}{2}$$

综上所述,上面若干问题的证明比较有意思.

§17 涉及两个三角形的三角不等式

一、问题与解答

问题 1 在两个 $\triangle ABC$ 和 $\triangle A_1B_1C_1$ 中,求证

$$\sum \sqrt{\sin A_1}\left(\sqrt{\sin B} + \sqrt{\sin C}\right) \leqslant \sum \sqrt{\cos \frac{A_1}{2}}\left(\sqrt{\cos \frac{B}{2}} + \sqrt{\cos \frac{C}{2}}\right)$$

题目解说 这是笔者 2005 年底在"奥数之家"论坛提出的第四个含有两个三角形的三角不等式,前期(2017～2018 年)有一些在"许康华竞赛优学"公众号里面发表过,在此将其全部发表出来.

证明 在 $\triangle ABC$ 中,因为

$$\sin A + \sin B = 2\sin \frac{A+B}{2}\cos \frac{A-B}{2} \leqslant 2\cos \frac{C}{2}$$

同理可得

$$\sin C_1 + \sin A_1 \leqslant 2\cos \frac{B_1}{2}$$

所以,根据柯西不等式知

$$\left(2\cos \frac{C}{2}\right)\left(2\cos \frac{B_1}{2}\right) \geqslant (\sin A + \sin B)(\sin C_1 + \sin A_1)$$

$$\geqslant \left(\sqrt{\sin A \cdot \sin C_1} + \sqrt{\sin B \cdot \sin A_1}\right)^2$$

即

$$2\sqrt{\cos \frac{C}{2} \cdot \cos \frac{B_1}{2}} \geqslant \sqrt{\sin A \cdot \sin C_1} + \sqrt{\sin B \cdot \sin A_1}$$

同理可得

$$2\sqrt{\cos \frac{C}{2} \cdot \cos \frac{A_1}{2}} \geqslant \sqrt{\sin B \cdot \sin C_1} + \sqrt{\sin C \cdot \sin A_1}$$

$$2\sqrt{\cos \frac{B}{2} \cdot \cos \frac{A_1}{2}} \geqslant \sqrt{\sin C \cdot \sin B_1} + \sqrt{\sin A \cdot \sin C_1}$$

$$2\sqrt{\cos \frac{B}{2} \cdot \cos \frac{C_1}{2}} \geqslant \sqrt{\sin C \cdot \sin A_1} + \sqrt{\sin A \cdot \sin B_1}$$

$$2\sqrt{\cos \frac{A}{2} \cdot \cos \frac{C_1}{2}} \geqslant \sqrt{\sin B \cdot \sin A_1} + \sqrt{\sin C \cdot \sin B_1}$$

$$2\sqrt{\cos\frac{A}{2}\cdot\cos\frac{B_1}{2}}\geqslant\sqrt{\sin B\cdot\sin C_1}+\sqrt{\sin C\cdot\sin A_1}$$

这六个式子相加即得结论.

评注 这个涉及两个三角形的三角不等式的证明来自于对 $\sin A+\sin B\leqslant$ $2\cos\frac{C}{2}$ 等两个三角不等式运用柯西不等式的结果.

二、类似问题研究

问题 2 在两个锐角 $\triangle ABC$ 和 $\triangle A_1B_1C_1$ 中,求证

$$\sum\sin A_1(\sin B+\sin C)\leqslant\sum\cos\frac{A_1}{2}\left(\cos\frac{B}{2}+\cos\frac{C}{2}\right)$$

题目解说 这是笔者(2006 年 3 月 16 日)在"奥数之家"论坛提出的第 6 个含有两个三角形的三角不等式.

渊源探索 本题源于对柯西不等式以及有关的三角不等式证明过程的思考.

方法透析 回顾上题的证明,本题结构似乎与柯西不等式有关.

证明 在锐角 $\triangle ABC$ 中,因为

$$\begin{aligned}
\sin^2 A+\sin^2 B&=1-(\cos^2 A-\sin^2 B)\\
&=1-\cos(A+B)\cos(A-B)\\
&=1+\cos C\cos(A-B)\\
&\leqslant 1+\cos C\\
&=2\cos^2\frac{C}{2}
\end{aligned}$$

根据柯西不等式有

$$\begin{aligned}
&(\sin A\sin B_1+\sin B\sin C_1)^2\\
&\leqslant(\sin^2 A+\sin^2 B)(\sin^2 B_1+\sin^2 C_1)\\
&\leqslant 2\cos^2\frac{C}{2}\cdot 2\cos^2\frac{A_1}{2}
\end{aligned}$$

即

$$\sin A\sin B_1+\sin B\sin C_1\leqslant 2\cos\frac{C}{2}\cdot\cos\frac{A_1}{2}$$

同理可得

$$\sin C\sin B_1+\sin A\sin C_1\leqslant 2\cos\frac{B}{2}\cdot\cos\frac{A_1}{2}$$

$$\sin C\sin B_1+\sin B\sin A_1\leqslant 2\cos\frac{A}{2}\cdot\cos\frac{B_1}{2}$$

$$\sin A \sin C_1 + \sin B \sin A_1 \leqslant 2\cos \frac{C}{2} \cdot \cos \frac{B_1}{2}$$

$$\sin C \sin B_1 + \sin B \sin A_1 \leqslant 2\cos \frac{A}{2} \cdot \cos \frac{C_1}{2}$$

$$\sin A \sin B_1 + \sin C \sin A_1 \leqslant 2\cos \frac{B}{2} \cdot \cos \frac{C_1}{2}$$

上边六个不等式相加即得结论.

评注 本题条件限制 $\triangle ABC$ 为锐角三角形是必要的,否则不能推出本结论. 技巧仍然是对类似的 $\sin^2 A + \sin^2 B \leqslant 2\cos^2 \frac{C}{2}$ 两个三角不等式运用柯西不等式.

问题 3 在两个 $\triangle ABC$ 和 $\triangle A_1B_1C_1$ 中,求证

$$\sum \frac{1}{\sqrt{\sin A_1}\left(\sqrt{\sin B} + \sqrt{\sin C}\right)} \geqslant \sum \frac{1}{\sqrt{\cos \frac{A_1}{2}}\left(\sqrt{\cos \frac{B}{2}} + \sqrt{\cos \frac{C}{2}}\right)}$$

题目解说 本题为一个新题.

渊源探索 本题为上题的分式结构联想.

方法透析 回顾类似代数不等式的证明方法以及类似三角不等式.

证明 由问题 1 的证明知

$$2\sqrt{\cos \frac{C}{2} \cdot \cos \frac{B_1}{2}} \geqslant \sqrt{\sin A \cdot \sin C_1} + \sqrt{\sin B \cdot \sin A_1}$$

$$2\sqrt{\cos \frac{B_1}{2} \cdot \cos \frac{A}{2}} \geqslant \sqrt{\sin B \cdot \sin C_1} + \sqrt{\sin C \cdot \sin A_1}$$

这两个式子相加得

$$2\sqrt{\cos \frac{B_1}{2}}\left(\sqrt{\cos \frac{A}{2}} + \sqrt{\cos \frac{C}{2}}\right)$$

$$\geqslant \sin C_1\left(\sqrt{\sin B} + \sqrt{\sin A}\right) + \sqrt{\sin A_1}\left(\sqrt{\sin B} + \sqrt{\sin C}\right)$$

所以根据熟知的代数不等式

$$\frac{1}{x} + \frac{1}{y} \geqslant \frac{4}{x+y} \quad (x, y \in \mathbf{R}^*)$$

知

$$\frac{1}{\sqrt{\sin C_1}\left(\sqrt{\sin B} + \sqrt{\sin A}\right)} + \frac{1}{\sqrt{\sin A_1}\left(\sqrt{\sin B} + \sqrt{\sin C}\right)}$$

$$\geqslant \frac{4}{\sqrt{\sin C_1}\left(\sqrt{\sin B} + \sqrt{\sin A}\right) + \sqrt{\sin A_1}\left(\sqrt{\sin B} + \sqrt{\sin C}\right)}$$

$$\geqslant \frac{4}{2\sqrt{\cos\dfrac{B_1}{2}}\cdot\left(\sqrt{\cos\dfrac{C}{2}}+\sqrt{\cos\dfrac{A}{2}}\right)}$$

$$=\frac{2}{\sqrt{\cos\dfrac{B_1}{2}}\cdot\left(\sqrt{\cos\dfrac{C}{2}}+\sqrt{\cos\dfrac{A}{2}}\right)}\cdot$$

$$\frac{1}{\sqrt{\sin C_1}\left(\sqrt{\sin B}+\sqrt{\sin A}\right)}+\frac{1}{\sqrt{\sin A_1}\left(\sqrt{\sin B}+\sqrt{\sin C}\right)}$$

$$\geqslant\frac{2}{\sqrt{\cos\dfrac{B_1}{2}}\left(\sqrt{\cos\dfrac{C}{2}}+\sqrt{\cos\dfrac{A}{2}}\right)}$$

同理可得

$$\frac{1}{\sqrt{\sin A_1}\left(\sqrt{\sin B}+\sqrt{\sin C}\right)}+\frac{1}{\sqrt{\sin B_1}\left(\sqrt{\sin C}+\sqrt{\sin A}\right)}$$

$$\geqslant\frac{2}{\sqrt{\cos\dfrac{C_1}{2}}\left(\sqrt{\cos\dfrac{A}{2}}+\sqrt{\cos\dfrac{B}{2}}\right)}$$

$$\frac{1}{\sqrt{\sin C_1}\left(\sqrt{\sin B}+\sqrt{\sin A}\right)}+\frac{1}{\sqrt{\sin B_1}\left(\sqrt{\sin A}+\sqrt{\sin C}\right)}$$

$$\geqslant\frac{2}{\sqrt{\cos\dfrac{A_1}{2}}\left(\sqrt{\cos\dfrac{B}{2}}+\sqrt{\cos\dfrac{C}{2}}\right)}$$

上述三个式子相加即得欲证明的结论.

评注　柯西不等式在证明本题中仍然扮演着重要角色.

问题 4　在两个 $\triangle ABC$ 和 $\triangle A_1B_1C_1$ 中,求证

$$\sum\frac{1}{\sin A_1(\sin B+\sin C)}\geqslant\sum\frac{1}{\cos\dfrac{A_1}{2}\left(\cos\dfrac{B}{2}+\cos\dfrac{C}{2}\right)}$$

题目解说　本题为一个新题.

渊源探索　本题为上题脱去根号后的结果.

方法透析　从结构分析看,柯西不等式仍然是考虑的主要工具.

证明　由问题 2 的证明知

$$\sin A\sin B_1+\sin B\sin C_1\leqslant 2\cos\frac{C}{2}\cos\frac{A_1}{2}$$

$$\sin C\sin B_1+\sin A\sin C_1\leqslant 2\cos\frac{B}{2}\cos\frac{A_1}{2}$$

这两个式子相加得

$$\sin B_1(\sin A + \sin C) + \sin C_1(\sin A + \sin B) \leqslant 2\cos\frac{A_1}{2}\left(\cos\frac{B}{2} + \cos\frac{C}{2}\right)$$

所以根据熟知的代数不等式 $\dfrac{1}{x} + \dfrac{1}{y} \geqslant \dfrac{4}{x+y}(x,y \in \mathbf{R}^*)$ 知

$$\frac{1}{\sin B_1(\sin A + \sin C)} + \frac{1}{\sin C_1(\sin A + \sin B)}$$

$$\geqslant \frac{4}{\sin B_1(\sin A + \sin C) + \sin C_1(\sin A + \sin B)}$$

$$\geqslant \frac{2}{\cos\dfrac{A_1}{2}\left(\cos\dfrac{B}{2} + \cos\dfrac{C}{2}\right)}$$

即

$$\frac{1}{\sin B_1(\sin A + \sin C)} + \frac{1}{\sin C_1(\sin A + \sin B)} \geqslant \frac{2}{\cos\dfrac{A_1}{2}\left(\cos\dfrac{B}{2} + \cos\dfrac{C}{2}\right)}$$

同理可得

$$\frac{1}{\sin C_1(\sin A + \sin B)} + \frac{1}{\sin A_1(\sin B + \sin C)} \geqslant \frac{2}{\cos\dfrac{B_1}{2}\left(\cos\dfrac{C}{2} + \cos\dfrac{A}{2}\right)}$$

$$\frac{1}{\sin A_1(\sin B + \sin C)} + \frac{1}{\sin B_1(\sin C + \sin A)} \geqslant \frac{2}{\cos\dfrac{C_1}{2}\left(\cos\dfrac{A}{2} + \cos\dfrac{B}{2}\right)}$$

这三个式子相加即得欲证明的结论.

评注 柯西不等式以及代数不等式 $\dfrac{1}{x} + \dfrac{1}{y} \geqslant \dfrac{4}{x+y}(x,y \in \mathbf{R}^*)$ 在解决本题中起到了重要作用.

问题 5 在两个锐角 $\triangle ABC$ 和 $\triangle A_1B_1C_1$ 中,求证

$$\sum \cot A_1(\csc B + \csc C) \geqslant \sum \tan\frac{A_1}{2}\left(\sec\frac{B}{2} + \sec\frac{C}{2}\right) \qquad (1)$$

题目解说 本题为一个新题.

渊源探索 本题为上面几道题目的类比结论.

方法透析 这一问题的本质不同于上面几个问题,显然不能用上面的通法去思考,去解决,而要另辟蹊径,笔者经过长期思考和努力得到下面的证法.

证明 以 $a,b,c,\triangle$ 和 $x,y,z,\triangle_1$ 分别记 $\triangle ABC$ 和 $\triangle A_1B_1C_1$ 的三边长和面积,且令

$$\alpha = \sqrt{bc}, \beta = \sqrt{ca}, \gamma = \sqrt{ab}$$

则

$$\cos \frac{A}{2} = \sqrt{\frac{1 + \cos A}{2}} = \sqrt{\frac{(b+c)^2 - a^2}{4bc}}$$

$$\csc A = \frac{bc}{2\triangle}, \cot A_1 = \frac{1}{4\triangle_1}(y^2 + z^2 - x^2)$$

$$\tan \frac{A_1}{2} = \frac{1}{4\triangle_1}\left[x^2 - (y-z)^2\right]$$

所以

$$\sec \frac{A}{2} = \frac{2\sqrt{bc}}{\sqrt{(b+c-a)(b+c+a)}} = \frac{2\sqrt{bc}\sqrt{(c+a-b)(a+b-c)}}{4\triangle} \leqslant \frac{a\sqrt{bc}}{2\triangle}$$

等. 从而(1)等价于

$$\sum (y^2 + z^2 - x^2)(\beta^2 + \gamma^2) \geqslant \sum \left[x^2 - (y-z)^2\right](\gamma\alpha + \alpha\beta)$$

$$\Leftrightarrow \sum \alpha^2 x^2 \geqslant \sum \beta\lambda(xy + zx - x^2) \tag{2}$$

注意到 $\sum \alpha^2 x^2 \geqslant \sum \beta\gamma yz$,所以要证(2),只要证

$$\sum \beta\gamma(yz - zx - xy + x^2) \geqslant 0 \Leftrightarrow \sum \beta\gamma(x-y)(x-z) \geqslant 0 \tag{3}$$

而

$$\sum \alpha^2\beta^2 \leqslant 2\alpha\beta\gamma(\alpha + \beta + \gamma) \Leftrightarrow a + b + c \leqslant 2\sum \sqrt{ab} \tag{4}$$

据熟知的不等式(1988 年第三届国家集训队选拔试题之一)

$$A(x-y)(x-z) + B(y-x)(y-z) + C(z-x)(z-y) \geqslant 0$$

对任意实数 x, y, z 均成立的充要条件为

$$A^2 + B^2 + C^2 \leqslant 2(AB + BC + CA)$$

知(3)成立,从而(1)得证.

评注 这一证法比较迂回复杂,目前我还没有发现比较好且简单一些的方法,希望有人能够给出满意的证法.

问题 6 在两个锐角 $\triangle ABC$ 和 $\triangle A_1 B_1 C_1$ 中,求证

$$\sum \cot A_1(\cot B + \cot C) \geqslant \sum \tan \frac{A_1}{2}\left(\tan \frac{B}{2} + \tan \frac{C}{2}\right) \tag{1}$$

证明 以 $a, b, c, \triangle$ 和 $x, y, z, \triangle_1$ 分别记 $\triangle ABC$ 和 $\triangle A_1 B_1 C_1$ 的三边长、面积,则

$$a^2 = b^2 + c^2 - 4\triangle \cot A = (b-c)^2 - 4\triangle \tan \frac{A}{2}$$

等,于是(1)等价于

$$\sum \frac{b_1^2 + c_1^2 - a_1^2}{4\triangle_1}\left(\frac{c^2 + a^2 - b^2}{4\triangle} + \frac{a^2 + b^2 - c^2}{4\triangle}\right)$$
$$\geqslant \sum \frac{a_1^2 - (b_1 - c_1)^2}{4\triangle_1}\left(\frac{b^2 - (c-a)^2}{4\triangle} + \frac{c^2 - (a-b)^2}{4\triangle_1}\right)$$

即

$$\sum 2a^2(b_1^2 + c_1^2 - a_1^2) \geqslant \sum [a_1^2 - (b_1 - c_1)^2](2ab + 2ac - 2a^2)$$
$$\Leftrightarrow \sum a^2(b_1^2 + c_1^2 - a_1^2) \geqslant \sum [2b_1 c_1 - (b_1^2 + c_1^2 - a_1^2)](ab + ca - a^2)$$
$$\Leftrightarrow 0 \leqslant \sum (b^2 + c^2 - a^2)(c_1 a_1 + a_1 b_1) - 2\sum bc a_1(b_1 + c_1) + \sum bc a_1^2$$
$$= 2\sum [2bc a_1^2 + a_1(c_1 + b_1)](b^2 + c^2 - a^2 - 2bc)$$
$$= \sum [bc a_1^2 + b_1^2 ca + a_1 b_1(2c^2 - 2ca - 2bc)]$$
$$= 2[bc a_1^2 + (b^2 c_1 + c^2 b_1 - bc c_1 - abc_1 - bc b_1 - cab_1)a_1 +$$
$$cab_1^2 + abc_1^2 + a^2 b_1 c_1 - abb_1 c_1 - cab_1 c_1]$$

上式 $[\cdots]$ 里可视为关于 a_1 的二次不等式, 上式要成立, 以下只要证 $\triangle_{a_1} \leqslant 0$ 即可.

事实上, 这等价于

$$0 \leqslant 4bc[cab_1^2 abc_1 - ab_1 c_1(b + c - a)] -$$
$$[bc_1(c + a - b) + cb_1(a + b - c)]^2$$
$$= cb_1^2[4ab - (a + b - c)^2] +$$
$$b^2 c_1^2[4ca - (c + a - b)^2] -$$
$$2bc b_1 c_1[(c + a - b)(a + b - c) +$$
$$2a(b + c - a)] \tag{2}$$

设 $x = \frac{1}{2}(b + c - a), y = \frac{1}{2}(c + a - b), z = \frac{1}{2}(a + b - c)$, 那么, (2) 等价于

$$0 \leqslant [4(y + z)(z + x) - 4z^2]c^2 b_1^2 + [4(y + z)(x + y) - 4y^2]b^2 c_1^2 -$$
$$2bc b_1 c_1[4yz + 4x(y + z)]$$
$$= 4(xy + yz + zx)(bc_1 - cb_1)^2$$

因为以上每一步可逆, 于是 (1) 得证.

且等号成立, 只要 $cb_1 = bc_1$, 同法可得 $ab_1 = a_1 b, ac_1 = a_1 c$ 即只要 $\triangle ABC \backsim \triangle A_1 B_1 C_1$.

评注 本题的这种证法实属无奈之举, 在做完之后, 反思多日, 能否再简化运算?

综上所述, 上面的结论还可以运用代数手法将三角形式化为代数形式, 这

也是竞赛命题的一个方法.

§18 一个三角形母不等式及其应用

一、题目与解答

问题 1 设 A,B,C 为 $\triangle ABC$ 的三个内角,求证:对于任意实数 x,y,z,下面的不等式

$$x^2 + y^2 + z^2 \geqslant 2xy\cos A + 2yz\cos B + 2zx\cos C$$

恒成立.

等号成立的条件为

$$x : y : z = \sin A : \sin B : \sin C$$

题目解说 本题是一道广为流传的经典题目,有巨大的工具作用.

证明 1 判别式法.

原不等式等价于

$$x^2 - 2x(y\cos A + z\cos C) + y^2 + z^2 - 2yz\cos B \geqslant 0 \qquad (1)$$

即问题等价于对 $x \in \mathbf{R}$ 时(1)恒成立,于是需要证明上面关于 x 的二次三项式的判别式是否小于或等于 0,然而

$$\frac{\Delta}{4} = (y\cos A + z\cos C)^2 - (y^2 + z^2 - 2yz\cos B)$$

$$= -y^2\sin^2 A - z^2\sin^2 C + 2yz\cos A\cos C - 2yz\cos(A+C)$$

$$= -(y\sin A - z\sin C)^2 \leqslant 0$$

这表明(1)对任意实数 x 恒成立,等号成立的条件显然为

$$x : y : z = \sin A : \sin B : \sin C$$

从而原不等式获得证明.

评注 这个证明是许多资料上都采用的常用方法,称为主元法,也可以称作构造二次函数法,或者判别式法.

本题的一个相当有用的推论:在本题中,令 $x = \tan \dfrac{B}{2}, y = \tan \dfrac{C}{2}, z = \tan \dfrac{A}{2}$,于是得到

$$\tan^2 \frac{A}{2} + \tan^2 \frac{B}{2} + \tan^2 \frac{C}{2} \geqslant 2\sum \tan \frac{A}{2}\tan \frac{B}{2}\cos C$$

$$= 2 \sum \tan \frac{A}{2} \tan \frac{B}{2} \left(1 - 2\sin^2 \frac{C}{2} \right)$$

$$= 2 - 4 \sum \tan \frac{A}{2} \tan \frac{B}{2} \sin^2 \frac{C}{2}$$

$$= 2 - 4 \sum \frac{\sin \frac{A}{2} \sin \frac{B}{2} \sin^2 \frac{C}{2}}{\cos \frac{A}{2} \cos \frac{B}{2}}$$

$$= 2 - 4 \prod \sin \frac{A}{2} \sum \frac{\sin \frac{C}{2}}{\cos \frac{A}{2} \cos \frac{B}{2}}$$

$$= 2 - 2 \prod \sin \frac{A}{2} \cdot \frac{\sum \sin A}{\prod \cos \frac{A}{2}}$$

$$= 2 - 8 \prod \sin \frac{A}{2}$$

即

$$\tan^2 \frac{A}{2} + \tan^2 \frac{B}{2} + \tan^2 \frac{C}{2} \geqslant 2 - 8\sin \frac{A}{2} \sin \frac{B}{2} \sin \frac{C}{2}$$

这是一个很有用的三角不等式.

证明 2 配方法.

原不等式等价于

$$0 \leqslant x^2 + y^2 + z^2 - 2xy\cos A - 2yz\cos B - 2zx\cos C$$

$$= [x^2 - 2x(y\cos A + z\cos C) + (y\cos A + z\cos C)^2] +$$

$$\quad y^2 + z^2 - 2yz\cos B - (y\cos A + z\cos C)^2$$

$$= (x - y\cos A - z\cos C)^2 + y^2\sin^2 A + z^2\sin^2 C - 2yz\cos B - 2yz\cos A\cos C$$

$$= (x - y\cos A - z\cos C)^2 + y^2\sin^2 A + z^2\sin^2 C +$$

$$\quad 2yz\cos(A + C) - 2yz\cos A\cos C$$

$$= (x - y\cos A - z\cos C)^2 + y^2\sin^2 A + z^2\sin^2 C - 2yz\sin A\sin C$$

$$= (x - y\cos A - z\cos C)^2 + (y\sin A - z\sin C)^2$$

从而原不等式获证.

评注 这个证明着眼于恒成立的以 x 为主元的二次不等式,结果肯定可以配方成一个或者多个完全平方式的结构.

证明 3 再看一个配方法.

注意到 A, B, C 为 $\triangle ABC$ 的三个内角,则

127

$$x^2 + y^2 + z^2 - 2xy\cos A - 2yz\cos B - 2zx\cos C$$
$$= x^2 + y^2(\sin^2 A + \cos^2 A) + z^2(\sin^2 C + \cos^2 C) -$$
$$2xy\cos A + 2yz\cos(A + C) - 2zx\cos C$$
$$= x^2 + y^2(\sin^2 A + \cos^2 A) + z^2(\sin^2 B + \cos^2 B) -$$
$$2xy\cos A + 2yz[\cos A\cos C - \sin A\sin C] - 2zx\cos C$$
$$= (y^2\sin^2 A - 2yz\sin A\sin C + z^2\sin^2 C) +$$
$$(z^2\cos^2 C + 2yz\cos A\cos C + y^2\cos^2 A) -$$
$$2x(y\cos A + z\cos C) + x^2$$
$$= (y\sin A - z\sin C)^2 + (z\cos C + y\cos A)^2 - 2x(y\cos A + z\cos C) + x^2$$
$$= (y\sin A - z\sin C)^2 + (z\cos C + y\cos A - x)^2 \geqslant 0$$

评注 这个配方法不同于前面的配方法,这里的配方是着眼于 y^2, z^2 的系数,有一定的特点.

证明 4 向量方法,见《中等数学》2006(5):10-13.

设 i, j, k 是单位向量,而且 i 与 j, j 与 k, k 与 i 分别成角为 $\pi - C, \pi - A, \pi - B$,则

$$0 \leqslant (iz + jx + ky)^2 = x^2 + y^2 + z^2 + 2zx\cos(\pi - C) +$$
$$2xy\cos(\pi - A) + 2yz\cos(\pi - B)$$
$$= x^2 + y^2 + z^2 - 2zx\cos C - 2xy\cos A - 2yz\cos B$$

整理便得

$$x^2 + y^2 + z^2 \geqslant 2xy\cos A + 2yz\cos B + 2zx\cos C$$

评注 这是本题的一个最简单的证明,预示着三角不等式也可以用向量方法解决.

二、几个等价形式

问题 2 设 A, B, C 为 $\triangle ABC$ 的三个内角,求证:对于任意实数 x, y, z,下面的不等式: $(x + y + z)^2 \geqslant 4\left(xy\cos^2\dfrac{A}{2} + yz\cos^2\dfrac{B}{2} + zx\cos^2\dfrac{C}{2}\right)$ 恒成立.

等号成立的条件为

$$x : y : z = \sin A : \sin B : \sin C$$

证明 由问题 1 以及三角公式知

$$x^2 + y^2 + z^2 \geqslant 2xy\cos A + 2yz\cos B + 2zx\cos C$$
$$= 2xy\left(2\cos^2\frac{A}{2} - 1\right) + 2yz\left(2\cos^2\frac{B}{2} - 1\right) + 2zx\left(2\cos^2\frac{C}{2} - 1\right)$$
$$= -(2xy + 2yz + 2zx) + 4xy\cos^2\frac{A}{2} + 4yz\cos^2\frac{B}{2} + 4zx\cos^2\frac{C}{2}$$

$$\Rightarrow (x+y+z)^2 \geqslant 4xy\cos^2\frac{A}{2} + 4yz\cos^2\frac{B}{2} + 4zx\cos^2\frac{C}{2}$$

即结论获得证明.

问题 3　设 A,B,C 为 $\triangle ABC$ 的三个内角,求证:对于任意实数 x,y,z,下面的不等式: $(x+y+z)^2 \geqslant 4(xy\sin^2 A + yz\sin^2 B + zx\sin^2 C)$ 恒成立.

等号成立的条件为

$$x:y:z = \sin 2A : \sin 2B : \sin 2C$$

证明　在问题 1 中,作代换 $A \to \pi - 2A, B \to \pi - 2B, C \to \pi - 2C$,则有

$$x^2 + y^2 + z^2 \geqslant -(2xy\cos 2A + 2yz\cos 2B + 2zx\cos 2C)$$
$$= -[2xy(1-2\sin^2 A) + 2yz(1-2\sin^2 B) + 2zx(1-2\sin^2 C)]$$
$$= -2(xy+yz+zx) + 4(xy\sin^2 A + yz\sin^2 B + zx\sin^2 C)$$
$$\Rightarrow (x+y+z)^2 \geqslant 4(xy\sin^2 A + yz\sin^2 B + zx\sin^2 C)$$

即原不等式获得证明.

评注　这里的证明给出了一个代换 $A \to \pi - 2A, B \to \pi - 2B, C \to \pi - 2C$,很有意思,代换后的三个角必须满足之和为三角形的内角和.

问题 4　设 A,B,C 为 $\triangle ABC$ 的三个内角,求证:对于任意实数 x,y,z,下面的不等式

$$x^2 + y^2 + z^2 \geqslant 2xy\sin\frac{A}{2} + 2yz\sin\frac{B}{2} + 2zx\sin\frac{C}{2}$$

恒成立.

等号成立的条件为

$$x:y:z = \sin\frac{A}{2} : \sin\frac{B}{2} : \sin\frac{C}{2}$$

提示　在问题 1 中,只要作代换 $A \to \frac{\pi}{2} - \frac{A}{2}, B \to \frac{\pi}{2} - \frac{B}{2}, C \to \frac{\pi}{2} - \frac{C}{2}$ 即可.

以上多个结论在 2000 年以前的多种刊物上广为流行.

三、在解决几何不等式方面的应用

问题 5　设 P 是 $\triangle ABC$ 的内部任意一点,点 P 关于三边 BC,CA,AB 的对称点分别为 A_1,B_1,C_1,求证: $S_{\triangle ABC} \geqslant S_{\triangle A_1 B_1 C_1}$.

题目解说　这是笔者编拟的一道题目,发表在《数学教学》1999(4-5):问题解答栏490题,是本期5个问题中最后一题,可以看出编辑认为本题有一定的难度.

方法透析　观察问题 1~4 的结构形式,右端可以看成是一个三角形面积

的一种形式 —— 两边夹角正弦形式,于是,对于一个三角形内部一点与三个顶点连线将三角形分成三个小三角形,就对应问题 1 ~ 4 的右端某一个形式.

证明　如图 12,记 $\triangle ABC,\triangle PBC,\triangle PAC,\triangle PAB$ 的面积分别为 $\triangle,u,v,w,PA_1=x,PB_1=y,PC_1=z$,则

$$S_{\triangle A_1B_1C_1}=\frac{1}{2}(xy\sin\angle A_1PB_1+yz\sin\angle B_1PC_1+zx\sin\angle C_1PA_1)$$

$$=\frac{1}{2}\left(\frac{4u}{BC}\cdot\frac{4v}{CA}\sin C+\frac{4v}{CA}\cdot\frac{4w}{AB}\sin A+\frac{4w}{AB}\cdot\frac{4u}{BC}\sin B\right)$$

$$=4\left(\frac{uv\sin^2 C}{\triangle}+\frac{vw\sin^2 A}{\triangle}+\frac{wu\sin^2 B}{\triangle}\right)$$

$$\leqslant\frac{(u+v+w)^2}{\triangle}=\frac{\triangle^2}{\triangle}=\triangle$$

$$\Rightarrow S_{\triangle ABC}\geqslant S_{\triangle A_1B_1C_1}$$

从而原不等式获得证明.

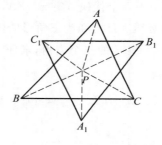

图 12

评注　这个证明没有什么难度,只是将目标量用问题 1 右端样子表示出来,再利用面积公式简单化归成前面熟悉的不等式即可.

问题 6　在 $\triangle ABC$ 和 $\triangle A_1B_1C_1$ 中,求证

$$\cot A+\cot B+\cot C\geqslant\frac{\cos A_1}{\sin A}+\frac{\cos B_1}{\sin B}+\frac{\cos C_1}{\sin C}$$

题目解说　本题为多年前某刊物上一道问题(记不清是哪个刊物了).

证明　由余弦定理知 $\cot A=\dfrac{b^2+c^2-a^2}{4\triangle}$ 以及面积公式 $ab=\dfrac{2\triangle}{\sin C}$ 等知原不等式等价于

$$a^2+b^2+c^2\geqslant 2ab\cos A_1+2bc\cos B_1+2ca\cos C_1$$

这是熟知的不等式问题 1.

问题 7　设 $\triangle ABC$ 和 $\triangle A_1B_1C_1$ 的边长分别为 a,b,c 和 a_1,b_1,c_1,对应内角平分线长分别为 t_a,t_b,t_c 和 t_{a_1},t_{b_1},t_{c_1},求证:$t_at_{a_1}+t_bt_{b_1}+t_ct_{c_1}\leqslant\dfrac{3}{4}(aa_1+$

$bb_1 + cc_1$).

证明　由角平分线公式知 $t_a = \dfrac{2bc}{b+c} \cos \dfrac{A}{2} \leqslant \sqrt{bc} \cos \dfrac{A}{2}$,同理有

$$t_{a_1} \leqslant \sqrt{b_1 c_1} \cos \dfrac{A_1}{2}$$

等,所以

$$t_a t_{a_1} + t_b t_{b_1} + t_c t_{c_1} \leqslant \sum \sqrt{bb_1 cc_1} \cdot \cos \dfrac{A}{2} \cos \dfrac{A_1}{2}$$

$$= \dfrac{1}{2} \cdot \sum \sqrt{bb_1 cc_1} \cdot \left(\cos \dfrac{A - A_1}{2} + \cos \dfrac{A + A_1}{2} \right)$$

$$\leqslant \dfrac{1}{2} \cdot \sum \sqrt{bb_1 cc_1} \cdot \left(1 + \cos \dfrac{A + A_1}{2} \right)$$

$$= \dfrac{1}{2} \cdot \sum \sqrt{bb_1 cc_1} + \dfrac{1}{2} \cdot \sum \sqrt{bb_1 cc_1} \cdot \cos \dfrac{A + A_1}{2}$$

$$\leqslant \dfrac{1}{2} \cdot \sum \sqrt{bb_1 cc_1} + \dfrac{1}{4} \sum aa_1$$

$$\leqslant \dfrac{3}{4}(aa_1 + bb_1 + cc_1)$$

注意,最后两步用到了前面的问题 1 的结论,以及 $\dfrac{A + A_1}{2} + \dfrac{B + B_1}{2} + \dfrac{C + C_1}{2} = \pi$ 和熟知的不等式.

问题 8　如图 13,设 $\triangle ABC$ 的三边长分别为 a,b,c,P 为三角形内一点,满足 $\angle PAB = \angle PBC = \angle PCA$,求证:$a^2 + b^2 + c^3 \leqslant 3(PA^2 + PB^2 + PC^2)$.

题目解说　本题为《数学通报》1999 年第 12 期问题 1226.

证明 1　分别在 $\triangle PAB,\triangle PBC,\triangle PCA$ 中运用余弦定理有

$$a^2 = PB^2 + PC^2 - 2PB \cdot PC\cos(\pi - C)$$
$$= PB^2 + PC^2 + 2PB \cdot PC\cos C$$

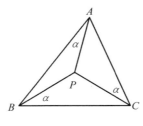

图 13

同理可得

$$b^2 = PA^2 + PC^2 + 2PA \cdot PC \cos A$$
$$c^2 = PA^2 + PB^2 + 2PA \cdot PB \cos B$$

所以

$$a^2 + b^2 + c^2 = 2\sum PA^2 + 2\sum PA \cdot PB \cos B$$
$$\leqslant 2\sum PA^2 + \sum PA^2 = 3\sum PA^2$$

其中最后一步用到了问题 1 的结论.

即结论得证.

评注 这是解决本题的一个常规方法.

§19 从课本题到竞赛题的跨越

一、题目与解答

问题 1 设 $a,b,c \in \mathbf{R}^*$, $abc = 1$, 求证：

(1) $a^3 + b^3 \geqslant ab(a+b)$;

(2) $a^5 + b^5 \geqslant a^3 b^2 + a^2 b^3 = a^2 b^2 (a+b)$.

证明 这是高中课本上的两道题目, 过程略.

评注 这两个小题证明相当简单, 但是它们却有着极其广泛的应用空间.

引申 1 设 $a,b,c \in \mathbf{R}^*$, 求证

$$\frac{ab}{a^5 + b^5 + ab} + \frac{bc}{b^5 + c^5 + bc} + \frac{ca}{c^5 + a^5 + ca} \leqslant \frac{1}{abc}$$

题目解说 本题为 1995 年第 36 届 IMO 一题.

证明 由 $a^5 + b^5 \geqslant a^2 b^2 (a+b)$ 知

$$\frac{ab}{a^5 + b^5 + ab} + \frac{bc}{b^5 + c^5 + bc} + \frac{ca}{c^5 + a^5 + ca}$$

$$\leqslant \frac{ab}{a^2 b^2 (a+b) + ab} + \frac{bc}{b^2 c^2 (b+c) + bc} + \frac{ca}{c^2 a^2 (c+a) + ca}$$

$$= \frac{1}{ab(a+b) + 1} + \frac{1}{bc(b+c) + 1} + \frac{1}{ca(c+a) + 1}$$

$$= \frac{abc}{ab(a+b) + abc} + \frac{abc}{bc(b+c) + abc} + \frac{abc}{ca(c+a) + abc}$$

$$= \frac{1}{abc}$$

到此结论获得证明.

评注 本题从左至右是一个逐步放大的过程,故只需将分母逐步予以缩小即可,这就给源问题提供了使用空间.

引申 2 设 a,b,c 为正实数,满足 $abc=1$,求证

$$\frac{1}{a^5(b+c)^2}+\frac{1}{b^5(c+a)^2}+\frac{1}{c^5(a+b)^2}\geq\frac{3}{4}$$

题目解说 本题为 2010 年美国国家队选拔考试题.

证明 由条件知道

$$\frac{1}{a^5(b+c)^2}+\frac{1}{b^5(c+a)^2}+\frac{1}{c^5(a+b)^2}$$

$$=\frac{(abc)^2}{a^5(b+c)^2}+\frac{(abc)^2}{b^5(c+a)^2}+\frac{(abc)^2}{c^5(a+b)^2}$$

$$=\frac{(bc)^2}{a^3(b+c)^2}+\frac{(ac)^2}{b^3(c+a)^2}+\frac{(ab)^2}{c^3(a+b)^2}$$

$$=\sum\frac{\left(\frac{1}{a}\right)^3}{\left(\frac{1}{b}+\frac{1}{c}\right)^2}\geq\frac{\left(\sum\frac{1}{a}\right)^3}{\left(2\sum\frac{1}{a}\right)^2}$$

$$=\frac{1}{4}\sum\frac{1}{a}\geq\frac{1}{4}\sqrt[3]{\frac{1}{a}\cdot\frac{1}{b}\cdot\frac{1}{c}}=\frac{3}{4}$$

评注 关于本题的相关讨论在近几年的许多资料里已有不少,这里仅给出一种解答. 另外,本题的上述证明的特别关键点是柯西不等式的变形形式——$\frac{x^2}{a}+\frac{y^2}{b}+\frac{y^2}{c}\geq\frac{(x+y+z)^2}{a+b+c}$ 的推广,即

$$\frac{x^3}{a^2}+\frac{y^3}{b^2}+\frac{z^3}{c^2}\geq\frac{(x+y+z)^3}{(a+b+c)^2}$$

(还可以推广到更多个变量的形式).

引申 3 设 x,y,z 都是正数,求证

$$\frac{1}{x^3+y^3+xyz}+\frac{1}{y^3+z^3+xyz}+\frac{1}{z^3+x^3+xyz}\leq\frac{1}{xyz}$$

题目解说 本题为 1997 年美国竞赛题.

证明 利用 $x^3+y^3\geq xy(x+y)$,详细过程略.

引申 4 设 x,y,z 是正数,且 $pqr=1$,求证

$$\frac{1}{p^n+q^n+1}+\frac{1}{q^n+r^n+1}+\frac{1}{r^n+p^n+1}\leq1$$

题目解说 本题为 2004 年波罗的海地区竞赛一题.

证明   令 $x^3 = p^n, y^3 = q^n, z^3 = r^n \Rightarrow xyz = 1$,则原不等式等价于

$$\frac{1}{x^3 + y^3 + xyz} + \frac{1}{y^3 + z^3 + xyz} + \frac{1}{z^3 + x^3 + xyz} \leqslant 1$$

这就是引申 3.

评注   看看代换的作用有多大,一个代换使得看起来较为可怕的题目一下子变得简单熟悉.

另外,如果站在变量个数方面予以考虑,上述各题有无进一步的好结果产生?

引申 5   设 a, b, c, d 是正数,求证

$$\frac{1}{a^4 + b^4 + c^4 + abcd} + \frac{1}{b^4 + c^4 + d^4 + abcd} +$$

$$\frac{1}{c^4 + d^4 + a^4 + abcd} + \frac{1}{d^4 + a^4 + b^4 + abcd}$$

$$\leqslant \frac{1}{abcd}$$

题目解说   本题为一新题.

渊源探索   本题是上述几个问题的变量个数方面推广.

方法透析   引申 1 与 2 的证明用到了 $x^3 + y^3 \geqslant xy(x + y)$ 等,那么,对于分母出现 4 次方,有什么结论可以运用?有无类似的结论?

证明 1   由基本不等式 $a^2 + b^2 + c^2 \geqslant ab + bc + ca$ 知

$$a^4 + b^4 + c^4 = (a^2)^2 + (b^2)^2 + (c^2)^2 \geqslant a^2 b^2 + b^2 c^2 + c^2 a^2$$
$$\geqslant ab \cdot bc + bc \cdot ca + ca \cdot ab = abc(a + b + c)$$

即

$$a^4 + b^4 + c^4 \geqslant abc(a + b + c)$$

从而

$$\frac{1}{a^4 + b^4 + c^4 + abcd} + \frac{1}{b^4 + c^4 + d^4 + abcd} +$$

$$\frac{1}{c^4 + d^4 + a^4 + abcd} + \frac{1}{d^4 + a^4 + b^4 + abcd}$$

$$\leqslant \frac{1}{abc(a + b + c) + abcd} + \frac{1}{bcd(b + c + d) + abcd} +$$

$$\frac{1}{cda(c + d + a) + abcd} + \frac{1}{dab(d + a + b) + abcd}$$

$$= \frac{1}{abc(a + b + c + d)} + \frac{1}{bcd(b + c + d + a)} +$$

$$\frac{1}{cda(c+d+a+b)}+\frac{1}{dab(d+a+b+c)}$$

$$=\frac{1}{abcd}.$$

到此结论获得证明.

评注 进一步,不难将上述问题从变量个数予以推广到更多个变量的情形,留给读者练习吧!

这样我们不仅证明了一道问题,还从一个问题发现类似的几个问题,看看思维有效果吧!

问题 2 设 $a,b,c\in \mathbf{R}^{*}$,求证

$$\sqrt{a^2-ab+b^2}+\sqrt{b^2-bc+c^2}+\sqrt{c^2-ca+a^2}\geqslant (a+b+c)$$

证明 由 $a^2-ab+b^2\geqslant \frac{1}{4}(a+b)^2$ 等共三个,联合可得结论.

评注 本题早已是大家熟悉的结论,但是由它可衍生出许多竞赛题.

二、引申结论及其证明

如果不小心写错了,将根号下的减号写成加号,有什么样的结论?

引申 1 设 $a,b,c\in \mathbf{R}^{*}$,求证

$$\sqrt{a^2+ab+b^2}+\sqrt{b^2+bc+c^2}+\sqrt{c^2+ca+a^2}\geqslant \sqrt{3}(a+b+c)$$

题目解说 本题为一道广为流行的熟题.

渊源探索 本题为上题中 a^2-ab+b^2 联想到其对偶式 a^2+ab+b^2 而来.

方法透析 上题的证明运用了 $a^2-ab+b^2\geqslant \frac{1}{4}(a+b)^2$,对于本题,有什么类似结论?

证明 由 $a^2+ab+b^2\geqslant \frac{3}{4}(a+b)^2$ 立得结论.

评注 若再考虑上面不等式左端任意两个根式相乘,再次求和的不等式会是什么样子的?

引申 2 设 $a,b,c\geqslant 0$,求证

$$a^2+b^2+c^2\leqslant \sqrt{a^2-ab+b^2}\cdot \sqrt{b^2-bc+c^2}+$$
$$\sqrt{b^2-bc+c^2}\cdot \sqrt{c^2-ca+a^2}+$$
$$\sqrt{c^2-ca+a^2}\cdot \sqrt{a^2-ab+b^2}$$

题目解说 本题为 2000 年越南竞赛题.

渊源探索 仔细分析上题的解题过程 —— 即学会从分析解题过程学解

题,上面两个问题反映了 $\sqrt{a^2-ab+b^2}$ 等类似的单个式子的和的问题,如果取两个乘积,再求和有什么结论产生?

方法透析 仔细分析上题的解题过程(如果照着上题的配方样子进行操作,显然不行,想想还有什么样子的配方)—— 即学会从分析解题过程学解题,学编题.

证明 由柯西不等式

$$(b^2-bc+c^2)(c^2-ca+a^2)=\left[\left(c-\frac{b}{2}\right)^2+\frac{3b^2}{4}\right]\left[\left(c-\frac{a}{2}\right)^2+\frac{3a^2}{4}\right]$$

$$\geqslant\left[\left(c-\frac{b}{2}\right)\left(c-\frac{a}{2}\right)+\frac{3}{4}ab\right]^2$$

$$=\left(c^2-c\cdot\frac{a+b}{2}+ab\right)^2$$

所以

$$\sum\sqrt{b^2-bc+c^2}\cdot\sqrt{c^2-ca+a^2}\geqslant\sum\left(c^2-c\cdot\frac{a+b}{2}+ab\right)$$

$$=a^2+b^2+c^2$$

从而原不等式获得证明.

评注 这个证明是对每个根号下按照排列顺序进行配方,然后施行柯西不等式,最后获得完美证明.

若考虑上题三个根式下面的式子的乘积,又会有什么结果?

引申 3 设 x,y,z 为非负实数,求证

$$\left(\frac{xy+yz+zx}{3}\right)^3\leqslant(x^2-xy+y^2)(y^2-yz+z^2)(z^2-zx+x^2)$$

$$\leqslant\left(\frac{x^2+y^2+z^2}{2}\right)^3$$

题目解说 本题为 2010 年全国高中数学联赛 ——B 加试题三(本题满分 50 分).

渊源探索 仔细分析上题的解题过程 —— 即学会从分析解题过程学解题,学编题,上题考虑的是两个根式相乘,那么三个根式直接相乘有什么结果?

方法透析 仔细分析上题的解题过程(如果照着上题的配方样子进行操作,显然不行,想想还有什么样子的配方)—— 即学会从分析解题过程学解题,学编题.

证明 1 首先证明左边不等式.

因为

$$x^2 - xy + y^2 = \frac{1}{4} \left[(x+y)^2 + 3 (x-y)^2 \right] \geqslant \frac{1}{4} (x+y)^2$$

同理，有

$$y^2 - yz + z^2 \geqslant \frac{1}{4} (y+z)^2, z^2 - zx + x^2 \geqslant \frac{1}{4} (z+x)^2$$

于是

$$(x^2 - xy + y^2)(y^2 - yz + z^2)(z^2 - zx + x^2)$$

$$\geqslant \frac{1}{64} \left[(x+y)(y+z)(z+x) \right]^2$$

$$= \frac{1}{64} \left[(x+y+z)(xy+yz+zx) - xyz \right]^2$$

由算术－几何平均不等式，得 $xyz \leqslant \frac{1}{9} (x+y+z)(xy+yz+zx)$，所以

$$(x^2 - xy + y^2)(y^2 - yz + z^2)(z^2 - zx + x^2)$$

$$\geqslant \frac{1}{81} (x+y+z)^2 (xy+yz+zx)^2$$

$$= \frac{1}{81} (x^2 + y^2 + z^2 + 2xy + 2yz + 2zx)(xy+yz+zx)^2$$

$$\geqslant \left(\frac{xy+yz+zx}{3} \right)^3$$

左边不等式获证，其中等号当且仅当 $x = y = z$ 时成立.

下面证明右边不等式.

根据欲证不等式关于 x, y, z 对称，不妨设 $x \geqslant y \geqslant z$，于是

$$(z^2 - zx + x^2)(y^2 - yz + z^2) \leqslant x^2 y^2$$

所以

$$(x^2 - xy + y^2)(y^2 - yz + z^2)(z^2 - zx + x^2) \leqslant (x^2 - xy + y^2) x^2 y^2$$

运用算术－几何平均不等式，得

$$(x^2 - xy + y^2) x^2 y^2 = (x^2 - xy + y^2) \cdot xy \cdot xy$$

$$\leqslant \left(\frac{x^2 - xy + y^2 + xy}{2} \right)^2 \cdot xy$$

$$\leqslant \left(\frac{x^2 - xy + y^2 + xy}{2} \right)^2 \cdot \left(\frac{x^2 + y^2}{2} \right)$$

$$= \left(\frac{x^2 + y^2}{2} \right)^3 \leqslant \left(\frac{x^2 + y^2 + z^2}{2} \right)^3$$

右边不等式获证，其中等号当且仅当 x, y, z 中有一个为 0，且另外两个相等时成立.

评注 （2018 年 1 月 3 日）左半边不等式也可以利用，因为

$$(x^2 - xy + y^2) \geqslant \frac{1}{3}(x^2 + xy + y^2)$$

$$\Rightarrow (x^2 - xy + y^2)(y^2 - yz + z^2)(z^2 - zx + x^2)$$

$$\geqslant \frac{1}{27}(x^2 + xy + y^2)(y^2 + yz + z^2)(z^2 + zx + x^2)$$

$$\geqslant \frac{1}{27}(xy + yz + zx)^3$$

这也给出了本题的来历.

上面的最后一步也用到了后面的引申 5.

评注 若联想到三角形中的一些恒等式，还可以获得一些三角不等式，例如：

引申 4 在 $\triangle ABC$ 中，求证

$$\left(\tan^2 \frac{A}{2} - \tan \frac{A}{2} \tan \frac{B}{2} + \tan^2 \frac{B}{2}\right) \cdot \left(\tan^2 \frac{B}{2} - \tan \frac{B}{2} \tan \frac{C}{2} + \tan^2 \frac{C}{2}\right) \cdot$$

$$\left(\tan^2 \frac{C}{2} - \tan \frac{C}{2} \tan \frac{A}{2} + \tan^2 \frac{A}{2}\right) \geqslant \frac{1}{27}$$

题目解说 本题为一道新题.

渊源探索 对比上面的引申 3，可以看出本题源于对引申 3 进行赋值即可.

方法透析 直接运用引申 3 结论.

证明 直接运用引申 3 结论并注意到三角恒等式

$$\tan \frac{A}{2} \tan \frac{B}{2} + \tan \frac{B}{2} \tan \frac{C}{2} + \tan \frac{C}{2} \tan \frac{A}{2} = 1$$

即可.

再考虑引申 1 左端的三个根式之积，又会有什么结论？

引申 5 设 $a, b, c \in \mathbf{R}^*$，求证

$$(a^2 + ab + b^2)(b^2 + bc + c^2)(c^2 + ca + a^2) \geqslant (ab + bc + ca)^3$$

题目解说 本题为第 31 届 IMO 预选题之一.

渊源探索 本题为引申 1 去掉根号求乘积之结果.

方法透析 看看三个括弧乘积，不难想到赫尔德不等式等.

证明 1 令 $A = a^2 + ab + b^2, B = b^2 + bc + c^2, C = c^2 + ca + a^2$，则

$$3 = \frac{A}{A} + \frac{B}{B} + \frac{C}{C}$$

$$= \frac{a^2 + ab + b^2}{A} + \frac{b^2 + bc + c^2}{B} + \frac{c^2 + ca + a^2}{C}$$

$$= \frac{a^2}{A} + \frac{ab}{A} + \frac{b^2}{A} + \frac{b^2}{B} + \frac{bc}{B} + \frac{c^2}{B} + \frac{c^2}{C} + \frac{ca}{C} + \frac{a^2}{C}$$

$$= \left(\frac{ab}{A} + \frac{b^2}{B} + \frac{a^2}{C} \right) + \left(\frac{bc}{B} + \frac{b^2}{A} + \frac{c^2}{C} \right) + \left(\frac{c^2}{B} + \frac{a^2}{A} + \frac{ca}{C} \right)$$

$$\geqslant 3 \left(\frac{ab}{\sqrt[3]{ABC}} + \frac{bc}{\sqrt[3]{ABC}} + \frac{ca}{\sqrt[3]{ABC}} \right)$$

评注 也可以运用赫尔德不等式证明.

证明 2 运用赫尔德不等式

$$(a^2 + ab + b^2)(b^2 + bc + c^2)(c^2 + ca + a^2)$$
$$= (a^2 + ab + b^2)(c^2 + b^2 + bc)(ac + a^2 + c^2)$$
$$\geqslant (ab + bc + ca)^3$$

这是最迷人的方法,世界上不会再有更好的方法了! 而利用费马点的性质定理的证明是十分可憎的,感兴趣的人无妨一试.

也可以用行列式表示为:$\begin{vmatrix} a^2 & ab & b^2 \\ b^2 & bc & c^2 \\ c^2 & ca & a^2 \end{vmatrix}$.

结论的左边表示为:三行三个数之和的乘积等于副对角线上三个数排列和之积. 如图 14 运算结构所示.

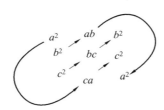

图 14

证明 3 利用费马点的性质,如图 15,设

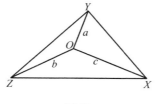

图 15

$$x^2 = a^2 + ab + b^2, y^2 = b^2 + bc + c^2, z^2 = c^2 + ca + c^2$$

$$S_{\triangle XYZ} = S_{\triangle XYO} + S_{\triangle OYZ} + S_{\triangle XOZ}$$

$$= \frac{\sqrt{3}}{4}(ab + bc + ca)$$

所以原不等式等价于

$$(xyz)^2 \geqslant (S_{\triangle XYZ})^3$$

$$\Leftrightarrow (xyz)^2 \geqslant \left(\frac{4}{\sqrt{3}}\right)^3 S_{\triangle XYZ} S_{\triangle XYZ} S_{\triangle XYZ}$$

$$\Leftrightarrow (xyz)^2 \geqslant \left(\frac{4}{\sqrt{3}}\right)^3 \left(\frac{1}{2}xy \sin 120°\right)\left(\frac{1}{2}yz \sin 120°\right)\left(\frac{1}{2}zx \sin 120°\right)$$

$$\Leftrightarrow \sin A \sin B \sin C \leqslant \frac{3\sqrt{3}}{8}$$

这是熟知的不等式.

本结论对三个实数是否成立？经研究知道结论是成立的.

引申 6 设 $a,b,c \in \mathbf{R}$，求证

$$(a^2 + ab + b^2)(b^2 + bc + c^2)(c^2 + ca + a^2) \geqslant (ab + bc + ca)^3$$

题目解说 本题为一道新题(相对于引申5).

渊源探索 本题源于对引申5条件的扩展思考.

方法透析 这里显然需要对变量取值情况讨论.

证明 分三种情况讨论如下：

当三个数中某一个为0时，不等式显然成立.以下只讨论都不是0的情况.

由不等式结构的对称性知道，只要讨论当三个数中有两个是正的，一个是负的时，结论即可.

无妨设 $a > 0, b > 0, c < 0$，这时可令 $c = -d (d > 0)$，此时原不等式变形为

$$(a^2 + ab + b^2)(b^2 - bd + c^2)(c^2 - da + a^2) \geqslant (ab - bd - da)^3 \tag{1}$$

构造图16，使得 $\angle AOD = \angle BOD = 60°$，则知道(1)等价于

$$AB^2 \cdot AD^2 \cdot BD^2 \geqslant \left(\frac{4}{\sqrt{3}}\right)^3 (S_{\triangle AOB} - S_{\triangle AOD} - S_{\triangle DOB})^3 \tag{2}$$

(1)如果 $S_{\triangle AOB} - S_{\triangle AOD} - S_{\triangle DOB} \leqslant 0$，即点 D 落在 $\triangle AOB$ 内部或者线段 AB 上时，不等式显然成立.

(2)如果 $S_{\triangle AOB} - S_{\triangle AOD} - S_{\triangle DOB} > 0$，即点 D 落在 $\triangle AOB$ 内部时，不等式 (2)等价于

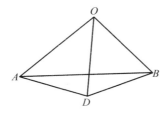

图 16

$$AB^2 \cdot AD^2 \cdot BD^2 \geqslant \left(\frac{4}{\sqrt{3}}\right)^3 (S_{\triangle ADB})^3$$

这就是原不等式中各变量均为正数时的结论. 综上知道原命题对于任意三个实数均成立.

若进一步, 站在变量个数方面看引申 6 结果, 又会产生什么新鲜的想法?

引申 7 设 $a,b,c,d \in \mathbf{R}^*$, 求证

$$(a^3 + a^2b + ab^2 + b^3) \cdot (b^3 + b^2c + bc^2 + c^3) \cdot$$
$$(c^3 + c^2d + cd^2 + d^3) \cdot (d^3 + d^2a + da^2 + a^3)$$
$$\geqslant (abc + bcd + cda + dab)^4$$

题目解说 本题以及下面引申 8 都是笔者在 1995 年左右发现的, 但是一直没有发表出去, 后来在 2012 年左右, 被广西的两个老师(应该是范花妹等)发表了.

渊源探索 本题中的每一个括弧结构都是引申 6 每一个括弧的照搬 —— 连续三项成等比数列, 这里是连续四项成等比数列.

方法透析 结构与引申 5 类似, 不妨看看引申 5 的证明, 看看有无帮助.

证明 运用赫尔德不等式得到

$$(ab^2 + b^3 + a^3 + a^2b) \cdot (b^2c + bc^2 + c^3 + b^3) \cdot$$
$$(c^3 + c^2d + cd^2 + d^3) \cdot (a^3 + d^3 + d^2a + da^2)$$
$$\geqslant (abc + bcd + cda + dab)^4$$

引申 8 设 $a,b,c,d \in \mathbf{R}^*$, 求证

$$(a^3 + b^3 + c^3 + abc) \cdot (b^3 + c^3 + d^3 + bcd) \cdot$$
$$(c^3 + d^3 + a^3 + cda) \cdot (d^3 + a^3 + b^3 + dab)$$
$$\geqslant (abc + bcd + cda + dab)^4$$

题目解说 本题为一道新题.

渊源探索 本题中的每一个括弧结构都是考虑了引申 6 每一个括弧的中间项是另外两个的几何平均值, 那么, 对于三个变量也运用此思路运行, 会产生

141

什么结论？这样就获得本题结构的样子.

方法透析 上题成功运用了赫尔德不等式,那么本题的证明可能也不例外.

证明 运用赫尔德不等式得到

$$(a^3 + b^3 + c^3 + abc) \cdot (b^3 + c^3 + d^3 + bcd) \cdot$$
$$(c^3 + d^3 + a^3 + cda) \cdot (d^3 + a^3 + b^3 + dab)$$
$$= (a^3 + b^3 + c^3 + abc) \cdot (b^3 + bcd + d^3 + c^3) \cdot$$
$$(d^3 + c^3 + cda + a^3) \cdot (abd + d^3 + a^3 + b^3)$$
$$\geqslant (abd + bcd + cda + abc)^4$$

评注 本题的解答基本上是沿用上题的证明过程,有人可能会问,这个题目怎么来的?仔细回味上题的结构,一个是从等比数列角度去理解,另一个则是站在平均值的角度去考虑,这样从两个方面去理解便获得不同的问题,这就是从分析解题过程学编题.

参考文献

[1] 王扬,赵小云.从分析解题过程学解题——竞赛中的几何问题研究[M].哈尔滨:哈尔滨工业大学出版社,2018.

[2] 李建潮.一道奥赛题的加强、推广及衍生[J].数学通讯,2018(8):43-46.

§20 一道解析几何问题的变迁

一、题目与解答

问题 1 过点 $P(1,4)$ 的直线交 x 轴正半轴于 A,交 y 轴正半轴于 B,求线段 $|AB|$ 的最小值.

题目解说 本题为某个刊物上一道题目.

解 1 设 $A(a,0)$, $B(0,b)$,于是直线 AB 的方程为 $\dfrac{x}{a} + \dfrac{y}{b} = 1$,但是直线 AB 过点 P,所以 $\dfrac{1}{a} + \dfrac{4}{b} = 1 \Rightarrow b = \dfrac{4a}{a-1}(a > 1)$,所以

$$AB^2 = a^2 + b^2 = a^2 + \left(\frac{4a}{a-1}\right)^2$$
$$= (t+1)^2 + \frac{16(t+1)^2}{t^2} \quad (t = a - 1)$$

$$= t^2 + 2t + 1 + 16\left(1 + \frac{2}{t} + \frac{1}{t^2}\right)$$

$$= \left(t^2 + \frac{16}{t} + \frac{16}{t}\right) + \left(t + t + \frac{16}{t^2}\right) + 17$$

$$\geqslant 3\sqrt[3]{16^2} + 3\sqrt[3]{16} + 17$$

$$= 17 + 12\sqrt[3]{4} + 6\sqrt[3]{2}$$

等号成立的条件为

$$t^2 = \frac{16}{t} \Rightarrow t = \sqrt[3]{16} = 2\sqrt[3]{2}$$

$$\Rightarrow a = 1 + 2\sqrt[3]{2}, b = \frac{2(1 + 2\sqrt[3]{2})}{\sqrt[3]{2}}$$

从而,线段 $|AB|_{\min} = \sqrt{17 + 2\sqrt[3]{4} + 6\sqrt[3]{2}}$.

解 2 同解 1 有

$$AB^2 = a^2 + b^2 = (a^2 + b^2)\left(\frac{1}{a} + \frac{4}{b}\right)^2$$

$$= (a^2 + b^2)\left(\frac{1}{a^2} + \frac{8}{ab} + \frac{16}{b^2}\right)$$

$$= 17 + 8x + \frac{8}{x} + 16x^2 + \frac{1}{x^2} \quad \left(x = \frac{a}{b}\right)$$

$$= 17 + \left(4x + 4x + \frac{1}{x^2}\right) + \left(\frac{4}{x} + \frac{4}{x} + 16x^2\right)$$

$$\geqslant 17 + 3\sqrt[3]{16} + 3\sqrt[3]{16^2}$$

$$= (1 + \sqrt{16})^3$$

等号成立的条件为 $x^3 = \frac{1}{4} \Rightarrow a = 1 + 2\sqrt[3]{2}, b = \frac{2(1 + 2\sqrt[3]{2})}{\sqrt[3]{2}}$.

从而,线段 $|AB|_{\min} = \sqrt{17 + 2\sqrt[3]{4} + 6\sqrt[3]{2}}$.

解 3 运用赫尔德不等式,令

$$\frac{1}{a} = \frac{1 - 2t}{2}, \frac{4}{b} = \frac{1 + 2t}{2} \Rightarrow a = \frac{2}{1 - 2t}, b = \frac{8}{1 + 2t} \quad (\text{因为 } a > 1, b > 4)$$

所以

$$a^2 + b^2 = \left(\frac{2}{1 - 2t}\right)^2 + \left(\frac{8}{1 + 2t}\right)^2 = \frac{4}{(1 - 2t)^2} + \frac{8^2}{(1 + 2t)^2}$$

$$= \frac{(\sqrt[3]{4})^3}{(1 - 2t)^2} + \frac{4^3}{(1 + 2t)^2} \geqslant \frac{(\sqrt[3]{4} + 4)^3}{(1 - 2t + 1 + 2t)^2} = \frac{(\sqrt[3]{4} + 4)^3}{4}$$

等号成立的条件为

$$\frac{\sqrt[3]{4}}{1-2t}=\frac{4}{1+2t} \Rightarrow a=1+2\sqrt[3]{2}, b=\frac{2(1+2\sqrt[3]{2})}{\sqrt[3]{2}}$$

从而,线段 $|AB|_{\min}=\sqrt{17+2\sqrt[3]{4}+6\sqrt[3]{2}}$.

评注 解决本题用到了不等式

$$\frac{x^3}{a^2}+\frac{y^3}{b^2}+\frac{z^3}{c^2} \geqslant \frac{(x+y+z)^3}{(a+b+c)^2} \tag{1}$$

解 4 有了上面的解法,自然会问,是否可以直接使用(1)?

因为

$$a^2+b^2=\frac{1^3}{\left(\frac{1}{a}\right)^2}+\frac{16}{\left(\frac{4}{b}\right)^2}=\frac{1^3}{\left(\frac{1}{a}\right)^2}+\frac{(\sqrt[3]{16})^3}{\left(\frac{4}{b}\right)^2} \geqslant \frac{(1+\sqrt[3]{16})^3}{\left(\frac{1}{a}\right)^2+\left(\frac{4}{b}\right)^2}=(1+\sqrt[3]{16})^3$$

等号成立的条件为 $\dfrac{1}{\frac{1}{a}}=\dfrac{\sqrt[3]{16}}{\frac{4}{b}}$,$\dfrac{1}{a}+\dfrac{4}{b}=1 \Rightarrow a=1+2\sqrt[3]{2}, b=\dfrac{2(1+2\sqrt[3]{2})}{\sqrt[3]{2}}$.

评注 也可以引进直线的斜率为参数.

解 5 运用赫尔德不等式.

设 AB 与 x 轴的夹角为 α,结合条件知,$\dfrac{1}{a}+\dfrac{4}{b}=1$,则

$$\begin{aligned} AB^2 &= \left(\frac{1}{\cos\alpha}+\frac{4}{\sin\alpha}\right)^2 \\ &= \left(\frac{1}{\cos\alpha}+\frac{4}{\sin\alpha}\right)\left(\frac{1}{\cos\alpha}+\frac{4}{\sin\alpha}\right)(\cos^2\alpha+\sin^2\alpha) \\ &\geqslant (1+\sqrt[3]{16})^3 \end{aligned}$$

等号成立的条件为 $\dfrac{1}{\frac{1}{a}}=\dfrac{\sqrt[3]{16}}{\frac{4}{b}}$,$\dfrac{1}{a}+\dfrac{4}{b}=1 \Rightarrow a=1+2\sqrt[3]{2}, b=\dfrac{2(1+2\sqrt[3]{2})}{\sqrt[3]{2}}$.

解 6 直接运用赫尔德不等式

$$AB^2=a^2+b^2=(a^2+b^2)\left(\frac{1}{a}+\frac{4}{b}\right)^2 \geqslant (1+\sqrt[3]{16})^3$$

等号成立的条件为 $\dfrac{1}{\frac{1}{a}}=\dfrac{\sqrt[3]{16}}{\frac{4}{b}}$,$\dfrac{1}{a}+\dfrac{4}{b}=1 \Rightarrow a=1+2\sqrt[3]{2}, b=\dfrac{2(1+2\sqrt[3]{2})}{\sqrt[3]{2}}$.

评注 上面几个解法给出了不同知识水平上的方法,如果熟悉赫尔德不等式,那么,最后一个解 6 就显得十分简单,简直就可以说成是秒杀了!

144

二、解题方法的延伸

问题 2 设平面 ABC 过空间直角坐标系 $O\text{-}xyz$ 的第一卦限内的点 $P(1,4,9)$，分别交 Ox，Oy，Oz 的正半轴于点 $A(a,0,0)$，$B(b,0,0)$，$C(c,0,0)$，求证：$\triangle ABC$ 的面积满足 $S_{\triangle ABC} \geqslant \frac{1}{2}(\sqrt[5]{4^2} + \sqrt[5]{4^2 \times 9^2} + \sqrt[5]{9^2})^{\frac{5}{2}}$.

题目解说 本题为一个新题.

渊源探索 本题为问题 1 在空间的推广.

方法透析 问题 2 的解答告诉我们，问题 1 有六种方法可以选择，现在遵循笔者在文献[1]中的（P405）移植原则：

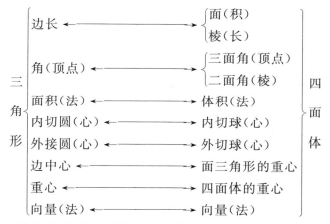

大家可以再次看看（仔细分析），上面介绍的问题 1 六种方法哪一个可以用于解决这里的问题 2，明显地感到上面的第六种方法可行，只是用法略有不同而已.

证明 由题设条件知平面 ABC 的方程为 $\dfrac{x}{a} + \dfrac{y}{b} + \dfrac{z}{c} = 1$，因其过点 $P(1,4,9)$，所以 $\dfrac{1}{a} + \dfrac{4}{b} + \dfrac{9}{c} = 1$，再由文献[1]的（P358）结论以及赫尔德不等式知

$$S_{\triangle ABC}^2 = S_{\triangle ABO}^2 + S_{\triangle BCO}^2 + S_{\triangle ACO}^2$$

$$= \frac{1}{4}(a^2b^2 + b^2c^2 + c^2a^2)$$

$$= \frac{1}{4}(a^2b^2 + b^2c^2 + c^2a^2)\left(\frac{1}{a} + \frac{4}{b} + \frac{9}{c}\right)^2\left(\frac{4}{b} + \frac{9}{c} + \frac{1}{a}\right)^2$$

$$\geqslant \frac{1}{4}(\sqrt[5]{4^2} + \sqrt[5]{4^2 \times 9^2} + \sqrt[5]{9^2})^5$$

$$\Rightarrow S_{\triangle ABC} \geqslant \frac{1}{2}(\sqrt[5]{4^2} + \sqrt[5]{4^2 \times 9^2} + \sqrt[5]{9^2})^{\frac{5}{2}}$$

到此结论获得证明.

评注　本推广结论以及证明方法均来自于对问题 1 的构成和证明过程的分析,读者可以仔细回顾问题 1 的提出方式和证明 6 的过程.

参考文献

[1] 王扬,赵小云.从分析解题过程学解题——竞赛中的几何问题研究[M].哈尔滨:哈尔滨工业大学出版社,2018.

§21　从问题到工具的跨越

问题 1　设 $a,b \in \mathbf{R}^*$,求证

$$\frac{1}{(a+1)^2} + \frac{1}{(b+1)^2} \geqslant \frac{1}{ab+1} \tag{1}$$

题目解说　本题为一常见题目.

证明　运用柯西不等式得到

$$(a+b)\left(a+\frac{1}{b}\right) \geqslant (a+1)^2$$

$$(b+a)\left(b+\frac{1}{a}\right) \geqslant (b+1)^2$$

所以

$$\frac{1}{(a+1)^2} + \frac{1}{(b+1)^2} \geqslant \frac{1}{(a+b)\left(a+\frac{1}{b}\right)} + \frac{1}{(b+a)\left(b+\frac{1}{a}\right)} = \frac{1}{ab+1}$$

到此结论获得证明.

评注　(1) 本题的证明主要运用柯西不等式,这是一个重要技巧.

(2) 另外本题是对于任意两个正数结论都成立,这个特别重要,下面我们抓住这个条件,给出几个不等式,说明许多题目就是沿着这样的一个套路编拟出来的.

引申 1　在 $\triangle ABC$ 中,求证

$$\frac{1}{(1+\sin A)^2} + \frac{1}{(1+\sin B)^2} + \frac{1}{(1+\sin C)^2}$$

$$\geqslant \frac{1}{2}\left(\frac{1}{\sin A\sin B+1} + \frac{1}{\sin B\sin C+1} + \frac{1}{\sin C\sin A+1}\right)$$

题目解说　本题为一个新题.

渊源探索　本题源于对上题从变量个数方面的思考.

方法透析　仔细分析上题的证明过程,会对解决本题有很大的帮助.

证明　直接运用(1)即可. 略

以下再给出几个结论,不再证明.

引申 2　在 $\triangle ABC$ 中,求证

$$\frac{1}{(1+\sin A+\sin B)^2}+\frac{1}{(1+\sin B+\sin C)^2}+\frac{1}{(1+\sin C+\sin A)^2}$$

$$\geqslant \frac{1}{2}\left[\frac{1}{4\cos\dfrac{C}{2}\cos\dfrac{A}{2}+1}+\frac{1}{4\cos\dfrac{A}{2}\cos\dfrac{B}{2}+1}+\frac{1}{4\cos\dfrac{B}{2}\cos\dfrac{C}{2}+1}\right]$$

提示　先证明

$$\frac{1}{(1+\sin A+\sin B)^2}+\frac{1}{(1+\sin B+\sin C)^2}+\frac{1}{(1+\sin C+\sin A)^2}$$

$$\geqslant \frac{1}{2}\Big(\frac{1}{(\sin A+\sin B)(\sin B+\sin C)+1}+$$

$$\frac{1}{(\sin B+\sin C)(\sin C+\sin A)+1}+\frac{1}{(\sin C+\sin A)(\sin A+\sin B)+1}\Big)$$

引申 3　在 $\triangle ABC$ 中,求证

$$\frac{1}{\left(1+\tan\dfrac{A}{2}+\tan\dfrac{B}{2}\right)^2}+\frac{1}{\left(1+\tan\dfrac{B}{2}+\tan\dfrac{C}{2}\right)^2}+\frac{1}{\left(1+\tan\dfrac{C}{2}+\tan\dfrac{A}{2}\right)^2}$$

$$\geqslant \frac{1}{2}\left[\frac{1}{\tan^2\dfrac{A}{2}+2}+\frac{1}{\tan^2\dfrac{B}{2}+2}+\frac{1}{\tan^2\dfrac{C}{2}+2}\right]$$

提示　先证明

$$\frac{1}{\left(1+\tan\dfrac{A}{2}+\tan\dfrac{B}{2}\right)^2}+\frac{1}{\left(1+\tan\dfrac{B}{2}+\tan\dfrac{C}{2}\right)^2}+\frac{1}{\left(1+\tan\dfrac{C}{2}+\tan\dfrac{A}{2}\right)^2}$$

$$\geqslant \frac{1}{2}\left[\frac{1}{\left(\tan\dfrac{C}{2}+\tan\dfrac{A}{2}\right)\left(\tan\dfrac{A}{2}+\tan\dfrac{B}{2}\right)+1}+\right.$$

$$\left.\frac{1}{\left(\tan\dfrac{A}{2}+\tan\dfrac{B}{2}\right)\left(\tan\dfrac{B}{2}+\tan\dfrac{C}{2}\right)+1}+\frac{1}{\left(\tan\dfrac{B}{2}+\tan\dfrac{C}{2}\right)\left(\tan\dfrac{C}{2}+\tan\dfrac{A}{2}\right)+1}\right]$$

　　这些题目如果单独的拿出来让大家证明,想想如何证明呀! 其实,许多高级的题目都是先运用一个简单结论,然后再对其进行一些简单的变形,题目便以崭新的面孔展现在我们的面前 —— 比如将本题去掉分母之后,让人一时摸不着头脑,这样的题目就达到了一个新的高度,其实只是命题人做了一些基本

变形手段而已,真正做题时就需要将这个过程恢复.

前段时间(2018 年 11 月 2 日),笔者将类似问题发到奥数微信群里,得到不少读者关注,特别是广州的杨志明老师给出了许多类似的问题,在此表示感谢!

问题 2 设 $a,b,c \in \mathbf{R}^*$,求证

$$\frac{a^2}{a^2+2(b^2+c^2)}+\frac{b^2}{b^2+2(c^2+a^2)}+\frac{c^2}{c^2+2(a^2+b^2)} \geqslant \frac{3}{5}$$

题目解说 本题为一道常见题目.

证明 由柯西不等式知道

$$\frac{a^2}{a^2+2(b^2+c^2)}+\frac{b^2}{b^2+2(c^2+a^2)}+\frac{c^2}{c^2+2(a^2+b^2)}$$

$$=\frac{(a^2)^2}{a^2[a^2+2(b^2+c^2)]}+\frac{(b^2)^2}{b^2[b^2+2(c^2+a^2)]}+\frac{(c^2)^2}{c^2[c^2+2(a^2+b^2)]}$$

$$\geqslant \frac{\left(\sum a^2\right)^2}{\sum a^4+4\sum a^2 b^2}=\frac{\left(\sum a^2\right)^2}{\left(\sum a^2\right)^2+2\sum a^2 b^2}$$

$$\geqslant \frac{\left(\sum a^2\right)^2}{\left(\sum a^2\right)^2+\frac{2}{3}\left(\sum a^2\right)^2}=\frac{3}{5}$$

到此结论获得证明.

评注 (1)本题的证明主要顺用柯西不等式以及逆用熟知的代数不等式

$$(a+b+c)^2 \geqslant 3(ab+bc+ca)$$

(2)本题还可以推广为:设 $a,b,c \in \mathbf{R}^*,\lambda \geqslant 2$,求证

$$\frac{a^2}{a^2+\lambda(b^2+c^2)}+\frac{b^2}{b^2+\lambda(c^2+a^2)}+\frac{c^2}{c^2+\lambda(a^2+b^2)} \geqslant \frac{3}{1+2\lambda}$$

我经常给学生讲,做完一道题目之后,还要考虑这个题目是否有用.现在的问题是,上题有用吗?请看下面.

引申 1 (第 7 届中国北方数学竞赛题第 7 题改编)在 $\triangle ABC$ 中,求证

$$\frac{1}{2+\cos^2 A+\cos^2 B}+\frac{1}{2+\cos^2 B+\cos^2 C}+\frac{1}{2+\cos^2 C+\cos^2 A} \leqslant \frac{6}{5}$$

证明 $a^2=(b\cos C+c\cos B)^2 \leqslant (b^2+c^2)(\cos^2 C+\cos^2 B)$

$$\Rightarrow \cos^2 C+\cos^2 B \geqslant \frac{a^2}{b^2+c^2}$$

$$\Rightarrow 2+\cos^2 C+\cos^2$$

$$\geqslant \frac{a^2}{b^2+c^2}+2=\frac{a^2+2(b^2+c^2)}{b^2+c^2}$$

$$\Rightarrow \frac{1}{2 + \cos^2 C + \cos^2 B}$$

$$\leqslant \frac{b^2 + c^2}{a^2 + 2(b^2 + c^2)}$$

类似的,还有另外两个式子,相加即得

$$\sum \frac{1}{2 + \cos^2 C + c\cos^2 B} \leqslant \sum \frac{b^2 + c^2}{a^2 + 2(b^2 + c^2)}$$

因此,只需要证明 $\sum \dfrac{b^2 + c^2}{a^2 + 2(b^2 + c^2)} \leqslant \dfrac{6}{5} \Leftrightarrow \sum \dfrac{a^2}{a^2 + 2(b^2 + c^2)} \geqslant \dfrac{3}{5}$.

到此结论获得证明.

评注 本题从变量个数方面可否推广?请看下面引申.

引申 2 设 $a,b,c,d \in \mathbf{R}^*$,求证

$$\frac{a^2}{a^2 + 2(b^2 + c^2 + d^2)} + \frac{b^2}{b^2 + 2(c^2 + d^2 + a^2)} +$$

$$\frac{c^2}{c^2 + 2(d^2 + a^2 + b^2)} + \frac{d^2}{d^2 + 2(a^2 + b^2 + c^2)} \geqslant \frac{4}{7}$$

题目解说 这是一道新题.

渊源探索 本题为上题在变量个数方面的推广.

方法透析 看看上题的证明是否有用!

证明 由柯西不等式知道

$$\frac{a^2}{a^2 + 2(b^2 + c^2 + d^2)} + \frac{b^2}{b^2 + 2(c^2 + d^2 + a^2)} +$$

$$\frac{c^2}{c^2 + 2(d^2 + a^2 + b^2)} + \frac{d^2}{d^2 + 2(a^2 + b^2 + c^2)}$$

$$= \frac{(a^2)^2}{a^2 [a^2 + 2(b^2 + c^2 + d^2)]} + \frac{(b^2)^2}{b^2 [b^2 + 2(c^2 + d^2 + a^2)]} +$$

$$\frac{(c^2)^2}{c^2 [c^2 + 2(d^2 + a^2 + b^2)]} + \frac{d^2}{d^2 [d^2 + 2(a^2 + b^2 + c^2)]}$$

$$\geqslant \frac{\left(\sum a^2\right)^2}{\sum a^4 + 4 \sum a^2 b^2} = \frac{\left(\sum a^2\right)^2}{\left(\sum a^2\right)^2 + 2 \sum a^2 b^2}$$

$$\geqslant \frac{\left(\sum a^2\right)^2}{\left(\sum a^2\right)^2 + \frac{6}{8}\left(\sum a^2\right)^2} = \frac{4}{7}$$

到此结论获得证明.

评注 本题还可以推广为:

设 $a,b,c \in \mathbf{R}^*, \lambda \geqslant 2$,求证

149

$$\frac{a^2}{a^2+\lambda(b^2+c^2+d^2)}+\frac{b^2}{b^2+\lambda(c^2+d^2+a^2)}+$$

$$\frac{c^2}{c^2+\lambda(d^2+a^2+b^2)}+\frac{d^2}{d^2+\lambda(a^2+b^2+c^2)}\geqslant\frac{4}{3\lambda+1}$$

引申 3 四面体 $A_1A_2A_3A_4$ 的各棱 A_iA_j 所在二面角的大小分别记为 $\overline{A_iA_j}(i\neq j,1\leqslant i<j\leqslant4)$，并设 $\lambda\geqslant1$，则有

$$\sum\frac{1}{\cos^2\overline{A_3A_4}+\cos^2\overline{A_2A_4}+\cos^2\overline{A_2A_3}+\lambda}\leqslant\frac{12}{3\lambda+1}$$

证明 设 S_1,S_2,S_3,S_4 表示四面体 $A_1A_2A_3A_4$ 的各顶点所对的 $\triangle A_2A_3A_4,\triangle A_1A_3A_4,\triangle A_1A_2A_4,\triangle A_1A_2A_3$ 的面积（下文同）. 由四面体中的射影定理和柯西不等式知道

$$S_1^2=(S_2\cos\overline{A_3A_4}+S_3\cos\overline{A_2A_4}+S_4\cos\overline{A_2A_3})^2$$

$$\leqslant(S_2^2+S_3^2+S_4^2)(\cos^2\overline{A_3A_4}+\cos^2\overline{A_2A_4}+\cos^2\overline{A_2A_3})$$

$$\Rightarrow\cos^2\overline{A_3A_4}+\cos^2\overline{A_2A_4}+\cos^2\overline{A_2A_3}\geqslant\frac{S_1^2}{S_2^2+S_3^2+S_4^2}$$

$$\cos^2\overline{A_3A_4}+\cos^2\overline{A_2A_4}+\cos^2\overline{A_2A_3}+\lambda\geqslant\frac{S_1^2+\lambda(S_2^2+S_3^2+S_4^2)}{S_2^2+S_3^2+S_4^2}$$

$$\frac{1}{\cos^2\overline{A_3A_4}+\cos^2\overline{A_2A_4}+\cos^2\overline{A_2A_3}+\lambda}\leqslant\frac{S_2^2+S_3^2+S_4^2}{S_1^2+\lambda(S_2^2+S_3^2+S_4^2)}$$

同理可得

$$\frac{1}{\cos^2\overline{A_3A_4}+\cos^2\overline{A_1A_3}+\cos^2\overline{A_1A_4}+\lambda}\leqslant\frac{S_1^2+S_3^2+S_4^2}{S_2^2+\lambda(S_1^2+S_3^2+S_4^2)}$$

$$\frac{1}{\cos^2\overline{A_1A_2}+\cos^2\overline{A_1A_4}+\cos^2\overline{A_2A_4}+\lambda}\leqslant\frac{S_1^2+S_2^2+S_4^2}{S_3^2+\lambda(S_1^2+S_2^2+S_4^2)}$$

$$\frac{1}{\cos^2\overline{A_1A_2}+\cos^2\overline{A_1A_3}+\cos^2\overline{A_2A_3}+\lambda}\leqslant\frac{S_1^2+S_2^2+S_3^2}{S_4^2+\lambda(S_1^2+S_2^2+S_3^2)}$$

以上三个式子相加并注意运用柯西不等式,得到

$$\sum\frac{1}{\cos^2\overline{A_3A_4}+\cos^2\overline{A_2A_4}+\cos^2\overline{A_2A_3}+\lambda}$$

$$\leqslant\sum\frac{S_2^2+S_3^2+S_4^2}{S_1^2+\lambda(S_2^2+S_3^2+S_4^2)}$$

$$=\sum\frac{\lambda(S_2^2+S_3^2+S_4^2)+S_1^2-S_1^2}{\lambda[S_1^2+\lambda(S_2^2+S_3^2+S_4^2)]}$$

$$=\frac{4}{\lambda}-\sum\frac{S_1^2}{\lambda[S_1^2+\lambda(S_2^2+S_3^2+S_4^2)]}$$

$$= \frac{4}{\lambda} - \frac{1}{\lambda} \sum \frac{S_1^2}{S_1^2 + \lambda(S_2^2 + S_3^2 + S_4^2)}$$

$$\leqslant \frac{4}{\lambda} - \frac{1}{\lambda} \frac{(S_1^2 + S_2^2 + S_3^2 + S_4^2)^2}{S_1^4 + S_2^4 + S_3^4 + S_4^4 + 2\lambda\left(\sum_{1 \leqslant i < j \leqslant 4} S_i^2 S_j^2\right)}$$

$$= \frac{4}{\lambda} - \frac{1}{\lambda} \frac{(S_1^2 + S_2^2 + S_3^2 + S_4^2)^2}{(S_1^2 + S_2^2 + S_3^2 + S_4^2)^2 + (2\lambda - 2)\left(\sum_{1 \leqslant i < j \leqslant 4} S_i^2 S_j^2\right)}$$

$$\leqslant \frac{4}{\lambda} - \frac{1}{\lambda} \cdot \frac{(S_1^2 + S_2^2 + S_3^2 + S_4^2)^2}{(S_1^2 + S_2^2 + S_3^2 + S_4^2)^2 + (2\lambda - 2) \cdot \frac{3}{8} \cdot (S_1^2 + S_2^2 + S_3^2 + S_4^2)^2}$$

（注意到 $\sum\limits_{1 \leqslant i < j \leqslant 4} S_i^2 S_j^2 \leqslant \frac{3}{8}(S_1^2 + S_2^2 + S_3^2 + S_4^2)^2$）

$$= \frac{12}{3\lambda + 1}$$

即原不等式获得证明.

综上所述,我们通常做完一道题目,不要急于收手,还需要再看看这个题目是否有用.这也是一个很有意义的事情.

另外要说明的是,许多高级别的竞赛题目经常出现需要先证明一个引理,再来证明本题的情况,换句话说,许多竞赛难题就是由一些简单题目串联而成的,要解决本题,就需要先证明几个引理.

参考文献

[1] 王扬,赵小云. 从分析解题过程学解题——竞赛中的几何问题研究[M]. 哈尔滨:哈尔滨工业大学出版社,2018.

§22　两个简单问题的探究

问题 1　设 $x, y \in (0,1)$,求证

$$\frac{1}{1+x^2} + \frac{1}{1+y^2} \leqslant \frac{2}{1+xy} \tag{1}$$

方法透析　本题的结构看似简单,只需要进行等价分析变形.

证明　由条件 $x, y \in (0,1)$ 知,$xy \in (0,1)$,所以,原不等式等价于

$$\frac{1}{2}\left[\frac{1}{1+x^2} + \frac{1}{1+y^2}\right] \leqslant \frac{1}{1+xy}$$

$$\Leftrightarrow 2(1+x^2)(1+y^2) - (1+xy)(2+x^2+y^2) \geqslant 0$$

$$\Leftrightarrow (x^2+y^2-2xy)(1-xy) \geqslant 0 \tag{2}$$

结合题目条件及二元均值不等式知此式早已成立，于是原命题获证．

评注 这一证明看起来比较简明，就是对原不等式进行等价变形．

到这里本题的证明已经结束，但是，如果仅停留在这个层次上就得到的甚少，应该及时进行反思、总结、提炼，看看本题有无推广演变的可能？即能否由此产生新的数学命题？

观察本题的结构可以看出，(1)的左端可以看成是函数 $f(x) = \dfrac{1}{1+x^2}$ 在两个变量 x,y 处的函数值的算术平均值（只需要将右端的 2 变形到左端），右边是两个变量 x,y 在其几何平均值处的函数值 $f(\sqrt{xy})$，联想到琴生不等式，可以很容易地将(1)推广到多个变量时的情形，即：

引申 1 设 $x_i \in (0,1] (i=1,2,3,\cdots,n)$，求证

$$\sum_{i=1}^{n} \frac{1}{1+x_i^n} \leqslant \frac{n}{1+\prod\limits_{i=1}^{n} x_i} \tag{3}$$

这由数学归纳法不难确认其正确，详细证明留给感兴趣的读者．

继续观察(2)，不难看出，当 $x,y \in [1,+\infty)$ 时，不等号应该反向（注意这是从上题过程中分析出来的——从分析解题过程学解题），于是可得原命题的另一种演变的推广，即：

引申 2 设 $x_i \in [1,+\infty)(i=1,2,3,\cdots,n)$，求证

$$\sum_{i=1}^{n} \frac{1}{1+x_i^n} \geqslant \frac{n}{1+\prod\limits_{i=1}^{n} x_i} \tag{4}$$

继续观察(1)，容易想到，当变量个数再增加时会有怎样的结论？即对于三个变量 x,y,z．

若 $x,y,z \in (0,1]$，可得

$$\frac{1}{2}\left(\frac{1}{1+x^2} + \frac{1}{1+y^2}\right) \leqslant \frac{1}{1+xy}$$

$$\frac{1}{2}\left(\frac{1}{1+y^2} + \frac{1}{1+z^2}\right) \leqslant \frac{1}{1+yz}$$

$$\frac{1}{2}\left(\frac{1}{1+z^2} + \frac{1}{1+x^2}\right) \leqslant \frac{1}{1+zx}$$

这三式相加得

$$\frac{1}{1+x^2}+\frac{1}{1+y^2}+\frac{1}{1+z^2}\leqslant\frac{1}{1+xy}+\frac{1}{1+yz}+\frac{1}{1+zx} \qquad (5)$$

这样我们又得到了一个新的命题.如此继续,便得

引申 3 设 $x_i\in(0,1](i=1,2,3,\cdots,n)$,求证

$$\sum_{i=1}^{n}\frac{1}{1+x_i^2}\leqslant\sum_{i=1}^{n}\frac{1}{1+x_ix_{i+1}} \qquad (x_{n+1}=x_1) \qquad (6)$$

引申 4 设 $x_i\in[1,+\infty)(i=1,2,3,\cdots,n)$,求证

$$\sum_{i=1}^{n}\frac{1}{1+x_i^2}\geqslant\sum_{i=1}^{n}\frac{1}{1+x_ix_{i+1}} \qquad (x_{n+1}=x_1) \qquad (7)$$

(6)(7)的证明可仿照(4)的证明进行,在此就略去其详细的证明了.

给上述几个结论再赋以特殊值,就可以获得很多奇妙的不等式,下面仅举一例.

引申 5 在锐角 $\triangle ABC$ 中,求证

$$\frac{1}{1+\tan^2\frac{A}{2}}+\frac{1}{1+\tan^2\frac{B}{2}}+\frac{1}{1+\tan^2\frac{C}{2}}$$

$$\leqslant\frac{1}{1+\tan\frac{A}{2}\tan\frac{B}{2}}+\frac{1}{1+\tan\frac{B}{2}\tan\frac{C}{2}}+\frac{1}{1+\tan\frac{C}{2}\tan\frac{A}{2}}$$

证明 注意到在 $\triangle ABC$ 中,有 $\tan\frac{A}{2},\tan\frac{B}{2},\tan\frac{C}{2}\in(0,1)$.

以及 $\tan\frac{A}{2}\tan\frac{B}{2}+\tan\frac{B}{2}\tan\frac{C}{2}+\tan\frac{C}{2}\tan\frac{A}{2}=1$ 和上面的(5)便知结论获得证明.

评注 上面的(4)就是第38届IMO一道预选题,如此下去,可以构造出举不胜举的问题,留给读者联想吧.

推广 1 在锐角 $\triangle ABC$ 中,求证

$$\sum\frac{1}{1+\left(\tan\frac{A}{2}+\tan\frac{B}{2}\right)^2}\geqslant\sum\frac{1}{1+\left(\tan\frac{A}{2}+\tan\frac{B}{2}\right)\left(\tan\frac{B}{2}+\tan\frac{C}{2}\right)}$$

提示

$$\left(\tan\frac{A}{2}+\tan\frac{B}{2}\right)\left(\tan\frac{B}{2}+\tan\frac{C}{2}\right)$$

$$=\tan^2\frac{B}{2}+\tan\frac{B}{2}\left(\tan\frac{C}{2}+\tan\frac{A}{2}\right)+\tan\frac{C}{2}\tan\frac{A}{2}$$

$$=\cot^2\frac{B}{2}+1>1$$

推广 2 在 $\triangle ABC$ 中，求证

$$\sum \frac{1}{1+\left(\tan\dfrac{A}{2}+\tan\dfrac{B}{2}\right)^2} \geqslant \sum \frac{1}{1+\left(\tan\dfrac{A}{2}+\tan\dfrac{B}{2}\right)\left(\tan\dfrac{B}{2}+\tan\dfrac{C}{2}\right)}$$

提示

$$\left(\cot\frac{A}{2}+\cot\frac{B}{2}\right)\left(\cot\frac{B}{2}+\cot\frac{C}{2}\right)$$

$$=\cot^2\frac{B}{2}+\cot\frac{B}{2}\left(\cot\frac{C}{2}+\cot\frac{A}{2}\right)+\cot\frac{C}{2}\cot\frac{A}{2}$$

$$=\cot^2\frac{B}{2}+\frac{1}{\tan\dfrac{A}{2}\tan\dfrac{C}{2}}+\frac{1}{\tan\dfrac{B}{2}\tan\dfrac{C}{2}}+\frac{1}{\tan\dfrac{C}{2}\tan\dfrac{A}{2}}$$

$$\geqslant\cot^2\frac{B}{2}+\frac{1}{\tan\dfrac{A}{2}\tan\dfrac{C}{2}+\tan\dfrac{B}{2}\tan\dfrac{C}{2}+\tan\dfrac{C}{2}\tan\dfrac{A}{2}}$$

$$=\cot^2\frac{B}{2}+9>1$$

推广 3 $\displaystyle\sum \frac{1}{1+\cot^2\dfrac{A}{2}} \geqslant \sum \frac{1}{1+\cot\dfrac{A}{2}\cot\dfrac{B}{2}}.$

提示

$$\tan\frac{A}{2}\tan\frac{B}{2}+\tan\frac{B}{2}\tan\frac{C}{2}+\tan\frac{C}{2}\tan\frac{A}{2}=1$$

所以

$$\cot\frac{A}{2}\cot\frac{B}{2}=\frac{1}{\tan\dfrac{A}{2}\tan\dfrac{B}{2}}>1$$

推广 4 $\displaystyle\sum \frac{1}{1+\tan^2 A} \geqslant \sum \frac{1}{1+\tan A\tan B}$（锐）．

提示 因为 $\triangle ABC$ 为锐角，所以

$$A+B>\frac{\pi}{2},\tan A>\tan\left(\frac{\pi}{2}-B\right)=\cot B\Rightarrow\tan A\tan B>1$$

推广 5 $\displaystyle\sum \frac{1}{1+2\tan^2 A} \geqslant \sum \frac{1}{1+2\tan A\tan B}$（锐）．

提示 因为 $\triangle ABC$ 为锐角，所以

$$A+B>\frac{\pi}{2},\tan A>\tan\left(\frac{\pi}{2}-B\right)=\cot B$$

$$\Rightarrow\tan A\tan B>1,2\tan A\tan B>1$$

从这几个推广命题的由来我们可以看出,很多数学命题都是在认真分析已有命题的基础上,对原题进行分析、归纳、总结、提炼,得到描述问题的本质,在原有问题及其求解思路的基础上,运用自己所掌握的数学知识通过思维的迁移加工就可得到一系列新的数学命题,这也是许多命题专家的研究心得,更是解题者应该多多注意的一个方面,也是我们辅导老师应该向学生介绍的重要一环 —— 展示知识发生、发展的全过程.

问题 2　设 $\alpha, \beta, \gamma \in \left(0, \dfrac{\pi}{2}\right)$,且 $\cos^2\alpha + \cos^2\beta + \cos^2\gamma = 1$. 求证

$$\tan \alpha \tan \beta \tan \gamma \geqslant 2\sqrt{2}$$

题目解说　本题为一常见题目.

渊源探索　本题条件等式可以理解为长方体的共于一点的三棱与体对角线成角关系.

证明 1　由条件 $\cos^2\alpha + \cos^2\beta + \cos^2\gamma = 1$ 得

$$\sin^2\gamma = 1 - \cos^2\gamma = \cos^2\alpha + \cos^2\beta \geqslant 2\cos \alpha \cos \beta$$
$$\Rightarrow \sin^2\gamma \geqslant 2\cos \alpha \cos \beta$$

同理还有两个

$$\sin^2\beta \geqslant 2\cos \gamma \cos \alpha, \sin^2\alpha \geqslant 2\cos \beta \cos \gamma$$

这三个式子相乘整理便得结论.

评注　这个证明依据三角函数变换直接进行三角运算完成结论的证明.

证明 2　如图 17,由条件等式知,三个角 α, β, γ 可以看作是长方体共于一点的三棱与体对角线成角,故可以设长方体的共于一点的三棱分别为 a, b, c,则

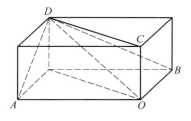

图 17

$$\tan \alpha = \frac{\sqrt{b^2 + c^2}}{a}, \tan \beta = \frac{\sqrt{c^2 + a^2}}{b}, \tan \gamma = \frac{\sqrt{a^2 + b^2}}{c}$$

$$\Rightarrow \tan \alpha \tan \beta \tan \gamma$$

$$= \frac{\sqrt{b^2 + c^2}}{a} \cdot \frac{\sqrt{c^2 + a^2}}{b} \cdot \frac{\sqrt{a^2 + b^2}}{c}$$

$$\geqslant \frac{\sqrt{2bc}}{a} \cdot \frac{\sqrt{2ca}}{b} \cdot \frac{\sqrt{2ab}}{c} = 2\sqrt{2}$$

评注 这个证明源于对已知条件的理解,从而形成构造长方体的方法.

下面,我们将就同一个条件如何证明提出一些新问题展开讨论,首先,由条件中的三角函数概念,想到,既然有余弦形式的结论,那么对于其他三角函数有什么情况发生? 试着做一些变形,看看能获得什么结论?

引申 1 设 $\alpha, \beta, \gamma \in \left(0, \frac{\pi}{2}\right)$,且 $\cos^2\alpha + \cos^2\beta + \cos^2\gamma = 1$,求证

$$\cot \alpha \cot \beta + \cot \beta \cot \gamma + \cot \gamma \cot \alpha \leqslant \frac{3}{2}$$

题目解说 本题可能是一个新题.

渊源探索 本题是对条件三角函数式的类比产生的结果.

方法透析 从问题的结构联想与条件之关系,可能产生不同的想法,例如切化弦,或者从条件等式的几何意义联想作代换.

证明 1 由条件以及二元均值不等式知

$$\cot \alpha \cot \beta + \cot \beta \cot \gamma + \cot \gamma \cot \alpha$$

$$= \frac{\cos \alpha \cos \beta}{\sin \alpha \sin \beta} + \frac{\cos \beta \cos \gamma}{\sin \beta \sin \gamma} + \frac{\cos \gamma \cos \alpha}{\sin \gamma \sin \alpha}$$

$$= \frac{\cos \alpha}{\sin \beta} \cdot \frac{\cos \beta}{\sin \alpha} + \frac{\cos \beta}{\sin \gamma} \cdot \frac{\cos \gamma}{\sin \beta} + \frac{\cos \gamma}{\sin \alpha} \cdot \frac{\cos \alpha}{\sin \gamma}$$

$$\leqslant \frac{1}{2}\left[\left(\frac{\cos^2\alpha}{\sin^2\beta} + \frac{\cos^2\beta}{\sin^2\alpha}\right) + \left(\frac{\cos^2\beta}{\sin^2\gamma} + \frac{\cos^2\gamma}{\sin^2\beta}\right) + \left(\frac{\cos^2\gamma}{\sin^2\alpha} + \frac{\cos^2\alpha}{\sin^2\gamma}\right)\right]$$

$$= \frac{1}{2}\left[\left(\frac{\cos^2\alpha}{\sin^2\beta} + \frac{\cos^2\gamma}{\sin^2\beta}\right) + \left(\frac{\cos^2\beta}{\sin^2\gamma} + \frac{\cos^2\alpha}{\sin^2\gamma}\right) + \left(\frac{\cos^2\gamma}{\sin^2\alpha} + \frac{\cos^2\beta}{\sin^2\alpha}\right)\right]$$

$$= \frac{3}{2}$$

评注 本题的解决技巧关键在于 $\cot \alpha \cot \beta = \frac{\cos \alpha \cos \beta}{\sin \alpha \sin \beta} = \frac{\cos \alpha}{\sin \beta} \cdot \frac{\cos \beta}{\sin \alpha}$,然后使用二元均值不等式,为利用已知条件奠定基础.

如果想到条件的几何意义,就可以作代换,转化成代数不等式问题进行不等式证明,所以就有下面的证明产生了.

证明 2 由条件等式知,三个角 α, β, γ 可以看作是长方体共于一点的三棱与体对角线成角,故可以设长方体的共于一点的三棱分别为 a, b, c,则

$$\cot \alpha = \frac{a}{\sqrt{b^2 + c^2}}, \quad \cot \beta = \frac{b}{\sqrt{c^2 + a^2}}, \quad \cot \gamma = \frac{c}{\sqrt{a^2 + b^2}}$$

$\Rightarrow \cot \alpha \cot \beta + \cot \beta \cot \gamma + \cot \alpha \cot \gamma$

$$= \frac{a}{\sqrt{b^2+c^2}} \cdot \frac{b}{\sqrt{c^2+a^2}} + \frac{b}{\sqrt{c^2+a^2}} \cdot \frac{c}{\sqrt{a^2+b^2}} + \frac{c}{\sqrt{a^2+b^2}} \cdot \frac{a}{\sqrt{b^2+c^2}}$$

$$= \frac{b}{\sqrt{b^2+c^2}} \cdot \frac{a}{\sqrt{c^2+a^2}} + \frac{c}{\sqrt{c^2+a^2}} \cdot \frac{b}{\sqrt{a^2+b^2}} + \frac{a}{\sqrt{a^2+b^2}} \cdot \frac{c}{\sqrt{b^2+c^2}}$$

$$\leqslant \frac{1}{2}\left[\left(\frac{b^2}{b^2+c^2} + \frac{a^2}{c^2+a^2} \right) + \left(\frac{c^2}{c^2+a^2} + \frac{b^2}{a^2+b^2} \right) + \left(\frac{a^2}{a^2+b^2} + \frac{c^2}{b^2+c^2} \right) \right]$$

$$= \frac{3}{2}$$

评注　这个证明过程需要调配各变量的顺序,这是一个重要技巧.

引申 2　设 $\alpha, \beta, \gamma \in \left(0, \dfrac{\pi}{2} \right)$,且 $\cos^2 \alpha + \cos^2 \beta + \cos^2 \gamma = 1$,求证

$$\cot \alpha + \cot \beta + \cot \gamma > 2$$

题目解说　从上题中两个之积考虑,若取一个求和会发生什么变化?

证明　由条件等式知,三个角 α, β, γ 可以看作是长方体共于一点的三棱与体对角线成角,故可以设长方体的共于一点的三棱分别为 a, b, c,则

$$\cot \alpha = \frac{a}{\sqrt{b^2+c^2}}, \cot \beta = \frac{b}{\sqrt{c^2+a^2}}, \cot \gamma = \frac{c}{\sqrt{a^2+b^2}}$$

$$\Rightarrow \cot \alpha + \cot \beta + \cot \gamma$$

$$= \frac{a^2}{a\sqrt{b^2+c^2}} + \frac{b^2}{b\sqrt{c^2+a^2}} + \frac{c^2}{c\sqrt{a^2+b^2}}$$

$$> \frac{a^2}{\frac{1}{2}(a^2+b^2+c^2)} + \frac{b^2}{\frac{1}{2}(a^2+b^2+c^2)} + \frac{c^2}{\frac{1}{2}(a^2+b^2+c^2)}$$

$$= 2$$

评注　这个证明运用了二元均值不等式,但等号是不能成立的,要密切注意.

引申 3　设 $\alpha, \beta, \gamma \in \left(0, \dfrac{\pi}{2} \right)$,且 $\cos^2 \alpha + \cos^2 \beta + \cos^2 \gamma = 1$. 求证

$$\frac{\cos \beta \cos \gamma}{\cos \alpha} + \frac{\cos \gamma \cos \alpha}{\cos \beta} + \frac{\cos \alpha \cos \beta}{\cos \gamma} \geqslant \sqrt{3}$$

题目解说　本题似乎为一道新题.

渊源探索　对条件运用一些代数手法看看有什么结论产生.

证明　只要证明平方后结论成立即可,即只要证明

$$\left(\frac{\cos \beta \cos \gamma}{\cos \alpha} + \frac{\cos \gamma \cos \alpha}{\cos \beta} + \frac{\cos \alpha \cos \beta}{\cos \gamma} \right)^2 \geqslant 3$$

这由常见不等式

$$(x+y+z)^2 \geqslant 3(xy+yz+zx)$$

以及条件知早已成立.

引申 4　设 $\alpha,\beta,\gamma \in \left(0,\dfrac{\pi}{2}\right)$，且 $\cos^2\alpha + \cos^2\beta + \cos^2\gamma = 1$. 求证

$$\frac{\sin\beta\sin\gamma}{\sin\alpha} + \frac{\sin\gamma\sin\alpha}{\sin\beta} + \frac{\sin\alpha\sin\beta}{\sin\gamma} \geqslant \sqrt{6}$$

证明　注意到 $\cos^2\alpha + \cos^2\beta + \cos^2\gamma = 1$ 和 $\sin^2\alpha + \sin^2\beta + \sin^2\gamma = 2$，再利用熟知的不等式 $(x+y+z)^2 \geqslant 3(xy+yz+zx)$，详细过程略.

引申 5　设 $\alpha,\beta,\gamma \in \left(0,\dfrac{\pi}{2}\right)$，且 $\cos^2\alpha + \cos^2\beta + \cos^2\gamma = 1$. 求证

$$\sin^2\alpha\sin^2\beta\sin^2\gamma \geqslant \frac{8\sqrt{3}}{9}\cos\alpha\cos\beta\cos\gamma$$

证明 1　作代换 $a = \cos^2\alpha, b = \cos^2\beta, c = \cos^2\gamma$，则原不等式等价于

$$(1-a)(1-b)(1-c) \geqslant \frac{8\sqrt{3}}{9}\sqrt{abc}$$

但是，由 $a+b+c = 1$ 以及抽屉原理知道，三个数 $\left(\dfrac{1}{3}-a\right)$，$\left(\dfrac{1}{3}-b\right)$，$\left(\dfrac{1}{3}-c\right)$ 中至少有两个同号，不妨设 $\left(\dfrac{1}{3}-a\right)$，$\left(\dfrac{1}{3}-b\right)$ 是同号的，则有 $\left(\dfrac{1}{3}-a\right)\left(\dfrac{1}{3}-b\right) \geqslant 0$，得到

$$(1-a)(1-b) \geqslant \frac{8}{9} - \frac{2}{3}(a+b) = \frac{8}{9} - \frac{2}{3}(1-c) = \frac{2}{3}\left(\frac{1}{3}+c\right)$$

于是只要证明

$$\frac{2}{3}\left(\frac{1}{3}+c\right)(a+b) \geqslant \frac{8\sqrt{3}}{9}\sqrt{abc}$$

而

$$\frac{2}{3}\left(\frac{1}{3}+c\right)(a+b) \geqslant \frac{2}{3} \cdot 2\sqrt{\frac{1}{3}c} \cdot 2\sqrt{ab} = \frac{8\sqrt{3}}{9}\sqrt{abc}$$

即原不等式获得证明.

证明 2　作代换 $a = \cos^2\alpha, b = \cos^2\beta, c = \cos^2\gamma$，则原不等式等价于

$$(1-a)(1-b)(1-c) \geqslant \frac{8\sqrt{3}}{9}\sqrt{abc}$$

但是

$$\frac{(1-a)(1-b)(1-c)}{\sqrt{abc}} = \frac{1-a-b-c+ab+bc+ca-abc}{\sqrt{abc}}$$

$$= \sqrt{\frac{ab}{c}} + \sqrt{\frac{ca}{b}} + \sqrt{\frac{bc}{a}} - \sqrt{abc}$$

由于

$$(x+y+z)^2 \geqslant 3(xy+yz+zx)$$

所以

$$\left(\sqrt{\frac{ab}{c}} + \sqrt{\frac{ca}{b}} + \sqrt{\frac{bc}{a}}\right)^2$$

$$\geqslant 3\left(\sqrt{\frac{ab}{c}} \cdot \sqrt{\frac{ca}{b}} + \sqrt{\frac{ca}{b}} \cdot \sqrt{\frac{bc}{a}} + \sqrt{\frac{ab}{c}} \cdot \sqrt{\frac{bc}{a}}\right)$$

$$= 3(a+b+c) = 3$$

即 $\sqrt{\dfrac{ab}{c}} + \sqrt{\dfrac{ca}{b}} + \sqrt{\dfrac{bc}{a}} \geqslant \sqrt{3}$，但是

$$1 = a+b+c \geqslant 3\sqrt[3]{abc} \Rightarrow -\sqrt{abc} \geqslant -\frac{\sqrt{3}}{9}$$

即

$$\sqrt{\frac{ab}{c}} + \sqrt{\frac{ca}{b}} + \sqrt{\frac{bc}{a}} - \sqrt{abc} \geqslant \frac{8\sqrt{3}}{9}$$

从而原不等式获得证明.

评注　本题的两个证明较为复杂,其中第一个方法很好地利用了抽屉原理,这是近几年在证明不等式时许多人经常采用的一种方法,其中的数值 $\dfrac{1}{3}$ 是三个变量取等时的值,值得记取.

引申 6　设 $\alpha,\beta,\gamma \in \left(0, \dfrac{\pi}{2}\right)$,且 $\cos^2\alpha + \cos^2\beta + \cos^2\gamma = 1$. 求证

$$\cot^2\alpha + \cot^2\beta + \cot^2\gamma \geqslant \frac{3}{2}$$

题目解说　本题为《数学通报》1993 年第 6 期问题 839.

渊源探索　本题实质上是对引申 2 的平方思考结果,进一步,若对指数再进一步思考,还会有更多结果产生.

证明 1　因为

$$\cot^2\alpha + \cot^2\beta + \cot^2\gamma$$

$$= \frac{\cos^2\alpha}{\sin^2\alpha} + \frac{\cos^2\beta}{\sin^2\beta} + \frac{\cos^2\gamma}{\sin^2\gamma}$$

$$= \frac{\cos^2\alpha}{1-\cos^2\alpha} + \frac{\cos^2\beta}{1-\cos^2\beta} + \frac{\cos^2\gamma}{1-\cos^2\gamma}$$

$$= \frac{\cos^2\alpha-1+1}{1-\cos^2\alpha} + \frac{\cos^2\beta-1+1}{1-\cos^2\beta} + \frac{\cos^2\gamma-1+1}{1-\cos^2\gamma}$$

$$= -3 + \frac{1}{1-\cos^2\alpha} + \frac{1}{1-\cos^2\beta} + \frac{1}{1-\cos^2\gamma}$$

$$\geqslant -3 + \frac{9}{3-\cos^2\alpha-\cos^2\beta-\cos^2\gamma} = \frac{3}{2}$$

证明 2　由等比数列和的公式知

$$\cot^2\alpha + \cot^2\beta + \cot^2\gamma$$

$$= \frac{\cos^2\alpha}{\sin^2\alpha} + \frac{\cos^2\beta}{\sin^2\beta} + \frac{\cos^2\gamma}{\sin^2\gamma}$$

$$= \frac{\cos^2\alpha}{1-\cos^2\alpha} + \frac{\cos^2\beta}{1-\cos^2\beta} + \frac{\cos^2\gamma}{1-\cos^2\gamma}$$

$$= [\cos^2\alpha + (\cos^2\alpha)^2 + (\cos^2\alpha)^3 + \cdots + (\cos^2\alpha)^n + \cdots] +$$

$$[\cos^2\beta + (\cos^2\beta)^2 + (\cos^2\beta)^3 + \cdots + (\cos^2\beta)^n + \cdots] +$$

$$[\cos^2\gamma + (\cos^2\gamma)^2 + (\cos^2\gamma)^3 + \cdots + (\cos^2\gamma)^n + \cdots]$$

$$= [\cos^2\alpha + \cos^2\beta + \cos^2\gamma] + [(\cos^2\alpha)^2 + (\cos^2\beta)^2 + (\cos^2\gamma)^2] +$$

$$[(\cos^2\alpha)^3 + (\cos^2\beta)^3 + (\cos^2\gamma)^3] + \cdots$$

$$\geqslant [\cos^2\alpha + \cos^2\beta + \cos^2\gamma] + \frac{(\cos^2\alpha + \cos^2\beta + \cos^2\gamma)^2}{3} +$$

$$\frac{(\cos^2\alpha + \cos^2\beta + \cos^2\gamma)^4}{3^2} + \cdots$$

$$= 1 + \frac{1}{3} + \frac{1}{3^2} + \cdots = \frac{3}{2}$$

评注　证明 2 联想到了无穷递缩等比数列的求和以及运用一些熟知的不等式手段问题获解,具有一定的启发性.

证明 3　由引申 2 的证明过程知

$$\cot^2\alpha + \cot^2\beta + \cot^2\gamma = \frac{a^2}{b^2+c^2} + \frac{b^2}{c^2+a^2} + \frac{c^2}{a^2+b^2} \geqslant \frac{3}{2}$$

引申 7　设 $\alpha,\beta,\gamma \in \left(0,\dfrac{\pi}{2}\right)$,且 $\cos^2\alpha + \cos^2\beta + \cos^2\gamma = 1$. 求证

$$\frac{3\pi}{4} < \alpha + \beta + \gamma < \pi$$

先证明左半边不等式.

证明 1　由条件等式知,三个角 α,β,γ 可以看作是长方体共于一点的三棱

与体对角线成角,则由条件 $\cos^2\alpha + \cos^2\beta + \cos^2\gamma = 1$ 知

$$1 - \cos^2\gamma = \cos^2\alpha + \cos^2\beta = 1 + \cos^2\alpha - \sin^2\beta$$
$$= 1 + \cos(\alpha + \beta)\cos(\alpha - \beta)$$
$$\Rightarrow \cos(\alpha + \beta)\cos(\alpha - \beta) = -\cos^2\gamma \qquad (1)$$

因

$$\alpha, \beta, \gamma \in \left(0, \frac{\pi}{2}\right) \Rightarrow |\alpha - \beta| < \frac{\pi}{2}$$
$$(1) \Rightarrow \cos(\alpha - \beta) > 0$$
$$\cos(\alpha + \beta) < 0 \Rightarrow \alpha + \beta > \frac{\pi}{2}$$
$$\alpha + \gamma > \frac{\pi}{2}, \gamma + \beta > \frac{\pi}{2} \Rightarrow \alpha + \beta + \gamma > \frac{3\pi}{4}$$

下面再证明右半边不等式.

同上面的记号,得

$$\cos\alpha = a, \cos\beta = b, \cos\gamma = c$$
$$\sin\alpha = \sqrt{b^2 + c^2}, \sin\beta = \sqrt{c^2 + a^2}, \sin\gamma = \sqrt{a^2 + b^2}$$

但

$$\cos(\alpha + \beta) = \cos\alpha\cos\beta - \sin\alpha\sin\beta$$
$$= ab - \sqrt{b^2 + c^2} \cdot \sqrt{c^2 + a^2}$$
$$\cos\gamma = c$$

所以

$$\alpha + \beta + \gamma < \pi \Leftrightarrow \alpha + \beta < \pi - \gamma$$
$$\Leftrightarrow \cos(\alpha + \beta) > -\cos\gamma$$
$$\Leftrightarrow ab - \sqrt{b^2 + c^2} \cdot \sqrt{c^2 + a^2} > -c$$
$$\Leftrightarrow ab + c > \sqrt{b^2 + c^2} \cdot \sqrt{c^2 + a^2}$$
$$\Leftrightarrow 2abc > 0$$

从而 $\alpha + \beta + \gamma < \pi$.

到此结论获得证明.

评注 这个证明使用了三角代换,将三角问题代数化也是常见的处理方法.

证明 2 同上面的记号,得

$$\cos\alpha = a, \cos\beta = b, \cos\gamma = c$$
$$\sin\alpha = \sqrt{b^2 + c^2}, \sin\beta = \sqrt{c^2 + a^2}, \sin\gamma = \sqrt{a^2 + b^2}$$

因

$$\cos(\alpha + \beta) = \cos \alpha \cos \beta - \sin \alpha \sin \beta$$

$$= ab - \sqrt{b^2 + c^2} \cdot \sqrt{c^2 + a^2} = ab - \sqrt{1 - a^2} \cdot \sqrt{1 - b^2}$$

$$= ab - \sqrt{1 - a^2 - b^2 + a^2 b^2} = ab - \sqrt{c^2 + a^2 b^2}$$

$$> -c = -\cos \gamma = \cos(\pi - \gamma)$$

$$\Rightarrow \alpha + \beta < \pi - \gamma, \alpha + \beta + \gamma < \pi$$

到此结论获得证明.

证明 3　同上面的记号,又由 $\gamma + \beta > \dfrac{\pi}{2} > \alpha \Rightarrow \alpha - \beta < \gamma \Leftrightarrow \cos(\alpha - \beta) > \cos \gamma$.

再由(1)知

$$-\cos(\alpha + \beta) = \frac{\cos \gamma}{\cos(\alpha - \beta)} \cdot \cos \gamma < \cos \gamma$$

$$\Rightarrow \cos(\alpha + \beta) > -\cos \gamma = \cos(\pi - \gamma)$$

$$\Rightarrow \alpha + \beta < \pi - \gamma, \alpha + \beta + \gamma < \pi$$

评注　这个证明属于比较正宗的三角问题三角证明方法,实际上用到了三面角的性质 —— 任意两个二面角大小之和大于第三个二面角大小.

综上所述,从开头题目的条件出发,我们还可以在同一个条件下,辅助以其他代数不等式手段,加工出很多类似的不等式,留给大家探讨吧!

至此,都是站在一个条件下给出不同问题而来的,给大家提供了一条提出问题的探索之路,当然还有一些类似问题,不再赘述.

从这几个推广命题的由来我们可以看出,很多数学命题都是在认真分析已有命题的基础上,对原命题进行分析、归纳、总结、提炼,得到描述问题的本质,在原有问题及其求解思路的基础上,运用自己所掌握的数学知识通过思维的迁移加工就可得到一系列新的数学命题,这也是许多命题专家的研究心得,更是解题者应该多多注意的一个方面,也是我们辅导老师应该向学生介绍的重要一环 —— 展示知识发生、发展的全过程.

研究某些不等式的推广是十分有意义的工作,有事实表明,近多年来的高层次竞赛就多次涉及多个变量的复杂不等式证明问题,而且,有些问题本身就是一些固有问题的发展和演变,故应引起参加竞赛的同学的重视.

§23　运用定积分解题思考之一

（此节成文于 2013 年 6 月，修改于 2018 年 12 月）

近年来，全国各地高考数学试卷出现了一批涉及相关自然数倒数的数列不等式题目，尤其是命题人将其排布于压轴题的位置，真有点泰山压顶之势，似乎让人有望而却步的味道，高考过后有不少老师连续不断地在多种刊物上也相继阐述自己的关于此类题目的解题策略，多种刊物都对这些高考题目及其解法给出了自己的观点，其方法五花八门，技巧层出不穷. 有构造函数法，有构造数列法，如此等等千奇百怪不胜枚举，一时间真让人觉得高考压轴题真是难呀！ 不愧为压卷之作！ 近期笔者经过研究，对其归纳总结并将其发现的定积分方法讲给学生，学生普遍认为，只要定积分出手，这些问题便成为高中课本上最为基础的知识体现，只需掌握课本上定积分的定义，绝大多数学生认为可以轻易掌握并用于解题，极其容易的秒杀这些高考压轴题，打破众所周知的压轴态势和众多学生的心理压力，使得芸芸众生不再为压轴题困惑不解，使得第一线的高三数学老师上课游刃有余，不再为高考压轴题愁眉不展，故写下此节，不妥之处请读者批评指正.

为后面叙述方便，我们将一些常用的知识和技巧罗列如下，并予以命名，也使得读者方便阅读.

一、基础知识展示

定义　下凸可导函数 $y=f(x)(x\in(a,b))$ 是指当满足 $x_1<x_2,x_1x_2\in(a,b)$ 且连续时，有 $\dfrac{f(x_1)+f(x_2)}{2}\geqslant f\left(\dfrac{x_1+x_2}{2}\right)$（或者 $y=f''(x)>0$）. 反之，称为上凸函数.

性质 1　设函数 $y=f(x)>0,y=g(x)>0,f(x)\geqslant g(x)(x\in(a,b))$ 可积，且 $x_1,x_2\in(a,b),x_1<x_2$，则 $\displaystyle\int_{x_1}^{x_2}f(x)\mathrm{d}x\geqslant\int_{x_1}^{x_2}g(x)\mathrm{d}x$.

性质 2　设函数 $y=f(x)>0(x\in(a,b))$，且为其定义域上的单调下降的可积下凸函数，$F(x_1,0),E(x_2,0)(x_1,x_2\in(a,b))$，则有

结论 1　（区间左端点矩形原理，如图 18）

$$S_{矩形DCEF}>S_{矩形ABEF}$$

$$\Leftrightarrow\int_{x_1}^{x_2}f(x)\mathrm{d}x<f(x_1)(x_2-x_1)$$

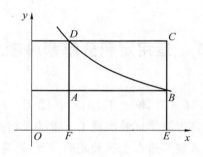

图 18

结论 2 （区间梯形原理）

$$S_{曲边四边形BDFE} < S_{梯形BDFE}$$

$$\Leftrightarrow \int_{x_1}^{x_2} f(x)\mathrm{d}x < \frac{1}{2}\big[f(x_1)+f(x_2)\big](x_2-x_1)$$

结论 3 （区间右端点矩形原理）

$$S_{曲边四边形BDFE} > S_{矩形ABEF}$$

$$\Leftrightarrow \int_{x_1}^{x_2} f(x)\mathrm{d}x > f(x_2)(x_2-x_1)$$

性质 3 设函数 $y=f(x)>0(x \in (a,b))$，且为其定义域上的单调上升的下凸可积函数，$F(x_1,0)$，$E(x_2,0)$，$(x_1,x_2 \in (a,b))$，则有

结论 1 （区间右端点矩形原理，图 19）

$$S_{曲边四边形ABEF} < S_{矩形ABEF}$$

$$\Leftrightarrow \int_{x_1}^{x_2} f(x)\mathrm{d}x < f(x_2)(x_2-x_1)$$

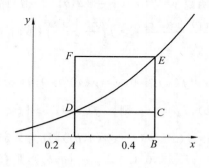

图 19

结论 2 （区间梯形原理）

$$S_{曲边四边形ABED} < S_{矩形ABED}$$

$$\Leftrightarrow \int_{x_1}^{x_2} f(x)\mathrm{d}x < \frac{1}{2}\big[f(x_1)+f(x_2)\big](x_2-x_1)$$

结论 3 （区间左端点矩形原理）

$$S_{曲边四边形ABED} > S_{矩形ABCD}$$

$$\Leftrightarrow \int_{x_1}^{x_2} f(x)\mathrm{d}x > f(x_1)(x_2-x_1)$$

对于上凸函数, 类似讨论.

二、基础知识功能展示

1. 解决几个简单的不等式问题.

问题 1[1]　当 $x>0$, $\dfrac{1}{x+\frac{1}{2}} < \ln\left(1+\dfrac{1}{x}\right) < \dfrac{1}{x}$.

说明　本不等式链曾是多家刊物上的文章用以解决近几年高考题的重要武器, 他们大多运用构造函数法证明, 这里给出一个利用定积分解决的方法.

证明　因为当 $x>0$ 时

$$\frac{1}{x+\frac{1}{2}} = \int_0^{\frac{1}{x}} \frac{1}{\left(\frac{1}{2}t+1\right)^2}\mathrm{d}t$$

$$\ln\left(1+\frac{1}{x}\right) = \int_0^{\frac{1}{x}} \frac{1}{1+t}\mathrm{d}t$$

$$\frac{1}{x} = \int_0^{\frac{1}{x}} 1\mathrm{d}t$$

由于

$$0 < t < \frac{1}{x} \Rightarrow 0 < \frac{1}{\left(\frac{1}{2}t+1\right)^2} < \frac{1}{1+t} < 1 \Rightarrow \int_0^{\frac{1}{x}} \frac{1}{\left(\frac{1}{2}t+1\right)^2}\mathrm{d}t$$

$$< \int_0^{\frac{1}{x}} \frac{1}{1+t}\mathrm{d}t < \int_0^{\frac{1}{x}} \mathrm{d}t$$

$$\Rightarrow x>0, \frac{1}{x+\frac{1}{2}} < \ln\left(1+\frac{1}{x}\right) < \frac{1}{x}$$

问题 2　设 $b>a>0$, $\dfrac{2(b-a)}{b+a} < \ln\dfrac{b}{a}$.

说明　本题为曾在不等式 QQ 群里讨论过的一个简单不等式, 其实质是一个代数不等式, 且这个代数不等式意义非凡, 由此可解决一些高考压轴试题,其寓意可见一斑,这里给出两个典型的方法 —— 积分法.

证明 1 因为

$$a < b \Rightarrow 1 < \frac{b}{a} \Rightarrow \ln \frac{b}{a} = \int_1^{\frac{b}{a}} \frac{1}{t} \mathrm{d}t, \frac{2(b-a)}{b+a} = \int_1^{\frac{b}{a}} \frac{4}{(t+1)^2} \mathrm{d}t$$

由于当

$$1 < t < \frac{b}{a}, 0 < \frac{4}{(t+1)^2} < \frac{1}{t} \Rightarrow \int_1^{\frac{b}{a}} \frac{4}{(t+1)^2} \mathrm{d}t < \int_1^{\frac{b}{a}} \frac{1}{t} \mathrm{d}t$$

即有

$$\frac{2(b-a)}{b+a} < \ln \frac{b}{a}$$

证明 2 积分法.

我们从图像上去理解,过函数 $y = \frac{1}{x}$ 的图像上的点 $P\left(\frac{a+b}{2}, \frac{2}{a+b}\right)$ 作其切线 MN,分别过点 $A(a,0), B(b,0)$ 而与 x 轴的垂线交于 M, N,则由于函数 $y = \frac{1}{x}$ 的图像是下凸函数,所以,曲线与 x 轴以及两条竖直的垂线围成的面积大于过点 P 的曲线的切线与 x 轴以及两条竖直的垂线围成的面积,于是

$$\int_a^b \frac{1}{x} \mathrm{d}x > \int_a^b \left[\frac{4}{a+b} - \frac{4x}{(a+b)^2}\right] \mathrm{d}x$$

即

$$\ln x \Big|_a^b > \left(\frac{4}{a+b}x - \frac{2x^2}{(a+b)^2}\right) \Big|_a^b$$

即

$$\ln b - \ln a > \frac{2(b-a)}{a+b} \quad (b > a > 0)$$

即结论获得证明.

其实,本题还可以进一步完善为:设 $b > a > 0$, $\frac{1}{\sqrt{ab}} > \frac{\ln b - \ln a}{b - a} > \frac{2}{a+b}$.

评注 这是对于原不等式右端分母使用二元均值不等式后的思考结果,再与左端比较大小,看看怎么样?这就产生了本题的左端,这也为我们指出了一条命题之路.

只需证明左半部分.

分析 原不等式的左端等价于

$$\ln \frac{b}{a} < \sqrt{\frac{b}{a}} - \sqrt{\frac{a}{b}} \qquad (1)$$

$x = \sqrt{\dfrac{b}{a}}$，则(1)进一步等价于

$$2\ln x < x - \frac{1}{x} \quad (x > 1) \qquad (2)$$

也等价于

$$\ln(1+x) < \frac{x}{\sqrt{1+x}} \quad (x > 0) \qquad (3)$$

证明 1　导数法.

$$f(x) = 2\ln x - x + \frac{1}{x}$$

$$f'(x) = \frac{2}{x} - 1 - \frac{1}{x^2} = -\frac{(x-1)^2}{x^2} = 0 \Rightarrow x = 1$$

即当 $x > 1$ 时，$f'(x) < 0$，即函数 $f(x)$ 单调下降，所以 $0 = f(1) = f(x)_{\max}$，即当 $x > 1$ 时，$2\ln x < x - \dfrac{1}{x}$.

证明 2　积分法.

当 $x > 1$ 时

$$\frac{1}{x} < 1 \Rightarrow \int_1^x \frac{1}{t}dt < \int_1^x 1 dt \Rightarrow \ln x < x - 1 \Rightarrow 2\ln x + 2 < 2x$$

$$\Rightarrow \int_1^x (2\ln t + 2)dt < \int_1^x 2t dt$$

$$\Rightarrow 2t\ln t \Big|_1^x < t^2 \Big|_1^x \Rightarrow 2x\ln x < x^2 - 1$$

$$\Rightarrow 2\ln x < x - \frac{1}{x}$$

即结论获得证明.

问题 3[1]　求证：设 $n \in \mathbf{R}^*$，$e^x > \left(1 + \dfrac{x}{n}\right)^n (x > 0)$.

证明　原不等式等价于 $\dfrac{x}{n} > \ln\left(1 + \dfrac{x}{n}\right)$，因为当 $x > 0$ 时，有

$$1 > \frac{1}{1+x} \Rightarrow \int_0^x dt > \int_0^x \frac{1}{1+x}dt$$

$$x > \ln(1+x)$$

即原不等式获得证明.

评注　上面最后的一个不等式 $x > \ln(1+x)$ 意义非凡，常被一些老师认

为是解题神器,在高考辅导中经常说成是自己获得的灵感之作,或者是解题经验获得,其实,这是曲线上任意一点处的切线位于曲线上方的数形结合的直观结果而已,这个结论的一个直接结论就是推论1.

推论 1 (2011年华约自主招生)设 $f(x)=\dfrac{2x}{ax+b}$,$f(1)=1$,$f\left(\dfrac{1}{2}\right)=\dfrac{2}{3}$,数列 $\{a_n\}$ 满足 $x_{n+1}=f(x_n)$,$x_1=\dfrac{1}{2}$.

(1) 求数列 $\{a_n\}$ 的通项公式;

(2) 求证:$a_1a_2\cdots a_n>\dfrac{1}{2^{\mathrm{e}}}$.

证明 容易获得(1)的答案为 $a_n=\dfrac{1}{1+\left(\dfrac{1}{2}\right)^{n-1}}$,从而欲证结论等价于

$$\left(1+\frac{1}{2}\right)\left(1+\frac{1}{2^2}\right)\cdots\left(1+\frac{1}{2^{n-1}}\right)<\mathrm{e}$$

在不等式 $\ln(1+x)<x$ 中令 $x=\dfrac{1}{2^{k-1}}$,得到

$$\ln\left(1+\frac{1}{2^{k-1}}\right)<\frac{1}{2^{k-1}}$$

对上式关于自然数 k 从 1 到 n 求和,得到

$$\sum_{k=2}^{n}\ln\left(1+\frac{1}{2^{k-1}}\right)<\sum_{k=2}^{n}\frac{1}{2^{k-1}}=1-\frac{1}{2^{n-1}}<1\Rightarrow\prod_{k=2}^{n}\left(1+\frac{1}{2^{k-1}}\right)<\mathrm{e}$$

问题 4 证明:$\ln(1+x)>\dfrac{x}{1+x}(x>0)$.

说明 对于本题的证明,许多老师都是运用构造函数法进行的,看似巧妙,其实本题就是定积分的直接结果,请看下面证明:

证明 如图20,曲线 BD 为函数 $y=\dfrac{1}{x}$ 在第一象限的部分,则由于函数 $y=\dfrac{1}{x}$ 为第一象限的单调递减下凸函数,所以曲线 BD 下方的面积大于直线 AB 下方的面积,设 $A(1,1)$,$B\left(1+x,\dfrac{1}{1+x}\right)$,即有 $\dfrac{1}{1+x}\cdot x<\displaystyle\int_{1}^{x+1}\frac{1}{t}\mathrm{d}x=\ln(1+x)$,即结论获得证明.

问题 5 已知 $0<\alpha\leqslant\beta<\dfrac{\pi}{2}$,$\dfrac{\beta-\alpha}{\cos^2\alpha}\leqslant\tan\beta-\tan\alpha\leqslant\dfrac{\beta-\alpha}{\cos^2\beta}$.

说明 多种刊物分别运用构造函数、构造斜率方法解决了本题,其实下面的积分法十分优越.

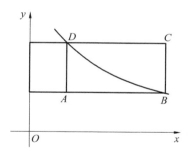

图 20

证明 新方法 —— 积分法.

易知函数 $f(x) = \dfrac{1}{\cos^2 x}$ 是 $\left(0, \dfrac{\pi}{2}\right)$ 上的增函数,从而对于 $0 < \alpha \leqslant \beta < \dfrac{\pi}{2}$.

$$f(\alpha)(\beta - \alpha) < \int_{\alpha}^{\beta} \frac{1}{\cos^2 x} \mathrm{d}x < f(\beta)(\beta - \alpha)$$

$$\Leftrightarrow \frac{\beta - \alpha}{\cos^2 \alpha} < \tan x \Big|_{\alpha}^{\beta} < \frac{\beta - \alpha}{\cos^2 \beta}$$

即

$$\frac{\beta - \alpha}{\cos^2 \alpha} \leqslant \tan \beta - \tan \alpha \leqslant \frac{\beta - \alpha}{\cos^2 \beta}$$

评注 由此结论可以获得一些相关三角函数数列求和问题. 例如,令

$$\beta = \frac{1}{2^k}, \alpha = \frac{1}{2^{k+1}} \Rightarrow \frac{\dfrac{1}{2^{k+1}}}{\cos^2 \dfrac{1}{2^{k+1}}} < \tan \frac{1}{2^k} - \tan \frac{1}{2^{k+1}} < \frac{\dfrac{1}{2^{k+1}}}{\cos^2 \dfrac{1}{2^k}} \qquad (1)$$

取上式(1)左端,令自然数 k 依次取值 $0, 1, 2, \cdots, n-1$,求和得到

$$\sum_{k=0}^{n-1} \frac{1}{2^{k+1} \cos^2 \dfrac{1}{2^{k+1}}} < \sum_{k=0}^{n-1} \left(\tan \frac{1}{2^k} - \tan \frac{1}{2^{k+1}}\right)$$

$$\Rightarrow \sum_{k=1}^{n} \frac{1}{2^{k+1} \cos^2 \dfrac{1}{2^k}} < \tan 1 - \tan \frac{1}{2^n}$$

取上式(1)右端,令自然数 k 依次取值 $1, 2, \cdots, n$,求和得到

$$\sum_{k=1}^{n} \frac{1}{2^{k+1} \cos^2 \dfrac{1}{2^k}} > \sum_{k=1}^{n} \left(\tan \frac{1}{2^k} - \tan \frac{1}{2^{k+1}}\right)$$

$$= \tan \frac{1}{2} - \tan \frac{1}{2^{n+1}}$$

169

$$\Rightarrow \sum_{k=1}^{n} \frac{1}{2^{k+1} \cos^2 \frac{1}{2^k}}$$

$$> \tan \frac{1}{2} - \tan \frac{1}{2^{n+1}}$$

所以

$$\tan \frac{1}{2} - \tan \frac{1}{2^{n+1}} < \sum_{k=1}^{n} \frac{1}{2^{k+1} \cos^2 \frac{1}{2^k}} < \tan 1 - \tan \frac{1}{2^n}$$

这是一个十分有意义的结果.

2.秒杀高考压轴题.

问题6 已知函数 $f(x) = ax + \dfrac{b}{x} + c(a > 0)$ 的图形在点 $(1, f(1))$ 处的切线方程为 $y = x - 1$.

(1) 用 a 表示出 b, c;

(2) 若 $f(x) \geqslant \ln x$ 在 $[1, +\infty)$ 上恒成立, 求 a 的取值范围;

(3) 求证: $1 + \dfrac{1}{2} + \dfrac{1}{3} + \dfrac{1}{4} + \cdots + \dfrac{1}{n} > \ln(n+1) + \dfrac{n}{2(n+1)} (n \geqslant 1)$.

题目解说 本题为 2010 年湖北高考卷压轴题 21 题.

方法透析 本题给出的第(3)小题实质上是调和级数不等式下界估计,是高考中首次出现的一类问题,此后几年的高考试题,则经常依此为基础演绎类似题目,所以本题是一块质地优良的砖,以后便引申出了一系列的翡翠般金玉,让许多学生望而却步,使得高三的老师每年花费很多时间去研究探索,以使自己的学生在考场上取得满意的成绩,其实本题运用定积分可以快速解决,请看两个证明:

证明1 由于函数 $y = \dfrac{1}{x}$ 为第一象限的单调递减下凸函数,所以,由区间梯形原理知道

$$\int_{k}^{k+1} \frac{1}{x} \mathrm{d}x < \frac{1}{2}(k+1-k)\left(\frac{1}{k} + \frac{1}{k+1}\right)$$

$$\ln \frac{k+1}{k} < \frac{1}{2}\left(\frac{1}{k} + \frac{1}{k+1}\right)$$

对上式关于自然数 k 从 1 到 n 求和,得到

$$l + \frac{1}{2} + \frac{1}{3} + \frac{1}{4} + \cdots + \frac{1}{n} > \ln(n+1) + \frac{n}{2(n+1)}$$

证明2 由于函数 $y = \dfrac{1}{x}$ 为第一象限的下凸减函数,所以,由区间梯形原理

知道

$$\int_{\frac{k}{n}}^{\frac{k+1}{n}} \frac{1}{x} \mathrm{d}x < \frac{1}{2}\left(\frac{k+1}{n} - \frac{k}{n}\right)\left(\frac{1}{\frac{k}{n}} + \frac{1}{\frac{k+1}{n}}\right)$$

$$\Rightarrow \ln \frac{k+1}{k} < \frac{1}{2}\left(\frac{1}{k} + \frac{1}{k+1}\right)$$

令自然数 k 依次取值 $1,2,\cdots,n$,求和得到 $\ln(n+1) < \sum_{k=1}^{n} \frac{1}{k} - \frac{n}{2(n+1)}$.

整理即得欲证明的结论.

评注 这两个都是积分法,但有较大的区别,证明 1 是对不等式左端的数列通项函数直接积分,证明 2 是将不等式左端的数列通项函数 $a_k = f(k) = g\left(\frac{k}{n}\right) \cdot \frac{1}{n}$,予以转化,然后积分,获得异曲同工之效.

问题 7 (2012 年天津高考理科最后一道 20 题(本小题满分 14 分))已知函数 $f(x) = x - \ln(x+a)$ 的最小值为 0,其中 $a > 0$.

(1) 求 a 的值;

(2) 若对任意的 $x \in [0, +\infty)$,有 $f(x) \leqslant kx^2$ 成立,求实数 k 的最小值;

(3) 证明 $\sum_{i=1}^{n} \frac{2}{2i-1} - \ln(2n+1) < 2 (n \in \mathbf{N}^*)$.

解 前面两小问容易解决,略. 这里重点解决第三小问.

欲证明的结论等价于

$$\frac{1}{3} + \frac{1}{5} + \cdots + \frac{1}{2n+1} < \frac{1}{2}\ln(2n+1)$$

由于函数 $y = \frac{1}{2x+1}$ 的图像是下凸减函数,且在区间 $[1, n]$ 可积,所以由区间右端点矩形原理知道

$$\frac{1}{3} + \frac{1}{5} + \cdots + \frac{1}{2n+1} = \frac{1}{3} \cdot 1 + \frac{1}{5} \cdot 1 + \cdots + \frac{1}{2n+1} \cdot 1$$
$$< \int_1^{n+1} \frac{1}{2x-1} \mathrm{d}x = \frac{1}{2}\ln(2n+1)$$

即原题结论获得证明.

评注 直接对目标不等式左端进行积分是解决此类问题有效而快捷的方法.

问题 8 求证:$\frac{1}{2} + \frac{1}{3} + \cdots + \frac{1}{n} < \ln n < 1 + \frac{1}{2} + \frac{1}{3} + \cdots + \frac{1}{n-1}$.

题目解说 本题前半部分即为陕西省 2014 年高考理科压轴题第三小问的

实质部分:设函数 $f(x)=\ln(x+1)$，$g(x)=xf'(x)(x\geqslant 0)$，其中 $f'(x)$ 是函数 $f(x)$ 的导函数.

(1) 令 $g_1(x)=g(x)$，$g_{n+1}(x)=g(g_n(x))(n\in\mathbf{N}^*)$，求 $g_n(x)$ 的表达式;

(2) 若 $f(x)\geqslant a\cdot g(x)$ 恒成立，求实数 a 的取值范围;

(3) 设 $n\in\mathbf{N}^*$，比较 $g(1)+g(1)+\cdots+g(n)$ 与 $n-f(n)$ 的大小，并加以证明.

证明　事实上,因为函数为 $\mathbf{R}^*$ 上的下凸递减函数,所以由区间左、右端点矩形原理 知道 $\dfrac{1}{k+1}\cdot 1<\displaystyle\int_k^{k+1}\dfrac{1}{x}\mathrm{d}x<\dfrac{1}{k}\cdot 1,\Rightarrow\dfrac{1}{k+1}<\ln\dfrac{k+1}{k}<\dfrac{1}{k}.$

令自然数 k 依次取值 $1,2,\cdots,n-1$，求和即可得到，即

$$\frac{1}{2}+\frac{1}{3}+\cdots+\frac{1}{n}<\ln n<1+\frac{1}{2}+\frac{1}{3}+\cdots+\frac{1}{n-1}$$

评注　由本题结论立刻得到: $\dfrac{1}{2}+\dfrac{1}{3}+\cdots+\dfrac{1}{2^n}<n<1+\dfrac{1}{2}+\dfrac{1}{3}+\cdots+\dfrac{1}{2^n-1}.$

问题 9　已知函数 $f(x)=\ln(1+x)-\dfrac{x(1+\lambda x)}{1+x}.$

(1) 若 $x\geqslant 0,f(x)\leqslant 0$，求 λ 的最小值;

(2) 设数列 $\{a_n\}$ 的通项公式为 $a_n=1+\dfrac{1}{2}+\dfrac{1}{3}+\cdots+\dfrac{1}{n}$，证明: $a_{2n}-a_n+\dfrac{1}{4n}>\ln 2.$

题目解说　本题为 2013 年高考全国卷理科大纲版 25 题.

这里仅解决(2)问的证明:

由条件知道

$$a_{2n}-a_n+\frac{1}{4n}=\frac{1}{n+1}+\frac{1}{n+2}+\cdots+\frac{1}{2n}+\frac{1}{4n}$$

以下只要证明

$$\frac{1}{n+1}+\frac{1}{n+2}+\frac{1}{n+3}+\cdots+\frac{1}{2n}>\ln 2-\frac{1}{4n}$$

下面给出两个证明:

证明 1　由于函数 $f(x)=\dfrac{1}{x}$ 在 $\mathbf{R}^*$ 上是单调下降的下凸函数,所以,据梯形区间原理和右端点区间原理知道

$$\frac{1}{2}\left(\frac{1}{k}+\frac{1}{k+1}\right) > \int_{k}^{k+1}\frac{1}{x}\mathrm{d}x > \frac{1}{k+1}$$

$$\Leftrightarrow \frac{1}{2}\left(\frac{1}{k}+\frac{1}{k+1}\right) > \ln\frac{k+1}{k} > \frac{1}{k+1} \tag{1}$$

在上式中,分别令自然数 k 依次取值 $n,n+1,n+2,\cdots,2n-1$,再求和得到

$$\ln 2 - \frac{1}{4n} < \frac{1}{n+1}+\frac{1}{n+2}+\frac{1}{n+3}+\cdots+\frac{1}{2n} < \ln 2$$

证明 2 由于 $\dfrac{1}{n+k}=\dfrac{1}{1+\dfrac{k}{n}}\cdot\dfrac{1}{n}$,再由函数 $f(x)=\dfrac{1}{1+x}$ 在 $\mathbf{R}^{*}$ 上是单调

下降的下凸函数,所以

$$\frac{1}{2}\left(\frac{k+1}{n}-\frac{k}{n}\right)\left(\frac{1}{1+\dfrac{k}{n}}+\frac{1}{1+\dfrac{k+1}{n}}\right) > \int_{\frac{k}{n}}^{\frac{k+1}{n}}\frac{1}{1+x}\mathrm{d}x > \frac{1}{1+\dfrac{k+1}{n}}\cdot\frac{1}{n}$$

$$\Rightarrow \frac{1}{2}\left(\frac{1}{n+k}+\frac{1}{n+k+1}\right) > \int_{\frac{k}{n}}^{\frac{k+1}{n}}\frac{1}{1+x}\mathrm{d}x > \frac{1}{n+k+1}$$

在上式左端,令自然数 k 依次取值 $n,n+1,n+2,\cdots,2n-1$,再求和得到

$$\frac{1}{2}\sum_{k=n}^{2n-1}\left(\frac{1}{k}+\frac{1}{k+1}\right) > \sum_{k=n}^{2n-1}\ln\frac{k+1}{k} = \ln\frac{2n}{n}$$

即

$$\sum_{k=n}^{2n}\frac{1}{k}-\left(\frac{1}{n}+\frac{1}{2n}\right) > \ln\frac{2n}{n} = \ln 2$$

即

$$\sum_{k=n}^{2n}\frac{1}{k} > \ln 2 + \frac{3}{4n}$$

在证明 1(1) 的右端,令自然数 k 依次取值 $n,n+1,n+2,\cdots,2n-1$,再求和得到

$$\sum_{k=n}^{2n-1}\frac{1}{k+1} < \sum_{k=n}^{2n-1}\ln\frac{k+1}{k}$$

$$\Rightarrow \sum_{k=n}^{2n-1}\frac{1}{k+1} < \sum_{k=n}^{2n-1}\ln\frac{k+1}{k}$$

$$= \ln\frac{2n}{n} = \ln 2$$

$$\Rightarrow \sum_{k=n}^{2n}\frac{1}{k} < \ln 2 + \frac{1}{n}$$

所以 $\ln 2 + \dfrac{3}{4n} < \displaystyle\sum_{k=n}^{2n}\frac{1}{k} < \ln 2 + \dfrac{1}{n}$.

说明 本题的证明过程不仅解决了原题,还得到了以下结论.

结论 $\ln 2 - \dfrac{1}{4n} < \dfrac{1}{n+1} + \dfrac{1}{n+2} + \dfrac{1}{n+3} + \cdots + \dfrac{1}{2n} < \ln 2.$

由此可见,上式中间部分的极限值为 $\ln 2$,而且进一步可以证明

$$a_n = \frac{1}{n+1} + \frac{1}{n+2} + \frac{1}{n+3} + \cdots + \frac{1}{2n}$$

是 $\mathbf{N}^*\ (n > 1)$ 上的增函数.

事实上,由

$$a_n = \frac{1}{n+1} + \frac{1}{n+2} + \frac{1}{n+3} + \cdots + \frac{1}{2n}$$

$$\Rightarrow a_{n+1} = \frac{1}{n+2} + \frac{1}{n+3} + \cdots + \frac{1}{2n} + \frac{1}{2n+1} + \frac{1}{2n+2}$$

$$\Rightarrow a_{n+1} - a_n = \frac{1}{2n+1} + \frac{1}{2n+2} - \frac{1}{n+1}$$

$$= \frac{1}{2n+1} - \frac{1}{2n+2} > \frac{1}{2n+1} - \frac{1}{2n+1} = 0$$

$$\Rightarrow a_{n+1} > a_n \Rightarrow a_{n+1} > a_n > a_{n-1} > \cdots > a_2 = \frac{7}{12}$$

问题 10 已知函数 $f(x) = \mathrm{e}^x, x \in \mathbf{R}$.

(1) 若直线 $y = kx + 1$ 与 $f(x)$ 的反函数的图像相切,求实数 k 的值;

(2) 设 $x > 0$,讨论曲线 $y = f(x)$ 与曲线 $y = mx^2\ (m > 0)$ 公共点的个数;

(3) 设 $a < b$,比较 $\dfrac{f(a) + f(b)}{2}$ 与 $\dfrac{f(b) - f(a)}{b - a}$ 的大小,并说明理由.

这里仅给出(3)的解答.

题目解说 本题为 2013 年陕西高考理科 21 题(本小题满分 14 分).

下面我们仅给出第(3)小问一个漂亮的解答.

解 不妨设 $a < b$,设过点 $A(a, 0)$,$B(b, 0)$ 作 x 轴的垂线,分别交函数 $f(x) = \mathrm{e}^x$ 的图像于 $C(b, \mathrm{e}^b)$,$D(a, \mathrm{e}^a)$,则由于函数 $f(x) = \mathrm{e}^x$ 的图像为下凸函数(如图 21),所以曲边梯形 $ABCD$ 的面积小于梯形 $ABCD$ 的面积,即有

$$\frac{\mathrm{e}^a + \mathrm{e}^b}{2} \cdot (b - a) > \int_a^b \mathrm{e}^x \mathrm{d}x$$

即 $\dfrac{\mathrm{e}^a + \mathrm{e}^b}{2} \cdot (b - a) \geqslant \mathrm{e}^b - \mathrm{e}^a$,整理即为结论

$$\frac{f(a) + f(b)}{2} > \frac{f(b) - f(a)}{b - a}$$

评注 1 本题的证明实际上给出了原题的几何解释,再延伸一下(曲边梯

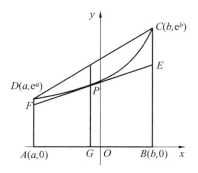

图 21

形 $ABCD$ 的面积大于梯形 $ABEF$ 的面积,其中点 P 为过线段 AB 的中点 G 作横轴的垂线与曲线的交点,过点 P 的切线与 BC,AD 的交点分别为 E,F),还可得:

结论 1 $\dfrac{e^a+e^b}{2}>\dfrac{e^b-e^a}{b-a}>e^{\frac{a+b}{2}}$.

结论 2 $\dfrac{e^a+e^b}{2}>\dfrac{1}{2}\left(\dfrac{e^b-e^a}{b-a}+e^{\frac{a+b}{2}}\right)>\dfrac{e^b-e^a}{b-a}>e^{\frac{a+b}{2}}$.

问题 11 设 n 是正整数,r 为正有理数.

(1) 求函数 $f(x)=(1+x)^{r+1}-(r+1)x-1(x>-1)$ 的最小值;

(2) 证明:$\dfrac{n^{r+1}-(n-1)^{r+1}}{r+1}<n^r<\dfrac{(n+1)^{r+1}-n^{r+1}}{r+1}$;

(3) 设 $x\in\mathbf{R}$,记 $\lceil x\rceil$ 为不小于 x 的最小整数,例如 $\lceil 2\rceil=2$,$\lceil\pi\rceil=4$,$\lceil-\dfrac{3}{2}\rceil=-1$. 令 $S=\sqrt[3]{81}+\sqrt[3]{82}+\sqrt[3]{83}+\cdots+\sqrt[3]{125}$,求 $\lceil 2S\rceil$ 的值.

(参考数据:$80^{\frac{4}{3}}\approx 344.7$,$81^{\frac{4}{3}}\approx 350.5$,$125^{\frac{4}{3}}\approx 618.3$,$126^{\frac{4}{3}}\approx 631.7$)

题目解说 本题为 2013 年湖北高考理科最后一题 22 题(本小题满分 14 分).

解 1 (1)$f'(x)=(r+1)(1+x)^r-(r+1)=(r+1)[(1+x)^r-1]$,所以 $f(x)$ 在 $(-1,0)$ 上单调递减,在 $(0,+\infty)$ 上单调递增.

所以 $f(x)_{\min}=f(0)=0$.

(2) 由(1) 知:当 $x>-1$ 时,$(1+x)^{r+1}>(r+1)x+1$(就是伯努利不等式).

所证不等式即为

$$\begin{cases}n^{r+1}-(r+1)n^r<(n-1)^{r+1}\\ n^{r+1}+(r+1)n^r<(n+1)^{r+1}\end{cases}$$

若 $n \geqslant 2$，则

$$n^{r+1} - (r+1)n^r < (n-1)^{r+1}$$

$$\Leftrightarrow (n-r-1) < \left(1-\frac{1}{n}\right)^r (n-1)$$

$$\Leftrightarrow 1 - \frac{r}{n-1} < \left(1-\frac{1}{n}\right)^r \qquad (1)$$

因为

$$\left(1-\frac{1}{n}\right)^r > -\frac{r}{n} + 1, \quad -\frac{r}{n} > -\frac{r}{n-1}$$

所以

$$\left(1-\frac{1}{n}\right)^r > 1 - \frac{r}{n} > 1 - \frac{r}{n-1}$$

故式(1)成立.

若 $n=1$，$n^{r+1} - (r+1)n^r < (n-1)^{r+1}$ 显然有

$$n^{r+1} + (r+1)n^r < (n+1)^{r+1}$$

$$\Leftrightarrow n + r + 1 < \left(1+\frac{1}{n}\right)^r (n+1)$$

$$\Leftrightarrow 1 + \frac{r}{n+1} < \left(1+\frac{1}{n}\right)^r \qquad (2)$$

因为

$$\left(1+\frac{1}{n}\right)^r > \frac{r}{n} + 1, \quad \frac{r}{n} > \frac{r}{n+1}$$

所以

$$\left(1+\frac{1}{n}\right)^r > 1 + \frac{r}{n} > 1 + \frac{r}{n+1}$$

故式(2)成立.

综上可得原不等式成立.

(3) 由(2)可知：当 $k \in \mathbf{N}^*$ 时

$$\frac{3}{4}\left[k^{\frac{4}{3}} - (k-1)^{\frac{4}{3}}\right] < k^{\frac{1}{3}} < \frac{3}{4}\left[(k+1)^{\frac{4}{3}} - k^{\frac{4}{3}}\right]$$

所以

$$S > \frac{3}{4}\sum_{k=81}^{125}\left[k^{\frac{4}{3}} - (k-1)^{\frac{4}{3}}\right] = \frac{3}{4}(125^{\frac{4}{3}} - 80^{\frac{4}{3}}) \approx 210.225$$

$$S < \frac{3}{4}\sum_{k=81}^{125}\left[(k+1)^{\frac{4}{3}} - k^{\frac{4}{3}}\right] = \frac{3}{4}(126^{\frac{4}{3}} - 81^{\frac{4}{3}}) \approx 210.9$$

所以 $\lceil S \rceil = 211$.

176

解 2 证明(2)运用定积分.

由于函数 $y=x^r$ 在 $[1+\infty)$ 上是单调上升的下凸函数,所以根据右端点矩形原理知道

$$\int_{n-1}^{n} x^r \mathrm{d}x < n^r \cdot 1 \Rightarrow \frac{1}{r+1} x^{r+1} \Big|_{n-1}^{n} < n^r$$

$$\Rightarrow \frac{1}{r+1}[n^{r+1}-(n-1)^{r+1}] < n^r$$

同理可证明右半边不等式.

解 3 (3)运用定积分.

由于函数 $y=x^{\frac{4}{3}}$ 在 $[1+\infty)$ 上是单调上升的下凸函数,所以根据左、右端点矩形原理知道

$$k^{\frac{1}{3}} \cdot 1 > \int_{k-1}^{k} x^{\frac{1}{3}} \mathrm{d}x > (k-1)^{\frac{1}{3}} \cdot 1$$

$$\Rightarrow k^{\frac{1}{3}} > \frac{3}{4} x^{\frac{4}{3}} \Big|_{k-1}^{k} > (k-1)^{\frac{1}{3}}$$

$$\Rightarrow k^{\frac{1}{3}} > \frac{3}{4}[k^{\frac{4}{3}}-(k-1)^{\frac{4}{3}}] > (k-1)^{\frac{1}{3}} \tag{1}$$

令自然数 k 依次取值 $81,82,\cdots,125$,由(1)左半边不等式求和即得

$$\sum_{k=81}^{125} k^{\frac{1}{3}} > \frac{3}{4}(125^{\frac{4}{3}}-80^{\frac{4}{3}})$$

令自然数 k 依次取值 $82,83,\cdots,126$,由(1)右半边不等式求和即得

$$\sum_{k=81}^{125} k^{\frac{1}{3}} < \frac{3}{4}(126^{\frac{4}{3}}-81^{\frac{4}{3}})$$

所以

$$210.225 = \frac{3}{4}(125^{\frac{4}{3}}-80^{\frac{4}{3}}) < \sum_{k=81}^{125} k^{\frac{1}{3}} < \frac{3}{4}(126^{\frac{4}{3}}-81^{\frac{4}{3}}) = 210.9$$

即 $\sum_{k=81}^{125} k^{\frac{1}{3}} = 211$.

综上所述,积分方法在解决类似数列求和方面有较大的优越性,值得掌握.

§24 运用定积分解题思考之二

这是上一节的继续.

问题 1 已知数列 $\{a_n\}$ 的各项均为正数,$b_n = n\left(1+\frac{1}{n}\right)^n a_n (n \in \mathbf{N}^*)$,e 为

自然对数的底数.

(1) 求函数 $f(x)=1+x-e^x$ 的单调区间,并比较 $\left(1+\dfrac{1}{n}\right)^n$ 与 e 的大小;

(2) 计算 $\dfrac{b_1}{a_1}$,$\dfrac{b_1 b_2}{a_1 a_2}$,$\dfrac{b_1 b_2 b_3}{a_1 a_2 a_3}$,由此推测计算 $\dfrac{b_1 b_2 \cdots b_n}{a_1 a_2 \cdots a_n}$ 的公式,并给出证明;

(3) 令 $c_n=(a_1 a_2 \cdots a_n)^{\frac{1}{n}}$,数列 $\{a_n\}$,$\{c_n\}$ 的前 n 项和分别记为 S_n,T_n,证明 $T_n < eS_n$.

题目解说 本题为 2015 年湖北高考理科最后一道 22 题(本小题满分 14 分).

方法透析 本题是高考压轴题,有些资料上已经给出了一些方法,但笔者发现有些方法较难想到,这里给出一个改进的方法.

解 (1) 由于函数 $y=\dfrac{1}{x}$ 在 $(0,+\infty)$ 是下凸函数,所以由图像性质知道

$$\frac{1}{n+1} \cdot \frac{1}{n} < \int_1^{1+\frac{1}{n}} \frac{1}{x}\,\mathrm{d}x < \frac{1}{n} \cdot 1 \Rightarrow \frac{1}{n+1} < n\ln\left(1+\frac{1}{n}\right) < 1$$

由后一个不等式得到 $\left(1+\dfrac{1}{n}\right)^n < e$.

(2) 由条件知道

$$\frac{b_n}{a_n} = n\left(1+\frac{1}{n}\right)^n = \frac{(n+1)^n}{n^{n-1}}$$

所以

$$\prod_{k=1}^n \frac{b_k}{a_k} = \prod_{k=1}^n \frac{(k+1)^k}{k^{k-1}} = (n+1)^n$$

(3) 由 c_n 的定义、算术—几何平均不等式、b_n 的定义及本题的第(1)小问得

$$T_n = c_1 + c_2 + c_3 + \cdots + c_n$$

$$= (a_1)^{\frac{1}{1}} + (a_1 a_2)^{\frac{1}{2}} + (a_1 a_2 a_3)^{\frac{1}{3}} + \cdots + (a_1 a_2 \cdots a_n)^{\frac{1}{n}}$$

$$= \frac{(b_1)^{\frac{1}{1}}}{2} + \frac{(b_1 b_2)^{\frac{1}{2}}}{3} + \frac{(b_1 b_2 b_3)^{\frac{1}{3}}}{4} + \cdots + \frac{(b_1 b_2 \cdots b_n)^{\frac{1}{n}}}{n+1}$$

$$\leqslant \frac{b_1}{1\times 2} + \frac{b_1+b_2}{2\times 3} + \frac{b_1+b_2+b_3}{3\times 4} + \cdots + \frac{b_1+b_2+\cdots+b_n}{n(n+1)}$$

$$= b_1\left[\frac{1}{1\times 2} + \frac{1}{2\times 3} + \cdots + \frac{1}{n(n+1)}\right] +$$

$$b_2\left[\frac{1}{2\times 3} + \frac{1}{3\times 4} + \cdots + \frac{1}{n(n+1)}\right] + \cdots + b_n \cdot \frac{1}{n(n+1)}$$

$$= b_1\left(1 - \frac{1}{n+1}\right) + b_2\left(\frac{1}{2} - \frac{1}{n+1}\right) + \cdots + b_n\left(\frac{1}{n} - \frac{1}{n+1}\right)$$

$$< \frac{b_1}{1} + \frac{b_2}{2} + \cdots + \frac{b_n}{n}$$

$$= \left(1 + \frac{1}{1}\right)^1 a_1 + \left(1 + \frac{1}{2}\right)^2 a_2 + \cdots + \left(1 + \frac{1}{n}\right)^n a_n$$

$$< \mathrm{e}a_1 + \mathrm{e}a_2 + \cdots + \mathrm{e}a_n = \mathrm{e}S_n$$

即 $T_n < \mathrm{e}S_n$.

评注　对于(3)的证明,就是我们前面介绍过的先证明一个引理(即前面的(1)(2)小问),再来证明本题的常用方法.

问题 2　设数列 $\{a_n\}$ 满足 $a_1 + 2a_2 + 3a_3 + \cdots + na_n = 4 - \dfrac{n+2}{2^{n-1}}(n \in \mathbf{N}^*)$.

(1) 求 a_3 的值;

(2) 求数列 $\{a_n\}$ 的前 n 项和 T_n;

(3) 令 $b_1 = a_1, b_n = \dfrac{T_{n-1}}{n} + \left(1 + \dfrac{1}{2} + \dfrac{1}{3} + \cdots + \dfrac{1}{n}\right)a_n(n \geqslant 2)$.

证明:数列 $\{b_n\}$ 的前 n 项和 S_n 满足 $S_n < 2 + 2\ln n$.

题目解说　本题为 2015 年广东高考理科最后一道 22 题(本题满分 14 分).本题的(1)(2)小问容易解决,这里只解决(3)小问.

证明 1　(《中学数学教学参考》2015(8):53) 设 $c_n = 1 + \dfrac{1}{2} + \dfrac{1}{3} + \cdots + \dfrac{1}{n}$,

则当 $n \geqslant 2$ 时,$c_n - c_{n-1} = \dfrac{1}{n}$,$T_n - T_{n-1} = a_n$.

所以

$$b_n = \frac{T_{n-1}}{n} + \left(1 + \frac{1}{2} + \frac{1}{3} + \cdots + \frac{1}{n}\right)a_n = \frac{1}{n}T_{n-1} + c_n(T_n - T_{n-1})$$

$$= (c_n - c_{n-1})T_{n-1} + c_n(T_n - T_{n-1}) = c_n T_n - c_{n-1}T_{n-1}$$

于是

$$S_n = \sum_{k=1}^{n} b_k = \sum_{k=1}^{n}(c_k T_k - c_{k-1}T_{k-1})$$

$$= b_1 + \sum_{k=2}^{n}(c_k T_k - c_{k-1}T_{k-1})$$

$$= 1 + c_n T_n - c_1 T_1$$

$$= c_n\left(2 - \frac{1}{2^{n-1}}\right) < 2c_n$$

$$= 2\left(1 + \frac{1}{2} + \frac{1}{3} + \cdots + \frac{1}{n}\right)$$

$$< 2 + 2\ln n$$

到此结论获得证明.

评注 1 本解答最后一步用到了 $1+\dfrac{1}{2}+\dfrac{1}{3}+\cdots+\dfrac{1}{n}<1+\ln n$，这是前面证明过的结论.

评注 2 本解答着眼于对 $1+\dfrac{1}{2}+\dfrac{1}{3}+\cdots+\dfrac{1}{n}$ 的理解及其变形.

证明 2 记 $c_n=1+\dfrac{1}{2}+\dfrac{1}{3}+\cdots+\dfrac{1}{n}$，则由前面的 (1)(2) 的解答知道

$$
\begin{aligned}
b_n &= \frac{T_{n-1}}{n}+\left(1+\frac{1}{2}+\frac{1}{3}+\cdots+\frac{1}{n}\right)a_n \\
&= \frac{2}{n}\cdot\left(1-\frac{1}{2^{n-1}}\right)+\left(1+\frac{1}{2}+\frac{1}{3}+\cdots+\frac{1}{n}\right)\cdot\frac{1}{2^{n-1}} \\
&= \frac{1}{n}\cdot\left(2-\frac{1}{2^{n-2}}\right)+c_n\cdot\frac{1}{2^{n-1}} \\
&= (c_n-c_{n-1})\cdot\left(2-\frac{1}{2^{n-2}}\right)+c_n\cdot\frac{1}{2^{n-1}} \\
&= c_n\cdot\left(2-\frac{1}{2^{n-2}}\right)+c_n\cdot\frac{1}{2^{n-1}}-c_{n-1}\cdot\left(2-\frac{1}{2^{n-2}}\right) \\
&= c_n\cdot\left(2-\frac{1}{2^{n-1}}\right)-c_{n-1}\cdot\left(2-\frac{1}{2^{n-2}}\right)
\end{aligned}
$$

所以

$$
\begin{aligned}
S_n &= \sum_{k=1}^{n}b_k = b_1+\sum_{k=2}^{n}\left[c_k\cdot\left(2-\frac{1}{2^{k-1}}\right)-c_{k-1}\cdot\left(2-\frac{1}{2^{k-2}}\right)\right] \\
&= c_n\cdot\left(2-\frac{1}{2^{n-1}}\right) \\
&= \left(1+\frac{1}{2}+\frac{1}{3}+\cdots+\frac{1}{n}\right)\cdot\left(2-\frac{1}{2^{n-1}}\right) \\
&< 2\cdot\left(1+\frac{1}{2}+\frac{1}{3}+\cdots+\frac{1}{n}\right) \\
&< 2(1+\ln n)
\end{aligned}
$$

评注 本解答难点在于获得 $\dfrac{1}{n}=c_n-c_{n-1}$ 的理解，并全面消去原数列 a_n 的信息，从而形成后面的裂项相消，再给利用 $1+\dfrac{1}{2}+\dfrac{1}{3}+\cdots+\dfrac{1}{n}<1+\ln n$ 创造了条件，这是前面证明过的结论.

证明 3 由前面的 (1)(2) 的解答知

$$
a_n=\frac{1}{2^{n-1}},\; T_n=2-\frac{1}{2^{n-1}}
$$

于是,当 $n=1$ 时,命题显然成立.下面证明,当 $n \geqslant 2$ 时,结论成立即可.

由条件并注意到 $a_n = T_n - T_{n-1}(n \geqslant 2)$ 知

$$b_n = \frac{T_{n-1}}{n} + \left(1 + \frac{1}{2} + \frac{1}{3} + \cdots + \frac{1}{n}\right)a_n$$

$$= \frac{T_{n-1}}{n} + \left(1 + \frac{1}{2} + \frac{1}{3} + \cdots + \frac{1}{n}\right)(T_n - T_{n-1})$$

$$= \left(1 + \frac{1}{2} + \frac{1}{3} + \cdots + \frac{1}{n}\right)T_n - \left(1 + \frac{1}{2} + \frac{1}{3} + \cdots + \frac{1}{n-1}\right)T_{n-1}$$

所以

$$S_n = b_1 + b_2 + \cdots + b_n$$

$$= \left(1 + \frac{1}{2} + \frac{1}{3} + \cdots + \frac{1}{n}\right)T_n$$

$$= \left(1 + \frac{1}{2} + \frac{1}{3} + \cdots + \frac{1}{n}\right)\left(2 - \frac{1}{2^{n-1}}\right)$$

$$< \left(1 + \frac{1}{2} + \frac{1}{3} + \cdots + \frac{1}{n}\right) \cdot 2$$

$$= 2 + \left(\frac{1}{2} + \frac{1}{3} + \cdots + \frac{1}{n}\right) \cdot 2$$

$$< 2 + 2\ln n$$

最后一步放大过程用到了前面的 §23 问题 9 证明 1 中的式(1),即原命题结论获得证明.

评注 解决本题难点在于(1)将 a_n 变形为 $a_n = T_n - T_{n-1}$;(2)利用前面曾证明过的熟知的不等式:$\frac{1}{2} + \frac{1}{3} + \cdots + \frac{1}{n} < \ln n$;(3)舍弃 $\left(1 + \frac{1}{2} + \frac{1}{3} + \cdots + \frac{1}{n}\right)\left(2 - \frac{1}{2^{n-1}}\right)$ 中的 $\frac{1}{2^{n-1}}$ 将其放大,其中最后一步舍弃是较为勇敢的舍弃,这是瞄准目标的有目的的舍弃,由此奔向证明的成功.

三、秒杀竞赛题

问题 3 (2009 年全国高中数学联赛一试第 4 题)使得不等式

$$\frac{1}{n+1} + \frac{1}{n+2} + \frac{1}{n+3} + \cdots + \frac{1}{2n+1} < a - 2007\frac{1}{3}$$

对一切正整数 n 都成立的最小正整数 a 的值为?

题目解说 本题为《数学教学》2011(10):30 一题(刊物此处印刷有误,少了左端最后一项).

方法透析 看看上题是否可用!

解 原解答运用函数单调性解决,这里用定积分解决.

由 P172 的第 2 行的结论:$\dfrac{1}{n+1}+\dfrac{1}{n+2}+\dfrac{1}{n+3}+\cdots+\dfrac{1}{2n}<\ln 2$ 知,只要

$$\ln 2 + \frac{1}{2n+1} < a - 2\,007\frac{1}{3}$$

$$a > 2\,007\frac{1}{3}+\ln 2 + \frac{1}{2n+1}=2\,007+\frac{1}{3}+\ln 2 + \frac{1}{2n+1}$$

$$a > 2\,007+\frac{1}{3}+\ln 2 + \frac{1}{2n+1}=2\,007+\frac{1}{3}+\ln 2 + \frac{1}{3}$$

注意到 $\dfrac{1}{2n+1}$ 为 $\mathbf{N}^*$ 上的减函数,可得 $a=2\,009$.

问题 4 已知正整数 $n>1$,求证

$$\frac{1}{n+1}+\frac{1}{n+2}+\frac{1}{n+3}+\cdots+\frac{1}{2n}\leqslant\frac{25}{36}$$

题目解说 本题为 2007 年全国高中数学联赛江苏赛区二试第 2 题.

解 由 P172 的第 2 行的结论:$\dfrac{1}{n+1}+\dfrac{1}{n+2}+\dfrac{1}{n+3}+\cdots+\dfrac{1}{2n}<\ln 2$ 知道,只要

$$\ln 2 = 0.693\,147\,18,\frac{25}{36}=0.694\,444$$

$$\ln 2 \leqslant \frac{25}{36}$$

成立,即原不等式获得证明.

问题 5 已知正整数 $n>1$,设 $S_n=\dfrac{1}{n+1}+\dfrac{1}{n+2}+\dfrac{1}{n+3}+\cdots+\dfrac{1}{2n}(n\in$ $\mathbf{N}^*)$,则 S_n 的取值范围是?

题目解说 本题为 2006 年第二届"希望杯"全国高中数学大赛高二初赛试题 9.

方法透析 以下可以参考《数学教学》2011(10):30,还可以运用极限方法获得下面的不等式

$$\frac{7}{12}\leqslant\frac{1}{n+1}+\frac{1}{n+2}+\frac{1}{n+3}+\cdots+\frac{1}{2n}\leqslant\ln 2$$

解

$$a_n = \frac{1}{n+1}+\frac{1}{n+2}+\frac{1}{n+3}+\cdots+\frac{1}{2n}$$

$$\Rightarrow a_{n+1}=\frac{1}{n+2}+\frac{1}{n+3}+\cdots+\frac{1}{2n}+\frac{1}{2n+1}+\frac{1}{2(n+1)}$$

$$\Rightarrow a_{n+1} - a_n = \frac{1}{2n+1} + \frac{1}{2(n+1)} - \frac{1}{n+1}$$

$$= \frac{1}{2n+1} - \frac{1}{2(n+1)} > 0$$

$$\Rightarrow a_{n+1} > a_n$$

$$\Rightarrow a_{n+1} > a_n > a_{n-1} > a_{n-2} > \cdots > a_2 = \frac{7}{12}$$

一个结论证明:$1 - \frac{1}{2} + \frac{1}{3} - \frac{1}{4} + \cdots + \frac{1}{2n-1} + \frac{1}{2n} \geqslant \frac{4}{7}(n > 1, n > \mathbf{N}^*)$.

(本题为《数学教学》1984 年 5 月刊问题 108,2008 年第 4 期 P33 再次给出一个证明).

事实上,有卡塔兰等式

$$1 - \frac{1}{2} + \frac{1}{3} - \frac{1}{4} + \cdots + \frac{1}{2n-1} + \frac{1}{2n} = \frac{1}{n+1} + \frac{1}{n+2} + \frac{1}{n+3} + \cdots + \frac{1}{2n}$$

证明如下

$$1 - \frac{1}{2} + \frac{1}{3} - \frac{1}{4} + \cdots + \frac{1}{2n-1} + \frac{1}{2n}$$

$$= 1 + \frac{1}{3} + \frac{1}{5} + \cdots + \frac{1}{2n-1} - \frac{1}{2} + \frac{1}{4} + \cdots + \frac{1}{2n}$$

$$= \sum_{k=1}^{2n} \frac{1}{k} - 2 \frac{1}{2} + \frac{1}{4} + \cdots + \frac{1}{2n}$$

$$= \sum_{k=1}^{2n} \frac{1}{k} - 1 + \frac{1}{2} + \frac{1}{3} + \cdots + \frac{1}{n}$$

$$= \frac{1}{n+1} + \frac{1}{n+2} + \frac{1}{n+3} + \cdots + \frac{1}{2n}$$

即卡塔兰等式获得证明,再由问题 5 便得本题结论.

问题 6 求证:$-1 < \sum_{k=1}^{n} \frac{k}{k^2+1} - \ln n \leqslant \frac{1}{2}(n=1$ 时取等号$)$.

题目解说 本题为 2009 年全国高中数学联赛加试第二题.

证明 1 联想 P179 问题 2 证明 3,并利用 §23 问题 9 证明 1 中的式(1).下面再给出式(1)的一个积分法证明——几何解释.

事实上,如图 22,因为函数 $y = \frac{1}{x}$ 为 $\mathbf{R}^*$ 上的下凸减函数,故 $y = \frac{1}{x}$ 的图像与三条直线 $y = 0, x = 1, x = n$ 所围成的面积 S 满足

(1) 小于以 $1, \frac{1}{2}, \frac{1}{3}, \cdots, \frac{1}{n-1}$ 为高,以 1 为宽的矩形面积之和.

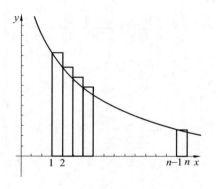

图 22

(2) 大于以 $\frac{1}{2}, \frac{1}{3}, \cdots, \frac{1}{n}$ 为高,以 1 为宽的矩形面积之和;

即有

$$\frac{1}{2} + \frac{1}{3} + \cdots + \frac{1}{n} < \int_1^n \frac{1}{x} \mathrm{d}x < 1 + \frac{1}{2} + \frac{1}{3} + \cdots + \frac{1}{n-1}$$

即

$$\frac{1}{2} + \frac{1}{3} + \cdots + \frac{1}{n} < \ln n < 1 + \frac{1}{2} + \frac{1}{3} + \cdots + \frac{1}{n-1}$$

如图 22,23 所示.式(1)的右端由图 22 解释,左端由图 23 解释(注意,这里是示意图,数据不规范).

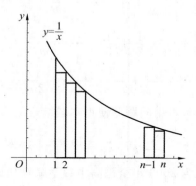

图 23

下面我们将连续使用(1)解决本届联赛题目.

由对数函数的单调性知道

$$\ln(n-1) < \ln(n+2) - 1$$

$$< \frac{1}{2} + \frac{1}{3} + \cdots + \frac{1}{n+1}$$

$$= \sum_{k=1}^{n} \frac{1}{k+1} = \sum_{k=1}^{n} \frac{k}{k^2+k}$$

$$< \sum_{k=1}^{n} \frac{k}{k^2+1} < \frac{1}{2} + \sum_{k=2}^{n} \frac{k}{k^2}$$

$$= \frac{1}{2} + \sum_{k=2}^{n} \frac{1}{k} < \frac{1}{2} + \ln n$$

在 $n=1$ 时，欲证明的不等式也显然成立，从而 $-1 < \sum_{k=1}^{n} \frac{k}{k^2+1} - \ln n \leqslant \frac{1}{2}$（$n=1$ 时取等号）.

评注 1　这个证明源于对函数 $y = \ln x$ 与其导函数的相互关系的理解而衍生了一个不等式 $(1) \ln n < 1 + \frac{1}{2} + \cdots + \frac{1}{n-1}$. 继而利用本结论使得本届竞赛题获得证明，是一个不可多得的好方法；这里同时给出了 $(1) \ln n < 1 + \frac{1}{2} + \cdots + \frac{1}{n-1}$ 另外一个相对较为新鲜的证明，同时由本方法顺便可得本赛题的一种推广

$$-1 < \sum_{k=1}^{n} \frac{k^m}{k^{m+1}+1} - \ln n \leqslant \frac{1}{2} \quad (m \text{ 为常数}, m \geqslant 1, n=1 \text{ 时取等号})$$

评注 2　进一步，如果站在函数与原函数的导数关系上去考虑，利用积分的思想，进一步可得另外一种十分迷人的好方法，即有证明 2.

证明 2　考虑到函数 $f(x) = \dfrac{x}{x^2+1}$ 在 $[1, +\infty)$ 上是减函数，结合积分定义得到

$$\sum_{k=1}^{n} \frac{k}{k^2+1} = \sum_{k=1}^{n} \frac{k}{k^2+1} \cdot 1 > \int_{1}^{n+1} \frac{x}{x^2+1} \mathrm{d}x$$

$$> \int_{1}^{n} \frac{x}{x^2+1} \mathrm{d}x > \sum_{k=2}^{n} \frac{k}{k^2+1} \quad (n > 2)$$

所以，由上面的最后一个不等式得到

$$\frac{1}{2} + \sum_{k=2}^{n} \frac{k}{k^2+1} - \ln n = \sum_{k=1}^{n} \frac{k}{k^2+1} - \ln n < \frac{1}{2} + \int_{1}^{n} \frac{x}{x^2+1} \mathrm{d}x - \ln n$$

$$= \frac{1}{2} + \frac{1}{2} \ln(x^2+1) \Big|_{1}^{n} - \ln n$$

$$= \frac{1}{2} + \ln \sqrt{\frac{n^2+1}{2n^2}} \leqslant \frac{1}{2}$$

$$\left(因\frac{n^2+1}{2n^2}\leqslant 1,即\ln\sqrt{\frac{n^2+1}{2n^2}}\leqslant 0\right)$$

于是 $\sum\limits_{k=1}^{n}\dfrac{k}{k^2+1}-\ln n\leqslant\dfrac{1}{2}$（$n=1$ 时取等号）.

又

$$\sum_{k=1}^{n}\frac{k}{k^2+1}-\ln n>\int_{1}^{n+1}\frac{x}{x^2+1}\mathrm{d}x-\ln n$$

$$=\frac{1}{2}\ln(x^2+1)\Big|_{1}^{n+1}-\ln n$$

$$=\ln\sqrt{\frac{n^2+2n+2}{2n^2}}$$

$$=\ln\sqrt{\frac{1}{n^2}+\frac{1}{n}+\frac{1}{2}}$$

$$=\ln\frac{1}{\sqrt{2}}\cdot\sqrt{\frac{2}{n^2}+\frac{2}{n}+1}$$

$$>\ln\frac{1}{\sqrt{2}}>\ln\frac{1}{\mathrm{e}}=-1$$

从而 $-1<\sum\limits_{k=1}^{n}\dfrac{k}{k^2+1}-\ln n\leqslant\dfrac{1}{2}$（$n=1$ 时取等号）.

§25　运用定积分解题思考之三

这是上一节的继续.

一、秒杀一些简单数列不等式问题

问题 1　证明：$1+\dfrac{1}{2\sqrt{2}}+\dfrac{1}{3\sqrt{3}}+\cdots+\dfrac{1}{n\sqrt{n}}<3(n\in\mathbf{N}^*)$.

证明　（《数学教学》2011(6):27 上海松江二中卫福山的解法）只需证明 $n\geqslant 2$ 时成立即可.

设函数 $f(x)=\dfrac{1}{x\sqrt{x}}(x>0)$，设 $A(k,0)$，$B(k+1,0)$，易知该函数为定义域上的下凸减函数，由图 24 知

$$\int_{k}^{k+1}f(x)\mathrm{d}x>f(k+1)\quad(k>0)$$

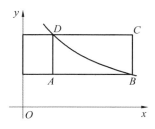

图 24

$$\Rightarrow \int_k^{k+1} \frac{1}{x\sqrt{x}} \mathrm{d}x > \frac{1}{(k+1)\sqrt{k+1}}$$

$$\Rightarrow \left(-2x^{-\frac{1}{2}}\right)\Big|_k^{k+1} > \frac{1}{(k+1)\sqrt{k+1}}$$

$$\Rightarrow 2\left(\frac{1}{\sqrt{k}} - \frac{1}{\sqrt{k+1}}\right) > \frac{1}{(k+1)\sqrt{k+1}}$$

令自然数 k 依次取值 $1,2,\cdots,n$，求和得到

$$\frac{1}{2\sqrt{2}} + \frac{1}{3\sqrt{3}} + \cdots + \frac{1}{n\sqrt{n}} + \frac{1}{2\sqrt{2}} < 2\left(1 - \frac{1}{\sqrt{n}}\right)$$

$$\Rightarrow 1 + \frac{1}{2\sqrt{2}} + \frac{1}{3\sqrt{3}} + \cdots + \frac{1}{n\sqrt{n}} + \frac{1}{2\sqrt{2}} < 3 - \frac{2}{\sqrt{n}} < 3$$

即结论获得证明.

同样的方法可以解决 $\dfrac{1}{2\sqrt[3]{2}} + \dfrac{1}{3\sqrt[3]{3}} + \cdots + \dfrac{1}{n\sqrt[3]{n}} < 2(n \in \mathbf{N}^*, n > 2)$.

一个简单变形：$\dfrac{1}{\sqrt{2^3}} + \dfrac{1}{\sqrt{3^3}} + \cdots + \dfrac{1}{\sqrt{n^3}} < 2(n \in \mathbf{N}^*, n > 2)$（2004 年复旦大学自主招生考试题）.

评注 1 $\dfrac{1}{2^2} + \dfrac{1}{3^2} + \cdots + \dfrac{1}{n^2} + \dfrac{1}{n} < 1(n > 1, n \in \mathbf{N})$.

评注 2 $\dfrac{1}{2} - \dfrac{1}{n+1} < \dfrac{1}{2^2} + \dfrac{1}{3^2} + \cdots + \dfrac{1}{n^2} < 1 - \dfrac{1}{n}(n > 1, n \in \mathbf{N})$ 见《数学通讯》2010(11):29 用定积分证明了.

《数学通报》2013(6):65 问题 2125：$\dfrac{1}{2^2} + \dfrac{1}{3^2} + \cdots + \dfrac{1}{n^2} > \dfrac{8}{5}(n \geqslant 55)$，原证明很烦，如何证明容易些？

评注 3 证明：$\displaystyle\sum_{k=1}^n \dfrac{1}{(3k-2)^2} < \dfrac{1}{6}$（湖北 2010 年高二预赛第 9 题第 2 小题）.《数学通讯》2010(6):61. 提示：$(3k-2)^2 > (3k-4)(3k-1)(k > 1)$.

评注 4 $\displaystyle\sum_{k=1}^{n}\frac{1}{(2k+1)^2}<\frac{1}{4}$（只需证明 $\displaystyle\sum_{k=1}^{n}\frac{1}{4(k+1)k}<\frac{n}{4(n+1)}$）.

评注 5 $\displaystyle\sum_{k=1}^{n}\frac{1}{(2k-1)^2}>\frac{7}{6}-\frac{1}{2(2n+1)}$.

问题 2 证明：当 $n\geqslant 3$ 时，$\dfrac{1}{n}+\dfrac{1}{n+1}+\dfrac{1}{n+2}+\dfrac{1}{n+3}+\cdots+\dfrac{1}{n^2}>1$.

证明 （《数学教学》2011(6):27 例 5,卫福山的解法.）

由函数 $f(x)=\dfrac{1}{x}$ 在 $\mathbf{R}^*$ 上是单调下降的下凸函数,所以

$$\frac{1}{k+1}\cdot 1<\int_{k}^{k+1}\frac{1}{x}\mathrm{d}x<\frac{1}{k}\cdot 1$$

联想欲证结论,只要上式右边即可得到

$$\ln(k+1)-\ln k<\frac{1}{k}$$

令 $k=n,n+1,n+2,\cdots,n^2$,对上式求和得到

$$\sum_{k=n}^{n^2}\frac{1}{k}>\sum_{k=n}^{n^2}\big[\ln(k+1)-\ln k\big]=\ln(1+n^2)-\ln n=\ln\frac{1+n^2}{n}\geqslant\ln\frac{1+9}{3}>1$$

问题 3 证明:对于任意自然数 $\lambda(\lambda\geqslant 1)$,都有

$$\frac{n^{\lambda+1}}{\lambda+1}<1^{\lambda}+2^{\lambda}+3^{\lambda}+\cdots+n^{\lambda}<\frac{(n+1)^{\lambda+1}}{\lambda+1}$$

证明 文献[8]给出了两个引理才正式证明了上面结论,其实,上式一步即可到位.

注意到函数 $y=x^{\lambda}$ 为 $(0,+\infty)$ 上的下凸增函数,所以

$$k^{\lambda}<\int_{k}^{k+1}x^{\lambda}dx<(k+1)^{\lambda}$$

$$\Rightarrow k^{\lambda}<\frac{1}{\lambda+1}x^{\lambda+1}\Big|_{k}^{k+1}<(k+1)^{\lambda}$$

$$\Rightarrow k^{\lambda}<\frac{1}{\lambda+1}\big[(k+1)^{\lambda+1}-k^{\lambda+1}\big]<(k+1)^{\lambda} \tag{1}$$

取(1)左端,并令 $k=1,2,3,\cdots,n$,再将这些式子求和即得

$$\sum_{k=1}^{n}k^{\lambda}<\frac{1}{\lambda+1}\big[(n+1)^{\lambda+1}-1\big]<\frac{(n+1)^{\lambda+1}}{\lambda+1}$$

取(1)右端,并令 $k=1,2,3,\cdots,n-1$,再将这些式子求和即得

$$\Rightarrow \sum_{k=1}^{n-1} (k+1)^{\lambda} > \frac{1}{\lambda+1}(n^{\lambda+1}-1)$$

$$\Rightarrow \sum_{k=1}^{n-1} k^{\lambda} > \frac{1}{\lambda+1}(n^{\lambda+1}-1)+1$$

$$= \frac{n^{\lambda+1}}{\lambda+1} + 1 - \frac{1}{\lambda+1} > \frac{n^{\lambda+1}}{\lambda+1} \quad (\text{注意到} 1 - \frac{1}{\lambda+1} > 0)$$

即 $\dfrac{n^{\lambda+1}}{\lambda+1} < 1^{\lambda} + 2^{\lambda} + 3^{\lambda} + \cdots + n^{\lambda} < \dfrac{(n+1)^{\lambda+1}}{\lambda+1}$.

问题 4 设函数 $f(x) = x^3 + m\ln(x+1)$.

（1）曲线 $y=f(x)$ 在点 $(1, f(1))$ 处的切线与 x 轴平行，求实数 m 的值.

（2）求证：$\dfrac{1}{2^3} + \dfrac{2}{3^3} + \dfrac{3}{4^3} + \cdots + \dfrac{n-1}{n^3} < \ln(n+1)(n>2, n \in \mathbf{N}^*)$；

（3）求证：$\displaystyle\sum_{k=1}^{n}\left(\sin\dfrac{k-1}{n} + \dfrac{n}{n+k}\right) < n(1-\cos 1 + \ln 2)$.

题目解说 本题为 2014 年湖北荆州高考模拟题最后一题.
这里仅仅解决后两个小问.

证明 （2）因为 $\dfrac{1}{2^3} + \dfrac{2}{3^3} + \dfrac{3}{4^3} + \cdots + \dfrac{n-1}{n^3} < \ln(n+1)$

$$\Leftrightarrow \left(\frac{1}{2^2} - \frac{1}{2^3}\right) + \left(\frac{1}{3^2} - \frac{1}{3^3}\right) + \cdots + \left(\frac{1}{n^2} - \frac{1}{n^3}\right) < \ln(n+1)$$

$$\Leftrightarrow \left(\frac{1}{2^2} - \frac{1}{2^3}\right) + \left(\frac{1}{3^2} - \frac{1}{3^3}\right) + \cdots + \left(\frac{1}{n^2} - \frac{1}{n^3}\right)$$

$$< \ln\left[\frac{n+1}{n} \cdot \frac{n}{n-1} \cdot \cdots \cdot \frac{1+1}{1}\right]$$

$$= \ln\frac{n+1}{n} + \ln\frac{n}{n-1} + \cdots + \ln\frac{2}{1}$$

$$= \ln\frac{2}{1} + \ln\frac{3}{2} + \cdots + \ln\frac{n}{n-1} + \ln\frac{n+1}{n}$$

$$= \ln\left(1+\frac{1}{1}\right) + \ln\left(1+\frac{1}{2}\right) + \cdots + \ln\left(1+\frac{1}{n-1}\right) +$$

$$\quad \ln\left(1+\frac{1}{n}\right) (\text{因} \ln(1+x) < x)$$

$$\Leftrightarrow \frac{1}{2^2} + \frac{1}{3^2} + \cdots + \frac{1}{n^2} < \left[\frac{1}{1^3} + \ln\left(1+\frac{1}{1}\right)\right] +$$

$$\left[\frac{1}{2^3} + \ln\left(1+\frac{1}{2}\right)\right] + \cdots + \left[\frac{1}{n^3} + \ln\left(1+\frac{1}{n}\right)\right]$$

问题结论似乎等价于要证明

$$\frac{1}{k^2} < \frac{1}{k^3} + \ln\left(1 + \frac{1}{k}\right) \quad (k \in \mathbf{N}^*)$$

而

$$\frac{1}{k^2} < \frac{1}{k^3} + \ln\left(1 + \frac{1}{k}\right) \Leftrightarrow \ln\frac{k+1}{k} > \frac{1}{k^2}\left(1 - \frac{1}{k}\right)$$

但是,当 $x > 1$ 时, $\frac{1}{x} > \frac{1}{x^2}\left(1 - \frac{1}{x}\right)$, $f(x) = \frac{1}{x^2}\left(1 - \frac{1}{x}\right)(0, +\infty)$ 为减函数,所以

$$\int_k^{k+1} \frac{1}{x} \mathrm{d}x > \frac{1}{k^2}\left(1 - \frac{1}{k}\right) \cdot 1 \Leftrightarrow \ln\frac{k+1}{k} > \frac{1}{k^2}\left(1 - \frac{1}{k}\right)$$

在上式中,分别令自然数 k 依次取值 $1, 2, \cdots, n$,求和并整理得到

$$\frac{1}{2^2} + \frac{1}{3^2} + \cdots + \frac{1}{n^2} < \left[\frac{1}{1^3} + \ln\left(1 + \frac{1}{1}\right)\right] + \left[\frac{1}{2^3} + \ln\left(1 + \frac{1}{2}\right)\right] + \cdots +$$

$$\left[\frac{1}{n^3} + \ln\left(1 + \frac{1}{n}\right)\right]$$

从而命题获得证明.

评注 1 本题还可以推广为

$$\frac{1}{2^m} + \frac{2}{3^m} + \frac{3}{4^m} + \cdots + \frac{n-1}{n^m} < \ln(n+1) \quad (m \geqslant 2, m \in \mathbf{N}^*, m < n-1)$$

评注 2 进一步可以得到

$$\ln(n+1) < \frac{1}{2^3} + \frac{2}{3^3} + \frac{3}{4^3} + \cdots + \frac{n}{(n+1)^3} \quad (n > 2, n \in \mathbf{N}^*).$$

评注 3 求证

$$\frac{1}{2^3} + \frac{2}{3^3} + \frac{3}{4^3} + \cdots + \frac{n-1}{n^3}$$

$$< \ln(n+1) < \frac{1}{2^3} + \frac{2}{3^3} + \frac{3}{4^3} + \cdots + \frac{n}{(n+1)^3} \quad (n > 2, n \in \mathbf{N}^*)$$

评注 4 求证

$$\frac{1}{2^m} + \frac{2}{3^m} + \frac{3}{4^m} + \cdots + \frac{n-1}{n^m}$$

$$< \ln(n+1) < \frac{1}{2^m} + \frac{2}{3^m} + \frac{3}{4^m} + \cdots + \frac{n}{(n+1)^m}$$

$$(m \geqslant 2, m \in \mathbf{N}^*, m < n-1)$$

评注 5 $\frac{3}{2^2} + \frac{5}{3^2} + \frac{7}{4^2} + \cdots + \frac{2n-1}{n^2} < 2\ln n (n \in \mathbf{N}^*, n > 1).$

题目解说 (数学通讯 2012(6):25 例 2) 原文用构造函数法: $\ln(x+1) >$

$x - \dfrac{x^2}{2}$，令 $x = \dfrac{1}{n}$.

证明 新方法.

由于函数 $f(x) = \dfrac{2x-1}{x^2} = \dfrac{2}{x} - \dfrac{1}{x^2}$ 是 $[1, +\infty)$ 上的减函数，所以

$$\int_k^{k+1} \frac{2x-1}{x^2} \mathrm{d}x > \frac{2}{k} - \frac{1}{k^2}$$

$$\Rightarrow \left(2\ln x + \frac{1}{x}\right)\bigg|_k^{k+1} > \frac{2}{k} - \frac{1}{k^2}$$

$$\Rightarrow 2\ln \frac{k+1}{k} + \frac{1}{k+1} - \frac{1}{k} > \frac{2k-1}{k^2}$$

在上式中，分别令 $k = 2, 3, \cdots, n$，再对他们求和整理得到

$$\frac{3}{2^2} + \frac{5}{3^2} + \frac{7}{4^2} + \cdots + \frac{2n-1}{n^2}$$

$$< 2\ln \frac{n+1}{2} + \frac{1}{n+1} - \frac{1}{2}$$

$$< 2\ln \frac{2n}{2} + \frac{1}{n+1} - \frac{1}{2}$$

$$< 2\ln \frac{2n}{2}$$

$$= 2\ln n$$

注意到 $n > 1$，$\dfrac{1}{n+1} - \dfrac{1}{2} < 0$.

即原不等式获得证明.

证明 （3）因为 $y = \sin x$ 在 $[0,1]$ 单调递增，所以

$$\sum_{k=1}^n \sin \frac{k-1}{n} = n\left(\sin \frac{0}{n} + \sin \frac{1}{n} + \sin \frac{2}{n} + \cdots + \sin \frac{n-1}{n}\right)\frac{1}{n}$$

$$= n\left(\sin \frac{0}{n} \cdot \frac{1}{n} + \sin \frac{1}{n} \cdot \frac{1}{n} + \sin \frac{2}{n} \cdot \frac{1}{n} + \cdots + \sin \frac{n-1}{n} \cdot \frac{1}{n}\right)$$

$$< n\int_0^1 \sin x \mathrm{d}x = n(-\cos x)\bigg|_0^1 = n(1 - \cos 1)$$

即

$$\sum_{k=1}^n \sin \frac{k-1}{n} < n(1 - \cos 1) \tag{1}$$

又 $y = \dfrac{1}{x+1}$ 在 $[0,1]$ 为减函数，从而

$$\sum_{k=1}^{n} \frac{n}{k+n} = \sum_{k=1}^{n} \frac{1}{\frac{k}{n}+1} = \frac{1}{\frac{1}{n}+1} + \frac{1}{\frac{2}{n}+1} + \frac{1}{\frac{3}{n}+1} + \cdots + \frac{1}{\frac{n}{n}+1}$$

$$= n\left(\frac{1}{\frac{1}{n}+1} \cdot \frac{1}{n} + \frac{1}{\frac{2}{n}+1} \cdot \frac{1}{n} + \frac{1}{\frac{3}{n}+1} \cdot \frac{1}{n} + \cdots + \frac{1}{\frac{n}{n}+1} \cdot \frac{1}{n}\right)$$

$$< n\int_{0}^{1} \frac{1}{x+1}\mathrm{d}x = n\ln(1+x)\Big|_{0}^{1}$$

$$= n\ln 2$$

即

$$\sum_{k=1}^{n} \frac{n}{k+n} = n\ln 2 \tag{2}$$

(1)＋(2)即得到欲证明的结论.

问题 5 求证:$\displaystyle\sum_{k=2}^{n} \frac{\ln k^2}{k^2} < \frac{2n^2-n-1}{2(n+1)}(n \in \mathbf{N}^*, n \geqslant 2)$.

题目解说 (2012 广东六校高三联考第一次理科 21 题(3)小问)见《数学通讯》2012(2):40,原文是用构造函数和导数法证明

$$\ln(1+x) < x \Leftrightarrow \ln x < x-1, \ln n^2 < n^2-1 \Leftrightarrow \frac{\ln n^2}{n^2} < \frac{n^2-1}{n^2} = 1 - \frac{1}{n^2}$$

证明 事实上,由于当 $x > 0$ 时

$$\frac{1}{1+x} < 1 \Rightarrow \int_{0}^{x} \frac{1}{1+t}\mathrm{d}t < \int_{0}^{x} 1\mathrm{d}t \Rightarrow \ln(1+x) < x$$

$$\Rightarrow \ln x < x-1 \Rightarrow \ln n^2 < n^2-1$$

$$\Rightarrow \frac{\ln k^2}{k^2} < \frac{k^2-1}{k^2} = 1 - \frac{1}{k^2} \quad (k \in \mathbf{N}^*)$$

$$\Rightarrow \sum_{k=2}^{n} \frac{\ln k^2}{k^2} < n-1 - \sum_{k=2}^{n} \frac{1}{k^2}$$

$$< n-1 - \sum_{k=2}^{n} \frac{1}{k(k+1)}$$

$$= n-1 - \left(\frac{1}{2} - \frac{1}{n+1}\right)$$

$$= \frac{2n^2-n-1}{2(n+1)}$$

从而,原不等式获得证明.

问题 6 对于任意的 $n \in \mathbf{N}^*$,证明不等式

$$\frac{1}{\sqrt{n^2+1^2}} + \frac{1}{\sqrt{n^2+2^2}} + \frac{1}{\sqrt{n^2+3^2}} + \cdots + \frac{1}{\sqrt{n^2+n^2}} < \ln(1+\sqrt{2})$$

题目解说 本题为 2012 年湖北部分重点中学高三第二次理科 21 题,证明见文献[6].

证明 1 以下是原文的证明.

注意到 $\dfrac{1}{\sqrt{n^2+k^2}}=\dfrac{1}{\sqrt{1+\left(\dfrac{k}{n}\right)^2}}\cdot\dfrac{1}{n}$,且函数 $f(x)=\dfrac{1}{\sqrt{1+x^2}}$ 在 $(0,+\infty)$

单调下降,所以

$$\sum_{k=1}^{n}\frac{1}{\sqrt{1+\left(\dfrac{k}{n}\right)^2}}\cdot\frac{1}{n}<\int_0^1\frac{1}{\sqrt{1+x^2}}\mathrm{d}x$$

$$\Rightarrow\sum_{k=1}^{n}\frac{1}{\sqrt{1+\left(\dfrac{k}{n}\right)^2}}\cdot\frac{1}{n}<\ln(x+\sqrt{1+x^2})\ \bigg|_0^1$$

$$=\ln(1+\sqrt{2})$$

证明 2 新方法.

因为 $(\ln(x+\sqrt{n^2+x^2}))'=\dfrac{1}{\sqrt{n^2+x^2}}$,且 $f(x)=\dfrac{1}{\sqrt{n^2+x^2}}$ 为 $[0,+\infty)$ 上

的下凸减函数,所以

$$\frac{1}{\sqrt{n^2+(k+1)^2}}<\int_k^{k+1}\frac{1}{\sqrt{n^2+x^2}}\mathrm{d}x=\ln(x+\sqrt{n^2+x^2})\ \bigg|_k^{k+1}$$

$$=\ln[k+1+\sqrt{n^2+(k+1)^2}]-\ln(k+\sqrt{k^2+1})$$

$$\Rightarrow\frac{1}{\sqrt{n^2+(k+1)^2}}$$

$$<\ln[k+1+\sqrt{n^2+(k+1)^2}]-\ln(k+\sqrt{n^2+k^2})$$

令 $k=0,1,2,\cdots,n-1$ 并求和即得.

即原不等式获得证明.

二、解决一些相关高斯函数的问题

问题 7 $A=\dfrac{1}{1^3}+\dfrac{1}{2^3}+\dfrac{1}{3^3}+\cdots+\dfrac{1}{2011^3}$,求 $\lceil 4A\rceil$(表示求整数部分).

题目解说 参考《数学通讯》2012(3):60 例 5,原文运用放缩法将

$$\frac{1}{k^3}=\frac{1}{k\cdot k^2}<\frac{1}{k\cdot(k^2-1)}=\frac{1}{(k-1)k(k+1)}$$

进行证明,技巧性较强.

方法透析 要求出一个实数的整数部分,就是对这个数进行小范围估计,

这个估计需要将该数卡在相邻两个整数之间.

证明 因为 $f(x)=\dfrac{1}{x^3}$ 在 $(0,+\infty)$ 上为下凸的减函数,所以

$$\frac{1}{(k+1)^3}<\int_k^{k+1}\frac{1}{x^3}\mathrm{d}x<\frac{1}{k^3}\Rightarrow\frac{1}{(k+1)^3}<-\frac{1}{2}\cdot\frac{1}{x^2}\Big|_k^{k+1}<\frac{1}{k^3}$$

所以

$$\frac{1}{(k+1)^3}<\frac{1}{2}\left[\frac{1}{k^2}-\frac{1}{(k+1)^2}\right]<\frac{1}{k^3} \tag{1}$$

由(1)的左半边,令 $k=1,2,\cdots,n-1$,再对以上各式求和得到

$$\sum_{k=1}^{n-1}\frac{1}{(k+1)^3}<\frac{1}{2}\left(1-\frac{1}{n^2}\right)\Rightarrow\sum_{k=2}^{n}\frac{1}{k^3}<\frac{1}{2}\left(1-\frac{1}{n^2}\right) \tag{2}$$

由(1)的右半边,令 $k=2,\cdots,n$,对以上各式求和得到

$$\sum_{k=2}^{n}\frac{1}{k^3}>\frac{1}{2}\left[\frac{1}{2^2}-\frac{1}{(n+1)^2}\right] \tag{3}$$

联合(1)(2)得到

$$\frac{1}{2}\left[\frac{1}{2^2}-\frac{1}{(n+1)^2}\right]<\sum_{k=2}^{n}\frac{1}{k^3}<\frac{1}{2}\left(\frac{1}{1}-\frac{1}{n^2}\right)$$

$$\Rightarrow\frac{1}{8}-\frac{1}{n^2}<\sum_{k=2}^{n}\frac{1}{k^3}<\frac{1}{2}-\frac{1}{2n^2}$$

$$\Rightarrow\frac{1}{2}-\frac{4}{(n+1)^2}<4\sum_{k=2}^{n}\frac{1}{k^3}<2-\frac{2}{n^2}$$

$$\Rightarrow4+\frac{1}{2}-\frac{4}{(n+1)^2}<4\sum_{k=1}^{n}\frac{1}{k^3}<6-\frac{2}{n^2}$$

$$\Rightarrow4+\frac{1}{2}-\frac{4}{2\,012^2}<4\sum_{k=1}^{2\,011}\frac{1}{k^3}<6-\frac{2}{2\,011^2}$$

即 $4\displaystyle\sum_{k=1}^{2\,011}\frac{1}{k^3}$ 的整数部分为 5.

评注 本题的求解过程是对所求部分进行不等式估计,方法是利用我们前面给出的矩形估计法.

问题 8 求 $y=1+\dfrac{1}{\sqrt{2}}+\dfrac{1}{\sqrt{3}}+\cdots+\dfrac{1}{\sqrt{1\,000\,000}}$ 的整数部分.

题目解说 参考《数学教学》2008(5):39 例 1.

方法透析 本题仍为求整数部分,仍然需要利用上述端点矩形原理去估计.

解 因为函数 $f(x)=\dfrac{1}{\sqrt{x}}$ 在 $[1,+\infty)$ 是单调下降的减函数,所以

$$\frac{1}{\sqrt{k+1}} < \int_k^{k+1} \frac{1}{\sqrt{x}} \mathrm{d}x < \frac{1}{\sqrt{k}}$$

即

$$\frac{1}{\sqrt{k+1}} < 2\sqrt{x}\,\Big|_k^{k+1} = 2(\sqrt{k+1} - \sqrt{k}) < \frac{1}{\sqrt{k}} \tag{1}$$

在(1)中,取左半边不等式,并令 k 依次取值 $1,2,\cdots,n-1$,再求和得到

$$\Rightarrow \sum_{k=1}^n \frac{1}{\sqrt{k+1}} < 2\sum_{k=1}^n (\sqrt{k+1} - \sqrt{k}) = 2(\sqrt{n+1} - \sqrt{1}) \tag{2}$$

在(1)中,取右半边不等式,并令 k 依次取值 $1,2,\cdots,n$,再求和得到

$$2(\sqrt{n+1} - \sqrt{1}) = 2\sum_{k=1}^n (\sqrt{k+1} - \sqrt{k}) < \sum_{k=1}^n \frac{1}{\sqrt{k}} \tag{3}$$

由(2)(3)得到

$$2(\sqrt{n+1} - \sqrt{1}) < \sum_{k=1}^n \frac{1}{\sqrt{k}} < 2(\sqrt{n} - \sqrt{1}) + 1$$

令 $n = 1\,000\,000$ 得到

$$2(\sqrt{10^6 + 1} - \sqrt{1}) < \sum_{k=1}^n \frac{1}{\sqrt{k}} < 2(\sqrt{10^6} - \sqrt{1}) + 1$$

即

$$1\,998 < \sum_{k=1}^n \frac{1}{\sqrt{k}} < 1\,999$$

从而 $y = 1 + \dfrac{1}{\sqrt{2}} + \dfrac{1}{\sqrt{3}} + \cdots + \dfrac{1}{\sqrt{1\,000\,000}}$ 的整数部分为 $1\,998$.

评注 类似的可以解决其他很多问题(《数学通讯》2012(3):60 例 4).

类似题:求证: $1 + \dfrac{1}{\sqrt{2}} + \dfrac{1}{\sqrt{3}} + \cdots + \dfrac{1}{\sqrt{2\,011}}$ 的整数部分为 88.

题目解说 参考《数学通讯》2012(3):60 例 5,原文运用放缩法,技巧性较强.

证明 同上面的推理可得

$$2(\sqrt{2\,012} - \sqrt{1}) < 1 + \frac{1}{\sqrt{2}} + \frac{1}{\sqrt{3}} + \cdots + \frac{1}{\sqrt{2\,011}}$$

$$< 2(\sqrt{2\,011} - \sqrt{1}) + 1 \tag{$*$}$$

因 $44 < \sqrt{2\,011} < 45$

$$\Rightarrow 2(44 - \sqrt{1}) < 1 + \frac{1}{\sqrt{2}} + \frac{1}{\sqrt{3}} + \cdots + \frac{1}{\sqrt{2\,011}} < 2(45 - \sqrt{1}) + 1$$

$$2 \cdot \frac{2\,012-1}{\sqrt{2\,012}-\sqrt{1}} < 1 + \frac{1}{\sqrt{2}} + \frac{1}{\sqrt{3}} + \cdots + \frac{1}{\sqrt{2\,011}} < 89$$

$$\Rightarrow 2 \cdot \frac{2\,012-1}{45-\sqrt{1}} < 1 + \frac{1}{\sqrt{2}} + \frac{1}{\sqrt{3}} + \cdots + \frac{1}{\sqrt{2\,011}} < 89$$

$$\Rightarrow 87 < 1 + \frac{1}{\sqrt{2}} + \frac{1}{\sqrt{3}} + \cdots + \frac{1}{\sqrt{2\,011}} < 89$$

评注 对(1)的左端不能直接利用 $\sqrt{2\,011} > 44$ 进行放缩,否则缩得太多, 这是解决本题的关键所在.

问题 9 证明:$\sqrt{1} + \sqrt{2} + \sqrt{3} + \cdots + \sqrt{n} < \frac{4n+1}{6}\sqrt{n+1} - \frac{1}{6}(n \geqslant 2, n \in \mathbf{N}^*)$.

题目解说 本题源于《数学教学》2011(9):22 例 6.

方法透析 利用对应函数值的大小与积分面积大小关系.

证明 如图 25,设函数 $f(x) = \sqrt{x}(x > 0)$,则易知该函数为定义域上的 增函数,且为上凸函数,所以,弧线 CD 下方的面积大于线段 CD 下方的面积,即

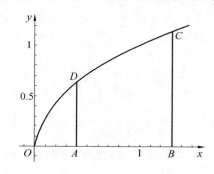

图 25

$$\int_k^{k+1} \sqrt{x}\,\mathrm{d}x > \frac{1}{2}(\sqrt{k} + \sqrt{k+1})$$

$$\Rightarrow \frac{4}{3}x^{\frac{3}{2}}\Big|_k^{k+1} > \frac{1}{2}(\sqrt{k} + \sqrt{k+1})$$

$$\Rightarrow \frac{4}{3}\left[(k+1)^{\frac{3}{2}} - k^{\frac{3}{2}}\right] > \frac{1}{2}(\sqrt{k} + \sqrt{k+1})$$

在上式中,分别令自然数 k 依次取值 $1, 2, \cdots, n$,求和得到

$$\frac{1}{2}\sum_{k=1}^{n}(\sqrt{k} + \sqrt{k+1}) < \frac{4}{3}\sum_{k=1}^{n}\left[(k+1)^{\frac{3}{2}} - k^{\frac{3}{2}}\right]$$

即

$$\sqrt{1}+\sqrt{2}+\sqrt{3}+\cdots+\sqrt{n} < \frac{4n+1}{6}\sqrt{n+1}-\frac{1}{6} \quad (n \geqslant 2, n \in \mathbf{N}^*)$$

参考文献

[1] 王妙胜.利用定积分证明一类不等式[J].数学通讯,2010(11):29.

[2] 王伯龙.用积分定义证明不等式[J].数学通讯,2010(8):27-28.

[3] 李广修.证明不等式的定积分放缩法[J].数学通报,2008(7):50-51,57.

[4] 甘志国.定积分是证明一类数列不等式的利器[J].数学教学,2011(9):22.

[5] 卫福山.一类数列不等式的常用证明方法及评注[J].数学教学,2011(6):25.

[6] 周实中.例谈用定积分证明一类数列前 n 项和的不等式[J].数学通讯,2012(5):43-45.

[7] 聂文喜.再谈用定积分证明一类数列前 n 项和的不等式[J].数学通讯,2012(9):33-35.

[8] 王伯龙.自然数幂和的一个不等式[J].数学通讯,2013(7):37.

§26 从一道 IMO 预选题到若干不等式

问题 1 设 $a_1, a_2, a_3, b_1, b_2, b_3 \in \mathbf{R}^*$,求证

$$\begin{aligned}
&(a_1 b_2 + a_2 b_1 + a_2 b_3 + a_3 b_2 + a_1 b_3 + a_3 b_1)^2 \\
&\geqslant 4(a_1 a_2 + a_2 a_3 + a_3 a_1)(b_1 b_2 + b_2 b_3 + b_3 b_1)
\end{aligned} \tag{1}$$

题目解说 本题为 1987 年第 28 届 IMO 预选题之一.

证明 为叙述方便,令

$$a = a_1, b = a_2, c = a_3, x = b_1, y = b_2, z = b_3 \Rightarrow a, b, c, x, y, z \in \mathbf{R}^*$$

于是,原不等式等价于

$$[a(y+z) + b(z+x) + c(x+y)]^2 \geqslant 4(ab+bc+ca)(xy+yz+zx)$$

进一步等价于

$$(a+b+c)(x+y+z) \geqslant ax+by+cz+\sqrt{4(ab+bc+ca)(xy+yz+zx)} \tag{2}$$

由柯西不等式的逆向知道

197

$$[ax + by + cz + \sqrt{2(ab + bc + ca) \cdot 2(xy + yz + zx)}]^2$$
$$\leqslant [a^2 + b^2 + c^2 + 2(ab + bc + ca)][x^2 + y^2 + z^2 + 2(xy + yz + zx)]$$
$$= (a + b + c)^2 (x + y + z)^2$$

即(1)获得证明.

评注 也可以对变形后的结论(2)使用构造二次函数法证明.

事实上:构造二次函数

$$f(t) = [a^2 + b^2 + c^2 + 2(ab + bc + ca)]t^2 -$$
$$\qquad 2[ax + by + cz + \sqrt{2(ab + bc + ca) \cdot 2(xy + yz + zx)}]t +$$
$$\qquad [x^2 + y^2 + z^2 + 2(xy + yz + zx)]$$
$$= (at - x)^2 + (bt - y)^2 + (ct - z)^2 +$$
$$\qquad [\sqrt{2(ab + bc + ca)} \cdot t - \sqrt{2(xy + yz + zx)}]^2$$
$$\geqslant 0$$

于是,由判别式 $\Delta \leqslant 0$,容易知道

$$[ax + by + cz + \sqrt{2(ab + bc + ca) \cdot 2(xy + yz + zx)}]^2$$
$$\leqslant [a^2 + b^2 + c^2 + 2(ab + bc + ca)][x^2 + y^2 + z^2 + 2(xy + yz + zx)]$$
$$= (a + b + c)^2 (x + y + z)^2$$

即(2)获得证明,到此命题得证.

问题的变形及其引申

本题还可以改写为(称为改述形式)

$$[a_1(b_2 + b_3) + a_2(b_1 + b_3) + a_3(b_1 + b_2)]^2 \qquad (3)$$
$$\geqslant 4(a_1 a_2 + a_2 a_3 + a_3 a_1)(b_1 b_2 + b_2 b_3 + b_3 b_1)$$

于是,本题还可以运用柯西不等式将其推广为两组多个变量的情形:

引申 1 设 $a_1, a_2, \cdots, a_n, b_1, b_2, \cdots, b_n \in \mathbf{R}^*$,求证

$$\left(\sum_{i=1}^{n} a_i \sum_{j \neq i} b_j \right)^2 \geqslant 4 \sum_{i \neq j} a_i a_j \sum_{i \neq j} b_i b_j$$

证明 略.

引申 2 在两个锐角 $\triangle ABC$ 和 $\triangle A_1 B_1 C_1$ 中,求证

$$\sum \cot A_1 (\cot B + \cot C) \geqslant 2$$

题目解说 这是流行于众多杂志的一道难题.

渊源探索 从三个变量 a, b, c 分析,看看那些具有 $ab + bc + ca$ 的特征.

方法透析 想到了三角形中的三角恒等式

从分析解题过程学解题——
竞赛中的向量几何与不等式研究

$$\cot A\cot B + \cot B\cot C + \cot C\cot A = 1$$

就直接运用(1)即可.

证明 注意到在两个锐角 $\triangle ABC$ 和 $\triangle A_1B_1C_1$ 中,有

$$\cot A\cot B + \cot B\cot C + \cot C\cot A = 1$$

$$\cot A_1\cot B_1 + \cot B_1\cot C_1 + \cot C_1\cot A_1 = 1$$

代入到定理的变形知结论早已成立.

评注 在平时掌握一些常用常见等式或者不等式对于解题是十分有用的.

引申 3 在两个 $\triangle ABC$ 和 $\triangle A_1B_1C_1$ 中,若 $a,b,c,\triangle;a_1,b_1,c_1,\triangle_1$ 分别为其两个三角形的边长和面积,求证

$$a_1^2(-a^2+b^2+c^2)+b_1^2(a^2-b^2+c^2)+c_1^2(a^2+b^2-c^2)\geqslant 16\triangle\triangle_1$$

题目解说 这是著名的 Neuberg-Pedoe(纽伯格－匹多)不等式.

渊源探索 这个本人没有搞清楚,记得较早时候(1980 年左右)是由中国科学技术大学的常耿哲教授介绍到中国.

方法透析 注意到三角形中的恒等式 $\cot A = \dfrac{-a^2+b^2+c^2}{4\triangle}$ 以及引申 2 即可解决.

证明 由余弦定理得到

$$a^2 = b^2+c^2-2bc\cos A = b^2+c^2-4\triangle\cot A \Rightarrow \cot A = \frac{-a^2+b^2+c^2}{4\triangle}$$

同理可得

$$\cot B = \frac{a^2-b^2+c^2}{4\triangle}, \cot C = \frac{a^2+b^2-c^2}{4\triangle}$$

$$\cot A_1 = \frac{-a_1^2+b_1^2+c_1^2}{4\triangle_1}, \cot B_1 = \frac{a_1^2-b_1^2+c_1^2}{4\triangle_1}, \cot C_1 = \frac{a_1^2+b_1^2-c_1^2}{4\triangle_1}$$

所以,$\cot B + \cot C = \dfrac{a^2}{2\triangle}\cdots$

将这几个式子代入到上面的(1),便得本题引申的结论.

引申 4 在两个 $\triangle ABC$ 和 $\triangle A_1B_1C_1$ 中,求证

$$\sum \tan\frac{A_1}{2}\left(\tan\frac{B}{2}+\tan\frac{C}{2}\right)\geqslant 2$$

题目解说 本题为一道较为新颖的题目.

渊源探索 在引申 2 中作角变换 $A \to \dfrac{\pi}{2}-\dfrac{A}{2}, B \to \dfrac{\pi}{2}-\dfrac{B}{2}, C \to \dfrac{\pi}{2}-\dfrac{C}{2}$ 等即得本题.

或者直接利用 $\tan\dfrac{A}{2}\tan\dfrac{B}{2}+\tan\dfrac{B}{2}\tan\dfrac{C}{2}+\tan\dfrac{C}{2}\tan\dfrac{A}{2}=1$ 于 P197 式(1).

方法透析　直接利用 $P197$ 式(1).

证明　注意到

$$\tan\dfrac{A}{2}\tan\dfrac{B}{2}+\tan\dfrac{B}{2}\tan\dfrac{C}{2}+\tan\dfrac{C}{2}\tan\dfrac{A}{2}=1$$

$$\tan\dfrac{A_1}{2}\tan\dfrac{B_1}{2}+\tan\dfrac{B_1}{2}\tan\dfrac{C_1}{2}+\tan\dfrac{C_1}{2}\tan\dfrac{A_1}{2}=1$$

以及定理的变形便得要证明的结论.

引申 5　设 $a,b,c,\triangle,p;a_1,b_1,c_1,\triangle_1,p_1$ 分别为 $\triangle ABC$ 和 $\triangle A_1B_1C_1$ 的边长、面积和半周长,求证:$a(p-a)(p_1-b_1)(p_1-c_1)+b(p-b)(p_1-c_1)(p_1-a_1)+c(p-c)(p_1-a_1)(p_1-b_1)\geqslant 2\triangle\triangle_1$.

题目解说　本题为我的大学同学安振平于 1984 年 12 月于《数学通讯》首先给出,由此在中国引起了十年之久的三角不等式研究的旋风.

渊源探索　本题源于对引申 3 进一步加强的结果.

证明　由余弦定理得到

$$a^2=b^2+c^2-2bc\cos A$$

$$=b^2+c^2-2bc\left(1-2\sin^2\dfrac{A}{2}\right)$$

$$=(b-c)^2+4\triangle\tan\dfrac{A}{2}$$

$$\Rightarrow\tan\dfrac{A}{2}=\dfrac{a^2-(b-c)^2}{4\triangle}$$

$$=\dfrac{(a-b+c)(a+b-c)}{4\triangle}$$

$$=\dfrac{(p-b)(p-c)}{\triangle}$$

同理可得

$$\tan\dfrac{B}{2}=\dfrac{(p-c)(p-a)}{\triangle},\tan\dfrac{C}{2}=\dfrac{(p-a)(p-b)}{\triangle}$$

$$\tan\dfrac{A_1}{2}=\dfrac{(p_1-b_1)(p_1-c_1)}{\triangle_1}$$

$$\tan\dfrac{B_1}{2}=\dfrac{(p_1-c_1)(p_1-a_1)}{\triangle_1},\tan\dfrac{C_1}{2}=\dfrac{(p_1-a_1)(p_1-b_1)}{\triangle_1}$$

于是 $\tan\dfrac{B}{2}+\tan\dfrac{C}{2}=\dfrac{(p-c)(p-a)}{\triangle}+\dfrac{(p-a)(p-b)}{\triangle}=\dfrac{a(p-a)}{\triangle}$ 等,将这几

个式子代入到 P197 的式(1)便得本题的结论.

引申 6 在两个 $\triangle ABC$ 和 $\triangle A_1 B_1 C_1$ 中,求证

$$\left[\frac{1}{\sin A}\left(\frac{1}{\sin B_1} + \frac{1}{\sin C_1} \right) + \frac{1}{\sin B}\left(\frac{1}{\sin C_1} + \frac{1}{\sin A_1} \right) + \right.$$
$$\left. \frac{1}{\sin C}\left(\frac{1}{\sin A_1} + \frac{1}{\sin B_1} \right) \right]^2$$
$$\geq 4\left(\sum \frac{1}{\cos \dfrac{A}{2} \cos \dfrac{B}{2}} \right)\left(\sum \frac{1}{\cos \dfrac{A_1}{2} \cos \dfrac{B_1}{2}} \right)$$

题目解说 本题为一个新题.

渊源探索 直接套上边的变形结构,但是需要掌握一个不等式

$$\sum \frac{1}{\sin A \sin B} \geq \sum \frac{1}{\cos \dfrac{A}{2} \cos \dfrac{B}{2}}$$

方法透析 从题目结构联想到 P197 式(1)的运用空间.

证明 先证明

$$\left[\frac{1}{\sin A}\left(\frac{1}{\sin B_1} + \frac{1}{\sin C_1} \right) + \frac{1}{\sin B}\left(\frac{1}{\sin C_1} + \frac{1}{\sin A_1} \right) + \right.$$
$$\left. \frac{1}{\sin C}\left(\frac{1}{\sin A_1} + \frac{1}{\sin B_1} \right) \right]^2$$
$$\geq 4\left(\sum \frac{1}{\sin A \sin B} \right)\left(\sum \frac{1}{\sin A_1 \sin B_1} \right)$$

这只需注意定理的变形即可.

再证明,在 $\triangle ABC$ 中,有

$$\sum \frac{1}{\sin A \sin B} \geq \sum \frac{1}{\cos \dfrac{A}{2} \cos \dfrac{B}{2}}$$

以下分两步进行

第一步,先证明

$$3\sum \frac{1}{\sin A \sin B} \geq \sum \frac{1}{\sin \dfrac{A}{2} \sin \dfrac{B}{2}} \tag{1}$$

注意到 $\sin \dfrac{A}{2} + \sin \dfrac{B}{2} + \sin \dfrac{C}{2} \leq \dfrac{3}{2}$ 知式(1)右端 $\leq \dfrac{3}{2} \cdot \dfrac{1}{\prod \sin \dfrac{A}{2}}$.

(1)的左端 $= 3 \cdot \dfrac{\sum \sin A}{\prod \sin A} = 3 \cdot \dfrac{\prod \cos \dfrac{A}{2}}{8\prod \sin \dfrac{A}{2} \cos \dfrac{A}{2}} = \dfrac{3}{2} \cdot \dfrac{1}{\prod \sin \dfrac{A}{2}}$

即(1)成立.

第二步,再证明

$$\sum \frac{1}{\sin \frac{A}{2} \sin \frac{B}{2}} \geqslant 3 \sum \frac{1}{\cos \frac{A}{2} \cos \frac{A}{2}} \qquad (2)$$

由(2)的对称性,可设 $A \geqslant B \geqslant C$,则

$$\csc \frac{A}{2} \csc \frac{B}{2} \leqslant \csc \frac{A}{2} \csc \frac{C}{2} \leqslant \csc \frac{B}{2} \csc \frac{C}{2}$$

$$\tan \frac{A}{2} \tan \frac{B}{2} \leqslant \tan \frac{A}{2} \tan \frac{C}{2} \leqslant \tan \frac{B}{2} \tan \frac{C}{2}$$

由切比雪夫不等式知

$$\left(\sum \csc \frac{A}{2} \csc \frac{B}{2}\right)\left(\sum \tan \frac{A}{2} \tan \frac{B}{2}\right) \geqslant 3 \sum \csc \frac{A}{2} \csc \frac{B}{2} \cdot \tan \frac{A}{2} \tan \frac{B}{2}$$

结合 $\sum \tan \frac{A}{2} \tan \frac{B}{2} = 1$,整理便得(2).

由上面两个式子知结论得证.

引申 7　设 P, Q 分别是边长为 1 的两个正 $\triangle ABC$ 和 $\triangle A_1 B_1 C_1$ 的内部一点,且 $PA = a, PB = b, PC = c, PA_1 = x, PB_1 = y, PC_1 = z$,求证

$$a(y+z) + b(z+x) + c(x+y) \geqslant 2$$

题目解说　本题为一个新题.

渊源探索　同题目条件,在正三角形中有一个不等式: $ab + bc + ca \geqslant 1$,再结合(1)便得到本题.

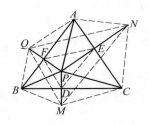

图 26

方法透析　联想本节开头的(3)是一条解决问题的康庄大道.

证明　先证明 $ab + bc + ca \geqslant 1$.

事实上,过 P 作 $PD \perp BC, PE \perp CA, PF \perp AB, D, E, F$ 分别为垂足,设

$$PD = u, PE = v, PF = w, 则 u + v + w = \frac{\sqrt{3}}{2}, 于是$$

$$EF = \sqrt{v^2 + w^2 - 2vw \cos 120°} = \sqrt{v^2 + w^2 + vw}$$

注意到 A,F,P,E 四点共圆,且 PA 为该圆的直径,所以

$$a = PA = \frac{EF}{\sin A} = \frac{2}{\sqrt{3}}EF = \frac{2}{\sqrt{3}}\sqrt{v^2 + w^2 + vw}$$

同理可得

$$b = \frac{2}{\sqrt{3}}\sqrt{w^2 + u^2 + wu} \ , c = \frac{2}{\sqrt{3}}\sqrt{u^2 + v^2 + uv}$$

所以

$$bc = \frac{4}{3}\sqrt{w^2 + u^2 + wu} \cdot \sqrt{u^2 + v^2 + uv}$$

$$= \frac{4}{3}\sqrt{(w^2 + u^2 + wu)(u^2 + v^2 + uv)}$$

$$= \frac{1}{3}\sqrt{[3(w+u)^2 + (w-u)^2][3(u+v)^2 + (u-v)^2]}$$

$$\geqslant \frac{1}{3}[3(w+u)(u+v) + (w-u)(u-v)]$$

$$= \frac{1}{3}(4u^2 + 4vw + 2uv + 2uw)$$

同理可得

$$ca = \frac{1}{3}(4v^2 + 4wu + 2vw + 2vu)$$

$$ab = \frac{1}{3}(4w^2 + 4uv + 2wu + 2wv)$$

所以

$$ab + bc + ca \geqslant \frac{4}{3}(u+v+w)^2 = 1$$

同理,对于 $\triangle A_1B_1C_1$,有 $xy + yz + zx \geqslant 1$.

于是,由定理的变形知道

$$[a(y+z) + b(z+x) + c(x+y)]^2$$
$$\geqslant 4(ab+bc+ca)(xy+yz+zx) \geqslant 4$$

即结论成立.

评注 本题还可以推广到两个正方形的情况,即:

设 M,N 分别为两个单位正方形 $ABCD,A_1B_1C_1D_1$ 内部任意一点,记 $MA = a, MB = b, MC = c, MD = d, NA_1 = a_1, NB_1 = b_1, NC_1 = c_1, ND_1 = d_1$,求证: $\sum a_1(b+c+d) \geqslant 6$.

证明 留给读者练习吧!

引申 8 设 P,Q 分别是内角不超过 $120°$ 的两个 $\triangle ABC$ 和 $\triangle A_1B_1C_1$ 的费马点，且 $PA=u,PB=v,PC=w,PA_1=x,PB_1=y,PC_1=z$，$\triangle ABC$ 和 $\triangle A_1B_1C_1$ 的边长分别为 $a,b,c;a_1,b_1,c_1$。求证：$a_1(b+c)+b_1(c+a)+c_1(a+b) \geqslant 2(x+y+z)(u+v+w)$。

为证明原题，先证明一个引理：在 $\triangle ABC$ 中，有
$$ab+bc+ca \geqslant (u+v+w)^2 \tag{1}$$

引理的证明 1 复数法．

由条件结合余弦定理知
$$a^2=v^2+w^2+vw,\ b^2=w^2+u^2+wu,\ c^2=u^2+v^2+uv$$

于是，(1) 可以化为
$$
\sqrt{(u^2+v^2+uv)(v^2+w^2+vw)}+
$$
$$
\sqrt{(v^2+w^2+vw)(w^2+u^2+wu)}+
$$
$$
\sqrt{(w^2+u^2+wu)(u^2+v^2+uv)}
$$
$$
\geqslant (u+v+w)^2 \tag{2}
$$

以下只要证明 (2) 即可．

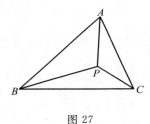

图 27

构造复数
$$z_1=\frac{\sqrt{3}}{2}(v+w)+\frac{1}{2}(v-w)\mathrm{i}$$
$$z_2=\frac{\sqrt{3}}{2}(w+u)+\frac{1}{2}(w-u)\mathrm{i}$$
$$z_3=\frac{\sqrt{3}}{2}(u+v)+\frac{1}{2}(u-v)\mathrm{i}$$

代入 (2) 左端，化简即得
$$|z_1z_2|+|z_2z_3|+|z_3z_1| \geqslant |z_1z_2+z_2z_3+z_3z_1|=(u+v+w)^2$$
即原不等式获得证明．

引理的证明 2 由证明 1 知，只要证明 (2)，即
$$\sum \sqrt{(u^2+v^2+uv)(v^2+w^2+vw)} \geqslant (u+v+w)^2$$

$$\Leftrightarrow \sum \sqrt{\left[\left(u+\frac{1}{2}v\right)^2+\frac{3}{4}v^2\right]\left[\left(u+\frac{1}{2}w\right)^2+\frac{3}{4}w^2\right]} \geqslant (u+v+w)^2$$

$$(1)$$

但是

$$\left[\left(u+\frac{1}{2}v\right)^2+\frac{3}{4}v^2\right]\left[\left(u+\frac{1}{2}w\right)^2+\frac{3}{4}w^2\right]$$

$$\geqslant \left(u+\frac{1}{2}v\right)\left(u+\frac{1}{2}w\right)+\frac{3}{4}uv$$

$$=u^2+\frac{1}{2}(uv+uw)+uv$$

$$\sum \sqrt{\left[(u+\frac{1}{2}v)^2+\frac{3}{4}v^2\right]\left[(u+\frac{1}{2}w)^2+\frac{3}{4}w^2\right]}$$

$$\geqslant \sum \left[u^2+\frac{1}{2}(uv+uw)+uv\right]$$

$$=\sum u^2+2\sum uv$$

$$=(u+v+w)^2$$

到此结论得到证明.

引理的证明 3   用费恩斯列尔－哈德维格尔不等式.

由证明 1 知 $\sum a^2=2\sum u^2+\sum uv$,结合面积公式知

$$\sum uv=\frac{4}{\sqrt{3}}\sum S_{\triangle PBC}=\frac{4}{\sqrt{3}}\triangle$$

而

$$\left(\sum u\right)^2=\sum u^2+2\sum uv$$

根据费恩斯列尔－哈德维格尔不等式

$$\sum ab \geqslant \frac{1}{2}\sum a^2+2\sqrt{3}\triangle$$

知

$$\frac{1}{2}\sum a^2+2\sqrt{3}\triangle=\sum u^2+\frac{1}{2}\sum uv+2\sqrt{3}\triangle=\sum u^2+\frac{8\triangle}{\sqrt{3}}$$

$$\left(\sum u\right)^2=\sum u^2+2\sum uv=\sum u^2+2\cdot\frac{4}{\sqrt{3}}\triangle$$

从而,引理获得证明.

类似的,可得

$$a_1b_1+b_1c_1+c_1a_1 \geqslant (x+y+z)^2$$

205

下面证明原题.

事实上,由定理的变形以及上述引理知道

$$[a_1(b+c)+b_1(c+a)+c_1(a+b)]^2$$
$$\geqslant 4(a_1b_1+b_1c_1+c_1a_1)(ab+bc+ca)$$
$$\geqslant 4(x+y+z)^2(u+v+w)^2$$

再整理即得结论.

引申 9　在两个 $\triangle ABC$ 和 $\triangle A_1B_1C_1$ 中,其边长和面积分别为 $a,b,c,\triangle$;$a_1,b_1,c_1,\triangle_1$.求证:$a_1(b+c)+b_1(c+a)+c_1(a+b)\geqslant 8\sqrt{3}\cdot\sqrt{\triangle\triangle_1}$.

题目解说　这是一个流行很广的题目.

渊源探索　只是在 P197(1) 之下运用三角形中的不等式

$$ab+bc+ca\geqslant 4\sqrt{3}\cdot\triangle$$

的结果.

方法透析　同渊源探索所述.

证明　由三角形中熟知的不等式:$ab+bc+ca\geqslant 4\sqrt{3}\cdot\triangle$,以及上述引理知道

$$[a_1(b+c)+b_1(c+a)+c_1(a+b)]^2$$
$$\geqslant 4(a_1b_1+b_1c_1+c_1a_1)(ab+bc+ca)$$
$$\geqslant 4\cdot(4\sqrt{3})^2\cdot\triangle\triangle_1$$

即

$$a_1(b+c)+b_1(c+a)+c_1(a+b)\geqslant 8\sqrt{3}\cdot\sqrt{\triangle\triangle_1}$$

从上面几个问题可以看出,文中所列的 28 届国际数学竞赛试题即定理相当有用,并且可以由此导出许多几何不等式,故应当引起足够的重视.限于文章的篇幅,更多的例子不再赘述.

§27　几道竞赛题的讨论

问题 1　试问当正数 a,b,c 满足什么条件时,不等式

$$a(x-y)(x-z)+b(y-x)(y-z)+c(z-x)(z-y)\geqslant 0$$

对于任意实数 x,y,z 都成立.

题目解说　本题为 1986 年中国国家队选拔考试一题,较早些时候在《范氏大代数(第一册)》中出现过.

206

解　构造二次齐次式.

令 $u=x-y, v=x-z \Rightarrow v-u=y-z$,从而原不等式等价于
$$bu^2 + uv(a-b-c) + cv^2 \geqslant 0 \tag{1}$$

当 $v=0$,即 $x=z$ 时,原不等式显然成立.

当 $v \neq 0$ 时,令 $t = \dfrac{u}{v}$,于是(1)变形为
$$bt^2 + t(a-b-c) + c \geqslant 0$$

此式成立的充要条件是
$$\Delta = (a-b-c)^2 - 4bc \leqslant 0$$

即
$$a^2 + b^2 + c^2 \leqslant 2ab + 2bc + 2ca$$

引申 1　设 a, b, c 是三角形的三边长,则有
$$a(a-b)(a-c) + b(b-a)(b-c) + c(c-a)(c-b) \geqslant 0$$

即
$$abc \geqslant (a+b-c)(a-b+c)(-a+b+c) \tag{2}$$

此题为 1983 年瑞士竞赛一题.

实际上,式(2)对于任意正数都成立,即 $x, y, z \in \mathbf{R}^*$,有
$$(x-y+z)(-x+y+z)(x+y-z) \leqslant xyz \tag{3}$$

令 $u=(x-y+z), v=(-x+y+z), w=(x+y-z)$,则因为这三个数中的任意两个之和都是正数,它们中间最多只有一个负数,这时(3)成立,当三个都是正数时,很容易证明.

即
$$x^3 + y^3 + z^3 + 3xyz \geqslant x^2(y+z) + y^2(z+x) + z^2(x+y) \tag{4}$$

也即
$$x^3 + y^3 + z^3 + 3xyz \geqslant x(y^2+z^2) + y(z^2+x^2) + z(x^2+y^2) \tag{5}$$

(4)(5)通常被称为三次舒尔不等式.

引申 2　设 a, b, c 是三角形的三边长,则有
$$a^2(a-b)(a-c) + b^2(b-a)(b-c) + c^2(c-a)(c-b) \geqslant 0$$

即
$$\sum a^4 + abc \sum a \geqslant \sum a^3(b+c)$$

此式被称为四次舒尔不等式.

一个类似问题:(第 19 届立陶宛竞赛题,见《数学通讯》2006(21):35)设 a, b, c 是三角形的三边长,而 x, y, z 是满足 $x+y+z=0$ 的三个数,证明不等式

$$a^2xy + b^2yz + c^2zx \leqslant 0$$

评注 原解答使用配方法，不够容易理解，实际上使用二次齐次式更好些.

引申 3 求最小的实数 m，使得对于满足 $a+b+c=1$ 的任意实数 a,b,c 都有

$$m(a^3+b^3+c^3) \geqslant 6(a^2+b^2+c^2)+1$$

题目解说 本题为 2006 年第三届中国东南竞赛第 6 题.

渊源探索 本题与上面引申 1 中的 (4)(5) 有关.

方法透析 含参量问题一般是先利用特殊值探路，找到参数取值，再设法证明结论成立.

解 1 当 $a=b=c=\dfrac{1}{3}$ 时，有 $m \geqslant 27$，于是，只要证明

$$27(a^3+b^3+c^3) \geqslant 6(a^2+b^2+c^2)+1$$

对于满足 $a+b+c=1$ 的任意实数 a,b,c 都成立即可.

但由于

$$a^3+b^3 \geqslant a^2b+ab^2,\ b^3+c^3 \geqslant b^2c+bc^2,\ c^3+a^3 \geqslant c^2a+ca^2$$

三个式子相加得

$$2(a^3+b^3+c^3) \geqslant a^2b+ab^2+b^2c+bc^2+c^2a+ca^2$$
$$= a^2(b+c)+b^2(c+a)+c^2(a+b)$$
$$= a^2(b+c+a-a)+b^2(c+a+b-b)+c^2(a+b+c-c)$$
$$= (a^2+b^2+c^2)(a+b+c)-(a^3+b^3+c^3)$$

即

$$3(a^3+b^3+c^3) \geqslant (a+b+c)(a^2+b^2+c^2) = a^2+b^2+c^2$$

所以

$$27(a^3+b^3+c^3) \geqslant 9(a^2+b^2+c^2)$$
$$= 6(a^2+b^2+c^2)+3(a^2+b^2+c^2)$$
$$\geqslant 6(a^2+b^2+c^2)+(a+b+c)^2$$
$$= 6(a^2+b^2+c^2)+1$$

即原不等式获得证明. 从而 m 的最小值为 27.

解 2 当 $a=b=c=\dfrac{1}{3}$ 时，有 $m \geqslant 27$，于是，只要证明

$$27(a^3+b^3+c^3) \geqslant 6(a^2+b^2+c^2)+1$$

对于满足 $a+b+c=1$ 的任意实数 a,b,c 都成立即可. 即只要证明

$$27(a^3 + b^3 + c^3) \geqslant 6(a^2 + b^2 + c^2)(a + b + c) + (a + b + c)^3 \qquad (1)$$

而

$$(a^2 + b^2 + c^2)(a + b + c) = a^3 + b^3 + c^3 + \sum a(b^2 + c^2)$$

$$(a + b + c)^3 = a^3 + b^3 + c^3 + 3\sum a(b^2 + c^2) + 6abc$$

于是,(1) 等价于

$$27(a^3 + b^3 + c^3) \geqslant 6\left[a^3 + b^3 + c^3 + \sum a(b^2 + c^2)\right] +$$

$$a^3 + b^3 + c^3 + 3\sum a(b^2 + c^2) + 6abc$$

$$\Leftrightarrow 20(a^3 + b^3 + c^3) \geqslant 9\sum a(b^2 + c^2) + 6abc \qquad (2)$$

由舒尔不等式

$$a^3 + b^3 + c^3 + 3abc \geqslant \sum a(b^2 + c^2)$$

即

$$9(a^3 + b^3 + c^3) + 27abc \geqslant 9\sum a(b^2 + c^2)$$

于是,要证明(2),只要证明

$$11(a^3 + b^3 + c^3) \geqslant 33abc$$

这由三元均值不等式知显然成立.

从而(1)获得证明.

引申 4 设 a,b,c 是三角形的三边长,则有

$$\sum a^2 + \sqrt{abc}(\sqrt{a} + \sqrt{b} + \sqrt{c}) \geqslant \sum a\sqrt{a}(\sqrt{b} + \sqrt{c})$$

证明 在问题 1 中,令 $x = \sqrt{a}$,$y = \sqrt{b}$,$z = \sqrt{c}$,则

$$(x + y)^2 = (\sqrt{a} + \sqrt{b})^2 = a + b + 2\sqrt{ab} > c = z^2$$

$$\Rightarrow x + y > z, x + z > y, y + z > x$$

所以 $\sqrt{a}$,$\sqrt{b}$,$\sqrt{c}$ 可以构成一个三角形的三边,于是

$$a(\sqrt{a} - \sqrt{b})(\sqrt{a} - \sqrt{c}) + b(\sqrt{b} - \sqrt{a})(\sqrt{b} - \sqrt{c}) + c(\sqrt{c} - \sqrt{a})(\sqrt{c} - \sqrt{b}) \geqslant 0$$

展开即得

$$\sum a^2 + \sqrt{abc}(\sqrt{a} + \sqrt{b} + \sqrt{c}) \geqslant \sum a\sqrt{a}(\sqrt{b} + \sqrt{c})$$

综上所述,对于某些恒成立问题,一般要特别注意这样的结论,给某些变量赋值,即可获得一些有意义的东西.这是数学命题的常用方法.

问题 2 设 n 为正整数,$a_1, a_2, \cdots, a_n$ 为非负数,求证

$$\frac{1}{1 + a_1} + \frac{a_1}{(1 + a_1)(1 + a_2)} + \frac{a_1 a_2}{(1 + a_1)(1 + a_2)(1 + a_3)} + \cdots +$$

$$\frac{a_1 a_2 a_3 \cdots a_{n-1}}{(1+a_1)(1+a_2)\cdots(1+a_n)} \leqslant 1$$

题目解说 2012 年第 11 届中国女子竞赛.

方法透析 本题的左端是一个随着项目增加变量个数也在不断增加的过程,但是分母中的变量个数比分子变量个数多一个,这是本题的一大特点,需要在这里多做工作,想想数列求和有哪些方法可以追随,比如裂项求和法可以试试,可否将其中的通项变化为一个数列的相邻两项之差.

证明 因为 $\dfrac{1}{1+a} = 1 - \dfrac{a}{1+a}$,所以

$$\frac{a_1 a_2 a_3 \cdots a_{i-1}}{(1+a_1)(1+a_2)\cdots(1+a_i)}$$

$$= \frac{a_1 a_2 a_3 \cdots a_{i-1}}{(1+a_1)(1+a_2)\cdots(1+a_{i-1})} \cdot \frac{1}{1+a_i}$$

$$= \frac{a_1 a_2 a_3 \cdots a_{i-1}}{(1+a_1)(1+a_2)\cdots(1+a_{i-1})} \cdot \left[1 - \frac{a_i}{(1+a_i)}\right]$$

$$= \frac{a_1 a_2 a_3 \cdots a_{i-1}}{(1+a_1)(1+a_2)\cdots(1+a_{i-1})} - \frac{a_1 a_2 a_3 \cdots a_{i-1} a_i}{(1+a_1)(1+a_2)\cdots(1+a_{i-1})(1+a_i)}$$

所以

$$\frac{1}{1+a_1} + \frac{a_1}{(1+a_1)(1+a_2)} +$$

$$\frac{a_1 a_2}{(1+a_1)(1+a_2)(1+a_3)} + \cdots +$$

$$\frac{a_1 a_2 a_3 \cdots a_{n-1}}{(1+a_1)(1+a_2)\cdots(1+a_n)}$$

$$= 1 - \frac{a_1 a_2 a_3 \cdots a_n}{(1+a_1)(1+a_2)\cdots(1+a_n)} \leqslant 1$$

即结论获得证明.

评注 本题的结构形式为数列型构造,故应该想到运用数列方法去解决,数列方法里最常用的就是裂项法,所以,当读者想到这里时,方法就显得自然多了,但是一个重要技巧就是 $\dfrac{1}{1+a} = 1 - \dfrac{a}{1+a}$ 这个拆项技术.

一个结构类似的问题.

问题 3 设数列 $\{a_n\}$ 满足:$a_1 = \dfrac{1}{2}$,$a_{k+1} = -a_k + \dfrac{1}{2-a_k}$ $(k=1,2,3,\cdots)$,证明

$$\left[\frac{n}{2(a_1 + a_2 + \cdots + a_n)} - 1\right]^n$$

$$\leqslant \left(\frac{a_1 + a_2 + \cdots + a_n}{n}\right)^n \left(\frac{1}{a_1} - 1\right)\left(\frac{1}{a_2} - 1\right)\cdots\left(\frac{1}{a_n} - 1\right)$$

题目解说　本题为 2006 年中国数学奥林匹克一题.

方法透析　从题目要证的结构看出,首先需要证明,对任意的 $a_k \in (0,$ $1)(k=1,2,3\cdots)$,要分析函数 $f(x) = -x + \dfrac{1}{2-x}, x \in \left[0, \dfrac{1}{2}\right]$ 的性质,是否是单调的？其次,需要构造一个函数 $g(x) = \dfrac{1}{x} - 1$,搞清楚这个函数的性质,是否是满足函数不等式的?

证明 1　官方公布的解答.分两步进行:

第一步:先证明,$0 < a_n \leqslant \dfrac{1}{2}$.构造函数 $f(x) = -x + \dfrac{1}{2-x}, x \in \left[0, \dfrac{1}{2}\right]$, 因为 $f(x)$ 在 $x \in \left[0, \dfrac{1}{2}\right]$ 是单调下降的(这个很容易确定),而 $f(0) = \dfrac{1}{2}$, $f\left(\dfrac{1}{2}\right) = \dfrac{1}{6} > 0$,于是

$$a_{n+1} = f(a_n) \geqslant f\left(\frac{1}{2}\right) > 0, a_{n+1} = f(a_n) \leqslant f(0) = \frac{1}{2}$$

所以,$0 < a_n \leqslant \dfrac{1}{2}$.

第 2 步;再证明原题.原不等式等价于

$$\left[\frac{n}{2(a_1 + a_2 + \cdots + a_n)} - 1\right]^n \left(\frac{n}{a_1 + a_2 + \cdots + a_n}\right)^n$$

$$\leqslant \left(\frac{1}{a_1} - 1\right)\left(\frac{1}{a_2} - 1\right)\cdots\left(\frac{1}{a_n} - 1\right)$$

设 $g(x) = \dfrac{1}{x} - 1$,对 $x_1, x_2 \in \left(0, \dfrac{1}{2}\right]$,容易得到

$$\left(\frac{1}{x_1} - 1\right)\left(\frac{1}{x_2} - 1\right) \geqslant \left(\frac{2}{x_1 + x_2} - 1\right)^2$$

于是,由数学归纳法知

$$\left(\frac{1}{x_1} - 1\right)\left(\frac{1}{x_2} - 1\right)\cdots\left(\frac{1}{x_n} - 1\right) \geqslant \left(\frac{n}{x_1 + x_2 + \cdots x_n} - 1\right)^n \tag{1}$$

另一方面,根据题设以及柯西不等式得到

$$\sum_{i=1}^{n}(1 - a_i) = \sum_{i=1}^{n}\frac{1}{a_i + a_{i+1}} - n$$

$$\geqslant \frac{n^2}{\sum_{i=1}^{n}(a_i + a_{i+1})} - n = \frac{n^2}{a_{n+1} - a_1 + 2\sum_{i=1}^{n} a_i} - n$$

$$\geqslant \frac{n^2}{2\sum\limits_{i=1}^{n} a_i} - n = n\left[\frac{n}{2\sum\limits_{i=1}^{n} a_i} - 1\right]$$

所以

$$\sum_{i=1}^{n}(1-a_i) \geqslant n\left[\frac{n}{2\sum\limits_{i=1}^{n} a_i} - 1\right]$$

对上式两边同除以 $\sum\limits_{i=1}^{n} a_i$,得到

$$\frac{\sum\limits_{i=1}^{n}(1-a_i)}{\sum\limits_{i=1}^{n} a_i} \geqslant \frac{n}{\sum\limits_{i=1}^{n} a_i}\left[\frac{n}{2\sum\limits_{i=1}^{n} a_i} - 1\right]$$

所以

$$\left[\frac{n}{2(a_1+a_2+\cdots+a_n)} - 1\right]^n \left(\frac{n}{a_1+a_2+\cdots+a_n}\right)^n$$

$$\leqslant \left[\frac{\sum\limits_{i=1}^{n}(1-a_n)}{\sum\limits_{i=1}^{n} a_n}\right]^n = \left[\frac{(1-a_1)+(1-a_2)+\cdots+(1-a_n)}{a_1+a_2+\cdots+a_n}\right]^n$$

$$\leqslant \left(\frac{1}{a_1}-1\right)\left(\frac{1}{a_2}-1\right)\cdots\left(\frac{1}{a_n}-1\right)(\text{注意到}(1))$$

从而原题得证.

评注 本题的证明过程主要在于抓住已知数列所呈现的函数性质和目标式子的结构特征(函数特征),从而可以从构造函数入手,这是解决本题的关键所在.

证明 2 (2015 年 9 月 12 日获得)

首先用数学归纳法证明 $0 < a_n \leqslant \dfrac{1}{2}$,$n=1,2,3\cdots$

当 $n=1$ 时命题成立.

假设命题对 $n(n \geqslant 1)$ 成立,即有 $0 < a_n \leqslant \dfrac{1}{2}$.

假设 $f(x) = -x + \dfrac{1}{2-x} = 2 - x + \dfrac{1}{2-x} - 2$,$x \in \left[0, \dfrac{1}{2}\right]$,则 $f(x)$ 是减函数(令 $u=2-x$,则 $u \in \left[\dfrac{1}{2}, 2\right]$,$u + \dfrac{1}{u}$ 是 u 的增函数,又 u 是 x 的减函数)

于是 $a_{n+1} = f(a_n) \leqslant f(0) = \dfrac{1}{2}$，$a_{n+1} = f(a_n) \geqslant f\left(\dfrac{1}{2}\right) = \dfrac{1}{6}$，即命题对 $n+1$ 成立.

由数学归纳法知 $0 < a_n \leqslant \dfrac{1}{2}$，$n = 1, 2, 3 \cdots$

原命题等价于

$$\left(\dfrac{n}{a_1 + a_2 + \cdots + a_n}\right)^n \left[\dfrac{n}{2(a_1 + a_2 + \cdots a_n)} - 1\right]^n \leqslant \left(\dfrac{1}{a_1} - 1\right) \cdots \left(\dfrac{1}{a_n} - 1\right)$$

设 $f(x) = \ln\left(\dfrac{1}{x} - 1\right)$，$x \in \left(0, \dfrac{1}{2}\right)$，则 $f(x)$ 为 $\left(0, \dfrac{1}{2}\right)$ 中的下凸函数，对于

$$0 < x_1, x_2 < \dfrac{1}{2} \Rightarrow f\left(\dfrac{x_1 + x_2}{2}\right) \leqslant \dfrac{f(x_1) + f(x_2)}{2}$$

事实上

$$f\left(\dfrac{x_1 + x_2}{2}\right) \leqslant \dfrac{f(x_1) + f(x_2)}{2}$$

$$\Leftrightarrow (-1)^2 \leqslant \left(\dfrac{1}{x_1} - 1\right)\left(\dfrac{1}{x_2} - 1\right)$$

$$\Leftrightarrow (x_1 - x_2)^2 \geqslant 0$$

所以，由琴生不等式可得

$$f\left(\dfrac{x_1 + x_2 + \cdots + x_n}{n}\right) \leqslant \dfrac{f(x_1) + f(x_2) + \cdots + f(x_n)}{n}$$

即

$$\left(\dfrac{n}{a_1 + a_2 + a_3 + \cdots + a_n} - 1\right)^n \leqslant \left(\dfrac{1}{a_1} - 1\right)\left(\dfrac{1}{a_2} - 1\right) \cdots \left(\dfrac{1}{a_n} - 1\right)$$

另一方面，由题设及柯西不等式知道

$$\sum_{i=1}^{n}(1 - a_i) = \sum_{i=1}^{n} \dfrac{1}{a_i + a_{i+1}} - n \geqslant \dfrac{n^2}{\displaystyle\sum_{i=1}^{n}(a_i + a_{i+1})} - n$$

$$= \dfrac{n^2}{a_{n+1} - a_1 + 2\displaystyle\sum_{i=1}^{n} a_i} - n$$

$$\geqslant \dfrac{n^2}{2\displaystyle\sum_{i=1}^{n} a_i} - n$$

$$= n\left[\dfrac{n}{2\displaystyle\sum_{i=1}^{n} a_i} - 1\right]$$

$$\Rightarrow \sum_{i=1}^{n}(1-a_i) \geqslant n\left[\frac{n}{2\sum_{i=1}^{n}a_i}-1\right]$$

所以

$$\frac{\sum_{i=1}^{n}(1-a_i)}{\sum_{i=1}^{n}a_i} \geqslant \frac{n}{\sum_{i=1}^{n}a_i}\left[\frac{n}{2\sum_{i=1}^{n}a_i}-1\right]$$

即

$$\left(\frac{n}{a_1+a_2+\cdots+a_n}\right)^n\left[\frac{n}{2(a_1+a_2+\cdots+a_n)}-1\right]^n$$

$$\leqslant \left[\frac{(1-a_1)+(1-a_2)+\cdots+(1-a_n)}{a_1+a_2+a_3+\cdots+a_n}\right]^n$$

$$= \left(\frac{n}{a_1+a_2+a_3+\cdots+a_n}-1\right)^n$$

$$\leqslant \left(\frac{1}{a_1}-1\right)\left(\frac{1}{a_2}-1\right)\cdots\left(\frac{1}{a_n}-1\right)$$

评注 这里运用函数与不等式相结合的方法解决了本题,缘由是结论经过变形后形成的结构

$$\left[\frac{n}{2(a_1+a_2+\cdots+a_n)}-1\right]^n\left(\frac{n}{a_1+a_2+\cdots+a_n}\right)^n$$

$$\leqslant \left(\frac{1}{a_1}-1\right)\left(\frac{1}{a_2}-1\right)\cdots\left(\frac{1}{a_n}-1\right)$$

明显是一个函数在多个变量处的算术平均值与各个变量函数值的关系,这是题目首先给出的第一感觉——题感.

一个相关问题.

问题 4 设 $a_i \in \mathbf{R}^* (i=1,2,3,\cdots,n)$, $a_n = \max\{a_1,a_2,\cdots,a_n\}$, $a_1 = \min\{a_1,a_2,\cdots,a_n\}$,求证: $\sum_{i=1}^{n}a_i^2 \geqslant \dfrac{\left(\sum_{i=1}^{n}a_i\right)^2}{n}+\dfrac{1}{2}(a_n-a_1)^2$.

题目解说 本题是笔者于 1991 年所命,发表在《中学数学》(苏州)1992(7)).

证明 运用平方平均值不等式.

事实上

$$\left(\frac{a_1+a_n}{2}\right)^2+\left(\frac{a_1+a_n}{2}\right)^2+a_2^2+\cdots+a_{n-1}^2$$

$$\geqslant \frac{\left(\frac{a_1+a_n}{2}+\frac{a_1+a_n}{2}+a_2+\cdots+a_{n-1}\right)^2}{n}$$

$$= \frac{(a_1 + a_n + a_2 + \cdots + a_{n-1})^2}{n}$$

$$= \frac{(a_1 + a_2 + \cdots + a_{n-1} + a_n)^2}{n}$$

即

$$\frac{a_1^2 + a_n^2}{4} + \frac{a_1^2 + a_n^2}{4} + a_2^2 + \cdots + a_{n-1}^2 \geqslant \frac{\left(\sum\limits_{i=1}^{n} a_i\right)^2}{n} - a_1 a_n$$

即

$$a_1^2 + a_n^2 + a_2^2 + \cdots + a_{n-1}^2$$

$$\geqslant \frac{\left(\sum\limits_{i=1}^{n} a_i\right)^2}{n} + \frac{a_1^2 + a_n^2}{2} - a_1 a_n$$

$$= \frac{\left(\sum\limits_{i=1}^{n} a_i\right)^2}{n} + \frac{(a_1 - a_n)^2}{2}$$

到此结论得证.

评注 （1）本结论是常见不等式 $\sum\limits_{i=1}^{n} a_i^2 \geqslant \dfrac{\left(\sum\limits_{i=1}^{n} a_i\right)^2}{n}$ 的一种加强形式.

（2）本题的证明是将两个特殊变量捆绑在一起看待,在数学里经常被称作捆绑法,这种处理方法就将特殊的两个变量与其他变量值关系化为平等关系.

综上所述,上面三道题目表面上看是数列型叙述,其实质还是多个变量的样子,问题 2,4 两个问题的各个变量之间没有关系,相互独立,而问题 3 的变量之间依据数列关系给出,后一个变量需要根据前一个变量确定.

§28　Erdos-Mordell 不等式的证明与应用

一、题目与解答

问题 1　如图 28,设 P 是 $\triangle ABC$ 内任意一点,过 P 作三边 BC,CA,AB 的垂线,垂足分别为 D,E,F,求证:$PA + PB + PC \geqslant 2(PD + PE + PF)$.

题目解说　本题为 Erdos-Mordell 不等式.

证明 1　如图 28,联结 EF,由于 A,F,P,E 四点共圆,且 PA 为该圆的直

径,所以,若记 $PD=x$,$PE=y$,$PF=z$,在 $\triangle PEF$ 中,由余弦定理知

$$EF^2 = y^2 + z^2 - 2yz\cos\angle EPF$$

$$= y^2(\sin^2 C + \cos^2 C) + z^2(\sin^2 B + \cos^2 B) - 2yz\cos(B+C)$$

$$= (z\sin B + y\sin C)^2 + (z\cos B - y\cos C)^2$$

$$\geqslant (z\sin B + y\sin C)^2$$

从而,在 $\triangle PEF$ 中,由正弦定理有

$$PA = \frac{EF}{\sin A} \geqslant z\frac{\sin B}{\sin A} + y\frac{\sin C}{\sin A}$$

同理可得

$$PB \geqslant x\frac{\sin C}{\sin B} + z\frac{\sin A}{\sin B}$$

$$PC \geqslant x\frac{\sin B}{\sin C} + y\frac{\sin A}{\sin C}$$

这三个式子相加得到

$$PA + PB + PC \geqslant x\left(\frac{\sin C}{\sin B} + \frac{\sin B}{\sin C}\right) +$$

$$y\left(\frac{\sin A}{\sin C} + \frac{\sin C}{\sin A}\right) + z\left(\frac{\sin A}{\sin B} + \frac{\sin B}{\sin A}\right)$$

$$\geqslant 2(x + y + z)$$

结论得证.

评注 这个方法利用四点共圆,将目标线段与三角形的内角联系起来,最后利用二元均值不等式将三角函数消去,是多种资料上普遍采用的方法.

证明 2 记 $\triangle ABC$ 的边长分别为 a,b,c,如图 28 所示,延长 AP,分别作 $BM \perp AP$,$CN \perp AP$,M,N 分别为垂足,则 $BM + CN \leqslant BC$,即

$$BM \cdot AP + CN \cdot AP \leqslant BC \cdot AP$$

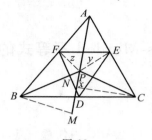

图 28

即

从分析解题过程学解题——
竞赛中的向量几何与不等式研究

$$\frac{1}{2}a \cdot PA \geqslant S_{\triangle ABP} + S_{\triangle ACP} = \frac{1}{2}(cz + by)$$

$$\Rightarrow a \cdot PA \geqslant c \cdot z + b \cdot y \tag{1}$$

现在以 $\angle A$ 的平分线为对称轴将图形对折,再使用(1),得到

$$a \cdot PA \geqslant b \cdot z + c \cdot y \Rightarrow PA \geqslant \frac{b}{a} \cdot z + \frac{c}{a} \cdot y \tag{2}$$

同理可得

$$PB \geqslant \frac{a}{b} \cdot z + \frac{c}{b} \cdot x \tag{3}$$

$$PC \geqslant \frac{a}{c} \cdot y + \frac{b}{c} \cdot x \tag{4}$$

这三个式子相加得

$$PA + PB + PC \geqslant x\left(\frac{c}{b} + \frac{b}{c}\right) + y\left(\frac{a}{c} + \frac{c}{a}\right) + z\left(\frac{a}{b} + \frac{b}{a}\right)$$

$$\geqslant 2(x + y + z)$$

评注 这个证明也是许多资料上采用的方法,十分巧妙,值得仔细回味.

证明 3 运用平面几何知识.

如图 29,记 $\triangle ABC$ 的边长分别为 a,b,c,过 P 作直线 MN 分别交 AC,AB 于 M,N,使得 $\triangle ABC \backsim \triangle AMN$,则

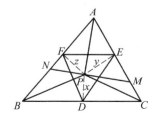

图 29

$$\frac{MN}{a} = \frac{AM}{c} = \frac{AN}{b} = \frac{PE \cdot AM}{PE \cdot c} = \frac{PF \cdot AN}{PF \cdot b}$$

$$= \frac{PE \cdot AM + PF \cdot AN}{PE \cdot c + PF \cdot b}$$

$$= \frac{2S_{\triangle AMN}}{PE \cdot c + PF \cdot b}$$

$$\leqslant \frac{PA \cdot MN}{PE \cdot c + PF \cdot b}$$

所以

$$PA \geqslant \frac{b}{a} \cdot z + \frac{c}{a} \cdot y \tag{1}$$

同理可得

$$PB \geqslant \frac{a}{b} \cdot z + \frac{c}{b} \cdot x \tag{2}$$

$$PC \geqslant \frac{a}{c} \cdot y + \frac{b}{c} \cdot x \tag{3}$$

这三个式子相加得

$$PA + PB + PC \geqslant x\left(\frac{c}{b} + \frac{b}{c}\right) + y\left(\frac{a}{c} + \frac{c}{a}\right) + z\left(\frac{a}{b} + \frac{b}{a}\right) \geqslant 2(x + y + z)$$

评注 本证明利用构造相似三角形,从比例式构造面积关系,再从面积关系式构造目标线段,也是一些资料上采用的不错的方法.

证明 4 如图 30,记 $\triangle ABC$ 的边长分别为 a, b, c,设

$$PA = u, PB = v, PC = w, \angle APB = 2\alpha, \angle BPC = 2\beta, \angle CPA = 2\gamma$$

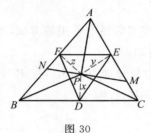

图 30

则在 $\triangle ABP$ 中运用余弦定理得到

$$\begin{aligned}
c^2 &= u^2 + v^2 - 2uv\cos 2\alpha \\
&= (u - v)^2 + 2uv(1 - \cos 2\alpha) \\
&= (u - v)^2 + 4uv\sin^2\alpha \\
&\geqslant 4uv\sin^2\alpha \\
&\Rightarrow c \geqslant 2\sqrt{uv}\sin\alpha
\end{aligned}$$

又设 x, y, z 是 $\triangle ABC$ 三边的高线,根据面积关系知

$$\frac{1}{2}cz = \frac{1}{2}uv\sin 2\alpha \Rightarrow uv\sin 2\alpha = cz \geqslant 2z\sqrt{uv} \cdot \sin\alpha$$

即

$$z \leqslant \frac{uv\sin 2\alpha}{2\sqrt{uv} \cdot \sin\alpha} = \sqrt{uv} \cdot \cos\alpha \tag{1}$$

同理可得

$$x \leqslant \sqrt{vw} \cdot \cos\beta \tag{2}$$

$$y \leqslant \sqrt{wu} \cdot \cos \gamma \qquad (3)$$

这三个式子相加得到

$$x + y + z \leqslant \sqrt{vw} \cdot \cos \beta + \sqrt{wu} \cdot \cos \gamma + \sqrt{uv} \cdot \cos \alpha$$

$$\leqslant \frac{1}{2}(u + v + w)$$

最后一步用到了熟知三角不等式

$$x + y + z \geqslant 2\sqrt{xy} \cos A + 2\sqrt{yz} \cos B + 3\sqrt{zx} \cos C$$

见本章 §18.

即结论得证.

评注　本题的多个证明来自于多种资料,在此对不知道名字的作者一并表示感谢.

另外,本结论(问题 1)反映了三角形内一点到三顶点距离之和与到三边距离之和的关系,在解题过程中,如果题目条件有涉及此类线段的,就应该想到运用这个结论,这是一个直接的想法.

二、结论的加强及其应用

运用本方法还可以将本题加强为以下问题:

问题 2　设 $\angle BPC, \angle APC, \angle BPA$ 的角平分线长分别为 t_1, t_2, t_3,那么

$$PA + PB + PC \geqslant 2(t_1 + t_2 + t_3)$$

证明　这是问题 1 的证明 4 的过程.

问题 3　设 P 是 $\triangle ABC$ 内一点,求证:$\angle PAB, \angle PBC, \angle PCA$ 中至少有一个不大于 $30°$.

题目解说　本题为第 32 届 IMO 一题.见《中等数学》,1998(3):6.

方法透析　如果从不等式方向去理解,需要寻找这三个角 $\angle PAB = \alpha$,$\angle PBC = \beta, \angle PCA = \gamma$ 的一个不等关系式:比如 $\alpha + \beta + \gamma \leqslant 90°$,或者三角函数关系 $\sin \alpha \sin \beta \sin \gamma \leqslant \left(\dfrac{1}{2}\right)^3$ 等.

证明 1　运用正弦定理.

如图 31,标记各个角,分别在 $\triangle PAB, \triangle PBC, \triangle PCA$ 中,运用正弦定理得到

$$\frac{PA}{PB} = \frac{\sin \beta_1}{\sin \alpha}, \frac{PB}{PC} = \frac{\sin \gamma_1}{\sin \beta}, \frac{PC}{PA} = \frac{\sin \alpha_1}{\sin \gamma}$$

这三个式子相乘得到

$$\sin \alpha \sin \beta \sin \gamma = \sin \alpha_1 \sin \beta_1 \sin \gamma_1$$

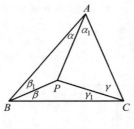

图 31

所以

$$(\sin\alpha\sin\beta\sin\gamma)^2 = (\sin\alpha_1\sin\alpha)(\sin\beta_1\sin\beta)(\sin\gamma\sin\gamma_1)$$

$$\leqslant \sin^6\frac{\alpha+\beta+\gamma+\alpha_1+\beta_1+\gamma_1}{6} = \frac{1}{64}$$

即 $\sin\alpha\sin\beta\sin\gamma \leqslant \dfrac{1}{8}$，因此，$\sin\alpha$，$\sin\beta$，$\sin\gamma$ 中至少有一个不超过 $\dfrac{1}{2}$，不妨设 $\sin\alpha \leqslant \dfrac{1}{2}$，则 $\alpha \leqslant 30°$，或者 $\alpha \geqslant 150°$，（若 $\alpha \geqslant 150°$，则 β，γ 均小于 $30°$），于是结论得证.

评注　这个证明是从正弦定理起步来构造三个角的三角函数关系入手考虑的，并利用琴生不等式（三角函数的凹凸性）完成证明，属于比较直接的方法.

证明 2　反证法，并利用 Erdos-Mordell 不等式.

如图 32，并标记各个角，设 P 到三边 BC，CA，AB 的垂线分别为 PD，PE，PF，并设 α，β，γ 均大于 $30°$，于是

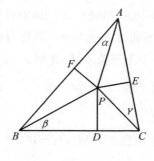

图 32

$$PD = PB\sin\beta > \frac{1}{2}PB$$

$$PE = PC\sin\gamma > \frac{1}{2}PC$$

$$PF = PA\sin\alpha > \frac{1}{2}PA$$

这三个式子相加得到

$$PA + PB + PC < 2(PD + PE + PF)$$

这与 Erdos-Mordell 不等式矛盾,从而结论得证.

评注 这个证明十分简洁,思想方法是利用三角函数单调性构造出 Erdos-Mordell 不等式的矛盾结论.

证明 3 如图 33,设 AP,BP,CP 的延长线分别交 $\triangle ABC$ 的三边 BC,CA,AB 于 D,E,F,若记 $\dfrac{PD}{AD} = x$,$\dfrac{PE}{BE} = y$,$\dfrac{PF}{CF} = z$,则由面积知识知

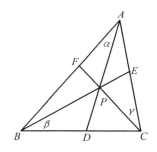

图 33

$$x + y + z = 1$$

$$\sin\beta < \frac{PD}{PB}, \sin\gamma < \frac{PE}{PC}, \sin\alpha < \frac{PF}{PA}$$

所以

$$\sin\alpha\sin\beta\sin\gamma < \frac{PD}{PB} \cdot \frac{PE}{PC} \cdot \frac{PF}{PA}$$

$$= \frac{xyz}{(1-x)(1-y)(1-z)}$$

$$= \frac{xyz}{(y+z)(z+x)(x+y)}$$

$$\leqslant \frac{1}{8}$$

以下同前面的证明 1.

221

评注 这个证明也是从构造角出发,但是,中间利用了 $x+y+z=1$ 这个熟知的结论,并利用不等式完成证明.

证明4 对 $\triangle PAB,\triangle PBC,\triangle PCA$ 分别运用正弦定理有

$$\frac{PA}{\sin(B-\beta)}=\frac{PB}{\sin\alpha},\frac{PB}{\sin(C-\gamma)}=\frac{PC}{\sin\beta},\frac{PC}{\sin(A-\alpha)}=\frac{PA}{\sin\gamma}$$

这三个式子相乘得到

$$1=\frac{\sin(A-\alpha)\sin(B-\beta)\sin(C-\gamma)}{\sin\alpha\sin\beta\sin\gamma} \tag{1}$$

而

$$\frac{\sin(A-\alpha)}{\sin\alpha}=\frac{\sin A\cos\alpha-\cos A\sin\alpha}{\sin\alpha}=\sin A(\cot\alpha-\cot A)$$

还有类似的几个式子,代入(1),并注意到

$$(\cot\alpha-\cot A),(\cot\beta-\cot B),(\cot\gamma-\cot C)$$

都是正数.

于是

$$\left(\frac{1}{\sin A\sin B\sin C}\right)^{\frac{1}{3}}=\left[(\cot\alpha-\cot A)(\cot\beta-\cot B)(\cot\gamma-\cot C)\right]^{\frac{1}{3}}$$

$$\leqslant\frac{1}{3}(\cot\alpha+\cot\beta+\cot\gamma-\cot A-\cot B-\cot C)$$

所以

$$\cot\alpha+\cot\beta+\cot\gamma\geqslant\cot A+\cot B+\cot C+3\left(\frac{1}{\sin A\sin B\sin C}\right)^{\frac{1}{3}}$$

但是

$$\cot A+\cot B+\cot C\geqslant 3\sqrt{3},\sin A\sin B\sin C\leqslant\frac{\sqrt{3}}{2}$$

所以

$$\cot\alpha+\cot\beta+\cot\gamma\geqslant 3\sqrt{3}$$

从而 $\cot\alpha,\cot\beta,\cot\gamma$ 中至少有一个不小于 $\sqrt{3}$,不妨设 $\cot\alpha\geqslant\sqrt{3}$,因为 $\alpha\in(0,\pi)$,由余切函数单调性,所以 $\alpha\leqslant 30°$.

评注 这个证明也是从角考虑构造,但是与前面几个方法的构造有点距离,前面是构造角的正弦,这个是构造角的余切,值得回味.

问题4 求证:$\triangle ABC$ 的内心 I 到各顶点距离之和至少是重心 G 到各边距离之和 2 倍.

题目解说 本题为《数学通讯》1993(9)数学竞赛之窗问题60.

方法透析　本题涉及三角形内一点到三顶点距离之和,就应该想到问题 1 的结论是否可以运用.

证明　直接运用 Erdos-Mordell 不等式. 设 $\triangle ABC$ 内切圆半径为 r.

记 G 到各边的距离分别为

$$r_a(G), r_b(G), r_c(G) \Rightarrow r_a(G) = \frac{1}{3}h_a, r_b(G) = \frac{1}{3}h_b, r_c(G) = \frac{1}{3}h_c$$

又

$$r + IA \geqslant h_a, r + IB \geqslant h_b, r + IC \geqslant h_c$$

根据 Erdos-Mordell 不等式知

$$r_a(G) + r_b(G) + r_c(G) = \frac{1}{3}h_a + \frac{1}{3}h_b + \frac{1}{3}h_c$$

$$\leqslant \frac{1}{3}(IA + IB + IC) + r$$

$$\leqslant \frac{1}{3}(IA + IB + IC) + \frac{1}{6}(IA + IB + IC)$$

$$(\text{注意到 } IA + IB + IC) \geqslant 2(r + r + r) = 6r)$$

$$= \frac{1}{2}(IA + IB + IC)$$

即

$$r_a(G) + r_b(G) + r_c(G) \leqslant \frac{1}{2}(IA + IB + IC)$$

评注　这个证明不仅用到 Erdos-Mordell 不等式,而且还运用了熟知的三角形两边之和大于第三边(或者说平面上两点连线最短的线是直线段).

问题 5　设 P 为 $\triangle ABC$ 的费马点,且 P 在 $\triangle ABC$ 内部,O_1, O_2, O_3 分别为 $\triangle APB, \triangle BPC, \triangle CPA$ 的外心,则求证:

(1)$\triangle O_1 O_2 O_3$ 为正三角形;

(2)$PO_1 + PO_2 + PO_3 \geqslant PA + PB + PC$.

题目解说　本题流行于多种资料.

方法透析　由于结论涉及从三角形内部一点到三顶点距离之和,故想到设法运用 Erdos-Mordell 不等式.

证明　(1)如图 34,由条件知

$$\angle APB = \angle BPC = \angle CPA = 120°$$

而 AP, BP, CP 分别为题设 $\odot O_1, \odot O_2, \odot O_3$ 相交的公共弦,所以 $O_1 O_2$,$O_2 O_3, O_1 O_3$ 分别为 BP, CP, AP 的垂直平分线,设垂足分别为 D, E, F,由 O_1,

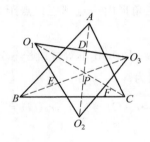

图 34

E, P, D 四点共圆,知 $\angle DO_1E = 60°$.

同理,$\angle DO_3F = \angle EO_2F = 60°$,所以 $\triangle O_1O_2O_3$ 为正三角形.

(2) 在 $\triangle O_1O_2O_3$ 中,根据 Erdos-Mordell 不等式,知

$$PO_1 + PO_2 + PO_3 \geqslant 2(PD + PE + PF) = PA + PB + PC$$

评注　这个证明很巧妙地将目标线段与 Erdos-Mordell 不等式中所涉及的线段联系起来.

问题 6　设 P 为锐角 $\triangle ABC$ 内任意一点,r 为内切圆半径,求证:$PA + PB + PC \geqslant 6r$.

题目解说　本题曾经为一刊物上的问题(不记得是哪一本了).

方法透析　本题涉及三角形内部一点到三顶点距离之和,故应想到运用 Erdos-Mordell 不等式.

证明　如图 35,作 $PD \perp BC$,$PE \perp CA$,$PF \perp AB$,D,E,F 分别为垂足,则根据 Erdos-Mordell 不等式,知

$$PA + PB + PC \geqslant 2(PD + PE + PF)$$

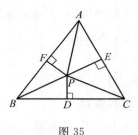

图 35

所以

$$\frac{3}{2}(PA + PB + PC) \geqslant (PA + PD) + (PB + PE) + (PC + PF)$$

$$\geqslant h_a + h_b + h_c$$

但是

$$\triangle = \frac{1}{2} r(a+b+c)$$

这里 $\triangle$ 为 $\triangle ABC$ 的面积,所以

$$\frac{1}{r} = \frac{\frac{1}{2}\sum a}{\triangle} = \frac{1}{2} \cdot \frac{\sum a}{\triangle} = \frac{1}{2} \cdot \sum \frac{a}{\frac{1}{2} \cdot a \cdot h_a}$$

$$= \frac{1}{h_a} + \frac{1}{h_b} + \frac{1}{h_c}$$

$$\geqslant \frac{9}{h_a + h_b + h_c}$$

根据柯西不等式知

$$\sum h_a \geqslant 9r$$

所以

$$\frac{3}{2}(PA + PB + PC) \geqslant h_a + h_b + h_c \geqslant 9r$$

即 $PA + PB + PC \geqslant 6r$.

评注 本题证明过程中的 $\sum h_a \geqslant 9r$,也可以直接证明,事实上,由柯西不等式知道

$$(a+b+c)(h_a + h_b + h_c) \geqslant (\sqrt{ah_a} + \sqrt{ah_b} + \sqrt{ah_c})^2$$

$$= (3\sqrt{2\triangle})^2 = 18\triangle = 9(a+b+c)r$$

即

$$h_a + h_b + h_c \geqslant 9r$$

评注 本题的证明有点弯转,中间需要面积关系来沟通.

问题 7 设 I 为 $\triangle ABC$ 的内心,联结 AI,BI,CI 并延长分别交 $\triangle ABC$ 的外接圆于 A_1,B_1,C_1,求证

$$IA_1 + IB_1 + IC_1 \geqslant IA + IB + IC \tag{1}$$

题目解说 本题为一道熟题.

证明 1 三角法.

如图 36,在 $\triangle IC_1A_1$,$\triangle IA_1B_1$,$\triangle IB_1C_1$ 中,结合平面几何知识,以及正弦定理的结论,有

$$\frac{IA_1}{\sin \dfrac{A}{2}} = \frac{IB_1}{\sin \dfrac{B}{2}} = \frac{IC_1}{\sin \dfrac{C}{2}} = 2R$$

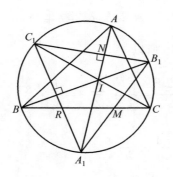

图 36

以及

$$\frac{IA}{2\sin\dfrac{B}{2}\cdot\sin\dfrac{C}{2}}=\frac{IB}{2\sin\dfrac{C}{2}\cdot\sin\dfrac{A}{2}}$$

$$=\frac{IC}{2\sin\dfrac{A}{2}\cdot\sin\dfrac{B}{2}}=2R$$

（$2R$ 为 $\triangle ABC$ 外接圆直径）

所以，原不等式进一步等价于

$$2\sum\sin\frac{A}{2}\sin\frac{B}{2}\leqslant\sum\sin\frac{A}{2} \tag{2}$$

但是，由熟知的代数不等式有

$$3\sum\sin\frac{A}{2}\sin\frac{B}{2}\leqslant\left(\sum\sin\frac{A}{2}\right)^2=\left(\sum\sin\frac{A}{2}\right)\cdot\left(\sum\sin\frac{A}{2}\right)$$

$$\leqslant\frac{3}{2}\left(\sum\sin\frac{A}{2}\right)$$

即（2）成立，从而（1）获得证明.

评注　这个证明借助于三角不等式，但是也不是一步到位，也需要一些变形，所以，几何不等式的证明远不是代数的不等式证明那么简单，需要对几何结构进行转化.

证明 2　运用 Erdos-Mordell 不等式.

如图 37，联结 A_1C,B_1C，则由内心的性质知道 $A_1C=A_1I,B_1C=B_1I$，即 A_1B_1 为 IC 的中垂线，同理知 A_1C_1 为 IB 的中垂线，B_1C_1 为 IA 的中垂线，令垂足分别为 M,R,N，很显然，I 在 $\triangle A_1B_1C_1$ 内部，所以，由 Erdos-Mordell 不等式有

$$IA_1+IB_1+IC_1\geqslant 2(IM+IN+IR)=IA+IB+IC \tag{1}$$

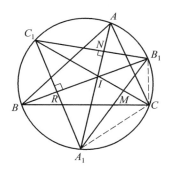

图 37

给（1）的两端加上右端得到

$$AA_1 + BB_1 + CC_1 \geqslant 2(IA + IB + IC)$$

再注意到

$$IA + IB > AB, IB + IC > BC, IA + IC > AC$$

所以

$$AA_1 + BB_1 + CC_1 \geqslant AB + BC + CA \qquad (2)$$

评注 上面的（2）是 1982 年澳大利亚竞赛一题. 这个证明的优点在于运用平面几何知识之后, 过程简单多了.

问题 8 设 P 为 $\triangle ABC$ 内部任意一点, $\triangle BPC$, $\triangle APC$, $\triangle BPA$ 的外接圆半径分别为 R_a, R_b, R_c, 求证: $R_a + R_b + R_c \geqslant PA + PB + PC$.

题目解说 本题为《数学通报》1998(6):7 问题 1137.

方法透析 本题明显是涉及从三角形内部一点到三个顶点距离问题, 故应该联想到 Erdos-Mordell 不等式的运用空间.

证明 如图 38, 过 $\triangle ABC$ 的三个顶点 A, B, C 分别作 PA, PB, PC 的垂线, 则 A, F, B, P; B, D, C, P; A, P, C, E 分别四点共圆, 而且 PF, PD, PE 分别为上述各圆的直径, 从而 $PD = 2R_a, PE = 2R_b, PF = 2R_c$.

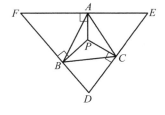

图 38

在 $\triangle DEF$ 中运用 Erdos-Mordell 不等式得到

227

$$PD + PE + PF \geqslant 2(PA + PB + PC)$$

即

$$2(R_a + R_b + R_c) \geqslant 2(PA + PB + PC)$$

从而结论得到证明.

评注　这个证明非常简单,一步解决问题,关键是合理利用 Erdos-Mordell 不等式.

问题 9　设 H 为锐角 $\triangle ABC$ 的垂心,AH,BH,CH 分别与其外接圆交于 A_1,B_1,C_1,求证:$HA + HB + HC \geqslant HA_1 + HB_1 + HC_1$.

证明　如图 39,设 AH,BH,CH 分别与三边交于点 D,E,F,由三角形的垂心性质知道

$$HD = DA_1, HE = EB_1, HF = FC_1$$

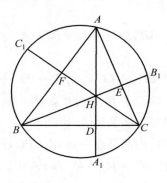

图 39

所以

$$HA + HB + HC \geqslant 2(HD + HE + HF)$$
$$= HA_1 + HB_1 + HC_1$$

评注　这个证明用到了锐角三角形的垂心性质.

另外,联想到问题 7 与 9,他们分别是关于三角形的内心和垂心都成立的一条性质,那么,对于三角形内部任意一点还成立吗?

问题 10　如图 40,设 I,H 分别为 $\triangle ABC$ 的内心和垂心,R,r 分别为其外接圆和内切圆的半径,求证:

(1)$3R \geqslant HA + HB + HC$;

(2)$3R \geqslant IA + IB + IC$;

(3)$R \geqslant 3r$.

证明　(1) 过 A,B,C 分别作 HA,HB,HC 的垂线交成 $\triangle A_1B_1C_1$,则

228

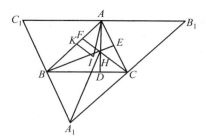

图 40

$$HA_1 + HB_1 + HC_1 \geqslant 2(HA + HB + HC)$$

又 H, A, C_1, B 四点共圆,且 HC_1 为其圆的直径,所以

$$HC_1 = \frac{AB}{\sin\angle AHB} = \frac{AB}{\sin C} = 2R$$

同理可得 $HA_1 = HB_1 = 2R$,从而,原命题获得证明.

(2)只要证明 $HA + HB + HC \geqslant IA + IB + IC$ 即可.

由 $\dfrac{HA}{\cos A} = 2R$,$\dfrac{IA}{2\sin\dfrac{B}{2}\sin\dfrac{C}{2}} = 2R$ 等,知只要证明

$$\sum \cos A \geqslant 2\sum \sin\frac{A}{2}\sin\frac{B}{2} \tag{1}$$

事实上,在 $\triangle ABC$ 中,由抽屉原理知,至少有两个角不小于 $\dfrac{\pi}{3}$,或者不大于

$\dfrac{\pi}{3}$,不妨设为 A, B,则有

$$\left(\sin\frac{A}{2} - \frac{1}{2}\right)\left(\sin\frac{B}{2} - \frac{1}{2}\right) \geqslant 0 \Rightarrow 4\sin\frac{A}{2}\sin\frac{B}{2} \geqslant 2\left(\sin\frac{A}{2} + \sin\frac{B}{2}\right) - 1$$

$$\Rightarrow 4\sin\frac{A}{2}\sin\frac{B}{2}\sin\frac{C}{2} \geqslant 2\left(\sin\frac{A}{2} + \sin\frac{B}{2}\right)\sin\frac{C}{2} - \sin\frac{C}{2} \tag{2}$$

但是

$$\cos A + \cos B + \cos C = 1 + 4\sin\frac{A}{2}\sin\frac{B}{2}\sin\frac{C}{2}$$

代入到(2)即得

$$\cos A + \cos B + \cos C \geqslant 2\left(\sin\frac{A}{2} + \sin\frac{B}{2}\right)\sin\frac{C}{2} + 1 - \sin\frac{C}{2} \tag{3}$$

又

$$2\sin\frac{A}{2}\sin\frac{B}{2} = \cos\left(\frac{A}{2} - \frac{B}{2}\right) - \cos\left(\frac{A}{2} + \frac{B}{2}\right) \leqslant 1 - \sin\frac{C}{2}$$

代入到(3)得到 $\sum \cos A \geqslant 2 \sum \sin \dfrac{A}{2} \sin \dfrac{B}{2}$.

即原结论获得证明.

评注　本题的证明是将几何不等式转化为三角不等式,但是用常规的三角方法证明此三角不等式不适用了(就是直接运用三角变换去解决),就需要借助于抽屉原理来构造新的三角式,此法不易想到,期待更好的方法问世.

(3)由上述两个问题直接得到本结论,略.

§29　抽屉原理与不等式证明

一、题目及其证明

众所周知,抽屉原理是组合数学中非常重要的原理之一,近年来已有文献[1]等将其运用到不等式证明领域,并给出了若干应用,这里笔者也举几例来阐述其在不等式证明方面的应用.

问题 1　已知 $a,b,c \in \mathbf{R}^{*}$,则 $(a^2+2)(b^2+2)(c^2+2) \geqslant 3(a+b+c)^2$.

题目解说　本题较为常见.

证明　由抽屉原理知 $(a^2-1),(b^2-1),(c^2-1)$ 中必有两个数同号,于是,不妨设 $(a^2-1),(b^2-1)$ 同号,从而 $(a^2-1)(b^2-1) \geqslant 0$,于是

$(a^2+2)(b^2+2)=3(a^2+b^2+1)+(a^2-1)(b^2-1) \geqslant 3(a^2+b^2+1)$

再根据柯西不等式知

$$(a^2+2)(b^2+2)(c^2+2) \geqslant 3(a^2+b^2+1)(c^2+2)$$
$$=3(a^2+b^2+1)(1+1+c^2) \geqslant 3(a+b+c)^2$$

从而,原不等式获得证明.

评注　对原题右端使用熟知的不等式 $(a+b+c)^2 \geqslant 3(ab+bc+ca)$ 便得到:已知 $a,b,c \in \mathbf{R}^{*}$,求证 $(a^2+2)(b^2+2)(c^2+2) \geqslant 9(ab+bc+ca)$.

这是 2004 年第 16 届亚太地区数学奥林匹克第 5 题,所以,问题 1 是本题的加强.

另外,我们对上题进行修改,即将左端三个括号中 2 若变为其他数,比如 1,会怎么样? 这就是下面的引申.

二、引申及其证明

引申 1　已知 $a,b,c \in \mathbf{R}^{*}$,求最大的实数 λ,使得不等式

$$(a^2+1)(b^2+1)(c^2+1) \geqslant \lambda\,(a+b+c)^2$$

对于任意 $a,b,c \in \mathbf{R}^*$ 恒成立.

题目解说　本题为《数学教学》2006(6) 问题 675.

下面给出两个解法.

解法 1　令 $a=b=c=\dfrac{1}{\sqrt{2}}$,有 $k \leqslant \dfrac{3}{4}$,下面我们证明,当 $k=\dfrac{3}{4}$ 时,有

$$(a^2+1)(b^2+1)(c^2+1) \geqslant \frac{3}{4}\,(a+b+c)^2 \qquad (1)$$

事实上,由抽屉原理知道,$\left(a^2-\dfrac{1}{2}\right)$,$\left(b^2-\dfrac{1}{2}\right)$,$\left(c^2-\dfrac{1}{2}\right)$ 必有两个同号,

不妨设 $\left(b^2-\dfrac{1}{2}\right)$,$\left(c^2-\dfrac{1}{2}\right)$ 两个同号,则有 $\left(b^2-\dfrac{1}{2}\right)\left(c^2-\dfrac{1}{2}\right) \geqslant 0$,于是

$$(b^2+1)(c^2+1)=\left(b^2-\frac{1}{2}\right)\left(c^2-\frac{1}{2}\right)+\frac{3}{4}+\frac{3}{2}(b^2+c^2) \geqslant \frac{3}{4}+\frac{3}{2}(b^2+c^2)$$

等号成立的条件是

$$b=\frac{1}{\sqrt{2}} \text{ 或 } c=\frac{1}{\sqrt{2}} \qquad (1)$$

因此,根据柯西不等式知

$$(a^2+1)(b^2+1)(c^2+1) \geqslant (a^2+1)\left[\frac{3}{4}+\frac{3}{2}(b^2+c^2)\right]$$

$$=\left(a^2+\frac{1}{2}+\frac{1}{2}\right)\left(\frac{3}{4}+\frac{3}{2}b^2+\frac{3}{2}c^2\right) \geqslant \frac{3}{4}(a+b+c)^2$$

等号成立的条件为 $\dfrac{a}{\sqrt{\dfrac{3}{4}}}=\dfrac{\sqrt{\dfrac{1}{2}}}{\sqrt{\dfrac{3}{2}}b}=\dfrac{\sqrt{\dfrac{1}{2}}}{\sqrt{\dfrac{3}{2}}c} \Leftrightarrow 2ab=1,2ac=1$,结合(1)得到等号成

立的条件是 $a=b=c=\dfrac{1}{\sqrt{2}}$.

解法 2　这里顺便再给出一个三角代换法.

设 $a=\tan\alpha,b=\tan\beta,c=\tan\gamma\left(\alpha,\beta,\gamma\in\left(0,\dfrac{\pi}{2}\right)\right)$,则原不等式等价于对

于 $\alpha,\beta,\gamma\in\left(0,\dfrac{\pi}{2}\right)$,恒有

$$1 \geqslant \sqrt{\lambda}\,(\sin\alpha\cos\beta\cos\gamma+\sin\beta\cos\alpha\cos\gamma+\sin\gamma\cos\alpha\cos\beta)$$

$$\Leftrightarrow 1 \geqslant \sqrt{\lambda}\,[\sin(\alpha+\beta+\gamma)+\sin\alpha\sin\beta\sin\gamma]$$

$$\Leftrightarrow \sqrt{\lambda} \leqslant \frac{1}{\sin(\alpha+\beta+\gamma)+\sin\alpha\sin\beta\sin\gamma}$$

要求上式右端的最小值,只要求出 $u=\sin(\alpha+\beta+\gamma)+\sin\alpha\sin\beta\sin\gamma$ 的最大值,但是因 $\sin\alpha\sin\beta\sin\gamma\leqslant\sin^3\dfrac{\alpha+\beta+\gamma}{3}$,$3\theta=\alpha+\beta+\gamma$,则

$$u\leqslant\sin3\theta+\sin^3\theta=3\sin\theta-4\sin^3\theta+\sin^3\theta=3\sin\theta(1-\sin^2\theta)\leqslant\dfrac{2}{\sqrt{3}}$$

等号成立的条件是 $\theta=\alpha=\beta=\gamma=\arctan\dfrac{1}{\sqrt{2}}$,所以 $\sqrt{\lambda}\leqslant\dfrac{\sqrt{3}}{2}\Rightarrow\lambda\leqslant\dfrac{3}{4}$,即 $\lambda_{\max}=\dfrac{3}{4}$ 时,原不等式恒成立.

引申 2 对于给定的非负数 k,已知 $a,b,c\in\mathbf{R}^*$,求最大的实数 λ,使得不等式

$$(a^2+k)(b^2+k)(c^2+k)\geqslant\lambda(a+b+c)^2$$

对于任意 $a,b,c\in\mathbf{R}^*$ 恒成立.

由上面的三角证明可以知道 $\lambda_{\max}=\dfrac{3}{4}k^2$.

评注 本题在《数学通讯》2008(17):46 中广州杨志明先生给出了一个比较好的证明,但是下面的证明更有趣,这个方法为宋庆在《数学通讯》2008(11):48 给出.

证明 由抽屉原理知道 $a^2-\dfrac{k}{2}$,$b^2-\dfrac{k}{2}$,$c^2-\dfrac{k}{2}$ 必有两个同号,不妨设前面两个同号,于是有

$$\left(a^2-\dfrac{k}{2}\right)\left(b^2-\dfrac{k}{2}\right)\geqslant0\Rightarrow(a^2+k)(b^2+k)\geqslant\dfrac{3k}{2}\left(a^2+b^2+\dfrac{k}{2}\right)$$

所以

$$(a^2+k)(b^2+k)(c^2+k)\geqslant\dfrac{3k}{2}\left(a^2+b^2+\dfrac{k}{2}\right)(k+c^2)$$

$$=\dfrac{3k}{2}\left(a^2+b^2+\dfrac{k}{2}\right)\left(\dfrac{k}{2}+\dfrac{k}{2}+c^2\right)$$

$$\geqslant\dfrac{3k}{2}\left(a\sqrt{\dfrac{k}{2}}+b\sqrt{\dfrac{k}{2}}+c\sqrt{\dfrac{k}{2}}\right)^2$$

$$=\dfrac{3k^2}{4}(a+b+c)^2$$

到此命题获得完美证明.

引申 3 在 $\triangle ABC$ 中,求证:$\dfrac{1}{2-\cos A}+\dfrac{1}{2-\cos B}+\dfrac{1}{2-\cos C}\geqslant2$.

题目解说 这是我的好朋友 —— 山东的杨烈敏老师(于 2006 年左右)提

出的一个问题.

方法透析　上题的证明运用了抽屉原理,对于本题不妨试试看.

证明　首先,由于不等式的左端关于三个角 A,B,C 轮换对称,由抽屉原理知道,三角形的三个内角 A,B,C 中至少有一个不超过 $60°$,不妨设

$$C \leqslant 60° \Rightarrow \frac{A+B}{2} \geqslant 60°, 0 < \sin\frac{C}{2} = \cos\frac{A+B}{2} \leqslant \frac{1}{2}$$

从而,我们可以证明

$$\frac{1}{2-\cos A} + \frac{1}{2-\cos B} \geqslant \frac{2}{2-\cos\frac{A+B}{2}} \tag{1}$$

为运算方便,设 $\dfrac{A+B}{2}=\alpha, \dfrac{A-B}{2}=\beta \Rightarrow A=\alpha+\beta, B=\alpha-\beta$,则不等式(1) 等价于

$$\frac{1}{2-\cos(\alpha+\beta)} + \frac{1}{2-\cos(\alpha-\beta)} \geqslant \frac{2}{2-\cos\alpha}$$

$$\Leftrightarrow [4-\cos(\alpha+\beta)-\cos(\alpha-\beta)](2-\cos\alpha)$$

$$\geqslant 2[2-\cos(\alpha+\beta)][2-\cos(\alpha-\beta)]$$

$$\Leftrightarrow (2-\cos\alpha\cos\beta)(2-\cos\alpha)$$

$$\geqslant 4-2\cos(\alpha+\beta)-2\cos(\alpha-\beta)+\cos(\alpha+\beta)\cos(\alpha-\beta)$$

$$\Leftrightarrow (2-\cos\alpha\cos\beta)(2-\cos\alpha)$$

$$\geqslant 4-4\cos\alpha\cos\beta+\cos^2\alpha\cos^2\beta-\sin^2\alpha\sin^2\beta$$

$$\Leftrightarrow (2-\cos\alpha\cos\beta)(2-\cos\alpha)$$

$$\geqslant 4-4\cos\alpha\cos\beta+\cos^2\alpha\cos^2\beta-(1-\cos^2\alpha)(1-\cos^2\beta)$$

$$\Leftrightarrow (2-\cos\alpha\cos\beta)(2-\cos\alpha)$$

$$\geqslant 3+\cos^2\alpha+\cos^2\beta-4\cos\alpha\cos\beta$$

$$\Leftrightarrow 0 \leqslant (2-\cos\alpha\cos\beta)(2-\cos\alpha)-(3+\cos^2\alpha+\cos^2\beta-4\cos\alpha\cos\beta)$$

$$= (1-\cos\beta)[(1-2\cos\alpha)+(\cos\beta-\cos^2\alpha)] \tag{2}$$

由于

$$\cos\beta = \cos\frac{A-B}{2} > \cos\frac{A+B}{2} = \cos\alpha \geqslant \cos^2\alpha$$

$$1-2\cos\alpha = 1-2\cos\frac{A+B}{2} \geqslant 0$$

(注意到 $A \geqslant B \geqslant C, \Rightarrow C \leqslant 60° \Rightarrow \dfrac{A+B}{2}=\alpha \geqslant 60°, 0 < \sin\dfrac{C}{2}=\cos\dfrac{A+B}{2}=\cos\alpha \leqslant \dfrac{1}{2}$)

所以不等式（2）成立. 从而（1）对于 $\triangle ABC$ 显然成立，等号成立的条件显然是 $A=B$.

那么，要证明原不等式，只要再证明

$$\frac{1}{2-\cos C}+\frac{2}{2-\cos\frac{A+B}{2}}\geqslant 2\Leftrightarrow\frac{1}{2-\cos C}+\frac{2}{2-\sin\frac{C}{2}}\geqslant 2 \qquad (3)$$

而（3）进一步等价于

$$2(2-\cos C)+\left(2-\sin\frac{C}{2}\right)\geqslant 2(2-\cos C)\left(2-\sin\frac{C}{2}\right)$$

$$\Leftrightarrow 2\left(1-2\sin^2\frac{C}{2}\right)+3\sin\frac{C}{2}\geqslant 2+2\sin\frac{C}{2}\left(1-2\sin^2\frac{C}{2}\right)$$

$$\Leftrightarrow\sin\frac{C}{2}\left(2\sin\frac{C}{2}-1\right)^2\geqslant 0 \qquad (4)$$

这对于 $\triangle ABC$ 中的最小角 $C\leqslant 60°$ 知道（4）早已成立了，等号成立的条件显然是 $C=60°$，从而（3）获得证明.

综上知，原不等式获得证明，且由（1）（3）等号成立的条件知原不等式等号成立的条件是三角形为等边三角形.

评注 抽屉原理在证明本题的过程中，仅是一个桥梁作用，实质上还是三角变换技巧在起着重要作用.

引申 4 设 $a,b,c\in\mathbf{R}^*$，$ab+bc+ca=3$，求证

$$\frac{1}{1+a^2}+\frac{1}{1+b^2}+\frac{1}{1+c^2}\geqslant\frac{3}{2}$$

题目解说 本题为张艳宗，徐银杰编著的《数学奥林匹克中的常见重要不等式》P85 习题 7(1)，那里的证明较为烦琐.

证明 由条件 $a,b,c\in\mathbf{R}^*$，$ab+bc+ca=3$，以及抽屉原理，可知 ab,bc,ca 三个数中必有一个不小于 1，不妨设 $ab\geqslant 1$，则

$$\frac{1}{1+a^2}+\frac{1}{1+b^2}\geqslant\frac{2}{1+ab}$$

事实上

$$\frac{1}{1+a^2}+\frac{1}{1+b^2}-\frac{2}{1+ab}=\frac{(a^2+b^2-2ab)(ab-1)}{(1+a^2)(1+b^2)(1+ab)}\geqslant 0$$

即 $\dfrac{1}{1+a^2}+\dfrac{1}{1+b^2}\geqslant\dfrac{2}{1+ab}$ 成立.

于是，要证明原题，只要证明 $\dfrac{1}{1+c^2}+\dfrac{2}{1+ab}\geqslant\dfrac{3}{2}$，这等价于

$$2[1+ab+2(1+c^2)]\geqslant 3(1+c^2)(1+ab)$$

$$\Leftrightarrow 6 + 2ab + 4c^2 \geqslant 3 + 3ab + 3c^2 + 3abc^2$$

$$\Leftrightarrow 3 + c^2 \geqslant ab + 3abc^2$$

$$\Leftrightarrow 3 + c^2(1 - 3ab) \geqslant ab \tag{1}$$

注意到题设条件 $ab + bc + ca = 3 \Rightarrow c = \dfrac{3 - ab}{a + b}(ab \leqslant 3)$，则（1）等价于

$$3 + \left(\frac{3 - ab}{a + b}\right)^2 (1 - 3ab) \geqslant ab$$

$$\Leftrightarrow 3(a + b)^2 + (3 - ab)^2(1 - 3ab) \geqslant ab(a + b)^2$$

$$\Leftrightarrow (3 - ab)(a + b)^2 + (3 - ab)^2(1 - 3ab) \geqslant 0$$

$$\Leftrightarrow (3 - ab)\left[(a - b)2 + ab + 1\right] \geqslant 0$$

这最后的不等式是显然成立的.

从而引申 4 获得证明.

另外，我们可以断定上述引申 3 与引申 4 是等价的.

事实上，引申 3

$$\Leftrightarrow \sum \frac{1}{1 + 2\sin^2 \dfrac{A}{2}} \geqslant 2 \Leftrightarrow \sum \frac{\cos^2 \dfrac{A}{2} + \sin^2 \dfrac{A}{2}}{\cos^2 \dfrac{A}{2} + \sin^2 \dfrac{A}{2} + 2\sin^2 \dfrac{A}{2}} \geqslant 2$$

$$\Leftrightarrow \sum \frac{1}{1 + 3\tan^2 \dfrac{A}{2}} \geqslant \frac{3}{2}$$

在引申 4 中作 $\triangle ABC$ 中的代换：$a = \sqrt{3}\tan \dfrac{A}{2}, b = \sqrt{3}\tan \dfrac{B}{2}, c = \sqrt{3}\tan \dfrac{C}{2}$，

便得上式.

从上述几个不等式的证明可以看出，抽屉原理在证明不等式的起步阶段起到了一定的作用，但在解决一些复杂问题时，仍需要借助于其他的方法，这是不容置疑的.

参考文献

[1] 安振平.妙用抽屉原理证明不等式[J].数学通报,2010,1.

§30 切比雪夫不等式的两个应用

问题 1 设 $a, b, c \in \mathbf{R}^*, a + b + c = 1, n \in \mathbf{N}^*$，求证

$$\frac{(3a)^n}{(b+1)(c+1)} + \frac{(3b)^n}{(c+1)(a+1)} + \frac{(3c)^n}{(a+1)(b+1)} \geqslant \frac{27}{16}$$

题目解说　本题为 2013 年印度竞赛题之一.

方法透析　从本题中的分子与分母字母轮流出现,想到切比雪夫不等式.

证明 1　先看官方公布的答案.

由条件以及三元均值不等式知

$$a+b+c=1 \Rightarrow 4 = (a+1) + (b+1) + (c+1)$$

$$\geqslant 3\sqrt[3]{(a+1)(b+1)(c+1)}$$

$$\Rightarrow \frac{(3a)^n}{(b+1)(c+1)}$$

$$\geqslant \left(\frac{3}{4}\right)^3 (3a)^n (a+1)$$

$$= \frac{3^{3+n}}{4^3}(a^{n+1} + a^n)$$

$$\Rightarrow \frac{(3a)^n}{(b+1)(c+1)}$$

$$\geqslant \frac{3^{3+n}}{4^3}(a^{n+1} + a^n)$$

同理还有两个,相加即得

$$\frac{(3a)^n}{(b+1)(c+1)} + \frac{(3b)^n}{(c+1)(a+1)} + \frac{(3c)^n}{(a+1)(b+1)}$$

$$\geqslant \frac{3^{3+n}}{4^3}\left[(a^{n+1} + a^n) + (b^{n+1} + b^n) + (c^{n+1} + c^n)\right]$$

$$= \frac{3^{3+n}}{4^3}\left[(a^{n+1} + b^{n+1} + c^{n+1}) + (a^n + b^n + c^n)\right]$$

$$\geqslant \frac{3^{3+n}}{4^3}\left[\frac{(a+b+c)^{n+1}}{3^n} + \frac{(a+b+c)^n}{3^{n-1}}\right]$$

$$= \frac{27}{16}$$

即

$$\frac{(3a)^n}{(b+1)(c+1)} + \frac{(3b)^n}{(c+1)(a+1)} + \frac{(3c)^n}{(a+1)(b+1)} \geqslant \frac{27}{16}$$

到此结论获得证明.

评注　解决本题的主要思想是先利用条件等式 $a+b+c=1$ 构造出

$$4 = (a+1) + (b+1) + (c+1) \geqslant 3\sqrt[3]{(a+1)(b+1)(c+1)}$$

然后得到

从分析解题过程学解题——
竞赛中的向量几何与不等式研究

$$\frac{(3a)^n}{(b+1)(c+1)} \geqslant \left(\frac{3}{4}\right)^3 (3a)^n(a+1) = \frac{3^{3+n}}{4^3}(a^{n+1}+a^n)$$

这是一个凑分母的过程,再利用熟知的不等式 $\dfrac{a^n+b^n+c^n}{3} \geqslant \left(\dfrac{a+b+c}{3}\right)^n$ 得到结论.

证明 2 如果观察到分子与分母的差异,便不难想到切比雪夫不等式.
运用切比雪夫不等式得

$$\frac{(3a)^n}{(b+1)(c+1)} + \frac{(3b)^n}{(c+1)(a+1)} + \frac{(3c)^n}{(a+1)(b+1)}$$

$$\geqslant \frac{1}{3}\left[\frac{1}{(b+1)(c+1)} + \frac{1}{(c+1)(a+1)} + \frac{1}{(a+1)(b+1)}\right] \cdot$$

$$[(3a)^n + (3b)^n + (3c)^n]$$

$$= \frac{1}{3}\left[\frac{(a+1)+(b+1)+(c+1)}{(a+1)(b+1)(c+1)}\right][(3a)^n+(3b)^n+(3c)^n]$$

$$= \frac{1}{3}\left[\frac{4}{(a+1)(b+1)(c+1)}\right][(3a)^n+(3b)^n+(3c)^n]$$

$$\geqslant \frac{1}{3}\left[\frac{27 \times 4}{(a+1+b+1+c+1)^3}\right]\left[\frac{(3a+3b+3c)^n}{3^{n-1}}\right]$$

$$\left(\text{运用了 } xyz \leqslant \frac{(x+y+z)^3}{27}, (a^n+b^n+c^n) \geqslant \frac{a^n+b^n+c^n}{3^{n-1}}\right)$$

$$= \frac{1}{3}\left(\frac{27 \times 4}{4^3}\right)\left[\frac{(3a+3b+3c)^n}{3^{n-1}}\right]$$

$$= \frac{27}{16}$$

评注 这个证明运用了切比雪夫不等式,缘由为,题中涉及三个变量,它们以分式形式出现,分子中出现,分母中便不出现,像这种情况的不等式,一般均可运用切比雪夫不等式(或者排序不等式)证明,这是一个重要信息.

如果读者在做完此题后还在继续思考,比如想到变量个数,那么,可能马上想到更多个变量,有什么结论成立吗? 这就是以下引申:

引申 设 $a,b,c,d \in \mathbf{R}^*, a+b+c+d=1, n \in \mathbf{N}^*$,求证

$$\frac{(4a)^n}{(b+1)(c+1)(d+1)} + \frac{(4b)^n}{(c+1)(d+1)(a+1)} + \frac{(4c)^n}{(d+1)(a+1)(b+1)} +$$

$$\frac{(4d)^n}{(a+1)(b+1)(c+1)} \geqslant \frac{4^4}{5^3}$$

题目解说 本题为一道新题.

渊源探索 本题为问题 1 的变量个数方面的 4 元推广.

方法透析 重新反观问题1的解题过程可以看出,凑目标不等式的分母是解题的关键,再利用熟知的不等式$\dfrac{a^n+b^n+c^n}{3} \geqslant \left(\dfrac{a+b+c}{3}\right)^n$,就可解决问题.

证明1 由条件以及三元均值不等式知

$$a+b+c+d=1 \Rightarrow 5=(a+1)+(b+1)+(c+1)+(d+1)$$

$$\geqslant 4\sqrt[4]{(a+1)(b+1)(c+1)(d+1)}$$

$$\Rightarrow \frac{(4a)^n}{(b+1)(c+1)(d+1)}$$

$$\geqslant \left(\frac{4}{5}\right)^4 (4a)^n(a+1)$$

$$=\frac{4^{4+n}}{5^4}(a^{n+1}+a^n)$$

即

$$\frac{(4a)^n}{(b+1)(c+1)(d+1)} \geqslant \frac{4^{4+n}}{5^4}(a^{n+1}+a^n)$$

同理还有三个,相加即得

$$\frac{(4a)^n}{(b+1)(c+1)(d+1)}+\frac{(4b)^n}{(c+1)(d+1)(a+1)}+\frac{(4c)^n}{(d+1)(a+1)(b+1)}+$$

$$\frac{(4d)^n}{(a+1)(b+1)(c+1)}$$

$$\geqslant \frac{4^{4+n}}{5^4}\left[(a^{n+1}+a^n)+(b^{n+1}+b^n)+(c^{n+1}+c^n)+(d^{n+1}+d^n)\right]$$

$$=\frac{4^{4+n}}{5^4}\left[(a^{n+1}+b^{n+1}+c^{n+1}+d^{n+1})+(a^n+b^n+c^n+d^n)\right]$$

$$\geqslant \frac{4^{4+n}}{5^4}\left[\frac{(a+b+c+d)^{n+1}}{4^n}+\frac{(a+b+c+d)^n}{4^{n-1}}\right]$$

$$=\frac{4^4}{5^3}$$

即

$$\frac{(4a)^n}{(b+1)(c+1)(d+1)}+\frac{(4b)^n}{(c+1)(d+1)(a+1)}+$$

$$\frac{(4c)^n}{(d+1)(a+1)(b+1)}+\frac{(4d)^n}{(a+1)(b+1)(c+1)} \geqslant \frac{4^4}{5^3}$$

到此结论获得证明.

评注 本题的证明完全是问题1的证明过程的照搬,运用的知识和方法技巧也完全相同,且运用此法不难将本题结论推广到更多个变量,这个留给读者练习吧!

证明 2   利用切比雪夫不等式也是行之有效的方法,留给读者练习吧!

综上所述,可以看出问题 1 提供的两种方法是解决类似问题(多个变量)的统一方法,这就是,做完一道题目后,要继续分析,看看方法是否有统一性,可否将问题推广到一般情况.

问题 2   设 $a,b,c \in \mathbf{R}^*$,$(a+b)(b+c)(c+a)=1$,求证

$$\frac{a^2}{1+\sqrt{bc}} + \frac{b^2}{1+\sqrt{ca}} + \frac{c^2}{1+\sqrt{ab}} \geqslant \frac{1}{2}$$

题目解说   本题为 2017 年陕西竞赛预赛一题.

证明 1   先看官方公布的答案.

注意条件,结合三元均值不等式知,令

$$x = a+b+c = \frac{1}{2}\big[(a+b)+(b+c)+(c+a)\big]$$

$$\geqslant \frac{3}{2}\sqrt[3]{(a+b)(b+c)(c+a)} = \frac{3}{2}$$

再由柯西不等式以及二元均值不等式知

$$\frac{a^2}{1+\sqrt{bc}} + \frac{b^2}{1+\sqrt{ca}} + \frac{c^2}{1+\sqrt{ab}}$$

$$\geqslant \frac{(a+b+c)^2}{3+\sqrt{bc}+\sqrt{ca}+\sqrt{ab}}$$

$$\geqslant \frac{(a+b+c)^2}{3+\dfrac{b+c}{2}+\dfrac{c+a}{2}+\dfrac{a+b}{2}}$$

$$= \frac{(a+b+c)^2}{3+a+b+c}$$

$$= \frac{x^2}{3+x} = x+3+\frac{9}{3+x}-6$$

$$\geqslant \frac{1}{2}\left(\text{注意}:x \geqslant \frac{3}{2}\right)$$

最后一步用到函数单调性,到此原不等式获得证明.

评注   这个证明先运用分式型柯西不等式,再将分母中的根式逆用二元均值不等式放大,使得整个分式变小,获得分式的分子与分母均出现同一个变量 $a+b+c$(在心里做一个代换,将此式看成一个整体),以下只需估计该变量的范围,并在此范围内求函数最小值即可.

当然,也可以逆向运用熟知的不等式 $a+b+c \geqslant \sqrt{ab}+\sqrt{bc}+\sqrt{ca}$,将

239

$$\frac{(a+b+c)^2}{3+\sqrt{bc}+\sqrt{ca}+\sqrt{ab}} \geqslant \frac{(a+b+c)^2}{3+a+b+c}$$

进一步作代换,将 $x=(a+b+c)^2$ 化为函数关系,求最值即可.

证明 2 运用柯西不等式得到

$$\frac{a^2}{1+\sqrt{bc}}+\frac{b^2}{1+\sqrt{ca}}+\frac{c^2}{1+\sqrt{ab}}$$

$$\geqslant \frac{(a+b+c)^2}{3+\sqrt{bc}+\sqrt{ca}+\sqrt{ab}}$$

(想 $(a+b)(b+c)(c+a)=1$ 怎么用?)

$$=\frac{\frac{1}{4}\left[(a+b)+(b+c)+(c+a)\right]^2}{3+\sqrt{bc}+\sqrt{ca}+\sqrt{ab}}$$

$$\geqslant \frac{\frac{1}{4}\left[3\sqrt[3]{(a+b)(b+c)(c+a)}\right]^2}{3+\sqrt{bc}+\sqrt{ca}+\sqrt{ab}}$$

$$=\frac{\frac{9}{4}}{3+\sqrt{bc}+\sqrt{ca}+\sqrt{ab}}$$

以下只要证明 $\sqrt{bc}+\sqrt{ca}+\sqrt{ab} \leqslant \frac{3}{2}$,而由熟知的不等式(注意:赫尔德不等式那篇文章里有)

$$(a^2+ab+b^2)(b^2+bc+c^2)(c^2+ca+a^2) \geqslant (ab+bc+ca)^3$$

$$\Rightarrow (\sqrt{ab}+\sqrt{bc}+\sqrt{ca})^3$$

$$\leqslant (a+\sqrt{ab}+b)(b+\sqrt{bc}+c)(c+\sqrt{ca}+a)$$

$$\leqslant \left(a+\frac{a+b}{2}+b\right)\left(b+\frac{b+c}{2}+c\right)\left(c+\frac{c+a}{2}+a\right)$$

$$=\frac{9}{4}$$

即 $\sqrt{ab}+\sqrt{bc}+\sqrt{ca} \leqslant \frac{3}{2}$,从而原不等式获得证明.

评注 本证明有点技巧性,在运用柯西不等式之后获得的分式中,又在利用已知条件 $(a+b)(b+c)(c+a)=1$ 上做了一点小的配凑,其次,在估计 $\sqrt{ab}+\sqrt{bc}+\sqrt{ca} \leqslant \frac{3}{2}$ 时又费了点周折,运用了赫尔德不等式,所以第二个证明比较曲折迂回,需要读者慢慢领悟.

证明 3 运用切比雪夫不等式得

从分析解题过程学解题——
竞赛中的向量几何与不等式研究

$$\frac{a^2}{1+\sqrt{bc}}+\frac{b^2}{1+\sqrt{ca}}+\frac{c^2}{1+\sqrt{ab}}$$

$$\geqslant \frac{1}{3}(a^2+b^2+c^2)\Big(\frac{1}{1+\sqrt{bc}}+\frac{1}{1+\sqrt{ca}}+\frac{1}{1+\sqrt{ab}}\Big)$$

$$\geqslant \frac{(a+b+c)^2}{3+\sqrt{bc}+\sqrt{ca}+\sqrt{ab}}$$

$$\geqslant \frac{(a+b+c)^2}{3+a+b+c}$$

以下同证明 1.

引申 1 设 $a,b,c,d \in \mathbf{R}^*$,$(a+b+c)(b+c+d)(c+d+a)(d+a+b)=1$,求证

$$\frac{a^2}{1+\sqrt[3]{bcd}}+\frac{b^2}{1+\sqrt[3]{cda}}+\frac{c^2}{1+\sqrt[3]{dab}}+\frac{d^2}{1+\sqrt[3]{abc}} \geqslant \frac{1}{3}$$

题目解说 本题为一个新题.

渊源探索 本题为问题 1 的变量个数方面的推广,但是这个形式与问题 1 相比,问题 1 的条件是三个变量中任取两个变量和的乘积为 1,那么对于四个变量的问题,条件就应该演绎为从四个变量中取三个变量求和(假如将这些数排成一圈之后循环取出),再乘积令其为 1,这就是新的条件;问题 1 结论是三个分式之和,每一个分母都是由三个变量中取出分子以外的两个量之几何平均值,类比便得本题结论的形式.

方法透析 仔细分析问题 1 的两个证明,看看哪个方法有类似的结论可以运用,显然是两个证明方法都可以试试.

证明 1 设

$$a+b+c=w,b+c+d=x,c+d+a=y,d+a+b=z \Rightarrow xyzw=1$$

$$a+b+c+d=\frac{1}{3}(x+y+z+w)$$

$$\Rightarrow \sqrt[3]{bcd} \leqslant \frac{b+c+d}{3}=\frac{x}{3}, 等$$

由柯西不等式知

$$\frac{a^2}{1+\sqrt[3]{bcd}}+\frac{b^2}{1+\sqrt[3]{cda}}+\frac{c^2}{1+\sqrt[3]{dab}}+\frac{d^2}{1+\sqrt[3]{abc}}$$

$$\geqslant \frac{a^2}{1+\frac{x}{3}}+\frac{b^2}{1+\frac{y}{3}}+\frac{c^2}{1+\frac{z}{3}}+\frac{d^2}{1+\frac{w}{3}}$$

$$\geqslant \frac{(a+b+c+d)^2}{4+\frac{x}{3}+\frac{y}{3}+\frac{z}{3}+\frac{w}{3}}$$

$$=\frac{\frac{1}{9}\left(\sum x\right)^2}{4+\frac{1}{3}\sum x}$$

只需要证明

$$\frac{\frac{1}{9}\left(\sum x\right)^2}{4+\frac{1}{3}\sum x}\geqslant \frac{1}{3}(令\ t=\sum x)\Leftrightarrow \frac{\frac{1}{9}t^2}{4+\frac{1}{3}t}\geqslant \frac{1}{3}\Leftrightarrow (t+3)(t-4)\geqslant 0$$

因 $\sum x = 3\sum a = \sum (a+b+c) \geqslant 4\sqrt[4]{\pi(a+b+c)}=4.$

这早已成立,从而原不等式得证.

评注 由于问题变成四个变量,所以整体显得叙述麻烦,这里引入了代换,实际上此法就是问题 1 的证明 1 的照搬.

证明 2 由条件以及多元均值不等式知

$$3(a+b+c+d)=(a+b+c)+(b+c+d)+(c+d+a)+(d+a+b)$$
$$\geqslant 4\sqrt[4]{(a+b+c)(b+c+d)(c+d+a)(d+a+b)}$$
$$=4 \Rightarrow a+b+c+d \geqslant \frac{4}{3}$$

再由前面证明过的结论

$$(a^3+b^3+c^3+abc)\cdot(b^3+c^3+d^3+bcd)\cdot$$
$$(c^3+d^3+a^3+cda)\cdot(d^3+a^3+b^3+dab)$$
$$\geqslant (abc+bcd+cda+dab)^4$$
$$(a,b,c,d\in \mathbf{R}^*)$$

知

$$(\sqrt[3]{bcd}+\sqrt[3]{cda}+\sqrt[3]{dab}+\sqrt[3]{abc})^4$$
$$\leqslant (b+c+d+\sqrt[3]{bcd})\cdot(c+d+a+\sqrt[3]{cda})\cdot$$
$$(d+a+b+\sqrt[3]{dab})\cdot(a+b+c+\sqrt[3]{abc})$$
$$\leqslant \left(b+c+d+\frac{b+c+d}{3}\right)\cdot\left(c+d+a+\frac{c+d+a}{3}\right)\cdot$$
$$\left(d+a+b+\frac{d+a+b}{3}\right)\cdot\left(a+b+c+\frac{a+b+c}{3}\right)$$
$$=\left(\frac{4}{3}\right)^4(a+b+c)\cdot(b+c+d)\cdot(c+d+a)\cdot(d+a+b)$$

$$= \left(\frac{4}{3}\right)^4$$

$$\Rightarrow \sqrt[3]{bcd} + \sqrt[3]{cda} + \sqrt[3]{dab} + \sqrt[3]{abc} \leqslant \frac{4}{3}$$

再由柯西不等式知

$$\frac{a^2}{1+\sqrt[3]{bcd}} + \frac{b^2}{1+\sqrt[3]{cda}} + \frac{c^2}{1+\sqrt[3]{dab}} + \frac{d^2}{1+\sqrt[3]{abc}}$$

$$\geqslant \frac{(a+b+c+d)^2}{4+\sqrt[3]{bcd}+\sqrt[3]{cda}+\sqrt[3]{dab}+\sqrt[3]{abc}}$$

$$\geqslant \frac{\left(\frac{4}{3}\right)^2}{4+\sqrt[3]{bcd}+\sqrt[3]{cda}+\sqrt[3]{dab}+\sqrt[3]{abc}}$$

$$\geqslant \frac{\left(\frac{4}{3}\right)^2}{4+\frac{4}{3}} = \frac{1}{3}$$

到此结论获得证明.

评注 这个证明过程显得十分不易,运用了前面我们证明过的结论,这表明做过的题目,在后续解决问题时可能还有大用,需要掌握.

另外,也可运用切比雪夫不等式证明本题,留给读者练习吧!

引申 2 设 $a,b,c,d \in \mathbf{R}^*$,$(a+b)(b+c)(c+d)(d+a)=1$,求证

$$\frac{a^2}{1+\sqrt[3]{bcd}} + \frac{b^2}{1+\sqrt[3]{cda}} + \frac{c^2}{1+\sqrt[3]{dab}} + \frac{d^2}{1+\sqrt[3]{abc}} \geqslant \frac{2}{3}$$

题目解说 本题为一个新题.

渊源探索 本题为问题 1 的变量个数的推广,但是这个形式与问题 2 有所不同,这是考虑问题 1 的条件后再次思考的结果(假如将这些数排成一圈之后循环取出两个求和,再乘积为 1),分母与问题 2 相同.

方法透析 仔细分析问题 1 的两个证明,看看哪个方法有类似的结论可以运用,显然是证明 2.

证明 1 令

$$x=a+b, y=b+c, z=c+d, w=d+a \Rightarrow xyzw=1$$

$$\Rightarrow x+y+z+w = 2(a+b+c+d)$$

于是由三元均值不等式知 $\sqrt[3]{bcd} \leqslant \frac{b+c+d}{3}$ 等,于是,只要证明

$$\frac{a^2}{1+\frac{b+c+d}{3}} + \frac{b^2}{1+\frac{c+d+a}{3}} + \frac{c^2}{1+\frac{d+a+b}{3}} + \frac{d^2}{1+\frac{a+b+c}{3}} \geqslant \frac{2}{3}$$

$$\frac{a^2}{1+\frac{b+c+d}{3}}+\frac{b^2}{1+\frac{c+d+a}{3}}+\frac{c^2}{1+\frac{d+a+b}{3}}+\frac{d^2}{1+\frac{a+b+c}{3}}$$

$$\geqslant \frac{(a+b+c+d)^2}{4+\frac{b+c+d}{3}+\frac{c+d+a}{3}+\frac{d+a+b}{3}+\frac{a+b+c}{3}}$$

$$=\frac{(a+b+c+d)^2}{4+a+b+c+d}$$

又由多元均值不等式知

$$2(a+b+c+d)=(a+b)+(b+c)+(c+d)+(d+a)$$
$$\geqslant 4\sqrt[4]{(a+b)(b+c)(c+d)(d+a)}=4$$
$$\Rightarrow a+b+c+d\geqslant 2$$

只要证明

$$\frac{(a+b+c+d)^2}{4+a+b+c+d}\geqslant\frac{2}{3}\Rightarrow\frac{x^2}{4+x}\geqslant\frac{2}{3}\Leftrightarrow\frac{x^2}{4+x}=x+4+\frac{16}{4+x}-8\geqslant\frac{2}{3}$$

最后一步用函数单调性,到此结论获得证明.

证明 2　由多元均值不等式知

$$2(a+b+c+d)=(a+b)+(b+c)+(c+d)+(d+a)$$
$$\geqslant 4\sqrt[4]{(a+b)(b+c)(c+d)(d+a)}=4$$
$$\Rightarrow a+b+c+d\geqslant 2$$

再由前面证明过的结论

$$(a^3+a^2b+ab^2+b^3)\cdot(b^3+b^2c+bc^2+c^3)\cdot$$
$$(c^3+c^2d+cd^2+d^3)\cdot$$
$$(d^3+d^2a+da^2+a^3)\geqslant(abc+bcd+cda+dab)^4$$
$$(a,b,c,d\in\mathbf{R}^*)$$

知

$$(\sqrt[3]{bcd}+\sqrt[3]{cda}+\sqrt[3]{dab}+\sqrt[3]{abc})^4$$
$$\leqslant(\sqrt[3]{b^3}+\sqrt[3]{b^2}\sqrt[3]{c}+\sqrt[3]{b}\sqrt[3]{c^2}+\sqrt[3]{c^3})\cdot(\sqrt[3]{c^3}+\sqrt[3]{c}\sqrt[3]{d}+\sqrt[3]{c}\sqrt[3]{d^2}+\sqrt[3]{d^3})\cdot$$
$$(\sqrt[3]{d^3}+\sqrt[3]{d^2}\sqrt[3]{a}+\sqrt[3]{d}\sqrt[3]{a^2}+\sqrt[3]{a^3})\cdot(\sqrt[3]{a^3}+\sqrt[3]{a^2}\sqrt[3]{b}+\sqrt[3]{a}\sqrt[3]{b^2}+\sqrt[3]{b^3})$$
$$\leqslant(b+c+b+c)(c+d+c+d)(d+a+d+a)(a+b+a+b)$$
$$=2^4(a+b)(b+c)(c+d)(d+a)$$
$$\Rightarrow\sqrt[3]{bcd}+\sqrt[3]{cda}+\sqrt[3]{dab}+\sqrt[3]{abc}\leqslant 2$$

再由柯西不等式知

$$\frac{a^2}{1+\sqrt[3]{bcd}}+\frac{b^2}{1+\sqrt[3]{cda}}+\frac{c^2}{1+\sqrt[3]{dab}}+\frac{d^2}{1+\sqrt[3]{abc}}$$

$$\geqslant \frac{(a+b+c+d)^2}{4+\sqrt[3]{bcd}+\sqrt[3]{cda}+\sqrt[3]{dab}+\sqrt[3]{abc}}$$

$$\geqslant \frac{2^2}{4+2}=\frac{2}{3}$$

到此结论获得证明.

评注　本证明方法再次用到了一个前面曾证明过的结论,再次说明做过的题目要牢记.

引申 3　设 $a_i \in \mathbf{R}^*(i=1,2,3,\cdots,n)$, $n \geqslant 4$, $T=\prod\limits_{i=1}^{n}a_i$, $S=\sum\limits_{i=1}^{n}a_i$

$$S=\sum_{i=1}^{n}a_i$$

$$(S-a_1)(S-a_2)\cdots(S-a_n)=1$$

求证

$$\frac{a_1^2}{1+\sqrt[n-1]{\dfrac{T}{a_1}}}+\frac{a_2^2}{1+\sqrt[n-1]{\dfrac{T}{a_2}}}+\cdots+\frac{a_n^2}{1+\sqrt[n-1]{\dfrac{T}{a_n}}} \geqslant \frac{1}{n-1}$$

题目解说　本题为一个新题.

渊源探索　本题为问题 1 的变量个数的推广,但是这个形式与问题 1 相比,问题 1 的条件是三个变量中任取两个变量和的乘积为 1,那么对于 n 个变量的问题,条件就应该演绎为从 n 个变量中取连续$(n-1)$(假如将这些数排成一圈之后循环取出)个变量求和,再乘积令其为 1,这就是新的条件,分母则类似出现.

方法透析　仔细分析问题 1 的两个证明,看看哪个方法有类似的结论可以运用,显然是证明 1 可靠快捷.

证明　由多元均值不等式知

$$(S-a_1)+(S-a_2)+\cdots+(S-a_n)$$

$$\geqslant n\sqrt[n]{(S-a_1)(S-a_2)\cdots(S-a_n)}=n$$

$$\Rightarrow (n-1)S \geqslant n$$

再据柯西不等式得到

$$\frac{a_1^2}{1+\sqrt[n-1]{\dfrac{T}{a_1}}}+\frac{a_2^2}{1+\sqrt[n-1]{\dfrac{T}{a_2}}}+\cdots+\frac{a_n^2}{1+\sqrt[n-1]{\dfrac{T}{a_n}}}$$

$$\geqslant \frac{a_1^2}{1+\dfrac{S-a_1}{n-1}}+\frac{a_2^2}{1+\dfrac{S-a_2}{n-1}}+\cdots+\frac{a_n^2}{1+\dfrac{S-a_n}{n-1}}$$

$$= (n-1)\left(\frac{a_1^2}{n-1+S-a_1} + \frac{a_2^2}{n-1+S-a_2} + \cdots + \frac{a_n^2}{n-1+S-a_n}\right)$$

$$\geqslant (n-1) \cdot \frac{(a_1+a_2+\cdots+a_n)^2}{n(n-1)+nS-S}$$

$$= \frac{S^2}{n+S} = \frac{S^2-n^2+1}{(S+n)}$$

$$= \left(S+n+\frac{n^2}{S+n}-2n\right)\left(\text{注意}\ S \geqslant \frac{1}{n-1}\right)$$

$$\geqslant \frac{1}{n-1}$$

最后一步用到了函数单调性,到此结论获得证明.

引申 4　设 $a_i \in \mathbf{R}^*$ $(i=1,2,3,\cdots,n;n\geqslant 4)$, $T = \prod_{i=1}^{n} a_i$, $S = \sum_{i=1}^{n} a_i$

$$(a_1+a_2)(a_2+a_3)\cdots(a_{n-1}+a_n)(a_n+a_1)=1$$

求证:$\dfrac{a_1^2}{1+\sqrt[n-1]{\dfrac{T}{a_1}}} + \dfrac{a_2^2}{1+\sqrt[n-1]{\dfrac{T}{a_2}}} + \cdots + \dfrac{a_n^2}{1+\sqrt[n-1]{\dfrac{T}{a_n}}} \geqslant \dfrac{n}{6}$.

题目解说　本题为一个新题.

渊源探索　本题为问题 1 的变量个数的推广,但是这个形式与问题 1 相比,问题 1 的条件是三个变量中取两个相邻变量和(假如将这些数排成一圈之后循环取出)的乘积为 1,那么对于 n 个变量的问题,条件就应该演绎为从 n 个变量中取两个求和(n 个循环),再乘积,令其为 1,这就是新的条件.

方法透析　仔细分析问题 1 的两个证明,看看哪个方法有类似的结论可以运用,显然是证明 1 可靠快捷.

证明　由多元均值不等式知

$$(a_1+a_2)+(a_2+a_3)+\cdots+(a_{n-1}+a_n)+(a_n+a_1)$$

$$\geqslant n\sqrt[n]{(a_1+a_2)(a_2+a_3)\cdots(a_{n-1}+a_n)(a_n+a_1)}$$

$$\Rightarrow S \geqslant \frac{n}{2}$$

再根据柯西不等式得到

$$\frac{a_1^2}{1+\sqrt[n-1]{\dfrac{T}{a_1}}} + \frac{a_2^2}{1+\sqrt[n-1]{\dfrac{T}{a_2}}} + \cdots + \frac{a_n^2}{1+\sqrt[n-1]{\dfrac{T}{a_n}}}$$

$$\geqslant \frac{a_1^2}{1+\dfrac{S-a_1}{n-1}} + \frac{a_2^2}{1+\dfrac{S-a_2}{n-1}} + \cdots + \frac{a_n^2}{1+\dfrac{S-a_n}{n-1}}$$

$$= (n-1)\left(\frac{a_1^2}{n-1+S-a_1} + \frac{a_2^2}{n-1+S-a_2} + \cdots + \frac{a_n^2}{n-1+S-a_n}\right)$$

$$\geqslant (n-1)\cdot\frac{(a_1+a_2+\cdots+a_n)^2}{n(n-1)+nS-S}$$

$$= \frac{S^2}{n+S} = \frac{S^2-n^2+1}{(S+n)}$$

$$= \left(S+n+\frac{n^2}{S+n}-2n\right)(注意\ S \geqslant \frac{n}{2})$$

$$\geqslant \frac{n}{6}$$

最后一步用到了函数单调性,到此结论获得证明.

综上所述,我们从一道竞赛预赛题目出发,阐述了题目解法背后潜藏的数学智慧,希望通过此题的演绎过程及其解法过程对读者有所启迪.

另外,从上述各题的证明可以看出,上述所有问题,每一个分式的分子与分母都可以随意搭配.

一个待解决的问题:在引申 1 的证明 2 里面有一个重要过程性结论

$$\sqrt[3]{bcd} + \sqrt[3]{cda} + \sqrt[3]{dab} + \sqrt[3]{abc} \leqslant \frac{4}{3}$$

那么,对于上述多个变量,在引申 3 条件之下,有什么类似结论? 即

$$\sqrt[n-1]{\frac{T}{a_1}} + \sqrt[n-1]{\frac{T}{a_2}} + \cdots + \sqrt[n-1]{\frac{T}{a_n}} \leqslant ?$$

§31　谈西姆森线定理及其应用

(此节发表在《中学数学教学参考》2009(11))

平面几何试题是全国高中数学联赛乃至更高水平的国际数学竞赛的必考内容,而我们的中学数学教学对平面几何的教学似乎又缺乏足够的知识储备和完备的综合训练,我国高中数学联赛大纲所规定的一些重要几何定理在中学课本上几乎都未涉及,所以,在竞赛培训时,有必要将一些重要定理作为重点知识向学生专门介绍,让学生掌握并能熟练运用.

综观近几年的高中数学竞赛和国际大赛,似乎西姆森线定理的运用已被列为重点,而且,在近两年的国际竞赛中已经被提升到了灵活运用的级别,这是平面几何问题在竞赛命题中的一个新信号,因此,值得我们搞竞赛辅导的老师注意,为了学生在今后参赛时的知识储备更充实,方法更灵活,思路更宽广,今就

近几年竞赛方面出现的一些问题归纳总结,阐述处理此类问题的一些思考方向和方法,供竞赛辅导时参考.

西姆森线定理:设 P 为 $\triangle ABC$ 所在平面上一点,P 在 $\triangle ABC$ 的边 BC,CA,AB 上的射影分别为 D,E,F,则 D,E,F 三点共线的充要条件是 P 在 $\triangle ABC$ 的外接圆上.

若 P 在 $\triangle ABC$ 的外接圆上,则称直线 DEF 为 $\triangle ABC$ 关于点 P 的西姆森线.

本结论的证明在各种竞赛辅导资料上都可找到,所以,其证明在此就略去了.下面分别就西姆森线定理的应用分几个层次加以论述.

一、屹立于西姆森线桥,统揽全局

凡涉及用西姆森线定理解决的问题,其图形都比较复杂,要善于洞察从复杂的几何图形中观察分离出从某一点向某一个三角形的三边所作垂线,得到一系列的四点共圆组是成功解决问题的关键所在.

问题 1 如图 41,设 P,Q 为 $\triangle ABC$ 的外接圆上的两点,若 $\triangle ABC$ 的关于 P,Q 的西姆森线 DE 和 FG 交于 M,则 $\angle FME = \angle PCQ$.

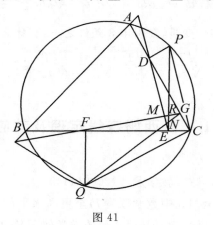

图 41

本题看起来图形结构复杂,令人生厌和畏惧,但是,好在题目已经给出了西姆森线,让人直接思考西姆森线定理能否直接的使用可成为一个显然的思路.而且,有关西姆森线图形中已经表现出几个四点共圆组,由此可得若干角的等量关系非常可贵,抓住这一条有用信息离解决本题已经不远了.

证明 如图 41,设 PE 与 FG 交于 R,GQ 与 PE 交于 N,于是,由作图过程知道 P,C,E,D;Q,F,G,C 以及 C,G,N,E 分别四点共圆,所以

$$\angle FME = \angle PED + \angle FRE = \angle PCD + \angle FGQ + \angle RNG$$

$$= \angle PCD + \angle FCQ + \angle ACB = \angle PCQ$$

问题得证.

问题 2 设 $\triangle ABC$ 的垂心为 H，P 为其外接圆上任意一点，则 $\triangle ABC$ 关于 P 的西姆森线平分 PH.

证明 如图 42，设 P 为 $\triangle ABC$ 的外接圆劣弧 BC 上任意一点，$PM \perp AB$，$PN \perp BC$，M, N 分别为垂足，则直线 MN 就是 $\triangle ABC$ 关于点 P 的西姆森线，延长 CH 交 $\triangle ABC$ 的外接圆于点 D，BH 交 AC 于 G，连 PD 分别交 AB, MN 于 E, F，连 PB, AD，则由题目条件可知 B, C, G, E 和 A, E, H, G 分别四点共圆，且

$$\angle BAD = \angle ACB = \angle BGE = \angle BAH$$

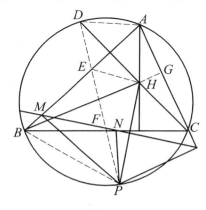

图 42

又 $AE \perp CD$，所以 AE 垂直平分 DH

$$\angle EHD = \angle EDH = \begin{cases} \angle CBP = \angle PMN (P, B, M, N \text{ 四点共圆}) \\ \angle MPD (PM \parallel CHD) \end{cases}$$

所以 $HE \parallel MN$，从而 F 为 $\mathrm{Rt}\triangle EMP$ 的斜边 EP 的中点，进一步，直线 MN 也垂直平分 $\triangle PHE$ 的另一边 PH.

二、建造"西姆森线"桥，营造西姆森线定理运用的氛围

在解决一些复杂的几何问题时，注意观察提炼和营造西姆森线定理的运用氛围，时刻关注问题中是否有圆存在，如果有，就要进一步关心是否有圆内接四边形，以及这些边上是否有从同一点所作垂线，这是是否能够成功营造西姆森线定理运用的关键环节.

问题 3（第 44 届国际数学竞赛第 4 题）如图 43，设 $ABCD$ 是一个圆内接四边形，从点 D 向直线 BC, CA 和 AB 作垂线，其垂足分别为 P, Q 和 R.

求证：$PQ = QR$ 的充要条件是 $\angle ABC$ 的平分线、$\angle ADC$ 的平分线和 AC 这

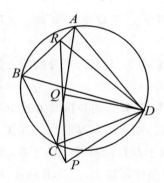

图 43

三条直线相交于一点.

证明　由条件及西姆森线定理知 P,Q,R 三点共线,于是可得 D,A,R,Q 和 D,Q,C,P 分别四点共圆,所以 $\angle DAQ = \angle DRQ$,$\angle DPQ = \angle DCQ$,从而

$$\triangle DAC \backsim \triangle DRP, \frac{DA}{DC} = \frac{DR}{DP} \tag{1}$$

又

$$\angle DQR = \angle DCB, \angle DBC = \angle DRQ$$

所以

$$\triangle DRQ \backsim \triangle DBC, 所以 \frac{DR}{QR} = \frac{DB}{BC}$$

所以

$$DR = RQ \cdot \frac{DB}{BC} \tag{2}$$

再者

$$\angle DQP = \angle DAB, \angle DPQ = \angle DCA = \angle DBA$$

所以

$$\triangle DQP \backsim \triangle DAB$$

所以

$$DP = QP \cdot \frac{DB}{AB} \tag{3}$$

将(2)(3) 代入(1),得

$$\frac{DA}{DC} = \frac{RQ \cdot \dfrac{DB}{BC}}{QP \cdot \dfrac{DB}{AB}} = \frac{PQ}{QP} \cdot \frac{AB}{BC}$$

于是 $QR = QP$,当且仅当 $\dfrac{DA}{DC} = \dfrac{AB}{BC}$,从而原命题得证.

250

问题 4 （第 45 届国际数学竞赛第 1 题）在锐角 $\triangle ABC$ 中，$AB \neq AC$，以 BC 边为直径的圆分别交 AB,AC 于 M,N,O 为 BC 边的中点，两个角 $\angle BAC$，$\angle MON$ 的平分线交于 R，求证：两个 $\triangle BMR$，$\triangle CNR$ 的外接圆有一个公共点在 BC 边上．

文献[1]，[2] 分别给出了本题的证明，但在某些地方都令人费解，且都不易被学生理解和掌握，笔者经过研究得到了比较容易令学生理解和掌握的证法，今写出来供有兴趣的读者参考和讨论．

证明 如图 44，设 OR 交 MN 于 D，作 $RE \perp AB$，$RF \perp AC$，E,F 分别为垂足，由题设 OR 平分 $\angle MON$，RA 平分 $\angle MAN$，所以 $OM = ON$，$RE = RF$，OD 为 MN 的垂直平分线，即 $OD \perp MN$，于是 $\triangle RME \cong \triangle RNF$，即 $\angle MRE = \angle NRF$，又 M,E,R,D 和 D,R,N,F 分别四点共圆，所以，$\angle MDE = \angle MRE = \angle FRN = \angle FDN$，即 M,D,N 三点共线，由西姆森线定理知 R 在 $\triangle AMN$ 的外接圆上，即 A,M,R,N 四点共圆．

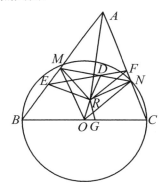

图 44

在 BC 上找点 G，使得 C,N,R,G 四点共圆，于是 $\angle RGC = \angle ANR = \angle BER$，从而，$B,M,R,G$ 四点共圆，也即，$\triangle BMR$ 与 $\triangle CNR$ 的外接圆的另一个交点即为点 G．

问题 5 （第 38 届 IMO 预选题）设 D 是 $\triangle ABC$ 的边 BC 上的一个内点，AD 交 $\triangle ABC$ 的外接圆于 X,P,Q 是 X 分别到 AB 和 AC 的垂足，Γ 是直径为 XD 的圆，求证：PQ 与 Γ 相切当且仅当 $AB = AC$．

证明 如图 45，设以 XD 为直径的圆交 BC 于 E,XD 的中点为 O，则 $\angle XED = 90°$，由条件及西姆森线定理知 P,E,Q 三点共线，且 B,X,E,P 和 X,E,C,Q 分别四点共圆，于是，如果 Γ 与 PQ 相切，则

$$\angle CEQ = \angle PDB = \angle DXE = \angle PXB$$

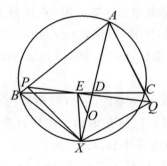

图 45

又 A, B, X, C 四点共圆,所以

$$\angle ACB = \angle AXB = \angle AXP + \angle PXB$$

而

$$\angle ABC = \angle PXE = \angle AXP + \angle DXE$$

所以 $\angle ABC = \angle ACB$,即 $AB = AC$.

反之,如果 $AB = AC$,则 $\angle ABC = \angle ACB = \angle AXC$,作 $XE \perp BC$ 于 E,则据西姆森线定理知 P, E, Q 三点共线,从而

$$\angle ACB = \angle XCE = \angle EXQ = \angle AXC$$

但 $\angle CXQ = \angle CEQ$,所以 $\angle EXD = \angle CEQ$,故直线 PEQ 是以 XD 为直径的圆的切线.

问题 6　(第 39 届 IMO 预选题)已知 $\triangle ABC$ 的垂心为 H,外接圆半径为 R,设 A, B, C 关于直线 BC, CA, AB 的对称点分别为 D, E, F,证明:D, E, F 三点共线的充要条件是 $OH = 2R$.

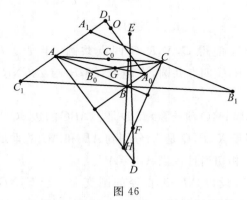

图 46

证明　与三点共线问题相关的大赛几何问题证明一般思考是否可用梅涅劳斯定理来证明,这是常规思想,但当用梅涅劳斯定理而感到困惑时,可否考虑

西姆森线定理使用的可能性,作为参赛选手应该想到这一点.

设 A_0, B_0, C_0 分别为 $\triangle ABC$ 的三边 BC, CA, AB 的中点,G 为 $\triangle ABC$ 的重心,分别过 $\triangle ABC$ 的三个顶点 A, B, C 作对边的平行线交成一个新的 $\triangle A_1 B_1 C_1$,于是,A, B, C 就分别为 $\triangle A_1 B_1 C_1$ 的边 $B_1 C_1, C_1 A_1, A_1 B_1$ 的中点,且 $\triangle ABC \backsim \triangle A_1 B_1 C_1$,相似比为 $2:1$,即 $\triangle A_1 B_1 C_1$ 的外接圆半径是 $\triangle ABC$ 的外接圆半径的 2 倍,由作图过程知 $\triangle ABC$ 的垂心 H 就是 $\triangle A_1 B_1 C_1$ 的外心.

联结 OA_0 交 $B_1 C_1$ 于 D_1,因为 O 为 $\triangle ABC$ 的外心,所以 OA_0 垂直平分 BC,但知 A, D 关于 BC 对称,所以 ,$D_1 A_0 \underline{\underline{\parallel}} \dfrac{1}{2} AD$,连 $D_1 D$ 交 AA_0 于 G,据 $\triangle D_1 A_0 G \backsim \triangle DGA_0$ 知,$GD = 2GD_1$,即 D_1 可看作是将 GD 绕 G 旋转 $180°$ 并缩短一半而得到.

同理可知,连 OB_0 交 $C_1 A_1$ 于 E_1,OC_0 交 $A_1 B_1$ 于 F_1,这样,E_1, F_1 都可看作是 GE, GF 绕 G 旋转 $180°$ 缩短一半而得到,从而,D, E, F 三点共线就等价于 D_1, E_1, F_1 三点共线问题,而 D_1, E_1, F_1 是从 O 分别向 $\triangle A_1 B_1 C_1$ 的三边所作垂线之垂足,由西姆森线定理知,D_1, E_1, F_1 三点共线,当且仅当 O 在 $\triangle A_1 B_1 C_1$ 的外接圆上,即 $OH = 2R$.

问题 7 (高中训练题 59 二试 1,见《中等数学》2002(6):41) 设点 P, Q 是 $\triangle ABC$ 的外接圆上(异于 A, B, C)的两点,P 关于直线 BC, CA, AB 的对称点分别是 U, V, W,联结 QU, QV, QW 分别与直线 BC, CA, AB 交于点 D, E, F.求证:

(1)U, V, W 三点共线;

(2)D, E, F 三点共线.

证明 (1)设从点 P 向 BC, CA, AB 作垂线,垂足分别为 X, Y, Z,由对称性知,XY 为 $\triangle PUV$ 的中垂线,故 $UV \parallel XY$.

同理,$VW \parallel YZ, WU \parallel XZ$.

又由西姆森线定理知 X, Y, Z 三点共线,故 U, V, W 三点共线.

(2) 因为 P, C, A, B 四点共圆,所以 $\angle PCE = \angle ABP$,所以

$$\angle PCV = 2\angle ECP = 2\angle ABP = \angle PBW$$

又

$$\angle PCQ = \angle PBQ$$

所以

$$\angle PCV + \angle QCP = \angle QBP + \angle PBW$$

即

$$\angle QCV = \angle QBW$$

从而 $\dfrac{S_{\triangle QCV}}{S_{\triangle QBW}} = \dfrac{CV \cdot CQ}{BQ \cdot BW}$($S_{\triangle QCV}$ 表示 $\triangle QCV$ 的面积,等)

同理可得

$$\frac{S_{\triangle QAW}}{S_{\triangle QCU}} = \frac{AW \cdot AQ}{CQ \cdot CU}, \frac{S_{\triangle QBU}}{S_{\triangle QAV}} = \frac{BU \cdot BQ}{AQ \cdot AV}$$

所以

$$\frac{S_{\triangle QCV}}{S_{\triangle QBW}} \cdot \frac{S_{\triangle QAW}}{S_{\triangle QCU}} \cdot \frac{S_{\triangle QBU}}{S_{\triangle QAV}} = 1$$

于是

$$\frac{BD}{DC} \cdot \frac{CE}{EA} \cdot \frac{AF}{FB} = \frac{S_{\triangle QCV}}{S_{\triangle QBW}} \cdot \frac{S_{\triangle QAW}}{S_{\triangle QCU}} \cdot \frac{S_{\triangle QBU}}{S_{\triangle QAV}} = 1$$

根据梅涅劳斯定理的逆定理知 D,E,F 三点共线.

参考文献

[1] 陈永高.第 45 届 IMO 试题解答[J].中等数学,2004(5).

[2] 林常.第 45 届 IMO 试题解答[J].中学数学(福建),2004(9).

从一道问题的解法看此方法的发展

第 2 章

本章重点分析、介绍做题的中间过程所涉及的知识、技巧和方法的可迁移的可能性,及其用于解决更多问题的实质和发现新问题的过程.

说直白点,就是学生在学习时,应当经常留意这些东西,学会这样做就是学会解题的开始,也是青年教师学习工作的引玉之砖,希望本章介绍的问题和解法以及所获得的新问题及其解法的过程对读者有所启迪和帮助.

§1   从一道题目的解法看一个小方法的大作用

(此节已经发表在《中学教研》2005(7):42-46)

检验学生数学学习水平高低的重要标志,就是通过某种方法检验解决数学问题的能力(即解题能力),而解题能力的培养和训练又是通过数学学习过程来完成的,学生学习的过程是一个不断探索,不断尝试的过程,在探索中有失败的经验教训,也有成功带来的无比喜悦.对于一个人来讲,解题的失败往往是家常便饭,而成功则是沙里淘金,怎样才能从失败的深渊中尽快的解脱出来,使自己在成功的道路上能多一些锦上添花,少一些失败的痛苦磨难,我常在课堂上鼓励学生,树立正确的解题观:不会解数学题是常有的,但又是暂时的,而会做的数学题则不常有,可以说是偶尔的成功,老师也是这样.当然,我们多么希望学生在听完一节数学课后马上就会解决所有数学问题,但事实上,这是不可能的,而且是永远办不到的,要想学好数学,只有通过不断地探索和尝试,通过分析借鉴别人解题的成功经验而逐步学会解题.而领悟成功解题的关键是善于从分析别人的解题过程中,学会自己应用所掌握的知识,并揣摩别人想法的由来,这是成功学会解题的第一步,继而对别人的解法提出自己的新见解,新认识,从而达到自己在学习上从未有过的新高度,这才是数学学习真正进步和提高的良好开端,下面以一道填空题为例简要介绍一下自己在一次竞赛辅导课上的做法.

一、题目及其证明

问题 1 设 $0 < x < \pi$,则 $\sin \dfrac{x}{2}(1 + \cos x)$ 的最大值是_____.

题目解说 本题为 1994 年全国高中数学联赛中的一道填空题,本题在当年竞赛考试时也曾难住了许多优秀学生,因为解决本题也是需要一定的技巧和灵活的应变能力,先看下面的解法.

解 1 设 $f(x) = \sin \dfrac{x}{2}(1 + \cos x)$,于是,由三角知识及代数不等式知

$$
\begin{aligned}
[f(x)]^2 &= \sin^2 \frac{x}{2}(1 + \cos x)^2 \\
&= 4\sin^2 \frac{x}{2}\cos^4 \frac{x}{2} \\
&= 2 \cdot 2\sin^2 \frac{x}{2} \cdot \left(1 - \sin^2 \frac{x}{2}\right)\left(1 - \sin^2 \frac{x}{2}\right) \\
&\leqslant 2\left[\frac{2\sin^2 \dfrac{x}{2} + \left(1 - \sin^2 \dfrac{x}{2}\right) + \left(1 - \sin^2 \dfrac{x}{2}\right)}{3}\right]^3 \\
&= \frac{16}{27}
\end{aligned}
$$

所以 $f(x) \leqslant \dfrac{4\sqrt{3}}{9}$. 等号成立的条件是:$2\sin^2 \dfrac{x}{2} = 1 - \sin^2 \dfrac{x}{2}$,即 $x = 2\arcsin \dfrac{\sqrt{3}}{3}$.

故 $f(x)$ 的最大值为 $\dfrac{4\sqrt{3}}{9}$.

解 2 设 $f(x) = \sin \dfrac{x}{2}(1 + \cos x)$,于是,由三角知识及代数不等式知

$$
[f(x)]^2 = \sin^2 \frac{x}{2}(1 + \cos x)^2 = 4\sin^2 \frac{x}{2}\cos^4 \frac{x}{2}
$$

$$
= 2 \cdot \left(2 - 2\cos^2 \frac{x}{2}\right) \cdot \cos^2 \frac{x}{2} \cdot \cos^2 \frac{x}{2}
$$

从分析解题过程学解题——
竞赛中的向量几何与不等式研究

$$\leqslant 2\left[\frac{\left(2-2\cos^2\dfrac{x}{2}\right)+\cos^2\dfrac{x}{2}+\cos^2\dfrac{x}{2}}{3}\right]$$

$$=\frac{16}{27}$$

所以 $f(x)\leqslant\dfrac{4\sqrt{3}}{9}$. 等号成立的条件是:$2-2\cos^2\dfrac{x}{2}=\cos^2\dfrac{x}{2}$,即 $x=$

$2\arccos\dfrac{\sqrt{6}}{3}$.

故 $f(x)$ 的最大值为 $\dfrac{4\sqrt{3}}{9}$.

评注 上面提供的两种方法在本质上似乎没有什么两样,但是,在不同的场合里你将看到它的奇特功效.

二、变形引申

同法,可令学生处理下面的变题.

变题 设 $0<x<\pi$,求 $\cos\dfrac{x}{2}(1-\cos x)$ 的最大值.

由于问题 1 在我国联赛命题里的出现,引起国人同行对本题解法的研究,于是乎,本人也联想到如下曾经有过的看似与此无关的一道最值问题(列为):

问题 2 对于满足 $x^2+y^2+z^2=1$ 的正数 x,y,z,求

$$\frac{x}{1-x^2}+\frac{y}{1-y^2}+\frac{z}{1-z^2}$$

的最小值.

题目解说 本题为第 30 届 IMO 训练题(1989,加拿大),对于本题的解答,有的竞赛名家曾给出过较为复杂的解法(限于篇幅,这里不再转述),并说他的"辅助的恒等变形似乎平常"实际做起来并非易事,尝试一下本题的解法就会有较深的体会.

对于本题的名家解法,笔者也曾将其介绍给省数学实验班的学生,普遍感到解法之不易想到和变形之迂回曲折,到当前为止,也未见到有更好的方法出炉,但由于本题的结构简单对称,特别激发人解题兴趣,所以,引起笔者对本题解法的简洁性的研究,几经周折,联想到问题 1 的解法,并从等号成立的条件入手,从而得到较为满意的解法,为叙述方便,现抄录如下[1]:

解 由条件及代数不等式知

$$x^2(1-x^2)^2=\frac{1}{2}\cdot 2x^2(1-x^2)(1-x^2)$$

$$\leqslant \frac{1}{2} \cdot \left[\frac{2x^2 + (1 - x^2) + (1 - x^2)}{3} \right]^3 = \frac{4}{27}$$

注意到题目条件知 $x > 0$，所以

$$x(1 - x^2) \leqslant \frac{2}{3\sqrt{3}} \tag{1}$$

所以

$$\frac{x}{1 - x^2} \geqslant \frac{3\sqrt{3}}{2} x^2 \tag{2}$$

同理可得

$$\frac{y}{1 - y^2} \geqslant \frac{3\sqrt{3}}{2} y^2, \frac{z}{1 - z^2} \geqslant \frac{3\sqrt{3}}{2} z^2$$

上述三个不等式相加便得

$$\frac{x}{1 - x^2} + \frac{y}{1 - y^2} + \frac{z}{1 - z^2} \geqslant \frac{3\sqrt{3}}{2}$$

等号成立的条件是 $x = y = z = \frac{\sqrt{3}}{3}$. 即 $\frac{x}{1 - x^2} + \frac{y}{1 - y^2} + \frac{z}{1 - z^2}$ 的最小值为 $\frac{3\sqrt{3}}{2}$.

评注 这一证法是极其简洁的.

由于本题中所述的量都是正数，于是由(1)极易推出(2)等，从而得到本题结论.

另外，我们得到的(1)是一个极其有价值的式子，沿着这一思路对它进行不同的变形，就可得到许多有意义的结论.

若将各量推广为满足等式的实数，则有以下问题：

问题 3[2]　已知 a, b, c 是满足 $a^2 + b^2 + c^2 = 1$ 的实数，求证

$$|a| + |b| + |c| \geqslant 3\sqrt{3}(a^2 b^2 + b^2 c^2 + c^2 a^2)$$

初看此题，似乎无从下手，左边是三个变量的一次式，右边是三个变量的四次式，相距遥远，而一般的不等式两边都是同次式，所以，常规方法不可行，而(1)就是一个非常规的不等式，要善于关注其特点，并注意应用.

证明　由问题 2 的证明过程得到的(1)知，对于本题应有

$$|a|(1 - a^2) \leqslant \frac{2}{3\sqrt{3}}$$

所以

$$a^2(1-a^2) \leqslant \frac{2}{3\sqrt{3}}|a| \Rightarrow |a| \geqslant \frac{3\sqrt{3}}{2}a^2(1-a^2)$$

$$= \frac{3\sqrt{3}}{2}a^2(b^2+c^2)$$

同理可得

$$|b| \geqslant \frac{3\sqrt{3}}{2}b^2(c^2+a^2),\ |c| \geqslant \frac{3\sqrt{3}}{2}c^2(a^2+b^2)$$

三个不等式相加便得 $|a|+|b|+|c| \geqslant 3\sqrt{3}(a^2b^2+b^2c^2+c^2a^2)$.

评注 原作者提供的证明较为复杂,这里的证明稍微简洁了一些,由此也不难知道本题的来历.

抓住式(1),细究其本质,不难从三元均值不等式的运用联想到多元均值不等式,于是就可得到问题 2 的推广:

推广[3] 已知 $a_i \in \mathbf{R}^*(i=1,2,3,\cdots,n,n \geqslant 3)$,且 $\sum\limits_{i=1}^{n} a_i^{n-1}=1$,求证

$$\sum_{i=1}^{n} \frac{a_i^{n-2}}{1-a_i^{n-1}} \geqslant \frac{n}{n-1}\sqrt[n-1]{n}$$

证明 令 $x_i = a_i(1-a_i^{n-1})$,则

$$x_i^{n-1} = a_i^{n-1}(1-a_i^{n-1})^{n-1}$$

$$= \frac{1}{n-1} \cdot (n-1)a_i^{n-1}(1-a_i^{n-1})\cdots(1-a_i^{n-1})$$

$$\leqslant \frac{1}{n-1}\left[\frac{(n-1)a_i^{n-1}+(1-a_i^{n-1})+\cdots+(1-a_i^{n-1})}{n}\right]^n$$

$$= \frac{1}{n}\left(\frac{n-1}{n}\right)^{n-1}$$

所以 $x_i \leqslant \frac{n-1}{n} \cdot \frac{1}{\sqrt[n-1]{n}}$,即 $\frac{a_i^{n-2}}{1-a_i^{n-1}} \geqslant \frac{n}{n-1}\sqrt[n-1]{n} \cdot a_i^{n-1}$,两边求和并应用

$\sum\limits_{i=1}^{n} a_i^{n-1}=1$ 即得结论.

对式(1)再做思考,便可解决下面的问题.

问题 4(广东省 2004 年全国高中数学联赛预赛填空题第 19 题)

若 $0<a<\sqrt{3}\sin\theta,\theta \in \left[\frac{\pi}{6},\arcsin\frac{\sqrt[3]{3}}{2}\right]$,$f(a,\theta)=\sin^3\theta+\frac{4}{3a\sin^2\theta-a^3}$,求

$f(a,\theta)$ 的最小值.

这是一个双变量函数最值问题,与前面的最值问题有点儿区别,所以,处理

259

起来要相对迂回一些,首先是要改变从处理不等式(最值)的方式方法中解放出来,虽然说最值问题的本质仍然是不等式,但在一些具体问题上还是有区别的,例如解决函数最值问题时除了不等式方法之外,还要渗进函数思想和函数方法,这是十分重要的.

许多优秀学生感到本题的求解比较困难,实际上,解决本题的一个首要观点是要分步处理,由题设条件知 $3a\sin^2\theta - a^3$ 为正数,于是,要得到 $f(a,\theta)$ 的最小值,需先求 $u = 3a\sin^2\theta - a^3 (>0)$ 的最大值,这是解决本题的一个战略性认识,求 $u = 3a\sin^2\theta - a^3$ 的最大值(使用初等方法)又是一个难点,因为它也是二元函数的最值问题,观察该式的特点应该想到过去曾走过的老路 —— 反思与回顾,由于 $u = 3a\sin^2\theta - a^3 = a(3\sin^2\theta - a^2)$,所以,联想到前面曾用过的(1),于是在脑海里便形成一个想法,就是先固定一个量,将另一个量看成变量,立刻产生下面的(先固定 θ,即将 θ 先看成常量,a 看成变量)解法.

解 设 $u = 3a\sin^2\theta - a^3$,则

$$u^2 = a^2 (3\sin^2\theta - a^2)^2 = \frac{1}{2} \cdot 2a^2 \cdot (3\sin^2\theta - a^2) \cdot (3\sin^2\theta - a^2)$$

$$\leqslant \frac{1}{2} \left[\frac{2a^2 + (3\sin^2\theta - a^2) + (3\sin^2\theta - a^2)}{3} \right]^3$$

$$= 4\sin^6\theta$$

等号成立的条件是 $2a^2 = 3\sin^2\theta - a^2$,即 $a = \sin\theta$. 所以

$$f(a,\theta) = \sin^3\theta + \frac{4}{3a\sin^2\theta - a^3} \geqslant \sin^3\theta + \frac{2}{\sin^3\theta}$$

但由条件 $\theta \in \left[\frac{\pi}{6}, \arcsin\frac{\sqrt[3]{3}}{2} \right]$,所以,$\frac{1}{8} \leqslant \sin^3\theta \leqslant \frac{3}{8}$,且 $y = x + \frac{2}{x}$ 在 $\left[\frac{1}{8}, \frac{3}{8} \right]$ 单调下降,所以 $f(a,\theta)_{\min} = \frac{3}{8} + \frac{16}{3} = \frac{137}{24}$,等号成立的条件为 $a = \sin\theta\sin^3\theta = \frac{3}{8}$,即 $a = \frac{\sqrt[3]{3}}{2}$,$\theta = \arcsin\frac{\sqrt[3]{3}}{2}$.

对于本题的求解,值得一提的是在方法上用到了分步处理(或者称为逐步调整)的思想,在知识上应该注意到用到了三元均值不等式,这是两个有用的信号,沿着逐步调整和均值不等式的思路继续前行,我们很容易将本题推广为下面问题.(请大家想一想,这时的题目条件应该怎样刻画?$f(a,\theta)$ 的表达式又怎样表述?)

问题 5 若 $0 < a < \sqrt[n-1]{n}\sin\theta$,$\theta \in \left[\frac{\pi}{6}, \arcsin\frac{\sqrt[n]{3}}{2} \right]$,$f(a,\theta) = \sin^n\theta +$

$\dfrac{(n-1)^2}{na\sin^{n-1}\theta-a^n}(n\geqslant 3)$，求 $f(a,\theta)$ 的最小值.

解 同问题 4 的处理方法，令 $u=na\sin^{n-1}\theta-a^n$，则

$$u^{n-1}=(na\sin^{n-1}\theta-a^n)^{n-1}=a^{n-1}(n\sin^{n-1}\theta-a^{n-1})^{n-1}$$

$$=\frac{1}{n-1}\cdot[(n-1)a^{n-1}](n\sin^{n-1}\theta-a^{n-1})\cdots(n\sin^{n-1}\theta-a^{n-1})$$

$$\leqslant\frac{1}{n-1}\left[\frac{(n-1)a^{n-1}+(n\sin^{n-1}\theta-a^{n-1})+\cdots+(n\sin^{n-1}\theta-a^{n-1})}{n}\right]^n$$

$$=\frac{1}{n-1}\left[(n-1)\sin^{n-1}\theta\right]^n$$

等号成立的条件是 $(n-1)a^{n-1}=n\sin^{n-1}\theta-a^{n-1}$，即 $a=\sin\theta$.

所以

$$u\leqslant(n-1)\sin^n\theta$$

所以

$$f(a,\theta)=\sin^n\theta+\frac{(n-1)^2}{na\sin^{n-1}\theta-a^n}\geqslant\sin^n\theta+\frac{n-1}{\sin^n\theta}$$

等号成立的条件是

$$(n-1)a^{n-1}=n\sin^{n-1}\theta-a^{n-1},a=\sin\theta$$

所以

$$u\leqslant(n-1)\sin^n\theta$$

因为

$$\theta\in\left[\frac{\pi}{6},\arcsin\frac{\sqrt[n]{3}}{2}\right],\frac{1}{2^n}\leqslant\sin^n\theta\leqslant\frac{3}{2^n}$$

且 $y=x+\dfrac{n-1}{x}$ 在 $\left[\dfrac{1}{2^n},\dfrac{3}{2^n}\right]$ 单调下降，所以

$$f(a,\theta)_{\min}=\frac{3}{2^n}+\frac{n-1}{\frac{3}{2^n}}=\frac{3}{2^n}+\frac{(n-1)2^n}{3}=\frac{9+(n-1)4^n}{3\cdot2^n}$$

等号成立的条件为 $a=\sin\theta\sin^n\theta=\dfrac{3}{2^n}$，即

$$a=\frac{\sqrt[n]{3}}{2},\theta=\arcsin\frac{\sqrt[n]{3}}{2}$$

到此，我们已经在问题 1 的基础上走得很远了，其实，在上述几个问题的求解过程中，均值不等式的应用是一条主线，大家是否看到了求解数学问题思路的生成过程和编拟数学问题的模式，许多人就是沿着这条康庄大道一路走来，成就辉煌的.

一个人数学水平的高低,素养的厚薄,才识的高下,一个基本因素取决于他的解题能力的强弱,因为各类的数学考试都是限定在有限的时间里完成确定数量的数学题,况且,不同等级不同类别的考试还有不同难度的题目,故能否快速提高解题能力取决于自己是否真正学会分析并掌握别人的成功解题经验(即自己研究问题解法及其来龙去脉的能力),所以,我们老师应该在教会学生分析问题解法上多下功夫,因为许多时候,许多地方选拔人才都是通过考试(凡涉及数学 —— 都要解题)来实现的 —— 即数学解题教学是一朵永不凋谢的玫瑰!

参考文献

[1] 王扬.一个著名不等式的巧证[J].中学数学教学参考,1995:8-9.

[2] 宋庆.数学问题解答栏[J].数学通报,2004:6-7.

[3] 安振平.一个极值问题的推广[J].中等数学,1996:4.

§2　函数性质的应用之一

今天笔者将选择一些高考与竞赛有交集的问题来谈谈它们的命题以及解法规律,以此来窥探未来这两类考试命题的趋势.

一、问题及其解答

问题 1　设实数 a 使得不等式 $|2x-a|+|3x-2a| \geqslant a^2$ 对任意实数 x 恒成立,则满足条件的 a 所组成的集合是(　　).

A. $\left[-\dfrac{1}{3}, \dfrac{1}{3}\right]$　　　B. $\left[-\dfrac{1}{2}, \dfrac{1}{2}\right]$　　　C. $\left[-\dfrac{1}{4}, \dfrac{1}{3}\right]$　　　D. $[-3,3]$

题目解说　本题为 2007 年全国高中数学联赛一(2)题.

渊源探索　本题是对高中课本上不等式问题的简单延伸.

方法透析　回顾课本上类似习题的解法可能很有启发性,并注意到课本习题的问题本质.

分析　从高中课本上常见的问题入手讨论.

先看本题的由来:

引子 1　求函数 $f(x)=|x-1|+|x-2|$ 的值域.

引子 2　求函数 $f(x)=|2x-1|+|3x-2|$ 的值域.

引子 3　不等式 $|2x-1|+|3x-2| \geqslant a^2$ 恒成立,求 a 的取值范围.

引子 4　不等式 $|2x-a|+|3x-2a| \geqslant a^2$ 恒成立,求 a 的取值范围.

从分析解题过程学解题——
竞赛中的向量几何与不等式研究

方法提示

1.通过做不等式左边函数图像,求得最小值.

2.代入各选择支进行筛选

3.代入左边函数在拐点处的变量值进行运算

4.由于自变量取值的任意性,可设 $x = ka$ 进行化简,这样就可以看出本题的来历.

解 1 按照方法提示 3 求解:

将零点值代入 —— 分两种情况,记

$$f(x) = |2x - a| + |3x - 2a|$$

那么,由题意知道

$$f\left(\frac{a}{2}\right) \geqslant a^2,\text{且 } f\left(\frac{2a}{3}\right) \geqslant a^2$$

由 $f\left(\frac{a}{2}\right) \geqslant a^2 \Rightarrow |a| \leqslant \frac{1}{2}$,$f\left(\frac{2a}{3}\right) \geqslant a^2 \Rightarrow |a| \leqslant \frac{1}{3}$,二者取交集得到 A 选项正确.

解 2 这里给出一种普遍适用的方法,即采用上面的方法提示 4—— 这个方法是对题目的任意性三个字的深刻理解.

设 $x = ka (k \in \mathbf{R})$,代入到原不等式得到

$$|2k - 1| + |3k - 2| \geqslant |a|$$

即此式对任意实数 k 都成立,只需要求出左端的最小值不小于右端,再解不等式即可.

问题 2 已知 x, y 都在 $(-2, 2)$ 内,且 $xy = -1$,则函数

$$u = \frac{4}{4 - x^2} + \frac{9}{9 - y^2}$$

的最小值是( ).

(A) $\frac{8}{5}$ (B) $\frac{24}{11}$ (C) $\frac{12}{7}$ (D) $\frac{12}{5}$

题目解说 本题为 2003 年全国高中数学联赛第一试选择题 5.

方法透析 利用前面的减元思想看看,或者设法利用已知条件以及柯西不等式等.

解 1 化为一元函数(命题组的解答).

由条件知道

$$U = \frac{4}{4 - x^2} + \frac{9}{9 - y^2} = \frac{4}{4 - x^2} + \frac{9}{9 - \left(\frac{1}{x}\right)^2}$$

$$= \frac{4}{4-x^2} + \frac{9x^2}{9x^2-1} = \frac{-9x^4+72x^2-4}{-9x^4+37x^2-4}$$

$$= 1 + \frac{35x^2}{-9x^4+37x^2-4} = 1 + \frac{35}{37-\left(9x^2+\frac{4}{x^2}\right)}$$

$$\geqslant 1 + \frac{35}{37-2\cdot 2\cdot 3} = \frac{12}{5}$$

等号成立的条件为 $9x^2 = \frac{4}{x^2} \Leftrightarrow x^2 = \sqrt{\frac{2}{3}}$，$y^2 = \sqrt{\frac{3}{2}}$，$xy < 0$.

即原式的最小值为 $\frac{12}{5}$.

解 2 原不等式可变形为

$$U = \frac{4}{4-x^2} + \frac{9}{9-y^2} = \frac{1}{1-\left(\frac{x}{2}\right)^2} + \frac{1}{1-\left(\frac{y}{3}\right)^2}$$

对此式运用柯西不等式及二元均值不等式及已知条件得

$$\frac{1}{1-\left(\frac{x}{2}\right)^2} + \frac{1}{1-\left(\frac{y}{3}\right)^2} \geqslant \frac{4}{2-\left(\frac{x}{2}\right)^2-\left(\frac{y}{3}\right)^2}$$

$$\geqslant \frac{4}{2-2\cdot \frac{|xy|}{2\cdot 3}}$$

$$\geqslant \frac{4}{2-2\cdot \frac{1}{2\cdot 3}} = \frac{12}{5}$$

等式成立的条件是 $\left(\frac{x}{2}\right)^2 = \left(\frac{y}{3}\right)^2$，且 $xy = -1$，所以 $x^2 = \sqrt{\frac{2}{3}}$，$y^2 = \sqrt{\frac{3}{2}}$，但 x,y 异号.

解 3 由题设知道 $\left(\frac{x}{2}\right)^2$，$\left(\frac{y}{2}\right)^2 \in (0,1)$，故由无穷递缩等比数列求和的公式知道

$$\frac{1}{1-\left(\frac{x}{2}\right)^2} + \frac{1}{1-\left(\frac{y}{2}\right)^2}$$

$$= \left[1+\left(\frac{x}{2}\right)^2+\left(\frac{x}{2}\right)^4+\left(\frac{x}{2}\right)^6\cdots\right) + \left[1+\left(\frac{y}{2}\right)^2+\left(\frac{y}{3}\right)^4+\left(\frac{y}{3}\right)^6+\cdots\right]$$

$$= [1+1] + \left[\left(\frac{x}{2}\right)^2+\left(\frac{y}{3}\right)^2\right] + \left[\left(\frac{x}{2}\right)^4+\left(\frac{y}{3}\right)^4+\left(\frac{x}{2}\right)^6+\left(\frac{y}{3}\right)^6\right] + \cdots$$

$$\geqslant 2\left(1+\left|\frac{x}{2}\cdot\frac{y}{3}\right|+\left|\frac{x}{2}\cdot\frac{y}{3}\right|^2+\left|\frac{x}{2}\cdot\frac{y}{3}\right|^3+\cdots\right)$$

$$=2\cdot\frac{1}{1-\left|\frac{x}{2}\cdot\frac{y}{3}\right|}=\frac{12}{5}$$

评注　本题的三个解法具有一定的代表性,尤其是柯西不等式方法和构造无穷递缩等比数列求和法,具有一般性 —— 即此法可以将变量个数予以推广.

引申 1　(《数学教学》2001(3)问题540)设 $xyz\in(-1,1), xyz=\frac{1}{36}$,求函数 $u=\dfrac{1}{1-x^2}+\dfrac{4}{4-y^2}+\dfrac{9}{9-z^2}$ 的最小值.

解　根据柯西不等式及三元均值不等式知

$$u=\frac{1}{1-x^2}+\frac{4}{4-y^2}+\frac{9}{9-z^2}=\frac{1}{1-x^2}+\frac{1}{1-\left(\frac{y}{2}\right)^2}+\frac{1}{1-\left(\frac{z}{3}\right)^2}$$

$$\geqslant\frac{(1+1+1)^2}{3-\left[x^2+\left(\frac{y}{2}\right)^2+\left(\frac{z}{3}\right)^2\right]}\geqslant\frac{9}{3-3\cdot\sqrt[3]{\frac{1}{36}(xyz)^2}}=\frac{108}{35}$$

评注　本题证明也可以运用构造无穷递缩等比数列求和方法予以解决.

二、函数性质的综合应用

问题 2　已知实数 x,y 满足 $(3x+y)^5+x^5+4x+y=0$,求 $4x+y$ 的值.

题目解说　本题大约在 1995 年左右为笔者与自己的学生发表在《中学数学》上的题目.

方法透析　构造函数,并利用函数的奇偶性.

解　原方程可整理为

$$(3x+y)^5+(3x+y)=-(x^5+x) \tag{1}$$

设 $f(t)=t^5+t$,则 $f(t)$ 为 **R** 上单调上升的奇函数,从而(1) 表示为

$$f(3x+y)=-f(x)=f(-x)$$

即

$$3x+y=-x\Rightarrow4x+y=0$$

评注　本题的解决依赖于函数的奇偶性,单调性.

问题 3　若 $x,y\in\left[-\dfrac{\pi}{4},\dfrac{\pi}{4}\right], a\in\mathbf{R}$,且满足方程

$$x^3+\sin x-2a=0 \tag{1}$$

265

和

$$4y^3 + \sin y\cos y + a = 0 \qquad\qquad (2)$$

求 $\cos(x + 2y)$ 的值.

题目解说　本题为 1994 年全国高中数学联赛一道填空题.

方法透析　构造函数,并利用函数的奇偶性.

解　由 $4y^3 + \sin y\cos y + a = 0$ 知

$$(2y)^3 + \sin 2y = -2a \qquad\qquad (3)$$

对比 (2)(3) 知

$$(2y)^3 + \sin 2y = -(x^3 + \sin x) = (-x)^3 + \sin(-x) \qquad\qquad (4)$$

由于函数 $f(x) = x^3 + \sin x$ 是区间 $\left[-\dfrac{\pi}{4}, \dfrac{\pi}{4}\right]$ 单调上升的奇函数,于是 (4) 表明 $f(2y) = f(-x)$,所以 $2y = -x \Rightarrow x + 2y = 0$,即 $\cos(x + 2y) = 1$.

评注　本题的解决仍然依赖于函数的奇偶性,单调性.

问题 4　设 $x, y \in \mathbf{R}$,且满足

$$(x - 1)^3 + 1\,997(x - 1) = -1, \quad (y - 1)^3 + 1\,997(y - 1) = 1$$

求 $x + y$ 的值.

题目解说　本题为 1997 年全国高中数学联赛一题.

渊源探索　本题源于 1994 年联赛一题(上面的问题 2),可见前面有过的题目的意义深远.

方法透析　构造函数,并利用函数的奇偶性.

解　由题目条件知道

$$(x - 1)^3 + 1\,997(x - 1) = -(y - 1)^3 - 1\,997(y - 1)$$
$$= [-(y - 1)]^3 + 1\,997[-(y - 1)] \qquad (1)$$

令 $f(t) = t^3 + 1997t$,则 $f(t)$ 是 $\mathbf{R}$ 上单调上升的奇函数,式 (1) 表明 $f(x - 1) = f(-(y - 1)) \Rightarrow x - 1 = -(y - 1) \Rightarrow x + y = 2$.

评注　本题的解决仍然依赖于函数的奇偶性,单调性.

问题 5　若 $(\log_2 3)^x - (\log_5 3)^x \geqslant (\log_2 3)^{-y} - (\log_5 3)^{-y}$,则(　　　).

(A)$xy \geqslant 0$　　　(B)$x + y \geqslant 0$　　　(C)$xy \leqslant 0$　　　(D)$x + y \leqslant 0$

题目解说　本题为 1999 年全国高中数学联赛一题.

渊源探索　本题源于 1994 年联赛一道题目(上面的问题 2),可见前面有过的题目的意义深远.

方法透析　构造函数,并利用函数的奇偶性.

解　有两种方法可以遵循,一是构造函数 $f(t) = (\log_2 3)^t - (\log_5 3)^t$,则

$f(x)$ 在 **R** 上是严格单调递增函数，原不等式即为 $f(x) \geqslant f(-y)$，所以，$x \geqslant -y$，从而知 $x + y \geqslant 0$.

另外，从反面考虑，如果 $x + y \geqslant 0$，那么应有 $(\log_2 3)^x \geqslant (\log_2 3)^{-y}$，且 $(\log_5 3)^{-y} \geqslant (\log_5 3)^x$，这两个式子相加便得条件不等式，从而知 $x + y \geqslant 0$.

问题 6　已知 $\sqrt[5]{a+b} + \sqrt[5]{ab} + (a+b)^5 + a^5 b^5 = 0$，求 $a + b + ab$ 的值.

题目解说　本题已经是多种资料广为流行的一道题目.

渊源探索　本题为问题 2 的延伸思考.

方法透析　构造函数，并利用函数的奇偶性.

解　原方程可整理为

$$\sqrt[5]{a+b} + (a+b)^5 = \sqrt[5]{-ab} + (-ab)^5 \tag{1}$$

设 $f(t) = \sqrt[5]{t} + t^5$，则 $f(t)$ 是 **R** 上单调上升的奇函数，从而（1）表示为

$$f(a+b) = -f(ab) = f(-ab)$$

即

$$a + b = -ab \Rightarrow a + b + ab = 0$$

评注　本题的解决依赖于函数的奇偶性，单调性.

问题 7　已知两个实数 α, β 满足：$\alpha^3 - 3\alpha^2 + 5\alpha = 1, \beta^3 - 3\beta^2 + 5\beta = 5$，求 $\alpha + \beta$ 的值.

题目解说　本题早期见于笔者与自己的学生于 1995 年发表在《中学数学》上的文章中的一道题目，现在广为流传于多种资料.

渊源探索　本题为问题 2 的延伸思考.

方法透析　构造函数，并利用函数的奇偶性.

解　两个等式相加得到

$$(\alpha - 1)^3 + 2(\alpha - 1) = -[(\beta - 1)^3 + 2(\beta - 1)] \tag{1}$$

设 $f(t) = t^3 + 2t$，则 $f(t)$ 是 **R** 上单调递增的奇函数，从而（1）表示为

$$f(\alpha - 1) = -f(\beta - 1) = f(-(\beta - 1))$$

即

$$\alpha - 1 = -(\beta - 1) \Rightarrow \alpha + \beta = 2$$

评注　本题的解决依赖于函数的奇偶性，单调性.

问题 8　已知两个实数 α, β 满足：$\alpha^3 + \lg(\alpha + \sqrt{\alpha^2 + 1}) - 1 = 0, 8\beta^3 + \lg(2\beta + \sqrt{4\beta^2 + 1}) + 1 = 0$，求 $\tan(\alpha + 2\beta)$ 的值.

题目解说　本题早期见于笔者与自己的学生于 1995 年发表在《中学数学》上的文章中的一道题目，现在广为流传于多种资料.

渊源探索　本题为问题 2 的延伸思考.

方法透析　构造函数,并利用函数的奇偶性.

解　因为 $f(x)=\lg(x+\sqrt{x^2+1})$ 是实数集上的单调奇函数. 于是,由已知两个等式得到

$$\alpha^3+\lg(\alpha+\sqrt{\alpha^2+1})=(-2\beta)^3+\lg[(-2\beta)+\sqrt{(-2\beta)^2+1}]\quad(1)$$

设 $f(t)=t^3+\lg(t+\sqrt{t^2+1})$,则 $f(t)$ 是 **R** 上单调递增的奇函数,从而(1)表示为 $f(\alpha)=f(-2\beta)$,即 $\alpha=-2\beta\Rightarrow\alpha+2\beta=0$.

评注　本题的解决依赖于函数的奇偶性,单调性.

问题 9　已知两个实数 α,β 满足

$$\frac{1}{-3^{\alpha}+1}+\lg(\alpha+\sqrt{\alpha^2+1})=0$$

$$\frac{1}{-3^{\beta}+1}+\lg(\beta+\sqrt{\beta^2+1})+1=0$$

求 $3^{\alpha+\beta}$ 的值.

题目解说　本题早期见于笔者与自己的学生于 1995 年发表在《中学数学》上的文章中的一道题目,现在广为流传于多种资料.

渊源探索　本题为问题 2 的延伸思考.

方法透析　构造函数,并利用函数的奇偶性.

解　因为 $f(x)=\dfrac{1}{1-3^x}-\dfrac{1}{2}$,$g(x)=\lg(x+\sqrt{x^2+1})$ 都是 **R** 上的单调奇函数,故

$$F(x)=\frac{1}{1-3^x}-\frac{1}{2}+\lg(x+\sqrt{x^2+1})$$

也是 **R** 上的单调递增的奇函数,于是,由已知两个等式得到

$$\frac{1}{-3^{\alpha}+1}-\frac{1}{2}+\lg(\alpha+\sqrt{\alpha^2+1})$$

$$=-\left[\frac{1}{-3^{\beta}+1}-\frac{1}{2}+\lg(\beta+\sqrt{\beta^2+1})\right]$$

$$=\frac{1}{-3^{-\beta}+1}-\frac{1}{2}+\lg(-\beta+\sqrt{-\beta^2+1})$$

$$\Rightarrow F(\alpha)=-F(\beta)=F(-\beta)$$

所以 $\alpha=-\beta$,所以 $3^{\alpha+\beta}=1$.

问题 10　已知函数 $f(x)=x^3-\log_2(\sqrt{x^2+1}-x)$,则对于任意实数 a,$b(a+b\neq0)$,试判断下面式子的正负号:$\dfrac{f(a)+f(b)}{a^3+b^3}$.

题目解说 本题为 2008 年陕西省预赛试题之一.

渊源探索 本题为问题 2 的延伸思考.

方法透析 构造函数,并利用函数的奇偶性.

解 因为函数 $f(x)$ 的定义域显然为全体实数,而且

$$f(x) + f(-x) = x^3 - \log_2(\sqrt{x^2+1} - x) + [-x^3 + \log_2(\sqrt{x^2+1} + x)]$$

$$= -\log_2(\sqrt{x^2+1} - x)(\sqrt{x^2+1} + x) = 0$$

即 $f(-x) = -f(x)$,亦即函数 $f(x)$ 为奇函数,又因为

$$f(x) = x^3 - \log_2(\sqrt{x^2+1} - x) = x^3 + \log_2(\sqrt{x^2+1} + x)$$

在 **R** 上单调递增,所以函数 $f(x)$ 为 **R** 上的增函数,注意到 $f(a) - f(-b)$ 与 $(a+b)$ 同号,同 $a^3 + b^3$ 与 $a+b$ 同号,从而 $\dfrac{f(a) + f(b)}{a^3 + b^3} > 0$.

评注 解决本题的依据是函数的单调性与奇偶性,据此思路可以编拟若干数学问题.

练习题

1. 设 $f(x) = x^5 + \sin x, x \in \left[-\dfrac{\pi}{4}, \dfrac{\pi}{4}\right]$,则对于任意实数 $a, b \in \left[-\dfrac{\pi}{4}, \dfrac{\pi}{4}\right] (a+b \neq 0)$,试判断下面式子的正负号:$\dfrac{f(a) + f(b)}{a^5 + b^5}$.

2. 设 $f(t) = t^3 + \lg(t + \sqrt{t^2+1})$,则对于任意实数 $a, b \in \mathbf{R} (a+b \neq 0)$,试判断下面式子的正负号:$\dfrac{f(a) + f(b)}{a^5 + b^5}$.

3. 设 $F(x) = \dfrac{1}{1 - 3^x} - \dfrac{1}{2} + \lg(x + \sqrt{x^2+1})$,则对于任意实数 $a, b \in \mathbf{R}$ $(a+b \neq 0)$,试判断下面式子的正负号:$\dfrac{f(a) + f(b)}{a^5 + b^5}$.

§3 函数性质的应用之二

这是上一节的继续.

今天我们选取一道 2009 年的全国高中数学联赛试题,看看其来历以及解

法的产生背景.不妥之处,请大家批评指正.

一、问题及其解答

问题 1 求函数 $y=\sqrt{x+27}+\sqrt{13-x}+\sqrt{x}$ 的最大值和最小值.

题目解说 本题为 2009 年全国高中数学联赛一试第 15 题(最后一题,本卷压轴题).

问题的源头 1 (2005 年高中联赛选择题 1)使关于 x 的不等式 $\sqrt{x-3}+\sqrt{6-x}\geqslant k$ 有解的实数 k 的取值范围是( ).

A. $\sqrt{6}-\sqrt{3}$ B. $\sqrt{3}$ C. $\sqrt{6}+\sqrt{3}$ D. $\sqrt{6}$

本题所求的 k 取值范围即是要求出不等式左边式子的最大值.

解 1 观察到 $(\sqrt{x-3})^2+(\sqrt{6-x})^2=3$,所以联想到二元幂平均不等式 $2(a^2+b^2)\geqslant(a+b)^2$ 的变形形式 $\sqrt{a}+\sqrt{b}\leqslant\sqrt{2(a+b)}$ 得到

$$\sqrt{x-3}+\sqrt{6-x}\leqslant\sqrt{2[(\sqrt{x-3})^2+(\sqrt{6-x})^2]}=\sqrt{2\times3}=\sqrt{6}$$

等号成立的条件为 $\sqrt{x-3}=\sqrt{6-x}$,即 $x=\dfrac{9}{2}$,所以 $k\leqslant\sqrt{6}$.

这是一种最简单的方法.

解法 2 令 $f(x)=\sqrt{x-3}+\sqrt{6-x}$,于是函数 $f(x)=\sqrt{x-3}+\sqrt{6-x}$ 的定义域为 $3\leqslant x\leqslant6$,从而

$$[f(x)]^2=(\sqrt{x-3}+\sqrt{6-x})^2=3+2\sqrt{(x-3)(6-x)}$$
$$\leqslant3+[(x-3)+(6-x)]=6$$

等号成立的条件为 $\sqrt{x-3}=\sqrt{6-x}$,即 $x=\dfrac{9}{2}$,所以 $k\leqslant\sqrt{6}$.

这种方法又是运用了不等式,但这里运用的是基本不等式 —— 二元均值不等式.

解 3 由解 2 知

$$[f(x)]^2=(\sqrt{x-3}+\sqrt{6-x})^2=3+2\sqrt{(x-3)(6-x)}$$
$$=3+2\sqrt{-x^2+9x-18}$$

注意到 $g(x)=-x^2+9x-18$ 在 $[3,6]$ 上是可以达到最大值的,所以 $g(x)=-x^2+9x-18$ 的最大值只能在对称轴 $x=\dfrac{9}{2}$ 时达到,即

$$g(x)_{\max}=g\left(\frac{9}{2}\right)=3$$

所以 $f(x)_{\max}=\sqrt{6}$.所以 $k\leqslant\sqrt{6}$.

解 4 三角代换法. 观察到 $(\sqrt{x-3})^2 + (\sqrt{6-x})^2 = 3$,所以联想到三角代换. 令 $\sqrt{x-3} = \sqrt{3}\cos\alpha$,$\sqrt{6-x} = \sqrt{3}\sin\alpha$,$\alpha \in \left[0, \dfrac{\pi}{2}\right]$,于是

$$k \leqslant 3(\cos\alpha + \sin\alpha) = \sqrt{6}\sin\left(\alpha + \dfrac{\pi}{4}\right) \leqslant \sqrt{6}$$

所以 $k \leqslant \sqrt{6}$.

解 5 联想到柯西不等式知

$$\sqrt{x-3} + \sqrt{6-x} = (1 \cdot \sqrt{x-3} + 1 \cdot \sqrt{6-x})$$
$$\leqslant \sqrt{(1^2 + 1^2)\left[(\sqrt{x-3})^2 + (\sqrt{6-x})^2\right]}$$
$$= \sqrt{6}$$

所以 $k \leqslant \sqrt{6}$.

问题的源头 2 (2006 年江西预赛题) 函数 $f(x) = \sqrt{x-3} + \sqrt{12-3x}$ 的值域为(　　).

(A) $[1, \sqrt{2}]$　　　(B) $[1, \sqrt{3}]$　　　(C) $\left[1, \dfrac{3}{2}\right]$　　　(D) $[1, 2]$

解 容易知道函数的定义域为 $[3, 4]$,而根据柯西不等式知道

$$[f(x)]^2 = [\sqrt{x-3} + \sqrt{12-3x}]^2$$
$$= [1 \cdot \sqrt{x-3} + \sqrt{3} \cdot \sqrt{4-x}]^2$$
$$\leqslant (1+3)[(x-3) + (4-x)] = 4$$

即 $f(x) \leqslant 2$,等号成立的条件为 $\dfrac{x-3}{1} = \dfrac{4-x}{3} \Leftrightarrow x = \dfrac{13}{4}$.

又因

$$[f(x)]^2 = 9 - 2x + 2\sqrt{3(x-3)(4-x)}$$
$$= 9 - 2x + 2\sqrt{3(-x^2 + 7x - 12)}$$
$$= 9 - 2x + 2\sqrt{\dfrac{3}{4} - 3\left(x - \dfrac{7}{2}\right)^2}$$
$$\geqslant 9 - 2 \times 4 + 2\sqrt{\dfrac{3}{4} - 3\left(4 - \dfrac{7}{2}\right)^2}$$
$$= 1$$

注意到 $y = 9 - 2x$ 是 $[3, 4]$ 上的减函数,而 $y = \dfrac{3}{4} - 3\left(x - \dfrac{7}{2}\right)^2$ 在 $[3, 4]$ 上的最小值只能在 $x = 4$ 时达到,从而,等号成立的条件为 $x = 4$,显然 $f(x) \geqslant 0$,

所以,原函数的值域为 $y \in [1,2]$.

问题的源头 3 (2003 年全国高中数学联赛第一试解答题 13 题(本卷压轴题))设 $\dfrac{3}{2} \leqslant x \leqslant 5$,证明不等式

$$2\sqrt{x+1} + \sqrt{2x-3} + \sqrt{15-3x} < 2\sqrt{19}$$

分析 初看本题,有不少人认为它可以用函数单调性去完成证明,实际上本题是不好用函数单调性去证明的,许多优秀学生也被这道题目挡住了去路,后来我想本题结构如此简单,想必本题应该有一种极其简单的证法伴随,于是就从该题的结构去分析,不难看出,三个根号下面的数之和是常数,于是联想到直接运用不等式的可能性,产生运用柯西不等式如下解法:

先看一个错误的解答:由柯西不等式知

$$
\begin{aligned}
&(2\sqrt{x+1} + \sqrt{2x-3} + \sqrt{15-3x})^2 \\
&= (2 \cdot \sqrt{x+1} + 1 \cdot \sqrt{2x-3} + 1 \cdot \sqrt{15-3x})^2 \\
&\leqslant (2^2 + 1^2 + 1^2)[(x+1) + (2x-3) + (15x-3x)] \\
&= 78 > 76 = (2\sqrt{19})^2
\end{aligned}
$$

这一步放大没能达到目的,即按原模型放大运用柯西不等式行不通,需要重新调整系数关系.最近,很多资料上对本题都进行了很好的探究,也有不少好的方法,但是下面解法也很有趣:由柯西不等式知

$$2\sqrt{x+1} + \sqrt{2x-3} + \sqrt{15-3x} = 2\sqrt{x+1} + \sqrt{2}\sqrt{x-\frac{3}{2}} + \sqrt{\frac{3}{2}}\sqrt{10-2x}$$

$$\left(2^2 + 2 + \frac{3}{2}\right)^2\left[(x+1) + \left(x-\frac{3}{2}\right) + (10-2x)\right]^2 = \frac{15 \cdot 19}{4} < 4 \cdot 19$$

即 $2\sqrt{x+1} + \sqrt{2x-3} + \sqrt{15-3x} < 2\sqrt{19}$.

到此本题获得证明.

下面我们来看 2009 年这道竞赛试题的解法.

解 首先容易知道,原函数的定义域为 $x \in [0,13]$,以下先来解决原函数的最小值.

联想到问题的源头 1 的解 2 知道

$$
\begin{aligned}
y &= \sqrt{x+27} + \sqrt{13-x} + \sqrt{x} \\
&= \sqrt{x+27} + \sqrt{(\sqrt{13-x} + \sqrt{x})^2} \\
&= \sqrt{x+27} + \sqrt{13 + 2\sqrt{(13-x)x}}
\end{aligned}
$$

$$= \sqrt{x + 27} + \sqrt{13 + 2\sqrt{\left(\frac{13}{2}\right)^2 - \left(x - \frac{13}{2}\right)^2}}$$

$$\geqslant \sqrt{0 + 27} + \sqrt{13 + 2\sqrt{\left(\frac{13}{2}\right)^2 - \left(0 - \frac{13}{2}\right)^2}}$$

$$= 2\sqrt{3} + \sqrt{13}$$

等号成立的条件为 $x = 0$.

再来解决原函数的最大值问题.

由柯西不等式知道

$$y^2 = (\sqrt{x + 27} + \sqrt{13 - x} + \sqrt{x})^2 \leqslant (a + b + c)\left(\frac{x + 27}{a} + \frac{x}{b} + \frac{13 - x}{c}\right)$$

等号成立的条件为 $\dfrac{x + 27}{a^2} = \dfrac{x}{b^2} = \dfrac{13 - x}{c^2} = m$, 即需要满足

$$\frac{1}{a} + \frac{1}{b} = \frac{1}{c} \Leftrightarrow \frac{\sqrt{m}}{\sqrt{x + 27}} + \frac{\sqrt{m}}{\sqrt{x}} = \frac{\sqrt{m}}{\sqrt{13 - x}}$$

解得 $x = 9$, 这时取 $m = 1$, 则 $a = 6, b = 3, c = 2$.

此时

$$y^2 \leqslant (6 + 3 + 2)\left(\frac{x + 27}{6} + \frac{x}{3} + \frac{13 - x}{2}\right) = 11^2$$

评注   若能看出系数关系, 可直接运用柯西不等式

$$y^2 = (\sqrt{x + 27} + \sqrt{13 - x} + \sqrt{x})^2$$

$$\leqslant (6 + 3 + 2)\left(\frac{x + 27}{6} + \frac{x}{3} + \frac{13 - x}{2}\right) = 11^2$$

二、方法延伸

问题 2   已知 $a, b \in \mathbf{R}^*$, 且 $a^{2016} + b^{2016} = a^{2018} + b^{2018}$, 求证: $a^2 + b^2 \leqslant 2$.

提示 1   分三种情况讨论如下:

(1) 如果 $0 < a < 1, 0 < b < 1$, 则 $a^{2018} < a^{2016}, b^{2018} < b^{2016}$, 这两式相加得到一个与已知式相矛盾的结果, 即 a, b 不可能都小于 1.

(2) 如果 $1 < a, 1 < b$, 则 $a^{2018} > a^{2016}, b^{2018} > b^{2016}$, 这两式相加得到一个与已知式相矛盾的结果, 即 a, b 不可能都大于 1.

(3) 如果 $0 < b \leqslant 1 \leqslant a$, 则由原等式得到 $1 \leqslant \dfrac{a^{2016}}{b^{2016}} = \left(\dfrac{a}{b}\right)^{2016} = \dfrac{1 - b^2}{a^2 - 1}$ (注意到 $a = 1$, 则 $b = 1$ 时结论已经成立), 所以 $a^2 + b^2 \leqslant 2$.

提示 2   由于 $a^{2016} + b^{2016} = a^{2018} + b^{2018}$, 且

$$(a^{2\,016}+b^{2\,016})(a^2+b^2)=a^{2\,018}+b^{2\,018}+a^2b^{2\,016}+b^2a^{2\,016} \qquad (1)$$

又

$$0\leqslant(a^{2\,016}-b^{2\,016})(a^2-b^2)=a^{2\,018}+b^{2\,018}-a^2b^{2\,016}-b^2a^{2\,016}$$

所以

$$a^2b^{2\,016}+b^2a^{2\,016}\leqslant b^{2\,018}+a^{2\,018} \qquad (2)$$

将(2)代入(1)得到

$$(a^{2\,016}+b^{2\,016})(a^2+b^2)=a^{2\,018}+b^{2\,018}+a^2b^{2\,016}+b^2a^{2\,016}$$
$$\leqslant 2(a^{2\,018}+b^{2\,018})=2(a^{2\,016}+b^{2\,016})$$

所以 $a^2+b^2\leqslant 2$.

方法为 $(a^{2\,016}-b^{2\,016})(a^2-b^2)\geqslant 0$,即

$$a^2b^{2\,016}+b^2a^{2\,016}\leqslant b^{2\,018}+a^{2\,018}$$

上式

$$(a^2+b^2)(a^{2\,016}+b^{2\,016})\leqslant 2(b^{2\,018}+a^{2\,018})$$

再结合条件便得结论.

问题3(方法再引申) (2008全国高中数学联赛一试14题(本卷压轴题)).

解不等式

$$\log_2(x^{12}+3x^{10}+5x^8+3x^6+1)>1+\log_2(x^4+1)$$

解1 (这是官方的答案)由 $1+\log_2(x^4+1)=\log_2(2x^4+2)$,且 $\log_2 y$ 在 $(0,+\infty)$ 上为增函数,故原不等式等价于

$$x^{12}+3x^{10}+5x^8+3x^6+1>2x^4+2$$

即

$$x^{12}+3x^{10}+5x^8+3x^6-2x^4-1>0$$

分组分解

$$x^{12}+x^{10}-x^8$$
$$+2x^{10}+2x^8-2x^6$$
$$+4x^8+4x^6-4x^4$$
$$+x^6+x^4-x^2$$
$$+x^4+x^2-1>0$$
$$(x^8+2x^6+4x^4+x^2+1)(x^4+x^2-1)>0$$

所以 $x^4+x^2-1>0$

$$\left(x^2-\frac{-1-\sqrt{5}}{2}\right)\left(x^2-\frac{-1+\sqrt{5}}{2}\right)>0$$

从分析解题过程学解题——
竞赛中的向量几何与不等式研究

所以 $x^2 > \dfrac{-1+\sqrt{5}}{2}$，即 $x < -\sqrt{\dfrac{-1+\sqrt{5}}{2}}$ 或 $x > \sqrt{\dfrac{-1+\sqrt{5}}{2}}$.

故原不等式解集为 $\left(-\infty, -\sqrt{\dfrac{\sqrt{5}-1}{2}}\,\right] \cup \left[\sqrt{\dfrac{\sqrt{5}-1}{2}}, +\infty\right)$.

评注 改良的方法. 令 $t = x^2$，则 $x^{12} + 3x^{10} + 5x^8 + 3x^6 + 1 > 2x^4 + 2$，等价于

$$0 < t^6 + 3t^5 + 5t^4 + 3t^3 - 2t^2 - 1$$
$$= (t^6 + t^5 - t^4) + (2t^5 + 2t^4 - 2t^3) + (4t^4 + 4t^3 - 4t^2) +$$
$$(t^3 + t^2 - t) + (t^2 + t - 1)$$
$$= (t^2 + t - 1)(t^4 + 2t^3 + 4t^2 + t + 1)$$

而

$$t^4 + 2t^3 + 4t^2 + t + 1 = t^4 + 2t^3 + 2t^2 + 2t^2 + t + 1$$
$$= t^2(t^2 + 2t + 2) + (2t^2 + t + 1)$$

上式两个括号中的二次三项式都恒为正数，所以 $t^2 + t - 1 > 0$，以下同上面的解法.

解 2 由 $1 + \log_2(x^4 + 1) = \log_2(2x^4 + 2)$，且 $\log_2 y$ 在 $(0, +\infty)$ 上为增函数，故原不等式等价于

$$x^{12} + 3x^{10} + 5x^8 + 3x^6 + 1 > 2x^4 + 2$$

将上式两边同时除以 x^6 得到

$$\frac{2}{x^2} + \frac{1}{x^6} < x^6 + 3x^4 + 3x^2 + 1 + 2x^2 + 2 = (x^2 + 1)^3 + 2(x^2 + 1)$$

$$\left(\frac{1}{x^2}\right)^3 + 2\left(\frac{1}{x^2}\right) < (x^2 + 1)^3 + 2(x^2 + 1)$$

令 $g(t) = t^3 + 2t$，则不等式为

$$g\left(\frac{1}{x^2}\right) < g(x^2 + 1)$$

显然 $g(t) = t^3 + 2t$ 在 **R** 上为增函数，由此上面不等式等价于

$$\frac{1}{x^2} < x^2 + 1$$

即 $(x^2)^2 + x^2 - 1 > 0$，解得 $x^2 > \dfrac{\sqrt{5}-1}{2}\left(x^2 < -\dfrac{\sqrt{5}+1}{2}\ \text{舍去}\right)$，故原不等式解集为 $\left(-\infty, -\sqrt{\dfrac{\sqrt{5}-1}{2}}\,\right] \cup \left[\sqrt{\dfrac{\sqrt{5}-1}{2}}, +\infty\right)$.

评注 由 $1 + \log_2(x^4 + 1) = \log_2(2x^4 + 2)$，且 $\log_2 y$ 在 $(0, +\infty)$ 上为增

函数,故原不等式等价于
$$x^{12} + 3x^{10} + 5x^8 + 3x^6 + 1 > 2x^4 + 2$$

令 $t = x^2$,则
$$x^{12} + 3x^{10} + 5x^8 + 3x^6 + 1 > 2x^4 + 2$$

等价于
$$0 < t^6 + 3t^5 + 5t^4 + 3t^3 - 2t^2 - 1$$

因为 $t \neq 0$,所以对上式两边同时除以 t^3 得到

$$t^3 + 3t^2 + 5t + 3 - 2\left(\frac{1}{t}\right) - \left(\frac{1}{t}\right)^3 > 0$$

$$\Leftrightarrow t^3 + 3t^2 + 3t + 1 + 2(t+1) > \left(\frac{1}{t}\right)^3 + 2\left(\frac{1}{t}\right)$$

$$\Leftrightarrow (t+1)^3 + 2(t+1) > \left(\frac{1}{t}\right)^3 + 2\left(\frac{1}{t}\right)$$

于是,构造函数 $f(x) = x^3 + 2x$,从而上式表明 $f(t+1) > f\left(\frac{1}{t}\right)$,但是,函数 $f(x) = x^3 + 2x$ 是 **R** 上的单调增函数,所以上式表明 $t + 1 > \frac{1}{t}$,所以 $t^2 + t - 1 > 0$,以下同上面的解 1.

§4 二次函数中的绝对值问题之一

一、问题及其解法的启示

问题 1 设曲线 $y = ax^2 + bx + c\,(a, b, c \in \mathbf{R})$ 与两条直线 $y = x$,$y = -x$ 均不相交.试证:对于一切 $x \in \mathbf{R}$,都有 $|ax^2 + bx + c| > \frac{1}{4|a|}$.

题目解说 本题常见于多种资料.

方法透析 由条件可见,需要就二次项系数分类讨论.

证明 由条件知道 $a \neq 0$,否则 $y = bx + c$ 与直线 $y = x$,$y = -x$ 中之一必然相交.

进一步,由条件知二次方程 $ax^2 + bx + c = \pm x$ 无实根,所以
$$0 > \Delta = (b \mp 1)^2 - 4ac$$

这两个不等式相加得
$$(b+1)^2 + (b-1)^2 - 8ac < 0$$

即 $b^2 - 4ac < -1$，从而

$$|ax^2 + bx + c| = |a| \left[\left(x + \frac{b}{2a} \right)^2 + \frac{4ac - b^2}{4a^2} \right]$$

$$\geqslant |a| \cdot \frac{4ac - b^2}{4a^2}$$

$$> |a| \cdot \frac{1}{4a^2} = \frac{1}{4|a|}$$

评注　本题证明基于判别式构造出不等式 $b^2 - 4ac < -1$，为配方后利用绝对值不等式创造有利条件，其方法是利用绝对值不等式的性质.

二、方法延伸

上面我们运用绝对值不等式解决了一个与绝对值有关的二次函数问题，下面继续这方面的工作.

问题 2　对于函数 $f(x) = ax^2 + bx + c(a, b, c \in \mathbf{R})$，当 $|x| \leqslant 1$ 时，有 $|f(x)| \leqslant 1$，求证：

(1) $|b| \leqslant 1, |c| \leqslant 1$；

(2) $a^2 + b^2 \leqslant 4$；

(3) $|f(2)| \leqslant 7$.

题目解说　本题是广为流行的一道题目.

方法透析　由二次函数的单调性知，二次函数的最值一般是在区间的端点或者图像的顶点处达到，于是，由条件可得一系列不等式，再由绝对值不等式的性质以及等号成立的条件寻求与目标式子的距离即可.

证明　由条件知

$$\begin{cases} a + b + c = f(1) \\ a - b + c = f(-1) \\ c = f(0) \end{cases} \Rightarrow \begin{cases} a = \dfrac{f(1) + f(-1)}{2} - f(0) \\ b = \dfrac{f(1) - f(-1)}{2} \\ c = f(0) \end{cases}$$

由题设知当 $|x| \leqslant 1$ 时，有 $|f(x)| \leqslant 1$，所以 $|f(0)| \leqslant 1, |f(-1)| \leqslant 1$, $|f(1)| \leqslant 1$，于是有：

(1) 由 $c = f(0) \Rightarrow |c| = |f(0)| \leqslant 1 \Rightarrow |c| \leqslant 1$

$$|b| = \left| \frac{f(1) - f(-1)}{2} \right| \leqslant \frac{1}{2} \big[|f(1)| + |f(-1)| \big] \leqslant 1$$

(2) $a^2 + b^2 = \left[\dfrac{f(1) + f(-1)}{2} - f(0) \right]^2 + \left[\dfrac{f(1) - f(-1)}{2} \right]^2$

$$= \left[\frac{f(1) + f(-1)}{2} \right]^2 + f^2(0) - 2f(0) \cdot$$

$$\frac{f(1) + f(-1)}{2} + \left[\frac{f(1) - f(-1)}{2} \right]^2$$

$$= \frac{1}{2}[f^2(1) + f^2(-1)] + f^2(0) - f(-1)f(0) - f(1)f(0)$$

$$\leqslant \frac{1}{2} \cdot 2 + 1 + |f(-1)f(0)| + |f(1)f(0)| \leqslant 4$$

所以 $a^2 + b^2 \leqslant 4$.

(3) $|f(2)| = \left| 4 \cdot \left[\frac{f(1) + f(-1)}{2} - f(0) \right]^2 + 2 \cdot \frac{f(1) - f(-1)}{2} + f(0) \right|$

$$= |3f(1) + f(-1) - 3f(0)| \leqslant 3|f(1)| + |f(-1)| + 3|f(0)| = 7$$

所以 $|f(2)| \leqslant 7$.

评注 用 $f(-1), f(0), f(1)$ 分别表示出三个参量 a, b, c, 然后运用绝对值不等式是解决含有二次函数绝对值问题的基本程序.

问题 3 已知 $f(x) = ax^2 + bx + c, g(x) = \lambda a x + b (a, b, c \in \mathbf{R}, \lambda \geqslant 1)$, 当 $|x| \leqslant 1$ 时, 有 $|f(x)| \leqslant 1$, 求证:

(1) $|a| \leqslant 2, |b| \leqslant 1, |c| \leqslant 1$;

(2) 当 $|x| \leqslant 1$ 时, 有 $|g(x)| \leqslant 2\lambda$.

题目解说 本题是广为流行的一道题目.

方法透析 由二次函数的单调性知, 二次函数的最值一般是在区间的端点或者图像的顶点处达到, 于是, 由条件可得一系列含有参数 a, b, c 的不等式, 再由绝对值不等式的性质以及等号成立的条件寻求与目标式子的距离即可.

证明 (1) 的证明略.

(2) 当 $a = 0$ 时, $|g(x)| = |b| \leqslant 1 \leqslant 2\lambda$ 成立.

当 $a \neq 0$ 时, $g(x)$ 在 $[-1, 1]$ 内是单调函数, 所以, $|g(x)|_{\max} = \max\{g(-1), g(1)\}$, 即只要证明 $\max\{g(-1), g(1)\} \leqslant 2\lambda$ 成立即可.

事实上, 由问题 2 解法知

$$g(1) = \lambda a + b = \lambda \left[\frac{f(1) + f(-1)}{2} - f(0) \right] + \frac{f(1) - f(-1)}{2}$$

$$= \frac{1 + \lambda}{2} f(1) + \frac{\lambda - 1}{2} f(-1) - \lambda f(0)$$

注意到 $\lambda \geqslant 1$, 所以

$$|g(1)| = \left| \frac{1 + \lambda}{2} f(1) + \frac{\lambda - 1}{2} f(-1) - \lambda f(0) \right|$$

278

$$\leqslant \frac{1+\lambda}{2}|f(1)| + \frac{\lambda-1}{2}|f(-1)| + \lambda|f(0)|$$

$$\leqslant \frac{1+\lambda}{2} + \frac{\lambda-1}{2} + \lambda = 2\lambda$$

而

$$|g(-1)| = \left| \frac{\lambda-1}{2}f(1) + \frac{\lambda+1}{2}f(-1) - \lambda f(0) \right|$$

$$\leqslant \frac{1+\lambda}{2}|f(-1)| + \frac{\lambda-1}{2}|f(1)| + \lambda|f(0)|$$

$$\leqslant \frac{1+\lambda}{2} + \frac{\lambda-1}{2} + \lambda = 2\lambda$$

所以 $|g(x)|_{\max} = \max\{g(-1), g(1)\} \leqslant 2\lambda.$

评注 用 $f(-1), f(0), f(1)$ 分别表示出三个参量 a, b, c, 然后运用绝对值不等式是解决含有二次函数绝对值问题的基本程序.

问题 4 已知 a, b, c 是实数, 函数 $f(x) = ax^2 + bx + c, g(x) = bx + c$, 对一切 $|x| \leqslant 1$, 都有 $|f(x)| = |ax^2 + bx + c| \leqslant 1$, 证明:

(1) $|c| \leqslant 1$;

(2) 对一切 $|x| \leqslant 1, |g(x)| \leqslant 2$.

题目解说 本题是 1996 年全国高考题之一.

方法透析 由二次函数的单调性知, 二次函数的最值一般是在区间的端点或者图像的顶点处达到, 于是, 由条件可得一系列含有参数 a, b, c 的不等式, 再由绝对值不等式的性质以及等号成立的条件寻求与目标式子的距离即可.

证明 1 只证明 (2).

配凑法

$$g(x) = ax + b = a\left[\left(\frac{x+1}{2}\right)^2 - \left(\frac{x-1}{2}\right)^2\right] + b\left(\frac{x+1}{2} - \frac{x-1}{2}\right)$$

$$= \left[a\left(\frac{x-1}{2}\right)^2 + b\left(\frac{x+1}{2}\right) + c\right] - \left[a\left(\frac{x-1}{2}\right)^2 + b\left(\frac{x-1}{2}\right) + c\right]$$

$$= f\left(\frac{x+1}{2}\right) - f\left(\frac{x-1}{2}\right)$$

因为

$$-1 \leqslant x \leqslant 1 \Rightarrow 0 \leqslant \frac{x+1}{2} \leqslant 1, -1 \leqslant \frac{x-1}{2} \leqslant 0$$

所以

$$\left|f\left(\frac{x+1}{2}\right)\right| \leqslant 1, \left|f\left(\left(\frac{x-1}{2}\right)\right)\right| \leqslant 1$$

279

所以

$$\left| g(x) \right| = \left| f\left(\frac{x+1}{2} \right) - f\left(\frac{x-1}{2} \right) \right| \leqslant \left| f\left(\frac{x+1}{2} \right) \right| + \left| f\left(\frac{x-1}{2} \right) \right|$$

$$\leqslant 1 + 1 = 2$$

证明 2　因为

$$-1 \leqslant f(1), f(-1) \leqslant 1, g(1) = f(1) - c, g(-1) = -f(-1) + c$$

所以

$$-1 - c \leqslant g(1) \leqslant 1 - c, -1 + c \leqslant g(-1) \leqslant 1 + c$$

而 $-1 \leqslant c \leqslant 1$，所以

$$-2 \leqslant g(1), g(-1) \leqslant 2$$

即 $\left| g(x) \right| \leqslant \max\{g(-1), g(1)\} \leqslant 2$.

§5　二次函数中的绝对值问题之二

这是上一节的继续.

问题 1　设 $f(x) = x^2 + ax + b$ 在 $[-1,1]$ 上有定义，$\left| f(x) \right|$ 最大值为 M，求证：$M \geqslant \dfrac{1}{2}$.

题目解说　这是多种资料上广为流行的一道题目.

方法透析　注意最大值不小于给定区间上的一切值.

证明 1　由于 $\left| f(x) \right|$ 的最大值只能在 $\left| f(-1) \right|$ 或 $\left| f(1) \right|$ 或 $\left| f\left(-\dfrac{a}{2} \right) \right|$ 处达到，而

$$f(1) = 1 + a + b, f(-1) = 1 - a + b, f\left(-\frac{a}{2} \right) = b - \frac{a^2}{4}$$

于是

$$8M \geqslant 2\left| f(1) \right| + 2\left| f(-1) \right| + 4\left| f\left(-\frac{a^2}{2} \right) \right|$$

$$= \left| 2 + 2a + 2b \right| + \left| 2 - 2a + 2b \right| + \left| 4b - a^2 \right|$$

$$= \left| 2 + 2a + 2b \right| + \left| 2 - 2a + 2b \right| + \left| a^2 - 4b \right|$$

$$\geqslant \left| 4 + a^2 \right| \geqslant 4$$

$$\Rightarrow M \geqslant \frac{1}{2}$$

显然,当 $M=\dfrac{1}{2}$ 时,$a=0$,由

$$\left|f\left(-\dfrac{a}{2}\right)\right| \leqslant \dfrac{1}{2} \Rightarrow |f(0)| \leqslant \dfrac{1}{2} \Rightarrow |b| \leqslant \dfrac{1}{2}$$

又由

$$|f(1)| = |1+a+b| \leqslant \dfrac{1}{2} \Rightarrow -\dfrac{3}{2} \leqslant b \leqslant -\dfrac{1}{2}$$

所以 $b=-\dfrac{1}{2}$,即 $f(x)=x^2-\dfrac{1}{2}$.

评注 (1) 用 $f(1),f(-1),f(0)$ 分别表示相关变量并利用绝对值性质解决问题是我们一贯的、明确的、坚定不移的解题策略.

(2) 这种求最值的方法值得记取,这是求复合最值问题的一种良好方法,但是巧配系数是一个很重要的技巧,目标是利用绝对值不等式的性质消去三个参数 a,b,c.

证明 2 考虑 $f(1)=1+a+b,f(-1)=1-a+b,f(0)=b$,所以

$$4M \geqslant |1+a+b|+2|-b|+|1-a+b|$$
$$\geqslant |(1+a+b)+(-2b)+(1-a+b)|=2$$

显然,当 $M=\dfrac{1}{2}$ 时,$a=0$,由

$$\left|f\left(-\dfrac{a}{2}\right)\right| \leqslant \dfrac{1}{2} \Rightarrow |f(0)| \leqslant \dfrac{1}{2} \Rightarrow |b| \leqslant \dfrac{1}{2}$$

又由

$$|f(1)| = |1+a+b| \leqslant \dfrac{1}{2} \Rightarrow -\dfrac{3}{2} \leqslant b \leqslant -\dfrac{1}{2}$$

所以 $b=-\dfrac{1}{2}$,即 $f(x)=x^2-\dfrac{1}{2}$.

评注 用 $f(1),f(-1),f(0)$ 分别表示相关变量并利用其性质解决问题是我们一贯的、明确的、坚定不移的解题策略.

问题 2 已知二次函数 $f(x)=ax^2+bx+c$,当 $|x| \leqslant 1$ 时,有 $|f(x)| \leqslant 1$,求证:

(1) 当 $|x| \leqslant 2$ 时,有 $|f(x)| \leqslant 7$;

(2) $|a|+|b|+|c| \leqslant 3$.

题目解说 本题也是广为流传的一道常见题目.

方法透析 运用上面几道题目的解法思想,将 a,b,c 用 $f(-1),f(0)$,$f(1)$ 表示出来获得 $f(x)$ 的表达式,再根据单调性结合绝对值不等式性质便可

解决本题.

证明 (1) 由题设知 $|f(0)|\leqslant 1$，$|f(-1)|\leqslant 1$，$|f(1)|\leqslant 1$，于是容易知道

$$\begin{cases}a+b+c=f(1)\\a-b+c=f(-1)\\c=f(0)\end{cases}\Rightarrow\begin{cases}a=\dfrac{f(1)+f(-1)}{2}-f(0)\\[2mm]b=\dfrac{f(1)-f(-1)}{2}\\[2mm]c=f(0)\end{cases}$$

于是，$f(x)=\left[\dfrac{f(1)+f(-1)}{2}-f(0)\right]x^2+\dfrac{f(1)+f(-1)}{2}\cdot x+f(0)$，以下分两种情况讨论：

① $f(x)$ 在 $[-2,2]$ 上单调，欲证明 $|f(x)|\leqslant 7$，只要证明 $|f(2)|\leqslant 7$，$|f(-2)|\leqslant 7$.

事实上

$$\begin{aligned}f(2)&=\left[\frac{f(1)+f(-1)}{2}-f(0)\right]\cdot 2^2+\frac{f(1)-f(-1)}{2}\cdot 2+f(0)\\&=3\cdot f(1)+f(-1)-3f(0)\end{aligned}$$

所以 $|f(2)|\leqslant 7$.

同理可得 $|f(-2)|\leqslant 7$.

② 若 $f(x)$ 在 $[-2,2]$ 上不单调，欲证明 $|f(x)|\leqslant 7$，只要证明 $|f(2)|\leqslant 7$，$|f(-2)|\leqslant 7$，$\left|\dfrac{4ac-b^2}{4a}\right|\leqslant 7$. 事实上，关于 $|f(2)|\leqslant 7$，$|f(-2)|\leqslant 7$ 的证明同上，只要去证明后一个不等式即可.

令 $x_0=-\dfrac{b}{2a}$，依题设有 $|x_0|=\left|-\dfrac{b}{2a}\right|\leqslant 2$，于是

$$\left|\frac{4ac-b^2}{4a}\right|=\left|c-\frac{b}{2}\cdot\frac{b}{2a}\right|\leqslant|c|+\left|b\cdot\frac{x_0}{2}\right|\leqslant|c|+|b|<2\leqslant 7$$

(2) 由前面的讨论知

$$\begin{aligned}|a|+|b|+|c|&=\left|\frac{f(1)+f(-1)}{2}-f(0)\right|+\left|\frac{f(1)-f(-1)}{2}\right|+|f(0)|\\&\leqslant\left|\frac{f(1)+f(-1)}{2}\right|+\left|\frac{f(1)-f(-1)}{2}\right|+2|f(0)|\\&=\frac{1}{2}\sqrt{\big[\,|f(1)+f(-1)|+|f(1)-f(-1)|\,\big]^2}+2|f(0)|\\&=\frac{1}{2}\sqrt{2[f^2(1)+f^2(-1)]+2\,|f^2(1)-f^2(-1)|}+2|f(0)|\end{aligned}$$

$$= \begin{cases} |f(1)| + 2|f(0)| \leqslant 3|f(1)| \geqslant |f(-1)| \\ |f(-1)| + 2|f(0)| \leqslant 3|f(1)| \leqslant |f(-1)| \end{cases}$$

到此命题全部证明完毕.

评注　用 $f(1),f(-1),f(0)$ 分别表示相关变量并利用绝对值不等式性质解决问题是我们一贯的、明确的、坚定不移的解题策略.

问题 3　二次函数 $f(x) = x^2 + ax + b$，三个值 $|f(1)|$，$|f(2)|$，$|f(3)|$ _____.

(A) 至多有一个不小于 $\dfrac{1}{2}$.

(B) 都小于 $\dfrac{1}{2}$.

(C) 不能都小于 $\dfrac{1}{2}$.

(D) 不同于上述三个答案.

题目解说　本题也是广为流行的一道题目.

方法透析　求出用 a,b,c 的表达式 $f(1),f(2),f(3)$，再利用绝对值不等式性质，需要运用 $|f(1)|$，$|f(2)|$，$|f(3)|$ 的(绝对值的提示)性质，设法消去参数 a,b,c，所以需要将 $|f(1)|$，$|f(2)|$，$|f(3)|$ 的线性组合进行缩小，即获得 $|f(1)|$，$|f(2)|$，$|f(3)|$ 至少有一个不小于某个值.

解 1　因为 $f(1) = 1 + a + b, f(2) = 4 + 2a + b, f(3) = 9 + 3a + b$，所以

$$|f(1)| + 2|f(2)| + |f(3)| = |f(1)| + |-2f(2)| + |f(3)|$$
$$\geqslant |f(1) - 2f(2) + f(3)| = 2$$

所以三个值 $|f(1)|$，$|f(2)|$，$|f(3)|$ 至少有一个不小于 $\dfrac{1}{2}$.

所以选择(C).

解 2　用反证法.

假设 $|f(1)|$，$|f(2)|$，$|f(3)|$ 均小于 $\dfrac{1}{2}$，这样就给定了 $|f(1)|$，$|f(2)|$，$|f(3)|$ 的范围，但是

$$|f(1)| = 1 + a + b, |f(2)| = 4 + 2a + b \Rightarrow a = f(2) - f(1) - 3$$
$$b = 2f(1) - f(2) + 2$$

所以

$$f(x) = x^2 + [f(2) - f(1) - 3]x + 2f(1) - f(2) + 2$$
$$= (2 - x)f(1) + (x - 1)f(2) + x^2 - 3x + 2$$

所以
$$f(3) = -f(1) + 2f(2) + 2$$

由 $|f(1)|, |f(2)|, |f(3)|$ 均小于 $\frac{1}{2}$，所以 $-\frac{3}{2} < -f(1) + 2f(2) < \frac{3}{2}$，
即
$$\frac{1}{2} < -f(1) + 2f(2) + 2 < \frac{7}{2} \Rightarrow \frac{1}{2} < f(3) < \frac{7}{2}$$

这与 $|f(3)| < \frac{1}{2}$ 矛盾，故三个值 $|f(1)|, |f(2)|, |f(3)|$ 至少有一个不小于 $\frac{1}{2}$.

评注 用 $f(1), f(-1), f(0)$ 分别表示相关变量并利用其性质解决问题是我们一贯的、明确的、坚定不移的解题策略.

问题 4 已知二次函数 $f(x)$ 满足 $|f(0)| \leqslant 1, |f(-1)| \leqslant 1, |f(1)| \leqslant 1$，求证：当 $|x| \leqslant 1$ 时，$|f(x)| \leqslant \frac{5}{4}$.

题目解说 本题也是广为流传的一道常见题目.

方法透析 运用上面几道题目的解法思想，将 a, b, c 用 $f(-1), f(0)$，$f(1)$ 表示出来获得 $f(x)$ 的表达式，再根据绝对值不等式性质便可解决本题.

证明 设二次函数为 $f(x) = ax^2 + bx + c (a \neq 0)$，于是知

$$\begin{cases} a + b + c = f(1) \\ a - b + c = f(-1) \\ c = f(0) \end{cases} \Rightarrow \begin{cases} a = \dfrac{f(1) + f(-1)}{2} - f(0) \\ b = \dfrac{f(1) - f(-1)}{2} \\ c = f(0) \end{cases}$$

于是
$$\begin{aligned} |f(x)| &= \left| \left[\frac{f(1) + f(-1)}{2} - f(0) \right] x^2 + \frac{f(1) - f(-1)}{2} \cdot x + f(0) \right| \\ &\leqslant \left| \frac{x(x+1)}{2} f(1) \right| + \left| \frac{x(x+1)}{2} f(-1) \right| + |(1 - x^2) f(0)| \\ &= \frac{|x|(x+1)}{2} + \frac{|x|(1-x)}{2} + (1 - x^2) \\ &= -x^2 + |x| + 1 \\ &= -\left(|x| - \frac{1}{2} \right)^2 + \frac{5}{4} \\ &\leqslant \frac{5}{4} \end{aligned}$$

到此命题获得证明.

评注 用 $f(1),f(-1),f(0)$ 分别表示相关变量并将 $f(x)$ 整理成系数为 $f(1),f(-1),f(0)$ 的多项式,再利用绝对值性质解决问题是我们一贯的、明确的、坚定不移的解题策略.

问题 5 若对一切 $|x|\leqslant 1$,都有 $|f(x)|=|ax^2+bx+c|\leqslant 1$,证明:当 $|x|\leqslant 1$ 时,$|cx^2-bx+a|\leqslant 2$.

题目解说 本题也是广为流传的一道常见题目.

方法透析 运用上面几道题目的解法思想,将 a,b,c 用 $f(-1),f(0)$,$f(1)$ 表示出来获得 $f(x)$ 的表达式,再根据绝对值不等式性质便可解决本题.

证明 1 由条件知,$|f(0)|=|c|\leqslant 1$,$|f(\pm 1)|=|a\pm b+c|\leqslant 1$,所以

$$|cx^2-bx+a|=|cx^2-c+c-bx+a|$$
$$\leqslant |cx^2-c|+|c-bx+a|$$
$$=|c|\cdot|(x^2-1)|+|c-bx+a|$$
$$\leqslant |(x^2-1)|+$$
$$\quad \max\{|c-b+a|,|c+b+a|\}$$
$$\leqslant 1+\max\{|c-b+a|,|c+b+a|\}\leqslant 2$$

到此结论得到证明.

证明 2 容易知道

$$|g(x)|=|cx^2-bx+a|$$
$$=\left|\left[\frac{f(1)+f(-1)}{2}-f(0)\right]-\frac{f(1)-f(-1)}{2}\cdot x+f(0)\cdot x^2\right|$$
$$=\left|\frac{1-x}{2}\cdot f(1)+\frac{1+x}{2}f(-1)+(x^2-1)\cdot f(0)\right|$$
$$\leqslant \left|\frac{1-x}{2}\cdot f(1)\right|+\left|\frac{1+x}{2}\cdot f(-1)\right|+|(x^2-1)\cdot f(0)|$$
$$\leqslant \left|\frac{1-x}{2}\right|+\left|\frac{1+x}{2}\right|+|x^2-1|$$
$$=\frac{1-x}{2}+\frac{1+x}{2}+(1-x^2)$$
$$=2-x^2\leqslant 2$$

命题获得证明.

评注 用 $f(1),f(-1),f(0)$ 分别表示相关变量 a,b,c,并利用绝对值性质解决问题是我们一贯的、明确的、坚定不移的解题策略.

问题 6 二次三项式 $f(x)=ax^2+bx+c$ 在 $[0,1]$ 上的绝对值不超过 1,

求 $|a|+|b|+|c|$ 的最大值.

题目解说　本题也是广为流传的一道常见题目.

方法透析　运用上面几道题目的解法思想,将 a,b,c 用 $f(-1),f(0)$,$f(1)$ 表示出来获得 $f(x)$ 的表达式,再根据绝对值不等式性质便可解决本题.

解 1　因为

$$|f(0)|=|c|\leqslant 1,|f(1)|=|a+b+c|\leqslant 1$$

$$\left|f\left(\frac{1}{2}\right)\right|=\left|\frac{1}{4}\cdot a+\frac{1}{2}\cdot b+c\right|\leqslant 1$$

即

$$|c|\leqslant 1,|a+b+c|\leqslant 1,\left|\frac{1}{4}\cdot a+\frac{1}{2}\cdot b+c\right|\leqslant 1$$

所以

$$|a+b|=|a+b+c-c|\leqslant |a+b+c|+|c|\leqslant 2$$

$$|a-b|=\left|3(a+b+c)+5c-8\left(\frac{1}{4}a+\frac{1}{2}b+c\right)\right|$$

$$\leqslant 3|a+b+c|+5|c|-8\left|\frac{1}{4}a+\frac{1}{2}b+c\right|\leqslant 16$$

从而当 $ab\leqslant 0$ 时

$$|a-b|=|a|+|b|$$

所以

$$|a|+|b|+|c|=|a+b|+|c|\leqslant 3$$

当 $ab\geqslant 0$ 时

$$|a+b|=|a|+|b|$$

所以

$$|a|+|b|+|c|=|a-b|+|c|\leqslant 16+1=17$$

即恒有 $|a|+|b|+|c|\leqslant 17$.

另一方面,取 $a=8,b=-8,c=1,f(x)=8x^2-8x+1=8\left(x-\frac{1}{2}\right)^2-1.$

从而,当 $x\in[0,1]$ 时,有 $|8x^2-8x+1|\leqslant 1$,而且此时

$$|a|+|b|+|c|\leqslant 17$$

综上所述, $|a|+|b|+|c|\leqslant 17$.

评注　上面的证明过程

$$|a-b|=\left|3(a+b+c)+5c-8\left(\frac{1}{4}a+\frac{1}{2}b+c\right)\right|$$

是运用待定系数法获得的数据,此法的特点是分别求出$|a|+|b|+|c|$的几个部分的最大值,然后进行合成.

解 2 (严文兰,2017 年 11 月 20 日)

取三点$(0,f(0)),(t,f(t)),(1,f(1)),(0<t<1)$,于是

$$a=\frac{1}{t^2-t}[(t-1)f(0)+f(t)-tf(1)]$$

$$b=\frac{1}{t-t^2}[(t^2-1)f(0)+f(t)-t^2f(1)]$$

$$c=f(0)$$

$$\Rightarrow|a|\leqslant\frac{1}{t-t^2}[(1-t)|f(0)|+|f(t)|+t|f(1)|]\leqslant\frac{2}{t-t^2}$$

$$\Rightarrow|b|\leqslant\frac{2}{t-t^2}$$

$$|c|\leqslant1$$

$$\Rightarrow|a|+|b|+|c|\leqslant\frac{4}{t-t^2}+1$$

$$\left(\frac{4}{t-t^2}+1\right)_{\min}=17$$

$$t=\frac{1}{2}|f(0)|=|f(t)|=|f(1)|=1$$

$$\Rightarrow|a|+|b|+|c|\leqslant17$$

评注 用$f(1),f(t),f(0)$分别表示相关变量a,b,c,并利用绝对值性质解决问题是我们一贯的、明确的、坚定不移的解题策略,但是此法的特点是分别运用自变量t表示$|a|,|b|,|c|$的不等式,最后再对三个和的不等式求出最大值.

问题 7 已知,关于x的实系数一元二次方程$x^2+ax+b=0$有两个实根α,β,证明:

(1) 如果$|\alpha|<2,|\beta|<2$,那么,$2|a|<4+b$,且$|b|<4$;

(2) 如果$2|a|<4+b$,且$|b|<4$,那么,$|\alpha|<2,|\beta|<2$.

题目解说 本题为 1993 年全国高考题之一.

方法透析 仔细分析本题中的两个小问的关系,不难发现它们恰好是互逆的,所以应该想到利用充要条件(即采用等价形式)去处理是有益的.

证明 采用逆证法对(1)与(2)一次性证明.

因为$|\alpha|<2,|\beta|<2\Leftrightarrow(\alpha^2-4)(\beta^2-4)<0$,且$\alpha^2\beta^2<16$

$$\Leftrightarrow(\alpha+\beta)^2>4(\alpha+\beta)^2,且|b|<16$$

287

$$\Leftrightarrow (b+4)^2 > 4(-a)^2, \text{且} \mid b \mid < 4$$

$$\Leftrightarrow \mid b+4 \mid > 2 \mid a \mid, \mid b \mid < 4$$

$$\Leftrightarrow 2 \mid a \mid < b+4, \text{且} \mid b \mid < 4$$

评注 利用根与系数关系.

评注 分析出两道题目的关系(充要条件)是解决本题的重要思想,看看高考题已经到达前面若干题目的高度,不得不引起重视.

问题 8 设 $f(x) = x^3 + px^2 + qx + r$,试证:对任意的实数 p, q, r 函数 $\mid f(x) \mid$ 在 $[-1, 1]$ 上的最大值不会小于 $\frac{1}{4}$.

题目解说 本题也是到处可见的常见题目.

方法透析 本题一反常态,给出了一个三次函数,但是问题的提法一如既往,故运用上面各题的求解思路预计仍会有效,本题的结论是证明对一切 $\mid x \mid \leqslant 1$,都有 $\mid f(x) \mid = \mid x^3 + px^2 + qx + r \mid \geqslant \frac{1}{4}$,其反面就是 $\mid f(x) \mid = \mid x^3 + px^2 + qx + r \mid < \frac{1}{4}$,这就成为前面的题目的问法,故证明本题应该从反面考虑,即运用反证法.

证明 用反证法.

假设对一切 $\mid x \mid \leqslant 1$,都有 $\mid f(x) \mid = \mid x^3 + px^2 + qx + r \mid < \frac{1}{4}$,于是

$$-\frac{1}{4} < f(1) = 1 + p + q + r < \frac{1}{4} \tag{1}$$

$$-\frac{1}{4} < f(-1) = -1 + p - q + r < \frac{1}{4} \tag{2}$$

$$-\frac{1}{4} < f\left(\frac{1}{2}\right) = \frac{1}{8} + \frac{1}{4}p + \frac{q}{2} + r < \frac{1}{4} \tag{3}$$

$$-\frac{1}{4} < f\left(-\frac{1}{2}\right) = -\frac{1}{8} + \frac{1}{4}p - \frac{q}{2} + r < \frac{1}{4} \tag{4}$$

由 $(1) + (2) \times (-1) \Rightarrow -\frac{5}{4} < q < -\frac{3}{4}$.

再由 $(3) + (4) \times (-1) \Rightarrow -\frac{3}{4} < q < \frac{1}{4}$,这两个式子相矛盾,于是原结论得到证明.

评注 制造矛盾是我们运用反证法证题一贯的、明确的解题方法.

§6 二次函数中的绝对值问题之三

这是上一节的继续.

问题 1 知 $a^2+b^2-kab=1, c^2+d^2-kcd=1, a,b,c,d \in \mathbf{R}, |k|<2$,求证: $|ac-bd| \leqslant \dfrac{2}{\sqrt{4-k^2}}$.

题目解说 本题及其解答记得是 2000 年以前发表在某个杂志上的一篇文章,原文作者应该是罗增儒老师.

证明 1 题设中的两个等式可配方成

$$\frac{2-k}{4}(a+b)^2 + \frac{2+k}{4}(a-b)^2 = 1 \tag{1}$$

和

$$\frac{2-k}{4}(c+d)^2 + \frac{2+k}{4}(c-d)^2 = 1 \tag{2}$$

于是,根据柯西不等式得

$$\left| \sqrt{\frac{2-k}{4} \cdot \frac{2+k}{4}} \big[(a-b)(c+d) + (a+b)(c-d) \big] \right| \leqslant 1$$

即

$$|ac-bd| \leqslant \frac{2}{\sqrt{4-k^2}}$$

证明 2 由柯西不等式知

$$|ac-bd| = \frac{1}{2} | (a+b)(c-d) + (a-b)(c+d) |$$

$$= \frac{2}{\sqrt{4-k^2}} \left| \frac{\sqrt{2-k}}{2}(a+b)\frac{\sqrt{2+k}}{2}(c-d) + \frac{\sqrt{2+k}}{2}(a-b)\frac{\sqrt{2-k}}{2}(c+d) \right|$$

$$\leqslant \frac{2}{\sqrt{4-k^2}} \sqrt{\left(\frac{\sqrt{2-k}}{2} \right)^2 (a+b)^2 + \left(\frac{\sqrt{2+k}}{2} \right)^2 (a-b)^2} \cdot$$

$$\sqrt{\left(\frac{\sqrt{2+k}}{2} \right)^2 (c-d)^2 + \left(\frac{\sqrt{2-k}}{2} \right)^2 (c+d)^2}$$

$$= \frac{2}{\sqrt{4-k^2}}$$

即

$$|ac - bd| \leqslant \frac{2}{\sqrt{4-k^2}}$$

到此结论获得证明.

证明3 三角代换,令

$$a = \frac{\sin\alpha}{\sqrt{2-k}} + \frac{\cos\alpha}{\sqrt{2+k}}, b = \frac{\sin\alpha}{\sqrt{2-k}} - \frac{\cos\alpha}{\sqrt{2+k}}$$

$$c = \frac{\sin\beta}{\sqrt{2-k}} + \frac{\cos\beta}{\sqrt{2+k}}, d = \frac{\sin\beta}{\sqrt{2-k}} - \frac{\cos\beta}{\sqrt{2+k}}$$

立刻得到

$$|ac - bd| = \frac{2\sin(\alpha+\beta)}{\sqrt{4-k^2}} \leqslant \frac{2}{\sqrt{4-k^2}}$$

证明4 利用基本不等式,因为

$$\frac{1}{2}\left[\frac{2-k}{4}(a+b)^2 + \frac{2+k}{4}(c-d)^2\right] \geqslant \frac{\sqrt{4-k^2}}{4}|(a+b)(c-d)|$$

$$\frac{1}{2}\left[\frac{2+k}{4}(a-b)^2 + \frac{2-k}{4}(c+d)^2\right] \geqslant \frac{\sqrt{4-k^2}}{4}|(a-b)(c+d)|$$

相加并注意(1)(2),再运用绝对值不等式有

$$1 \geqslant \frac{\sqrt{4-k^2}}{4}\left[|(a+b)(c-d)| + |(a-b)(c+d)|\right]$$

$$\geqslant \frac{\sqrt{4-k^2}}{4}\left[|(a+b)(c-d) + (a-b)(c+d)|\right]$$

$$= \frac{\sqrt{4-k^2}}{2}|ac - bd|$$

即 $|ac - bd| \leqslant \frac{2}{\sqrt{4-k^2}}$.

评注 上述证明都涉及一个等式:$|ac - bd| = \frac{1}{2}|(a+b)(c-d) + (a-b)(c+d)|$,有了这个等式,下面的步骤就不难了.

综上所述,上面每一个解答都不是一下子能够看出解法的依据,或者说弯子绕得太大,读者不易看出方法的来历,那么,有无让人一看就能看出上述某个方法的来历的?这是笔者在给学生讲解上述诸多方法时,我与学生一起思考的,于是,我们得到了下面的比较直接的方法,写出来供大家参考.

证明5 (2012年10月10日)设 $x = a+b, y = a-b \Rightarrow a = \frac{x+y}{2}, b = \frac{x-y}{2}$,代入到第一个条件等式得到

$$\left(\frac{x+y}{2}\right)^2 + \left(\frac{x-y}{2}\right)^2 - k\,\frac{x+y}{2}\cdot\frac{x-y}{2} = 1 \Rightarrow (2-k)x^2 + (2+k)y^2 = 4$$

$$(1)$$

同理,令 $u = c+d, v = c-d \Rightarrow c = \dfrac{u+v}{2}, d = \dfrac{u-v}{2}$,代入到第二个条件等式得到

$$\left(\frac{u+v}{2}\right)^2 + \left(\frac{u-v}{2}\right)^2 - k\,\frac{u+v}{2}\cdot\frac{u-v}{2} = 1 \Rightarrow (2-k)u^2 + (2+k)v^2 = 4$$

$$(2)$$

于是,可在(1)(2)中分别作三角代换,令

$$x = \frac{2\sin\alpha}{\sqrt{2-k}}, y = \frac{2\cos\alpha}{\sqrt{2+k}}, u = \frac{2\sin\beta}{\sqrt{2-k}}, v = \frac{2\cos\beta}{\sqrt{2+k}}$$

$$\Rightarrow |xv - yu| = \left| \frac{2\sin\alpha}{\sqrt{2-k}}\cdot\frac{2\cos\beta}{\sqrt{2+k}} - \frac{2\cos\alpha}{\sqrt{2+k}}\cdot\frac{2\sin\beta}{\sqrt{2-k}} \right|$$

$$= \frac{4}{\sqrt{4-k^2}}\left| [\sin\alpha\cos\beta - \cos\alpha\sin\beta] \right| \leqslant \frac{4}{\sqrt{4-k^2}}$$

$$|xv - yu| = |(a+b)(c-d) - (a-b)(c+d)| = 2|ac - bd|$$

$$\Rightarrow |ac - bd| \leqslant \frac{2}{\sqrt{4-k^2}}$$

到此结论获得证明.

评注 上述证明 5 实质上给出了题目条件的一种几何解释——经过变换后,已知的两个等式所描述的几何图形为两个不同的椭圆,由椭圆的参数方程便想到上述三角代换方法,这样看本题的解法就比较自然了.

问题 2 二次函数 $f(x) = x^2 - kx - m\,(m,k \in \mathbf{R})$,对于 $x \in [a,b]$,有 $|f(x)| \leqslant 1$,求证: $b - a \leqslant 2\sqrt{2}$.

题目解说 本题为 2017 年全国高中数学联赛一试第 9 题.

渊源探索 本题可以看作是前面 §4 问题 1 和 §5 问题 5,6 的逆问题——即前面讨论的是在给定区间,给定函数值域上,讨论函数式中的系数取值范围问题,而这里讨论的是给定函数值域求区间范围.

方法透析 由结论可以看出最终结果里没有 m,k,需要设法利用已条件消去 m,k,即设法运用绝对值不等式的性质凑系数来完成.

证明 1 由条件知道,在 $x \in [a,b]$ 时

$$|f(a)| = |a^2 - ka - m| \leqslant 1$$

$$|f(b)| = |b^2 - kb - m| \leqslant 1$$

$$\left| f\left(\frac{a+b}{2}\right) \right| = \left| \left(\frac{a+b}{2}\right)^2 - k \cdot \frac{a+b}{2} - m \right| \leqslant 1$$

可以看出

$$f(a) + f(b) - 2f\left(\frac{a+b}{2}\right) = a^2 + b^2 - 2\left(\frac{a+b}{2}\right)^2 = 2\left(\frac{a-b}{2}\right)^2$$

所以

$$4 \geqslant |f(a)| + |f(b)| + 2\left| f\left(\frac{a+b}{2}\right) \right|$$
$$\geqslant \left| f(a) + f(b) - 2f\left(\frac{a+b}{2}\right) \right|$$
$$= \frac{(a-b)^2}{2}$$
$$\Rightarrow b - a \leqslant 2\sqrt{2}$$

即题目获得证明.

证明 2 分类讨论法.

由于函数 $f(x) = x^2 - kx - m(m, k \in \mathbf{R})$ 的图像是一条开口向上的抛物线,所以依题意分以下三种情况讨论:

(一)当图像的对称轴 $x = \frac{k}{2} \leqslant a$,即 $k \leqslant 2a$ 时,依二次函数单调性知道 $f(a) \geqslant -1$,且 $f(b) \leqslant 1$,即

$$b^2 - kb - m \leqslant 1, a^2 - ka - m \geqslant -1$$
$$\Rightarrow b^2 - a^2 - k(b-a) \leqslant 2$$
$$\Rightarrow b^2 - a^2 - 2 \leqslant k(b-a) \leqslant 2a(b-a)$$
$$\Rightarrow (b-a)^2 \leqslant 2 \Rightarrow b - a \leqslant \sqrt{2} < 2\sqrt{2}$$

(二)当图像的对称轴

$$x = \frac{k}{2} \in \left[a, \frac{a+b}{2}\right] \Rightarrow k \in [2a, a+b] \tag{1}$$

时,依二次函数单调性知道需要 $f\left(\frac{k}{2}\right) \geqslant -1$,且 $f(b) \leqslant 1$,即

$$b^2 - kb - m \leqslant 1 \tag{2}$$

$$\left(\frac{k}{2}\right)^2 - k \cdot \frac{k}{2} - m \geqslant -1 \Rightarrow -m \geqslant -1 + \frac{k^2}{4} \tag{3}$$

由(2)(3)得到

$$1 \geqslant b^2 - kb - m \geqslant b^2 - kb - 1 + \frac{k^2}{4} \Rightarrow (k - 2b)^2 \leqslant 8$$

注意到(1),所以 $\Rightarrow (a+b-2b)^2 \leqslant 8 \Rightarrow b-a \leqslant 2\sqrt{2}$.

（三）当图像的对称轴

$$x = \frac{k}{2} \in \left[\frac{a+b}{2}, b\right] \Rightarrow k \in [a+b, 2b] \tag{1}$$

时,依二次函数单调性知道需要 $f\left(\dfrac{k}{2}\right) \geqslant -1$,且 $f(a) \leqslant 1$,即

$$a^2 - ka - m \leqslant 1 \tag{2}$$

$$\left(\frac{k}{2}\right)^2 - k \cdot \frac{k}{2} - m \geqslant -1 \Rightarrow -m \geqslant \frac{k^2}{4} - 1 \tag{3}$$

将(3)代入到(2)得到

$$1 \geqslant a^2 - ka - m \geqslant a^2 - ka + \frac{k^2}{4} - 1 \Rightarrow (k-2a)^2 \leqslant 8$$

注意到(1),所以 $\Rightarrow (a+b-2a)^2 \leqslant 8 \Rightarrow b-a \leqslant 2\sqrt{2}$.

（四）当图像的对称轴

$$x = \frac{k}{2} \geqslant b \Rightarrow k \geqslant 2b \tag{1}$$

时,依二次函数单调性知道需要 $f(b) \geqslant -1$,且 $f(a) \leqslant 1$,即

$$a^2 - ka - m \leqslant 1 \tag{2}$$

$$b^2 - kb - m \geqslant -1 \Rightarrow -m \geqslant -1 - b^2 + kb$$

代入到(1)得到

$$1 \geqslant a^2 - ka - m \geqslant a^2 - ka - 1 - b^2 + kb = a^2 - b^2 - 1 + k(b-a) \tag{3}$$

注意到(1)得到

$$a^2 - b^2 - 1 + k(b-a) \geqslant a^2 - b^2 - 1 + 2b(b-a)$$
$$= b^2 + a^2 - 2ab - 1$$
$$\Rightarrow (b-a)^2 \leqslant 2$$
$$\Rightarrow b-a \leqslant \sqrt{2}$$

综上所述,结论获得证明.

评注 上面的证明1是从前面用过多次的区间端点和区间中点处的函数值,利用绝对值不等式的性质,构造目标式 $\dfrac{a-b}{2}$ 是一个很好的方法,这个需要一定的分析能力,值得留意.

问题3 已知函数 $f(x) = ax^3 + bx^2 + cx + d (a \neq 0)$,当 $0 \leqslant x \leqslant 1$ 时, $|f'(x)| \leqslant 1$,试求 a 的最大值.

题目解说 本题为 2010 年全国高中数学联赛第 9 题.

渊源探索 本题表面上看是三次函数问题,其实,对于求导数后便成为前面多次解决过的二次函数问题,所以本题可以理解为源于前面介绍过的若干问题.

方法透析 回顾 §4 问题 1 ~ 4,§5 问题 1,会有大的收益.

解 命题人的解答.

易得 $f'(x) = 3ax^2 + 2bx + c$,由

$$\begin{cases} f'(0) = c \\ f'\left(\dfrac{1}{2}\right) = \dfrac{3}{4}a + b + c \Rightarrow 3a = 2f'(0) + 2f'(1) - 4f'\left(\dfrac{1}{2}\right) \\ f'(1) = 3a + 2b + c \end{cases}$$

所以

$$3a = 2f'(0) + 2f'(1) - 4f'\left(\frac{1}{2}\right)$$

$$0 \leqslant x \leqslant 1, \ |f'(x)| \leqslant 1$$

$$\Rightarrow 3|a| = \left| 2f'(0) + 2f'(1) - 4f'\left(\frac{1}{2}\right) \right|$$

$$\leqslant 2|f'(0)| + 2|f'(1)| + 4\left| f'\left(\frac{1}{2}\right) \right| \leqslant \frac{8}{3}$$

当且仅当

$$f'(0) = c = 1$$

$$f'(1) = 3a + 2b + c = 1$$

$$f'\left(\frac{1}{2}\right) = \frac{3}{4}a + b + c = -1$$

即 $a = \dfrac{3}{4}, b = -4, c = 1$,所以,$-\dfrac{8}{3} \leqslant a \leqslant \dfrac{8}{3}$,又易知 $f(x) = \dfrac{8}{3}x^3 - 4x^2 + x + m$($m$ 为常数)满足条件,所以,a 的最大值为 $\dfrac{8}{3}$.

反思 (1)解答中三个数值 $0, \dfrac{1}{2}, 1$ 是怎么想出来的?(2)本解法的重要依据是绝对值不等式 $|x + y + z| \leqslant |x| + |y| + |z|$;(3)等号成立的条件为三个变量同号;(4)需要由条件验证 $|f'(0)| = |c| \leqslant 1$,$\left| f'\left(\dfrac{1}{2}\right) \right| \leqslant 1$,$|f'(1)| \leqslant 1$ 能同时取到等号;(5)在确定 $a = \dfrac{8}{3}$ 时,再确定 $b = -4, c = 1$.

新解 (罗增儒《中学数学教学参考》2010(12 上):42)

易得 $f'(x) = 3ax^2 + 2bx + c$,于是,由条件知道,设 $t \in (0, 1)$,有

$$\begin{cases} f'(0)=c \\ f'(t)=3at^2+2bt+c \Rightarrow a=\dfrac{f'(1)t-f'(t)+f'(0)(1-t)}{3t(1-t)} \\ f'(1)=3a+2b+c \end{cases}$$

由条件知道

$$3t(1-t)>0, |f'(0)|\leqslant 1, |f'(t)|\leqslant 1, |f'(1)|\leqslant 1$$

所以

$$|a|=\frac{|f'(1)t-f'(t)+f'(0)(1-t)|}{|3t(1-t)|}$$

$$\leqslant \frac{|f'(1)|t+|f'(t)|+|f'(0)|(1-t)}{3t(1-t)}$$

$$=\frac{t+1+(1-t)}{3t(1-t)}=\frac{2}{3t(1-t)}$$

而 $t(1-t)\leqslant\dfrac{1}{4}\Leftrightarrow t=\dfrac{1}{2}$ 等号成立.

所以 $|a|\leqslant\left\{\dfrac{2}{3t(1-t)}\right\}_{\min}=\dfrac{8}{3}$.

等号成立的条件为 $f'(1)=1, f'(t)=f'\left(\dfrac{1}{2}\right), f'(0)=1$, 即

$$\begin{cases} f'(0)=c=1 \\ f'\left(\dfrac{1}{2}\right)=\dfrac{3}{4}a+b+c=-1 \\ f'(1)=3a+2b+c=1 \end{cases}$$

解得 $a=\dfrac{8}{3}, b=-4, c=1$, 相应的函数为

$$f(x)=\frac{8}{3}x^3-4x^2+x+d$$

这时, 对 $x\in[0,1]$, 有

$$f'(x)=8x^2-8x+1=1-8x(1-x)\leqslant 1$$

$$f'(x)=8x^2-8x+1=-1+2(2x-1)^2\geqslant -1$$

即 $f(x)=\dfrac{8}{3}x^3-4x^2+x+d$ 满足已知条件, 所以, a 的最大值为 $\dfrac{8}{3}$.

推广 若函数 $f(x)=ax^3+bx^2+cx+d(a\neq 0)$, 当 $m\leqslant x\leqslant n(m<n)$ 时, $|f'(x)|\leqslant k(k>0)$, 则 a 的最大值为 $\dfrac{8k}{(n-m)^2}$.

评注 用 $f(1), f(-1), f(0)$ 分别表示相关变量并利用其性质解决问题是我们一贯的、明确的、坚定不移的解题策略.

§7　多变量最值问题

一、题目与解答

问题 1　已知 a,b,c 均为正数,求 $y=\dfrac{ab+2bc}{a^2+b^2+c^2}$ 的最大值.

题目解说　本题为一道常见题目.

方法透析　笔者打算从这一道题目出发,阐述此类问题的解决方法的思考过程,同时将其扩展到多个变量的情况.

解 1　引进单参数法.

设有实数 $k\in(0,1)$,使得

$$y=\frac{ab+2bc}{a^2+kb^2+(1-k)b^2+c^2}$$

$$\leqslant\frac{ab+2bc}{2\sqrt{a^2\cdot kb^2}+2\sqrt{(1-k)b^2\cdot c^2}}$$

$$=\frac{ab+2bc}{2(ab\sqrt{k}+bc\sqrt{1-k})}$$

要能消去分子,则需要 $\dfrac{\sqrt{k}}{\sqrt{1-k}}=\dfrac{1}{2}$,即 $k=\dfrac{1}{5}$,满足条件.

所以,$y=\dfrac{ab+2bc}{a^2+b^2+c^2}$ 的最大值为 $\dfrac{\sqrt{5}}{2}$.

等号成立的条件为 $a^2=kb^2$ 且 $(1-k)b^2=c^2$,即 $c=2a,b=\sqrt{5}a$.

评注　本解法是对分母实施待定系数法(引入一个参数),然后根据题目条件结构,求出参数值.

另外,本题相当于证明了:已知 a,b,c 均为正数,求证

$$a^2+b^2+c^2\geqslant\frac{2\sqrt{5}}{5}(ab+2bc)$$

解 2　引进双参数.

由二元均值不等式知

$$a^2+(\lambda b)^2\geqslant2\lambda ab,(\mu b)^2+c^2\geqslant2\mu bc\quad(\lambda,\mu\text{ 为待定常数})$$

所以

$$ab+2bc\leqslant\frac{a^2+(\lambda b)^2}{2\lambda}+\frac{(\mu b)^2+c^2}{\mu}=\frac{\mu a^2+(\lambda^2\mu+2\lambda\mu^2)b^2+2\lambda c^2}{2\lambda\mu}$$

296

要从分子中得到 $a^2 + b^2 + c^2$,需要 $\mu = (\lambda^2 \mu + 2\lambda \mu^2) = 2\lambda$,于是 $\mu = 2\lambda = \dfrac{1}{\sqrt{5}}$,所以,$y = \left(\dfrac{ab + 2bc}{a^2 + b^2 + c^2}\right)_{\max} = \dfrac{\sqrt{5}}{2}$,等号成立的条件为 $c = 2a, b = \sqrt{5}\,a$.

评注 这个解法还是从分母出发引进了两个参数,凑出分子,是一种较好的方法.

二、方法延伸

问题 2 设 x, y, z, w 是不全为 0 的实数,求 $P = \dfrac{xy + 2yz + zw}{x^2 + y^2 + z^2 + w^2}$ 的最大值.

题目解说 本题为一个熟题.

渊源探索 本题为上一个题目的多变量推广.

方法透析 仔细分析上题的解决过程,看看参数的引进方法 —— 需要引进几个参数.

解 1 引进单参数,只需考虑各变量为正时即可.

根据二元均值不等式有

$$\lambda x^2 + \frac{1}{\lambda} y^2 \geqslant 2xy,\ \lambda w^2 + \frac{1}{\lambda} z^2 \geqslant 2wz,\ y^2 + z^2 \geqslant 2yz$$

$$(\lambda \text{ 为待定的正参数})$$

上边各式等号成立的条件为 $y = \lambda x, z = \lambda w, y = z$,从而

$$xy + 2yz + zw \leqslant \frac{\lambda}{2} x^2 + \left(1 + \frac{1}{2\lambda}\right) y^2 + \left(1 + \frac{1}{2\lambda}\right) z^2 + \frac{\lambda}{2} w^2$$

回顾 P 的表达式,需要 $\dfrac{\lambda}{2} = \left(1 + \dfrac{1}{2\lambda}\right) = \left(1 + \dfrac{1}{2\lambda}\right) = \dfrac{\lambda}{2}$,于是

$$\frac{\lambda}{2} = 1 + \frac{1}{2\lambda} \Rightarrow \lambda = 1 + \sqrt{2}$$

所以

$$P = \frac{xy + 2yz + zw}{x^2 + y^2 + z^2 + w^2} \leqslant \frac{1 + \sqrt{2}}{2}$$

等号成立的条件为 $x = w = 1, y = z = 1 + \sqrt{2}$.

从而 $P_{\max} = \dfrac{1 + \sqrt{2}}{2}$.

评注 本题我们相当于证明了

$$x^2 + y^2 + z^2 + w^2 \geqslant 2(\sqrt{2} - 1)(xy + 2yz + zw)$$

解 2 引进多参数.

设 $\alpha, \beta, \gamma \in \mathbf{R}^*$,则有

$$(\alpha x)^2 + y^2 \geqslant 2\alpha xy$$
$$(\beta y)^2 + z^2 \geqslant 2\beta yz$$
$$(\gamma z)^2 + w^2 \geqslant 2\gamma zw$$

于是

$$xy \leqslant \frac{\alpha}{2}x^2 + \frac{1}{2\alpha}y^2, 2yz \leqslant \beta y^2 + \frac{1}{\beta}z^2, zw \leqslant \frac{\gamma}{2}z^2 + \frac{1}{2\gamma}w^2$$

这三个式子相加得到

$$xy + 2yz + zw \leqslant \frac{\alpha}{2}x^2 + \frac{1}{2\alpha}y^2 + \beta y^2 + \frac{1}{\beta}z^2 + \frac{\gamma}{2}z^2 + \frac{1}{2\gamma}w^2$$
$$= \frac{\alpha}{2}x^2 + \left(\frac{1}{2\alpha} + \beta\right)y^2 + \left(\frac{1}{\beta} + \frac{\gamma}{2}\right)z^2 + \frac{1}{2\gamma}w^2$$

回顾 P 的表达式,需要 $\frac{\alpha}{2} = \left(\beta + \frac{1}{2\alpha}\right) = \left(\frac{1}{\beta} + \frac{\gamma}{2}\right) = \frac{1}{2\gamma}$,于是,$\alpha = 1 + \sqrt{2}$.

所以 $P = \dfrac{xy + 2yz + zw}{x^2 + y^2 + z^2 + w^2} \leqslant \dfrac{1 + \sqrt{2}}{2}$,等号成立的条件为 $x = w = 1, y = z = 1 + \sqrt{2}$.

从而 $P_{\max} = \dfrac{1 + \sqrt{2}}{2}$.

评注 这两个方法都是从构造分子入手,从分母怎么构造?大家可以探讨.

问题 3 设 $x, y, z \in \mathbf{R}^*$,求 $M = \dfrac{x^3 + 5y^3 + 4z^3}{x^2y + y^2z}$ 的最小值.

题目解说 本题也是一个常规题,常见题.

渊源探索 本题是问题 1 的指数推广.

方法透析 可以从分母构造分子,也可以从分子构造分母两方面去考虑,引进一个参数还是引进两个参数?

解 设有 $a, b \in \mathbf{R}^*$,使得

$$x^2y = \frac{x}{a} \cdot \frac{x}{a} \cdot (a^2y) \leqslant \frac{1}{3}\left(\frac{x^3}{a^3} + \frac{x^3}{a^3} + a^6y^3\right)$$

$$y^2z = \frac{y}{b} \cdot \frac{y}{b} \cdot (b^2z) \leqslant \frac{1}{3}\left(\frac{y^3}{b^3} + \frac{y^3}{b^3} + b^6z^3\right)$$

所以

298

$$x^2 y + y^2 z \leqslant \frac{2}{3a^3} x^3 + \left(\frac{a^6}{3} + \frac{2}{3b^3} \right) y^3 + \frac{1}{3} b^6 z^3$$

令

$$t = \frac{2}{a^3}, 5t = \left(\frac{a^6}{3} + \frac{2}{3b^3} \right), 4t = b^6 \quad (t > 0)$$

所以

$$t = 1, a^3 = b^3 = 2, x^2 y + y^2 z \leqslant \frac{1}{3} (x^3 + 5y^3 + 4z^3)$$

等号成立的条件为 $x = 2y, y = 2z$, 即 $M_{\min} = 3$.

评注   这个解法是从分母引 2 个参数, 然后构造分子结构, 那么, 从分子引入参数如何进行构造?

本题实际上证明了: 设 $x, y, z \in \mathbf{R}^*$, 求证: $x^3 + 5y^3 + 4z^3 \geqslant 3(x^2 y + y^2 z)$.

问题 4   已知 $x, y, z \in \mathbf{R}^*$, 求多元函数 $U(x, y, z) = \dfrac{xy + yz}{x^2 + y^2 + z^2}$ 的最大值.

解 1   引入正双参数 λ, μ, 因为

$$(\lambda x)^2 + y^2 \geqslant 2\lambda xy, (\mu y)^2 + z^2 \geqslant 2\mu yz$$

所以

$$xy \leqslant \frac{(\lambda x)^2 + y^2}{2\lambda} = \frac{\lambda}{2} x^2 + \frac{1}{2\lambda} y^2, yz \leqslant \frac{(\mu y)^2 + z^2}{2\mu} = \frac{\mu}{2} y^2 + \frac{1}{2\mu} z^2$$

上面两个式子相加得到

$$xy + yz \leqslant \frac{\lambda}{2} x^2 + \left(\frac{1}{2\lambda} + \frac{\mu}{2} \right) y^2 + \frac{1}{2\mu} z^2$$

令 $\dfrac{\lambda}{2} = \dfrac{1}{2\lambda} + \dfrac{\mu}{2} = \dfrac{1}{2\mu}$, 得到 $\lambda = \sqrt{2}, \mu = \dfrac{1}{\sqrt{2}}$, 即

$$xy + yz \leqslant \frac{\sqrt{2}}{2} (x^2 + y^2 + z^2)$$

解 2   也可以这样求解

因为

$$x^2 + \frac{y^2}{2} \geqslant \sqrt{2} xy, \frac{y^2}{2} + z^2 \geqslant \sqrt{2} yz$$

所以

$$x^2 + y^2 + z^2 \geqslant \sqrt{2} xy + \sqrt{2} yz$$

即

$$\frac{xy + yz}{x^2 + y^2 + z^2} \leqslant \frac{\sqrt{2}}{2}$$

等号成立的条件为 $x = z = \dfrac{y}{\sqrt{2}}$ 时，$U(x, y, z)_{\max} = \dfrac{\sqrt{2}}{2}$.

综上所述，我们讨论了分式型两个变量、三个变量、四个变量形式的最值问题，此类问题的求解方法，一般是引进参数，但引进几个参数，需要灵活对待.

§8　若干函数的值域问题之一

从本节起，我们将选择一些竞赛与高考有交集部分的试题，拿来分析与讨论，试图为同学们展现一些问题的命题过程以及解法的由来，不妥之处，请大家批评指正.

一、问题及其解答

问题 1　已知 $x, y > 0$，求函数 $f(x, y) = \dfrac{y^4}{x^4} + \dfrac{x^4}{y^4} - \dfrac{y^2}{x^2} - \dfrac{x^2}{y^2} + \dfrac{y}{x} + \dfrac{x}{y}$ 的最小值.

题目解说　本题广为流传.

方法透析　本题以对称性和平方，四次方等表现出来，故配方应该考虑采用，进一步作代换.

解 1　原函数可以化为

$$
\begin{aligned}
f(x, y) &= \frac{y^4}{x^4} + \frac{x^4}{y^4} - \frac{y^2}{x^2} - \frac{x^2}{y^2} + \frac{y}{x} + \frac{x}{y} \\
&= \left(\frac{y^4}{x^4} - 2 \cdot \frac{y^2}{x^2} + 1 \right) + \left(\frac{x^4}{y^4} - 2 \cdot \frac{x^2}{y^2} + 1 \right) + \left(\frac{y^2}{x^2} + \frac{x^2}{y^2} \right) + \frac{y}{x} + \frac{x}{y} - 2 \\
&= \left(\frac{y^2}{x^2} - 1 \right)^2 + \left(\frac{x^2}{y^2} - 1 \right)^2 + \left(\frac{y}{x} - \frac{x}{y} \right)^2 + \left(\sqrt{\frac{y}{x}} - \sqrt{\frac{x}{y}} \right)^2 + 2 \\
&\geqslant 2
\end{aligned}
$$

等号成立的条件显然是 $x = y$.

评注　配方的依据是原函数具有对称性，另外，若令 $a = \dfrac{y}{x} > 0$，立刻可以化简目标函数式，再从等号成立的条件去思考，配方便成为较好的选择.

解 2　令 $a = \dfrac{y}{x}$，则原函数可以化为

$$f(x,y) = a^4 + \frac{1}{a^4} - a^2 - \frac{1}{a^2} + a + \frac{1}{a}$$

$$= a^4 - 2 \cdot a^2 + 1 + \frac{1}{a^4} - 2 \cdot \frac{1}{a^2} + 1 +$$

$$a^2 - \frac{2}{a^2} + 1 + a + \frac{1}{a} - 2 + 2$$

$$= (a^2 - 1)^2 + (\frac{1}{a^2} - 1)^2 + (a - \frac{1}{a})^2 + (\sqrt{a} - \sqrt{\frac{1}{a}})^2 + 2$$

$$\geqslant 2$$

评注 作代换后式子简单了,容易看清本质.

解 3 (2017 年 12 月 12 日)原函数可以化为

$$f(x,y) = \frac{y^4}{x^4} + \frac{x^4}{y^4} - \frac{y^2}{x^2} - \frac{x^2}{y^2} + \frac{y}{x} + \frac{x}{y}$$

$$= \left[\left(\frac{y}{x} + \frac{x}{y} \right)^2 - 2 \right]^2 - \left(\frac{y}{x} + \frac{x}{y} \right)^2 + \left(\frac{y}{x} + \frac{x}{y} \right)$$

$$= (t^2 - 2)^2 - t^2 + t \quad (t = \frac{y}{x} + \frac{x}{y} \geqslant 2)$$

$$= t^4 - 5t^2 + t + 4$$

$$= (t^4 - 16) - 5(t^2 - 4) + t$$

$$= (t^2 - 4)(t^2 + 4) - 5(t^2 - 4) + t$$

$$= (t^2 - 4)(t^2 - 1) + t \quad (t \in [2, +\infty) \text{ 单调递增})$$

$$\geqslant 2^4 - 5 \cdot 2^2 + 2 + 4 = 2$$

评注 这个利用代换法外加单调性的解法是求函数最值的常用方法,也可以运用导数方法解决,但是不够简洁.

二、方法延伸

解决上题的方法为配方法和构造函数法(利用单调性),下面继续运用这两个方法解决一些问题.

问题 2 当 $x \in (-\infty, -1]$ 时,求函数 $y = x^2 + x\sqrt{x^2 - 1}$ 最大值.

题目解说 本题为常见题目.

方法透析 继续配方.

解 原函数可以化为

$$2y = 2x^2 + 2x\sqrt{x^2 - 1}$$

$$= (x^2 + 2x\sqrt{x^2 - 1} + \sqrt{x^2 - 1}^2) + 1$$

$$= (x + \sqrt{x^2 - 1})^2 + 1$$

当 $x \in (-\infty, -1]$ 时，$t(x) = x + \sqrt{x^2 - 1} = \dfrac{1}{x - \sqrt{x^2 - 1}}$ 为减函数，故

$$2y = (x + \sqrt{x^2 - 1})^2 + 1 = \dfrac{1}{(x - \sqrt{x^2 - 1})^2} + 1$$

$$0 > t(x) \geqslant t(-1) = -1 + \sqrt{(-1)^2 - 1} = -1 \Rightarrow 1 < 2y \leqslant 2$$

即 $\dfrac{1}{2} < f(x) \leqslant 1$.

评注 1 本题抓住中学教材里的常见函数 $t(x) = x + \sqrt{x^2 - 1} = \dfrac{1}{x - \sqrt{x^2 - 1}}$，为判断单调性奠定基础是解决问题的关键，之后利用了函数的单调性，值得一提.

评注 2 （2015 年福建预赛 11 题）求函数 $f(x) = 2x + \sqrt{4x^2 - 8x + 3}$ 的最小值.

解 定义域为 $\left(-\infty, \dfrac{1}{2}\right] \cup \left[\dfrac{3}{2}, +\infty\right)$，利用单调性判断，根据单调性区间右半边容易解决，以下只讨论左半边

$$f(x) = 2x + \sqrt{4x^2 - 8x + 3} = \dfrac{8x - 3}{2x - \sqrt{4x^2 - 8x + 3}}$$

分母为减函数，所以 $f(x) = 2x + \sqrt{4x^2 - 8x + 3} \geqslant f\left(\dfrac{1}{2}\right) = 1$，当 $x = \dfrac{1}{2}$ 时取到.

说明 原题运用了导数法（《中等数学》2016(3):29）.

问题 3 求函数 $y = x - \sqrt{1 - 2x}$ 的值域.

解 易知原函数定义域为 $\left(-\infty, \dfrac{1}{2}\right]$，设 $t = \sqrt{1 - 2x}\ (\geqslant 0) \Rightarrow x = \dfrac{1 - t^2}{2}$，

于是 $y = \dfrac{1 - t^2}{2} - t = -\dfrac{1}{2}(t + 1)^2 + 1 \Rightarrow y \in \left(-\infty, \dfrac{1}{2}\right]$.

评注 代换法是中学数学里常用的做法，也可以运用函数单调性解决.

问题 4 求函数 $y = \sqrt{4x - 1} - \sqrt{2 - x}$ 的值域.

解 1 易知原函数定义域为 $\left[\dfrac{1}{4}, 2\right]$，由于函数 $y = \sqrt{4x - 1} - \sqrt{2 - x}$ 为增函数，所以原函数的值域为 $\left[-\dfrac{\sqrt{7}}{2}, \sqrt{7}\right]$.

解 2 三角代换

$$y = \sqrt{4x-1} - \sqrt{2-x} = 2\sqrt{x - \frac{1}{4}} - \sqrt{2-x}$$

令

$$x - \frac{1}{4} = \frac{7}{4}\sin^2\alpha \left(\alpha \in \left[0, \frac{\pi}{2}\right]\right) \left(\left(\sqrt{x-\frac{1}{4}}\right)^2 + (\sqrt{2-x})^2 = \frac{7}{4}\right)$$

$$y = 2\sqrt{\frac{7}{4}\sin^2\alpha} - \sqrt{\frac{7}{4}\cos^2\alpha} = \sqrt{7}\sin\alpha + \frac{\sqrt{7}}{2}\cos\alpha$$

$$= \frac{\sqrt{35}}{2}\sin(\alpha - \beta) \quad (\text{其中}\ \beta = \arcsin\frac{\sqrt{5}}{5})$$

$$-\beta \leqslant \alpha - \beta \leqslant \frac{\pi}{2} - \beta$$

$$\Rightarrow [\sin(\alpha - \beta)]_{\min} = \sin(-\beta) = \frac{\sqrt{5}}{5}$$

$$\Rightarrow [\sin(\alpha - \beta)]_{\max} = \sin\left(\frac{\pi}{2} - \beta\right) = \sqrt{7}$$

$$\Rightarrow -\frac{\sqrt{7}}{2} \leqslant \frac{\sqrt{35}}{2}\sin(\alpha - \beta) \leqslant \sqrt{7}$$

所以原函数的值域为 $\left[-\frac{\sqrt{7}}{2}, \sqrt{7}\right]$.

评注 将原函数变形为 $y = \sqrt{4x-1} - \sqrt{2-x} = 2\sqrt{x-\frac{1}{4}} - \sqrt{2-x}$,

进而发现 $\left(\sqrt{x-\frac{1}{4}}\right)^2 + (\sqrt{2-x})^2 = \frac{7}{4}$,于是可以作关于圆的三角代换.

问题 5 求函数 $y = \dfrac{2\cos x + 1}{3\cos x - 2}$ 的值域.

题目解说 本题为一道常见题.

方法透析 看到分子与分母均出现同一个变量,则立刻想到做一个整体代换.

解 原函数可以变形为

$$y = \frac{2\cos x + 1}{3\cos x - 2} = \frac{\frac{2}{3}(3\cos x - 2) + \frac{7}{3}}{3\cos x - 2} = \frac{2}{3} + \frac{7}{3(3\cos x - 2)}$$

注意到 $-1 \leqslant \cos x \leqslant 1 \Rightarrow -5 \leqslant 3\cos x - 2 \leqslant 1 \Rightarrow \dfrac{1}{3\cos x - 2} \geqslant 1$,或 $\dfrac{1}{3\cos x - 2} \leqslant$

$-\dfrac{1}{5} \Rightarrow \dfrac{2}{3} + \dfrac{7}{3(3\cos x - 2)} \geqslant 3$,或 $\dfrac{2}{3} + \dfrac{7}{3(3\cos x - 2)} \leqslant \dfrac{1}{5}$.

从而原函数值域为 $\left(-\infty, \dfrac{1}{5}\right] \cup [3, +\infty)$.

评注 本题直接对函数式采用变形,利用简单函数值域估计的方法来达到目的.

问题 6 求函数 $y = \dfrac{3x^2 + 3x + 1}{2x^2 + 2x + 1}$ 的值域.

题目解说 本题也是常见题.

方法透析 注意分式的分母恒大于 0,故可以去掉分母整理成二次方程,利用判别式法.

解 易知原函数的定义域为 **R**,将原函数变形为
$$(2y - 3)x^2 + (2y - 3)x + y - 1 = 0$$

(1) 当 $2y - 3 = 0$,$y = \dfrac{3}{2}$ 时,得到 $\dfrac{1}{2} = 0$;

(2) 当 $2y - 3 \neq 0$,$y \neq \dfrac{3}{2}$ 时,得到 $(2y - 3)^2 - 4(2y - 3)(y - 1) \geqslant 0$ 时,得到 $\dfrac{1}{2} \leqslant y \leqslant \dfrac{3}{2}$.

综上可得,所给函数的值域为 $\left[\dfrac{1}{2}, \dfrac{3}{2}\right)$.

评注 由于本题函数定义域为全体实数,故可以采用判别式法,但要注意讨论.

问题 7 求函数 $y = \dfrac{x + 4}{x^2 - x - 2}$ 的值域.

题目解说 本题为一道常见题.

方法透析 本题的分式中分母可以取到 0,故不能直接去分母,需要分类讨论,或或者将分子除到分母上去,利用分式函数性质.

解 1 易知原函数的定义域为 $\{x : x \neq -1, x \neq 2\}$,将原函数变形为
$$yx^2 - (y + 1)x - 2(y + 2) = 0$$

(1) 当 $y = 0$ 时,得到 $x = -4$;

(2) 当 $y \neq 0$ 时,得到 $\Delta = (y + 1)^2 + 8y(y + 2) \geqslant 0$ 时,得到
$$y \geqslant \dfrac{-3 + 2\sqrt{2}}{3} \text{ 或 } y \leqslant \dfrac{-3 - 2\sqrt{2}}{3}$$

综上可得,所给函数的值域为 $\left[\dfrac{-3 + 2\sqrt{2}}{3}, +\infty\right) \cup \left(-\infty, \dfrac{-3 - 2\sqrt{2}}{3}\right]$.

解 2 (1) 当 $y = 0$ 时,得到 $x = -4$;

（2）当 $y \neq 0$ 时，原函数也可以化为

$$y = \frac{x+4}{x^2-x-2} = \frac{1}{x+4+\frac{18}{x+4}-9}$$

得到

$$y \geqslant \frac{-3+2\sqrt{2}}{3} \text{ 或 } y \leqslant \frac{-3-2\sqrt{2}}{3}$$

问题 8　求函数 $y = \frac{2x^2+11x+7}{x+3}(0 < x < 1)$ 的值域.

题目解说　本题为一道常见题.

方法透析　本题的分式中分母可以取到 0，故不能直接去分母，需要分类讨论，或者将分母除到分子上去，化为函数形式，再利用函数性质解决.

解　将原函数变形为

$$2x^2 + (11-y)x + 7 - 3y = 0 \tag{1}$$

当（1）在 $(0,1)$ 内有一个根时，设 $f(x) = 2x^2 + (11-y)x + 7 - 3y$ 得到

$$f(0)f(1) < 0 \Rightarrow (7-3y)(20-4y) < 0 \Rightarrow \frac{7}{3} < y < 5$$

当（1）在 $(0,1)$ 内有两个根时，设 $f(x) = 2x^2 + (11-y)x + 7 - 3y$ 得到

$$\left.\begin{array}{r} (11-y)^2 - 8(7-3y) \geqslant 0 \\ 0 < -\frac{11-y}{4} < 1 \\ f(0) > 0, f(1) > 0 \end{array}\right\} \Rightarrow y \in \varnothing$$

综上可知，原函数值域为 $\left(\frac{7}{3}, 5\right)$.

评注　本题条件给出了限制区间，需要在所给区间里讨论根的情况，进一步才能获得函数值域.

问题 9　求函数 $y = \sqrt{\sin x} + \sqrt{\cos x}, x \in \left[0, \frac{\pi}{2}\right]$ 的值域.

题目解说　本题常见于多种资料.

方法透析　这是一个标准的函数值域问题，故需要设法利用函数性质.

解 1　当 $x \in \left[0, \frac{\pi}{2}\right]$ 时，由指数函数性质知道

$$y = \sqrt{\sin x} + \sqrt{\cos x} \geqslant \sin^2 x + \cos^2 x = 1$$

当且仅当 $x = 0$，或 $x = \frac{\pi}{2}$ 时等号成立，又由于

$$1 = \sin^2 x + \cos^2 x = (\sqrt{\sin x})^4 + (\sqrt{\cos x})^4$$

$$\geqslant 2\left(\frac{\sqrt{\sin x} + \sqrt{\cos x}}{2}\right)^4$$

$$\Rightarrow \sqrt{\sin x} + \sqrt{\cos x} \leqslant 2^{\frac{3}{4}}$$

等号成立的条件是 $x = \dfrac{\pi}{4}$.

所以原函数的值域为当 $x \in \left[0, \dfrac{\pi}{2}\right]$ 时, $y \in \left[1, 2^{\frac{3}{4}}\right]$.

评注 这个解法运用函数单调性解决了最小值问题, 最大值则是运用不等式, 这是解决关于函数最值问题的一个思考方法.

解 2 原函数两边平方可得

$$y^2 = \sin x + \cos x + 2\sqrt{\sin x \cos x}$$

$$t = \sin x + \cos x \Rightarrow \sin x \cos x = \frac{t^2 - 1}{2} \Rightarrow t \in [1, \sqrt{2}]$$

于是 $y^2 = t + 2\sqrt{\dfrac{t^2 - 1}{2}}$ 在区间 $[1, \sqrt{2}]$ 单调上升, 从而 $1 \leqslant y \leqslant 2\sqrt{2}$, 所以

$y = \sqrt{\sin x} + \sqrt{\cos x}, x \in \left[0, \dfrac{\pi}{2}\right]$ 的值域为 $\left[1, 2^{\frac{3}{4}}\right]$.

解 3 直接运用赫尔德不等式求最大值

$$8 = (\sin^2 x + \cos^2 x)(1 + 1)(1 + 1)(1 + 1)$$

$$\geqslant (\sqrt{\sin x} + \sqrt{\cos x})^4$$

$$\Rightarrow \sqrt{\sin x} + \sqrt{\cos x} \leqslant 2^{\frac{3}{4}}$$

当且仅当 $x = 0$, 或 $x = \dfrac{\pi}{2}$ 时等号成立.

等号成立的条件为 $x = \dfrac{\pi}{4}$.

解 4 运用平方法.

原函数两边平方可得

$$y^2 = \sin x + \cos x + 2\sqrt{\sin x \cos x}$$

$$= \sqrt{2} \sin\left(x + \frac{\pi}{4}\right) + \sqrt{2\sin 2x}$$

$$\leqslant \sqrt{2} + \sqrt{2} = 2\sqrt{2}$$

$$y \leqslant 2^{\frac{3}{4}}$$

解得 $y \leqslant 2^{\frac{3}{4}}$. 等号成立的条件是 $x = \dfrac{\pi}{4}$.

类似题　求函数 $y = \dfrac{1}{\sqrt{\sin x}} + \dfrac{1}{\sqrt{\cos x}}, x \in \left(0, \dfrac{\pi}{2}\right)$ 的最小值.

提示　$\left(\dfrac{1}{\sqrt{\sin x}} + \dfrac{1}{\sqrt{\cos x}}\right)^4 (\sin^2 x + \cos^2 x) \geqslant 2^5 \Rightarrow \dfrac{1}{\sqrt{\sin x}} + \dfrac{1}{\sqrt{\cos x}} \geqslant$ $2^{\frac{5}{4}}$.

评注　如果联想到赫尔德不等式,则直接用便解决了最大值问题,属于秒杀.

§9　若干函数的值域问题之二

这是上一节的继续.

此节继续讨论若干函数的最值问题,揭开这些问题的求解秘密.

一、问题及其解答

问题 1　求函数 $y = 2x + \sqrt{x^2 - 3x + 2}$ 的值域.

题目解说　本题为一道常见题目.

方法透析　首先看看函数的定义域,然后在定义域内解决问题.

解 1　易知函数的定义域为 $(-\infty, -1] \cup [2, +\infty)$,原函数可以化为

$$y - 2x = \sqrt{x^2 - 3x + 2} \geqslant 0$$

两端平方得到 $3x^2 - (4y - 3)x + y^2 - 2 = 0$,注意到 $y \geqslant 2x, x \in (-\infty, 1] \cup [2, +\infty)$,则有

$$\left.\begin{array}{l} \Delta = (4y - 3)^2 - 12(y^2 - 2) \geqslant 0 \\ y \geqslant 2x \\ x \in (-\infty, 1] \cup [2, +\infty) \end{array}\right\} \Rightarrow \left\{\begin{array}{l} y \geqslant 3 + \dfrac{\sqrt{3}}{2} \text{ 或 } y \leqslant 3 - \dfrac{\sqrt{3}}{2} \\ y \geqslant 2x \\ x \in (-\infty, 1] \cup [2, +\infty) \end{array}\right.$$

$$\Rightarrow \left\{\begin{array}{l} y \geqslant 3 + \dfrac{\sqrt{3}}{2} \text{ 或 } y \leqslant 3 - \dfrac{\sqrt{3}}{2} \\ y \geqslant 2x \\ 2x \in (-\infty, 2] \cup [4, +\infty) \end{array}\right.$$

即

$$\begin{cases} y = 2x \leqslant 2 \text{ 或 } y = 2x \geqslant 4 \\ y \geqslant 3 + \dfrac{\sqrt{3}}{2} \text{ 或 } y \leqslant 3 - \dfrac{\sqrt{3}}{2} \end{cases}$$

综上所述,$y \in \left(-\infty, 3 - \dfrac{\sqrt{3}}{2}\right] \bigcup [4, +\infty)$.

评注 本题看起来十分简单,实则需要注意潜藏条件 $y \geqslant 2x$,然后利用判别式.对最后求出的结果

$$\begin{cases} y \geqslant 3 + \dfrac{\sqrt{3}}{2} \text{ 或 } y \leqslant 3 - \dfrac{\sqrt{3}}{2} \\ y \geqslant 2x \\ 2x \in (-\infty, 2] \bigcup [4, +\infty) \end{cases}$$

两段分别取并集.

解 2 易知函数的定义域为 $(-\infty, 1] \bigcup [2, +\infty)$,原函数可以化为

$$y = 2x + \sqrt{x^2 - 3x + 2} = 2x + \sqrt{\left(x - \dfrac{3}{2}\right)^2 - \dfrac{1}{4}}$$

令

$$x - \dfrac{3}{2} = \dfrac{1}{2}\sec\alpha \left(\alpha \in \left[0, \dfrac{\pi}{2}\right) \bigcup \left(\dfrac{\pi}{2}, \pi\right]\right) \Rightarrow x = \dfrac{1}{2}\sec\alpha + \dfrac{3}{2}$$

$$\Rightarrow y = \sec\alpha + 3 + \dfrac{1}{2}\sqrt{\sec^2\alpha - 1}$$

分两种情况讨论如下:

(1) 当 $\alpha \in \left[0, \dfrac{\pi}{2}\right)$ 时,有

$$y = \sec\alpha + 3 + \dfrac{1}{2}\tan\alpha$$

$$= \dfrac{2 + \sin\alpha}{2\cos\alpha} + 3$$

$$= \dfrac{\sin\alpha - (-2)}{2(\cos\alpha - 0)} + 3$$

而 $\dfrac{\sin\alpha - (-2)}{2(\cos\alpha - 0)}$ 表示单位圆上的点 $A(\cos\alpha, \sin\alpha)$ 与点 $B(0, -2)$ 连线的

斜率,注意到角 $\alpha \in \left[0, \dfrac{\pi}{2}\right)$,所以,$\dfrac{2 + \sin\alpha}{\cos\alpha} \in [2, +\infty) \Rightarrow y \in [4, +\infty)$.

(2) 当 $\alpha \in \left(\dfrac{\pi}{2}, \pi\right]$ 时,有

$$y = \sec\alpha + 3 - \dfrac{1}{2}\tan\alpha = \dfrac{2 + \sin\alpha}{2\cos\alpha} + 3$$

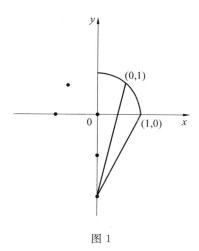

图 1

而 $\dfrac{2+\sin\alpha}{\cos\alpha}$ 表示单位圆上的点 $A(\cos\alpha,\sin\alpha)$ 与点 $B(0,-2)$ 连线的斜率

的相反数,注意到角 $\alpha\in\left(\dfrac{\pi}{2},\pi\right]$,所以, $\dfrac{2+\sin\alpha}{\cos\alpha}\in[2,+\infty)\Rightarrow y\in[4,+\infty)$.

综上所述, $y\in\left(-\infty,3-\dfrac{\sqrt{3}}{2}\right]\cup[4,+\infty)$.

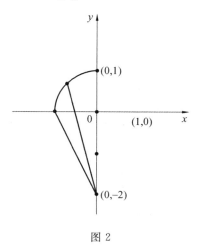

图 2

评注 这个方法是基于三角函数公式 $1+\tan^2\alpha=\sec^2\alpha$ 获得的,但要注意的是角的取值范围设定一定要取到使得自变量 x 定义域所有值.

问题 2 求函数 $y=x^2+x\sqrt{x^2-1}$ 的值域.

题目解说 本题在前文中出现过了,也许读者会问,为什么又拿来?请大家看看条件一样否? 不一样了!

方法透析 既然条件不一样了,那么解决方法也就自然不同了.

解 1 易知函数的定义域为$(-\infty,-1]\cup[1,+\infty)$,当$x\in[1,+\infty)$时,
$y=x^2+x\sqrt{x^2-1}$单调递增,所以$y\geqslant1$.

当$x\in(-\infty,-1]$时

$$y=x^2+x\sqrt{x^2-1}=x(x+\sqrt{x^2-1})$$
$$=\frac{x}{x-\sqrt{x^2-1}}=\frac{1}{1+\sqrt{1-\frac{1}{x^2}}}$$

由$x\leqslant-1,0\leqslant1-\frac{1}{x^2}<1,1\leqslant1+\sqrt{1-\frac{1}{x^2}}<2\Rightarrow\frac{1}{2}<f(x)\leqslant1$.

评注 对原函数进行有效变形,获得$y=\dfrac{1}{1+\sqrt{1-\frac{1}{x^2}}}$的形式,容易看出

单调性.而原函数在$(-\infty,-1]\cup[1,+\infty)$的右半边单调上升,故运用单调性就可以解决,左半边定义域上较好判断单调性,故需要找好办法.

综上所述,$y\in\left(\dfrac{1}{2},+\infty\right)$.

解 2 易知函数的定义域为$(-\infty,-1]\cup[1,+\infty)$,令

$$x=\sec\alpha=\frac{1}{\cos\alpha}\quad\left(\alpha\in[0,\pi],\alpha\neq\frac{\pi}{2}\right)$$
$$\Rightarrow y=\sec^2\alpha+\sec\alpha\sqrt{\sec^2\alpha-1}=\sec^2\alpha+\frac{|\tan\alpha|}{\cos\alpha}$$

分两种情况讨论如下:

(1) 当$\alpha\in\left[0,\dfrac{\pi}{2}\right)$时,有$0\leqslant\sin\alpha<1,y=\dfrac{1+\sin\alpha}{\cos^2\alpha}=\dfrac{1}{1-\sin\alpha}\in$

$[1,+\infty),\alpha=0$时,$y=1;\alpha\to\dfrac{\pi}{2}$时,$y\to+\infty$.

(2) 当$\alpha\in\left(\dfrac{\pi}{2},\pi\right]$时,有$0\leqslant\sin\alpha<1,y=\dfrac{1-\sin\alpha}{\cos^2\alpha}=\dfrac{1}{1+\sin\alpha}\in$

$\left(\dfrac{1}{2},1\right],\alpha=\pi$时,$y=1;\alpha\to\dfrac{\pi}{2}$时,$y\to\dfrac{1}{2}$.

综上所述,$y\in\left(\dfrac{1}{2},+\infty\right)$.

评注 这个方法是基于三角函数公式$1+\tan^2\alpha=\sec^2\alpha$获得的,但要注意的是角的取值范围设定一定要取到使得自变量x定义域的所有值.

解 3 原函数可以化为

$$2y = 2x^2 + 2x\sqrt{x^2-1}$$
$$= (x^2 + 2x\sqrt{x^2-1} + \sqrt{x^2-1}^2) + 1$$
$$= (x + \sqrt{x^2-1})^2 + 1$$
$$y = \frac{1}{2}(x + \sqrt{x^2-1})^2 + \frac{1}{2} > \frac{1}{2}$$

当 $x \in (-\infty, -1]$ 时

$$t(x) = x + \sqrt{x^2-1} = \frac{1}{x - \sqrt{x^2-1}} \tag{1}$$

为减函数,故

$$0 > t(x) \geqslant t(-1) = -1 + \sqrt{(-1)^2 - 1} = -1 \Rightarrow 1 < 2y \leqslant 2$$

综上所述,$y \in \left(\frac{1}{2}, +\infty\right)$.

评注　当 $x \in (-\infty, -1]$ 时,$t(x) = x + \sqrt{x^2-1} = \dfrac{1}{x - \sqrt{x^2-1}}$ 的变形,容易判断其为减函数是解决问题的关键一步.

问题 3　设 $0 < x < \dfrac{9}{2}$,求函数

$$y = \left(1 + \frac{1}{\lg(\sqrt{x^2+10}+x)}\right)\left(1 + \frac{1}{\lg(\sqrt{x^2+10}-x)}\right)$$

的值域.

题目解说　本题为一道某地竞赛预赛试题,详情没有记住.

方法透析　观察到 $\lg(\sqrt{x^2+10}-x) + \lg(\sqrt{x^2+10}+x) = 1$ 是一个重要信息,想到了什么?

解　由于 $0 < x < \dfrac{9}{2}$,所以 $0 < \lg(\sqrt{x^2+10}-x) < \lg(\sqrt{x^2+10}+x) < 1$,又 $\lg(\sqrt{x^2+10}-x) + \lg(\sqrt{x^2+10}+x) = 1$,于是,可以令

$$\lg(\sqrt{x^2+10}-x) = \cos^2\alpha, \lg(\sqrt{x^2+10}+x) = \sin^2\alpha \quad \left(\frac{\pi}{4} < \alpha < \frac{\pi}{2}\right)$$

则原函数可以化为

$$y = \left(1 + \frac{1}{\cos^2\alpha}\right)\left(1 + \frac{1}{\sin^2\alpha}\right)$$
$$= \left(1 + \frac{\cos^2\alpha + \sin^2\alpha}{\cos^2\alpha}\right)\left(1 + \frac{\cos^2\alpha + \sin^2\alpha}{\sin^2\alpha}\right)$$
$$= 5 + 2\tan^2\alpha + \frac{2}{\tan^2\alpha} \quad (t = \tan^2\alpha \in (1, +\infty))$$

由对勾函数性质知道

$$y = 5 + 2\tan^2\alpha + \frac{2}{\tan^2\alpha} \in (9, +\infty)$$

评注 观察到 $\lg(\sqrt{x^2+10}-x) + \lg(\sqrt{x^2+10}+x) = 1$,利用圆代换化成三角问题是解决问题的关键,但对 $0 < \lg(\sqrt{x^2+10}-x) < \lg(\sqrt{x^2+10}+x) < 1$ 的判断是为定义后面的代换中角的范围奠定基础.

问题 4 求函数 $y = \dfrac{x-x^3}{1+2x^2+x^4}$ 的值域.

题目解说 本题为一道常见题目.

方法透析 初看本题,所给函数为奇函数,这是一个重要信息,怎么利用?再看看分母是一个完全平方式,有什么信息?

解 1 易知原函数为奇函数,只需要考虑 $x \geqslant 0$ 的情况,于是,原函数可以化为

$$y = \frac{x-x^3}{1+2x^2+x^4} = \frac{1-x}{1+x^2} \cdot \frac{x+x^2}{1+x^2} \leqslant \frac{1}{4}\left(\frac{1-x}{1+x^2} + \frac{x+x^2}{1+x^2}\right)^2 = \frac{1}{4}$$

等号成立的条件为 $\dfrac{1-x}{1+x^2} = \dfrac{x+x^2}{1+x^2}$,则有

$$x^2 - 1 + 2x = 0 \Rightarrow x = -1 + \sqrt{2}$$

所以 $y \in \left[-\dfrac{1}{4}, \dfrac{1}{4}\right]$.

评注 发现奇函数以及分解因式,利用二元均值不等式是解决问题的关键.

解 2 原函数可以化为 $y = \dfrac{x-x^3}{1+2x^2+x^4} = \dfrac{x}{1+x^2} \cdot \dfrac{1-x^2}{1+x^2}$,于是可令 $x = \tan\dfrac{\alpha}{2}(\alpha \in (-\pi, \pi))$,从原函数可以化为

$$y = \frac{x}{1+x^2} \cdot \frac{1-x^2}{1+x^2} = \frac{\tan\dfrac{\alpha}{2}}{1+\tan^2\dfrac{\alpha}{2}} \cdot \frac{1-\tan^2\dfrac{\alpha}{2}}{1+\tan^2\dfrac{\alpha}{2}} = \frac{1}{2}\sin\alpha\cos\alpha \in \left[-\frac{1}{4}, \frac{1}{4}\right]$$

评注 从题目变形为 $y = \dfrac{x-x^3}{1+2x^2+x^4} = \dfrac{x}{1+x^2} \cdot \dfrac{1-x^2}{1+x^2}$ 发现,代数形式恰为三角函数中的万能代换公式,于是产生三角代换的思考.

解 3 当 $x \neq 0$ 时,原函数可以转化为

从分析解题过程学解题——
竞赛中的向量几何与不等式研究

$$y = \frac{\frac{1}{x} - x}{\frac{1}{x^2} + 2 + x^2} = \frac{\frac{1}{x} - x}{\left(\frac{1}{x} - x\right)^2 + 4} = \frac{t}{t^2 + 4} = \frac{1}{t + \frac{4}{t}} \quad \left(t = \frac{1}{x} - x\right)$$

评注 这个转化比较巧妙,分子分母均为 x 的偶次式.

问题 5 设 $a, b, c \in \mathbf{R}^*$, $abc + a + c - b = 0$,求三元函数 $p = \frac{2}{1 + a^2} - \frac{2}{1 + b^2} + \frac{3}{1 + c^2}$ 的最大值.

题目解说 本题似乎为一道竞赛题.

方法透析 条件最值问题,一般是设法利用条件,本题应该是从条件等式中用另外两个量的表达式求出一个量(这样可以减元,即减少变量),比如得到 $b = \frac{a + c}{1 - ac}$,想到什么?是否是正切和角公式?于是,三角代换法涌上心头.

解 由条件等式知道 $abc + a + c - b = 0 \Rightarrow b = \frac{a + c}{1 - ac}$,令 $a = \tan \alpha$,$c = \tan \beta \Rightarrow b = \tan(\alpha + \beta)$,于是原条件等式可以变形为

$$\begin{aligned}
p &= \frac{2}{1 + a^2} - \frac{2}{1 + b^2} + \frac{3}{1 + c^2} \\
&= \frac{2}{1 + \tan^2 \alpha} - \frac{3}{1 + \tan^2(\alpha + \beta)} + \frac{2}{1 + \tan^2 \beta} \\
&= 2\cos^2 \alpha - 2\cos^2(\alpha + \beta) + 3\cos^2 \beta \\
&= 2\sin \beta \sin(2\alpha + \beta) + 3\cos^2 \beta \\
&\leqslant 2\sin \beta + 3\cos^2 \beta \\
&= -3\left(\sin \beta - \frac{1}{3}\right)^2 + \frac{10}{3} \\
&\leqslant \frac{10}{3}
\end{aligned}$$

等号成立的条件为

$$\sin(2\alpha + \beta) = 1, \sin \beta - \frac{1}{3} = 0 \Rightarrow a = \frac{\sqrt{2}}{2}, b = \sqrt{2}, c = \frac{\sqrt{2}}{4}$$

即当 $a = \frac{\sqrt{2}}{2}, b = \sqrt{2}, c = \frac{\sqrt{2}}{4}$ 时,$p_{\max} = \frac{10}{3}$.

评注 从条件的等式发现 $b = \frac{a + c}{1 - ac}$,联想正切和角公式是产生三角代换的基础,可见,结构联想的重要性,但是其化简过程运用到

$$\cos^2 \alpha - \cos^2 \beta = -\sin(\alpha + \beta)\sin(\alpha - \beta)$$

这个三角恒等式很重要！

问题 6 设 $xyz \in \mathbf{R}^*$，$xy + yz + zx = 1$，求三元函数

$$p = \frac{1}{1+x^2} + \frac{1}{1+y^2} + \frac{z}{1+z^2}$$

的最大值.

题目解说 本题流行于多种资料.

方法透析 由条件等式联想到什么？是否是在 $\triangle ABC$ 中

$$\tan \frac{A}{2} \tan \frac{B}{2} + \tan \frac{B}{2} \tan \frac{C}{2} + \tan \frac{C}{2} \tan \frac{A}{2} = 1$$

若想到这里，距离问题解决就差不多了.

解 在 $\triangle ABC$ 中，有

$$\tan \frac{A}{2} \tan \frac{B}{2} + \tan \frac{B}{2} \tan \frac{C}{2} + \tan \frac{C}{2} \tan \frac{A}{2} = 1$$

由条件等式知道，令

$$x = \tan \frac{A}{2}, y = \tan \frac{B}{2}, z = \tan \frac{C}{2}$$

于是

$$p = \frac{1}{1+\tan^2 \frac{A}{2}} + \frac{1}{1+\tan^2 \frac{B}{2}} + \frac{z}{1+\tan^2 \frac{C}{2}}$$

$$= \cos^2 \frac{A}{2} + \cos^2 \frac{B}{2} + \cos^2 \frac{C}{2} \tan \frac{C}{2}$$

$$= 1 + \frac{1}{2}(\cos A + \cos B + \sin C)$$

$$= 1 + \cos \frac{A+B}{2} \cos \frac{A-B}{2} + \frac{1}{2}\sin C$$

$$\leqslant 1 + \sin \frac{C}{2} + \frac{1}{2}\sin C = 1 + \sin \frac{C}{2} + \sin \frac{C}{2}\cos \frac{C}{2}$$

$$= 1 + \sin \frac{C}{2}\left(1 + \cos \frac{C}{2}\right) = 1 + \sqrt{\sin^2 \frac{C}{2}\left(1 + \cos \frac{C}{2}\right)^2}$$

$$= 1 + \sqrt{\left(1 - \cos^2 \frac{C}{2}\right)\left(1 + \cos \frac{C}{2}\right)^2}$$

$$= 1 + \sqrt{\left(1 - \cos \frac{C}{2}\right)\left(1 + \cos \frac{C}{2}\right)^3}$$

$$= 1 + \sqrt{\frac{1}{3}\left(3 - 3\cos \frac{C}{2}\right)\left(1 + \cos \frac{C}{2}\right)\left(1 + \cos \frac{C}{2}\right)\left(1 + \cos \frac{C}{2}\right)}$$

$$\leqslant 1 + \sqrt{\frac{1}{3}\left[\frac{\left(3-3\cos\frac{C}{2}\right)+\left(1+\cos\frac{C}{2}\right)+\left(1+\cos\frac{C}{2}\right)+\left(1+\cos\frac{C}{2}\right)}{4}\right]^{4}}$$

$$=1+\frac{3\sqrt{3}}{4}$$

等号成立的条件为 $x=y=2-\sqrt{3}$，$z=\sqrt{3}$，故 $p=\dfrac{1}{1+x^{2}}+\dfrac{1}{1+y^{2}}+\dfrac{z}{1+z^{2}}$

的最大值为 $1+\dfrac{3\sqrt{3}}{4}$.

评注 从等式 $xy+yz+zx=1$ 发现与 $\triangle ABC$ 中 $\tan\dfrac{A}{2}\tan\dfrac{B}{2}+\tan\dfrac{B}{2}\tan\dfrac{C}{2}+$

$\tan\dfrac{C}{2}\tan\dfrac{A}{2}=1$ 有相同结构，联想三角等式是产生三角代换的基础，再次显现结构联想的重要性，不过后面的三元均值不等式的运用是经常看到的求三角函数最值的常用技巧，类似问题也很多，不再举例，可见做过的题目的方法要记住，以便后面再用.

§10 复合最值问题的解法

本节我们研究多变量问题中的最值中的最值问题 —— 一般是最小值中的最大值问题，或者是最大值中的最小值问题，通常人们称其为复合最值问题.

一、题目与解答

问题 1 设 $a>b>0$，求 $\dfrac{9\sqrt{3}}{16}a^{3}$，$\dfrac{\sqrt{3}}{2(a-b)}$，$\dfrac{\sqrt{3}}{2b}$ 中最大数的最小值.

题目解说 本题为《福建中学数学》(1998(3):26) 中的一个例题，作者给出的解答比较烦琐.

方法透析 此类问题一般是构造目标最值的一个不等式.

解 1 先看原做题者解答.

设最大数为 M，由 $a>b>0$ 以及二元均值不等式知

$$\frac{\sqrt{3}}{2(a-b)}\cdot\frac{\sqrt{3}}{2b}=\frac{3}{4(a-b)b}\geqslant\frac{3}{a^{2}}$$

所以

$$M+M^{2}\geqslant\frac{9\sqrt{3}}{16}a^{3}+\frac{\sqrt{3}}{2(a-b)}\cdot\frac{\sqrt{3}}{2b}\geqslant\frac{9\sqrt{3}}{16}a^{3}+\frac{3}{a^{2}}$$

$$= \frac{9\sqrt{3}}{32}a^3 + \frac{9\sqrt{3}}{32}a^3 + \frac{1}{a^2} + \frac{1}{a^2} + \frac{1}{a^2} \geqslant \frac{15}{4}$$

即 $M + M^2 \geqslant \frac{15}{4}$，由此可得 $M \geqslant \frac{3}{2}$，当且仅当

$$\frac{9\sqrt{3}}{32}a^3 = \frac{1}{a^2}, \frac{3}{2(a-b)} = \frac{9\sqrt{3}}{16}a^3 = \frac{\sqrt{3}}{2b}$$

即 $a = \frac{2\sqrt{3}}{3}, b = \frac{\sqrt{3}}{3}$ 时取到，即 $M_{\min} = \frac{3}{2}$.

评注 本方法的特点是构造一个最大数 M 的不等式，这是解决此类问题的一个方法，其本质是逐步减元.

解 2 设最大数为 M，则

$$M^8 \geqslant \left(\frac{9\sqrt{3}}{16}a^3\right)^2 \cdot \left(\frac{\sqrt{3}}{2(a-b)}\right)^3 \cdot \left(\frac{\sqrt{3}}{2b}\right)^3$$

$$\geqslant \left(\frac{3}{2}\right)^8 \cdot a^6 \cdot \frac{1}{[4b(a-b)]^3}$$

$$\geqslant \left(\frac{3}{2}\right)^8 \cdot a^6 \cdot \frac{1}{a^6} = \left(\frac{3}{2}\right)^8$$

所以 $M_{\min} = \frac{3}{2}$. 等号成立的条件为 $a = \frac{2\sqrt{3}}{3}, b = \frac{\sqrt{3}}{3}$.

评注 这个解法看起来比较简洁，但是思维量较高，怎么想到要构造 M^8？首先由于 $4(a-b)b \leqslant a^2$（这是消去一个参量的过程，也是一个重要信息），以下只要再设法消去另外一个参数，但是，这里得到的是 a^2，与 a^3 有点差距，所以需要构造 $\left(\frac{9\sqrt{3}}{16}a^3\right)^2$，然后再去构造 $\left(\frac{\sqrt{3}}{2(a-b)}\right)^3 \cdot \left(\frac{\sqrt{3}}{2b}\right)^3$，对分母运用二元均值不等式，就可以直接消去参数 a. 这就是此法的来历.

解 3 考虑

$$8M \geqslant 2 \cdot \frac{9\sqrt{3}a^3}{16} + 3 \cdot \frac{\sqrt{3}}{2(a-b)} + 3 \cdot \frac{\sqrt{3}}{2b}$$

$$= 2 \cdot \frac{9\sqrt{3}\,[(a-b)+b]^3}{16} + 3 \cdot \frac{\sqrt{3}}{2(a-b)} + 3 \cdot \frac{\sqrt{3}}{2b}$$

$$\geqslant 2 \cdot \frac{9\sqrt{3}\,[2\sqrt{(a-b)\cdot b}]^3}{16} + 3 \cdot \frac{\sqrt{3}}{2(a-b)} + 3 \cdot \frac{\sqrt{3}}{2b}$$

$$= \frac{1}{2} \cdot 9\sqrt{3}[\sqrt{(a-b)\cdot b}]^3 + \frac{1}{2} \cdot 9\sqrt{3}[\sqrt{(a-b)\cdot b}]^3 +$$

$$\frac{\sqrt{3}}{2(a-b)} + \frac{\sqrt{3}}{2(a-b)} + \frac{\sqrt{3}}{2(a-b)} + \frac{\sqrt{3}}{2b} + \frac{\sqrt{3}}{2b} + \frac{\sqrt{3}}{2b}$$

$$\geqslant 8 \sqrt[8]{\frac{1}{2} \cdot 9\sqrt{3} \cdot \frac{1}{2} \cdot 9\sqrt{3} \cdot \frac{\sqrt{3}}{2} \cdot \frac{\sqrt{3}}{2} \cdot \frac{\sqrt{3}}{2} \cdot \frac{\sqrt{3}}{2} \cdot \frac{\sqrt{3}}{2} \cdot \frac{\sqrt{3}}{2}}$$

$$= 4\sqrt{3}$$

所以 $M_{\min} = \dfrac{3}{2}$. 等号成立的条件为 $a = \dfrac{2\sqrt{3}}{3}, b = \dfrac{\sqrt{3}}{3}$.

评注　此法是利用多元均值不等式完成任务的,其技巧是凑等号成立的条件,其中第一步将 $a = (a-b)+b$ 拆开的理由是凑出另外两个式子的分母,再考虑等号成立的条件,为达成利用多元均值不等式奠定基础.

二、方法延伸

上面一题我们运用构造目标最值的不等式方法解决了一道问题,那么,此法还能解决一些什么问题? 请看下面问题.

问题 2　设 $a = \lg z + \lg\left(\dfrac{x}{yz} + 1\right), b = \lg \dfrac{1}{x} + \lg(xyz + 1), c = \lg y + \lg\left(\dfrac{1}{xyz} + 1\right)$, 记 a, b, c 中的最大数为 M, 则 M 的最小值为 _____.

题目解说　本题为 1997 年高中联赛一道填空题.

解 1　本方法来自《中学教研》1997(12):37.

由已知有 $a = \lg\left(\dfrac{x}{y} + z\right), b = \lg\left(yz + \dfrac{1}{x}\right), c = \lg\left(\dfrac{1}{zx} + y\right)$, 记 $a_1 = \dfrac{x}{y} + z$, $b_1 = yz + \dfrac{1}{x}, c_1 = \dfrac{1}{zx} + y$ 中的最大数为 U, 根据已知条件知 x, y, z 均为正数, 于是

$$U^2 \geqslant \left(\frac{x}{y} + z\right)\left(\frac{1}{zx} + y\right) = \left(yz + \frac{1}{yz}\right) + \left(x + \frac{1}{x}\right) \geqslant 2 + 2 = 4$$

所以 $U \geqslant 2$, 等号成立的条件为 $x = y = z = 1$, 此时 $b = \ln 2$, 即 $M_{\min} = \lg 2$.

评注　这个方法是利用条件中的两个式子,构造出最小值,这时在各变量取到最小值时,另外一个表达式也取到这个最小值,表明这个最小值就是题目所求.

解 2　本方法来自于《福建中学数学》1998(3):26.

由已知有 $a = \lg\left(\dfrac{x}{y} + z\right), b = \lg\left(yz + \dfrac{1}{x}\right), c = \lg\left(\dfrac{1}{zx} + y\right)$, 记

$$a_1 = \frac{x}{y} + z, \quad b_1 = yz + \frac{1}{x}, \quad c_1 = \frac{1}{zx} + y$$

中的最大数为 M_1

$$\frac{b_1}{c_1} = \frac{yz + x^{-1}}{(zx)^{-1} + y} = z$$

(1) 当 $z \geqslant 1$ 时，$b_1 = zc_1 \geqslant c_1$，所以
$$M_1 = \max\{a_1, b_1\}$$

而
$$a_1 b_1 z \geqslant a_1 c_1 = \left(\frac{x}{y} + z\right)\left(\frac{1}{zx} + y\right) = \left(x + \frac{1}{x}\right) + \left(yz + \frac{1}{yz}\right) \geqslant 4$$

所以 $M_1 \geqslant 2$，等号成立的条件为 $x = y = z = 1$，即 $M_{\min} = \lg 2$.

(2) 当 $z \leqslant 1$ 时，$b_1 = xc_1 \leqslant c_1$，这时
$$M_1 = \max\{a_1, c_1\}$$

而
$$a_1 c_1 = \left(\frac{x}{y} + z\right)\left(\frac{1}{zx} + y\right) = \left(x + \frac{1}{x}\right) + \left(yz + \frac{1}{yz}\right) \geqslant 4$$

所以 $M_1 \geqslant 2$，等号成立的条件为 $x = y = z = 1$，即 $M_{\min} = \lg 2$.

综上可知，$M_{\min} = \lg 2$.

评注　这个方法是比较两个的大小，然后再求出较大者与另外一个的最小值，即逐步求出最小者，最后达到求解问题的目的.

问题 3　对于任意的 $a > 0, b > 0$，求 $\min\left\{\max\left\{\frac{1}{a}, \frac{1}{b}, a^2 + b^2\right\}\right\}$ 的值.

题目解说　本题为 2002 年北京市高中数学竞赛试题之一.

方法透析　仍然是设法构造目标量的不等式.

解　设 $M = \min\left\{\max\left\{\frac{1}{a}, \frac{1}{b}, a^2 + b^2\right\}\right\}$，则 $0 < \frac{1}{a} \leqslant M, 0 < \frac{1}{b} \leqslant M$，

$a^2 + b^2 \leqslant M$，即 $a \geqslant \frac{1}{M}, b \geqslant \frac{1}{M}, a^2 + b^2 \leqslant M$，即 $\left(\frac{1}{M}\right)^2 + \left(\frac{1}{M}\right)^2 \leqslant M$，所以

$M^3 \geqslant 2 \Rightarrow M \geqslant \sqrt[3]{2}$，等号成立的条件为 $a = b = \frac{1}{\sqrt[3]{2}}$.

评注　本题解法是构造相关最值的不等式，技巧是利用三个变量之关系.

问题 4　已知 x, y 是正实数，求 $\max\left\{\min\left\{x, \frac{1}{y}, \frac{1}{x} + y\right\}\right\}$ 的值.

题目解说　本题为 2003 年北京市高中数学竞赛试题之一.

方法透析　仍然是设法构造目标量的不等式.

解　设 $m = \min\left\{x, \frac{1}{y}, \frac{1}{x} + y\right\}$，则
$$0 < m \leqslant x, 0 < m \leqslant \frac{1}{y}, m \leqslant y + \frac{1}{x} \tag{1}$$

从分析解题过程学解题——
竞赛中的向量几何与不等式研究

即

$$\frac{1}{x} \leqslant \frac{1}{m}, y \leqslant \frac{1}{m}, m \leqslant \frac{1}{x} + y \Rightarrow m \leqslant \frac{1}{m} + \frac{1}{m} \Rightarrow m^2 \leqslant 2 \Rightarrow m_{\max} = \sqrt{2}$$

评注　在获得(1)之后,需要挖掘三者之间的关系,获得相关变量的一个不等式 $m \leqslant \frac{1}{m} + \frac{1}{m}$,再解出该不等式即可.

问题 5　已知 $a, b, c \in \mathbf{R}^*, a^2 + b^2 + c^2 = 1, M = \max\left\{a + \frac{1}{b}, b + \frac{1}{c}, c + \frac{1}{a}\right\}$,求 $M_{\min}$ 的值?

题目解说　本题的出处大约是某刊物的一道问题.

方法透析　求解方法仍然是设法构造目标量的不等式.

解　由条件知

$$3M^2 \geqslant \left[\left(a + \frac{1}{b}\right)^2 + \left(b + \frac{1}{c}\right)^2 + \left(c + \frac{1}{a}\right)^2\right]$$

$$= \sum a^2 + \sum \frac{1}{a^2} + 2\left(\frac{a}{b} + \frac{b}{c} + \frac{c}{d}\right)$$

$$\geqslant 1 + \frac{9}{\sum a^2} + 6 = 16$$

等号成立的条件为 $a = b = c = \frac{1}{\sqrt{3}}$.

评注　要从已知三个式子构造出已知条件等式,就需要平方构造,这是基本判断,然后设法利用不等式.

问题 6　设 $x, y \in \mathbf{R}$,并记 $M = \max\{x^2 + xy + y^2, x^2 + x(y-1) + (y-1)^2, (x-1)^2 + (x-1)y + y^2, (x-1)^2 + (x-1)(y-1) + (y-1)^2\}$,求 M 的最小值.

题目解说　本题为《数学通报》(2006(8-9):64)中问题 1627,原答案有误,该刊物(2006(12):57)又给出了正确解答.

方法透析　从上面几道题目的解答过程去分析,较复杂问题需要两两比较大小之后,再去比较另外一个与所求出较大数的大小,如此等等,这样对条件中涉及的三个代数式较为方便,对于更多个表达式,也可以求出两个之和与另外两个之和的大小,最后再求出较大者的最小值.

解　设

$$a = x^2 + xy + y^2, b = x^2 + x(y-1) + (y-1)^2$$
$$c = (x-1)^2 + (x-1)y + y^2, d = (x-1)^2 + (x-1)(y-1) + (y-1)^2$$

由题设知

$$a+d-b-c=[x^2+xy+y^2+(x-1)^2+$$
$$(x-1)(y-1)+(y-1)^2]-$$
$$[x^2+x(y-1)+(y-1)^2+$$
$$(x-1)^2+(x-1)y+y^2]=1$$

即

$$a+d>b+c$$

所以

$$2M \geqslant a+d=x^2+xy+y^2+(x-1)^2+(x-1)(y-1)+(y-1)^2$$
$$=2x^2+2xy+2y^2-3x-3y+3$$
$$=\frac{3}{2}(x+y)^2+\frac{1}{2}(x-y)^2-3(x+y)+3$$
$$=\frac{3}{2}(x+y)^2+\frac{1}{2}(x-y)^2+\frac{3}{2}$$
$$\geqslant \frac{3}{2}$$

当且仅当 $x=y=\frac{1}{2}$ 时等号成立,所以,M 的最小值是 $\frac{3}{4}$. 此时

$$x^2+xy+y^2=\frac{3}{4}x^2+x(y-1)+(y-1)^2=\frac{1}{4}$$
$$(x-1)^2+(x-1)y+y^2$$
$$=\frac{1}{4}(x-1)^2+(x-1)(y-1)+(y-1)^2$$
$$=\frac{3}{4}$$

于是,问题获得解决.

评注 本题的求解方法看起来比较复杂,其实反思过程,实质上是一个配方过程.

问题 7 记 $F=\max\limits_{1 \leqslant x \leqslant 3}|x^3-ax^2-bx-c|$,当 a,b,c 取遍所有实数时,求 F 的最小值.

题目解说 本题为 2001 年中国数学奥林匹克集训队试题之一.

方法透析 对于定义域里的自变量赋值,可以获得一些相关参数 a,b,c 之关系式,然后设法运用绝对值不等式(题目条件涉及绝对值)性质,消去这三个参数.

解 注意到 $1 \leqslant x \leqslant 3 \Leftrightarrow -1 \leqslant x-2 \leqslant 1$,所以,问题等价于,当 a,b,c 取

遍所有实数时,求 F 的最小值.

令 $f(x)=x^3-ax^2-bx-c(-1\leqslant x\leqslant 1)$,则

$$f(1)=1-a-b-c$$

$$f\left(\frac{1}{2}\right)=\frac{1}{8}-\frac{1}{4}a-\frac{1}{2}b-c$$

$$f\left(-\frac{1}{2}\right)=-\frac{1}{8}-\frac{1}{4}a+\frac{1}{2}b-c$$

$$f(-1)=-1-a+b-c$$

$$6F\geqslant |f(1)|+2\left|f\left(\frac{1}{2}\right)\right|+2\left|f\left(-\frac{1}{2}\right)\right|+|f(-1)|$$

$$\geqslant \left|f(1)-2f\left(\frac{1}{2}\right)+2f\left(-\frac{1}{2}\right)-f(-1)\right|$$

$$=\frac{3}{2}$$

当且仅当 $f(1)=-f\left(\frac{1}{2}\right)=f\left(-\frac{1}{2}\right)=-f(-1)\Rightarrow$ 当 $a=c=0,b=\frac{3}{4}$ 时,上式等号成立.

故 $F_{\max}=\frac{1}{4}$,此时,$f(x)=x^3-\frac{3}{4}x$.

评注 这个证明看起来简洁,实则构造过程是需要一些探索的,技巧是在利用绝对值不等式之后一定要消去三个参数 a,b,c,同时还要注意等号可以达到.

问题 8 设 $f(x)=x^2+ax+b$ 在 $[-1,1]$ 上有定义,$|f(x)|$ 的最大值为 M,求证:$M\geqslant \frac{1}{2}$.

题目解说 本题为 1990 年中国数学奥林匹克集训队试题之一.

题目的原始形式:在首项系数为 1 的二次函数 x^2+px+q 中,找出使 $M=\max\limits_{-1\leqslant x\leqslant 1}|x^2+px+q|$ 取最小值的函数表达式.

方法透析 对于定义域里的自变量赋值,可以获得一些相关参数 a,b 之间的关系式,然后设法运用绝对值不等式(题目条件涉及绝对值)性质,消去这两个参数 a,b.

解 1 由二次函数性质知:$|f(x)|$ 的最大值只能在 $|f(-1)|$ 或 $|f(1)|$ 或 $\left|f\left(-\frac{a}{2}\right)\right|$ 处达到,而

$$f(1)=1+a+b,f(-1)=1-a+b,f\left(-\frac{a}{2}\right)=b-\frac{a^2}{4}$$

于是

$$8M \geqslant 2\,|\,f(1)\,|+2\,|\,f(-1)\,|+4\left|\,f\!\left(-\frac{a^2}{2}\right)\,\right|$$
$$=|\,2+2a+2b\,|+|\,2-2a+2b\,|+|\,4b-a^2\,|$$
$$=|\,2+2a+2b\,|+|\,2-2a+2b\,|+|\,a^2-4b\,|$$
$$\geqslant |\,4+a^2\,|\geqslant 4$$

显然,当 $M=\dfrac{1}{2}$ 时,$a=0$,由

$$\left|\,f\!\left(-\frac{a}{2}\right)\,\right|\leqslant\frac{1}{2}\Rightarrow|\,f(0)\,|\leqslant\frac{1}{2}\Rightarrow|\,b\,|\leqslant\frac{1}{2}$$

又由

$$|\,f(1)\,|=|\,1+a+b\,|\leqslant\frac{1}{2}\Rightarrow-\frac{3}{2}\leqslant b\leqslant-\frac{1}{2}$$

所以 $b=-\dfrac{1}{2}$,即 $f(x)=x^2-\dfrac{1}{2}$.

评注 这种求最值的方法值得记取,这是求复合最值问题的一种良好方法.

解 2 考虑 $f(1)=1+a+b,f(-1)=1-a+b,f(0)=b$,所以
$$4M\geqslant|\,1+a+b\,|+2\,|-b\,|+|\,1-a+b\,|$$
$$\geqslant|\,(1+a+b)+(-2b)+(1-a+b)\,|$$
$$=2$$

解 3 反证法.

反设 $M<\dfrac{1}{2}$,则

$$|\,f(1)\,|=|\,1+a+b\,|<\frac{1}{2}$$

$$|\,f(-1)\,|=|\,1-a+b\,|<\frac{1}{2}$$

$$|\,f(0)\,|=|\,b\,|<\frac{1}{2}$$

那么

$$2\,|\,1+b\,|=|\,1-a+b+1+a+b\,|\leqslant|\,1-a+b\,|+|\,1+a+b\,|<\frac{1}{2}+\frac{1}{2}=1$$

即 $-\dfrac{3}{2}<b<-\dfrac{1}{2}$,这与 $|\,b\,|<\dfrac{1}{2}$ 矛盾.

问题 9 设 $x,y,z\in\mathbf{R}^{*},x\neq y\neq z$,且 $x^2+y^2+z^2=3$,记 $f=$

$\min\{(x-y)^2,(y-z)^2,(z-x)^2\}$,求 $f_{\max}$.

题目解说　本题为陕西西北工业大学附中同斌老师较早前（2018－10－26 左右）给我提出的一个问题，让我一时目瞪口呆，一筹莫展，经过较长时间钻研获得如下解法，现将本题的一个解答写出来，供大家品评.

解　首先我们证明 $\dfrac{1}{(x-y)^2}+\dfrac{1}{(y-z)^2}+\dfrac{1}{(z-x)^2}\geqslant\dfrac{4}{3}$.

设 $\{x,y,z\}_{\min}=z$，则 $x>z>0,y>z>0$

$$
\frac{1}{(x-y)^2}+\frac{1}{(y-z)^2}+\frac{1}{(z-x)^2}
$$

$$
=\frac{1}{(x-y)^2}+\frac{(z-x)^2+(y-z)^2}{(y-z)^2(z-x)^2}
$$

$$
=\frac{1}{(x-y)^2}+\frac{(z-x)^2+(y-z)^2-2(x-z)(y-z)+2(x-z)(y-z)}{(y-z)^2(z-x)^2}
$$

$$
=\frac{1}{(x-y)^2}+\frac{(z-x)^2+(y-z)^2+2(z-x)(y-z)+2(x-z)(y-z)}{(y-z)^2(z-x)^2}
$$

$$
=\frac{1}{(x-y)^2}+\frac{(x-y)^2+2(x-z)(y-z)}{(y-z)^2(z-x)^2}
$$

（上面后一个分式分子中前三项配方）

$$
=\frac{1}{(x-y)^2}+\frac{(x-y)^2}{(y-z)^2(z-x)^2}+\frac{2}{(y-z)(x-z)}
$$

（对前面两个式子运用二元均值不等式得到下面式子）

$$
\geqslant\frac{2}{(y-z)(x-z)}+\frac{2}{(y-z)(x-z)}
$$

$$
=\frac{4}{(y-z)(x-z)}（舍弃变量 z 得到下面式子）
$$

$$
\geqslant\frac{4}{xy}\geqslant\frac{4}{xy+yz+zx}（注意 z 可以很小且 z>0）
$$

$$
\geqslant\frac{4}{x^2+y^2+z^2}（注意 xy+yz+zx\leqslant x^2+y^2+z^2）
$$

$$
=\frac{4}{3}
$$

即

$$
\frac{1}{(x-y)^2}+\frac{1}{(y-z)^2}+\frac{1}{(z-x)^2}\geqslant\frac{4}{3}
$$

从而 $\dfrac{1}{(x-y)^2},\dfrac{1}{(y-z)^2},\dfrac{1}{(z-x)^2}$ 三个中至少有一个不小于 $\dfrac{4}{9}$，假设 $\dfrac{1}{(x-y)^2}\geqslant$

$$\frac{4}{9} \Rightarrow (x-y)^2 \leqslant \frac{9}{4},$$ 即 $f_{\max}$ 的最大值为 $\frac{9}{4}$.

评注 解决本题比较曲折弯转,需要读者慢慢领悟.

§11 几个无理分式不等式的解决

问题 1 设 $a,b,c \in \mathbf{R}^*$,求证:$\dfrac{\sqrt{ab}}{a+b+2c} + \dfrac{\sqrt{bc}}{b+c+2a} + \dfrac{\sqrt{ca}}{c+a+2b} \leqslant \dfrac{3}{4}$.

题目解说 本题为《SSMA》2018年10月号上的问题,也是2018年塞尔维亚竞赛一题.

方法透析 在此,笔者仍遵循自己的新近作品《从分析解题过程学解题——竞赛中的几何问题研究》一书的思想,对此题目及其解答予以阐述,看看原作者在自己的题目及其解答中揭示出什么规律.

证明 由二元均值不等式知

$$\frac{\sqrt{ab}}{a+b+2c} + \frac{\sqrt{bc}}{b+c+2a} + \frac{\sqrt{ca}}{c+a+2b}$$

$$= \frac{\sqrt{ab}}{(a+c)+(b+c)} + \frac{\sqrt{bc}}{(b+a)+(c+a)} + \frac{\sqrt{ca}}{(c+b)+(a+b)}$$

$$\leqslant \frac{1}{2}\left[\frac{\sqrt{ab}}{\sqrt{(a+c)\cdot(b+c)}} + \frac{\sqrt{bc}}{\sqrt{(b+a)\cdot(c+a)}} + \frac{\sqrt{ca}}{\sqrt{(c+b)\cdot(a+b)}}\right]$$

$$= \frac{1}{2}\left[\frac{\sqrt{a}}{\sqrt{a+c}}\cdot\frac{\sqrt{b}}{\sqrt{b+c}} + \frac{\sqrt{b}}{\sqrt{b+a}}\cdot\frac{\sqrt{c}}{\sqrt{c+a}} + \frac{\sqrt{c}}{\sqrt{c+b}}\cdot\frac{\sqrt{a}}{\sqrt{a+b}}\right]$$

$$\leqslant \frac{1}{4}\left[\left(\frac{a}{a+c}+\frac{b}{b+c}\right) + \left(\frac{b}{b+a}+\frac{c}{c+a}\right) + \left(\frac{c}{c+b}+\frac{a}{a+b}\right)\right]$$

$$= \frac{3}{4}$$

到此本题获得证明.

评注 这个证明比较巧妙,巧妙之处有如下几步,第一步将 $a+b+2c$ 拆成 $(a+c)+(b+c)$,再对此式运用二元均值不等式

$$\frac{\sqrt{ab}}{a+b+2c} = \frac{\sqrt{ab}}{(a+c)+(b+c)} \leqslant \frac{1}{2}\cdot\frac{\sqrt{ab}}{\sqrt{(a+c)\cdot(b+c)}}$$

再分拆 $\dfrac{\sqrt{ab}}{\sqrt{(a+c)\cdot(b+c)}} = \dfrac{\sqrt{a}}{\sqrt{a+c}}\cdot\dfrac{\sqrt{b}}{\sqrt{b+c}}$,之后再运用二元均值不等式

得

$$\frac{\sqrt{a}}{\sqrt{a+c}} \cdot \frac{\sqrt{b}}{\sqrt{b+c}} \leqslant \frac{1}{2}\left(\frac{a}{a+c}+\frac{b}{b+c}\right)$$

注意,不能拆成 $\dfrac{\sqrt{b}}{\sqrt{a+c}} \cdot \dfrac{\sqrt{a}}{\sqrt{b+c}} \leqslant \dfrac{1}{2}\left(\dfrac{b}{a+c}+\dfrac{a}{b+c}\right)$,否则后面无法达到

目的,这就是本题证明的几个关键步骤,回顾本题一路证明的过程都是运用二元均值不等式,那么,聪明的读者可能马上联想到三元均值不等式等,会有什么凌厉的想法?也就是变量个数多一些,有什么新结论产生?聪明的读者看到这里,如果先不向下看,自己先想想会有什么结论,然后再往下看,和我们后面的结论有什么差异,长此以往坚持自己独立思考,就会不知不觉有大进步.

引申 1 设 $a,b,c,d \in \mathbf{R}^*$,求证

$$\frac{\sqrt[3]{abc}}{a+b+c+3d}+\frac{\sqrt[3]{bcd}}{b+c+d+3a}++\frac{\sqrt[3]{cda}}{c+d+a+3b}+\frac{\sqrt[3]{dab}}{d+a+b+3c} \leqslant \frac{2}{3}$$

题目解说 本题是上题三个变量到四个变量的跨越.

方法透析 在此,笔者仍遵循自己的新近著作《从分析解题过程学解题:竞赛中的几何问题研究》一书的思想,对此题目及其解答予以阐述,上题证明主要运用了二元均值不等式,所以解决本题就应该联想到三元均值不等式,于是新问题的解决方法就这样产生了.

证明 由三元均值不等式知

$$\frac{\sqrt[3]{abc}}{a+b+c+3d}+\frac{\sqrt[3]{bcd}}{b+c+d+3a}+\frac{\sqrt[3]{cda}}{c+d+a+3b}+\frac{\sqrt[3]{dab}}{d+a+b+3c}$$

$$=\frac{\sqrt[3]{abc}}{(a+d)+(b+d)+(c+d)}+\frac{\sqrt[3]{bcd}}{(b+a)+(c+a)+(d+a)}+$$

$$\frac{\sqrt[3]{cda}}{(c+b)+(d+b)+(a+b)}+\frac{\sqrt[3]{dab}}{(d+c)+(a+c)+(b+c)}$$

$$\leqslant \frac{1}{3}\left[\frac{\sqrt[3]{abc}}{\sqrt[3]{(a+d)(b+d)(c+d)}}+\frac{\sqrt[3]{bcd}}{\sqrt[3]{(b+a)(c+a)(d+a)}}+\right.$$

$$\left.\frac{\sqrt[3]{cda}}{\sqrt[3]{(c+b)(d+b)(a+b)}}+\frac{\sqrt[3]{dab}}{\sqrt[3]{(d+c)(a+c)(b+c)}}\right]$$

$$=\frac{1}{3}\left[\left(\frac{\sqrt[3]{a}}{\sqrt[3]{a+d}} \cdot \frac{\sqrt[3]{b}}{\sqrt[3]{b+d}} \cdot \frac{\sqrt[3]{c}}{\sqrt[3]{c+d}}\right)+\left(\frac{\sqrt[3]{b}}{\sqrt[3]{b+a}} \cdot \frac{\sqrt[3]{c}}{\sqrt[3]{c+a}} \cdot \frac{\sqrt[3]{d}}{\sqrt[3]{d+a}}\right)+\right.$$

$$\left.\left(\frac{\sqrt[3]{c}}{\sqrt[3]{c+b}} \cdot \frac{\sqrt[3]{d}}{\sqrt[3]{d+b}} \cdot \frac{\sqrt[3]{a}}{\sqrt[3]{a+b}}\right)+\left(\frac{\sqrt[3]{d}}{\sqrt[3]{d+c}} \cdot \frac{\sqrt[3]{a}}{\sqrt[3]{a+c}} \cdot \frac{\sqrt[3]{b}}{\sqrt[3]{b+c}}\right)\right]$$

$$\leqslant \frac{1}{9}\left[\left(\frac{a}{a+d}+\frac{b}{b+d}+\frac{c}{c+d}\right)+\left(\frac{b}{b+a}+\frac{c}{c+a}+\frac{d}{d+a}\right)+\right.$$

$$\left.\left(\frac{c}{c+b}+\frac{d}{d+b}+\frac{a}{a+b}\right)+\left(\frac{d}{d+c}+\frac{a}{a+c}+\frac{b}{b+c}\right)\right]$$

$$=\frac{2}{3}$$

即原不等式获得证明.

评注 看看本题的证明过程与上题的证明过程是多么的相似啊. 另外, 看完本题的证明, 尊贵的读者还有什么想法吗? 您能将本题推广到更多个变量的情况吗? 答案很显然, 留给读者练习吧!

引申 2 对于 $x,y,z>0$, $x+y+z=1$, 求证

$$\sqrt{\frac{yz}{x+yz}}+\sqrt{\frac{zx}{y+zx}}+\sqrt{\frac{xy}{z+xy}}\leqslant \frac{3}{2}$$

题目解说 本题为 2005 年法国队考试题之一, 2006 年中国国家队考试题之一.

证明 由于

$$\sqrt{\frac{yz}{x+yz}}+\sqrt{\frac{zx}{y+zx}}+\sqrt{\frac{xy}{z+xy}}$$

$$=\sqrt{\frac{yz}{x(x+y+z)+yz}}+\sqrt{\frac{zx}{y(x+y+z)+zx}}+\sqrt{\frac{xy}{z(x+y+z)+xy}}$$

$$=\sqrt{\frac{yz}{(x+y)(x+z)}}+\sqrt{\frac{zx}{(y+z)(y+x)}}+\sqrt{\frac{xy}{(z+x)(z+y)}}$$

$$=\sqrt{\frac{y}{x+y}}\cdot\sqrt{\frac{z}{x+z}}+\sqrt{\frac{z}{y+z}}\cdot\sqrt{\frac{x}{y+x}}+\sqrt{\frac{x}{z+x}}\cdot\sqrt{\frac{y}{z+y}}$$

$$\leqslant \frac{1}{2}\left[\left(\frac{y}{x+y}+\frac{z}{x+z}\right)+\left(\frac{z}{y+z}+\frac{x}{y+x}\right)+\left(\frac{x}{z+x}+\frac{y}{z+y}\right)\right]$$

$$=\frac{3}{2}$$

评注 本题证明的主要技巧首先是将分母与分子齐次化(即化为指数相等), 再对分母进行分解因式, 最后一个技巧是将分拆 $\sqrt{\frac{yz}{(x+y)(x+z)}}=\sqrt{\frac{y}{x+y}}\cdot\sqrt{\frac{z}{x+z}}$, 不能搭配错了, 之后便是运用二元均值不等式, 便可达到目的.

运用这个技巧和方法不难将本题的变量个数从三个推广到更多个变量的情形.

从分析解题过程学解题——
竞赛中的向量几何与不等式研究

下面我们给出四个变量的结论.

引申 3 设 $a,b,c,d \in \mathbf{R}^*, a+b+c+d=1$,求证

$$\sqrt[3]{\frac{bcd}{a^2+abc+bcd+cda+dab}} + \sqrt[3]{\frac{cda}{b^2+dab+abc+bcd+cda}} +$$

$$\sqrt[3]{\frac{dab}{c^2+cda+dab+abc+bcd}} + \sqrt[3]{\frac{abc}{d^2+abc+bcd+cda+dab}} \leqslant 2$$

题目解说 本题为一个新题(2018 年 10 月 3 日).

渊源探索 本题为上面引申 2 的变量多方面推广.

方法透析 仔细分析上题的解题过程,即学会从分析解题过程学解题.

证明 由条件以及三元均值不等式,得

$$\sqrt[3]{\frac{bcd}{a^2+abc+bcd+cda+dab}}$$

$$=\sqrt[3]{\frac{bcd}{a^2+a(bc+bd+cd)+bcd}}$$

$$=\sqrt[3]{\frac{bcd}{a[a+(bc+bd+cd)]+bcd}}$$

$$=\sqrt[3]{\frac{bcd}{a[a(a+b+c+d)+(bc+bd+cd)]+bcd}}$$

$$=\sqrt[3]{\frac{bcd}{a^3+a^2(b+c+d)+a(bc+bd+cd)+bcd}}$$

$$=\sqrt[3]{\frac{bcd}{(a+b)(a+c)(a+d)}}$$

$$=\sqrt[3]{\frac{b}{a+b}} \cdot \sqrt[3]{\frac{c}{a+c}} \cdot \sqrt[3]{\frac{d}{a+d}}$$

$$\leqslant \frac{1}{3}\left(\frac{b}{a+b}+\frac{c}{a+c}+\frac{d}{a+d}\right)$$

同理可得

$$\sqrt[3]{\frac{cda}{b^2+b(cd+da+ca)+cda}} \leqslant \frac{1}{3}\left(\frac{c}{b+c}+\frac{d}{b+d}+\frac{a}{b+a}\right)$$

$$\sqrt[3]{\frac{dab}{c^2+c(bd+da+ab)+dab}} \leqslant \frac{1}{3}\left(\frac{d}{c+d}+\frac{a}{c+a}+\frac{b}{c+b}\right)$$

$$\sqrt[3]{\frac{abc}{d^2+d(ab+bc+ca)+abc}} \leqslant \frac{1}{3}\left(\frac{a}{d+a}+\frac{b}{d+b}+\frac{c}{d+c}\right)$$

上面四个式子相加得

$$\sqrt[3]{\frac{bcd}{a^2+a(bc+bd+cd)+bcd}}+\sqrt[3]{\frac{cda}{b^2+b(cd+da+ca)+cda}}+$$

$$\sqrt[3]{\frac{dab}{c^2+c(bd+da+ab)+dab}}+\sqrt[3]{\frac{abc}{d^2+d(ab+bc+ca)+abc}}\leqslant 2$$

评注 本题的解答基本上是沿用上题的证明过程,有人可能会问,这个题目怎么来的?仔细回味上题的证明过程,从后面向前反推回去就会发现本题的编拟过程,于是将此技巧运用到三元均值不等式,便得本题及其证明,这就是从分析解题过程学解题.本题在奥数微信群里发表后一小时左右,就被不等式研究高手隋振林老师解决,他的方法与上面方法完全相同.

引申 4 设 $a,b,c\in \mathbf{R}^*$,$a+b+c=1$,求证

$$\frac{a}{\sqrt{(a+b)(a+c)}}+\frac{b}{\sqrt{(b+c)(b+a)}}+\frac{c}{\sqrt{(c+a)(c+b)}}\leqslant \frac{3}{2}$$

题目解说 本题为 2001 年德国国家队试题.

证明 1

$$\frac{a}{\sqrt{(a+b)(a+c)}}=\frac{\sqrt{a}}{\sqrt{a+b}}\cdot\frac{\sqrt{a}}{\sqrt{a+c}}\leqslant\frac{1}{2}\left(\frac{a}{a+b}+\frac{a}{a+c}\right)$$

$$\frac{b}{\sqrt{(b+c)(b+a)}}=\frac{\sqrt{b}}{\sqrt{b+c}}\cdot\frac{\sqrt{b}}{\sqrt{b+a}}\leqslant\frac{1}{2}\left(\frac{b}{b+c}+\frac{b}{b+a}\right)$$

$$\frac{c}{\sqrt{(c+a)(c+b)}}=\frac{\sqrt{c}}{\sqrt{c+a}}\cdot\frac{\sqrt{c}}{\sqrt{c+b}}\leqslant\frac{1}{2}\left(\frac{c}{c+a}+\frac{c}{c+b}\right)$$

$$\frac{a}{\sqrt{(a+b)(a+c)}}+\frac{b}{\sqrt{(b+c)(b+a)}}+\frac{c}{\sqrt{(c+a)(c+b)}}$$

$$\leqslant\frac{1}{2}\left(\frac{a}{a+b}+\frac{a}{a+c}\right)+\frac{1}{2}\left(\frac{b}{b+c}+\frac{b}{b+a}\right)+\frac{1}{2}\left(\frac{c}{c+a}+\frac{c}{c+b}\right)$$

$$=\frac{3}{2}$$

证明 2 熟知

$$\frac{a}{a+bc}+\frac{b}{b+ca}+\frac{c}{c+ab}\leqslant \frac{9}{4} \tag{1}$$

故

$$\frac{a}{\sqrt{a+bc}}+\frac{b}{\sqrt{b+ca}}+\frac{c}{\sqrt{c+ab}}$$

$$=\sqrt{a}\cdot\frac{\sqrt{a}}{\sqrt{a+bc}}+\sqrt{b}\,\frac{\sqrt{b}}{\sqrt{b+ca}}+\sqrt{c}\,\frac{c}{\sqrt{c+ab}}$$

从分析解题过程学解题——
竞赛中的向量几何与不等式研究

$$\leqslant \sqrt{(a+b+c)\left(\frac{a}{a+bc}+\frac{b}{b+ca}+\frac{c}{c+ab}\right)} \leqslant \frac{3}{2}$$

即结论获得证明.

附(1)的证明.

事实上,由条件知

$$\frac{a}{a+bc}+\frac{b}{b+ca}+\frac{c}{c+ab} \leqslant \frac{9}{4}$$

$$\Leftrightarrow \frac{a}{a(a+b+c)+bc}+\frac{b}{b(a+b+c)+ca}+\frac{c}{c(a+b+c)+ab} \leqslant \frac{9}{4}$$

$$\Leftrightarrow \frac{a}{(a+b)(a+c)}+\frac{b}{(b+c)(b+a)}+\frac{c}{(c+a)(c+b)} \leqslant \frac{9}{4}$$

$$\Leftrightarrow \frac{a}{(1-c)(1-b)}+\frac{b}{(1-a)(1-c)}+\frac{c}{(1-a)(1-b)} \leqslant \frac{9}{4}$$

$$\Leftrightarrow 4[a(1-a)+b(1-b)+c(1-c)] \leqslant 9(1-a)(1-b)(1-c)$$

$$\Leftrightarrow 9abc \leqslant ab+bc+ca$$

$$\Leftrightarrow \frac{1}{a}+\frac{1}{b}+\frac{1}{c} \geqslant 9$$

最后一个不等式是显然的.

问题 2　设 $a,b,c \in \mathbf{R}^*, a+b+c=3$,求证

$$\sqrt{\frac{b}{a^2+3}}+\sqrt{\frac{c}{b^2+3}}+\sqrt{\frac{a}{c^2+3}} \leqslant \frac{3}{2} \cdot \frac{1}{\sqrt[4]{abc}}$$

题目解说　本题为 2016 年地中海地区竞赛一题.

证明　考虑到条件以及二元和四元均值不等式便得

$$\sqrt{\frac{b}{a^2+3}}+\sqrt{\frac{c}{b^2+3}}+\sqrt{\frac{a}{c^2+3}}$$

$$\leqslant \sqrt{\frac{b}{4\sqrt{a}}}+\sqrt{\frac{c}{4\sqrt{b}}}+\sqrt{\frac{a}{4\sqrt{c}}}$$

$$=\frac{1}{2}\left[\sqrt[4]{\frac{b^2}{a}}+\sqrt[4]{\frac{c^2}{b}}+\sqrt[4]{\frac{a^2}{c}}\right]$$

$$=\frac{1}{2}\left[\frac{\sqrt[4]{b^3c}+\sqrt[4]{c^3a}+\sqrt[4]{a^3b}}{\sqrt[4]{abc}}\right]$$

$$\leqslant \frac{1}{2}\left[\frac{\frac{1}{4}(3b+c)+\frac{1}{4}(3c+a)+\frac{1}{4}(3a+b)}{\sqrt[4]{abc}}\right]$$

$$=\frac{3}{2} \cdot \frac{1}{\sqrt[4]{abc}}$$

从而结论获得证明.

评注 本题证明从不等式左端进行思考(左端复杂,右端简单,故从左向右化简),先对每一个分式的分母施行二元均值不等式,然后通分,再对分子施行四元均值不等式,这是处理轮换对称式子的常用方法.

站在此题及其证明的基础上再向前一步,即变量个数增加了,会怎么样?

问题 3 设 $x,y,z \in \mathbf{R}^*$,求证

$$\sqrt{\frac{x(x+y)}{x^2-xy+y^2}}+\sqrt{\frac{y(y+z)}{y^2-yz+z^2}}+\sqrt{\frac{z(z+x)}{z^2-zx+x^2}} \leqslant 3\sqrt{2}$$

题目解说 本题为西班牙数学杂志 *La Gaceta* 的 277 问题.

为了解决本题,需要一个引理.

引理 设 $x,y,z \in \mathbf{R}^*$,求证:$\sqrt{\dfrac{2x}{x+y}}+\sqrt{\dfrac{2y}{y+z}}+\sqrt{\dfrac{2z}{z+x}} \leqslant 3$.

证明 $\sqrt{\dfrac{2x}{x+y}}+\sqrt{\dfrac{2y}{y+z}}+\sqrt{\dfrac{2z}{z+x}}$

$$=\sqrt{\frac{2x(x+z)(x+y+z)}{(x+y)(x+z)(x+y+z)}}+$$

$$\sqrt{\frac{2y(y+x)(x+y+z)}{(y+z)(y+x)(x+y+z)}}+$$

$$\sqrt{\frac{2z(z+y)(x+y+z)}{(z+x)(z+y)(x+y+z)}}$$

$$\leqslant \left[\frac{3(x+z)}{4(x+y+z)}+\frac{2x(x+y+z)}{3(x+y)(x+z)}\right]+$$

$$\left[\frac{3(y+x)}{4(x+y+z)}+\frac{2y(x+y+z)}{3(y+x)(z+y)}\right]+$$

$$\left[\frac{3(z+y)}{4(x+y+z)}+\frac{2z(x+y+z)}{3(z+x)(z+y)}\right]$$

$$=\frac{3}{2}+\frac{4(x+y+z)(xy+yz+zx)}{3(x+y)(z+x)(z+y)}$$

$$=\frac{3}{2}+\frac{4[z(x^2+y^2)+y(z^2+x^2)+x(z^2+y^2)+3xyz]}{3[z(x^2+y^2)+y(z^2+x^2)+x(z^2+y^2)+2xyz]}$$

$$=\frac{3}{2}+\frac{4}{3}\cdot\left[1+\frac{xyz}{[z(x^2+y^2)+y(z^2+x^2)+x(z^2+y^2)+2xyz]}\right]$$

$$\leqslant \frac{3}{2}+\frac{4}{3}\cdot\left(1+\frac{xyz}{6xyz+2xyz}\right)=3$$

从而引理获得证明.

从分析解题过程学解题——
竞赛中的向量几何与不等式研究

本题的一个等价形式：令 $a=\dfrac{y}{x},b=\dfrac{z}{y},c=\dfrac{x}{z}\Rightarrow abc=1$，则原题结论变为

$$\frac{1}{\sqrt{1+a}}+\frac{1}{\sqrt{1+b}}+\frac{1}{\sqrt{1+c}}\leqslant\frac{3}{2}\sqrt{2}$$

这是一个很有意义的结论.

现在回到原题：考虑到条件以及不等式 $a^2-ab+b^2\geqslant\dfrac{1}{4}(a+b)^2$ 便得

$$\sqrt{\frac{x(x+y)}{x^2-xy+y^2}}+\sqrt{\frac{y(y+z)}{y^2-yz+z^2}}+\sqrt{\frac{z(z+x)}{z^2-zx+x^2}}$$

$$\leqslant\sqrt{\frac{x(x+y)}{\frac{1}{4}(x+y)^2}}+\sqrt{\frac{y(y+z)}{\frac{1}{4}(y+z)^2}}+\sqrt{\frac{z(z+x)}{\frac{1}{4}(z+x)^2}}$$

$$=2\left(\sqrt{\frac{x}{x+y}}+\sqrt{\frac{y}{y+z}}+\sqrt{\frac{z}{z+x}}\right)$$

$$=\sqrt{2}\left(\sqrt{\frac{2x}{x+y}}+\sqrt{\frac{2y}{y+z}}+\sqrt{\frac{2z}{z+x}}\right)$$

$$\leqslant3\sqrt{2}$$

到此结论获得证明.

评注　本题证明从不等式左端进行思考（左端复杂，右端简单，故从左向右化简），先对每一个分式的分母施行不等式 $a^2-ab+b^2\geqslant\dfrac{1}{4}(a+b)^2$，然后再运用一个不是很熟悉的不等式 $\sqrt{\dfrac{2x}{x+y}}+\sqrt{\dfrac{2y}{y+z}}+\sqrt{\dfrac{2z}{z+x}}\leqslant3$，达到解决问题的目的，其中后一个不等式有些难度，需要大家掌握.

如果看完上面题目的解答，你还想到熟知的不等式 $a^2+ab+b^2\geqslant\dfrac{3}{4}(a+b)^2$，且误将原题的分母写成加号，那么，该结论还成立吗？

引申　设 $x,y,z\in\mathbf{R}^*$，求证

$$\sqrt{\frac{x(x+y)}{x^2+xy+y^2}}+\sqrt{\frac{y(y+z)}{y^2+yz+z^2}}+\sqrt{\frac{z(z+x)}{z^2+zx+x^2}}\leqslant\sqrt{6}$$

题目解说　本题为一新题.

渊源探索　本题为上面一题的对偶形式.

方法透析　纵观上题的证明方法可以看出，上述证明方法完全适合于将变量个数从三个推广到更多个.

证明　考虑到条件以及熟知的不等式 $a^2+ab+b^2\geqslant\dfrac{3}{4}(a+b)^2$ 便得

$$\sqrt{\frac{x(x+y)}{x^2+xy+y^2}}+\sqrt{\frac{y(y+z)}{y^2+yz+z^2}}+\sqrt{\frac{z(z+x)}{z^2+zx+x^2}}$$

$$\leqslant\sqrt{\frac{x(x+y)}{\frac{3}{4}(x+y)^2}}+\sqrt{\frac{y(y+z)}{\frac{3}{4}(y+z)^2}}+\sqrt{\frac{z(z+x)}{\frac{3}{4}(z+x)^2}}$$

$$=\frac{2}{\sqrt{3}}\left(\sqrt{\frac{x}{x+y}}+\sqrt{\frac{y}{y+z}}+\sqrt{\frac{z}{z+x}}\right)$$

$$=\frac{\sqrt{2}}{\sqrt{3}}\left(\sqrt{\frac{2x}{x+y}}+\sqrt{\frac{2y}{y+z}}+\sqrt{\frac{2z}{z+x}}\right)$$

$$\leqslant\sqrt{6}$$

从而结论获得证明.

评注 上面一题是从结论的对偶式联想产生的,证明延续了上题的证明过程,可见做会一题的意义.

问题 4 设 $x,y\in[0,1]$,求证: $\dfrac{x}{\sqrt{2y^2+3}}+\dfrac{y}{\sqrt{2x^2+3}}\leqslant\dfrac{2}{\sqrt{5}}$.

题目解说 这是近期(2018 年 11 月 9 日),奥数微信群里讨论的一个二元不等式问题,格外引人瞩目,开始我们给出了两个证明,后来发现,本题不仅在两个变量时结论成立,而且还可以推广到更多个变量,而且动手可以轻而易举的获得解决,觉得挺有意思,现在我们写出来,与读者交流,不妥之处,请大家批评指正!

特别声明,本节均来自于山东隋振林老师的动手证明.

证明 1 由二元均值不等式以及题设条件知

$$\frac{x}{\sqrt{2y^2+3}}+\frac{y}{\sqrt{2x^2+3}}$$

$$=\frac{1}{\sqrt{5}}\left(\sqrt{\frac{5x^2}{2x^2+3}\cdot\frac{2x^2+3}{2y^2+3}}+\sqrt{\frac{5y^2}{2y^2+3}\cdot\frac{2y^2+3}{2x^2+3}}\right)$$

$$\leqslant\frac{1}{2\sqrt{5}}\left[\frac{5x^2}{2x^2+3}+\frac{2x^2+3}{2y^2+3}+\frac{5y^2}{2y^2+3}+\frac{2y^2+3}{2x^2+3}\right]$$

$$=\frac{1}{2\sqrt{5}}\left[\left(\frac{5x^2}{2x^2+3}+\frac{2y^2+3}{2x^2+3}\right)+\left(\frac{2x^2+3}{2y^2+3}+\frac{5y^2}{2y^2+3}\right)\right]$$

$$=\frac{1}{2\sqrt{5}}\left(\frac{5x^2+2y^2+3}{2x^2+3}+\frac{2x^2+5y^2+3}{2y^2+3}\right)$$

$$=\frac{1}{2\sqrt{5}}\left[\frac{(x^2-1)+2(y^2-1)+2(x^2+3)}{2x^2+3}+\right.$$

$$\frac{(y^2-1)+2(x^2-1)+2(2y^2+3)}{2x^2+3}\Bigg]$$

$$=\frac{1}{2\sqrt{5}}\left[4+\frac{(x^2-1)+2(y^2-1)}{2x^2+3}+\frac{(y^2-1)+2(x^2-1)}{2x^2+3}\right]$$

$$\leqslant\frac{1}{2\sqrt{5}}(4+0+0)$$

$$=\frac{2}{\sqrt{5}}$$

到此结论获得证明.

评注 这个巧妙的证明技巧在于如下重要的变形

$$\frac{x}{\sqrt{2y^2+3}}+\frac{y}{\sqrt{2x^2+3}}=\frac{1}{\sqrt{5}}\left(\sqrt{\frac{5x^2}{2x^2+3}\cdot\frac{2x^2+3}{2y^2+3}}+\sqrt{\frac{5y^2}{2y^2+3}\cdot\frac{2y^2+3}{2x^2+3}}\right)$$

然后运用二元均值不等式,将一个式子中的两个变量拆开,为构造同一个函数变式求和打下基础. 其中一个最重要的变形就是 $\dfrac{x}{\sqrt{2y^2+3}}=\dfrac{1}{\sqrt{5}}\sqrt{\dfrac{5x^2}{2x^2+3}\cdot\dfrac{2x^2+3}{2y^2+3}}$,为什么要对第一个分式的分子乘以 5?乘了 5 之后,分子与分母在变量 $x=1$ 时的值均为 5,即分式之值是 1,与后面的 $\dfrac{2x^2+3}{2y^2+3}$ 在变量 $x=y=1$ 时取值相同,为成功运用二元均值不等式(二者相等,都为 1)奠定基础,这就是 5 的由来.

证明 2 运用柯西不等式得到

$$\frac{x}{\sqrt{2y^2+3}}+\frac{y}{\sqrt{2x^2+3}}$$

$$=\frac{1}{\sqrt{5}}\left(\sqrt{\frac{5x^2}{2x^2+3}}\cdot\sqrt{\frac{2x^2+3}{2y^2+3}}+\sqrt{\frac{5y^2}{2y^2+3}}\cdot\sqrt{\frac{2y^2+3}{2x^2+3}}\right)$$

$$\leqslant\frac{1}{\sqrt{5}}\sqrt{\left(\frac{5x^2}{2x^2+3}+\frac{2y^2+3}{2x^2+3}\right)\left(\frac{5y^2}{2y^2+3}+\frac{2x^2+3}{2y^2+3}\right)}$$

$$=\frac{1}{\sqrt{5}}\sqrt{\frac{5x^2+2y^2+3}{2x^2+3}\cdot\frac{2x^2+5y^2+3}{2y^2+3}}$$

$$=\frac{1}{2\sqrt{5}}\sqrt{\frac{(x^2-1)+2(y^2-1)+2(x^2+3)}{2x^2+3}\cdot\frac{(y^2-1)+2(x^2-1)+2(2y^2+3)}{2y^2+3}}$$

$$=\frac{1}{\sqrt{5}}\sqrt{\left[2+\frac{(x^2-1)+2(y^2-1)}{2x^2+3}\right]\cdot\left[2+\frac{(y^2-1)+2(x^2-1)}{2y^2+3}\right]}$$

$$\leqslant \frac{1}{\sqrt{5}}\sqrt{(2+0)\cdot(2+0)}$$

$$=\frac{2}{\sqrt{5}}$$

到此结论获得证明.

评注 这个证明与证明 1 殊途同归,方法都是将同一个量的分母放到一起,再设法利用已知条件,只不过分离的方法不同,前面是运用二元均值不等式,后者是运用柯西不等式.

如果关心系数与变量个数两方面的话,就会进一步思考,上述题目中变量的系数是否很特殊,更改为其他数据还行吗?

引申 1 设 $x,y\in[0,1]$, $0<p\leqslant q$,求证

$$\frac{x}{\sqrt{py^2+q}}+\frac{y}{\sqrt{px^2+q}}\leqslant\frac{2}{\sqrt{p+q}}$$

题目解说 本题为一个新题.

渊源探索 本题为上题的系数方面的思考结果.

方法透析 沿用上题的解决方法与技巧,看看是否可行.

证明 由二元均值不等式以及题设条件,有

$$\frac{x}{\sqrt{py^2+q}}+\frac{y}{\sqrt{px^2+q}}$$

$$=\frac{1}{\sqrt{p+q}}\left[\sqrt{\frac{(p+q)x^2}{px^2+q}\cdot\frac{px^2+q}{py^2+q}}+\sqrt{\frac{(p+q)y^2}{py^2+q}\cdot\frac{py^2+q}{px^2+q}}\right]$$

$$\leqslant\frac{1}{2\sqrt{p+q}}\left[\frac{(p+q)x^2}{px^2+q}+\frac{px^2+q}{py^2+q}+\frac{(p+q)y^2}{py^2+pq}+\frac{py^2+q}{px^2+q}\right]$$

$$=\frac{1}{2\sqrt{p+q}}\left[\frac{(p+q)x^2+py^2+q}{px^2+q}+\frac{px^2+(p+q)y^2+q}{py^2+q}\right]$$

$$=\frac{1}{2\sqrt{p+q}}\left[4+\frac{(q-p)(x^2-1)+p(y^2-1)}{px^2+q}+\frac{p(x^2-1)+(q-p)(y^2-1)}{py^2+q}\right]$$

$$\leqslant\frac{1}{2\sqrt{p+q}}(4+0+0)=\frac{2}{\sqrt{p+q}}$$

到此结论获得证明.

评注 当我们解决了系数可以为一般的正数时,接着考虑变量个数的问题,对于多个变量,有什么类似的结论吗?

下面,我们先给出三个变量时的情形.

引申 2 设 $x,y,z\in[0,1]$, $0<p\leqslant q$,求证

$$\frac{x}{\sqrt{py^2+q}}+\frac{y}{\sqrt{pz^2+q}}+\frac{z}{\sqrt{px^2+q}}\leqslant\frac{3}{\sqrt{p+q}}$$

证明　由二元均值不等式以及题设条件,有

$$\frac{x}{\sqrt{py^2+q}}+\frac{y}{\sqrt{pz^2+q}}+\frac{z}{\sqrt{px^2+q}}$$

$$=\frac{1}{\sqrt{p+q}}\left[\sqrt{\frac{(p+q)x^2}{px^2+q}\cdot\frac{px^2+q}{py^2+q}}+\right.$$

$$\left.\sqrt{\frac{(p+q)y^2}{py^2+q}\cdot\frac{py^2+q}{pz^2+q}}+\sqrt{\frac{(p+q)z^2}{pz^2+q}\cdot\frac{pz^2+q}{px^2+q}}\right]$$

$$\leqslant\frac{1}{2\sqrt{p+q}}\left[\frac{(p+q)x^2}{px^2+q}+\frac{px^2+q}{py^2+q}+\right.$$

$$\left.\frac{(p+q)y^2}{py^2+q}+\frac{py^2+q}{pz^2+q}+\frac{(p+q)z^2}{pz^2+q}+\frac{pz^2+q}{px^2+q}\right]$$

$$=\frac{1}{2\sqrt{p+q}}\left[\frac{(p+q)x^2+pz^2+q}{px^2+q}+\frac{px^2+(p+q)y^2+q}{py^2+q}+\frac{(p+q)z^2+py^2+q}{pz^2+q}\right]$$

$$=\frac{1}{2\sqrt{p+q}}\left[6+\frac{(q-p)(x^2-1)+p(z^2-1)}{px^2+q}+\right.$$

$$\left.\frac{p(x^2-1)+(q-p)(y^2-1)}{py^2+q}+\frac{p(y^2-1)+(q-p)(z^2-1)}{pz^2+q}\right]$$

$$\leqslant\frac{1}{2\sqrt{p+q}}(6+0+0+0)=\frac{3}{\sqrt{p+q}}$$

到此结论获得证明.

评注　这个证明与上面题目 2 的证明基本一致,只是叙述略有不同.
同样的方法和步骤,可以轻易地将变量个数推广到一般.

引申 3　设 $a_1,a_2,\cdots,a_n\in[0,1](n\geqslant2),0<p\leqslant q$,求证:$\sum\frac{a_1}{\sqrt{pa_2^2+q}}\leqslant$

$\frac{n}{\sqrt{p+q}}$.

证明　方法与上面的情况一致,略.

问题 5　设 $a,b\in\mathbf{R}^*$,求证:$\sqrt{\frac{a}{a+3b}}+\sqrt{\frac{b}{b+3a}}\geqslant1$.

题目解说　本题为《数学通报》2003(5) 安振平提出的问题 1435.

方法透析　作者给出了一个证明,比较麻烦,现在给出一个简洁证明,方法是从脱去根号思考 —— 两个根号乘积即去掉平方根,于是想到赫尔德不等式.

证明　这是隋振林老师的一个证明（2019 年 1 月 18 日）.

运用赫尔德不等式得

$$\left(\sqrt{\frac{a}{a+3b}}+\sqrt{\frac{b}{b+3a}}\right)^2\left[a^2(a+3b)+b^2(b+3a)\right]$$

$$\geqslant (a+b)^3$$

$$\Rightarrow \left(\sqrt{\frac{a}{a+3b}}+\sqrt{\frac{b}{b+3a}}\right)^2$$

$$\geqslant \frac{(a+b)^3}{a^2(a+3b)+b^2(b+3a)}=1$$

即本题获得证明.

评注　这个证明比较好地反映了本题的成因——换句话说,这个证明方法就是构造了本题的诞生过程.

引申 1　设 $a,b\in\mathbf{R}^*$,求证:$\sqrt{\dfrac{a+3b}{a}}+\sqrt{\dfrac{b+3a}{b}}\geqslant 4$.

题目解说　本题应该为一个新题.

渊源探索　本题为问题 5 的演变——将分子与分母调换一下,有什么结论成立.

方法透析　仍然运用赫尔德不等式.

证明　运用赫尔德不等式得

$$\left(\sqrt{\frac{a+3b}{a}}+\sqrt{\frac{b+3a}{b}}\right)^2\left[a(a+3b)^2+b(b+3a)^2\right]$$

$$\geqslant (a+3b+b+3a)^3=4^3(a+b)^3$$

故

$$\left(\sqrt{\frac{a+3b}{a}}+\sqrt{\frac{b+3a}{b}}\right)^2\geqslant \frac{4^3\,(a+b)^3}{a\,(a+3b)^2+b\,(b+3a)^2}$$

$$=\frac{4^3\,(a+b)^3}{a^3+b^3+15a^2b+15ab^2}$$

$$=\frac{4^3\,(a+b)^3}{(a+b)^3+12ab(a+b)}$$

$$\geqslant \frac{4^3\,(a+b)^3}{(a+b)^3+3\,(a+b)^3}=4^2$$

$$\Rightarrow \sqrt{\frac{a+3b}{a}}+\sqrt{\frac{b+3a}{b}}\geqslant 4$$

即本题获得证明.

评注　本题的证明过程实际上是问题1的证明过程的照搬,当然也运用了熟知的不等式：$4ab(a+b) \leqslant (a+b)^3$，这就是从分析解题过程学解题，学习提出问题.

同样的方法可证明下面几题.

引申 2　设 $a,b \in \mathbf{R}^*$，$\lambda \geqslant 3$，求证：$\sqrt{\dfrac{a}{a+\lambda b}} + \sqrt{\dfrac{b}{b+\lambda a}} \geqslant \dfrac{2}{\sqrt{\lambda+1}}$.

引申 3　设 $a,b \in \mathbf{R}^*$，$\lambda \geqslant 3$，求证：$\sqrt{\dfrac{a+\lambda b}{a}} + \sqrt{\dfrac{b+\lambda a}{b}} \geqslant 2\sqrt{\lambda+1}$.

引申 4　设 $a,b,c \in \mathbf{R}^*$，求证

$$\sqrt{\frac{a+3b+3c}{a}} + \sqrt{\frac{3a+b+3c}{b}} + \sqrt{\frac{3a+3b+c}{c}} \geqslant 3\sqrt{7} \tag{1}$$

题目解说　本题应该为一个新题.

渊源探索　本题为问题 2 的演变 —— 从两个变量到三个变量的延伸思考.

方法透析　仍然运用赫尔德不等式.

证明　运用赫尔德不等式得

$$\left(\sqrt{\frac{a+3b+3c}{a}} + \sqrt{\frac{3a+b+3c}{b}} + \sqrt{\frac{3a+3b+c}{c}} \right)^2 \left[\sum a\,(a+3b+3c)^2 \right]$$

$$\geqslant \left[\sum (a+3b+3c) \right]^3$$

$$= 7^3 (a+b+c)^3$$

$$\Rightarrow \left(\sqrt{\frac{a+3b+3c}{a}} + \sqrt{\frac{3a+b+3c}{b}} + \sqrt{\frac{3a+3b+c}{c}} \right)^2$$

$$\geqslant \frac{7^3 (a+b+c)^3}{\sum a\,(a+3b+3c)^2}$$

$$\geqslant \frac{7^3 \left[\sum a^3 + 3 \sum a^2(b+c) + 6abc \right]}{\sum a^3 + 15 \sum a^2(b+c) + 54abc}$$

于是只要证明

$$\frac{7^3 \left[\sum a^3 + 3 \sum a^2(b+c) + 6abc \right]}{\sum a^3 + 15 \sum a^2(b+c) + 54abc} \geqslant 7 \times 9$$

$$\Leftrightarrow 70 \sum a^3 + 21 \sum a^2(b+c) \geqslant 336abc \tag{1}$$

但是

$$70 \sum a^3 \geqslant 210abc, \quad 21 \sum a^2(b+c) \geqslant 126abc$$

这两个式子相加即得 (1)，从而原不等式获得证明.

评注　本题的证明过程稍微有点烦琐,不仅运用了赫尔德不等式,而且最后还运用了二元,三元均值不等式使得问题获得解决.

同理可以证明下题:

引申 5　设 $a,b,c \in \mathbf{R}^*, \lambda \geqslant 3$,求证

$$\sqrt{\frac{a+\lambda b+\lambda c}{a}} + \sqrt{\frac{\lambda a+b+\lambda c}{b}} + \sqrt{\frac{\lambda a+\lambda b+c}{c}} \geqslant 3\sqrt{2\lambda+1}$$

到此,可能有人会问,将引申 4 的分子与分母调换位置,结论是什么样子,还成立吗? 经过探索,觉得结果应该是

$$\sqrt{\frac{a}{a+3b+3c}} + \sqrt{\frac{b}{3a+b+3c}} + \sqrt{\frac{c}{3a+3b+c}} \geqslant \frac{3}{\sqrt{7}}$$

如果也运用赫尔德不等式去努力,结果发现刚好反了! 即这个不等式不成立.

引申 6　设 $a,b,c \in \mathbf{R}^*$,求证

$$\frac{a}{\sqrt{3a+b}} + \frac{b}{\sqrt{3b+c}} + \frac{c}{\sqrt{3c+a}} \leqslant \frac{1}{2}\sqrt{3(a+b+c)}$$

题目解说　本题为 2016 年塞尔维亚竞赛题.

渊源探索　如将问题 1 改为三个变量,且左端的数据写错了,写成上面式子左端的样子,右端应该是什么样子? 经过探索就得到本题.

方法透析　上面用过的方法显然行不通了,需要另辟蹊径,从左端的根号看,需要运用柯西不等式进行放大.

证明　由柯西不等式知

$$\frac{a}{\sqrt{3a+b}} + \frac{b}{\sqrt{3b+c}} + \frac{c}{\sqrt{3c+a}}$$

$$=\sqrt{\frac{a^2}{3a+b}} + \sqrt{\frac{b^2}{3b+c}} + \sqrt{\frac{c^2}{3c+a}}$$

$$\leqslant \sqrt{\left(\frac{a}{3a+b} + \frac{b}{3b+c} + \frac{c}{3c+a}\right)(a+b+c)}$$

于是,只要证明

$$\frac{a}{3a+b} + \frac{b}{3b+c} + \frac{c}{3c+a} \leqslant \frac{3}{4}$$

但是

$$\frac{a}{3a+b} + \frac{b}{3b+c} + \frac{c}{3c+a} \leqslant \frac{3}{4}$$

$$\Leftrightarrow \frac{1}{3}\left(\frac{3a+b-b}{3a+b} + \frac{3b+c-c}{3b+c} + \frac{3c+a-a}{3c+a}\right) \leqslant \frac{3}{4}$$

$$\Leftrightarrow \frac{b}{3a+b} + \frac{c}{3b+c} + \frac{a}{3c+a} \geqslant \frac{3}{4}$$

$$\frac{b}{3a+b} + \frac{c}{3b+c} + \frac{a}{3c+a}$$

$$= \frac{b^2}{b(3a+b)} + \frac{c^2}{c(3b+c)} + \frac{a^2}{a(3c+a)}$$

$$\geqslant \frac{(b+c+a)^2}{b(3a+b) + c(3b+c) + a(3c+a)}$$

$$= \frac{(b+c+a)^2}{a^2 + b^2 + c^2 + 3(ab+bc+ca)}$$

$$= \frac{(b+c+a)^2}{(b+c+a)^2 + (ab+bc+ca)}$$

$$\geqslant \frac{(b+c+a)^2}{(b+c+a)^2 + \frac{1}{3}(b+c+a)^2}$$

$$= \frac{3}{4}$$

即原不等式获得证明.

引申 7　设 $a,b,c \in \mathbf{R}^*$，求证

$$\frac{a}{\sqrt{a+3b}} + \frac{b}{\sqrt{b+3c}} + \frac{c}{\sqrt{c+3a}} \geqslant \frac{1}{2}\sqrt{3(a+b+c)}$$

题目解说　本题为一个新题.

渊源探索　本题为引申 6 中所谈的 2016 年塞尔维亚问题的演变.

方法透析　回顾问题 5 的证明,可能有大的收益.

证明　运用赫尔德不等式得

$$\left(\frac{a}{\sqrt{a+3b}} + \frac{b}{\sqrt{b+3c}} + \frac{c}{\sqrt{c+3a}}\right)^2 \cdot$$

$$[a(a+3b) + b(b+3c) + c(c+3a)]$$

$$\geqslant (a+b+c)^3$$

$$\Rightarrow \left(\frac{a}{\sqrt{a+3b}} + \frac{b}{\sqrt{b+3c}} + \frac{c}{\sqrt{c+3a}}\right)^2$$

$$\geqslant \frac{(a+b+c)^3}{a(a+3b) + b(b+3c) + c(c+3a)}$$

$$= \frac{(a+b+c)^3}{(a+b+c)^2 + ab+bc+ca}$$

$$\geqslant \frac{(a+b+c)^3}{(a+b+c)^2 + \frac{1}{3}(a+b+c)^2}$$

$$= \frac{3}{4}(a+b+c)$$

即 $\dfrac{a}{\sqrt{a+3b}} + \dfrac{b}{\sqrt{b+3c}} + \dfrac{c}{\sqrt{c+3a}} \geqslant \dfrac{1}{2}\sqrt{3(a+b+c)}$.

综上所述,我们对一道题目从解决到方法的延伸,从变量个数两个到三个,从有意无意写错题目信息,最后到完整解决,获得了一套命题方法和解题方法,这就是某些高档次题目的由来.

练习题

1. 设 $a,b \in \mathbf{R}^*$,求证:$\dfrac{a}{\sqrt{a+3b}} + \dfrac{b}{\sqrt{b+3a}} \geqslant \sqrt{\dfrac{a+b}{2}}$.

2. 设 $a,b \in \mathbf{R}^*$,求证:$\dfrac{a}{\sqrt[3]{a+3b}} + \dfrac{b}{\sqrt[3]{b+3a}} \geqslant \sqrt[3]{\dfrac{(a+b)^2}{2}}$.

§12   几个无理不等式的较简单证明

(此节已发表在《数学教学通讯》2002(12):37-39)

近年来,一些刊物的问题解答栏经常出现无理分式不等式问题,它们结构简单,形式优美,非常耐人寻味,但从作者对一些问题提供的证明来看,似乎都很巧妙,且各有章法,让读者深感奥妙无穷,不好驾驭,更难以领会解决这些问题的要领,故有必要对这类问题的证明通法做一探讨,同时揭示此类问题的本质,解开读者心中的疑虑,引导读者一览这道风景的无限美意.

问题 1   设 a,b,c 为 $\triangle ABC$ 的三边长,求证

$$\sqrt{\frac{a}{b+c-a}} + \sqrt{\frac{b}{a-b+c}} + \sqrt{\frac{c}{a+b-c}} \geqslant 3$$

这是宋庆在文献[1]数学问题解答栏提出的543题,现在,笔者还不知道命题人的证明,先给出证明如下:

证明   由二元算术－几何平均值不等式知

$$\sqrt{\frac{a}{b+c-a}} = \frac{a}{\sqrt{a} \cdot \sqrt{b+c-a}} \geqslant \frac{2a}{a+(b+c-a)} = \frac{2a}{b+c}$$

同理 $\sqrt{\dfrac{b}{a-b+c}} \geqslant \dfrac{2b}{c+a}, \sqrt{\dfrac{c}{a+b-c}} \geqslant \dfrac{2c}{a+b}.$

这三式相加得

$$\sqrt{\frac{a}{b+c-a}} + \sqrt{\frac{b}{a-b+c}} + \sqrt{\frac{c}{a+b-c}} \geqslant 2\left(\frac{a}{b+c} + \frac{b}{c+a} + \frac{c}{a+b}\right) \geqslant 3$$

上不等式是高中课本熟知的结论. 等号成立的条件显然是 $a=b=c$.

问题 2 设 $a,b,c \in \mathbf{R}^*$，求证：$\sqrt{\dfrac{a}{b+c}} + \sqrt{\dfrac{b}{c+a}} + \sqrt{\dfrac{c}{a+b}} > 2.$

这是 1999 年全国不等式研究学术交流会上，杨路教授运用通用软件 Bottema 证明了的结论. 后来，宋庆先生在文献[2]和[3]曾给出过一个较好的证明，但仍不够简洁，后来，文献[4]给出了用二元算术－几何平均值不等式的最为简易的证法，现抄录如下：

证明 由二元算术－几何平均值不等式知

$$\sqrt{\frac{a}{b+c}} = \frac{a}{\sqrt{a} \cdot \sqrt{b+c}} \geqslant \frac{2a}{a+b+c}$$

同理，$\sqrt{\dfrac{b}{c+a}} \geqslant \dfrac{2b}{a+b+c}, \sqrt{\dfrac{c}{a+b}} \geqslant \dfrac{2c}{a+b+c}.$

这三式相加得

$$\sqrt{\frac{a}{b+c}} + \sqrt{\frac{b}{c+a}} + \sqrt{\frac{c}{a+b}} \geqslant \frac{2a}{a+b+c} + \frac{2b}{a+b+c} + \frac{2c}{a+b+c} = 2$$

注意到上面三个不等式等号是不可能同时取到的，从而原不等式得证.

仔细观察上述两个问题的证明可知，它们证明所用的变形技巧和工具均相同，故它们的 DNA 样本一致，可视为同一类问题，仿此可编拟并证明它们的推广如下（问题 3 ～ 5）

问题 3 设 a,b,c,d 为四面体的四个表面三角形的面积，求证

$$\sqrt{\frac{a}{-a+b+c+d}} + \sqrt{\frac{b}{a-b+c+d}} + \sqrt{\frac{c}{a+b-c+d}} + \sqrt{\frac{d}{a+b+c-d}} > \frac{8}{3}$$

及

问题 4 设 a_i 为凸多面体表面各多边形的面积，求证：$\displaystyle\sum_{i=1}^{n} \sqrt{\frac{a_i}{\displaystyle\sum_{j\neq i} a_j}} > 2.$

问题 5 设 $a_i \in \mathbf{R}^*$ $(i=1,2,\cdots,n, n \geqslant 2)$，$S = \displaystyle\sum_{i=1}^{n} a_i$，求证：$\displaystyle\sum_{i=1}^{n} \sqrt{\frac{a_i}{S-a_i}} > \dfrac{2n}{n-1}.$

问题 6 设 $a,b,c \in \mathbf{R}^*$,求证

$$\sqrt{ab(a+b)} + \sqrt{bc(b+c)} + \sqrt{ca(c+a)} \leqslant \frac{3}{2}\sqrt{(a+b)(b+c)(c+a)}$$

这是文献[5]中的 1183 题,下面给出一个简单证法.

证明 原不等式等价于

$$\sqrt{\frac{ab}{(a+c)(b+c)}} + \sqrt{\frac{bc}{(b+a)(c+a)}} + \sqrt{\frac{ca}{(c+b)(a+b)}} \leqslant \frac{3}{2}$$

于是,据二元均值不等式有

$$\sqrt{\frac{ab}{(a+c)(b+c)}} = \sqrt{\frac{a}{a+c}} \cdot \sqrt{\frac{b}{b+c}} \leqslant \frac{1}{2}\left(\frac{a}{a+c} + \frac{b}{b+c}\right)$$

同理

$$\sqrt{\frac{bc}{(b+a)(c+a)}} \leqslant \frac{1}{2}\left(\frac{b}{b+a} + \frac{c}{c+a}\right), \sqrt{\frac{ca}{(c+b)(a+b)}} \leqslant \frac{1}{2}\left(\frac{c}{c+b} + \frac{a}{a+b}\right)$$

这三式相加得欲证结论. 等号成立的条件显然是 $a=b=c$.

问题 7 如果 $\alpha,\beta,\gamma \in \left(0, \frac{\pi}{2}\right)$,且满足 $\cos^2\alpha + \cos^2\beta + \cos^2\gamma = 1$,求证

$$\cot\alpha\cot\beta + \cot\beta\cot\gamma + \cot\gamma\cot\alpha \leqslant \frac{3}{2}$$

这是《数学通报》2000(9) 问题 1270.下面请看一个简单证明.

证明 由条件知可作代换

$$\cos^2\alpha = \frac{a}{a+b+c}, \cos^2\beta = \frac{b}{a+b+c}, \cos^2\gamma = \frac{c}{a+b+c} \quad (a,b,c \in \mathbf{R}^*)$$

于是

$$\cot\alpha = \sqrt{\frac{a}{b+c}}, \cot\beta = \sqrt{\frac{b}{c+a}}, \cot\gamma = \sqrt{\frac{c}{a+b}}$$

从而,欲证结论变形为如下无理分式不等式

$$\sqrt{\frac{ab}{(a+c)(b+c)}} + \sqrt{\frac{bc}{(b+a)(c+a)}} + \sqrt{\frac{ca}{(c+b)(a+b)}} \leqslant \frac{3}{2}$$

这是问题 6 的变形.

仿问题 6 可编拟并证明下面的问题.

问题 8 设 $a,b,c,d \in \mathbf{R}^*$,求证

$$\sqrt[3]{\frac{abc}{(a+d)(b+d)(c+d)}} + \sqrt[3]{\frac{bcd}{(b+a)(c+a)(d+a)}} +$$

$$\sqrt[3]{\frac{cda}{(c+b)(d+b)(a+b)}} + \sqrt[3]{\frac{dab}{(d+c)(a+c)(b+c)}} \leqslant 2$$

以及更多个变量的情形,留给感兴趣的读者.

问题 9 设 $a,b,c,d \in \mathbf{R}^*$,求证:$\sqrt[3]{\left(\dfrac{a}{b+c}\right)^2} + \sqrt[3]{\left(\dfrac{b}{c+a}\right)^2} + \sqrt[3]{\left(\dfrac{c}{a+b}\right)^2} \geqslant \dfrac{3}{\sqrt[3]{4}}.$

这是《中等数学》2001(6) 数学奥林匹克问题栏初 107.原作者用三元均值不等式证明了本题,其实质是用多项式构造分式,这里给出另一种变形的简证 —— 用分式构造分式,回归本题的原始意图.

证明 由三元均值不等式知

$$\sqrt[3]{\left(\frac{a}{b+c}\right)^2} = \sqrt[3]{\frac{2a^3}{2a(b+c)(b+c)}} = \frac{\sqrt[3]{2}\,a}{\sqrt[3]{2a} \cdot \sqrt[3]{b+c} \cdot \sqrt[3]{b+c}}$$

$$\geqslant \frac{\sqrt[3]{2}\,a}{\frac{1}{3} \cdot (2a+b+c+b+c)} = \frac{3\sqrt[3]{2}\,a}{2(a+b+c)}$$

同理还有两个类似的式子,这三式 相加即得欲证的不等式.

这是一个较为本原的从分式不等式证明不等式的构想,叙述流畅,自然得体.

问题 9 实质上是问题 2 的指数推广.上述一系列问题的编拟及证明清楚地告诉我们,只要你抓住二元算术 — 几何平均值不等式及其一些简单的结论,就可驾驭某些看似无法下手的无理不等式,并可将其交给自己的学生,发展他们的解题能力,同时也展示了它们的由来.

参考文献

[1] 数学问题与解答[J]. 数学教学,2001,5.

[2] 宋庆.一个不等式的简洁证明[J].中学数学,1999,11.

[3] 数学问题与解答[J]. 数学教学,2000,3.

[4] 张宝群.一个不等式的简证及其推广[J].中学教研,2000,10.

[5] 数学问题与解答[J].数学通报,1999,4.

§13 柯西与均值联手解决不等式证明

问题 1 设 $a,b,c \in \mathbf{R}^*$,求证

$$\frac{(a+b-c)^2}{a^2+3bc} + \frac{(b+c-a)^2}{b^2+3ca} + \frac{(c+a-b)^2}{c^2+3ab} \geqslant \frac{3}{4}$$

并指出等号何时成立.

题目解说   本题为 2017 年希腊阿基米德奥林匹克数学竞赛一题.

证明   运用柯西不等式得

$$\frac{(a+b-c)^2}{a^2+3bc}+\frac{(b+c-a)^2}{b^2+3ca}+\frac{(c+a-b)^2}{c^2+3ab}$$

$$\geqslant \frac{(a+b-c+b+c-a+c+a-b)^2}{a^2+b^2+c^2+3bc+3ca+3ab}$$

$$=\frac{(a+b+c)^2}{(a+b+c)^2+ab+bc+ca}$$

$$\geqslant \frac{(a+b+c)^2}{(a+b+c)^2+\frac{1}{3}(a+b+c)^2}$$

$$=\frac{3}{4}$$

到此证明完毕.

评注   本题的证明很简单,只需要用柯西不等式即可解决,只是最后一步要用到熟知的不等式:$(a+b+c)^2 \geqslant 3(ab+bc+ca)$,注意是逆用(技巧).

引申   设 $a,b,c,d \in \mathbf{R}^*$,求证

$$\frac{(a+b+c-d)^2}{a^2+3(bc+ba+bd)}+\frac{(b+c+d-a)^2}{b^2+3(ca+cb+cd)}+$$

$$\frac{(c+d+a-b)^2}{c^2+3(ab+ac+ad)}+\frac{(d+a+b-c)^2}{d^2+3(da+db+dc)}\geqslant \frac{8}{5}$$

题目解说   本题为一个新题.

渊源探索   本题源于对上题从变量个数方面的思考.

方法透析   仔细分析上题的证明过程,会对解决本题有巨大的帮助.

证明   运用柯西不等式得到

$$\frac{(a+b+c-d)^2}{a^2+3(bc+ba+bd)}+\frac{(b+c+d-a)^2}{b^2+3(ca+cb+cd)}+$$

$$\frac{(c+d+a-b)^2}{c^2+3(ab+ac+ad)}+\frac{(d+a+b-c)^2}{d^2+3(da+db+dc)}$$

$$\geqslant \frac{4(a+b+c+d)^2}{a^2+b^2+c^2+d^2+6(ab+ac+ad+bc+bd+cd)}$$

$$=\frac{4(a+b+c+d)^2}{(a+b+c+d)^2+4(ab+ac+ad+bc+bd+cd)}$$

$$\geqslant \frac{4(a+b+c+d)^2}{(a+b+c+d)^2+4\cdot\frac{3}{8}(a+b+c+d)^2}$$

$$\geqslant \frac{8}{5}$$

到此结论获得证明.

评注　回顾上题的证明过程——运用柯西不等式之后,得到

$$a^2 + b^2 + c^2 + 3bc + 3ca + 3ab = (a+b+c)^2 + ab + bc + ca$$

上式左端配方后成为右端,再逆向运用不等式 $(a+b+c)^2 \geqslant 3(ab+bc+ca)$ 搭建平台,沿着这个思路就可以编拟出我们的引申题目.

看看本题的构造以及解答过程可知,许多题目都是在自己的研究写作过程中诞生的! 这就是从分析解题过程学解题,学编题.

问题 2　设 $a,b,c \in \mathbf{R}^*, a+b+c=3$,求证

$$\frac{a^2}{a+\sqrt{bc}} + \frac{b^2}{b+\sqrt{ca}} + \frac{c^2}{c+\sqrt{ab}} \geqslant \frac{3}{2}$$

并指出等号何时成立.

题目解说　本题为 2016 年中国科技大学自主招生一题.

证明　运用柯西不等式得到

$$\frac{a^2}{a+\sqrt{bc}} + \frac{b^2}{b+\sqrt{ca}} + \frac{c^2}{c+\sqrt{ab}}$$
$$\geqslant \frac{(a+b+c)^2}{a+b+c+\sqrt{bc}+\sqrt{ca}+\sqrt{ab}}$$
$$\geqslant \frac{(a+b+c)^2}{a+b+c+(a+b+c)}$$
$$= \frac{3}{2}$$

到此证明完毕.

评注　本题的证明主要运用柯西不等式,最后一步再运用高中课本上熟知的不等式

$$a^2 + b^2 + c^2 \geqslant ab + bc + ca$$

的等价变形形式 $a+b+c \geqslant \sqrt{ab} + \sqrt{bc} + \sqrt{ca}$（要注意是逆用此式——技巧）,可见,对于一些熟知的结论,通常还要注意它们的一些等价形式及其应用.

引申　设 $a,b,c,d \in \mathbf{R}^*, a+b+c+d=4$,求证

$$\frac{a^2}{a+\sqrt{bc}} + \frac{b^2}{b+\sqrt{cd}} + \frac{c^2}{d+\sqrt{da}} + \frac{d^2}{d+\sqrt{ab}} \geqslant 2$$

题目解说　本题为一个新题.

渊源探索　本题源于对上题从变量个数方面的思考.

方法透析 仔细分析上题的证明过程,会对解决本题有巨大的帮助.

证明 运用柯西不等式得到

$$\frac{a^2}{a+\sqrt{bc}}+\frac{b^2}{b+\sqrt{cd}}+\frac{c^2}{d+\sqrt{da}}+\frac{d^2}{d+\sqrt{ab}}$$

$$\geq \frac{(a+b+c+d)^2}{a+b+c+d+\sqrt{bc}+\sqrt{cd}+\sqrt{da}+\sqrt{ab}}$$

$$\geq \frac{(a+b+c+d)^2}{a+b+c+d+(a+b+c+d)}\geq 2$$

到此证明完毕.

评注 (1)本题的证明主要还是运用柯西不等式,最后一步再运用高中课本上熟知的不等式:$a^2+b^2+c^2 \geq ab+bc+ca$ 的四个变量($a^2+b^2+c^2+d^2 \geq ab+bc+cd+da$)等价变形形式 $a+b+c+d \geq \sqrt{ab}+\sqrt{bc}+\sqrt{cd}+\sqrt{da}$(要注意是逆用此式(技巧)),可见,对于一些熟知的结论,通常还要注意它们的一些等价形式及其应用.

(2)沿着上述思路将本结论推广到多个变量是显然的,留给读者练习吧!

看看本题的构造以及解答过程可知,许多题目都是在自己的研究写作过程中诞生的! 这就是从分析解题过程学解题,学编题.

问题 3 设 $a,b,c \geq 0, a^2+b^2+c^2=3$,求证

$$\frac{a}{\sqrt{a^2+b+c}}+\frac{b}{\sqrt{b^2+c+a}}+\frac{c}{\sqrt{c^2+a+b}} \leq \sqrt{3} \tag{1}$$

题目解说 本题为一常见题目,见张艳宗,徐银杰编著的《数学奥林匹克中的常见重要不等式》P68.

证明 以下对原作者的解答叙述稍做修改,以便于读者理解掌握.

根据条件并运用柯西不等式得到

$$(a^2+b+c)(1+b+c) \geq (a+b+c)^2$$

$$\Rightarrow \frac{a}{\sqrt{a^2+b+c}} \leq \frac{a\sqrt{1+b+c}}{a+b+c}$$

$$\Rightarrow \frac{a}{\sqrt{a^2+b+c}}+\frac{b}{\sqrt{b^2+c+a}}+\frac{c}{\sqrt{c^2+a+b}}$$

$$\leq \frac{a\sqrt{1+b+c}}{a+b+c}+\frac{b\sqrt{1+c+a}}{a+b+c}+\frac{c\sqrt{1+a+b}}{a+b+c}$$

$$= \frac{1}{a+b+c}(a\sqrt{1+b+c}+b\sqrt{1+c+a}+c\sqrt{1+a+b})$$

$$= \frac{1}{a+b+c}\left[\sqrt{a}\,\sqrt{a(1+b+c)}+\sqrt{b}\,\sqrt{b(1+c+a)}+\sqrt{c}\,\sqrt{c(1+a+b)}\right]$$

$$\leqslant \frac{1}{a+b+c}\cdot\sqrt{(a+b+c)\left[a(1+b+c)+b(1+c+a)+c(1+a+b)\right]}$$

（柯西不等式）

$$= \frac{1}{a+b+c}\cdot\sqrt{(a+b+c)\left[(a+b+c)+2(ab+bc+ca)\right]}$$

$$= \sqrt{1+\frac{2(ab+bc+ca)}{a+b+c}}$$

$$\leqslant \sqrt{1+\frac{2(a+b+c)}{3}} \quad (注意(a+b+c)^2 \geqslant 3(ab+bc+ca))$$

$$\leqslant \sqrt{1+\frac{2}{3}\sqrt{3(a^2+b^2+c^2)}}$$

（再运用 $3(a^2+b^2+c^2)\geqslant(a+b+c)^2$ 的变形 $\sqrt{3(a^2+b^2+c^2)}\geqslant(a+b+c)$）

$$=\sqrt{3}$$

到此结论获得证明.

评注 本题连续运用柯西不等式,第一次运用柯西不等式的目的是消去单变量的 2 次幂,再对单变量 $a=\sqrt{a}\cdot\sqrt{a}$ 进行拆分,为再次运用柯西不等式奠定基础,这是一个重要技巧,最后就是想办法利用已知条件以及 $(a+b+c)^2\geqslant 3(ab+bc+ca)$ 和 $3(a^2+b^2+c^2)\geqslant(a+b+c)^2$ 的变形 $\sqrt{3(a^2+b^2+c^2)}\geqslant(a+b+c)$,所以,本题证明的关键是合理利用柯西不等式.

沿着这个套路继续前进,不难将本题进行变量个数方面的推广.

引申 1 设 $a,b,c,d\geqslant 0,a^2+b^2+c^2+d^2=4$,求证

$$\frac{a}{\sqrt{a^2+b+c+d}}+\frac{b}{\sqrt{b^2+c+d+a}}+\frac{c}{\sqrt{c^2+d+a+b}}+\frac{d}{\sqrt{d^2+a+b+c}}\leqslant 2$$

题目解说 本题为一个新题.

渊源探索 本题源于对上题从变量个数方面的思考.

方法透析 仔细分析上题的证明过程,会对解决本题有很大的帮助.

证明 运用柯西不等式得到

$$(a^2+b+c+d)(1+b+c+d)\geqslant(a+b+c+d)^2$$

$$\Rightarrow \frac{a}{\sqrt{a^2+b+c+d}}\leqslant\frac{a\sqrt{1+b+c+d}}{a+b+c+d}$$

$$\Rightarrow \frac{a}{\sqrt{a^2+b+c+d}}+\frac{b}{\sqrt{b^2+c+d+a}}+\frac{c}{\sqrt{c^2+d+a+b}}+\frac{d}{\sqrt{d^2+a+b+c}}$$

347

$$\leqslant \frac{a\sqrt{1+b+c+d}}{a+b+c+d} + \frac{b\sqrt{1+c+d+a}}{a+b+c+d} + \frac{c\sqrt{1+d+a+b}}{a+b+c+d} + \frac{d\sqrt{1+a+b+c}}{a+b+c+d}$$

$$= \frac{1}{a+b+c+d}[a\sqrt{1+b+c+d} + b\sqrt{1+c+d+a} +$$

$$c\sqrt{1+d+a+b} + d\sqrt{1+a+b+c}]$$

$$= \frac{1}{a+b+c+d}[\sqrt{a}\sqrt{a(1+b+c+d)} + \sqrt{b}\sqrt{b(1+c+d+a)} +$$

$$\sqrt{c}\sqrt{c(1+d+a+b)} + \sqrt{d}\sqrt{d(1+a+b+c)}]$$

$$\leqslant \frac{1}{a+b+c+d} \cdot$$

$$\sqrt{(a+b+c+d)[a(1+b+c+d)+b(1+c+d+a)+c(1+b+d+a)+d(1+a+b+c)]}$$

$$= \frac{1}{a+b+c+d} \cdot$$

$$\sqrt{(a+b+c+d)[(a+b+c+d)+2(ab+ac+ad+bc+bd+cd)]}$$

$$= \sqrt{1 + \frac{2(ab+ac+ad+bc+bd+cd)}{a+b+c+d}}$$

$$\leqslant \sqrt{1 + \frac{3(a+b+c+d)}{4}}$$

$$\leqslant \sqrt{1 + \frac{3}{4}\sqrt{4(a^2+b^2+c^2+d^2)}}$$

$$= 2$$

即本题获得证明.

评注 上述推广命题的证明完全是从上题的证明过程模拟出来的,可见从分析解题过程学解题,学编题的威力.

引申 2 设 $a,b,c,d \geqslant 0, a^2+b^2+c^2+d^2 = 4$,求证

$$\frac{a}{\sqrt[3]{a^3+b+c+d}} + \frac{b}{\sqrt[3]{b^3+c+d+a}} + \frac{c}{\sqrt[3]{c^3+d+a+b}} +$$

$$\frac{d}{\sqrt[3]{d^3+a+b+c}} \leqslant 2\sqrt[3]{2}$$

题目解说 本题为一个新题.

渊源探索 本题源于对上题在变量个数方面的思考.

方法透析 仔细分析上题的证明过程,会对解决本题有很大的帮助.

证明 1 运用赫尔德不等式得到

$$(a^3+b+c+d)(1+b+c+d)(1+b+c+d)$$

$$\geqslant (a+b+c+d)^3$$

$$\Rightarrow \frac{a}{\sqrt[3]{a^3+b+c+d}} \leqslant \frac{a\sqrt[3]{(1+b+c+d)^2}}{a+b+c+d}$$

$$\Rightarrow \sum \frac{a}{\sqrt[3]{a^3+b+c+d}} \leqslant \sum \frac{\sqrt[3]{a}\sqrt[3]{[a(1+b+c+d)]^2}}{a+b+c+d}$$

$$= \sum \frac{\sqrt[3]{a}\cdot\sqrt[3]{a(1+b+c+d)}\cdot\sqrt[3]{a(1+b+c+d)}}{a+b+c+d}$$

$$= \frac{1}{a+b+c+d}\left[\sum \sqrt[3]{a}\cdot\sqrt[3]{a(1+b+c+d)}\cdot\sqrt[3]{a(1+b+c+d)}\right]$$

$$\leqslant \frac{1}{a+b+c+d}\cdot\sqrt[3]{(a+b+c+d)\left[\sum a(1+b+c+d)\right]^2}$$

$$= \frac{\sqrt[3]{(a+b+c+d)[(a+b+c+d)+2(ab+ac+ad+bc+bd+cd)]^2}}{a+b+c+d}$$

$$= \sqrt[3]{\left[1+\frac{2(ab+ac+ad+bc+bd+cd)}{a+b+c+d}\right]^2}$$

$$\geqslant \sqrt[3]{\left[1+\frac{3}{8}\cdot\frac{2(a+b+c+d)^2}{a+b+c+d}\right]^2}$$

$$= \sqrt[3]{\left[1+\frac{3}{4}\cdot(a+b+c+d)\right]^2}$$

$$\leqslant \sqrt[3]{\left[1+\frac{3}{4}\sqrt{4(a^2+b^2+c^2+d^2)}\right]^2}$$

$$= 2\sqrt[3]{2}$$

上述两道题目的证明得益于赫尔德不等式,即本题获得证明.

证明 2 这是隋振林老师的一个证明.

由赫尔德不等式以及多元均值不等式和不等式 $\sum a(b+c+d) \leqslant 3\sum a^2$,有

$$\left(\sum \frac{a}{\sqrt[3]{a^3+b+c+d}}\right)^3$$

$$= \left(\sum \sqrt[3]{a}\cdot\sqrt[3]{a}\cdot\sqrt[3]{\frac{a}{a^3+b+c+d}}\right)^3$$

$$\leqslant \left(\sum a\right)^2 \sum \frac{a}{a^3+b+c+d}$$

$$= \left(\sum a\right)^2 \sum \frac{a\left(\frac{1}{a}+b+c+d\right)}{(a^3+b+c+d)\left(\frac{1}{a}+b+c+d\right)}$$

$$\leqslant \left(\sum a\right)^2 \sum \frac{1+a(b+c+d)}{(a+b+c+d)^2} = \sum [1+a(b+c+d)]$$

$$= 4 + \sum a(b+c+d) \leqslant 4 + 3\sum a^2 = 4 + 12 = 16$$

所以，$\sum \dfrac{a}{\sqrt[3]{a^3+b+c+d}} \leqslant 2\sqrt[3]{2}$.

练习题：设 $a,b,c,d \geqslant 0, a^2+b^2+c^2+d^2 = 4$，求证

$$\frac{a}{\sqrt[n]{a^n+b+c+d}} + \frac{b}{\sqrt[n]{b^n+c+d+a}} + \frac{c}{\sqrt[n]{c^n+d+a+b}} +$$

$$\frac{d}{\sqrt[n]{d^n+a+b+c}} \leqslant \sqrt[n]{4^{n-1}}$$

看看本题的构造以及解答过程可知，许多题目都是在研究已有问题的解答过程中诞生的！这就是从分析解题过程学解题，学编题.

问题 4 设 $a,b,c \in \mathbf{R}^*, a+b+c = 1$，求证

$$\frac{a}{1+bc} + \frac{b}{1+ca} + \frac{c}{1+ab} \geqslant \frac{9}{10}$$

题目解说 本题为保加利亚 2004 年国家奥林匹克地区轮回赛一题[1].

方法透析 对于三个变量 a,b,c 的任意一个大小顺序，三个分式

$$\frac{a}{1+bc} + \frac{b}{1+ca} + \frac{c}{1+ab}$$

是由

$$\frac{1}{1+bc} + \frac{1}{1+ca} + \frac{1}{1+ab}$$

与

$$a+b+c$$

的同序积之和表示的，于是联想到切比雪夫不等式.

证明 1 由题目结构可以看出，对于三个变量 a,b,c 的任意一个大小顺序，三个分式

$$\frac{a}{1+bc} + \frac{b}{1+ca} + \frac{c}{1+ab}$$

是由

$$\frac{1}{1+bc} + \frac{1}{1+ca} + \frac{1}{1+ab}$$

与

$$a+b+c$$

的同序积之和表示的，于是联想到切比雪夫不等式知

$$3\left(\frac{a}{1+bc} + \frac{b}{1+ca} + \frac{c}{1+ab}\right)$$

$$\geqslant (a+b+c)\left(\frac{1}{1+bc}+\frac{1}{1+ca}+\frac{1}{1+ab}\right)$$

$$=\frac{1}{1+bc}+\frac{1}{1+ca}+\frac{1}{1+ab}$$

$$\geqslant \frac{9}{1+bc+ca+ab}$$

$$\geqslant \frac{9}{3+\frac{1}{3}(a+b+c)^2}=\frac{27}{10}$$

即

$$\frac{a}{1+bc}+\frac{b}{1+ca}+\frac{c}{1+ab}\geqslant \frac{9}{10}$$

评注 上述证明主要运用了切比雪夫不等式以及柯西不等式,当然最后还运用了熟知的代数不等式$(a+b+c)^2\geqslant 3(ab+bc+ca)$,这个在前面的文章中已经多次逆用到,可见其多么重要.

证明 2 上述证明较繁,下面给出一个较为简单的证明.

由条件知

$$1=a+b+c\geqslant 3\sqrt[3]{abc}\Rightarrow 3abc\leqslant \frac{1}{9}$$

进一步,由柯西不等式知

$$\frac{a}{1+bc}+\frac{b}{1+ca}+\frac{c}{1+ab}$$

$$=\frac{a^2}{a(1+bc)}+\frac{b^2}{b(1+ca)}+\frac{c^2}{c(1+ab)}$$

$$\geqslant \frac{(a+b+c)^2}{a+b+c+3abc}=\frac{1}{1+3abc}$$

$$\geqslant \frac{1}{1+\frac{1}{9}}=\frac{9}{10}$$

证明完毕.

评注 沿着这个套路继续前进,不难将本题进行变量个数方面的推广.

引申 1 设$a,b,c,d\in \mathbf{R}^*$,$a+b+c+d=1$,求证

$$\frac{a}{1+bc}+\frac{b}{1+cd}+\frac{c}{1+da}+\frac{d}{1+ab}\geqslant \frac{16}{17}$$

题目解说 本题为一个新题.

渊源探索 本题源于对问题 4 从变量个数方面的思考.

方法透析 仔细分析问题 4 的证明过程,会对解决本题有巨大的帮助.

证明　联想到切比雪夫不等式知

$$4\left(\frac{a}{1+bc}+\frac{b}{1+cd}+\frac{c}{1+da}+\frac{d}{1+ab}\right)$$

$$\geqslant (a+b+c+d)\left(\frac{1}{1+bc}+\frac{1}{1+cd}+\frac{1}{1+da}+\frac{1}{1+ab}\right)$$

$$=\frac{1}{1+bc}+\frac{1}{1+cd}+\frac{1}{1+da}+\frac{1}{1+ab}$$

$$\geqslant \frac{16}{4+bc+cd+da+ab}$$

$$\geqslant \frac{16}{4+\frac{1}{4}(a+b+c+d)^2}=\frac{64}{17}$$

即 $\dfrac{a}{1+bc}+\dfrac{b}{1+cd}+\dfrac{c}{1+da}+\dfrac{d}{1+ab}\geqslant\dfrac{16}{17}$. 命题获得证明.

评注　上述推广命题的证明完全是模拟出来的, 可见从分析解题过程学解题, 学编题的威力.

引申 2　设 $a,b,c,d\in \mathbf{R}^*$, $a+b+c+d=1$, 求证

$$\frac{a}{1+bcd}+\frac{b}{1+cda}+\frac{c}{1+dab}+\frac{d}{1+abc}\geqslant\frac{64}{65}$$

题目解说　本题为一个新题.

渊源探索　本题为本节问题 4 从变量方面的另一推广.

方法透析　思考上面引申 1 的证明也会有大的帮助.

证明 1　联想到切比雪夫不等式知

$$4\left(\frac{a}{1+bcd}+\frac{b}{1+cda}+\frac{c}{1+dab}+\frac{d}{1+abc}\right)$$

$$\geqslant (a+b+c+d)\left(\frac{1}{1+bcd}+\frac{1}{1+cda}+\frac{1}{1+dab}+\frac{1}{1+abc}\right)$$

$$=\frac{1}{1+bcd}+\frac{1}{1+cda}+\frac{1}{1+dab}+\frac{1}{1+abc}$$

$$\geqslant \frac{16}{4+bcd+cda+dab+abc}$$

$$=\frac{16}{4+\dfrac{(1-d)^3}{27}+\dfrac{(1-b)^3}{27}+\dfrac{(1-c)^3}{27}+\dfrac{(1-a)^3}{27}}$$

$$=\frac{16}{4+\dfrac{1}{27}\left(4-3\sum a+3\sum a^2-\sum a^3\right)}$$

$$= \frac{16}{4 + \frac{1}{27}\left(1 + 3\sum a^2 - \sum a^3\right)} \quad (\text{构造函数 } y = 3x^2 - x^3, \text{讨论单调性})$$

$$\geqslant \frac{16}{4 + \frac{1}{27}\left[1 + 3\sum\left(\frac{1}{4}\right)^2 - \sum\left(\frac{1}{4}\right)^3\right]}$$

$$= \frac{256}{65}$$

所以

$$\frac{a}{1+bcd} + \frac{b}{1+cda} + \frac{c}{1+dab} + \frac{d}{1+abc} \geqslant \frac{64}{65}$$

证明 2 由条件知

$$1 = a + b + c + d \geqslant 4\sqrt[4]{abcd} \Rightarrow 4abcd \leqslant \frac{1}{64}$$

再据柯西不等式知

$$\frac{a}{1+bcd} + \frac{b}{1+cda} + \frac{c}{1+dab} + \frac{d}{1+abc}$$

$$= \frac{a^2}{a(1+bcd)} + \frac{b^2}{b(1+cda)} + \frac{c^2}{c(1+dab)} + \frac{d^2}{d(1+abc)}$$

$$\geqslant \frac{(a+b+c+d)^2}{a+b+c+d+4abcd}$$

$$= \frac{1}{1+4abcd}$$

$$\geqslant \frac{1}{1+\frac{1}{64}}$$

$$= \frac{64}{65}$$

到此证明完毕.

证明 3 本证明属于山东隋振林老师.

由多元均值不等式,有:$bcd \leqslant \left(\dfrac{b+c+d}{3}\right)^3 = \left(\dfrac{1-a}{3}\right)^3$,所以,只需证明:

$$\sum \frac{a}{1+\left(\dfrac{1-a}{3}\right)^3} \geqslant \frac{64}{65}.$$

注意到(切线法)不等式

$$\frac{a}{1+\left(\dfrac{1-a}{3}\right)^3} \geqslant \frac{4\,224}{4\,225}a - \frac{16}{4\,225} \quad (0 < a \leqslant 1)$$

所以

$$\sum \frac{a}{1+\left(\frac{1-a}{3}\right)^3} \geq \sum\left(\frac{4\,224}{4\,225}a - \frac{16}{4\,225}\right) = \frac{4\,224}{4\,225}\sum a - \frac{16 \cdot 4}{4\,225} = \frac{64}{65}$$

即命题获得证明.

分析 上面几个引申结论的构造以及解答过程可知,他们都是在研究问题 4 的过程中诞生的! 这就是从分析解题过程学解题,学编题.

参考文献

[1] 鲍瓦伦库.保加利亚数学奥林匹克[M].隋振林,译.哈尔滨:哈尔滨工业大学出版社,2014.

§14 条件三角函数最值问题

本节我们论述几个在一定条件下的三角函数最值问题.

一、题目与解答

问题 1 设锐角 x, y, z 满足 $x \geq y \geq z \geq \frac{\pi}{12}, x+y+z = \frac{\pi}{2}$,求 $\cos x \sin y \cos z$ 的最值.

题目解说 本题为 1997 年全国高中数学联赛一题.

方法透析 本题的结果似乎与三角形中的三角函数关系有关,想想三角形中有什么恒等式与此相关.

解 由条件 $x \geq y \geq z \geq \frac{\pi}{12}$,可设 $t = \cos x \sin y \cos z, A = \frac{\pi}{2}+x, B = y,$ $C = z$,则 A, B, C 可以构成一个 $\triangle ABC$ 的三内角,根据余弦定理及正弦定理知

$$\sin^2 C = \sin^2 A + \sin^2 B - 2\sin A \sin B \cos C$$

即

$$\sin^2 z = \cos^2 x + \sin^2 y - 2\cos x \sin y \cos z \tag{1}$$

也就是

$$t = \frac{1}{2}(\cos^2 x + \sin^2 y - \sin^2 z) \tag{2}$$

注意到 $x \geq y \geq z \geq \frac{\pi}{12}, x+y+z = \frac{\pi}{2}$,所以,要使得(2)最大,需要 x 最

小，y 最大，z 最小，所以，$z = \dfrac{\pi}{12}$，$x = y = \dfrac{5\pi}{24}$ 时，$t_{\max} = \dfrac{2 + \sqrt{3}}{8}$；

要使得(2)最小，需要 x 最大，y 最小，z 最大，所以，$x = \dfrac{\pi}{6}$，$z = y = \dfrac{\pi}{12}$ 时，

$t_{\min} = \dfrac{1}{2}\cos^2 \dfrac{\pi}{3} = \dfrac{1}{8}$.

评注　本题的解答是命题组公布的官方解答，从条件 $x + y + z = \dfrac{\pi}{2}$，便可

想到三个变量 x, y, z 就是 $\triangle ABC$ 中的三个量 $\dfrac{A}{2}$，$\dfrac{B}{2}$，$\dfrac{C}{2}$，所以，问题划归为

$\triangle ABC$ 中的三角不等式问题，但是联想到(1)至关重要，以下需要熟练运用三

角变换关系进行推演分析，可见掌握一些中学课本上的基本结论十分必要.

二、类似问题

问题 2　若 $\alpha, \beta, \gamma \in \mathbf{R}$，求 $u = \sin(\alpha - \beta) + \sin(\beta - \gamma) + \sin(\gamma - \alpha)$ 的最

大值和最小值.

题目解说　本题为《中学数学教学》(2007(1):63) 一道题，本刊物于

2005(4):56 曾经讨论过，但是方法比较麻烦.

渊源探索　问题 1 中的三个变量和为定值，由此定值联想到三角形中的恒

等变形.

方法透析　回顾上题的解法——代换，代换后发现三个量之间有关系，可

以用一个量表示其他两个量，同时联想三角形中的恒等式有哪些可供运用.

解 1　设 $\alpha - \beta = a$，$\beta - \gamma = b$，则 $\gamma - \alpha = -(a + b)$，于是

$$u = \sin a + \sin b - \sin(a + b)$$

$$= 2\sin \dfrac{a + b}{2}\cos \dfrac{a - b}{2} - 2\sin \dfrac{a + b}{2}\cos \dfrac{a + b}{2}$$

$$= 2\sin \dfrac{a + b}{2}\left(\cos \dfrac{a - b}{2} - \cos \dfrac{a + b}{2}\right)$$

$$= 4\sin \dfrac{a + b}{2}\sin \dfrac{a}{2}\sin \dfrac{b}{2}$$

再令 $\dfrac{a}{2} = x$，$\dfrac{b}{2} = y$，于是又可得

$$u = 4\sin x \sin y \sin(x + y) \quad (x, y \in \mathbf{R}) \tag{1}$$

(1) 是一个关于两个变量的正弦函数之积，所以，要使函数 u 取得最大值，

由 $y = \sin x$ 的单调性知，只需要 $\sin x, \sin y$ 同时达到最大值方可，故当 $y = x +$

$2k\pi (k \in \mathbf{N})$ 时，函数 u 才有最大值，这时

$$u = 4\sin x \sin y \sin(x+y) = 4\sin^2 x \sin 2x = 8\sin^3 x \cos x \qquad (2)$$

所以

$$u^2 = 64\sin^6 x \cos^2 x$$

$$\leqslant \frac{64}{3}\left(\frac{\sin^2 x + \sin^2 x + \sin^2 x + 3\cos^2 x}{4}\right)^4 = \frac{27}{4}$$

注意到 $u = 8\sin^3 x \cos x$ 是 **R** 上的奇函数,即

$$-\frac{3\sqrt{3}}{4} \leqslant u \leqslant \frac{3\sqrt{3}}{4}$$

等号成立的条件为 $x = y + 2k\pi + \dfrac{\pi}{3}$,故当 $x = y + 2k\pi + \dfrac{\pi}{3}$ 时,u 分别达到最大值和最小值.

评注 第一步,对题目中三角函数式里面的三个角变量作代换简化表达式是关键一步,在这里对上面(2)求最值的方法在前面我们曾经运用过多次,大家应该熟悉,在这里再次强调,前面用过的方法(即去掉形如 $y = \sin^3 x \cos x$ 的函数,求最大值)要时刻记住,随时拿来一用,检验一下之前用过的方法是否熟练掌握,最后要提醒的是求值需要求出等号成立的条件.

解 2 参考《中学数学教学》2007(5):42,由上面的过程可以知道

$$u = 4\sin x \sin y \sin(x+y)$$

即

$$u^2 = 16\sin^2 x \sin^2 y \sin^2(x+y)$$

$$= 16\sin^2 x \sin^2 y [\sin x \cos y + \cos x \sin y]^2$$

$$\leqslant 16\left(\frac{\sin^2 x + \sin^2 y}{2}\right)^2 (\sin^2 x + \sin^2 y)(\cos^2 y + \cos^2 x)$$

(根据均值不等式和柯西不等式)

$$= \frac{4}{3}(\sin^2 x + \sin^2 y)(\sin^2 x + \sin^2 y)(\sin^2 x + \sin^2 y)(3\cos^2 y + 3\cos^2 x)$$

$$\leqslant \left[\frac{(\sin^2 x + \sin^2 y)(\sin^2 x + \sin^2 y)(\sin^2 x + \sin^2 y)(3\cos^2 y + 3\cos^2 x)}{4}\right]^4$$

$$= \frac{27}{4}$$

等号成立的条件是

$$\sin^2 x = \sin^2 y, \frac{\sin x}{\sin y} = \frac{\cos y}{\sin x}$$

$$\sin^2 x = 3\cos^2 x, \sin^2 y = 3\cos^2 y$$

即 $\tan x = \tan y, y = k\pi + x (k \in \mathbf{Z})$ 时，$-\dfrac{3\sqrt{3}}{4} \leqslant u \leqslant \dfrac{3\sqrt{3}}{4}$.

当 $\tan x = \tan y = \sqrt{3}$ 时，即

$$x = m\pi + \frac{\pi}{3}, y = n\pi + \frac{\pi}{3} \quad (m, n \in \mathbf{Z})$$

$$y = k\pi + x (k \in \mathbf{Z}), u_{\max} = \frac{3\sqrt{3}}{2}$$

$\tan x = \tan y = -\sqrt{3}$ 时，即

$$x = m\pi - \frac{\pi}{3}, y = n\pi - \frac{\pi}{3} \quad (m, n \in \mathbf{Z})$$

$$y = k\pi + x (k \in \mathbf{Z}), u_{\max} = -\frac{3\sqrt{3}}{2}$$

评注　这个解法回归不等式本源，运用柯西不等式以及多元均值不等式求得最大值，是本题的一个很好的解法，见《中学数学教学》2007(6):58.

后来，我的大学同学安振平给出了一个行列式，解法非常优美，即下面的解.

解 3　由

$$u = \sin(\alpha - \beta) + \sin(\beta - \gamma) + \sin(\gamma - \alpha)$$
$$= \sin \alpha \cos \beta + \sin \beta \cos \gamma + \sin \gamma \cos \alpha - $$
$$\cos \alpha \sin \beta - \cos \beta \sin \gamma - \cos \gamma \sin \alpha$$
$$= \begin{vmatrix} \sin \alpha & \cos \alpha & 1 \\ \sin \beta & \cos \beta & 1 \\ \sin \gamma & \cos \gamma & 1 \end{vmatrix}$$

构造点 $A(\sin \alpha, \cos \alpha), B(\sin \beta, \cos \beta), C(\sin \gamma, \cos \gamma)$，则很明显，三点 A, B, C 都在单位圆：$x^2 + y^2 = 1$ 上，因为圆内接三角形中，以正三角形面积最大，所以，当 $\triangle ABC$ 为正三角形时，$S_{\triangle ABC}$ 取到最大值 $\dfrac{3\sqrt{3}}{4}$，于是 $|u| \leqslant \dfrac{3\sqrt{3}}{2}$.

评注　这个解法的优点在于直接展开目标式子，然后与行列式展开式挂钩，并与单位圆上的点和三角形面积的行列式表示联通起来，在中学阶段实属不易，难能可贵.

§15 两道分式不等式的延伸思考

问题 1 设 $a,b,c \in \mathbf{R}^*, abc = 1$，求证：$\dfrac{a^2+b^2}{1+a} + \dfrac{b^2+c^2}{1+b} + \dfrac{c^2+a^2}{1+c} \geqslant 3$.

题目解说 本题为《数学通报》2015 年第 3 期问题 2235：

证明 1 先看供题人的证明

$$\frac{a^2+b^2}{1+a} + \frac{b^2+c^2}{1+b} + \frac{c^2+a^2}{1+c}$$

$$\geqslant \frac{2ab}{1+a} + \frac{2bc}{1+b} + \frac{2ca}{1+c}$$

$$= 2\left[\frac{1}{c(1+a)} + \frac{1}{a(1+b)} + \frac{1}{b(1+c)}\right]$$

$$= \frac{1+abc}{c(1+a)} + \frac{1+abc}{a(1+b)} + \frac{1+abc}{b(1+c)}$$

$$= \frac{1+abc}{c(1+a)} + 1 + \frac{1+abc}{a(1+b)} + 1 + \frac{1+abc}{b(1+c)} + 1 - 3$$

$$= \frac{1+c+ca+abc}{c(1+a)} + \frac{1+a+ab+abc}{a(1+b)} + \frac{1+b+bc+abc}{b(1+c)} - 3$$

$$= \frac{1+c+ca(1+b)}{c(1+a)} + \frac{1+a+ab(1+c)}{a(1+b)} + \frac{1+b+bc(1+a)}{b(1+c)} - 3$$

$$= \frac{1+c}{c(1+a)} + \frac{a(1+b)}{(1+a)} + \frac{1+a}{a(1+b)} + \frac{b(1+c)}{(1+b)} + \frac{1+b}{b(1+c)} + \frac{c(1+a)}{b(1+c)} - 3$$

$$\geqslant 6 - 3$$

$$= 3$$

评注 这个证明较繁.

证明 2 （2018 年 12 月 11 日）同上面的证明得到

$$\frac{a^2+b^2}{1+a} + \frac{b^2+c^2}{1+b} + \frac{c^2+a^2}{1+c} \geqslant 2\left[\frac{1}{c(1+a)} + \frac{1}{a(1+b)} + \frac{1}{b(1+c)}\right]$$

以下证明

$$\frac{1}{c(1+a)} + \frac{1}{a(1+b)} + \frac{1}{b(1+c)} \geqslant \frac{3}{2}$$

由条件可设 $a = \dfrac{y}{x}, b = \dfrac{z}{y}, c = \dfrac{x}{z}$，则由上面的证明过程知

$$\frac{1}{c(1+a)} + \frac{1}{a(1+b)} + \frac{1}{b(1+c)}$$

$$= \frac{1}{\dfrac{x}{z}\left(1+\dfrac{y}{x}\right)} + \frac{1}{\dfrac{y}{x}\left(1+\dfrac{z}{y}\right)} + \frac{1}{\dfrac{z}{y}\left(1+\dfrac{x}{z}\right)}$$

$$= \frac{z}{x+y} + \frac{x}{y+z} + \frac{y}{z+x}$$

$$\geqslant \frac{3}{2}$$

即原不等式获得证明.

评注　本题实际上证明了（条件同 $a,b,c \in \mathbf{R}^*, abc=1$）

$$\frac{1}{c(1+a)} + \frac{1}{a(1+b)} + \frac{1}{b(1+c)} \geqslant \frac{3}{2} \tag{1}$$

换句话说,问题 1 是建立在这个不等式基础上的.

引申 1　设 $a,b,c,d \in \mathbf{R}^*, abcd=1$,求证

$$\frac{1}{a(1+b)} + \frac{1}{b(1+c)} + \frac{1}{c(1+d)} + \frac{1}{d(1+a)} \geqslant 2$$

题目解说　本题为一道新题.

渊源探索　本题为上面评注中问题的四元推广,但是舍弃 $abcd=1$ 时的推广结论不成立,这是山东隋振林老师首先指出的,后来山西的王永喜老师也举出不成立的反例,于是笔者修改了条件,得到本题.

方法透析　设法利用问题 1 的解法将本引申 1 结构向上面评注式(1)的结构转化.

证明　由条件 $a,b,c,d \in \mathbf{R}^*, abcd=1$,可设

$$a=\frac{y}{x}, b=\frac{z}{y}, c=\frac{w}{z}, d=\frac{x}{w} \quad (x,y,z,w \in \mathbf{R}^*)$$

则

$$\frac{1}{\dfrac{y}{x}\left(1+\dfrac{z}{y}\right)} + \frac{1}{\dfrac{z}{y}\left(1+\dfrac{w}{z}\right)} + \frac{1}{\dfrac{w}{z}\left(1+\dfrac{x}{w}\right)} + \frac{1}{\dfrac{x}{w}\left(1+\dfrac{y}{x}\right)}$$

$$= \frac{x}{y+z} + \frac{y}{z+w} + \frac{z}{w+x} + \frac{w}{x+y}$$

$$\geqslant 2$$

最后一步用到前面曾经介绍过的结论

$$\frac{x}{y+z} + \frac{y}{z+w} + \frac{z}{w+x} + \frac{w}{x+y} \geqslant 2$$

评注 解决本题的方法是延用了问题 1 的证明 2——代换法,此法在前面曾经多次用到,应当引起重视.

引申 2 设 $a,b,c,d \in \mathbf{R}^*$, $abcd = 1$,求证

$$\frac{a^3+b^3+c^3}{1+a} + \frac{b^3+c^3+d^3}{1+b} + \frac{c^3+d^3+a^3}{1+c} + \frac{d^3+a^3+b^3}{1+d} \geqslant 6$$

题目解说 本题为一道新题.

渊源探索 本题源于上面问题 1 的变量个数方面的推广.

方法透析 运用问题 1 的类似方法和引申 1 的结论.

证明 1 由条件以及三元均值不等式知

$$\frac{b^3+c^3+d^3}{1+b} + \frac{c^3+d^3+a^3}{1+c} + \frac{d^3+a^3+b^3}{1+d} + \frac{a^3+b^3+c^3}{1+a}$$

$$\geqslant \frac{3bcd}{1+b} + \frac{3cda}{1+c} + \frac{3dab}{1+d} + \frac{3abc}{1+a}$$

$$= 3\left[\frac{1}{a(1+b)} + \frac{1}{b(1+c)} + \frac{1}{c(1+d)} + \frac{1}{d(1+a)}\right]$$

$$\geqslant 6$$

上面最后一步用到了前面证明过的引申 1.

评注 本题的这个证明显然是前面问题 1 的方法的简单延伸与引申 1 的直接应用,即本引申为问题 1 和引申 1 的串联.

证明 2 孙世宝(2018 年 12 月 16 日)的证明.

由排序不等式知道

$$\Rightarrow \frac{b^3+c^3+d^3}{1+b} \geqslant \frac{3b^3}{1+b}$$

类似还有三个,所以

$$\frac{b^3+c^3+d^3}{1+b} + \frac{c^3+d^3+a^3}{1+c} + \frac{d^3+a^3+b^3}{1+d} + \frac{a^3+b^3+c^3}{1+a}$$

$$\geqslant 3\left(\frac{b^3}{1+b} + \frac{c^3}{1+c} + \frac{d^3}{1+d} + \frac{a^3}{1+a}\right)$$

于是只要证明

$$\frac{b^3}{1+b} + \frac{c^3}{1+c} + \frac{d^3}{1+d} + \frac{a^3}{1+a} \geqslant 2 \tag{1}$$

而

$$\frac{b^3}{1+b} + \frac{c^3}{1+c} + \frac{d^3}{1+d} + \frac{a^3}{1+a}$$

$$= \frac{(b^2)^2}{b(1+b)} + \frac{(c^2)^2}{c(1+c)} + \frac{(d^2)^2}{d(1+d)} + \frac{(a^2)^2}{a(1+a)}$$

$$\geqslant \frac{(b^2 + c^2 + d^2 + a^2)^2}{b(1+b) + c(1+c) + d(1+d) + a(1+a)}$$

$$\geqslant \frac{4\sqrt[4]{(abcd)^2}(b^2 + c^2 + d^2 + a^2)}{a + b + c + d + a^2 + b^2 + c^2 + d^2}$$

$$= \frac{4(b^2 + c^2 + d^2 + a^2)}{a + b + c + d + a^2 + b^2 + c^2 + d^2}$$

要证明(1),只要证明

$$2(b^2 + c^2 + d^2 + a^2) \geqslant a + b + c + d + a^2 + b^2 + c^2 + d^2$$

$$\Leftrightarrow b^2 + c^2 + d^2 + a^2 \geqslant a + b + c + d \tag{2}$$

而

$$b^2 + c^2 + d^2 + a^2 \geqslant \frac{(a + b + c + d)^2}{4}$$

$$\geqslant \frac{4\sqrt[4]{abcd}(a + b + c + d)}{4}$$

$$= a + b + c + d$$

从而(2)获得证明,进而原命题得到证明.

评注　这个证明充分运用了排序不等式,配合多元均值不等式的一些结论,再运用分析与综合相结合的方法,比较巧妙实用.

证明 3　同证明 2,只需证明 $\dfrac{b^3}{1+b} + \dfrac{c^3}{1+c} + \dfrac{d^3}{1+d} + \dfrac{a^3}{1+a} \geqslant 2$,但是

$$\frac{b^3}{1+b} + \frac{c^3}{1+c} + \frac{d^3}{1+d} + \frac{a^3}{1+a}$$

$$\geqslant \frac{(b^2 + c^2 + d^2 + a^2)(b^2 + c^2 + d^2 + a^2)}{a + b + c + d + a^2 + b^2 + c^2 + d^2}$$

$$\geqslant \frac{4\sqrt[4]{abcd}(b^2 + c^2 + d^2 + a^2)}{a + b + c + d + a^2 + b^2 + c^2 + d^2}$$

$$\geqslant \frac{4(b^2 + c^2 + d^2 + a^2)}{\frac{1}{2}(a^2+1) + \frac{1}{2}(b^2+1) + \frac{1}{2}(c^2+1) + \frac{1}{2}(d^2+1) + a^2 + b^2 + c^2 + d^2}$$

$$= \frac{4(b^2 + c^2 + d^2 + a^2)}{2 + \frac{3}{2}(a^2 + b^2 + c^2 + d^2)}$$

$$= \frac{8x}{4 + 3x} \quad (\diamondsuit : x = a^2 + b^2 + c^2 + d^2)$$

$$= \frac{8}{\frac{4}{x} + 3} \geqslant 2$$

等号成立的条件为 $x=4$,结合前面的过程知道原命题等号成立的条件为

$$a=b=c=d=1$$

到此结论获得证明.

评注 证明 3 利用等号成立的条件将 a 放大到 $\frac{1}{2}(a^2+1)$ 等是一个较高的技巧.

另外,此题是否可以推广到更多个变量,请读者思考.

问题 2 设 $a,b,c \in \mathbf{R}^*$,$abc=1$,求证:$\dfrac{1}{a^3}+\dfrac{1}{b^3}+\dfrac{1}{c^3} \geqslant a+b+c$.

题目解说 本题是流行于(2018 年 11 月 24 日)中学数学教师交流微信群里的一道题目.

证明 由条件以及三元均值不等式知

$$\frac{1}{a^3}+\frac{1}{b^3}+1 \geqslant \frac{3}{ab}=3c$$

$$\frac{1}{b^3}+\frac{1}{c^3}+1 \geqslant \frac{3}{bc}=3a$$

$$\frac{1}{c^3}+\frac{1}{a^3}+1 \geqslant \frac{3}{ca}=3b$$

$$\Rightarrow 2\left(\frac{1}{a^3}+\frac{1}{b^3}+\frac{1}{c^3}\right)$$

$$\geqslant 3(c+a+b)-3$$

$$=2(c+a+b)+(c+a+b)-3$$

$$\geqslant 2(c+a+b)+3\sqrt[3]{cab}-3$$

$$=2(c+a+b)$$

即 $\dfrac{1}{a^3}+\dfrac{1}{b^3}+\dfrac{1}{c^3} \geqslant a+b+c$.

评注 这个题目结构简单,对称优美,给人美感,证明也不麻烦,更没有太高的技巧,只是运用了三元均值不等式(注意等号有取到的情况),沿着这个思路继续前行,对于多个变量会怎么样?

引申 1 设 $a,b,c,d \in \mathbf{R}^*$,$abcd=1$,求证

$$\frac{1}{a^4}+\frac{1}{b^4}+\frac{1}{c^4}+\frac{1}{d^4} \geqslant a+b+c+d$$

题目解说 这是一个新题.

渊源探索 本题为问题 2 的变量个数方面从三个到四个的推广形式.

方法透析 问题 2 运用三元均值不等式,技巧是在运用了三元均值不等式

之后消掉变量的指数,然后为运用已知条件打下基础.

证明   由多元均值不等式以及条件知

$$\frac{1}{a^4}+\frac{1}{b^4}+\frac{1}{c^4}+1\geqslant\frac{4}{abc}=4d$$

$$\frac{1}{b^4}+\frac{1}{c^4}+\frac{1}{d^4}+1\geqslant\frac{4}{bcd}=4a$$

$$\frac{1}{c^4}+\frac{1}{d^4}+\frac{1}{a^4}+1\geqslant\frac{4}{cda}=4b$$

$$\frac{1}{d^4}+\frac{1}{a^4}+\frac{1}{b^4}+1\geqslant\frac{4}{dab}=4c$$

$$\Rightarrow 3\left(\frac{1}{a^4}+\frac{1}{b^4}+\frac{1}{c^4}+\frac{1}{d^4}\right)$$

$$\geqslant 4(a+b+c+d)-4$$

$$=3(a+b+c+d)+(a+b+c+d)-4$$

$$\geqslant 3(a+b+c+d)+4\sqrt[4]{abcd}-4$$

$$=3(a+b+c+d)$$

即 $\frac{1}{a^4}+\frac{1}{b^4}+\frac{1}{c^4}+\frac{1}{d^4}\geqslant a+b+c+d$.

评注   本题的渊源及其证明完全是从上面问题2模拟出来的,可见深入研究一道题目的功效.

练习题

1. 设 $a,b,c\in \mathbf{R}^*$,$abc=1$,$n\in \mathbf{N}^*$,$n\geqslant 3$,求证:$\frac{1}{a^n}+\frac{1}{b^n}+\frac{1}{c^n}\geqslant a+b+c$.

2. 设 $a,b,c,d\in \mathbf{R}^*$,$abcd=1$,$n\in \mathbf{N}^*$,$n\geqslant 4$,求证

$$\frac{1}{a^n}+\frac{1}{b^n}+\frac{1}{c^n}+\frac{1}{d^n}\geqslant a+b+c+d$$

3. 设 $a_i\in \mathbf{R}^*$,$\prod_{i=1}^{n}a_i=1$,$n,m\in \mathbf{N}^*$,$m\geqslant n$,求证:$\sum_{i=1}^{n}\frac{1}{a_i^m}\geqslant \sum_{i=1}^{n}a_i$.

上面三道题目的证明就留给大家练习吧!

综上所述,对于一道题目及其解法的深入分析和探究,可以提高自己的命题与解题能力,这是许多命题人的独门绝技.

§16 一题一类一法

一、问题与解答

问题 对于满足 $a,b,c \in \mathbf{R}^*$, $a+b+c=1$, 求证

$$\frac{a^2}{(b+c)^3} + \frac{b^2}{(c+a)^3} + \frac{c^2}{(a+b)^3} \geqslant \frac{9}{8}$$

题目解说 本题为一道常见题目.

方法透析 本题的结构是从左至右的一个逐步缩小的过程,故证明本题的思想应该是从左至右进行一步一步地利用类似不等式 —— 柯西不等式的类似形式(分式结构).

证明 1 由柯西不等式知

$$\frac{a^2}{(b+c)^3} + \frac{b^2}{(c+a)^3} + \frac{c^2}{(a+b)^3}$$

$$= \frac{\left(\frac{a}{b+c}\right)^2}{b+c} + \frac{\left(\frac{b}{c+a}\right)^2}{c+a} + \frac{\left(\frac{c}{a+b}\right)^2}{a+b}$$

$$\geqslant \frac{\left(\frac{a}{b+c} + \frac{b}{c+a} + \frac{c}{a+b}\right)^2}{b+c+c+a+a+b}$$

$$\geqslant \frac{\left(\frac{3}{2}\right)^2}{2(a+b+c)} = \frac{9}{8}$$

即 $\dfrac{a^2}{(b+c)^3} + \dfrac{b^2}{(c+a)^3} + \dfrac{c^2}{(a+b)^3} \geqslant \dfrac{9}{8}$.

评注 本题证明不仅运用了柯西不等式,最后一步还运用了熟知的广为流传的不等式

$$\frac{a}{b+c} + \frac{b}{c+a} + \frac{c}{a+b} \geqslant \frac{3}{2}$$

引申 1 对于满足 $a,b,c \in \mathbf{R}^*$, 求证

$$a^2 + b^2 + c^2 + \frac{a^2}{(b+c)^4} + \frac{b^2}{(c+a)^4} + \frac{c^2}{(a+b)^4} \geqslant \frac{3}{2}$$

题目解说 本题为一道常见题目.

渊源探索 本题的结构与上题有一部分类似.

方法透析 本题的结构是从左至右的一个逐步缩小的过程,故证明本题

的思想应该是从左至右进行一步一步地利用类似不等式 —— 柯西不等式的类似形式(分式结构). 从本题结构与上题结构入手,看看类似方法可用否?

证明 1 由柯西不等式知

$$a^2 + b^2 + c^2 + \frac{a^2}{(b+c)^4} + \frac{b^2}{(c+a)^4} + \frac{c^2}{(a+b)^4}$$

$$= a^2 + b^2 + c^2 + \frac{\left(\dfrac{a}{b+c}\right)^2}{(b+c)^2} + \frac{\left(\dfrac{b}{c+a}\right)^2}{(c+a)^2} + \frac{\left(\dfrac{c}{a+b}\right)^2}{(a+b)^2}$$

$$\geqslant a^2 + b^2 + c^2 + \frac{\left(\dfrac{a}{b+c} + \dfrac{b}{c+a} + \dfrac{c}{a+b}\right)^2}{(b+c)^2 + (c+a)^2 + (a+b)^2}$$

$$\geqslant a^2 + b^2 + c^2 + \frac{\left(\dfrac{3}{2}\right)^2}{(b+c)^2 + (c+a)^2 + (a+b)^2}$$

$$= a^2 + b^2 + c^2 + \frac{\left(\dfrac{3}{2}\right)^2}{(2a^2 + b^2 + c^2) + 2(ab + bc + ca)}$$

$$\geqslant a^2 + b^2 + c^2 + \frac{\left(\dfrac{3}{2}\right)^2}{2(a^2 + b^2 + c^2) + 2(a^2 + b^2 + c^2)}$$

$$= a^2 + b^2 + c^2 + \frac{3^2}{4^2(a^2 + b^2 + c^2)}$$

$$\geqslant 2\sqrt{(a^2 + b^2 + c^2) \cdot \frac{3^2}{4^2(a^2 + b^2 + c^2)}}$$

$$= \frac{3}{2}$$

到此结论获得证明.

评注 本证明比较迂回曲折在于将 $\dfrac{a^2}{(b+c)^4}$ 等变形为 $\dfrac{\left(\dfrac{a}{b+c}\right)^2}{(b+c)^2}$ 等,为凑成分式柯西不等式结构做准备,这是一个比较高级的技巧,希望读者仔细领悟.

另外,我们再次运用了熟知的不等式

$$\frac{a}{b+c} + \frac{b}{c+a} + \frac{c}{a+b} \geqslant \frac{3}{2}$$

证明 2 由二元均值不等式

$$a^2 + b^2 + c^2 + \frac{a^2}{(b+c)^4} + \frac{b^2}{(c+a)^4} + \frac{c^2}{(a+b)^4}$$

$$= \sum \left(\frac{1}{2}(b^2 + c^2) + \frac{a^2}{(b+c)^4} \right)$$

$$\geqslant \sum \left(\frac{1}{4}(b+c)^2 + \frac{a^2}{(b+c)^4} \right)$$

$$\geqslant \sum \left(\frac{a}{b+c} \right) \geqslant \frac{3}{2}$$

评注 本证明最后一步还运用了熟知的广为流传的不等式

$$\frac{a}{b+c} + \frac{b}{c+a} + \frac{c}{a+b} \geqslant \frac{3}{2}$$

二、方法延伸

我们先证明一个引理：对于满足 $a,b,c,d \in \mathbf{R}^*$，求证

$$\frac{a}{b+c} + \frac{b}{c+d} + \frac{c}{d+a} + \frac{d}{a+b} \geqslant 2$$

证明 1 设

$$x = \frac{a}{b+c} + \frac{b}{c+d} + \frac{c}{d+a} + \frac{d}{a+b}$$

$$y = \frac{b}{b+c} + \frac{c}{c+d} + \frac{d}{d+a} + \frac{a}{a+b}$$

$$z = \frac{c}{b+c} + \frac{d}{c+d} + \frac{a}{d+a} + \frac{b}{a+b}$$

$$\Rightarrow x+y = \frac{a+b}{b+c} + \frac{b+c}{c+d} + \frac{c+d}{d+a} + \frac{d+a}{a+b}$$

$$\geqslant 4\sqrt[4]{\frac{a+b}{b+c} \cdot \frac{b+c}{c+d} \cdot \frac{c+d}{d+a} \cdot \frac{d+a}{a+b}} = 4$$

$$\Rightarrow x+z = \frac{a+c}{b+c} + \frac{b+d}{c+d} + \frac{c+a}{d+a} + \frac{d+b}{a+b}$$

$$= (a+c)\left(\frac{1}{b+c} + \frac{1}{d+a} \right) + (b+d)\left(\frac{1}{c+d} + \frac{1}{a+b} \right)$$

$$\geqslant (a+c) \cdot \frac{4}{b+c+d+a} + (b+d) \cdot \frac{4}{c+d+a+b}$$

$$= 4$$

$$y+z = \frac{b+c}{b+c} + \frac{c+d}{c+d} + \frac{d+a}{d+a} + \frac{a+b}{a+b} = 4$$

$$\Rightarrow (x+y) + (x+z) + (y+z) \geqslant 4+4+4$$

$$\Rightarrow x+y+z \geqslant 6$$

$$\Rightarrow x \geqslant 2 \quad (\text{注意到 } y+z=4)$$

到此引理获得证明.

证明 2 由柯西不等式知

$$\frac{a}{b+c}+\frac{b}{c+d}+\frac{c}{d+a}+\frac{d}{a+b}$$

$$=\frac{a^2}{a(b+c)}+\frac{b^2}{b(c+d)}+\frac{c^2}{c(d+a)}+\frac{d^2}{d(a+b)}$$

$$\geqslant\frac{(a+b+c+d)^2}{a(b+c)+b(c+d)+c(d+a)+d(a+b)}$$

$$=\frac{(a^2+b^2+c^2+d^2)+2(ab+bc+cd+da)+2(ac+bd)}{ab+bc+cd+da+2(ac+bd)}$$

$$\geqslant\frac{2(ac+bd)+2(ab+bc+cd+da)+2(ac+bd)}{ab+bc+cd+da+2(ac+bd)}$$

$$=2$$

评注 这个证明的特点在于对所有分式之和运用柯西不等式之后,将分子做如下变形

$$(a+b+c+d)^2$$

$$=(a^2+b^2+c^2+d^2)+2(ab+bc+cd+da)+2(ac+bd)$$

再对分子中的 $a^2+b^2+c^2+d^2$ 运用二元均值不等式得到

$$a^2+b^2+c^2+d^2\geqslant 2(ac+bd)$$

凑成分母中的式子,最后得到问题的证明.

引申 2 对于满足 $a,b,c,d\in\mathbf{R}^*,a+b+c+d=1$,求证

$$\frac{a^2}{(b+c)^3}+\frac{b^2}{(c+d)^3}+\frac{c^2}{(d+a)^3}+\frac{d^2}{(a+b)^3}\geqslant 2$$

题目解说 本题为一道新题目.

渊源探索 本题为问题 1 的变量个数从三元到四元的推广.

方法透析 本题的结构仍是从左至右的一个逐步缩小的过程,故证明本题的思想应该是从左至右进行一步一步的利用类似不等式 —— 柯西不等式的类似形式(分式结构).

由柯西不等式知

$$\frac{a^2}{(b+c)^3}+\frac{b^2}{(c+d)^3}+\frac{c^2}{(d+a)^3}+\frac{d^2}{(a+b)^3}$$

$$=\frac{\left(\frac{a}{b+c}\right)^2}{b+c}+\frac{\left(\frac{b}{c+d}\right)^2}{c+d}+\frac{\left(\frac{c}{d+a}\right)^2}{d+a}+\frac{\left(\frac{d}{a+b}\right)^2}{a+b}$$

$$\geqslant\frac{\left(\frac{a}{b+c}+\frac{b}{c+d}+\frac{c}{d+a}+\frac{d}{a+b}\right)^2}{2(a+b+c+d)}$$

$$\geqslant\frac{2^2}{b+c+c+d+d+a+a+b}$$

$$= \frac{2^2}{2(a+b+c+d)} = 2$$

评注 本题证明运用到上面的引理,这是一个有用的信号 —— 证明过的结论要牢记.

引申 3 对于满足 $a,b,c,d \in \mathbf{R}^*$,求证

$$a^2 + b^2 + c^2 + d^2 + \frac{a^2}{(b+c)^4} + \frac{b^2}{(c+d)^4} + \frac{c^2}{(d+a)^4} + \frac{d^2}{(a+b)^4} \geqslant 2$$

题目解说 本题为一道新题目.

渊源探索 本题为引申 1 的变量个数从三元到四元的推广.

方法透析 本题的结构仍是从左至右的一个逐步缩小的过程,故证明本题的思想应该是从左至右进行一步一步地利用类似不等式 —— 柯西不等式的类似形式(分式结构).

证明 由柯西不等式知

$$a^2 + b^2 + c^2 + d^2 + \frac{a^2}{(b+c)^4} + \frac{b^2}{(c+d)^4} + \frac{c^2}{(d+a)^4} + \frac{d^2}{(a+b)^4}$$

$$= a^2 + b^2 + c^2 + d^2 + \frac{\left(\frac{a}{b+c}\right)^2}{(b+c)^2} + \frac{\left(\frac{b}{c+d}\right)^2}{(c+d)^2} + \frac{\left(\frac{c}{d+a}\right)^2}{(d+a)^2} + \frac{\left(\frac{d}{a+b}\right)^2}{(a+b)^2}$$

$$\geqslant a^2 + b^2 + c^2 + d^2 + \frac{\left(\frac{a}{b+c} + \frac{b}{c+d} + \frac{c}{d+a} + \frac{d}{a+b}\right)^2}{(b+c)^2 + (c+d)^2 + (d+a)^2 \ (a+b)^2}$$

$$\geqslant a^2 + b^2 + c^2 + d^2 + \frac{2^2}{(b+c)^2 + (c+a)^2 + (d+a)^2 + (a+b)^2}$$

$$= a^2 + b^2 + c^2 + d^2 + \frac{2^2}{2(a^2+b^2+c^2+d^2) + 2(ab+bc+cd+da)}$$

$$\geqslant a^2 + b^2 + c^2 + d^2 + \frac{2^2}{4(a^2+b^2+c^2+d^2)}$$

$$= a^2 + b^2 + c^2 + d^2 + \frac{1}{a^2+b^2+c^2+d^2}$$

$$\geqslant 2$$

评注 本题的证明比较艰难,艰难在于需要事先知道前面证明过的引理,可见,多掌握几个证明过的结论在解题中有多重要,这种证明方法在竞赛场上为常用模式.

另外,上面几道题目还可以进行指数方面的推广.

综上所述,从上面的证明可以看出,运用此法好像很容易将本题从变量个数方面予以推广,其实不然,仅对有限个情形成立,留给感兴趣的读者探讨吧!

§17　一道组合不等式的证明

一、问题及其解法

问题 1　求证：$\dfrac{1+3+5+\cdots+(2n+1)}{1^2 C_n^0+3^2 C_n^1+5^2 C_n^2+\cdots+(2n+1)^2 C_n^n} \leqslant \left(\dfrac{1}{2}\right)^n$（$n>2$，$n\in \mathbf{N}$）.

题目解说　本题为《数学通讯》2015 年第 4 期的问题解答栏 215 题.

方法透析　原解答较繁，且不易被学生理解，这里笔者给出几个较简单的证明方法，供感兴趣者参考.

证明 1　因为

$$(2k+1)^2 C_n^k=(4k^2+4k+1)C_n^k=4k^2 C_n^k+4k C_n^k+C_n^k$$

$$k^2 C_n^k=nk C_{n-1}^{k-1}=n[(k-1)+1]C_{n-1}^{k-1}=n(k-1)C_{n-1}^{k-1}+n C_{n-1}^{k-1}$$

$$\sum_{k=1}^{n} k^2 C_n^k=\sum_{k=1}^{n}[n(k-1)C_{n-1}^{k-1}+n C_{n-1}^{k-1}]$$
$$=n(n-1)\cdot 2^{n-2}+n\cdot 2^{n-1}$$

$$\sum_{k=1}^{n}(4k C_n^k+C_n^k)=4n\cdot 2^{n-1}+2^n-1$$

$$\Rightarrow 1^2 C_n^0+3^2 C_n^1+5^2 C_n^2+\cdots+(2n+1)^2 C_n^n=2^n(n^2+3n+1)$$

$$\Rightarrow \frac{1+3+5+\cdots+(2n+1)}{1^2 C_n^0+3^2 C_n^1+5^2 C_n^2+\cdots+(2n+1)^2 C_n^n}=\frac{(n+1)^2}{2^n(n^2+3n+1)} \leqslant \frac{1}{2^n}$$

评注　这个证明是建立在几个重要组合恒等式的基础上的，可见牢记一些重要组合恒等式是多么重要啊！另外，本题属于不等式证明，但是解决过程也并没有用到什么高深的不等式理论和方法，只是在最后阶段用了少许的简单估计.

特别提示，以下恒等式是常用的，要记住

(1)$1+3+5+\cdots+(2n+1)=(n+1)^2$；

(2)$\displaystyle\sum_{k=1}^{n} k C_n^k=n\cdot 2^{n-1}$；

(3)$\displaystyle\sum_{k=1}^{n} n C_{n-1}^{k-1}=n\cdot 2^{n-1}$；

(4)$\displaystyle\sum_{k=1}^{n}(n(k-1)C_{n-1}^{k-1})=n(n-1)\cdot 2^{n-2}$；

(5) $\sum\limits_{k=1}^{n} k^2 C_n^k = n(n-1) \cdot 2^{n-2} + n \cdot 2^{n-1}$.

证明 2 直接运用柯西不等式.

因为

$$1 + 3 + 5 + \cdots + (2n+1) = (n+1)^2$$

$$1^2 C_n^0 + 3^2 C_n^1 + 5^2 C_n^2 + \cdots + (2n+1)^2 C_n^n$$

$$= \frac{(1 \cdot C_n^0)^2}{C_n^0} + \frac{(3 \cdot C_n^1)^2}{C_n^1} + \frac{(5 \cdot C_n^2)^2}{C_n^2} + \cdots + \frac{[(2n+1)C_n^n]^2}{C_n^n}$$

$$\geqslant \frac{[1 \cdot C_n^0 + 3 \cdot C_n^1 + 5 \cdot C_n^2 + \cdots + (2n+1)C_n^n]^2}{C_n^0 + C_n^1 + C_n^2 + \cdots + C_n^n}$$

$$= \frac{\left[\sum\limits_{k=0}^{n}(2k+1)C_n^k\right]^2}{2^n} = \frac{\left[2\sum\limits_{k=0}^{n}(kC_n^k + \sum\limits_{k=0}^{n} C_n^k\right]^2}{2^n}$$

$$= \frac{(2 \cdot n \cdot 2^{n-1} + 2^n)^2}{2^n} = (n+1)^2 \cdot 2^n$$

所以

$$\frac{1 + 3 + 5 + (2n+1)}{1^2 C_n^0 + 3^2 C_n^1 + 5^2 C_n^2 + \cdots + (2n+1)^2 C_n^n} \leqslant \left(\frac{1}{2}\right)^n$$

评注 看看上面总结的几个式子在这里就派上用场了,比如 P369(2),这就告诉我们,记住并灵活运用一些组合恒等式是有益的.

证明 3 原不等式等价于

$$1^2 C_n^0 + 3^2 C_n^1 + 5^2 C_n^2 + \cdots + (2n+1)^2 C_n^n \geqslant 2^n(1+n)^2$$

$$\Leftrightarrow \frac{1^2 C_n^0 + 3^2 C_n^1 + 5^2 C_n^2 + \cdots + (2n+1)^2 C_n^n}{2^n} \geqslant (1+n)^2$$

$$\Leftrightarrow \frac{1^2 C_n^0 + 3^2 C_n^1 + 5^2 C_n^2 + \cdots + (2n+1)^2 C_n^n}{C_n^0 + C_n^1 + C_n^2 + \cdots + C_n^n} \geqslant (1+n)^2$$

而函数 $f(x) = x^2$ 是 $(0, +\infty)$ 上的下凸增函数,所以

$$\frac{1^2 C_n^0 + 3^2 C_n^1 + 5^2 C_n^2 + \cdots + (2n+1)^2 C_n^n}{C_n^0 + C_n^1 + C_n^2 + \cdots + C_n^n}$$

$$= \frac{f(1)^2 C_n^0 + f(3)^2 C_n^1 + f(5)^2 C_n^2 + \cdots + f(2n+1)^2 C_n^n}{C_n^0 + C_n^1 + C_n^2 + \cdots + C_n^n}$$

$$\geqslant \left(\frac{1C_n^0 + 3C_n^1 + 5C_n^2 + \cdots + (2n+1)C_n^n}{C_n^0 + C_n^1 + C_n^2 + \cdots + C_n^n}\right)^2$$

又

$$1C_n^0 + 3C_n^1 + 5C_n^2 + \cdots + (2n+1)C_n^n$$

$$= 2 \sum_{k=0}^{n} k C_n^k + 2^n$$

$$= 2n \sum_{k=1}^{n-1} C_{n-1}^{k-1} + 2^n$$

$$= 2^n + 2^n \cdot n = 2^n (1 + n)$$

从而

$$\left(\frac{1 C_n^0 + 3 C_n^1 + 5 C_n^2 + \cdots + (2n+1) C_n^n}{C_n^0 + C_n^1 + C_n^2 + \cdots + C_n^n} \right)^2 \geqslant (1 + n)^2$$

评注 这个运用琴生不等式的方法比较好,将组合数看成组合数系数的系数,是观念的改变,这一重大改变,便产生了新的方法——反客为主.

综上所述,对一道有意义的数学问题的多方位探讨是一件有意义的事情,既可以提高学生对数学学习的兴趣,更能提高学生的数学素养和解题能力,也是提出问题和发现好问题的灵丹妙药!

二、问题的延伸思考

如果对上述问题再加分析,有什么结果?或者在某次讲课时,误将题目看错了,写成下述式子,怎么办?

问题 2 求证:$\dfrac{1}{C_n^0} + \dfrac{3}{C_n^1} + \dfrac{5}{C_n^2} + \cdots + \dfrac{(2n+1)}{C_n^n} \geqslant \dfrac{(n+1)^3}{2^n}$.

题目解说 本题相对上题为一个新题.

渊源探索 本题为上题的类比思考结果.

方法透析 仔细分析上题的求解过程,看看类似知识是否有用.

证明 由下面恒等式以及柯西不等式知道

$$\sum_{k=0}^{n} (2k+1) C_n^k = (n+1) \cdot 2^n$$

$$\frac{1}{C_n^0} + \frac{3}{C_n^1} + \frac{5}{C_n^2} + \cdots + \frac{(2n+1)}{C_n^n}$$

$$= \frac{1^2}{1 \cdot C_n^0} + \frac{3^2}{3 C_n^1} + \frac{5^2}{5 C_n^2} + \cdots + \frac{(2n+1)^2}{(2n+1) C_n^n}$$

$$\geqslant \frac{\left[\sum\limits_{k=0}^{n} (2k+1) \right]^2}{\sum\limits_{k=0}^{n} (2k+1) C_n^k} = \frac{(n+1)^4}{(n+1) \cdot 2^n} = \frac{(n+1)^3}{2^n}$$

评注 本题直接运用柯西不等式,使得问题快速获解.

371

§18   两道不等式竞赛题的研究

问题 1   设 $a,b,c \in \mathbf{R}^*$，且 $abc = 1$，求证

$$\frac{a^2 - b^2}{a + bc} + \frac{b^2 - c^2}{b + ca} + \frac{c^2 - a^2}{c + ab} \leqslant a + b + c - 3$$

题目解说   本题为 2018 年中欧数学奥林匹克竞赛题之一，赵力翻译，王世奎编辑，见公众号"许康华竞赛优学"（2018 年 9 月 2 日）.

证明   由条件知道

$$\frac{a^2 - b^2}{a + bc} + \frac{b^2 - c^2}{b + ca} + \frac{c^2 - a^2}{c + ab}$$

$$= \frac{a^2 - b^2}{a + \dfrac{1}{a}} + \frac{b^2 - c^2}{b + \dfrac{1}{b}} + \frac{c^2 - a^2}{c + \dfrac{1}{c}}$$

$$= \frac{a(a^2 + 1) - a(1 + b^2)}{a^2 + 1} + \frac{b(b^2 + 1) - b(1 + c^2)}{b^2 + 1} + \frac{c(c^2 + 1) - c(1 + a^2)}{c^2 + 1}$$

$$= a + b + c - \left[\frac{a(1 + b^2)}{a^2 + 1} + \frac{b(1 + c^2)}{b^2 + 1} + \frac{c(1 + a^2)}{c^2 + 1} \right]$$

$$\leqslant a + b + c - 3\sqrt[3]{\frac{a(1 + b^2)}{a^2 + 1} \cdot \frac{b(1 + c^2)}{b^2 + 1} \cdot \frac{c(1 + a^2)}{c^2 + 1}}$$

$$= a + b + c - 3$$

到此结论获得证明.

评注   仔细分析本题的证明过程不难发现，此方法具有一般性，沿用此法可顺利将本题推广到多个变量的情况.

为使得读者便于阅读，先给出四个变量的结论及其证明如下.

引申 1   设 $a,b,c,d \in \mathbf{R}^*$，$abcd = 1$，求证

$$\frac{a^2 - b^2}{a + bcd} + \frac{b^2 - c^2}{b + cda} + \frac{c^2 - d^2}{c + dab} + \frac{d^2 - a^2}{d + abc} \leqslant a + b + c + d - 4$$

题目解说   本题为一个新题.

渊源探索   本题为问题 1 的变量个数方面的四元推广.

方法透析   反观问题的证明过程是有益的.

证明   由条件知道

$$\frac{a^2 - b^2}{a + bcd} + \frac{b^2 - c^2}{b + cda} + \frac{c^2 - d^2}{c + dab} + \frac{d^2 - a^2}{d + abc}$$

从分析解题过程学解题——
竞赛中的向量几何与不等式研究

$$= \frac{a^2 - b^2}{a + \frac{1}{a}} + \frac{b^2 - c^2}{b + \frac{1}{b}} + \frac{c^2 - d^2}{c + \frac{1}{c}} + \frac{d^2 - a^2}{d + \frac{1}{d}}$$

$$= \frac{a(a^2 + 1) - a(1 + b^2)}{a^2 + 1} + \frac{b(b^2 + 1) - b(1 + c^2)}{b^2 + 1} +$$

$$\frac{c(c^2 + 1) - c(1 + d^2)}{c^2 + 1} + \frac{d(d^2 + 1) - d(1 + a^2)}{d^2 + 1}$$

$$= a + b + c + d - \frac{a(1 + b^2)}{a^2 + 1} - \frac{b(1 + c^2)}{b^2 + 1} - \frac{c(1 + d^2)}{c^2 + 1} - \frac{d(1 + a^2)}{d^2 + 1}$$

$$\leqslant a + b + c + d - 4\sqrt[4]{\frac{a(1 + b^2)}{a^2 + 1} \cdot \frac{b(1 + c^2)}{b^2 + 1} \cdot \frac{c(1 + d^2)}{c^2 + 1} \cdot \frac{d(1 + a^2)}{d^2 + 1}}$$

$$= a + b + c + d - 4$$

即四个变量时结论也成立.

评注 类似的方法还可以将原问题推广到更多个变量.

引申 2 设 $a, b, c \in \mathbf{R}^*$，且 $abc = 1$，求证

$$\frac{a^3 - b^3}{a^2 + bc} + \frac{b^3 - c^3}{b^2 + ca} + \frac{c^3 - a^3}{c^2 + ab} \leqslant a + b + c - 3$$

题目解说 本题为一个新题.

渊源探索 本题为上面问题 1 的指数推广.

方法透析 反观问题的证明过程是有益的.

证明 由条件知

$$\frac{a^3 - b^3}{a^2 + bc} + \frac{b^3 - c^3}{b^2 + ca} + \frac{c^3 - a^3}{c^2 + ab}$$

$$= \frac{a^3 - b^3}{a^2 + \frac{1}{a}} + \frac{b^3 - c^3}{b^2 + \frac{1}{b}} + \frac{c^3 - a^3}{c^2 + \frac{1}{c}}$$

$$= \frac{a(a^4 + 1) - a(1 + b^4)}{a^4 + 1} + \frac{b(b^4 + 1) - b(1 + c^4)}{b^4 + 1} + \frac{c(c^4 + 1) - c(1 + a^4)}{c^4 + 1}$$

$$= a + b + c - \left[\frac{a(1 + b^4)}{a^4 + 1} + \frac{b(1 + c^4)}{b^4 + 1} + \frac{c(1 + a^4)}{c^4 + 1} \right]$$

$$\leqslant a + b + c - 3\sqrt[3]{\frac{a(1 + b^4)}{a^4 + 1} \cdot \frac{b(1 + c^4)}{b^4 + 1} \cdot \frac{c(1 + a^4)}{c^4 + 1}}$$

$$= a + b + c - 3$$

即命题获得证明.

引申 3 设 $a, b, c \in \mathbf{R}^*$，且 $abc = 1, n \in \mathbf{N}^*, n \geqslant 2$，求证

$$\frac{a^{n+1} - b^{n+1}}{a^n + bc} + \frac{b^{n+1} - c^{n+1}}{b^n + ca} + \frac{c^{n+1} - a^{n+1}}{c^n + ab} \leqslant a + b + c - 3$$

证明 由条件知

$$\frac{a^{n+1}-b^{n+1}}{a^n+bc}+\frac{b^{n+1}-c^{n+1}}{b^n+ca}+\frac{c^{n+1}-a^{n+1}}{c^n+ab}$$

$$=\frac{a^{n+1}-b^{n+1}}{a^n+\dfrac{1}{a}}+\frac{b^{n+1}-c^{n+1}}{b^n+\dfrac{1}{b}}+\frac{c^{n+1}-a^{n+1}}{c^n+\dfrac{1}{c}}$$

$$=\frac{a(a^{n+1}+1)-a(1+b^{n+1})}{a^{n+1}+1}+\frac{b(b^{n+1}+1)-b(1+c^{n+1})}{b^{n+1}+1}+$$
$$\quad\frac{c(c^{n+1}+1)-c(1+a^{n+1})}{c^{n+1}+1}$$

$$=a+b+c-\left[\frac{a(1+b^{n+1})}{a^{n+1}+1}+\frac{c(1+c^{n+1})}{b^{n+1}+1}+\frac{c(1+a^{n+1})}{c^{n+1}+1}\right]$$

$$\leqslant a+b+c-3\sqrt[3]{\frac{a(1+b^{n+1})}{a^{n+1}+1}\cdot\frac{c(1+c^{n+1})}{b^{n+1}+1}\cdot\frac{c(1+a^{n+1})}{c^{n+1}+1}}$$

$$=a+b+c-3$$

引申 4 设 $a_i\in\mathbf{R}^*(i=1,2,\cdots,n)$，且 $a_1a_2\cdots a_n=1(n\in\mathbf{N}^*,n\geqslant3,m\geqslant3)$，$m\in\mathbf{N}^*$，求证

$$\frac{a_1^{m+1}-a_2^{m+1}}{a_1^m+a_2a_3}+\frac{a_2^{m+1}-a_3^{m+1}}{a_2^m+a_3a_4}+\cdots+\frac{a_n^{m+1}-a_1^{m+1}}{a_n^m+a_1a_2}\leqslant\sum_{k=1}^n a_k-n$$

类似可以证明，略.

单看这些问题意义不大，当单一拿出来做可能会有不同的感受.

问题 2 已知 $x,y,z\in\mathbf{R}$，求证：$\dfrac{y^2-x^2}{2x^2+1}+\dfrac{z^2-y^2}{2y^2+1}+\dfrac{x^2-z^2}{2z^2+1}\geqslant0$.

题目解说 本题为 2010 年波黑不等式竞赛题（2018 年 10 月 3 日），河南郭新华在"许康华竞赛优学"微信群里给出很好的证明，现在笔者想研究本题的更一般的结论，即变量个数更多会有什么结论？

为了让大家看清楚下面推广命题的由来，笔者将郭新华的证明在此再重复一遍.

证明 给原不等式两端同乘以 2，得到

$$\frac{y^2-x^2}{2x^2+1}+\frac{z^2-y^2}{2y^2+1}+\frac{x^2-z^2}{2z^2+1}\geqslant0$$

$$\Leftrightarrow\frac{2y^2-2x^2}{2x^2+1}+\frac{2z^2-2y^2}{2y^2+1}+\frac{2x^2-2z^2}{2z^2+1}\geqslant0$$

$$\Leftrightarrow\left(\frac{2y^2-2x^2}{2x^2+1}+1\right)+\left(\frac{2z^2-2y^2}{2y^2+1}+1\right)+\left(\frac{2x^2-2z^2}{2z^2+1}+1\right)\geqslant3$$

$$\Leftrightarrow\frac{2y^2+1}{2x^2+1}+\frac{2z^2+1}{2y^2+1}+\frac{2x^2+1}{2z^2+1}\geqslant3$$

最后一步直接运用三元均值不等式即得,从而原不等式获得证明.

引申 设 $a,b,c,d \in \mathbf{R}$,求证:$\dfrac{b^2-a^2}{2a^2+1} + \dfrac{c^2-b^2}{2b^2+1} + \dfrac{d^2-c^2}{2c^2+1} + \dfrac{a^2-d^2}{2d^2+1} \geqslant 0$.

证明 给原不等式两端同乘 2,得到

$$\frac{b^2-a^2}{2a^2+1} + \frac{c^2-b^2}{2b^2+1} + \frac{d^2-c^2}{2c^2+1} + \frac{a^2-d^2}{2d^2+1} \geqslant 0$$

$$\Leftrightarrow \frac{2b^2-2a^2}{2a^2+1} + \frac{2c^2-2b^2}{2b^2+1} + \frac{2d^2-2c^2}{2c^2+1} + \frac{2a^2-2d^2}{2d^2+1} \geqslant 0$$

$$\Leftrightarrow \frac{2b^2+1}{2a^2+1} + \frac{2c^2+1}{2b^2+1} + \frac{2d^2+1}{2c^2+1} + \frac{2a^2+1}{2d^2+1} \geqslant 4$$

最后一步运用四元均值不等式即得,从而原不等式获得证明.

类似的,本题也可以将变量个数推广到更多个的情况,略.

问题 3 设 $a,b,c \in \mathbf{R}^*$,且 $abc = 1$,求证

$$\frac{1}{2}(a^2+b^2+c^2) \geqslant \frac{1}{a+b} + \frac{1}{b+c} + \frac{1}{c+a}$$

题目解说 本题为 2015 年波黑不等式竞赛题(2018 年 9 月 21 日),河南郭新华和四川张云华在"爱数集合"微信群里分别给出正反两个方向的证明,都很好,郭新华的证明我觉得更具有普遍性,现在笔者想研究本题的更一般的结论,即变量个数更多会有什么结论?

证明 略.

引申 设 $a,b,c,d \in \mathbf{R}^*$,$abcd \geqslant 1$,求证

$$\frac{1}{3}(a^3+b^3+c^3+d^3) \geqslant \frac{1}{a+b+c} + \frac{1}{b+c+d} + \frac{1}{c+d+a} + \frac{1}{d+a+b}$$

证明 由三元均值不等式知道

$$a^3+b^3+c^3 \geqslant 3abc$$
$$b^3+c^3+d^3 \geqslant 3bcd$$
$$c^3+d^3+a^3 \geqslant 3cda$$
$$d^3+a^3+b^3 \geqslant 3dab$$

四个式子相加即得

$$a^3+b^3+c^3+d^3$$
$$\geqslant abc + bcd + cda + dab$$
$$\geqslant \frac{1}{d} + \frac{1}{a} + \frac{1}{b} + \frac{1}{c}$$
$$= \frac{1}{3}\left[\left(\frac{1}{a}+\frac{1}{b}+\frac{1}{c}\right) + \left(\frac{1}{b}+\frac{1}{c}+\frac{1}{d}\right) + \left(\frac{1}{c}+\frac{1}{d}+\frac{1}{a}\right) + \left(\frac{1}{d}+\frac{1}{a}+\frac{1}{b}\right)\right]$$

$$\geqslant 3\left(\frac{1}{a+b+c}+\frac{1}{b+c+d}+\frac{1}{c+d+a}+\frac{1}{d+a+b}\right)$$

即

$$\frac{1}{3}(a^3+b^3+c^3+d^3) \geqslant \frac{1}{a+b+c}+\frac{1}{b+c+d}+\frac{1}{c+d+a}+\frac{1}{d+a+b}$$

类似的,可以将变量个数推广到更多个变量的情况.

§19　代换 —— 数学解题的灵丹妙药

本节我们将介绍几种代换法,并指出一些代换方法的由来.

问题 1　对于满足 $abc=1$ 的正数 a,b,c,求

$$\left(a-1+\frac{1}{b}\right)\left(b-1+\frac{1}{c}\right)\left(c-1+\frac{1}{a}\right)$$

的最大值.

题目解说　本题是近几年常见的一道数学问题.

解　由于问题结构中三个变量具有轮换对称性,所以一般最值都是在三个变量相等时达到,于是,令 $a=b=c=1$,得到

$$\left(a-1+\frac{1}{b}\right)\left(b-1+\frac{1}{c}\right)\left(c-1+\frac{1}{a}\right)=1$$

故以下只要证明

$$\left(a-1+\frac{1}{b}\right)\left(b-1+\frac{1}{c}\right)\left(c-1+\frac{1}{a}\right) \leqslant 1$$

由条件可设 $a=\frac{x}{y}, b=\frac{y}{z}, c=\frac{z}{x}$,代入到上式,得到

$$(x-y+z)(-x+y+z)(x+y-z) \leqslant xyz$$

令

$$u=x-y+z, v=-x+y+z, w=x+y-z$$

因为 u,v,w 任意两个之和为正,所以,最多有一个为负,不妨设 $u,v \in \mathbf{R}^*$,于是

$$\sqrt{uv}=\sqrt{(x-y+z)(-x+y+z)} \leqslant \frac{1}{2}(x-y+z-x+y+z)=z$$

同理可得 $\sqrt{vw} \leqslant y, \sqrt{wu} \leqslant x$.

三个式子相乘即得结论.

评注　本题实质上是由一道 41 届 IMO 题目演变而来,另外,前面我们多

次用到三个变量之积为 1 时的代换,这是解决此类问题的常用方法,望大家能灵活运用.

二、问题的演变

问题 2 设对于满足 $abc = 1$ 的正数 a, b, c,求证

$$\left(a - 1 + \frac{1}{b}\right)\left(b - 1 + \frac{1}{c}\right)\left(c - 1 + \frac{1}{a}\right) \leqslant 1$$

题目解说 本题为第 41 届 IMO 试题.

渊源探索 运用问题 1 中的结论,让大家来证明,换句话说,就是已有的一些求最值问题,有时候也可以改为证明不等式问题,反之一样,这是一种命题方式.

证明 略.

问题 3 设 $a, b \in \mathbf{R}^*$,求证

$$\left(a^2 + \frac{1}{b^2} - 1\right)\left(b^2 + \frac{1}{a^2} - 1\right) \leqslant \left(ab + \frac{1}{ab} - 1\right)^2$$

题目解说 这是最近(2018 年 12 月 5 日左右)微信群里较为流传的题目.

渊源探索 上面问题 1 探讨了三个正变量乘积为 1 的情况下 $\left(a - 1 + \frac{1}{b}\right)\left(b - 1 + \frac{1}{c}\right)\left(c - 1 + \frac{1}{a}\right)$ 的最大值问题,如果三个变量之间不具有乘积为 1 时,会有什么情况发生? 退一步,对于两个变量先看看情况吧!

方法透析 本题结构比较简单,实在想不出什么办法时,就展开运算吧.

证明 1 由于

$$\left(a^2 + \frac{1}{b^2} - 1\right)\left(b^2 + \frac{1}{a^2} - 1\right) \leqslant \left(ab + \frac{1}{ab} - 1\right)^2$$

$$\Leftrightarrow a^2 + b^2 + \frac{1}{a^2} + \frac{1}{b^2} \geqslant 2ab + \frac{2}{ab}$$

这是显然的. 从而原不等式获得证明.

评注 本题的这个证明是简单的平铺直叙,没有什么技巧可言.

证明 2 设

$$a^2 = \frac{x}{y} \cdot k, \quad b^2 = \frac{y}{x} \cdot k \quad (x, y, k > 0)$$

$$\Rightarrow \left(a^2 + \frac{1}{b^2} - 1\right)\left(b^2 + \frac{1}{a^2} - 1\right) \leqslant \left(ab + \frac{1}{ab} - 1\right)^2$$

$$\Leftrightarrow \left(\frac{kx}{y} + \frac{x}{ky} - 1\right)\left(\frac{ky}{x} + \frac{y}{kx} - 1\right) \leqslant \left(k + \frac{1}{k} - 1\right)^2$$

$$\Leftrightarrow k^2 + 1 - \frac{ky}{x} + 1 + \frac{1}{k^2} - \frac{y}{kx} - \frac{kx}{y} - \frac{x}{ky} + 1$$

$$\leqslant k^2 + \frac{1}{k^2} + 1 + 2 - 2k - \frac{2}{k}$$

$$\Leftrightarrow -\frac{ky}{x} - \frac{y}{kx} - \frac{kx}{y} - \frac{x}{ky} \leqslant -2k - \frac{2}{k}$$

$$\Leftrightarrow \left(\frac{ky}{x} + \frac{kx}{y}\right) + \left(\frac{y}{kx} + \frac{x}{ky}\right) \geqslant 2k + \frac{2}{k}$$

这最后的不等式,由二元均值不等式知显然成立.

评注 本题的这个证明是一种较常用的方法,尤其是在具有三个变量之积为 1 时,经常采用这种轮换分式代换.

问题 4 设 $a, b, c \in \mathbf{R}^*$,求证

$$\left(a^3 + \frac{1}{b^3} - 1\right)\left(b^3 + \frac{1}{c^3} - 1\right)\left(c^3 + \frac{1}{a^3} - 1\right) \leqslant \left(abc + \frac{1}{abc} - 1\right)^2$$

题目解说 这是最近微信群里较为流传的题目.

渊源探索 上面问题 1 探讨了三个正变量乘积为 1 的情况下 $\left(a - 1 + \frac{1}{b}\right)\left(b - 1 + \frac{1}{c}\right)\left(c - 1 + \frac{1}{a}\right)$ 的最大值问题,如果三个变量之间不具有乘积为 1 时,会有什么情况发生? 即若令 $a = \sqrt[3]{\frac{x}{y} \cdot k}, b = \sqrt[3]{\frac{y}{z} \cdot k}$, $c = \sqrt[3]{\frac{z}{x} \cdot k}$ $(x, y, z, k > 0)$,便得到 $abc = k$,若 $k = 1$ 便成为问题 1,若 $k \neq 1$,则产生一个新题. 退一步,对于两个变量先看看情况吧!

方法透析 运用问题 1 的证明过程中的代换手法,便需令

$$a = \sqrt[3]{\frac{x}{y} \cdot k}, b = \sqrt[3]{\frac{y}{z} \cdot k}, c = \sqrt[3]{\frac{z}{x} \cdot k} \quad (x, y, z, k > 0)$$

于是,如下代换法就产生了.

证明 (这个证明方法属于山东隋振林老师)

设 $a = \sqrt[3]{\frac{x}{y} \cdot k}, b = \sqrt[3]{\frac{y}{z} \cdot k}, c = \sqrt[3]{\frac{z}{x} \cdot k}$ $(x, y, z, k > 0)$,则不等式等价于

$$(k^2 - k + 1)^3 xyz \geqslant (k^2 x - ky + z)(k^2 y - kz + x)(k^2 z - kx + y) \quad (1)$$

设 $z = \min(x, y, z), x = u + z, y = v + z(u, v \geqslant 0)$,则不等式(1)变成

$$(k^2 - k + 1)^3 (z + u)(z + v)z$$

$$\geqslant [k^2(z + u) - k(z + v) + z] \cdot [k^2(z + v) - kz + z + u] \cdot$$

$$[k^2 z - k(z + u) + z + v]$$

$$\Leftrightarrow (k^2 - k + 1)^3 \left[z^3 + (u + v)z^2 + uvz \right]$$
$$\geqslant \left[(k^2 u - kv) + (k^2 - k + 1)z \right] \cdot \left[(k^2 v + u) + (k^2 - k + 1)z \right] \cdot$$
$$\left[(v - ku) + (k^2 - k + 1)z \right]$$

为运算方便起见,令 $(k^2 - k + 1)z = t$,则上述不等式等价于

$$t^3 + (k^2 - k + 1)(u + v)t^2 + (k^2 - k + 1)^2 uvt$$
$$\geqslant \left[(k^2 u - kv) + t \right] \left[(k^2 v + u) + t \right] \left[(v - ku) + t \right]$$
$$\Leftrightarrow t^3 + (k^2 - k + 1)(u + v)t^2 + (k^2 - k + 1)^2 uvt$$
$$\geqslant \left[t^2 + (k^2 u + k^2 v + u - kv)t + (k^2 u - kv)(k^2 v + u) \right] \left[(v - ku) + t \right]$$
$$\Leftrightarrow t^3 + (k^2 - k + 1)(u + v)t^2 + (k^2 - k + 1)^2 uvt$$
$$\geqslant (v - ku)t^2 + (v - ku)(k^2 u + k^2 v + u - kv)t +$$
$$(v - ku)(k^2 u - kv)(k^2 v + u) + t^3 +$$
$$(k^2 u + k^2 v + u - kv)t^2 + (k^2 u - kv)(k^2 v + u)t$$
$$= t^3 + (u + v)(k^2 - k + 1)t^2 +$$
$$\left[(v - ku)(k^2 u + k^2 v + u - kv) + (k^2 u - kv)(k^2 v + u) \right] t -$$
$$k(v - ku)^2 (k^2 v + u)$$
$$\Leftrightarrow (k^2 - k + 1)^2 uvt$$
$$\geqslant \left[(v - ku)(k^2 u + k^2 v + u - kv) + (k^2 u - kv)(k^2 v + u) \right] t -$$
$$k(v - ku)^2 (k^2 v + u)$$
$$\Leftrightarrow (k^2 - k + 1)^2 uvt \geqslant (k^2 - k + 1)(kv - u)(ku - v)t -$$
$$k(v - ku)^2 (k^2 v + u)$$
$$\Leftrightarrow (k^2 - k + 1)t \left[(k^2 - k + 1)uv - (kv - u)(ku - v) \right] t +$$
$$k(v - ku)^2 (k^2 v + u) \geqslant 0$$
$$\Leftrightarrow (k^2 - k + 1)tk(u^2 - uv + v^2) + k(v - ku)^2 (k^2 v + u) \geqslant 0$$

这最后的不等式是显然成立的.

问题 5 设 $0 < a, b, c < \sqrt{2 + \sqrt{5}}$,求证

$$\left(a + \frac{1}{a} \right) \left(b + \frac{1}{b} \right) \left(c + \frac{1}{c} \right) \geqslant \left(\frac{a + b + c}{3} + \frac{3}{a + b + c} \right)^3$$

题目解说 本题来自于《数学通讯》2010(10):49.

方法透析 本题左端的每一个括弧明显是一个函数状态,故可以按照函数思想去解决,左端为函数在三个变量处的乘积,右端为该函数在三个变量处的算数平均值的立方.

证明 先证明 $\left(x + \frac{1}{x} \right) \left(y + \frac{1}{y} \right) \geqslant \left(\frac{x + y}{2} + \frac{2}{x + y} \right)^2$,注意到 $0 < x$,

$y \leqslant \sqrt{2+\sqrt{5}}$，所以

$$\frac{1}{xy(x+y)^2} + \frac{1}{xy} - \frac{1}{4}$$

$$\geqslant \frac{1}{(2+\sqrt{5}) \cdot 4 \cdot (2+\sqrt{5})} + \frac{1}{2+\sqrt{5}} - \frac{1}{4} = 0$$

$$\left(x+\frac{1}{x}\right)\left(y+\frac{1}{y}\right) - \left(\frac{x+y}{2} + \frac{2}{x+y}\right)^2$$

$$= -\frac{(x-y)^2}{4} + \frac{(x-y)^2}{xy} + \frac{(x-y)^2}{xy(x+y)^2}$$

$$= (x-y)^2 \left[\frac{1}{xy(x+y)^2} + \frac{1}{xy} - \frac{1}{4}\right] \geqslant 0$$

令 $f(x) = x + \dfrac{1}{x}$，这等价于证明了

$$\sqrt{f(x)f(y)} \leqslant f\left(\frac{x+y}{2}\right)$$

于是，对于 $0 < a, b, c, d < \sqrt{2+\sqrt{5}}$，有

$$\sqrt{f(a)f(b)} \cdot \sqrt{f(c)f(d)} \leqslant f\left(\frac{a+b}{2}\right) \cdot f\left(\frac{c+d}{2}\right)$$

$$\leqslant \left[f\left(\frac{a+b+c+d}{2}\right)\right]^2$$

$$\sqrt{f(a)f(b)} \cdot \sqrt{f(c)f\left(\frac{a+b+c}{3}\right)}$$

$$\leqslant f\left(\frac{a+b}{2}\right) \cdot f\left(\frac{c + \dfrac{a+b+c}{3}}{2}\right)$$

$$\leqslant \left[f\left(\frac{\dfrac{a+b}{2} + \dfrac{c + \dfrac{a+b+c}{3}}{2}}{2}\right)\right]^2 = \left[f\left(\frac{a+b+c}{3}\right)\right]^2$$

$$\Rightarrow f(a)f(b)f(c)f\left(\frac{a+b+c}{3}\right) \leqslant \left[f\left(\frac{a+b+c}{3}\right)\right]^4$$

$$\Rightarrow f(a)f(b)f(c)$$

$$\leqslant \left[f\left(\frac{a+b+c}{3}\right)\right]^3$$

从而原命题获得证明.

评注 本题实质上证明了一个重要结论,即

(1) 若 $x_1, x_2, \cdots, x_n \in D, f(x_i) > 0, \sqrt{f(x_1)f(x_2)} \leqslant f\left(\dfrac{x_1+x_2}{2}\right)$，则有

$$\sqrt[n]{f(x_1)f(x_2)\cdots f(x_n)} \leqslant f\left(\frac{x_1 + x_2 + \cdots + x_n}{n}\right)$$

（2）其实，还有类似的很多结论，参阅前面的第 1 章 §7.

问题 6 设 $a, b, c \in \mathbf{R}^*$，$abc = 1$，求证：$\dfrac{1}{1+2a} + \dfrac{1}{1+2b} + \dfrac{1}{1+2c} \geqslant 1$.

题目解说 本题为一道常见题目.

方法透析 直接展开也许是一个好办法，想想另外还有好办法吗？比如类似上面引进的代换，或者别的形式.

证明 令 $a = \dfrac{yz}{x^2}, b = \dfrac{zx}{y^2}, c = \dfrac{xy}{z^2}$（$x, y, z \in \mathbf{R}^*$），则

$$\frac{1}{1+2a} + \frac{1}{1+2b} + \frac{1}{1+2c}$$

$$= \frac{1}{1 + 2 \cdot \dfrac{yz}{x^2}} + \frac{1}{1 + 2 \cdot \dfrac{zx}{y^2}} + \frac{1}{1 + 2 \cdot \dfrac{xy}{z^2}}$$

$$= \frac{x^2}{x^2 + 2yz} + \frac{y^2}{y^2 + 2zx} + \frac{z^2}{z^2 + 2xy}$$

$$= \frac{(x^2)^2}{x^2(x^2 + 2yz)} + \frac{(y^2)^2}{y^2(y^2 + 2zx)} + \frac{(z^2)^2}{z^2(z^2 + 2xy)}$$

$$\geqslant \frac{(x^2 + y^2 + z^2)^2}{x^2(x^2 + 2yz) + y^2(y^2 + 2zx) + z^2(z^2 + 2xy)}$$

$$= \frac{x^4 + y^4 + z^4 + 2(x^2y^2 + y^2z^2 + z^2x^2)}{x^4 + y^4 + z^4 + 2xyz(x + y + z)}$$

$$\geqslant \frac{x^4 + y^4 + z^4 + 2xyz(x + y + z)}{x^4 + y^4 + z^4 + 2xyz(x + y + z)} = 1$$

上边最后一步用到了熟知的 $x^2y^2 + y^2z^2 + z^2x^2 \geqslant xyz(x + y + z)$.

即原不等式获得证明.

评注 本题证明给出三个变量乘积为 1 的另外一种代换也十分有用.

问题 7 设 $a, b, c \in \mathbf{R}^*$，求证：$\dfrac{1}{a(1+b)} + \dfrac{1}{b(1+c)} + \dfrac{1}{c(1+a)} \geqslant \dfrac{3}{1+abc}$.

题目解说 本题为 2000 年中国国家队考试题，也是 2006 年巴尔干数学奥林匹克竞赛一题.

引申 设 $a, b, c, d \in \mathbf{R}^*$，$abcd = 1$，求证

$$\frac{1}{a(1+b)} + \frac{1}{b(1+c)} + \frac{1}{c(1+d)} + \frac{1}{d(1+a)} \geqslant 2$$

题目解说 本题为一个新题.

渊源探索 本题为问题 7 从变量个数方面的推广.

方法透析 问题7中,若 $abc=1$ 也成立,对4个变量 $abcd \neq 1$ 不能成立. 于是,我们探求 $abcd=1$ 的情况.

证明 由条件 $a,b,c,d \in \mathbf{R}^*$, $abcd=1$,所以,可令 $a=\dfrac{y}{x}$, $b=\dfrac{z}{y}$, $c=\dfrac{w}{z}$, $d=\dfrac{x}{w}$,则原不等式等价于

$$\dfrac{1}{\dfrac{y}{x}\left(1+\dfrac{z}{y}\right)} + \dfrac{1}{\dfrac{z}{y}\left(1+\dfrac{w}{z}\right)} + \dfrac{1}{\dfrac{w}{z}\left(1+\dfrac{x}{w}\right)} + \dfrac{1}{\dfrac{x}{w}\left(1+\dfrac{y}{x}\right)} \geqslant 2$$

$$\Leftrightarrow \dfrac{x}{y+z} + \dfrac{y}{z+w} + \dfrac{z}{w+x} + \dfrac{w}{x+y} \geqslant 2$$

这是熟知的不等式.

评注 这个代换法证明来源于对上题证明过程的分析,可见从分析解题过程学解题的威力.

§20 一类分式不等式的统一证法

(此节已发表在《中学数学》(上海)2002(6):32-34)

在 $\triangle ABC$ 中, a,b,c 分别为其边长,其内切圆与三边 BC,CA,AB 分别切于 D,E,F,于是,由切线长定理知 $AE=AF$, $BD=BF$, $CD=CE$,可令 $AE=AF=z$, $BD=BF=y$, $CD=CE=x$,那么, $a=x+y$, $b=y+z$, $c=z+x$,面积

$$\triangle^2 = xyz(x+y+z) \tag{1}$$

如图3,由此便可简洁证明一批三角形不等式.

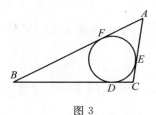

图3

问题1 (《数学通报》2001(12)数学问题及解答栏1324题)在 $\triangle ABC$ 中, a,b,c 分别为其边长,求证

$$\dfrac{a+b}{b+c-a} + \dfrac{b+c}{c+a-b} + \dfrac{c+a}{a+b-c} \geqslant 6 \tag{1}$$

原作者构造了一个引理来完成本题的证明,这里利用(1)给出一个新证.

证明 由（1）知

$$\frac{a+b}{b+c-a}+\frac{b+c}{c+a-b}+\frac{c+a}{a+b-c}=\frac{x+2y+z}{2z}+\frac{x+y+2z}{2x}+\frac{2x+y+z}{2y}$$

$$=\frac{3}{2}+\left(\frac{y}{z}+\frac{z}{x}+\frac{x}{y}\right)+\frac{1}{2}\left(\frac{x}{z}+\frac{y}{x}+\frac{z}{y}\right)$$

$$\geqslant\frac{3}{2}+3+\frac{3}{2}=6$$

即原不等式获证.

这一证法就要比原作者提供的证明简洁多了.

其实,本题还可加强为

$$\sqrt{\frac{a+b}{b+c-a}}+\sqrt{\frac{b+c}{c+a-b}}+\sqrt{\frac{c+a}{a+b-c}}\geqslant3\sqrt{2}$$

证明留给感兴趣的读者思考.

问题 2 （《数学教学》2001 年第 5-6 期数学问题解及答栏 543 题）在 $\triangle ABC$ 中,a,b,c 分别为其边长,求证

$$\sqrt{\frac{a}{b+c-a}}+\sqrt{\frac{b}{c+a-b}}+\sqrt{\frac{c}{a+b-c}}\geqslant3 \tag{1}$$

原作者给出了一个较为复杂的证法,这里用(1)给出一个结构简单的证明如下:

证明 由（1）知

$$\sqrt{\frac{a}{b+c-a}}+\sqrt{\frac{b}{c+a-b}}+\sqrt{\frac{c}{a+b-c}}$$

$$=\sqrt{\frac{x+y}{2z}}+\sqrt{\frac{y+z}{2x}}+\sqrt{\frac{z+x}{2y}}$$

$$\geqslant\sqrt{\frac{\sqrt{xy}}{z}}+\sqrt{\frac{\sqrt{yz}}{x}}+\sqrt{\frac{\sqrt{zx}}{y}}$$

$$\geqslant3$$

这里运用了二元和三元均值不等式,这显然是一个非常优美的证明.

问题 3 （《数学教学》2001 年第 5-6 期数学问题及解答栏 548 题）在 $\triangle ABC$ 中,a,b,c 分别为其边长,求证

$$\sqrt{\frac{b+c-a}{a}}+\sqrt{\frac{c+a-b}{b}}+\sqrt{\frac{a+b-c}{c}}>2\sqrt{2} \tag{1}$$

现在,笔者还不知道命题人的证明,先用(1)证明如下:

证明 由（1）知

$$\sqrt{\frac{b+c-a}{a}}+\sqrt{\frac{c+a-b}{b}}+\sqrt{\frac{a+b-c}{c}}$$

$$=\sqrt{\frac{2z}{x+y}}+\sqrt{\frac{2x}{y+z}}+\sqrt{\frac{2y}{z+x}}$$

$$=\sqrt{2}\left(\frac{z}{\sqrt{z}\sqrt{x+y}}+\frac{x}{\sqrt{x}\sqrt{y+z}}+\frac{y}{\sqrt{y}\sqrt{z+x}}\right)$$

$$>\sqrt{2}\left(\frac{2z}{x+y+z}+\frac{2x}{x+y+z}+\frac{2y}{x+y+z}\right)$$

$$=2\sqrt{2}$$

这里不等式取不到等号的条件是显然的.

问题 4 (《中等数学》1996(2)数学奥林匹克问题 40)设 $x,y,z\in\mathbf{R}^*$,求证

$$\frac{x}{2x+y+z}+\frac{y}{x+2y+z}+\frac{z}{x+y+2z}\leqslant\frac{3}{4} \tag{1}$$

命题人曾给出了一个富有技巧性的证法,《中学数学》(福建)2001(3):20
又再现一种较繁的证法证明,下面,笔者应用(1)简证如下

证明 由(1)

$$\frac{x}{2x+y+z}+\frac{y}{x+2y+z}+\frac{z}{x+y+2z}$$

$$=\frac{1}{2}\left(\frac{a-b+c}{a+c}+\frac{a+b-c}{a+b}+\frac{-a+b+c}{b+c}\right)$$

$$=\frac{3}{2}-\frac{1}{2}\left(\frac{b}{a+c}+\frac{c}{a+b}+\frac{a}{b+c}\right)$$

由高中代数课本上熟知的不等式 $\frac{a}{b+c}+\frac{b}{c+a}+\frac{c}{a+b}\geqslant\frac{3}{2}$ 知欲证结论得证.

问题 5 (《数学通报》1996(1)数学问题及解答栏 991 题)在 $\triangle ABC$ 中,a,b,c 分别为其边长,s 为半周长,$\triangle$ 是面积,求证

$$(s-a)^4+(s-b)^4+(s-c)^4\geqslant\triangle^2 \tag{1}$$

证明 由(1)知,欲证结论等价于

$$x^4+y^4+z^4\geqslant xyz(x+y+z)$$

这由熟知的不等式

$$x^2+y^2+z^2\geqslant xy+yz+zx$$

知

$$x^4+y^4+z^4\geqslant x^2y^2+y^2z^2+z^2x^2\geqslant xyyz+yzzx+zxxy=xyz(x+y+z)$$

即原不等式得证.

384

问题 6　(《数学通报》2001(10):44) 在 $\triangle ABC$ 中，a,b,c 分别为其边长，s 为半周长，r_a,r_b,r_c 分别为旁切圆半径，求证

$$\sqrt{\frac{a}{r_a}}+\sqrt{\frac{b}{r_b}}+\sqrt{\frac{c}{r_c}}\geqslant\sqrt{\frac{2s}{r}} \tag{1}$$

证明　由(1)及 $r_a=\dfrac{rs}{s-a}$ 等，知原不等式等价于

$$\sqrt{x(y+z)}+\sqrt{y(z+x)}+\sqrt{z(x+y)}\leqslant\sqrt{2}\,(x+y+z)$$
$$\Leftrightarrow\sqrt{2x(y+z)}+\sqrt{2y(z+x)}+\sqrt{2z(x+y)}\leqslant 2(x+y+z)$$

据二元算术－几何平均值不等式，知

$$\sqrt{2x(y+z)}+\sqrt{2y(z+x)}+\sqrt{2z(x+y)}$$
$$\leqslant\frac{1}{2}\big[(2x+y+z)+(2y+z+x)+(2z+y+x)\big]$$
$$=2(x+y+z)$$

以上表明，代换是一种行之有效而又强劲有力的解题方法，尤其是一些较繁的分式问题，代换常常起到简化运算，化繁为简，明了问题规律，开启思考之门，悄悄引导你从困惑走向成功的功效．

所以，在我的数学教学中，我常常呼唤学生，代换吧，它是你解题的灵丹妙药！

§21　一类无理分式不等式问题的 DNA 检测

(此节已发表在《数学教学通讯》2002(12):37-39)

近年来，一些刊物的问题解答栏经常出现无理分式不等式问题，它们结构简单，形式优美，非常耐人寻味，但从作者对一些问题提供的证明来看，似乎都很巧妙，且各有章法，让读者深感奥妙无穷，不好驾驭，更难以领会解决这些问题的要领，故有必要对这类问题的证明通法做一探讨，同时揭示此类问题的本质，解开读者心中的疑虑，引导读者一览这道道风景的无限美意．

问题 1　设 a,b,c 为 $\triangle ABC$ 的三边长，求证

$$\sqrt{\frac{a}{b+c-a}}+\sqrt{\frac{b}{a-b+c}}+\sqrt{\frac{c}{a+b-c}}\geqslant 3$$

这是宋庆在《数学教学》2001(5)数学问题及解答栏提出的543题，现在，笔者还不知道命题人的证明，先给出证明如下：

证明 由二元算术－几何平均值不等式知

$$\sqrt{\frac{a}{b+c-a}} = \frac{a}{\sqrt{a}\sqrt{b+c-a}} \geqslant \frac{2a}{a+(b+c-a)} = \frac{2a}{b+c}$$

同理

$$\sqrt{\frac{b}{a-b+c}} \geqslant \frac{2b}{c+a}, \sqrt{\frac{c}{a+b-c}} \geqslant \frac{2c}{a+b}$$

这三式相加得

$$\sqrt{\frac{a}{b+c-a}} + \sqrt{\frac{b}{a-b+c}} + \sqrt{\frac{c}{a+b-c}} \geqslant 2\left(\frac{a}{b+c} + \frac{b}{c+a} + \frac{c}{a+b}\right) \geqslant 3$$

后一不等式已是高中课本熟知的结论. 等号成立的条件显然是 $a=b=c$.

问题 2 设 $a,b,c \in \mathbf{R}^*$,求证: $\sqrt{\frac{a}{b+c}} + \sqrt{\frac{b}{c+a}} + \sqrt{\frac{c}{a+b}} > 2$.

这是 1999 年全国不等式研究学术交流会上,杨路教授运用通用软件 Bottema 证明了的结论. 后来,宋庆先生在文献[1]和《数学教学》2000(3)数学问题及解答栏曾给出过一个较好的证明,但仍不够简洁,后来,在文献[2]中给出了用二元算术－几何平均值不等式的最为简易的证法,现抄录如下:

证明 由二元算术－几何平均值不等式知

$$\sqrt{\frac{a}{b+c}} = \frac{a}{\sqrt{a}\sqrt{b+c}} \geqslant \frac{2a}{a+b+c}$$

同理

$$\sqrt{\frac{b}{c+a}} \geqslant \frac{2b}{c+a+b}, \sqrt{\frac{c}{a+b}} \geqslant \frac{2c}{a+b+c}$$

这三式相加得

$$\sqrt{\frac{a}{b+c}} + \sqrt{\frac{b}{c+a}} + \sqrt{\frac{c}{a+b}} \geqslant 2\left(\frac{a}{a+b+c} + \frac{b}{c+a+b} + \frac{c}{a+b+c}\right) \geqslant 2$$

注意到上面三个不等式等号是不可能同时取到的,从而原不等式得证.

仔细观察上述两个问题的证明可知,它们证明所用的变形技巧和工具均相同,故它们的 DNA 样本一致,可视为同一类问题,仿此可编拟并证明它们的推广如下(问题 3～5).

问题 3 设 a,b,c,d 为四面体的四个表面三角形的面积,求证

$$\sqrt{\frac{a}{b+c+d-a}} + \sqrt{\frac{b}{a-b+c+d}} + \sqrt{\frac{c}{a+b-c+d}} + \sqrt{\frac{d}{a+b+c-d}} > \frac{8}{3}$$

问题 4 设 a_i 为凸多面体表面各多边形的面积,求证

$$\sum_{i=1}^{n} \sqrt{\frac{a_i}{\sum_{i=1}^{n} a_i}} > 2$$

问题 5　设 $a_i \in \mathbf{R}^*\ (i=1,2,\cdots,n,n \geqslant 2)$，$S = \sum_{i=1}^{n} a_i$，求证：$\sum_{i=1}^{n} \sqrt{\dfrac{a_i}{S-a_i}} > \dfrac{2n}{n-1}$.

问题 6　设 $a,b,c \in \mathbf{R}^*$，求证

$$\sqrt{ab(a+b)} + \sqrt{bc(b+c)} + \sqrt{ca(c+a)} \leqslant \frac{3}{2}\sqrt{(a+b)(b+c)(c+a)}$$

这是文献 [5] 中的 1183 题，下面给出一个简单证法.

证明　原不等式等价于

$$\sqrt{\frac{ab}{(a+c)(b+c)}} + \sqrt{\frac{bc}{(b+a)(c+a)}} + \sqrt{\frac{ca}{(c+b)(a+b)}} \leqslant \frac{3}{2}$$

于是，据二元均值不等式有

$$\sqrt{\frac{ab}{(a+c)(b+c)}} = \sqrt{\frac{a}{a+c}} \cdot \sqrt{\frac{b}{b+c}} \leqslant \frac{1}{2}\left(\frac{a}{a+c} + \frac{b}{b+c}\right)$$

同理

$$\sqrt{\frac{bc}{(b+a)(c+a)}} \leqslant \frac{1}{2}\left(\frac{b}{b+a} + \frac{c}{a+c}\right)$$

$$\sqrt{\frac{ca}{(c+b)(a+b)}} \leqslant \frac{1}{2}\left(\frac{c}{c+b} + \frac{a}{a+b}\right)$$

这三式相加得欲证结论. 等号成立的条件显然是 $a=b=c$.

问题 7　如果 $\alpha,\beta,\gamma \in \left(0,\dfrac{\pi}{2}\right)$，且满足 $\cos^2\alpha + \cos^2\beta + \cos^2\gamma = 1$，求证

$$\cot\alpha\cot\beta + \cot\beta\cot\gamma + \cot\gamma\cot\alpha \leqslant \frac{3}{2}$$

这是《数学通报》2000(9) 数学问题及解答栏问题 1270. 下面请看一个简单证明.

证明　由条件知可作代换

$$\cos^2\alpha = \frac{a}{a+b+c},\ \cos^2\beta = \frac{b}{a+b+c},\ \cos^2\gamma = \frac{c}{a+b+c} \quad (a,b,c \in \mathbf{R}^*)$$

于是

$$\cot\alpha = \sqrt{\frac{a}{b+c}},\ \cot\beta = \sqrt{\frac{b}{c+a}},\ \cot\gamma = \sqrt{\frac{c}{a+b}}$$

从而,欲证结论变形为如下无理分式不等式

$$\sqrt{\frac{ab}{(a+c)(b+c)}}+\sqrt{\frac{bc}{(b+a)(c+a)}}+\sqrt{\frac{ca}{(c+b)(a+b)}}\leqslant\frac{3}{2}$$

这是问题 6 的变形.

仿问题 6 可编拟并证明下面的问题 8.

问题 8 设 $a,b,c,d\in\mathbf{R}^*$,求证

$$\sqrt[3]{\frac{abc}{(a+d)(b+d)(c+d)}}+\sqrt[3]{\frac{bcd}{(b+a)(c+a)(d+a)}}+$$

$$\sqrt[3]{\frac{cda}{(c+b)(d+b)(a+b)}}+\sqrt[3]{\frac{dab}{(d+c)(a+c)(b+c)}}\leqslant 2$$

以及更多个变量的情形,留给感兴趣的读者.

问题 9 设 $a,b,c,d\in\mathbf{R}^*$,求证:$\sqrt[3]{\left(\frac{a}{b+c}\right)^2}+\sqrt[3]{\left(\frac{b}{c+a}\right)^2}+\sqrt[3]{\left(\frac{c}{a+b}\right)^2}\geqslant$

$\dfrac{3}{\sqrt[3]{4}}$.

这是《中等数学》2001(6) 数学奥林匹克问题栏初 107. 原作者用三元均值不等式证明了本题,其实质是从多项式构造分式,这里给出另一种变形的简证 —— 从分式构造分式,回归本题的原始意图.

证明 由三元均值不等式知

$$\sqrt[3]{\left(\frac{a}{b+c}\right)^2}=\sqrt[3]{\frac{2a^3}{2a(b+c)(b+c)}}$$

$$=\frac{\sqrt[3]{2}\,a}{\sqrt[3]{2}\,a\cdot\sqrt[3]{b+c}\cdot\sqrt[3]{b+c}}$$

$$\geqslant\frac{\sqrt[3]{2}\,a}{\frac{1}{3}(2a+2b+2c)}$$

$$=\frac{3\sqrt[3]{2}\,a}{2(a+b+c)}$$

同理还有两个类似的式子,这三式相加即得欲证的不等式.

这是一个较为本原的从分式不等式证明不等式的构想,叙述流畅自然得体.

问题 9 实质上是问题 2 的指数推广.

上述一系列问题的编拟及证明清楚地告诉我们,只要你抓住二元算术—几何平均值不等式及其一些简单的结论,就可驾驭某些看似无法下手的无理不等

388

式,并可将其交给自己的学生,发展他们的解题能力,同时也展示了它们的由来.

参考文献

[1] 宋庆.一个不等式的简洁证明[J].中学数学,1999,11.

[2] 张宝群.一个不等式的简证及其推广[J].中学教研,2000,10.

§22　对几道平面几何问题的感悟

(此节已发表在《数学之友》2004(4):55-56)

笔者在文献[1]曾指出:"数学问题及解答栏,每期登场的 5 个问题都如一道道亮丽的风景,给人启示,耐人寻味,经常构筑成问题研究链的模式,即问题一出现便引起许多读者的兴趣,有人立即给出某个问题的简证;有人则研究某问题的加强与推广;有的问题干脆就成为某些后继问题的研究基石或工具,由此引发出一系列更深层次的研究课题;有些则成为数学竞赛的好素材;有些问题自身的解法就给人以启发,使读者一看就有眼前一亮的神往和敬佩感,如此等等.都对推动我国的初等数学研究事业、丰富数学竞赛课堂、促进常规数学教育教学改革起到了巨大的作用."

笔者长期关注数学问题及解答栏的每一个问题,经常领略它的潮起潮落给我带来的喜悦,并不时摘其若干美丽的花朵介绍给我的学生一起欣赏它们的美妙风姿.

多年来,笔者从研究这些优美问题的过程中吸收了不少的营养和财富,也使自己的学生开阔了视野,增强了学生学习数学的自信心,提高了他们的解题能力,现在再来讨论几道平面几何问题的解法(证明),并分析其来龙去脉,由此揭开读者对这些解法的疑虑.

问题 1　已知 $\triangle ABC$ 的内切圆在边 BC,CA,AB 上的切点分别为 D,E,F,且 $DG \perp EF$,G 为垂足,求证:GD 平分 $\angle BGC$.

这是《数学教学》1999 年第 2 期数学问题及解答栏中的 481 题,原作者利用同一法结合角平分线性质定理给出了一种较难构想的证法,这里给出一种结合圆与平行线的性质来解决本题的较为简易的方法.

分析与证明　如图 4,过 B,C 分别作 EF 所在直线的垂线,垂足分别记为 M,N,则 $BM \parallel DG \parallel CN$,由圆与切线的性质及已知条件知

$$\triangle BMF \backsim \triangle CNE$$

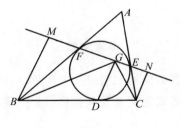

图 4

所以
$$BM : CN = BF : CE = BD : CD = MG : NG$$

从而
$$\text{Rt}\triangle BMG \backsim \text{Rt}\triangle CNG$$

所以 $\angle BGM = \angle NGC$，注意到 $\angle DGM = \angle DGN = 90°$，于是 $\angle BGD = \angle DGC$．

本题的一个变式题为问题 2.

问题 2 设 $\triangle ABC$ 的 BC 边上的旁切圆在 BC，CA，AB 延长线上的切点分别为 D，E，F，$DG \perp EF$，G 为垂足，求证：GD 平分 $\angle BGC$．

这是《数学教学》1996 年第 5 期数学问题及解答栏中的 402 题，仿上也可给出一种优于原作者的证法，留给感兴趣的读者练习．

问题 3 如图 5，圆内接四边形 $ABCD$ 中，$BC = CD$，E，F 分别为 AB，AD 上的点，线段 EF 交 AC 于 G，若 $EF \ /\!/ \ BD$，求证：$\angle GBD = \angle FCD$，$\angle GDB = \angle ECB$．

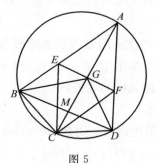

图 5

这是《数学教学》2002 年第 1-2 期数学问题及解答栏第 551 题．

证明 由题设 $BC = CD$，知
$$\angle BAC = \angle CAD$$

再据圆的知识知

$$\angle ABD = \angle ACD$$

于是，要证

$$\angle GBD = \angle FCD$$

只要证

$$\angle ABG = \angle ACF$$

即只要证

$$\triangle ABG \backsim \triangle ACF$$

即

$$\frac{AB}{AC} = \frac{AG}{AF} \qquad\qquad (1)$$

但易知 $\triangle ABC \backsim \triangle AMD$，所以

$$\frac{AB}{AC} = \frac{AM}{AD}$$

由于题目条件中有平行线 $EF \ /\!/ \ BD$，所以，应想到平行线截得的线段成比例，于是，$\dfrac{AM}{AD} = \dfrac{AG}{AF}$，从而（1）成立，同法可证 $\angle GDB = \angle ECB$. 从而命题获证.

这里提供的证明要比供题人的证明自然简洁，无须添加辅助线.

问题 4 如图 6，C 为半圆上一点，$CD \perp AB$ 于 D，AB 为直径，G，H 分别为 $\triangle ACD$，$\triangle BCD$ 的内心，过 G，H 作直线交 AC，BC 于 E，F，求证：$CD = CF$.

这是《数学通报》2002 年第 3-4 期数学问题及解答栏 1361 题.

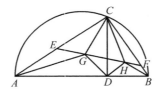

图 6

证明 注意到 $\angle ECF = 90°$，于是，要证 $CE = CF$，只需证 $\angle CEF = \angle CFE = 45°$，因为 $CD \perp AB$，G，H 分别为 Rt$\triangle ACD$ 和 Rt$\triangle BCD$ 的内心，所以 $\angle ADG = 45°$，进一步，需证，A，D，G，E 四点共圆，但考虑到 Rt$\triangle ACD \backsim$ Rt$\triangle CBD$，所以 $AD : CD = DG : DH$，而由条件知 $\angle GDH = 90°$，所以 Rt$\triangle ADC \backsim$ Rt$\triangle GDH$，即

$$\angle CAD = \angle HGD$$

从而 A，D，G，E 四点共圆，所以

$$\angle CEG = \angle ADG = 45°$$

同理 $\angle CFH = 45°$，所以 $CE = CF$，即命题获证.

这里提供的证明远比公布的答案简洁，且不需添加任何辅助线. 对于本题之所以能获得如此简洁的证明，最关键之处在于抓住相似三角形的相似比等于对应线段之比，等于对应的内角平分线长之比. 当然，适当的时候可能还等于对应三角形的外接圆半径之比，内切圆半径之比，等，这都是在解题时要灵活想到的.

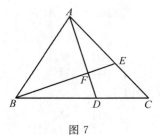

图 7

问题 5 如图 7，在 $\triangle ABC$ 中，D 分 BC 所成的比为 α，E 分 CA 所成的比为 β，试求 F 分 BE 所成的比.

这是《数学通报》2002 年第 7-8 期数学问题及解答栏 1384 题.

证明 由于本题的条件和结论都是比例关系，所以要解决本题应首先联想到相似三角形的比例线段，或者联想有哪些已掌握的的比例线段关系，再根据已知条件可联想到 AFD 为 $\triangle BCE$ 的一条截线，联系梅涅劳斯定理，知

$$\frac{BF}{FE} \cdot \frac{EA}{AC} \cdot \frac{CD}{DB} = 1$$

再由已知条件

$$\frac{BD}{DC} = \alpha, \quad \frac{CE}{EA} = \beta$$

所以

$$\frac{EA}{AC} = \frac{1}{\beta+1}, \frac{CD}{DB} = \frac{1}{\alpha}$$

从而

$$\frac{BF}{FE} = \alpha(\beta+1)$$

这里的证明已经简洁到无法再简洁的程度，而这一大道至简的方法的获得关键在于观察到图形中蕴涵的梅涅劳斯定理的结构.

问题 6 如图 8，圆 O 是 $\triangle ABC$ 的内切圆，D，E，F 是 BC，CA，AB 上的切点，DD_1，EE_1，FF_1 都是圆 O 的直径，求证：直线 AD_1，BE_1，CF_1 共点.

这是《数学通报》2002 年第 10-11 期数学问题及解答栏 1396 题.

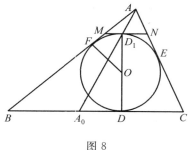

图 8

分析与证明 设 AD_1, BE_1, CF_1 的延长线分别交 BC, CA, AB 于 A_0, B_0, C_0, 要证明直线 AD_1, BE_1, CF_1 共点, 显然, 要利用塞瓦(Ceva)定理的逆定理, 于是, 过 D_1 作 $MN \parallel BC$ 分别交 AB, AC 于 M, N, 所以

$$\frac{BA_0}{A_0C} = \frac{MD_1}{D_1N} = \frac{MD_1}{r} = \frac{D_1N}{r}, \angle AMN = \angle ABC$$

又由已知条件知 O, D_1, M, F 四点共圆, 所以

$$\angle FOD_1 = \angle AMN = \angle ABC$$

但 OB, OM 分别是 $\angle ABC$, $\angle FOD_1$ 的平分线, 所以 $\mathrm{Rt}\triangle OBD \backsim \mathrm{Rt}\triangle MOD_1$, 所以 $\frac{MD_1}{r} = \frac{r}{BD}$, 同理

$$\frac{D_1N}{r} = \frac{r}{CD}, \frac{BA_0}{A_0C} = \frac{DC}{BD}$$

同理

$$\frac{CB_0}{B_0A} = \frac{AE}{CE}, \frac{AC_0}{C_0B} = \frac{BF}{AF}$$

注意到

$$AE = AF, BD = BF, CD = CE$$

$$\frac{BA_0}{A_0C} = \frac{CB_0}{B_0A} = \frac{AC_0}{C_0B}$$

所以 $\frac{BA_0}{A_0C} \cdot \frac{CB_0}{B_0A} \cdot \frac{AC_0}{C_0B} = 1$, 据塞瓦定理的逆定理知, AA_0, BB_0, CC_0 三线共点, 即 AD_1, BE_1, CF_1 三线共点.

这一证明摆脱了作者提供的高中三角知识证明的羁绊, 开辟了一条纯正的平面几何的新路, 使未步入高中知识大门的学生顿感快乐.

问题 7 如图 9, AC 是平行四边形 $ABCD$ 较长的一条对角线, O 为平行四边形 $ABCD$ 内部一点, $OE \perp AB$ 于 E, $OF \perp AD$ 于 F, $OG \perp AC$ 于 G, 求证: $AF \cdot AD + AE \cdot AB = AG \cdot AC$.

这是《数学通报》2001(2):3 数学问题及解答 1296 题.

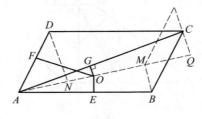

图 9

供题人提出了一种涉及高中和角公式的三角与几何相结合的证法,令初中学生困惑,令做竞赛辅导的老师为难,无法将其交给初中学生,笔者经过研究发现该题有一种自然简单的纯正的平面几何方法,不需三角知识帮忙就可顺利完成本题的证明,令初中学生满意,更令做竞赛辅导的老师舒心,这也是几何家族的传家宝.

证明　本题的结论形式为托勒密定理的结构,所以,容易联想到运用托勒密定理,但托勒密定理中的线段是涉及共圆的线段(比较零散),而本题所涉及的线段是同一条直线上的线段,这是本题与托勒密定理之别(尽管本题构图中有较多的四点共圆组 —— 但这是圈套),要强行将本题的证明与托勒密定理挂钩似乎较难,经过研究,笔者认为,将零散线段向一条直线(AO)上转化是解决本题的一条康庄大道,这就是:

分别过 B,C,D 作 AO 所在直线的垂线 BM,CQ,DN,M,Q,N 分别为垂足,则因 $\triangle AOE \backsim \triangle ABM$,所以 $AE \cdot AB = AO \cdot AM$,同理

$$AF \cdot AD = AN \cdot AO,\ AG \cdot AC = AO \cdot AQ$$

所以欲证结论等价于

$$AN + AM = AQ \tag{1}$$

现在作 $MN_1 /\!/ BC,MN_1 = BC$,联结 CN_1,则易知 C,N_1,Q 三点共线,且 $\triangle ADN \cong \triangle MN_1Q$,于是,$AN = MQ$,从而(1)得证.

作为本题的结束,我们来探讨一个几何不等式的证明.

问题 8　设点 M 是单位正方体 $ABCD$ 内任意一点,令
$$K = MA \cdot MB + MB \cdot MC + MC \cdot MD + MD \cdot MA + MA \cdot MC + MB \cdot MD$$
试证:$K \geqslant 3$,并确定等号成立的条件.

这是《数学通报》1997(4-5) 数学问题及解答 1068 题.

对于本题,从命题人提供的超过 1 000 字的证法看,表明该题的证明较为艰辛,并且命题人耗费了大量的篇幅用于代数运算,笔者也曾将其介绍给陕西省

394

理科实验班的优秀学生,但很少有学生能予以圆满解决,后来,我们一起讨论得到如下一种超乎寻常、出人意料的极简单的证法,想必也是命题人始料未及的,请看证明.

证明 如图 10,分别作 M 关于单位正方形各边的对称点,依次记为 A_0, B_0,C_0,D_0,则 $MA=D_0A$,$MD=D_0D$,在四边形 DD_0AM 中,由托勒密不等式知

$$D_0D \cdot MA + DM \cdot D_0A \geqslant AD \cdot D_0M$$

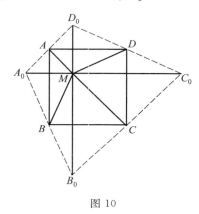

图 10

即

$$2MA \cdot MD \geqslant D_0M$$

同理

$$2MA \cdot MB \geqslant A_0M, \quad 2MB \cdot MC \geqslant B_0M$$
$$2MC \cdot MD \geqslant C_0M$$

又由几何知识易知四个三点组 C_0,D,D_0;D_0,A,A_0;A_0,B,B_0;B_0,C,C_0 分别三点共线,所以,在四边形 $A_0B_0C_0D_0$ 中,由托勒密不等式知 $A_0B_0 \cdot C_0D_0 + B_0C_0 \cdot A_0D_0 \geqslant A_0C_0 \cdot B_0D_0$,注意到

$$A_0B_0=2MB, B_0C_0=2MC, C_0D_0=2MD, D_0A_0=2MA$$
$$A_0C_0=2AB=2, B_0D_0=2AB=2$$

所以上述五个不等式相加整理便得

$$MA \cdot MB + MB \cdot MC + MC \cdot MD + MD \cdot MA + MA \cdot MC + MB \cdot MD \geqslant 3$$

第一个不等式等号成立的条件:四边形 DD_0AM 内接于圆,即 $\angle AMD + \angle AD_0D=180°$,而

$$\angle AMD = \angle AD_0D, \angle AMD=90°$$

同理,其他各不等式等号成立的条件依次为

$$\angle AMB = \angle BMC = \angle CMD = \angle DMA = 90°$$

即 M 为正方形的中心. 证毕.

这一看起来叙述较为麻烦的较简证明实际上已经很难再得到简化,因为本题的实质性步骤就是连续五次运用托勒密不等式,也即,到了这一步就只剩简单的叙述了.

追求几何问题解法的简洁是数学美的要求,更是数学教学的需要,也是提高数学审美能力的要素之一,所以,在我的数学教学中,我经常倡导学生,追求吧,看谁的解法最简洁! 这是对一个人数学水平的大检验!

参考文献

[1] 王扬,剡智琪. 对数学问题解答栏若干数学问题的感悟[J]. 数学通报,2003,6.

§23　对若干数学问题的再感悟

(此节发表于《数学教学》上海 2003,11)

笔者长期关注数学问题解答栏的每一个问题,经常领略它的潮起潮落给我带来的喜悦,并不时摘其若干美丽的花朵介绍给我的学生一起欣赏它们的美妙风姿. 多年来,笔者从研究这些优美问题的过程中吸收了不少的营养和财富,也使自己的学生开阔了视野,增强了他们学习数学的自信心,提高了他们的解题能力,现在再来讨论几道不等式问题的解法(证明),并分析其来龙去脉,供读者参考.

问题 1[1]　在 $\triangle ABC$ 中,求证

$$\sin A\sin B + \sin B\sin C + \sin C\sin A \geqslant 18\sin\frac{A}{2}\sin\frac{B}{2}\sin\frac{C}{2}$$

本题结构简单,对称优美,勾人情趣,诱发解题欲望,作者提供了一种几何与三角相结合方法的证明,绕了较大的弯子. 其实,本题的最简单方法莫过于纯正的三角方法,这有点像空中客车(飞机)——直达目的,请看:

证明　由柯西不等式及三角形中的恒等式

$$\sin A + \sin B + \sin C = 4\cos\frac{a}{2}\cos\frac{b}{2}\cos\frac{c}{2}$$

知,因为

$$\sin A\sin B + \sin B\sin C + \sin C\sin A$$

$$= \sin A\sin B\sin C\left(\frac{1}{\sin A} + \frac{1}{\sin B} + \frac{1}{\sin C}\right)$$

$$\geqslant \frac{9\sin A\sin B\sin C}{\sin A + \sin B + \sin C}$$

$$= 18\sin\frac{A}{2}\sin\frac{B}{2}\sin\frac{C}{2}$$

从而原不等式得证.

这里提供的证明就自然顺畅简单明了多了,一点也不拖泥带水.

问题 2[2]   已知 $x, y \in \mathbf{R}$,求证

$$\sqrt{x^2 + (y-1)^2} + \sqrt{x^2 + y^2} + \sqrt{(x-1)^2 + y^2} \geqslant \frac{\sqrt{2}}{2}(\sqrt{3} - 1) \quad (1)$$

这是一道饶有趣味的二元无理不等式证明问题,它形式优美,结构简单,不偏不怪,极为常规,属中学数学中的典型问题,深受中学数学界的欢迎,已经问世我便将其介绍给我的同事和学生,普遍感到此题为一妙手之作,一些老师和学生都试图用复数模的不等式予以解决,均未获成功,继而,又试图用解析法,苦于找不到合适的路子,一时陷入不可自拔的泥潭,深感困惑不解.后来看到公布的作者的使用复数模的不等式证明真是巧妙至极.

其实,仔细分析(1)左端(令其为 $f(x,y)$)的结构,联想解析几何与平面几何知识可知,要证(1),即求 $f(x,y)$ 到点 $O(0,0)$,$A(1,0)$,$B(0,1)$ 的距离和的最小值,由平面几何知识知,$f(x,y)$ 的最小值在点 $P(x,y)$ 为 $\triangle ABO$ 的费马点,即 P 对各边张 $120°$ 角,此时 P 落在直线 $y=x$ 上,考虑到费马点性质的几何证明,于是产生以下解法:

证明   如图 11,建立直角坐标系 xOy,显然,P 必须落在 $\triangle ABO$ 内,将 $\triangle PBO$ 绕着 O 逆时针旋转 $60°$ 到 $\triangle OCD$ 位置,则 $|PB| = |CD|$,$|OP| = |PD|$,$C\left(-\frac{\sqrt{3}}{2}, \frac{1}{2}\right)$,于是

$$f(x,y) = |PO| + |PA| + |PB|$$

$$= |CD| + |DP| + |PA| \geqslant |CA|$$

$$= \sqrt{\left(1 + \frac{\sqrt{3}}{2}\right)^2 + \left(\frac{1}{2}\right)^2}$$

$$= \sqrt{2 + \sqrt{3}}$$

$$= \frac{\sqrt{2}}{2}(\sqrt{3} + 1)$$

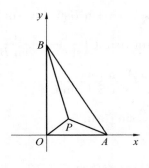

图 11

$$> \frac{\sqrt{2}}{2}(\sqrt{3}-1)$$

从而原不等式获证.

以上证明告诉我们,(1) 可加强为:

已知 $x,y \in \mathbf{R}$,求证

$$\sqrt{(x-1)^2+y^2}+\sqrt{x^2+y^2}+\sqrt{x^2+(y-1)^2} \geqslant \frac{\sqrt{2}}{2}(\sqrt{3}+1)$$

且等号成立的条件为直线 AC 与直线 $y=x$ 构成联立方程组的解,即 $y=x=\dfrac{1}{3+\sqrt{3}}$.

这一问题的求解再次告诉我们,从分析解题过程去学解题.

问题 3[3]   设 $a,b,c \in \mathbf{R}^*$,求证

$$\frac{a^3}{c^2+8ab}+\frac{b^3}{a^2+8bc}+\frac{c^3}{b^2+8ca} \geqslant \frac{1}{9}(a+b+c)$$

这是《数学教学》2002 年第 2 期"数学问题及解答"栏第 560 题.

命题人给出了一种技巧性较高的证法,让读者难以驾驭,感到茫然,似乎是从天而降,这里给出该题的自然清新具有普遍意义的常规方法.

证明   由柯西不等式知

$$\frac{a^3}{c^2+8ab}+\frac{b^3}{a^2+8bc}+\frac{c^3}{b^2+8ca}$$

$$=\frac{(a^2)^2}{a(c^2+8ab)}+\frac{(b^2)^2}{b(a^2+8bc)}+\frac{(c^2)^2}{c(b^2+8ca)}$$

$$\geqslant \frac{(a^2+b^2+c^2)^2}{a(c^2+8ab)+b(a^2+8bc)+c(b^2+8ca)}$$

$$=\frac{(a^2+b^2+c^2)^2}{9(a^2b+b^2c+c^2a)}$$

对比结论知,只要证

$$(a^2 + b^2 + c^2)^2 \geqslant (a + b + c)(a^2 b + b^2 c + c^2 a)$$

这等价于

$$a^4 + b^4 + c^4 + a^2 b^2 + b^2 c^2 + c^2 a^2 \geqslant a^3 b + b^3 c + c^3 a + abc(a + b + c)$$

这是由下面两个不等式合成的

$$a^4 + b^4 + c^4 \geqslant a^3 b + b^3 c + c^3 a \tag{1}$$

$$a^2 b^2 + b^2 c^2 + c^2 a^2 \geqslant abc(a + b + c) \tag{2}$$

(2) 可由高中数学课本上的不等式 $x^2 + y^2 + z^2 \geqslant xy + yz + zx$ 易得.

(1) 的证明则要费点笔墨:

因为 $a^4 + a^4 + a^4 + b^4 \geqslant 4a^3 b, b^4 + b^4 + b^4 + c^4 \geqslant 4b^3 c, c^4 + c^4 + c^4 + a^4 \geqslant 4c^3 a$,这三式相加便得(1). 从而原不等式获证.

从以上几个问题的证明可以看出,经常研究一些问题的新解(证)法是有趣的,这可提高解题能力,扩大自己的知识储备和眼界,给自己的数学教学增添活力,那怎么研究这些问题的解法? 我的看法是,用不同的思想辨证的去看待每一个问题:即若别人用代数法,你可以构想几何法,别人用三角法,你可以试用构造法,别人应用技巧性较高的方法,你可以尝试常规方法是否可解,彼此互相转换一下思路,如此等等,可能会得到新的优秀解法,也可能找到问题的来源并发展该问题,或找到一般结论,这些都是有意义的工作,这种经常与命题人零距离接触的活动还可以提高我们的数学鉴赏能力.

参考文献

[1] 李明. 数学问题及解答[J].《数学教学》,2003(4):48.

[2] 安振平. 数学问题及解答[J].《数学教学》,2002(1):41.

[3] 盛宏礼. 数学问题及解答[J].《数学教学》,2002(2):12.

§24 从几个分式不等式的证明看推广命题的由来

(此节已发表在《中学数学教学参考》2005(11):11-28)

证明不等式既是中学数学教学中的难点,也是数学竞赛培训的难点,近年也演变为竞赛命题的热点,因其证明不仅蕴涵了丰富的逻辑推理、非常讲究的恒等和不等变形技巧,且解决此类问题也能用来检测竞赛选手对命题人深邃的思考、超人的预见及其非凡智慧的领悟程度,而分式不等式的证明更是精妙无比,合理的分拆、巧妙的组合更是耐人寻味,故学生普遍感到分式不等式难证、辅导老师也感到难讲,甚至,有些竞赛专家对分式不等式的证明有时候也感到困惑,这是因为常见和常用的方法常常派不上用场,因此,有必要对分式不等式的证明方法和技巧进行总结归纳并与大家一起交流,本节试图从几个分式不等式的证明告诉读者此类不等式的一种证明方法,并展现推广命题的由来,为读者进一步证明某些分式不等式提供有效的方法和发现新的数学命题开拓有益的思考途径.

问题 1 (第 26 届美国数学奥林匹克竞赛题之一) 设 $a,b,c \in \mathbf{R}^*$,求证

$$\frac{1}{a^3+b^3+abc} + \frac{1}{b^3+c^3+abc} + \frac{1}{c^3+a^3+abc} \leqslant \frac{1}{abc} \qquad (1)$$

渊源探索 最初,某刊物给出了一种通分去分母的较为复杂的证法,这里试从分析不等式的结构出发,导出该不等式的编拟过程,同时,揭示证明此类问题的真谛,并探索其推广命题成功的可能性.

方法透析 (1) 的左边较为复杂,而右边较为简单,所以,证明的思想应该从左至右进行,(1) 从左至右是一个由简单到复杂的逐步放大过程,所以,一个简单的想法就是将各分母设法缩小,但考虑到各分母结构的相似性,故只要对其中之一做恰到好处的变形,并构造出右边即大功告成.

证明 联想到高中课本上熟知的不等式

$$x^3 + y^3 \geqslant x^2 y + x y^2 = xy(x+y) \quad (x,y \in \mathbf{R}^*) \qquad (2)$$

知

(1) 的左端 $\leqslant \dfrac{1}{ab(a+b)+abc} + \dfrac{1}{bc(b+c)+abc} + \dfrac{1}{ca(c+a)+abc} = \dfrac{1}{abc}.$

这一证明是极其简单的,它仅依赖高中数学课本上的基础知识,由此可见,中学课本上的知识也能用来攻克高层次的数学竞赛题,看来,我们要好好守住课本这块阵地.

(1) 刻画了三个变量的情形,左端的三个分式分母具有如下特征:分母是三个变量中任意两个的立方和与这三个变量乘积之和,那么,对于更多个变量会有怎样的结论?

以下为行文方便,记 (1) 的左端为 $\sum \dfrac{1}{a^3+b^3+abc}$,表示对 a,b,c 轮换求和,以下其他的类似处理,不再赘述.

为了弄清多个变量时(1)的演变,首先从 4 个变量时的情形入手.

推广 1 设 $a,b,c,d \in \mathbf{R}^*$,求证

从分析解题过程学解题——
竞赛中的向量几何与不等式研究

$$\sum \frac{1}{a^4 + b^4 + c^4 + abcd} \leqslant \frac{1}{abcd} \tag{3}$$

分析　注意到上面的(2),要证(3),需要证

$$x^4 + y^4 + z^4 \geqslant xyz(x + y + z) \tag{4}$$

(4)是(3)的发展,它的由来得益于证明(1)时用到的(2),这是一条有用的思维发展轨道.

事实上,由高中数学课本上熟知的不等式 $x^2 + y^2 + z^2 \geqslant xy + yz + zx$ 易知

$$\begin{aligned}
x^4 + y^4 + z^4 &\geqslant x^2 y^2 + y^2 z^2 + z^2 x^2 \\
&\geqslant xy \cdot yz + yz \cdot zx + zx \cdot xy \\
&= xyz(x + y + z)
\end{aligned}$$

这样(4)得证,从而(3)便可仿(1)不难证明,略.

推广 2　设 $a_i \in \mathbf{R}^* (i = 1, 2, 3, \cdots, n)$,求证

$$\sum_{k=1}^{n} \frac{1}{\left(\sum\limits_{i=1}^{n} a_i^n - a_k^n\right) + \prod\limits_{i=1}^{n} a_i} \leqslant \frac{1}{\prod\limits_{i=1}^{n} a_i} \tag{3}$$

有了前面的推广 1 的证明,这里的推广 2 的证明容易多了,联想(4),只要能证明

$$a_1^n + a_2^n + \cdots + a_{n-1}^n \geqslant a_1 a_1 \cdots a_{n-1}(a_1 + a_2 + \cdots + a_{n-1}) \quad (\text{这是}(4)\text{的发展})$$

事实上,由切比雪夫不等式及算术 - 几何平均值不等式可知

$$\begin{aligned}
a_1^n + a_2^n + \cdots + a_{n-1}^n &\geqslant \frac{a_1^{n-1} + a_2^{n-1} + \cdots + a_{n-1}^{n-1}}{n-1}(a_1 + a_2 + \cdots + a_{n-1}) \\
&\geqslant a_1 a_1 \cdots a_{n-1}(a_1 + a_2 + \cdots + a_{n-1})
\end{aligned}$$

有了上式,推广 2 便不难证明,略.

很显然,对于推广 2,若按(1)的最初的去分母去证明,当然是行不通的,这也表明,解决数学问题的关键就是要把握问题的实质,不要被一些较复杂的表面现象所迷惑,要善于观察,善于分析,善于总结,善于概括,善于发现,善于利用,尽力从表象的东西里抽象概括出本质性的实质性的规律,这才是学习数学的要旨.

问题 2　设 $x, y, z \in \mathbf{R}^*$,求证

$$\frac{x^2}{y^2 + z^2 + yz} + \frac{y^2}{z^2 + x^2 + zx} + \frac{z^2}{x^2 + y + xy} \geqslant 1 \tag{1}$$

题目解说　这是一个并不复杂的分式不等式,但是若要通过去分母来证明,肯定会走弯路,甚至走到死胡同.

方法透析 （1）的左端较为复杂,而右端较为简单,所以,证明的思想应该从左至右的进行.（1）从左至右是一个逐步缩小的过程,所以,对于本题,一个简单的想法就是将分母设法放大,但考虑到分母结构的相似性,故只要对其中之一进行恰到好处的变形,并设法构造出（1）的右边即可大功告成.

证明 联想到高中课本上熟知的不等式:$2xy \leqslant x^2 + y^2 (x, y \in \mathbf{R})$,刚好是（1）中分母里 xy 的成功放大,即有如下证明:

证明 因为

$$\sum \frac{x^2}{y^2 + z^2 + yz} \geqslant \sum \frac{x^2}{y^2 + z^2 + \frac{1}{2}(y^2 + z^2)} = \sum \frac{2x^2}{3(y^2 + z^2)}$$

所以只要证明

$$\sum \frac{x^2}{y^2 + z^2} \geqslant \frac{3}{2} \tag{2}$$

给（2）的两边同时加 3,得到

$$\sum \frac{x^2 + y^2 + z^2}{y^2 + z^2} \geqslant \frac{9}{2}$$

这等价于

$$(x^2 + y^2 + z^2)\left(\sum \frac{1}{y^2 + z^2}\right) \geqslant \frac{9}{2} \Leftrightarrow \sum (y^2 + z^2)\left(\sum \frac{1}{y^2 + z^2}\right) \geqslant 9$$

这由柯西不等式便知,从而（1）得证.

式（1）刻画了三个变量的情形,其特点是:左端每一个分式的分母是从三个变量中取两个,为两个的二次方与这两个变量之积之和,而分子则是剩下一个变量的二次方.现在,我们如果站在变量个数方面考虑,即再增加若干个变量,结论会怎样? 证法还灵吗? 经过再三考虑,得到:

推广 1 设 $a_i \in \mathbf{R}^* (i = 1, 2, 3, \cdots, n)$,求证

$$\sum_{i=1}^{n} \frac{a_i^n}{\sum_{k \neq i} a_k^n + \prod_{k \neq i} a_k} \geqslant 1 \tag{3}$$

联想（1）的证明过程,知关键是对分母中的乘积项利用二元均值不等式进行放大,然后运用柯西不等式便大功告成,那么,（3）的证明也只要对每一个分式中分母乘积项逆用多元算术 − 几何平均值不等式,再使用柯西不等式便知,详细的证明略.

另外,如果一不小心,将（1）错写为如下形式

$$\frac{x^2}{y^2 + yz + z^2} + \frac{y^2}{z^2 + zx + x^2} + \frac{z^2}{x^2 + xy + y^2} \geqslant 1 \tag{4}$$

402

那么,虽然(4)与(1)相比,实质性的东西并没有发生改变,但就其结构而言已经发生了相当大的改变,即(4)的每一个分母中连续三项依次成等比数列,而(1)的分母中就不具备这样的性质,继而,(4)是否从某一方面反映某一普遍意义下的一种特例呢? 也就是(4)的一般情形是什么? 站在等比数列的角度去审视(4),就可以探索从改变分母的指数出发去联想,从而得到一个很好的结论,(4)的分母多项式为三项,最高指数为2,分子与分母指数相同,左边为三个式子之和,右边为1,试想,当分母中的多项式指数增高时,(4)应该变成什么样子,准确点,当指数为 $n+1$ 时,相应的结论如何? 这就是下面的引申.

推广 2　设 $x,y,z \in \mathbf{R}^*$,求证

$$\frac{x^{n+1}}{y^{n+1}+y^n z+y^{n-1}z^2+\cdots+z^{n+1}}+\frac{y^{n+1}}{z^{n+1}+z^n x+z^{n-1}x^2\cdots+x^{n+1}}+$$
$$\frac{z^{n+1}}{x^{n+1}+x^n y+x^{n-1}y^2+\cdots+y^{n+1}} \geqslant \frac{3}{n+2} \tag{5}$$

分析　联想与类比有时候是提出问题和解决问题的金钥匙,相似问题的解决方法在很多场合往往都是十分相似的,在这一点上请同学们注意领会并掌握.

思考方向与思考方法基本同于(1),只是实施步骤中的不等式:$2xy \leqslant x^2+y^2 (x,y \in \mathbf{R})$的右边的指数 2 改为 $n+1$ 时,结论会变成什么相适应的样子?

类似于问题(2),由高中课本上知识知(当然可从指数为 $3,4,5,\cdots$,去探索,这里就省去探索的过程了,因为高中课本上已有指数为 3,5 时的结论)

$$x^n y^k + x^k y^n \leqslant x^{n+k} + y^{n+k} \quad (x,y \in \mathbf{R}^*,n,k \in \mathbf{N}^*)$$

这是一个有意义的结论,于是

$$x^{n+1}+x^n y+x^{n-1}y^2+\cdots+y^{n+1} \leqslant \frac{n+2}{2}(x^{n+1}+y^{n+1})$$

即

$$\frac{x^{n+1}}{y^{n+1}+y^n z+y^{n-1}z^2+\cdots+z^{n+1}}+$$
$$\frac{y^{n+1}}{z^{n+1}+z^n x+z^{n-1}x^2+\cdots+x^{n+1}}+$$
$$\frac{z^{n+1}}{x^{n+1}+x^n y+x^{n-1}y^2+\cdots+y^{n+1}}$$
$$\geqslant \frac{2}{n+2}\left(\frac{x^{n+1}}{y^{n+1}+z^{n+1}}+\frac{y^{n+1}}{z^{n+1}+x^{n+1}}+\frac{z^{n+1}}{x^{n+1}+y^{n+1}}\right)$$
$$\geqslant \frac{3}{n+2}(注意到(2))$$

403

到此,推广 2 获证.

实际上,通过刚才对(4)的分析知道,(4)还有从变量个数方面的推广,例如变量个数为 4,5,6,$\cdots$,12 或者小于或等于 23 的奇数(结论成立)时,结论的证明就比较复杂了,况且,也不能推广到任意多个变量.关于这点,请读者参考有关资料.

问题 3 设 $x,y \in (0,1)$,求证

$$\frac{1}{1+x^2} + \frac{1}{1+y^2} \leqslant \frac{2}{1+xy} \tag{1}$$

题目解说 本题的结构看似简单,实际上,要向前面两个不等式那样去设法从左至右的证明在这里就不好进行,于是,需要进行等价分析变形,这是在当前一时找不到好的证法时常用的证题方法.

方法透析 去分母,整理成恒不等式.一般的程序应该是配方或者分解因式.

证明 由条件 $x,y \in (0,1)$ 知,$xy \in (0,1)$,所以,原不等式等价于

$$\frac{1}{2}\left(\frac{1}{1+x^2} + \frac{1}{1+y^2}\right) \leqslant \frac{1}{1+xy} \tag{2}$$

$$\Leftrightarrow 2(1+x^2)(1+y^2) - (1+xy)(2+x^2+y^2) \geqslant 0$$
$$\Leftrightarrow (x^2+y^2-2xy)(1-xy) \geqslant 0 \tag{3}$$

结合题目条件及二元均值不等式知此式早已成立,于是原命题获证.

这一证明看起来比较简明,但是,真正实施起来也不是太简单,请同学们仔细领悟.

到这里本题的证明已经结束,但是,如果仅停留在这个层次上就得到的甚少,应该及时进行反思、总结、提炼,看看本题有无推广演变的可能? 即能否由此产生新的数学问题?

观察问题 3 的结构可以看出,(2)的左端可以看成是函数 $f(x) = \frac{1}{1+x^2}$ 在两个变量 x,y 处的函数值的算术平均值,右边是两个变量 x,y 在其几何平均值处的函数值 $f(\sqrt{xy})$,联想到琴生不等式,可以很容易地将(2)引申到多个变量时的情形,即:

推广 1 设 $x_i \in (0,1)(i=1,2,3,\cdots,n)$,求证

$$\sum_{i=1}^{n} \frac{1}{1+x_i^n} \leqslant \frac{n}{1+\prod_{i=1}^{n} x_i} \tag{4}$$

这由数学归纳法不难确认其正确,详细证明留给感兴趣的读者.

继续观察(3),不难看出,当 $x > 1, y > 1$ 时,不等号应该反向,于是可得原

命题的另一种演变的推广,即

推广 2 设 $x_i \in (1, +\infty)(i=1,2,3,\cdots,n)$,求证

$$\sum_{i=1}^{n} \frac{1}{1+x_i^n} \geqslant \frac{n}{1+\prod_{i=1}^{n} x_i} \tag{5}$$

继续观察(2),容易想到,当变量个数再增加时会有怎样的结论? 即对于三个变量,有:

若 $x, y, z \in (0,1)$,可得

$$\frac{1}{2}\left(\frac{1}{1+x^2} + \frac{1}{1+y^2}\right) \leqslant \frac{1}{1+xy}$$

$$\frac{1}{2}\left(\frac{1}{1+y^2} + \frac{1}{1+z^2}\right) \leqslant \frac{1}{1+yz}$$

$$\frac{1}{2}\left(\frac{1}{1+z^2} + \frac{1}{1+x^2}\right) \leqslant \frac{1}{1+zx}$$

这三式相加得

$$\frac{1}{1+x^2} + \frac{1}{1+y^2} + \frac{1}{1+z^2} \leqslant \frac{1}{1+xy} + \frac{1}{1+yz} + \frac{1}{1+zx} \tag{6}$$

这样我们又得到了一个新的命题. 如此继续,便得

推广 3 设 $x_i \in (0,1)(i=1,2,3,\cdots,n)$,求证

$$\sum_{i=1}^{n} \frac{1}{1+x_i^2} \leqslant \sum_{i=1}^{n} \frac{1}{1+x_i x_{i+1}} \tag{7}$$

推广 4 设 $x_i \in (1, +\infty)(i=1,2,3,\cdots,n)$,求证

$$\sum_{i=1}^{n} \frac{1}{1+x_i^2} \geqslant \sum_{i=1}^{n} \frac{1}{1+x_i x_{i+1}} \quad (x_{n+1}=x_1) \tag{8}$$

(7)(8)的证明可仿照(6)的证明进行,在此就略去其详细的证明了.

从这几个推广命题的由来我们可以看出,很多数学命题都是在认真分析已有命题的基础上,对原命题进行分析、归纳、总结、提炼,得到描述问题的本质,在原有问题及其求解思路的基础上,运用自己所掌握的数学知识通过思维的迁移加工就可得到一系列新的数学命题,这也是许多命题专家的研究心得,更是解题者应该多多注意的一个方面,也是我们辅导老师应该向学生介绍的重要一环 —— 展示知识发生、发展的全过程.

研究某些不等式的推广是十分有意义的工作,有事实表明,近多年来的高层次竞赛就多次涉及多个变量的复杂不等式证明问题,而且,有些问题本身就是一些固有问题的发展和演变,故应引起参加竞赛的同学的重视.

从老问题到新问题的探索

本章将在上一章的基础上进一步揭示如何发掘已有问题的潜在功能,展示挖掘一些已有问题背后的矿藏给我们带来的喜悦,文中许多被挖掘出来的问题后来就是当年的竞赛题,高考题或者其他类似题目,这也是许多青年教师学写文章的重要参考资料.沿着这个思路前行,青年教师就离成功写文章不远了.在此也解决了许多青年教师在评职称时没有文章的困惑(有不少青年教师询问,怎么写文章? 本章每个部分都是此类问题的回答),在本章里面,笔者给出自己曾经写过的几篇文章,它是笔者研究高考与竞赛方面的已发表作品,这些粗制滥造的作品仅仅是抛砖引玉之作,欢迎大家批评.

§1 两道高考试题的探究

问题 1 给定两个长度为 1 的平面向量 $\overrightarrow{OA}$, $\overrightarrow{OB}$, 它们的夹角为 $120°$, 点 C 在以 O 为圆心的圆弧 AB 上运动, 若 $\overrightarrow{OC} = x\overrightarrow{OA} + y\overrightarrow{OB}(x, y \in \mathbf{R})$, 求: $x + y$ 的最大值.

题目解说 本题为 2009 年安徽高考第 14 题.

方法透析 在此, 笔者仍遵循自己的新近著作名称《从分析解题过程学解题》一书的思想, 对此题目及其解答予以阐述剖析, 看看本题及其解答里面揭示出什么规律. 由于此题解法较多, 限于篇幅, 我们只给出两种方法, 便于分析.

第 3 章

406

解 1　由条件 $\overrightarrow{OC} = x\overrightarrow{OA} + y\overrightarrow{OB}(x, y \in \mathbf{R})$ 两边平方,得

$$1 = x^2 + y^2 - xy = (x+y)^2 - 3xy$$

$$\Rightarrow (x+y)^2 = 1 + 3xy \leqslant 1 + 3 \cdot \frac{(x+y)^2}{4}$$

$$\Rightarrow x + y \leqslant 2$$

等号成立的条件为 $x = y = 1$,即 $x + y$ 的最大值为 2.

评注　这个解法是对已知等式两端平方,获得两个变量的关系之后,再运用不等式使得问题获得解决.

一个自然的问题是,不进行两端平方,行不行? 这就是下面的解答.

解 2　设 $\angle AOC = \alpha \Rightarrow \alpha \in \left[0, \dfrac{2\pi}{3}\right]$,在已知等式两端同乘以 $\overrightarrow{OA}, \overrightarrow{OB}$ 得到

$$\begin{cases} \overrightarrow{OC} \cdot \overrightarrow{OA} = x\overrightarrow{OA}^2 + y\overrightarrow{OB} \cdot \overrightarrow{OA} \\ \overrightarrow{OC} \cdot \overrightarrow{OB} = x\overrightarrow{OA} \cdot \overrightarrow{OB} + y\overrightarrow{OB}^2 \end{cases}$$

$$\Rightarrow \begin{cases} \cos \alpha = x - \dfrac{1}{2}y \\ \cos(120° - \alpha) = -\dfrac{1}{2}x + y \end{cases}$$

$$\Rightarrow x + y = 2[\cos \alpha + \cos(120° - \alpha)]$$

$$= 2\sin\left(\alpha + \frac{\pi}{6}\right) \leqslant 2$$

当 $\alpha = \dfrac{\pi}{3}$ 时,$x + y$ 的最大值为 2.

评注　本题解法 2 解决的关键是获得两个变量 x, y 的三角表示,进一步转化为三角函数式的运算,避开了代数不等式的运算. 另外,从这个解法可以看出,向量 x, y,它们的夹角为 $120°$,也可以是其他的情况,比如 $150°$.

另外,本题为一个平面向量问题,那么,对于空间向量会有什么样的问题诞生,此问题又如何解决?

引申　设空间中有三个向量 $\overrightarrow{OA}, \overrightarrow{OB}, \overrightarrow{OC}$,它们两两的夹角为 $60°$,点 P 在以 O 为球心的球面上运动,若 $\overrightarrow{OP} = x\overrightarrow{OA} + y\overrightarrow{OB} + z\overrightarrow{OC}(x, y, z \in \mathbf{R})$,求:$x + y + z$ 的最大值.

题目解说　本题为上一题的空间移植,可以看作是一个新题.

渊源探索　从平面(二维)到空间(三维)升维处理问题,便掌握了一种编拟数学问题的方法.

方法透析　仔细分析上面一题的解法可以看出,第一种解法仍然可行,而

第二种解法则显得不好运用,因为要引进几个角才可以,使得求解变得复杂,难以驾驭,所以上面的解法一是通法.

解 对已知等式两端平方,得

$$\overrightarrow{OP}^2 = (x\overrightarrow{OA} + y\overrightarrow{OB} + z\overrightarrow{OC})^2$$
$$\Rightarrow 1 = x^2 + y^2 + z^2 + (xy + yz + zx)$$
$$= (x + y + z)^2 - (xy + yz + zx)$$
$$\Rightarrow (x + y + z)^2$$
$$= 1 + (xy + yz + zx)$$
$$\leqslant 1 + \frac{1}{3}(x + y + z)^2$$
$$\Rightarrow x + y + z$$
$$\leqslant \frac{\sqrt{6}}{2}$$

等号成立的条件为 $x = y = z = \frac{\sqrt{6}}{6}$,即 $x + y + z$ 的最大值为 $\frac{\sqrt{6}}{2}$.

评注 这个方法与上题的解法 1 有相通之处 —— 都是运用不等式方法,有人可能会问,怎么三个向量之间的夹角变为 $60°$ 了? 自己算算就知道这么修改角度的缘由了. 这就是说,数学不是看会的,是老老实实算会的.

上面这道题目很简单,但是给我们提供了一种升维方法 —— 编拟数学新问题的方法.

问题 2 设 $\alpha \in \left(0, \frac{\pi}{2}\right)$,求 $\sin^2\alpha\cos\alpha$ 的最大值.

题目解说 本题为 1994 年全国高中数学联赛一题,也是 1995 年高考试题之一.

方法透析 此题早已有人对此讨论过,在此,笔者仍遵循自己的新近作品名称《从分析解题过程学解题》一书的思想,对此题目及其解答予以阐述,看看原作者对自己的题目及其解答里面揭示出什么规律.

解 逆用三元均值不等式 $x + y + z \geqslant 3\sqrt[3]{xyz} \Leftrightarrow xyz \leqslant \left(\frac{x+y+z}{3}\right)^3$,设

$$y = \sin^2\alpha\cos\alpha, \Rightarrow y^2 = \sin^4\alpha\cos^2\alpha$$
$$= \sin^2\alpha\sin^2\alpha\cos^2\alpha$$
$$= \frac{1}{2} \cdot (1 - \cos^2\alpha)(1 - \cos^2\alpha)(2\cos^2\alpha)$$
$$\leqslant \frac{1}{2} \cdot \left[\frac{(1 - \cos^2\alpha) + (1 - \cos^2\alpha) + (2\cos^2\alpha)}{3}\right]^3$$

$$= \frac{4}{27}$$

$$\Rightarrow y \leqslant \frac{2}{3\sqrt{3}}$$

等号成立的条件 $1 - \cos^2 \alpha = 2\cos^2 \alpha \Leftrightarrow \cos^2 \alpha = \frac{1}{3}$.

评注 逆用三元均值不等式凑出定值是成功的关键,这个技巧今后还将持久伴随我们的学习生活.

一、命题的引申

如果站在上述解决问题的过程的基础上,继续向前大步跨越,可能会获得更加辉煌的成就.

引申 1 设 $\alpha \in \left(0, \dfrac{\pi}{2}\right)$,分别求:

(1) $\cos \dfrac{\alpha}{2} \sin \alpha$ 的最大值;

(2) $\sin \dfrac{\alpha}{2} \cos \alpha$ 的最大值;

(3)(2005 年中国东南竞赛)设 $\alpha, \beta, \gamma \in \left(0, \dfrac{\pi}{2}\right)$,$\sin^3 \alpha + \sin^3 \beta + \sin^3 \gamma = 1$,求证

$$\tan^2 \alpha + \tan^2 \beta + \tan^2 \gamma \geqslant \frac{3\sqrt{3}}{2}$$

解 (1)(2) 略.

证明 (3) 令 $a = \sin \alpha, b = \sin \beta, c = \sin \gamma \Rightarrow a, b, c \in (0, 1), a^3 + b^3 + c^3 = 1$,于是

$$a - a^3 = a(1 - a^2) = \frac{1}{\sqrt{2}} \sqrt{2a^2(1 - a^2)(1 - a^2)}$$

$$\leqslant \frac{1}{\sqrt{2}} \sqrt[3]{\left(\frac{2a^2 + 1 - a^2 + 1 - a^2}{3} \right)^3} = \frac{2\sqrt{3}}{9}$$

$$\Rightarrow a - a^3 \leqslant \frac{2\sqrt{3}}{9}$$

同理可得

$$b - b^3 \leqslant \frac{2\sqrt{3}}{9}, c - c^3 \leqslant \frac{2\sqrt{3}}{9}$$

从而

$$\tan^2\alpha + \tan^2\beta + \tan^2\gamma = \frac{a^2}{1-a^2} + \frac{b^2}{1-b^2} + \frac{c^2}{1-c^2}$$

$$= \frac{a^3}{a-a^3} + \frac{b^3}{b-b^3} + \frac{c^3}{c-c^3}$$

$$\geqslant \frac{3\sqrt{3}}{2}(a^3+b^3+c^3) = \frac{3\sqrt{3}}{2}$$

即 $\tan^2\alpha + \tan^2\beta + \tan^2\gamma \geqslant \frac{3\sqrt{3}}{2}$.

引申 2 设 $x,y,z \in (0,1)$, 且 $xy+yz+zx=1$, 求证: $\dfrac{x}{1-x^2} + \dfrac{y}{1-y^2} + \dfrac{z}{1-z^2} \geqslant \dfrac{3\sqrt{3}}{2}$.

题目解说 本题为 1989 年加拿大竞赛题之一, 1991 年 IMO 预选题, 2004 年新加坡竞赛题之一.

方法透析 仔细分析上一题的解法, 看看如何构造本题的结构, 可能很有帮助.

证明 由三元均值不等式知

$$x(1-x^2) = \frac{1}{\sqrt{2}}\sqrt{2x^2(1-x^2)(1-x^2)}$$

$$\leqslant \frac{1}{\sqrt{2}}\sqrt[3]{\left(\frac{2x^2+1-x^2+1-x^2}{3}\right)^3} = \frac{2\sqrt{3}}{9}$$

$$\Rightarrow x(1-x^2) \leqslant \frac{2\sqrt{3}}{9} \Rightarrow \frac{x^2}{1-x^2} \geqslant \frac{3\sqrt{3}}{2}x^2$$

$$\Rightarrow \sum \frac{x^2}{1-x^2} \geqslant \frac{3\sqrt{3}}{2}\sum x^2$$

$$\geqslant \frac{3\sqrt{3}}{2}(xy+yz+zx)$$

$$= \frac{3\sqrt{3}}{2}$$

引申 3 设对于满足 $x^2+y^2+z^2=1$ 的正实数 x,y,z, 求证:

$$\frac{x}{1-x^2} + \frac{y}{1-y^2} + \frac{z}{1-z^2} \geqslant \frac{3}{2}\sqrt{3}$$

证明 1 令 $a=x^2, b=y^2, c=z^2, a+b+c=1$, 只要证明

$$\frac{\sqrt{a}}{1-a} + \frac{\sqrt{b}}{1-b} + \frac{\sqrt{c}}{1-c} \geqslant \frac{3}{2}\sqrt{3}$$

构造函数 $f(t) = \dfrac{\sqrt{t}}{1-t}(t \in (0,1))$，则其在 $t = \dfrac{1}{3}$ 处的切线方程为 $g(t) = \dfrac{3\sqrt{3}}{2}t$，

且 $f(t) \geqslant g(t)$，所以 $f(a) + f(b) + f(c) \geqslant \dfrac{3\sqrt{3}}{2}$.

证明 2　直接运用上题证明过程.

引申 4　求最大的常数 λ，使得对于任意的 $x,y,z \in \mathbf{R}^*$ 有

$$\frac{x}{y^2 + z^2} + \frac{y}{z^2 + x^2} + \frac{z}{x^2 + y^2} \geqslant \frac{\lambda}{\sqrt{x^2 + y^2 + z^2}}$$

恒成立.

解　记 $f(x,y,z) = \sqrt{x^2 + y^2 + z^2}\left(\dfrac{x}{y^2 + z^2} + \dfrac{y}{z^2 + x^2} + \dfrac{z}{x^2 + y^2}\right)$，则对

于任意的 $x,y,z \in \mathbf{R}^*$，$\lambda \leqslant f(x,y,z)$ 恒成立. 因为 $x,y,z \in \mathbf{R}^*$，所以，可设 $x^2 + y^2 + z^2 = a^2$，$(a > 0)$，则

$$f(x,y,z) = a\left(\frac{x}{a^2 - x^2} + \frac{y}{a^2 - y^2} + \frac{z}{a^2 - z^2}\right)$$

运用均值不等式得

$$2x^2(a^2 - x^2)^2 \leqslant \left[\frac{2x^2 + (a^2 - x^2) + (a^2 - x^2)}{3}\right]^3 = \left(\frac{2a^2}{3}\right)^3$$

$$\Rightarrow x(a^2 - x^2) \leqslant \frac{2a^3}{\sqrt{27}}$$

$$\Rightarrow \frac{1}{x(a^2 - x^2)} \geqslant \frac{3\sqrt{3}}{2a^3}$$

$$\Rightarrow \frac{x}{a^2 - x^2} \geqslant \frac{3\sqrt{3}}{2a^3}x^2$$

同理有

$$\frac{y}{a^2 - y^2} \geqslant \frac{3\sqrt{3}}{2a^3}y^2, \frac{z}{a^2 - z^2} \geqslant \frac{3\sqrt{3}}{2a^3}z^2$$

于是

$$f(x,y,z) \geqslant a\left(\frac{3\sqrt{3}}{2a^3}x^2 + \frac{3\sqrt{3}}{2a^3}y^2 + \frac{3\sqrt{3}}{2a^3}z^2\right) = \frac{3\sqrt{3}}{2a^2}(x^2 + y^2 + z^2) = \frac{3\sqrt{3}}{2}$$

$f(x,y,z)_{\min} = \dfrac{3\sqrt{3}}{2}$，所以 λ 最大值是 $\dfrac{3\sqrt{3}}{2}$.

评注　由于原不等式是轮换对称的，故可以先利用特殊值 $x = y = z = 1$，求

得 $\lambda = \dfrac{3\sqrt{3}}{2}$，再设法去证明.

引申 5 设 $x,y,z \in \mathbf{R}^*$，$x^2+y^2+z^2=a^2$，求证

$$\frac{x}{y^2+z^2}+\frac{y}{x^2+z^2}+\frac{z}{x^2+z^2} \geqslant \frac{3\sqrt{3}}{2a}$$

证明 由于

$$\frac{x}{a^2-x^2}+\frac{y}{a^2-y^2}+\frac{z}{a^2-z^2} \geqslant \frac{3\sqrt{3}}{2a} \tag{1}$$

而

$$\frac{x}{a^2-x^2}+\frac{y}{a^2-y^2}+\frac{z}{a^2-z^2} \tag{2}$$

$$=\frac{x^2}{x(a^2-x^2)}+\frac{y^2}{y(a^2-y^2)}+\frac{z^2}{z(a^2-z^2)}$$

又令 $u=x(a^2-x^2) \Rightarrow 2u^2=2x^2(a^2-x^2)(a^2-x^2) \leqslant \dfrac{8}{27}a^6$，所以

$$u=x(a^2-x^2) \leqslant \frac{2}{3\sqrt{3}}a^3$$

同理得

$$y(a^2-y^2) \leqslant \frac{2}{3\sqrt{3}}a^3, z(a^2-z^2) \leqslant \frac{2}{3\sqrt{3}}a^3 \tag{3}$$

于是将（3）代入（2）有

$$\frac{x^2}{x(a^2-x^2)}+\frac{y^2}{y(a^2-y^2)}+\frac{z^2}{z(a^2-z^2)}$$

$$\geqslant \frac{3\sqrt{3}}{2a^3}(x^2+y^2+z^2)=\frac{3\sqrt{3}}{2a}$$

评注 这个解法比较自然，属于常规的想法和做法. 另外，本题是否可以用三角代换方法做，也就是令 $x=a\cos\alpha,y=a\cos\beta,z=a\cos\gamma(a>0)$，此时不等式（1）转化为 $\sum \dfrac{\cos\alpha}{\sin^2\alpha} \geqslant \dfrac{3\sqrt{3}}{2}$.

引申 6 设 $a,b,c,d \in \mathbf{R}^*$，求证 $\sum \dfrac{a}{\sqrt{b^2+c^2+d^2}} \geqslant 2$.

证明 设 $a^2+b^2+c^2+d^2=1$，有

$$\sum \frac{a}{\sqrt{b^2+c^2+d^2}}=\sum \frac{a}{\sqrt{1-a^2}}=\sum \frac{a^2}{\sqrt{a^2(1-a^2)}} \geqslant 2\sum a^2=2$$

评注 本题还可以推广到多个变量.

引申 7（1994 年罗马尼亚）对于 $x,y,z>0$，求证

$$\frac{z}{\sqrt{x^2+y^2}}+\frac{x}{\sqrt{y^2+z^2}}+\frac{y}{\sqrt{z^2+x^2}}>2$$

从分析解题过程学解题——
竞赛中的向量几何与不等式研究

证明　令 $x^2 + y^2 + z^2 = 1$，则

$$x^2(1-x^2) \leqslant \frac{1}{4} \Rightarrow \frac{x}{\sqrt{1-x^2}} \geqslant 2x^2$$

$$\Rightarrow \frac{x}{\sqrt{1-x^2}} + \frac{y}{\sqrt{1-y^2}} + \frac{z}{\sqrt{1-z^2}} \geqslant 2(x^2+y^2+z^2) = 2$$

即

$$\frac{z}{\sqrt{x^2+y^2}} + \frac{x}{\sqrt{y^2+z^2}} + \frac{y}{\sqrt{z^2+x^2}} > 2$$

评注　本题还可以推广到多个变量，留给感兴趣的读者吧！

§2. 一道数列问题的前思后想

（本节发表在《数学教学》2008 年第 9 期）

数学解题教学是教师引导学生进行数学学习的一个重要途径. 我认为，在高三最后的数学复习阶段，不仅要着力强调过去所学的基础知识，更要教学生在基础知识具备的前提下怎样提高学习效率，从一些经典题目出发，精讲精练，多思多求，多问几个为什么，尽可能多的联系一些相关知识和方法，通过问题变式，将自己研究数学问题的心得和方法教给学生，和学生一起进行探究，展示数学问题的来龙去脉，这是一种较为实际的行之有效的数学课堂教学方法. 下面我们就从 2006 年江西省一道高考题出发，阐述自己在教学中的一些想法和做法，请读者批评指正.

2006 年江西省高考理科 22 题（压轴题，本题满分 14 分）为：

已知数列 $\{a_n\}$ 满足 $a_1 = \dfrac{3}{2}$，且 $a_n = \dfrac{3na_{n-1}}{2a_{n-1}+n-1}(n \geqslant 2, n \in \mathbf{N}^*)$.

（1）求数列 $\{a_n\}$ 的通项公式 a_n.

（2）证明，对于任意正整数 n，不等式 $a_1 a_2 \cdots a_n < 2 \cdot n!$ 恒成立.

一、本题的解答

首先我们来研究本题的解答.

解　（1）由题目给出的递推式有 $1 - \dfrac{n}{a_n} = \dfrac{1}{3}\left(1 - \dfrac{n-1}{a_{n-1}}\right)$，于是，可以看出

数列 $\left\{1 - \dfrac{n}{a_n}\right\}$ 是公比为 $\dfrac{1}{3}$，首项为 $1 - \dfrac{1}{a_1} = 1 - \dfrac{2}{3} = \dfrac{1}{3}$ 的等比数列，所以

$$1 - \frac{n}{a_n} = \frac{1}{3} \cdot \left(\frac{1}{3}\right)^{n-1} = \left(\frac{1}{3}\right)^n$$

所以

$$a_n = \frac{n \cdot 3^n}{3^n - 1} \quad (n \geqslant 1)$$

评注 本小题的结果也可以采用不完全归纳法探索出结果,再运用数学归纳法证明,但是这个方法比较麻烦.

(2)由第一小题的结果知道,要证明的结论

$$a_1 a_2 \cdots a_n < 2 \cdot n!$$

等价于

$$\left(1 - \frac{1}{3}\right)\left(1 - \frac{1}{3^2}\right)\left(1 - \frac{1}{3^3}\right)\cdots\left(1 - \frac{1}{3^n}\right) > \frac{1}{2} \tag{1}$$

(1)是一道不等式证明题,左边为自然数 n 的函数,右边是一个常数.学生中有人想用数学归纳法,但是,由于(1)的右边是一个常数,不容易促成数学归纳法的形成,即递推步不好完成,也不能用课本上介绍的证明不等式的方法顺利进行,使得很多优秀学生在求解本题时显得一筹莫展,一时陷入不可自拔的境地,那么,有什么好的办法可以施展?

一种自然的想法就是,既然数学归纳法不好下手,能否从不完全归纳法的思想去寻求解决问题的思路? 这就是

事实上,由不完全归纳法的思想知道有

$$\left(1 - \frac{1}{3}\right)\left(1 - \frac{1}{3^2}\right) = 1 - \frac{1}{3} - \frac{1}{3^2} + \frac{1}{3^2} > 1 - \frac{1}{3} - \frac{1}{3^2}, \cdots$$

继而,想到用数学归纳法去证明

$$\left(1 - \frac{1}{3}\right)\left(1 - \frac{1}{3^2}\right)\left(1 - \frac{1}{3^3}\right)\cdots\left(1 - \frac{1}{3^n}\right) \geqslant 1 - \frac{1}{3} - \frac{1}{3^2} - \frac{1}{3^3}\cdots - \frac{1}{3^n} \tag{2}$$

这个结论的证明用数学归纳法是很容易办到的,略.

根据(2)知道,右边为

$$1 - \frac{1}{3} - \frac{1}{3^2} - \frac{1}{3^3}\cdots - \frac{1}{3^n} = 1 - \frac{\frac{1}{3}\left[1 - \left(\frac{1}{3}\right)^n\right]}{1 - \frac{1}{3}} = \frac{1}{2} + \frac{1}{2}\left(\frac{1}{3}\right)^n > \frac{1}{2}$$

从而(1)获得证明.这表明(2)是(1)的一个有效加强.

但是,美中不足的是这个加强形式还没有促成不等式等号成立,于是,我们设想有无能使等号成立的一种更好地加强形式?

首先,我们回顾证明一般不等式的思路和方法,都是要考虑不等式等号成

立的可能性,于是我们分析:

当 $n=1$ 时,(1) 的左边为 $\frac{2}{3}$,而右边为 $\frac{1}{2}$,要使得两边相等,右边需要加上

$\frac{1}{6}$,这时候不等式的两边即可促成相等的情况.

那么,当 n 增大时,上面的 $\frac{1}{6}$ 就必然涉及自然数 n,所以,可以猜测有

命题的加强

$$\left(1-\frac{1}{3}\right)\left(1-\frac{1}{3^2}\right)\left(1-\frac{1}{3^3}\right)\cdots\left(1-\frac{1}{3^n}\right) \geqslant \frac{1}{2}\left(\frac{1}{3^n}+1\right) \quad (n \in \mathbf{N}^*) \quad (3)$$

这个不等式是否成立? 容易验证 $n=1,2,3$ 时是成立的. 于是,只要确认对于其他自然数成立即可.

关于本不等式的证明,也可以用数学归纳法,以下我们采用一种构造数列的方法证明(3).

证明 运用构造数列方法.

令 $a_n = \dfrac{\left(1-\frac{1}{3}\right)\left(1-\frac{1}{3^2}\right)\left(1-\frac{1}{3^3}\right)\cdots\left(1-\frac{1}{3^n}\right)}{\frac{1}{2}\left(\frac{1}{3^n}+1\right)}$,因 $a_1=1$,所以,以下只要

证明数列 $\{a_n\}$ 是单调上升数列即可.

事实上,由于

$$\frac{a_{n+1}}{a_n} = \frac{\dfrac{\left(1-\frac{1}{3}\right)\left(1-\frac{1}{3^2}\right)\left(1-\frac{1}{3^3}\right)\cdots\left(1-\frac{1}{3^n}\right)\left(1-\frac{1}{3^{n+1}}\right)}{\frac{1}{2}\left(\frac{1}{3^{n+1}}+1\right)}}{\dfrac{\left(1-\frac{1}{3}\right)\left(1-\frac{1}{3^2}\right)\left(1-\frac{1}{3^3}\right)\cdots\left(1-\frac{1}{3^n}\right)}{\frac{1}{2}\left(\frac{1}{3^n}+1\right)}}$$

$$= \frac{\left(1-\frac{1}{3^{n+1}}\right)\left(\frac{1}{3^n}+1\right)}{\frac{1}{3^{n+1}}+1}$$

于是,要证明数列 $\{a_n\}$ 单调上升,只要证明

$$\frac{\left(1-\frac{1}{3^{n+1}}\right)\left(\frac{1}{3^n}+1\right)}{\frac{1}{3^{n+1}}+1} \geqslant 1 \Leftrightarrow \left(1-\frac{1}{3^{n+1}}\right)\left(\frac{1}{3^n}+1\right) \geqslant \frac{1}{3^{n+1}}+1$$

即只要证明

$$\frac{1}{3} \geqslant \frac{1}{3^{n+1}} \qquad\qquad (4)$$

这对于自然数是显然成立的,即原不等式获证.

（3）显然也是（1）的又一个加强,但这个结论是本题的最好加强形式,可以使得等号成立成为可能,当然,作为高考题目,特别是压轴题,以这样的形式表现出来就降低了题目的难度,学生很快可以看出并运用数学归纳法顺利解决本题,所以,作为高考试题中的压轴题,还是原来的形式最能考查学生的数学潜能.

二、本题的推广

上面我们完成了本题的解答,若是考试,这样做了就是非常满意的结局,可以拿到考试的全分了,但是,若是平常做题和老师教学,这样做仅仅是完成了一个奴隶要做的工作,我们还应该在求解本题的思路上向前多走几步,看看是否有更好更深层次的东西,是否有更具教育意义的结论.

下面我们主要针对第 2 小题做以探究,得到以下一些有意义的结论.

结论 1 设 $a_i \in (0,1)(i=1,2,3,\cdots,n)$,求证

$$(1-a_1)(1-a_2)(1-a_3)\cdots(1-a_n) \geqslant 1-a_1-a_2-a_3-\cdots-a_n$$

证明 用数学归纳法.（1）当 $n=1$,结论反映的是一个等式,即命题成立.

（2）假设当 $n=k(k \geqslant 1)$ 时命题成立,即有

$$(1-a_1)(1-a_2)(1-a_3)\cdots(1-a_k) \geqslant 1-a_1-a_2-a_3-\cdots-a_k$$

那么,当 $n=k+1$ 时,若 $1-a_1-a_2-a_3-\cdots-a_k < 0$ 时,则命题显然成立,反之,则由归纳假设有

$$\begin{aligned}
&(1-a_1)(1-a_2)(1-a_3)\cdots(1-a_k)(1-a_{k+1}) \\
&\geqslant (1-a_1-a_2-a_3-\cdots-a_k)(1-a_{k+1}) \\
&\geqslant 1-a_1-a_2-a_3-\cdots-a_k-a_{k+1}
\end{aligned}$$

即命题在 $n=k+1$ 时也成立.

根据数学归纳法原理知道,命题对于任意正整数都成立.

这是一个具有广泛意义的结论,实际上,这是（2）发展,原题目仅仅是在本题的基础上令 $a_n = \dfrac{1}{3^n}(n=1,2,3,\cdots)$,再求和并舍去 $\dfrac{1}{2}\left(\dfrac{1}{3}\right)^n$,就得到要证明的结论形式.换句话说,我们还可以采取别的代换,生成一批新的题目.

三、发展前景探索

竞赛试题非常讲究命题的背景,努力研究其发展和演变,才能搞清楚命题

的主导思想,高考题也是一样十分讲究题目的来历,所以,在平常的数学教学中,要交给学生题目的来龙去脉和进一步发展变化的前景,这样有利于培养学生的探究能力,下面做以研究.

如果结论一中的减号改写为加号,即

结论 2 设 $a_i > 0 (i = 1, 2, 3, \cdots, n)$,求证

$$(1 + a_1)(1 + a_2)(1 + a_3) \cdots (1 + a_n) \geqslant 1 + a_1 + a_2 + a_3 + \cdots + a_n$$

结论还成立吗?

证明 用数学归纳法也容易得到确认.在这个条件下,右边可否加强?使其达到等号成立?

结论 3 设 $a_i \geqslant 1 (i = 1, 2, 3, \cdots, n)$,求证

$$(1 + a_1)(1 + a_2)(1 + a_3) \cdots (1 + a_n) \geqslant \frac{2^n}{n+1}(1 + a_1 + a_2 + a_3 + \cdots + a_n)$$

证明 1 运用数学归纳法证明也是容易想到的证法,但是下面的证明更别具一格.

注意到上面的结论 2,于是

$$\frac{(1 + a_1)(1 + a_2)(1 + a_3) \cdots (1 + a_n)}{2^n}$$

$$= \left(\frac{1}{2} + \frac{a_1}{2}\right)\left(\frac{1}{2} + \frac{a_2}{2}\right)\left(\frac{1}{2} + \frac{a_3}{2}\right) \cdots \left(\frac{1}{2} + \frac{a_n}{2}\right)$$

$$= \left(1 + \frac{a_1 - 1}{2}\right)\left(1 + \frac{a_2 - 1}{2}\right)\left(1 + \frac{a_3 - 1}{2}\right) \cdots \left(1 + \frac{a_n - 1}{2}\right)$$

$$\geqslant 1 + \frac{a_1 - 1}{2} + \frac{a_2 - 1}{2} + \frac{a_3 - 1}{2} \cdots + \frac{a_n - 1}{2}$$

$$\geqslant 1 + \frac{a_1 - 1}{n+1} + \frac{a_2 - 1}{n+1} + \frac{a_3 - 1}{n+1} \cdots + \frac{a_n - 1}{n+1}$$

$$= \frac{1}{n+1}(1 + a_1 + a_2 + a_3 \cdots + a_n)$$

到此结论获得证明.

证明 2 下面运用增量法给出一个比较具有实质性的证明.

因为 $a_i \geqslant 1$,所以可设 $a_i = b_i + 1 (i = 1, 2, 3, \cdots, n)$,则原不等式等价于

$$(2 + b_1)(2 + b_2)(2 + b_3) \cdots (2 + b_n) \geqslant \frac{2^n}{n+1}(n + 1 + b_1 + b_2 + b_3 + \cdots + b_n)$$

但是

$$(2 + b_1)(2 + b_2)(2 + b_3) \cdots (2 + b_n) \geqslant 2^n + 2^{n-1}(b_1 + b_2 + b_3 + \cdots + b_n)$$

故只需要证明

$$2^n + 2^{n-1}(b_1 + b_2 + b_3 \cdots + b_n) \geqslant 2^n + \frac{2^n}{n+1}(b_1 + b_2 + b_3 + \cdots + b_n)$$

这等价于 $n+1 \geqslant 2$,这对于正整数 n 是显然的结果,从而结论获得证明.

对于上式的左边,是否有上界存在? 经过进一步探索得到

结论 4 设 $a_i \geqslant 1(i=1,2,3,\cdots,n)$,求证

$$2^{n-1}[a_1 a_2 a_3 \cdots a_n + 1] \geqslant \prod_{k=1}^{n}(1+a_k)$$

下面运用构造数列方法予以证明. 设

$$x_k = \frac{2^{k-1}(a_1 a_2 a_3 \cdots a_k + 1)}{(1+a_1)(1+a_2)(1+a_3)\cdots(1+a_k)}$$

于是

$$x_{k+1} = \frac{2^k(a_1 a_2 a_3 \cdots a_k a_{k+1} + 1)}{(1+a_1)(1+a_2)(1+a_3)\cdots(1+a_k)(1+a_{k+1})}$$

那么,要证明原不等式,只要证明数列 $\{x_k\}$ 是单调上升数列,而

$$\frac{x_{k+1}}{x_k} = \frac{\dfrac{2^k(a_1 a_2 a_3 \cdots a_k a_{k+1} + 1)}{(1+a_1)(1+a_2)(1+a_3)\cdots(1+a_k)(1+a_{k+1})}}{\dfrac{2^{k-1}(a_1 a_2 a_3 \cdots a_k + 1)}{(1+a_1)(1+a_2)(1+a_3)\cdots(1+a_k)}}$$

$$= \frac{2(a_1 a_2 a_3 \cdots a_k a_{k+1} + 1)}{(a_1 a_2 a_3 \cdots a_k + 1)(1+a_{k+1})}$$

于是,只要证明

$$\frac{2(a_1 a_2 a_3 \cdots a_k a_{k+1} + 1)}{(a_1 a_2 a_3 \cdots a_k + 1)(1+a_{k+1})} \geqslant 1$$

这等价于

$$2(a_1 a_2 a_3 \cdots a_k a_{k+1} + 1) \geqslant (a_1 a_2 a_3 \cdots a_k + 1)(1+a_{k+1})$$

即 $(a_1 a_2 a_3 \cdots a_k + 1)(a_{k+1} - 1) \geqslant 0$,但由条件 $a_i \geqslant 1(i=1,2,3,\cdots,n)$ 知上式早已成立,所以,数列 $\{x_k\}$ 是单调上升的数列,而 $x_1 = 1$,从而有

$$x_n \geqslant x_{n-1} \geqslant \cdots x_1 = 1$$

即

$$\frac{2^{n-1}(a_1 a_2 a_3 \cdots a_n + 1)}{(1+a_1)(1+a_2)(1+a_3)\cdots(1+a_n)} \geqslant 1$$

于是,原不等式获得证明.

评注 由上面的证明容易看出,对于 $a_i \in (0,1)(i=1,2,3,\cdots,n)$,结论仍然成立.

结论 5 设 $a_i \in (0,1)(i=1,2,3,\cdots,n)$,求证:下面不等式至少有一个成

立：

$$a_1 a_2 a_3 \cdots a_n \leqslant \frac{1}{2^n}, (1-a_1)(1-a_2)(1-a_3)\cdots(1-a_n) \leqslant \frac{1}{2^n}$$

证明　由于 $a_1,a_2,a_3,\cdots,a_n,(1-a_1),(1-a_2),(1-a_3),\cdots,(1-a_n)$ 都是正数，故

由二元均值不等式知道

$$a_1 a_2 a_3 \cdots a_n (1-a_1)(1-a_2)(1-a_3)\cdots(1-a_n)$$

$$=[a_1(1-a_1)][a_2(1-a_2)]\cdots[a_n(1-a_n)]$$

$$\leqslant \underbrace{\frac{1}{4}\cdot\frac{1}{4}\cdot\frac{1}{4}\cdot\cdots\cdot\frac{1}{4}}_{n个} = \frac{1}{4^n} = \frac{1}{2^{2n}}$$

即命题成立.

结论 6　设 $a_i \in \left(\frac{1}{2},1\right)(i=1,2,3,\cdots,n)$，求证

$$a_1 a_2 a_3 \cdots a_n + (1-a_1)(1-a_2)(1-a_3)\cdots(1-a_n) \geqslant \frac{1}{2^{n-1}}$$

证明　运用二项式定理证明如下，设 $a_i = b_i + \frac{1}{2}(i=1,2,3,\cdots,n)$，则

$$a_1 a_2 a_3 \cdots a_n + (1-a_1)(1-a_2)(1-a_3)\cdots(1-a_n)$$

$$=\left(b_1+\frac{1}{2}\right)\left(b_2+\frac{1}{2}\right)\cdots\left(b_n+\frac{1}{2}\right)+\left(\frac{1}{2}-b_1\right)\left(\frac{1}{2}-b_2\right)\cdots\left(\frac{1}{2}-b_n\right)$$

$$=\left[\left(\frac{1}{2}\right)^n + M + N\right]+\left[\left(\frac{1}{2}\right)^n + (M-N)\right] \geqslant \frac{1}{2^{n-1}}$$

到此结论得到证明.

综上所述，2006 年的这道高考题实际上是给不等式证明问题穿上了美丽的数列外套来糊弄学生的，其实质是不等式的证明.

四、一个失败的探索给我们的启示

原题不好直接证明，那么，有无其他证法？下面我们试图给出另外一种证明，结果中途受阻，但是，我们得到了相关本题证明过程的其他一些副产品.

失误的证明：

由伯努利不等式知道：$3^n \geqslant 1+2n$（注意 $n=1$ 时等号成立），所以

$$1-\frac{1}{3^n} \geqslant \frac{2n}{2n+1}$$

所以

$$\left(1-\frac{1}{3}\right)\left(1-\frac{1}{3^2}\right)\left(1-\frac{1}{3^3}\right)\cdots\left(1-\frac{1}{3^n}\right) > \frac{2}{3}\cdot\frac{4}{5}\cdot\frac{6}{7}\cdot\frac{8}{9}\cdot\cdots\cdot\frac{2n}{2n+1}$$

要证明不等式(1),只要证明

$$\frac{2}{3} \cdot \frac{4}{5} \cdot \frac{6}{7} \cdot \frac{8}{9} \cdot \cdots \cdot \frac{2n}{2n+1} > \frac{1}{2}$$

事实上,因为

$$\frac{1}{2} < \frac{2}{3} < \frac{3}{4} < \frac{4}{5} < \frac{5}{6} < \frac{6}{7} < \cdots < \frac{2n}{2n+1}$$

所以

$$\frac{1}{2} \cdot \frac{3}{4} \cdot \frac{5}{6} \cdot \cdots \cdot \frac{2n-1}{2n} < \frac{2}{3} \cdot \frac{4}{5} \cdot \frac{6}{7} \cdot \cdots \cdot \frac{2n}{2n+1}$$

即

$$\left(\frac{2}{3} \cdot \frac{3}{4} \cdot \frac{4}{5} \cdot \frac{6}{7} \cdot \cdots \cdot \frac{2n}{2n+1} \right)^2$$

$$> \left(\frac{1}{2} \cdot \frac{3}{4} \cdot \frac{5}{6} \cdot \cdots \cdot \frac{2n-1}{2n} \right)\left(\frac{2}{3} \cdot \frac{4}{5} \cdot \frac{6}{7} \cdot \cdots \cdot \frac{2n}{2n+1} \right)$$

$$= \frac{1}{2} \cdot \frac{2}{3} \cdot \frac{3}{4} \cdot \frac{4}{5} \cdot \frac{5}{6} \cdot \cdots \cdot \frac{2n-1}{2n} \cdot \frac{2n}{2n+1} = \frac{1}{2n+1}$$

所以

$$\frac{2}{3} \cdot \frac{4}{5} \cdot \frac{6}{7} \cdot \frac{8}{9} \cdot \cdots \cdot \frac{2n}{2n+1} > \frac{1}{2n+1} \tag{5}$$

这是一个有意义的结果,但是,右边是一个自然数 n 的函数,它随着 n 的增大而减小,所以,不可能大于 $\frac{1}{2}$,故运用这种方法不能够达到证明本题,这促使我们去寻求别的证明方法.

另外,尽管我们上面没有能够证明原题,但是,我们在这个思路的基础上,仍然有进一步探索的天地.

结论 7 (1985 年上海市高考试题 24 题)对于一切自然数 n,求证

$$\left(1 + \frac{1}{3}\right)\left(1 + \frac{1}{5}\right)\cdots\left(1 + \frac{1}{2n-1}\right) > \frac{\sqrt{2n+1}}{2}$$

证明 因为 $\frac{2}{1} > \frac{3}{2} > \frac{4}{3} > \cdots > \frac{2n}{2n-1} > \frac{2n+1}{2n}$,所以令

$$A = \frac{1}{2} \cdot \frac{4}{3} \cdot \frac{6}{5} \cdot \cdots \cdot \frac{2n}{2n-1}, B = \frac{3}{2} \cdot \frac{5}{4} \cdot \frac{7}{6} \cdot \cdots \cdot \frac{2n+1}{2n}$$

那么,$A > B$,此式两边同乘以 A 即得结论.

结论 8 (1998 年高考试题之一的核心问题)设 $a_n = (1 + 1)(1 + \frac{1}{4})\cdots\left(1 + \frac{1}{3n-2}\right)$,$b_n = \sqrt[3]{3n+1}$,试比较 a_n,b_n 的大小.

证明　设法考查 $u_n = \dfrac{a_n}{b_n}$ 与 1 的大小关系. 还可考虑设

$$A = \frac{2}{1} \cdot \frac{5}{4} \cdot \frac{8}{7} \cdot \cdots \cdot \frac{3n-1}{3n-2}$$

$$B = \frac{3}{2} \cdot \frac{6}{5} \cdot \frac{9}{8} \cdot \cdots \cdot \frac{3n}{3n-1}$$

$$C = \frac{4}{3} \cdot \frac{7}{6} \cdot \frac{10}{9} \cdot \cdots \cdot \frac{3n+1}{3n}$$

那么,由于

$$\frac{2}{1} > \frac{3}{2} > \frac{4}{3} > \cdots > \frac{2n}{2n-1} > \frac{2n+1}{2n}$$

所以 $A > B > C$,所以 $A^3 > ABC = 3n+1$,即 $a_n > b_n$.

说明　也可构造数列:$f(n) = \dfrac{a_n}{b_n}$,设法证明 $\dfrac{f(n+1)}{f(n)} \geqslant 1$,$f(n)$ 为递增数列,留给感兴趣的读者练习.

评注　由结论 7 的证明可以看出结论 8 的来历,这是一条怎样编拟数学题的有用信息,值得引起重视.

综上所述,我们通常进行解题教学和学习,不仅要搞懂题目的解法,也不能放过任何一个也许是错误的信息,还要琢磨题目的由来和发展,更要注意挖掘题目背后潜藏的智慧和具有发展前景的美好未来,给我们数学学习过程增添新的乐趣和活力.

五、发表后的评注

这是此节发表之后笔者的日记随笔,这是一种学习方法,年轻教师看了有用.(2008 年 9 月 10 日)

本题还可以如下证明:

有这么一个题目:设 $a,b,c,d \in (0,1)$,求证:$abcd > a+b+c+d-3$.

证明　运用减元法

(1)先证明两个变量时结论成立,即要证明 $ab > a+b-1 \Leftrightarrow (a-1)(b-1) > 0$.

这是显然成立的.

(2)再证明三个变量时结论成立,即要证明 $abc > a+b+c-2$.

当 $a+b-1 < 0$ 时,$abc > a+b+c-2$ 显然成立,当 $a+b-1 > 0$ 时,由上面的证明知道 $ab > a+b-1$,且 $0 < a+b-1 < 1$,所以根据上面证明过的结论知道

$$abc > (a+b-1)c > a+b+c-1-1 = a+b+c-2$$

即结论对三个变量时成立.

类似的,可以证明 $abcd > a+b+c+d-3$.

用数学归纳法可以证明上述题目的推广:设 $a_i(0,1)(i=1,2,3,\cdots)$,则

$$\prod_{i=1}^{n} a_i > \sum_{i=1}^{n} a_i - (n-1)$$

运用本推广结论立刻可以简单证明(2006 年江西省高考理科 22 题的第 2 小题的等价命题)

$$\left(1-\frac{1}{3}\right)\left(1-\frac{1}{3^2}\right)\left(1-\frac{1}{3^3}\right)\cdots\left(1-\frac{1}{3^n}\right) \geqslant 1-\frac{1}{3}-\frac{1}{3^2}-\frac{1}{3^3}\cdots-\frac{1}{3^n} \quad (6)$$

评注 这是此节发表之后笔者的日记随笔,这是一种学习方法,年轻教师看了有用.(2011 年 10 月)《中学数学教学参考》,2011(10):60.

运用贝努利不等式证明,令

$$T_n = \left(1-\frac{1}{3}\right)\left(1-\frac{1}{3^2}\right)\left(1-\frac{1}{3^3}\right)\cdots\left(1-\frac{1}{3^n}\right)$$

$$\Rightarrow T_n^3 = \left[\left(1-\frac{1}{3}\right)\left(1-\frac{1}{3^2}\right)\left(1-\frac{1}{3^3}\right)\cdots\left(1-\frac{1}{3^n}\right)\right]^3$$

$$= \left(1-\frac{1}{3}\right)^3\left(1-\frac{1}{3^2}\right)^3\left(1-\frac{1}{3^3}\right)^3\cdots\left(1-\frac{1}{3^n}\right)^3$$

$$> \left(1-\frac{1}{3}\right)^3\left(1-\frac{3}{3^2}\right)\left(1-\frac{3}{3^3}\right)\cdots\left(1-\frac{3}{3^n}\right)$$

$$= \frac{\left(1-\frac{1}{3}\right)^3}{1-\frac{1}{3^n}} T_n$$

$$\Rightarrow T_n^2 > \left(1-\frac{1}{3}\right)^3 > \frac{1}{4}$$

问题 1 $T_n = \left(1+\frac{1}{2^2}\right)\left(1+\frac{1}{3^2}\right)\left(1+\frac{1}{4^2}\right)\cdots\left(1+\frac{1}{n^2}\right) < 2.$(来自于数学求真群,2018 年 1 月 10 日)

证明 1 (2017 年 1 月 8 日)浙江骆来根

$$T_n = \frac{\left(1-\frac{1}{2^4}\right)\left(1-\frac{1}{3^4}\right)\left(1-\frac{1}{4^4}\right)\cdots\left(1-\frac{1}{n^4}\right)}{\left(1-\frac{1}{2^2}\right)\left(1-\frac{1}{3^2}\right)\left(1-\frac{1}{4^2}\right)\cdots\left(1-\frac{1}{n^2}\right)}$$

$$= \frac{\left(1-\frac{1}{2^4}\right)\left(1-\frac{1}{3^4}\right)\left(1-\frac{1}{4^4}\right)\cdots\left(1-\frac{1}{n^4}\right)}{\frac{(2-1)(2+1)}{2^2}\cdot\frac{(3-1)(3+1)}{3^2}\cdot\frac{(4-1)(4+1)}{4^2}\cdot\cdots\cdot\frac{(n-1)(n+1)}{n^2}}$$

从分析解题过程学解题——
竞赛中的向量几何与不等式研究

$$=\frac{\left(1-\frac{1}{2^4}\right)\left(1-\frac{1}{3^4}\right)\left(1-\frac{1}{4^4}\right)\cdots\left(1-\frac{1}{n^4}\right)}{\frac{1}{2}\cdot\frac{(n+1)}{n}}$$

$$=\left(1-\frac{1}{2^4}\right)\left(1-\frac{1}{3^4}\right)\left(1-\frac{1}{4^4}\right)\cdots\left(1-\frac{1}{n^4}\right)\cdot\frac{2n}{n+1}<2$$

证明 2 （2017 年 1 月 8 日）由熟知的不等式 $\lg(1+x)<x$，有

$$\Rightarrow\lg\left[\left(1+\frac{1}{2^2}\right)\left(1+\frac{1}{3^2}\right)\left(1+\frac{1}{4^2}\right)\cdots\left(1+\frac{1}{n^2}\right)\right]$$

$$=\lg\left(1+\frac{1}{2^2}\right)+\lg\left(1+\frac{1}{3^2}\right)+\lg\left(1+\frac{1}{4^2}\right)+\cdots+\lg\left(1+\frac{1}{n^2}\right)$$

$$<\frac{1}{2^2}+\frac{1}{3^2}+\frac{1}{4^2}+\cdots+\frac{1}{n^2}$$

$$<\frac{1}{2^2-\frac{1}{4}}+\frac{1}{3^2-\frac{1}{4}}+\frac{1}{4^2-\frac{1}{4}}+\cdots+\frac{1}{n^2-\frac{1}{4}}$$

$$=\frac{1}{\frac{3}{2}\cdot\frac{5}{2}}+\frac{1}{\frac{5}{2}\cdot\frac{7}{2}}+\cdots+\frac{1}{\frac{2n-1}{2}\cdot\frac{2n+1}{2}}$$

$$=\frac{2}{3}-\frac{1}{n+\frac{1}{2}}<\frac{2}{3}$$

$$<\ln 2=0.69\cdots$$

证明 3 （2017 年 1 月 8 日）由熟知的不等式 $\lg(1+x)<x$，有

$$\Rightarrow\lg\left[\left(1+\frac{1}{2^2}\right)\left(1+\frac{1}{3^2}\right)\left(1+\frac{1}{4^2}\right)\cdots\left(1+\frac{1}{n^2}\right)\right]$$

$$=\lg\left(1+\frac{1}{2^2}\right)+\lg\left(1+\frac{1}{3^2}\right)+\lg\left(1+\frac{1}{4^2}\right)+\cdots+\lg\left(1+\frac{1}{n^2}\right)$$

$$<\frac{1}{2^2}+\frac{1}{3^2}+\frac{1}{4^2}+\cdots+\frac{1}{n^2}$$

$$=\frac{4}{4\cdot 2^2}+\frac{4}{4\cdot 3^2}+\frac{4}{4\cdot 4^2}+\cdots+\frac{4}{4\cdot n^2}$$

$$<\frac{4}{(2\cdot 2)^2-1}+\frac{4}{(2\cdot 3)^2-1}+\frac{4}{(2\cdot 4)^2-1}+\cdots+\frac{4}{(2\cdot n)^2-1}$$

$$<2\sum\left[\frac{1}{2n-\frac{1}{2}}-\frac{1}{2n+\frac{1}{2}}\right]$$

$$=\frac{4}{3}\left(\frac{1}{2}-\frac{3}{4n+2}\right)$$

$$< \frac{2}{3} < \ln 2 = 0.69\cdots$$

问题 2 （2012 年北方数学邀请赛）设 n 为正整数，求证

$$\left(1 + \frac{1}{3}\right)\left(1 + \frac{1}{3^2}\right)\left(1 + \frac{1}{3^3}\right)\cdots\left(1 + \frac{1}{3^n}\right) < 2$$

说明 云南大理秦庆雄，范花妹将本题加强为

$$\left(1 + \frac{1}{3}\right)\left(1 + \frac{1}{3^2}\right)\left(1 + \frac{1}{3^3}\right)\cdots\left(1 + \frac{1}{3^n}\right) \leqslant 2 \cdot \left(1 - \frac{1}{3^n}\right)$$

并用数学归纳法、构造数列方法给予三个证明，参考《中等数学》2016(7)：14.

§3 对待无理式态度决定解题成功的高度

问题 1 设 $a, b, c > 0$，求证

$$\frac{c}{a+b} + \frac{a}{b+c} + \frac{b}{c+a} + \sqrt{\frac{2c}{a+b}} + \sqrt{\frac{2a}{b+c}} + \sqrt{\frac{2b}{c+a}} \geqslant \frac{9}{2}$$

题目解说 本题为张艳宗，徐银杰编著《数学奥林匹克中的常见重要不等式》P86 的习题 22.

一、本题的解答

证明 以下为原书作者给出的一个证明.

由均值不等式及柯西不等式知

$$\frac{c}{a+b} + \frac{a}{b+c} + \frac{b}{c+a} + \sqrt{\frac{2c}{a+b}} + \sqrt{\frac{2a}{b+c}} + \sqrt{\frac{2b}{c+a}}$$

$$= \frac{c}{a+b} + \frac{a}{b+c} + \frac{b}{c+a} + \frac{2c}{\sqrt{2c(a+b)}} + \frac{2a}{\sqrt{2a(b+c)}} + \frac{2b}{\sqrt{2b(c+a)}}$$

$$\geqslant \frac{c}{a+b} + \frac{a}{b+c} + \frac{b}{c+a} + \frac{4c}{2c+(a+b)} + \frac{4a}{2a+(b+c)} + \frac{4b}{2b+(c+a)}$$

$$= \left(\frac{a}{b+c} + \frac{4a}{2a+(b+c)}\right) + \left(\frac{b}{c+a} + \frac{4b}{2b+(c+a)}\right) + \left(\frac{c}{a+b} + \frac{4c}{2c+(a+b)}\right)$$

$$\geqslant \frac{9a}{2(a+b+c)} + \frac{9b}{2(a+b+c)} + \frac{9c}{2(a+b+c)}$$

$$= \frac{9}{2}$$

到此结论获得证明.

评注 （1）本题的解答过程中的第一步重要变形

$$\sqrt{\frac{2c}{a+b}} = \frac{2c}{\sqrt{2c(a+b)}} = \frac{4c}{2c+(a+b)} \tag{1}$$

有点小技巧,目的是解决掉根号.

（2）第二步就是合理分拆,为运用柯西不等式创造条件,但是要注意等号成立的条件.

二、变量个数方面推广

引申 设 $a,b,c,d > 0$,求证

$$\frac{d}{a+b+c} + \frac{a}{b+c+d} + \frac{b}{c+d+a} + \frac{c}{d+a+b} + \sqrt{\frac{4d}{3(a+b+c)}} +$$

$$\sqrt{\frac{4a}{3(b+c+d)}} + \sqrt{\frac{4b}{3(c+d+a)}} + \sqrt{\frac{4c}{3(d+a+b)}} \geq \frac{(2+\sqrt{2})^2}{3}$$

题目解说 本题为一新题.

渊源探索 本题为上题的变量个数从三元到四元的推广.

方法透析 回顾上题的证明过程是有益的.

证明 由多元均值不等式知

$$\frac{d}{a+b+c} + \frac{a}{b+c+d} + \frac{b}{c+d+a} + \frac{c}{d+a+b} +$$

$$2\left[\sqrt{\frac{d}{3(a+b+c)}} + \sqrt{\frac{a}{3(b+c+d)}} + \sqrt{\frac{b}{3(c+d+a)}} + \sqrt{\frac{c}{3(d+a+b)}}\right]$$

$$= \frac{d}{a+b+c} + \frac{a}{b+c+d} + \frac{b}{c+d+a} + \frac{c}{d+a+b} +$$

$$\frac{2d}{\sqrt{3d(a+b+c)}} + \frac{2a}{\sqrt{3a(b+c+d)}} + \frac{2b}{\sqrt{3b(c+d+a)}} + \frac{2c}{\sqrt{3c(d+a+b)}}$$

$$\geq \frac{d}{a+b+c} + \frac{a}{b+c+d} + \frac{b}{c+d+a} + \frac{c}{d+a+b} +$$

$$\frac{4d}{3d+(a+b+c)} + \frac{4a}{3a+(b+c+d)} + \frac{4b}{3b+(c+d+a)} + \frac{4c}{3c+(d+a+b)}$$

$$= \left[\frac{a}{b+c+d} + \frac{4a}{3a+(b+c+d)}\right] + \left[\frac{b}{c+d+a} + \frac{4b}{3b+(c+d+a)}\right] +$$

$$\left[\frac{c}{d+a+b} + \frac{4c}{3c+(d+a+b)}\right] + \left[\frac{d}{a+b+c} + \frac{4d}{3d+(a+b+c)}\right]$$

$$\geq \frac{(1+2)^2 a}{3(a+b+c+d)} + \frac{(1+2)^2 b}{3(a+b+c+d)} + \frac{(1+2)^2 c}{3(a+b+c+d)} + \frac{(1+2)^2 d}{3(a+b+c+d)}$$

$$= 3$$

到此结论获得证明.

评注　本题的编拟过程要从上题的证明过程去挖掘,其中证明过程的每一步都需要考虑等号是否成立,由此关于四个变量的类似结构就可以成功挖掘出来.

问题 2　已知 $a,b,c,d\in\mathbf{R}^*$,$a+b+c+d=4$,求证:$a^2bc+b^2da+c^2da+d^2bc\leqslant 4$.

题目解说　本题为 2008 年江苏省复赛,参《中等数学》2008(11):28.

证明　由二元均值不等式得到

$$
\begin{aligned}
a^2bc+b^2da+c^2da+d^2bc&=ab(ac+bd)+cd(ac+bd)\\
&=(ac+bd)(ab+cd)\\
&\leqslant\frac{1}{4}(ac+bd+ab+cd)^2\\
&=\frac{1}{4}\big[(a+d)(b+c)\big]^2\\
&\leqslant\frac{1}{4}\cdot\Big(\frac{1}{4}\Big)^2\big[(a+d)+(b+c)\big]^2\\
&=4
\end{aligned}
$$

证明结束.

评注　本证明的关键是运用因式分解.

一个简单问题是,类似于上面题目涉及四个变量结构的不等式还有些什么样子的?

相关问题 1　设 $a,b,c,d\in\mathbf{R}^*$,求证

$$
\sqrt{\frac{a^2+b^2+c^2+d^2}{4}}\geqslant\sqrt[3]{\frac{abc+bcd+cda+dab}{4}}
$$

证明　由二元均值不等式知道

$$
\begin{aligned}
\frac{abc+bcd+cda+dab}{4}&=\frac{bc(a+d)+da(b+c)}{4}\\
&=\frac{bc}{2}\cdot\frac{a+d}{2}+\frac{da}{2}\cdot\frac{b+c}{2}\\
&\leqslant\Big(\frac{b^2+c^2}{4}\Big)\sqrt{\frac{a^2+d^2}{2}}+\Big(\frac{d^2+a^2}{4}\Big)\sqrt{\frac{b^2+c^2}{2}}\\
&=\frac{1}{4}\cdot\sqrt{(b^2+c^2)(a^2+d^2)}\left(\sqrt{\frac{b^2+c^2}{2}}+\sqrt{\frac{a^2+d^2}{2}}\right)\\
&\leqslant\frac{b^2+c^2+a^2+d^2}{4}\cdot\sqrt{\frac{\dfrac{b^2+c^2}{2}+\dfrac{a^2+d^2}{2}}{2}}
\end{aligned}
$$

426

$$= \left(\sqrt{\frac{a^2 + b^2 + c^2 + d^2}{4}} \right)^3$$

即

$$\sqrt[3]{\frac{abc + bcd + cda + dab}{4}} \leqslant \sqrt{\frac{b^2 + c^2 + a^2 + d^2}{4}}$$

评注 同法可证明更加强的形式

$$\sqrt[3]{\frac{abc + bcd + cda + dab}{4}} \leqslant \frac{a + b + c + d}{4}$$

事实上，

$$\frac{abc + bcd + cda + dab}{4} = \frac{bc(a + d) + da(b + c)}{4}$$

$$= \frac{bc}{2} \cdot \frac{a + d}{2} + \frac{da}{2} \cdot \frac{b + c}{2}$$

$$\leqslant \frac{(b + c)^2}{8} \cdot \frac{a + d}{2} + \frac{(d + a)^2}{8} \cdot \frac{b + c}{2}$$

$$= \frac{(b + c)(a + d)}{16}(a + b + c + d)$$

$$\leqslant \frac{(b + c + a + d)^3}{16 \cdot 4} = \left(\frac{b + c + a + d}{4} \right)^3$$

即

$$\sqrt[3]{\frac{abc + bcd + cda + dab}{4}} \leqslant \frac{b + c + a + d}{4}$$

由此结论以及平方平均值不等式

$$\frac{b^2 + c^2 + a^2 + d^2}{4} \geqslant \left(\frac{b + c + a + d}{4} \right)^2$$

$$\Rightarrow \frac{b + c + a + d}{4} \leqslant \sqrt{\frac{b^2 + c^2 + a^2 + d^2}{4}}$$

所以

$$\sqrt[3]{\frac{abc + bcd + cda + dab}{4}} \leqslant \frac{b + c + a + d}{4} \leqslant \sqrt{\frac{b^2 + c^2 + a^2 + d^2}{4}}$$

这是一个有意义的结论.

相关问题 2 设 $a, b, c, d \in \mathbf{R}^*$，求证

$$(a^3 + a^2 b + ab^2 + b^3) \cdot (b^3 + b^2 c + bc^2 + c^3) \cdot$$

$$(c^3 + c^2 d + cd^2 + d^3) \cdot (d^3 + d^2 a + da^2 + a^3)$$

$$\geqslant (abc + bcd + cda + dab)^4$$

427

证明 运用赫尔德不等式得到

$$(ab^2 + b^3 + a^3 + a^2b) \cdot (b^2c + bc^2 + c^3 + b^3) \cdot$$

$$(c^3 + c^2d + cd^2 + d^3) \cdot (a^3 + d^3 + d^2a + da^2)$$

$$\geqslant (abc + bcd + cda + dab)^4$$

相关问题 3 设 $a,b,c,d \in \mathbf{R}^*$,求证

$$(a^3 + b^3 + c^3 + abc) \cdot (b^3 + c^3 + d^3 + bcd) \cdot$$

$$(c^3 + d^3 + a^3 + cda) \cdot (d^3 + a^3 + b^3 + dab)$$

$$\geqslant (abc + bcd + cda + dab)^4$$

证明 运用赫尔德不等式得到

$$(a^3 + b^3 + abc + c^3) \cdot (b^3 + bcd + c^3 + d^3) \cdot$$

$$(d^3 + c^3 + a^3 + cda) \cdot (dab + d^3 + b^3 + a^3)$$

$$\geqslant (dab + bcd + abc + cda)^4$$

评注 本题告诉我们,通常我们做题,不仅要达到会做题,还要注意联想同类相关题目及其解法,这就是人们通常说的举一反三吧.

相关问题 4 设 $a,b,c,d \in \mathbf{R}^*$,$abcd = 1$,求证

$$(a^2 + 1)(b^2 + 1)(c^2 + 1)(d^2 + 1) \geqslant (a + b + c + d)^2$$

题目解说 本题为越南范建雄著,隋振林译《不等式的秘密》一题.

证明 由于 $abcd = 1$,据抽屉原理知 a,b,c,d 中至少有两个数不小于 1,或者至少有两个数不大于 1,可设这两个数为 a,b,即有 $(a-1)(b-1) \geqslant 0$ 推出 $ab + 1 \geqslant a + b$. 所以,据柯西不等式得

$$(a^2 + 1)(b^2 + 1)(c^2 + 1)(d^2 + 1)$$

$$= (a^2 + 1)(c^2 + 1)(b^2 + 1)(d^2 + 1)$$

$$= (1 + a^2 + c^2 + a^2c^2)(d^2 + b^2 + 1 + b^2d^2)$$

$$\geqslant (d + ab + c + abcd)^2$$

$$= (d + ab + c + 1)^2$$

$$= (d + c + ab + 1)^2$$

$$\geqslant (d + c + a + b)^2$$

即原不等式获得证明.

评注 这个证明巧妙运用抽屉原理和柯西不等式.

相关问题 5 设 $a,b,c \in \mathbf{R}^*$,$abc = 1$,求证:$2(a^2 + 1)(b^2 + 1)(c^2 + 1) \geqslant (1 + a + b + c)^2$.

题目解说 本题为 2017 年沙特阿拉伯竞赛一题.

证明 1   在相关问题 4 中,令 $d=1$,立刻得到本题结论.

证明 2   本解法来自于微信公众号"邹生书数学",由柯西不等式知

$$2(a^2+1)(b^2+1)(c^2+1)$$
$$\geqslant (1+a^2+b^2+a^2b^2)(c^2+1+1+c^2)$$
$$\geqslant (c+a+b+abc)^2$$
$$=(c+a+b+1)^2$$

评注   这个证明巧妙运用柯西不等式,由此可见本题来自于相关问题 4.

问题 3   设 $a,b,c>0,a+b+c=1$,求证:$\sqrt{a^2+a}+\sqrt{b^2+b}+\sqrt{c^2+c}\leqslant 2$.

题目解说   本题为张艳宗,徐银杰编著《数学奥林匹克中的常见重要不等式》P84 的习题 2.

证明   以下为原书作者给出的一个证明.

由柯西不等式得到

$$\sqrt{a^2+a}+\sqrt{b^2+b}+\sqrt{c^2+c}$$
$$=\sqrt{a(a+1)}+\sqrt{b(b+1)}+\sqrt{c(c+1)}$$
$$\leqslant \sqrt{(a+b+c)\big[(a+1)+(b+1)+(c+1)\big]}$$
$$=2$$

即结论获得证明.

评注   本题的证明非常简单,仅仅柯西不等式上去立刻搞定.

引申 1   设 $a,b,c,d>0,a+b+c+d=1$,求证

$$\sqrt{a^2+a}+\sqrt{b^2+b}+\sqrt{c^2+c}+\sqrt{d^2+d}\leqslant\sqrt{5}$$

证明   由柯西不等式得到

$$\sqrt{a^2+a}+\sqrt{b^2+b}+\sqrt{c^2+c}+\sqrt{d^2+d}$$
$$=\sqrt{a(a+1)}+\sqrt{b(b+1)}+\sqrt{c(c+1)}+\sqrt{d(d+1)}$$
$$\leqslant \sqrt{(a+b+c+d)\big[(a+1)+(b+1)+(c+1)+(d+1)\big]}$$
$$=\sqrt{5}$$

到此结论获得证明.

评注   这个证明完全是上题证明过程的模仿 —— 书画界的临摹!

引申 2   设四面体 $ABCD$ 的各棱 AB 所张的二面角的大小分别记 $\overline{AB}$,令各二面角大小均为锐角,记

$$a=\sin\overline{AB},b=\sin\overline{AC},c=\sin\overline{AD},d=\sin\overline{CD},e=\sin\overline{DB},f=\sin\overline{BC}$$

求证

$$\sqrt{a^4+a^2}+\sqrt{b^4+b^2}+\sqrt{c^4+c^2}+\sqrt{d^4+d^2}+\sqrt{e^4+e^2}+\sqrt{f^4+f^2}\leqslant\frac{4\sqrt{34}}{3}.$$

题目解说 本题为一个新题.

渊源探索 本题为引申 1 继续发展的结果.

方法透析 仔细看看引申 2 的证明过程也许会给我们带来以不变应万变的灵感.

从而获得结论的证明.

证明 由柯西不等式得到

$$\sqrt{a^4+a^2}+\sqrt{b^4+b^2}+\sqrt{c^4+c^2}+\sqrt{d^4+d^2}+\sqrt{e^4+e^2}+\sqrt{f^4+f^2}$$
$$=\sqrt{a^2(a^2+1)}+\sqrt{b^2(b^2+1)}+\sqrt{c^2(c^2+1)}+\sqrt{d^2(d^2+1)}+\sqrt{e^2(e^2+1)}+$$
$$\sqrt{f^2(f^2+1)}$$
$$\leqslant\sqrt{(a^2+b^2+c^2+d^2+e^2+f^2)[(a^2+1)+(b^2+1)+(c^2+1)+(d^2+1)+(e^2+1)+(f^2+1)]}$$
$$\leqslant\sqrt{\frac{16}{3}\left(\frac{16}{3}+6\right)}=\frac{4\sqrt{34}}{3}$$

最后一步用到熟知的不等式[1]

$$a^2+b^2+c^2+d^2+e^2+f^2\leqslant\frac{16}{3}$$

到此结论获得证明.

评注 本题的编拟过程要从上题的证明过程去挖掘,其中证明过程的每一步都需要考虑等号是否成立,由此关于四个变量的类似结构就可以成功挖掘出来.

参考文献

[1] 王扬,赵小云. 从分析解题过程学解题 —— 竞赛中的几何问题研究 [M].哈尔滨:哈尔滨工业大学出版社,2018.

§4 捕捉解决问题的本质

一、本题解答

问题 1 设 $a,b,c\in\mathbf{R}^*$,$a^3+b^3+c^3=1$,求证

$$\frac{a}{2+a^3}+\frac{b}{2+b^3}+\frac{c}{2+c^3}\leqslant 1$$

430

题目解说　本题为张艳宗,徐银杰《数学奥林匹克中的常见重要不等式》P40,22 题.原书给出的证明有点曲折,这里给出直接证明,并指出条件 $a^3 + b^3 + c^3 = 1$ 多余.

证明　注意到三元均值不等式,以及条件有

$$\frac{a}{2+a^3} + \frac{b}{2+b^3} + \frac{c}{2+c^3}$$

$$= \frac{a}{1+1+a^3} + \frac{b}{1+1+b^3} + \frac{c}{1+1+c^3}$$

$$\leqslant \frac{a}{3a} + \frac{b}{3b} + \frac{c}{3c} = 1$$

到此结论获得证明.

评注　(1)看看上述证明并没有用到条件等式 $a^3 + b^3 + c^3 = 1$,即本题对于任意正数都成立,只是等号成立的条件与此条件等式相关.

(2)本题证明来源于对 $2 + a^3 = 1 + 1 + a^3 \geqslant 3a$ 等进行变形,发现三个分式结构每一个都可以直接化成定值,进而达到直接解决问题的目的.

站在此题及其证明的基础上再向前一步,即变量个数增加了,怎么样?

二、引申推广

如果看完上面题目的解答,你还想将该问题在变量个数方面予以推广,那么,结论会是什么样子? 又怎么证明?

引申 1　设 $a,b,c,d \in \mathbf{R}^*$,求证:$\dfrac{a}{2+a^3} + \dfrac{b}{2+b^3} + \dfrac{c}{2+c^3} + \dfrac{d}{2+d^3} \leqslant \dfrac{4}{3}$.

题目解说　本题为一个新题.

渊源探索　本题是上题对变量个数方面的进一步深入思考.

方法透析　纵观上题的几个证明方法可以看出,上述证明方法四适合于将变量个数从三个推广到更多个.

证明　略.

引申 2　设 $a,b,c,d \in \mathbf{R}^*$,求证:$\dfrac{a}{4+a^5} + \dfrac{b}{4+b^5} + \dfrac{c}{4+c^5} + \dfrac{d}{4+d^5} \leqslant \dfrac{4}{5}$.

题目解说　本题为一个新题.

渊源探索　本题是上题对变量指数方面的进一步深入思考.

方法透析　纵观上题的几个证明方法可以看出,上述证明方法四适合于将变量个数从三个推广到更多个.

证明　略.

引申 3　设 $a,b,c,d \in \mathbf{R}^*$,$a^2 + b^2 + c^2 = 1$ 求证

$$\frac{a^3}{4+a^5}+\frac{b^3}{4+b^5}+\frac{c^3}{4+c^5}+\frac{d^3}{4+d^5}\leqslant\frac{1}{5}$$

题目解说 本题为一个新题.

渊源探索 本题是上题对变量指数方面的进一步深入思考.

方法透析 纵观上题的几个证明方法可以看出,上述证明方法四适合于将变量个数从三个推广到更多个.

证明 略.

评注 上面的引申结论都是从原题的证明过程分析而来,一是站在变量个数方面去分析,二是站在变量的指数方面予以分析,方法都是利用多元均值不等式.

问题 2 设 $a,b,c\in\mathbf{R}^*$,$abc=1$,求证:$\dfrac{a^2+b^2}{1+a}+\dfrac{b^2+c^2}{1+b}+\dfrac{c^2+a^2}{1+c}\geqslant3$.

题目解说 本题为《数学通报》2015 年第 4 期问题 2235.

方法透析 分式的分子为平方和的形式,是否需要分开,是思考的首选.

证明 1 先看原作者的证明,由柯西不等式,并结合条件知

$$\frac{a^2+b^2}{1+a}+\frac{b^2+c^2}{1+b}+\frac{c^2+a^2}{1+c}$$

$$=\frac{a^2}{1+a}+\frac{b^2}{1+b}+\frac{c^2}{1+c}+\frac{b^2}{1+a}+\frac{c^2}{1+b}+\frac{a^2}{1+c}$$

$$\geqslant\frac{(a+b+c)^2}{3+a+b+c}+\frac{(a+b+c)^2}{3+a+b+c}=\frac{2(a+b+c)^2}{3+a+b+c}$$

以下只要证明

$$\frac{2(a+b+c)^2}{3+a+b+c}\geqslant3\Leftrightarrow2(a+b+c)^2\geqslant3(3+a+b+c)$$

$$\Leftrightarrow[2(a+b+c)+3][(a+b+c)-3]\geqslant0$$

又因为

$$a+b+c\geqslant3\sqrt[3]{abc}=3$$

$$\Rightarrow a+b+c\geqslant3$$

即原不等式获得证明.

评注 这个证明采用分析与综合相结合的方法解决了本题,一个自然的问题是,可否存在一个直接的解决问题的方法? 答案是肯定的,请看

证明 2 由柯西不等式,并结合条件知

$$\frac{a^2+b^2}{1+a}+\frac{b^2+c^2}{1+b}+\frac{c^2+a^2}{1+c}$$

$$= \frac{a^2}{1+a} + \frac{b^2}{1+b} + \frac{c^2}{1+c} + \frac{b^2}{1+a} + \frac{c^2}{1+b} + \frac{a^2}{1+c}$$

$$\geqslant \frac{(a+b+c)^2}{3+a+b+c} + \frac{(a+b+c)^2}{3+a+b+c}$$

$$\geqslant \frac{(3\sqrt[3]{abc})^2 + (a+b+c)(a+b+c)}{3+a+b+c}$$

$$\geqslant \frac{9 + 3\sqrt[3]{abc} \cdot (a+b+c)}{3+a+b+c} = 3$$

评注 这个证明一气呵成,但是有点分拆技巧,为使用柯西不等式创造条件,需要慢慢领悟.

证明 3 由条件以及二元均值不等式得

$$\frac{a^2+b^2}{1+a} + \frac{b^2+c^2}{1+b} + \frac{c^2+a^2}{1+c}$$

$$\geqslant \frac{2ab}{1+a} + \frac{2bc}{1+b} + \frac{2ca}{1+c}$$

$$= 2\left[\frac{1}{c(1+a)} + \frac{1}{a(1+b)} + \frac{1}{b(1+c)} \right]$$

$$\left(a = \frac{y}{x}, b = \frac{z}{y}, c = \frac{x}{z}, x, y, z \in \mathbf{R}^* \right)$$

$$= 2\left[\frac{1}{\frac{x}{z}(1+\frac{y}{x})} + \frac{1}{\frac{y}{x}(1+\frac{z}{y})} + \frac{1}{\frac{z}{y}(1+\frac{x}{z})} \right]$$

$$= 2\left(\frac{z}{x+y} + \frac{x}{y+z} + \frac{y}{z+x} \right) \geqslant 3$$

最后一步用到熟知的不等式 $\dfrac{z}{x+y} + \dfrac{x}{y+z} + \dfrac{y}{z+x} \geqslant \dfrac{3}{2}$.

评注 这个证明采用代换法,使得本题的证明变得十分简单.

引申 设 $a, b, c, d \in \mathbf{R}^*$, $abcd = 1$,求证

$$\frac{a^2+b^2+c^2}{1+a+b} + \frac{b^2+c^2+d^2}{1+b+c} + \frac{c^2+d^2+a^2}{1+c+d} + \frac{d^2+a^2+b^2}{1+d+a} \geqslant 4$$

题目解说 这是一道新题.

渊源探索 本题为上一题目从变量个数方法的推广.

方法透析 仔细分析上题的 3 个证明,可能会对你解决本题提供帮助.

证明 由柯西不等式,并结合条件知

$$\frac{a^2+b^2+c^2}{1+a+b} + \frac{b^2+c^2+d^2}{1+b+c} + \frac{c^2+d^2+a^2}{1+c+d} + \frac{d^2+a^2+b^2}{1+d+a}$$

$$= \left(\frac{a^2}{1+a+b} + \frac{b^2}{1+b+c} + \frac{c^2}{1+c+d} + \frac{d^2}{1+d+a} \right) +$$

$$\left(\frac{b^2}{1+a+b} + \frac{c^2}{1+b+c} + \frac{d^2}{1+c+d} + \frac{a^2}{1+d+a} \right) +$$

$$\left(\frac{c^2}{1+a+b} + \frac{d^2}{1+b+c} + \frac{a^2}{1+c+d} + \frac{b^2}{1+d+a} \right)$$

$$\geqslant \frac{3(a+b+c+d)^2}{4+2(a+b+c+d)}$$

$$= \frac{(a+b+c+d)^2 + 2(a+b+c+d)^2}{4+2(a+b+c+d)}$$

$$\geqslant \frac{(4\sqrt[4]{abcd})^2 + 2(a+b+c+d)^2}{4+2(a+b+c+d)}$$

$$= \frac{8 + (a+b+c+d)^2}{2+(a+b+c+d)}$$

$$= \frac{(a+b+c+d)^2 - 4 + 12}{2+(a+b+c+d)}$$

$$= (a+b+c+d) - 2 + \frac{12}{2+(a+b+c+d)}$$

$$= (a+b+c+d) + 2 + \frac{12}{2+(a+b+c+d)} - 4$$

$$\geqslant 6 + \frac{12}{2+4} - 4$$

$$= 4$$

最后一步用到了函数 $y = x + \dfrac{12}{x}$ 在 $[2\sqrt{3}, +\infty)$ 单调递增,且

$$2 + (a+b+c+d) \geqslant 2 + 4\sqrt[4]{abcd} = 6$$

到此结论获得证明.

现在我们如果继续站在变量个数方面看看有什么新的想法?请大家写出来吧!

问题 3　设 $a, b, c \in \mathbf{R}^*$,求证

$$\frac{a^3}{a^2+ab+b^2} + \frac{b^3}{b^2+bc+c^2} + \frac{c^3}{c^2+ca+a^2} \geqslant \frac{1}{3}(a+b+c)$$

题目解说　本题为 2013 年沙特阿拉伯竞赛试题之一.

方法透析　此题早已有人对此讨论过,参考文献[2]等,在此,笔者仍遵循自己的新近作品名称《从分析解题过程学解题》一书的思想,对此题目及其解答予以阐述,看看原作者对自己的题目及其解答里面揭示出什么规律.

证明 1　由柯西不等式知

$$\frac{a^3}{a^2+ab+b^2}+\frac{b^3}{b^2+bc+c^2}+\frac{c^3}{c^2+ca+a^2}$$

$$=\frac{(a^2)^2}{a(a^2+ab+b^2)}+\frac{(b^2)^2}{b(b^2+bc+c^2)}+\frac{(c^2)^2}{c(c^2+ca+a^2)}$$

$$\geqslant\frac{(a^2+b^2+c^2)^2}{a^3+b^3+c^3+a^2b+b^2c+c^2a+b^2a+a^2c+c^2b}$$

$$=\frac{(a^2+b^2+c^2)^2}{a^3+b^3+c^3+a^2(b+c)+b^2(c+a)+c^2(a+b)}$$

$$=\frac{(a^2+b^2+c^2)^2}{[a^3+a^2(b+c)]+[b^3+b^2(c+a)]+[c^3+c^2(a+b)]}$$

$$=\frac{(a^2+b^2+c^2)^2}{a(a^2+b^2+c^2)+b(a^2+b^2+c^2)+b(a^2+b^2+c^2)}$$

$$=\frac{(a^2+b^2+c^2)^2}{(a+b+c)(a^2+b^2+c^2)}=\frac{a^2+b^2+c^2}{a+b+c}$$

$$\geqslant\frac{1}{3}\frac{(a+b+c)^2}{a+b+c}=\frac{1}{3}(a+b+c)$$

即

$$\frac{a^3}{a^2+ab+b^2}+\frac{b^3}{b^2+bc+c^2}+\frac{c^3}{c^2+ca+a^2}\geqslant\frac{1}{3}(a+b+c)$$

评注　（1）本题的证明表明柯西不等式的变种：$\dfrac{a^2}{x}+\dfrac{b^2}{y}+\dfrac{c^2}{z}\geqslant$ $\dfrac{(a+b+c)^2}{x+y+z}$ 在解决本题过程中起到不可磨灭的作用，当然分解因式也功不可没，且最后一步还用到了熟知的不等式：$a^2+b^2+c^2\geqslant\dfrac{1}{3}(a+b+c)^2$，最后才宣告结束.

（2）本题实质上还证明了

$$\frac{a^3}{a^2+ab+b^2}+\frac{b^3}{b^2+bc+c^2}+\frac{c^3}{c^2+ca+a^2}\geqslant\frac{a^2+b^2+c^2}{a+b+c}$$

这个结果要比原题结论强.

（3）如果你还掌握 $3(a^2-ab+b^2)\geqslant(a^2+ab+b^2)$，就可以有

证明 2　由熟知的不等式 $3(a^2-ab+b^2)\geqslant(a^2+ab+b^2)$ 知道，令

$$A=\frac{a^3}{a^2+ab+b^2}+\frac{b^3}{b^2+bc+c^2}+\frac{c^3}{c^2+ca+a^2}$$

$$B=\frac{b^3}{a^2+ab+b^2}+\frac{c^3}{b^2+bc+c^2}+\frac{a^3}{c^2+ca+a^2}$$

$$\Rightarrow A - B = \frac{a^3 - b^3}{a^2 + ab + b^2} + \frac{b^3 - c^3}{b^2 + bc + c^2} + \frac{c^3 - a^3}{c^2 + ca + a^2}$$

$$= 0$$

$$\Rightarrow 2A = A + B = \frac{a^3 + b^3}{a^2 + ab + b^2} + \frac{c^3 + b^3}{b^2 + bc + c^2} + \frac{c^3 + a^3}{c^2 + ca + a^2}$$

$$\geqslant \frac{1}{3}\left(\frac{a^3 + b^3}{a^2 - ab + b^2} + \frac{c^3 + b^3}{b^2 - bc + c^2} + \frac{c^3 + a^3}{c^2 - ca + a^2}\right)$$

$$= \frac{1}{3}\big[(a + b) + (b + c) + (c + a)\big] = \frac{2}{3}(a + b + c)$$

即

$$\frac{a^3}{a^2 + ab + b^2} + \frac{b^3}{b^2 + bc + c^2} + \frac{c^3}{c^2 + ca + a^2} \geqslant \frac{1}{3}(a + b + c)$$

评注 本证明利用了已知结论 $3(a^2 - ab + b^2) \geqslant (a^2 + ab + b^2)$，十分巧妙.

如果想到从分子着手去凑分母,会有什么结果? 我在浙江三门中学讲课时,有一个高一学生给出了一个十分优美的解法,令人叹为观止.

证明3 (2018年2月4日)浙江三门中学戴尚好(高一),因为

$$a^2 + ab + b^2 \geqslant 3ab$$

$$\Rightarrow \frac{a^3}{a^2 + ab + b^2} = \frac{a^3 + a^2 b + ab^2 - a^2 b - ab^2}{a^2 + ab + b^2}$$

$$= \frac{a(a^2 + ab + b^2) - a^2 b - ab^2}{a^2 + ab + b^2} = a - \frac{a^2 b + ab^2}{a^2 + ab + b^2}$$

$$\geqslant a - \frac{a + b}{3}$$

同理可得

$$\frac{b^3}{b^2 + bc + c^2} \geqslant b - \frac{b + c}{3}$$

$$\frac{c^3}{c^2 + ca + a^2} \geqslant c - \frac{c + b}{3}$$

这三个式子相加即得结论.

评注 证明3是笔者在浙江三门县中学讲课时一个高一学生现场给出的,此生大有前途!

二、引申及其证明

引申1 设 $x, y, z \in \mathbf{R}^*$,且 $xyz = 1$,求证

$$\frac{x^3 + y^3}{x^2 + xy + y^2} + \frac{y^3 + z^3}{y^2 + yz + z^2} + \frac{z^3 + x^3}{z^2 + zx + x^2} \geqslant 2$$

题目解说　本题为 2009 年克罗地亚竞赛一题.

渊源探索　对上题中的分式 $\dfrac{a^3}{a^2+ab+b^2}$ 改写成 $\dfrac{b^3}{b^2+ab+a^2}$，即将分母顺序反着写，则分子就应改写为 $\dfrac{b^3}{b^2+ab+a^2}$，于是分式 $\dfrac{a^3}{a^2+ab+b^2}$ 与 $\dfrac{b^3}{b^2+ab+a^2}$ 加起来有什么结果产生？再给条件加以限制即得本题.

方法透析　从题目结构一看便知 $a^3+b^3=(a+b)(a^2-ab+b^2)$，于是便想到 $3(a^2-ab+b^2)\geqslant(a^2+ab+b^2)$，解决方法就诞生了.

证明　由前面介绍熟知的不等式 $3(a^2-ab+b^2)\geqslant(a^2+ab+b^2)$ 得到

$$\frac{x^3+y^3}{x^2+xy+y^2}+\frac{y^3+z^3}{y^2+yz+z^2}+\frac{z^3+x^3}{z^2+zx+x^2}$$

$$=\frac{(x+y)(x^2-xy+y^2)}{x^2+xy+y^2}+\frac{(y+z)(y^2-yz+z^2)}{y^2+yz+z^2}+$$

$$\frac{(z+x)(z^2-zx+x^2)}{z^2+zx+x^2}$$

$$\geqslant\frac{x+y}{3}+\frac{y+z}{3}+\frac{z+x}{3}=\frac{2(x+y+z)}{3}$$

$$\geqslant 2\sqrt[3]{xyz}$$

$$=2$$

评注　这个证明是建立在熟知不等式 $3(a^2-ab+b^2)\geqslant(a^2+ab+b^2)$ 的基础上的一个好方法,这表明熟记一些基本变形不等式是十分有用的.

引申 2　设 $x,y,z\in\mathbf{R}^*$,求证

$$\frac{x^3+y^3}{x^3+y^3+xyz}+\frac{y^3+z^3}{y^3+z^3+xyz}+\frac{z^3+x^3}{z^3+x^3+xyz}\geqslant 2$$

题目解说　本题似乎为一个新题.

渊源探索　对上题中的分式 $\dfrac{a^3}{a^2+ab+b^2}$ 的理解,一是分式中的分母中间一项为两边两个量的几何平均值,二是分母三项成等比数列,若利用第一种思路继续行进,那么对于三个变量的几何平均值会由什么样的结论？这样思考就得到本题.

方法透析　注意到不等式从左到右是大于等于的分式不等式,于是,一般的想法是将分母放大,三元均值不等式就成为首选.

证明

437

$$\sum \frac{x^3+y^3}{x^3+y^3+xyz} \geqslant \sum \frac{x^3+y^3}{x^3+y^3+\frac{1}{3}(x^3+y^3+z^3)}$$

$$= \sum \frac{3(x^3+y^3)}{4(x^3+y^3)+z^3}$$

$$= \sum \frac{3(x+y)}{4(x+y)+z}$$

$$(\triangle : x^3 \to x, y^3 \to y, z^3 \to z, x+y+z=1)$$

$$= \sum \frac{3(1-z)}{4(1-z)+z} = \sum (1-\frac{1}{3x-4}) \geqslant 2$$

到此结论获得证明.

评注   本题的证明稍微复杂一点,但是令 $\triangle : x+y+z=1$ 是一步神妙的假设,因为三个数之和总可以看成一个整体,故为运算方便,可以做上述处理.

对于变量个数更多个,会有什么结论?

引申 3   设 $a,b,c,d \in \mathbf{R}^*$,求证

$$\frac{a^4+b^4+c^4}{a^4+b^4+c^4+abcd} + \frac{b^4+c^4+d^4}{b^4+c^4+d^4+abcd} +$$

$$\frac{c^4+d^4+a^4}{c^4+d^4+a^4+abcd} + \frac{d^4+a^4+b^4}{d^4+a^4+b^4+abcd} \geqslant 3$$

题目解说   本题似乎为一个新题.

渊源探索   这是对上题中变量个数方面的思考.

方法透析   注意到不等式从左到右是大于等于的分式不等式,于是,一般的想法是将分母放大,四元均值不等式就成为首选.

证明   与上题大致相同,留给读者吧!

现在我们如果继续站在变量个数方面看看有什么新的想法? 请大家写出来吧!

问题 4   设 $a,b,c \in \mathbf{R}^*$,$\sqrt{a}+\sqrt{b}+\sqrt{c}=3$,求证

$$\frac{a+b}{2+a+b} + \frac{b+c}{2+b+c} + \frac{c+a}{2+c+a} \geqslant \frac{3}{2} \qquad (1)$$

题目解说   本题为 2011 年全国高中数学联赛浙江预赛一题.

方法透析   从不等式左端结构看,设法运用条件,就需要构造出根式,于是联想到凑根式.

证明   由柯西不等式以及条件知

$$\frac{a+b}{2+a+b} + \frac{b+c}{2+b+c} + \frac{c+a}{2+c+a}$$

$$= \frac{(\sqrt{a+b})^2}{2+a+b} + \frac{(\sqrt{b+c})^2}{2+b+c} + \frac{(\sqrt{c+a})^2}{2+c+a}$$

$$\geqslant \frac{(\sqrt{a+b} + \sqrt{b+c} + \sqrt{c+a})^2}{6+2(a+b+c)}$$

$$= \frac{2(a+b+c) + 2(\sqrt{b+a} \cdot \sqrt{b+c} + \sqrt{c+b} \cdot \sqrt{c+a} + \sqrt{a+c} \cdot \sqrt{a+b})}{6+2(a+b+c)}$$

$$\geqslant \frac{2(a+b+c) + 2(b + \sqrt{ca} + c + \sqrt{ba} + a + \sqrt{bc})}{6+2(a+b+c)}$$

$$= \frac{3(a+b+c) + (\sqrt{a} + \sqrt{b} + \sqrt{c})^2}{6+2(a+b+c)}$$

$$= \frac{3(a+b+c) + 9}{6+2(a+b+c)} = \frac{3}{2}$$

到此结论获得证明.

评注 （1）本题的证明四次运用柯西不等式,但是最重要的三次技巧在于适时运用 $\sqrt{b+a} \cdot \sqrt{b+c} \geqslant b + \sqrt{ca}$ 等,促成配方,达到完成本题证明.

（2）另外,本题结论还等价于

$$\frac{1}{2+a+b} + \frac{1}{2+b+c} + \frac{1}{2+c+a} \leqslant \frac{3}{4} \tag{2}$$

（3）本题证明从不等式左端进行思考(左端复杂,右端简单,故从左向右化简),先对每一个分式的分子变形为适当的形式,然后再运用一个比较熟悉的不等式,达到解决问题的目的,其中后一个不等式是本题的一个等价形式,这种等价变换形式需要大家掌握.

引申 1 设 $a, b, c \geqslant 0, a+b+c = 3$,求证

$$\frac{1}{2+a^2+b^2} + \frac{1}{2+b^2+c^2} + \frac{1}{2+c^2+a^2} \leqslant \frac{3}{4}$$

题目解说 本题为 2009 年伊朗数学奥林匹克一题.

渊源探索 作变换 $a \to \sqrt{a}, b \to \sqrt{b}, c \to \sqrt{c}$,由本题即得(2).

引申 2 设 $a, b, c \geqslant 0, abc \geqslant 1$,求证

$$\frac{1}{1+a+b} + \frac{1}{1+b+c} + \frac{1}{1+c+a} \leqslant 1$$

（也等价于 $\frac{a+b}{1+a+b} + \frac{b+c}{1+b+c} + \frac{c+a}{1+c+a} \geqslant 2$）.

题目解说 本题为 2000 年澳门数学奥林匹克一题.

渊源探索 本题的结构与(2)类似.

方法透析 模仿原题的证明.

证明 我们来证明其等价不等式 $\dfrac{a+b}{1+a+b}+\dfrac{b+c}{1+b+c}+\dfrac{c+a}{1+c+a}\geqslant 2$.

由柯西不等式、三元均值不等式以及已知条件,有

$$\dfrac{a+b}{1+a+b}+\dfrac{b+c}{1+b+c}+\dfrac{c+a}{1+c+a}$$

$$=\dfrac{(\sqrt{a+b})^2}{1+a+b}+\dfrac{(\sqrt{b+c})^2}{1+b+c}+\dfrac{(\sqrt{c+a})^2}{1+c+a}$$

$$\geqslant\dfrac{(\sqrt{a+b}+\sqrt{b+c}+\sqrt{c+a})^2}{3+2(a+b+c)}$$

$$=\dfrac{2(a+b+c)+2(\sqrt{b+a}\cdot\sqrt{b+c}+\sqrt{c+b}\cdot\sqrt{c+a}+\sqrt{a+c}\cdot\sqrt{a+b})}{3+2(a+b+c)}$$

$$\geqslant\dfrac{2(a+b+c)+2(b+\sqrt{ca}+c+\sqrt{ba}+a+\sqrt{bc})}{3+2(a+b+c)}$$

$$=\dfrac{4(a+b+c)+2(\sqrt{ab}+\sqrt{bc}+\sqrt{ca})}{3+2(a+b+c)}$$

$$\geqslant\dfrac{4(a+b+c)+2\cdot 3\sqrt[3]{\sqrt{ab}\cdot\sqrt{bc}\cdot\sqrt{ca}}}{3+2(a+b+c)}$$

$$=\dfrac{4(a+b+c)+6\sqrt[3]{abc}}{3+2(a+b+c)}$$

$$\geqslant\dfrac{4(a+b+c)+6}{3+2(a+b+c)}=2$$

评注 上面一题是从消灭分子联想产生的,证明过程只是原题的模仿.

一个练习题:设 a,b,c 为 $\triangle ABC$ 的三边长,求证

$$\dfrac{b^2+c^2}{3(b^2+c^2)-a^2}+\dfrac{c^2+a^2}{3(c^2+a^2)-b^2}+\dfrac{a^2+b^2}{3(a^2+b^2)-c^2}\geqslant\dfrac{6}{5}$$

本题答案在文献[1]P416.

参考文献

[1] 王扬,赵小云. 从分析解题过程学解题 —— 竞赛中的几何问题研究 [M].哈尔滨:哈尔滨工业大学出版社,2018.

[2] 张艳宗,徐银杰.数学奥林匹克中的常见重要不等式[M].哈尔滨:哈尔滨工业大学出版社,2017.

§5 含有 $a^2 - ab + b^2$ 和 $a^2 + ab + b^2$ 若干不等式

一、题目与解答

问题 1 设 $a, b, c \geqslant 0$,求证

$$a^2 \sqrt{b^2 - bc + c^2} + b^2 \sqrt{c^2 - ca + a^2} + c^2 \sqrt{a^2 - ab + b^2} \leqslant a^3 + b^3 + c^3$$

题目解说 本题为越南范建雄编著,隋振林老师翻译的《不等式的秘密(第一卷)》P88 例 8.1.5 的一个例题.

方法透析 本题从左向右为复杂到简单的放大过程,于是需要将左端不断放大.

证明 由二元均值不等式得

$$a^2 \sqrt{b^2 - bc + c^2} + b^2 \sqrt{c^2 - ca + a^2} + c^2 \sqrt{a^2 - ab + b^2}$$

$$= a \sqrt{a^2 (b^2 - bc + c^2)} + b \sqrt{b^2 (c^2 - ca + a^2)} + c \sqrt{c^2 (a^2 - ab + b^2)}$$

$$\leqslant \frac{1}{2} [a(a^2 + b^2 - bc + c^2) + b(b^2 + c^2 - ca + a^2) + c(c^2 + a^2 - ab + b^2)]$$

$$= \frac{1}{2} \left[\sum a^3 + \sum a(b^2 + c^2) - 3abc \right]$$

$$\leqslant \frac{1}{2} \left[\sum a^3 + (\sum a^3 + 3abc) - 3abc \right]$$

$$= a^3 + b^3 + c^3$$

上述最后一步反向运用了舒尔不等式 $\sum a^3 + 3abc \geqslant \sum a(b^2 + c^2)$.

从而结论获得证明.

评注 本题的证明在于合理地将 $a^2 \sqrt{b^2 - bc + c^2}$ 拆成 $a \sqrt{a^2 (b^2 - bc + c^2)}$,再拆成 $a \sqrt{a^2} \cdot \sqrt{(b^2 - bc + c^2)}$,然后再对 $\sqrt{a^2} \cdot \sqrt{(b^2 - bc + c^2)}$ 逆向运用二元均值不等式,其他两个同样处理,最后凑成三次舒尔不等式,完成证明.

二、问题的延伸思考

问题 2 设 $a, b, c \geqslant 0$,求证

$$a^2 \sqrt{b^2 + bc + c^2} + b^2 \sqrt{c^2 + ca + a^2} + c^2 \sqrt{a^2 + ab + b^2} \leqslant a^3 + b^3 + c^3 + 3abc$$

题目解说 本题为一个新题.

渊源探索 本题为问题 1 的对偶联想(由 $b^2 - bc + c^2$ 想到 $b^2 + bc + c^2$ 等)产生的结果.

方法透析　运用上面问题 1 的方法即可.

证明　略.

问题 3　设 $a,b,c \geqslant 0$,求证

$$\frac{a^3}{b^2 - bc + c^2} + \frac{b^3}{c^2 - ca + a^2} + \frac{c^3}{a^2 - ab + b^2} \geqslant a + b + c$$

题目解说　本题为越南范建雄编著,隋振林老师翻译的《不等式的秘密(第一卷)》P88 例 8.1.4 的一个例题.

方法透析　本题从左向右为从复杂到简单的缩小过程,于是需要将左端逐步不断缩小.

证明　下面给出原书的证明

由柯西不等式得

$$\frac{a^3}{b^2 - bc + c^2} + \frac{b^3}{c^2 - ca + a^2} + \frac{c^3}{a^2 - ab + b^2}$$

$$= \frac{(a^2)^2}{a(b^2 - bc + c^2)} + \frac{(b^2)^2}{b(c^2 - ca + a^2)} + \frac{(c^2)^2}{c(a^2 - ab + b^2)}$$

$$\geqslant \frac{(a^2 + b^2 + c^2)^2}{a(b^2 - bc + c^2) + b(c^2 - ca + a^2) + c(a^2 - ab + b^2)}$$

$$= \frac{(a^2 + b^2 + c^2)^2}{a(b^2 + c^2) + b(c^2 + a^2) + c(a^2 + b^2) - 3abc}$$

于是只要证明

$$(a^2 + b^2 + c^2)^2 \geqslant (a + b + c)[a(b^2 + c^2) + b(c^2 + a^2) + c(a^2 + b^2) - 3abc]$$

$$\Leftrightarrow (a^2 + b^2 + c^2)^2 \geqslant a^3(b + c) + b^3(c + a) + c^3(a + b) +$$

$$a^2(b + c)^2 + b^2(c + a)^2 + c^2(a + b)^2 - 3abc(a + b + c)$$

$$\Leftrightarrow a^4 + b^4 + c^4 + abc(a + b + c) \geqslant a^3(b + c) + b^3(c + a) + c^3(a + b)$$

这是四次舒尔不等式,从而原不等式获得证明.

评注　(1)本题的证明用到了四次舒尔不等式,即需要大家记住这个结论

$$a^4 + b^4 + c^4 + abc(a + b + c) \geqslant a^3(b + c) + b^3(c + a) + c^3(a + b)$$

(2)事实上

$$a(b^2 - bc + c^2) + b(c^2 - ca + a^2) + c(a^2 - ab + b^2)$$

$$= a(b^2 + c^2) + b(c^2 + a^2) + c(a^2 + b^2) - 3abc$$

$$\leqslant a^3 + b^3 + c^3$$

这是三次舒尔不等式.

问题 4　设 $a,b,c > 0$,求证

$$\frac{a^3}{b^2 + bc + c^2} + \frac{b^3}{c^2 + ca + a^2} + \frac{c^3}{a^2 + ab + b^2} \geqslant \frac{1}{3}(a + b + c)$$

题目解说 本题为一个新题.

渊源探索 本题为问题 3 的对偶联想（由 $b^2 - bc + c^2$ 想到 $b^2 + bc + c^2$ 等）的结果.

方法透析 本题从左向右为复杂到简单的缩小过程，于是需要将左端不断缩小，正好适于我们经常运用的柯西不等式变形 —— 分式型不等式的运用.

证明 1 由柯西不等式得

$$
\frac{a^3}{b^2+bc+c^2} + \frac{b^3}{c^2+ca+a^2} + \frac{c^3}{a^2+ab+b^2}
$$

$$
= \frac{(a^2)^2}{a(b^2+bc+c^2)} + \frac{(b^2)^2}{b(c^2+ca+a^2)} + \frac{(c^2)^2}{c(a^2+ab+b^2)}
$$

$$
\geqslant \frac{(a^2+b^2+c^2)^2}{a(b^2+bc+c^2) + b(c^2+ca+a^2) + c(a^2+ab+b^2)}
$$

$$
= \frac{(a^2+b^2+c^2)^2}{a(b^2+c^2) + b(c^2+a^2) + c(a^2+b^2) + 3abc}
$$

即只要证明

$$
(a^2+b^2+c^2)^2
$$

$$
\geqslant [a+b+c][a(b^2+c^2) + b(c^2+a^2) + c(a^2+b^2) + 3abc]
$$

$$
\Leftrightarrow 2(a^4+b^4+c^4) + 6\sum a^2b^2
$$

$$
\geqslant \sum a(b^3+c^3) + 6abc\sum a
$$

而 $\sum a^2b^2 \geqslant abc\sum a$，于是知要证明

$$
2(a^4+b^4+c^4) \geqslant \sum a(b^3+c^3)
$$

而

$$
2(a^4+b^4+c^4) = (a^4+b^4+c^4) + (a^4+b^4+c^4)
$$

$$
\geqslant (a^4+b^4+c^4) + \sum a^2b^2
$$

$$
\geqslant a^4+b^4+c^4 + abc\sum a
$$

即只要证明：

$$
a^4+b^4+c^4 + abc\sum a \geqslant \sum a(b^3+c^3)
$$

这是四次舒尔不等式，从而结论获得证明.

证明 2 这个证明是可以动手操作的方法，属于山东隋振林老师.

由柯西不等式，有

$$
\sum_{\text{cyc}} \frac{a^3}{b^2+bc+c^2} = \sum_{\text{cyc}} \frac{a^4}{a(b^2+bc+c^2)}
$$

$$\geqslant \frac{(a^2+b^2+c^2)^2}{\sum\limits_{cyc} a(b^2+bc+c^2)}$$

$$= \frac{(a^2+b^2+c^2)^2}{(a+b+c)(ab+bc+ca)}$$

所以,只需证明

$$\frac{(a^2+b^2+c^2)^2}{(a+b+c)(ab+bc+ca)} \geqslant \frac{a+b+c}{3}$$

这由不等式 $a^2+b^2+c^2 \geqslant ab+bc+ca$ 和 $a^2+b^2+c^2 \geqslant \frac{1}{3}(a+b+c)^2$ 即得.

评注 关于恒等式

$$a(b^2+bc+c^2)+b(c^2+ca+a^2)+c(a^2+ab+b^2)$$

$$=(a+b+c)(ab+bc+ca)$$

的证明.

证明 1

$$a(b^2+bc+c^2)+b(c^2+ca+a^2)+c(a^2+ab+b^2)$$

$$= [a(bc+ca+ab)+(ab^2+ac^2-ca^2-a^2b)]+$$

$$[b(ca+ab+bc)+(bc^2+a^2b-ab^2-b^2c)]+$$

$$[c(ab+bc+ca)+(ca^2+b^2c-c^2a-bc^2)]$$

$$= (a+b+c)(ab+bc+ca)+$$

$$(ab^2+ac^2-ca^2-a^2b+bc^2+a^2b-$$

$$ab^2-b^2c+ca^2+b^2c-c^2a-bc^2)$$

$$= (a+b+c)(ab+bc+ca)$$

证明 2 由于

$$a(b^2+bc+c^2)+b(c^2+ca+a^2)+c(a^2+ab+b^2)$$

$$= a(b^2+c^2)+b(c^2+a^2)+c(a^2+b^2)+3abc$$

$$= a(b^2+c^2+a^2-a^2)+b(c^2+a^2+b^2-b^2)+$$

$$c(a^2+b^2+c^2-c^2)+3abc$$

$$= (b^2+c^2+a^2)(a+b+c)-a^3-b^3-c^3+3abc$$

$$= (b^2+c^2+a^2)(a+b+c)-$$

$$(a+b+c)(b^2+c^2+a^2-ab-bc-ca)$$

$$= (a+b+c)(ab+bc+ca)$$

最后一步用到了中学课本里常用的公式

$$a^3+b^3+c^3-3abc=(a+b+c)(b^2+c^2+a^2-ab-bc-ca)$$

问题 5 设 $a,b,c>0$，求证

$$\frac{a^2}{\sqrt{b^2-bc+c^2}}+\frac{b^2}{\sqrt{c^2-ca+a^2}}+\frac{c^2}{\sqrt{a^2-ab+b^2}}\geqslant a+b+c$$

题目解说 本题为近期(2018 年 11 月 29 日)奥数微信群里四川宿晓阳提出的一个问题.

渊源探索 本题也许为问题 3,4 的类似问题探索.

方法透析 本题从左向右为复杂到简单的缩小过程,于是证明需要将左端不断缩小.

证明 1 这个证明源于褚晓光老师(2018 年 11 月 2 日).

由柯西不等式知

$$\frac{a^2}{\sqrt{b^2-bc+c^2}}+\frac{b^2}{\sqrt{c^2-ca+a^2}}+\frac{c^2}{\sqrt{a^2-ab+b^2}}$$

$$=\frac{(a^2)^2}{a^2\sqrt{b^2-bc+c^2}}+\frac{(b^2)^2}{b^2\sqrt{c^2-ca+a^2}}+\frac{(c^2)^2}{c^2\sqrt{a^2-ab+b^2}}$$

$$\geqslant\frac{(a^2+b^2+c^2)^2}{a^2\sqrt{b^2-bc+c^2}+b^2\sqrt{c^2-ca+a^2}+c^2\sqrt{a^2-ab+b^2}}$$

$$=\frac{(a^2+b^2+c^2)^2}{a\sqrt{a^2(b^2-bc+c^2)}+b\sqrt{b^2(c^2-ca+a^2)}+c\sqrt{c^2(a^2-ab+b^2)}}$$

$$\geqslant\frac{(a^2+b^2+c^2)^2}{\sqrt{(a^2+b^2+c^2)[a^2(b^2-bc+c^2)+b^2(c^2-ca+a^2)+c^2(a^2-ab+b^2)]}}$$

于是只要证明

$$\frac{(a^2+b^2+c^2)^2}{\sqrt{(a^2+b^2+c^2)[a^2(b^2-bc+c^2)+b^2(c^2-ca+a^2)+c^2(a^2-ab+b^2)]}}$$

$$\geqslant a+b+c$$

$$\Leftrightarrow (a^2+b^2+c^2)^3\geqslant(a+b+c)^2[2(a^2b^2+b^2c^2+c^2a^2)-abc(a+b+c)]$$

上式展开整理,得

$$\sum a^6+\sum a^4(b^2+c^2)-4\sum b^3c^3+3a^2b^2c^2+$$

$$abc[(a+b+c)^3+9abc-4(a+b+c)(ab+bc+ca)]\geqslant 0$$

上式显然成立.

即原不等式获得证明.

评注 这个证明比较复杂,具体过程需要读者仔细领悟.

证明 2 这个证明属于山东隋振林老师,由赫尔德不等式知

$$\left(\frac{a^2}{\sqrt{b^2-bc+c^2}}+\frac{b^2}{\sqrt{c^2-ca+a^2}}+\frac{c^2}{\sqrt{a^2-ab+b^2}}\right)^2$$

$$[a^2(b^2-bc+c^2)+b^2(c^2-ca+a^2)+c^2(a^2-ab+b^2)]$$
$$\geqslant (a^2+b^2+c^2)^3$$
$$\left(\frac{a^2}{\sqrt{b^2-bc+c^2}}+\frac{b^2}{\sqrt{c^2-ca+a^2}}+\frac{c^2}{\sqrt{a^2-ab+b^2}}\right)^2$$
$$\geqslant \frac{(a^2+b^2+c^2)^3}{a^2(b^2-bc+c^2)+b^2(c^2-ca+a^2)+c^2(a^2-ab+b^2)}$$
$$=\frac{(a^2+b^2+c^2)^3}{2(a^2b^2+b^2c^2+c^2a^2)-abc(a+b+c)}$$

所以,只需证明

$$\frac{(a^2+b^2+c^2)^3}{2(a^2b^2+b^2c^2+c^2a^2)-abc(a+b+c)}\geqslant (a+b+c)^2 \tag{1}$$
$$\Leftrightarrow (a^2+b^2+c^2)^3 \geqslant (a+b+c)^2[2(a^2b^2+b^2c^2+c^2a^2)-abc(a+b+c)]$$
$$\Leftrightarrow (a+b+c)^2[a^4+b^4+c^4+abc(a+b+c)]$$
$$-2(a^2+b^2+c^2)^2(ab+ac+bc)\geqslant 0$$

这最后的不等式左边可以视为关于变量 abc 的线性函数,显然只需证明,当 $abc=0$ 时,它成立即可,不妨设 $c=0$,则不等式变成

$$(a+b)^2(a^4+b^4)-2ab(a^2+b^2)^2\geqslant 0$$

这可由不等式 $(a+b)^2\geqslant 4ab$,$\dfrac{a^4+b^4}{2}\geqslant \left(\dfrac{a^2+b^2}{2}\right)^2$ 得到.

从而,原不等式成立.

评注　这个证明比较迂回,最关键一步是将上面较为复杂的式子看成 abc 的线性函数来处理,较鲜为人知,需要读者慢慢领悟.

问题 6　设 $a,b,c>0$,求证

$$\frac{a^2}{\sqrt{b^2+bc+c^2}}+\frac{b^2}{\sqrt{c^2+ca+a^2}}+\frac{c^2}{\sqrt{a^2+ab+b^2}}\geqslant \frac{1}{\sqrt{3}}(a+b+c)$$

题目解说　本题为一个新问题.

渊源探索　本题为问题 5 的对偶联想(由 b^2-bc+c^2 想到 b^2+bc+c^2 等)的结果.

方法透析　继续上面问题 5 的方法是合适的选择.

证明　这个证明源于隋振林老师的动手证明.

由赫尔德不等式,有

$$\left(\sum \frac{a^2}{\sqrt{b^2+bc+c^2}}\right)^2\left[\sum a^2(b^2+bc+c^2)\right]\geqslant (a^2+b^2+c^2)^3$$
$$\Rightarrow \left(\sum \frac{a^2}{\sqrt{b^2+bc+c^2}}\right)^2\geqslant \frac{(a^2+b^2+c^2)^3}{\sum a^2(b^2+bc+c^2)}$$

所以,只需证明

$$\frac{(a^2+b^2+c^2)^3}{\sum a^2(b^2+bc+c^2)} \geqslant \frac{(a+b+c)^2}{3}$$

$$\Leftrightarrow 3(a^2+b^2+c^2)^3 \geqslant (a+b+c)^2[2(a^2b^2+b^2c^2+c^2a^2)+abc(a+b+c)]$$

由不等式 $3(a^2+b^2+c^2) \geqslant (a+b+c)^2$,所以,只需证明

$$(a^2+b^2+c^2)^2 \geqslant 2(a^2b^2+b^2c^2+c^2a^2)+abc(a+b+c)$$

$$\Leftrightarrow a^4+b^4+c^4 \geqslant abc(a+b+c)$$

这最后不等式显然成立.

综上所述,本文的每一道题目都比较复杂,每一题的证明过程都需要读者仔细领悟其原理.

§6 几个分式不等式的探究

本节我们讨论几个简单的分式不等式竞赛题目,首先看看它们的证明,其次我们分析其是否具有一般化的可能性,为初次参加竞赛学习的同学提供思维发展的空间,也是学习写作的一个尝试.

问题 1 设 $a,b,c \in \mathbf{R}^*$,$abc=1$,求证:$\dfrac{a}{b}+\dfrac{b}{c}+\dfrac{c}{a} \geqslant a+b+c$.

题目解说 本题为《数学通报》2015 年第 9 期问题 2256,李建潮提供.

方法透析 在此,笔者仍遵循自己的新近著作名称《从分析解题过程学解题 —— 竞赛中的几何问题研究》一书的思想,对此题目及其解答予以阐述,看看原作者对自己的题目及其解答里面揭示出什么规律.

证明 由条件以及三元均值不等式,得

$$\frac{a}{b}+\frac{a}{b}+\frac{b}{c} \geqslant 3\sqrt[3]{\frac{a^2}{bc}}=3\sqrt[3]{\frac{a^2}{\frac{1}{a}}}=3a$$

$$\frac{b}{c}+\frac{b}{c}+\frac{c}{a} \geqslant 3\sqrt[3]{\frac{b^2}{ca}}=3\sqrt[3]{\frac{b^2}{\frac{1}{b}}}=3b$$

$$\frac{c}{a}+\frac{c}{a}+\frac{a}{b} \geqslant 3\sqrt[3]{\frac{c^2}{ab}}=3\sqrt[3]{\frac{c^2}{\frac{1}{c}}}=3c$$

这三个不等式相加即得 $\dfrac{a}{b}+\dfrac{b}{c}+\dfrac{c}{a} \geqslant a+b+c$.

评注 这个证明过程重在利用三元均值不等式获得

$$\frac{a}{b}+\frac{a}{b}+\frac{b}{c}\geqslant 3\sqrt[3]{\frac{a^2}{bc}}=3\sqrt[3]{\frac{a^2}{\frac{1}{a}}}=3a$$

等等三个类似的式子,其特点是从左向右先一次性构造出 $\sqrt[3]{\frac{a^2}{bc}}$,再利用条件获

得 $3\sqrt[3]{\frac{a^2}{bc}}=3\sqrt[3]{\frac{a^2}{\frac{1}{a}}}$.这是至关重要的一环,抓住这一重要环节,不难将本题从变

量个数方面予以推广.

引申 设 $a,b,c,d\in\mathbf{R}^*$,$abcd=1$,求证

$$\frac{a+b}{c}+\frac{b+c}{d}+\frac{c+d}{a}+\frac{d+a}{b}\geqslant 2(a+b+c+d)$$

题目解说 本题为一个新题(2018 年 10 月 3 日).

渊源探索 仔细分析上题的解题过程——即学会从分析解题过程学解题学编题.

方法透析 仔细分析上题的解题过程——即学会从分析解题过程学解题学编题.

证明 1 由条件以及四元均值不等式,得

$$\frac{a}{b}+\frac{a}{b}+\frac{a}{c}+\frac{b}{d}\geqslant 4\sqrt[4]{\frac{a^3}{bcd}}=4\sqrt[4]{\frac{a^3}{\frac{1}{a}}}=4a$$

$$\frac{b}{c}+\frac{b}{c}+\frac{b}{d}+\frac{c}{a}\geqslant 4\sqrt[4]{\frac{b^3}{cda}}=4\sqrt[4]{\frac{b^3}{\frac{1}{b}}}=4b$$

$$\frac{c}{d}+\frac{c}{d}+\frac{c}{a}+\frac{d}{b}\geqslant 4\sqrt[4]{\frac{c^3}{abd}}=4\sqrt[4]{\frac{c^3}{\frac{1}{c}}}=4c$$

$$\frac{d}{a}+\frac{d}{a}+\frac{d}{b}+\frac{a}{c}\geqslant 4\sqrt[4]{\frac{d^3}{abc}}=4\sqrt[4]{\frac{d^3}{\frac{1}{d}}}=4d$$

这四个不等式相加即得

$$\frac{a+b}{c}+\frac{b+c}{d}+\frac{c+d}{a}+\frac{d+a}{b}\geqslant 2(a+b+c+d)$$

评注 本题的编拟以及解答过程都是从上题的结构以及证明过程分析出来的.可见,认真分析一道题目的结构并从其解答过程中窥探思维方法的重要

性.

证明 2 本证明来自于山东隋振林老师

$$\frac{a+b}{c}+\frac{b+c}{d}+\frac{c+d}{a}+\frac{d+a}{b}$$

$$=\left(\frac{b}{c}+\frac{d}{a}-2bd\right)+\left(\frac{a}{b}+\frac{c}{d}-2ac\right)+$$

$$\left(\frac{b}{d}+bd\right)+\left(\frac{d}{b}+bd\right)+\left(\frac{a}{c}+ac\right)+\left(\frac{c}{a}+ac\right)$$

$$\geqslant 0+0+2(a+b+c+d)$$

$$=2(a+b+c+d)$$

类似的,读者不难将本题给予更多个变量结构的推广,略.

问题 2 设 $a,b,c \in \mathbf{R}^*$,求证:$\frac{1}{a(1+b)}+\frac{1}{b(1+c)}+\frac{1}{c(1+a)}\geqslant\frac{3}{1+abc}$.

题目解说 本题为 2006 年巴尔干数学奥林匹克一题.

方法透析 在此,笔者仍遵循自己的新近著作名称《从分析解题过程学解题 —— 竞赛中的几何问题研究》一书的思想,对此题目及其解答予以阐述,看看原作者对自己的题目及其解答里面揭示出什么规律.

证明 由条件以及 6 元均值不等式,得

$$(1+abc)\left[\frac{1}{a(1+b)}+\frac{1}{b(1+c)}+\frac{1}{c(1+a)}\right]$$

$$=\frac{1+abc}{a(1+b)}+\frac{1+abc}{b(1+c)}+\frac{1+abc}{c(1+a)}$$

$$=\left[\frac{1+abc}{a(1+b)}+1\right]+\left[\frac{1+abc}{b(1+c)}+1\right]+\left[\frac{1+abc}{c(1+a)}+1\right]-3$$

$$=\frac{1+a+ab+abc}{a(1+b)}+\frac{1+b+bc+abc}{b(1+c)}+\frac{1+c+ca+abc}{c(1+a)}-3$$

$$=\frac{(1+a)+ab(1+c)}{a(1+b)}+\frac{(1+b)+bc(1+a)}{b(1+c)}+\frac{(1+c)+ca(1+b)}{c(1+a)}-3$$

$$=\left[\frac{1+a}{a(1+b)}+\frac{b(1+c)}{1+b}\right]+\left[\frac{1+b}{b(1+c)}+\frac{c(1+a)}{1+c}\right]+\left[\frac{1+c}{c(1+a)}+\frac{a(1+b)}{1+a}\right]-3$$

$$\geqslant 6\sqrt[6]{\frac{1+a}{a(1+b)}\cdot\frac{b(1+c)}{(1+b)}\cdot\frac{1+b}{b(1+c)}\frac{c(1+a)}{(1+c)}\cdot\frac{1+c}{c(1+a)}\cdot\frac{a(1+b)}{(1+a)}}-3=3$$

评注 本题证明的关键是获得 $\frac{1+abc}{a(1+b)}+1=\frac{(1+a)+ab(1+c)}{a(1+b)}$,进一步拆分为两个分式之和,对于其他两个式子做类似变形,观察出六个式子的轮

449

换对称结构,立刻联想到运用多元均值不等式便宣告结束.

反思本题的证明过程,若令 $abc=1$,则 $2=1+abc$,再联想到二元均值不等式知

$$a^2+b^2 \geqslant 2ab=\frac{2}{c}$$

所以

$$\frac{1+abc}{c(1+a)}=\frac{1+1}{c(1+a)}=\frac{\frac{2}{c}}{1+a}=\frac{2ab}{1+a} \leqslant \frac{a^2+b^2}{1+a}$$

$$\frac{1+abc}{a(1+b)}=\frac{1+1}{a(1+b)}=\frac{\frac{2}{a}}{1+b}=\frac{2bc}{1+b} \leqslant \frac{b^2+c^2}{1+b}$$

$$\frac{1+abc}{b(1+c)}=\frac{1+1}{b(1+c)}=\frac{\frac{2}{b}}{1+c}=\frac{2ca}{1+c} \leqslant \frac{c^2+a^2}{1+c}$$

三个式子相加即得

$$\frac{a^2+b^2}{1+a}+\frac{b^2+c^2}{1+b}+\frac{c^2+a^2}{1+c} \geqslant 3$$

于是,可以编拟如下一道新题:

引申 设 $a,b,c \in \mathbf{R}^*$,$abc=1$,求证

$$\frac{a^2+b^2}{1+a}+\frac{b^2+c^2}{1+b}+\frac{c^2+a^2}{1+c} \geqslant 3$$

题目解说 本题为《数学通报》2015 年第 3 期问题 2235.

渊源探索 这是巴尔干赛题出现 9 年后演绎出的一道新题,仔细分析上题的解题过程 —— 即学会从分析解题过程学解题,学编题.

证明 由条件以及二元均值不等式得

$$\frac{a^2+b^2}{1+a}+\frac{b^2+c^2}{1+b}+\frac{c^2+a^2}{1+c}$$

$$\geqslant \frac{2ab}{1+a}+\frac{2bc}{1+b}+\frac{2ca}{1+c}$$

$$=\frac{2\frac{1}{c}}{1+a}+\frac{2\frac{1}{a}}{1+b}+\frac{2\frac{1}{b}}{1+c}$$

$$=\frac{2}{c(1+a)}+\frac{2}{a(1+b)}+\frac{2}{b(1+c)}$$

$$=\left[\frac{1+abc}{c(1+a)}+1\right]+\left[\frac{1+abc}{a(1+b)}+1\right]+\left[\frac{1+abc}{b(1+c)}+1\right]-3$$

从分析解题过程学解题——
竞赛中的向量几何与不等式研究

$$= \frac{1+c+ca+abc}{c(1+a)} + \frac{1+a+ab+abc}{a(1+b)} + \frac{1+b+bc+abc}{b(1+c)} - 3$$

$$= \frac{(1+c)+ca(1+b)}{c(1+a)} + \frac{(1+a)+ab(1+c)}{a(1+b)} + \frac{(1+b)+bc(1+a)}{b(1+c)} - 3$$

$$= \left[\frac{(1+c)}{1+a} + \frac{a(1+b)}{1+a} \right] + \left[\frac{1+a}{1+b} + \frac{b(1+c)}{1+b} \right] + \left[\frac{1+b}{1+c} + \frac{c(1+a)}{1+c} \right] - 3$$

$$\geqslant 6\sqrt[6]{\frac{(1+c)}{1+a} \cdot \frac{a(1+b)}{1+a} \cdot \frac{1+a}{1+b} \cdot \frac{b(1+c)}{1+b} \cdot \frac{1+b}{1+c} \cdot \frac{c(1+a)}{1+c}} - 3 = 3$$

到此结论证明完毕.

评注　看看本题的证明过程与上题的证明过程是多么的相似啊,所以有充分的理由相信,本题的编拟过程就是来源于上面的巴尔干竞赛不等式.

类似于上面的问题 1,是否可以将本题从变量个数方面予以推广,留给读者练习吧!

问题 3　若 a,b,c 均为正数,求证:$\dfrac{1}{b(a+b)} + \dfrac{1}{c(b+c)} + \dfrac{1}{a(c+a)} \geqslant \dfrac{27}{2(a+b+c)^2}.$

题目解说　2002 年巴尔干数学奥林匹克竞赛试题.

证明　反复利用三元均值不等式可得

$$a+b+c \geqslant 3\sqrt[3]{abc}$$

$$2(a+b+c) = (a+b)+(b+c)+(c+a)$$
$$\geqslant 3\sqrt[3]{(a+b)(b+c)(c+a)}$$

$$\frac{1}{b(a+b)} + \frac{1}{c(b+c)} + \frac{1}{a(c+a)}$$
$$\geqslant 3\sqrt[3]{\frac{1}{abc(a+b)(b+c)(c+a)}}$$

上述三式相乘即可得证.

评注　本题的证明是连续运用三元均值不等式,只不过运用的方法有别,一是先顺着用,再两次逆着用,值得回味.

如果站在变量个数方面思考上题,并对上述证明过程仔细分析,对于更多个变量的不等式就会顺利诞生了.

引申 1　若 a,b,c,d 均为正数,求证

$$\frac{1}{b(a+b)} + \frac{1}{c(b+c)} + \frac{1}{d(c+d)} + \frac{1}{a(d+a)} \geqslant \frac{32}{(a+b+c+d)^2}$$

题目解说　本题为一个新题.

451

渊源探索 本题为上题从变量个数方面的推广.

方法透析 沿着《从分析解题过程学解题》的思维轨道去分析上题的解法即运用三元均值不等式(扩展到四元均值不等式),可能马上会找到解决本题的康庄大道.

证明 由多元均值不等式得

$$a+b+c+d \geqslant 4\sqrt[4]{abcd}$$

$$2(a+b+c+d) = (a+b)+(b+c)+(c+d)+(d+a)$$

$$\geqslant 4\sqrt[4]{(a+b)(b+c)(c+d)(d+a)}$$

$$\Rightarrow \sqrt[4]{abcd(a+b)(b+c)(c+d)(d+a)}$$

$$\leqslant \frac{1}{8}(a+b+c+d)^2$$

所以

$$\frac{1}{b(a+b)}+\frac{1}{c(b+c)}+\frac{1}{d(c+d)}+\frac{1}{a(d+a)}$$

$$\geqslant \frac{4}{\sqrt[4]{abcd(a+b)(b+c)(c+d)(d+a)}}$$

$$\geqslant \frac{32}{(a+b+c+d)^2}.$$

到此结论获得证明.

引申 2 设四面体 $ABCD$ 的各棱所张的二面角的大小分别记 $\overline{AB},\overline{AC},\overline{AD}$ 等,令各二面角大小均为锐角,记

$$a = \cos\overline{AB}, b = \cos\overline{AC}, c = \cos\overline{AD},$$
$$d = \cos\overline{CD}, e = \cos\overline{DB}, f = \cos\overline{BC}$$

则有

$$\frac{1}{b(a+b)}+\frac{1}{c(b+c)}+\frac{1}{d(c+d)}+\frac{1}{e(d+e)}+\frac{1}{f(e+f)}+\frac{1}{a(f+a)} \geqslant 27$$

题目解说 本题为一道新题.

渊源探索 本题为引申 1 的推广.

方法透析 回顾引申 1 的证明过程是有益的.

证明 先证明

$$\frac{1}{b(a+b)}+\frac{1}{c(b+c)}+\frac{1}{d(c+d)}+\frac{1}{e(d+e)}+\frac{1}{f(e+f)}+\frac{1}{a(f+a)}$$

$$\geqslant \frac{108}{(a+b+c+d+e+f)^2}$$

事实上,由多元均值不等式知

$$a+b+c+d+e+f \geqslant 6\sqrt[6]{abcdef}$$

$$\Rightarrow \frac{1}{\sqrt[6]{abcdef}} \geqslant \frac{6}{a+b+c+d+e+f}$$

$$2(a+b+c+d+e+f)$$

$$=(a+b)+(b+c)+(c+d)+(d+e)+(e+f)+(f+a)$$

$$\geqslant 6\sqrt[6]{(a+b)(b+c)(c+d)(d+e)(e+f)(f+a)}$$

$$\frac{1}{\sqrt[6]{(a+b)(b+c)(c+d)(d+e)(e+f)(f+a)}}$$

$$\geqslant \frac{6}{2(a+b+c+d+e+f)}$$

$$\Rightarrow \frac{1}{b(a+b)} + \frac{1}{c(b+c)} + \frac{1}{d(c+d)} + \frac{1}{e(d+e)} + \frac{1}{f(e+f)} + \frac{1}{a(f+a)}$$

$$\geqslant 6\sqrt[6]{\frac{1}{b(a+b)} \cdot \frac{1}{c(b+c)} \cdot \frac{1}{d(c+d)} \cdot \frac{1}{e(d+e)} \cdot \frac{1}{f(e+f)} \cdot \frac{1}{a(f+a)}}$$

$$= 6\sqrt[6]{\frac{1}{abcdef(a+b)(b+c)(c+d)(d+e)(e+f)(f+a)}}$$

$$\geqslant 6 \cdot \frac{6}{a+b+c+d+e+f} \cdot \frac{6}{2(a+b+c+d+e+f)}$$

$$= \frac{108}{(a+b+c+d+e+f)^2} \geqslant 27$$

最后一步用到熟知的不等式(参考文献[1]的 P421)$a+b+c+d+e+f \leqslant$

2.

到此命题获得证明.

读者不难将本题从变量个数方面推广到更多的情况,留个大家练习吧.

问题 4 设 $a,b,c \in \mathbf{R}^*$,求证:$\dfrac{a^3}{bc} + \dfrac{b^3}{ca} + \dfrac{c^3}{ab} \geqslant a+b+c$.

题目解说 本题为 2002 年加拿大国家队考试题之一.

方法透析 分析原不等式两端结构,应该从左端运用多元均值不等式.

证明 由三元均值不等式可得:

$$\frac{a^3}{bc} + b + c \geqslant 3a$$

$$\Rightarrow \frac{a^3}{bc} \geqslant 3a-b-c, \frac{b^3}{ca} \geqslant 3b-c-a, \frac{c^3}{ab} \geqslant 3c-a-b$$

三个式子相加得到 $\dfrac{a^3}{bc} + \dfrac{b^3}{ca} + \dfrac{c^3}{ab} \geqslant a+b+c$,故原不等式成立.

评注 本题的证明就是一个三元均值不等式的运用,技巧是使用一次三元均值不等式将三次幂降为一次幂,于是思考更多个变量的结论,逆回去推理,就可得到新的命题.

引申 设 $a,b,c,d \in \mathbf{R}^*$,求证:$\dfrac{a^4}{bcd} + \dfrac{b^4}{cda} + \dfrac{c^4}{dab} + \dfrac{d^4}{abc} \geqslant a + b + c + d.$

题目解说 本题为一道新题.

渊源探索 本题为上题从变量个数方面的推广.

方法透析 继续运用多元均值不等式.

证明 由四元均值不等式可得:

$$\frac{a^4}{bcd} + b + c + d \geqslant 4a$$

$$\Rightarrow \begin{cases} \dfrac{a^4}{bcd} \geqslant 4a - b - c - d \\[2mm] \dfrac{b^4}{cda} \geqslant 4b - a - c - d \\[2mm] \dfrac{c^4}{dab} \geqslant 4c - d - a - b \\[2mm] \dfrac{d^4}{abc} \geqslant 4d - a - b - c \end{cases}$$

四个式子相加得到 $\dfrac{a^4}{bcd} + \dfrac{b^4}{cda} + \dfrac{c^4}{dab} + \dfrac{d^4}{abc} \geqslant a + b + c + d$,故原不等式成立.

评注 看看本题的证明与上题的证明何等的相似呀! 这就是从分析解题过程学解题,学编题.

问题 5 设 $a,b,c \in \mathbf{R}^*$,$a+b+c=1$,求证

$$\frac{a^2}{\dfrac{b+c}{2} + \sqrt{bc}} + \frac{b^2}{\dfrac{c+a}{2} + \sqrt{ca}} + \frac{c^2}{\dfrac{a+b}{2} + \sqrt{ab}} \geqslant \frac{1}{2}$$

题目解说 本题为摩洛哥 2016 年数学奥林匹克一题.

证明 由柯西不等式得

$$\frac{a^2}{\dfrac{b+c}{2} + \sqrt{bc}} + \frac{b^2}{\dfrac{c+a}{2} + \sqrt{ca}} + \frac{c^2}{\dfrac{a+b}{2} + \sqrt{ab}}$$

$$\geqslant \frac{(a+b+c)^2}{\dfrac{b+c}{2} + \dfrac{c+a}{2} + \dfrac{a+b}{2} + \sqrt{bc} + \sqrt{ca} + \sqrt{ab}}$$

$$= \frac{(a+b+c)^2}{a+b+c+\sqrt{bc}+\sqrt{ca}+\sqrt{ab}}$$

$$\geqslant \frac{(a+b+c)^2}{2(a+b+c)} = \frac{a+b+c}{2} = \frac{1}{2}$$

故原不等式成立.

评注 本题的证明就是一个柯西不等式的运用,技巧是再使用熟悉的均值不等式,于是思考更多个变量的结论,顺着去再推理,就可得到新的命题.

引申 1 设 $a,b,c,d \in \mathbf{R}^*$, $a+b+c+d=1$,求证

$$\frac{a^2}{\frac{b+c}{2}+\sqrt{bc}} + \frac{b^2}{\frac{c+d}{2}+\sqrt{cd}} + \frac{c^2}{\frac{d+a}{2}+\sqrt{da}} + \frac{d^2}{\frac{a+b}{2}+\sqrt{ab}} \geqslant \frac{1}{2}$$

题目解说 本题为一道新题.

渊源探索 本题为上题从变量个数方面的推广.

方法透析 看看上题的方法可否类比一用.

证明 由柯西不等式以及条件可得

$$\frac{a^2}{\frac{b+c}{2}+\sqrt{bc}} + \frac{b^2}{\frac{c+d}{2}+\sqrt{cd}} + \frac{c^2}{\frac{d+a}{2}+\sqrt{da}} + \frac{d^2}{\frac{a+b}{2}+\sqrt{ab}}$$

$$\geqslant \frac{(a+b+c+d)^2}{\frac{b+c}{2}+\frac{c+d}{2}+\frac{d+a}{2}+\frac{a+b}{2}+\sqrt{bc}+\sqrt{cd}+\sqrt{da}+\sqrt{ab}}$$

$$= \frac{(a+b+c+d)^2}{a+b+c+d+\sqrt{bc}+\sqrt{cd}+\sqrt{da}+\sqrt{ab}}$$

$$\geqslant \frac{(a+b+c+d)^2}{2(a+b+c+d)} = \frac{a+b+c+d}{2} = \frac{1}{2}$$

最后一步用到了 $a+b+c+d \geqslant \sqrt{bc}+\sqrt{cd}+\sqrt{da}+\sqrt{ab}$.

评注 看看本题的证明与上题的证明何等的相似呀！这就是从分析解题过程学解题、学编题.

引申 2 设 $a,b,c,d \in \mathbf{R}^*$, $a+b+c+d=1$,求证

$$\frac{a^2}{\frac{b+c+d}{3}+\sqrt[3]{bcd}} + \frac{b^2}{\frac{c+d+a}{3}+\sqrt[3]{cda}} +$$

$$\frac{c^2}{\frac{d+a+b}{3}+\sqrt[3]{dab}} + \frac{d^2}{\frac{a+b+c}{3}+\sqrt[3]{abc}} \geqslant \frac{1}{2}$$

题目解说 本题为一道新题.

渊源探索 本题为上题结构的变形结果.

方法透析 看看上题的方法可否类比一用.

证明 由多元均值不等式知

$$\frac{a^2}{\dfrac{b+c+d}{3}+\sqrt[3]{bcd}}+\frac{b^2}{\dfrac{c+d+a}{3}+\sqrt[3]{cda}}+$$

$$\frac{c^2}{\dfrac{d+a+b}{3}+\sqrt[3]{dab}}+\frac{d^2}{\dfrac{a+b+c}{3}+\sqrt[3]{abc}}$$

$$\geqslant \frac{a^2}{\dfrac{b+c+d}{3}+\dfrac{b+c+d}{3}}+\frac{b^2}{\dfrac{c+d+a}{3}+\dfrac{c+d+a}{3}}+$$

$$\frac{c^2}{\dfrac{d+a+b}{3}+\dfrac{d+a+b}{3}}+\frac{d^2}{\dfrac{a+b+c}{3}+\dfrac{a+b+c}{3}}$$

$$=\frac{3}{2}\left(\frac{a^2}{b+c+d}+\frac{b^2}{c+d+a}+\frac{c^2}{d+a+b}+\frac{d^2}{a+b+c}\right)$$

$$\geqslant \frac{3}{2}\cdot\frac{(a+b+c+d)^2}{3(a+b+c+d)}=\frac{1}{2}$$

证明完毕.

问题 6 设 $a,b,c\in \mathbf{R}^*$,$a+b+c=3$,求证:$\dfrac{a}{b^2+1}+\dfrac{b}{c^2+1}+\dfrac{c}{a^2+1}\geqslant\dfrac{3}{2}$.

题目解说 本题为 2003 年保加利亚竞赛题之一.

证明 由条件以及二元均值不等式知

$$\frac{a}{b^2+1}+\frac{b}{c^2+1}+\frac{c}{a^2+1}$$

$$=\frac{a+ab^2-ab^2}{b^2+1}+\frac{b+bc^2-bc^2}{c^2+1}+\frac{c+ca^2-ca^2}{a^2+1}$$

$$=\left[\frac{a(1+b^2)}{b^2+1}-\frac{ab^2}{b^2+1}\right]+\left[\frac{b(1+c^2)}{c^2+1}-\frac{bc^2}{c^2+1}\right]+\left[\frac{c(1+a^2)}{a^2+1}-\frac{ca^2}{a^2+1}\right]$$

$$=\left[a-\frac{ab^2}{b^2+1}\right]+\left[b-\frac{bc^2}{c^2+1}\right]+\left[c-\frac{ca^2}{a^2+1}\right]$$

$$=a+b+c-\left[\frac{ab^2}{b^2+1}+\frac{bc^2}{c^2+1}+\frac{ca^2}{a^2+1}\right]$$

$$\geqslant a+b+c-\left[\frac{ab^2}{2b}+\frac{bc^2}{2c}+\frac{ca^2}{2a}\right]$$

$$=a+b+c-\frac{1}{2}(ab+bc+ca)$$

$$\geqslant 3-\frac{1}{6}(a+b+c)^2$$

$$= \frac{3}{2}$$

即原不等式获得证明.

评注 本题证明有几个关键点,一是对分式 $\dfrac{a}{b^2+1} = \dfrac{a+ab^2-ab^2}{b^2+1}$ 的变形,二是对此分式分组处理 $\dfrac{a(1+b^2)}{b^2+1} - \dfrac{ab^2}{b^2+1} = a - \dfrac{ab^2}{b^2+1} \geqslant a - \dfrac{ab^2}{2b}$,然后运用二元均值不等式,这是一个硬技巧,最后利用熟知的不等式 $(a+b+c)^2 \geqslant 3(ab+bc+ca)$,这个看似结构简单的不等式证明实则不是那么简单.

站在此题及其证明的基础上再向前一步,即变量个数增加了,怎么样?

如果看完上面题目的解答,你还想将该问题在变量个数方面予以推广,那么,结论会是什么样子? 又怎么证明?

引申 设 $a,b,c,d \in \mathbf{R}^*$,且 $a+b+c+d=4$,求证

$$\frac{a}{b^2+1} + \frac{a}{c^2+1} + \frac{a}{d^2+1} + \frac{b}{c^2+1} + \frac{b}{d^2+1} + \frac{b}{a^2+1} +$$

$$\frac{c}{d^2+1} + \frac{c}{a^2+1} + \frac{c}{b^2+1} + \frac{d}{a^2+1} + \frac{d}{b^2+1} + \frac{d}{c^2+1} \geqslant 6$$

题目解说 本题为一个新题.

渊源探索 本题是上题对变量个数方面的进一步深入思考.

方法透析 纵观上题的证明方法可以看出,上述证明方法适合于将变量个数从三个推广到更多个.

证明 由于

$$\sum \left(\frac{a}{b^2+1} + \frac{a}{c^2+1} + \frac{a}{d^2+1} \right)$$

$$= \sum \left(\frac{a+ab^2-ab^2}{b^2+1} + \frac{a+ac^2-ac^2}{c^2+1} + \frac{a+ad^2-ad^2}{d^2+1} \right)$$

$$= \sum \left[\left(a - \frac{ab^2}{b^2+1} \right) + \left(a - \frac{ac^2}{c^2+1} \right) + \left(a - \frac{ad^2}{d^2+1} \right) \right]$$

$$= 3\sum a - \sum \left(\frac{ab^2}{b^2+1} + \frac{ac^2}{c^2+1} + \frac{ad^2}{d^2+1} \right)$$

$$\geqslant 12 - \sum \left(\frac{ab^2}{2b} + \frac{ac^2}{2c} + \frac{ad^2}{2d} \right)$$

$$= 12 - \frac{1}{2} \sum [a(b+c+d)]$$

$$= 12 - (ab+ac+ad+bc+bd+cd)$$

$$\geqslant 12 - \frac{3}{8}(a+b+c+d)^2 = 6$$

最后一步用到了熟知的不等式

$$(a+b+c+d)^2 \geqslant \frac{8}{3}(ab+ac+ad+bc+bd+cd)$$

即

$$\frac{a}{b^2+1}+\frac{a}{c^2+1}+\frac{a}{d^2+1}+\frac{b}{c^2+1}+\frac{b}{d^2+1}+\frac{b}{a^2+1}+$$

$$\frac{c}{d^2+1}+\frac{c}{a^2+1}+\frac{c}{b^2+1}+\frac{d}{a^2+1}+\frac{d}{b^2+1}+\frac{d}{c^2+1} \geqslant 6$$

到此结论全部证明完毕.

问题 7 设 $a,b,c \in \mathbf{R}^*, a^2+b^2+c^2=3$,求证:$\dfrac{1}{a^3+2}+\dfrac{1}{b^3+2}+\dfrac{1}{c^3+2} \geqslant 1$.

题目解说 本题为文献[2]的一道题目.

方法透析 从分子与分母的差距,到如何运用已知条件入手.

证明 下面的过程对原作者的解答叙述稍作改变,注意到三元均值不等式,以及条件有

$$\frac{2}{a^3+2}=\frac{2+a^3-a^3}{a^3+2}$$

$$=1-\frac{a^3}{a^3+2}=1-\frac{a^3}{a^3+1+1}$$

$$\geqslant 1-\frac{a^3}{3a}=1-\frac{a^2}{3}$$

$$\Rightarrow \sum \frac{1}{a^3+2} \geqslant \frac{1}{2}\sum\left(1-\frac{a^2}{3}\right)$$

$$=\frac{3}{2}-\sum\frac{a^2}{6}=1$$

评注 本题证明来源于对 $\dfrac{2}{a^3+2}=\dfrac{2+a^3-a^3}{a^3+2}=1-\dfrac{a^3}{a^3+2}=1-$

$\dfrac{a^3}{a^3+1+1}$ 进行变形,为运用三元均值不等式创造条件,进而达到利用已知条件等式获得解决问题的目的.

三元均值不等式运用的基础是原不等式等号成立的条件为三个变量相等,即三个变量均为 1.

站在此题及其证明的基础上再向前一步,即变量个数增加了,怎么样?

如果看完上面题目的解答,你还想将该问题在变量个数方面予以推广,那么,结论会是什么样子?又怎么证明?

引申 1　设 $a,b,c,d \in \mathbf{R}^*$，且 $a^2+b^2+c^2+d^2=4$，求证

$$\frac{1}{a^3+2}+\frac{1}{b^3+2}+\frac{1}{c^3+2}+\frac{1}{d^3+2} \geqslant \frac{4}{3}$$

题目解说　本题为一个新题.

渊源探索　本题是上题对变量个数方面的进一步深入思考.

方法透析　纵观上题的证明方法可以看出，上述证明方法适合于将变量个数从三个推广到更多个.

证明　由于

$$\frac{2}{a^3+2}=\frac{2+a^3-a^3}{a^3+2}$$

$$=1-\frac{a^3}{a^3+2}=1-\frac{a^3}{a^3+1+1}$$

$$\geqslant 1-\frac{a^3}{3a}=1-\frac{a^2}{3}$$

$$\Rightarrow \sum \frac{1}{a^3+2} \geqslant \frac{1}{2}\sum\left(1-\frac{a^2}{3}\right)$$

$$=2-\frac{a^2+b^2+c^2+d^2}{6}=\frac{4}{3}$$

即

$$\frac{1}{a^3+2}+\frac{1}{b^3+2}+\frac{1}{c^3+2}+\frac{1}{d^3+2} \geqslant \frac{4}{3}$$

到此结论证明完毕.

引申 2　设 $a,b,c,d \in \mathbf{R}^*$，且 $a^3+b^3+c^3+d^3=4$，求证

$$\frac{1}{a^4+3}+\frac{1}{b^4+3}+\frac{1}{c^4+3}+\frac{1}{d^4+3} \geqslant \frac{1}{2}$$

题目解说　本题为一个新题.

渊源探索　本题是上题对变量指数方面的进一步深入思考.

方法透析　纵观上题的证明方法可以看出，上述证明适合于将变量个数从三个推广到更多个.

证明　由于

$$\frac{3}{a^4+3}=\frac{3+a^4-a^4}{a^3+3}=1-\frac{a^4}{a^4+3}=1-\frac{a^4}{a^4+1+1+1}$$

$$\geqslant 1-\frac{a^4}{4a}=1-\frac{a^3}{4}$$

$$\Rightarrow \sum \frac{1}{a^4+3} \geqslant \frac{1}{3}\sum(1-\frac{a^3}{4})=\frac{4}{3}-\frac{a^3+b^3+c^3+d^3}{12}=\frac{2}{2}$$

即

$$\frac{1}{a^4+3}+\frac{1}{b^4+3}+\frac{1}{c^4+3}+\frac{1}{d^4+3}\geqslant\frac{1}{2}$$

到此结论证明完毕.

评注 上面的两个引申结论都是从原题的证明过程分析而来,一是站在变量个数方面去分析,二是站在变量的指数方面予以分析,方法都是利用多元均值不等式.

可见,对一道已有题目的解答过程进行有效透彻的分析,是提高解题能力的重要方法,将这个至关重要环节经常运用于我们的编拟题目以及解题过程,我们的解题能力不提高可能也难.

参考文献

[1] 王扬,赵小云.从分析解题过程学解题 —— 竞赛中的几何问题研究[M].哈尔滨:哈尔滨工业大学出版社,2018.

[2] 张艳宗,徐银杰.数学奥林匹克中的常见重要不等式[M].哈尔滨:哈尔滨工业大学出版社,2017.

§7 代换现原形

一、题目及其证明

设 x,y,z 都是正数,且 $xy+yz+zx=1$,求证

$$\frac{1}{x^2+1}+\frac{1}{y^2+1}+\frac{1}{z^2+1}\leqslant\frac{9}{4}$$

题目解说 本题为单墫教授在《我怎样解题》P20 给出的一个问题,作者给出了一个去分母的证明,其实本题还有几个证明,也比较简单,现报告如下.

证明1 $1+x^2=xy+yz+zx+x^2=(x+y)(x+z)$,还有两个式子,记 $a=x+y+z$,从而原式去分母并注意到条件得到

$$8(x+y+z)\leqslant 9(x+y)(y+z)(z+x)$$

$$\Leftrightarrow 9(a-x)(a-y)(a-z)\geqslant 8a$$

$$\Leftrightarrow 9[a^3-a^2(x+y+z)+a(xy+yz+zx)-xyz]$$

$$\geqslant 8(x+y+z)$$

$$\Leftrightarrow 9(x+y+z)-9xyz)\geqslant 8(x+y+z)$$

从分析解题过程学解题——
竞赛中的向量几何与不等式研究

$$\Leftrightarrow (x+y+z) \geqslant 9xyz$$

但是,注意到条件 $xy+yz+zx=1$,等价于 $(x+y+z)(xy+yz+zx) \geqslant 9xyz$ 这是三元均值不等式的直接结果,从而原不等式获得证明.

证明 2 $1+x^2=xy+yz+zx+x^2=(x+y)(x+z)$,于是原不等式可化为

$$8(x+y+z) \leqslant 9(x+y)(y+z)(z+x)$$
$$\Leftrightarrow 8(x+y+z)(xy+yz+zx) \leqslant 9(x+y)(y+z)(z+x)$$
$$\Leftrightarrow x^2(y+z)+y^2(z+x)+z^2(x+y) \geqslant 6xyz$$

这由二元均值不等式易证.

从而原不等式获得证明.

证明 3 由条件 x,y,z 都是正数,且 $xy+yz+zx=1$,可作三角代换,令 $x=\tan\dfrac{A}{2}, y=\tan\dfrac{B}{2}, z=\tan\dfrac{C}{2}(A+B+C=180°)$,转化为三角形中的三角不等式.

$$\cos^2 \frac{A}{2}+\cos^2 \frac{B}{2}+\cos^2 \frac{C}{2} \leqslant \frac{9}{4}$$
$$\Leftrightarrow \cos A+\cos B+\cos C \leqslant \frac{3}{2}$$

但是

$$\cos A+\cos B=2\cos \frac{1}{2}(A+B)\cos \frac{1}{2}(A-B) \leqslant 2\cos \frac{1}{2}(A+B)$$

同理可得

$$\cos C+\cos 60° \leqslant 2\cos \frac{1}{2}(A+60°)$$

这两个式子相加即得

$$\cos A+\cos B+\cos C+\cos 60°$$
$$\leqslant 2\left[\cos \frac{1}{2}(A+B)+\cos \frac{1}{2}(C+60°)\right]$$
$$\leqslant 4\cos \frac{1}{2}\left\{\frac{1}{2}\left[(A+B)+(C+60°)\right]\right\}$$
$$=4\cos \frac{A+B+C+60°}{4}$$
$$=4\cos 60°$$

即

$$\cos A+\cos B+\cos C \leqslant 3\cos 60° = \frac{3}{2}$$

从而原不等式获得证明.

证明 4 原不等式等价于 $\dfrac{x^2}{x^2+1}+\dfrac{y^2}{y^2+1}+\dfrac{z^2}{z^2+1}\geqslant\dfrac{3}{4}$. 再利用柯西不等式得到

$$\frac{x^2}{x^2+1}+\frac{y^2}{y^2+1}+\frac{z^2}{z^2+1}\geqslant\frac{(x+y+z)^2}{x^2+y^2+z^2+3}$$

$$=\frac{x^2+y^2+z^2+2}{x^2+y^2+z^2+3}\geqslant\frac{xy+yz+zx+2}{xy+yz+zx+3}=\frac{3}{4}\cdots$$

从而原不等式的证明.

评注 上面的几个证明方法可以画出,运用证明 3 中的代换,就将原题变换为熟知的三角不等式,这就是原题的本质.

二、引申推广

如果看完上面题目的解答,你还想将该问题在变量个数方面予以推广,那么,结论会是什么样子?又怎么证明?

引申 设 $a,b,c,d\in\mathbf{R}^*$,且 $ab+ac+ad+bc+bd+cd=1$,求证

$$\frac{1}{a^2+1}+\frac{1}{b^2+1}+\frac{1}{c^2+1}+\frac{1}{d^2+1}\leqslant\frac{24}{7}$$

题目解说 本题为一个新题.

渊源探索 本题是上题对变量个数方面的进一步深入思考的结果.

方法透析 纵观上题的几个证明方法可以看出,上述证明方法四适合于将变量个数从三个推广到更多个.

证明 由于欲证不等式等价于

$$\frac{a^2}{a^2+1}+\frac{b^2}{b^2+1}+\frac{c^2}{c^2+1}+\frac{d^2}{d^2+1}\geqslant\frac{4}{7}$$

由条件以及柯西不等式知

$$\frac{a^2}{a^2+1}+\frac{b^2}{b^2+1}+\frac{c^2}{c^2+1}+\frac{d^2}{d^2+1}$$

$$\geqslant\frac{(a+b+c+d)^2}{a^2+b^2+c^2+d^2+4}$$

$$=\frac{a^2+b^2+c^2+d^2+2(ab+ac+ad+bc+bd+cd)}{a^2+b^2+c^2+d^2+4}$$

$$=\frac{a^2+b^2+c^2+d^2+2}{a^2+b^2+c^2+d^2+4}$$

$$\geqslant\frac{\dfrac{2}{3}(ab+ac+ad+bc+bd+cd)+2}{\dfrac{2}{3}(ab+ac+ad+bc+bd+cd)+4}$$

$$= \frac{4}{7}$$

即

$$\frac{a^2}{a^2+1} + \frac{b^2}{b^2+1} + \frac{c^2}{c^2+1} + \frac{d^2}{d^2+1} \geqslant \frac{4}{7}$$

其中最后一步用到了真分数不等式：$\dfrac{b}{a} \leqslant \dfrac{b+m}{a+m}(a,b \in \mathbf{R}^*, m \geqslant 0)$ 和 $a^2 + b^2 + c^2 + d^2 \geqslant ab + ac + ad + bc + bd + cd$.

到此结论全部证明完毕.

§8 几个看似简单的不等式

问题 1 设 $a,b,c \in \mathbf{R}^*$，求证：$1 + \dfrac{3}{ab+bc+ca} \geqslant \dfrac{6}{a+b+c}$.

题目解说 本题为 2005 年泰国竞赛题之一，也是 2007 年马其顿竞赛题之一.

证明 1 先看官方公布的解答.

注意到二元均值不等式，所以

$$1 + \frac{3}{ab+bc+ca} = \frac{3(ab+bc+ca)}{3(ab+bc+ca)} + \frac{3}{ab+bc+ca}$$

$$\geqslant \frac{3(ab+bc+ca)}{(a+b+c)^2} + \frac{3}{ab+bc+ca}$$

$$\geqslant \frac{6}{a+b+c}$$

到此结论获得证明.

评注 本题证明巧妙运用不等式 $(a+b+c)^2 \geqslant 3(ab+bc+ca)$，以及奇妙的变形

$$1 = \frac{3(ab+bc+ca)}{3(ab+bc+ca)}$$

（这个代换是欲从运用二元均值不等式消去 $\dfrac{3}{ab+bc+ca}$ 的分母而来），然后将前一个不等式的分母放大，为直接运用二元均值不等式创造条件，进而达到解决问题的目的.

下面再给出一个方法.

证明 2 （2018 年 9 月 20 日）注意到二元均值不等式

$$1 + \frac{3}{ab + bc + ca} = \frac{(a + b + c)^2}{(a + b + c)^2} + \frac{3}{ab + bc + ca}$$

$$\geqslant \frac{3(ab + bc + ca)}{(a + b + c)^2} + \frac{3}{ab + bc + ca}$$

$$\geqslant \frac{6}{a + b + c}$$

到此结论获得证明.

评注 （1）这个证明不同于上一个证明,特点是构造

$$1 = \frac{(a + b + c)^2}{(a + b + c)^2} \geqslant \frac{3(ab + bc + ca)}{(a + b + c)^2}$$

其中运用不等式 $(a + b + c)^2 \geqslant 3(ab + bc + ca)$,将分子缩小,为直接运用二元均值不等式创造条件,进而达到直接解决问题的目的.

（2）本题的一个变形结论: $(a + b + c)(3 + ab + bc + ca) \geqslant 6(ab + bc + ca)$.

问题 2 设 $a, b, c \in \mathbf{R}^*, abc = 1$,求证: $1 + \dfrac{3}{a + b + c} \geqslant \dfrac{6}{ab + bc + ca}$.

题目解说 本题为 2003 年罗马尼亚竞赛题之一.

渊源探索 将问题 1 两端的分母调换一下位置,结论如何? —— 命题方法.

方法透析 继续上题的方法.

证明 注意到二元均值不等式,以及 $(a + b + c)^2 \geqslant 3(ab + bc + ca)$,所以

$$1 + \frac{3}{a + b + c} = \frac{(ab + bc + ca)^2}{(ab + bc + ca)^2} + \frac{3}{a + b + c}$$

$$\geqslant \frac{3abc(a + b + c)}{(ab + bc + ca)^2} + \frac{3}{a + b + c}$$

$$= \frac{3(a + b + c)}{(ab + bc + ca)^2} + \frac{3}{a + b + c}$$

$$\geqslant \frac{6}{ab + bc + ca}$$

到此结论证明完毕.

评注 本题证明巧妙运用不等式 $(a + b + c)^2 \geqslant 3(ab + bc + ca)$,以及奇妙的变形

$$1 = \frac{(ab + bc + ca)^2}{(ab + bc + ca)^2} \geqslant \frac{3abc(a + b + c)}{(ab + bc + ca)^2} = \frac{3(a + b + c)}{(a + b + c)^2}$$

（这个代换是欲从运用二元均值不等式消去 $\dfrac{3}{ab + bc + ca}$ 的分母而来）,然后利

用前一个不等式将分母放大,为直接运用二元均值不等式创造条件,进而达到解决问题的目的.

在此题及其证明的基础上再向前一步,即变量个数增加了,怎么样?

如果看完上面题目的解答,你还想将该问题在变量个数方面予以推广,那么,结论会是什么样子? 又怎么证明?

下面我们给出上述第一个题从变量个数方面的推广.

引申 1 设 $a,b,c,d \in \mathbf{R}^*$,求证: $1 + \dfrac{6}{ab + ac + ad + bc + bd + cd} \geqslant \dfrac{8}{a + b + c + d}$.

题目解说 本题为一个新题.

渊源探索 本题是上题对变量个数方面的进一步深入思考.

方法透析 纵观上题的证明方法可以看出,上述证明适合于将变量个数从三个推广到更多个.

证明 1 注意到 $(a + b + c + d)^2 \geqslant \dfrac{8}{3}(ab + ac + ad + bc + bd + cd)$,所以

$$1 + \frac{6}{ab + ac + ad + bc + bd + cd}$$

$$= \frac{\frac{8}{3}(ab + ac + ad + bc + bd + cd)}{\frac{8}{3}(ab + ac + ad + bc + bd + cd)} + \frac{6}{ab + ac + ad + bc + bd + cd + da}$$

$$\geqslant \frac{\frac{8}{3}(ab + ac + ad + bc + bd + cd)}{(a + b + c + d)^2} + \frac{6}{ab + ac + ad + bc + bd + cd + da}$$

$$\geqslant \frac{8}{a + b + c + d}$$

评注 上面的引申结论都是从原题的证明过程分析而来,主要是站在变量个数方面去分析,方法都是利用多元均值不等式.

证明 2 注意到 $(a + b + c + d)^2 \geqslant 6(ab + ac + ad + bc + bd + cd)$,所以

$$1 + \frac{6}{ab + ac + ad + bc + bd + cd + da}$$

$$= \frac{(a+b+c+d)^2}{(a+b+c+d)^2} + \frac{6}{ab+ac+ad+bc+bd+cd+da}$$

$$\geqslant \frac{\frac{8}{3}(ab+ac+ad+bc+bd+cd)}{(a+b+c+d)^2} +$$

$$\frac{6}{ab+ac+ad+bc+bd+cd+da}$$

$$\geqslant \frac{8}{a+b+c+d}$$

评注 这一引申题目及其两个证明都是从原题的结构以及证明类比出来的,可见,对一道已有题目的解答过程进行有效透彻的分析,是提高解题能力的重要方法,将这个至关重要环节经常运用于我们的编拟题目以及解题过程,我们的解题能力不提高可能也难,这就是从分析解题过程学解题.

本题的一个变形结论

$$(a+b+c+d)(6+ab+ac+ad+bc+bd+cd+da)$$

$$\geqslant 8(ab+ac+ad+bc+bd+cd+da)$$

引申 2 设 $a,b,c,d \in \mathbf{R}^*$,求证:$1 + \dfrac{4}{ab+ad+bc+cd} \geqslant \dfrac{8}{a+b+c+d}$.

题目解说 本题由著名不等式专家隋振林提出并证明.

证明

$$1 + \frac{4}{ab+bc+cd+da} = \frac{(a+b+c+d)^2}{(a+b+c+d)^2} + \frac{4}{ab+bc+cd+da}$$

$$\geqslant \frac{4(ab+bc+cd+da)}{(a+b+c+d)^2} + \frac{4}{ab+bc+cd+da}$$

$$\geqslant \frac{8}{a+b+c+d}$$

问题 3 如何进行变量个数方面的推广,有待进一步探究.

再次顺便指出一条命题思路,从众多题目以及解法发现,许多题目以及解答是对已有题目的解法进行分析,编出新题,再对新题稍微做一些变形,这样的新问题就出笼了.

问题 4 若 $a,b,c > 0$,$\dfrac{a}{b+c} + \dfrac{b}{c+a} \leqslant 1$,求证:$\dfrac{c}{a+b} \geqslant \dfrac{1}{2}$.

题目解说 本题来源于多种资料.

渊源探索 本题是对不等式 $\dfrac{a}{b+c} + \dfrac{b}{c+a} + \dfrac{c}{a+b} \geqslant \dfrac{3}{2}$ 的分离重组的结果.

方法透析　设法从已知条件中构造出 $\dfrac{c}{a+b}$ 的估计式.

证明 1　由

$$\frac{a}{b+c}+\frac{b}{c+a}\leqslant 1$$

$$\Rightarrow a^2+b^2\leqslant c^2+ab$$

$$\Rightarrow c^2\geqslant a^2+b^2-ab$$

$$\left(\frac{c}{a+b}\right)^2=\frac{c^2}{(a+b)^2}\geqslant\frac{a^2+b^2-ab}{(a+b)^2}$$

$$=\frac{(a+b)^2-3ab}{(a+b)^2}$$

$$\geqslant\frac{(a+b)^2-\dfrac{3}{4}(a+b)^2}{(a+b)^2}$$

$$=\frac{1}{4}$$

即 $\dfrac{c}{a+b}\geqslant\dfrac{1}{2}$.

评注　（1）这个证明是对已知条件进行变形,再将获得的条件变形结果代入到目标式子,转化为一个变量（相当于做变量代换 $x=a+b$）,使其成为一个变量的函数,最后求得结果. 一个自然地问题是,变量个数再多一些,此法显然不灵了,怎么办? 这就要需要寻求新的方法.

（2）本题明显是从熟知的不等式 $\dfrac{a}{b+c}+\dfrac{b}{c+a}+\dfrac{c}{a+b}\geqslant\dfrac{3}{2}$ 去掉左端最后一项,再给剩余部分一个估值,求出去掉部分的最小值而改编出来的,这是对三个变量熟知不等式的改编结果,对于四个变量的结果是什么,如何改编?

证明 2　设 $x=a+b,y=b+c,z=c+a\Rightarrow a=\dfrac{1}{2}\sum x-y,b=\dfrac{1}{2}\sum x-$

$z,c=\dfrac{1}{2}\sum x-x$（其中 $\sum x=x+y+z$）,于是

$$\frac{a}{b+c}+\frac{b}{c+a}\leqslant 1$$

$$\Leftrightarrow\frac{\dfrac{1}{2}(x+y+z)-y}{y}+\frac{\dfrac{1}{2}(x+y+z)-z}{z}\leqslant 1$$

$$\Leftrightarrow(x+y+z)\left(\frac{1}{y}+\frac{1}{z}\right)\leqslant 6 \tag{1}$$

$$\Leftrightarrow (x+y+z)\left(\frac{1}{y}+\frac{1}{z}+\frac{1}{x}-\frac{1}{x}\right)\leqslant 6$$

即

$$\frac{x+y+z}{x}\geqslant (x+y+z)\left(\frac{1}{y}+\frac{1}{z}+\frac{1}{x}\right)-6 \tag{2}$$

$$\geqslant (x+y+z)\left(\frac{9}{x+y+z}\right)-6\geqslant 3 \tag{3}$$

而

$$\frac{c}{a+b}=\frac{\frac{1}{2}(x+y+z)-x}{x}=\frac{\frac{1}{2}(x+y+z)}{x}-1 \tag{4}$$

$$\geqslant \frac{3}{2}-1$$

$$=\frac{1}{2}$$

评注 本题看似简单,实则不易,本证明过程主要在于从(1)得到(2),再进一步由柯西不等式获得(3),为代换后的目标式(4)创造条件,这是解决本题的成功之处.

对于四个变量,可以证明 $\dfrac{d}{a+b+c}+\dfrac{b}{c+d+a}+\dfrac{c}{d+a+b}+\dfrac{a}{b+c+d}\geqslant \dfrac{4}{3}$,我们也利用上题的构造过程,去掉这里的不等式左端最后一项,再给剩余三项一个估值,令我们去解决去掉部分分式的最小值,即可得到

引申 1 若 $a,b,c,d>0$,$\dfrac{d}{a+b+c}+\dfrac{b}{c+d+a}+\dfrac{c}{d+a+b}\leqslant 1$,求证:$\dfrac{a}{b+c+d}\geqslant \dfrac{1}{3}$.

题目解说 本题为一个新题.

渊源探索 本题为上一题的变量个数方面的推广.

方法透析 上题的证明 1 显然不能用了,看看证明 2 是否可用.

证明 设

$$x=a+b+c,y=b+c+d,z=c+d+a,w=d+a+b$$

$$\Rightarrow a=\frac{1}{3}\sum x-y,b=\frac{1}{3}\sum x-z,c=\frac{1}{3}\sum x-w,d=\frac{1}{3}\sum x-x$$

$$\frac{d}{a+b+c}+\frac{b}{c+d+a}+\frac{c}{d+a+b}\leqslant 1$$

$$\Leftrightarrow \frac{\frac{1}{3}\sum x - z}{z} + \frac{\frac{1}{3}\sum x - w}{w} + \frac{\frac{1}{3}\sum x - x}{x} \leqslant 1$$

$$\Leftrightarrow \left(\sum x\right)\left(\frac{1}{z} + \frac{1}{w} + \frac{1}{x}\right) \leqslant 12$$

$$\Leftrightarrow \left(\sum x\right)\left(\frac{1}{z} + \frac{1}{w} + \frac{1}{x} + \frac{1}{y} - \frac{1}{y}\right) \leqslant 12$$

$$\Rightarrow \frac{1}{y}\left(\sum x\right) \geqslant \left(\sum x\right)\left(\frac{1}{z} + \frac{1}{w} + \frac{1}{x} + \frac{1}{y}\right) - 12 \geqslant 4$$

即 $\dfrac{a}{b+c+d} = \dfrac{1}{3y}\left(\sum x\right) - 1 \geqslant \dfrac{1}{3}$.

评注　看看本题的上述解答可知,只要对上一题的解答本质搞明白了,此题的解答就不在话下.

引申 2　若正数 a,b,c 满足 $\dfrac{a}{b+c} = \dfrac{b}{c+a} - \dfrac{c}{a+b}$,求证:$\dfrac{b}{c+a} \geqslant \dfrac{\sqrt{17}-1}{4}$.

题目解说　本题为 2005 年全国高中数学联赛湖南预赛一题.

方法透析　仍然沿用上题的代换法,而后化为函数问题.

证明　设

$$x = a+b, y = b+c, z = c+a$$

$$\Rightarrow x,y,z > 0$$

$$\Rightarrow a = \frac{1}{2}(z+x-y); b = \frac{1}{2}(x+y-z); c = \frac{1}{2}(y+z-x)$$

则条件等式可以化为

$$\frac{x+y-z}{2z} = \frac{y+z-x}{2x} + \frac{z+x-y}{2y}$$

$$\Rightarrow \frac{x+y}{z} = \frac{y+z}{x} + \frac{z+x}{y} - 1 = \frac{y}{x} + \frac{z}{x} + \frac{z}{y} + \frac{x}{y} - 1$$

$$= \left(\frac{y}{x} + \frac{x}{y}\right) + \frac{z}{x} + \frac{z}{y} - 1 \geqslant \frac{z}{x} + \frac{z}{y} + 1 = \frac{z(x+y)}{xy} + 1$$

$$\geqslant \frac{z(x+y)}{\left(\frac{x+y}{2}\right)^2} + 1 = \frac{4z}{x+y} + 1$$

$$\Rightarrow \frac{x+y}{z} \geqslant \frac{4z}{x+y} + 1, \left(t = \frac{x+y}{z}\right)$$

$$\Leftrightarrow t \geqslant \frac{4}{t} + 1 \Rightarrow t \geqslant \frac{\sqrt{17}+1}{2}$$

$$\frac{b}{c+a} = \frac{x+y-z}{2z} = \frac{1}{2}t - \frac{1}{2} \geqslant \frac{\sqrt{17}-1}{4}$$

评注　看看牢牢掌握并灵活运用一道题目的解法的威力.

参考文献

[1] 王扬,赵小云.从分析解题过程学解题——竞赛中的几何问题研究[M].
　　哈尔滨:哈尔滨工业大学出版社,2018.

§9　2013 年白俄罗斯竞赛一题的深化

今天我们将从 2013 年白俄罗斯数学奥林匹克竞赛一题目出发,看看如何提出一个较有价值的问题,同时如何解决.不妥之处,请大家批评指正.

一、题目及其证明

源头题目 1　设 $a,b,c,d > 0, \frac{1}{a} + \frac{1}{b} + \frac{1}{c} + \frac{1}{d} = 1$,求证

$$\frac{a+b}{a^2 - ab + b^2} + \frac{b+c}{b^2 - bc + c^2} + \frac{c+d}{c^2 - cd + d^2} + \frac{d+a}{d^2 - da + a^2} \leqslant 2$$

题目解说　本题为 2013 年白俄罗斯数学奥林匹克竞赛一题.

方法透析　本题为一个左端复杂,右端简单结构逐步放大的式子,故只需将左端逐步放大,也即只需将分母都缩小,由于各分母具有对称性,故关键是将一个分式分母进行有效缩小.

证明　联想到熟知的不等式 $a^2 - ab + b^2 \geqslant \frac{1}{4}(a+b)^2$,所以

$$\frac{a+b}{a^2 - ab + b^2} + \frac{b+c}{b^2 - bc + c^2} + \frac{c+d}{c^2 - cd + d^2} + \frac{d+a}{d^2 - da + a^2}$$

$$\leqslant \frac{4(a+b)}{(a+b)^2} + \frac{4(b+c)}{(b+c)^2} + \frac{4(c+d)}{(c+d)^2} + \frac{4(d+a)}{(d+a)^2}$$

$$= \frac{4}{a+b} + \frac{4}{b+c} + \frac{4}{c+d} + \frac{4}{d+a}(需要联系已知条件)$$

$$\leqslant \left(\frac{1}{a} + \frac{1}{b}\right) + \left(\frac{1}{b} + \frac{1}{c}\right) + \left(\frac{1}{c} + \frac{1}{d}\right) + \left(\frac{1}{d} + \frac{1}{a}\right)$$

（逆向运用柯西不等式的变形）

$$= 2$$

到此结论获得证明.

从分析解题过程学解题——
竞赛中的向量几何与不等式研究

评注   本题的证明比较简单,直接运用熟知的不等式 $a^2 - ab + b^2 \geqslant \frac{1}{4}(a+b)^2$ 立刻将不等式左端化成简单形式,再逆向利用熟知的不等式 $\frac{x^2}{a} + \frac{y^2}{b} \geqslant \frac{(x+y)^2}{a+b}(a,b,x,y \in \mathbf{R}^*)$ 就立刻解决,但是要特别注意的是逆用此不等式.

源头题目 2   设 $a,b,c,d > 0,\frac{1}{a} + \frac{1}{b} + \frac{1}{c} + \frac{1}{d} = 1$,求证

$$\frac{a+b}{a^2+ab+b^2} + \frac{b+c}{b^2+bc+c^2} + \frac{c+d}{c^2+cd+d^2} + \frac{d+a}{d^2+da+a^2} \leqslant \frac{2}{3}$$

题目解说   本题为 2013 年白俄罗斯数学奥林匹克竞赛一题的对偶形式.

渊源探索   如果将源头题目 1 的分母写错了,减号写成加号,结论还成立吗?这样就获得本题的样子.

方法透析   本题也是一个左端复杂,右端简单结构逐步放大的式子,故只需将左端逐步放大,即只需将分母都缩小,由于各分母具有对称性,故关键是将一个分式分母进行有效缩小.

证明   由熟知的不等式 $a^2 + ab + b^2 \geqslant \frac{3}{4}(a+b)^2$,所以

$$\frac{a+b}{a^2+ab+b^2} + \frac{b+c}{b^2+bc+c^2} + \frac{c+d}{c^2+cd+d^2} + \frac{d+a}{d^2+da+a^2}$$

$$\leqslant \frac{1}{3}\left[\frac{4(a+b)}{(a+b)^2} + \frac{4(b+c)}{(b+c)^2} + \frac{4(c+d)}{(c+d)^2} + \frac{4(d+a)}{(d+a)^2}\right]$$

$$= \frac{1}{3}\left[\frac{4}{a+b} + \frac{4}{b+c} + \frac{4}{c+d} + \frac{4}{d+a}\right]$$

$$\leqslant \frac{1}{3}\left[\left(\frac{1}{a} + \frac{1}{b}\right) + \left(\frac{1}{b} + \frac{1}{c}\right) + \left(\frac{1}{c} + \frac{1}{d}\right) + \left(\frac{1}{d} + \frac{1}{a}\right)\right]$$

$$= \frac{2}{3}$$

到此结论获得证明.

评注   本题证明方法逆用柯西不等式的变形

$$\frac{x^2}{a} + \frac{y^2}{b} \geqslant \frac{(x+y)^2}{a+b}(a,b,x,y \in \mathbf{R}^*)$$

二、变量个数方面推广

为了解决我们下面的问题,需要先证明两个引理.

引理 1   (第 7 届中国北方数学竞赛 7,安振平提供,参见《中等数学》2011(10):30) 在 $\triangle ABC$ 中,求证

471

$$\frac{1}{1+\cos^2 A+\cos^2 B}+\frac{1}{1+\cos^2 B+\cos^2 C}+\frac{1}{1+\cos^2 C+\cos^2 A}\leqslant 2$$

证明 1 由柯西不等式知道

$$\sin^2 C=\sin^2(A+B)=(\sin A\cos B+\cos A\sin B)^2$$

$$\leqslant(\sin^2 A+\sin^2 B)(\cos^2 A+\cos^2 B)$$

$$\Rightarrow\cos^2 A+\cos^2 B\geqslant\frac{\sin^2 C}{\sin^2 A+\sin^2 B}$$

$$\cos^2 A+\cos^2 B+1\geqslant\frac{\sin^2 C+\sin^2 A+\sin^2 B}{\sin^2 A+\sin^2 B}$$

$$\frac{1}{\cos^2 A+\cos^2 B+1}\leqslant\frac{\sin^2 A+\sin^2 B}{\sin^2 C+\sin^2 A+\sin^2 B}$$

类似的,还有两个式子,这三个相加便得结论.

评注 这个证明十分巧妙,将柯西不等式与和角公式有机结合到一起堪称一绝.

证明 2 由三角形中的射影定理和柯西不等式知道

$$a^2=(b\cos C+c\cos B)^2\leqslant(b^2+c^2)(\cos^2 C+\cos^2 B)$$

$$\Rightarrow\cos^2 C+\cos^2 B\geqslant\frac{a^2}{b^2+c^2}$$

$$\Rightarrow\cos^2 C+\cos^2 B+1\geqslant\frac{a^2+b^2+c^2}{b^2+c^2}$$

$$\Rightarrow\frac{1}{\cos^2 C+\cos^2 B+1}\leqslant\frac{b^2+c^2}{a^2+b^2+c^2}$$

本证明 2 未用到三角形角关系$(A+B+C=\pi)$,仅用到三角形中的射影定理.

类似的,还有两个式子,这三个相加便得结论.

引理 2 立体几何——设四面体 $A_1A_2A_3A_4$ 的各棱 A_iA_j 所张的二面角的大小分别记 $\overline{A_iA_j}(i\neq j1\leqslant i<j\leqslant 4)$,则有

$$\sum\frac{1}{\cos^2\overline{A_3A_4}+\cos^2\overline{A_2A_4}+\cos^2\overline{A_2A_3}+1}\leqslant 3$$

证明 由四面体中的面积射影定理和柯西不等式知道

$$S_1^2=(S_2\cos\overline{A_3A_4}+S_3\cos\overline{A_2A_4}+S_4\cos\overline{A_2A_3})^2$$

$$\leqslant(S_2^2+S_3^2+S_4^2)(\cos^2\overline{A_3A_4}+\cos^2\overline{A_2A_4}+\cos^2\overline{A_2A_3})$$

$$\Rightarrow\cos^2\overline{A_3A_4}+\cos^2\overline{A_2A_4}+\cos^2\overline{A_2A_3}$$

$$\geqslant\frac{S_1^2}{S_2^2+S_3^2+S_4^2}$$

$$\cos^2 \overline{A_3A_4} + \cos^2 \overline{A_2A_4} + \cos^2 \overline{A_2A_3} + 1 \geqslant \frac{S_1^2 + S_2^2 + S_3^2 + S_4^2}{S_2^2 + S_3^2 + S_4^2}$$

即

$$\frac{1}{\cos^2 \overline{A_3A_4} + \cos^2 \overline{A_2A_4} + \cos^2 \overline{A_2A_3} + 1} \leqslant \frac{S_2^2 + S_3^2 + S_4^2}{S_1^2 + S_2^2 + S_3^2 + S_4^2}$$

类似的,还有三个式子,这三个相加得到

$$\sum \frac{1}{\cos^2 \overline{A_3A_4} + \cos^2 \overline{A_2A_4} + \cos^2 \overline{A_2A_3} + 1} \leqslant \sum \frac{S_2^2 + S_3^2 + S_4^2}{S_1^2 + S_2^2 + S_3^2 + S_4^2} = 3$$

引申 1   在 $\triangle ABC$ 中

$$x = \cos^2 A + \cos^2 B + 1, y = \cos^2 B + \cos^2 C + 1, z = \cos^2 C + \cos^2 A + 1$$

求证

$$\frac{x+y}{x^2 - xy + y^2} + \frac{y+z}{y^2 - yz + z^2} + \frac{z+x}{z^2 - zx + x^2} \leqslant 4$$

题目解说   本题为一个新题.

渊源探索   本题是引理 1 与源头题目的串联产物.

方法透析   直接运用源头题目与引理 1,2.

证明   源头题目的证明过程知

$$\frac{x+y}{x^2 - xy + y^2} + \frac{y+z}{y^2 - yz + z^2} + \frac{z+x}{z^2 - zx + x^2}$$

$$\leqslant 2\left(\frac{1}{x} + \frac{1}{y} + \frac{1}{z}\right)$$

$$\leqslant 4$$

最后一步用到上述引理 1.

到此结论获得证明.

引申 2   在 $\triangle ABC$ 中

$$x = \cos^2 A + \cos^2 B + 1, y = \cos^2 B + \cos^2 C + 1, z = \cos^2 C + \cos^2 A + 1$$

求证

$$\frac{x+y}{x^2 + xy + y^2} + \frac{y+z}{y^2 + yz + z^2} + \frac{z+x}{z^2 + zx + x^2} \leqslant \frac{4}{3}$$

证明   略.

引申 3   设四面体 $ABCD$ 的各棱 AB 所张的二面角的大小分别记 $\overline{AB}$,令各二面角大小均为锐角,记

$$a = \cos^2 \overline{AB}, b = \cos^2 \overline{AC}, c = \cos^2 \overline{AD}$$

$$d = \cos^2 \overline{CD}, e = \cos^2 \overline{DB}, f = \cos^2 \overline{BC}$$

473

$$x = a^2 + b^2 + f^2 + 1, y = b^2 + c^2 + d^2 + 1$$
$$z = a^2 + c^2 + e^2 + 1, w = e^2 + f^2 + d^2 + 1$$

求证: $\dfrac{x+y}{x^2-xy+y^2} + \dfrac{y+z}{y^2-yz+z^2} + \dfrac{z+w}{z^2-zw+w^2} + \dfrac{w+x}{w^2-wx+x^2} \leqslant 6.$

题目解说 本题为一个新题.

渊源探索 本题为引理 2 与源头题目的串联.

方法透析 本题直接运用源头题目以及引理 2.

证明 源头题目的证明知

$$\dfrac{x+y}{x^2-xy+y^2} + \dfrac{y+z}{y^2-yz+z^2} +$$

$$\dfrac{z+w}{z^2-zw+w^2} + \dfrac{w+x}{w^2-wx+x^2}$$

$$\leqslant 2\left(\dfrac{1}{x} + \dfrac{1}{y} + \dfrac{1}{z} + \dfrac{1}{w}\right)$$

$$\leqslant 6$$

最后一步用到上述引理 2.

到此结论获得证明.

引申 4 设四面体 $ABCD$ 的各棱 AB 所张的二面角的大小分别记 $\overline{AB}$,令各二面角大小均为锐角) 记

$$a = \cos^2 \overline{AB}, b = \cos^2 \overline{AC}, c = \cos^2 \overline{AD}$$
$$d = \cos^2 \overline{CD}, e = \cos^2 \overline{DB}, f = \cos^2 \overline{BC}$$
$$x = a^2 + b^2 + f^2 + 1, y = b^2 + c^2 + d^2 + 1$$
$$z = a^2 + c^2 + e^2 + 1, w = e^2 + f^2 + d^2 + 1$$

求证: $\dfrac{x+y}{x^2+xy+y^2} + \dfrac{y+z}{y^2+yz+z^2} + \dfrac{z+w}{z^2+zw+w^2} + \dfrac{w+x}{w^2+wx+x^2} \leqslant 2.$

评注 这两道题目都是在已有的两道题目基础上堆砌而成,可见,记住并掌握一些熟知的题目是至关重要的.

参考文献

[1] 王扬,赵小云. 从分析解题过程学解题 —— 竞赛中的几何问题研究 [M]. 哈尔滨:哈尔滨工业大学出版社,2018.

§10 从证明方法挖掘新问题

问题 1 设 $x, y, z \in \mathbf{R}^*$,求证:$\dfrac{x^3}{x^2 y + z^3} + \dfrac{y^3}{y^2 z + x^3} + \dfrac{z^3}{z^2 x + y^3} \geqslant \dfrac{3}{2}.$

题目解说 本题为 2015 年罗马尼亚竞赛试题之一.

证明 1 据三元均值不等式以及柯西不等式得

$$\frac{x^3}{x^2 y + z^3} + \frac{y^3}{y^2 z + x^3} + \frac{z^3}{z^2 x + y^3}$$

$$\geqslant \frac{x^3}{\dfrac{x^3 + x^3 + y^3}{3} + z^3} + \frac{y^3}{\dfrac{y^3 + y^3 + z^3}{3} + x^3} + \frac{z^3}{\dfrac{z^3 + z^3 + x^3}{3} + y^3}$$

$$= 3\left(\frac{x^3}{2x^3 + y^3 + 3z^3} + \frac{y^3}{2y^3 + z^3 + 3x^3} + \frac{z^3}{2z^3 + x^3 + 3y^3} \right)$$

$$= 3 \sum \frac{(x^3)^2}{x^3 (2x^3 + y^3 + 3z^3)}$$

$$\geqslant 3 \cdot \frac{(x^3 + y^3 + z^3)^2}{\sum x^3 (2x^3 + y^3 + 3z^3)}$$

$$= 3 \cdot \frac{(x^3 + y^3 + z^3)^2}{2 (x^3 + y^3 + z^3)^2} = \frac{3}{2}$$

评注 本题的证明仅对分母运用三元均值不等式,再对和式运用柯西不等式便使得问题获解,由此不难想象本问题的多变量推广.

证明 2 由柯西不等式知

$$\frac{x^3}{x^2 y + z^3} + \frac{y^3}{y^2 z + x^3} + \frac{z^3}{z^2 x + y^3}$$

$$= \frac{(x^3)^2}{x^3 (x^2 y + z^3)} + \frac{(y^3)^2}{y^3 (y^2 z + x^3)} + \frac{(z^3)^2}{z^3 (z^2 x + y^3)}$$

$$\geqslant \frac{(x^3 + y^3 + z^3)^2}{x^3 (x^2 y + z^3) + y^3 (y^2 z + x^3) + z^3 (z^2 x + y^3)}$$

$$\geqslant \frac{(x^3 + y^3 + z^3)^2}{x^5 y + y^5 z + z^5 x + x^3 y^3 + y^3 z^3 + z^3 x^3}$$

于是,要证明原不等式,只要证明

$$2 (x^3 + y^3 + z^3)^2 \geqslant 3(x^5 y + y^5 z + z^5 x + x^3 y^3 + y^3 z^3 + z^3 x^3)$$

$$\Leftrightarrow 2(x^6 + y^6 + z^6) + x^3 y^3 + y^3 z^3 + z^3 x^3 \geqslant 3(x^5 y + y^5 z + z^5 x) \quad (1)$$

而据二元均值不等式知

$$\frac{3}{2}(x^6+x^4y^2) \geqslant 3x^5y, \frac{3}{2}(y^6+y^4z^2) \geqslant 3y^5z, \frac{3}{2}(z^6+z^4x^2) \geqslant 3z^5x$$

$$\Rightarrow \frac{3}{2}(x^6+y^6+z^6+x^4y^2+y^4z^2+z^4x^2) \geqslant 3(x^5y+y^5z+z^5x) \qquad (2)$$

于是,要证明(1),只要证明

$$\frac{1}{2}(x^6+y^6+z^6)+x^3y^3+y^3z^3+z^3x^3-\frac{3}{2}(x^4y^2+y^4z^2+z^4x^2) \geqslant 0$$

$$\Leftrightarrow x^6+y^6+z^6+2(x^3y^3+y^3z^3+z^3x^3) \geqslant 3(x^4y^2+y^4z^2+z^4x^2) \qquad (3)$$

而由三元均值不等式知

$$x^6+x^3y^3+x^3y^3 \geqslant 3x^4y^2, y^6+y^3z^3+y^3z^3 \geqslant 3y^4z^2, z^6+2z^3x^3 \geqslant 3z^4x^2$$

三个式子相加即得,从而原不等式获得证明.

评注 证明 2 是对目标结构稍作变形之后运用柯西不等式,接着采用算术几何平均值不等式一边分析,一边行进的策略,最后使得问题获得证明.

上述两个证明各有优劣,第一种证明源于先对分母运用均值不等式——将分母放大(使得每个分式值缩小),然后采用柯西不等式;第二种方法是直接对原不等式使用柯西不等式,两种方法的共同特点是都在适当的时候运用了柯西不等式.

如果从各变量的指数方面考虑,会有什么样的结果? 比如

引申 1 设 $x,y,z \in \mathbf{R}^*$,求证:$\dfrac{x^4}{x^3y+z^4}+\dfrac{y^4}{y^3z+x^4}+\dfrac{z^4}{z^3x+y^4} \geqslant \dfrac{3}{2}$.

题目解说 这是一道新题.

渊源探索 本题为上一题的指数推广.

方法透析 继续上述问题的解决方法探路.

证明 1 由柯西不等式得

$$\frac{x^4}{x^3y+z^4}+\frac{y^4}{y^3z+x^4}+\frac{z^4}{z^3x+y^4}$$

$$=\sum \frac{(x^4)^2}{x^4(x^3y+z^4)} \geqslant \frac{(x^4+y^4+z^4)^2}{\sum x^4(x^3y+z^4)}$$

$$=\frac{(x^4+y^4+z^4)^2}{x^7y+y^7z+z^7x+x^4y^4+y^4z^4+z^4x^4}$$

于是 ,只要证明

$$2(x^4+y^4+z^4)^2 \geqslant 3(x^7y+y^7z+z^7x+x^4y^4+y^4z^4+z^4x^4)$$

$$\Leftrightarrow 2(x^8+y^8+z^8)+x^4y^4+y^4z^4+z^4x^4 \geqslant 3(x^7y+y^7z+z^7x)$$

$$\Leftrightarrow \frac{1}{2}\sum x^8+\sum x^4y^4-\frac{3}{2}\sum x^6y^2+\frac{3}{2}\sum (x^4-x^3y)^2 \geqslant 0$$

476

以下只要证明

$$\frac{1}{2}\sum x^8 + \sum x^4 y^4 - \frac{3}{2}\sum x^6 y^2 \leqslant 0$$

$$\Leftrightarrow \sum x^8 + 2\sum x^4 y^4 - 3\sum x^6 y^2 \geqslant 0$$

$$\Leftrightarrow \sum (x^4 + x^2 z^2 + y^2 z^2 - z^4 - 2x^2 y^2)^2 \geqslant 0$$

从而原不等式获得证明.

评注 这个证明得益于隋振林老师的指导!

证明 2 同证明 1 得到

$$\sum x^8 + 2\sum x^4 y^4 - 3\sum x^6 y^2 \geqslant 0$$

$$\Leftrightarrow \left(\sum x^4\right)^2 \geqslant 3\sum x^6 y^2$$

这由 vasile 不等式 $(a^2 + b^2 + c^2)^2 \geqslant 3(a^3 b + b^3 c + c^3 a)$ 即得.

评注 本题的证明难点就在于证明 vasile 不等式

$$(a^2 + b^2 + c^2)^2 \geqslant 3(a^3 b + b^3 c + c^3 a)$$

笔者曾将本题引申 1 发到奥数教练微信群里,希望获得关于这个不等式的简单解法,至今没有. 可喜的是,获得山西王永喜老师与我不谋而合的证明.

引申 2 设 $a, b, c, d \in \mathbf{R}^*$,求证

$$\frac{a}{4a + 5b + c + 5d} + \frac{b}{4b + 5c + d + 5a} + \frac{c}{4c + 5d + a + 5b} + \frac{d}{4d + 5a + b + 5c} \leqslant \frac{4}{5}$$

题目解说 本题为一个新题.

渊源探索 本题为证明另外一个问题时发现的新命题.

证明 这个证法属于山东隋振林老师. 由柯西不等式,有

$$\sum \frac{a}{4a + 5b + c + 5d} = \sum \frac{a\left(\frac{1}{4}a + \frac{1}{5}b + c + \frac{1}{5}d\right)}{(4a + 5b + c + 5d)\left(\frac{1}{4}a + \frac{1}{5}b + c + \frac{1}{5}d\right)}$$

$$\geqslant \sum \frac{a\left(\frac{1}{4}a + \frac{1}{5}b + c + \frac{1}{5}d\right)}{(a + b + c + d)^2}$$

$$= \frac{1}{(a + b + c + d)^2}\left[\frac{1}{4}\sum a^2 + \frac{2}{5}\sum ab + 2(ca + bd)\right]$$

所以,只需证明

$$\frac{1}{(a+b+c+d)^2}\left[\frac{1}{4}\sum a^2 + \frac{2}{5}\sum ab + 2(ca+bd)\right] \leqslant \frac{4}{5}$$

$$\Leftrightarrow \frac{5}{4}\sum a^2 + 2\sum ab + 10(ca+bd) \leqslant 4(a+b+c+d)^2$$

$$\Leftrightarrow 左端 - 右端 = (b-d)^2 + (a-c)^2 + \frac{7}{4}\sum a^2 + 6\sum ab \geqslant 0$$

从而,原不等式成立.

评注 1 本来开头是想证明

$$\frac{a^5}{a^4b+b^4c+d^5} + \frac{b^5}{b^4c+c^4d+a^5} + \frac{c^5}{c^4d+d^4a+b^5} + \frac{d^5}{d^4a+a^4b+c^5} \geqslant \frac{4}{3}$$

但是在探求证明过程中发现本题不成立(反例:$a=d=\frac{3}{4}$,$b=c=1$,隋振林老师指出(2018 年 11 月 1 日)),但是获知上题是正确的.

评注 2 看看本题的构造过程可知,许多题目都是在自己的研究写作过程中诞生的! 这就是从分析解题过程学解题、学编题.

问题 2 设 $a,b,c \in \mathbf{R}^*$,$a+b+c=3$,求证:$\dfrac{a+1}{b^2+1} + \dfrac{b+1}{c^2+1} + \dfrac{c+1}{a^2+1} \geqslant 3$.

题目解说 本题为文献[1]的一个题目.

证明 下面的过程对原作者的解答(不好理解)叙述稍作改变,注意到三元均值不等式,以及条件有

$$\frac{a+1}{b^2+1} + \frac{b+1}{c^2+1} + \frac{c+1}{a^2+1}$$

$$= \frac{(a+1)(b^2+1)-(a+1)b^2}{b^2+1} + \frac{(b+1)(c^2+1)-(b+1)c^2}{c^2+1} + \frac{(c+1)(a^2+1)-(c+1)a^2}{a^2+1}$$

$$= 6 - \left[\frac{(a+1)b^2}{b^2+1} + \frac{(b+1)c^2}{c^2+1} + \frac{(c+1)a^2}{a^2+1}\right]$$

$$\geqslant 6 - \left[\frac{(a+1)b^2}{2b} + \frac{(b+1)c^2}{2c} + \frac{(c+1)a^2}{2a}\right]$$

$$= 6 - \frac{1}{2}\left[(a+b+c)+(ab+bc+ca)\right]$$

$$\geqslant \frac{9}{2} - \frac{1}{6}(a+b+c)^2$$

$$= 3$$

即本题获得证明.

评注 本题证明来源于对

从分析解题过程学解题——
竞赛中的向量几何与不等式研究

$$\frac{a+1}{b^2+1} = \frac{(a+1)(b^2+1)-(a+1)b^2}{b^2+1} = (a+1) - \frac{(a+1)b^2}{b^2+1}$$

进行变形,为运用二元均值不等式创造条件,进而达到利用已知条件等式获得解决问题的目的.

站在此题及其证明的基础上再向前一步,即变量个数增加了,怎么样?

如果看完上面题目的解答,你还想将该问题在变量个数方面予以推广,那么,结论会是什么样子? 又怎么证明?

引申 1 设 $a,b,c,d \in \mathbf{R}^*$,$a+b+c+d=4$,求证

$$\frac{a+1}{b^2+1} + \frac{b+1}{c^2+1} + \frac{c+1}{d^2+1} + \frac{d+1}{a^2+1} \geqslant 4$$

题目解说 本题为一个新题.

渊源探索 本题是上题对变量个数方面的进一步深入思考.

方法透析 纵观上题的证明方法可以看出,上述证明方法适合于将变量个数从三个推广到更多个.

证明 由于

$$\frac{a+1}{b^2+2} + \frac{b+1}{c^2+2} + \frac{c+1}{d^2+2} + \frac{d+1}{a^2+2}$$

$$= \frac{(a+1)(b^2+1)-(a+1)b^2}{b^2+1} + \frac{(b+1)(c^2+1)-(b+1)c^2}{c^2+1} +$$

$$\frac{(c+1)(d^2+1)-(c+1)d^2}{d^2+1} + \frac{(d+1)(a^2+1)-(d+1)a^2}{a^2+1}$$

$$= 8 - \left[\frac{(a+1)b^2}{b^2+1} + \frac{(b+1)c^2}{c^2+1} + \frac{(c+1)d^2}{d^2+1} + \frac{(d+1)a^2}{a^2+1} \right]$$

$$\geqslant 8 - \left[\frac{(a+1)b^2}{2b} + \frac{(b+1)c^2}{2c} + \frac{(c+1)d^2}{2d} + \frac{(d+1)a^2}{2a} \right]$$

$$= 8 - \frac{1}{2} \left[(a+b+c+d) + (ab+bc+cd+da) \right]$$

$$= 8 - \frac{1}{2} \left[4 + (ab+bc+cd+da) \right]$$

$$= 4 - \frac{1}{2}(a+c)(b+d)$$

$$\geqslant 8 - \frac{1}{2} \cdot \frac{1}{4}(a+c+b+d)^2$$

$$= 4$$

即

$$\frac{a+1}{b^2+1} + \frac{b+1}{c^2+1} + \frac{c+1}{d^2+1} + \frac{d+1}{a^2+1} \geqslant 4$$

到此结论全部证明完毕.

引申 2　设 $a,b,c,d \in \mathbf{R}^*$，$a^2+b^2+c^2+d^2=4$，求证

$$\frac{a^2+1}{b^3+2}+\frac{b^2+1}{c^3+2}+\frac{c^2+1}{d^3+2}+\frac{d^2+1}{a^3+2} \geq \frac{8}{3}$$

题目解说　本题为一个新题.

渊源探索　本题是上题对变量指数方面的进一步深入思考.

方法透析　纵观上题的证明方法可以看出，上述证明方法适合于将变量个数从三个推广到更多个.

证明　由于

$$\frac{a^2+1}{b^3+2}+\frac{b^2+1}{c^3+2}+\frac{c^2+1}{d^3+2}+\frac{d^2+1}{a^3+2}$$

$$=\frac{1}{2}\left[\frac{(a^2+1)(b^3+2)-(a^2+1)b^3}{b^3+2}+\frac{(b^2+1)(c^3+2)-(b^2+1)c^3}{c^3+2}+\right.$$

$$\left.\frac{(c^2+1)(d^3+2)-(c^2+1)d^3}{d^3+2}+\frac{(d^2+1)(a^3+2)-(d^2+1)a^3}{a^3+2}\right]$$

$$=4-\frac{1}{2}\left[\frac{(a^2+1)b^3}{b^3+2}+\frac{(b^2+1)c^3}{c^3+2}+\frac{(c^2+1)d^3}{d^3+2}+\frac{(d^2+1)a^3}{a^3+2}\right]$$

$$\geq 4-\frac{1}{2}\left[\frac{(a^2+1)b^3}{3b}+\frac{(b^2+1)c^3}{3c}+\frac{(c^2+1)d^3}{3d}+\frac{(d^2+1)a^3}{3a}\right]$$

$$=4-\frac{1}{6}\left[(a^2+b^2+c^2+d^2)+(a^2b^2+b^2c^2+c^2d^2+d^2a^2)\right]$$

$$=4-\frac{1}{6}\left[4+(a^2b^2+b^2c^2+c^2d^2+d^2a^2)\right]$$

$$=\frac{10}{3}-\frac{1}{6}(a^2+c^2)(b^2+d^2)$$

$$\geq \frac{10}{3}-\frac{1}{6}\cdot\frac{1}{4}(a^2+b^2+c^2+d^2)^2$$

$$=\frac{8}{3}$$

即

$$\frac{a+1}{b^2+1}+\frac{b+1}{c^2+1}+\frac{c+1}{d^2+1}+\frac{d+1}{a^2+1} \geq \frac{8}{3}$$

到此结论全部证明完毕.

评注　本题的证明技巧和方法与上题完全相同，可见搞懂一道题目的解决方法是多么重要. 最后顺便指出，本题可以推广到多个变量的情况，作为练习留给读者吧.

参考文献

[1] 张艳宗,徐银杰. 数学奥林匹克中的常见重要不等式[M].哈尔滨:哈尔滨工业大学出版社,2017.

§11　一个简单代数不等式证明引起的思考

(本节来源于曹程锦的文章,发表于《数学通讯》2015(10):63 — 66)

一、问题及其证明

QQ 不等式讨论群里近期讨论过的一个简单代数不等式问题的求解,勾起我对近几年的数学高考压轴题试题以及一道全国高中数学联赛加试题解法的追索,由此也使我想起对于高三优秀学生的实时培训. 题目如下

问题 1　求证对于 $a,b \in \mathbf{R}^*,b > a,\dfrac{\ln b - \ln a}{b - a} > \dfrac{2}{a + b}$.

先看几个证明.

证明 1　由柯西不等式得到

$$\left(\int_{\ln a}^{\ln b} \mathrm{e}^x \cdot 1 \mathrm{d}x \right)^2 < \left(\int_{\ln a}^{\ln b} \mathrm{e}^{2x} \mathrm{d}x \right) \left(\int_{\ln a}^{\ln b} 1^2 \mathrm{d}x \right)$$

$$\Rightarrow (b - a)^2 < \frac{1}{2}(b^2 - a^2)(\ln b - \ln a)$$

$$\Rightarrow \frac{\ln b - \ln a}{b - a} > \frac{2}{a + b}$$

到此结论获得证明.

评注　这个证明较为巧妙,将积分型柯西不等式运用得恰到好处,是一种不可多得的好方法,值得学习.

下面再介绍一个构造函数方法.

证明 2　原不等式等价于

$$\ln \frac{b}{a} > \frac{2\left(\dfrac{b}{a} - 1 \right)}{\dfrac{b}{a} + 1} \Leftrightarrow \ln x > \frac{2(x - 1)}{x + 1} (x > 1)$$

于是,令

$$f(x) = \ln x - \frac{2(x - 1)}{x + 1} \Rightarrow f'(x) = \frac{1}{x} - \frac{4}{(x + 1)^2} = \frac{(x - 1)^2}{x(x + 1)^2} > 0$$

即 $f(x) = \ln x - \dfrac{2(x-1)}{x+1}$ 在 $[1, +\infty)$ 单调上升,即对于 $x > 1$,有 $f(x) > f(1) = 0$.

即 $\ln x > \dfrac{2(x-1)}{x+1}$,从而原不等式获得证明.

评注 本证明源于构造函数,利用单调性——导数方法完成证明,这是解决不等式问题的常用方法.

证明 3 积分法.

我们从图像上去理解,过函数 $y = \dfrac{1}{x}$ 的图像上的点 $P\left(\dfrac{a+b}{2}, \dfrac{2}{a+b}\right)$ 作其切线 MN,分别与过点 $A(a, 0)$,$B(b, 0)$ 而与 OX 轴的垂线交于 M, N,则由于函数 $y = \dfrac{1}{x}$ 的图像是下凸函数,所以,曲线与 OX 轴以及两条竖直的垂线围成的面积大于过点 P 的曲线的切线与 OX 轴以及两条竖直的垂线围成的面积,于是

$$\int_a^b \frac{1}{x}\,\mathrm{d}x > \int_a^b \left[\frac{4}{a+b} - \frac{4x}{(a+b)^2}\right]\mathrm{d}x$$

即

$$\ln x \,\Big|_a^b > \left[\frac{4}{a+b}x - \frac{2x^2}{a+b^2}\right]\Big|_a^b$$

即

$$\ln b - \ln a > \frac{2(b-a)}{a+b} \quad (b > a > 0)$$

即结论获得证明.

评注 这个方法巧妙地运用了积分(定义)思想,将不等式的代数结构演绎为两个图形的面积,给出了这个不等式的几何解释,可以看作是运用几何思想解决不等式的一个新思维,其来历是原不等式为绝对的大于(或者小于),于是可以演绎为两个明显不等的面积关系.

二、结论的深化

其实,本题还可以进一步完善为:设 $b > a > 0$

$$\frac{1}{\sqrt{ab}} > \frac{\ln b - \ln a}{b - a} > \frac{2}{a+b}$$

说明 这是对于原不等式右端分母使用二元均值不等式后的结果思考,再与左端比较大小,怎么样?这就产生了本题的右端.

证明 只需证明左半部分.

原不等式的左端等价于

$$\ln \frac{b}{a} < \sqrt{\frac{b}{a}} - \sqrt{\frac{a}{b}} \tag{1}$$

$x = \sqrt{\dfrac{b}{a}}$，则（1）进一步等价于

$$2\ln x < x - \frac{1}{x} \quad (x > 1)$$

令

$$f(x) = 2\ln x - x + \frac{1}{x}$$

由

$$f'(x) = \frac{2}{x} - 1 - \frac{1}{x^2} = -\frac{(x-1)^2}{x^2} = 0 \Rightarrow x = 1$$

即当 $x > 1$ 时，$f'(x) < 0$，即函数 $f(x)$ 单调下降，$0 = f(1) = f(x)_{\max}$，即当 $x > 1$ 时，$2\ln x < x - \dfrac{1}{x}$.

评注 1　由左半部分的证明知道，在不等式 $2\ln x < x - \dfrac{1}{x}$ 中，令

$$x = \frac{n+1}{n} \quad (n > 1, n \in \mathbf{N})$$

可得

$$2\ln \frac{n+1}{n} < \frac{n+1}{n} - \frac{n}{n+1}$$

于是获得

$$2[\ln(n+1) - \ln n] < \frac{n+1}{n} - \frac{n}{n+1}$$

$$= \frac{n-1+2}{n} - \frac{n}{n+1} = \frac{2}{n} + \frac{n-1}{n} - \frac{n}{n+1}$$

再令 $n = 1, 2, 3, \cdots$ 得到

$$2\sum_{k=1}^{n}[\ln(k+1) - \ln k] < \sum_{k=1}^{n}\frac{2}{k} + \sum_{k=1}^{n}\left(\frac{k-1}{k} - \frac{k}{k+1}\right) = 2\left(\sum_{k=1}^{n}\frac{1}{k}\right) - \frac{n}{n+1}$$

即

$$\ln(n+1) < \sum_{k=1}^{n}\frac{1}{k} - \frac{n}{2(n+1)}$$

这就是：求证：$l + \dfrac{1}{2} + \dfrac{1}{3} + \dfrac{1}{4} + \cdots + \dfrac{1}{n} > \ln(n+1) + \dfrac{n}{2(n+1)} (n \geqslant 1)$.

（2010 年湖北高考卷压轴题 21 题第三小题）

以上几个方法看似简单，其实这几个方法在解决其他题目时，有着广泛的

意.

评注 2 对于上面证明二中构造的不等式 $\ln x > \dfrac{2(x-1)}{x+1}$ 中,令

$$x = \frac{n+1}{n} \quad (n \in \mathbf{N}^*)$$

得到

$$\ln \frac{n+1}{n} > \frac{2\left(\dfrac{n+1}{n} - 1\right)}{\dfrac{n+1}{n} + 1} = \frac{2}{2n+1} > \frac{2}{2n+2} = \frac{1}{n+1}$$

$$\Rightarrow \sum_{k=1}^{n} \ln \frac{k+1}{k} > \sum_{k=1}^{n} \frac{1}{k+1}$$

$$\Rightarrow \ln(n+1) > \frac{1}{2} + \frac{1}{3} + \frac{1}{4} + \cdots + \frac{1}{n+1}$$

综合以上两个评注,可得

问题 4 求证:

$$1 + \frac{1}{2} + \frac{1}{3} + \frac{1}{4} + \cdots + \frac{1}{n} > \ln(n+1) + \frac{n}{2(n+1)}$$
$$> \frac{1}{2} + \frac{1}{3} + \frac{1}{4} + \cdots + \frac{1}{n+1} + \frac{n}{2(n+1)}$$

题目解说 本题的前半部分前面已经说过了,后半部分即为陕西省 2014 年高考理科压轴题第三小问的实质部分:

设函数 $f(x) = \ln(x+1)$, $g(x) = xf'(x)(x \geqslant 0)$,其中 $f'(x)$ 是函数 $f(x)$ 的导函数.

(1) 令 $g_1(x) = g(x)$, $g_{n+1}(x) = g(g_n(x))$, $(n \in \mathbf{N}^*)$,求 $g_n(x)$ 的表达式;

(2) 若 $f(x) \geqslant a \cdot g(x)$ 恒成立,求实数 a 的取值范围;

(3) 设 $n \in \mathbf{N}^*$,比较 $g(1) + g(1) + \cdots + g(n)n - f(n)$ 的大小,并加以证明.

关于这点,读者简单一演算便知,限于篇幅,这里不再赘述.

显然,本结论已经包含了一个有用的特例

$$\sum_{k=1}^{n-1} \frac{1}{k+1} < \ln n < \sum_{k=1}^{n-1} \frac{1}{k} \quad (n > 1) \tag{1}$$

三、方法延伸

问题 5 (2009 年全国高中数学联赛加试第二题)求证

$$-1 < \sum_{k=1}^{n} \frac{k}{k^2+1} - \ln n \leqslant \frac{1}{2}$$

484

证明 1 联想问题 1 的证明 3,并利用例 1 的特例(1).下面再给出(1)的一个积分法证明 —— 几何解释.

事实上,因为函数 $y=\dfrac{1}{x}$ 为 $\mathbf{R}^*$ 上的下凸函数,故 $y=\dfrac{1}{x}$ 的图像与三条直线 $y=0,x=1,x=n$ 所围成的面积 S 满足:

(1) 小于以 $1,\dfrac{1}{2},\dfrac{1}{3},\cdots,\dfrac{1}{n-1}$ 为高,以 1 为宽的矩形面积之和;

(2) 大于以 $\dfrac{1}{2},\dfrac{1}{3},\cdots,\dfrac{1}{n}$ 为高,以 1 为宽的矩形面积之和;

即有

$$\frac{1}{2}+\frac{1}{3}+\cdots+\frac{1}{n}<\int_1^n\frac{1}{x}\mathrm{d}x<1+\frac{1}{2}+\frac{1}{3}+\cdots+\frac{1}{n-1}$$

即

$$\frac{1}{2}+\frac{1}{3}+\cdots+\frac{1}{n}<\ln n<1+\frac{1}{2}+\frac{1}{3}+\cdots+\frac{1}{n-1}$$

如图 1 和图 2.(1)的右端由图 1 解释,左端由图 2 解释(注意,这里是示意图,数据不规范).

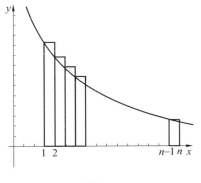 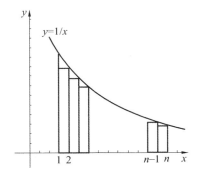

图 1   图 2

下面我们将连续使用(1)解决本届联赛题目.

由对数函数的单调性知道

$$\ln n-1<\ln(n+2)-1$$
$$<\frac{1}{2}+\frac{1}{3}+\cdots+\frac{1}{n+1}$$
$$=\sum_{k=1}^n\frac{1}{k+1}=\sum_{k=1}^n\frac{k}{k^2+k}$$
$$<\sum_{k=1}^n\frac{k}{k^2+1}<\frac{1}{2}+\sum_{k=2}^n\frac{k}{k^2}$$

485

$$= \frac{1}{2} + \sum_{k=2}^{n} \frac{1}{k} < \frac{1}{2} + \ln n$$

但在 $n=1$，欲证明的不等式也显然成立，从而

$$-1 < \sum_{k=1}^{n} \frac{k}{k^2+1} - \ln n \leqslant \frac{1}{2} \quad （n=1 \text{ 时取等号}）$$

评注 1 这个证明源于对函数 $y=\ln x$ 与其导函数的相互关系的理解而衍生了一个不等式(1)，继而利用本结论使得本届竞赛题题获得证明，是一个不可多得的好方法；这里同时给出了(1)另外一个相对较为新鲜的证明，同时由本方法顺便可得本赛题的一种推广

$$-1 < \sum_{k=1}^{n} \frac{k^m}{k^{m+1}+1} - \ln n \leqslant \frac{1}{2} \quad （m \text{ 为常数}, m \geqslant 1, n=1 \text{ 时取等号}）.$$

评注 2 进一步，如果站在函数与原函数的导数关系上去考虑，利用积分的思想，进一步可得另外一种稍好些的方法，即有

证明 2 考虑到函数 $f(x) = \frac{x}{x^2+1}$ $[1, +\infty)$ 上是减函数，结合积分定义得到

$$\begin{aligned}
\sum_{k=1}^{n} \frac{k}{k^2+1} &= \sum_{k=1}^{n} \frac{k}{k^2+1} \cdot 1 \\
&> \int_{1}^{n+1} \frac{x}{x^2+1} \mathrm{d}x \\
&> \int_{1}^{n} \frac{x}{x^2+1} \mathrm{d}x \\
&> \sum_{k=2}^{n} \frac{k}{k^2+1} n > 2
\end{aligned}$$

所以，由上面的最后一个不等式得到

$$\begin{aligned}
\frac{1}{2} + \sum_{k=2}^{n} \frac{k}{k^2+1} - \ln n &= \sum_{k=1}^{n} \frac{k}{k^2+1} - \ln n \\
&< \frac{1}{2} + \int_{1}^{n} \frac{x}{x^2+1} \mathrm{d}x - \ln n \\
&= \frac{1}{2} + \frac{1}{2}\ln(x^2+1) \Big|_{1}^{n} - \ln n \\
&= \frac{1}{2} + \ln\sqrt{\frac{n^2+1}{2n^2}} \\
&\leqslant \frac{1}{2}
\end{aligned}$$

$$\left（\text{因} \frac{n^2+1}{2n^2} < 1, \text{即} \ln\sqrt{\frac{n^2+1}{2n^2}} \leqslant 0\right）$$

从分析解题过程学解题——
竞赛中的向量几何与不等式研究

于是 $\sum\limits_{k=1}^{n} \dfrac{k}{k^2+1} - \ln n \leqslant \dfrac{1}{2}$（$n=1$），又

$$\sum_{k=1}^{n} \frac{k}{k^2+1} - \ln n > \int_{1}^{n+1} \frac{x}{x^2+1} \mathrm{d}x - \ln n$$

$$= \frac{1}{2}\ln(x^2+1) \Big|_{1}^{n+1} - \ln n$$

$$= \ln\sqrt{\frac{n^2+2n+2}{2n^2}}$$

$$= \ln\sqrt{\frac{1}{n^2}+\frac{1}{n}+\frac{1}{2}}$$

$$= \ln\frac{1}{\sqrt{2}} \cdot \sqrt{\frac{2}{n^2}+\frac{2}{n}+1}$$

$$> \ln\frac{1}{\sqrt{2}} > \ln\frac{1}{e}$$

$$= -1$$

从而

$$-1 < \sum_{k=1}^{n} \frac{k}{k^2+1} - \ln n \leqslant \frac{1}{2} \quad （n=1 \text{ 时取等号}）$$

在笔者准备收笔的时候,突然发现 2015 年广东高考理科压轴题也包含于（1）的应用范围. 请看：

问题 6（2015 年广东高考理科压轴题 21 题）设数列 $\{a_n\}$,满足

$$a_1 + 2a_2 + 3a_3 + \cdots + na_n = 4 - \frac{n+2}{2^{n-1}} \quad （n \in \mathbf{N}^*）$$

（1）求 a_3 的值；

（2）求数列 $\{a_n\}$ 的前 n 项和 T_n；

（3）令 $b_1 = a_1, b_n = \dfrac{T_{n-1}}{n} + \left(1 + \dfrac{1}{2} + \dfrac{1}{3} + \cdots + \dfrac{1}{n}\right)a_n (n \geqslant 2)$.

证明：数列 $\{b_n\}$ 的前 n 项和 S_n 满足 $S_n < 2 + 2\ln n$.

本题的前两个小问容易解决,这里只解决第 3 小问.

证明 由前面的两个小问的解答知道

$$a_n = \frac{1}{2^{n-1}}, T_n = 2 - \frac{1}{2^{n-1}}$$

于是,当 $n=1$ 时,命题显然成立. 下面证明,当 $n \geqslant 2$ 时,结论成立即可.

由条件并注意到 $a_n = T_n - T_{n-1}(n \geqslant 2)$ 知

$$b_n = \frac{T_{n-1}}{n} + \left(1 + \frac{1}{2} + \frac{1}{3} + \cdots + \frac{1}{n}\right)a_n$$

$$= \frac{T_{n-1}}{n} + \left(1 + \frac{1}{2} + \frac{1}{3} + \cdots + \frac{1}{n}\right)(T_n - T_{n-1})$$

$$= \left(1 + \frac{1}{2} + \frac{1}{3} + \cdots + \frac{1}{n}\right)T_n - \left(1 + \frac{1}{2} + \frac{1}{3} + \cdots + \frac{1}{n-1}\right)T_{n-1}$$

所以

$$S_n = b_1 + b_2 + \cdots + b_n$$

$$= \left(1 + \frac{1}{2} + \frac{1}{3} + \cdots + \frac{1}{n}\right)T_n$$

$$= \left(1 + \frac{1}{2} + \frac{1}{3} + \cdots + \frac{1}{n}\right)\left(2 - \frac{1}{2^{n-1}}\right)$$

$$< \left(1 + \frac{1}{2} + \frac{1}{3} + \cdots + \frac{1}{n}\right) \cdot 2$$

$$= 2 + \left(\frac{1}{2} + \frac{1}{3} + \cdots + \frac{1}{n}\right) \cdot 2$$

$$< 2 + 2\ln n$$

最后一步放大过程用到了前面的(1),即原命题结论获得证明.

评注 解决本题难点在于(1)将 $a_n a_n = T_n - T_{n-1}$,(2)并利用前面曾证明过的熟知的不等式(1)：$\frac{1}{2} + \frac{1}{3} + \cdots + \frac{1}{n} < \ln n.$ (3)再舍弃 $\left(1 + \frac{1}{2} + \frac{1}{3} + \cdots + \frac{1}{n}\right)\left(2 - \frac{1}{2^{n-1}}\right)$ 中的 $\frac{1}{2^{n-1}}$ 将其放大,其中最后一步舍弃是较为勇敢的舍弃,这是瞄准目标的有目的的舍弃,由此奔向证明的成功.

当然(1)的用途远不止于此,过往的资料已经给出了不少的讨论,限于篇幅,此处不在讨论.

四、弦外音

从以上几个例子可以看出,近几年的高考压轴试题似乎与 2009 年的这道高中联赛题目的解答有关,解决他们若有(1)的大力协助则快了许多,可见(1)的基石作用,前几年人们都是通过构造函数完成(1)的证明,本文则给出了(1)的几何解释,意义非凡,易于记忆,便于掌握.事实上,从 2009 年诞生了这道竞赛题之后,相继出现的相关高考题就层出不穷,类似的各地高考模拟题则多如牛毛了,可见竞赛与高考题目之间的关系之密切,也为我们高三最后阶段的综合复习指明了前进的方向.

另外,笔者写作本文的另一个目的在于,如果高三后期的综合复习,若能在若干基本题目的基础上,从一些基本问题的基本解法经过若干演绎,推演出一些高考压轴题,或者编拟一些新的题目,让学生参与解决以往的高考试题,积极探索一些新的数学问题的过程,可能对一些优秀学生的未来前程产生深远的影响.

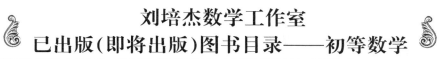

刘培杰数学工作室
已出版(即将出版)图书目录——初等数学

书 名	出版时间	定 价	编号
新编中学数学解题方法全书(高中版)上卷(第2版)	2018—08	58.00	951
新编中学数学解题方法全书(高中版)中卷(第2版)	2018—08	68.00	952
新编中学数学解题方法全书(高中版)下卷(一)(第2版)	2018—08	58.00	953
新编中学数学解题方法全书(高中版)下卷(二)(第2版)	2018—08	58.00	954
新编中学数学解题方法全书(高中版)下卷(三)(第2版)	2018—08	68.00	955
新编中学数学解题方法全书(初中版)上卷	2008—01	28.00	29
新编中学数学解题方法全书(初中版)中卷	2010—07	38.00	75
新编中学数学解题方法全书(高考复习卷)	2010—01	48.00	67
新编中学数学解题方法全书(高考真题卷)	2010—01	38.00	62
新编中学数学解题方法全书(高考精华卷)	2011—03	68.00	118
新新编平面解析几何解题方法全书(专题讲座卷)	2010—01	18.00	61
新编中学数学解题方法全书(自主招生卷)	2013—08	88.00	261
数学奥林匹克与数学文化(第一辑)	2006—05	48.00	4
数学奥林匹克与数学文化(第二辑)(竞赛卷)	2008—01	48.00	19
数学奥林匹克与数学文化(第二辑)(文化卷)	2008—07	58.00	36'
数学奥林匹克与数学文化(第三辑)(竞赛卷)	2010—01	48.00	59
数学奥林匹克与数学文化(第四辑)(竞赛卷)	2011—08	58.00	87
数学奥林匹克与数学文化(第五辑)	2015—06	98.00	370
世界著名平面几何经典著作钩沉——几何作图专题卷(上)	2009—06	48.00	49
世界著名平面几何经典著作钩沉——几何作图专题卷(下)	2011—01	88.00	80
世界著名平面几何经典著作钩沉(民国平面几何老课本)	2011—03	38.00	113
世界著名平面几何经典著作钩沉(建国初期平面三角老课本)	2015—08	38.00	507
世界著名解析几何经典著作钩沉——平面解析几何卷	2014—01	38.00	264
世界著名数论经典著作钩沉(算术卷)	2012—01	28.00	125
世界著名数学经典著作钩沉——立体几何卷	2011—02	28.00	88
世界著名三角学经典著作钩沉(平面三角卷Ⅰ)	2010—06	28.00	69
世界著名三角学经典著作钩沉(平面三角卷Ⅱ)	2011—01	38.00	78
世界著名初等数论经典著作钩沉(理论和实用算术卷)	2011—07	38.00	126
发展你的空间想象力	2017—06	38.00	785
空间想象力进阶	2019—05	68.00	1062
走向国际数学奥林匹克的平面几何试题诠释.第1卷	即将出版		1043
走向国际数学奥林匹克的平面几何试题诠释.第2卷	即将出版		1044
走向国际数学奥林匹克的平面几何试题诠释.第3卷	2019—03	78.00	1045
走向国际数学奥林匹克的平面几何试题诠释.第4卷	即将出版		1046
平面几何证明方法全书	2007—08	35.00	1
平面几何证明方法全书习题解答(第2版)	2006—12	18.00	10
平面几何天天练上卷·基础篇(直线型)	2013—01	58.00	208
平面几何天天练中卷·基础篇(涉及圆)	2013—01	28.00	234
平面几何天天练下卷·提高篇	2013—01	58.00	237
平面几何专题研究	2013—07	98.00	258

刘培杰数学工作室
已出版(即将出版)图书目录——初等数学

书　名	出版时间	定　价	编号
最新世界各国数学奥林匹克中的平面几何试题	2007—09	38.00	14
数学竞赛平面几何典型题及新颖解	2010—07	48.00	74
初等数学复习及研究(平面几何)	2008—09	58.00	38
初等数学复习及研究(立体几何)	2010—06	38.00	71
初等数学复习及研究(平面几何)习题解答	2009—01	48.00	42
几何学教程(平面几何卷)	2011—03	68.00	90
几何学教程(立体几何卷)	2011—07	68.00	130
几何变换与几何证题	2010—06	88.00	70
计算方法与几何证题	2011—06	28.00	129
立体几何技巧与方法	2014—04	88.00	293
几何瑰宝——平面几何500名题暨1000条定理(上、下)	2010—07	138.00	76,77
三角形的解法及应用	2012—07	18.00	183
近代的三角形几何学	2012—07	48.00	184
一般折线几何学	2015—08	48.00	503
三角形的五心	2009—06	28.00	51
三角形的六心及其应用	2015—10	68.00	542
三角形趣谈	2012—08	28.00	212
解三角形	2014—01	28.00	265
三角学专门教程	2014—09	28.00	387
图天下几何新题试卷.初中(第2版)	2017—11	58.00	855
圆锥曲线习题集(上册)	2013—06	68.00	255
圆锥曲线习题集(中册)	2015—01	78.00	434
圆锥曲线习题集(下册·第1卷)	2016—10	78.00	683
圆锥曲线习题集(下册·第2卷)	2018—01	98.00	853
论九点圆	2015—05	88.00	645
近代欧氏几何学	2012—03	48.00	162
罗巴切夫斯基几何学及几何基础概要	2012—07	28.00	188
罗巴切夫斯基几何学初步	2015—06	28.00	474
用三角、解析几何、复数、向量计算解数学竞赛几何题	2015—03	48.00	455
美国中学几何教程	2015—04	88.00	458
三线坐标与三角形特征点	2015—04	98.00	460
平面解析几何方法与研究(第1卷)	2015—05	18.00	471
平面解析几何方法与研究(第2卷)	2015—06	18.00	472
平面解析几何方法与研究(第3卷)	2015—07	18.00	473
解析几何研究	2015—01	38.00	425
解析几何学教程.上	2016—01	38.00	574
解析几何学教程.下	2016—01	38.00	575
几何学基础	2016—01	58.00	581
初等几何研究	2015—02	58.00	444
十九和二十世纪欧氏几何学中的片段	2017—01	58.00	696
平面几何中考.高考.奥数一本通	2017—07	28.00	820
几何学简史	2017—08	28.00	833
四面体	2018—01	48.00	880
平面几何证明方法思路	2018—12	68.00	913
平面几何图形特性新析.上篇	2019—01	68.00	911
平面几何图形特性新析.下篇	2018—06	88.00	912
平面几何范例多解探究.上篇	2018—04	48.00	910
平面几何范例多解探究.下篇	2018—12	68.00	914
从分析解题过程学解题:竞赛中的几何问题研究	2018—07	68.00	946
从分析解题过程学解题:竞赛中的向量几何与不等式研究(全2册)	2019—06	138.00	1090
二维、三维欧氏几何的对偶原理	2018—12	38.00	990
星形大观及闭折线论	2019—03	68.00	1020
圆锥曲线之设点与设线	2019—05	60.00	1063

刘培杰数学工作室
已出版(即将出版)图书目录——初等数学

书　名	出版时间	定　价	编号
俄罗斯平面几何问题集	2009—08	88.00	55
俄罗斯立体几何问题集	2014—03	58.00	283
俄罗斯几何大师——沙雷金论数学及其他	2014—01	48.00	271
来自俄罗斯的5000道几何习题及解答	2011—03	58.00	89
俄罗斯初等数学问题集	2012—05	38.00	177
俄罗斯函数问题集	2011—03	38.00	103
俄罗斯组合分析问题集	2011—01	48.00	79
俄罗斯初等数学万题选——三角卷	2012—11	38.00	222
俄罗斯初等数学万题选——代数卷	2013—08	68.00	225
俄罗斯初等数学万题选——几何卷	2014—01	68.00	226
俄罗斯《量子》杂志数学征解问题100题选	2018—08	48.00	969
俄罗斯《量子》杂志数学征解问题又100题选	2018—08	48.00	970
463个俄罗斯几何老问题	2012—01	28.00	152
《量子》数学短文精粹	2018—09	38.00	972
谈谈素数	2011—03	18.00	91
平方和	2011—03	18.00	92
整数论	2011—05	38.00	120
从整数谈起	2015—10	28.00	538
数与多项式	2016—01	38.00	558
谈谈不定方程	2011—05	28.00	119
解析不等式新论	2009—06	68.00	48
建立不等式的方法	2011—03	98.00	104
数学奥林匹克不等式研究	2009—08	68.00	56
不等式研究(第二辑)	2012—02	68.00	153
不等式的秘密(第一卷)	2012—02	28.00	154
不等式的秘密(第一卷)(第2版)	2014—02	38.00	286
不等式的秘密(第二卷)	2014—01	38.00	268
初等不等式的证明方法	2010—06	38.00	123
初等不等式的证明方法(第二版)	2014—11	38.00	407
不等式·理论·方法(基础卷)	2015—07	38.00	496
不等式·理论·方法(经典不等式卷)	2015—07	38.00	497
不等式·理论·方法(特殊类型不等式卷)	2015—07	48.00	498
不等式探究	2016—03	38.00	582
不等式探秘	2017—01	88.00	689
四面体不等式	2017—01	68.00	715
数学奥林匹克中常见重要不等式	2017—09	38.00	845
三正弦不等式	2018—09	98.00	974
函数方程与不等式:解法与稳定性结果	2019—04	68.00	1058
同余理论	2012—05	38.00	163
$[x]$ 与 $\{x\}$	2015—04	48.00	476
极值与最值.上卷	2015—06	28.00	486
极值与最值.中卷	2015—06	38.00	487
极值与最值.下卷	2015—06	28.00	488
整数的性质	2012—11	38.00	192
完全平方数及其应用	2015—08	78.00	506
多项式理论	2015—10	88.00	541
奇数、偶数、奇偶分析法	2018—01	98.00	876
不定方程及其应用.上	2018—12	58.00	992
不定方程及其应用.中	2019—01	78.00	993
不定方程及其应用.下	2019—02	98.00	994

书　名	出版时间	定　价	编号
历届美国中学生数学竞赛试题及解答(第一卷)1950—1954	2014—07	18.00	277
历届美国中学生数学竞赛试题及解答(第二卷)1955—1959	2014—04	18.00	278
历届美国中学生数学竞赛试题及解答(第三卷)1960—1964	2014—06	18.00	279
历届美国中学生数学竞赛试题及解答(第四卷)1965—1969	2014—04	28.00	280
历届美国中学生数学竞赛试题及解答(第五卷)1970—1972	2014—06	18.00	281
历届美国中学生数学竞赛试题及解答(第六卷)1973—1980	2017—07	18.00	768
历届美国中学生数学竞赛试题及解答(第七卷)1981—1986	2015—01	18.00	424
历届美国中学生数学竞赛试题及解答(第八卷)1987—1990	2017—05	18.00	769
历届IMO试题集(1959—2005)	2006—05	58.00	5
历届CMO试题集	2008—09	28.00	40
历届中国数学奥林匹克试题集(第2版)	2017—03	38.00	757
历届加拿大数学奥林匹克试题集	2012—08	38.00	215
历届美国数学奥林匹克试题集:多解推广加强	2012—08	38.00	209
历届美国数学奥林匹克试题集:多解推广加强(第2版)	2016—03	48.00	592
历届波兰数学竞赛试题集.第1卷,1949~1963	2015—03	18.00	453
历届波兰数学竞赛试题集.第2卷,1964~1976	2015—03	18.00	454
历届巴尔干数学奥林匹克试题集	2015—05	38.00	466
保加利亚数学奥林匹克	2014—10	38.00	393
圣彼得堡数学奥林匹克试题集	2015—01	38.00	429
匈牙利奥林匹克数学竞赛题解.第1卷	2016—05	28.00	593
匈牙利奥林匹克数学竞赛题解.第2卷	2016—05	28.00	594
历届美国数学邀请赛试题集(第2版)	2017—10	78.00	851
全国高中数学竞赛试题及解答.第1卷	2014—07	38.00	331
普林斯顿大学数学竞赛	2016—06	38.00	669
亚太地区数学奥林匹克竞赛题	2015—07	18.00	492
日本历届(初级)广中杯数学竞赛试题及解答.第1卷(2000~2007)	2016—05	28.00	641
日本历届(初级)广中杯数学竞赛试题及解答.第2卷(2008~2015)	2016—05	38.00	642
360个数学竞赛问题	2016—08	58.00	677
奥数最佳实战题.上卷	2017—06	38.00	760
奥数最佳实战题.下卷	2017—05	58.00	761
哈尔滨市早期中学数学竞赛试题汇编	2016—07	28.00	672
全国高中数学联赛试题及解答:1981—2017(第2版)	2018—05	98.00	920
20世纪50年代全国部分城市数学竞赛试题汇编	2017—07	28.00	797
高中数学竞赛培训教程:平面几何问题的求解方法与策略.上	2018—05	68.00	906
高中数学竞赛培训教程:平面几何问题的求解方法与策略.下	2018—06	78.00	907
高中数学竞赛培训教程:整除与同余以及不定方程	2018—01	88.00	908
高中数学竞赛培训教程:组合计数与组合极值	2018—04	48.00	909
高中数学竞赛培训教程:初等代数	2019—04	78.00	1042
国内外数学竞赛题及精解:2017~2018	2019—06	45.00	1092
许康华竞赛优学精选集.第一辑	2018—08	68.00	949
天问叶班数学问题征解100题.Ⅰ,2016—2018	2019—05	88.00	1075
高考数学临门一脚(含密押三套卷)(理科版)	2017—01	45.00	743
高考数学临门一脚(含密押三套卷)(文科版)	2017—01	45.00	744
新课标高考数学题型全归纳(文科版)	2015—05	72.00	467
新课标高考数学题型全归纳(理科版)	2015—05	82.00	468
洞穿高考数学解答题核心考点(理科版)	2015—11	49.80	550
洞穿高考数学解答题核心考点(文科版)	2015—11	46.80	551

刘培杰数学工作室
已出版(即将出版)图书目录——初等数学

书　名	出版时间	定　价	编号
高考数学题型全归纳:文科版.上	2016—05	53.00	663
高考数学题型全归纳:文科版.下	2016—05	53.00	664
高考数学题型全归纳:理科版.上	2016—05	58.00	665
高考数学题型全归纳:理科版.下	2016—05	58.00	666
王连笑教你怎样学数学:高考选择题解题策略与客观题实用训练	2014—01	48.00	262
王连笑教你怎样学数学:高考数学高层次讲座	2015—02	48.00	432
高考数学的理论与实践	2009—08	38.00	53
高考数学核心题型解题方法与技巧	2010—01	28.00	86
高考思维新平台	2014—03	38.00	259
30分钟拿下高考数学选择题、填空题(理科版)	2016—10	39.80	720
30分钟拿下高考数学选择题、填空题(文科版)	2016—10	39.80	721
高考数学压轴题解题诀窍(上)(第2版)	2018—01	58.00	874
高考数学压轴题解题诀窍(下)(第2版)	2018—01	48.00	875
北京市五区文科数学三年高考模拟题详解:2013～2015	2015—08	48.00	500
北京市五区理科数学三年高考模拟题详解:2013～2015	2015—09	68.00	505
向量法巧解数学高考题	2009—08	28.00	54
高考数学万能解题法(第2版)	即将出版	38.00	691
高考物理万能解题法(第2版)	即将出版	38.00	692
高考化学万能解题法(第2版)	即将出版	28.00	693
高考生物万能解题法(第2版)	即将出版	28.00	694
高考数学解题金典(第2版)	2017—01	78.00	716
高考物理解题金典(第2版)	2019—05	68.00	717
高考化学解题金典(第2版)	2019—05	58.00	718
我一定要赚分:高中物理	2016—01	38.00	580
数学高考参考	2016—01	78.00	589
2011～2015年全国及各省市高考数学文科精品试题审题要津与解法研究	2015—10	68.00	539
2011～2015年全国及各省市高考数学理科精品试题审题要津与解法研究	2015—10	88.00	540
最新全国及各省市高考数学试卷解法研究及点拨评析	2009—02	38.00	41
2011年全国及各省市高考数学试题审题要津与解法研究	2011—10	48.00	139
2013年全国及各省市高考数学试题解析与点评	2014—01	48.00	282
全国及各省市高考数学试题审题要津与解法研究	2015—02	48.00	450
高中数学章节起始课的教学研究与案例设计	2019—05	28.00	1064
新课标高考数学——五年试题分章详解(2007～2011)(上、下)	2011—10	78.00	140,141
全国中考数学压轴题审题要津与解法研究	2013—04	78.00	248
新编全国及各省市中考数学压轴题审题要津与解法研究	2014—05	58.00	342
全国及各省市5年中考数学压轴题审题要津与解法研究(2015版)	2015—04	58.00	462
中考数学专题总复习	2007—04	28.00	6
中考数学较难题、难题常考题型解题方法与技巧.上	2016—01	48.00	584
中考数学较难题、难题常考题型解题方法与技巧.下	2016—01	58.00	585
中考数学较难题常考题型解题方法与技巧	2016—09	48.00	681
中考数学难题常考题型解题方法与技巧	2016—09	48.00	682
中考数学中档题常考题型解题方法与技巧	2017—08	68.00	835
中考数学选择填空压轴好题妙解365	2017—05	38.00	759

刘培杰数学工作室

已出版(即将出版)图书目录——初等数学

书 名	出版时间	定价	编号
中考数学小压轴汇编初讲	2017—07	48.00	788
中考数学大压轴专题微言	2017—09	48.00	846
北京中考数学压轴题解题方法突破(第4版)	2019—01	58.00	1001
助你高考成功的数学解题智慧:知识是智慧的基础	2016—01	58.00	596
助你高考成功的数学解题智慧:错误是智慧的试金石	2016—04	58.00	643
助你高考成功的数学解题智慧:方法是智慧的推手	2016—04	68.00	657
高考数学奇思妙解	2016—04	38.00	610
高考数学解题策略	2016—05	48.00	670
数学解题泄天机(第2版)	2017—10	48.00	850
高考物理压轴题全解	2017—04	48.00	746
高中物理经典问题25讲	2017—05	28.00	764
高中物理教学讲义	2018—01	48.00	871
2016年高考文科数学真题研究	2017—04	58.00	754
2016年高考理科数学真题研究	2017—04	78.00	755
2017年高考理科数学真题研究	2018—01	58.00	867
2017年高考文科数学真题研究	2018—01	48.00	868
初中数学、高中数学脱节知识补缺教材	2017—06	48.00	766
高考数学小题抢分必练	2017—10	48.00	834
高考数学核心素养解读	2017—09	38.00	839
高考数学客观题解题方法和技巧	2017—10	38.00	847
十年高考数学精品试题审题要津与解法研究.上卷	2018—01	68.00	872
十年高考数学精品试题审题要津与解法研究.下卷	2018—01	58.00	873
中国历届高考数学试题及解答.1949—1979	2018—01	38.00	877
历届中国高考数学试题及解答.第二卷,1980—1989	2018—10	28.00	975
历届中国高考数学试题及解答.第三卷,1990—1999	2018—10	48.00	976
数学文化与高考研究	2018—03	48.00	882
跟我学解高考数学题	2018—07	58.00	926
中学数学研究的方法及案例	2018—05	58.00	869
高考数学抢分技能	2018—07	68.00	934
高一新生常用数学方法和重要数学思想提升教材	2018—06	38.00	921
2018年高考数学真题研究	2019—01	68.00	1000
高考数学全国卷16道选择、填空题常考题型解题诀窍:理科	2018—09	88.00	971
高中数学一题多解	2019—06	58.00	1087

新编640个世界著名数学智力趣题	2014—01	88.00	242
500个最新世界著名数学智力趣题	2008—06	48.00	3
400个最新世界著名数学最值问题	2008—09	48.00	36
500个世界著名数学征解问题	2009—06	48.00	52
400个中国最佳初等数学征解老问题	2010—01	48.00	60
500个俄罗斯数学经典老题	2011—01	28.00	81
1000个国外中学物理好题	2012—04	48.00	174
300个日本高考数学题	2012—05	38.00	142
700个早期日本高考数学试题	2017—02	88.00	752
500个前苏联早期高考数学试题及解答	2012—05	28.00	185
546个早期俄罗斯大学生数学竞赛题	2014—03	38.00	285
548个来自美苏的数学好问题	2014—11	28.00	396
20所苏联著名大学早期入学试题	2015—02	18.00	452
161道德国工科大学生必做的微分方程习题	2015—05	28.00	469
500个德国工科大学生必做的高数习题	2015—06	28.00	478
360个数学竞赛问题	2016—08	58.00	677
200个趣味数学故事	2018—02	48.00	857
470个数学奥林匹克中的最值问题	2018—10	88.00	985
德国讲义日本考题.微积分卷	2015—04	48.00	456
德国讲义日本考题.微分方程卷	2015—04	38.00	457
二十世纪中叶中、英、美、日、法、俄高考数学试题精选	2017—06	38.00	783

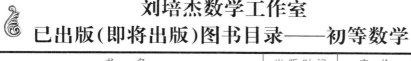

刘培杰数学工作室
已出版(即将出版)图书目录——初等数学

书　名	出版时间	定　价	编号
中国初等数学研究　2009 卷(第 1 辑)	2009－05	20.00	45
中国初等数学研究　2010 卷(第 2 辑)	2010－05	30.00	68
中国初等数学研究　2011 卷(第 3 辑)	2011－07	60.00	127
中国初等数学研究　2012 卷(第 4 辑)	2012－07	48.00	190
中国初等数学研究　2014 卷(第 5 辑)	2014－02	48.00	288
中国初等数学研究　2015 卷(第 6 辑)	2015－06	68.00	493
中国初等数学研究　2016 卷(第 7 辑)	2016－04	68.00	609
中国初等数学研究　2017 卷(第 8 辑)	2017－01	98.00	712
几何变换(Ⅰ)	2014－07	28.00	353
几何变换(Ⅱ)	2015－06	28.00	354
几何变换(Ⅲ)	2015－01	38.00	355
几何变换(Ⅳ)	2015－12	38.00	356
初等数论难题集(第一卷)	2009－05	68.00	44
初等数论难题集(第二卷)(上、下)	2011－02	128.00	82,83
数论概貌	2011－03	18.00	93
代数数论(第二版)	2013－08	58.00	94
代数多项式	2014－06	38.00	289
初等数论的知识与问题	2011－02	28.00	95
超越数论基础	2011－03	28.00	96
数论初等教程	2011－03	28.00	97
数论基础	2011－03	18.00	98
数论基础与维诺格拉多夫	2014－03	18.00	292
解析数论基础	2012－08	28.00	216
解析数论基础(第二版)	2014－01	48.00	287
解析数论问题集(第二版)(原版引进)	2014－05	88.00	343
解析数论问题集(第二版)(中译本)	2016－04	88.00	607
解析数论基础(潘承洞,潘承彪著)	2016－07	98.00	673
解析数论导引	2016－07	58.00	674
数论入门	2011－03	38.00	99
代数数论入门	2015－03	38.00	448
数论开篇	2012－07	28.00	194
解析数论引论	2011－03	48.00	100
Barban Davenport Halberstam 均值和	2009－01	40.00	33
基础数论	2011－03	28.00	101
初等数论 100 例	2011－05	18.00	122
初等数论经典例题	2012－07	18.00	204
最新世界各国数学奥林匹克中的初等数论试题(上、下)	2012－01	138.00	144,145
初等数论(Ⅰ)	2012－01	18.00	156
初等数论(Ⅱ)	2012－01	18.00	157
初等数论(Ⅲ)	2012－01	28.00	158

刘培杰数学工作室
已出版(即将出版)图书目录——初等数学

书　名	出版时间	定　价	编号
平面几何与数论中未解决的新老问题	2013—01	68.00	229
代数数论简史	2014—11	28.00	408
代数数论	2015—09	88.00	532
代数、数论及分析习题集	2016—11	98.00	695
数论导引提要及习题解答	2016—01	48.00	559
素数定理的初等证明.第2版	2016—09	48.00	686
数论中的模函数与狄利克雷级数(第二版)	2017—11	78.00	837
数：数学导引	2018—01	68.00	849
范式大代数	2019—02	98.00	1016
解析数学讲义.第一卷,导来式及微分、积分、级数	2019—04	88.00	1021
解析数学讲义.第二卷,关于几何的应用	2019—04	68.00	1022
解析数学讲义.第三卷,解析函数论	2019—04	78.00	1023
分析·组合·数论纵横谈	2019—04	58.00	1039
数学精神巡礼	2019—01	58.00	731
数学眼光透视(第2版)	2017—06	78.00	732
数学思想领悟(第2版)	2018—01	68.00	733
数学方法溯源(第2版)	2018—08	68.00	734
数学解题引论	2017—05	58.00	735
数学史话览胜(第2版)	2017—01	48.00	736
数学应用展观(第2版)	2017—08	68.00	737
数学建模尝试	2018—04	48.00	738
数学竞赛采风	2018—01	68.00	739
数学测评探营	2019—05	58.00	740
数学技能操握	2018—03	48.00	741
数学欣赏拾趣	2018—02	48.00	742
从毕达哥拉斯到怀尔斯	2007—10	48.00	9
从迪利克雷到维斯卡尔迪	2008—01	48.00	21
从哥德巴赫到陈景润	2008—05	98.00	35
从庞加莱到佩雷尔曼	2011—08	138.00	136
博弈论精粹	2008—03	58.00	30
博弈论精粹.第二版(精装)	2015—01	88.00	461
数学 我爱你	2008—01	28.00	20
精神的圣徒　别样的人生——60位中国数学家成长的历程	2008—09	48.00	39
数学史概论	2009—06	78.00	50
数学史概论(精装)	2013—03	158.00	272
数学史选讲	2016—01	48.00	544
斐波那契数列	2010—02	28.00	65
数学拼盘和斐波那契魔方	2010—07	38.00	72
斐波那契数列欣赏(第2版)	2018—08	58.00	948
Fibonacci数列中的明珠	2018—06	58.00	928
数学的创造	2011—02	48.00	85
数学美与创造力	2016—01	48.00	595
数海拾贝	2016—01	48.00	590
数学中的美(第2版)	2019—04	68.00	1057
数论中的美学	2014—12	38.00	351

刘培杰数学工作室
已出版(即将出版)图书目录——初等数学

书　名	出版时间	定　价	编号
数学王者　科学巨人——高斯	2015—01	28.00	428
振兴祖国数学的圆梦之旅:中国初等数学研究史话	2015—06	98.00	490
二十世纪中国数学史料研究	2015—10	48.00	536
数字谜、数阵图与棋盘覆盖	2016—01	58.00	298
时间的形状	2016—01	38.00	556
数学发现的艺术:数学探索中的合情推理	2016—07	58.00	671
活跃在数学中的参数	2016—07	48.00	675
数学解题——靠数学思想给力(上)	2011—07	38.00	131
数学解题——靠数学思想给力(中)	2011—07	48.00	132
数学解题——靠数学思想给力(下)	2011—07	38.00	133
我怎样解题	2013—01	48.00	227
数学解题中的物理方法	2011—06	28.00	114
数学解题的特殊方法	2011—06	48.00	115
中学数学计算技巧	2012—01	48.00	116
中学数学证明方法	2012—01	58.00	117
数学趣题巧解	2012—03	28.00	128
高中数学教学通鉴	2015—05	58.00	479
和高中生漫谈:数学与哲学的故事	2014—08	28.00	369
算术问题集	2017—03	38.00	789
张教授讲数学	2018—07	38.00	933
自主招生考试中的参数方程问题	2015—01	28.00	435
自主招生考试中的极坐标问题	2015—04	28.00	463
近年全国重点大学自主招生数学试题全解及研究.华约卷	2015—02	38.00	441
近年全国重点大学自主招生数学试题全解及研究.北约卷	2016—05	38.00	619
自主招生数学解证宝典	2015—09	48.00	535
格点和面积	2012—07	18.00	191
射影几何趣谈	2012—04	28.00	175
斯潘纳尔引理——从一道加拿大数学奥林匹克试题谈起	2014—01	28.00	228
李普希兹条件——从几道近年高考数学试题谈起	2012—10	18.00	221
拉格朗日中值定理——从一道北京高考试题的解法谈起	2015—10	18.00	197
闵科夫斯基定理——从一道清华大学自主招生试题谈起	2014—01	28.00	198
哈尔测度——从一道冬令营试题的背景谈起	2012—08	28.00	202
切比雪夫逼近问题——从一道中国台北数学奥林匹克试题谈起	2013—04	38.00	238
伯恩斯坦多项式与贝齐尔曲面——从一道全国高中数学联赛试题谈起	2013—03	38.00	236
卡塔兰猜想——从一道普特南竞赛试题谈起	2013—06	18.00	256
麦卡锡函数和阿克曼函数——从一道前南斯拉夫数学奥林匹克试题谈起	2012—08	18.00	201
贝蒂定理与拉姆贝克莫斯尔定理——从一个拣石子游戏谈起	2012—08	18.00	217
皮亚诺曲线和豪斯道夫分球定理——从无限集谈起	2012—08	18.00	211
平面凸图形与凸多面体	2012—10	28.00	218
斯坦因豪斯问题——从一道二十五省市自治区中学数学竞赛试题谈起	2012—07	18.00	196

刘培杰数学工作室
已出版(即将出版)图书目录——初等数学

书 名	出版时间	定 价	编号
纽结理论中的亚历山大多项式与琼斯多项式——从一道北京市高一数学竞赛试题谈起	2012—07	28.00	195
原则与策略——从波利亚"解题表"谈起	2013—04	38.00	244
转化与化归——从三大尺规作图不能问题谈起	2012—08	28.00	214
代数几何中的贝祖定理(第一版)——从一道 IMO 试题的解法谈起	2013—08	18.00	193
成功连贯理论与约当块理论——从一道比利时数学竞赛试题谈起	2012—04	18.00	180
素数判定与大数分解	2014—08	18.00	199
置换多项式及其应用	2012—10	18.00	220
椭圆函数与模函数——从一道美国加州大学洛杉矶分校(UCLA)博士资格考题谈起	2012—10	28.00	219
差分方程的拉格朗日方法——从一道 2011 年全国高考理科试题的解法谈起	2012—08	28.00	200
力学在几何中的一些应用	2013—01	38.00	240
高斯散度定理、斯托克斯定理和平面格林定理——从一道国际大学生数学竞赛试题谈起	即将出版		
康托洛维奇不等式——从一道全国高中联赛试题谈起	2013—03	28.00	337
西格尔引理——从一道第 18 届 IMO 试题的解法谈起	即将出版		
罗斯定理——从一道前苏联数学竞赛试题谈起	即将出版		
拉克斯定理和阿廷定理——从一道 IMO 试题的解法谈起	2014—01	58.00	246
毕卡大定理——从一道美国大学数学竞赛试题谈起	2014—07	18.00	350
贝齐尔曲线——从一道全国高中联赛试题谈起	即将出版		
拉格朗日乘子定理——从一道 2005 年全国高中联赛试题的高等数学解法谈起	2015—05	28.00	480
雅可比定理——从一道日本数学奥林匹克试题谈起	2013—04	48.00	249
李天岩—约克定理——从一道波兰数学竞赛试题谈起	2014—06	28.00	349
整系数多项式因式分解的一般方法——从克朗耐克算法谈起	即将出版		
布劳维不动点定理——从一道前苏联数学奥林匹克试题谈起	2014—01	38.00	273
伯恩赛德定理——从一道英国数学奥林匹克试题谈起	即将出版		
布查特—莫斯特定理——从一道上海市初中竞赛试题谈起	即将出版		
数论中的同余数问题——从一道普特南竞赛试题谈起	即将出版		
范·德蒙行列式——从一道美国数学奥林匹克试题谈起	即将出版		
中国剩余定理:总数法构建中国历史年表	2015—01	28.00	430
牛顿程序与方程求根——从一道全国高考试题解法谈起	即将出版		
库默尔定理——从一道 IMO 预选试题谈起	即将出版		
卢丁定理——从一道冬令营试题的解法谈起	即将出版		
沃斯滕霍姆定理——从一道 IMO 预选试题谈起	即将出版		
卡尔松不等式——从一道莫斯科数学奥林匹克试题谈起	即将出版		
信息论中的香农熵——从一道近年高考压轴题谈起	即将出版		
约当不等式——从一道希望杯竞赛试题谈起	即将出版		
拉比诺维奇定理	即将出版		
刘维尔定理——从一道《美国数学月刊》征解问题的解法谈起	即将出版		
卡塔兰恒等式与级数求和——从一道 IMO 试题的解法谈起	即将出版		
勒让德猜想与素数分布——从一道爱尔兰竞赛试题谈起	即将出版		
天平称重与信息论——从一道基辅市数学奥林匹克试题谈起	即将出版		
哈密尔顿—凯莱定理:从一道高中数学联赛试题的解法谈起	2014—09	18.00	376
艾思特曼定理——从一道 CMO 试题的解法谈起	即将出版		

刘培杰数学工作室
已出版（即将出版）图书目录——初等数学

书　名	出版时间	定　价	编号
阿贝尔恒等式与经典不等式及应用	2018—06	98.00	923
迪利克雷除数问题	2018—07	48.00	930
糖水中的不等式——从初等数学到高等数学	2019—07	48.00	1093
帕斯卡三角形	2014—03	18.00	294
蒲丰投针问题——从2009年清华大学的一道自主招生试题谈起	2014—01	38.00	295
斯图姆定理——从一道"华约"自主招生试题的解法谈起	2014—01	18.00	296
许瓦兹引理——从一道加利福尼亚大学伯克利分校数学系博士生试题谈起	2014—08	18.00	297
拉姆塞定理——从王诗宬院士的一个问题谈起	2016—04	48.00	299
坐标法	2013—12	28.00	332
数论三角形	2014—04	38.00	341
毕克定理	2014—07	18.00	352
数林掠影	2014—09	48.00	389
我们周围的概率	2014—10	38.00	390
凸函数最值定理：从一道华约自主招生题的解法谈起	2014—10	28.00	391
易学与数学奥林匹克	2014—10	38.00	392
生物数学趣谈	2015—01	18.00	409
反演	2015—01	28.00	420
因式分解与圆锥曲线	2015—01	18.00	426
轨迹	2015—01	28.00	427
面积原理：从常庚哲命的一道CMO试题的积分解法谈起	2015—01	48.00	431
形形色色的不动点定理：从一道28届IMO试题谈起	2015—01	38.00	439
柯西函数方程：从一道上海交大自主招生的试题谈起	2015—02	28.00	440
三角恒等式	2015—02	28.00	442
无理性判定：从一道2014年"北约"自主招生试题谈起	2015—01	38.00	443
数学归纳法	2015—03	18.00	451
极端原理与解题	2015—04	28.00	464
法雷级数	2014—08	18.00	367
摆线族	2015—01	38.00	438
函数方程及其解法	2015—05	38.00	470
含参数的方程和不等式	2012—09	28.00	213
希尔伯特第十问题	2016—01	38.00	543
无穷小量的求和	2016—01	28.00	545
切比雪夫多项式：从一道清华大学金秋营试题谈起	2016—01	38.00	583
泽肯多夫定理	2016—03	38.00	599
代数等式证题法	2016—01	28.00	600
三角等式证题法	2016—01	28.00	601
吴大任教授藏书中的一个因式分解公式：从一道美国数学邀请赛试题的解法谈起	2016—06	28.00	656
易卦——类万物的数学模型	2017—08	68.00	838
"不可思议"的数与数系可持续发展	2018—01	38.00	878
最短线	2018—01	38.00	879
幻方和魔方（第一卷）	2012—05	68.00	173
尘封的经典——初等数学经典文献选读（第一卷）	2012—07	48.00	205
尘封的经典——初等数学经典文献选读（第二卷）	2012—07	38.00	206
初级方程式论	2011—03	28.00	106
初等数学研究（Ⅰ）	2008—09	68.00	37
初等数学研究（Ⅱ）(上、下)	2009—05	118.00	46,47

刘培杰数学工作室
已出版(即将出版)图书目录——初等数学

书　名	出版时间	定　价	编号
趣味初等方程妙题集锦	2014—09	48.00	388
趣味初等数论选美与欣赏	2015—02	48.00	445
耕读笔记(上卷):一位农民数学爱好者的初数探索	2015—04	28.00	459
耕读笔记(中卷):一位农民数学爱好者的初数探索	2015—05	28.00	483
耕读笔记(下卷):一位农民数学爱好者的初数探索	2015—05	28.00	484
几何不等式研究与欣赏.上卷	2016—01	88.00	547
几何不等式研究与欣赏.下卷	2016—01	48.00	552
初等数列研究与欣赏·上	2016—01	48.00	570
初等数列研究与欣赏·下	2016—01	48.00	571
趣味初等函数研究与欣赏.上	2016—09	48.00	684
趣味初等函数研究与欣赏.下	2018—09	48.00	685
火柴游戏	2016—05	38.00	612
智力解谜.第1卷	2017—07	38.00	613
智力解谜.第2卷	2017—07	38.00	614
故事智力	2016—07	48.00	615
名人们喜欢的智力问题	即将出版		616
数学大师的发现、创造与失误	2018—01	48.00	617
异曲同工	2018—09	48.00	618
数学的味道	2018—01	58.00	798
数学千字文	2018—10	68.00	977
数贝偶拾——高考数学题研究	2014—04	28.00	274
数贝偶拾——初等数学研究	2014—04	38.00	275
数贝偶拾——奥数题研究	2014—04	48.00	276
钱昌本教你快乐学数学(上)	2011—12	48.00	155
钱昌本教你快乐学数学(下)	2012—03	58.00	171
集合、函数与方程	2014—01	28.00	300
数列与不等式	2014—01	38.00	301
三角与平面向量	2014—01	28.00	302
平面解析几何	2014—01	38.00	303
立体几何与组合	2014—01	28.00	304
极限与导数、数学归纳法	2014—01	38.00	305
趣味数学	2014—03	28.00	306
教材教法	2014—04	68.00	307
自主招生	2014—05	58.00	308
高考压轴题(上)	2015—01	48.00	309
高考压轴题(下)	2014—10	68.00	310
从费马到怀尔斯——费马大定理的历史	2013—10	198.00	I
从庞加莱到佩雷尔曼——庞加莱猜想的历史	2013—10	298.00	II
从切比雪夫到爱尔特希(上)——素数定理的初等证明	2013—07	48.00	III
从切比雪夫到爱尔特希(下)——素数定理100年	2012—12	98.00	III
从高斯到盖尔方特——二次域的高斯猜想	2013—10	198.00	IV
从库默尔到朗兰兹——朗兰兹猜想的历史	2014—01	98.00	V
从比勃巴赫到德布朗其——比勃巴赫猜想的历史	2014—02	298.00	VI
从麦比乌斯到陈省身——麦比乌斯变换与麦比乌斯带	2014—02	298.00	VII
从布尔到豪斯道夫——布尔方程与格论漫谈	2013—10	198.00	VIII
从开普勒到阿诺德——三体问题的历史	2014—05	298.00	IX
从华林到华罗庚——华林问题的历史	2013—10	298.00	X

刘培杰数学工作室
已出版(即将出版)图书目录——初等数学

书　　名	出版时间	定　价	编号
美国高中数学竞赛五十讲.第1卷(英文)	2014—08	28.00	357
美国高中数学竞赛五十讲.第2卷(英文)	2014—08	28.00	358
美国高中数学竞赛五十讲.第3卷(英文)	2014—09	28.00	359
美国高中数学竞赛五十讲.第4卷(英文)	2014—09	28.00	360
美国高中数学竞赛五十讲.第5卷(英文)	2014—10	28.00	361
美国高中数学竞赛五十讲.第6卷(英文)	2014—11	28.00	362
美国高中数学竞赛五十讲.第7卷(英文)	2014—12	28.00	363
美国高中数学竞赛五十讲.第8卷(英文)	2015—01	28.00	364
美国高中数学竞赛五十讲.第9卷(英文)	2015—01	28.00	365
美国高中数学竞赛五十讲.第10卷(英文)	2015—02	38.00	366
三角函数(第2版)	2017—04	38.00	626
不等式	2014—01	38.00	312
数列	2014—01	38.00	313
方程(第2版)	2017—04	38.00	624
排列和组合	2014—01	28.00	315
极限与导数(第2版)	2016—04	38.00	635
向量(第2版)	2018—08	58.00	627
复数及其应用	2014—08	28.00	318
函数	2014—01	38.00	319
集合	即将出版		320
直线与平面	2014—01	28.00	321
立体几何(第2版)	2016—04	38.00	629
解三角形	即将出版		323
直线与圆(第2版)	2016—11	38.00	631
圆锥曲线(第2版)	2016—09	48.00	632
解题通法(一)	2014—07	38.00	326
解题通法(二)	2014—07	38.00	327
解题通法(三)	2014—05	38.00	328
概率与统计	2014—01	28.00	329
信息迁移与算法	即将出版		330
IMO 50 年.第1卷(1959—1963)	2014—11	28.00	377
IMO 50 年.第2卷(1964—1968)	2014—11	28.00	378
IMO 50 年.第3卷(1969—1973)	2014—09	28.00	379
IMO 50 年.第4卷(1974—1978)	2016—04	38.00	380
IMO 50 年.第5卷(1979—1984)	2015—04	38.00	381
IMO 50 年.第6卷(1985—1989)	2015—04	58.00	382
IMO 50 年.第7卷(1990—1994)	2016—01	48.00	383
IMO 50 年.第8卷(1995—1999)	2016—06	38.00	384
IMO 50 年.第9卷(2000—2004)	2015—04	58.00	385
IMO 50 年.第10卷(2005—2009)	2016—01	48.00	386
IMO 50 年.第11卷(2010—2015)	2017—03	48.00	646

刘培杰数学工作室
已出版(即将出版)图书目录——初等数学

书　　名	出版时间	定　价	编号
数学反思(2006—2007)	即将出版		915
数学反思(2008—2009)	2019—01	68.00	917
数学反思(2010—2011)	2018—05	58.00	916
数学反思(2012—2013)	2019—01	58.00	918
数学反思(2014—2015)	2019—03	78.00	919
历届美国大学生数学竞赛试题集.第一卷(1938—1949)	2015—01	28.00	397
历届美国大学生数学竞赛试题集.第二卷(1950—1959)	2015—01	28.00	398
历届美国大学生数学竞赛试题集.第三卷(1960—1969)	2015—01	28.00	399
历届美国大学生数学竞赛试题集.第四卷(1970—1979)	2015—01	18.00	400
历届美国大学生数学竞赛试题集.第五卷(1980—1989)	2015—01	28.00	401
历届美国大学生数学竞赛试题集.第六卷(1990—1999)	2015—01	28.00	402
历届美国大学生数学竞赛试题集.第七卷(2000—2009)	2015—08	18.00	403
历届美国大学生数学竞赛试题集.第八卷(2010—2012)	2015—01	18.00	404
新课标高考数学创新题解题诀窍:总论	2014—09	28.00	372
新课标高考数学创新题解题诀窍:必修1～5分册	2014—08	38.00	373
新课标高考数学创新题解题诀窍:选修2—1,2—2,1—1,1—2分册	2014—09	38.00	374
新课标高考数学创新题解题诀窍:选修2—3,4—4,4—5分册	2014—09	18.00	375
全国重点大学自主招生英文数学试题全攻略:词汇卷	2015—07	48.00	410
全国重点大学自主招生英文数学试题全攻略:概念卷	2015—01	28.00	411
全国重点大学自主招生英文数学试题全攻略:文章选读卷(上)	2016—09	38.00	412
全国重点大学自主招生英文数学试题全攻略:文章选读卷(下)	2017—01	58.00	413
全国重点大学自主招生英文数学试题全攻略:试题卷	2015—07	38.00	414
全国重点大学自主招生英文数学试题全攻略:名著欣赏卷	2017—03	48.00	415
劳埃德数学趣题大全.题目卷.1:英文	2016—01	18.00	516
劳埃德数学趣题大全.题目卷.2:英文	2016—01	18.00	517
劳埃德数学趣题大全.题目卷.3:英文	2016—01	18.00	518
劳埃德数学趣题大全.题目卷.4:英文	2016—01	18.00	519
劳埃德数学趣题大全.题目卷.5:英文	2016—01	18.00	520
劳埃德数学趣题大全.答案卷:英文	2016—01	18.00	521
李成章教练奥数笔记.第1卷	2016—01	48.00	522
李成章教练奥数笔记.第2卷	2016—01	48.00	523
李成章教练奥数笔记.第3卷	2016—01	38.00	524
李成章教练奥数笔记.第4卷	2016—01	38.00	525
李成章教练奥数笔记.第5卷	2016—01	38.00	526
李成章教练奥数笔记.第6卷	2016—01	38.00	527
李成章教练奥数笔记.第7卷	2016—01	38.00	528
李成章教练奥数笔记.第8卷	2016—01	48.00	529
李成章教练奥数笔记.第9卷	2016—01	28.00	530

刘培杰数学工作室
已出版(即将出版)图书目录——初等数学

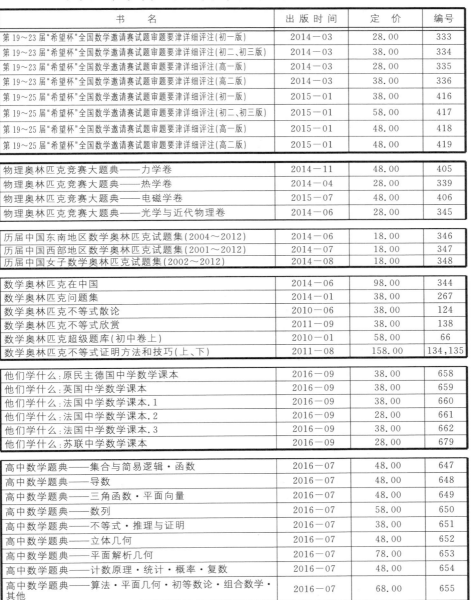

书 名	出版时间	定 价	编号
第19～23届"希望杯"全国数学邀请赛试题审题要津详细评注(初一版)	2014—03	28.00	333
第19～23届"希望杯"全国数学邀请赛试题审题要津详细评注(初二、初三版)	2014—03	38.00	334
第19～23届"希望杯"全国数学邀请赛试题审题要津详细评注(高一版)	2014—03	28.00	335
第19～23届"希望杯"全国数学邀请赛试题审题要津详细评注(高二版)	2014—03	38.00	336
第19～25届"希望杯"全国数学邀请赛试题审题要津详细评注(初一版)	2015—01	38.00	416
第19～25届"希望杯"全国数学邀请赛试题审题要津详细评注(初二、初三版)	2015—01	58.00	417
第19～25届"希望杯"全国数学邀请赛试题审题要津详细评注(高一版)	2015—01	48.00	418
第19～25届"希望杯"全国数学邀请赛试题审题要津详细评注(高二版)	2015—01	48.00	419
物理奥林匹克竞赛大题典——力学卷	2014—11	48.00	405
物理奥林匹克竞赛大题典——热学卷	2014—04	28.00	339
物理奥林匹克竞赛大题典——电磁学卷	2015—07	48.00	406
物理奥林匹克竞赛大题典——光学与近代物理卷	2014—06	28.00	345
历届中国东南地区数学奥林匹克试题集(2004～2012)	2014—06	18.00	346
历届中国西部地区数学奥林匹克试题集(2001～2012)	2014—07	18.00	347
历届中国女子数学奥林匹克试题集(2002～2012)	2014—08	18.00	348
数学奥林匹克在中国	2014—06	98.00	344
数学奥林匹克问题集	2014—01	38.00	267
数学奥林匹克不等式散论	2010—06	38.00	124
数学奥林匹克不等式欣赏	2011—09	38.00	138
数学奥林匹克超级题库(初中卷上)	2010—01	58.00	66
数学奥林匹克不等式证明方法和技巧(上、下)	2011—08	158.00	134,135
他们学什么:原民主德国中学数学课本	2016—09	38.00	658
他们学什么:英国中学数学课本	2016—09	38.00	659
他们学什么:法国中学数学课本.1	2016—09	38.00	660
他们学什么:法国中学数学课本.2	2016—09	28.00	661
他们学什么:法国中学数学课本.3	2016—09	38.00	662
他们学什么:苏联中学数学课本	2016—09	28.00	679
高中数学题典——集合与简易逻辑·函数	2016—07	48.00	647
高中数学题典——导数	2016—07	48.00	648
高中数学题典——三角函数·平面向量	2016—07	48.00	649
高中数学题典——数列	2016—07	58.00	650
高中数学题典——不等式·推理与证明	2016—07	38.00	651
高中数学题典——立体几何	2016—07	48.00	652
高中数学题典——平面解析几何	2016—07	78.00	653
高中数学题典——计数原理·统计·概率·复数	2016—07	48.00	654
高中数学题典——算法·平面几何·初等数论·组合数学·其他	2016—07	68.00	655

刘培杰数学工作室
已出版（即将出版）图书目录——初等数学

书　　名	出版时间	定　价	编号
台湾地区奥林匹克数学竞赛试题.小学一年级	2017—03	38.00	722
台湾地区奥林匹克数学竞赛试题.小学二年级	2017—03	38.00	723
台湾地区奥林匹克数学竞赛试题.小学三年级	2017—03	38.00	724
台湾地区奥林匹克数学竞赛试题.小学四年级	2017—03	38.00	725
台湾地区奥林匹克数学竞赛试题.小学五年级	2017—03	38.00	726
台湾地区奥林匹克数学竞赛试题.小学六年级	2017—03	38.00	727
台湾地区奥林匹克数学竞赛试题.初中一年级	2017—03	38.00	728
台湾地区奥林匹克数学竞赛试题.初中二年级	2017—03	38.00	729
台湾地区奥林匹克数学竞赛试题.初中三年级	2017—03	28.00	730
不等式证题法	2017—04	28.00	747
平面几何培优教程	即将出版		748
奥数鼎级培优教程.高一分册	2018—09	88.00	749
奥数鼎级培优教程.高二分册.上	2018—04	68.00	750
奥数鼎级培优教程.高二分册.下	2018—04	68.00	751
高中数学竞赛冲刺宝典	2019—04	68.00	883
初中尖子生数学超级题典.实数	2017—07	58.00	792
初中尖子生数学超级题典.式、方程与不等式	2017—08	58.00	793
初中尖子生数学超级题典.圆、面积	2017—08	38.00	794
初中尖子生数学超级题典.函数、逻辑推理	2017—08	48.00	795
初中尖子生数学超级题典.角、线段、三角形与多边形	2017—07	58.00	796
数学王子——高斯	2018—01	48.00	858
坎坷奇星——阿贝尔	2018—01	48.00	859
闪烁奇星——伽罗瓦	2018—01	58.00	860
无穷统帅——康托尔	2018—01	48.00	861
科学公主——柯瓦列夫斯卡娅	2018—01	48.00	862
抽象代数之母——埃米·诺特	2018—01	48.00	863
电脑先驱——图灵	2018—01	58.00	864
昔日神童——维纳	2018—01	48.00	865
数坛怪侠——爱尔特希	2018—01	68.00	866
当代世界中的数学.数学思想与数学基础	2019—01	38.00	892
当代世界中的数学.数学问题	2019—01	38.00	893
当代世界中的数学.应用数学与数学应用	2019—01	38.00	894
当代世界中的数学.数学王国的新疆域（一）	2019—01	38.00	895
当代世界中的数学.数学王国的新疆域（二）	2019—01	38.00	896
当代世界中的数学.数林撷英（一）	2019—01	38.00	897
当代世界中的数学.数林撷英（二）	2019—01	48.00	898
当代世界中的数学.数学之路	2019—01	38.00	899

书 名	出版时间	定 价	编号
105 个代数问题:来自 AwesomeMath 夏季课程	2019—02	58.00	956
106 个几何问题:来自 AwesomeMath 夏季课程	即将出版		957
107 个几何问题:来自 AwesomeMath 全年课程	即将出版		958
108 个代数问题:来自 AwesomeMath 全年课程	2019—01	68.00	959
109 个不等式:来自 AwesomeMath 夏季课程	2019—04	58.00	960
国际数学奥林匹克中的 110 个几何问题	即将出版		961
111 个代数和数论问题	2019—05	58.00	962
112 个组合问题:来自 AwesomeMath 夏季课程	2019—05	58.00	963
113 个几何不等式:来自 AwesomeMath 夏季课程	即将出版		964
114 个指数和对数问题:来自 AwesomeMath 夏季课程	即将出版		965
115 个三角问题:来自 AwesomeMath 夏季课程	即将出版		966
116 个代数不等式:来自 AwesomeMath 全年课程	2019—04	58.00	967
紫色慧星国际数学竞赛试题	2019—02	58.00	999
澳大利亚中学数学竞赛试题及解答(初级卷)1978~1984	2019—02	28.00	1002
澳大利亚中学数学竞赛试题及解答(初级卷)1985~1991	2019—02	28.00	1003
澳大利亚中学数学竞赛试题及解答(初级卷)1992~1998	2019—02	28.00	1004
澳大利亚中学数学竞赛试题及解答(初级卷)1999~2005	2019—02	28.00	1005
澳大利亚中学数学竞赛试题及解答(中级卷)1978~1984	2019—03	28.00	1006
澳大利亚中学数学竞赛试题及解答(中级卷)1985~1991	2019—03	28.00	1007
澳大利亚中学数学竞赛试题及解答(中级卷)1992~1998	2019—03	28.00	1008
澳大利亚中学数学竞赛试题及解答(中级卷)1999~2005	2019—03	28.00	1009
澳大利亚中学数学竞赛试题及解答(高级卷)1978~1984	2019—05	28.00	1010
澳大利亚中学数学竞赛试题及解答(高级卷)1985~1991	2019—05	28.00	1011
澳大利亚中学数学竞赛试题及解答(高级卷)1992~1998	2019—05	28.00	1012
澳大利亚中学数学竞赛试题及解答(高级卷)1999~2005	2019—05	28.00	1013
天才中小学生智力测验题.第一卷	2019—03	38.00	1026
天才中小学生智力测验题.第二卷	2019—03	38.00	1027
天才中小学生智力测验题.第三卷	2019—03	38.00	1028
天才中小学生智力测验题.第四卷	2019—03	38.00	1029
天才中小学生智力测验题.第五卷	2019—03	38.00	1030
天才中小学生智力测验题.第六卷	2019—03	38.00	1031
天才中小学生智力测验题.第七卷	2019—03	38.00	1032
天才中小学生智力测验题.第八卷	2019—03	38.00	1033
天才中小学生智力测验题.第九卷	2019—03	38.00	1034
天才中小学生智力测验题.第十卷	2019—03	38.00	1035
天才中小学生智力测验题.第十一卷	2019—03	38.00	1036
天才中小学生智力测验题.第十二卷	2019—03	38.00	1037
天才中小学生智力测验题.第十三卷	2019—03	38.00	1038

刘培杰数学工作室
已出版(即将出版)图书目录——初等数学

书　　名	出版时间	定　价	编号
重点大学自主招生数学备考全书:函数	即将出版		1047
重点大学自主招生数学备考全书:导数	即将出版		1048
重点大学自主招生数学备考全书:数列与不等式	即将出版		1049
重点大学自主招生数学备考全书:三角函数与平面向量	即将出版		1050
重点大学自主招生数学备考全书:平面解析几何	即将出版		1051
重点大学自主招生数学备考全书:立体几何与平面几何	即将出版		1052
重点大学自主招生数学备考全书:排列组合.概率统计.复数	即将出版		1053
重点大学自主招生数学备考全书:初等数论与组合数学	即将出版		1054
重点大学自主招生数学备考全书:重点大学自主招生真题.上	2019—04	68.00	1055
重点大学自主招生数学备考全书:重点大学自主招生真题.下	2019—04	58.00	1056

联系地址:哈尔滨市南岗区复华四道街 10 号　哈尔滨工业大学出版社刘培杰数学工作室

网　　址:http://lpj.hit.edu.cn/

邮　　编:150006

联系电话:0451—86281378　　13904613167

E-mail:lpj1378@163.com

Learn How to Solve Problems from the Process of Solving Problems—

Research on Vector Geometry and Inequality in Competition (II)

从分析解题过程学解题——

竞赛中的向量几何与不等式研究（下）

● 王扬 著

哈尔滨工业大学出版社

HARBIN INSTITUTE OF TECHNOLOGY PRESS

内 容 简 介

本书精选了多道竞赛试题并给予详细分析介绍,阐述其潜在的本质内涵,揭示其命制规律和解法思想,进一步挖掘出相关题目的系列问题以及解法的形成过程,为发现问题及其解法打开学习之门.

本书适合高中学生、大学师范生、中学数学教师阅读.

图书在版编目(CIP)数据

从分析解题过程学解题:竞赛中的向量几何与不等式研究:全两册/王扬著. —哈尔滨:哈尔滨工业大学出版社,2019.6
ISBN 978 - 7 - 5603 - 8173 - 2

Ⅰ.①从… Ⅱ.①王… Ⅲ.①数学－竞赛题－题解 Ⅳ.①O1－44

中国版本图书馆 CIP 数据核字(2019)第 074774 号

策划编辑　刘培杰　张永芹
责任编辑　张永芹　聂兆慈　宋　淼　陈雅君
封面设计　孙茵艾
出版发行　哈尔滨工业大学出版社
社　　址　哈尔滨市南岗区复华四道街 10 号　邮编 150006
传　　真　0451 - 86414749
网　　址　http://hitpress.hit.edu.cn
印　　刷　哈尔滨市石桥印务有限公司
开　　本　787mm×1092mm　1/16　印张 24.25　字数 462 千字
版　　次　2019 年 6 月第 1 版　2019 年 6 月第 1 次印刷
书　　号　ISBN 978 - 7 - 5603 - 8173 - 2
定　　价　138.00 元(全 2 册)

(如因印装质量问题影响阅读,我社负责调换)

◎目录

3

从平面到空间的向量方法

本章我们将向大家论述向量方法在解决平面几何问题与立体几何中的一些几何命题结论,为读者介绍一些挖掘平面几何命题移植到空间四面体的命题方法路径.为叙述简练,不再向前面那样写出题目解说等.

§1 有关向量的若干结论

一、基础知识

1.已知有向线段 $\overrightarrow{P_1P_2}$,如果点 P 使得 $\overrightarrow{P_1P}=\lambda\overrightarrow{PP_2}(\lambda\neq 0,-1)$,并设 O 为平面上任意一点,则

$$\overrightarrow{OP}=\frac{1}{1+\lambda}\overrightarrow{OP_1}+\frac{\lambda}{1+\lambda}\overrightarrow{OP_2} \tag{1}$$

第一个变式:若令 $\dfrac{1}{1+\lambda}=t_1$,$\dfrac{\lambda}{1+\lambda}=t_2$,即

$$t_1+t_2=1 \tag{2}$$

上式变为

$$\overrightarrow{OP}=t_1\cdot\overrightarrow{OP_1}+t_2\cdot\overrightarrow{OP_2} \tag{3}$$

如图 1,对于平面上四点 O,P,P_1,P_2,满足(3)的点 P,P_1,P_2 共线的充要条件是(2)成立.

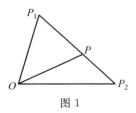

图 1

1

第二个变式:$\dfrac{P_1P}{PP_2}=\dfrac{m}{n}$,则$\overrightarrow{OP}=\dfrac{n}{m+n}\overrightarrow{OP_1}+\dfrac{m}{m+n}\overrightarrow{OP_2}$,$m,n\in\mathbf{R}$,$m\neq-n$.

2.向量垂直:$AB\perp CD\Leftrightarrow\overrightarrow{AB}\cdot\overrightarrow{CD}=0$.

3.向量平行:$AB\parallel CD\Leftrightarrow\overrightarrow{AB}=\lambda\cdot\overrightarrow{CD}(\lambda\neq0)$.

4.三角形重心的向量式.如果G为$\triangle ABC$的重心的充要条件是下面的(1)与(2)成立.

(1) $\overrightarrow{GA}+\overrightarrow{GB}+\overrightarrow{GC}=\mathbf{0}$.

(2) $\overrightarrow{OG}=\dfrac{1}{3}(\overrightarrow{OA}+\overrightarrow{OB}+\overrightarrow{OC})$($O$为平面上任意一点).

(3) 若G'为$\triangle A'B'C'$的重心,则$\overrightarrow{G'G}=\dfrac{1}{3}(\overrightarrow{A'A}+\overrightarrow{B'B}+\overrightarrow{C'C})$.

5.三角形垂心的向量式:H为$\triangle ABC$的垂心的充要条件是:

(1) $\overrightarrow{HA}\cdot\overrightarrow{HB}=\overrightarrow{HB}\cdot\overrightarrow{HC}=\overrightarrow{HC}\cdot\overrightarrow{HA}=-4R^2\cos A\cos B\cos C$;

(R 为 $\triangle ABC$ 的外接圆半径,这是 2005 全国高考 Ⅰ(11)).

(2) $\overrightarrow{HA}^2+\overrightarrow{BC}^2=\overrightarrow{HB}^2+\overrightarrow{CA}^2=\overrightarrow{HC}^2+\overrightarrow{AB}^2$.

6.外心与垂心的关联式

设 O 为 $\triangle ABC$ 的外心,H 为 $\triangle ABC$ 所在平面上一点,则 H 为 $\triangle ABC$ 的垂心的充要条件是

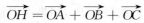

$$\overrightarrow{OH}=\overrightarrow{OA}+\overrightarrow{OB}+\overrightarrow{OC}$$

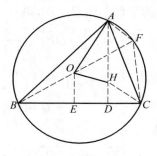

图 2

证明 先证明必要性

设 H 为 $\triangle ABC$ 的垂心,联结 AH 交 BC 于 D,延长 BO 交 $\odot O$ 于 F,联结 AF,CF,作 $OE\perp BC$ 与 E,则 $AD\perp BC$,$BE=EC$,$OE\perp BC$,$FA\perp AB$,但是 $CH\perp AB$,所以 $AHCF$ 为平行四边形,根据图形的几何性质知 $AH=FC=2\cdot OE$. 所以

$$\overrightarrow{OH}=\overrightarrow{OA}+\overrightarrow{AH}=\overrightarrow{OA}+\overrightarrow{FC}$$

$$= \overrightarrow{OA} + 2 \cdot \overrightarrow{OE} = \overrightarrow{OA} + \overrightarrow{OB} + \overrightarrow{OC}$$

再证明充分性：

过圆心 O 作 $OE \perp BC$ 于 E，则由条件

$$\overrightarrow{OH} = \overrightarrow{OA} + \overrightarrow{OB} + \overrightarrow{OC}$$

知

$$\overrightarrow{OH} - \overrightarrow{OA} = \overrightarrow{OB} + \overrightarrow{OC} = 2 \cdot \overrightarrow{OE}$$

即 $\overrightarrow{AH} = 2 \cdot \overrightarrow{OH}$，即 $AH \parallel OE$，即 $AH \perp BC$，同理 $BH \perp AC$，$CH \perp AB$，从而 H 为 $\triangle ABC$ 的垂心. 到此结论得证.

评注 证明本题用到了平面几何知识，这是一个重要信息. 这表明几何知识在解决向量问题中的重要作用.

7. 三角形内心的向量式

$$\frac{\overrightarrow{IA} \cdot \overrightarrow{IB}}{\sin \dfrac{C}{2}} = \frac{\overrightarrow{IB} \cdot \overrightarrow{IC}}{\sin \dfrac{A}{2}} = \frac{\overrightarrow{IC} \cdot \overrightarrow{IA}}{\sin \dfrac{B}{2}} = 4R^2 (\cos A + \cos B + \cos C - 1)$$

8. 三角形的外心与内心的向量关联式

设 $\triangle ABC$ 的三内角平分线交外接圆于 D，E，F，$\triangle ABC$ 的外心，内心分别为 O，I，求证：

$$\overrightarrow{OI} = \overrightarrow{OD} + \overrightarrow{OE} + \overrightarrow{OF}$$

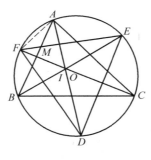

图 3

分析 本结论似乎提醒我们，需要证明 I 为 $\triangle DEF$ 的垂心，下面我们为目标努力奋斗.

证明 连接 AF，AE，并设 AB，EF 交于 M，则由条件知

$$\angle AME + \angle MAD = \angle MFA + \angle FAM + \angle BAD = 90°$$

所以，$AD \perp EF$，同理 $BE \perp DF$，$CF \perp DE$，即 DA，EB，CF 分别是 $\triangle DEF$ 的垂心，由基本结论 6 知题目结论得证.

9. 在 $\triangle ABC$ 中求一点 P，使得 $AP^2 + BP^2 + CP^2$ 最小.

3

解 设 G 为 $\triangle ABC$ 的重心,则
$$\overrightarrow{PA} = \overrightarrow{GA} - \overrightarrow{GP}; \overrightarrow{PB} = \overrightarrow{GB} - \overrightarrow{GP}, \overrightarrow{PC} = \overrightarrow{GC} - \overrightarrow{GP}$$
且 $\overrightarrow{GA} + \overrightarrow{GB} + \overrightarrow{GC} = \mathbf{0}$,所以
$$AP^2 + BP^2 + CP^2 = (\overrightarrow{GA} - \overrightarrow{GP})^2 + (\overrightarrow{GB} - \overrightarrow{GP})^2 + (\overrightarrow{GC} - \overrightarrow{GP})^2$$
$$= \overrightarrow{GA}^2 + \overrightarrow{GB}^2 + \overrightarrow{GC}^2 - 2(\overrightarrow{GA} + \overrightarrow{GB} + \overrightarrow{GC}) \cdot \overrightarrow{GP} + 3\overrightarrow{GP}^2$$
$$\geqslant \overrightarrow{GA}^2 + \overrightarrow{GB}^2 + \overrightarrow{GC}^2$$

等号成立的条件为 $\overrightarrow{GP}^2 = 0$,即 P 与 G 重合时达到.

评注 本结论可以移植到立体几何中去.

10. 对空间任意一点 O,和不共线的三点 A, B, C,点 P 与 A, B, C 四点共面的充要条件是:存在实数 xy,满足等式
$$\overrightarrow{OP} = x \cdot \overrightarrow{OA} + y \cdot \overrightarrow{OB} + (1 - x - y) \cdot \overrightarrow{OC}$$

11. G 是四面体 $ABCD$ 重心的充要条件为:

(1) $\overrightarrow{GA} + \overrightarrow{GB} + \overrightarrow{GC} + \overrightarrow{GD} = \mathbf{0}$.

(2) G 在四面体 $ABCD$ 内部,且 $V_{G-ABC} = V_{G-BCD} = V_{G-ABD} = V_{G-ACD}$.

(3) $\overrightarrow{OG} = \dfrac{1}{4}(\overrightarrow{OA} + \overrightarrow{OB} + \overrightarrow{OC} + \overrightarrow{OD})$.

12. 设四面体 $GABC$ 的底面 $\triangle ABC$ 内部有一点 H,求证:
$$\overrightarrow{GH} = \frac{S_{\triangle HBC}}{S_{\triangle ABC}} \cdot \overrightarrow{GA} + \frac{S_{\triangle ACH}}{S_{\triangle ABC}} \cdot \overrightarrow{GB} + \frac{S_{\triangle ABH}}{S_{\triangle ABC}} \cdot \overrightarrow{GC}$$

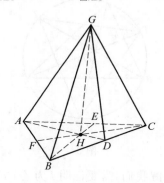

图 4

证明 事实上,设 AH, BH, CH 分别延长与对边的交点记为 D, E, F,则
$$\Rightarrow \overrightarrow{GH} = \frac{S_{\triangle HBC}}{S_{\triangle ABC}} \cdot \overrightarrow{GA} + \frac{S_{\triangle ABH} + S_{\triangle ACH}}{S_{\triangle ABC}} \cdot \overrightarrow{GD}$$
$$= \frac{S_{\triangle HBC}}{S_{\triangle ABC}} \cdot \overrightarrow{GA} + \frac{S_{\triangle ABH} + S_{\triangle ACH}}{S_{\triangle ABC}} \cdot \left(\frac{S_{\triangle ACH}}{S_{\triangle ABH} + S_{\triangle ACH}} \cdot \overrightarrow{GB} + \frac{S_{\triangle ABH}}{S_{\triangle ABH} + S_{\triangle ACH}} \cdot \overrightarrow{GC} \right)$$

$$= \frac{S_{\triangle HBC}}{S_{\triangle ABC}} \cdot \overrightarrow{GA} + \frac{S_{\triangle ACH}}{S_{\triangle ABC}} \cdot \overrightarrow{GB} + \frac{S_{\triangle ABH}}{S_{\triangle ABC}} \cdot \overrightarrow{GC}$$

即 $\overrightarrow{GH} = \dfrac{S_{\triangle HBC}}{S_{\triangle ABC}} \cdot \overrightarrow{GA} + \dfrac{S_{\triangle ACH}}{S_{\triangle ABC}} \cdot \overrightarrow{GB} + \dfrac{S_{\triangle ABH}}{S_{\triangle ABC}} \cdot \overrightarrow{GC}.$

到此证明完毕.

二、几个简单结论

1. 设 O 为 $\triangle ABC$ 的内部任意一点,分别联结 AO,BO,CO 交边 BC,CA,AB 于 D,E,F,记 $\triangle BOC,\triangle COA,\triangle AOB$ 的面积分别为 $\triangle_1,\triangle_2,\triangle_3$,则

(1) $\triangle_1 \cdot \overrightarrow{OA} + \triangle_2 \cdot \overrightarrow{OB} + \triangle_3 \cdot \overrightarrow{OC} = \mathbf{0}$.

(2) $(\triangle_2 + \triangle_3) \cdot \overrightarrow{OD} + (\triangle_3 + \triangle_1) \cdot \overrightarrow{OB} + (\triangle_1 + \triangle_2) \cdot \overrightarrow{OC} = \mathbf{0}.$

证明 （1）由面积知识以及等比定理知道

$$\frac{AO}{OD} = \frac{S_{\triangle AOB}}{S_{\triangle BOD}} = \frac{S_{\triangle AOC}}{S_{\triangle COD}} = \frac{S_{\triangle AOB} + S_{\triangle AOC}}{S_{\triangle BOD} + S_{\triangle DOC}} = \frac{\triangle_2 + \triangle_3}{\triangle_1}$$

$$\overrightarrow{OD} = -\frac{\triangle_1}{\triangle_2 + \triangle_3} \overrightarrow{OA}$$

$$\frac{BD}{DC} = \frac{S_{\triangle AOB}}{S_{\triangle AOC}} = \frac{\triangle_3}{\triangle_2} \Rightarrow \overrightarrow{OD} = \frac{\triangle_2}{\triangle_2 + \triangle_3} \overrightarrow{OB} + \frac{\triangle_3}{\triangle_2 + \triangle_3} \overrightarrow{OC}$$

联合上面两个式子,即

$$\triangle_1 \cdot \overrightarrow{OA} + \triangle_2 \cdot \overrightarrow{OB} + \triangle_3 \cdot \overrightarrow{OC} = \mathbf{0}$$

到此（1）获得证明.

（2）由面积关系知道

$$\frac{BD}{DC} = \frac{\triangle_3}{\triangle_2} \Rightarrow \overrightarrow{OD} = \frac{\triangle_2}{\triangle_2 + \triangle_3} \overrightarrow{OB} + \frac{\triangle_3}{\triangle_2 + \triangle_3} \overrightarrow{OC}$$

$$\Rightarrow (\triangle_2 + \triangle_3) \overrightarrow{OD} = \triangle_2 \overrightarrow{OB} + \triangle_3 \overrightarrow{OC}$$

$$(\triangle_3 + \triangle_1) \overrightarrow{OE} = \triangle_1 \overrightarrow{OA} + \triangle_3 \overrightarrow{OC}$$

$$(\triangle_1 + \triangle_3) \overrightarrow{OF} = \triangle_1 \overrightarrow{OA} + \triangle_2 \overrightarrow{OB}$$

$$\Rightarrow (\triangle_2 + \triangle_3) \overrightarrow{OD} + (\triangle_3 + \triangle_1) \overrightarrow{OE} + (\triangle_1 + \triangle_3) \overrightarrow{OF}$$

$$= 2(\triangle_1 \cdot \overrightarrow{OA} + \triangle_2 \cdot \overrightarrow{OB} + \triangle_3 \cdot \overrightarrow{OC}) = \mathbf{0}$$

到此（2）获得证明.

评注 （1）（2）都是很有用的结论,由此可得一些有意义的结果,看几个特例.

问题 1 当 $\triangle ABC$ 的内心为 I 时,有

(1) $a \cdot \overrightarrow{IA} + b \cdot \overrightarrow{IB} + c \cdot \overrightarrow{IC} = \mathbf{0}$ 或 $\sin A \cdot \overrightarrow{IA} + \sin B \cdot \overrightarrow{IB} + \sin C \cdot \overrightarrow{IC} = \mathbf{0}$

或 $S_{\triangle IBC} : S_{\triangle ICA} : S_{\triangle IAB} = a : b : c$.

(2) $(b+c)\overrightarrow{ID} + (c+a)\overrightarrow{IE} + (a+b)\overrightarrow{IF} = \mathbf{0}$.

或 $(\sin B + \sin C)\overrightarrow{OD} + (\sin C + \sin A)\overrightarrow{OE} + (\sin A + \sin B)\overrightarrow{OF} = \mathbf{0}$

问题 2 当 O 为锐角 $\triangle ABC$ 的外心时,有

(1) $\sin 2A \cdot \overrightarrow{OA} + \sin 2B \cdot \overrightarrow{OB} + \sin 2C \cdot \overrightarrow{OC} = \mathbf{0}$.

(2) $(\sin 2B + \sin 2C)\overrightarrow{OD} + (\sin 2C + \sin 2A)\overrightarrow{OE} + (\sin 2A + \sin 2B)\overrightarrow{OF} = \mathbf{0}$

问题 3 当 H 为锐角 $\triangle ABC$ 的垂心时,有

(1) $\tan A \cdot \overrightarrow{HA} + \tan B \cdot \overrightarrow{HB} + \tan C \cdot \overrightarrow{HC} = \mathbf{0}$.

(2) $\sin 2A \cdot \overrightarrow{HD} + \sin 2B \cdot \overrightarrow{HE} + \sin 2C \cdot \overrightarrow{HF} = \mathbf{0}$.

证明 因为 $\dfrac{HA}{\cos A} = \dfrac{HB}{\cos B} = \dfrac{HC}{\cos C} = 2R$($2R$ 为 $\triangle ABC$ 的外接圆圆直径),

所以

$$S_{\triangle HBC} = \frac{1}{2} \cdot HB \cdot HC \cdot \sin A = 2R^2 \sin A \cos C \cos B$$

同理可得

$$S_{\triangle HCA} = 2R^2 \sin B \cos C \cos A$$

$$S_{\triangle HAB} = 2R^2 \sin C \cos A \cos B$$

将上面三个式子代入到 $\overrightarrow{MA} \cdot S_{\triangle MBC} + \overrightarrow{MB} \cdot S_{\triangle MAC} + \overrightarrow{MC} \cdot S_{\triangle MAB} = \mathbf{0}$

整理便得

$$\overrightarrow{HA} \cdot \tan A + \overrightarrow{HB} \cdot \tan B + \overrightarrow{HC} \cdot \tan C = \mathbf{0}.$$

2. (本题为上题的空间移植) 在四面体 $A_1 A_2 A_3 A_4$ 中有一点 O,分别记三棱锥 $O - A_2 A_3 A_4$,$O - A_1 A_3 A_4$,$O - A_1 A_2 A_4$,$O - A_1 A_2 A_3$ 的体积为 V_1,V_2,V_3,V_4,V 为 $A_1 A_2 A_3 A_4$ 的体积,$A_i O$ 与对面的交点为 $B_i (i = 1,2,3,4)$,则

（Ⅰ）$V_1 \cdot \overrightarrow{OA_1} + V_2 \cdot \overrightarrow{OA_2} + V_3 \cdot \overrightarrow{OA_3} + V_4 \cdot \overrightarrow{OA_4} = \mathbf{0}$.

（Ⅱ）$(V - V_1) \cdot \overrightarrow{OB_1} + (V - V_2) \cdot \overrightarrow{OA_2} + (V - V_3) \cdot \overrightarrow{OA_3} + (V - V_4) \cdot \overrightarrow{OA_4} = \mathbf{0}$.

评注 关于本题的证明后面还有另外的方法,下面是一种比较新鲜的证明方法,可以看出它是从上面的平面向量结论经过类比产生的方法,表明几何问题及其证明内在的相似性和结构的完美性.

证明 为解决本题,需要以下引理:

引理(四面体中的共面比例定理) 如图 5,设 O 为四面体 $A_1 A_2 A_3 A_4$ 内部任意一点,A_1 及 O 到 A_1 对面的距离分为 h_1 和 r_1,则 $\dfrac{V_{A_1 - A_2 A_3 A_4}}{V_{O - A_2 A_3 A_4}} = \dfrac{h_1}{r_1}$.

下面证明本题.

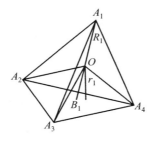

图 5

如图 6,分别延长 A_1O,A_2O,A_3O,A_4O 交四面体 $A_1A_2A_3A_4$ 的顶点 A_1, A_2, A_3, A_4 的对面于 B_1, B_2, B_3, B_4,据引理,所以

$$\frac{OA_1}{OB_1}=\frac{V_{A_1-PA_2A_3}}{V_{B_1-PA_2A_3}}=\frac{V_4}{V_{P-B_2A_2A_3}}$$

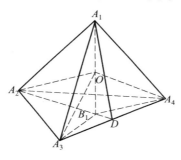

图 6

同理还有

$$\frac{OA_1}{OB_1}=\frac{V_2}{V_{P-B_1A_3A_4}}=\frac{V_3}{V_{P-B_1A_2A_4}}$$

由上面两个式子及等比定理知

$$\frac{OA_1}{OB_1}=\frac{V_4}{V_{P-BA_2A_3}}=\frac{V_2}{V_{P-BA_3A_4}}=\frac{V_3}{V_{P-BA_2A_4}}$$

$$=\frac{V_2+V_3+V_4}{V_1}$$

所以

$$\overrightarrow{OB_1}=-\frac{V_1}{V_2+V_3+V_4}\cdot\overrightarrow{OA_1} \tag{4}$$

又

$$\frac{A_3D}{DA_4}=\frac{V_{A_3-A_1A_2B_1}}{V_{A_4-A_1A_2B_1}}=\frac{V_4}{V_3}\Rightarrow\overrightarrow{OD}=\frac{V_4}{V_3+V_4}\cdot\overrightarrow{OA_4}+\frac{V_3}{V_3+V_4}\cdot\overrightarrow{OA_3}$$

7

$$\frac{A_2B_1}{B_1D} = \frac{V_4}{V_{D-A_3B_1O}} = \frac{V_3}{V_{D-A_4B_1O}} = \frac{V_3+V_4}{V_2}$$

$$\Rightarrow \overrightarrow{OB_1} = \frac{V_2}{V_2+V_3+V_4} \cdot \overrightarrow{OA_2} + \frac{V_3+V_4}{V_2+V_3+V_4} \cdot \overrightarrow{OD}$$

$$= \frac{V_2}{V_2+V_3+V_4} \cdot \overrightarrow{OA_2} + \frac{V_3+V_4}{V_2+V_3+V_4}\left(\frac{V_4}{V_3+V_4} \cdot \overrightarrow{OA_4} + \frac{V_3}{V_3+V_4} \cdot \overrightarrow{OA_3}\right)$$

$$= \frac{V_2}{V_2+V_3+V_4} \cdot \overrightarrow{OA_2} + \frac{V_4}{V_2+V_3+V_4} \cdot \overrightarrow{OA_4} + \frac{V_3}{V_2+V_3+V_4} \cdot$$

$$\overrightarrow{OA_3}$$

结合(4)知道

$$-\frac{V_1}{V_2+V_3+V_4} \cdot \overrightarrow{OA_1} = \frac{V_2}{V_2+V_3+V_4} \cdot \overrightarrow{OA_2} + \frac{V_4}{V_2+V_3+V_4} \cdot \overrightarrow{OA_4} +$$

$$\frac{V_3}{V_2+V_3+V_4} \cdot \overrightarrow{OA_3}$$

整理便得结论(1).

再证明(2):注意到 $\frac{A_iB_i}{OB_i} = \frac{V}{V_1} \Rightarrow \frac{A_iO}{OB_i} = \frac{V-V}{V_i} \Rightarrow \overrightarrow{A_iO} = \frac{V-V}{V_i} \cdot \overrightarrow{OB_i}(i=1,$

$2,3,4)$.

将上述四个式子代入到（Ⅰ）即可得到（Ⅱ）.

引申 1　若 G 为四面体 $A_1A_2A_3A_4$ 的重心(即四个顶点与对面三角形重心连线交于一点,此点通常被称为四面体的重心),则

$$\overrightarrow{GA_1} + \overrightarrow{GA_2} + \overrightarrow{GA_3} + \overrightarrow{GA_4} = \mathbf{0}$$

引申 2　若 I 为四面体 $A_1A_2A_3A_4$ 的内心,S_1,S_2,S_3,S_4 表示顶点 A_1,A_2,A_3,A_4 所对面的三角形的面积,延长 A_kI 交 A_k 对面的三角形为点 $B_k(k=1,2,3,4)$,则有:

(1)$S_1 \cdot \overrightarrow{IA_1} + S_2 \cdot \overrightarrow{IA_2} + S_3 \cdot \overrightarrow{IA_3} + S_4 \cdot \overrightarrow{IA_4} = \mathbf{0}$.

(2)$(S-S_1) \cdot \overrightarrow{IB_1} + (S-S_2) \cdot \overrightarrow{IB_2} + (S-S_3) \cdot \overrightarrow{IB_3} + (S-S_4) \cdot \overrightarrow{IB_4} = \mathbf{0}$

$(S=S_1+S_2+S_3+S_4)$

以上各结论的证明交给读者练习.

§2　三角形内一点与其在各边投影三角形重心之面积关系

彭翁成,钱刚两位老师在华东师大主办的《数学教学》2018(7):38 例 2 证明

了如下平面向量命题(为叙述方便,略有改动):

平面向量命题:在边长分别为 a,b,c 的 $\triangle ABC$ 中,点 G 在 BC,CA,AB 上的投影分别为 D,E,F,且点 G 为 $\triangle DEF$ 的重心,求证:

$$a^2 \cdot \overrightarrow{GA} + b^2 \cdot \overrightarrow{GB} + c^2 \cdot \overrightarrow{GC} = \mathbf{0}$$

这里对原文的证明稍作已修改,以便于将其推向空间.

证明　由复数知识与向量旋转的关系知道

$$\frac{\overrightarrow{GD}}{GD} = \frac{\overrightarrow{BC}}{BC}(-\mathrm{i}) \Rightarrow \frac{a}{GD} \cdot \overrightarrow{GD} = (-\mathrm{i})\overrightarrow{BC}$$

同理可得

$$\frac{b}{GE} \cdot \overrightarrow{GE} = (-\mathrm{i})\overrightarrow{CA}, \frac{c}{GF} \cdot \overrightarrow{GF} = (-\mathrm{i})\overrightarrow{AB}$$

$$\Rightarrow \frac{a}{GD} \cdot \overrightarrow{GD} + \frac{b}{GD} \cdot \overrightarrow{GE} + \frac{c}{GF} \cdot \overrightarrow{GF} = (-\mathrm{i})[\overrightarrow{BC} + \overrightarrow{CA} + \overrightarrow{AB}] = \mathbf{0}$$

$$\Rightarrow \frac{a}{GD} \cdot \overrightarrow{GD} + \frac{b}{GD} \cdot \overrightarrow{GE} + \frac{c}{GF} \cdot \overrightarrow{GF} = \mathbf{0}$$

结合 G 为 $\triangle DEF$ 的重心,知道 $\overrightarrow{GD} + \overrightarrow{GE} + \overrightarrow{GF} = \mathbf{0}$,

对比上面两个式子得到

$$\frac{a}{GD} = \frac{b}{GD} = \frac{c}{GF} \Rightarrow \frac{a^2}{\frac{1}{2}a \cdot GD} = \frac{b^2}{\frac{1}{2}b \cdot GD} = \frac{c^2}{\frac{1}{2}c \cdot GF}$$

$$\Rightarrow \frac{a^2}{S_{\triangle GBC}} = \frac{b^2}{S_{\triangle GCA}} = \frac{c^2}{S_{\triangle GAB}}$$

而

$$S_{\triangle GBC} \cdot \overrightarrow{GA} + S_{\triangle GCA} \cdot \overrightarrow{GB} + S_{\triangle GAB} \cdot \overrightarrow{GC} = \mathbf{0}$$

$$\Rightarrow a^2 \cdot \overrightarrow{GA} + b^2 \cdot \overrightarrow{GB} + c^2 \cdot \overrightarrow{GC} = \mathbf{0}$$

即结论获得证明.

下面将其移植到空间,即为

空间向量命题　设 G 为四面体 $A_1A_2A_3A_4$ 的内一点,B_1,B_2,B_3,B_4 分别为 G 在四面体 $A_1A_2A_3A_4$ 的各面 $\triangle A_2A_3A_4$,$\triangle A_1A_3A_4$,$\triangle A_1A_2A_4$,$\triangle A_1A_2A_3$ 上的投影,且 G 为四面体 $B_1B_2B_3B_4$ 的重心(即顶点与对面三角形的重心连线四线共点,此点通常被称为四面体的重心),$\triangle A_2A_3A_4$,$\triangle A_1A_3A_4$,$\triangle A_1A_2A_4$,$\triangle A_1A_2A_3$ 的面积分别为 S_1,S_2,S_3,S_4,求证:

$$S_1^2 \cdot \overrightarrow{GA_1} + S_2^2 \cdot \overrightarrow{GA_1} + S_1^2 \cdot \overrightarrow{GA_1} + S_1^2 \cdot \overrightarrow{GA_1} = \mathbf{0}$$

等价于

$$V_{G-A_2A_3A_4} : V_{G-A_1A_3A_4} : V_{G-A_1A_2A_4} : V_{G-A_1A_2A_3} = S_1^2 : S_2^2 : S_3^2 : S_4^2$$

为证明本题,需要几个引理

引理 1 设 G 在四面体 $A_1A_2A_3A_4$ 内一点, V_1,V_2,V_3,V_4 分别为三棱锥 $G-A_2A_3A_4$, $G-A_1A_3A_4$, $G-A_1A_2A_4$, $G-A_1A_2A_3$ 的体积,求证

$$V_1 \cdot \overrightarrow{GA_1} + V_2 \cdot \overrightarrow{GA_2} + V_3 \cdot \overrightarrow{GA_3} + V_4 \cdot \overrightarrow{GA_4} = \mathbf{0}$$

当 G 为重心时,有 $\overrightarrow{GA_1} + \overrightarrow{GA_2} + \overrightarrow{GA_3} + \overrightarrow{GA_4} = \mathbf{0}$

引理 2 设 I 为四面体 $A_1A_2A_3A_4$ 的内切球的球心, C_1,C_2,C_3,C_4 分别为四面体 $A_1A_2A_3A_4$ 的内切球与各面 $\triangle A_2A_3A_4$, $\triangle A_1A_3A_4$, $\triangle A_1A_2A_4$, $\triangle A_1A_2A_3$ (面积分别为 S_1,S_2,S_3,S_4)的切点,求证:

$$S_1 \cdot \overrightarrow{IC_1} + S_2 \cdot \overrightarrow{IC_2} + S_3 \cdot \overrightarrow{IC_3} + S_4 \cdot \overrightarrow{IC_4} = \mathbf{0}$$

证明 略.

空间向量命题的证明 设 I 为四面体 $A_1A_2A_3A_4$ 的内切球的球心,且内切球半径为 R,C_1,C_2,C_3,C_4 分别为四面体 $A_1A_2A_3A_4$ 的内切球与各面 $\triangle A_2A_3A_4$, $\triangle A_1A_3A_4$, $\triangle A_1A_2A_4$, $\triangle A_1A_2A_3$ (面积分别为 S_1,S_2,S_3,S_4)的切点,则由引理 2 知

$$S_1 \cdot \overrightarrow{IC_1} + S_2 \cdot \overrightarrow{IC_2} + S_3 \cdot \overrightarrow{IC_3} + S_4 \cdot \overrightarrow{IC_4} = \mathbf{0}$$

且

$$\frac{\overrightarrow{IC_1}}{IC_1} = \frac{\overrightarrow{GB_1}}{GB_1} \Rightarrow S_1 \cdot \overrightarrow{IC_1} = \frac{RS_1}{GB_1} \cdot \overrightarrow{GB_1}$$

$$\Rightarrow S_1 \cdot \overrightarrow{IC_1} = \frac{RS_1^2}{S_1 \cdot GB_1} \cdot \overrightarrow{GB_1} = \frac{RS_1^2}{3V_1} \cdot \overrightarrow{GB_1} (\triangle : S_1 \cdot GB_1 = 3V_1)$$

$$\Rightarrow S_1 \cdot \overrightarrow{IC_1} = \frac{RS_1^2}{3V_1} \cdot \overrightarrow{GB_1}$$

同理可得

$$S_2 \cdot \overrightarrow{IC_2} = \frac{RS_2^2}{3V_2} \cdot \overrightarrow{GB_2}, S_3 \cdot \overrightarrow{IC_3} = \frac{RS_3^2}{3V_3} \cdot \overrightarrow{GB_3}, S_4 \cdot \overrightarrow{IC_4} = \frac{RS_4^2}{3V_4} \cdot \overrightarrow{GB_4}$$

以上四个式子相加即得

$$\mathbf{0} = S_1 \cdot \overrightarrow{IC_1} + S_2 \cdot \overrightarrow{IC_2} + S_3 \cdot \overrightarrow{IC_3} + S_4 \cdot \overrightarrow{IC_4}$$

$$= \frac{RS_1^2}{3V_1} \cdot \overrightarrow{GB_1} + \frac{RS_2^2}{3V_2} \cdot \overrightarrow{GB_2} + \frac{RS_3^2}{3V_3} \cdot \overrightarrow{GB_3} + \frac{RS_4^2}{3V_4} \cdot \overrightarrow{GB_4}$$

$$\Rightarrow \frac{S_1^2}{3V_1} \cdot \overrightarrow{GB_1} + \frac{S_2^2}{3V_2} \cdot \overrightarrow{GB_2} + \frac{S_3^2}{3V_3} \cdot \overrightarrow{GB_3} + \frac{S_4^2}{3V_4} \cdot \overrightarrow{GB_4} = \mathbf{0} \tag{1}$$

但 G 为四面体 $B_1B_2B_3B_4$ 的重心,所以

$$\overrightarrow{GB_1} + \overrightarrow{GB_2} + \overrightarrow{GB_3} + \overrightarrow{GB_4} = \mathbf{0} \tag{2}$$

对比(1)(2)得到

$$\frac{S_1^2}{3V_1} = \frac{S_2^2}{3V_2} = \frac{S_3^2}{3V_3} = \frac{S_4^2}{3V_4} \tag{3}$$

而

$$V_1 \cdot \overrightarrow{GA_1} + V_2 \cdot \overrightarrow{GA_2} + V_3 \cdot \overrightarrow{GA_3} + V_4 \cdot \overrightarrow{GA_4} = \mathbf{0} \tag{4}$$

将(3)代入到(4)得到 $S_1^2 \cdot \overrightarrow{GA_1} + S_2^2 \cdot \overrightarrow{GA_1} + S_1^2 \cdot \overrightarrow{GA_1} + S_1^2 \cdot \overrightarrow{GA_1} = \mathbf{0}$.

§3 三角形内心与各边中点三角形之面积关系

一、平面向量命题

设 I 为 $\triangle ABC$ 的内心，D,E,F 分别为 BC,CA,AB 的中点，则有

$$(b+c-a) \cdot \overrightarrow{ID} + (a+c-b) \cdot \overrightarrow{IE} + (a+b-c) \cdot \overrightarrow{IF} = \mathbf{0}$$

等价于

$$S_{\triangle IEF} : S_{\triangle IDF} : S_{\triangle IDE} = (b+c-a) : (c+a-b) : (a+b-c).$$

证明 由条件 D,E,F 分别为 BC,CA,AB 的中点，易知

$$\begin{cases} \overrightarrow{IA} + \overrightarrow{IB} = 2\overrightarrow{IF}, \\ \overrightarrow{IB} + \overrightarrow{IC} = 2\overrightarrow{ID}, \Rightarrow \overrightarrow{IA} + \overrightarrow{IB} + \overrightarrow{IC} = \overrightarrow{ID} + \overrightarrow{IE} + \overrightarrow{IF} \\ \overrightarrow{IC} + \overrightarrow{IA} = 2\overrightarrow{IE}, \end{cases}$$

$$\begin{cases} \overrightarrow{IA} = -\overrightarrow{ID} + \overrightarrow{IE} + \overrightarrow{IF} \\ \overrightarrow{IB} = \overrightarrow{ID} - \overrightarrow{IE} + \overrightarrow{IF} \\ \overrightarrow{IC} = \overrightarrow{ID} + \overrightarrow{IE} - \overrightarrow{IF} \end{cases}$$

代入到 $a \cdot \overrightarrow{IA} + b \cdot \overrightarrow{IB} + c \cdot \overrightarrow{IC} = \mathbf{0}$,得到

$$a \cdot (-\overrightarrow{ID} + \overrightarrow{IE} + \overrightarrow{IF}) + b \cdot (\overrightarrow{ID} - \overrightarrow{IE} + \overrightarrow{IF}) + c \cdot (\overrightarrow{ID} + \overrightarrow{IE} - \overrightarrow{IF}) = \mathbf{0}$$

$$\Rightarrow (b+c-a) \cdot \overrightarrow{ID} + (a+c-b) \cdot \overrightarrow{IE} + (a+b-c) \cdot \overrightarrow{IF} = \mathbf{0}$$

或

$$S_{\triangle IEF} : S_{\triangle IDF} : S_{\triangle IDE} = (b+c-a) : (c+a-b) : (a+b-c)$$

二、立体几何命题

设 I 为四面体 $A_1A_2A_3A_4$ 的内切球的球心，B_1,B_2,B_3,B_4 分别为四面体 $A_1A_2A_3A_4$ 的各面 $\triangle A_2A_3A_4$，$\triangle A_1A_3A_4$，$\triangle A_1A_2A_4$，$\triangle A_1A_2A_3$ 的重心，各面 $\triangle A_2A_3A_4$，$\triangle A_1A_3A_4$，$\triangle A_1A_2A_4$，$\triangle A_1A_2A_3$ 面积分别为 S_1,S_2,S_3,S_4，求证：

$$(-2S_1 + S_2 + S_3 + S_4) \cdot \overrightarrow{IB_1} + (S_1 - 2S_2 + S_3 + S_4) \cdot \overrightarrow{IB_2} +$$
$$(S_1 + S_2 - 2S_3 + S_4) \cdot \overrightarrow{IB_3} + (S_1 + S_2 + S_3 - 2S_4) \cdot \overrightarrow{IB_4} = \mathbf{0}$$

证明　如图 7，分别记三棱锥 $I - A_2A_3A_4$, $I - A_1A_3A_4$, $I - A_1A_2A_4$, $I - A_1A_2A_3$ 的体积为 V_1, V_2, V_3, V_4，由上题结论以及 I 为四面体 $A_1A_2A_3A_4$ 的内切球的球心知道

$$V_1 \cdot \overrightarrow{IA_1} + V_2 \cdot \overrightarrow{IA_2} + V_3 \cdot \overrightarrow{IA_3} + V_4 \cdot \overrightarrow{IA_4} = \mathbf{0}$$
$$\Rightarrow S_1 \cdot \overrightarrow{IA_1} + S_2 \cdot \overrightarrow{IA_2} + S_3 \cdot \overrightarrow{IA_3} + S_4 \cdot \overrightarrow{IA_4} = \mathbf{0} \tag{1}$$

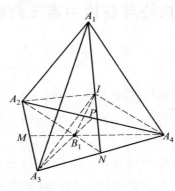

图 7

又 B_1, B_2, B_3, B_4 分别为四面体 $A_1A_2A_3A_4$ 的各面 $\triangle A_2A_3A_4$, $\triangle A_1A_3A_4$, $\triangle A_1A_2A_4$, $\triangle A_1A_2A_3$ 重心，

$$\left. \begin{aligned} 3 \cdot \overrightarrow{IB_1} &= \overrightarrow{IA_2} + \overrightarrow{IA_3} + \overrightarrow{IA_4} \\ 3 \cdot \overrightarrow{IB_2} &= \overrightarrow{IA_1} + \overrightarrow{IA_3} + \overrightarrow{IA_4} \\ 3 \cdot \overrightarrow{IB_3} &= \overrightarrow{IA_2} + \overrightarrow{IA_4} \\ 3 \cdot \overrightarrow{IB_4} &= \overrightarrow{IA_1} + \overrightarrow{IA_2} + \overrightarrow{IA_3} \end{aligned} \right\}$$

$$\Rightarrow \overrightarrow{IB_1} + \overrightarrow{IB_2} + \overrightarrow{IB_3} + \overrightarrow{IB_4} = \overrightarrow{IA_1} + \overrightarrow{IA_2} + \overrightarrow{IA_3} + \overrightarrow{IA_4}$$

$$\Rightarrow \left\{ \begin{aligned} \overrightarrow{IA_1} &= \overrightarrow{IB_2} + \overrightarrow{IB_3} + \overrightarrow{IB_4} - 2\,\overrightarrow{IB_1} \\ \overrightarrow{IA_2} &= \overrightarrow{IB_1} + \overrightarrow{IB_3} + \overrightarrow{IB_4} - 2\,\overrightarrow{IB_2} \\ \overrightarrow{IA_3} &= \overrightarrow{IB_1} + \overrightarrow{IB_2} + \overrightarrow{IB_4} - 2\,\overrightarrow{IB_3} \\ \overrightarrow{IA_4} &= \overrightarrow{IB_1} + \overrightarrow{IB_2} + \overrightarrow{IB_3} - 2\,\overrightarrow{IB_4} \end{aligned} \right.$$

代入到(1) 得到

$$\Rightarrow S_1 \cdot (\overrightarrow{IB_2} + \overrightarrow{IB_3} + \overrightarrow{IB_4} - 2\,\overrightarrow{IB_1}) + S_2 \cdot (\overrightarrow{IB_1} + \overrightarrow{IB_3} + \overrightarrow{IB_4} - 2\,\overrightarrow{IB_2}) +$$

$$S_3 \cdot (\overrightarrow{IB_1} + \overrightarrow{IB_2} + \overrightarrow{IB_4} - 2\overrightarrow{IB_3}) + S_4 \cdot (\overrightarrow{IB_1} + \overrightarrow{IB_2} + \overrightarrow{IB_3} - 2\overrightarrow{IB_4}) = \mathbf{0}$$

$$\Rightarrow (-2S_1 + S_2 + S_3 + S_4) \cdot \overrightarrow{IB_1} + (S_1 - 2S_2 + S_3 + S_4) \cdot \overrightarrow{IB_2} +$$

$$(S_1 + S_2 - 2S_3 + S_4) \cdot \overrightarrow{IB_3} + (S_1 + S_2 + S_3 - 2S_4) \cdot \overrightarrow{IB_4} = \mathbf{0}$$

到此本结论获得证明.

§4　三角形内一点与边中点三角形之面积关系

一、引言

最近,湖南叶军老师在《数学爱好者通讯》公众号提出了一个涉及三角形面积比的问题如下:(有奖问题征解系列 3(2018 年 6 月 25 日)):

1. 设 P 为 $\triangle ABC$ 内部一点,BC,CA,AB 的中点分别为 D,E,F,点 P 为 $\triangle ABC$ 内心,求证:$S_{\triangle PEF} : S_{\triangle PDF} : S_{\triangle PDE} = \cot \dfrac{A}{2} : \cot \dfrac{B}{2} : \cot \dfrac{C}{2}$.

此题意义深远,笔者在其公众号上已经给出了一些讨论,今天,笔者在对其进行更深入的研究的同时,发现本题的另一个有意义的结论如下:

二,问题

平面几何命题:设 $\triangle ABC$ 的内切圆与 BC,CA,AB 依次切于点 D,E,F,内心为 I,各边长度分别为 a,b,c,求证:$a \cdot \overrightarrow{ID} + b \cdot \overrightarrow{IE} + c \cdot \overrightarrow{IF} = \mathbf{0}$.

或

$$\sin A \cdot \overrightarrow{ID} + \sin B \cdot \overrightarrow{IE} + \sin C \cdot \overrightarrow{IF} = \mathbf{0} \tag{1}$$

三、一个引理

引理 1　设 O 为 $\triangle ABC$ 的内部任意一点,分别连接 AO,BO,CO 交边 BC,CA,AB 于 D,E,F,记 $\triangle BOC$,$\triangle COA$,$\triangle AOB$ 的面积分别为 $\triangle_1$,$\triangle_2$,$\triangle_3$,则

$$\triangle_1 \cdot \overrightarrow{OA} + \triangle_2 \cdot \overrightarrow{OB} + \triangle_3 \cdot \overrightarrow{OC} = \mathbf{0} \tag{2}$$

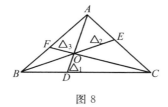

图 8

证明　由面积知识知道

$$\frac{AO}{OD} = \frac{S_{\triangle AOB}}{S_{\triangle BOD}} = \frac{S_{\triangle AOC}}{S_{\triangle COD}} = \frac{S_{\triangle AOB} + S_{\triangle AOC}}{S_{\triangle BOD} + S_{\triangle AOC}} = \frac{\triangle_2 + \triangle_3}{\triangle_1}$$

$$\overrightarrow{OD} = -\frac{\triangle_1}{\triangle_2 + \triangle_3}\overrightarrow{OA}$$

$$\frac{BD}{DC} = \frac{S_{\triangle AOB}}{S_{\triangle AOC}} = \frac{\triangle_3}{\triangle_2} \Rightarrow \overrightarrow{OD} = \frac{\triangle_2}{\triangle_2 + \triangle_3}\overrightarrow{OB} + \frac{\triangle_3}{\triangle_2 + \triangle_3}\overrightarrow{OC}$$

联合上面两个式子,即

$$\triangle_1 \cdot \overrightarrow{OA} + \triangle_2 \cdot \overrightarrow{OB} + \triangle_3 \cdot \overrightarrow{OC} = \mathbf{0}$$

四、平面几何命题的证明

证明 1 要证明(1),注意到 $|ID| = |IE| = |IF| = r$,只需要证明

$$a \cdot \frac{\overrightarrow{ID}}{|ID|} + b \cdot \frac{\overrightarrow{IE}}{|IE|} + c \cdot \frac{\overrightarrow{IF}}{|IF|} = \mathbf{0}$$

容易知道 $a \cdot \dfrac{\overrightarrow{ID}}{|ID|}$,$b \cdot \dfrac{\overrightarrow{IE}}{|IE|}$,$c \cdot \dfrac{\overrightarrow{IF}}{|IF|}$ 分别是与 $\overrightarrow{ID}$,$\overrightarrow{IE}$,$\overrightarrow{IF}$ 同向的向量,它们的模分别为 a,b,c,设 $a \cdot \dfrac{\overrightarrow{ID}}{|ID|}$,$b \cdot \dfrac{\overrightarrow{IE}}{|IE|}$,$c \cdot \dfrac{\overrightarrow{IF}}{|IF|}$ 分别为 $\overrightarrow{IP}$,$\overrightarrow{IQ}$,$\overrightarrow{IR}$,如图 9,作向量 $\overrightarrow{TI} = \overrightarrow{IR}$,因为 $IF \perp AB$,$ID \perp BC$,则 $\angle ABC$ 与 $\angle DIF$ 互补,同理 $\angle BCA$ 与 $\angle DIE$ 互补,$\angle CAB$ 与 $\angle EIF$ 互补,所以 $\angle ABC = \angle PIT$,即 $\triangle IPT \cong \triangle BCA$,则 $|\overrightarrow{PT}| = |\overrightarrow{CA}| = |\overrightarrow{IQ}|$,且 $\angle BCA = \angle IPT$,于是 $\angle DIE$ 与 $\angle TPI$ 互补,即 $\overrightarrow{PT}$ 与 $\overrightarrow{IQ}$ 共线,所以 $\overrightarrow{PT} = \overrightarrow{IQ}$,由 $\overrightarrow{IP} + \overrightarrow{PT} + \overrightarrow{TI} = \mathbf{0}$,知道 $\overrightarrow{IP} + \overrightarrow{IQ} + \overrightarrow{IR} = \mathbf{0}$,于是 $a \cdot \overrightarrow{ID} + b \cdot \overrightarrow{IE} + c \cdot \overrightarrow{IF} = \mathbf{0}$. 或者 $\sin \angle BAC \cdot \overrightarrow{ID} + \sin \angle ABC \cdot \overrightarrow{IE} + \sin \angle ACB \cdot \overrightarrow{IF} = \mathbf{0}$.

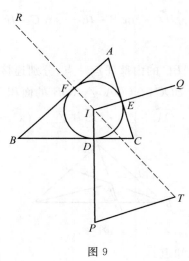

图 9

从分析解题过程学解题——
竞赛中的向量几何与不等式研究

证明 2 如图 10,分别延长 ID,IE,IF 到 P,Q,R,使得 $IP=a$,$IQ=b$,$IR=c$,则因为 I 是 $\triangle ABC$ 的内心,所以 $ID=IE=IF$,于是问题转化为要证明

$$\overrightarrow{IP}+\overrightarrow{IQ}+\overrightarrow{IR}=\mathbf{0}$$

于是只要证明 I 为 $\triangle PQR$ 的重心,但是由于

$$ID\perp BC,IE\perp CA,IF\perp AB$$

故 I,F,B,D 四点共圆,从而

$$\angle FID=180°-\angle ABC$$

所以

$$S_{\triangle PRI}=\frac{1}{2}IR\cdot IP\sin\angle PIR=\frac{1}{2}ac\sin\angle ABC=S_{\triangle ABC}$$

同理可得 $S_{\triangle PIQ}=S_{\triangle PIQ}=S_{\triangle ABC}$.

即 I 为 $\triangle PQR$ 的重心,从而问题获得证明.

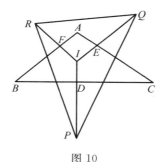

图 10

评注 上述两个证明来自于《数学通讯》2006(12):26,他们均不能促成其移植到空间四面体中去,因为他们都用到了三角形的特定知识,所以,要将其移植到空间四面体,需要另外探索可移植的证明方法,即需要寻找在平面和空间具有类似的方法.

证明 3 也可以运用下面类似结论来证明

因为 $S_{\triangle IEF}\cdot\overrightarrow{ID}+S_{\triangle IDF}\cdot\overrightarrow{IE}+S_{\triangle IDE}\cdot\overrightarrow{IF}=\mathbf{0}$.

注意到 A,F,I,E 等四点共圆,运用两边夹角的三角形面积公式,即

$$\sin A\cdot\overrightarrow{ID}+\sin B\cdot\overrightarrow{IE}+\sin C\cdot\overrightarrow{IF}=\mathbf{0}$$

评注 这个证明也运用了平面几何特有知识,故无法使用此法将其移植到空间四面体中去,需要另谋他路.

证明 4 如图 11,设 $\triangle ABC$ 的内切圆切三边 BC,CA,AB 与 D,E,F,则易知

$$S_{\triangle IBD}=S_{\triangle IBF};S_{\triangle ICE}=S_{\triangle ICD}$$

15

$$S_{\triangle IAE} = S_{\triangle IAF}$$

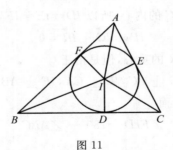

图 11

从而

$$S_{\triangle IBC} \cdot \overrightarrow{ID} = S_{\triangle IBD} \cdot \overrightarrow{IC} + S_{\triangle ICD} \cdot \overrightarrow{IB}$$

$$S_{\triangle ICA} \cdot \overrightarrow{IE} = S_{\triangle IAE} \cdot \overrightarrow{IC} + S_{\triangle ICE} \cdot \overrightarrow{IA}$$

$$S_{\triangle IAB} \cdot \overrightarrow{IF} = S_{\triangle IBF} \cdot \overrightarrow{IA} + S_{\triangle IAF} \cdot \overrightarrow{IB}$$

$$\Rightarrow S_{\triangle IBC} \cdot \overrightarrow{ID} + S_{\triangle ICA} \cdot \overrightarrow{IE} + S_{\triangle IAB} \cdot \overrightarrow{IF}$$

$$= (S_{\triangle IBF} + S_{\triangle ICE}) \cdot \overrightarrow{IA} + (S_{\triangle ICD} + S_{\triangle IAF}) \cdot \overrightarrow{IB} + (S_{\triangle IBD} + S_{\triangle IAE}) \cdot \overrightarrow{IC}$$

$$= (S_{\triangle IBD} + S_{\triangle ICD}) \cdot \overrightarrow{IA} + (S_{\triangle ICE} + S_{\triangle IAE}) \cdot \overrightarrow{IB} + (S_{\triangle IBF} + S_{\triangle IAF}) \cdot \overrightarrow{IC}$$

$$= S_{\triangle IBC} \cdot \overrightarrow{IA} + S_{\triangle ICA} \cdot \overrightarrow{IB} + S_{\triangle IAB} \cdot \overrightarrow{IC} = \mathbf{0}$$

评注 这个证明用到了面积知识,方法的主线是向量,看来这个方法比较好,关键技巧是发现并成功运用顶点两侧的两个三角形(与切点相关)等面积,这个可能是通向空间移植成功的关键.

五、平面几何命题的空间移植

经过对上述平面几何命题解法的探讨,并遵循之前曾经提出的移植原则[1]:

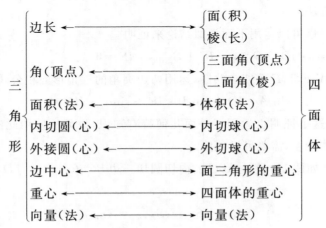

我们得到叶军老师的问题以及该平面几何命题在空间的类似结论为

立体几何命题　设 I 为四面体 $A_1A_2A_3A_4$ 的内切球的球心，B_1,B_2,B_3,B_4 分别为四面体 $A_1A_2A_3A_4$ 的各面 $\triangle A_2A_3A_4$，$\triangle A_1A_3A_4$，$\triangle A_1A_2A_4$，$\triangle A_1A_2A_3$ 重心，C_1,C_2,C_3,C_4 分别为四面体 $A_1A_2A_3A_4$ 的内切球与各面 $\triangle A_2A_3A_4$，$\triangle A_1A_3A_4$，$\triangle A_1A_2A_4$，$\triangle A_1A_2A_3$（面积分别为 S_1,S_2,S_3,S_4）的切点，求证：

（Ⅰ）$(-2S_1+S_2+S_3+S_4)\cdot\overrightarrow{IB_1}+(S_1-2S_2+S_3+S_4)\cdot\overrightarrow{IB_2}+(S_1+S_2-2S_3+S_4)\cdot\overrightarrow{IB_3}+(S_1+S_2+S_3-2S_4)\cdot\overrightarrow{IB_4}=\mathbf{0}$

（这是叶军老师在微信公众号"叶军数学工作站"提的问题的空间移植）

等价于：$V_{I-B_2B_3B_4}:V_{I-B_1B_3B_4}:V_{I-B_1B_2B_4}:V_{I-B_1B_2B_3}=(-2S_1+S_2+S_3+S_4):(S_1-2S_2+S_3+S_4):(S_1+S_2-2S_3+S_4):(S_1+S_2+S_3-2S_4)$

（Ⅱ）$S_1\cdot\overrightarrow{IC_1}+S_2\cdot\overrightarrow{IC_2}+S_3\cdot\overrightarrow{IC_3}+S_4\cdot\overrightarrow{IC_4}=\mathbf{0}.$

等价于 $V_{I-C_2C_3C_4}:V_{I-C_1C_3C_4}:V_{I-C_1C_2C_4}:V_{I-C_1C_2C_3}=S_1:S_2:S_3:S_4.$

（这是上述平面几何命题的空间移植）

先证明 1 个引理：如图 12.

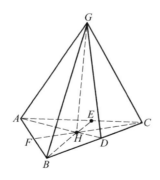

图 12

引理 2　设四面体 $GABC$ 的底面 $\triangle ABC$ 内部有一点 H，求证

$$\overrightarrow{GH}=\frac{S_{\triangle HBC}}{S_{\triangle ABC}}\cdot\overrightarrow{GA}+\frac{S_{\triangle ACH}}{S_{\triangle ABC}}\cdot\overrightarrow{GB}+\frac{S_{\triangle ABH}}{S_{\triangle ABC}}\cdot\overrightarrow{GC}$$

事实上，设 AH,BH,CH 分别延长与对边的交点记为 D,E,F，则

$$\Rightarrow\overrightarrow{GH}=\frac{S_{\triangle HBC}}{S_{\triangle ABC}}\cdot\overrightarrow{GA}+\frac{S_{\triangle ABH}+S_{\triangle ACH}}{S_{\triangle ABC}}\cdot\overrightarrow{GD}$$

$$=\frac{S_{\triangle HBC}}{S_{\triangle ABC}}\cdot\overrightarrow{GA}+\frac{S_{\triangle ABH}+S_{\triangle ACH}}{S_{\triangle ABC}}\cdot\left(\frac{S_{\triangle ACH}}{S_{\triangle ABH}+S_{\triangle ACH}}\cdot\overrightarrow{GB}+\frac{S_{\triangle ABH}}{S_{\triangle ABH}+S_{\triangle ACH}}\cdot\overrightarrow{GC}\right)$$

$$=\frac{S_{\triangle HBC}}{S_{\triangle ABC}}\cdot\overrightarrow{GA}+\frac{S_{\triangle ACH}}{S_{\triangle ABC}}\cdot\overrightarrow{GB}+\frac{S_{\triangle ABH}}{S_{\triangle ABC}}\cdot\overrightarrow{GC}$$

即 $\overrightarrow{GH} = \dfrac{S_{\triangle HBC}}{S_{\triangle ABC}} \cdot \overrightarrow{GA} + \dfrac{S_{\triangle ACH}}{S_{\triangle ABC}} \cdot \overrightarrow{GB} + \dfrac{S_{\triangle ABH}}{S_{\triangle ABC}} \cdot \overrightarrow{GC}.$

到此引理 2 证明完毕.

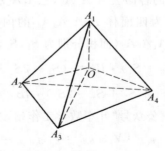

图 13

引理 3　如图 13,在四面体 $A_1A_2A_3A_4$ 中有一点 O,分别记三棱锥 $O-A_2A_3A_4$,$O-A_1A_3A_4$,$O-A_1A_2A_4$,$O-A_1A_2A_3$ 的体积为 V_1,V_2,V_3,V_4,则 $V_1 \cdot \overrightarrow{OA_1} + V_2 \cdot \overrightarrow{OA_2} + V_3 \cdot \overrightarrow{OA_3} + V_4 \cdot \overrightarrow{OA_4} = \boldsymbol{0}.$

评注　下面是一种比较新鲜的证明方法,可以看出它是从上面的平面向量结论经过类比产生的方法,表明几何问题及其证明内在的相似性和结构的完美性.

证明　为解决引理 3,需要以下定理:

(四面体中的共面比例定理) 如图 14,设 O 为四面体 $A_1A_2A_3A_4$ 内部任意一点,A_1 及 O 到 A_1 对面的距离分为 h_1 和 r_1,则 $\dfrac{V_{A_1-A_2A_3A_4}}{V_{O-A_2A_3A_4}} = \dfrac{h_1}{r_1}.$(证明略)

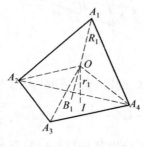

图 14

现证明引理 3.

如图 15,分别延长 A_1O,A_2O,A_3O,A_4O 交四面体 $A_1A_2A_3A_4$ 的顶点 A_1,A_2,A_3,A_4 的对面于 B_1,B_2,B_3,B_4,所以

$$\frac{OA_1}{OB_1} = \frac{V_{A_1-PA_2A_3}}{V_{B_1-PA_2A_3}} = \frac{V_4}{V_{P-B_2A_2A_3}}$$

18

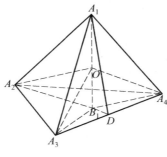

图 15

同理还有

$$\frac{OA_1}{OB_1} = \frac{V_2}{V_{P-B_1A_3A_4}} = \frac{V_3}{V_{P-B_1A_2A_4}}$$

由上面两个式子及等比定理知

$$\frac{OA_1}{OB_1} = \frac{V_4}{V_{P-BA_2A_3}} = \frac{V_2}{V_{P-BA_3A_4}} = \frac{V_3}{V_{P-BA_2A_4}}$$

$$= \frac{V_2 + V_3 + V_4}{V_1}$$

所以

$$\overrightarrow{OB_1} = -\frac{V_1}{V_2 + V_3 + V_4} \cdot \overrightarrow{OA_1} \tag{3}$$

又

$$\frac{A_3D}{DA_4} = \frac{V_{A_3-A_1A_2B_1}}{V_{A_4-A_1A_2B_1}} = \frac{V_4}{V_3} \Rightarrow \overrightarrow{OD} = \frac{V_4}{V_3 + V_4} \cdot \overrightarrow{OA_4} + \frac{V_3}{V_3 + V_4} \cdot \overrightarrow{OA_3}$$

$$\frac{A_2B_1}{B_1D} = \frac{V_4}{V_{D-A_3B_1O}} = \frac{V_3}{V_{D-A_4B_1O}} = \frac{V_3 + V_4}{V_2}$$

$$\Rightarrow \overrightarrow{OB_1} = \frac{V_2}{V_2 + V_3 + V_4} \cdot \overrightarrow{OA_2} + \frac{V_3 + V_4}{V_2 + V_3 + V_4} \cdot \overrightarrow{OD}$$

$$= \frac{V_2}{V_2 + V_3 + V_4} \cdot \overrightarrow{OA_2} + \frac{V_3 + V_4}{V_2 + V_3 + V_4} \left(\frac{V_4}{V_3 + V_4} \cdot \overrightarrow{OA_4} + \frac{V_3}{V_3 + V_4} \cdot \overrightarrow{OA_3} \right)$$

$$= \frac{V_2}{V_2 + V_3 + V_4} \cdot \overrightarrow{OA_2} + \frac{V_4}{V_2 + V_3 + V_4} \cdot \overrightarrow{OA_4} + \frac{V_3}{V_2 + V_3 + V_4} \cdot \overrightarrow{OA_3}$$

结合（3）知道

$$-\frac{V_1}{V_2 + V_3 + V_4} \cdot \overrightarrow{OA_1} = \frac{V_2}{V_2 + V_3 + V_4} \cdot \overrightarrow{OA_2} +$$

$$\frac{V_4}{V_2 + V_3 + V_4} \cdot \overrightarrow{OA_4} + \frac{V_3}{V_2 + V_3 + V_4} \cdot \overrightarrow{OA_3}$$

19

整理便得结论,到此引理 3 证明完毕.

下面证明立体几何命题

证明 （Ⅰ）如图 16,分别记三棱锥 $I-A_2A_3A_4$,$I-A_1A_3A_4$,$I-A_1A_2A_4$,$I-A_1A_2A_3$ 的体积为 V_1,V_2,V_3,V_4,各个 $\triangle A_2A_3A_4$,$\triangle A_1A_3A_4$,$\triangle A_1A_2A_4$,$\triangle A_1A_2A_3$ 的面积分别为 S_1,S_2,S_3,S_4.

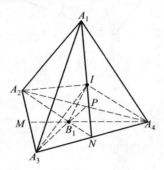

图 16

由引理 3 以及 I 为四面体 $A_1A_2A_3A_4$ 的内切球的球心,知道

$$V_1 \cdot \overrightarrow{IA_1} + V_2 \cdot \overrightarrow{IA_2} + V_3 \cdot \overrightarrow{IA_3} + V_4 \cdot \overrightarrow{IA_4} = \mathbf{0}$$

$$\Rightarrow S_1 \cdot \overrightarrow{IA_1} + S_2 \cdot \overrightarrow{IA_2} + S_3 \cdot \overrightarrow{IA_3} + S_4 \cdot \overrightarrow{IA_4} = \mathbf{0} \qquad (4)$$

又 B_1 为 $\triangle A_2A_3A_4$ 的重心等,则

$$\left. \begin{array}{l} 3 \cdot \overrightarrow{IB_1} = \overrightarrow{IA_2} + \overrightarrow{IA_3} + \overrightarrow{IA_4} \\ 3 \cdot \overrightarrow{IB_2} = \overrightarrow{IA_1} + \overrightarrow{IA_3} + \overrightarrow{IA_4} \\ 3 \cdot \overrightarrow{IB_3} = \overrightarrow{IA_1} + \overrightarrow{IA_2} + \overrightarrow{IA_4} \\ 3 \cdot \overrightarrow{IB_4} = \overrightarrow{IA_1} + \overrightarrow{IA_2} + \overrightarrow{IA_3} \end{array} \right\}$$

$$\Rightarrow \overrightarrow{IB_1} + \overrightarrow{IB_2} + \overrightarrow{IB_3} + \overrightarrow{IB_4} = \overrightarrow{IA_1} + \overrightarrow{IA_2} + \overrightarrow{IA_3} + \overrightarrow{IA_4}$$

$$\Rightarrow \left\{ \begin{array}{l} \overrightarrow{IA_1} = \overrightarrow{IB_2} + \overrightarrow{IB_3} + \overrightarrow{IB_4} - 2\overrightarrow{IB_1} \\ \overrightarrow{IA_2} = \overrightarrow{IB_1} + \overrightarrow{IB_3} + \overrightarrow{IB_4} - 2\overrightarrow{IB_2} \\ \overrightarrow{IA_3} = \overrightarrow{IB_1} + \overrightarrow{IB_2} + \overrightarrow{IB_4} - 2\overrightarrow{IB_3} \\ \overrightarrow{IA_4} = \overrightarrow{IB_1} + \overrightarrow{IB_2} + \overrightarrow{IB_3} - 2\overrightarrow{IB_4} \end{array} \right.$$

代入到(4)得到

$$\Rightarrow \begin{cases} \overrightarrow{IA_1} = \overrightarrow{IB_2} + \overrightarrow{IB_3} + \overrightarrow{IB_4} - 2\,\overrightarrow{IB_1} \\ \overrightarrow{IA_2} = \overrightarrow{IB_1} + \overrightarrow{IB_3} + \overrightarrow{IB_4} - 2\,\overrightarrow{IB_2} \\ \overrightarrow{IA_3} = \overrightarrow{IB_1} + \overrightarrow{IB_2} + \overrightarrow{IB_4} - 2\,\overrightarrow{IB_3} \\ \overrightarrow{IA_4} = \overrightarrow{IB_1} + \overrightarrow{IB_2} + \overrightarrow{IB_3} - 2\,\overrightarrow{IB_4} \end{cases}$$

$\Rightarrow S_1 \cdot (\overrightarrow{IB_2} + \overrightarrow{IB_3} + \overrightarrow{IB_4} - 2\,\overrightarrow{IB_1}) + S_2 \cdot (\overrightarrow{IB_1} + \overrightarrow{IB_3} + \overrightarrow{IB_4} - 2\,\overrightarrow{IB_2}) +$

$S_3 \cdot (\overrightarrow{IB_1} + \overrightarrow{IB_2} + \overrightarrow{IB_4} - 2\,\overrightarrow{IB_3}) + S_4 \cdot (\overrightarrow{IB_1} +$

$\overrightarrow{IB_2} + \overrightarrow{IB_3} - 2\,\overrightarrow{IB_4}) = \mathbf{0}$

$\Rightarrow (-2S_1 + S_2 + S_3 + S_4) \cdot \overrightarrow{IB_1} + (S_1 - 2S_2 + S_3 + S_4) \cdot \overrightarrow{IB_2} + (S_1 +$

$S_2 - 2S_3 + S_4) \cdot \overrightarrow{IB_3} + (S_1 + S_2 + S_3 - 2S_4) \cdot \overrightarrow{IB_4} = \mathbf{0}$

到此本小题证明完毕.

再证明(Ⅱ)

如图 17 知道,过三点 I,C_4,C_1 的平面与 A_2A_3 所在直线垂直,设其交点记为 A,则

$$AC_4 = AC_1 \Rightarrow S_{\triangle C_4 A_2 A_3} = S_{\triangle C_1 A_2 A_3}$$

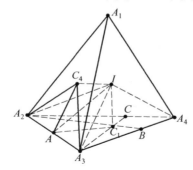

图 17

类似的,还有 $S_{\triangle C_1 A_3 A_4} = S_{\triangle C_2 A_3 A_4}$ 等共五对,于是,由前面的引理 2 知道

$$\overrightarrow{IC_1} = \frac{S_{\triangle C_1 A_3 A_4}}{S_1} \cdot \overrightarrow{IA_2} + \frac{S_{\triangle C_1 A_2 A_4}}{S_1} \cdot \overrightarrow{IA_3} + \frac{S_{\triangle C_1 A_2 A_3}}{S_1} \cdot \overrightarrow{IA_4}$$

$$\Leftrightarrow S_1 \cdot \overrightarrow{IC_1} = S_{\triangle C_1 A_3 A_4} \cdot \overrightarrow{IA_2} + S_{\triangle C_1 A_2 A_4} \cdot \overrightarrow{IA_3} + S_{\triangle C_1 A_2 A_3} \cdot \overrightarrow{IA_4}$$

同理可得

21

$$S_2 \cdot \overrightarrow{IC_2} = S_{\triangle C_2A_3A_4} \cdot \overrightarrow{IA_1} + S_{\triangle C_2A_1A_4} \cdot \overrightarrow{IA_3} + S_{\triangle C_2A_1A_3} \cdot \overrightarrow{IA_4}$$

$$S_3 \cdot \overrightarrow{IC_3} = S_{\triangle C_3A_2A_4} \cdot \overrightarrow{IA_1} + S_{\triangle C_3A_1A_4} \cdot \overrightarrow{IA_2} + S_{\triangle C_3A_1A_2} \cdot \overrightarrow{IA_4}$$

$$S_4 \cdot \overrightarrow{IC_4} = S_{\triangle C_4A_2A_3} \cdot \overrightarrow{IA_1} + S_{\triangle C_4A_1A_3} \cdot \overrightarrow{IA_2} + S_{\triangle C_4A_1A_2} \cdot \overrightarrow{IA_3}$$

上述四个式子相加得到

$$S_1 \cdot \overrightarrow{IC_1} + S_2 \cdot \overrightarrow{IC_2} + S_3 \cdot \overrightarrow{IC_3} + S_4 \cdot \overrightarrow{IC_4}$$

$$= (S_{\triangle C_2A_3A_4} + S_{\triangle C_3A_2A_4} + S_{\triangle C_4A_2A_3}) \cdot \overrightarrow{IA_1} + (S_{\triangle C_1A_3A_4} + S_{\triangle C_3A_1A_4} + S_{\triangle C_4A_1A_3}) \cdot$$

$$\overrightarrow{IA_2} + (S_{\triangle C_1A_2A_4} + S_{\triangle C_2A_1A_4} + S_{\triangle C_4A_1A_2}) \cdot \overrightarrow{IA_3} +$$

$$(S_{\triangle C_1A_2A_3} + S_{\triangle C_2A_1A_3} + S_{\triangle C_3A_1A_2}) \cdot \overrightarrow{IA_4}$$

$$= (S_{\triangle C_1A_3A_4} + S_{\triangle C_1A_2A_4} + S_{\triangle C_1A_2A_3}) \cdot \overrightarrow{IA_1} + (S_{\triangle C_2A_3A_4} + S_{\triangle C_2A_1A_4} +$$

$$S_{\triangle C_2A_1A_3}) \cdot \overrightarrow{IA_2} + (S_{\triangle C_3A_2A_4} + S_{\triangle C_3A_1A_4} + S_{\triangle C_3A_1A_2}) \cdot \overrightarrow{IA_3} +$$

$$(S_{\triangle C_4A_2A_3} + S_{\triangle C_4A_1A_3} + S_{\triangle C_4A_1A_2}) \cdot \overrightarrow{IA_4}$$

$$= S_1 \cdot \overrightarrow{IA_1} + S_2 \cdot \overrightarrow{IA_2} + S_3 \cdot \overrightarrow{IA_3} + S_4 \cdot \overrightarrow{IA_4} = \mathbf{0}$$

到此本结论全部证明完毕.

评注 本题中的第二个小题的证明得益于四面体的棱与内切球与四面体的面上的切点连成的相邻两个三角形等面积.

证明 2 2018 年 8 月 4 日长沙程良伟给出解答

设 $\overrightarrow{IB_i} = \vec{b_i}$，$\overrightarrow{IA_i} = \vec{a_i}$，$|\vec{b_i}| = 1$，注意到 $IB_i \perp A_jB_i (i=1,2,3,4, j=1,2,3,4, j \neq i)$，则有

$$IB_i \perp A_jB_i \Rightarrow b_i \cdot (b_i - a_j) = 0 \Rightarrow a_j \cdot b_i = b_i^2 = 1 (i \neq j; i,j = 1,2,3,4)$$

设有 $x_i \in \mathbf{R} (i=1,2,3,4)$ 使得

$$x_1 \cdot \vec{b_1} + x_2 \cdot \vec{b_2} + x_3 \cdot \vec{b_3} + x_4 \cdot \vec{b_4} = \mathbf{0}, \tag{5}$$

于是

$$\vec{a_k} \cdot (x_1 \cdot \vec{b_1} + x_2 \cdot \vec{b_2} + x_3 \cdot \vec{b_3} + x_4 \cdot \vec{b_4}) = 0$$

$$\Rightarrow x_k \cdot \vec{a_k} \cdot \vec{b_k} + (\sum_{i=1}^4 x_i - x_k) = 0$$

$$\Rightarrow \sum_{i=1}^4 x_i = x_k (1 - \vec{a_k} \cdot \vec{b_k}) = x_k (\vec{b_k} \cdot \vec{b_k} - \vec{a_k} \cdot \vec{b_k})$$

$$= x_k \vec{b_k} \cdot (\vec{b_k} - \vec{a_k}) = x_k \vec{b_k} \cdot \overrightarrow{A_kB_k}$$

$$\Rightarrow \frac{\sum_{i=1}^4 x_i}{x_k} = \vec{b_k} \cdot \overrightarrow{A_kB_k} = A_k \text{ 到其对面上的高 } h_k = \frac{3V}{S_k}$$

22

$$\Rightarrow x_k = \frac{S_k \sum\limits_{i=1}^{4} x_i}{3V}$$

代入到(5)便得到 $S_1 \cdot \overrightarrow{IB_1} + S_2 \cdot \overrightarrow{IB_2} + S_3 \cdot \overrightarrow{IB_3} + S_4 \cdot \overrightarrow{IB_4} = \mathbf{0}$,到此结论获得证明.

评注 这个证明属于直接攻击,比起我们的证明要简单些.

一个问题:(2018 年 8 月 16 日)设 I 为四面体 $A_1A_2A_3A_4$ 的内切球的球心,B_1,B_2,B_3,B_4 分别为四面体 $A_1A_2A_3A_4$ 的内切球与各面 $\triangle A_2A_3A_4$,$\triangle A_1A_3A_4$,$\triangle A_1A_2A_4$,$\triangle A_1A_2A_3$(各面上的高分别为 h_1,h_2,h_3,h_4)的切点,求证:$\dfrac{\overrightarrow{IB_1}}{h_1} + \dfrac{\overrightarrow{IB_2}}{h_2} + \dfrac{\overrightarrow{IB_3}}{h_3} + \dfrac{\overrightarrow{IB_4}}{h_4} = \mathbf{0}$.

§5 三角形内一点与其在边上投影三角形之面积关系之一

一、平面向量命题

设 P 为 $\triangle ABC$ 的内部任意一点,P 在 BC,CA,AB 上的投影分别为 D,E,F,则

$$\frac{a}{PD} \cdot \overrightarrow{PD} + \frac{b}{PE} \cdot \overrightarrow{PE} + \frac{c}{PF} \cdot \overrightarrow{PF} = \mathbf{0} \tag{1}$$

(参见《数学教学》2018(7):38 例 1 的一般结论)

等价于

$$\frac{\sin A}{PD} \cdot \overrightarrow{PD} + \frac{\sin B}{PE} \cdot \overrightarrow{PE} + \frac{\sin C}{PF} \cdot \overrightarrow{PF} = \mathbf{0}$$

证明 1 参见《数学教学》2018(7):38 例 1. 彭翁成,钱刚.

由复数旋转与向量的关系知道

$$\frac{\overrightarrow{PD}}{PD} = \frac{\overrightarrow{BC}}{BC}(-\mathrm{i}) \Rightarrow \frac{a}{PD} \cdot \overrightarrow{PD} = (-\mathrm{i})\overrightarrow{BC}$$

同理可得

$$\frac{b}{PE} \cdot \overrightarrow{PE} = (-\mathrm{i})\overrightarrow{CA}, \quad \frac{c}{PF} \cdot \overrightarrow{PF} = (-\mathrm{i})\overrightarrow{AB}$$

$$\Rightarrow \frac{a}{PD} \cdot \overrightarrow{PD} + \frac{b}{PD} \cdot \overrightarrow{PE} + \frac{c}{PF} \cdot \overrightarrow{PF} = (-\mathrm{i})[\overrightarrow{BC} + \overrightarrow{CA} + \overrightarrow{AB}] = \mathbf{0}$$

$$\Rightarrow \frac{a}{PD} \cdot \overrightarrow{PD} + \frac{b}{PD} \cdot \overrightarrow{PE} + \frac{c}{PF} \cdot \overrightarrow{PF} = \mathbf{0}.$$

评注   本题的证明依靠三角形三边所在向量首尾连接和为零.

证明 2   （2018 年 7 月 28 日）设 I 为 $\triangle ABC$ 的内心,内切圆半径为 r,I 在三边 BC,CA,AB 上的投影分别为 M,N,Q,则 $\dfrac{\overrightarrow{PD}}{PD}=\dfrac{\overrightarrow{IM}}{r} \Rightarrow \dfrac{r}{PD} \cdot \overrightarrow{PD}=\overrightarrow{IM}$,同理可得

$$\frac{r}{PE} \cdot \overrightarrow{PE}=\overrightarrow{IN}, \frac{r}{PF} \cdot \overrightarrow{PF}=\overrightarrow{IQ}$$

注意到内心性质

$$a\overrightarrow{IM}+b\overrightarrow{IN}+c\overrightarrow{IQ}=\mathbf{0}$$

$$\Rightarrow \frac{ra}{PD} \cdot \overrightarrow{PD}+\frac{rb}{PE} \cdot \overrightarrow{PE}+\frac{rc}{PF} \cdot \overrightarrow{PF}=a\overrightarrow{IM}+b\overrightarrow{IN}+c\overrightarrow{IQ}=\mathbf{0}$$

$$\Rightarrow \frac{a}{PD} \cdot \overrightarrow{PD}+\frac{a}{PE} \cdot \overrightarrow{PE}+\frac{a}{PF} \cdot \overrightarrow{PF}=\mathbf{0}$$

评注   本方法依据三角形内心的向量性质来解决,未有超出向量知识的范畴.

评注   本结论意义深远,下面给出几个问题

问题 1   当点 G 为 $\triangle ABC$ 的重心时,G 在 BC,CA,AB 的投影分别为 D,E,F,则有

$$a^2 \cdot \overrightarrow{GD}+b^2 \cdot \overrightarrow{GE}+c^2 \cdot \overrightarrow{GF}=\mathbf{0} \tag{2}$$

证明   注意到 $a \cdot GD=b \cdot GE=c \cdot GF=\dfrac{2}{3}S_{\triangle ABC}$,代入到（1）便得本结论.

问题 2   当点 O 为 $\triangle ABC$ 的外心时,O 在 BC,CA,AB 的投影分别为 D,E,F,则有 $\tan A \cdot \overrightarrow{OD}+\tan B \cdot \overrightarrow{OE}+\tan C \cdot \overrightarrow{OF}=\mathbf{0}$.

证明   由条件知道,D,E,F 分别为 BC,CA,AB 的中点,所以

$$\left.\begin{array}{l} 2\overrightarrow{OD}=\overrightarrow{OB}+\overrightarrow{OC} \\ 2\overrightarrow{OE}=\overrightarrow{OB}+\overrightarrow{OA} \\ 2\overrightarrow{OF}=\overrightarrow{OA}+\overrightarrow{OB} \end{array}\right\} \Rightarrow \overrightarrow{OD}+\overrightarrow{OE}+\overrightarrow{OF}=\overrightarrow{OA}+\overrightarrow{OB}+\overrightarrow{OC}$$

即

$$\left\{\begin{array}{l} \overrightarrow{OA}=-\overrightarrow{OD}+\overrightarrow{OE}+\overrightarrow{OF} \\ \overrightarrow{OB}=\overrightarrow{OD}-\overrightarrow{OE}+\overrightarrow{OF} \\ \overrightarrow{OC}=\overrightarrow{OD}+\overrightarrow{OE}-\overrightarrow{OF} \end{array}\right.$$

注意到 $\sin 2A \cdot \overrightarrow{OA}+\sin 2B \cdot \overrightarrow{OB}+\sin 2C \cdot \overrightarrow{OC}=\mathbf{0}$,所以

$$\mathbf{0}=\sin 2A \cdot \overrightarrow{OA}+\sin 2B \cdot \overrightarrow{OB}+$$

$$\sin 2C \cdot \overrightarrow{OC}$$

$$= \sin 2A \cdot (-\overrightarrow{OD} + \overrightarrow{OE} + \overrightarrow{OF}) + \sin 2B \cdot (\overrightarrow{OD} - \overrightarrow{OE} + \overrightarrow{OF}) + \sin 2C \cdot$$
$$\overrightarrow{OD} + \overrightarrow{OE} - \overrightarrow{OF}$$

$$= (\sin 2B + \sin 2C - \sin 2A) \cdot \overrightarrow{OD} + (\sin 2A - \sin 2B + \sin 2C) \cdot \overrightarrow{OE} +$$
$$(\sin 2A + \sin 2B - \sin 2C) \cdot \overrightarrow{OF}$$

$$\Rightarrow \tan A \cdot \overrightarrow{OD} + \tan B \cdot \overrightarrow{OE} + \tan C \cdot \overrightarrow{OF} = \mathbf{0}$$

问题 3 设点 I 为 $\triangle ABC$ 的内心,I 在 BC,CA,AB 的投影分别为 D,E,F,则有

$$\sin A \cdot \overrightarrow{ID} + \sin B \cdot \overrightarrow{IE} + \sin C \cdot \overrightarrow{IF} = \mathbf{0}$$

或

$$a \cdot \overrightarrow{ID} + b \cdot \overrightarrow{IE} + c \cdot \overrightarrow{IF} = \mathbf{0}$$

证明 由条件知道 I 为 $\triangle DEF$ 外心,结合平面几何知识知道

$$S_{\triangle IEF} = \frac{1}{2} IF \cdot IE \sin \angle EIF = \frac{1}{2} R^2 \sin A$$

$$S_{\triangle DIF} = \frac{1}{2} R^2 \sin B, S_{\triangle DIE} = \frac{1}{2} R^2 \sin C$$

所以

$$S_{\triangle EIF} \cdot \overrightarrow{ID} + S_{\triangle DIF} \cdot \overrightarrow{IE} + S_{\triangle EID} \cdot \overrightarrow{IF} = \mathbf{0}$$

即

$$\sin A \cdot \overrightarrow{ID} + \sin B \cdot \overrightarrow{IE} + \sin C \cdot \overrightarrow{IF} = \mathbf{0}$$

问题 4 设 H 为锐角 $\triangle ABC$ 的垂心,且 $AD \perp BC$,$BE \perp CA$,$CF \perp AB$,D,E,F 分别为垂足,则有

（Ⅰ）$\tan A \cdot \overrightarrow{HA} + \tan B \cdot \overrightarrow{HB} + \tan C \cdot \overrightarrow{HC} = \mathbf{0}$

或

$$S_{\triangle HBC} : S_{\triangle HCA} : S_{\triangle HAB} = \tan A : \tan B : \tan C$$

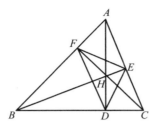

图 18

（Ⅱ）$EF \cdot \overrightarrow{HD} + DF \cdot \overrightarrow{HE} + DE \cdot \overrightarrow{HF} = \mathbf{0}$

25

或
$$\sin 2A \cdot \overrightarrow{HD} + \sin 2B \cdot \overrightarrow{HE} + \sin 2C \cdot \overrightarrow{HF} = \mathbf{0}$$

或者
$$S_{\triangle HEF} : S_{\triangle HDF} : S_{\triangle HDE} = \sin 2A : \sin 2B : \sin 2C$$

证明 （Ⅰ）由引理 1 以及

$$\frac{HA}{\cos A} = \frac{HB}{\cos B} = \frac{HC}{\cos C} = 2R(2R \text{ 为 } \triangle ABC \text{ 外接圆直径})$$

$A, F, H, E; B, D, H, F; C, E, H, D$ 分别四点共圆，知道

$$\mathbf{0} = S_{\triangle HBC} \cdot \overrightarrow{HA} + S_{\triangle HCA} \cdot \overrightarrow{HB} + S_{\triangle HAB} \cdot \overrightarrow{HC}$$

$$\Leftrightarrow \mathbf{0} = HB \cdot HC\sin\angle BHC \cdot \overrightarrow{HA} + HC \cdot HA\sin\angle AHC \cdot \overrightarrow{HB} +$$
$$HA \cdot HB\sin\angle BHA \cdot \overrightarrow{HC}$$

$$\Leftrightarrow \mathbf{0} = \cos B\cos C\sin A \cdot \overrightarrow{HA} + \cos C\cos A\sin B \cdot \overrightarrow{HB} +$$
$$\cos A \cdot \cos B\sin C \cdot \overrightarrow{HC}$$

$$\Leftrightarrow \mathbf{0} = \tan A \cdot \overrightarrow{HA} + \tan B \cdot \overrightarrow{HB} + \tan C \cdot \overrightarrow{HC}$$

或者
$$S_{\triangle HBC} : S_{\triangle HCA} : S_{\triangle HAB} = \tan A : \tan B : \tan C$$

（Ⅱ）由平面几何知识不难知道点 H 为 $\triangle DEF$ 的内心，且
$$\angle FDE = \angle FDH + \angle EDH = \angle FBH + \angle FCE$$
$$= (90° - A) + (90° - A) = 180° - 2A$$
$$\Rightarrow \sin\angle FDE = \sin 2A$$

同理可得
$$\sin\angle DEF = \sin 2B, \sin\angle DFE = \sin 2C$$

于是，由前面的结论 1 知道
$$\mathbf{0} = EF \cdot \overrightarrow{HD} + DF \cdot \overrightarrow{HE} + DE \cdot \overrightarrow{HF}$$
$$\Leftrightarrow \mathbf{0} = \sin 2A \cdot \overrightarrow{HD} + \sin 2B \cdot \overrightarrow{HE} + \sin 2C \cdot \overrightarrow{HF}$$

从而本题结论获得证明.

二、立体几何命题

设 P 为四面体 $A_1A_2A_3A_4$ 的内部一点，C_1, C_2, C_3, C_4 分别为 P 在四面体 $A_1A_2A_3A_4$ 的各面 $\triangle A_2A_3A_4, \triangle A_1A_3A_4, \triangle A_1A_2A_4, \triangle A_1A_2A_3$（各面的面积分别为 S_1, S_2, S_3, S_4）上的投影，求证

$$\frac{S_1}{PC_1} \cdot \overrightarrow{PC_1} + \frac{S_2}{PC_2} \cdot \overrightarrow{PC_2} + \frac{S_3}{PC_3} \cdot \overrightarrow{PC_3} + \frac{S_4}{PC_4} \cdot \overrightarrow{PC_4} = \mathbf{0}$$

证明 设 I 为四面体 $A_1A_2A_3A_4$ 的内心（内切球半径为 R），I 在各面 $\triangle A_2A_3A_4$，$\triangle A_1A_3A_4$，$\triangle A_1A_2A_4$，$\triangle A_1A_2A_3$ 上的投影分别为 B_1，B_2，B_3，B_4，于是

$$\frac{\overrightarrow{PC_1}}{PC_1} = \frac{\overrightarrow{IB_1}}{IB_1} \Rightarrow \frac{R \cdot S_1}{PC_1} \cdot \overrightarrow{PC_1} = S_1 \cdot \overrightarrow{IB_1}$$

同理可得

$$\frac{R \cdot S_2}{PC_2} \cdot \overrightarrow{PC_2} = S_2 \cdot \overrightarrow{IB_2}, \frac{R \cdot S_3}{PC_3} \cdot \overrightarrow{PC_3} = S_3 \cdot \overrightarrow{IB_3}, \frac{R \cdot S_4}{PC_4} \cdot \overrightarrow{PC_4} = S_4 \cdot \overrightarrow{IB_4}$$

注意到四面体的内心的向量等式（P16 立体几何命题（Ⅱ））

$$S_1 \cdot \overrightarrow{IB_1} + S_2 \cdot \overrightarrow{IB_2} + S_3 \cdot \overrightarrow{IB_3} + S_4 \cdot \overrightarrow{IB_4} = \mathbf{0}$$

$$\Rightarrow \frac{S_1}{PC_1} \cdot \overrightarrow{PC_1} + \frac{S_2}{PC_2} \cdot \overrightarrow{PC_2} + \frac{S_3}{PC_3} \cdot \overrightarrow{PC_3} + \frac{S_4}{PC_4} \cdot \overrightarrow{PC_4}$$

$$= S_1 \cdot \overrightarrow{IB_1} + S_2 \cdot \overrightarrow{IB_2} + S_3 \cdot \overrightarrow{IB_3} + S_4 \cdot \overrightarrow{IB_4} = \mathbf{0}$$

到此结论获得证明.

本题意义深远,下面给出本问题的几个特例

特例 1 若 G 为四面体 $A_1A_2A_3A_4$ 的重心,G 在面 $\triangle A_2A_3A_4$，$\triangle A_1A_3A_4$，$\triangle A_1A_2A_4$，$\triangle A_1A_2A_3$（各面的面积分别为 S_1，S_2，S_3，S_4）上的投影分别为 C_1，C_2，C_3，C_4,则 $S_1^2 \cdot \overrightarrow{GC_1} + S_2^2 \cdot \overrightarrow{GC_2} + S_3^2 \cdot \overrightarrow{GC_3} + S_4^2 \cdot \overrightarrow{GC_4} = \mathbf{0}$.

证明 由于 G 为四面体 $A_1A_2A_3A_4$ 的重心,G 在面 $\triangle A_2A_3A_4$，$\triangle A_1A_3A_4$，$\triangle A_1A_2A_4$，$\triangle A_1A_2A_3$（各面的面积分别为 S_1，S_2，S_3，S_4）上的投影分别为 C_1，C_2，C_3，C_4,所以

$$\frac{S_1}{GC_1} \cdot \overrightarrow{GC_1} + \frac{S_2}{GC_2} \cdot \overrightarrow{GC_2} + \frac{S_3}{GC_3} \cdot \overrightarrow{GC_3} + \frac{S_4}{GC_4} \cdot \overrightarrow{GC_4} = \mathbf{0}$$

又

$$GC_1 \cdot S_1 = GC_1 \cdot S_1 = GC_1 \cdot S_1 = GC_1 \cdot S_1 = V$$

$$\Rightarrow \frac{S_1}{GC_1} \cdot \overrightarrow{GC_1} + \frac{S_2}{GC_2} \cdot \overrightarrow{GC_2} + \frac{S_3}{GC_3} \cdot \overrightarrow{GC_3} + \frac{S_4}{GC_4} \cdot \overrightarrow{GC_4} = \mathbf{0}$$

$$\Leftrightarrow S_1^2 \cdot \overrightarrow{GC_1} + S_2^2 \cdot \overrightarrow{GC_2} + S_3^2 \cdot \overrightarrow{GC_3} + S_4^2 \cdot \overrightarrow{GC_4} = \mathbf{0}.$$

特例 2 若 I 为四面体 $A_1A_2A_3A_4$ 的重心,I 在面 $\triangle A_2A_3A_4$，$\triangle A_1A_3A_4$，$\triangle A_1A_2A_4$，$\triangle A_1A_2A_3$（各面的面积分别为 S_1，S_2，S_3，S_4）上的投影分别为 C_1，C_2，C_3，C_4,则 $S_1 \cdot \overrightarrow{IC_1} + S_2 \cdot \overrightarrow{IC_2} + S_3 \cdot \overrightarrow{IC_3} + S_4 \cdot \overrightarrow{IC_4} = \mathbf{0}$.

§6　三角形内一点与其在边上投影三角形之面积关系之二

这是上一节的继续.

一、平面向量命题

（参见《数学教学》2018(7):38例1(彭翁成,钱刚)）设 $\triangle ABC$ 的内切圆心 I 在 BC, CA, AB 上的投影分别为 D, E, F, 求证: $S_{\triangle IEF} : S_{\triangle IDF} : S_{\triangle IDE} = a : b : c$.

证明1　方法是利用复数与向量相结合 —— 旋转(彭翁成,钱刚)

只要证明: $a \cdot \overrightarrow{ID} + b \cdot \overrightarrow{IE} + c \cdot \overrightarrow{IF} = \mathbf{0}$ 即可.

如图19,设 $\triangle ABC$ 的内切圆半径为 r, 则由复数旋转以及向量方法知道

$$\frac{\overrightarrow{BC}}{a} \cdot (-\mathrm{i}) = \frac{\overrightarrow{ID}}{ID} \Rightarrow \overrightarrow{BC} \cdot (-\mathrm{i}) = \frac{a}{ID} \cdot \overrightarrow{ID}$$

$$\frac{\overrightarrow{CA}}{b} \cdot (-\mathrm{i}) = \frac{\overrightarrow{IE}}{IE} \Rightarrow \overrightarrow{CA} \cdot (-\mathrm{i}) = \frac{b}{IE} \cdot \overrightarrow{IE}$$

$$\frac{\overrightarrow{AB}}{c} \cdot (-\mathrm{i}) = \frac{\overrightarrow{IF}}{IF} \Rightarrow \overrightarrow{AB} \cdot (-\mathrm{i}) = \frac{c}{IF} \cdot \overrightarrow{IF}$$

$$\mathbf{0} = (\overrightarrow{AB} + \overrightarrow{BC} + \overrightarrow{CA}) \cdot (-\mathrm{i}) = \frac{c}{IF} \cdot \overrightarrow{IF} + \frac{a}{ID} \cdot \overrightarrow{ID} + \frac{b}{IE} \cdot \overrightarrow{IE}$$

$$= \frac{c}{r} \cdot \overrightarrow{IF} + \frac{a}{r} \cdot \overrightarrow{ID} + \frac{b}{r} \cdot \overrightarrow{IE}$$

从而 $a \cdot \overrightarrow{ID} + b \cdot \overrightarrow{IE} + c \cdot \overrightarrow{IF} = \mathbf{0}$.

　　评注　本证法运用复数及向量加法完成了证明,比较简捷.

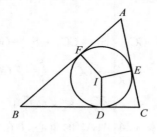

图 19

证明2　（2018 年 7 月 28 日）熟知

$$\frac{BD}{DC} = \frac{\cot\frac{B}{2}}{\cot\frac{C}{2}} \Rightarrow a \cdot \overrightarrow{ID} = r\cot\frac{C}{2} \cdot \overrightarrow{IB} + r\cot\frac{B}{2} \cdot \overrightarrow{IC} \tag{1}$$

$$b \cdot \overrightarrow{IE} = r\cot\frac{C}{2} \cdot \overrightarrow{IA} + r\cot\frac{A}{2} \cdot \overrightarrow{IC} \tag{2}$$

$$c \cdot \overrightarrow{IF} = r\cot\frac{A}{2} \cdot \overrightarrow{IB} + r\cot\frac{B}{2} \cdot \overrightarrow{IA} \tag{3}$$

联立(1)(2)(3) 得到

$$\overrightarrow{IA} = \frac{\begin{vmatrix} a\overrightarrow{ID} & r\cot\frac{C}{2} & r\cot\frac{B}{2} \\[2mm] b\overrightarrow{IE} & 0 & r\cot\frac{A}{2} \\[2mm] c\overrightarrow{IF} & r\cot\frac{A}{2} & 0 \end{vmatrix}}{\begin{vmatrix} 0 & r\cot\frac{C}{2} & r\cot\frac{B}{2} \\[2mm] r\cot\frac{C}{2} & 0 & r\cot\frac{A}{2} \\[2mm] r\cot\frac{B}{2} & r\cot\frac{A}{2} & 0 \end{vmatrix}}$$

$$= \frac{r^2 b\cot\frac{A}{2}\cot\frac{B}{2} \cdot \overrightarrow{IE} + cr^2\cot\frac{A}{2}\cot\frac{C}{2}\overrightarrow{IF} - ar^2\cot^2\frac{A}{2} \cdot \overrightarrow{ID}}{2r^3\cot\frac{A}{2}\cot\frac{B}{2}\cot\frac{C}{2}}$$

$$= \frac{b\cot\frac{B}{2} \cdot \overrightarrow{IE} + c\cot\frac{C}{2} \cdot \overrightarrow{IF} - a\cot\frac{A}{2} \cdot \overrightarrow{ID}}{2r\cot\frac{B}{2}\cot\frac{C}{2}}$$

即

$$\overrightarrow{IA} = \frac{b\cot\frac{B}{2} \cdot \overrightarrow{IE} + c\cot\frac{C}{2} \cdot \overrightarrow{IF} - a\cot\frac{A}{2} \cdot \overrightarrow{ID}}{2r\cot\frac{B}{2}\cot\frac{C}{2}}$$

同理可得

$$\overrightarrow{IB} = \frac{a\cot\frac{A}{2} \cdot \overrightarrow{ID} + c\cot\frac{C}{2} \cdot \overrightarrow{IF} - b\cot\frac{B}{2} \cdot \overrightarrow{IE}}{2r\cot\frac{C}{2}\cot\frac{A}{2}}$$

$$\overrightarrow{IC} = \frac{a\cot\frac{A}{2} \cdot \overrightarrow{ID} + b\cot\frac{B}{2} \cdot \overrightarrow{IE} - c\cot\frac{C}{2} \cdot \overrightarrow{IF}}{2r\cot\frac{A}{2}\cot\frac{B}{2}}$$

由于 I 为 $\triangle ABC$ 内心,据熟知的结论知,$a \cdot \overrightarrow{IA} + b \cdot \overrightarrow{IB} + c \cdot \overrightarrow{IC} = \mathbf{0}$,得到

$$\mathbf{0} = \frac{a\left(b\cot\frac{B}{2} \cdot \overrightarrow{IE} + c\cot\frac{C}{2} \cdot \overrightarrow{IF} - a\cot\frac{A}{2} \cdot \overrightarrow{ID}\right)}{2r\cot\frac{B}{2}\cot\frac{C}{2}} +$$

$$\frac{b\left(a\cot\frac{A}{2} \cdot \overrightarrow{ID} + c\cot\frac{C}{2} \cdot \overrightarrow{IF} - b\cot\frac{B}{2} \cdot \overrightarrow{IE}\right)}{2r\cot\frac{C}{2}\cot\frac{A}{2}} +$$

$$\frac{ca\cot\frac{A}{2} \cdot \overrightarrow{ID} + b\cot\frac{B}{2} \cdot \overrightarrow{IE} - c\cot\frac{C}{2} \cdot \overrightarrow{IF}}{2r\cot\frac{A}{2}\cot\frac{B}{2}}$$

即

$$\left[\frac{ba}{r\cot\frac{C}{2}} + \frac{ca}{r\cot\frac{B}{2}} - \frac{a^2\cot\frac{A}{2}}{r\cot\frac{B}{2}\cot\frac{C}{2}}\right] \cdot \overrightarrow{ID} +$$

$$\left[\frac{ab}{r\cot\frac{C}{2}} + \frac{bc}{\cot\frac{A}{2}} - \frac{b^2\cot\frac{B}{2}}{r\cot\frac{C}{2}\cot\frac{A}{2}}\right] \cdot \overrightarrow{IE} +$$

$$\left[\frac{bc}{r\cot\frac{A}{2}} + \frac{ca}{r\cot\frac{B}{2}} - \frac{c\cot\frac{C}{2}}{r\cot\frac{A}{2}\cot\frac{B}{2}}\right] \cdot \overrightarrow{IF} = \mathbf{0}$$

即 $a \cdot \overrightarrow{ID} + b \cdot \overrightarrow{IE} ++ c \cdot \overrightarrow{IF} = \mathbf{0}.$

到此结论获得证明.

评注 本证明运用向量的定比分点公式及三角形内心的向量等式予以解决相比证明 1 稍显烦琐.

证明 3 (2018 年 7 月 28 日)

由平面几何知识,可设 $AF = AE = x, BF = BD = y, CD = CE = z$,则

$$AB = x + y, BC = y + z, CA = z + x$$

$$\frac{BD}{DC} = \frac{y}{z} \Rightarrow a \cdot \overrightarrow{ID} = z \cdot \overrightarrow{IB} + y \cdot \overrightarrow{IC} \tag{4}$$

$$b \cdot \overrightarrow{IE} = z \cdot \overrightarrow{IA} + x \cdot \overrightarrow{IC} \qquad\qquad (5)$$

$$c \cdot \overrightarrow{IF} = x \cdot \overrightarrow{IB} + y \cdot \overrightarrow{IA} \qquad\qquad (6)$$

联立(4)(5)(6)得到

$$\overrightarrow{IA} = \frac{\begin{vmatrix} a\,\overrightarrow{ID} & z & y \\ b\,\overrightarrow{IE} & 0 & x \\ c\,\overrightarrow{IF} & x & 0 \end{vmatrix}}{\begin{vmatrix} 0 & z & y \\ z & 0 & x \\ y & x & 0 \end{vmatrix}}$$

$$= \frac{xyb \cdot \overrightarrow{IE} + zxc\,\overrightarrow{IF} - x^2 a \cdot \overrightarrow{ID}}{2xyz}$$

$$= \frac{yb \cdot \overrightarrow{IE} + zc\,\overrightarrow{IF} - xa \cdot \overrightarrow{ID}}{2yz}$$

即

$$\overrightarrow{IA} = \frac{yb \cdot \overrightarrow{IE} + zc\,\overrightarrow{IF} - xa \cdot \overrightarrow{ID}}{2yz}$$

同理可得

$$\overrightarrow{IB} = \frac{xa \cdot \overrightarrow{ID} + zc \cdot \overrightarrow{IF} - yb \cdot \overrightarrow{IE}}{2zx}$$

$$\overrightarrow{IC} = \frac{xa \cdot \overrightarrow{ID} + yb \cdot \overrightarrow{IE} - zc \cdot \overrightarrow{IF}}{2xy}$$

由于 I 为 $\triangle ABC$ 内心,据熟知的结论知,$a \cdot \overrightarrow{IA} + b \cdot \overrightarrow{IB} + c \cdot \overrightarrow{IC} = \mathbf{0}$,得到

$$\mathbf{0} = \frac{a(yb \cdot \overrightarrow{IE} + zc\,\overrightarrow{IF} - xa \cdot \overrightarrow{ID})}{yz} +$$

$$\frac{b(xa \cdot \overrightarrow{ID} + zc \cdot \overrightarrow{IF} - yb \cdot \overrightarrow{IE})}{zx} + \frac{c(xa \cdot \overrightarrow{ID} + yb \cdot \overrightarrow{IE} - zc \cdot \overrightarrow{IF})}{xy}$$

即

$$\left(\frac{ca}{y} + \frac{ab}{z} - \frac{xa^2}{yz}\right) \cdot \overrightarrow{ID} + \left(\frac{bc}{x} + \frac{ab}{z} - \frac{yb^2}{zx}\right) \cdot \overrightarrow{IE} + \left(\frac{ca}{y} + \frac{bc}{x} - \frac{zc^2 \cdot \overrightarrow{IF}}{xy}\right) \cdot \overrightarrow{IF} = \mathbf{0}$$

再化简即得 $a \cdot \overrightarrow{ID} + b \cdot \overrightarrow{IE} + c \cdot \overrightarrow{IF} = \mathbf{0}$.

到此结论获得证明.

评注 上述两个证明有读者会说,这不是一回事吗! 在这里也在卖一个关子,请大家想想.

二、立体几何命题

设 I 为四面体 $A_1 A_2 A_3 A_4$ 的内切球的球心,C_1, C_2, C_3, C_4 分别为 I 在各面

$\triangle A_2A_3A_4$，$\triangle A_1A_3A_4$，$\triangle A_1A_2A_4$，$\triangle A_1A_2A_3$（各面的面积分别为 S_1，S_2，S_3，S_4）的投影，求证

$$S_1 \cdot \overrightarrow{IC_1} + S_2 \cdot \overrightarrow{IC_2} + S_3 \cdot \overrightarrow{IC_3} + S_4 \cdot \overrightarrow{IC_4} = \mathbf{0}$$

证明 如图 20 知道，过三点 I，C_4，C_1 的平面与 A_2A_3 所在直线垂直，设其交点记为 A，则

$$AC_4 = AC_1 \Rightarrow S_{\triangle C_4A_2A_3} = S_{\triangle C_1A_2A_3}$$

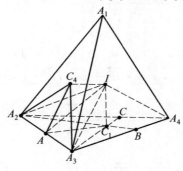

图 20

类似的，还有 $S_{\triangle C_1A_3A_4} = S_{\triangle C_4A_3A_4}$ 等共五对，于是，由前面的基础知识 3，知道

$$\overrightarrow{IC_1} = \frac{S_{\triangle C_1A_3A_4}}{S_1} \cdot \overrightarrow{IA_2} + \frac{S_{\triangle C_1A_2A_4}}{S_1} \cdot \overrightarrow{IA_3} + \frac{S_{\triangle C_1A_2A_3}}{S_1} \cdot \overrightarrow{IA_4}$$

$$\Leftrightarrow S_1 \cdot \overrightarrow{IC_1} = S_{\triangle C_1A_3A_4} \cdot \overrightarrow{IA_2} + S_{\triangle C_1A_2A_4} \cdot \overrightarrow{IA_3} + S_{\triangle C_1A_2A_3} \cdot \overrightarrow{IA_4}$$

同理可得

$$S_2 \cdot \overrightarrow{IC_2} = S_{\triangle C_2A_3A_4} \cdot \overrightarrow{IA_1} + S_{\triangle C_2A_1A_4} \cdot \overrightarrow{IA_3} + S_{\triangle C_2A_1A_3} \cdot \overrightarrow{IA_4}$$

$$S_3 \cdot \overrightarrow{IC_3} = S_{\triangle C_3A_2A_4} \cdot \overrightarrow{IA_1} + S_{\triangle C_3A_1A_4} \cdot \overrightarrow{IA_2} + S_{\triangle C_3A_1A_2} \cdot \overrightarrow{IA_4}$$

$$S_4 \cdot \overrightarrow{IC_4} = S_{\triangle C_4A_2A_3} \cdot \overrightarrow{IA_1} + S_{\triangle C_4A_1A_3} \cdot \overrightarrow{IA_2} + S_{\triangle C_4A_1A_2} \cdot \overrightarrow{IA_3}$$

上述四个式子相加得到

$$S_1 \cdot \overrightarrow{IC_1} + S_2 \cdot \overrightarrow{IC_2} + S_3 \cdot \overrightarrow{IC_3} + S_4 \cdot \overrightarrow{IC_4}$$

$$= (S_{\triangle C_2A_3A_4} + S_{\triangle C_3A_2A_4} + S_{\triangle C_4A_2A_3}) \cdot \overrightarrow{IA_1} + (S_{\triangle C_1A_3A_4} + S_{\triangle C_3A_1A_4} + S_{\triangle C_4A_1A_3}) \cdot \overrightarrow{IA_2} +$$

$$(S_{\triangle C_1A_2A_4} + S_{\triangle C_2A_1A_4} + S_{\triangle C_4A_1A_2} \cdot) \cdot \overrightarrow{IA_3} + (S_{\triangle C_1A_2A_3} + S_{\triangle C_2A_1A_3} + S_{\triangle C_3A_1A_2}) \cdot \overrightarrow{IA_4}$$

$$= (S_{\triangle C_1A_3A_4} + S_{\triangle C_1A_2A_4} + S_{\triangle C_1A_2A_3}) \cdot \overrightarrow{IA_1} + (S_{\triangle C_2A_3A_4} + S_{\triangle C_2A_1A_4} + S_{\triangle C_2A_1A_3}) \cdot \overrightarrow{IA_2} +$$

$$(S_{\triangle C_3A_2A_4} + S_{\triangle C_3A_1A_4} + S_{\triangle C_3A_1A_2}) \cdot \overrightarrow{IA_3} + (S_{\triangle C_4A_2A_3} + S_{\triangle C_4A_1A_3} + S_{\triangle C_4A_1A_2}) \cdot \overrightarrow{IA_4})$$

$$= S_1 \cdot \overrightarrow{IA_1} + S_2 \cdot \overrightarrow{IA_2} + S_3 \cdot \overrightarrow{IA_3} + S_4 \cdot \overrightarrow{IA_4}$$

$$= \mathbf{0}$$

到此本结论全部证明完毕.

评注　本题中的第二个小题的证明得益于四面体的棱与内切球和四面体的面上的切点连成的相邻两个三角形等面积.

§7　三角形重心与三内角平分线和边上交点三角形之面积关系

一、平面向量命题

设 G 是边长为 a,b,c 的 $\triangle ABC$ 的重心，AD,BE,CF 分别为三内角平分线，D,E,F 分别在 BC,CA,AB 上，求证

$$(b+c)\left(\frac{1}{b}+\frac{1}{c}-\frac{1}{a}\right)\cdot \overrightarrow{GD}+(c+a)\left(\frac{1}{c}+\frac{1}{a}-\frac{1}{b}\right)\cdot \overrightarrow{GE}+$$

$$(a+b)\left(\frac{1}{a}+\frac{1}{b}-\frac{1}{c}\right)\cdot \overrightarrow{GF}=\mathbf{0}$$

证明　由条件熟知

$$\frac{BD}{DC}=\frac{c}{b}\Rightarrow(b+c)\cdot\overrightarrow{GD}=b\cdot\overrightarrow{GB}+c\cdot\overrightarrow{GC} \tag{1}$$

$$(c+a)\cdot\overrightarrow{GE}=a\cdot\overrightarrow{GA}+c\cdot\overrightarrow{GC} \tag{2}$$

$$(a+b)\cdot\overrightarrow{GF}=b\cdot\overrightarrow{GB}+a\cdot\overrightarrow{GA} \tag{3}$$

联立(1)(2)(3)得到

$$\overrightarrow{GA}=\frac{\begin{vmatrix} (a+b)\cdot\overrightarrow{GF} & b & 0 \\ (c+a)\cdot\overrightarrow{GE} & 0 & c \\ (b+c)\cdot\overrightarrow{GD} & b & c \end{vmatrix}}{\begin{vmatrix} a & b & 0 \\ a & 0 & c \\ 0 & b & c \end{vmatrix}}$$

$$=\frac{bc(c+a)\cdot\overrightarrow{GE}+bc(a+b)\cdot\overrightarrow{GF}-bc(b+c)\cdot\overrightarrow{GD}}{2abc}$$

$$=\frac{1}{2a}[(c+a)\cdot\overrightarrow{GE}+(a+b)\cdot\overrightarrow{GF}-(b+c)\cdot\overrightarrow{GD}]$$

即

$$\vec{GA} = \frac{1}{2a}\left[(c+a)\cdot\vec{GE} + (a+b)\cdot\vec{GF} - (b+c)\cdot\vec{GD}\right]$$

同理可得

$$\vec{GB} = \frac{1}{2b}\left[(b+c)\cdot\vec{GD} + (a+b)\cdot\vec{GF} - (a+c)\cdot\vec{GE}\right]$$

$$\vec{GC} = \frac{1}{2c}\left[(c+a)\cdot\vec{GE} + (b+c)\cdot\vec{GD} - (a+b)\cdot\vec{GF}\right]$$

注意到 G 为 $\triangle ABC$ 重心,所以 $\vec{GA} + \vec{GB} + \vec{GC} = \mathbf{0}$,于是

$$\left[\frac{c+a}{a}\cdot\vec{GE} + \frac{a+b}{a}\cdot\vec{GF} - \frac{b+c}{a}\cdot\vec{GD}\right] +$$

$$\left[\frac{b+c}{b}\cdot\vec{GD} + \frac{a+b}{b}\cdot\vec{GF} - \frac{a+c}{b}\cdot\vec{GE}\right] +$$

$$\left[\frac{c+a}{c}\cdot\vec{GE} + \frac{b+c}{c}\cdot\vec{GD} - \frac{a+b}{c}\cdot\vec{GF}\right] = \mathbf{0}$$

即

$$(b+c)\left(\frac{1}{b} + \frac{1}{c} - \frac{1}{a}\right)\cdot\vec{GD} + (c+a)\left(\frac{1}{c} + \frac{1}{a} - \frac{1}{b}\right)\cdot\vec{GE} +$$

$$(a+b)\left(\frac{1}{a} + \frac{1}{b} - \frac{1}{c}\right)\cdot\vec{GF} = \mathbf{0}$$

二、立体几何命题

设 G 为四面体 $A_1A_2A_3A_4$ 的重心,I 为四面体 $A_1A_2A_3A_4$ 的内心,A_1I,A_2I,A_3I,A_4I 分别与面 $\triangle A_2A_3A_4$,$\triangle A_1A_3A_4$,$\triangle A_1A_2A_4$,$\triangle A_1A_2A_3$(各面的面积分别为 S_1,S_2,S_3,S_4)上的交点分别为 B_1,B_2,B_3,B_4,求证:

$$(S-S_1)\left(\frac{1}{S_2} + \frac{1}{S_3} + \frac{1}{S_4} - \frac{2}{S_1}\right)\cdot\vec{GB_1} + (S-S_2)\left(\frac{1}{S_1} + \frac{1}{S_3} + \frac{1}{S_4} - \frac{2}{S_2}\right)\cdot\vec{GB_2} +$$

$$(S-S_3)\left(\frac{1}{S_1} + \frac{1}{S_2} + \frac{1}{S_4} - \frac{2}{S_3}\right)\cdot\vec{GB_3} + (S-S_4)\left(\frac{1}{S_1} + \frac{1}{S_2} + \frac{1}{S_3} - \frac{2}{S_4}\right)\cdot\vec{GB_4} = \mathbf{0}.$$

证明 如图 21,过 B_1 作 $\triangle A_1A_3A_4$,$\triangle A_1A_2A_4$,$\triangle A_1A_2A_3$ 的垂线,垂足分别为 B,C,A,则

$$B_1A = B_1B = B_1C$$

$$V_{A_1-\triangle B_1A_2A_3} : V_{A_1-\triangle B_1A_3A_4} : V_{A_1-\triangle B_1A_4A_2} = S_{\triangle B_1A_2A_3} : S_{\triangle B_1A_3A_4} : S_{\triangle B_1A_4A_2}$$

$$\Rightarrow V_{B_1-\triangle A_1A_2A_3} : V_{B_1-\triangle A_1A_3A_4} : V_{B_1-\triangle A_1A_4A_2}$$

$$= S_{\triangle A_1A_2A_3} : S_{\triangle A_1A_3A_4} : S_{\triangle A_1A_4A_2} = S_4 : S_2 : S_3$$

$$\Rightarrow S_{\triangle B_1A_2A_3} : S_{\triangle B_1A_3A_4} : S_{\triangle B_1A_4A_2} = S_4 : S_2 : S_3$$

由前面的基础知识可知

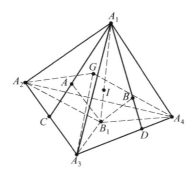

图 21

$$(S_2 + S_3 + S_4) \cdot \overrightarrow{GB_1} = S_4 \cdot \overrightarrow{GA_4} + S_3 \cdot \overrightarrow{GA_3} + S_2 \cdot \overrightarrow{GA_2}$$

同理可得

$$(S_1 + S_3 + S_4) \cdot \overrightarrow{GB_2} = S_1 \cdot \overrightarrow{GA_1} + S_3 \cdot \overrightarrow{GA_3} + S_4 \cdot \overrightarrow{GA_4}$$

$$(S_1 + S_2 + S_4) \cdot \overrightarrow{GB_3} = S_4 \cdot \overrightarrow{GA_4} + S_1 \cdot \overrightarrow{GA_1} + S_2 \cdot \overrightarrow{GA_2}$$

$$(S_1 + S_2 + S_3) \cdot \overrightarrow{GB_4} = S_1 \cdot \overrightarrow{GA_1} + S_3 \cdot \overrightarrow{GA_3} + S_2 \cdot \overrightarrow{GA_2}$$

$$(S - S_1) \cdot \overrightarrow{GB_1} + (S - S_2) \cdot \overrightarrow{GB_2} + (S - S_3) \cdot$$

$$\overrightarrow{GB_3} + (S - S_4) \cdot \overrightarrow{GB_4}$$

$$= 3(S_1 \cdot \overrightarrow{GA_1} + S_2 \cdot \overrightarrow{GA_2} + S_3 \cdot \overrightarrow{GA_3} + S_4 \cdot \overrightarrow{GA_4})$$

$$\Rightarrow S_1 \cdot \overrightarrow{GA_1} + S_2 \cdot \overrightarrow{GA_2} + S_3 \cdot \overrightarrow{GA_3} + S_4 \cdot \overrightarrow{GA_4}$$

$$= \frac{1}{3}[(S - S_1) \cdot \overrightarrow{GB_1} + (S - S_2) \cdot \overrightarrow{GB_2} + (S - S_3) \cdot \overrightarrow{GB_3} + (S - S_4) \cdot \overrightarrow{GB_4}]$$

$$\Rightarrow \overrightarrow{GA_k} = \frac{\frac{1}{3}\left[\sum_{i=1}^{4}(S - S_i) \cdot \overrightarrow{GB_i} - 3(S - S_k) \cdot \overrightarrow{GB_k}\right]}{S_k} \quad (k = 1, 2, 3, 4)$$

注意到 G 为四面体 $A_1A_2A_3A_4$ 的重心,所以

$$\mathbf{0} = 3\sum_{k=}^{4} \overrightarrow{GA_k} = \sum_{k=1}^{4} \frac{\left[\sum_{i=1}^{4}(S - S_i) \cdot \overrightarrow{GB_i} - 3(S - S_k) \cdot \overrightarrow{GB_k}\right]}{S_k}$$

$$= (S - S_1)\left(\frac{1}{S_2} + \frac{1}{S_3} + \frac{1}{S_4} - \frac{2}{S_1}\right) \cdot \overrightarrow{GB_1} +$$

$$(S - S_2)\left(\frac{1}{S_1} + \frac{1}{S_3} + \frac{1}{S_4} - \frac{2}{S_2}\right) \cdot \overrightarrow{GB_2} +$$

$$(S - S_3)\left(\frac{1}{S_1} + \frac{1}{S_2} + \frac{1}{S_4} - \frac{2}{S_3}\right) \cdot \overrightarrow{GB_3} +$$

$$(S - S_4)\left(\frac{1}{S_1} + \frac{1}{S_2} + \frac{1}{S_3} - \frac{2}{S_4}\right) \cdot \overrightarrow{GB_4}$$

$$\Rightarrow (S - S_1)\left(\frac{1}{S_2} + \frac{1}{S_3} + \frac{1}{S_4} - \frac{2}{S_1}\right) \cdot \overrightarrow{GB_1} +$$

$$(S - S_2)\left(\frac{1}{S_1} + \frac{1}{S_3} + \frac{1}{S_4} - \frac{2}{S_2}\right) \cdot \overrightarrow{GB_2} +$$

$$(S - S_3)\left(\frac{1}{S_1} + \frac{1}{S_2} + \frac{1}{S_4} - \frac{2}{S_3}\right) \cdot \overrightarrow{GB_3} +$$

$$(S - S_4)\left(\frac{1}{S_1} + \frac{1}{S_2} + \frac{1}{S_3} - \frac{2}{S_4}\right) \cdot \overrightarrow{GB_4} = \mathbf{0}$$

§8 若干三角形的面积比问题

前面我们将平面几何中的若干命题成功移植到空间,本节给出另外一些类似的平面几何命题,本来也可以移植到空间,但是结论形式较为复杂,故只给出平面几何的原命题,不再给出空间形式,也不再说明本题的来历以及解决思想方法产生过程,感兴趣的读者自己可以练习.

问题 1 设点 H 是边长分别为 a,b,c 的锐角 $\triangle ABC$ 内部一点,点 H 在 BC,CA,AB 上的投影分别为 D,E,F,且点 H 为 $\triangle DEF$ 的垂心,求证:
$$\tan\angle A \cdot \overrightarrow{HD} + \tan\angle B \cdot \overrightarrow{HE} + \tan\angle C \cdot \overrightarrow{HF} = \mathbf{0}$$

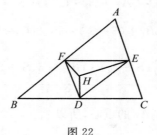

图 22

证明 由已知条件点 H 为 $\triangle DEF$ 的垂心以及点 H 在 BC,CA,AB 上的投影分别为 D,E,F 知,$EF /\!/ BC$,$DE /\!/ AB$,$DF /\!/ AC$,

$$\Rightarrow \angle EDF = \angle BAC, \angle DEF = \angle ABC, \angle DFE = \angle ACB$$

由垂心的性质知

$$\tan\angle FDE \cdot \overrightarrow{HD} + \tan\angle DEF \cdot \overrightarrow{HE} + \tan\angle EFD \cdot \overrightarrow{HF} = \mathbf{0}$$

$$\tan\angle A \cdot \overrightarrow{HD} + \tan\angle B \cdot \overrightarrow{HE} + \tan\angle C \cdot \overrightarrow{HF} = \mathbf{0}$$

问题 2 设 H 为锐角 $\triangle ABC$ 的垂心,D,E,F 分别为 BC,CA,AB 的中点,

36

则

$$(-\tan A + \tan B + \tan C) \cdot \overrightarrow{HD} + (\tan A - \tan B + \tan C) \cdot \overrightarrow{HE} +$$
$$(\tan A + \tan B - \tan C) \cdot \overrightarrow{HF} = \mathbf{0}$$

证明 由熟知的结论 $\tan A \cdot \overrightarrow{HA} + \tan B \cdot \overrightarrow{HB} + \tan C \cdot \overrightarrow{HC} = \mathbf{0}$ 知

$$\begin{cases} \overrightarrow{HA} + \overrightarrow{HB} = 2\overrightarrow{HF} \\ \overrightarrow{HB} + \overrightarrow{HC} = 2\overrightarrow{HD} \\ \overrightarrow{HC} + \overrightarrow{HA} = 2\overrightarrow{HE} \end{cases}$$

$$\Rightarrow \overrightarrow{HA} + \overrightarrow{HB} + \overrightarrow{HC} = \overrightarrow{HD} + \overrightarrow{HE} + \overrightarrow{HF}$$

$$\Rightarrow \begin{cases} \overrightarrow{HA} = -\overrightarrow{HD} + \overrightarrow{HE} + \overrightarrow{HF} \\ \overrightarrow{HB} = \overrightarrow{HD} - \overrightarrow{HE} + \overrightarrow{HF} \\ \overrightarrow{HC} = \overrightarrow{HD} + \overrightarrow{HE} - \overrightarrow{HF} \end{cases}$$

所以

$$\tan A \cdot (-\overrightarrow{HD} + \overrightarrow{HE} + \overrightarrow{HF}) + \tan B \cdot (\overrightarrow{HD} - \overrightarrow{HE} + \overrightarrow{HF}) +$$
$$\tan C \cdot (\overrightarrow{HD} + \overrightarrow{HE} - \overrightarrow{HF}) = \mathbf{0}$$

即

$$(-\tan A + \tan B + \tan C) \cdot \overrightarrow{HD} + (\tan A - \tan B + \tan C) \cdot \overrightarrow{HE} +$$
$$(\tan A + \tan B - \tan C) \cdot \overrightarrow{HF} = \mathbf{0}$$

证明完毕.

问题 3 设 H 为 $\triangle ABC$ 的垂心，D,E,F 分别为 $\triangle ABC$ 内切圆与边 BC, CA,AB 的切点，记 $AF = AE = x$，$BF = BD = y$，$CD = CE = z$，求证

$$S_{\triangle HEF} : S_{\triangle HDF} : S_{\triangle HDE} = \left[\frac{(y+z)^2}{yz(yz-1)} \left(\frac{y^2}{y^2-1} + \frac{z^2}{z^2-1} - \frac{x^2}{x^2-1} \right) \right] :$$
$$\left[\frac{(z+x)^2}{zx(zx-1)} \left(\frac{z^2}{z^2-1} + \frac{x^2}{x^2-1} - \frac{y^2}{y^2-1} \right) \right] :$$
$$\left[\frac{(x+y)^2}{xy(xy-1)} \left(\frac{x^2}{x^2-1} + \frac{y^2}{y^2-1} - \frac{z^2}{z^2-1} \right) \right]$$

证明 如图 23，由平面几何以及三角知识，有

$$AB = x + y, BC = y + z, CA = z + x \Rightarrow x + y + z = xyz$$

$$\frac{BD}{DC} = \frac{y}{z} \Rightarrow a \cdot \overrightarrow{HD} = z \cdot \overrightarrow{HB} + y \cdot \overrightarrow{HC} \tag{1}$$

$$b \cdot \overrightarrow{HE} = z \cdot \overrightarrow{HA} + x \cdot \overrightarrow{HC} \tag{2}$$

$$c \cdot \overrightarrow{HF} = x \cdot \overrightarrow{HB} + y \cdot \overrightarrow{HA} \tag{3}$$

联立(1)(2)(3)得到

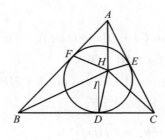

图 23

$$\overrightarrow{HA} = \frac{\begin{vmatrix} a & \overrightarrow{HD} & z & y \\ b & \overrightarrow{HE} & 0 & x \\ c & \overrightarrow{HF} & x & 0 \end{vmatrix}}{\begin{vmatrix} 0 & z & y \\ z & 0 & x \\ y & x & 0 \end{vmatrix}} = \frac{xyb \cdot \overrightarrow{HE} + zxc\,\overrightarrow{HF} - x^2 a \cdot \overrightarrow{HD}}{2xyz}$$

$$= \frac{yb \cdot \overrightarrow{HE} + zc\,\overrightarrow{HF} - xa \cdot \overrightarrow{HD}}{2yz}$$

即

$$2\overrightarrow{HA} = \frac{b}{z} \cdot \overrightarrow{HE} + \frac{c}{y} \cdot \overrightarrow{HF} - \frac{xa}{yz} \cdot \overrightarrow{HD}$$

同理可得

$$2\overrightarrow{HB} = \frac{a}{z} \cdot \overrightarrow{HD} + \frac{c}{x} \cdot \overrightarrow{HF} - \frac{yb}{zx} \cdot \overrightarrow{HE}$$

$$2\overrightarrow{HC} = \frac{a}{y} \cdot \overrightarrow{HD} + \frac{b}{x} \cdot \overrightarrow{HE} - \frac{zc}{xy} \cdot \overrightarrow{HF}$$

注意到 $\tan A \cdot \overrightarrow{HA} + \tan B \cdot \overrightarrow{HB} + \tan C \cdot \overrightarrow{HC} = \mathbf{0}$，所以

$$\mathbf{0} = \tan A \cdot \left(\frac{yb \cdot \overrightarrow{HE} + zc\,\overrightarrow{HF} - xa \cdot \overrightarrow{HD}}{yz} \right) +$$

$$\tan B \cdot \left(\frac{xa \cdot \overrightarrow{HD} + zc \cdot \overrightarrow{HF} - yb \cdot \overrightarrow{HE}}{zx} \right) +$$

$$\tan C \cdot \left(\frac{xa \cdot \overrightarrow{HD} + yb \cdot \overrightarrow{HE} - zc \cdot \overrightarrow{HF}}{xy} \right)$$

$$= \frac{xa}{yz}(y\tan B + z\tan C - x\tan A) \cdot \overrightarrow{HD} +$$

$$\frac{yb}{zx}(x\tan A + z\tan C - y\tan B) \cdot \overrightarrow{HE} +$$

$$\frac{zc}{xy}(x\tan A + y\tan B - z\tan C) \cdot \overrightarrow{HF}$$

$$\mathbf{0} = \frac{(y+z)^2}{yz(yz-1)}\left(\frac{y^2}{y^2-1} + \frac{z^2}{z^2-1} - \frac{x^2}{x^2-1}\right) \cdot \overrightarrow{HD} +$$

$$\frac{(z+x)^2}{zx(zx-1)}\left(\frac{z^2}{z^2-1} + \frac{x^2}{x^2-1} - \frac{y^2}{y^2-1}\right) \cdot \overrightarrow{HE} +$$

$$\frac{(x+y)^2}{xy(xy-1)}\left(\frac{x^2}{x^2-1} + \frac{y^2}{y^2-1} - \frac{z^2}{z^2-1}\right) \cdot \overrightarrow{HF}$$

问题 4 设 H 为锐角 $\triangle ABC$ 的垂心，AD，BE，CF 分别为三内角平分线，则

$$(\sin B + \sin C)\left(\frac{1}{\cos B} + \frac{1}{\cos C} - \frac{1}{\cos A}\right) \cdot \overrightarrow{HD} +$$

$$(\sin C + \sin A)\left(\frac{1}{\cos A} + \frac{1}{\cos C} - \frac{1}{\cos B}\right) \cdot \overrightarrow{HE} +$$

$$(\sin A + \sin B)\left(\frac{1}{\cos A} + \frac{1}{\cos B} - \frac{1}{\cos C}\right) \cdot \overrightarrow{HF} = \mathbf{0}$$

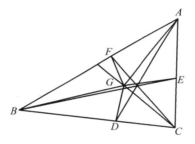

图 24

证明 由条件熟知

$$\frac{BD}{DC} = \frac{c}{b} \Rightarrow (b+c) \cdot \overrightarrow{OD} = b \cdot \overrightarrow{OB} + c \cdot \overrightarrow{OC} \tag{4}$$

$$(c+a) \cdot \overrightarrow{HE} = a \cdot \overrightarrow{HA} + c \cdot \overrightarrow{HC} \tag{5}$$

$$(a+b) \cdot \overrightarrow{HF} = b \cdot \overrightarrow{HB} + a \cdot \overrightarrow{HA} \tag{6}$$

联立(4)(5)(6)得到

$$\overrightarrow{GA} = \frac{\begin{vmatrix} (a+b) \cdot \overrightarrow{HF} & b & 0 \\ (c+a) \cdot \overrightarrow{HE} & 0 & c \\ (b+c) \cdot \overrightarrow{HD} & b & c \end{vmatrix}}{\begin{vmatrix} a & b & 0 \\ a & 0 & c \\ 0 & b & c \end{vmatrix}}$$

$$= \frac{bc(c+a) \cdot \overrightarrow{HE} + bc(a+b) \cdot \overrightarrow{HF} - bc(b+c) \cdot \overrightarrow{HD}}{2abc}$$

$$= \frac{1}{2a}[(c+a) \cdot \overrightarrow{GE} + (a+b) \cdot \overrightarrow{GF} - (b+c) \cdot \overrightarrow{GD}]$$

即

$$\overrightarrow{HA} = \frac{1}{2a}[(c+a) \cdot \overrightarrow{HE} + (a+b) \cdot \overrightarrow{HF} - (b+c) \cdot \overrightarrow{HD}]$$

同理可得

$$\overrightarrow{HB} = \frac{1}{2b}[(b+c) \cdot \overrightarrow{HD} + (a+b) \cdot \overrightarrow{HF} - (a+c) \cdot \overrightarrow{HE}]$$

$$\overrightarrow{HC} = \frac{1}{2c}[(c+a) \cdot \overrightarrow{HE} + (b+c) \cdot \overrightarrow{HD} - (a+b) \cdot \overrightarrow{HF}]$$

注意到 H 为 $\triangle ABC$ 垂心,所以 $\tan A \cdot \overrightarrow{HA} + \tan B \cdot \overrightarrow{HB} + \tan C \cdot \overrightarrow{HC} = \mathbf{0}$,于是

$$\frac{1}{\cos A}[(c+a) \cdot \overrightarrow{HE} + (a+b) \cdot \overrightarrow{HF} - (b+c) \cdot \overrightarrow{HD}] +$$

$$\frac{1}{\cos B}[(b+c) \cdot \overrightarrow{HD} + (a+b) \cdot \overrightarrow{HF} - (a+c) \cdot \overrightarrow{HE}] +$$

$$\frac{1}{\cos C}[(c+a) \cdot \overrightarrow{HE} + (b+c) \cdot \overrightarrow{HD} - (a+b) \cdot \overrightarrow{HF}] = \mathbf{0}$$

即

$$(b+c)\left(\frac{1}{\cos B} + \frac{1}{\cos C} - \frac{1}{\cos A}\right) \cdot \overrightarrow{HD} +$$

$$(c+a)\left(\frac{1}{\cos A} + \frac{1}{\cos C} - \frac{1}{\cos B}\right) \cdot \overrightarrow{HE} +$$

$$(a+b)\left(\frac{1}{\cos A} + \frac{1}{\cos B} - \frac{1}{\cos C}\right) \cdot \overrightarrow{HF} = \mathbf{0}$$

即

$$(\sin B + \sin C)\left(\frac{1}{\cos B} + \frac{1}{\cos C} - \frac{1}{\cos A}\right) \cdot \overrightarrow{HD} +$$

$$(\sin C + \sin A)\left(\frac{1}{\cos A} + \frac{1}{\cos C} - \frac{1}{\cos B}\right) \cdot \overrightarrow{HE} +$$

$$(\sin A + \sin B)\left(\frac{1}{\cos A} + \frac{1}{\cos B} - \frac{1}{\cos C}\right) \cdot \overrightarrow{HF} = \mathbf{0}$$

问题 5 设 O 为锐角 $\triangle ABC$ 的外心,D,E,F 分别为 BC,CA,AB 的中点,则有

$$\tan A \cdot \overrightarrow{OD} + \tan B \cdot \overrightarrow{OE} + \tan C \cdot \overrightarrow{OF} = \mathbf{0}$$

等价于

$$S_{\triangle OEF} : S_{\triangle ODF} : S_{\triangle ODE} = \tan A : \tan B : \tan C$$

证明 由条件 D, E, F 分别为 BC, CA, AB 的中点,易知

$$\begin{cases} \overrightarrow{OA} + \overrightarrow{OB} = 2\overrightarrow{OF} \\ \overrightarrow{OB} + \overrightarrow{OC} = 2\overrightarrow{OD} \\ \overrightarrow{OC} + \overrightarrow{OA} = 2\overrightarrow{OE} \end{cases}$$

$$\Rightarrow \overrightarrow{OA} + \overrightarrow{OB} + \overrightarrow{OC} = \overrightarrow{OD} + \overrightarrow{OE} + \overrightarrow{OF}$$

$$\begin{cases} \overrightarrow{OA} = -\overrightarrow{OD} + \overrightarrow{OE} + \overrightarrow{OF} \\ \overrightarrow{OB} = \overrightarrow{OD} - \overrightarrow{OE} + \overrightarrow{OF} \\ \overrightarrow{OC} = \overrightarrow{OD} + \overrightarrow{OE} - \overrightarrow{OF} \end{cases}$$

代入到

$$\sin 2A \cdot \overrightarrow{OA} + \sin 2B \cdot \overrightarrow{OB} + \sin 2C \cdot \overrightarrow{OC} = \mathbf{0}$$

得到

$$\sin 2A \cdot (-\overrightarrow{OD} + \overrightarrow{OE} + \overrightarrow{OF}) +$$
$$\sin 2B \cdot (\overrightarrow{OD} - \overrightarrow{OE} + \overrightarrow{OF}) +$$
$$\sin 2C \cdot (\overrightarrow{OD} + \overrightarrow{OE} - \overrightarrow{OF}) = \mathbf{0}$$

$$\Rightarrow (\sin 2B + \sin 2C - \sin 2A) \cdot \overrightarrow{OD} +$$
$$(\sin 2A + \sin 2C - \sin 2B) \cdot \overrightarrow{OE} +$$
$$(\sin 2A + \sin 2B - \sin 2C) \cdot \overrightarrow{OF} = \mathbf{0}$$

$$\Rightarrow \cos B \sin C \sin A \cdot \overrightarrow{OD} +$$
$$\cos B \sin C \sin A \cdot \overrightarrow{OE} +$$
$$\cos C \sin A \sin B \cdot \overrightarrow{OF} = \mathbf{0}$$

$$\Leftrightarrow \tan A \cdot \overrightarrow{OD} + \tan B \cdot \overrightarrow{OE} + \tan C \cdot \overrightarrow{OF} = \mathbf{0}$$

或

$$S_{\triangle OEF} : S_{\triangle ODF} : S_{\triangle ODE} = \tan A : \tan B : \tan C$$

问题 6 设 O 为锐角 $\triangle ABC$ 的外心,AD, BE, CF 分别为三内角平分线,则

$$(b+c)\left(4\sin\frac{A}{2}\cos\frac{B}{2}\cos\frac{C}{2} - 1\right) \cdot \overrightarrow{OD} +$$

$$(c+a)\left(4\sin\frac{B}{2}\cos\frac{C}{2}\cos\frac{A}{2} - 1\right) \cdot \overrightarrow{OE} +$$

$$(a+b)\left(4\sin\frac{C}{2}\cos\frac{A}{2}\cos\frac{B}{2} - 1\right) \cdot \overrightarrow{OF} = \mathbf{0}$$

证明 由条件熟知

$$\frac{BD}{DC} = \frac{c}{b} \Rightarrow (b+c) \cdot \overrightarrow{OD} = b \cdot \overrightarrow{OB} + c \cdot \overrightarrow{OC} \tag{7}$$

$$(c+a) \cdot \overrightarrow{OE} = a \cdot \overrightarrow{OA} + c \cdot \overrightarrow{OC} \tag{8}$$

$$(a+b) \cdot \overrightarrow{OF} = b \cdot \overrightarrow{OB} + a \cdot \overrightarrow{OA} \tag{9}$$

联立(7)(8)(9)得到

$$\overrightarrow{OA} = \frac{\begin{vmatrix} (a+b) \cdot \overrightarrow{OF} & b & 0 \\ (c+a) \cdot \overrightarrow{OE} & 0 & c \\ (b+c) \cdot \overrightarrow{OD} & b & c \end{vmatrix}}{\begin{vmatrix} a & b & 0 \\ a & 0 & c \\ 0 & b & c \end{vmatrix}}$$

$$= \frac{bc(c+a) \cdot \overrightarrow{OE} + bc(a+b) \cdot \overrightarrow{OF} - bc(b+c) \cdot \overrightarrow{OD}}{2abc}$$

$$= \frac{1}{2a}[(c+a) \cdot \overrightarrow{OE} + (a+b) \cdot \overrightarrow{OF} - (b+c) \cdot \overrightarrow{OD}]$$

即

$$\overrightarrow{OA} = \frac{1}{2a}[(c+a) \cdot \overrightarrow{OE} + (a+b) \cdot \overrightarrow{OF} - (b+c) \cdot \overrightarrow{OD}]$$

同理可得

$$\overrightarrow{OB} = \frac{1}{2b}[(b+c) \cdot \overrightarrow{OD} + (a+b) \cdot \overrightarrow{OF} - (a+c) \cdot \overrightarrow{OE}]$$

$$\overrightarrow{OC} = \frac{1}{2c}[(c+a) \cdot \overrightarrow{OE} + (b+c) \cdot \overrightarrow{OD} - (a+b) \cdot \overrightarrow{OF}]$$

注意到 O 为 $\triangle ABC$ 外心，所以

$$\sin 2A \cdot \overrightarrow{OA} + \sin 2B \cdot \overrightarrow{OB} + \sin 2 \cdot \overrightarrow{OC} = \mathbf{0}$$

于是

$$\cos A[(c+a) \cdot \overrightarrow{OE} + (a+b) \cdot \overrightarrow{OF} - (b+c) \cdot \overrightarrow{OD}] +$$

$$\cos B[(b+c) \cdot \overrightarrow{OD} + (a+b) \cdot \overrightarrow{OF} - (a+c) \cdot \overrightarrow{OE}] +$$

$$\cos C[(c+a) \cdot \overrightarrow{OE} + (b+c) \cdot \overrightarrow{OD} - (a+b) \cdot \overrightarrow{OF}] = \mathbf{0}$$

即

$$(b+c)(\cos B + \cos C - \cos A) \cdot \overrightarrow{OD} +$$

$$(c+a)(\cos C + \cos A - \cos B) \cdot \overrightarrow{OE} +$$

$$(a+b)(\cos A + \cos B - \cos C) \cdot \overrightarrow{OF} = \mathbf{0}$$

即

$$(b+c)(4\sin\frac{A}{2}\cos\frac{B}{2}\cos\frac{C}{2}-1)\cdot\overrightarrow{OD}+$$

$$(c+a)(4\sin\frac{B}{2}\cos\frac{C}{2}\cos\frac{A}{2}-1)\cdot\overrightarrow{OE}+$$

$$(a+b)(4\sin\frac{C}{2}\cos\frac{A}{2}\cos\frac{B}{2}-1)\cdot\overrightarrow{OF}=\mathbf{0}$$

问题 7   设 O 为锐角 $\triangle ABC$ 的外心，D,E,F 分别为 $\triangle ABC$ 内切圆与边 BC,CA,AB 的切点，则

$$\left[\frac{a\cos C}{\cot\frac{B}{2}}+\frac{a\cos B}{\cot\frac{C}{2}}-\frac{a\cos A\cdot\cot\frac{A}{2}}{\cot\frac{B}{2}\cot\frac{C}{2}}\right]\cdot\overrightarrow{OD}+$$

$$\left[\frac{b\cos C\cdot}{\cot\frac{A}{2}}+\frac{b\cos A}{\cot\frac{C}{2}}-\frac{b\cos B\cdot\cot\frac{B}{2}}{\cot\frac{C}{2}\cot\frac{A}{2}}\right]\cdot\overrightarrow{OE}+$$

$$\left[\frac{c\cos A}{\cot\frac{B}{2}}+\frac{c\cos B}{\cot\frac{A}{2}}-\frac{c\cos C\cdot\cot\frac{C}{2}}{\cot\frac{A}{2}\cot\frac{B}{2}}\right]\cdot\overrightarrow{OF}=\mathbf{0}$$

证明   由平面几何知识，可设 $AF=AE=x$，$BF=BD=y$，$CD=CE=z$，则

$$AB=x+y,BC=y+z,CA=z+x,$$

$$\frac{BD}{DC}=\frac{y}{z}\Rightarrow a\cdot\overrightarrow{OD}=z\cdot\overrightarrow{OB}+y\cdot\overrightarrow{OC} \tag{10}$$

$$b\cdot\overrightarrow{OE}=z\cdot\overrightarrow{OA}+x\cdot\overrightarrow{OC} \tag{11}$$

$$c\cdot\overrightarrow{OF}=x\cdot\overrightarrow{OB}+y\cdot\overrightarrow{OA} \tag{12}$$

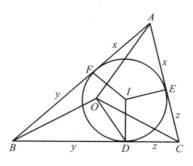

图 25

联立 (10)(11)(12) 得到

43

$$\vec{IA} = \cfrac{\begin{vmatrix} a\,\vec{OD} & z & y \\ b\,\vec{OE} & 0 & x \\ c\,\vec{OF} & x & 0 \end{vmatrix}}{\begin{vmatrix} 0 & z & y \\ z & 0 & x \\ y & x & 0 \end{vmatrix}} = \frac{xyb \cdot \vec{OE} + zxc\,\vec{OF} - x^2a \cdot \vec{OD}}{2xyz}$$

$$= \frac{yb \cdot \vec{OE} + zc\,\vec{OF} - xa \cdot \vec{OD}}{2yz}$$

即

$$2\,\vec{OA} = \frac{yb \cdot \vec{OE} + zc\,\vec{OF} - xa \cdot \vec{OD}}{yz}$$

同理可得

$$2\,\vec{OB} = \frac{xa \cdot \vec{OD} + zc \cdot \vec{OF} - yb \cdot \vec{OE}}{zx}$$

$$2\,\vec{OC} = \frac{xa \cdot \vec{OD} + yb \cdot \vec{OE} - zc \cdot \vec{OF}}{xy}$$

据熟知的结论 $\mathbf{0} = \sin 2A \cdot \vec{OA} + \sin 2B \cdot \vec{OB} + \sin 2C \cdot \vec{OC}$，得到

$$\mathbf{0} = \sin 2A \cdot \frac{b\cot\dfrac{B}{2} \cdot \vec{OE} + c\cot\dfrac{C}{2} \cdot \vec{OF} - a\cot\dfrac{A}{2} \cdot \vec{OD}}{2\cot\dfrac{B}{2}\cot\dfrac{C}{2}} +$$

$$\sin 2B \cdot \frac{a\cot\dfrac{A}{2} \cdot \vec{OD} + c\cot\dfrac{C}{2} \cdot \vec{OF} - b\cot\dfrac{B}{2} \cdot \vec{OE}}{2\cot\dfrac{C}{2}\cot\dfrac{A}{2}} +$$

$$\sin 2C \cdot \frac{a\cot\dfrac{A}{2} \cdot \vec{OD} + b\cot\dfrac{B}{2} \cdot \vec{OE} - c\cot\dfrac{C}{2} \cdot \vec{OF}}{2\cot\dfrac{A}{2}\cot\dfrac{B}{2}}$$

即

$$\mathbf{0} = \sin 2A \cdot \frac{b\cot\dfrac{B}{2} \cdot \vec{OE} + c\cot\dfrac{C}{2} \cdot \vec{OF} - a\cot\dfrac{A}{2} \cdot \vec{OD}}{\cot\dfrac{B}{2}\cot\dfrac{C}{2}} +$$

$$\sin 2B \cdot \frac{a\cot\dfrac{A}{2} \cdot \vec{OD} + c\cot\dfrac{C}{2} \cdot \vec{OF} - b\cot\dfrac{B}{2} \cdot \vec{OE}}{\cot\dfrac{C}{2}\cot\dfrac{A}{2}} +$$

44

$$\sin 2C \cdot \frac{a\cot\dfrac{A}{2}\cdot\overrightarrow{OD}+b\cot\dfrac{B}{2}\cdot\overrightarrow{OE}-c\cot\dfrac{C}{2}\cdot\overrightarrow{OF}}{\cot\dfrac{A}{2}\cot\dfrac{B}{2}}$$

$$=\left(\frac{a\sin 2C}{\cot\dfrac{B}{2}}+\frac{a\sin 2B}{\cot\dfrac{C}{2}}-\frac{a\sin 2A\cdot\cot\dfrac{A}{2}}{\cot\dfrac{B}{2}\cot\dfrac{C}{2}}\right)\cdot\overrightarrow{OD}+$$

$$\left(\frac{b\sin 2C\cdot}{\cot\dfrac{A}{2}}+\frac{b\sin 2A}{\cot\dfrac{C}{2}}-\frac{b\sin 2B\cdot\cot\dfrac{B}{2}}{\cot\dfrac{C}{2}\cot\dfrac{A}{2}}\right)\cdot\overrightarrow{OE}+$$

$$\left(\frac{c\sin 2A}{\cot\dfrac{B}{2}}+\frac{c\sin 2B}{\cot\dfrac{A}{2}}-\frac{c\sin 2C\cdot\cot\dfrac{C}{2}}{\cot\dfrac{A}{2}\cot\dfrac{B}{2}}\right)\cdot\overrightarrow{OF}$$

即

$$\sin A\left(\sin 2C\tan\frac{B}{2}+\sin 2B\tan\frac{C}{2}-\sin 2A\cdot\tan\frac{A}{2}\tan\frac{B}{2}\tan\frac{C}{2}\right)\cdot\overrightarrow{OD}+$$

$$\sin B\left(\sin 2C\tan\frac{A}{2}+\sin 2A\tan\frac{C}{2}-\sin 2B\cdot\tan\frac{A}{2}\tan\frac{B}{2}\tan\frac{C}{2}\right)\cdot\overrightarrow{OE}+$$

$$\sin C\left(\sin 2A\tan\frac{B}{2}+\sin 2B\tan\frac{A}{2}-\sin 2C\cdot\tan\frac{A}{2}\tan\frac{B}{2}\tan\frac{C}{2}\right)\cdot\overrightarrow{OF}=\mathbf{0}$$

到此结论获得证明.

问题 8 设 H 为锐角 $\triangle ABC$ 的垂心, AD, BE, CF 分别为三边 BC, CA, AB 上的高线,求证: $(\tan B+\tan C)\cdot\overrightarrow{HD}+(\tan C+\tan A)\cdot\overrightarrow{HE}+(\tan A+\tan B)\cdot\overrightarrow{HF}=\mathbf{0}$.

证明 熟知

$$\frac{BD}{DC}=\frac{c\cos B}{b\cos C}\Rightarrow a\cdot\overrightarrow{HD}=b\cos C\cdot\overrightarrow{HB}+c\cos B\cdot\overrightarrow{HC} \tag{13}$$

$$b\cdot\overrightarrow{HE}=a\cos C\cdot\overrightarrow{HA}+c\cos A\cdot\overrightarrow{HC} \tag{14}$$

$$c\cdot\overrightarrow{HF}=b\cos A\cdot\overrightarrow{HB}+a\cos B\cdot\overrightarrow{HA} \tag{15}$$

联立(13)(14)(15)得到

$$\vec{HA} = \cfrac{\begin{vmatrix} a\vec{HD} & b\cos C & c\cos B \\ b\vec{HE} & 0 & c\cos A \\ c\vec{HF} & b\cos A & 0 \end{vmatrix}}{\begin{vmatrix} 0 & b\cos C & c\cos B \\ a\cos C & 0 & c\cos A \\ a\cos B & b\cos A & 0 \end{vmatrix}}$$

$$= \frac{b^2 c\cos A\cos B \cdot \vec{HE} + bc^2\cos A\cos C \cdot \vec{HF} - abc\cos^2 A \cdot \vec{HD}}{2abc\cos A\cos B\cos C}$$

$$= \frac{b\cos B \cdot \vec{GE} + c\cos C \cdot \vec{GF} - a\cos A \cdot \vec{GD}}{2a\cos B\cos C}$$

即

$$\vec{HA} = \frac{b\cos B \cdot \vec{HE} + c\cos C \cdot \vec{HF} - a\cos A \cdot \vec{HD}}{2a\cos B\cos C}$$

同理可得

$$\vec{HB} = \frac{a\cos A \cdot \vec{HD} + c\cos C \cdot \vec{HF} - b\cos B \cdot \vec{HE}}{2b\cos C\cos A}$$

$$\vec{HC} = \frac{a\cos A \cdot \vec{HD} + b\cos B \cdot \vec{HE} - c\cos C \cdot \vec{HF}}{2c\cos A\cos B}$$

据熟知的结论

$$\tan A \cdot \vec{HA} + \tan B \cdot \vec{HB} + \tan C \cdot \vec{HC} = \mathbf{0}$$

$$\mathbf{0} = \frac{b\cos B \cdot \vec{HE} + c\cos C \cdot \vec{HF} - a\cos A \cdot \vec{HD}}{\cos A\cos B\cos C} +$$

$$\frac{a\cos A \cdot \vec{HD} + c\cos C \cdot \vec{HF} - b\cos B \cdot \vec{HE}}{\cos A\cos B\cos C} +$$

$$\frac{a\cos A \cdot \vec{HD} + b\cos B \cdot \vec{HE} - c\cos C \cdot \vec{HF}}{\cos A\cos B\cos C}$$

$$= \frac{a\cos A \cdot \vec{HD} + b\cos B \cdot \vec{HE} + c\cos C \cdot \vec{HF}}{\cos A\cos B\cos C}$$

$$\Rightarrow (\tan B + \tan C) \cdot \vec{HD} + (\tan C + \tan A) \cdot \vec{HE} +$$

$$(\tan A + \tan B) \cdot \vec{HF} = \mathbf{0}$$

问题 9 设点 G 为锐角 $\triangle ABC$ 重心，AD，BE，CF 为三条高，D，E，F 分别为垂足，求证：

$$S_{\triangle GBF} : S_{\triangle GDF} : S_{\triangle GDE} = \frac{a^2 - bc\cos A}{bc\cos B\cos C} : \frac{b^2 - ca\cos B}{ac\cos A\cos C} : \frac{c^2 - ab\cos C}{ab\cos A\cos B}$$

或

$$\frac{a^2 - bc\cos A}{bc\cos B\cos C} \cdot \overrightarrow{GD} + \frac{b^2 - ca\cos B}{ac\cos A\cos C} \cdot \overrightarrow{GE} + \frac{c^2 - ab\cos C}{ab\cos A\cos B} \cdot \overrightarrow{GF} = \mathbf{0}$$

证明 1　熟知

$$\frac{BD}{DC} = \frac{c\cos B}{b\cos C} \Rightarrow a \cdot \overrightarrow{GD} = b\cos C \cdot \overrightarrow{GB} + c\cos B \cdot \overrightarrow{GC} \tag{16}$$

$$b \cdot \overrightarrow{GE} = a\cos C \cdot \overrightarrow{GA} + c\cos A \cdot \overrightarrow{GC} \tag{17}$$

$$c \cdot \overrightarrow{GF} = b\cos A \cdot \overrightarrow{GB} + a\cos B \cdot \overrightarrow{GA} \tag{18}$$

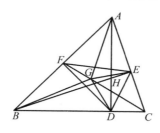

图 26

联立 (16)(17)(18) 得到

$$\overrightarrow{GA} = \frac{\begin{vmatrix} a\overrightarrow{GD} & b\cos C & c\cos B \\ b\overrightarrow{GE} & 0 & c\cos A \\ c\overrightarrow{GF} & b\cos A & 0 \end{vmatrix}}{\begin{vmatrix} 0 & b\cos C & c\cos B \\ a\cos C & 0 & c\cos A \\ a\cos B & b\cos A & 0 \end{vmatrix}}$$

$$= \frac{b^2 c\cos A\cos B \cdot \overrightarrow{GE} + bc^2\cos A\cos C \cdot \overrightarrow{GF} - abc\cos^2 A \cdot \overrightarrow{GD}}{2abc\cos A\cos B\cos C}$$

$$= \frac{b\cos B \cdot \overrightarrow{GE} + c\cos C \cdot \overrightarrow{GF} - a\cos A \cdot \overrightarrow{GD}}{2a\cos B\cos C}$$

即

$$\overrightarrow{GA} = \frac{b\cos B \cdot \overrightarrow{GE} + c\cos C \cdot \overrightarrow{GF} - a\cos A \cdot \overrightarrow{GD}}{2a\cos B\cos C}$$

同理可得

$$\overrightarrow{GB} = \frac{a\cos A \cdot \overrightarrow{GD} + c\cos C \cdot \overrightarrow{GF} - b\cos B \cdot \overrightarrow{GE}}{2b\cos C\cos A}$$

$$\overrightarrow{GC} = \frac{a\cos A \cdot \overrightarrow{GD} + b\cos B \cdot \overrightarrow{GE} - c\cos C \cdot \overrightarrow{GF}}{2c\cos A\cos B}$$

$$\mathbf{0} = \overrightarrow{GA} + \overrightarrow{GB} + \overrightarrow{GC} = \frac{b\cos B \cdot \overrightarrow{GE} + c\cos C \cdot \overrightarrow{GF} - a\cos A \cdot \overrightarrow{GD}}{2a\cos B\cos C}$$

$$= \left(\frac{a^2 - bc\cos A}{2abc\cos A\cos B\cos C} \right) a\cos A \cdot \overrightarrow{GD} +$$

$$\left(\frac{b^2 - ca\cos B}{2abc\cos A\cos B\cos C} \right) b\cos B \cdot \overrightarrow{GE} +$$

$$\left(\frac{c^2 - ab\cos C}{2abc\cos A\cos B\cos C} \right) c\cos C \cdot \overrightarrow{GF}$$

$$= \frac{a^2 - bc\cos A}{2bc\cos B\cos C} \cdot \overrightarrow{GD} + \frac{b^2 - ca\cos B}{2ac\cos A\cos C} \cdot \overrightarrow{GE} + \frac{c^2 - ab\cos C}{2ab\cos A\cos B} \cdot \overrightarrow{GF}$$

$$\Rightarrow \frac{a^2 - bc\cos A}{bc\cos B\cos C} \cdot \overrightarrow{GD} + \frac{b^2 - ca\cos B}{ac\cos A\cos C} \cdot \overrightarrow{GE} + \frac{c^2 - ab\cos C}{ab\cos A\cos B} \cdot \overrightarrow{GF} = \mathbf{0}$$

即结论获得证明.

问题 10 如图 27,设点 O 为锐角 $\triangle ABC$ 的外心,$\triangle ABC$ 的内切圆分别于边 AD,BE,CF 的切点 D,E,F,求证:

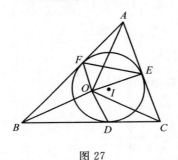

图 27

$$S_{\triangle OEF} : S_{\triangle ODF} : S_{\triangle ODE}$$

$$= \left[-\sin 2A \cdot \cot\frac{A}{2}\left(\tan\frac{C}{2} + \tan\frac{B}{2} \right) + \sin 2B \cdot \left(\tan\frac{C}{2}\cot\frac{B}{2} + 1 \right) + \right.$$

$$\left. \sin 2C \cdot \left(\tan\frac{B}{2}\cot\frac{C}{2} + 1 \right) \right] :$$

$$\left[\sin 2A\left(\tan\frac{C}{2}\cot\frac{A}{2} + 1 \right) - \sin 2B\cot\frac{B}{2}\left(\tan\frac{C}{2} + \tan\frac{A}{2} \right) + \right.$$

$$\left. \sin 2C\left(\tan\frac{C}{2}\cot\frac{A}{2} + 1 \right) \right] :$$

$$\left[\sin 2A\left(\tan\frac{B}{2}\cot\frac{A}{2} + 1 \right) + \sin 2B \cdot \left(\tan\frac{A}{2}\cot\frac{B}{2} + 1 \right) - \right.$$

$$\left. \sin 2C\cot\frac{C}{2}\left(\tan\frac{A}{2} + \tan\frac{B}{2} \right) \right]$$

证明 由平面几何知识,可设 $AF = AE = x$,$BF = BD = y$,$CD = CE = z$,则

$$AB = x + y, BC = y + z, CA = z + x$$

$$\frac{BD}{DC} = \frac{y}{z} \Rightarrow a \cdot \overrightarrow{ID} = z \cdot \overrightarrow{IB} + y \cdot \overrightarrow{IC} \tag{19}$$

$$b \cdot \overrightarrow{IE} = z \cdot \overrightarrow{IA} + x \cdot \overrightarrow{IC} \tag{20}$$

$$c \cdot \overrightarrow{IF} = x \cdot \overrightarrow{IB} + y \cdot \overrightarrow{IA} \tag{21}$$

联立(19)(20)(21) 得到

$$\overrightarrow{IA} = \frac{\begin{vmatrix} a\,\overrightarrow{ID} & z & y \\ b\,\overrightarrow{IE} & 0 & x \\ c\,\overrightarrow{IF} & x & 0 \end{vmatrix}}{\begin{vmatrix} 0 & z & y \\ z & 0 & x \\ y & x & 0 \end{vmatrix}}$$

$$= \frac{xyb \cdot \overrightarrow{IE} + zxc\,\overrightarrow{IF} - x^2 a \cdot \overrightarrow{ID}}{2xyz}$$

$$= \frac{yb \cdot \overrightarrow{IE} + zc\,\overrightarrow{IF} - xa \cdot \overrightarrow{ID}}{2yz}$$

即

$$\overrightarrow{IA} = \frac{yb \cdot \overrightarrow{IE} + zc\,\overrightarrow{IF} - xa \cdot \overrightarrow{ID}}{2yz}$$

同理可得

$$\overrightarrow{IB} = \frac{xa \cdot \overrightarrow{ID} + zc \cdot \overrightarrow{IF} - yb \cdot \overrightarrow{IE}}{2zx}$$

$$\overrightarrow{IC} = \frac{xa \cdot \overrightarrow{ID} + yb \cdot \overrightarrow{IE} - zc \cdot \overrightarrow{IF}}{2xy}$$

再注意,点 O 为锐角 $\triangle ABC$ 外心,即

$$\sin 2A \cdot \overrightarrow{OA} + \sin 2B \cdot \overrightarrow{OB} + \sin 2C \cdot \overrightarrow{OC} = \mathbf{0}$$

所以

$$\mathbf{0} = \sin 2A \cdot \overrightarrow{OA} + \sin 2B \cdot \overrightarrow{OB} + \sin 2C \cdot \overrightarrow{OC}$$

$$= \left[-\sin 2A \cdot \cot \frac{A}{2} \left(\frac{1}{\cot \frac{C}{2}} + \frac{1}{\cot \frac{B}{2}} \right) + \right.$$

$$\left. \sin 2B \cdot \frac{\cot \frac{B}{2} + \cos \frac{C}{2}}{\cot \frac{C}{2}} + \sin 2C \cdot \frac{\cot \frac{C}{2} + \cot \frac{B}{2}}{\cot \frac{B}{2}} \right] \cdot \overrightarrow{OD} +$$

49

$$\left[\sin 2A\,\frac{\cot\dfrac{A}{2}+\cot\dfrac{C}{2}}{\cot\dfrac{C}{2}}-\sin 2B\cot\dfrac{B}{2}\left(\frac{1}{\cot\dfrac{C}{2}}+\frac{1}{\cot\dfrac{A}{2}}\right)+\right.$$

$$\left.\sin 2C\,\frac{\cot\dfrac{C}{2}+\cot\dfrac{A}{2}}{\cot\dfrac{C}{2}}\right]\cdot\overrightarrow{OE}+$$

$$\left[\sin 2A\,\frac{\cot\dfrac{A}{2}+\cot\dfrac{B}{2}}{\cot\dfrac{B}{2}}+\sin 2B\cdot\frac{\cot\dfrac{B}{2}+\cot\dfrac{A}{2}}{\cot\dfrac{A}{2}}-\right.$$

$$\left.\sin 2C\cot\dfrac{C}{2}\left(\frac{1}{\cot\dfrac{A}{2}}+\frac{1}{\cot\dfrac{B}{2}}\right)\right]\overrightarrow{OF}$$

$$=\left[-\sin 2A\cdot\cot\dfrac{A}{2}\left(\tan\dfrac{C}{2}+\tan\dfrac{B}{2}\right)+\right.$$

$$\left.\sin 2B\cdot\left(\tan\dfrac{C}{2}\cot\dfrac{B}{2}+1\right)+\sin 2C\cdot\left(\tan\dfrac{B}{2}\cot\dfrac{C}{2}+1\right)\right]\cdot\overrightarrow{OD}+$$

$$\left[\sin 2A\left(\tan\dfrac{C}{2}\cot\dfrac{A}{2}+1\right)-\sin 2B\cot\dfrac{B}{2}\left(\tan\dfrac{C}{2}+\tan\dfrac{A}{2}\right)+\right.$$

$$\left.\sin 2C\left(\tan\dfrac{C}{2}\cot\dfrac{A}{2}+1\right)\right]\cdot\overrightarrow{OE}+$$

$$\left[\sin 2A\left(\tan\dfrac{B}{2}\cot\dfrac{A}{2}+1\right)+\sin 2B\cdot\left(\tan\dfrac{A}{2}\cot\dfrac{B}{2}+1\right)-\right.$$

$$\left.\sin 2C\cot\dfrac{C}{2}\left(\tan\dfrac{A}{2}+\tan\dfrac{B}{2}\right)\right]\overrightarrow{OF}$$

$$=\left[-\sin 2A\cdot\cot\dfrac{A}{2}\left(\tan\dfrac{C}{2}+\tan\dfrac{B}{2}\right)+\sin 2B\cdot\left(\tan\dfrac{C}{2}\cot\dfrac{B}{2}+1\right)+\right.$$

$$\left.\sin 2C\cdot\left(\tan\dfrac{B}{2}\cot\dfrac{C}{2}+1\right)\right]\cdot\overrightarrow{OD}+$$

$$\left[\sin 2A\left(\tan\dfrac{C}{2}\cot\dfrac{A}{2}+1\right)-\sin 2B\cot\dfrac{B}{2}\left(\tan\dfrac{C}{2}+\tan\dfrac{A}{2}\right)+\right.$$

$$\left.\sin 2C\left(\tan\dfrac{C}{2}\cot\dfrac{A}{2}+1\right)\right]\cdot\overrightarrow{OE}+$$

$$\left[\sin 2A\left(\tan\dfrac{B}{2}\cot\dfrac{A}{2}+1\right)+\sin 2B\cdot\left(\tan\dfrac{A}{2}\cot\dfrac{B}{2}+1\right)-\right.$$

$$\left.\sin 2C\cot\dfrac{C}{2}\left(\tan\dfrac{A}{2}+\tan\dfrac{B}{2}\right)\right]\overrightarrow{OF}=\mathbf{0}$$

问题 11　如图 28,设点 O 为锐角 $\triangle ABC$ 的外心,AD,BE,CF 为三条高,

D,E,F 分别为垂足,求证

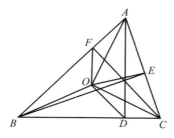

图 28

$$\sin 2A \cdot \tan \frac{A}{2} \cdot \overrightarrow{OD} + \sin 2B \cdot \tan \frac{B}{2} \cdot \overrightarrow{OE} + \sin 2C \cdot \tan \frac{C}{2} \cdot \overrightarrow{OF} = \mathbf{0}$$

证明 熟知

$$\frac{BD}{DC} = \frac{c\cos B}{b\cos C} \Rightarrow a \cdot \overrightarrow{OD} = b\cos C \cdot \overrightarrow{OB} + c\cos B \cdot \overrightarrow{OC} \tag{22}$$

$$b \cdot \overrightarrow{OE} = a\cos C \cdot \overrightarrow{OA} + c\cos A \cdot \overrightarrow{OC} \tag{23}$$

$$c \cdot \overrightarrow{OF} = b\cos A \cdot \overrightarrow{OB} + a\cos B \cdot \overrightarrow{OA} \tag{24}$$

联立(22)(23)(24)得到

$$\overrightarrow{OA} = \frac{\begin{vmatrix} a\overrightarrow{OD} & b\cos C & c\cos B \\ b\overrightarrow{OE} & 0 & c\cos A \\ c\overrightarrow{OF} & b\cos A & 0 \end{vmatrix}}{\begin{vmatrix} 0 & b\cos C & c\cos B \\ a\cos C & 0 & c\cos A \\ a\cos B & b\cos A & 0 \end{vmatrix}}$$

$$= \frac{b^2 c\cos A\cos B \cdot \overrightarrow{OE} + bc^2\cos A\cos C \cdot \overrightarrow{OF} - abc\cos^2 A \cdot \overrightarrow{OD}}{2abc\cos A\cos B\cos C}$$

$$= \frac{b\cos B \cdot \overrightarrow{GE} + c\cos C \cdot \overrightarrow{GF} - a\cos A \cdot \overrightarrow{GD}}{2a\cos B\cos C}$$

即

$$\overrightarrow{OA} = \frac{b\cos B \cdot \overrightarrow{OE} + c\cos C \cdot \overrightarrow{OF} - a\cos A \cdot \overrightarrow{OD}}{2a\cos B\cos C}$$

同理可得

$$\overrightarrow{OB} = \frac{a\cos A \cdot \overrightarrow{OD} + c\cos C \cdot \overrightarrow{OF} - b\cos B \cdot \overrightarrow{OE}}{2b\cos C\cos A}$$

$$\overrightarrow{OC} = \frac{a\cos A \cdot \overrightarrow{OD} + b\cos B \cdot \overrightarrow{OE} - c\cos C \cdot \overrightarrow{OF}}{2c\cos A\cos B}$$

51

再注意,点 O 为锐角 $\triangle ABC$ 的外心,由

$$\sin 2A \cdot \overrightarrow{OA} + \sin 2B \cdot \overrightarrow{OB} + \sin 2C \cdot \overrightarrow{OC} = \mathbf{0}$$

得

$$[a\cos A(\cos B + \cos C - \cos A)] \cdot \overrightarrow{OD} +$$
$$[b\cos B(\cos C + \cos A - \cos B)] \cdot \overrightarrow{OE} +$$
$$[c\cos C(\cos A + \cos B - \cos C)] \cdot \overrightarrow{OD} = \mathbf{0}$$
$$\Rightarrow [\sin 2A(\cos B + \cos C - \cos A)] \cdot \overrightarrow{OD} +$$
$$[\sin 2B(\cos C + \cos A - \cos B)] \cdot \overrightarrow{OE} +$$
$$[\sin 2C(\cos A + \cos B - \cos C)] \cdot \overrightarrow{OD} = \mathbf{0}$$

再运用三角公式化简整理便得结论.

问题 12 (1992 年全国高中数学联赛) 设 $\odot O$ 的内接四边形 $A_1A_2A_3A_4$ 的四个 $\triangle A_2A_3A_4$,$\triangle A_1A_3A_4$,$\triangle A_1A_2A_4$,$\triangle A_1A_2A_3$ 的垂心分别为 H_1,H_2,H_3,H_4,求证:H_1,H_2,H_3,H_4 四个点在同一个圆上.

证明 由前面的结论知

$$\overrightarrow{OH_1} = \overrightarrow{OA_2} + \overrightarrow{OA_3} + \overrightarrow{OA_4} = \overrightarrow{OA} - \overrightarrow{OA_1}$$

(其中记 $\overrightarrow{OA} = \overrightarrow{OA_1} + \overrightarrow{OA_2} + \overrightarrow{OA_3} + \overrightarrow{OA_4}$)

同理可得

$$\overrightarrow{OH_2} = \overrightarrow{OA} - \overrightarrow{OA_2}; \overrightarrow{OH_3} = \overrightarrow{OA} - \overrightarrow{OA_3}; \overrightarrow{OH_4} = \overrightarrow{OA} - \overrightarrow{OA_4}$$

所以

$$\overrightarrow{H_1H_2} = \overrightarrow{A_2A_1}, \overrightarrow{H_1H_2} /\!/ \overrightarrow{A_2A_1}, |\overrightarrow{H_1H_2}| = |\overrightarrow{A_2A_1}|.$$

同理可得

$$\overrightarrow{H_2H_3} /\!/ \overrightarrow{A_3A_2}, |\overrightarrow{H_2H_3}| = |\overrightarrow{A_3A_2}|$$
$$\overrightarrow{H_4H_3} /\!/ \overrightarrow{A_3A_4}, |\overrightarrow{H_4H_3}| = |\overrightarrow{A_3A_4}|; \overrightarrow{H_1H_4} /\!/ \overrightarrow{A_4A_1}, |\overrightarrow{H_1H_4}| = |\overrightarrow{A_4A_1}|$$

所以,圆内接四边形 $A_1A_2A_3A_4 \backsim$ 四边形 $H_1H_2H_3H_4$,从而四边形 $H_1H_2H_3H_4$ 也内接于圆.

另外,$|\overrightarrow{H_1A}| = |\overrightarrow{OA} - \overrightarrow{OH_1}| = |\overrightarrow{OA_1}| = R$,即 H_1 在以 A 为圆心半径 R 的圆上,同理知 H_2,H_3,H_4 也在 A 为圆心半径 R 的圆上,即四边形 $H_1H_2H_3H_4$ 也内接于圆.

评注 《数学通报》2018(7) 问题,求证:$OH_1^2 + OH_3^2 \geqslant 2|OH_2| \cdot |OH_4|$. 向量方法如何证明?

问题 13 求证:对于 $\triangle ABC$ 的内切圆上任意一点 P,有 $a \cdot PA^2 + b \cdot PB^2 + c \cdot PC^2$ 为常数(其中 a,b,c 是 $\triangle ABC$ 的边 BC,CA,AB 的长).

证明　设 I 为 $\triangle ABC$ 的内心,则

$$a \cdot PA^2 + b \cdot PB^2 + c \cdot PC^2$$

$$= a(\overrightarrow{PI} + \overrightarrow{IA})^2 + b(\overrightarrow{PI} + \overrightarrow{IB})^2 + c(\overrightarrow{PI} + \overrightarrow{IC})^2$$

$$= (a + b + c)r^2 + aIA^2 + bIB^2 + cIC^2 + 2\overrightarrow{IP}(a \cdot \overrightarrow{IA} + b \cdot \overrightarrow{IB} + c \cdot \overrightarrow{IC})$$

设 e_1, e_2, e_3 为 $\overrightarrow{IA}, \overrightarrow{IB}, \overrightarrow{IC}$ 上的单位向量,则

$$a \cdot \overrightarrow{IA} + b \cdot \overrightarrow{IB} + c \cdot \overrightarrow{IC} = \frac{2}{r}(\overrightarrow{IA} \cdot S_{\triangle IBC} + \overrightarrow{IB} \cdot S_{\triangle ICB} + \overrightarrow{IC} \cdot S_{\triangle IAB})$$

$$= \frac{|\overrightarrow{IA}| \cdot |\overrightarrow{IB}| \cdot |\overrightarrow{IC}|}{r}(e_1 \cdot \sin\angle BIC +$$

$$e_2 \cdot \sin\angle AIC + e_3 \cdot \sin\angle BIA) = \mathbf{0}$$

所以

$$a \cdot PA^2 + b \cdot PB^2 + c \cdot PC^2 = (a + b + c)r^2 + aIA^2 + bIB^2 + cIC^2$$

这是与 P 的位置无关的量.

评注　本题也可以如下证明,因为

$$a \cdot PA^2 + b \cdot PB^2 + c \cdot PC^2$$

$$= a(\overrightarrow{PI} + \overrightarrow{IA})^2 + b(\overrightarrow{PI} + \overrightarrow{IB})^2 + c(\overrightarrow{PI} + \overrightarrow{IC})^2$$

$$= (a + b + c)r^2 + aIA^2 + bIB^2 + cIC^2 + 2\overrightarrow{IP}(a \cdot \overrightarrow{IA} + b \cdot \overrightarrow{IB} + c \cdot \overrightarrow{IC})$$

注意到 $a \cdot \overrightarrow{IA} + b \cdot \overrightarrow{IB} + c \cdot \overrightarrow{IC} = \mathbf{0}$,结束.

评注　对于旁心会有什么结论? 本题是否移植到空间? 答案是肯定的.

问题 14　若 P 为正 $\triangle A_1 A_2 A_3$ 的外接圆上任意一点,求证:P 到三角形三个顶点的距离的平方和为定值.

证明　向量的几何表示法

设正 $\triangle A_1 A_2 A_3$ 的外接圆的圆心为 O,半径为 R,$|A_1 A_2| = a$,则 $|OA_i| = \frac{\sqrt{3}}{3}a(i = 1, 2, 3)$

所以由三角形中线向量式性质知

$$\overrightarrow{OA_1} = -\frac{2}{3}\left[\frac{1}{2}(\overrightarrow{A_1 A_2} + \overrightarrow{A_1 A_3})\right] = -\frac{1}{3}(\overrightarrow{A_1 A_2} + \overrightarrow{A_1 A_3})$$

同理有

$$\overrightarrow{OA_2} = -\frac{1}{3}(\overrightarrow{A_2 A_1} + \overrightarrow{A_2 A_3}); \overrightarrow{OA_3} = -\frac{1}{3}(\overrightarrow{A_3 A_1} + \overrightarrow{A_3 A_2})$$

所以

$$\overrightarrow{OA_1} + \overrightarrow{OA_2} + \overrightarrow{OA_3} = \mathbf{0}$$

但是

$$|\overrightarrow{PA_i}|^2 = \overrightarrow{PA_i}^2 = (\overrightarrow{OA_i} - \overrightarrow{OP})^2 = \overrightarrow{OA_i}^2 + \overrightarrow{OP}^2 - 2 \cdot \overrightarrow{OA_i} \cdot \overrightarrow{OP}$$

所以

$$\sum |\overrightarrow{PA_i}|^2 = \sum \overrightarrow{OA_i}^2 + \sum \overrightarrow{OP}^2 - 2 \cdot \sum \overrightarrow{OA_i} \cdot \overrightarrow{OP} = 2a^2$$

评注　对于正 $\triangle A_1A_2A_3$ 内切圆,旁切圆一样可以讨论,正多边形的类似问题也可以讨论,还可以推广到四面体中去.

问题 15　设 $\triangle ABC$ 的三内角平分线交于点 I,与其外接圆交分别于点 DEF,AD 与 EF 交于点 X,BE 与 DF 交于点 Y,CF 与 DE 交于点 Z,求证:

(1)
$$S_{\triangle IEF} : S_{\triangle IDF} : S_{\triangle IDE} = \cot \frac{A}{2} : \cot \frac{B}{2} : \cot \frac{C}{2}$$

或者
$$\mathbf{0} = \cot \frac{A}{2} \cdot \overrightarrow{ID} + \cot \frac{B}{2} \cdot \overrightarrow{IE} + \cot \frac{C}{2} \cdot \overrightarrow{IF}$$

(2)
$$S_{\triangle IYZ} : S_{\triangle IZX} : S_{\triangle IXY} = \sin A : \sin B : \sin C$$

或者
$$\mathbf{0} = \sin A \cdot \overrightarrow{IX} + \sin B \cdot \overrightarrow{IY} + \sin C \cdot \overrightarrow{IZ}$$

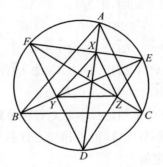

图 29

证明　(1) 只需要证明 $AD \perp EF$,即只要证明

$$\angle PAD + \angle APE = 90°$$

即证明 $AD \perp EF$,事实上

$$\angle PAD + \angle APE = \frac{A}{2} + \angle PFA + \angle PAF$$

$$= \frac{A}{2} + \frac{B}{2} + \frac{C}{2} = 90°$$

即 $AD \perp EF$.同理可以证明 $BE \perp DF$,$CF \perp DE$,即 I 为 $\triangle DEF$ 垂心.

于是,由前面的结论 3 知道

$$\mathbf{0} = \tan\angle EDF \cdot \overrightarrow{ID} + \tan\angle DEF \cdot \overrightarrow{IE} + \tan\angle DFE \cdot \overrightarrow{HF}$$

$$= \tan\angle \frac{B+C}{2} \cdot \overrightarrow{ID} + \tan\angle \frac{A+C}{2} \cdot \overrightarrow{IE} + \tan\angle \frac{C+A}{2} \cdot \overrightarrow{HF}$$

54

$$= \cot \frac{A}{2} \cdot \overrightarrow{ID} + \cot \frac{B}{2} \cdot \overrightarrow{IE} + \cot \frac{C}{2} \cdot \overrightarrow{HF}$$

即

$$S_{\triangle IEF} : S_{\triangle IDF} : S_{\triangle IDE} = \cot \frac{A}{2} : \cot \frac{B}{2} : \cot \frac{C}{2}$$

（2）由上面的证明知道点 I 为 $\triangle XYZ$ 的内心，由内心的向量等式知道

$$\sin\angle YXZ \cdot \overrightarrow{IX} + \sin\angle XYZ \cdot \overrightarrow{IY} + \sin\angle XZY \cdot \overrightarrow{IZ} = \mathbf{0}$$

以下只要证明 $XY \parallel AB$ 即可.

而 $\angle DFX + \angle XDF = \dfrac{A+B}{2} + \dfrac{C}{2} = 90° \Rightarrow AD \perp EF$，同理可得 $BE \perp$

$DF \Rightarrow F, Y, I, X$ 四点共圆，所以

$$\angle YXI = \angle YFI = \angle DAC = \angle BAD \Rightarrow XY \parallel AB$$

同理可得 $YZ \parallel BC, XZ \parallel AC$，即 $\triangle ABC \backsim \triangle XYZ$.

由三角形内心的向量结果（前面的结论 1）得到

$$\sin A \cdot \overrightarrow{IX} + \sin B \cdot \overrightarrow{IY} + \sin C \cdot \overrightarrow{IZ} = \mathbf{0}$$

$$\Rightarrow S_{\triangle IYZ} : S_{\triangle IZX} : S_{\triangle IXY} = \sin A : \sin B : \sin C$$

评注 第 2 小题也可以运用相似三角形性质以及 I 为 $\triangle XYZ$ 的内心，来证明

$$\triangle IYZ \backsim \triangle IBC, \triangle IZX \backsim \triangle ICA, \triangle IXY \backsim \triangle IAB$$

$$\Rightarrow S_{\triangle IYZ} : S_{\triangle IZX} : S_{\triangle IXY} = S_{\triangle IBC} : S_{\triangle ICA} : S_{\triangle IAB}$$

$$= rYZ : rZX : rXY = BC : CA : AB$$

$$= \sin A : \sin B : \sin C$$

本方法来自于微信网友，不好意思，没有记住各位的大名，致歉！

§9　三角形重心与四面体的重心的一个等式

（本节发表于《中学数学杂志》2018(11)：34 − 36）

本节将从一道平面几何命题出发，对于其多种证明方法予以分析，探索该命题移植到空间的可能性，同时我们试图揭示一种平面几何命题如何向空间移植的方法，供感兴趣的读者品评.

一、问题

在 $\triangle ABC$ 中，点 M, N 分别在 AB, AC 上，且满足 $\dfrac{BM}{AM} + \dfrac{CN}{AN} = 1$，求证：$MN$

过 $\triangle ABC$ 的重心.

题目解说 2016 年全国高中数学联赛山西赛区预赛第二大题.

方法透析 要证明 MN 过 $\triangle ABC$ 的重心,只需证明 MN 过一边上的中线上的特殊点 —— 三等分点.

二,问题的证明

首先说明,以下前面 6 个解法源于山东曲阜《中学数学杂志》2018(7):25 问题(白雪峰,张彦伶).

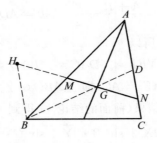

图 30

证明 1 过点 B 作 $BH \parallel AC$ 交 NM 延长线于点 H,设 D 为 AC 的中点,连接 BD 交 NM 于点 G,则由相似三角形性质以及条件等式 $\dfrac{BM}{AM} + \dfrac{CN}{AN} = 1$,知道

$$\triangle BGH \backsim \triangle DGN \Rightarrow \frac{BG}{GD} = \frac{BH}{DN}$$

$$\triangle BMH \backsim \triangle AMN \Rightarrow \frac{BH}{AN} = \frac{BM}{AM}$$

$$\Rightarrow \frac{BG}{GD} \cdot \frac{BH}{AN} = \frac{BH}{DN} \cdot \frac{BM}{AM}$$

$$\Rightarrow \frac{BG}{GD} = \frac{AN}{DN} \cdot (1 - \frac{CN}{AN}) = \frac{AN}{DN} \cdot \frac{AN - CN}{AN}$$

$$= \frac{AN}{DN} \cdot \frac{AD + DN - CN}{AN} = \frac{AN}{DN} \cdot \frac{CD + DN - CN}{AN}$$

$$= \frac{AN}{DN} \cdot \frac{2 \cdot DN}{AN} = 2$$

即 MN 过 $\triangle ABC$ 的重心.

证明 2 如图 31,设 D 为 AC 的中点,连接 BD 交 MN 于 G,过 D 作 $BH \parallel AC$ 交 MN 于 H,则由相似三角形性质以及条件等式 $\dfrac{BM}{AM} + \dfrac{CN}{AN} = 1$,知道

$$\triangle BGM \backsim \triangle DGH \Rightarrow \frac{BG}{GD} = \frac{BM}{DH}$$

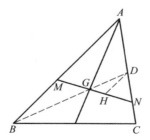

图 31

$$\triangle NAM \backsim \triangle NDH \Rightarrow \frac{ND}{NA} = \frac{DH}{AM}$$

$$\Rightarrow \frac{BG}{GD} \cdot \frac{ND}{NA} = \frac{BM}{DH} \cdot \frac{DH}{AM}$$

$$\Rightarrow \frac{BG}{GD} = \frac{BM}{AM} \cdot \frac{AN}{ND} = \frac{AN}{DN} \cdot (1 - \frac{CN}{AN}) = \frac{AN}{DN} \cdot \frac{AN - CN}{AN}$$

$$= \frac{AN}{DN} \cdot \frac{AD + DN - CN}{AN} = \frac{AN}{DN} \cdot \frac{CD + DN - CN}{AN}$$

$$= \frac{AN}{DN} \cdot \frac{2 \cdot DN}{AN} = 2$$

即 MN 过 $\triangle ABC$ 的重心.

评注 上述两个方法都是做一条边的平行线.

证明 3 如图 32,设 D 为 AC 的中点,过 D 作 $BH \parallel MN$,连接 BD 交 MN 于 G,则由相似三角形性质以及条件等式 $\frac{BM}{AM} + \frac{CN}{AN} = 1$,知道

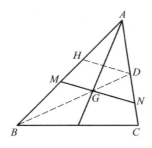

图 32

$$\triangle AHD \backsim \triangle AMN \Rightarrow \frac{AM}{AN} = \frac{AH}{AD}$$

$$\triangle BMG \backsim \triangle BHD \Rightarrow \frac{BG}{GD} = \frac{BM}{MH}$$

$$\Rightarrow \frac{BG}{GD} = \frac{BM}{AM} \cdot \frac{AN}{ND}$$

以下同上面的证明2(略).

证明3 如图33,设 D 为 AC 的中点,过 A 作 $AH \parallel MN$,连接 BD 交 MN 于 G,交 BD 所在直线于 H,则由相似三角形性质以及条件等式 $\frac{BM}{AM} + \frac{CN}{AN} = 1$,知道

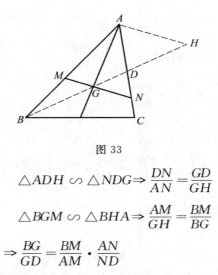

图33

$$\triangle ADH \backsim \triangle NDG \Rightarrow \frac{DN}{AN} = \frac{GD}{GH}$$

$$\triangle BGM \backsim \triangle BHA \Rightarrow \frac{AM}{GH} = \frac{BM}{BG}$$

$$\Rightarrow \frac{BG}{GD} = \frac{BM}{AM} \cdot \frac{AN}{ND}$$

以下同上面的证明2,略

评注 上述的证明3,证明4两个方法都是作 MN 的平行线.

证明5 如图34,设 D 为 AC 的中点,连接 BD 交 MN 于 G,过 A 作 $AH \parallel BD$,交 MN 所在直线于 H,则由相似三角形性质以及条件等式 $\frac{BM}{AM} + \frac{CN}{AN} = 1$,知道

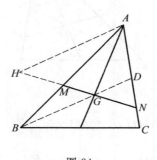

图34

$$\triangle BGM \backsim \triangle AHM \Rightarrow \frac{BG}{AH} = \frac{BM}{AM}$$

$$\triangle NDG \backsim \triangle NAH \Rightarrow \frac{AH}{DG} = \frac{NA}{ND}$$

$$\Rightarrow \frac{BG}{GD} = \frac{BM}{AM} \cdot \frac{AN}{ND}$$

以下同上面的证明 2,略.

评注 上述的证明 5 是作中线的平行线.

证明 6 如图 35,设 E 为 BC 的中点,连接 AE 交 MN 于 G,分别过 B,C 作 $BF \perp MN, CH \perp MN, F, H$ 分别垂足,则由相似三角形性质以及条件等式 $\frac{BM}{AM} + \frac{CN}{AN} = 1$,知道

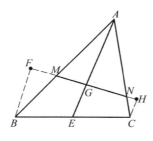

图 35

$$\triangle BFM \backsim \triangle AGM \Rightarrow \frac{BF}{AG} = \frac{BM}{AM}$$

$$\triangle CNH \backsim \triangle ANG \Rightarrow \frac{CN}{AN} = \frac{CH}{AG}$$

综合以上两式,得到

$$\Rightarrow 1 = \frac{BM}{AM} + \frac{CN}{AN} = \frac{BF}{AG} + \frac{CH}{AG}$$

$$\Rightarrow AG = BF + CH = 2GE$$

即结论获得证明.

评注 以上各种方法均多次用到平面几何知识,故要将该命题移植到空间没有可以类比的方法和知识,故我们需要另寻他法.

证明 7 向量方法(2018 年 9 月 30 日)

设 AE 为 BC 边上的中线,G 为 $\triangle ABC$ 的重心,则由条件 $\frac{BM}{AM} + \frac{CN}{AN} = 1$

$$\frac{AB}{AM} + \frac{AC}{AN} = 3, \triangle : \frac{AB}{AM} = x, \frac{AC}{AN} = y, x + y = 3 \tag{1}$$

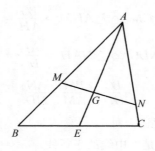

图 36

以及中线向量等式并注意到(1)知

$$2\overrightarrow{AE} = \overrightarrow{AB} + \overrightarrow{AC} = x\overrightarrow{AM} + y\overrightarrow{AN}$$

$$\Rightarrow 2 \cdot \frac{3}{2} \cdot \overrightarrow{AG} = x\overrightarrow{AM} + y\overrightarrow{AN}$$

$$\Rightarrow \overrightarrow{AG} = \frac{1}{3}(x\overrightarrow{AM} + y\overrightarrow{AN})$$

即 MN 过 $\triangle ABC$ 的重心.

评注 这个方法很好,没有高超的技巧,也没有复杂的计算,更没有运用平面几何知识,只运用了一点点向量知识,堪称优美! 而且这里给出的方法和知识在四面体中均有类似的呈现,故成功移植到空间可能性极大.

三、空间移植

问题:设 D,E,F 分别为三棱锥 $P-ABC$ 的三条棱 PA,PB,PC 上的点,且满足

$$\frac{AD}{PD} + \frac{BE}{PE} + \frac{CF}{PF} = 1,$$则过三点 D,E,F 的平面过三棱锥 $P-ABC$ 的重心.

四、引理

要顺利证明上述命题,需要一下几个引理(参考文献[1]),由于证明不难,故略去.

引理 1 对空间任意一点 O,和不共线的三点 A,B,C,点 P 与 A,B,C 四点共面的充要条件是:存在实数 x,y,z,满足等式 $x+y+z=1$, $\overrightarrow{OP} = x \cdot \overrightarrow{OA} + y \cdot \overrightarrow{OB} + z \cdot \overrightarrow{OC}$.

引理 2 G 是四面体 $ABCD$ 重心的充要条件为:对空间任意一点 O 有

$$\overrightarrow{OG} = \frac{1}{4}(\overrightarrow{OA} + \overrightarrow{OB} + \overrightarrow{OC} + \overrightarrow{OD})$$

五、空间移植命题的证明

证明 设 M 为 $\triangle ABC$ 的重心,G 为三棱锥 $P-ABC$ 的重心,则由条件

$$\frac{AD}{PD} + \frac{BE}{PE} + \frac{CF}{PF} = 1$$

得到

$$\frac{PA}{PD} + \frac{PB}{PE} + \frac{PC}{PF} = 4, \triangle : \frac{PA}{PD} = x, \frac{PB}{PE} = y, \frac{PC}{PF} = z, x + y + z = 4 \quad (2)$$

由引理 1 知道

$$3\overrightarrow{PM} = \overrightarrow{PA} + \overrightarrow{PB} + \overrightarrow{PC} = x\overrightarrow{PD} + y\overrightarrow{PE} + z\overrightarrow{PF}$$

$$\Rightarrow 3 \cdot \frac{4}{3} \cdot \overrightarrow{PG} = x\overrightarrow{PD} + y\overrightarrow{PE} + z\overrightarrow{PF}$$

$$\Rightarrow \overrightarrow{PG} = \frac{1}{4}(x\overrightarrow{PD} + y\overrightarrow{PE} + z\overrightarrow{PF})$$

从而过三点 D, E, F 的平面过三棱锥 $P-ABC$ 的重心.

参考文献

[1] 王扬,赵小云. 从分析解题过程学解题 —— 竞赛中的几何问题研究 [M]. 哈尔滨:哈尔滨工业大学出版社,2018,406-407.

§10 一个面积比问题的讨论

本节发表于"叶军数学工作站"(2018 年 7 月 24 日)

本节将运用向量方法解决叶军老师提出的如下一个三角形面积问题 A,并解决由此引发的一系列类似问题.

一、题目

(湖南叶军在自己公众号上发布的有奖问题征解系列 3(2018 年 6 月 25 日)):

问题 1 设 P 为 $\triangle ABC$ 内部一点,BC, CA, AB 的中点分别为 D, E, F,点 P 为 $\triangle ABC$ 内心,求证:$S_{\triangle PEF} : S_{\triangle PDF} : S_{\triangle PDE} = \cot \frac{A}{2} : \cot \frac{B}{2} : \cot \frac{C}{2}$.

问题 2 设 P 为 $\triangle ABC$ 内部一点,BC, CA, AB 的中点分别为 D, E, F,且 $S_{\triangle PEF} : S_{\triangle PDF} : S_{\triangle PDE} = \cot \frac{A}{2} : \cot \frac{B}{2} : \cot \frac{C}{2}$,是否可以确认点 P 为 $\triangle ABC$ 内心?

问题 1 不偏不难,适合中学生练手,但是,要很快解决该问题也不是那么容易,需要一定的知识储备,也需要一定的运算能力保驾护航;初看此题,我便将本题介绍给学生和我们办公室的老师,很快引起强烈反响.首先我的学生给出了问题 1 自认为正确的解答,同时我们办公室的一位叫作张琳琳的年轻数学老师也给出了问题 1 的解答,于是我将其发给命题人湖南的叶军老师,叶军老师马上指出,这两个证明不完备,后来我再想想,发现确实不够完备.她们两个人的证明都是建立在 $\triangle ABC$ 内心 I 落在 $\triangle ABC$ 的中点 $\triangle DEF$ 之内部,实际上,这个结论是需要证明的,她们的证明都是基于默认了这一事实,所以看起来流畅自然,感觉自己似乎完成了本题的证明,其实在数学领域的证明,这算是不完美的解答.鉴于叶军老师的评价,我问学生以及同事,怎么确认内心 I 在中点 $\triangle DEF$ 之内部?两天之内她们没有回答,于是,让我产生了好好努力一下的想法,现将我们的想法和做法写出来,与同行交流.

二、引理及其证明

引理 1 设 O 为 $\triangle ABC$ 的内部任意一点,分别连接 AO,BO,CO 交边 BC,CA,AB 于 D,E,F,记 $\triangle BOC$,$\triangle COA$,$\triangle AOB$ 的面积分别为 $\triangle_1$,$\triangle_2$,$\triangle_3$,则

$$\triangle_1 \cdot \overrightarrow{OA} + \triangle_2 \cdot \overrightarrow{OB} + \triangle_3 \cdot \overrightarrow{OC} = \mathbf{0} \tag{1}$$

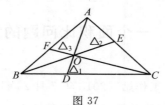

图 37

证明 由面积知识知道

$$\frac{AO}{OD} = \frac{S_{\triangle AOB}}{S_{\triangle BOD}} = \frac{S_{\triangle AOC}}{S_{\triangle COD}} = \frac{S_{\triangle AOB} + S_{\triangle AOC}}{S_{\triangle BOD} + S_{\triangle AOC}} = \frac{\triangle_2 + \triangle_3}{\triangle_1}$$

$$\overrightarrow{OD} = -\frac{\triangle_1}{\triangle_2 + \triangle_3} \overrightarrow{OA}$$

$$\frac{BD}{DC} = \frac{S_{\triangle AOB}}{S_{\triangle AOC}} = \frac{\triangle_3}{\triangle_2} \Rightarrow \overrightarrow{OD} = \frac{\triangle_2}{\triangle_2 + \triangle_3} \overrightarrow{OB} + \frac{\triangle_3}{\triangle_2 + \triangle_3} \overrightarrow{OC}$$

联合上面两个式子,即

$$\triangle_1 \cdot \overrightarrow{OA} + \triangle_2 \cdot \overrightarrow{OB} + \triangle_3 \cdot \overrightarrow{OC} = \mathbf{0}$$

(1)是一个很有用的结论,由此可得一些有意义的结果,看几个特例.

结论 1 当 O 为 $\triangle ABC$ 的内心 I 时,有

$$a \cdot \overrightarrow{IA} + b \cdot \overrightarrow{IB} + c \cdot \overrightarrow{IC} = \mathbf{0}$$

或

$$\sin A \cdot \overrightarrow{IA} + \sin B \cdot \overrightarrow{IB} + \sin C \cdot \overrightarrow{IC} = \mathbf{0}$$

结论 2 当 O 为锐角 $\triangle ABC$ 的外心时, 有

$$\sin 2A \cdot \overrightarrow{OA} + \sin 2B \cdot \overrightarrow{OB} + \sin 2C \cdot \overrightarrow{OC} = \mathbf{0}$$

结论 3 当 H 为锐角 $\triangle ABC$ 的垂心时, 有

$$\tan A \cdot \overrightarrow{HA} + \tan B \cdot \overrightarrow{HB} + \tan C \cdot \overrightarrow{HC} = \mathbf{0}$$

三、问题 1 的证明

证明 1 将上述引理 1 中的点 O 改写为 P, 则有: 设 P 为 $\triangle ABC$ 内部一点, 则

$$S_{\triangle PBC} \cdot \overrightarrow{PA} + S_{\triangle PCA} \cdot \overrightarrow{PB} + S_{\triangle PAB} \cdot \overrightarrow{PC} = \mathbf{0} \tag{2}$$

当点 P 为 $\triangle ABC$ 内心时, 得到

$$\sin A \cdot \overrightarrow{PA} + \sin B \cdot \overrightarrow{PB} + \sin C \cdot \overrightarrow{PC} = \mathbf{0} \tag{3}$$

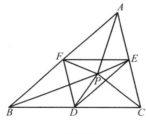

图 38

又由条件易知

$$\begin{cases} \overrightarrow{PA} + \overrightarrow{PB} = 2\overrightarrow{PF} \\ \overrightarrow{PB} + \overrightarrow{PC} = 2\overrightarrow{PD} \\ \overrightarrow{PC} + \overrightarrow{PA} = 2\overrightarrow{PE} \end{cases}$$

$$\Rightarrow \overrightarrow{PA} + \overrightarrow{PB} + \overrightarrow{PC} = \overrightarrow{PD} + \overrightarrow{PE} + \overrightarrow{PF}$$

$$\Rightarrow \begin{cases} \overrightarrow{OA} = -\overrightarrow{OD} + \overrightarrow{OE} + \overrightarrow{OF} \\ \overrightarrow{OB} = \overrightarrow{OD} - \overrightarrow{OE} + \overrightarrow{OF} \\ \overrightarrow{OC} = \overrightarrow{OD} + \overrightarrow{OE} - \overrightarrow{OF} \end{cases}$$

代入到 (3) 得到

$$(\sin B + \sin C - \sin A) \cdot \overrightarrow{PD} + (\sin C + \sin A - \sin B) \cdot \overrightarrow{PE} +$$
$$(\sin A + \sin B - \sin C) \cdot \overrightarrow{PF} = \mathbf{0}$$

$$\Leftrightarrow \cos \frac{A}{2} \sin \frac{B}{2} \sin \frac{C}{2} \cdot \overrightarrow{PD} + \cos \frac{B}{2} \sin \frac{C}{2} \sin \frac{A}{2} \cdot \overrightarrow{PE} +$$

63

$$\cos \frac{C}{2} \sin \frac{A}{2} \sin \frac{B}{2} \cdot \overrightarrow{PF} = \mathbf{0}$$

$$\Leftrightarrow \cot \frac{A}{2} \cdot \overrightarrow{PD} + \cot \frac{B}{2} \cdot \overrightarrow{PE} + \cot \frac{C}{2} \cdot \overrightarrow{PF} = \mathbf{0}$$

结合（2）知道

$$S_{\triangle PEF} : S_{\triangle PDF} : S_{\triangle PDE} = \cot \frac{A}{2} : \cot \frac{B}{2} : \cot \frac{C}{2}$$

从而问题 1 获得证明.

证明 2 （2018 年 7 月 3 日）张智崴（高一（7））学生的解答

先证明一个引理,列为

引理 2 设 $\triangle ABC$ 的内心为 I,三边 BC,CA,AB 的中点 D,E,F（$\triangle DEF$ 被称为 $\triangle ABC$ 的中点三角形）,则 $\triangle ABC$ 的内心 I 在其中点 $\triangle DEF$ 内部.

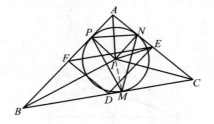

图 39

事实上,作 $IM \perp BC$,M 为垂足,只要证明（点 I 在 EF 与 BC 之间）

$$IM < \frac{1}{2} H_A \text{（}H_A \text{ 为 } BC \text{ 边上的高线）}$$

$$\Leftrightarrow 4R \sin \frac{A}{2} \sin \frac{B}{2} \sin \frac{C}{2} < \frac{1}{2} c \sin B$$

$$\Leftrightarrow 4R \sin \frac{A}{2} \sin \frac{B}{2} \sin \frac{C}{2} < R \sin C \sin B$$

$$\Leftrightarrow 4R \sin \frac{A}{2} \sin \frac{B}{2} \sin \frac{C}{2} < 4R \sin \frac{B}{2} \sin \frac{C}{2} \cos \frac{B}{2} \cos \frac{C}{2}$$

$$\Leftrightarrow \sin \frac{A}{2} < \cos \frac{B}{2} \cos \frac{C}{2}$$

$$\Leftrightarrow \cos \frac{B+C}{2} < \cos \frac{B}{2} \cos \frac{C}{2}$$

$$\Leftrightarrow \sin \frac{B}{2} \sin \frac{C}{2} > 0$$

这是显然的事实.其中 R,r 分别为 $\triangle ABC$ 的外接圆,内切圆半径.

这显然成立,到此引理获得证明.

下面证明问题 1

如图 40,设 I 为 $\triangle ABC$ 的内心,作 $IG \perp BC$,G 为垂足,$IG = r$ 为内切圆半径,则由条件知道

$$S_{\triangle AEF} = S_{\triangle BDF} = S_{\triangle CDE} = \frac{1}{4} S_{\triangle ABC}$$

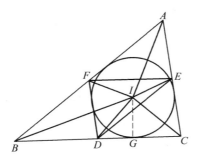

图 40

在根据内心性质知道

$$BC = BG + GC = r\left(\cot \frac{B}{2} + \cot \frac{C}{2}\right)$$

$$CA = r\left(\cot \frac{C}{2} + \cot \frac{A}{2}\right)$$

$$AB = r\left(\cot \frac{A}{2} + \cot \frac{B}{2}\right)$$

$$\Rightarrow S_{\triangle IBC} = \frac{1}{2} BC \cdot r = \frac{r^2}{2} \cdot \left(\cot \frac{B}{2} + \cot \frac{C}{2}\right)$$

$$S_{\triangle ICA} = \frac{r^2}{2} \cdot \left(\cot \frac{C}{2} + \cot \frac{A}{2}\right), S_{\triangle IAB} = \frac{r^2}{2} \cdot \left(\cot \frac{A}{2} + \cot \frac{B}{2}\right)$$

所以

$$S_{\triangle IEF} = (S_{\triangle IAF} + S_{\triangle IAE}) - S_{\triangle AEF} = \frac{1}{2}(S_{\triangle IAB} + S_{\triangle IAC}) - S_{\triangle AEF} = \frac{r^2}{4} \cot \frac{A}{2}$$

同理可得

$$S_{\triangle IDF} = \frac{r^2}{4} \cot \frac{B}{2}, S_{\triangle IDE} = \frac{r^2}{4} \cot \frac{C}{2}$$

从而 $S_{\triangle PEF} : S_{\triangle PDF} : S_{\triangle PDE} = \cot \frac{A}{2} : \cot \frac{B}{2} : \cot \frac{C}{2}$,即问题 1 获得证明.

证明 3 (2018 年 7 月 3 日)张琳琳老师的解答

仍然运用上面的引理 2,如图 41,设 $\triangle ABC$ 内切圆的半径为 r,$\triangle ABC$ 内切圆与 BC,CA,AB 边的切点分别为 G,H,I,结合条件可知

$$\cot \frac{A}{2} = \frac{AH}{r}, \cot \frac{B}{2} = \frac{BI}{r}, \cot \frac{C}{2} = \frac{CG}{r}$$

要证明

$$S_{\triangle PEF} : S_{\triangle PDF} : S_{\triangle PDE} = \cot \frac{A}{2} : \cot \frac{B}{2} : \cot \frac{C}{2}$$

只需证明

$$S_{\triangle PEF} : S_{\triangle PDF} : S_{\triangle PDE} = AH : BI : CG$$

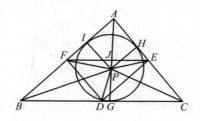

图 41

延长 GP 交 EF 于点 J,因为 $EF \ /\!/ \ BC$,$GP \perp BC$,所以 $GJ \perp EF$,记 $\triangle ABC$ 在 BC 边上的高为 h_1,则

$$\begin{aligned}
S_{\triangle PEF} &= \frac{1}{2} EF \cdot PJ \\
&= \frac{1}{2} \cdot \frac{1}{2} BC \cdot \left(\frac{1}{2} h_1 - PG \right) \\
&= \frac{1}{4} \cdot S_{\triangle ABC} - \frac{1}{2} \cdot S_{\triangle PBC} \\
&= \frac{1}{4} (S_{\triangle PAB} + S_{\triangle PAC} - S_{\triangle PBC}) \\
&= \frac{r}{8} (AB + AC - BC) \\
&= \frac{r}{8} (AI + AH) \\
&= \frac{r}{4} \cdot AH
\end{aligned}$$

同理可得

$$S_{\triangle PDF} = \frac{r}{4} BI, \quad S_{\triangle PDE} = \frac{r}{4} CG$$

所以

$$S_{\triangle PEF} : S_{\triangle PDF} : S_{\triangle PDE} = AH : BI : CG$$

所以

$$S_{\triangle PEF} : S_{\triangle PDF} : S_{\triangle PDE} = \cot \frac{A}{2} : \cot \frac{B}{2} : \cot \frac{C}{2}$$

即问题 1 获得证明.

评注 上述两个证明基于建立在三角形的内心位于中点三角形之内部的,其实这个想法是要证明的,她们均默认了这一点,所以笔者补充并证明了引理 2,如此才能使得命题 1 的证明完美,这也是经过叶军老师的提示而做出的.

四、类似问题挖掘

前面我们讨论了三角形的内心的相关性质,下面我们再来讨论其他心的相关性质.

问题 3 设 O 为锐角 $\triangle ABC$ 的外心,D,E,F 分别为 BC,CA,AB 的中点,则有

(1) $$\tan A \cdot \overrightarrow{OD} + \tan B \cdot \overrightarrow{OE} + \tan C \cdot \overrightarrow{OF} = \mathbf{0}$$

或

$$S_{\triangle OEF} : S_{\triangle ODF} : S_{\triangle ODE} = \tan A : \tan B : \tan C$$

证明 由条件 D,E,F 分别为 BC,CA,AB 的中点,易知

$$\begin{cases} \overrightarrow{OA} + \overrightarrow{OB} = 2\overrightarrow{OF} \\ \overrightarrow{OB} + \overrightarrow{OC} = 2\overrightarrow{OD} \\ \overrightarrow{OC} + \overrightarrow{OA} = 2\overrightarrow{OE} \end{cases}$$

$$\Rightarrow \overrightarrow{OA} + \overrightarrow{OB} + \overrightarrow{OC} = \overrightarrow{OD} + \overrightarrow{OE} + \overrightarrow{OF}$$

$$\begin{cases} \overrightarrow{OA} = -\overrightarrow{OD} + \overrightarrow{OE} + \overrightarrow{OF} \\ \overrightarrow{OB} = \overrightarrow{OD} - \overrightarrow{OE} + \overrightarrow{OF} \\ \overrightarrow{OC} = \overrightarrow{OD} + \overrightarrow{OE} - \overrightarrow{OF} \end{cases}$$

代入到 $\sin 2A \cdot \overrightarrow{OA} + \sin 2B \cdot \overrightarrow{OB} + \sin 2C \cdot \overrightarrow{OC} = \mathbf{0}$,得到

$\sin 2A \cdot (-\overrightarrow{OD} + \overrightarrow{OE} + \overrightarrow{OF}) + \sin 2B \cdot (\overrightarrow{OD} - \overrightarrow{OE} + \overrightarrow{OF}) +$

$\sin 2C \cdot (\overrightarrow{OD} + \overrightarrow{OE} - \overrightarrow{OF}) = \mathbf{0}$

$\Rightarrow (\sin 2B + \sin 2C - \sin 2A) \cdot \overrightarrow{OD} + (\sin 2A + \sin 2C - \sin 2B) \cdot \overrightarrow{OE} +$

$(\sin 2A + \sin 2B - \sin 2C) \cdot \overrightarrow{OF} = \mathbf{0}$

$\Rightarrow \cos B \sin C \sin A \cdot \overrightarrow{OD} + \cos B \sin C \sin A \cdot \overrightarrow{OE} + \cos C \sin A \sin B \cdot \overrightarrow{OF} = \mathbf{0}$

$\Leftrightarrow \tan A \cdot \overrightarrow{OD} + \tan B \cdot \overrightarrow{OE} + \tan C \cdot \overrightarrow{OF} = \mathbf{0}$

或

$$S_{\triangle OEF} : S_{\triangle ODF} : S_{\triangle ODE} = \tan A : tan B : \tan C$$

问题 4 设 H 为锐角 $\triangle ABC$ 的垂心,且 $AD \perp BC, BE \perp CA, CF \perp AB$,

D,E,F 分别为垂足,则有 (1)$\tan A \cdot \overrightarrow{HA} + \tan B \cdot \overrightarrow{HB} + \tan C \cdot \overrightarrow{HC} = \mathbf{0}.$

或者

$$S_{\triangle HBC} : S_{\triangle HCA} : S_{\triangle HAB} = \tan A : \tan B : \tan C$$

(2)
$$\text{EF} \cdot \overrightarrow{HD} + \text{DF} \cdot \overrightarrow{HE} + \text{DE} \cdot \overrightarrow{HF} = \mathbf{0}$$

或

$$\sin 2A \cdot \overrightarrow{HD} + \sin 2B \cdot \overrightarrow{HE} + \sin 2C \cdot \overrightarrow{HF} = \mathbf{0}$$

或者

$$S_{\triangle HEF} : S_{\triangle HDF} : S_{\triangle HDE} = \sin 2A : \sin 2B : \sin 2C$$

证明 (1)由引理 1 以及

$$\frac{HA}{\cos A} = \frac{BA}{\cos B} = \frac{HC}{\cos C} = 2R$$

（$2R$ 为 $\triangle ABC$ 外接圆直径）

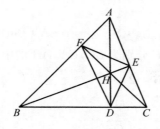

图 42

$A, F, H, E; B, D, H, F; C, E, H, D$ 分别四点共圆,知道

$$\mathbf{0} = S_{\triangle HBC} \cdot \overrightarrow{HA} + S_{\triangle HCA} \cdot \overrightarrow{HB} + S_{\triangle HAB} \cdot \overrightarrow{HC}$$

$$\Leftrightarrow \mathbf{0} = HB \cdot HC\sin\angle BHC \cdot \overrightarrow{HA} +$$

$$HC \cdot HA\sin\angle AHC \cdot \overrightarrow{HB} + HA \cdot HB\sin\angle BHA \cdot \overrightarrow{HC}$$

$$\Leftrightarrow \mathbf{0} = \cos B\cos C\sin A \cdot \overrightarrow{HA} + \cos C\cos A\sin B \cdot \overrightarrow{HB} +$$

$$\cos A \cdot \cos B\sin C \cdot \overrightarrow{HC}$$

$$\Leftrightarrow \mathbf{0} = \tan A \cdot \overrightarrow{HA} + \tan B \cdot \overrightarrow{HB} + \tan C \cdot \overrightarrow{HC}$$

或者

$$S_{\triangle HBC} : S_{\triangle HCA} : S_{\triangle HAB} = \tan A : \tan B : \tan C$$

(2)由平面几何知识不难知道点 H 为 $\triangle DEF$ 的内心,且

$$\angle FDE = \angle FDH + \angle EDH = \angle FBH + \angle FCE$$

$$= (90° - A) + (90° - A) = 180° - 2A$$

$$\Rightarrow \sin\angle FDE = \sin 2A$$

同理可得

$$\sin\angle FDE = \sin 2A$$

于是，由前面的结论 1 知道

$$\mathbf{0} = EF \cdot \overrightarrow{HD} + DF \cdot \overrightarrow{HE} + DE \cdot \overrightarrow{HF}$$

$$\Leftrightarrow \mathbf{0} = \sin 2A \cdot \overrightarrow{HD} + \sin 2B \cdot \overrightarrow{HE} + \sin 2C \cdot \overrightarrow{HF}$$

从而本题结论获得证明.

问题 5 设 $\triangle ABC$ 的三内角平分线交于点 I，与其外接圆分别交于点 D，E，F，AD 与 EF 交于点 X，BE 与 DF 交于点 Y，CF 与 DE 交于点 Z，求证：

（1）
$$S_{\triangle IEF} : S_{\triangle IDF} : S_{\triangle IDE} = \cot\frac{A}{2} : \cot\frac{B}{2} : \cot\frac{C}{2}$$

或者
$$\mathbf{0} = \cot\frac{A}{2} \cdot \overrightarrow{ID} + \cot\frac{B}{2} \cdot \overrightarrow{IE} + \cot\frac{C}{2} \cdot \overrightarrow{IF}$$

（2）
$$S_{\triangle IYZ} : S_{\triangle IZX} : S_{\triangle IXY} = \sin A : \sin B : \sin C$$

或者
$$\mathbf{0} = \sin A \cdot \overrightarrow{IX} + \sin B \cdot \overrightarrow{IY} + \sin C \cdot \overrightarrow{IZ}$$

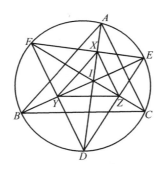

图 43

证明 （1）只需要证明 $AD \perp EF$，即只要证明

$$\angle FAD + \angle AFE = 90°$$

事实上

$$\angle FAD + \angle AFE = \frac{A}{2} + \angle PFA + \angle PAF$$

$$= \frac{A}{2} + \frac{B}{2} + \frac{C}{2} = 90°$$

即 $AD \perp EF$. 同理可以证明 $BE \perp DF$，$CF \perp DE$，即 I 为 $\triangle DEF$ 垂心.

于是，由前面的结论 3 知道

$$\mathbf{0} = \tan\angle EDF \cdot \overrightarrow{ID} + \tan\angle DEF \cdot \overrightarrow{IE} + \tan\angle DFE \cdot \overrightarrow{HF}$$

$$= \tan\angle\frac{B+C}{2} \cdot \overrightarrow{ID} + \tan\angle\frac{A+C}{2} \cdot \overrightarrow{IE} + \tan\angle\frac{C+A}{2} \cdot \overrightarrow{HF}$$

69

$$= \cot \frac{A}{2} \cdot \overrightarrow{ID} + \cot \frac{B}{2} \cdot \overrightarrow{IE} + \cot \frac{C}{2} \cdot \overrightarrow{HF}$$

即

$$S_{\triangle IEF} : S_{\triangle IDF} : S_{\triangle IDE} = \cot \frac{A}{2} : \cot \frac{B}{2} : \cot \frac{C}{2}$$

（2）由上面的证明知道点 I 为 $\triangle XYZ$ 的内心，由内心的向量等式知道

$$\sin \angle YXZ \cdot \overrightarrow{IX} + \sin \angle XYZ \cdot \overrightarrow{IY} + \sin \angle XZY \cdot \overrightarrow{IZ} = \mathbf{0}$$

以下只要证明 $XY /\!/ AB$ 即可.

而 $\angle DFX + \angle XDF = \dfrac{A+B}{2} + \dfrac{C}{2} = 90° \Rightarrow AD \perp EF$

同理可得 $BE \perp DF \Rightarrow F, Y, I, X$ 四点共圆，所以

$$\angle YXI = \angle YFI = \angle DAC = \angle BAD \Rightarrow XY /\!/ AB$$

同理可得 $YZ /\!/ BC, XZ /\!/ AC$，即 $\triangle ABC \backsim \triangle XYZ$.

由三角形内心的向量结果（前面的结论 1）得到

$$\sin A \cdot \overrightarrow{IX} + \sin B \cdot \overrightarrow{IY} + \sin C \cdot \overrightarrow{IZ} = \mathbf{0}$$

$$\Rightarrow S_{\triangle IYZ} : S_{\triangle IZX} : S_{\triangle IXY} = \sin A : \sin B : \sin C$$

评注　第 2 小题也可以运用相似三角形性质以及 I 为 $\triangle XYZ$ 的内心，来证明：

$$\triangle IYZ \backsim \triangle IBC, \triangle IZX \backsim \triangle ICA, \triangle IXY \backsim \triangle IAB$$

$$\Rightarrow S_{\triangle IYZ} : S_{\triangle IZX} : S_{\triangle IXY} = S_{\triangle IBC} : S_{\triangle ICA} : S_{\triangle IAB}$$

$$= rYZ : rZX : rXY = BC : CA : AB$$

$$= \sin A : \sin B : \sin C$$

本方法来自于微信网友，不好意思，没有记住各位的大名，致歉！

问题 6　（2014 开封一模）设 O 为锐角 $\triangle ABC$ 的外心，且 $\dfrac{\cos B}{\sin C} \cdot \overrightarrow{AB} +$ $\dfrac{\cos C}{\sin B} \cdot \overrightarrow{AC} = 2m \cdot \overrightarrow{AO}$，求出 m 之值.

题目解说　这是近期微信群里讨论较为热烈的一个问题，有老师给出了一些纯几何的方法，今天我们给出一种向量方法.

解 1　如图 44，对等式 $\dfrac{\cos B}{\sin C} \cdot \overrightarrow{AB} + \dfrac{\cos C}{\sin B} \cdot \overrightarrow{AC} = 2m \cdot \overrightarrow{AO}$ 两端同乘以 $\overrightarrow{AO}$，并注意到

$$\cos \angle BAD = \sin \angle ADB = \sin \angle C$$

$$\cos \angle CAD = \sin \angle ADC = \sin \angle B$$

从分析解题过程学解题——
竞赛中的向量几何与不等式研究

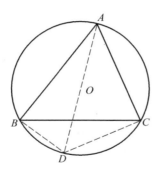

图 44

以及正弦定理得到

$$2mR^2 = 2m \cdot \overrightarrow{AO}^2 = \frac{\cos B}{\sin C} \cdot \overrightarrow{AB} \cdot \overrightarrow{AO} + \frac{\cos C}{\sin B} \cdot \overrightarrow{AC} \cdot \overrightarrow{AO}$$

$$= \frac{\cos B}{\sin C} \cdot c \cdot R\cos\angle BAD + \frac{\cos C}{\sin B} \cdot b \cdot R\cos\angle CAD$$

$$= \frac{\cos B}{\sin C} \cdot c \cdot R\sin C + \frac{\cos C}{\sin B} \cdot b \cdot R\sin B$$

$$= 2R^2(\cos B\sin C + \cos C\sin B)$$

$$= 2R^2\sin(B+C) = 2R^2\sin A$$

即 $m = \sin A = \dfrac{\sqrt{3}}{3}$.

解 2　由向量知识得到

$$2m \cdot \overrightarrow{AO} = \frac{\cos B}{\sin C} \cdot \overrightarrow{AB} + \frac{\cos C}{\sin B} \cdot \overrightarrow{AC}$$

$$= \frac{\cos B}{\sin C} \cdot (\overrightarrow{OB} - \overrightarrow{OA}) + \frac{\cos C}{\sin B} \cdot (\overrightarrow{OC} - \overrightarrow{OA})$$

$$= \frac{\cos B}{\sin C} \cdot \overrightarrow{OB} + \frac{\cos C}{\sin B} \cdot \overrightarrow{OC} - \left(\frac{\cos B}{\sin C} + \frac{\cos C}{\sin B}\right)\overrightarrow{OA}$$

$$\Leftrightarrow \frac{\cos B}{\sin C} \cdot \overrightarrow{OB} + \frac{\cos C}{\sin B} \cdot \overrightarrow{OC} = \left(\frac{\cos B}{\sin C} + \frac{\cos C}{\sin B} - 2m\right)\overrightarrow{OA}$$

$$\Leftrightarrow \sin 2B \cdot \overrightarrow{OB} + \sin 2C \cdot \overrightarrow{OC}$$

$$= (\sin 2B + \sin 2C - 4m\sin B\sin C)\overrightarrow{OA}$$

$$\sin 2B \cdot \overrightarrow{OB} + \sin 2C \cdot \overrightarrow{OC} + [4m\sin B\sin C - (\sin 2B + \sin 2C)]\overrightarrow{OA} = \mathbf{0}$$

$$(4)$$

而

$$4m\sin B\sin C - \sin 2B + \sin 2C$$

71

$$= 2m[\cos(B-C) - \cos(B+C)] - 2\sin A\cos(B-C)$$
$$= 2m[\cos(B-C) + \cos A] - 2\sin A\cos(B-C)$$
$$= 2m\cos(B-C) + 2m\cos A - 2\sin A\cos(B-C)$$

于是(4)进一步等价于

$$\Leftrightarrow \sin 2B \cdot \overrightarrow{OB} + \sin 2C \cdot \overrightarrow{OC} + [2m\cos(B-C) + \qquad (5)$$
$$2m\cos A - 2\sin A\cos(B-C)]\overrightarrow{OA} = \mathbf{0}$$

对比(5)与前面的结论2,知道

需要

$$2m\cos(B-C) + 2m\cos A - 2\sin A\cos(B-C) = \sin A$$

由此得到 $m = \sin A = \dfrac{\sqrt{3}}{3}$.

五、结束语

本节从一道三角形的面积比问题出发,运用向量方法给出了一类三角形面积比的结论,其实质是利用前面建立的引理1,以及后面得到的三个结论,换句话说就是要求出类似的三角形面积比,只要求出类似的引理1(或者三个结论)的结构.

另外顺便指出,若熟悉有向三角形面积的话,前面的引理1之意义就会更加广泛,适用范围将大大扩展,原问题中问题2也就很好解决了,请读者留意.

§11　相关直角三角形三个内心命题的空间移植

一、题目

如图45,设 $\mathrm{Rt}\triangle OAB$ 满足 $\angle AOB = 90°$,$CO \perp AB$,C 为垂足,M,N,Q 分别为 $\triangle AOC,\triangle OBC,\triangle ABC$ 的内心,则点 Q 为 $\triangle OMN$ 的垂心.

题目解说　本题源于浙江大学出版社出版的沈文选《高中数学竞赛解题策略 —— 几何分册》P35 — 例 7,或者 P3.

本题大家通常看到和想到的都是平面几何方法,这里给出一个好像是很奇异(较为复杂)的方法 —— 向量方法.此法虽然看起来有些麻烦,似乎完全脱离开了平面几何,但是他却可以给我们带来意外的惊喜,将本题十分顺畅的移植到空间.

为证明本题,我们先证明如下几个引理.

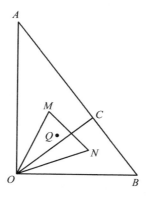

图 45

二、几个引理

引理 1 设点 C 以及 AB 为同一平面上三点,点 O 为该平面上直线 AB 外一点,则 A,B,C 三点共线的充要条件是存在实数 x,y,满足 $x+y=1$,使得

$$\overrightarrow{OC}=x\cdot\overrightarrow{OA}+y\cdot\overrightarrow{OB}$$

证明 参考单墫主编的普通高中课程实验教科书,江苏教育出版社 2005 年 6 月第二版,2006 年 12 月第二次印刷,必修 4,P67—— 例 4.

引理 2 设 O 为 $\triangle ABC$ 的内部任意一点,分别连接 AO,BO,CO 交边 BC,CA,AB 于 D,E,F,记 $\triangle BOC,\triangle COA,\triangle AOB$ 的面积分别为 $\triangle_1,\triangle_2,\triangle_3$,则

$$\triangle_1\cdot\overrightarrow{OA}+\triangle_2\cdot\overrightarrow{OB}+\triangle_3\cdot\overrightarrow{OC}=\mathbf{0} \tag{1}$$

证明 如图 46,事实上,由面积知识知道

$$\frac{AO}{OD}=\frac{\triangle-\triangle_1}{\triangle_1}\Rightarrow\overrightarrow{OD}=-\frac{\triangle_1}{\triangle_2+\triangle_3}\overrightarrow{OA} \tag{2}$$

$$\frac{BD}{DC}=\frac{S_{\triangle AOC}}{S_{\triangle AOB}}=\frac{\triangle_3}{\triangle_2} \tag{3}$$

$$\Rightarrow\overrightarrow{OD}=\frac{\triangle_2}{\triangle_2+\triangle_3}\overrightarrow{OB}+\frac{\triangle_3}{\triangle_2+\triangle_3}\overrightarrow{OC}$$

联合上面(1)(2)两个式子

即 $\triangle_1\cdot\overrightarrow{OA}+\triangle_2\cdot\overrightarrow{OB}+\triangle_3\cdot\overrightarrow{OC}=\mathbf{0}.$

评注 式(1)是一个很有用的结论,由此可得一些有意义的结论,看几个特例.

引理 3 当 I 为 $\triangle ABC$ 的内心时,有

$$a\cdot\overrightarrow{IA}+b\cdot\overrightarrow{IB}+c\cdot\overrightarrow{IC}=\mathbf{0}$$

或

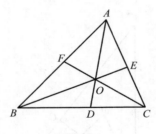

图 46

$$\sin A \cdot \overrightarrow{IA} + \sin B \cdot \overrightarrow{IB} + \sin C \cdot \overrightarrow{IC} = \mathbf{0}$$

提示　运用 $2 \cdot \triangle_1 = a \cdot r$ 等以及正弦定理和引理 2 即可得到本结论.

上式进一步等价于

引理 4　当 I 为 $\triangle ABC$ 的内心时,有 $\overrightarrow{BI} = \dfrac{a}{a+b+c} \cdot \overrightarrow{BA} + \dfrac{c}{a+b+c} \cdot \overrightarrow{BC}$.

证明　由 $a \cdot \overrightarrow{IA} + b \cdot \overrightarrow{IB} + c \cdot \overrightarrow{IC} = \mathbf{0}$

$$\Rightarrow b \cdot \overrightarrow{BI} = a \cdot \overrightarrow{IA} + c \cdot \overrightarrow{IC} = a \cdot (\overrightarrow{BA} - \overrightarrow{BI}) + c \cdot (\overrightarrow{BC} - \overrightarrow{BI})$$

$$\Rightarrow (a+b+c) \cdot \overrightarrow{BI} = a \cdot \overrightarrow{BA} + c \cdot \overrightarrow{BC}$$

即有

$$\overrightarrow{BI} = \frac{a}{a+b+c} \cdot \overrightarrow{BA} + \frac{c}{a+b+c} \cdot \overrightarrow{BC}$$

三、题目的证明

现在证明原题.

证明 1　由直角三角形的性质知道

$$\frac{1}{OC^2} = \frac{1}{OA^2} + \frac{1}{OB^2} = \frac{1}{b^2} + \frac{1}{a^2} \Rightarrow OC = \frac{ab}{\sqrt{a^2+b^2}}$$

(a, b 分别为线段 OA, OB 的长度) 结合引理知道

$$\overrightarrow{BC} = \frac{a^2}{BA^2} \cdot \overrightarrow{BA} = \frac{a^2}{a^2+b^2} \cdot (\overrightarrow{OA} - \overrightarrow{OB})$$

从而

$$\overrightarrow{OC} = \overrightarrow{OB} + \overrightarrow{BC} = \overrightarrow{OB} + \frac{a^2}{BA^2} \overrightarrow{BA} = \overrightarrow{OB} + \frac{a^2}{a^2+b^2} \cdot (\overrightarrow{OA} - \overrightarrow{OB})$$

$$= \frac{a^2}{a^2+b^2} \cdot \overrightarrow{OA} + \frac{b^2}{a^2+b^2} \cdot \overrightarrow{OB}$$

即

$$\overrightarrow{OC} = \frac{a^2}{a^2+b^2} \cdot \overrightarrow{OA} + \frac{b^2}{a^2+b^2} \cdot \overrightarrow{OB}$$

所以

$$\overrightarrow{OM} = \frac{OC}{b + OC + AC} \cdot \overrightarrow{OA} + \frac{OA}{b + OC + AC} \cdot \overrightarrow{OC}$$

$$= \frac{\dfrac{ab}{\sqrt{a + b^2}}}{b + \dfrac{ab}{\sqrt{a^2 + b^2}} + \dfrac{b^2}{AB}} \cdot \overrightarrow{OA} + \frac{b}{b + \dfrac{ab}{\sqrt{a^2 + b^2}} + \dfrac{b^2}{AB}} \cdot \overrightarrow{OC}$$

$$= \frac{a}{a + b + \sqrt{a^2 + b^2}} \cdot \overrightarrow{OA} + \frac{\sqrt{a^2 + b^2}}{a + b + \sqrt{a^2 + b^2}} \cdot \overrightarrow{OC}$$

$$= \frac{a}{a + b + \sqrt{a^2 + b^2}} \cdot \overrightarrow{OA} + \frac{\sqrt{a^2 + b^2}}{a + b + \sqrt{a^2 + b^2}} \cdot$$

$$\left[\frac{a^2}{a^2 + b^2} \cdot \overrightarrow{OA} + \frac{b^2}{a^2 + b^2} \cdot \overrightarrow{OB} \right]$$

$$= \frac{a(\sqrt{a^2 + b^2} + a)}{(a + b + \sqrt{a^2 + b^2}) \sqrt{a^2 + b^2}} \cdot \overrightarrow{OA} +$$

$$\frac{b^2}{(a + b + \sqrt{a^2 + b^2}) \sqrt{a^2 + b^2}} \cdot \overrightarrow{OB}$$

即

$$\overrightarrow{OM} = \frac{a(\sqrt{a^2 + b^2} + a)}{(a + b + \sqrt{a^2 + b^2}) \sqrt{a^2 + b^2}} \cdot \overrightarrow{OA} +$$

$$\frac{b^2}{(a + b + \sqrt{a^2 + b^2}) \sqrt{a^2 + b^2}} \cdot \overrightarrow{OB} \qquad (4)$$

$$\overrightarrow{ON} = \frac{OC}{a + OC + BC} \cdot \overrightarrow{OB} + \frac{a}{a + OC + BC} \cdot \overrightarrow{OC}$$

$$= \frac{\dfrac{ab}{\sqrt{a + b^2}}}{b + \dfrac{ab}{\sqrt{a + b^2}} + \dfrac{a^2}{AB}} \cdot \overrightarrow{OB} + \frac{a}{a + \dfrac{ab}{\sqrt{a^2 + b^2}} + \dfrac{a^2}{AB}} \cdot \overrightarrow{OC}$$

$$= \frac{b}{a + b + \sqrt{a^2 + b^2}} \cdot \overrightarrow{OB} +$$

$$\frac{\sqrt{a^2 + b^2}}{a + b + \sqrt{a^2 + b^2}} \left(\frac{a^2}{a^2 + b^2} \cdot \overrightarrow{OA} + \frac{b^2}{a^2 + b^2} \cdot \overrightarrow{OB} \right)$$

$$= \frac{a^2}{(a + b + \sqrt{a^2 + b^2}) \sqrt{a^2 + b^2}} \cdot \overrightarrow{OA} + \frac{b(b + \sqrt{a^2 + b^2})}{(a + b + \sqrt{a^2 + b^2}) \sqrt{a^2 + b^2}} \cdot \overrightarrow{OB}$$

即

75

$$\overrightarrow{ON} = \frac{a^2}{(a+b+\sqrt{a^2+b^2})\sqrt{a^2+b^2}} \cdot \overrightarrow{OA} +$$

$$\frac{b(b+\sqrt{a^2+b^2})}{(a+b+\sqrt{a^2+b^2})\sqrt{a^2+b^2}} \cdot \overrightarrow{OB} \qquad (5)$$

从而

$$\overrightarrow{MN} = \overrightarrow{ON} - \overrightarrow{OM} = \frac{b}{a+b+\sqrt{a^2+b^2}} \cdot \overrightarrow{OB} - \frac{a}{a+b+\sqrt{a^2+b^2}} \cdot \overrightarrow{OA}$$

又据引理 4 知道

$$\overrightarrow{OQ} = \frac{a}{a+b+\sqrt{a^2+b^2}} \cdot \overrightarrow{OA} + \frac{b}{a+b+\sqrt{a^2+b^2}} \cdot \overrightarrow{OB} \qquad (6)$$

于是，由(4)(5)(6) 可得

$$\overrightarrow{QM} = \overrightarrow{OM} - \overrightarrow{OQ}$$

$$= \frac{a^2}{(a+b+\sqrt{a^2+b^2})\sqrt{a^2+b^2}} \cdot \overrightarrow{OA} +$$

$$\frac{b^2 - b\sqrt{a^2+b^2}}{(a+b+\sqrt{a^2+b^2})\sqrt{a^2+b^2}} \cdot \overrightarrow{OB}$$

$$\overrightarrow{QN} = \overrightarrow{ON} - \overrightarrow{OQ}$$

$$= \frac{a^2 - a\sqrt{a^2+b^2}}{(a+b+\sqrt{a^2+b^2})\sqrt{a^2+b^2}} \cdot \overrightarrow{OA} +$$

$$\frac{b^2}{(a+b+\sqrt{a^2+b^2})\sqrt{a^2+b^2}} \cdot \overrightarrow{OB}$$

注意到两个向量 $\overrightarrow{OA} \perp \overrightarrow{OB} \Rightarrow \overrightarrow{OA} \cdot \overrightarrow{OB} = 0$，所以

$$\overrightarrow{QM} \cdot \overrightarrow{ON}$$

$$= \left[\frac{a^2}{(a+b+\sqrt{a^2+b^2})\sqrt{a^2+b^2}} \cdot \overrightarrow{OA} + \frac{b^2 - b\sqrt{a^2+b^2}}{(a+b+\sqrt{a^2+b^2})\sqrt{a^2+b^2}} \cdot \overrightarrow{OB} \right] \cdot$$

$$\left[\frac{a^2}{(a+b+\sqrt{a^2+b^2})\sqrt{a^2+b^2}} \cdot \overrightarrow{OA} + \frac{b^2 + b\sqrt{a^2+b^2}}{(a+b+\sqrt{a^2+b^2})\sqrt{a^2+b^2}} \cdot \overrightarrow{OB} \right]$$

$$= \frac{a^4}{(a+b+\sqrt{a^2+b^2})^2(a^2+b^2)} \cdot \overrightarrow{OA}^2 + \frac{b^4 - (b\sqrt{a^2+b^2})^2}{(a+b+\sqrt{a^2+b^2})^2(a^2+b^2)} \cdot \overrightarrow{OB}^2$$

$$= \frac{a^4}{(a+b+\sqrt{a^2+b^2})^2(a^2+b^2)} \cdot b^2 + \frac{b^4 - (b\sqrt{a^2+b^2})^2}{(a+b+\sqrt{a^2+b^2})^2(a^2+b^2)} \cdot a^2 = 0$$

即 $QM \perp ON$，同理可证 $NQ \perp OM$.

从而，结论获得证明.

76

四、空间形式

空间移植:设四面体 $OABC$ 的三条棱 OA, OB, OC 两两互相垂直,点 O 在底面 $\triangle ABC$ 的投影为 H,四面体 $OABH$, $OBCH$, $OCAH$, $OABC$ 的内心分别为 M, N, P, Q,则四面体 $OMNP$ 为垂心四面体,其中 Q 为其垂心(若四面体 $OMNP$ 的四条高线交于一点 Q,此点被称为四面体的垂心).

结论的证明留给感兴趣的读者吧!

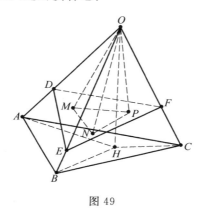

图 49

§12　直角三角形内心一个性质的向量证明

一、题目

如图 50,设 Rt$\triangle OAB$ 满足 $\angle AOB = 90°$,$CO \perp AB$,C 为垂足,M, N, Q 分别为 $\triangle AOC$,$\triangle OBC$,$\triangle ABC$ 的内心,OM, ON 所在直线分别与 AB 交于点 D,E,则有 $QD \perp QE$.

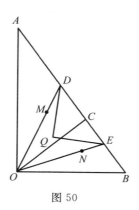

图 50

题目解说   本题为沈文选《高中数学竞赛解题策略 —— 几何分册》P3 性质 6(6).

本题大家通常看到和想到的都是平面几何方法,这里给出一个不同凡响的看起来好像是很奇异(较为麻烦)的好方法 —— 向量方法. 此法虽然看起来有些麻烦,似乎完全脱离开了平面几何,但是他却可以给我们带来意外的惊喜.

二、几个引理

为证明本题,需要以下几个引理

引理 1   设点 C 以及 AB 为同一平面上三点,点 O 为该平面上直线 AB 外一点,则 A,B,C 三点共线的充要条件是存在实数 x,y,满足 $x+y=1$,使得

$$\overrightarrow{OC}=x\cdot\overrightarrow{OA}+y\cdot\overrightarrow{OB}$$

证明   参考单墫主编的普通高中课程实验教科书,江苏教育出版社 2005 年 6 月第二版,2006 年 12 月第二次印刷,必修 4,P67— 例 4.

引理 2   设 O 为 $\triangle ABC$ 的内部任意一点,分别连接 AO,BO,CO 交边 BC, CA,AB 于 D,E,F,记 $\triangle BOC,\triangle COA,\triangle AOB$ 的面积分别为 $\triangle_1,\triangle_2,\triangle_3$,则

$$\triangle_1\cdot\overrightarrow{OA}+\triangle_2\cdot\overrightarrow{OB}+\triangle_3\cdot\overrightarrow{OC}=\mathbf{0} \tag{1}$$

证明   如图 51,事实上,由面积知识知道

$$\frac{AO}{OD}=\frac{\triangle-\triangle_1}{\triangle_1}\Rightarrow\overrightarrow{OD}=-\frac{\triangle_1}{\triangle_2+\triangle_3}\overrightarrow{OA} \tag{2}$$

$$\frac{BD}{DC}=\frac{S_{\triangle AOC}}{S_{\triangle AOB}}=\frac{\triangle_3}{\triangle_2} \tag{3}$$

$$\Rightarrow\overrightarrow{OD}=\frac{\triangle_2}{\triangle_2+\triangle_3}\overrightarrow{OB}+\frac{\triangle_3}{\triangle_2+\triangle_3}\overrightarrow{OC}$$

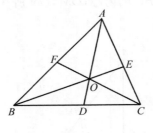

图 51

联合上面(2)(3)两个式子,即

$$\triangle_1\cdot\overrightarrow{OA}+\triangle_2\cdot\overrightarrow{OB}+\triangle_3\cdot\overrightarrow{OC}=\mathbf{0}$$

评注   (1)是一个很有用的结论,由此可得一些有意义的结论,看几个特例.

78

引理 3   当 I 为 $\triangle ABC$ 的内心时, 有

$$a \cdot \overrightarrow{IA} + b \cdot \overrightarrow{IB} + c \cdot \overrightarrow{IC} = \mathbf{0}$$

或

$$\sin A \cdot \overrightarrow{IA} + \sin B \cdot \overrightarrow{IB} + \sin C \cdot \overrightarrow{IC} = \mathbf{0}$$

提示   运用 $2 \cdot \triangle_1 = a \cdot r$ 以及正弦定理等即可得到本结论.

上式进一步等价于

引理 4   当 I 为 $\triangle ABC$ 的内心时, 有 $\overrightarrow{BI} = \dfrac{a}{a+b+c} \cdot \overrightarrow{BA} + \dfrac{c}{a+b+c} \cdot \overrightarrow{BC}$.

证明   由

$$a \cdot \overrightarrow{IA} + b \cdot \overrightarrow{IB} + c \cdot \overrightarrow{IC} = \mathbf{0}$$

$$\Rightarrow b \cdot \overrightarrow{BI} = a \cdot \overrightarrow{IA} + c \cdot \overrightarrow{IC} = a \cdot (\overrightarrow{BA} - \overrightarrow{BI}) + c \cdot (\overrightarrow{BC} - \overrightarrow{BI})$$

$$\Rightarrow (a+b+c) \cdot \overrightarrow{BI} = a \cdot \overrightarrow{BA} + c \cdot \overrightarrow{BC}$$

即有

$$\overrightarrow{BI} = \frac{a}{a+b+c} \cdot \overrightarrow{BA} + \frac{c}{a+b+c} \cdot \overrightarrow{BC}$$

三、题目的证明

现在证明原题.

证明   由直角三角形的性质知道

$$\frac{1}{OC^2} = \frac{1}{OA^2} + \frac{1}{OB^2} = \frac{1}{b^2} + \frac{1}{a^2} \Rightarrow OC = \frac{ab}{\sqrt{a^2+b^2}}$$

(b, a 分别为线段 OA, OB 的长度) 结合引理知道

所以 $\overrightarrow{BC} = \dfrac{a^2}{BA^2} \cdot \overrightarrow{BA} = \dfrac{a^2}{a^2+b^2} \cdot (\overrightarrow{OA} - \overrightarrow{OB})$, 从而

$$\overrightarrow{OC} = \overrightarrow{OB} + \overrightarrow{BC} = \overrightarrow{OB} + \frac{a^2}{BA^2} \overrightarrow{BA}$$

$$= \overrightarrow{OB} + \frac{a^2}{a^2+b^2} \cdot (\overrightarrow{OA} - \overrightarrow{OB})$$

$$= \frac{a^2}{a^2+b^2} \cdot \overrightarrow{OA} + \frac{b^2}{a^2+b^2} \cdot \overrightarrow{OB}$$

即

$$\overrightarrow{OC} = \frac{a^2}{a^2+b^2} \cdot \overrightarrow{OA} + \frac{b^2}{a^2+b^2} \cdot \overrightarrow{OB} \tag{4}$$

又根据 Q 为 $\triangle OAB$ 的内心, 据引理 4, 有

$$\overrightarrow{OQ} = \frac{a}{a+b+\sqrt{a^2+b^2}} \cdot \overrightarrow{OA} + \frac{b}{a+b+\sqrt{a^2+b^2}} \cdot \overrightarrow{OB} \tag{5}$$

又由角平分线性质定理知道

$$\frac{AD}{DC} = \frac{OA}{OC} = \frac{b}{\dfrac{ab}{\sqrt{a^2 + b^2}}} = \frac{\sqrt{a^2 + b^2}}{a}$$

所以

$$\overrightarrow{OD} = \frac{a}{a + \sqrt{a^2 + b^2}} \cdot \overrightarrow{OA} + \frac{\sqrt{a^2 + b^2}}{a + \sqrt{a^2 + b^2}} \cdot \overrightarrow{OC} \text{（结合（2））}$$

$$= \frac{a}{a + \sqrt{a^2 + b^2}} \cdot \overrightarrow{OA} + \frac{\sqrt{a^2 + b^2}}{a + \sqrt{a^2 + b^2}} \cdot \left(\frac{a^2}{a^2 + b^2} \cdot \overrightarrow{OA} + \frac{b^2}{a^2 + b^2} \cdot \overrightarrow{OB} \right)$$

$$= \frac{a}{\sqrt{a^2 + b^2}} \cdot \overrightarrow{OA} + \frac{b^2}{(a + \sqrt{a^2 + b^2})\sqrt{a^2 + b^2}} \cdot \overrightarrow{OB}$$

即

$$\overrightarrow{OD} = \frac{a}{\sqrt{a^2 + b^2}} \cdot \overrightarrow{OA} + \frac{b^2}{(a + \sqrt{a^2 + b^2})\sqrt{a^2 + b^2}} \cdot \overrightarrow{OB} \qquad (4)$$

$$\overrightarrow{OE} = \frac{b}{b + \sqrt{a^2 + b^2}} \cdot \overrightarrow{OB} + \frac{\sqrt{a^2 + b^2}}{b + \sqrt{a^2 + b^2}} \cdot \overrightarrow{OC}$$

$$= \frac{b}{b + \sqrt{a^2 + b^2}} \cdot \overrightarrow{OB} + \frac{\sqrt{a^2 + b^2}}{b + \sqrt{a^2 + b^2}} \cdot \left(\frac{a^2}{a^2 + b^2} \cdot \overrightarrow{OA} + \frac{b^2}{a^2 + b^2} \cdot \overrightarrow{OB} \right)$$

$$= \frac{a^2}{(b + \sqrt{a^2 + b^2})\sqrt{a^2 + b^2}} \cdot \overrightarrow{OA} + \frac{b}{\sqrt{a^2 + b^2}} \cdot \overrightarrow{OB}$$

即

$$\overrightarrow{OE} = \frac{a^2}{(b + \sqrt{a^2 + b^2})\sqrt{a^2 + b^2}} \cdot \overrightarrow{OA} + \frac{b}{\sqrt{a^2 + b^2}} \cdot \overrightarrow{OB} \qquad (5)$$

所以，由（4）（5）得到

$$\overrightarrow{QD} = \overrightarrow{OD} - \overrightarrow{OQ}$$

$$= \frac{a(a + b)}{(a + b + \sqrt{a^2 + b^2})\sqrt{a^2 + b^2}} \cdot \overrightarrow{OA} +$$

$$\frac{b(b - a)}{\sqrt{a^2 + b^2}(a + b + \sqrt{a^2 + b^2})} \cdot \overrightarrow{OB}$$

$$\overrightarrow{QE} = \overrightarrow{OE} - \overrightarrow{OQ}$$

$$= \frac{-a(b - a)}{\sqrt{a^2 + b^2}(a + b + \sqrt{a^2 + b^2})} \cdot \overrightarrow{OA} +$$

$$\frac{b(a + b)}{(a + b + \sqrt{a^2 + b^2})\sqrt{a^2 + b^2}} \cdot \overrightarrow{OB}$$

80

$$\overrightarrow{QD} \cdot \overrightarrow{QE} = \frac{a^2(a^2-b^2)}{(a+b+\sqrt{a^2+b^2})^2(a^2+b^2)} \cdot \overrightarrow{OA}^2 -$$

$$\frac{b^2(a^2-b^2)}{(a+b+\sqrt{a^2+b^2})^2(a^2+b^2)} \cdot \overrightarrow{OB}^2$$

$$= \frac{a^2(a^2-b^2)}{(a+b+\sqrt{a^2+b^2})^2(a^2+b^2)} \cdot b^2 -$$

$$\frac{b^2(a^2-b^2)}{(a+b+\sqrt{a^2+b^2})^2(a^2+b^2)} \cdot a^2 = 0$$

即 $QD \perp QE$.

评注 本题可否移植到空间三棱锥中去?

从平面到空间的三角不等式

本章给出向量与三角方面相关的一些研究结论,揭示平面上三角不等式的解决方法,同时分析其方法特点是否可以移植到空间去,并给出一些类似问题的空间形式,为读者研究平面几何命题的解决和相应空间命题移植的方法打开一种思维模式.

第 5 章

§1 从平面到空间的几个基本三角不等式

为节省篇幅,下面的平面几何命题与立体几何命题的解题方法、命题结构之关系,就不在论述,读者一看便知.

笔者在[1]中提出了平面几何向立体几何的移植原则,并论述了若干平面几何命题向立体几何中的移植,今再将其修改完善为:

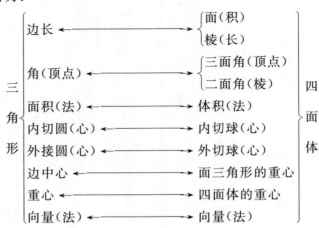

82

下面,我们将论述三角形中的若干三角不等式如何移植到空间四面体中来,为形成良好的对应,让读者理清从平面三角形到空间四面体中命题以及证明的由来,我们先给出平面几何命题的陈述形式以及几个相关证明,窥探平面几何命题可否向四面体中移植的可能性,再来陈述四面体中的结论形式以及证明过程.

问题 1－1 平面几何 —— 在 $\triangle ABC$ 中,求证:$\cos^2 A + \cos^2 B + \cos^2 C \geqslant \dfrac{3}{4}$.

证明 由三角形中的斜射影定理以及柯西不等式知道

$$a^2 = (b\cos C + c\cos B)^2 \leqslant (b^2 + c^2)(\cos^2 C + \cos^2 B)$$

$$\Rightarrow \cos^2 B + \cos^2 C \geqslant \frac{a^2}{b^2 + c^2}$$

同理可得

$$\cos^2 C + \cos^2 A \geqslant \frac{b^2}{c^2 + a^2}, \cos^2 A + \cos^2 B \geqslant \frac{c^2}{a^2 + b^2}$$

三个式子相加得到

$$\cos^2 A + \cos^2 B + \cos^2 C \geqslant \frac{1}{2}\left(\frac{c^2}{a^2 + b^2} + \frac{b^2}{c^2 + a^2} + \frac{a^2}{b^2 + c^2}\right) \geqslant \frac{3}{4}$$

评注 平面几何命题的证明中用到了三角形中的射影定理,恰好在四面体中存在对应的结论 —— 面积射影定理,故命题形式和证明方法均可移植到四面体中来.

问题 1－2 立体几何 —— 设四面体 $A_1 A_2 A_3 A_4$ 的各棱 $A_i A_j$ 所张的二面角的大小分别记 $\overline{A_i A_j}(i \neq j, 1 \leqslant i < j \leqslant 4)$,则有

$$\cos^2 \overline{A_1 A_2} + \cos^2 \overline{A_1 A_3} + \cos^2 \overline{A_1 A_4} + \cos^2 \overline{A_2 A_3} + \cos^2 \overline{A_2 A_4} + \cos^2 \overline{A_3 A_4} \geqslant \frac{2}{3}$$

证明 设 S_1, S_2, S_3, S_4 分别表示四面体 $A_1 A_2 A_3 A_4$ 的各顶点所对的面 $\triangle A_2 A_3 A_4, \triangle A_1 A_3 A_4, \triangle A_1 A_2 A_4, \triangle A_1 A_2 A_3$ 的面积,下文同,由四面体中的面积射影定理以及柯西不等式知道

$$S_1^2 = (S_2 \cos \overline{A_3 A_4} + S_3 \cos \overline{A_2 A_4} + S_4 \cos \overline{A_2 A_3})^2$$

$$\leqslant (S_2^2 + S_3^2 + S_4^2)(\cos^2 \overline{A_3 A_4} + \cos^2 \overline{A_2 A_4} + \cos^2 \overline{A_2 A_3})$$

$$\Rightarrow \cos^2 \overline{A_3 A_4} + \cos^2 \overline{A_2 A_4} + \cos^2 \overline{A_2 A_3} \geqslant \frac{S_1^2}{S_2^2 + S_3^2 + S_4^2}$$

同理可得

$$\cos^2 \overline{A_1 A_3} + \cos^2 \overline{A_1 A_4} + \cos^2 \overline{A_3 A_4} \geqslant \frac{S_2^2}{S_1^2 + S_3^2 + S_4^2}$$

$$\cos^2 \overline{A_1A_2} + \cos^2 \overline{A_1A_4} + \cos^2 \overline{A_2A_4} \geqslant \frac{S_3^2}{S_1^2 + S_2^2 + S_4^2}$$

$$\cos^2 \overline{A_1A_2} + \cos^2 \overline{A_1A_3} + \cos^2 \overline{A_2A_3} \geqslant \frac{S_4^2}{S_1^2 + S_2^2 + S_3^2}$$

这四个式子相加得到

$$\cos^2 \overline{A_1A_2} + \cos^2 \overline{A_1A_3} + \cos^2 \overline{A_1A_4} + \cos^2 \overline{A_2A_3} + \cos^2 \overline{A_2A_4} + \cos^2 \overline{A_3A_4}$$

$$\geqslant \frac{1}{2} \left(\frac{S_1^2}{S_2^2 + S_3^2 + S_4^2} + \frac{S_2^2}{S_1^2 + S_3^2 + S_4^2} + \frac{S_3^2}{S_1^2 + S_2^2 + S_4^2} + \frac{S_4^2}{S_1^2 + S_2^2 + S_3^2} \right)$$

$$\geqslant \frac{2}{3}$$

这里用到了熟知的代数不等式

$$\frac{a}{b+c+d} + \frac{b}{a+c+d} + \frac{c}{a+b+d} + \frac{d}{a+b+c} \geqslant \frac{4}{3}$$

(本结论可以直接运用柯西不等式证明) 事实上

$$\frac{a}{b+c+d} + \frac{b}{a+c+d} + \frac{c}{a+b+d} + \frac{d}{a+b+c}$$

$$= \frac{a^2}{a(b+c+d)} + \frac{b^2}{b(a+c+d)} + \frac{c^2}{c(a+b+d)} + \frac{d^2}{d(a+b+c)}$$

$$\geqslant \frac{(a+b+c+d)^2}{a(b+c+d) + b(a+c+d) + c(a+b+d) + d(a+b+c)}$$

$$= \frac{a^2 + b^2 + c^2 + d^2 + 2(ab + ac + ad + bc + bd + cd)}{2(ab + ac + ad + bc + bd + cd)}$$

$$\geqslant \frac{\frac{2}{3}(ab + ac + ad + bc + bd + cd) + 2(ab + ac + ad + bc + bd + cd)}{2(ab + ac + ad + bc + bd + cd)}$$

$$= \frac{4}{3}$$

评注   由三角函数关系和代数不等式也可以得到

引申 1

$$\sin^2 \overline{A_1A_2} + \sin^2 \overline{A_1A_3} + \sin^2 \overline{A_1A_4} + \sin^2 \overline{A_2A_3} + \sin^2 \overline{A_2A_4} + \sin^2 \overline{A_3A_4} \leqslant \frac{16}{3}$$

引申 2

$$\sin \overline{A_1A_2} + \sin \overline{A_1A_3} + \sin \overline{A_1A_4} + \sin \overline{A_2A_3} + \sin \overline{A_2A_4} + \sin \overline{A_3A_4} \leqslant 4\sqrt{2}$$

(这是 $\triangle ABC$ 中的不等式: $\sin A + \sin B + \sin C \leqslant \dfrac{3\sqrt{3}}{2}$ 等的空间移植)

引申 3 $\sin \overline{A_1A_2} \cdot \sin \overline{A_1A_3} \cdot \sin \overline{A_1A_4} \cdot \sin \overline{A_2A_4} \cdot \sin \overline{A_2A_3} \cdot \sin \overline{A_3A_4} \leqslant$

$\left(\dfrac{8}{9}\right)^3.$

引申 4

$$\frac{1}{\sin \overline{A_1 A_2}}+\frac{1}{\sin \overline{A_1 A_3}}+\frac{1}{\sin \overline{A_1 A_4}}+\frac{1}{\sin \overline{A_2 A_3}}+\frac{1}{+\sin \overline{A_2 A_4}}+\frac{1}{\sin \overline{A_3 A_4}}\geqslant \frac{9\sqrt{2}}{2}$$

引申 5 设 $\alpha_i,\beta_i(i=1,2,3,4,5,6)$ 分别为两个四面体的六个二面角的大小,求证

$$\sum_{i=1}^{6}\sin \alpha_i \sin \beta_i \leqslant \frac{16}{3}$$

(提示:运用引申 1 以及柯西不等式)

引申 6 设 $\alpha_i,\beta_i(i=1,2,3,4,5,6)$ 分别为两个四面体的六个二面角的大小,求证

$$\sum_{i=1}^{6}\frac{1}{\sin \alpha_i \sin \beta_i}\geqslant \frac{27}{4}(对引申 4 运用柯西不等式)$$

问题 2－1 平面几何 —— 在 $\triangle ABC$ 中,求证:$\cos A\cos B\cos C \leqslant \dfrac{1}{8}$.

证明 1 只需对锐角三角形证明即可.

由斜射影定理以及二元均值不等式知道

$$a=b\cos C+c\cos B \geqslant 2\sqrt{b\cos C \cdot c\cos B}$$
$$b=c\cos A+a\cos C \geqslant 2\sqrt{c\cos A \cdot a\cos C}$$
$$c=a\cos B+b\cos A \geqslant 2\sqrt{a\cos B \cdot b\cos A}$$

这三个式子相乘即得结论.

证明 2 由三角形的斜射影定理以及二元均值不等式知道

$\cos A\cos B\cos C$

$$=\frac{1}{8abc}2\sqrt{b\cos C \cdot c\cos B}\cdot 2\sqrt{c\cos A \cdot a\cos C}\cdot 2\sqrt{a\cos B \cdot b\cos A}$$

$$\leqslant \frac{1}{8abc}(b\cos C+c\cos B)(c\cos A+a\cos C)(a\cos B+b\cos A)$$

$$=\frac{1}{8}$$

所以 $\cos A\cos B\cos C \leqslant \dfrac{1}{8}$.

评注 上述三角形中三角不等式以及后面两个证明方法显然都可以移植到空间四面体来.

问题 2－2 立体几何 —— 设四面体 $A_1 A_2 A_3 A_4$ 的各棱 $A_i A_j$ 所张的二面

角的大小分别记 $\overline{A_iA_j}(i \neq j, 1 \leqslant i < j \leqslant 4)$，则有

$$\cos \overline{A_1A_2} \cdot \cos \overline{A_1A_3} \cdot \cos \overline{A_1A_4} \cdot \cos \overline{A_2A_3} \cdot \cos \overline{A_2A_4} \cdot \cos \overline{A_3A_4} \leqslant \frac{1}{3^6}$$

证明 1　只需证明各二面角平面角为锐角的情况

由四面体的面积射影定理以及三元均值不等式得到

$$S_1 = S_2 \cos \overline{A_3A_4} + S_3 \cos \overline{A_2A_4} + S_4 \cos \overline{A_2A_3}$$

$$\geqslant 3\sqrt[3]{S_2 \cos \overline{A_3A_4} \cdot S_3 \cos \overline{A_2A_4} \cdot S_4 \cos \overline{A_2A_3}}$$

$$S_2 = S_1 \cos \overline{A_3A_4} + S_3 \cos \overline{A_1A_4} + S_4 \cos \overline{A_1A_3}$$

$$\geqslant 3\sqrt[3]{S_1 \cos \overline{A_3A_4} + S_3 \cos \overline{A_1A_4} + S_4 \cos \overline{A_1A_3}}$$

$$S_3 = S_1 \cos \overline{A_2A_4} + S_2 \cos \overline{A_1A_4} + S_4 \cos \overline{A_1A_2}$$

$$\geqslant 3\sqrt[3]{S_1 \cos \overline{A_2A_4} \cdot S_2 \cos \overline{A_1A_4} \cdot S_4 \cos \overline{A_1A_2}}$$

$$S_4 = S_1 \cos \overline{A_2A_3} + S_2 \cos \overline{A_1A_3} + S_3 \cos \overline{A_1A_2}$$

$$\geqslant 3\sqrt[3]{S_1 \cos \overline{A_2A_3} + S_2 \cos \overline{A_1A_3} + S_3 \cos \overline{A_1A_2}}$$

这四个式子相乘便得结论.

证明 2　由射影定理

$$S_1 = S_2 \cos \overline{A_3A_4} + S_3 \cos \overline{A_2A_4} + S_4 \cos \overline{A_2A_3}$$

$$S_2 = S_1 \cos \overline{A_3A_4} + S_3 \cos \overline{A_1A_4} + S_4 \cos \overline{A_1A_3}$$

$$S_3 = S_1 \cos \overline{A_2A_4} + S_2 \cos \overline{A_1A_4} + S_4 \cos \overline{A_1A_2}$$

$$S_4 = S_1 \cos \overline{A_2A_3} + S_2 \cos \overline{A_1A_3} + S_3 \cos \overline{A_1A_2}$$

以及三元均值不等式知道

$$\left[\cos \overline{A_1A_2} \cdot \cos \overline{A_1A_3} \cdot \cos \overline{A_1A_4} \cdot \cos \overline{A_2A_3} \cdot \cos \overline{A_2A_4} \cdot \cos \overline{A_3A_4}\right]^{\frac{2}{3}}$$

$$= \frac{1}{3^4 S_1 S_2 S_3 S_4} \cdot 3\sqrt[3]{S_2 \cos \overline{A_3A_4} \cdot S_3 \cos \overline{A_2A_4} \cdot S_4 \cos \overline{A_2A_3}} \cdot$$

$$3\sqrt[3]{S_1 \cos \overline{A_3A_4} \cdot S_3 \cos \overline{A_1A_4} \cdot S_4 \cos \overline{A_1A_3}} \cdot$$

$$3\sqrt[3]{S_1 \cos \overline{A_2A_4} \cdot S_2 \cos \overline{A_1A_4} \cdot S_4 \cos \overline{A_1A_2}} \cdot$$

$$3\sqrt[3]{S_1 \cos \overline{A_2A_3} \cdot S_2 \cos \overline{A_1A_3} \cdot S_3 \cos \overline{A_1A_2}}$$

$$\leqslant \frac{1}{3^4 S_1 S_2 S_3 S_4} \cdot (S_2 \cos \overline{A_3A_4} + S_3 \cos \overline{A_2A_4} + S_4 \cos \overline{A_2A_3})$$

$$(S_1 \cos \overline{A_3A_4} + S_3 \cos \overline{A_1A_4} + S_4 \cos \overline{A_1A_3})$$

$$(S_1 \cos \overline{A_2A_4} + S_2 \cos \overline{A_1A_4} + S_4 \cos \overline{A_1A_2})$$

$$(S_1 \cos \overline{A_2 A_3} + S_2 \cos \overline{A_1 A_3} + S_3 \cos \overline{A_1 A_2})$$

$$= \frac{1}{3^4 S_1 S_2 S_3 S_4} \cdot S_1 S_2 S_3 S_4 = \frac{1}{81}$$

所以

$$\cos \overline{A_1 A_2} \cdot \cos \overline{A_1 A_3} \cdot \cos \overline{A_1 A_4} \cdot \cos \overline{A_2 A_3} \cdot \cos \overline{A_2 A_4} \cdot \cos \overline{A_3 A_4} \leqslant \frac{1}{3^6}$$

问题 3－1 平面几何 —— 在锐角 $\triangle ABC$ 中，求证

$$\frac{1}{\cos A} + \frac{1}{\cos B} + \frac{1}{\cos C} \geqslant 6$$

证明 由斜射影定理以及柯西不等式知道

$$\frac{1}{\cos A} + \frac{1}{\cos B} = \frac{\sqrt{b}^2}{b \cos A} + \frac{\sqrt{a}^2}{a \cos B} \geqslant \frac{(\sqrt{b} + \sqrt{a})^2}{b \cos A + a \cos B}$$

$$= \frac{(\sqrt{b} + \sqrt{a})^2}{c} = \left(\frac{\sqrt{b} + \sqrt{a}}{\sqrt{c}} \right)^2$$

即

$$\frac{1}{\cos A} + \frac{1}{\cos B} \geqslant \left(\frac{\sqrt{b} + \sqrt{a}}{\sqrt{c}} \right)^2$$

同理还有

$$\frac{1}{\cos B} + \frac{1}{\cos C} \geqslant \left(\frac{\sqrt{b} + \sqrt{c}}{\sqrt{a}} \right)^2, \frac{1}{\cos C} + \frac{1}{\cos A} \geqslant \left(\frac{\sqrt{c} + \sqrt{a}}{\sqrt{b}} \right)^2$$

三个式子相加得到

$$2 \left(\frac{1}{\cos A} + \frac{1}{\cos B} + \frac{1}{\cos C} \right)$$

$$\geqslant \left(\frac{\sqrt{b} + \sqrt{c}}{\sqrt{a}} \right)^2 + \left(\frac{\sqrt{c} + \sqrt{a}}{\sqrt{b}} \right)^2 + \left(\frac{\sqrt{a} + \sqrt{b}}{\sqrt{c}} \right)^2$$

$$\geqslant \frac{1}{3} \left(\frac{\sqrt{b} + \sqrt{c}}{\sqrt{a}} + \frac{\sqrt{c} + \sqrt{a}}{\sqrt{b}} + \frac{\sqrt{a} + \sqrt{b}}{\sqrt{c}} \right)^2 \geqslant 12$$

所以

$$\frac{1}{\cos A} + \frac{1}{\cos B} + \frac{1}{\cos C} \geqslant 6$$

评注 很显然,证明中用到了平面上的边长射影定理(三角形的两个边在另一个边上的射影),而四面体中也不乏类似结论 —— 面积射影定理,故本结论和方法成功移植较有把握.

问题 3－2 立体几何 —— 设四面体 $A_1 A_2 A_3 A_4$ 的各棱 $A_i A_j$ 所张的二面

87

角的大小分别记 $\overline{A_iA_j}$，且都不超过 $90°(i \neq j, 1 \leqslant i < j \leqslant 4)$，则有

$$\frac{1}{\cos \overline{A_1A_2}} + \frac{1}{\cos \overline{A_1A_3}} + \frac{1}{\cos \overline{A_1A_4}} + \frac{1}{\cos \overline{A_2A_3}} + \frac{1}{\cos \overline{A_2A_4}} + \frac{1}{\cos \overline{A_3A_4}} \geqslant 18$$

证明 由四面体的斜射影定理

$$S_1 = S_2 \cos \overline{A_3A_4} + S_3 \cos \overline{A_2A_4} + S_4 \cos \overline{A_2A_3}$$
$$S_2 = S_1 \cos \overline{A_3A_4} + S_3 \cos \overline{A_1A_4} + S_4 \cos \overline{A_1A_3}$$
$$S_3 = S_1 \cos \overline{A_2A_4} + S_2 \cos \overline{A_1A_4} + S_4 \cos \overline{A_1A_2}$$
$$S_4 = S_1 \cos \overline{A_2A_3} + S_2 \cos \overline{A_1A_3} + S_3 \cos \overline{A_1A_2}$$

以及柯西不等式知道

$$\frac{S_4}{S_4 \cos \overline{A_2A_3}} + \frac{S_3}{S_3 \cos \overline{A_2A_4}} + \frac{S_2}{S_2 \cos \overline{A_3A_4}}$$

$$= \frac{\sqrt{S_4}^2}{S_4 \cos \overline{A_2A_3}} + \frac{\sqrt{S_3}^2}{S_3 \cos \overline{A_2A_4}} + \frac{\sqrt{S_2}^2}{S_2 \cos \overline{A_3A_4}}$$

$$\geqslant \frac{(\sqrt{S_4} + \sqrt{S_3} + \sqrt{S_2})^2}{S_4 \cos \overline{A_2A_3} + S_3 \cos \overline{A_2A_4} + S_2 \cos \overline{A_3A_4}}$$

$$= \frac{(\sqrt{S_4} + \sqrt{S_3} + \sqrt{S_2})^2}{S_1}$$

$$= \left[\frac{\sqrt{S_4} + \sqrt{S_3} + \sqrt{S_2}}{\sqrt{S_1}} \right]^2$$

即

$$\frac{1}{\cos \overline{A_2A_3}} + \frac{1}{\cos \overline{A_2A_4}} + \frac{1}{\cos \overline{A_3A_4}} \geqslant \left[\frac{\sqrt{S_4} + \sqrt{S_3} + \sqrt{S_2}}{\sqrt{S_1}} \right]^2$$

同理可得

$$\frac{1}{\cos \overline{A_1A_3}} + \frac{1}{\cos \overline{A_1A_4}} + \frac{1}{\cos \overline{A_3A_4}} \geqslant \left[\frac{\sqrt{S_1} + \sqrt{S_2} + \sqrt{S_4}}{\sqrt{S_2}} \right]^2$$

$$\frac{1}{\cos \overline{A_1A_2}} + \frac{1}{\cos \overline{A_1A_4}} + \frac{1}{\cos \overline{A_2A_4}} \geqslant \left[\frac{\sqrt{S_1} + \sqrt{S_2} + \sqrt{S_4}}{\sqrt{S_3}} \right]^2$$

$$\frac{1}{\cos \overline{A_1A_2}} + \frac{1}{\cos \overline{A_1A_3}} + \frac{1}{\cos \overline{A_2A_3}} \geqslant \left[\frac{\sqrt{S_1} + \sqrt{S_2} + \sqrt{S_3}}{\sqrt{S_4}} \right]^2$$

这四个式子相加并运用熟知的不等式

$$x^2 + y^2 + z^2 + w^2 \geqslant \frac{1}{4}(x + y + z + w)^2$$

88

得到

$$2\left(\frac{1}{\cos\overline{A_1A_2}}+\frac{1}{\cos\overline{A_1A_3}}+\frac{1}{\cos\overline{A_1A_4}}+\frac{1}{\cos\overline{A_2A_3}}+\frac{1}{\cos\overline{A_2A_4}}+\frac{1}{\cos\overline{A_3A_4}}\right)$$

$$\geqslant\left[\frac{\sqrt{S_1}+\sqrt{S_2}+\sqrt{S_3}}{\sqrt{S_4}}\right]^2+\left[\frac{\sqrt{S_1}+\sqrt{S_3}+\sqrt{S_4}}{\sqrt{S_2}}\right]^2+$$

$$\left[\frac{\sqrt{S_1}+\sqrt{S_2}+\sqrt{S_4}}{\sqrt{S_3}}\right]^2+\left[\frac{\sqrt{S_2}+\sqrt{S_3}+\sqrt{S_4}}{\sqrt{S_1}}\right]^2$$

$$\geqslant\frac{1}{4}\left[\frac{\sqrt{S_2}+\sqrt{S_3}+\sqrt{S_4}}{\sqrt{S_1}}+\frac{\sqrt{S_1}+\sqrt{S_3}+\sqrt{S_4}}{\sqrt{S_2}}+\right.$$

$$\left.\frac{\sqrt{S_1}+\sqrt{S_2}+\sqrt{S_4}}{\sqrt{S_3}}+\frac{\sqrt{S_1}+\sqrt{S_2}+\sqrt{S_3}}{\sqrt{S_4}}\right]^2$$

$$\geqslant\frac{1}{4}\cdot 12^2$$

所以

$$\frac{1}{\cos\overline{A_1A_2}}+\frac{1}{\cos\overline{A_1A_3}}+\frac{1}{\cos\overline{A_1A_4}}+\frac{1}{\cos\overline{A_2A_3}}+\frac{1}{\cos\overline{A_2A_4}}+\frac{1}{\cos\overline{A_3A_4}}\geqslant 18$$

问题 4-1 平面几何 —— 在 $\triangle ABC$ 中，求证：$\cos A+\cos B+\cos C\leqslant\frac{3}{2}$.

证明 只需证明对于锐角三角形成立即可. 由三角形中的斜射影定理

$$\begin{cases}a=b\cos C+c\cos B\\b=a\cos C+c\cos A\\c=b\cos A+c\cos B\end{cases}\Rightarrow\begin{cases}1=\frac{b}{a}\cos C+\frac{c}{a}\cos B\\1=\frac{a}{b}\cos C+\frac{c}{b}\cos A\\1=\frac{b}{c}\cos A+\frac{a}{c}\cos B\end{cases}$$

这三个式子相加并运用二元均值不等式得到

$$3=\left(\frac{a}{b}+\frac{b}{a}\right)\cos C+\left(\frac{c}{a}+\frac{a}{c}\right)\cos B+\left(\frac{c}{b}+\frac{b}{c}\right)\cos A$$

$$\geqslant 2(\cos C+\cos B+\cos A)$$

即有 $\cos A+\cos B+\cos C\leqslant\frac{3}{2}$.

评注 这个三角形中的不等式是三角形中最为基本的三角不等式，各种资料上均是运用三角变换技巧完成证明的，而这里给出的利用三角形斜射影定理的证明别具一格，为本结论成功移植到四面体中奠定了基础.

另外，由本结论结合柯西不等式容易得到 $\frac{1}{\cos A}+\frac{1}{\cos B}+\frac{1}{\cos C}\geqslant 6$（锐），

换句话说，这个式子也可从上述思路上进行操作.

问题 4-2 立体几何 —— 设四面体 $A_1A_2A_3A_4$ 的各棱 A_iA_j 所张的二面角的大小分别记 $\overline{A_iA_j}(i\neq j,1\leqslant i<j\leqslant 4)$，则有

$$\cos\overline{A_1A_2}+\cos\overline{A_1A_3}+\cos\overline{A_1A_4}+\cos\overline{A_2A_3}+\cos\overline{A_2A_4}+\cos\overline{A_3A_4}\leqslant 2$$

证明 只需确认对二面角的大小是锐角时成立即可. 由四面体中的面积射影定理

$$S_1=S_2\cos\overline{A_3A_4}+S_3\cos\overline{A_2A_4}+S_4\cos\overline{A_2A_3}$$

$$\Rightarrow 1=\frac{S_2}{S_1}\cos\overline{A_3A_4}+\frac{S_3}{S_1}\cos\overline{A_2A_4}+\frac{S_4}{S_1}\cos\overline{A_2A_3}$$

同理可得

$$1=\frac{S_1}{S_2}\cos\overline{A_3A_4}+\frac{S_3}{S_2}\cos\overline{A_1A_4}+\frac{S_4}{S_2}\cos\overline{A_1A_3}$$

$$1=\frac{S_2}{S_3}\cos\overline{A_1A_4}+\frac{S_1}{S_3}\cos\overline{A_2A_4}+\frac{S_4}{S_3}\cos\overline{A_1A_2}$$

$$1=\frac{S_1}{S_4}\cos\overline{A_2A_3}+\frac{S_2}{S_4}\cos\overline{A_1A_3}+\frac{S_3}{S_4}\cos\overline{A_1A_2}$$

这四个式子相加得到

$$4=\left(\frac{S_1}{S_2}+\frac{S_2}{S_1}\right)\cos\overline{A_3A_4}+\left(\frac{S_1}{S_3}+\frac{S_3}{S_1}\right)\cos\overline{A_2A_4}+\left(\frac{S_1}{S_4}+\frac{S_4}{S_1}\right)\cos\overline{A_2A_3}$$

$$\left(\frac{S_3}{S_2}+\frac{S_2}{S_3}\right)\cos\overline{A_1A_4}+\left(\frac{S_4}{S_2}+\frac{S_2}{S_4}\right)\cos\overline{A_1A_3}+\left(\frac{S_4}{S_3}+\frac{S_3}{S_4}\right)\cos\overline{A_1A_2}$$

$$\geqslant 2(\cos\overline{A_3A_4}+\cos\overline{A_2A_4}+\cos\overline{A_2A_3}+$$

$$\cos\overline{A_1A_4}+\cos\overline{A_1A_3}+\cos\overline{A_1A_3})$$

即有

$$\cos\overline{A_1A_2}+\cos\overline{A_1A_3}+\cos\overline{A_1A_4}+\cos\overline{A_2A_3}+\cos\overline{A_2A_4}+\cos\overline{A_3A_4}\leqslant 2$$

评注 另外，由本结论结合柯西不等式容易得到

$$\frac{1}{\cos\overline{A_1A_2}}+\frac{1}{\cos\overline{A_1A_3}}+\frac{1}{\cos\overline{A_1A_4}}+\frac{1}{\cos\overline{A_2A_3}}+\frac{1}{\cos\overline{A_2A_4}}+\frac{1}{\cos\overline{A_3A_4}}\geqslant 18$$

问题 5-1 平面几何 —— 在 $\triangle ABC$ 中，求证

$$\sum(\cos A+\cos B)^2\leqslant 3 \tag{1}$$

在看到本题之前，笔者已经将很多平面几何中的命题移植到四面体里，所以初次看到本题，也想将其移植到空间四面体中去，为了探索上述命题（2）的空间形式及其证明，按照往日的经验，需要寻找一个合适的方法，这个方法具有

两条重要条件,一是所运用知识必须在空间四面体中有对应结论,二是所用方法平面和空间都具备,这就促成我们必须先探究本题的多个证明,并逐一分析其可供移植的可能性.

证明 1 由结论的对称性可设 $\dfrac{\pi}{3} \leqslant A < \dfrac{\pi}{2}$,于是,原不等式左可化为

$$左 = 2\cos^2 A + 2(\cos^2 B + \cos^2 C) + 2\cos B\cos C + 2\cos A(\cos B + \cos C)$$

$$= 2\cos^2 A + 2[1 + \cos(B+C)\cos(B-C)] + \cos(B+C) +$$

$$\cos(B-C) + 4\cos A\cos\dfrac{B+C}{2}\cos\dfrac{B-C}{2}$$

$$= 2\cos^2 A + 2 - 2\cos A\cos(B-C) - \cos A + \cos(B-C) +$$

$$4\cos A\sin\dfrac{A}{2}\cos\dfrac{B-C}{2}$$

$$= 2 + 2\cos^2 A + (1 - 2\cos A)\cos(B-C) - \cos A + 4\cos A\sin\dfrac{A}{2}\cos\dfrac{B-C}{2}$$

$$\leqslant 2 + 2\cos^2 A + (1 - 2\cos A) - \cos A + 4\cos A\sin\dfrac{A}{2}$$

(注意到 $0 < \cos A \leqslant \dfrac{1}{2}$)

$$= 3 + \cos A(2\cos A - 3 + 4\sin\dfrac{A}{2}) = 3 + \cos A(-1 + 4\sin\dfrac{A}{2} - 4\sin^2\dfrac{A}{2})$$

$$= 3 - \cos A(1 - 2\sin\dfrac{A}{2})^2 \leqslant 3$$

评注 本证明过程充分运用了三角形内角以及三角变换公式,故使得空间移植成为泡影.

证明 2 由三角变换公式知,原不等式又可化为:

$$2(\cos A\cos B + \cos B\cos C + \cos C\cos A) \leqslant -(\cos 2A + \cos 2B + \cos 2C) \tag{2}$$

而据二元平均值不等式知:

$$2\cos A\cos B = \sqrt{\sin 2A\cot A\sin 2B\cot B}$$

$$\leqslant \dfrac{1}{2}(\sin 2A\cot B + \sin 2B\cot A) \tag{3}$$

同理可得

$$2\cos B\cos C \leqslant \dfrac{1}{2}(\sin 2B\cot C + \sin 2C\cot B)$$

$$2\cos C\cos A \leqslant \dfrac{1}{2}(\sin 2C\cot A + \sin 2A\cot C)$$

所以

$$2\cos A\cos B + 2\cos B\cos C + 2\cos C\cos A$$

$$\leqslant \frac{1}{2}(\sin 2A\cot B + \sin 2B\cot A) + \frac{1}{2}(\sin 2B\cot C + \sin 2C\cot B) +$$

$$\frac{1}{2}(\sin 2C\cot A + \sin 2A\cot B)$$

$$= \frac{1}{2}\cot A(\sin 2B + \sin 2C) + \frac{1}{2}\cot B(\sin 2C + \sin 2A) +$$

$$\frac{1}{2}\cot C(\sin 2A + \sin 2B)$$

$$= -(\cos 2A + \cos 2B + \cos 2C)$$

因此,不等式(2)得证,从而(1)获证.

评注 这种证法的重要一环在于二元均值不等式的运用——构造(3),这是值得一提的关键一着. 若对 $2\cos A\cos B$ 直接运用二元均值得到 $2\cos A\cos B \leqslant \cos^2 A + \cos^2 B$ 等三个相加,便得

$$\cos A\cos B + \cos B\cos C + \cos C\cos A \leqslant \cos^2 A + \cos^2 B + \cos^2 C$$

于是,根据三角变换公式知,要证(2),只要证明

$$\cos^2 A + \cos^2 B + \cos^2 C \leqslant \frac{3}{4}$$

但是,这是不成立的,因为熟知

$$\cos^2 A + \cos^2 B + \cos^2 C \geqslant \frac{3}{4}$$

这表明从表面上直接运用二元均值不等式的失败,由此可见上述构造的不易,但是此法也过多地运用了三角函数变换公式,也使得空间移植成为不可能.

证法3 因为

$$(\cos A + \cos B)^2 + (\cos B + \cos C)^2 + (\cos C + \cos A)^2$$

$$= (\cos A + \cos B + \cos C)^2 + 3 - \sin^2 A - \sin^2 B - \sin^2 C$$

从而(1)可转化为

$$(\cos A + \cos B + \cos C)^2 \leqslant \sin^2 A + \sin^2 B + \sin^2 C \qquad (4)$$

但由柯西不等式知:

$$(\cos A + \cos B + \cos C)^2 = (\sin A\cot A + \sin B\cot B + \sin C\cot C)^2$$

$$\leqslant (\cot A + \cot B + \cot C)(\sin^2 A\cot A + \sin^2 B\cot B + \sin^2 C\cot C) \qquad (5)$$

$$= \cos^2 A + \cos^2 B + \cos^2 C + \frac{1}{2}\big[\cot A(\sin 2B + \sin 2C) +$$

$$\cot B(\sin 2C + \sin 2A) + \cot C(\sin 2A + \sin 2B)\big]$$

$$= \cos^2 A + \cos^2 B + \cos^2 C - \cos(A+B)\cos(A-B) -$$
$$\cos(B+C)\cos(B-C) - \cos(C+A)\cos(C-A)$$
$$= \sin^2 A + \sin^2 B + \sin^2 C$$

这是因为

$$\cos(x+y)\cos(x-y) = \cos^2 x - \sin^2 y$$

即(4)获证,从而(1)得证.

评注 这一证法得益于合理构造(5)中的不等式和等式,并巧妙利用柯西不等式.对于(5)中的等式,如果如下运用柯西不等式,则立刻陷入十分尴尬的境地,不信请看

$$(\cos A + \cos B + \cos C)^2 = (\sin A \cot A + \sin B \cot B + \sin C \cot C)^2$$
$$\leqslant (\sin^2 A + \sin^2 B + \sin^2 C)(\cot^2 A + \cot^2 B + \cot^2 C)$$

这是因为 $\cot^2 A + \cot^2 B + \cot^2 C \geqslant 1$(比较容易得到,请读者自己推导),据此已经不能达到(4)的要求,如果上述不等式成为反向的,那就刚好了,显然,到此只能是遗憾了,再次证明了不同的构造彰显不同的威力.这个证明也过多的运用三角变换知识,也使得空间移植成为不可能.

证明 4 原不等式等价于

$$4\cos A\cos B\cos C + 1 \geqslant 2(\cos A\cos B + \cos B\cos C + \cos A\cos C) \quad (6)$$

因为在任意三角形中,总有两个角同时不小于或者同时不大于 $\dfrac{\pi}{3}$,不妨设为 B,C,则

$$\left(\cos B - \frac{1}{2}\right)\left(\cos C - \frac{1}{2}\right) \geqslant 0$$

即

$$4\cos B\cos C \geqslant 2(\cos B + \cos C) - 1$$

于是

$$1 + 4\cos A\cos B\cos C \geqslant 2\cos A(\cos B + \cos C) + 1 - \cos A$$

所以

$$2\cos B\cos C = \cos(B-C) + \cos(B+C) \leqslant 1 + \cos(B+C) = 1 - \cos A$$

故(6)获得证明.

评注 这个证明也过多的运用三角变换知识,也使得空间移植成为不可能.

证明 5 原不等式等价于

$$2(\cos^2 A + \cos^2 B + \cos^2 C) + 2\cos A\cos B + 2\cos B\cos C + 2\cos C\cos A \leqslant 3$$

以下只需要证明对锐角三角形成立即可.

由第一余弦定理 $a = b\cos C + c\cos B$ 等知道

$$3 = \frac{a}{a} + \frac{b}{b} + \frac{c}{c} = \frac{1}{a}(b\cos C + c\cos B) + \frac{1}{b}(c\cos A + a\cos C) +$$

$$\frac{1}{c}(a\cos B + b\cos A)$$

$$= \frac{c}{b}\cos A + \frac{b}{c}\cos A + \frac{a}{c}\cos B + \frac{b}{a}\cos C + \frac{a}{b}\cos C + \frac{c}{a}\cos B$$

$$= \frac{\cos A}{b} \cdot c + \frac{\cos A}{c} \cdot b + \frac{\cos B}{c}a + \frac{\cos B}{a} \cdot c + \frac{\cos C}{b} \cdot a + \frac{\cos C}{a} \cdot b$$

$$= \frac{\cos A}{b}(b\cos A + a\cos B) + \frac{\cos A}{c}(c\cos A + a\cos C) +$$

$$\frac{\cos B}{c}(c\cos B + b\cos C) + \frac{\cos B}{a}(a\cos B + b\cos A) +$$

$$\frac{\cos C}{b}(b\cos C + c\cos A) + \frac{\cos C}{a}(a\cos C + c\cos B)$$

$$= (\cos^2 A + \frac{a}{b}\cos A\cos B) + (\cos^2 A + \frac{a}{c}\cos C\cos A) +$$

$$(\cos^2 B + \frac{b}{c}\cos B\cos C) + (\cos^2 B + \frac{c}{a}\cos A\cos B) +$$

$$(\cos^2 C + \frac{c}{b}\cos C\cos A) + (\cos^2 C + \frac{c}{a}\cos A\cos C)$$

$$= 2(\cos^2 A + \cos^2 B + \cos^2 C) + \left(\frac{b}{a} + \frac{a}{b}\right)\cos A\cos B +$$

$$\left(\frac{b}{c} + \frac{c}{b}\right)\cos B\cos C + \left(\frac{c}{a} + \frac{a}{c}\right)\cos C\cos A$$

$$\geqslant 2(\cos^2 A + \cos^2 B + \cos^2 C) + 2\cos A\cos B +$$

$$2\cos B\cos C + 2\cos C\cos A$$

从而结论获得证明.

评注　本证明运用了三角形中的射影定理,而在四面体里恰好有类似的结论,故运用此法移植本结论似乎可能.

引申 1　在 $\triangle ABC$ 中,求证:$\sum \left(\sin\frac{A}{2} + \sin\frac{B}{2}\right)^2 \leqslant 3$.

本题来历说明

由角变换 $A \to \frac{\pi}{2} - \frac{A}{2}, B \to \frac{\pi}{2} - \frac{B}{2}, C \to \frac{\pi}{2} - \frac{C}{2}$,上述命题就变为本题结论.

证明 设 $x = \tan\dfrac{A}{2}, y = \tan\dfrac{B}{2}, z = \tan\dfrac{C}{2}$，则 $xy + yz + zx = 1$，于是原不等式等价于

$$\sum \left(\frac{x}{\sqrt{1+x^2}} + \frac{y}{\sqrt{1+y^2}}\right)^2 \leqslant 3$$

而

$$1 + x^2 = x^2 + xy + yz + zx = (x+y)(x+z)$$

等

从而，原不等式进一步等价于（给上面不等式两边同乘以 $(x+y)(x+z) \cdot (y+z)$）

$$\sum \left(x\sqrt{y+z} + y\sqrt{z+x}\right)^2 \leqslant 3(x+y)(y+z)(z+x)$$

而

$$\sum \left(x\sqrt{y+z} + y\sqrt{z+x}\right)^2$$
$$= \sum \left[x^2(y+z) + y^2(z+x) + 2xy\sqrt{(y+z)(z+x)}\,\right]$$
$$\leqslant \sum \left\{x^2(y+z) + y^2(z+x) + xy[y+z+z+x]\right\}$$
$$= \sum \left[x^2(y+z) + y^2(z+x) + 2xyz + x^2y + xy^2\right]$$
$$= 3\sum x^2(y+z) + 6xyz$$
$$3(x+y)(y+z)(z+x) = 3\sum x^2(y+z) + 6xyz$$

从而，原不等式获得证明.

评注 本证明具有一般性，值得重视和推广.

解决完本题之后，笔者顺便提出如下引申.

引申 2 在 $\triangle ABC$ 中，猜想

$$\sum (\cos A + \cos B)^2 \leqslant \sum \left(\sin\frac{A}{2} + \sin\frac{B}{2}\right)^2 \leqslant 3$$

在 2017 年 10 月 8 日发布后，左侧不等式被西藏的刘保乾先生否定.

评注 上述的证明 5 运用了三角形中的射影定理，而在四面体里恰好有类似的结论，故运用此法移植本结论似乎可能，请看

问题 5－2 立体几何——设四面体 $ABCD$ 的棱 AB 所张的二面角的大小简记为 $\overline{AB}$，余类同，$a = \cos\overline{AB}, b = \cos\overline{AC}, c = \cos\overline{AD}; x = \cos\overline{CD}, y = \cos\overline{BD}, z = \cos\overline{BC}$，求证

$$(x+y+c)^2 + (y+z+a)^2 + (z+x+b)^2 + (a+b+c)^2 \leqslant 4 \qquad (7)$$

题目解说　　本结论发表于《福建中学数学》2018(7):9−11.

经过对上面问题的解法讨论可知,前面的各种方法中采用的知识可以移植到空间的结论只有上面的证明5在空间中有对应的结论可供运用,故下面的方法应该来自于上面的证明5,这就是命题及其证明的来历,值得我们注意.

证明　　设 S_A 表示四面体 $ABCD$ 的顶点 A 所对的 $\triangle BCD$ 的面积,余类同,由面积射影定理

$$S_A = S_B \cos \overline{CD} + S_C \cos \overline{BD} + S_D \cos \overline{BC}$$

等知道

$$4 = \frac{1}{S_A}(S_B \cos \overline{CD} + S_C \cos \overline{BD} + S_D \cos \overline{BC}) +$$

$$\frac{1}{S_B}(S_A \cos \overline{CD} + S_C \cos \overline{AD} + S_D \cos \overline{AC}) +$$

$$\frac{1}{S_C}(S_A \cos \overline{BD} + S_B \cos \overline{AD} + S_D \cos \overline{AB}) +$$

$$\frac{1}{S_D}(S_A \cos \overline{BC} + S_B \cos \overline{AC} + S_C \cos \overline{AB})$$

$$= \left[\frac{\cos \overline{CD}}{S_A} \cdot S_B + \frac{\cos \overline{BD}}{S_A} \cdot S_C + \frac{\cos \overline{BC}}{S_A} \cdot S_D \right] +$$

$$\left[\frac{\cos \overline{CD}}{S_B} S_A + \frac{\cos \overline{AD}}{S_B} \cdot S_C + \frac{\cos \overline{AC}}{S_B} \cdot S_D \right] +$$

$$\left[\frac{\cos \overline{BD}}{S_C} \cdot S_A + \frac{\cos \overline{AD}}{S_C} \cdot S_B + \frac{\cos \overline{AB}}{S_C} \cdot S_D \right] +$$

$$\left[\frac{\cos \overline{BC}}{S_D} \cdot S_A + \frac{\cos \overline{AC}}{S_D} S_B + \frac{\cos \overline{AB}}{S_D} \cdot S_C \right]$$

$$= \frac{\cos \overline{CD}}{S_A}(S_A \cos \overline{CD} + S_C \cos \overline{AD} + S_D \cos \overline{AC}) +$$

$$\frac{\cos \overline{BD}}{S_A}(S_A \cos \overline{BD} + S_B \cos \overline{AD} + S_D \cos \overline{AB}) +$$

$$\frac{\cos \overline{BC}}{S_A}(S_A \cos \overline{BC} + S_C \cos \overline{AB} + S_B \cos \overline{AC}) +$$

$$\frac{\cos \overline{CD}}{S_B}(S_B \cos \overline{CD} + S_C \cos \overline{BD} + S_D \cos \overline{BC}) +$$

$$\frac{\cos \overline{AD}}{S_B}(S_A \cos \overline{BD} + S_B \cos \overline{AD} + S_D \cos \overline{AB}) +$$

$$\frac{\cos \overline{AC}}{S_B}(S_A \cos \overline{BC} + S_B \cos \overline{AC} + S_C \cos \overline{AB}) +$$

$$\frac{\cos \overline{BD}}{S_C}(S_B \cos \overline{CD} + S_C \cos \overline{BD} + S_D \cos \overline{BC}) +$$

$$\frac{\cos \overline{AD}}{S_C}(S_A \cos \overline{CD} + S_D \cos \overline{AC} + S_C \cos \overline{AD}) +$$

$$\frac{\cos \overline{AB}}{S_C}(S_A \cos \overline{BC} + S_B \cos \overline{AC} + S_C \cos \overline{AB}) +$$

$$\frac{\cos \overline{BC}}{S_D}(S_B \cos \overline{CD} + S_C \cos \overline{BD} + S_D \cos \overline{BC}) +$$

$$\frac{\cos \overline{AC}}{S_D}(S_A \cos \overline{CD} + S_C \cos \overline{AD} + S_D \cos \overline{AC}) +$$

$$\frac{\cos \overline{AB}}{S_D}(S_A \cos \overline{BD} + S_B \cos \overline{AD} + S_D \cos \overline{AB})$$

即

$$4 = 2\cos^2 \overline{AB} + \left(\frac{S_B}{S_A} + \frac{S_A}{S_B}\right)(\cos \overline{AC} \cos \overline{BC} + \cos \overline{AD} \cos \overline{BD}) +$$

$$2\cos^2 \overline{BC} + \left(\frac{S_B}{S_C} + \frac{S_C}{S_B}\right)(\cos \overline{BA} \cos \overline{CA} + \cos \overline{BD} \cos \overline{CD}) +$$

$$2\cos^2 \overline{CD} + \left(\frac{S_C}{S_D} + \frac{S_D}{S_C}\right)(\cos \overline{CA} \cos \overline{DA} + \cos \overline{DB} \cos \overline{CB}) +$$

$$2\cos^2 \overline{AD} + \left(\frac{S_D}{S_A} + \frac{S_A}{S_D}\right)(\cos \overline{AC} \cos \overline{DC} + \cos \overline{AB} \cos \overline{DB}) +$$

$$2\cos^2 \overline{AC} + \left(\frac{S_C}{S_A} + \frac{S_A}{S_C}\right)(\cos \overline{CD} \cos \overline{AD} + \cos \overline{AB} \cos \overline{CB}) +$$

$$2\cos^2 \overline{BD} + \left(\frac{S_D}{S_B} + \frac{S_B}{S_D}\right)(\cos \overline{DC} \cos \overline{BC} + \cos \overline{AD} \cos \overline{AB})$$

$$\geqslant 2\cos^2 \overline{AB} + 2(\cos \overline{AC} \cos \overline{BC} + \cos \overline{AD} \cos \overline{BD}) +$$
$$2\cos^2 \overline{BC} + 2(\cos \overline{AB} \cos \overline{AC} + \cos \overline{BD} \cos \overline{CD}) +$$
$$2\cos^2 \overline{CD} + 2(\cos \overline{AC} \cos \overline{AD} + \cos \overline{BD} \cos \overline{BC}) +$$
$$2\cos^2 \overline{AD} + 2(\cos \overline{AC} \cos \overline{CD} + \cos \overline{AB} \cos \overline{BD}) +$$
$$2\cos^2 \overline{AC} + 2(\cos \overline{CD} \cos \overline{AD} + \cos \overline{AB} \cos \overline{BC}) +$$
$$2\cos^2 \overline{BD} + 2(\cos \overline{CD} \cos \overline{BC} + \cos \overline{AD} \cos \overline{AB})$$

即

$$(x + y + c)^2 + (y + z + a)^2 + (z + x + b)^2 + (a + b + c)^2 \leqslant 4$$

综上所述,本节给出的几个立体几何结论及其证明,均来自于相应平面几何问题的结构和证明方法,换句话说,平面几何里三角形中有什么命题,即可联

97

想立体几何中是否有类似结论,平面几何里的命题证明用到了什么结论和方法,可联想相应立体几何中有无类似的结论和方法可用,反之,若知道了立体几何结论或者证明方法,可以反思平面几何里有无相应的结论和证明方法,这就给我们道出了两个几何体系里命题的提出和证明方法成功的可能性.另外,我们还可以对上述已得到的四面体中的三角不等式运用一些代数不等式工具获得更多形式的四面体中的三角不等式,读者可以自行练习.值得一提的是,到此,我们已成功地将 $\triangle ABC$ 中的两个最常用、最常见的不等式:

(1) $\sin A + \sin B + \sin C \leqslant \dfrac{3\sqrt{3}}{2}$ 和(2)$\cos A + \cos B + \cos C \leqslant \dfrac{3}{2}$

成功移植到空间.

接下来,在平面上,我们可以证明下面问题:

问题 6 在 $\triangle ABC$ 中,求证

$$\frac{1}{\lambda + \sin^2 A + \sin^2 B} + \frac{1}{\lambda + \sin^2 B + \sin^2 C} + \frac{1}{\lambda + \sin^2 C + \sin^2 A}$$

$$\geqslant \frac{1}{\lambda + \cos^2 \dfrac{A}{2} + \cos^2 \dfrac{B}{2}} + \frac{1}{\lambda + \cos^2 \dfrac{B}{2} + \cos^2 \dfrac{C}{2}} + \frac{1}{\lambda + \cos^2 \dfrac{C}{2} + \cos^2 \dfrac{A}{2}}$$

$$\geqslant \frac{6}{2\lambda + 3}$$

题目解说 本题是西藏刘保乾提出的 $\lambda = 1$ 的推广(2018 年 5 月 10 日),我们现在获得了证明,但是无法移植到空间!

证明 由熟知的三角不等式 $\cos(x+y)\cos(x-y) = \cos^2 x - \sin^2 y$

所以

$$\frac{1}{\lambda + \sin^2 A + \sin^2 B} + \frac{1}{\lambda + \sin^2 B + \sin^2 C}$$

$$\geqslant \frac{4}{2\lambda + \sin^2 A + \sin^2 B + \sin^2 B + \sin^2 C}$$

$$= \frac{4}{2\lambda + 1 - \cos^2 A + \sin^2 B + 1 - \cos^2 B + \sin^2 C}$$

$$= \frac{4}{2\lambda + 1 - (\cos^2 A - \sin^2 B) + 1 - (\cos^2 B - \sin^2 C)}$$

$$= \frac{4}{2\lambda + 1 - \cos(A+B)\cos(A-B) + 1 - \cos(B+C)\cos(B-C)}$$

$$= \frac{4}{2\lambda + 1 + \cos C\cos(A-B) + 1 + \cos A\cos(B-C)}$$

$$\geqslant \frac{4}{2\lambda + 1 + \cos C + 1 + \cos A} = \frac{2}{\lambda + \cos^2 \dfrac{C}{2} + \cos^2 \dfrac{A}{2}}$$

同理可得

$$\frac{1}{\lambda + \sin^2 B + \sin^2 C} + \frac{1}{\lambda + \sin^2 C + \sin^2 A} \geqslant \frac{2}{\lambda + \cos^2 \dfrac{A}{2} + \cos^2 \dfrac{B}{2}}$$

$$\frac{1}{\lambda + \sin^2 C + \sin^2 A} + \frac{1}{\lambda + \sin^2 A + \sin^2 B} \geqslant \frac{2}{\lambda + \cos^2 \dfrac{B}{2} + \cos^2 \dfrac{C}{2}}$$

三个式子相加得到结论.

至于最后一个不等式的证明,只要在(柯西不等式易证)

$$\frac{1}{\lambda + \sin^2 A + \sin^2 B} + \frac{1}{\lambda + \sin^2 B + \sin^2 C} + \frac{1}{\lambda + \sin^2 C + \sin^2 A} \geqslant \frac{6}{2\lambda + 3}$$

中作角变换 $A \to \dfrac{\pi}{2} - \dfrac{A}{2}, B \to \dfrac{\pi}{2} - \dfrac{B}{2}, C \to \dfrac{\pi}{2} - \dfrac{C}{2}$ 即得结论.

从而原不等式链全部解决.

问题 7 平面几何 —— 在 $\triangle ABC$ 中,是否有

$$\frac{1}{\lambda + \sin^2 \dfrac{A}{2} + \sin^2 \dfrac{B}{2}} + \frac{1}{\lambda + \sin^2 \dfrac{B}{2} + \sin^2 \dfrac{C}{2}} + \frac{1}{\lambda + \sin^2 \dfrac{C}{2} + \sin^2 \dfrac{A}{2}}$$

$$\leqslant \frac{1}{\lambda + \cos^2 A + \cos^2 B} + \frac{1}{\lambda + \cos^2 B + \cos^2 C} + \frac{1}{\lambda + \cos^2 C + \cos^2 A}$$

$$\leqslant \frac{6}{1 + 2\lambda}$$

参考文献

[1] 王扬,赵小云. 从分析解题过程学解题 — 竞赛中的几何问题研究[M].
    哈尔滨:哈尔滨工业大学出版社,2018:406 — 412.

§2 从平面到空间的几个三角不等式之一

问题 1 在 $\triangle ABC$ 中,求证

$$\frac{1}{1 + \cos^2 A + \cos^2 B} + \frac{1}{1 + \cos^2 B + \cos^2 C} + \frac{1}{1 + \cos^2 C + \cos^2 A} \leqslant 2$$

题目解说　本题为第 7 届中国北方数学竞赛 7,安振平提供,参见《中等数

方法透析 在此,笔者仍遵循自己的新近作品名称《从分析解题过程学解题》一书的思想,对此题目及其解答予以阐述,看看原作者对自己的题目及其解答里面揭示出什么规律.

证明 1 由柯西不等式知道

$$\sin^2 C = \sin^2(A+B) = (\sin A \cos B + \cos A \sin B)^2$$

$$\leqslant (\sin^2 A + \sin^2 B)(\cos^2 A + \cos^2 B)$$

$$\Rightarrow \cos^2 A + \cos^2 B \geqslant \frac{\sin^2 C}{\sin^2 A + \sin^2 B}$$

$$\cos^2 A + \cos^2 B + 1 \geqslant \frac{\sin^2 C + \sin^2 A + \sin^2 B}{\sin^2 A + \sin^2 B}$$

$$\frac{1}{\cos^2 A + \cos^2 B + 1} \leqslant \frac{\sin^2 A + \sin^2 B}{\sin^2 C + \sin^2 A + \sin^2 B}$$

类似的,还有两个式子,这三个相加便得到结论.

评注 这个证明十分巧妙,将柯西不等式与和角公式有机结合到一起堪称一绝.

证明 2 由三角形中的射影定理和柯西不等式知

$$a^2 = (b\cos C + c\cos B)^2 \leqslant (b^2 + c^2)(\cos^2 C + \cos^2 B)$$

$$\Rightarrow \cos^2 C + \cos^2 B \geqslant \frac{a^2}{b^2 + c^2}$$

$$\Rightarrow \cos^2 C + \cos^2 B + 1 \geqslant \frac{a^2 + b^2 + c^2}{b^2 + c^2}$$

$$\Rightarrow \frac{1}{\cos^2 C + \cos^2 B + 1} \leqslant \frac{b^2 + c^2}{a^2 + b^2 + c^2}$$

类似的,还有两个式子,这三个相加得到便得结论.

引申 1 在 $\triangle ABC$ 中,设 $\lambda \geqslant 1$,求证

$$\frac{1}{\lambda + \cos^2 A + \cos^2 B} + \frac{1}{\lambda + \cos^2 B + \cos^2 C} + \frac{1}{\lambda + \cos^2 C + \cos^2 A} \leqslant \frac{6}{1 + 2\lambda}$$

证明 由三角形中的射影定理和柯西不等式知道

$$a^2 = (b\cos C + c\cos B)^2 \leqslant (b^2 + c^2)(\cos^2 C + \cos^2 B)$$

$$\Rightarrow \cos^2 C + \cos^2 B \geqslant \frac{a^2}{b^2 + c^2}$$

$$\Rightarrow \lambda + \cos^2 C + \cos^2 B \geqslant \frac{a^2 + \lambda(b^2 + c^2)}{b^2 + c^2}$$

$$\Rightarrow \frac{1}{\lambda + \cos^2 C + \cos^2 B} \leqslant \frac{b^2 + c^2}{a^2 + \lambda(b^2 + c^2)}$$

$$\Rightarrow \sum \frac{1}{\lambda + \cos^2 C + \cos^2 B} \leqslant \sum \frac{b^2 + c^2}{a^2 + \lambda(b^2 + c^2)}$$

$$(a^2 + b^2 + c^2 = 1, a^2 \to a, b^2 \to b, c^2 \to c)$$

$$= \sum \frac{1-a}{a + \lambda(1-a)} = \sum \frac{1-a}{(1-\lambda)a + \lambda}$$

$$= \frac{1}{1-\lambda} \cdot \sum \frac{1-a}{a + \frac{\lambda}{1-\lambda}} = \frac{1}{1-\lambda} \cdot \sum \frac{-(a + \frac{\lambda}{1-\lambda}) + \frac{1}{1-\lambda}}{a + \frac{\lambda}{1-\lambda}}$$

$$= \frac{-3}{1-\lambda} + \frac{1}{1-\lambda} \cdot \sum \frac{\frac{1}{1-\lambda}}{a + \frac{\lambda}{1-\lambda}}$$

$$= \frac{-3}{1-\lambda} + \frac{1}{1-\lambda} \cdot \sum \frac{1}{a(1-\lambda) + \lambda}$$

$$\leqslant \frac{-3}{1-\lambda} + \frac{1}{1-\lambda} \cdot \frac{9}{\sum a(1-\lambda) + 3\lambda} = \frac{-3}{1-\lambda} + \frac{1}{1-\lambda} \cdot \frac{9}{1+2\lambda}$$

$$= \frac{6}{1+2\lambda}$$

评注　上述三角形中的问题1的证明一用到了三角形中角的关系,而四面体不具备这样的条件,故此法不能移植到空间四面体中来,而证明二运用了平面上的边长射影定理,四面体中也有类似面积射影定理结论,故成功移植的可能性较大.

二、空间移植

引申 2　设四面体 $A_1 A_2 A_3 A_4$ 的各棱 $A_i A_j$ 所张的二面角的大小分别记 $\overline{A_i A_j}(i \neq j 1 \leqslant i < j \leqslant 4)$,则有 $\sum \dfrac{1}{\cos^2 \overline{A_3 A_4} + \cos^2 \overline{A_2 A_4} + \cos^2 \overline{A_2 A_3} + 1} \leqslant 3.$

题目解说　本题是上题从平面到空间的发展结果,也即从二维空间上升到三维空间的类比结果.

方法透析　在此,笔者仍遵循自己的新近著作名称《从分析解题过程学解题》一书的思想,对此题目及其解答予以阐述,上题证明运用了柯西不等式以及三角形中的斜射定理,这里所用知识和方法在空间都具有类似结论和用途,故采用此法可将本题成功移植到空间.

证明　由四面体中的面积射影定理和柯西不等式知道

$$S_1^2 = (S_2 \cos \overline{A_3A_4} + S_3 \cos \overline{A_2A_4} + S_4 \cos \overline{A_2A_3})^2$$

$$\leqslant (S_2^2 + S_3^2 + S_4^2)(\cos^2 \overline{A_3A_4} + \cos^2 \overline{A_2A_4} + \cos^2 \overline{A_2A_3})$$

$$\Rightarrow \cos^2 \overline{A_3A_4} + \cos^2 \overline{A_2A_4} + \cos^2 \overline{A_2A_3} \geqslant \frac{S_1^2}{S_2^2 + S_3^2 + S_4^2}$$

$$\cos^2 \overline{A_3A_4} + \cos^2 \overline{A_2A_4} + \cos^2 \overline{A_2A_3} + 1 \geqslant \frac{S_1^2 + S_2^2 + S_3^2 + S_4^2}{S_2^2 + S_3^2 + S_4^2}$$

即

$$\frac{1}{\cos^2 \overline{A_3A_4} + \cos^2 \overline{A_2A_4} + \cos^2 \overline{A_2A_3} + 1} \leqslant \frac{S_2^2 + S_3^2 + S_4^2}{S_1^2 + S_2^2 + S_3^2 + S_4^2}$$

类似的,还有三个式子,这三个相加得到

$$\sum \frac{1}{\cos^2 \overline{A_3A_4} + \cos^2 \overline{A_2A_4} + \cos^2 \overline{A_2A_3} + 1} \leqslant \sum \frac{S_2^2 + S_3^2 + S_4^2}{S_1^2 + S_2^2 + S_3^2 + S_4^2} = 3$$

引申 3 设四面体 $A_1A_2A_3A_4$ 的各棱 A_iA_j 所在二面角的大小分别记 $\overline{A_iA_j}(i \neq j 1 \leqslant i < j \leqslant 4)$,并设 $\lambda \geqslant 1$,则有

$$\sum \frac{1}{\cos^2 \overline{A_3A_4} + \cos^2 \overline{A_2A_4} + \cos^2 \overline{A_2A_3} + \lambda} \leqslant \frac{12}{3\lambda + 1}$$

证明 由四面体中的射影定理和柯西不等式知道

$$S_1^2 = (S_2 \cos \overline{A_3A_4} + S_3 \cos \overline{A_2A_4} + S_4 \cos \overline{A_2A_3})^2$$

$$\leqslant (S_2^2 + S_3^2 + S_4^2)(\cos^2 \overline{A_3A_4} + \cos^2 \overline{A_2A_4} + \cos^2 \overline{A_2A_3})$$

$$\Rightarrow \cos^2 \overline{A_3A_4} + \cos^2 \overline{A_2A_4} + \cos^2 \overline{A_2A_3} \geqslant \frac{S_1^2}{S_2^2 + S_3^2 + S_4^2}$$

$$\cos^2 \overline{A_3A_4} + \cos^2 \overline{A_2A_4} + \cos^2 \overline{A_2A_3} + \lambda \geqslant \frac{S_1^2 + \lambda(S_2^2 + S_3^2 + S_4^2)}{S_2^2 + S_3^2 + S_4^2}$$

$$\frac{1}{\cos^2 \overline{A_3A_4} + \cos^2 \overline{A_2A_4} + \cos^2 \overline{A_2A_3} + \lambda} \leqslant \frac{S_2^2 + S_3^2 + S_4^2}{S_1^2 + \lambda(S_2^2 + S_3^2 + S_4^2)}$$

同理可得

$$\frac{1}{\cos^2 \overline{A_3A_4} + \cos^2 \overline{A_1A_3} + \cos^2 \overline{A_1A_4} + \lambda} \leqslant \frac{S_1^2 + S_3^2 + S_4^2}{S_2^2 + \lambda(S_1^2 + S_3^2 + S_4^2)}$$

$$\frac{1}{\cos^2 \overline{A_1A_2} + \cos^2 \overline{A_1A_4} + \cos^2 \overline{A_2A_4} + \lambda} \leqslant \frac{S_1^2 + S_2^2 + S_4^2}{S_3^2 + \lambda(S_1^2 + S_2^2 + S_4^2)}$$

$$\frac{1}{\cos^2 \overline{A_1A_2} + \cos^2 \overline{A_1A_3} + \cos^2 \overline{A_2A_3} + \lambda} \leqslant \frac{S_1^2 + S_2^2 + S_3^2}{S_4^2 + \lambda(S_1^2 + S_2^2 + S_3^2)}$$

以上三个式子相加并注意运用柯西不等式,得到

$$\sum \frac{1}{\cos^2 \overline{A_3A_4} + \cos^2 \overline{A_2A_4} + \cos^2 \overline{A_2A_3} + \lambda} \leqslant \sum \frac{S_2^2 + S_3^2 + S_4^2}{S_1^2 + \lambda(S_2^2 + S_3^2 + S_4^2)}$$

$$= \sum \frac{\lambda[S_2^2 + S_3^2 + S_4^2] + S_1^2 - S_1^2}{\lambda[S_1^2 + \lambda(S_2^2 + S_3^2 + S_4^2)]}$$

$$= \frac{4}{\lambda} - \sum \frac{S_1^2}{\lambda[S_1^2 + \lambda(S_2^2 + S_3^2 + S_4^2)]}$$

$$= \frac{4}{\lambda} - \frac{1}{\lambda} \sum \frac{S_1^2}{S_1^2 + \lambda(S_2^2 + S_3^2 + S_4^2)}$$

$$\leqslant \frac{4}{\lambda} - \frac{1}{\lambda} \frac{(S_1^2 + S_2^2 + S_3^2 + S_4^2)^2}{S_1^4 + S_2^4 + S_3^4 + S_4^4 + 2\lambda(\sum_{1 \leqslant i < j \leqslant 4} S_i^2 S_j^2)}$$

$$= \frac{4}{\lambda} - \frac{1}{\lambda} \frac{(S_1^2 + S_2^2 + S_3^2 + S_4^2)^2}{(S_1^2 + S_2^2 + S_3^2 + S_4^2)^2 + (2\lambda - 2)(\sum_{1 \leqslant i < j \leqslant 4} S_i^2 S_j^2)}$$

$$\leqslant \frac{4}{\lambda} - \frac{1}{\lambda} \cdot \frac{(S_1^2 + S_2^2 + S_3^2 + S_4^2)^2}{(S_1^2 + S_2^2 + S_3^2 + S_4^2)^2 + (2\lambda - 2) \cdot \frac{3}{8} \cdot (S_1^2 + S_2^2 + S_3^2 + S_4^2)^2}$$

$$= \frac{12}{3\lambda + 1}$$

（注意到 $\sum_{1 \leqslant i < j \leqslant 4} S_i^2 S_j^2 \leqslant \frac{3}{8}(S_1^2 + S_2^2 + S_3^2 + S_4^2)^2$）

即原不等式获得证明.

评注 看看本题的证明过程与上题的证明过程是多么的相似啊，所以有充分的理由相信，本题的编拟过程就是来源于上面的那道竞赛不等式，更多的问题见后面的参考文献.

问题 2 在 $\triangle ABC$ 中，求证

$$\frac{1}{1 + \sin^2 A + \sin^2 B} + \frac{1}{1 + \sin^2 B + \sin^2 C} + \frac{1}{1 + \sin^2 C + \sin^2 A} \geqslant \frac{6}{5}$$

题目解说 这是安振平在自己的博客里提出的一个问题，我们先来证明本题.

证明 1 设 a, b, c 为 $\triangle ABC$ 的三边长，则由斜射影定理以及柯西不等式知

$$a^2 = (b\cos C + c\cos B)^2 \leqslant (b^2 + c^2)(\cos^2 C + \cos^2 B)$$

$$\Rightarrow \cos^2 C + \cos^2 B \geqslant \frac{a^2}{b^2 + c^2}$$

$$\Rightarrow 1 + \sin^2 C + \sin^2 B \leqslant \frac{3b^2 + c^2 - a^2}{b^2 + c^2}$$

$$\Rightarrow \frac{1}{1 + \sin^2 C + \sin^2 B} \geqslant \frac{b^2 + c^2}{3(b^2 + c^2) - a^2}$$

同理还有两个式子，所以

$$\sum \frac{1}{1+\sin^2 C+\sin^2 B} \geqslant \sum \frac{b^2+c^2}{3(b^2+c^2)-a^2}$$

令

$$x=3(b^2+c^2)-a^2, y=3(a^2+c^2)-b^2, z=3(b^2+a^2)-c^2$$

$$\Rightarrow \begin{cases} \dfrac{4}{3}a^2 = \dfrac{1}{5}(y+z) - \dfrac{2}{15}x \\[2mm] \dfrac{4}{3}b^2 = \dfrac{1}{5}(x+z) - \dfrac{2}{15}y \\[2mm] \dfrac{4}{3}c^2 = \dfrac{1}{5}(y+x) - \dfrac{2}{15}z \end{cases}$$

$$\Rightarrow \sum \frac{b^2+c^2}{3(b^2+c^2)-a^2} = \frac{3}{4} \sum \left[\frac{\dfrac{2}{5}x + \dfrac{1}{15}(y+z)}{x} \right] \geqslant \frac{6}{5}$$

即原不等式获得证明.

评注 这个证明首先是依据三角形中的斜射影定理,对其运用柯西不等式构造出目标式左端,再对构造而来的较繁分式之分母做代换后转化为一个简单不等式而获证.

证明 2 同上面的记号以及证明得到

$$a^2 = (b\cos C + c\cos B)^2 \leqslant (b^2+c^2)(\cos^2 C+\cos^2 B)$$

$$\Rightarrow \cos^2 C+\cos^2 B \geqslant \frac{a^2}{b^2+c^2}$$

$$\Rightarrow 1+\sin^2 C+\sin^2 B \leqslant \frac{3b^2+c^2-a^2}{b^2+c^2}$$

$$\Rightarrow \frac{1}{1+\sin^2 C+\sin^2 B} \geqslant \frac{b^2+c^2}{3(b^2+c^2)-a^2}$$

同理还有两个式子,所以

$$\sum \frac{1}{1+\sin^2 C+\sin^2 B} \geqslant \sum \frac{b^2+c^2}{3(b^2+c^2)-a^2}$$

$$(a^2+b^2+c^2=1, a^2 \to a, b^2 \to b, c^2 \to c)$$

$$= \sum \frac{1-a}{3(1-a)-a} = \sum \frac{1-a}{3-4a} = \frac{1}{4} \sum \frac{1-a}{\dfrac{3}{4}-a}$$

$$= \frac{1}{4} \left[\sum \left(1 + \frac{1}{4} \cdot \frac{1}{\dfrac{3}{4}-a}\right) \right] \geqslant \frac{3}{4} + \frac{1}{16} \cdot \frac{9}{\sum \left(\dfrac{3}{4}-a\right)} = \frac{6}{5}$$

到此结论获得证明.

评注 这个证明也是首先依据三角形中的斜射影定理,对其运用柯西不

从分析解题过程学解题——
竞赛中的向量几何与不等式研究

等式构造出目标结构,再使用柯西不等式获得证明,一个重要技巧就是引入 $a^2+b^2+c^2=1$,因为任意三个数之和总可以看作一个常数.

另外,对于题目结构的分式分母中的 1 进行再思考,若不是 1,或者大于 1,小于 1,有什么新的结果?

引申 1 设 $\lambda \geqslant 1$,在 $\triangle ABC$ 中,求证

$$\frac{1}{\lambda + \sin^2 A + \sin^2 B} + \frac{1}{\lambda + \sin^2 B + \sin^2 C} + \frac{1}{\lambda + \sin^2 C + \sin^2 A} \geqslant \frac{6}{2\lambda + 3}$$

证明 同上面的记号以及证明得到

$$a^2 = (b\cos C + c\cos B)^2 \leqslant (b^2 + c^2)(\cos^2 C + \cos^2 B)$$

$$\Rightarrow \cos^2 C + \cos^2 B \geqslant \frac{a^2}{b^2 + c^2}$$

$$\Rightarrow \lambda + \sin^2 C + \sin^2 B \leqslant \frac{(2+\lambda)b^2 + c^2 - a^2}{b^2 + c^2}$$

$$\Rightarrow \frac{1}{\lambda + \sin^2 C + \sin^2 B} \geqslant \frac{b^2 + c^2}{(2+\lambda)b^2 + c^2 - a^2}$$

$(\triangle : a^2 \to a, b^2 \to b, c^2 \to c, s = a + b + c)$

$$\Rightarrow \sum \frac{1}{\lambda + \sin^2 C + \sin^2 B} \geqslant \sum \frac{b^2 + c^2}{(2+\lambda)b^2 + c^2 - a^2}$$

$$= \sum \frac{b + c}{(2+\lambda)b + c - a} = \sum \frac{s - a}{(2+\lambda)s - a - a}$$

$$= \frac{3}{2+\lambda} + \frac{1}{2+\lambda} \cdot \sum \frac{a}{(2+\lambda)s - (\lambda+3)a}$$

$$\geqslant \frac{3}{2+\lambda} + \frac{1}{2+\lambda} \cdot \frac{\left(\sum a\right)^2}{(2+\lambda)s\left(\sum a\right) - (\lambda+3)\sum a^2}$$

$$= \frac{3}{2+\lambda} + \frac{1}{2+\lambda} \cdot \frac{s^2}{(2+\lambda)s^2 - (\lambda+3)\sum a^2}$$

$$\geqslant \frac{3}{2+\lambda} + \frac{1}{2+\lambda} \cdot \frac{s^2}{(2+\lambda)s^2 - \frac{(\lambda+3)}{3}s^2}$$

$$= \frac{6}{2\lambda + 3}$$

证明完毕.

评注 在本结论中,令 $\lambda = 1$ 即得上述命题.再者,对上题中每一个分式都开平方,会有什么结论?

引申 2 设 $\lambda \geqslant 1$,在 $\triangle ABC$ 中,求证

$$\frac{1}{\sqrt{\lambda+\sin^2 A+\sin^2 B}}+\frac{1}{\sqrt{\lambda+\sin^2 B+\sin^2 C}}+\frac{1}{\sqrt{\lambda+\sin^2 C+\sin^2 A}}\geqslant\frac{3\sqrt{2}}{\sqrt{2\lambda+3}}$$

证明 由赫尔德不等式以及 $\sin^2 A+\sin^2 B+\sin^2 C\leqslant\dfrac{9}{4}$ 知道

$$\left(\sum\frac{1}{\sqrt{\lambda+\sin^2 A+\sin^2 B}}\right)^2\left[\sum(\lambda+\sin^2 A+\sin^2 B)\right]$$
$$\geqslant(1+1+1)^3$$
$$\Rightarrow\left(\sum\frac{1}{\sqrt{\lambda+\sin^2 A+\sin^2 B}}\right)^2\geqslant\frac{27}{\sum(\lambda+\sin^2 A+\sin^2 B)}$$
$$=\frac{27}{3\lambda+2\sum\sin^2 A}\geqslant\frac{27}{3\lambda+2\cdot\frac{9}{4}}=\frac{18}{2\lambda+3}$$

到此结论获得证明.

评注 此证明运用赫尔德不等式使得分式分母中的根号顺利消失,为进一步使用三角形中的熟知的不等式 $\sin^2 A+\sin^2 B+\sin^2 C\leqslant\dfrac{9}{4}$ 创造条件.

聪明的读者可能会问,以上各题能向空间推广吗?仔细分析上述证明过程所用的知识和技巧可知答案是肯定的,这就是

引申 3 立体几何命题:设四面体 $A_1A_2A_3A_4$ 的各棱 A_iA_j 所张的二面角的大小分别记 $\overline{A_iA_j}(i\neq j\,1\leqslant i<j\leqslant 4)$,则有

$$\sum\frac{1}{\sin^2\overline{A_3A_4}+\sin^2\overline{A_2A_4}+\sin^2\overline{A_2A_3}+1}\geqslant\frac{12}{11}$$

证明 1 由四面体中的面积射影定理和柯西不等式知道
$$S_1^2=(S_2\cos\overline{A_3A_4}+S_3\cos\overline{A_2A_4}+S_4\cos\overline{A_2A_3})^2$$
$$\leqslant(S_2^2+S_3^2+S_4^2)(\cos^2\overline{A_3A_4}+\cos^2\overline{A_2A_4}+\cos^2\overline{A_2A_3})$$
$$\Rightarrow\cos^2\overline{A_3A_4}+\cos^2\overline{A_2A_4}+\cos^2\overline{A_2A_3}\geqslant\frac{S_1^2}{S_2^2+S_3^2+S_4^2}$$
$$\sin^2\overline{A_3A_4}+\sin^2\overline{A_2A_4}+\sin^2\overline{A_2A_3}+1\leqslant\frac{4(S_2^2+S_3^2+S_4^2)-S_1^2}{S_2^2+S_3^2+S_4^2}$$
$$\frac{1}{1+\sin^2\overline{A_3A_4}+\sin^2\overline{A_2A_4}+\sin^2\overline{A_2A_3}}\geqslant\frac{S_2^2+S_3^2+S_4^2}{4(S_2^2+S_3^2+S_4^2)-S_1^2}$$

同理还有三个,于是

$$\sum\frac{1}{1+\sin^2\overline{A_3A_4}+\sin^2\overline{A_2A_4}+\sin^2\overline{A_2A_3}}\geqslant\sum\frac{S_2^2+S_3^2+S_4^2}{4(S_2^2+S_3^2+S_4^2)-S_1^2}$$

令

$$\begin{cases} x = 4(S_2^2 + S_3^2 + S_4^2) - S_1^2 \\ y = 4(S_1^2 + S_3^2 + S_4^2) - S_2^2 \\ z = 4(S_2^2 + S_1^2 + S_4^2) - S_3^2 \\ w = 4(S_2^2 + S_3^2 + S_1^2) - S_4^2 \end{cases} \Rightarrow \begin{cases} \dfrac{5}{4}S_1^2 = \dfrac{1}{11}(y + z + w) - \dfrac{7}{44}x \\ \dfrac{5}{4}S_2^2 = \dfrac{1}{11}(x + z + w) - \dfrac{7}{44}y \\ \dfrac{5}{4}S_1^2 = \dfrac{1}{11}(y + x + w) - \dfrac{7}{44}z \\ \dfrac{5}{4}S_1^2 = \dfrac{1}{11}(y + z + x) - \dfrac{7}{44}w \end{cases}$$

$$\Rightarrow \frac{5}{4}(S_2^2 + S_3^2 + S_4^2) = \frac{3}{11}x + \frac{1}{44}(y + z + w)$$

所以

$$\sum \frac{S_2^2 + S_3^2 + S_4^2}{4(S_2^2 + S_3^2 + S_4^2) - S_1^2} \geqslant \frac{4}{5} \left[\sum \frac{\dfrac{3}{11}x + \dfrac{1}{44}(y + z + w)}{x} \right]$$

$$= \frac{4}{5} \left[\frac{12}{11} + \frac{1}{44} \sum \frac{y + z + w}{x} \right] \geqslant \frac{12}{11}$$

从而结论获得证明.

证明 2 由四面体中的面积射影定理和柯西不等式知道

$$S_1^2 = (S_2 \cos \overline{A_3 A_4} + S_3 \cos \overline{A_2 A_4} + S_4 \cos \overline{A_2 A_3})^2$$

$$\leqslant (S_2^2 + S_3^2 + S_4^2)(\cos^2 \overline{A_3 A_4} + \cos^2 \overline{A_2 A_4} + \cos^2 \overline{A_2 A_3})$$

$$\Rightarrow \cos^2 \overline{A_3 A_4} + \cos^2 \overline{A_2 A_4} + \cos^2 \overline{A_2 A_3} \geqslant \frac{S_1^2}{S_2^2 + S_3^2 + S_4^2}$$

$$\sin^2 \overline{A_3 A_4} + \sin^2 \overline{A_2 A_4} + \sin^2 \overline{A_2 A_3} + 1 \leqslant \frac{4(S_2^2 + S_3^2 + S_4^2) - S_1^2}{S_2^2 + S_3^2 + S_4^2}$$

$$\frac{1}{1 + \sin^2 \overline{A_3 A_4} + \sin^2 \overline{A_2 A_4} + \sin^2 \overline{A_2 A_3}} \geqslant \frac{S_2^2 + S_3^2 + S_4^2}{4(S_2^2 + S_3^2 + S_4^2) - S_1^2}$$

同理还有三个,于是

$$\sum \frac{1}{1 + \sin^2 \overline{A_3 A_4} + \sin^2 \overline{A_2 A_4} + \sin^2 \overline{A_2 A_3}} \geqslant \sum \frac{S_2^2 + S_3^2 + S_4^2}{4(S_2^2 + S_3^2 + S_4^2) - S_1^2}$$

$$(\triangle : S = x + y + z + w : S_1^2 \to x, S_2^2 \to y, S_3^2 \to z, S_4^2 \to w)$$

$$= \sum \frac{S - x}{4(S - x) - x} = \sum \frac{1}{4 - \dfrac{x}{S - x}}$$

$$= \sum \frac{1}{4 - \dfrac{x^2}{x(S - x)}} \geqslant \frac{16}{16 - \sum \dfrac{x^2}{x(S - x)}}$$

$$\geqslant \frac{16}{16 - \dfrac{S^2}{S^2 - \sum x^2}} \geqslant \frac{16}{16 - 5} = \frac{12}{11}$$

即原不等式获得证明.

引申 4　立体几何——设 $\lambda \geqslant 1$，记四面体 $A_1 A_2 A_3 A_4$ 的各棱 $A_i A_j$ 所张的二面角的大小分别记 $\overline{A_i A_j}(i \neq j 1 \leqslant i < j \leqslant 4)$，则有

$$\sum \frac{1}{\sin^2 \overline{A_3 A_4} + \sin^2 \overline{A_2 A_4} + \sin^2 \overline{A_2 A_3} + \lambda} \geqslant \frac{12}{3\lambda + 8}$$

证明　由四面体中的面积射影定理和柯西不等式知道

$$S_1^2 = (S_2 \cos \overline{A_3 A_4} + S_3 \cos \overline{A_2 A_4} + S_4 \cos \overline{A_2 A_3})^2$$

$$\leqslant (S_2^2 + S_3^2 + S_4^2)(\cos^2 \overline{A_3 A_4} + \cos^2 \overline{A_2 A_4} + \cos^2 \overline{A_2 A_3})$$

$$\Rightarrow \cos^2 \overline{A_3 A_4} + \cos^2 \overline{A_2 A_4} + \cos^2 \overline{A_2 A_3} \geqslant \frac{S_1^2}{S_2^2 + S_3^2 + S_4^2}$$

$$\sin^2 \overline{A_3 A_4} + \sin^2 \overline{A_2 A_4} + \sin^2 \overline{A_2 A_3} + \lambda \leqslant \frac{(\lambda + 3)(S_2^2 + S_3^2 + S_4^2) - S_1^2}{S_2^2 + S_3^2 + S_4^2}$$

$$\frac{1}{\lambda + \sin^2 \overline{A_3 A_4} + \sin^2 \overline{A_2 A_4} + \sin^2 \overline{A_2 A_3}} \geqslant \frac{S_2^2 + S_3^2 + S_4^2}{(\lambda + 3)(S_2^2 + S_3^2 + S_4^2) - S_1^2}$$

$$\Rightarrow \sum \frac{1}{\lambda + \sin^2 \overline{A_3 A_4} + \sin^2 \overline{A_2 A_4} + \sin^2 \overline{A_2 A_3}}$$

$$\geqslant \sum \frac{S_2^2 + S_3^2 + S_4^2}{(\lambda + 3)(S_2^2 + S_3^2 + S_4^2) - S_1^2}$$

$$(\triangle : S_1^2 \to x ; S_2^2 \to y ; S_3^2 \to z ; S_4^2 \to w , s = x + y + z + w)$$

$$= \sum \frac{s - x}{(\lambda + 3)(s - x) - x} = \frac{1}{\lambda + 3} \sum \frac{s - \dfrac{\lambda + 4}{\lambda + 3} x + \dfrac{1}{\lambda + 3} x}{s - \dfrac{\lambda + 4}{\lambda + 3} x}$$

$$= \frac{4}{\lambda + 3} + \frac{1}{\lambda + 3} \sum \frac{\dfrac{1}{\lambda + 3} x}{s - \dfrac{\lambda + 4}{\lambda + 3} x}$$

$$= \frac{4}{\lambda + 3} + \frac{1}{\lambda + 3} \sum \frac{x}{(\lambda + 3)s - (\lambda + 4)x}$$

$$= \frac{4}{\lambda + 3} + \frac{1}{\lambda + 3} \sum \frac{x}{(\lambda + 3)s - (\lambda + 4)x}$$

$$= \frac{4}{\lambda + 3} + \frac{1}{\lambda + 3} \sum \frac{x^2}{(\lambda + 3)xs - (\lambda + 4)x^2}$$

$$\geqslant \frac{4}{\lambda+3} + \frac{1}{\lambda+3} \sum \frac{\left(\sum x\right)^2}{(\lambda+3)s^2 - (\lambda+4)\sum x^2}$$

$$\geqslant \frac{4}{\lambda+3} + \frac{1}{\lambda+3} \sum \frac{s^2}{(\lambda+3)s^2 - \frac{\lambda+4}{4} \cdot s^2}$$

$$= \frac{12}{3\lambda+8}$$

到此结论证明完毕.

评注 显然本题是上述命题的延伸.

引申 5 立体几何 —— 设 $\lambda \geqslant 1$, 记四面体 $A_1A_2A_3A_4$ 的各棱 A_iA_j 所张的二面角的大小分别记 $\overline{A_iA_j}(i \neq j\, 1 \leqslant i < j \leqslant 4)$, 则有

$$\sum \frac{1}{\sqrt{\sin^2 \overline{A_3A_4} + \sin^2 \overline{A_2A_4} + \sin^2 \overline{A_2A_3} + \lambda}} \geqslant \frac{4\sqrt{9\lambda+24}}{3\lambda+8}$$

证明 由赫尔德不等式以及[1]知道

$$\left(\sum \frac{1}{\sqrt{\sin^2 \overline{A_3A_4} + \sin^2 \overline{A_2A_4} + \sin^2 \overline{A_2A_3} + \lambda}}\right)^2 \cdot$$

$$\left[\sum (\sin^2 \overline{A_3A_4} + \sin^2 \overline{A_2A_4} + \sin^2 \overline{A_2A_3} + \lambda)\right]$$

$$\geqslant (1+1+1+1)^3$$

$$\Rightarrow \left(\sum \frac{1}{\sqrt{\sin^2 \overline{A_3A_4} + \sin^2 \overline{A_2A_4} + \sin^2 \overline{A_2A_3} + \lambda}}\right)^2$$

$$\geqslant \frac{4^3}{\sum (\sin^2 \overline{A_3A_4} + \sin^2 \overline{A_2A_4} + \sin^2 \overline{A_2A_3} + \lambda)}$$

$$= \frac{4^3}{4\lambda + \sum (\sin^2 \overline{A_3A_4} + \sin^2 \overline{A_2A_4} + \sin^2 \overline{A_2A_3})}$$

$$= \frac{4^3}{4\lambda + 2\sum \sin^2 \overline{A_2A_3}}$$

$$\geqslant \frac{48}{3\lambda+8}$$

$$\Rightarrow \sum \frac{1}{\sqrt{\sin^2 \overline{A_3A_4} + \sin^2 \overline{A_2A_4} + \sin^2 \overline{A_2A_3} + \lambda}} \geqslant \frac{4\sqrt{9\lambda+24}}{3\lambda+8}$$

到此结论获得证明.

评注 空间结论的证明方法完全是平面问题证明的简单照搬, 只是叙述稍微烦琐了一些.

综上所述,对一道已有题目的解答过程进行有效透彻的分析,是提高解题能力的重要标志,将这个至关重要环节经常运用于我们的编拟题目以及解题过程,我们的解题能力不提高可能也难.

参考文献

[1] 王扬,赵小云.从分析解题过程学解题 — 竞赛中的几何问题研究[M].
哈尔滨:哈尔滨工业大学出版社,2018(41):412 − 415.

§3　从平面到空间的几个三角不等式之二

这是上一节的继续.

问题 1　在 $\triangle ABC$ 中,求证

$$(1 + \cos A)(1 + \cos B)(1 + \cos C) \geqslant 27\cos A\cos B\cos C$$

题目解说　本题为三角形里的常见三角不等式.

方法透析　从不等式等号成立的条件去思考证明方法.

证明 1　这个证明由山东隋振林老师给出.

若 $\triangle ABC$ 是非锐角三角形,则不等式显然成立.

以下只要证明 $\triangle ABC$ 为锐角三角形时结论成立即可,从而 $\cos A, \cos B, \cos C > 0$.

利用已知不等式 $\dfrac{1}{8} \geqslant \cos A\cos B\cos C$ 以及三元均值不等式,有

$$1 + \cos A = \frac{1}{2} + \frac{1}{2} + \cos A \geqslant 3\sqrt[3]{\frac{1}{2} \cdot \frac{1}{2} \cdot \cos A} = 3\sqrt[3]{\frac{1}{4} \cdot \cos A}$$

于是

$$(1 + \cos A)(1 + \cos B)(1 + \cos C)$$

$$\geqslant 27\sqrt[3]{\left(\frac{1}{4}\right)^3 \cos A\cos B\cos C}$$

$$= 27\sqrt[3]{\left(\frac{1}{8}\right)^2 \cos A\cos B\cos C}$$

$$\geqslant 27\sqrt[3]{(\cos A\cos B\cos C)^2 \cos A\cos B\cos C}$$

$$= 27\cos A\cos B\cos C$$

当且仅当 $\triangle ABC$ 为等边三角形时,等号成立.

评注 本证明的关键一环是利用熟知的三角不等式 $\dfrac{1}{8} \geqslant \cos A \cos B \cos C$,将

$\dfrac{1}{8}$ 缩小为 $\cos A \cos B \cos C$,从而凑出 $\cos A \cos B \cos C$,成功将 $\cos A \cos B \cos C$

从根号下解救出来,完成证明.

证明2 若 $\triangle ABC$ 是非锐角三角形,则不等式显然成立.

以下只要证明 $\triangle ABC$ 为锐角三角形时结论成立即可,从而

$$\cos A, \cos B, \cos C > 0$$

于是,由斜射影定理以及三元均值不等式知

$$a = c\cos B + b\cos C \Rightarrow 1 = \frac{c}{a}\cos B + \frac{b}{a}\cos C$$

$$\Rightarrow \frac{1+\cos A}{\cos A} = \frac{\cos A + \dfrac{c}{a}\cos B + \dfrac{b}{a}\cos C}{\cos A}$$

$$\geqslant \frac{3\sqrt[3]{\cos A \cdot \dfrac{c}{a}\cos B \cdot \dfrac{b}{a}\cos C}}{\cos A}$$

$$= \frac{3\sqrt[3]{\dfrac{bc}{a^2}\cos A \cos B \cos C}}{\cos A}$$

即

$$\frac{1+\cos A}{\cos A} \geqslant \frac{3\sqrt[3]{\dfrac{bc}{a^2}\cos A \cos B \cos C}}{\cos A}$$

同理可得

$$\frac{1+\cos B}{\cos B} \geqslant \frac{3\sqrt[3]{\dfrac{ca}{b^2}\cos A \cos B \cos C}}{\cos B}$$

$$\frac{1+\cos C}{\cos C} \geqslant \frac{3\sqrt[3]{\dfrac{ab}{c^2}\cos A \cos B \cos C}}{\cos C}$$

这三个式子相乘得

$$\frac{1+\cos A}{\cos A} \cdot \frac{1+\cos B}{\cos B} \cdot \frac{1+\cos C}{\cos C} \geqslant 27$$

即

$$(1+\cos A)(1+\cos B)(1+\cos C) \geqslant 27\cos A \cos B \cos C$$

评注 本题在我们做完之后觉得很有意义,一是结构简单对称优美,二是

证明常规简单,三是可以移植到空间.

引申 面体 $A_1A_2A_3A_4$ 的各棱 $A_iA_j(i \neq j)$ 所张的二面角的大小记为 $\overline{A_iA_j}(1 \leqslant i,j \leqslant 4, i \neq j)$,则有

$$(1 + \cos \overline{A_1A_2})(1 + \cos \overline{A_1A_3})(1 + \cos \overline{A_1A_4}) \cdot$$
$$(1 + \cos \overline{A_2A_3})(1 + \cos \overline{A_2A_4})(1 + \cos \overline{A_3A_4})$$
$$\geqslant 4^6 \cos \overline{A_1A_2} \cos \overline{A_1A_3} \cos \overline{A_1A_4} \cos \overline{A_2A_3} \cos \overline{A_2A_4} \cos \overline{A_3A_4}.$$

题目解说 本题为一个新题.

渊源探索 本题为问题 1 的空间移植.

方法透析 仔细分析问题 1 的证明过程,以及熟知的一些三角不等式,看看有用否.

证明 这个证明由山东隋振林老师给出.

若二面角 $\overline{A_iA_j}(1 \leqslant i,j \leqslant 4, i \neq j)$ 中有非锐角,则不等式显然成立.

以下假设二面角大小都是锐角,从而 $\cos \overline{A_iA_j} \geqslant 0(1 \leqslant i,j \leqslant 4, i \neq j)$.

由已知不等式 $\dfrac{1}{3^6} \geqslant \cos \overline{A_1A_2} \cos \overline{A_1A_3} \cos \overline{A_1A_4} \cos \overline{A_2A_3} \cos \overline{A_2A_4} \cos \overline{A_3A_4}$ 以及四元均值不等式有

$$1 + \cos \overline{A_1A_2} = \frac{1}{3} + \frac{1}{3} + \frac{1}{3} + \cos \overline{A_1A_2} \geqslant 4\sqrt[4]{\left(\frac{1}{3}\right)^3 \cdot \cos \overline{A_1A_2}}.$$

于是

$$(1 + \cos \overline{A_1A_2})(1 + \cos \overline{A_1A_3})(1 + \cos \overline{A_1A_4}) \cdot$$
$$(1 + \cos \overline{A_2A_3})(1 + \cos \overline{A_2A_4})(1 + \cos \overline{A_3A_4})$$
$$\geqslant 4^6 \sqrt[4]{\left(\frac{1}{3^6}\right)^3 \cos \overline{A_1A_2} \cos \overline{A_1A_3} \cos \overline{A_1A_4} \cos \overline{A_2A_3} \cos \overline{A_2A_4} \cos \overline{A_3A_4}}$$
$$\geqslant 4^6 \cos \overline{A_1A_2} \cos \overline{A_1A_3} \cos \overline{A_1A_4} \cos \overline{A_2A_3} \cos \overline{A_2A_4} \cos \overline{A_3A_4}.$$

评注 这个证明也不麻烦,简单明了,只是运用了后面参考文献中的一点知识.上面两道题目的证明来自于对不等式等号成立条件的思考及不同领域中的三角不等式的把握.

问题 2 在锐角 $\triangle ABC$ 中,求证:
$$\frac{1}{\cos A(1 + \cos A)} + \frac{1}{\cos B(1 + \cos B)} + \frac{1}{\cos C(1 + \cos C)} \geqslant 4$$

题目解说 本题为三角不等式中的一个常见题目.

方法透析 此题属于三角不等式,故应从三角知识和不等式两个维度上去考虑,而且本题以分式结构呈现,想想分式不等式的常用方法有哪些,那些可

以用在解决本题上来.

证明   由柯西不等式,有

$$\sum \frac{1}{\cos A(1+\cos A)} = \sum \frac{\left(\frac{1}{\cos A}\right)^2}{\frac{1+\cos A}{\cos A}}$$

$$\geqslant \frac{\left(\sum \frac{1}{\cos A}\right)^2}{\sum \left(\frac{1}{\cos A}+1\right)}$$

所以,只需证明

$$\frac{\left(\sum \frac{1}{\cos A}\right)^2}{\sum \left(\frac{1}{\cos A}+1\right)} \geqslant 4$$

$$\Leftrightarrow \left(\sum \frac{1}{\cos A}\right)^2 \geqslant 4\sum \frac{1}{\cos A}+12$$

$$\Leftrightarrow \left(\sum \frac{1}{\cos A}+2\right)\left(\sum \frac{1}{\cos A}-6\right) \geqslant 0$$

这最后的不等式显然成立,因为 $\sum \frac{1}{\cos A} \geqslant 6$(在锐角 $\triangle ABC$ 中).

评注   解决本题我们用到了著名的柯西不等式,运用的原因是由于本题结构呈现分式不等式样子.

引申   设四面体 $A_1A_2A_3A_4$ 的各棱 $A_iA_j(i \neq j)$ 所张的二面角的大小记为 $\overline{A_iA_j}(1 \leqslant i, j \leqslant 4, i \neq j)$,且所有二面角大小都是锐角,则有

$$\sum \frac{1}{\cos \overline{A_1A_2}(1+\cos \overline{A_1A_2})} \geqslant \frac{27}{2}$$

题目解说   本题为一个新题.

渊源探索   本题为问题 2 的空间移植.

方法透析   此题属于三角不等式,故应从三角知识和不等式两个维度上去考虑,而且本题以分式结构呈现,想想分式不等式的常用方法有哪些,那些可以用在解决本体上来.

证明   由柯西不等式,有

$$\sum \frac{1}{\cos \overline{A_1A_2}(1+\cos \overline{A_1A_2})} = \sum \frac{\left(\frac{1}{\cos \overline{A_1A_2}}\right)^2}{\frac{1}{\cos \overline{A_1A_2}}+1}$$

$$\geq \frac{\left(\sum \dfrac{1}{\cos \overline{A_1 A_2}}\right)^2}{\sum \dfrac{1}{\cos \overline{A_1 A_2}} + 6}$$

所以,只需证明

$$\frac{\left(\sum \dfrac{1}{\cos \overline{A_1 A_2}}\right)^2}{\sum \dfrac{1}{\cos \overline{A_1 A_2}} + 6} \geq \frac{27}{2}$$

$$\Leftrightarrow \left(\sum \frac{1}{\cos \overline{A_1 A_2}} + \frac{9}{2}\right)\left(\sum \frac{1}{\cos \overline{A_1 A_2}} - 18\right) \geq 0$$

这最后的不等式显然成立,因为 $\sum \dfrac{1}{\cos \overline{A_1 A_2}} \geq 18$.

评注 本题的解决方法与问题 2 的来源基本一样,可见玩转类似平面几何命题的本质十分重要.

问题 3 在 $\triangle ABC$ 中,求证:$\sin A + \sin B + \sin C \geq 4\sin A\sin B\sin C$.

题目解说 本题为《数学教学》2014 年第 2 期问题 902,2018(9):35 例 3,原作者给出了三种证明方法,下面仅抄录一种证明方法进行分析,看看是否有可供移植的可能性.

方法透析 不等式两边呈现同名函数,看看两端除以右端后,已知的三角不等式那些可用.

证明 原不等式等价于

$$\frac{1}{\sin A\sin B} + \frac{1}{\sin B\sin C} + \frac{1}{\sin C\sin A} \geq 4$$

而根据二元均值不等式以及柯西不等式知道

$$\frac{1}{\sin A\sin B} + \frac{1}{\sin B\sin C} + \frac{1}{\sin C\sin A}$$

$$\geq \frac{2}{\sin^2 A + \sin^2 B} + \frac{2}{\sin^2 B + \sin^2 C} + \frac{2}{\sin^2 C + \sin^2 A}$$

$$\geq \frac{9}{\sin^2 A + \sin^2 B + \sin^2 C} \geq \frac{9}{\dfrac{9}{4}} = 4$$

最后一步用到了熟知的不等式 $\sin^2 A + \sin^2 B + \sin^2 C \leq \dfrac{9}{4}$,到此结论获得证明.

评注 本题的证明方法用到了二元均值不等式,柯西不等式以及三角形中熟知的三角不等式 $\sin^2 A + \sin^2 B + \sin^2 C \leqslant \dfrac{9}{4}$，这里运用的方法和知识点都完全可以照搬到空间结论的证明中去.

引申 在四面体 $ABCD$ 中，设分别以 AB，AC，AD，CD，DB，BC 为棱的二面角的大小的正弦记为 a，b，c，x，y，z，求证

$$(x+y+z)abc + (b+c+x)ayz + (c+a+y)bxz + (a+b+z)xyc$$
$$\geqslant \frac{27}{2}abcxyz$$

题目解说 本题为一个新题.

渊源探索 本题为上题的空间移植.

方法透析 看看上题的证明用到的知识和技巧，可能对解决本题会有较大的帮助.

本题的证明，需要一个引理（参考文献[1]），即

引理 设四面体 $A_1 A_2 A_3 A_4$ 的各棱 $A_i A_j$ 所张的二面角的大小分别记 $\overline{A_i A_j}(i \neq j, 1 \leqslant i < j \leqslant 4)$，求证

$$\sin^2 \overline{A_1 A_2} + \sin^2 \overline{A_1 A_3} + \sin^2 \overline{A_1 A_4} + \sin^2 \overline{A_2 A_3} + \sin^2 \overline{A_2 A_4} + \sin^2 \overline{A_3 A_4} \leqslant \frac{16}{3}$$

证明 设 S_1，S_2，S_3，S_4 分别表示四面体 $A_1 A_2 A_3 A_4$ 的各顶点所对的面 $\triangle A_2 A_3 A_4$，$\triangle A_1 A_3 A_4$，$\triangle A_1 A_2 A_4$，$\triangle A_1 A_2 A_3$ 的面积，由四面体中的面积射影定理以及柯西不等式知道

$$S_1^2 = S_2 \cos \overline{A_3 A_4} + S_3 \cos \overline{A_2 A_4} + S_4 \cos \overline{A_2 A_3}^2$$
$$\leqslant S_2^2 + S_3^2 + S_4^2 \cos^2 \overline{A_3 A_4} + \cos^2 \overline{A_2 A_4} + \cos^2 \overline{A_2 A_3}$$
$$\Rightarrow \cos^2 \overline{A_3 A_4} + \cos^2 \overline{A_2 A_4} + \cos^2 \overline{A_2 A_3} \geqslant \frac{S_1^2}{S_2^2 + S_3^2 + S_4^2}$$

同理可得

$$\cos^2 \overline{A_1 A_3} + \cos^2 \overline{A_1 A_4} + \cos^2 \overline{A_3 A_4} \geqslant \frac{S_2^2}{S_1^2 + S_3^2 + S_4^2}$$

$$\cos^2 \overline{A_1 A_2} + \cos^2 \overline{A_1 A_4} + \cos^2 \overline{A_2 A_4} \geqslant \frac{S_3^2}{S_1^2 + S_2^2 + S_4^2}$$

$$\cos^2 \overline{A_1 A_2} + \cos^2 \overline{A_1 A_3} + \cos^2 \overline{A_2 A_3} \geqslant \frac{S_4^2}{S_1^2 + S_2^2 + S_3^2}$$

这四个式子相加得到

$$\cos^2 \overline{A_1 A_2} + \cos^2 \overline{A_1 A_3} + \cos^2 \overline{A_1 A_4} + \cos^2 \overline{A_2 A_3} + \cos^2 \overline{A_2 A_4} + \cos^2 \overline{A_3 A_4}$$
$$\geqslant \frac{1}{2} \frac{S_1^2}{S_2^2 + S_3^2 + S_4^2} + \frac{S_2^2}{S_1^2 + S_3^2 + S_4^2} + \frac{S_3^2}{S_1^2 + S_2^2 + S_4^2} + \frac{S_4^2}{S_1^2 + S_2^2 + S_3^2}$$

$$\geqslant \frac{2}{3}$$

这里用到了熟知的代数不等式

$$\frac{a}{b+c+d}+\frac{b}{a+c+d}+\frac{c}{a+b+d}+\frac{d}{a+b+c}\geqslant \frac{4}{3}$$

事实上

$$\frac{a}{b+c+d}+\frac{b}{a+c+d}+\frac{c}{a+b+d}+\frac{d}{a+b+c}$$

$$=\frac{a^2}{a(b+c+d)}+\frac{b^2}{b(a+c+d)}+\frac{c^2}{c(a+b+d)}+\frac{d^2}{d(a+b+c)}$$

$$\geqslant \frac{(a+b+c+d)^2}{a(b+c+d)+b(a+c+d)+c(a+b+d)+d(a+b+c)}$$

$$=\frac{a^2+b^2+c^2+d^2+2(ab+ac+ad+bc+bd+cd)}{2(ab+ac+ad+bc+bd+cd)}$$

$$\geqslant \frac{\frac{2}{3}(ab+ac+ad+bc+bd+cd)+2(ab+ac+ad+bc+bd+cd)}{2(ab+ac+ad+bc+bd+cd)}$$

$$=\frac{4}{3}$$

再由三角函数关系和代数不等式也可以得到

$$\sin^2 \overline{A_1A_2}+\sin^2 \overline{A_1A_3}+\sin^2 \overline{A_1A_4}+\sin^2 \overline{A_2A_3}+\sin^2 \overline{A_2A_4}+\sin^2 \overline{A_3A_4}\leqslant \frac{16}{3}$$

现在证明原题.

证明　由二元均值不等式知道

$$\frac{1}{ab}\geqslant \frac{2}{a^2+b^2},\frac{1}{ac}\geqslant \frac{2}{a^2+c^2},\frac{1}{bc}\geqslant \frac{2}{b^2+c^2},\frac{1}{az}\geqslant \frac{2}{a^2+z^2},\frac{1}{ay}\geqslant \frac{2}{a^2y^2}$$

$$\frac{1}{bz}\geqslant \frac{2}{b^2+z^2},\frac{1}{bx}\geqslant \frac{2}{b^2+x^2},\frac{1}{cy}\geqslant \frac{2}{c^2+y^2},\frac{1}{cx}\geqslant \frac{2}{c^2+x^2},\frac{1}{xy}\geqslant \frac{2}{x^2+y^2}$$

$$\frac{1}{zx}\geqslant \frac{2}{z^2+x^2},\frac{1}{yz}\geqslant \frac{2}{y^2+z^2}$$

上述 12 个不等式相加,并运用柯西不等式以及引理知道

$$\sum \frac{1}{ab}\geqslant 2\cdot \sum \frac{1}{a^2+b^2}\geqslant 2\cdot \frac{12^2}{\sum (a^2+b^2)}=2\cdot \frac{12^2}{4\sum a^2}=\frac{72}{\sum a^2}$$

$$\geqslant \frac{72}{\frac{16}{3}}=\frac{27}{2}$$

再整理便得

$$(x+y+z)abc + (b+c+x)ayz + (c+a+y)bxz + (a+b+z)xyc$$
$$\geqslant \frac{27}{2}abcxyz$$

即结论获得证明.

问题 4 在锐角 $\triangle ABC$ 中,求证: $\dfrac{\cos^3 A}{1+\cos A} + \dfrac{\cos^3 B}{1+\cos B} + \dfrac{\cos^3 C}{1+\cos C} \geqslant \dfrac{1}{4}$.

题目解说 本题为近期微信群(2018 年 12 月 3 日)里的一道题目.

证明 由柯西不等式知

$$\frac{\cos^3 A}{1+\cos A} + \frac{\cos^3 B}{1+\cos B} + \frac{\cos^3 C}{1+\cos C}$$

$$= \frac{(\cos^2 A)^2}{\cos A(1+\cos A)} + \frac{(\cos^2 B)^2}{\cos B(1+\cos B)} + \frac{(\cos^2 C)^2}{\cos C(1+\cos C)}$$

$$\geqslant \frac{(\cos^2 A + \cos^2 B + \cos^2 C)^2}{\cos A(1+\cos A) + \cos B(1+\cos B) + \cos C(1+\cos C)}$$

$$= \frac{(\cos^2 A + \cos^2 B + \cos^2 C)^2}{\cos A + \cos B + \cos C + (\cos^2 A + \cos^2 B + \cos^2 C)}$$

$$\geqslant \frac{(\cos^2 A + \cos^2 B + \cos^2 C)^2}{(\cos^2 A + \frac{1}{4}) + (\cos^2 B + \frac{1}{4}) + (\cos^2 C + \frac{1}{4}) + (\cos^2 A + \cos^2 B + \cos^2 C)}$$

$$= \frac{(\cos^2 A + \cos^2 B + \cos^2 C)^2}{\frac{3}{4} + 2(\cos^2 A + \cos^2 B + \cos^2 C)}$$

$$= \frac{4(\cos^2 A + \cos^2 B + \cos^2 C)^2}{3 + 8(\cos^2 A + \cos^2 B + \cos^2 C)}$$

$$= \frac{4x^2}{3 + 8x} \quad (\triangle : x = \cos^2 A + \cos^2 B + \cos^2 C \geqslant \frac{3}{4})$$

$$= \frac{4}{\dfrac{3}{x^2} + \dfrac{8}{x}}$$

$$\geqslant \frac{1}{4} \text{(这一步利用了函数性质)}$$

评注 本题证明的关键是(1)利用分式型柯西不等式,(2)运用二元均值不等式(注意是逆用),使得 $\cos A \leqslant \cos^2 A + \dfrac{1}{4}$,(3)这个想法的缘由是利用等号成立的条件为 $\cos A = \dfrac{1}{2}$,(4)由于在运用柯西不等式之后,分子分母式之间的差距是,含有平方项的较多,于是需要将没有平方项的转化成平方项的,需要升高次数,唯有二元均值不等式可以办到(注意等号成立的条件).(5)若将平

117

方项利用熟知的不等式化为 $\cos A+\cos B+\cos C$ 之关系,则指数较高,不利于运算.(6)利用已知的三角不等式 $\cos^2 A+\cos^2 B+\cos^2 C\geqslant\dfrac{3}{4}$,将左端看成一个整体.(7)构造函数,再利用函数性质.

在解决完上题之后,笔者发现本题可以移植到空间四面体中来,移植的原则为[1]:

下面论述问题 1 的空间形式.

引申 在四面体 $ABCD$ 中,设分别以 AB,AC,AD,CD,DB,BC 为棱的二面角的大小的余弦记为 a,b,c,d,e,f,且各二面角的大小均为非钝角,求证

$$\frac{a^3}{1+a}+\frac{b^3}{1+b}+\frac{c^3}{1+c}+\frac{d^3}{1+d}+\frac{e^3}{1+e}+\frac{f^3}{1+f}\geqslant\frac{1}{6}$$

题目解说 本题为一个新题.

渊源探索 本题为上一题的空间移植.

方法透析 回顾上题的证明过程可能会给解决本题提供帮助.

证明 由柯西不等式知

$$\frac{a^3}{1+a}+\frac{b^3}{1+b}+\frac{c^3}{1+c}+\frac{d^3}{1+d}+\frac{e^3}{1+e}+\frac{f^3}{1+f}$$

$$=\frac{(a^2)^2}{a(1+a)}+\frac{(b^2)^2}{b(1+b)}+\frac{(c^2)^2}{c(1+c)}+\frac{(d^2)^2}{d(1+d)}+\frac{(e^2)^2}{e(1+e)}+\frac{(f^2)^2}{f(1+f)}$$

$$\geqslant\frac{\left(\sum a^2\right)^2}{\sum a(1+a)}=\frac{\left(\sum a^2\right)^2}{\sum a+\sum a^2}$$

$$\geqslant\frac{\left(\sum a^2\right)^2}{\frac{3}{2}\sum\left(a^2+\frac{1}{9}\right)+\sum a^2}$$

$$= \frac{\left(\sum a^2\right)^2}{1 + \frac{5}{2}\sum a^2}$$

$$= \frac{x^2}{1 + \frac{5}{2}x}$$

$$= (\diamondsuit : x = \sum a^2 \geqslant \frac{2}{3})$$

$$\geqslant \frac{1}{6}(这个最后一步用到了函数的性质)$$

到此结论获得证明.

评注　本题证明的关键是：(1)利用分式型柯西不等式.(2)运用二元均值不等式(注意是逆用)，使得 $a \leqslant \frac{3}{2}\left(a^2 + \frac{1}{9}\right)$.(3)这个想法的缘由是利用等号成立的条件为 $a = \frac{1}{3}$,(4)由于在运用柯西不等式之后,分子分母式之间的差距是含有平方项的较多,于是需要将没有平方项的转化成平方项的,需要升高次数,唯有二元均值不等式可以办到(注意等号成立的条件).(5)若将平方项利用熟知的不等式化为 $\sum a$,则指数较高,不利于运算.(6)利用已知的四面体中三角不等式 $\sum a^2 \geqslant \frac{2}{3}$,将左端看作一个整体.(7)构造函数,再利用函数性质.

总之,移植后的空间命题完全是在对平面命题证明把控的基础之上完成的.

参考文献

[1] 王扬,赵小云.从分析解题过程学解题 —— 竞赛中的几何问题研究[M].
哈尔滨:哈尔滨工业大学出版社,2018:P406 — 412.

§4　从平面到空间的几个三角不等式之三

这是上一节的继续.

本节将对一个平面几何中的三角形三角不等式给出一个比较新鲜的证明,并从此证明过程挖掘出一个可以移植到空间四面体中的通法以及结论,由此可见一个好的方法对数学解题的重要性.

一、平面几何

问题 在 $\triangle ABC$ 中,求证

$$\frac{1}{xy} + \frac{1}{yz} + \frac{1}{zx} \geqslant 3$$

(这里 $x = \cos A + \cos B, y = \cos B + \cos C, z = \cos C + \cos A$.)

证明 首先我们证明

$$(\cos A + \cos B)^2 + (\cos B + \cos C)^2 + (\cos C + \cos A)^2 \leqslant 3$$

事实上,原不等式等价于

$$2(\cos^2 A + \cos^2 B + \cos^2 C) + 2\cos A\cos B + 2\cos B\cos C + 2\cos C\cos A \leqslant 3$$

以下只需要证明对锐角三角形成立即可.

由第一余弦定理 $a = b\cos C + c\cos B$ 等可知

$$3 = \frac{a}{a} + \frac{b}{b} + \frac{c}{c}$$

$$= \frac{1}{a}(b\cos C + c\cos B) + \frac{1}{b}(c\cos A + a\cos C) + \frac{1}{c}(a\cos B + b\cos A)$$

$$= \frac{c}{b}\cos A + \frac{b}{c}\cos A + \frac{a}{c}\cos B + \frac{c}{a}\cos B + \frac{b}{a}\cos C + \frac{a}{b}\cos C$$

$$= \frac{\cos A}{b} \cdot c + \frac{\cos A}{c} \cdot b + \frac{\cos B}{c} \cdot a + \frac{\cos B}{a} \cdot c + \frac{\cos C}{a} \cdot b + \frac{\cos C}{b} \cdot a$$

$$= \frac{\cos A}{b}(b\cos A + a\cos B) + \frac{\cos A}{c}(c\cos A + a\cos C) +$$

$$\quad \frac{\cos B}{c}(c\cos B + b\cos C) + \frac{\cos B}{a}(a\cos B + b\cos A) +$$

$$\quad \frac{\cos C}{a}(a\cos C + c\cos A) + \frac{\cos C}{b}(b\cos C + c\cos B)$$

$$= \left(\cos^2 A + \frac{a}{b}\cos A\cos B\right) + \left(\cos^2 A + \frac{a}{c}\cos A\cos C\right) +$$

$$\quad \left(\cos^2 B + \frac{b}{c}\cos B\cos C\right) + \left(\cos^2 B + \frac{b}{a}\cos B\cos A\right) +$$

$$\quad \left(\cos^2 C + \frac{c}{a}\cos C\cos A\right) + \left(\cos^2 C + \frac{c}{b}\cos C\cos B\right)$$

$$= 2(\cos^2 A + \cos^2 B + \cos^2 C) + \left(\frac{a}{b} + \frac{b}{a}\right)\cos A\cos B +$$

$$\quad \left(\frac{b}{c} + \frac{c}{b}\right)\cos B\cos C + \left(\frac{c}{a} + \frac{a}{c}\right)\cos C\cos A$$

$$\geqslant 2(\cos^2 A + \cos^2 B + \cos^2 C) +$$

$$2\cos A\cos B + 2\cos B\cos C + 2\cos C\cos A$$

从而结论获得证明.

再由柯西不等式以及前面证明过的结论,可得

$$\frac{1}{xy} + \frac{1}{yz} + \frac{1}{zx} \geqslant \frac{9}{xy + yz + zx} \geqslant \frac{9}{x^2 + y^2 + z^2} \geqslant 3$$

即原命题获得证明.

评注 本问题的解决依赖于平面几何中的第一余弦定理的多次巧妙运用,合情合理地给出了本题的一个极有意义的证明,给本题的空间移植奠定了基础.

下面我们给出本题的空间移植.

二、空间移植

设四面体 $ABCD$ 的棱 AB 所在二面角的大小简记为 $\overline{AB}$,余类同,且各个二面角的大小是锐二面角,并设 $a = \cos\overline{AB}$,$b = \cos\overline{AC}$,$c = \cos\overline{AD}$;$x = \cos\overline{CD}$,$y = \cos\overline{BD}$,$z = \cos\overline{BC}$,求证

$$\frac{1}{PQ} + \frac{1}{QR} + \frac{1}{RS} + \frac{1}{SP} \geqslant 4$$

(这里 $P = x + y + c$,$Q = y + z + a$,$R = z + x + b$,$S = a + b + c$.)

证明 首先我们证明

$$(x + y + c)^2 + (y + z + a)^2 + (z + x + b)^2 + (a + b + c)^2 \leqslant 4$$

以下只要证明对于各个二面角的大小是锐二面角的情况成立即可.

设 S_A 表示四面体 $ABCD$ 的顶点 A 所对的 $\triangle BCD$ 的面积,余类同,由面积射影定理 $S_A = S_B\cos\overline{CD} + S_C\cos\overline{BD} + S_D\cos\overline{BC}$ 等可知

$$4 = \frac{S_A}{S_A} + \frac{S_B}{S_B} + \frac{S_C}{S_C} + \frac{S_D}{S_D}$$

$$= \frac{1}{S_A}(S_B\cos\overline{CD} + S_C\cos\overline{BD} + S_D\cos\overline{BC}) +$$

$$\frac{1}{S_B}(S_A\cos\overline{CD} + S_C\cos\overline{AD} + S_D\cos\overline{AC}) +$$

$$\frac{1}{S_C}(S_A\cos\overline{BD} + S_B\cos\overline{AD} + S_D\cos\overline{AB}) +$$

$$\frac{1}{S_D}(S_A\cos\overline{BC} + S_B\cos\overline{AC} + S_C\cos\overline{AB})$$

$$= \left[\frac{\cos\overline{CD}}{S_A}\cdot S_B + \frac{\cos\overline{BD}}{S_A}\cdot S_C + \frac{\cos\overline{BC}}{S_A}\cdot S_D\right] +$$

$$\left[\frac{\cos \overline{CD}}{S_B} \cdot S_A + \frac{\cos \overline{AD}}{S_B} \cdot S_C + \frac{\cos \overline{AC}}{S_B} \cdot S_D\right] +$$

$$\left[\frac{\cos \overline{BD}}{S_C} \cdot S_A + \frac{\cos \overline{AD}}{S_C} \cdot S_B + \frac{\cos \overline{AB}}{S_C} \cdot S_D\right] +$$

$$\left[\frac{\cos \overline{BC}}{S_D} \cdot S_A + \frac{\cos \overline{AC}}{S_D} S_B + \frac{\cos \overline{AB}}{S_D} \cdot S_C\right]$$

$$= \frac{\cos \overline{CD}}{S_A}(S_A\cos \overline{CD} + S_C\cos \overline{AD} + S_D\cos \overline{AC}) +$$

$$\frac{\cos \overline{BD}}{S_A}(S_A\cos \overline{BD} + S_B\cos \overline{AD} + S_D\cos \overline{AB}) +$$

$$\frac{\cos \overline{BC}}{S_A}(S_A\cos \overline{BC} + S_B\cos \overline{AC} + S_C\cos \overline{AB}) +$$

$$\frac{\cos \overline{CD}}{S_B}(S_B\cos \overline{CD} + S_C\cos \overline{BD} + S_D\cos \overline{BC}) +$$

$$\frac{\cos \overline{AD}}{S_B}(S_A\cos \overline{BD} + S_B\cos \overline{AD} + S_D\cos \overline{AB}) +$$

$$\frac{\cos \overline{AC}}{S_B}(S_A\cos \overline{BC} + S_B\cos \overline{AC} + S_C\cos \overline{AB}) +$$

$$\frac{\cos \overline{BD}}{S_C}(S_B\cos \overline{CD} + S_C\cos \overline{BD} + S_D\cos \overline{BC}) +$$

$$\frac{\cos \overline{AD}}{S_C}(S_A\cos \overline{CD} + S_C\cos \overline{AD} + S_D\cos \overline{AC}) +$$

$$\frac{\cos \overline{AB}}{S_C}(S_A\cos \overline{BC} + S_B\cos \overline{AC} + S_C\cos \overline{AB}) +$$

$$\frac{\cos \overline{BC}}{S_D}(S_B\cos \overline{CD} + S_C\cos \overline{BD} + S_D\cos \overline{BC}) +$$

$$\frac{\cos \overline{AC}}{S_D}(S_A\cos \overline{CD} + S_C\cos \overline{AD} + S_D\cos \overline{AC}) +$$

$$\frac{\cos \overline{AB}}{S_D}(S_A\cos \overline{BD} + S_B\cos \overline{AD} + S_D\cos \overline{AB})$$

即

$$4 = 2\cos^2 \overline{AB} + \left(\frac{S_B}{S_A} + \frac{S_A}{S_B}\right)(\cos \overline{AC}\cos \overline{BC} + \cos \overline{AD}\cos \overline{BD}) +$$

$$2\cos^2 \overline{BC} + \left(\frac{S_B}{S_C} + \frac{S_C}{S_B}\right)(\cos \overline{AB}\cos \overline{AC} + \cos \overline{BD}\cos \overline{CD}) +$$

从分析解题过程学解题——
竞赛中的向量几何与不等式研究

$$2\cos^2\overline{CD}+\left(\frac{S_C}{S_D}+\frac{S_D}{S_C}\right)(\cos\overline{AC}\cos\overline{AD}+\cos\overline{BD}\cos\overline{BC})+$$

$$2\cos^2\overline{AD}+\left(\frac{S_D}{S_A}+\frac{S_A}{S_D}\right)(\cos\overline{AC}\cos\overline{CD}+\cos\overline{AB}\cos\overline{BD})+$$

$$2\cos^2\overline{AC}+\left(\frac{S_C}{S_A}+\frac{S_A}{S_C}\right)(\cos\overline{CD}\cos\overline{AD}+\cos\overline{AB}\cos\overline{BC})+$$

$$2\cos^2\overline{BD}+\left(\frac{S_D}{S_B}+\frac{S_B}{S_D}\right)(\cos\overline{CD}\cos\overline{BC}+\cos\overline{AD}\cos\overline{AB})$$

$$\geqslant 2\cos^2\overline{AB}+2(\cos\overline{AC}\cos\overline{BC}+\cos\overline{AD}\cos\overline{BD})+$$
$$2\cos^2\overline{BC}+2(\cos\overline{AB}\cos\overline{AC}+\cos\overline{BD}\cos\overline{CD})+$$
$$2\cos^2\overline{CD}+2(\cos\overline{AC}\cos\overline{AD}+\cos\overline{BD}\cos\overline{BC})+$$
$$2\cos^2\overline{AD}+2(\cos\overline{AC}\cos\overline{CD}+\cos\overline{AB}\cos\overline{BD})+$$
$$2\cos^2\overline{AC}+2(\cos\overline{CD}\cos\overline{AD}+\cos\overline{AB}\cos\overline{BC})+$$
$$2\cos^2\overline{BD}+2(\cos\overline{CD}\cos\overline{BC}+\cos\overline{AD}\cos\overline{AB})$$

即

$$(x+y+c)^2+(y+z+a)^2+(z+x+b)^2+(a+b+c)^2\leqslant 4$$

于是由二元均值不等式、柯西不等式,以及前面证明过的结论可得

$$\frac{1}{PQ}+\frac{1}{QR}+\frac{1}{RS}+\frac{1}{SP}$$

$$\geqslant\frac{2}{P^2+Q^2}+\frac{2}{Q^2+R^2}+\frac{2}{R^2+S^2}+\frac{2}{S^2+P^2}$$

$$\geqslant 2\cdot\frac{4^2}{2(P^2+Q^2+S^2+P^2)}\geqslant 4$$

到此本题完全证明完毕.

评注　上述立体几何命题的证明完全依赖平面几何命题的证明思路和方法,运用了立体几何中的面积射影定理,可见平面几何中的方法的独特魅力.

参考文献

[1] 王扬,赵小云. 从分析解题过程学解题 —— 竞赛中的几何问题研究[M]. 哈尔滨:哈尔滨工业大学出版社,2018:422-431.

[2] 王扬. 四面体二面角的一个三角不等式[J]. 福建中学数学,2018(7):9-11.

§5 从平面到空间的几个三角不等式之四

这是上一节的继续.

不久前,笔者与隋振林老师在即将发表的文章《两个三角不等式及其空间移植》中证明了如下两个三角不等式(也是本章 §3 的问题 1、问题 2).

命题 1 在 $\triangle ABC$ 中,求证

$$(1+\cos A)(1+\cos B)(1+\cos C) \geqslant 27\cos A\cos B\cos C$$

命题 2 在锐角 $\triangle ABC$ 中,求证

$$\frac{1}{\cos A(1+\cos A)} + \frac{1}{\cos B(1+\cos B)} + \frac{1}{\cos C(1+\cos C)} \geqslant 4$$

并将其移植到空间.

经研究发现,这两个三角不等式的类似结论(问题 1、问题 2 等)也成立.

问题 1 在 $\triangle ABC$ 中,求证

$$(\sqrt{3}+\sin A)(\sqrt{3}+\sin B)(\sqrt{3}+\sin C) \geqslant 27\sin A\sin B\sin C$$

题目解说 本题为一个三角形里常见的三角不等式.

渊源探索 本题为上述命题 1 的类比结果.

方法透析 回顾命题 1 的证明过程 —— 运用均值不等式,并注意等号成立的条件.

证明 由熟知的不等式

$$\sin A\sin B\sin C \leqslant \left(\frac{\sqrt{3}}{2}\right)^3$$

$$\Rightarrow \left(\frac{\sqrt{3}}{2}\right)^6 \geqslant (\sin A\sin B\sin C)^2$$

再根据多元均值不等式知

$$\sqrt{3}+\sin A = \frac{\sqrt{3}}{2}+\frac{\sqrt{3}}{2}+\sin A \geqslant 3\sqrt[3]{\left(\frac{\sqrt{3}}{2}\right)^2 \sin A}$$

$$\sqrt{3}+\sin B \geqslant 3\sqrt[3]{\left(\frac{\sqrt{3}}{2}\right)^2 \sin B}$$

$$\sqrt{3}+\sin C \geqslant 3\sqrt[3]{\left(\frac{\sqrt{3}}{2}\right)^2 \sin C}$$

因此

$$(\sqrt{3} + \sin A)(\sqrt{3} + \sin B)(\sqrt{3} + \sin C)$$

$$\geqslant 27 \sqrt[3]{\left(\frac{\sqrt{3}}{2}\right)^6 \sin A \sin B \sin C}$$

$$\geqslant 27 \sqrt[3]{(\sin A \sin B \sin C)^2 \sin A \sin B \sin C}$$

$$= 27 \sin A \sin B \sin C$$

评注 本证明的关键一环是,将 $\sqrt{3} + \sin A$ 变形为 $\frac{\sqrt{3}}{2} + \frac{\sqrt{3}}{2} + \sin A$,利用均值不等式,注意等号成立的条件,以及熟知的三角不等式(参考文献[1]P408 问题 2.1) $\left(\frac{\sqrt{3}}{2}\right)^3 \geqslant \sin A \sin B \sin C$,将 $\left(\frac{\sqrt{3}}{2}\right)^3$ 缩小为 $\sin A \sin B \sin C$,从而凑出 $(\sin A \sin B \sin C)^3$,成功地将 $\sin A \sin B \sin C$ 从根号下解脱出来,完成证明.

问题 2 在锐角 $\triangle ABC$ 中,求证

$$\frac{1}{\sin A(\sqrt{3} + \sin A)} + \frac{1}{\sin B(\sqrt{3} + \sin B)} + \frac{1}{\sin C(\sqrt{3} + \sin C)} \geqslant \frac{4}{3}$$

题目解说 本题为一个三角形里常见的三角不等式.

渊源探索 本题为上述命题 2 的类比结果.

方法透析 回顾命题 2 的证明过程 —— 运用均值不等式,并注意等号成立的条件.

证明 由熟知的不等式

$$\frac{1}{\sin A} + \frac{1}{\sin B} + \frac{1}{\sin C} \geqslant 2\sqrt{3}$$

以及柯西不等式,知

$$\frac{1}{\sin A(\sqrt{3} + \sin A)} + \frac{1}{\sin B(\sqrt{3} + \sin B)} + \frac{1}{\sin C(\sqrt{3} + \sin C)}$$

$$= \frac{\left(\frac{1}{\sin A}\right)^2}{\dfrac{\sqrt{3} + \sin A}{\sin A}} + \frac{\left(\frac{1}{\sin B}\right)^2}{\dfrac{\sqrt{3} + \sin B}{\sin B}} + \frac{\left(\frac{1}{\sin C}\right)^2}{\dfrac{\sqrt{3} + \sin C}{\sin C}}$$

$$\geqslant \frac{\left(\dfrac{1}{\sin A} + \dfrac{1}{\sin B} + \dfrac{1}{\sin C}\right)^2}{\dfrac{\sqrt{3} + \sin A}{\sin A} + \dfrac{\sqrt{3} + \sin B}{\sin B} + \dfrac{\sqrt{3} + \sin C}{\sin C}}$$

$$= \frac{\left(\dfrac{1}{\sin A} + \dfrac{1}{\sin B} + \dfrac{1}{\sin C}\right)^2}{3 + \dfrac{\sqrt{3}}{\sin A} + \dfrac{\sqrt{3}}{\sin B} + \dfrac{\sqrt{3}}{\sin C}}$$

$$\Leftrightarrow 3\left(\frac{1}{\sin A}+\frac{1}{\sin B}+\frac{1}{\sin C}\right)^{2}$$

$$\geqslant 4\sqrt{3}\left(\sqrt{3}+\frac{1}{\sin A}+\frac{1}{\sin B}+\frac{1}{\sin C}\right)$$

$$\Leftrightarrow\left(\frac{1}{\sin A}+\frac{1}{\sin B}+\frac{1}{\sin C}-2\sqrt{3}\right)\cdot$$

$$\left(\frac{1}{\sin A}+\frac{1}{\sin B}+\frac{1}{\sin C}+\frac{2\sqrt{3}}{3}\right)\geqslant 0$$

这显然成立.

评注 这两道题目在我们做完之后觉得很有意义,一是结构简单、对称优美,二是证明常规简单,三是可以移植到空间.

问题 3 四面体 $A_1A_2A_3A_4$ 的各棱 $A_iA_j(i\neq j)$ 所张的二面角的大小记为 $\overline{A_iA_j}(1\leqslant i,j\leqslant 4,i\neq j)$,则有

$$\left(\frac{\sqrt{2}}{3}+\sin\overline{A_1A_2}\right)\left(\frac{\sqrt{2}}{3}+\sin\overline{A_1A_3}\right)\left(\frac{\sqrt{2}}{3}+\sin\overline{A_1A_4}\right)\cdot$$

$$\left(\frac{\sqrt{2}}{3}+\sin\overline{A_2A_3}\right)\left(\frac{\sqrt{2}}{3}+\sin\overline{A_2A_4}\right)\left(\frac{\sqrt{2}}{3}+\sin\overline{A_3A_4}\right)\geqslant$$

$$4^6\sin\overline{A_1A_2}\sin\overline{A_1A_3}\sin\overline{A_1A_4}\sin\overline{A_2A_3}\sin\overline{A_2A_4}\sin\overline{A_3A_4}$$

题目解说 本题为一个新题.

渊源探索 本题为问题 1 的空间移植.

方法透析 仔细分析命题 1 的证明过程所用的方法,以及熟知的一些三角不等式,看看在空间四面体里有无对应的结论可用?

证明 如果二面角 $\overline{A_iA_j}(1\leqslant i,j\leqslant 4,i\neq j)$ 中有非锐角,那么不等式显然成立.

以下假设二面角大小都是锐角,从而 $\cos\overline{A_iA_j}\geqslant 0(1\leqslant i,j\leqslant 4,i\neq j)$.

由已知不等式(文献[1])

$$\left(\frac{\sqrt{2}}{3}\right)^{6}\geqslant\sin\overline{A_1A_2}\sin\overline{A_1A_3}\sin\overline{A_1A_4}\sin\overline{A_2A_3}\sin\overline{A_2A_4}\sin\overline{A_3A_4}$$

以及四元均值不等式有(令 $x=\sin\overline{A_1A_2}\sin\overline{A_1A_3}\sin\overline{A_1A_4}\sin\overline{A_2A_3}\sin\overline{A_2A_4}\cdot\sin\overline{A_3A_4}$)

$$\frac{2\sqrt{2}}{3}+\sin\overline{A_1A_2}=\frac{\sqrt{2}}{3}+\frac{\sqrt{2}}{3}+\sin\overline{A_1A_2}\geqslant 4\sqrt[4]{\left(\frac{\sqrt{2}}{3}\right)^{3}\sin\overline{A_1A_2}}$$

于是

从分析解题过程学解题——
竞赛中的向量几何与不等式研究

$$\left(\frac{2\sqrt{2}}{3}+\sin\overline{A_1A_2}\right)\left(\frac{2\sqrt{2}}{3}+\sin\overline{A_1A_3}\right)\left(\frac{2\sqrt{2}}{3}+\sin\overline{A_1A_4}\right)\cdot$$

$$\left(\frac{2\sqrt{2}}{3}+\sin\overline{A_2A_3}\right)\left(\frac{2\sqrt{2}}{3}+\sin\overline{A_2A_4}\right)\left(\frac{2\sqrt{2}}{3}+\sin\overline{A_3A_4}\right)$$

$$\geqslant 4^6\sqrt[4]{\left(\frac{\sqrt{2}}{3}\right)^{18}\sin\overline{A_1A_2}\sin\overline{A_1A_3}\sin\overline{A_1A_4}\sin\overline{A_2A_3}\sin\overline{A_2A_4}\sin\overline{A_3A_4}}$$

$$\geqslant 4^6\sqrt[4]{x^4}$$

$$=4^6x$$

从而原不等式获得证明.

问题 4 设四面体 $A_1A_2A_3A_4$ 的各棱 $A_iA_j(i\neq j)$ 所张的二面角的大小记为 $\overline{A_iA_j}(1\leqslant i,j\leqslant 4,i\neq j)$,且所有二面角大小都是锐角,则有

$$\sum\frac{1}{\sin\overline{A_1A_2}(1+\sin\overline{A_1A_2})}\geqslant\frac{27(3\sqrt{2}-4)}{2}$$

题目解说 本题为一个新题.

渊源探索 本题为问题 2 的空间移植.

方法透析 此题属于三角不等式,故应从三角知识和不等式两个维度上去考虑,而且本题以分式结构呈现,想想分式不等式的常用方法有哪些,哪些可以用在解决本题上来.

证明 由熟知的结论(文献[1]P407)

$$\sum\frac{1}{\sin\overline{A_1A_2}}\geqslant\frac{9}{\sqrt{2}}$$

结合柯西不等式,有

$$\sum\frac{1}{\sin\overline{A_1A_2}(1+\sin\overline{A_1A_2})}=\sum\frac{\left(\frac{1}{\sin\overline{A_1A_2}}\right)^2}{\frac{1}{\sin\overline{A_1A_2}}+1}\geqslant\frac{\left(\sum\frac{1}{\sin\overline{A_1A_2}}\right)^2}{\sum\frac{1}{\sin\overline{A_1A_2}}+6}$$

所以,只需证明

$$\frac{\left(\sum\frac{1}{\sin\overline{A_1A_2}}\right)^2}{\sum\frac{1}{\sin\overline{A_1A_2}}+6}\geqslant\frac{27(3\sqrt{2}-4)}{2}$$

$$\Leftrightarrow 2y^2-27(3\sqrt{2}-4)y-6\cdot27(3\sqrt{2}-4)\geqslant 0\quad(\diamondsuit\,y=\sum\frac{1}{\sin\overline{A_1A_2}})$$

$$\Leftrightarrow\left[\sum\frac{1}{\sin\overline{A_1A_2}}+3(3-2\sqrt{2})\right]\left(\sum\frac{1}{\sin\overline{A_1A_2}}-\frac{9}{\sqrt{2}}\right)\geqslant 0$$

这最后的不等式显然成立.

评注 本题的解决方法与问题的来源基本一样,可见玩转类似平面几何命题的本质十分重要.

参考文献

[1] 王扬,赵小云.从分析解题过程学解题 —— 竞赛中的几何问题研究[M].
哈尔滨:哈尔滨工业大学出版社,2018:406-412.

§6 从平面到空间的几个三角不等式之五

这是上一节的继续.

不久前,笔者与隋振林老师在即将发表的文章《两个三角不等式及其空间移植》中证明了如下两个三角不等式.

命题 1 在 $\triangle ABC$ 中,求证

$$(1+\cos A)(1+\cos B)(1+\cos C) \geqslant 27\cos A\cos B\cos C$$

命题 2 在锐角 $\triangle ABC$ 中,求证

$$\frac{1}{\cos A(1+\cos A)} + \frac{1}{\cos B(1+\cos B)} + \frac{1}{\cos C(1+\cos C)} \geqslant 4$$

并将其移植到了空间.

(上述两个命题也就是本章 §3 的两个问题.)

经研究发现,这两个三角不等式的类似结论为:

问题 1 在锐角 $\triangle ABC$ 中,求证

$$\left(\frac{2\sqrt{3}}{3}+\cot A\right)\left(\frac{2\sqrt{3}}{3}+\cot B\right)\left(\frac{2\sqrt{3}}{3}+\cot C\right) \geqslant 27\cot A\cot B\cot C$$

题目解说 本题为三角形里常见的三角不等式.

渊源探索 本题为上述命题 1 的类比结果.

方法透析 回顾命题 1 的证明过程 —— 运用均值不等式,并注意等号成立的条件.

证明 由熟知的三角不等式

$$1 = \cot A\cot B + \cot B\cot C + \cot C\cot A$$

$$\geqslant 3\sqrt[3]{\cot^2 A\cot^2 B\cot^2 C}$$

可得

$$\left(\frac{1}{\sqrt{3}}\right)^6 \geqslant \cot^2 A \cot^2 B \cot^2 C$$

再根据多元均值不等式知

$$\frac{2\sqrt{3}}{3} + \cot A = \frac{1}{\sqrt{3}} + \frac{1}{\sqrt{3}} + \cot A \geqslant 3\sqrt[3]{\left(\frac{1}{\sqrt{3}}\right)^2 \cot A}$$

$$\frac{2\sqrt{3}}{3} + \cot B \geqslant 3\sqrt[3]{\left(\frac{1}{\sqrt{3}}\right)^2 \cot B}$$

$$\frac{2\sqrt{3}}{3} + \cot C \geqslant 3\sqrt[3]{\left(\frac{1}{\sqrt{3}}\right)^2 \cot C}$$

因此

$$\left(\frac{2\sqrt{3}}{3} + \cot A\right)\left(\frac{2\sqrt{3}}{3} + \cot B\right)\left(\frac{2\sqrt{3}}{3} + \cot C\right)$$

$$\geqslant 27\sqrt[3]{\left(\frac{1}{\sqrt{3}}\right)^6 \cot A \cot B \cot C}$$

$$\geqslant 27\sqrt[3]{(\cot A \cot B \cot C)^2 \cot A \cot B \cot C}$$

$$= 27\cot A \cot B \cot C$$

即结论获得证明.

评注 本证明的关键一环是,将 $\frac{2\sqrt{3}}{3} + \cot A$ 变形为 $\frac{1}{\sqrt{3}} + \frac{1}{\sqrt{3}} + \cot A$,利用均值不等式,注意等号成立的条件,以及熟知的三角不等式 $\left(\frac{1}{\sqrt{3}}\right)^6 \geqslant \cot^2 A \cot^2 B \cot^2 C$,将 $\left(\frac{1}{\sqrt{3}}\right)^6$ 缩小为 $(\cot A \cot B \cot C)^2$,从而凑出 $(\cot A \cot B \cot C)^3$,成功地将 $\cot A \cot B \cot C$ 从根号下解脱出来,完成证明.

问题 2 在锐角 $\triangle ABC$ 中,求证

$$\frac{1}{\cot A\left(\frac{2}{\sqrt{3}} + \cot A\right)} + \frac{1}{\cot B\left(\frac{2}{\sqrt{3}} + \cot B\right)} + \frac{1}{\cot C\left(\frac{2}{\sqrt{3}} + \cot C\right)} \geqslant 3$$

题目解说 本题为一个三角形里常见的三角不等式.

渊源探索 本题为上述命题 2 的类比结果.

方法透析 回顾命题 2 的证明过程——运用均值不等式,并注意等号成立的条件.

证明 由熟知的不等式

$$\tan A\tan B\tan C = \tan A + \tan B + \tan C \geqslant 3\sqrt[3]{\tan A\tan B\tan C}$$

$$\Rightarrow \tan A + \tan B + \tan C \geqslant 3\sqrt{3}$$

以及柯西不等式,知

$$\frac{1}{\cot A\left(\dfrac{2}{\sqrt{3}}+\cot A\right)}+\frac{1}{\cot B\left(\dfrac{2}{\sqrt{3}}+\cot B\right)}+\frac{1}{\cot C\left(\dfrac{2}{\sqrt{3}}+\cot C\right)}$$

$$=\frac{(\tan A)^2}{\dfrac{\dfrac{2}{\sqrt{3}}+\cot A}{\cot A}}+\frac{(\tan B)^2}{\dfrac{\dfrac{2}{\sqrt{3}}+\cot B}{\cot B}}+\frac{(\tan C)^2}{\dfrac{\dfrac{2}{\sqrt{3}}+\cot C}{\cot C}}$$

$$\geqslant\frac{(\tan A+\tan B+\tan C)^2}{\dfrac{\dfrac{2}{\sqrt{3}}+\cot A}{\cot A}+\dfrac{\dfrac{2}{\sqrt{3}}+\cot B}{\cot B}+\dfrac{\dfrac{2}{\sqrt{3}}+\cot C}{\cot C}}$$

$$=\frac{(\tan A+\tan B+\tan C)^2}{3+\dfrac{2}{\sqrt{3}}(\tan A+\tan B+\tan C)}$$

$$\Leftrightarrow(\tan A+\tan B+\tan C)^2\geqslant 3\left(3+\frac{2}{\sqrt{3}}(\tan A+\tan B+\tan C)\right)$$

$$\Leftrightarrow(\tan A+\tan B+\tan C-3\sqrt{3})(\tan A+\tan B+\tan C+\sqrt{3})\geqslant 0$$

这显然成立.

评注 这两道题目在我们做完之后觉得也不错,一是结构简单、对称优美,二是证明常规简单,三是可以移植到长方体.

问题 3 设 α,β,γ 为长方体的体对角线与从同一顶点出发的三条棱所成的角,求证

$$(\sqrt{2}+\cot\alpha)(\sqrt{2}+\cot\beta)(\sqrt{2}+\cot\gamma)\geqslant 27\cot\alpha\cot\beta\cot\gamma$$

题目解说 本题为一个新题.

渊源探索 本题为问题 1 的类比情形.

方法透析 回顾问题 1 的证明是有意义的.

证明 由条件知

$$\cos^2\alpha+\cos^2\beta+\cos^2\gamma=1$$

$$\Rightarrow\sin^2\alpha=\cos^2\beta+\cos^2\gamma\geqslant 2\cos\beta\cos\gamma$$

同理可得

$$\sin^2\beta\geqslant 2\cos\alpha\cos\gamma,\sin^2\gamma\geqslant 2\cos\beta\cos\alpha$$

这三个式子相乘得

$$\frac{1}{8} \geqslant (\cot \alpha \cot \beta \cot \gamma)^2$$

于是

$$(\sqrt{2} + \cot \alpha)(\sqrt{2} + \cot \beta)(\sqrt{2} + \cot \gamma)$$

$$= \left(\frac{1}{\sqrt{2}} + \frac{1}{\sqrt{2}} + \cot \alpha\right)\left(\frac{1}{\sqrt{2}} + \frac{1}{\sqrt{2}} + \cot \beta\right)\left(\frac{1}{\sqrt{2}} + \frac{1}{\sqrt{2}} + \cot \gamma\right)$$

$$\geqslant 27 \sqrt[3]{\left(\frac{1}{\sqrt{2}}\right)^3 \cot \alpha \cot \beta \cot \gamma}$$

$$\geqslant 27 \sqrt[3]{(\cot \alpha \cot \beta \cot \gamma)^2 \cot \alpha \cot \beta \cot \gamma}$$

$$\geqslant 27 \cot \alpha \cot \beta \cot \gamma$$

即结论证明完毕.

问题 4 设 α, β, γ 为长方体的体对角线与从同一顶点出发的三条棱所成的角,求证

$$\frac{1}{\tan^2 \alpha(2 + \tan^2 \alpha)} + \frac{1}{\tan^2 \beta(2 + \tan^2 \beta)} + \frac{1}{\tan^2 \gamma(2 + \tan^2 \gamma)} \geqslant \frac{3}{8}$$

证明 由条件知 $\cos^2 \alpha + \cos^2 \beta + \cos^2 \gamma = 1$,又

$$\cot^2 \alpha + \cot^2 \beta + \cot^2 \gamma = \frac{\cos^2 \alpha}{\sin^2 \alpha} + \frac{\cos^2 \beta}{\sin^2 \beta} + \frac{\cos^2 \gamma}{\sin^2 \gamma}$$

$$= \frac{\cos^2 \alpha}{1 - \cos^2 \alpha} + \frac{\cos^2 \beta}{1 - \cos^2 \beta} + \frac{\cos^2 \gamma}{1 - \cos^2 \gamma}$$

$$= \frac{\cos^2 \alpha - 1 + 1}{1 - \cos^2 \alpha} + \frac{\cos^2 \beta - 1 + 1}{1 - \cos^2 \beta} + \frac{\cos^2 \gamma - 1 + 1}{1 - \cos^2 \gamma}$$

$$= -3 + \frac{1}{1 - \cos^2 \alpha} + \frac{1}{1 - \cos^2 \beta} + \frac{1}{1 - \cos^2 \gamma}$$

$$\geqslant -3 + \frac{9}{3 - \cos^2 \alpha - \cos^2 \beta - \cos^2 \gamma} = \frac{3}{2}$$

于是,由柯西不等式得

$$\frac{1}{\tan^2 \alpha(2 + \tan^2 \alpha)} + \frac{1}{\tan^2 \beta(2 + \tan^2 \beta)} + \frac{1}{\tan^2 \gamma(2 + \tan^2 \gamma)}$$

$$= \frac{\cot^4 \alpha}{\dfrac{2 + \tan^2 \alpha}{\tan^2 \alpha}} + \frac{\cot^4 \beta}{\dfrac{2 + \tan^2 \beta}{\tan^2 \beta}} + \frac{\cot^4 \gamma}{\dfrac{2 + \tan^2 \gamma}{\tan^2 \gamma}}$$

$$\geqslant \frac{(\cot^2 \alpha + \cot^2 \beta + \cot^2 \gamma)^2}{\dfrac{2 + \tan^2 \alpha}{\tan^2 \alpha} + \dfrac{2 + \tan^2 \beta}{\tan^2 \beta} + \dfrac{2 + \tan^2 \gamma}{\tan^2 \gamma}}$$

$$= \frac{(\cot^2\alpha + \cot^2\beta + \cot^2\gamma)^2}{\frac{2 + \tan^2\alpha}{\tan^2\alpha} + \frac{2 + \tan^2\beta}{\tan^2\beta} + \frac{2 + \tan^2\gamma}{\tan^2\gamma}}$$

$$= \frac{(\cot^2\alpha + \cot^2\beta + \cot^2\gamma)^2}{3 + 2(\cot^2\alpha + \cot^2\beta + \cot^2\gamma)}$$

$$= \frac{1}{2} \cdot \frac{x^2}{\frac{3}{2} + x} \quad (\text{令 } x = \cot^2\alpha + \cot^2\beta + \cot^2\gamma \geqslant \frac{3}{2})$$

$$= \frac{1}{2} \cdot \frac{x^2 - \frac{9}{4} + \frac{9}{4}}{x + \frac{3}{2}}$$

$$= \frac{1}{2} \cdot \left(x + \frac{3}{2} + \frac{\frac{9}{4}}{x + \frac{3}{2}} \right) - \frac{3}{2}$$

$$\geqslant \frac{3}{8}$$

最后一步用到函数 $f(x) = x + \frac{9}{4} \cdot \frac{1}{x}(x \geqslant 3)$ 的单调性.

同理可证：

问题 5 设 α, β, γ 为长方体的体对角线与从同一顶点出发的三条棱所成的角，求证

$$\frac{1}{\cot\alpha(\sqrt{2} + \cot\alpha)} + \frac{1}{\cot\beta(\sqrt{2} + \cot\beta)} + \frac{1}{\cot\gamma(\sqrt{2} + \cot\gamma)} \geqslant 2$$

证明 首先证明

$$\tan\alpha + \tan\beta + \tan\gamma \geqslant 3\sqrt{2}$$

事实上，由问题 3 的证明过程以及均值不等式得

$$\tan\alpha + \tan\beta + \tan\gamma$$
$$\geqslant 3\sqrt[3]{\tan\alpha\tan\beta\tan\gamma}$$
$$\geqslant 3\sqrt{2}$$

于是

$$\frac{1}{\cot\alpha(\sqrt{2} + \cot\alpha)} + \frac{1}{\cot\beta(\sqrt{2} + \cot\beta)} + \frac{1}{\cot\gamma(\sqrt{2} + \cot\gamma)}$$

$$= \frac{\tan\alpha}{\sqrt{2} + \cot\alpha} + \frac{\tan\beta}{\sqrt{2} + \cot\beta} + \frac{\tan\gamma}{\sqrt{2} + \cot\gamma}$$

$$= \frac{\tan^2\alpha}{\tan\alpha(\sqrt{2}+\cot\alpha)} + \frac{\tan^2\beta}{\tan\beta(\sqrt{2}+\cot\beta)} + \frac{\tan^2\gamma}{\tan\gamma(\sqrt{2}+\cot\gamma)}$$

$$\geqslant \frac{(\tan\alpha+\tan\beta+\tan\gamma)^2}{3+\sqrt{2}(\tan\alpha+\tan\beta+\tan\gamma)}$$

$$= \frac{x^2}{3+\sqrt{2}\,x} \quad (\diamondsuit\ x=\tan\alpha+\tan\beta+\tan\gamma)$$

$$= \frac{1}{\sqrt{2}} \cdot \frac{x^2}{x+\dfrac{3}{\sqrt{2}}}$$

$$= \frac{1}{\sqrt{2}} \cdot \frac{x^2-\dfrac{9}{2}+\dfrac{9}{2}}{x+\dfrac{3}{\sqrt{2}}}$$

$$= \frac{1}{\sqrt{2}}\left(x+\frac{3}{\sqrt{2}}+\frac{\dfrac{9}{2}}{x+\dfrac{3}{\sqrt{2}}}-\frac{6}{\sqrt{2}}\right)$$

$$= \frac{1}{\sqrt{2}}\left(x+\frac{3}{\sqrt{2}}+\frac{\dfrac{9}{2}}{x+\dfrac{3}{\sqrt{2}}}\right)-3$$

$$\geqslant 2$$

最后一步用到函数 $f(t)=t+\dfrac{\dfrac{9}{2}}{t}\left(t\in\left[3\sqrt{2}+\dfrac{3}{\sqrt{2}},+\infty\right)\right)$ 的单调性.

§7　长方体中的几个三角不等式之一

一、引言

命题 1　在 $\triangle ABC$ 中,求证

$$\sin A + \sin B + \sin C \geqslant 4\sin A\sin B\sin C$$

题目解说　本题为《数学教学》2014 年第 2 期问题 902,2018 第 9 期 P35 例 3.

命题 2　在锐角 $\triangle ABC$ 中,求证

$$\frac{\cos^3 A}{1+\cos A} + \frac{\cos^3 B}{1+\cos B} + \frac{\cos^3 C}{1+\cos C} \geqslant \frac{1}{4}$$

题目解说 本题为近期微信群(2018 年 12 月 3 日左右)里给出的一道题目.

二、新问题

联想到长方体,便有类似的两个结论.

问题 1 设 α,β,γ 为长方体的体对角线与交于同一顶点的三条棱所成的角,求证

$$\sin\alpha + \sin\beta + \sin\gamma \geqslant \frac{9}{2}\sin\alpha\sin\beta\sin\gamma$$

题目解说 本题为一个新题.

渊源探索 本题为命题 1 的类比情形.

方法透析 回顾命题 1 的证明是有意义的.

证明 由条件知 $\cos^2\alpha + \cos^2\beta + \cos^2\gamma = 1$,于是

$$\frac{\sin\alpha + \sin\beta + \sin\gamma}{\sin\alpha\sin\beta\sin\gamma} = \frac{1}{\sin\beta\sin\gamma} + \frac{1}{\sin\alpha\sin\gamma} + \frac{1}{\sin\alpha\sin\beta}$$

$$\geqslant \frac{2}{\sin^2\beta + \sin^2\gamma} + \frac{2}{\sin^2\alpha + \sin^2\gamma} + \frac{2}{\sin^2\alpha + \sin^2\beta}$$

$$\geqslant \frac{9}{\sin^2\alpha + \sin^2\beta + \sin^2\gamma} = \frac{9}{2}$$

证明完毕.

问题 2 设 α,β,γ 为长方体的体对角线与交于同一顶点的三条棱所成的角,求证

$$\frac{\cos^3\alpha}{\frac{2}{\sqrt{3}} + \cos\alpha} + \frac{\cos^3\beta}{\frac{2}{\sqrt{3}} + \cos\beta} + \frac{\cos^3\gamma}{\frac{2}{\sqrt{3}} + \cos\gamma} \geqslant \frac{1}{3}$$

题目解说 本题为一个新题.

渊源探索 本题为命题 2 的类比情形.

方法透析 回顾命题 2 的证明是有意义的.

证明 由均值不等式以及柯西不等式知

$$\frac{\cos^3\alpha}{\frac{2}{\sqrt{3}} + \cos\alpha} + \frac{\cos^3\beta}{\frac{2}{\sqrt{3}} + \cos\beta} + \frac{\cos^3\gamma}{\frac{2}{\sqrt{3}} + \cos\gamma}$$

$$= \frac{(\cos^2\alpha)^2}{\cos\alpha\left(\frac{2}{\sqrt{3}} + \cos\alpha\right)} + \frac{(\cos^2\beta)^2}{\cos\beta\left(\frac{2}{\sqrt{3}} + \cos\beta\right)} + \frac{(\cos^2\gamma)^2}{\cos\gamma\left(\frac{2}{\sqrt{3}} + \cos\gamma\right)}$$

$$= \frac{(\cos^2\alpha)^2}{\frac{2}{\sqrt{3}}\cos\alpha + \cos^2\alpha} + \frac{(\cos^2\beta)^2}{\frac{2}{\sqrt{3}}\cos\beta + \cos^2\beta} + \frac{(\cos^2\gamma)^2}{\frac{2}{\sqrt{3}}\cos\gamma + \cos^2\gamma}$$

$$\geqslant \frac{(\cos^2\alpha)^2}{\frac{1}{3} + \cos^2\alpha + \cos^2\alpha} + \frac{(\cos^2\beta)^2}{\frac{1}{3} + \cos^2\beta + \cos^2\beta} + \frac{(\cos^2\gamma)^2}{\frac{1}{3} + \cos^2\gamma + \cos^2\gamma}$$

$$\geqslant \frac{(\cos^2\alpha + \cos^2\beta + \cos^2\gamma)^2}{1 + 2(\cos^2\alpha + \cos^2\beta + \cos^2\gamma)} = \frac{1}{3}$$

§8　长方体中的几个三角不等式之二

这是上一节的继续.

不久前,笔者与隋振林老师证明了如下三角不等式:

命题 1　在 $\triangle ABC$ 中,求证

$$(1 + \cos A)(1 + \cos B)(1 + \cos C) \geqslant 27\cos A\cos B\cos C$$

命题 2　在锐角 $\triangle ABC$ 中,求证

$$\frac{\cos^3 A}{1 + \cos A} + \frac{\cos^3 B}{1 + \cos B} + \frac{\cos^3 C}{1 + \cos C} \geqslant \frac{1}{4}$$

并分别将其移植到了四面体.

今天,我们将给出上面两个问题在长方体中的移植,供有兴趣的读者参考.

问题 1　设 α, β, γ 为长方体的体对角线与交于同一顶点的三条棱所成的角,求证

$$\left(\frac{2}{\sqrt{3}} + \cos\alpha\right)\left(\frac{2}{\sqrt{3}} + \cos\beta\right)\left(\frac{2}{\sqrt{3}} + \cos\gamma\right) \geqslant 27\cos\alpha\cos\beta\cos\gamma$$

题目解说　本题为一个新题.

渊源探索　本题为命题 1 的类比结果.

方法透析　回顾命题 1 的证明是有意义的.

证明　由条件知 $\cos^2\alpha + \cos^2\beta + \cos^2\gamma = 1$,所以

$$1 = \cos^2\alpha + \cos^2\beta + \cos^2\gamma$$

$$\geqslant 3\sqrt[3]{\cos^2\alpha\cos^2\beta\cos^2\gamma}$$

$$\Rightarrow \cos\alpha\cos\beta\cos\gamma$$

$$\leqslant \frac{1}{3\sqrt{3}}$$

因此

$$\left(\frac{2}{\sqrt{3}}+\cos\alpha\right)=\frac{1}{\sqrt{3}}+\frac{1}{\sqrt{3}}+\cos\alpha$$

$$\geqslant 3\sqrt[3]{\frac{1}{\sqrt{3}}\cdot\frac{1}{\sqrt{3}}\cdot\cos\alpha}$$

$$=3\sqrt[3]{\frac{1}{3}\cdot\cos\alpha}$$

从而

$$\left(\frac{2}{3\sqrt{3}}+\cos\alpha\right)\left(\frac{2}{3\sqrt{3}}+\cos\beta\right)\left(\frac{2}{3\sqrt{3}}+\cos\gamma\right)$$

$$\geqslant 27\sqrt[3]{\left(\frac{1}{3}\right)^{3}\cdot\cos\alpha\cos\beta\cos\gamma}$$

$$=27\sqrt[3]{\frac{1}{27}\cdot\cos\alpha\cos\beta\cos\gamma}$$

$$\geqslant 27\sqrt[3]{(\cos\alpha\cos\beta\cos\gamma)^{2}\cdot\cos\alpha\cos\beta\cos\gamma}$$

$$=27\cos\alpha\cos\beta\cos\gamma$$

于是可得

$$\left(\frac{2}{\sqrt{3}}+\cos\alpha\right)\left(\frac{2}{\sqrt{3}}+\cos\beta\right)\left(\frac{2}{\sqrt{3}}+\cos\gamma\right)\geqslant 27\cos\alpha\cos\beta\cos\gamma$$

问题 2 设 α,β,γ 为长方体的体对角线与交于同一顶点的三条棱所成的角,求证

$$\cos\alpha+\cos\beta+\cos\gamma\geqslant 9\cos\alpha\cos\beta\cos\gamma$$

题目解说 本题为一个新题.

渊源探索 本题为问题 1 的类比情形.

方法透析 回顾问题 1 的证明是有意义的.

证明 1 由条件知 $\cos^{2}\alpha+\cos^{2}\beta+\cos^{2}\gamma=1$,所以

$$\frac{\cos\alpha+\cos\beta+\cos\gamma}{\cos\alpha\cos\beta\cos\gamma}$$

$$=\frac{1}{\cos\beta\cos\gamma}+\frac{1}{\cos\alpha\cos\gamma}+\frac{1}{\cos\alpha\cos\beta}$$

$$\geqslant\frac{2}{\cos^{2}\beta+\cos^{2}\gamma}+\frac{2}{\cos^{2}\alpha+\cos^{2}\gamma}+\frac{2}{\cos^{2}\alpha+\cos^{2}\beta}$$

$$\geqslant\frac{9}{\cos^{2}\alpha+\cos^{2}\beta+\cos^{2}\gamma}$$

$$=9$$

证明完毕.

    证明 2   由条件知 $\cos^2\alpha + \cos^2\beta + \cos^2\gamma = 1$,所以

$$\cos\alpha + \cos\beta + \cos\gamma$$

$$= (\cos\alpha + \cos\beta + \cos\gamma)(\cos^2\alpha + \cos^2\beta + \cos^2\gamma)$$

$$\geqslant 9\cos\alpha\cos\beta\cos\gamma$$

证明完毕.

    问题 3   设 α,β,γ 为长方体的体对角线与交于同一顶点的三条棱所成的角,求证

$$\frac{\tan^3\alpha}{2\sqrt{2} + \tan\alpha} + \frac{\tan^3\beta}{2\sqrt{2} + \tan\beta} + \frac{\tan^3\gamma}{2\sqrt{2} + \tan\gamma} \geqslant 2$$

    题目解说   本题为一个新题.

    渊源探索   本题为命题 2 的类比情形.

    方法透析   回顾命题 2 的证明是有意义的.

    证明 1   由条件知 $\cos^2\alpha + \cos^2\beta + \cos^2\gamma = 1$,所以

$$\sin^2\gamma = 1 - \cos^2\gamma = \cos^2\alpha + \cos^2\beta \geqslant 2\cos\alpha\cos\beta$$

同理还有两个式子

$$\sin^2\beta \geqslant 2\cos\gamma\cos\alpha, \sin^2\alpha \geqslant 2\cos\beta\cos\gamma$$

这三个式子相乘,整理便得

$$\tan\alpha\tan\beta\tan\gamma \geqslant 2\sqrt{2}$$

因此

$$\tan^2\alpha + \tan^2\beta + \tan^2\gamma \geqslant 3\sqrt[3]{\tan^2\alpha\tan^2\beta\tan^2\gamma} \geqslant 6$$

由均值不等式以及柯西不等式知

$$\frac{\tan^3\alpha}{2\sqrt{2} + \tan\alpha} + \frac{\tan^3\beta}{2\sqrt{2} + \tan\beta} + \frac{\tan^3\gamma}{2\sqrt{2} + \tan\gamma}$$

$$= \frac{(\tan^2\alpha)^2}{\tan\alpha(2\sqrt{2} + \tan\alpha)} + \frac{(\tan^2\beta)^2}{\tan\beta(2\sqrt{2} + \tan\beta)} + \frac{(\tan^2\gamma)^2}{\tan\gamma(2\sqrt{2} + \tan\gamma)}$$

$$= \frac{(\tan^2\alpha)^2}{2\sqrt{2}\tan\alpha + \tan^2\alpha} + \frac{(\tan^2\beta)^2}{2\sqrt{2}\tan\beta + \tan^2\beta} + \frac{(\tan^2\gamma)^2}{2\sqrt{2}\tan\gamma + \tan^2\gamma}$$

$$\geqslant \frac{(\tan^2\alpha)^2}{2 + \tan^2\alpha + \tan^2\alpha} + \frac{(\tan^2\beta)^2}{2 + \tan^2\beta + \tan^2\beta} + \frac{(\tan^2\gamma)^2}{2 + \tan^2\gamma + \tan^2\gamma}$$

$$\geqslant \frac{(\tan^2\alpha + \tan^2\beta + \tan^2\gamma)^2}{6 + 2(\tan^2\alpha + \tan^2\beta + \tan^2\gamma)}$$

$$= \frac{x^2}{6 + 2x} \quad (\text{令 } x = \tan^2\alpha + \tan^2\beta + \tan^2\gamma)$$

$$= \frac{1}{2} \cdot \frac{x^2}{x+3} = \frac{1}{2} \cdot \frac{x^2-9+9}{x+3}$$

$$= \frac{1}{2} \cdot (x+3+\frac{9}{x+3}-6)$$

$$\geqslant \frac{1}{2} \cdot (6+3+\frac{9}{6+3}-6) = 2$$

最后一步用到函数 $y = t + \frac{1}{t}$ 在 $[3, +\infty)$ 上单调上升的性质.

证明 2 由题意得

$$\frac{1}{\tan^2\alpha+1} + \frac{1}{\tan^2\beta+1} + \frac{1}{\tan^2\gamma+1} = 1$$

设 $x = \tan\alpha, y = \tan\beta, z = \tan\gamma$,则

$$\frac{1}{x^2+1} + \frac{1}{y^2+1} + \frac{1}{z^2+1} = 1$$

于是

$$\frac{9}{x^2+y^2+z^2+3} \leqslant 1$$

即

$$x^2+y^2+z^2 \geqslant 6$$

因此

$$原式 = \frac{x^3}{2\sqrt{2}+x} + \frac{y^3}{2\sqrt{2}+y} + \frac{z^3}{2\sqrt{2}+z}$$

$$= \frac{x^4}{2\sqrt{2}x+x^2} + \frac{y^4}{2\sqrt{2}y+y^2} + \frac{z^4}{2\sqrt{2}z+z^2}$$

$$= \frac{(x^2+y^2+z^2)^2}{x^2+y^2+z^2+2\sqrt{2}(x+y+z)}$$

$$\geqslant \frac{(x^2+y^2+z^2)^2}{x^2+y^2+z^2+2\sqrt{6} \cdot \sqrt{x^2+y^2+z^2}}$$

$$= \frac{m^4}{m^2+2\sqrt{6}\,m} \quad (令\ m = \sqrt{x^2+y^2+z^2},则\ m \geqslant \sqrt{6})$$

$$= \frac{m^3}{m+2\sqrt{6}} \geqslant \frac{m^3}{3m}$$

$$= \frac{m^2}{3} \geqslant 2$$

当且仅当 $x = y = z = \sqrt{2}$ 时取等号.

问题 4 设 α, β, γ 为长方体的体对角线与交于同一顶点的三条棱所成的

角，求证

$$\frac{\cot^3\alpha}{\sqrt{2}+\cot\alpha}+\frac{\cot^3\beta}{\sqrt{2}+\cot\beta}+\frac{\cot^3\gamma}{\sqrt{2}+\cot\gamma}\geq\frac{1}{4}$$

题目解说 本题为一个新题.

渊源探索 本题为问题 3 的类比情形.

方法透析 回顾问题 3 的证明是有意义的.

证明 由条件知 $\cos^2\alpha+\cos^2\beta+\cos^2\gamma=1$，所以

$$\cot^2\alpha+\cot^2\beta+\cot^2\gamma$$

$$=\frac{\cos^2\alpha}{\sin^2\alpha}+\frac{\cos^2\beta}{\sin^2\beta}+\frac{\cos^2\gamma}{\sin^2\gamma}$$

$$=\frac{\cos^2\alpha}{1-\cos^2\alpha}+\frac{\cos^2\beta}{1-\cos^2\beta}+\frac{\cos^2\gamma}{1-\cos^2\gamma}$$

$$=\frac{\cos^2\alpha-1+1}{1-\cos^2\alpha}+\frac{\cos^2\beta-1+1}{1-\cos^2\beta}+\frac{\cos^2\gamma-1+1}{1-\cos^2\gamma}$$

$$=-3+\frac{1}{1-\cos^2\alpha}+\frac{1}{1-\cos^2\beta}+\frac{1}{1-\cos^2\gamma}$$

$$\geq-3+\frac{9}{3-\cos^2\alpha-\cos^2\beta-\cos^2\gamma}$$

$$=\frac{3}{2}$$

即

$$\cot^2\alpha+\cot^2\beta+\cot^2\gamma\geq\frac{3}{2}$$

再由均值不等式以及柯西不等式知

$$\frac{\cot^3\alpha}{\sqrt{2}+\cot\alpha}+\frac{\cot^3\beta}{\sqrt{2}+\cot\beta}+\frac{\cot^3\gamma}{\sqrt{2}+\cot\gamma}$$

$$=\frac{(\cot^2\alpha)^2}{\cot\alpha(\sqrt{2}+\cot\alpha)}+\frac{(\cot^2\beta)^2}{\cot\beta(\sqrt{2}+\cot\beta)}+\frac{(\cot^2\gamma)^2}{\cot\gamma(\sqrt{2}+\cot\gamma)}$$

$$=\frac{(\cot^2\alpha)^2}{\sqrt{2}\cot\alpha+\cot^2\alpha}+\frac{(\cot^2\beta)^2}{\sqrt{2}\cot\beta+\cot^2\beta}+\frac{(\cot^2\gamma)^2}{\sqrt{2}\cot\gamma+\cot^2\gamma}$$

$$\geq\frac{(\cot^2\alpha)^2}{\frac{1}{2}+\cot^2\alpha+\cot^2\alpha}+\frac{(\cot^2\beta)^2}{\frac{1}{2}+\cot^2\beta+\cot^2\beta}+\frac{(\cot^2\gamma)^2}{\frac{1}{2}+\cot^2\gamma+\cot^2\gamma}$$

$$\geq\frac{(\cot^2\alpha+\cot^2\beta+\cot^2\gamma)^2}{6+2(\cot^2\alpha+\cot^2\beta+\cot^2\gamma)}$$

$$=\frac{x^2}{6+2x}\quad(\diamondsuit\ x=\cot^2\alpha+\cot^2\beta+\cot^2\gamma)$$

139

$$= \frac{1}{2} \cdot \frac{x^2}{x+3}$$

$$= \frac{1}{2} \cdot \frac{x^2 - 9 + 9}{x+3}$$

$$= \frac{1}{2} \cdot \left(x + 3 + \frac{9}{x+3} - 6\right)$$

$$\geqslant \frac{1}{2} \cdot \left[\frac{3}{2} + 3 + \frac{9}{\frac{3}{2} + 3} - 6\right]$$

$$= \frac{1}{4}$$

最后一步用到函数 $y = t + \dfrac{1}{t}$ 在 $[3, +\infty)$ 上单调上升的性质.

评注 不等式 $\cot^2\alpha + \cot^2\beta + \cot^2\gamma \geqslant \dfrac{3}{2}$ 也可以直接运用柯西不等式证明

如下

$$\cot^2\alpha + \cot^2\beta + \cot^2\gamma \geqslant \frac{3}{2}$$

$$\Leftrightarrow \frac{1}{\sin^2\alpha} + \frac{1}{\sin^2\beta} + \frac{1}{\sin^2\gamma} \geqslant \frac{9}{2}$$

因为

$$\frac{1}{\sin^2\alpha} + \frac{1}{\sin^2\beta} + \frac{1}{\sin^2\gamma}$$

$$\geqslant \frac{9}{\sin^2\alpha + \sin^2\beta + \sin^2\gamma} = \frac{9}{2}$$

问题 5 设 α, β, γ 为长方体的体对角线与交于同一顶点的三条棱所成的角,求证

$$\sqrt{\cot\alpha\cot\beta} + \sqrt{\cot\beta\cot\gamma} + \sqrt{\cot\gamma\cot\alpha} \geqslant 6\cot\alpha\cot\beta\cot\gamma$$

题目解说 本题为一个新题.

渊源探索 本题为问题 2 的类比情形.

方法透析 回顾问题 2 的证明是有意义的.

证明 1 由条件知 $\cos^2\alpha + \cos^2\beta + \cos^2\gamma = 1$,所以,由条件以及二元均值不等式知

$$\cot\alpha\cot\beta + \cot\beta\cot\gamma + \cot\gamma\cot\alpha$$

$$= \frac{\cos\alpha\cos\beta}{\sin\alpha\sin\beta} + \frac{\cos\beta\cos\gamma}{\sin\beta\sin\gamma} + \frac{\cos\gamma\cos\alpha}{\sin\gamma\sin\alpha}$$

$$= \frac{\cos \alpha}{\sin \beta} \cdot \frac{\cos \beta}{\sin \alpha} + \frac{\cos \beta}{\sin \gamma} \cdot \frac{\cos \gamma}{\sin \beta} + \frac{\cos \gamma}{\sin \alpha} \cdot \frac{\cos \alpha}{\sin \gamma}$$

$$\leqslant \frac{1}{2} \left[\left(\frac{\cos^2 \alpha}{\sin^2 \beta} + \frac{\cos^2 \beta}{\sin^2 \alpha} \right) + \left(\frac{\cos^2 \beta}{\sin^2 \gamma} + \frac{\cos^2 \gamma}{\sin^2 \beta} \right) + \left(\frac{\cos^2 \gamma}{\sin^2 \alpha} + \frac{\cos^2 \alpha}{\sin^2 \gamma} \right) \right]$$

$$= \frac{1}{2} \left[\left(\frac{\cos^2 \alpha}{\sin^2 \beta} + \frac{\cos^2 \gamma}{\sin^2 \beta} \right) + \left(\frac{\cos^2 \beta}{\sin^2 \gamma} + \frac{\cos^2 \alpha}{\sin^2 \gamma} \right) + \left(\frac{\cos^2 \gamma}{\sin^2 \alpha} + \frac{\cos^2 \beta}{\sin^2 \alpha} \right) \right]$$

$$= \frac{3}{2}$$

因此

$$\frac{\sqrt{\cot \alpha \cot \beta} + \sqrt{\cot \beta \cot \gamma} + \sqrt{\cot \gamma \cot \alpha}}{\cot \alpha \cot \beta \cot \gamma}$$

$$= \frac{1}{\sqrt{\cot \beta \cot \gamma} \cdot \sqrt{\cot \gamma \cot \alpha}} + \frac{1}{\sqrt{\cot \gamma \cot \alpha} \cdot \sqrt{\cot \alpha \cot \beta}} +$$

$$\frac{1}{\sqrt{\cot \alpha \cot \beta} \cdot \sqrt{\cot \beta \cot \gamma}}$$

$$\geqslant \frac{2}{\cot \beta \cot \gamma + \cot \gamma \cot \alpha} + \frac{2}{\cot \gamma \cot \alpha + \cot \alpha \cot \beta} +$$

$$\frac{2}{\cot \alpha \cot \beta + \cot \beta \cot \gamma}$$

$$\geqslant \frac{9}{\cot \alpha \cot \beta + \cot \beta \cot \gamma + \cot \gamma \cot \alpha}$$

$$\geqslant 6$$

证明完毕.

141

若干竞赛问题解法探究

本章我们给出若干竞赛题的解法分析,其中有些属于自己的研究成果,有些则来自于多种资料,由于种种原因,有些记住了原作者姓名(已署名),有些则没有记住,因此对不能给予署名的作者在此深表歉意,若大家看后发现是属于自己的作品,请给笔者来信息说明,待再版时更正于后,笔者不胜感激!

§1 1983 年瑞士数学竞赛一题的讨论

本节将对一个常见三角形不等式进行分析、变形,进而由此引发一系列的相关不等式,从这些不等式可以让大家窥探到一些竞赛问题的由来,也揭示了一条数学竞赛命题的路子,供竞赛培训教师和竞赛学习的学生参考.

一、题目与解答

问题 1 设 a,b,c 是三角形的三边长,则有
$$abc \geqslant (a+b-c)(a-b+c)(-a+b+c)$$

题目解说 本题为 1983 年瑞士数学竞赛中的一道题.

证明 因为 a,b,c 是三角形的三边长,所以有
$$a^2 \geqslant a^2 - (b-c)^2 = (a-b+c)(a+b-c)$$
$$b^2 \geqslant b^2 - (a-c)^2 = (a+b-c)(-a+b+c)$$
$$c^2 \geqslant c^2 - (b-a)^2 = (a-b+c)(-a+b+c)$$

三个式子相乘得到
$$abc \geqslant (a+b-c)(a-b+c)(-a+b+c)$$

评注 这个证明技巧非常好,由此可以演绎出许多问题.

第 6 章

142

二、问题的演变

读者若再对命题做以适当的变形，还可得如下的两个结果：

问题 2（问题 1 的等价形式）　设 a,b,c 是三角形的三边长，则有

$$a(a-b)(a-c)+b(b-a)(b-c)+c(c-a)(c-b) \geqslant 0$$

问题 3（问题 1 的等价形式）　设 a,b,c 是三角形的三边长，则有

$$a^3+b^3+c^3+3abc \geqslant a^2(b+c)+b^2(c+a)+c^2(a+b)$$

问题 4　对任意 $x,y,z \in \mathbf{R}^*$，都有

$$xyz \geqslant (x+y-z)(x-y+z)(-x+y+z) \tag{1}$$

题目解说　本题为一个新题（相对于问题 1 而言）.

渊源探索　本题为问题 1 和问题 2 的变量本质的进一步探索结果，也是上述两个问题的推广.

方法透析　可以参考问题 1 的证明过程去思考，也可以分类讨论看看，还可以考虑对三个变量进行排序.

下面给出几个饶有趣味的证明.

证明 1　令 $u=x-y+z, v=-x+y+z, w=x+y-z$，则因为这三个数中的任意两个数之和都是正数，所以它们中间最多只有一个负数，这时式（1）成立，当三个都是正数时，表明三个数可以作为一个三角形的三边，同上面的证明.

证明 2　由欲证结论中结构的对称性可设 $x \geqslant y \geqslant z > 0$，于是存在非负实数 a,b，使得

$$x=z+a, y=z+b$$

那么

$$
\begin{aligned}
& xyz-(x+y-z)(x-y+z)(-x+y+z) \\
=& (z+a)(z+b)z-(z+a+b)(z+a-b)(z-a+b) \\
=& zab+z(a-b)^2+(a+b)(a-b)^2 \\
=& zab+(a-b)^2(z+a+b) \geqslant 0
\end{aligned}
$$

到此结论获得证明.

证明 3　由欲证结论中结构的对称性可设 $x \geqslant y \geqslant z > 0$，则：

（1）若 $y+z-x < 0$，原不等式显然成立.

（2）若 $y+z-x > 0$，则 $x-y+z > 0, x+y-z > 0$，于是，由二元均值不等式知

$$(x+y-z)(x-y+z) \leqslant \frac{1}{2}(x+y-z+x-y+z)^2 = x^2$$

$$(x - y + z)(-x + y + z) \leqslant \frac{1}{2}(x - y + z - x + y + z)^2 = z^2$$

$$(-x + y + z)(x + y - z) \leqslant \frac{1}{2}(-x + y + z + x + y - z)^2 = y^2$$

这三个不等式相乘即得结论.

评注 以上几个证明各具特色,值得细细体会.

问题 5(问题 3 的等价形式,本结论也称为舒尔不等式) 对任意 $x, y, z \in$ $\mathbf{R}^*$,都有

$$x^3 + y^3 + z^3 + 3xyz \geqslant x^2(y + z) + y^2(z + x) + z^2(x + y)$$

问题 6(问题 3 的等价形式) 对任意 $x, y, z \in \mathbf{R}^*$,都有

$$(x + y + z)^3 - 4(x + y + z)(xy + yz + zx) + 9xyz \geqslant 0$$

评注 上述问题 5 和问题 6 的结论需要掌握,在解决竞赛题时很有用.

推论 (2004 年南昌市竞赛题)设 $x, y, z \in \mathbf{R}^*$,$x + y + z = 1$,求证

$$\sum x^2 + 9xyz \geqslant 2(xy + yz + zx)$$

证明 由条件以及问题 6 得

$$\left(\sum x\right)^3 - 4\left(\sum x\right)\left(\sum xy\right) + 9xyz \geqslant 0$$

$$\Leftrightarrow \left(\sum x\right)^2 + 9xyz \geqslant 4\left(\sum xy\right)$$

$$\Leftrightarrow \sum x^2 + 9xyz \geqslant 2\sum xy$$

问题 7 设 a, b, c 是三角形的三边长,求证

$$a + b + c \geqslant \sqrt{a^2 - b^2 + c^2} + \sqrt{a^2 + b^2 - c^2} + \sqrt{-a^2 + b^2 + c^2}$$

$$\Leftrightarrow \sqrt{\cot A} + \sqrt{\cot B} + \sqrt{\cot C} \leqslant \sqrt{\cot \frac{A}{2} + \cot \frac{B}{2} + \cot \frac{C}{2}}$$

题目解说 本题为一个新题.

渊源探索 本题为问题 1 的深入和继续(问题 1 证明方法的延伸问题).

方法透析 回头分析思考问题 1 的证明过程.

证明 1 由

$$a^4 \geqslant a^4 - (b^2 - c^2)^2 = (a^2 - b^2 + c^2)(a^2 + b^2 - c^2)$$

$$\Rightarrow a^2 \geqslant \sqrt{a^2 - b^2 + c^2} \cdot \sqrt{a^2 + b^2 - c^2}$$

$$\Leftrightarrow 2a \geqslant \sqrt{a^2 - b^2 + c^2} + \sqrt{a^2 + b^2 - c^2}$$

同理可得另外两个式子,三个式子相加得到

$$a + b + c \geqslant \sqrt{a^2 - b^2 + c^2} + \sqrt{a^2 + b^2 - c^2} + \sqrt{-a^2 + b^2 + c^2}$$

144

联想到余弦定理,此式还可以变形为

$$\sqrt{\cot A} + \sqrt{\cot B} + \sqrt{\cot C} \leqslant \sqrt{\cot \frac{A}{2} + \cot \frac{B}{2} + \cot \frac{C}{2}}$$

若要证明此结论,则需要还原上述过程,就不是太简单了,请看以下证明.

证明 2 由余弦定理 $a^2 = b^2 + c^2 - 2bc\cos A = b^2 + c^2 - 4\triangle\cot A$($\triangle$ 为 $\triangle ABC$ 的面积)等,知

$$原不等式左边 = \sqrt{\frac{b^2 + c^2 - a^2}{4\triangle}} + \sqrt{\frac{c^2 + a^2 - b^2}{4\triangle}} + \sqrt{\frac{a^2 + b^2 - c^2}{4\triangle}}$$

设 $\triangle ABC$ 的内切圆半径为 r,则

$$\cot \frac{A}{2} + \cot \frac{B}{2} + \cot \frac{C}{2} = \frac{a + b + c}{2r}$$

再考虑到

$$\triangle = \frac{r(a + b + c)}{2}$$

所以,原不等式等价于

$$\sqrt{b^2 + c^2 - a^2} + \sqrt{c^2 + a^2 - b^2} + \sqrt{a^2 + b^2 - c^2} \leqslant a + b + c \qquad (1)$$

但是

$$\sqrt{b^2 + c^2 - a^2} + \sqrt{c^2 + a^2 - b^2} \leqslant 2c \qquad (2)$$

事实上,式(2)进一步等价于

$$\sqrt{b^2 + c^2 - a^2} \cdot \sqrt{c^2 + a^2 - b^2} \leqslant c^2$$
$$\Leftrightarrow c^4 \geqslant c^4 - (a - b)^4$$

这是显然的结论,即式(2)成立.

类似的,还可得

$$\sqrt{c^2 + a^2 - b^2} + \sqrt{a^2 + b^2 - c^2} \leqslant 2a \qquad (3)$$

$$\sqrt{a^2 + b^2 - c^2} + \sqrt{b^2 + c^2 - a^2} \leqslant 2b \qquad (4)$$

(2)+(3)+(4)便得(1),从而原不等式获证.

问题 8(问题 1 证明方法的延伸,即简单问题) 设 a, b, c 是三角形的三边长,求证

$$a^2 b^2 c^2 \geqslant (a^2 - b^2 + c^2)(a^2 + b^2 - c^2)(-a^2 + b^2 + c^2)$$

问题 9 对任意正数 a, b, c,有

$$2\left[\sum a(b^2 + c^2)\right] \geqslant \sum a^3 + 9abc > abc$$

证明 在不等式

$$xyz \geqslant (-x+y+z)(x-y+z)(x+y-z) \quad (x,y,z \in \mathbf{R}^*)$$

中,作代换

$$x = -a+b+c, y = a-b+c, z = a+b-c$$

展开即得左半边.

这可以看作是问题 3 结论的再思考,这也是数学竞赛命题的常用方法,需要读者仔细领悟.

评注 上边两个问题是对问题 1 类比以及代换构造出来的,说明代换与类比思考的重要性.

问题 10 在 $\triangle ABC$ 中,$a+b+c=1$,求证

$$4(ab+bc+ca) \leqslant 1+9abc$$

题目解说 本题为一道新题.

渊源探索 对已有问题再附加一些条件看看能够得到什么结论,这是命题的一种方法.

方法透析 从题目结构可以看出,不等式两边指数不同,设法将指数凑成齐次,利用问题 1(或者等价形式)的结论.

证明
$$4(ab+bc+ca) \leqslant 1+9abc$$
$$\Leftrightarrow 4(ab+bc+ca)(a+b+c) \leqslant (a+b+c)^3 + 9abc$$
$$\Leftrightarrow \sum a^3 + 3abc \geqslant ab(a+b) + bc(b+c) + ca(c+a)$$
$$\Leftrightarrow abc \geqslant (-a+b+c)(a-b+c)(a+b-c)$$

这是熟知的结论.

评注 这是对已有结论再附加一些条件进行再变形的手法,使原有的结论形式变得离问题 1 的形式越来越远,让做题人一时不好下手,需要还原问题 1 的做题方法.

问题 11 设 $x,y,z \geqslant 0$,$x+y+z=1$,求证

$$0 \leqslant xy+yz+zx-2xyz \leqslant \frac{7}{27}$$

题目解说 本题为 25 届 IMO 中的一道题.

渊源探索 本题也许就是从问题 1 的等价形式改编而来的.

方法透析 问题的左边容易证明,右边可以看成是凑齐次后的问题 1 的等价形式或者运用的结果.

证明 由条件可知 $x,y,z \geqslant 0$,$x+y+z=1$,则 $x,y,z \in [0,1]$,所以,根据三元均值不等式知

$$xy + yz + zx - 2xyz = (xy + yz + zx)(x + y + z) - 2xyz$$
$$\geqslant 9xyz - 2xyz = 7xyz \geqslant 0$$

不等式左边获得证明.

下面证明不等式右边,注意到 $x + y + z = 1$,于是

$$xy + yz + zx - 2xyz = \frac{(xy + yz + zx)(x + y + z) - 2xyz}{(x + y + z)^3}$$

$$= \frac{xyz + \sum x(y^2 + z^2)}{\sum x^3 + 6xyz + 3\sum x(y^2 + z^2)}$$

$$= \frac{1}{3 + \dfrac{\sum x^3 + 3xyz}{xyz + \sum x(y^2 + z^2)}}$$

$$\leqslant \frac{1}{3 + \dfrac{\sum x(y^2 + z^2)}{xyz + \sum x(y^2 + z^2)}}$$

$$= \frac{1}{3 + \dfrac{1}{1 + \dfrac{xyz}{\sum x(y^2 + z^2)}}}$$

$$\leqslant \frac{1}{3 + \dfrac{1}{1 + \dfrac{xyz}{6xyz}}}$$

$$= \frac{7}{27}$$

不等式放缩中用到了前面的问题

$$5\sum x^3 + 3xyz \geqslant \sum x(y^2 + z^2)$$

和

$$\sum x(y^2 + z^2) \geqslant 6xyz$$

即原不等式获得证明,等号成立的条件为 $x = y = z = \dfrac{1}{3}$.

这个证明运用了凑齐次(也叫作齐次化)的技巧,使得证明如行云流水般通畅!尽管这个证明可能不是最简单的证明方法,但更具有趣味性.

问题 12 在 $\triangle ABC$ 中,$a + b + c = 1$,求多元函数

$$u = a^2 + b^2 + c^2 + 4abc$$

147

的值域.

题目解说　本题是一个广为流传的题目.

渊源探索　对问题 10 的延伸思考.

方法透析　上面问题 11 用凑齐次方法解决了,看看本题是否可用.

解　由舒尔不等式及问题 9 得

$$\sum a^3 + 3abc \geqslant \sum a(b^2 + c^2) \tag{1}$$

$$2\sum a(b^2 + c^2) \geqslant \sum a^3 + 9abc > \sum a^3 + abc \tag{2}$$

$$u = a^2 + b^2 + c^2 + 4abc$$

$$= \frac{(a^2 + b^2 + c^2)(a + b + c) + 4abc}{(a + b + c)^3}$$

$$= \frac{\sum a^3 + 4abc + \sum a(b^2 + c^2)}{\sum a^3 + 6abc + 3\sum a(b^2 + c^2)}$$

$$= \frac{1}{1 + \dfrac{2\left[abc + \sum a(b^2 + c^2)\right]}{\sum a^3 + 4abc + \sum a(b^2 + c^2)}}$$

$$= \frac{1}{1 + \dfrac{2}{1 + \dfrac{\sum a^3 + 3abc}{abc + \sum a(b^2 + c^2)}}}$$

$$\geqslant \frac{1}{1 + \dfrac{2}{1 + \dfrac{\sum a(b^2 + c^2)}{abc + \sum a(b^2 + c^2)}}}$$

$$= \frac{1}{1 + \dfrac{2}{1 + \dfrac{1}{1 + \dfrac{abc}{\sum a(b^2 + c^2)}}}}$$

$$\geqslant \frac{1}{1 + \dfrac{2}{1 + \dfrac{1}{1 + \dfrac{1}{6}}}}$$

$$= \frac{13}{27}$$

148

这里注意式(1)以及 $\sum a(b^2+c^2) \geqslant 6abc$. 由上述两处等号成立的条件为 $a=b=c$, 即 $u_{\min}=\dfrac{13}{27}$, 故等号成立的条件为 $a=b=c=\dfrac{1}{3}$.

另外, 因 $2\sum a(b^2+c^2) \geqslant \sum a^3+9abc$(问题9), 故

$$u=a^2+b^2+c^2+4abc$$

$$=\frac{(a^2+b^2+c^2)(a+b+c)+4abc}{(a+b+c)^3}$$

$$=\frac{\sum a^3+4abc+\sum a(b^2+c^2)}{\sum a^3+6abc+3\sum a(b^2+c^2)}$$

$$=\cfrac{1}{1+\cfrac{2[abc+\sum a(b^2+c^2)]}{\sum a^3+4abc+\sum a(b^2+c^2)}}$$

$$=\cfrac{1}{1+\cfrac{2}{1+\cfrac{\sum a^3+3abc}{abc+\sum a(b^2+c^2)}}}$$

$$<\cfrac{1}{1+\cfrac{2}{1+\cfrac{\sum a^3+3abc}{abc+\frac{1}{2}[\sum a^3+abc]}}}$$

$$=\cfrac{1}{1+\cfrac{2}{1+2}}$$

$$=\frac{3}{5}$$

注意, 最后一步不等式变形用到了问题6, 从而 $\dfrac{13}{27} \leqslant u < \dfrac{3}{5}$.

评注 解1是利用凑齐次和前面介绍的结论得以解决, 可见通常掌握一些已知结论对提高解题速度很有益.

问题 13 设 $\triangle ABC$ 的三边长分别为 a, b, c, 且 $a+b+c=3$, 求

$$f(a,b,c)=a^2+b^2+c^2+\frac{4}{3}abc$$

的最小值.

题目解说 2008 年第 3 届中国北方数学竞赛中的一道题.

149

渊源探索   本题明显是问题 10 和问题 11 的简单变形.

方法透析   前面的凑齐次方法仍然有效.

解   尽管本题已有人在文献[1]中给出了一些方法,但是下面的凑齐次的方法也很有趣. 注意到问题 2 和问题 9 的变形

$$2\sum a(b^2+c^2) \geqslant \sum a^3 + 9abc > \sum a^3 + abc$$

可知

$$f(a,b,c) = a^2 + b^2 + c^2 + 4abc$$

$$= \frac{(a^2+b^2+c^2)\left(\dfrac{a+b+c}{3}\right) + \dfrac{4}{3}abc}{\left(\dfrac{a+b+c}{3}\right)^3}$$

$$= 9 \cdot \frac{\sum a^3 + 4abc + \sum a(b^2+c^2)}{\sum a^3 + 6abc + 3\sum a(b^2+c^2)}$$

$$= 9 \cdot \cfrac{1}{1 + \cfrac{2[abc + \sum a(b^2+c^2)]}{\sum a^3 + 4abc + \sum a(b^2+c^2)}}$$

$$= 9 \cdot \cfrac{1}{1 + \cfrac{2}{1 + \cfrac{\sum a^3 + 3abc}{abc + \sum a(b^2+c^2)}}}$$

$$\geqslant 9 \cdot \cfrac{1}{1 + \cfrac{2}{1 + \cfrac{\sum a(b^2+c^2)}{abc + \sum a(b^2+c^2)}}}$$

$$= 9 \cdot \cfrac{1}{1 + \cfrac{2}{1 + \cfrac{1}{1 + \cfrac{abc}{\sum a(b^2+c^2)}}}}$$

$$\geqslant 9 \cdot \cfrac{1}{1 + \cfrac{2}{1 + \cfrac{1}{1 + \cfrac{1}{6}}}}$$

$$= \frac{13}{3}$$

这里注意 $\sum a(b^2+c^2) \geqslant 6abc$. 由上述两处等号成立的条件为 $a=b=c$, 即 $u_{\min}=\dfrac{13}{3}$, 故等号成立的条件为 $a=b=c=1$.

再看一个凑齐次的例子.

问题 14　在 $\triangle ABC$ 中, $a+b+c=1$, 求证

$$u=a^2+b^2+c^2+2\sqrt{3abc} \leqslant 1$$

题目解说　本题为一个新题.

渊源探索　本题仍然是问题 10 和问题 11 的再变形.

方法透析　继续齐次化.

证明　原不等式等价于

$$a^2+b^2+c^2+2\sqrt{3abc(a+b+c)} \leqslant (a+b+c)^2$$
$$\Leftrightarrow ab+bc+ca \geqslant \sqrt{3abc(a+b+c)}$$
$$\Leftrightarrow (ab+bc+ca)^2 \geqslant 3abc(a+b+c)$$

于是, 可编一题: (14 届希望杯高二第二大题) 设 $x,y,z \in \mathbf{R}^*$, $x+y+z=1$, 求使得 $x^2+y^2+z^2+\lambda\sqrt{xyz} \leqslant 1$ 恒成立的 λ 的最大值.

问题 15　已知 $a,b,c \in \mathbf{R}^*$, $a+b+c=3$, 求证

$$abc+\frac{12}{ab+bc+ca} \geqslant 15$$

题目解说　本题为奥数之家论坛上的一道题, 但是原证明较为复杂, 这里给出一个简单的证明.

方法透析　看到题目结构中有 abc, 会想到什么? 问题 1 中有这个式子, 有用吗?

证明　由问题 1 知

$$abc \geqslant (a+b-c)(a-b+c)(-a+b+c)$$

同时再注意到条件, 可得

$$abc \geqslant \frac{4}{3}(ab+bc+ca)-3$$

$$abc+\frac{12}{ab+bc+ca} \geqslant \frac{4}{3}(ab+bc+ca)+\frac{12}{ab+bc+ca}-3$$
$$\geqslant 8-3=5$$

到此结论获得证明.

评注　这个证明过程是先将能缩小的先缩小, 然后再进行剩余的运算.

问题 16　设 $a,b,c \geqslant 0$, 求证

$$\frac{a}{b+c}+\frac{b}{c+a}+\frac{c}{a+b}+\frac{3\sqrt[3]{abc}}{2(a+b+c)}\geqslant 2$$

题目解说　本题来自"奥数之家 —— 不等式栏目"论坛.

方法透析　本题看起来比较可怕,看不出来运用什么方法,看看前面及各分式的差异,预计需要将前面三个凑成后面的样子,可以试试运用柯西不等式.

证明　由柯西不等式知

$$\frac{a}{b+c}+\frac{b}{c+a}+\frac{c}{a+b}=\frac{a^2}{a(b+c)}+\frac{b^2}{b(c+a)}+\frac{c^2}{c(a+b)}$$
$$\geqslant\frac{(a+b+c)^2}{a(b+c)+b(c+a)+c(a+b)}$$
$$=\frac{(a+b+c)^2}{2(ab+bc+ca)}$$

且

$$3\sqrt[3]{(abc)^2}\leqslant ab+bc+ca$$

于是,要证明原不等式,只需证明

$$\frac{(a+b+c)^2}{2(ab+bc+ca)}+\frac{9abc}{2(a+b+c)(ab+bc+ca)}\geqslant 2$$

去分母展开知,上式等价于问题 3,即

$$a^3+b^3+c^3+3abc\geqslant a^2(b+c)+b^2(c+a)+c^2(a+b)$$

从而结论获得证明.

评注　本题的证明比较曲折迂回,但是前面介绍的舒尔不等式在此发挥了一定作用,可见掌握一些熟知的不等式是多么有用.

问题 17　(2006 年匈牙利 — 以色列竞赛题)设 $x,y,z\geqslant 0,x+y+z=1$,求 $S=x^2(y+z)+y^2(z+x)+z^2(x+y)$ 的最大值.

题目解说　本题为 2006 年匈牙利 — 以色列竞赛中的一道题.

渊源探索　本题明显为舒尔不等式的直接应用.

方法透析　直接运用舒尔不等式.

解　注意到

$$(x+y+z)^3=\sum x^3+6xyz+3\sum x(y^2+z^2)$$

所以

$$S=x^2(y+z)+y^2(z+x)+z^2(x+y)$$
$$=\sum x(y^2+z^2)=\frac{\sum x(y^2+z^2)}{\left(\sum x\right)^3}$$

152

$$= \frac{\sum x(y^2 + z^2)}{\sum x^3 + 6xyz + 3\sum x(y^2 + z^2)}$$

$$= \frac{1}{3 + \dfrac{\sum x^3 + 3xyz}{\sum x(y^2 + z^2)}}$$

$$\leqslant \frac{1}{3 + \dfrac{\sum x(y^2 + z^2)}{\sum x(y^2 + z^2)}}$$

$$= \frac{1}{4}$$

评注　这里的证明要比《数学通讯》2013 年第 1 期(下半月)P64 给出的解答简洁多了,但是在这里我们运用了

$$(x + y + z)^3 = \sum x^3 + 6xyz + 3\sum x(y^2 + z^2)$$

表明类似于此式的一些恒等式也要掌握.

问题 18　设 $x, y, z \geqslant 0, x + y + z = 1$,求证

$$5\sum x^2 + 18xyz \geqslant \frac{7}{3}$$

题目解说　本题为《数学通讯》2013 年第 1 期(下半月)P65 例 2.

渊源探索　本题明显为舒尔不等式的简单变形.

方法透析　直接运用舒尔不等式.

解　注意到

$$(x + y + z)^3 = \sum x^3 + 6xyz + 3\sum x(y^2 + z^2)$$

$$\geqslant 5\sum x^3 + 18xyz = \frac{5\sum x^2\left(\sum x\right) + 18xyz}{\left(\sum x\right)^3}$$

$$= \frac{5\sum x^3 + 5\sum x(y^2 + z^2) + 18xyz}{\sum x^3 + 6xyz + 3\sum x(y^2 + z^2)}$$

$$= 1 + 2 \cdot \frac{\left(\sum x^3 + 3xyz\right) + \left(\sum x^2 + 3xyz\right) + \sum x(y^2 + z^2)}{\sum x^3 + 6xyz + 3\sum x(y^2 + z^2)}$$

$$\geqslant 1 + 2 \cdot \frac{\sum x^3 + 3xyz + 2\sum x(y^2 + z^2)}{\sum x^3 + 6xyz + 3\sum x(y^2 + z^2)}$$

$$= 1 + 2 \cdot \cfrac{1}{1 + \cfrac{3xyz + \sum x(y^2 + z^2)}{\sum x^3 + 3xyz + 2\sum x(y^2 + z^2)}}$$

$$\geqslant 1 + 2 \cdot \cfrac{1}{1 + \cfrac{3xyz + \sum x(y^2 + z^2)}{\sum x(y^2 + z^2) + 2\sum x(y^2 + z^2)}}$$

$$= 1 + 2 \cdot \cfrac{1}{1 + \cfrac{1}{3} + \cfrac{xyz}{\sum x(y^2 + z^2)}}$$

$$\geqslant 1 + 2 \cdot \cfrac{1}{1 + \cfrac{1}{3} + \cfrac{1}{6}}$$

$$= \frac{7}{3}$$

所以

$$5\sum x^2 + 18xyz \geqslant \frac{7}{3}$$

评注　本题的解答多次用到 $\sum x^3 + xyz \geqslant \sum x(y^2 + z^2)$,特别一提的是,对上述分式的分子中有两个 $\sum x^3 + xyz$,不是一次缩小,而是分拆成两个,这是一个重要技巧.

纵观以上几个问题的结论可以看出,许多竞赛问题都是一些常见结论的变形或者深化,或者是更上一层楼的,或者是结论与方法再次联姻的结果,故可称此类方法为问题 1 及其证明方法的延伸问题,当然这里提供的仅仅是一个方面的引申,仅是引玉之砖,还有更多方面的引申,感兴趣的读者可以再行探索.

参考文献

[1] 刘会丰. 一道奥赛问题的几种基本解法[J]. 数学通讯,2008(13):48.

§2　1988 年全国高中数学联赛不等式的几个证明

一、问题及其解法

问题　已知 $a, b \in \mathbf{R}^*, \dfrac{1}{a} + \dfrac{1}{b} = 1$,则对 $n \in \mathbf{N}^*$,有

$$(a+b)^n - a^n - b^n \geqslant 2^{2n} - 2^{n+1}$$

题目解说　本题为 1988 年全国高中数学联赛中的一道题.

证明 1　用数学归纳法.

(1) 当 $n=1$ 时,显然命题成立;

(2) 假设当 $n=k(k \geqslant 1, k \in \mathbf{N}^*)$ 时命题成立,即有

$$(a+b)^k - a^k - b^k \geqslant 2^{2k} - 2^{k+1}$$

于是,当 $n=k+1$ 时,注意归纳假设以及

$$ab = a+b \geqslant 2\sqrt{ab} \Rightarrow \sqrt{ab} \geqslant 2$$

$$1 = \frac{1}{a} + \frac{1}{b} \geqslant \frac{4}{a+b} \Rightarrow a+b \geqslant 4$$

$$a^k b + a b^k \geqslant 2\sqrt{a^k b \cdot a b^k} = 2(\sqrt{ab})^{k+1} \geqslant 2^{k+2}$$

所以

$$(a+b)^{k+1} - a^{k+1} - b^{k+1}$$
$$= (a+b)\big[(a+b)^k - a^k - b^k\big] + a^k b + a b^k$$
$$\geqslant 4(2^{2k} - 2^{k+1}) + 2^{k+2}$$
$$= 2^{2k+2} - 2^{k+2} = 2^{2(k+1)} - 2^{(k+1)+1}$$

因此由数学归纳法原理知命题对任意正数都成立.

评注　本题的数学归纳法证明属于一个自然的证明方法,因为本题是关于自然数的命题,所以本题的证明属于回归自然的方法,这是从题目所涉及的变量取值情况考虑的结果,那么,如果从题目的类型看,本题属于不等式范畴,是否有纯粹不等式方向上的证明呢?

二、其他解法探讨

证明 2　由条件可设 $a = 1+x, b = 1+\frac{1}{x}(x > 0)$,于是

$$(a+b)^n - a^n - b^n$$
$$= (a^n - 1)(b^n - 1) - 1$$
$$= \big[(1+x)^n - 1\big]\Big[\Big(1+\frac{1}{x}\Big)^n - 1\Big] - 1$$
$$= (\mathrm{C}_n^1 x + \mathrm{C}_n^2 x^2 + \cdots + \mathrm{C}_n^n x^n)(\mathrm{C}_n^1 x^{-1} + \mathrm{C}_n^2 x^{-2} + \cdots + \mathrm{C}_n^n x^{-n}) - 1$$
$$\geqslant (\mathrm{C}_n^1 + \mathrm{C}_n^2 + \cdots + \mathrm{C}_n^n)^2 - 1$$
$$= 2^{2n} - 2^{n+1}$$

到此本题获得证明.

评注　这个证明是一个地地道道的不等式证明方法,但是由于题目涉及

自然数，因此还是运用了有关自然数的知识——二项式定理，即这个证明用到了二项式定理和柯西不等式，值得一提的是，这个证明还运用了一个重要技巧——配对法，再利用组合数性质最终解决了本题的证明.

证明 3 利用二元均值不等式、二项式定理、倒加法，得

$$(a+b)^n - a^n - b^n$$
$$= C_n^1 a^{n-1} b + C_n^2 a^{n-2} b^2 + \cdots + C_n^{n-1} ab^{n-1}$$
$$= \frac{1}{2} \big[C_n^1 a^{n-1} b + C_n^2 a^{n-2} b^2 + \cdots + C_n^{n-1} ab^{n-1} +$$
$$C_n^1 a^{n-1} b + C_n^2 a^{n-2} b^2 + \cdots + C_n^{n-1} ab^{n-1} \big]$$
$$= \frac{1}{2} \big[(C_n^1 a^{n-1} b + C_n^{n-1} ab^{n-1}) + (C_n^2 a^{n-2} b^2 + C_n^{n-2} a^2 b^{n-2}) + \cdots +$$
$$(C_n^{n-1} ab^{n-1} + C_n^1 a^{n-1} b) \big]$$
$$= \frac{1}{2} \big[(C_n^1 a^{n-1} b + C_n^1 ab^{n-1}) + (C_n^2 a^{n-2} b^2 + C_n^2 a^2 b^{n-2}) + \cdots +$$
$$(C_n^{n-1} ab^{n-1} + C_n^{n-1} a^{n-1} b) \big]$$
$$\geqslant (C_n^1 + C_n^2 + \cdots + C_n^{n-1})(ab)^{\frac{n}{2}}$$
$$\geqslant (2^n - 2) \cdot 2^n = 2^{2n} - 2^{n+1}$$

注意 $ab \geqslant 4$.

到此结论获得证明.

评注 这个证明的优点在于不仅运用了二项式定理，还运用了配对法、二元均值不等式的知识，运用得恰到好处.

证明 4 运用柯西不等式.

注意到

$$\frac{1}{a} + \frac{1}{b} = 1 \Rightarrow ab \geqslant 4, a+b = ab, (a-1)(b-1) = 1$$

所以

$$(a+b)^n - a^n - b^n$$
$$= (a^n - 1)(b^n - 1) - 1$$
$$= (a-1)(b-1)(a^{n-1} + a^{n-2} + \cdots + a + 1) \cdot$$
$$(b^{n-1} + b^{n-2} + \cdots + b + 1) - 1$$
$$\geqslant \big[(ab)^{\frac{n-1}{2}} + (ab)^{\frac{n-2}{2}} + \cdots + (ab)^{\frac{1}{2}} + 1 \big]^2 - 1$$
$$\geqslant (2^{n-1} + 2^{n-2} + \cdots + 2 + 1)^2 - 1$$
$$= 2^{2n} - 2^{n+1}$$

到此结论获得证明.

评注   这个证明是先对已知条件进行有效变形,获得可运用的等式条件,然后对目标不等式进行多项式因式分解.利用多项式展开配合运用柯西不等式和二元均值不等式完成本题的证明.

证明 5   三角代换.

令 $a = \sec^2\alpha, b = \csc^2\alpha (\alpha \in \left(0, \dfrac{\pi}{2}\right))$,且知 $a + b = ab$,则

$$
\begin{aligned}
(a+b)^n - a^n - b^n &= (ab)^n - a^n - b^n \\
&= (a^n - 1)(b^n - 1) - 1 \\
&= [(\sec^2\alpha)^n - 1][(\csc^2\alpha)^n - 1] - 1 \\
&= [(1 + \tan^2\alpha)^n - 1][(1 + \cot^2\alpha)^n - 1] - 1 \\
&= [\tan^{2n}\alpha + C_n^1\tan^{2(n-1)}\alpha + \cdots + C_n^{n-1}\tan^2\alpha] \\
&\quad = [\cot^{2n}\alpha + C_n^1\cot^{2(n-1)}\alpha + \cdots + C_n^{n-1}\cot^2\alpha] - 1 \\
&\geqslant (1 + 2 + \cdots + 2^{n-2} + 2^{n-1})^2 - 1 \\
&= 2^{2n} - 2^{n+1}
\end{aligned}
$$

评注   注意到两个数之和为 1,于是联想到三角式里面正、余弦平方和的代换,这是一种常用的解题方法,希望读者慢慢领悟.

综上所述,本题给出了多年前的一道竞赛题目的多个证明,这些珍贵的证明方法来自于多种刊物,因笔者暂时记不清作者的尊姓大名,故在此一并致谢致歉.

最后,笔者要说明一下,本题还可以推广到多个变量,留给大家练习吧.

§3   32 届 IMO 几何不等式的联想发现

(本节发表于《中学数学教学参考》1998(6):41-42)

一、题目与解答

问题 1   设 $\triangle ABC$ 的内心 I,联结 AI, BI, CI 分别交 $\triangle ABC$ 的边 BC, CA,AB 于 D, E, F,求证

$$
\frac{1}{4} < \frac{AI}{AD} \cdot \frac{BI}{BE} \cdot \frac{CI}{CF} \leqslant \frac{8}{27}
$$

题目解说   本题为 32 届 IMO 第 1 题.这里先给出几个证明.

证明 1   如图 1 所示,记 $\triangle ABC, \triangle IBC, \triangle ICA, \triangle IAB$ 的面积分别为 $\triangle$,$\triangle_1, \triangle_2, \triangle_3$,则

$$\frac{ID}{AD} = \frac{\triangle_1}{\triangle} \Rightarrow \frac{AD}{AI} = \frac{\triangle}{\triangle - \triangle_1}$$

$$\frac{IE}{BE} = \frac{\triangle_2}{\triangle} \Rightarrow \frac{BE}{BI} = \frac{\triangle}{\triangle - \triangle_2}$$

$$\frac{IF}{CF} = \frac{\triangle_3}{\triangle} \Rightarrow \frac{CF}{CI} = \frac{\triangle}{\triangle - \triangle_3}$$

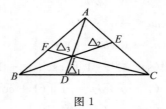

图 1

于是

$$\frac{AI}{AD} + \frac{BI}{BE} + \frac{CI}{CF} = 2$$

对此式运用三元均值不等式可得欲证不等式右半边.

再证明原不等式左半边.

由三角形内角平分线的性质得

$$\frac{AI}{ID} = \frac{AB}{BD} = \frac{AC}{CD} = \frac{b+c}{a}$$

$$\frac{AI}{AD} = \frac{b+c}{a+b+c}$$

同理有

$$\frac{BI}{BE} = \frac{a+c}{a+b+c}, \frac{CI}{CF} = \frac{a+b}{a+b+c}$$

于是,左半边不等式等价于

$$\frac{(a+b)(b+c)(a+c)}{(a+b+c)^3} > \frac{1}{4}$$

即

$$4(a+b)(b+c)(a+c) > (a+b+c)^3$$

事实上

$$4(a+b)(b+c)(a+c) - (a+b+c)^3$$
$$= 4[a^2(b+c) + b^2(c+a) + c^2(a+b)] -$$
$$\left[\sum a^3 + 3\sum a^2(b+c) + 6abc\right]$$
$$= a^2(b+c-a) + b^2(a-b+c) + c^2(a+b-c) + 2abc > 0$$

所以,原不等式获得证明.

证明 2 只要证明左半边不等式,利用增量法.

由上面的证明知

$$\frac{AI}{AD} = \frac{b+c}{a+b+c} > \frac{1}{2}$$

$$\frac{BI}{BE} = \frac{c+a}{a+b+c} > \frac{1}{2}$$

$$\frac{CI}{CF} = \frac{a+b}{a+b+c} > \frac{1}{2}$$

于是,可设

$$\frac{b+c}{a+b+c} = \frac{1}{2} + x$$

$$\frac{c+a}{a+b+c} = \frac{1}{2} + y$$

$$\frac{a+b}{a+b+c} = \frac{1}{2} + z$$

但是

$$2 = \frac{b+c}{a+b+c} + \frac{c+a}{a+b+c} + \frac{a+b}{a+b+c}$$

$$= \frac{1}{2} + x + \frac{1}{2} + y + \frac{1}{2} + z$$

这时,$x, y, z > 0$,于是 $x + y + z = \frac{1}{2}$,所以

$$\frac{b+c}{a+b+c} \cdot \frac{c+a}{a+b+c} \cdot \frac{a+b}{a+b+c}$$

$$= \left(\frac{1}{2} + x\right)\left(\frac{1}{2} + y\right)\left(\frac{1}{2} + z\right)$$

$$> \frac{1}{8} + \frac{1}{4}(x + y + z)$$

$$= \frac{1}{4}$$

二、结论的引申

引申 1 设 $\triangle ABC$ 的内心 I,联结 AI, BI, CI 分别交 $\triangle ABC$ 的边 BC, CA, AB 于 D, E, F(图 1),求证

$$\frac{5}{4} < \frac{AI}{AD} \cdot \frac{BI}{BE} + \frac{BI}{BE} \cdot \frac{CI}{CF} + \frac{AI}{AD} \cdot \frac{CI}{CF} \leqslant \frac{4}{3}$$

题目解说 本题为一个新题.

渊源探索 本题为问题 1 的类比联想产生的结果.

方法透析　仔细分析问题 1 的解答过程,看看对本题的证明有无启示!

证明 1　由上面的证明可知,只要证明

$$\frac{5}{4} < \frac{1}{(a+b+c)^2}\left[(a+b)(b+c) + (b+c)(c+a) + (c+a)(a+b)\right] \leqslant \frac{4}{3}$$

即

$$\frac{5}{4} < \frac{1}{(a+b+c)^2}\left[a^2 + b^2 + c^2 + 3ab + 3bc + 3ca\right] \leqslant \frac{4}{3}$$

也即

$$\frac{1}{4} < \frac{ab + bc + ca}{(a+b+c)^2} \leqslant \frac{1}{3}$$

$$3(ab + bc + ca) \leqslant (a+b+c)^2 < 4(ab + bc + ca)$$

$$ab + bc + ca \leqslant a^2 + b^2 + c^2 < 2(ab + bc + ca)$$

这是熟悉的不等式. 到此本题全部证毕.

证明 2　事实上,由上面的证明可知

$$\frac{AI}{AD} = \frac{b+c}{a+b+c} > \frac{1}{2}$$

$$\frac{BI}{BE} = \frac{c+a}{a+b+c} > \frac{1}{2}$$

$$\frac{CI}{CF} = \frac{a+b}{a+b+c} > \frac{1}{2}$$

于是,可设

$$\frac{b+c}{a+b+c} = \frac{1}{2} + x$$

$$\frac{c+a}{a+b+c} = \frac{1}{2} + y$$

$$\frac{a+b}{a+b+c} = \frac{1}{2} + z$$

但是

$$2 = \frac{b+c}{a+b+c} + \frac{c+a}{a+b+c} + \frac{a+b}{a+b+c}$$

$$= \frac{1}{2} + x + \frac{1}{2} + y + \frac{1}{2} + z$$

这时,$x, y, z > 0$,于是 $x + y + z = \frac{1}{2}$,所以

$$\sum \frac{AI}{AD} \cdot \frac{BI}{BE} = \sum \left(\frac{1}{2} + x\right)\left(\frac{1}{2} + y\right)$$

$$= \sum \left[\frac{1}{4} + \frac{1}{2}(x+y) + xy \right]$$

$$= \frac{3}{4} + \frac{1}{2} \cdot 2 \sum x + \sum xy$$

$$> \frac{3}{4} + \frac{1}{2}$$

$$= \frac{5}{4}$$

再证明左半边不等式,利用不等式

$$(x + y + z)^2 \geqslant 3(xy + yz + zx)$$

可得

$$\sum \frac{AI}{AD} \cdot \frac{BI}{BE} = \sum \left(\frac{1}{2} + x \right) \left(\frac{1}{2} + y \right)$$

$$\leqslant \frac{1}{3} \sum \left(\frac{1}{2} + x \right)^2 = \frac{4}{3}$$

到此本题全部证毕.

引申 2 设 P 为 $\triangle ABC$ 的中位三角形 $A_0 B_0 C_0$(三边中点连线的三角形)内部或者边上任意一点,AP,BP,CP 的延长线分别交 BC,CA,AB 于 D,E,F,求证

$$\frac{1}{4} < \frac{AP}{AD} \cdot \frac{BP}{BE} \cdot \frac{CP}{CF} \leqslant \frac{8}{27}$$

题目解说 本题为一个新题.

渊源探索 本题为问题 1 的内心改为其他点类比联想产生的结果.

方法透析 仔细分析问题 1 的解答过程,看看对本题的证明有无启示!

证明 如图 2 所示,记 $\triangle ABC$,$\triangle PBC$,$\triangle PCA$,$\triangle PAB$ 的面积分别为 $\triangle$,$\triangle_1$,$\triangle_2$,$\triangle_3$,则

$$\frac{PD}{AD} = \frac{\triangle_1}{\triangle} \Rightarrow \frac{AD}{AP} = \frac{\triangle}{\triangle - \triangle_1}$$

$$\frac{PE}{BE} = \frac{\triangle_2}{\triangle} \Rightarrow \frac{BE}{BP} = \frac{\triangle}{\triangle - \triangle_2}$$

$$\frac{PF}{CF} = \frac{\triangle_3}{\triangle} \Rightarrow \frac{CF}{CP} = \frac{\triangle}{\triangle - \triangle_3}$$

于是

$$\frac{AP}{AD} + \frac{BP}{BE} + \frac{CP}{CF} = 2 \tag{1}$$

对此式运用三元均值不等式可得欲证不等式右半边.

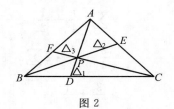

图 2

再证明原不等式左半边.

因为 P 在 $\triangle A_0 B_0 C_0$ 区域面上,所以

$$\frac{AP}{AD} > \frac{1}{2}, \frac{BP}{BE} > \frac{1}{2}, \frac{CP}{CF} > \frac{1}{2}$$

于是,可令

$$\frac{AP}{AD} = \frac{1}{2} + x, \frac{BP}{BE} = \frac{1}{2} + y, \frac{CP}{CF} = \frac{1}{2} + z$$

这时,$x, y, z > 0$,于是 $x + y + z = \frac{1}{2}$,以下同前面的证明.

引申 3 (3 届 IMO 试题)设 P 为 $\triangle ABC$ 的内部任意一点,AP, BP, CP 的延长线分别交 BC, CA, AB 于 D, E, F,求证:$\dfrac{AP}{PD}, \dfrac{BP}{PE}, \dfrac{CP}{PF}$ 三个之中至少有一个不大于 2,也至少有一个不小于 2.

题目解说 本题为一个老熟题.

渊源探索 本题为问题 1 的类比联想产生的结果或者逆向.

方法透析 回顾至少型问题的结论与什么等式有关,比如三个数之和为 3,则至少有一个不小于 1,也至少有一个不大于 1,再仔细分析问题 1 的解答过程,看看对本题的证明有无启示!

证明 如图 3 所示,记 $\triangle ABC, \triangle PBC, \triangle PCA, \triangle PAB$ 的面积分别为 $\triangle, \triangle_1, \triangle_2, \triangle_3$,则

$$\frac{PD}{AD} = \frac{\triangle_1}{\triangle}, \frac{PE}{BE} = \frac{\triangle_2}{\triangle}, \frac{PF}{CF} = \frac{\triangle_3}{\triangle}$$

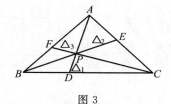

图 3

于是

$$\frac{PD}{AD} + \frac{PE}{BE} + \frac{PF}{CF} = 1$$

所以，$\frac{PD}{AD}, \frac{PE}{BE}, \frac{PF}{CF}$ 三个之中至少有一个不大于 $\frac{1}{3}$，也至少有一个不小于 $\frac{1}{3}$.

不妨设

$$\frac{PD}{AD} \leqslant \frac{1}{3}, \frac{PE}{BE} \geqslant \frac{1}{3}$$

即

$$\frac{1}{3} \geqslant \frac{PD}{AD} = \frac{PD}{AP + PD} = \frac{1}{1 + \frac{AP}{PD}} \Rightarrow \frac{AP}{PD} \geqslant 2$$

$$\frac{1}{3} \leqslant \frac{PE}{BE} = \frac{PE}{BP + PE} = \frac{1}{1 + \frac{BP}{PE}} \Rightarrow \frac{BP}{PE} \leqslant 2$$

引申 4 设 $D_0 - A_0 B_0 C_0$ 是以四面体 $D - ABC$ 的四个面的三角形的重心为顶点的四面体，P 为 $D_0 - A_0 B_0 C_0$ 的内部或者面上任意一点，且 $AP, BP, CP,$ DP 与对面交于 A_1, B_1, C_1, D_1，求证

$$\left(\frac{2}{3}\right)^3 < \frac{AP \cdot BP \cdot CP \cdot DP}{AA_1 \cdot BB_1 \cdot CC_1 \cdot DD_1} \leqslant \left(\frac{3}{4}\right)^4$$

题目解说 本题为一个新题.

渊源探索 本题为问题 1 的空间类比联想产生的结果.

方法透析 仔细分析问题 1 的解答过程，看看对本题的证明有无启示！

证明 如图 4 所示，记 $A - BCD, P - BCD, P - ACD, P - ABD, P - ABC$ 的体积分别为 V, V_1, V_2, V_3, V_4，则

$$\frac{PA_1}{AA_1} = \frac{V_1}{V} \Rightarrow \frac{AP}{AA_1} = \frac{V - V_1}{V}$$

$$\frac{PB_1}{BB_1} = \frac{V_2}{V} \Rightarrow \frac{BP}{BB_1} = \frac{V - V_2}{V}$$

$$\frac{PC_1}{CC_1} = \frac{V_3}{V} \Rightarrow \frac{CP}{CC_1} = \frac{V - V_3}{V}$$

$$\frac{PD_1}{DD_1} = \frac{V_4}{V} \Rightarrow \frac{DP}{DD_1} = \frac{V - V_4}{V}$$

于是

$$\frac{AP}{AA_1} + \frac{BP}{BB_1} + \frac{CP}{CC_1} + \frac{DP}{DD_1} = 3 \tag{1}$$

对此式运用四元均值不等式可得欲证不等式右半边.

下面再证明原不等式的左半边.

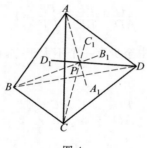

图 4

因为 P 在四面体 $D_0 - A_0 B_0 C_0$ 的内部或者面上的点,所以

$$\frac{AP}{AA_1} \geqslant \frac{2}{3}, \frac{BP}{BB_1} \geqslant \frac{2}{3}, \frac{CP}{CC_1} \geqslant \frac{2}{3}, \frac{DP}{DD_1} \geqslant \frac{2}{3}$$

因此,存在四个非负实数 x, y, z, w,使得

$$\frac{AP}{AA_1} = \frac{2+x}{3}, \frac{BP}{BB_1} = \frac{2+y}{3}, \frac{CP}{CC_1} = \frac{2+z}{3}, \frac{DP}{DD_1} = \frac{2+w}{3}$$

将其代入到前面的等式,得到 $x + y + z + w = 1$,于是

$$\frac{AP}{AA_1} \cdot \frac{BP}{BB_1} \cdot \frac{CP}{CC_1} \cdot \frac{DP}{DD_1}$$

$$= \left(\frac{2+x}{3}\right)\left(\frac{2+y}{3}\right)\left(\frac{2+z}{3}\right)\left(\frac{2+w}{3}\right)$$

$$= \frac{1}{3^4}\left[2^4 + 2^3\sum x + 2^2\sum xy + 2\sum xyz + xyzw\right]$$

$$> \frac{1}{3^4}\left[2^4 + 2^3\sum x\right] = \left(\frac{2}{3}\right)^3$$

从而原不等式获得证明.

引申 5 设 $D_0 - A_0 B_0 C_0$ 是以四面体 $D - ABC$ 的四个面的三角形的重心为顶点的四面体,P 为 $D_0 - A_0 B_0 C_0$ 的内部或者面上任意一点,且 AP, BP, CP, DP 与对面交于 A_1, B_1, C_1, D_1,求证

$$\frac{10}{3} < \frac{AP \cdot BP}{AA_1 \cdot BB_1} + \frac{AP \cdot CP}{AA_1 \cdot CC_1} + \frac{AP \cdot DP}{AA_1 \cdot DD_1} +$$

$$\frac{BP \cdot CP}{BB_1 \cdot CC_1} + \frac{BP \cdot DP}{BB_1 \cdot DD_1} + \frac{CP \cdot DP}{CC_1 \cdot DD_1}$$

$$\leqslant \left(\frac{3}{2}\right)^3$$

题目解说 本题为一个新题.

渊源探索 本题为引申 1 的空间类比联想产生的结果.

方法透析 仔细分析引申 4 的解答过程,看看对本题的证明有无启示!

从分析解题过程学解题——
竞赛中的向量几何与不等式研究

证明 同上面一题的图形以及记号得

$$\frac{AP}{AA_1} = \frac{2+x}{3}, \frac{BP}{BB_1} = \frac{2+y}{3}, \frac{CP}{CC_1} = \frac{2+z}{3}, \frac{DP}{DD_1} = \frac{2+w}{3}$$

所以

$$\sum \frac{AP}{AA_1} \cdot \frac{BP}{BB_1} = \sum \left(\frac{2+x}{3}\right)\left(\frac{2+y}{3}\right)$$

$$= \sum \left[\left(\frac{2}{3}\right)^2 + \frac{2}{3^2}(x+y) + \frac{xy}{3}\right]$$

$$> \sum \left[\left(\frac{2}{3}\right)^2 + \frac{2}{3^2}(x+y)\right]$$

$$= \frac{10}{3}$$

再证明右半边不等式.

由于

$$(a+b+c+d)^2 \geqslant \frac{8}{3}\left(\sum ab\right)$$

因此

$$\sum \frac{AP}{AA_1} \cdot \frac{BP}{BB_1} = \sum \left(\frac{2+x}{3}\right)\left(\frac{2+y}{3}\right)$$

$$\leqslant \frac{3}{8}\left(\sum \frac{2+x}{3}\right)^2$$

$$= \frac{3}{8} \times 3^2$$

$$= \left(\frac{3}{2}\right)^3$$

到此结论全部获得证明.

评注 右半边不等式也可以这样证明,直接利用

$$\frac{AP}{AA_1} + \frac{BP}{BB_1} + \frac{CP}{CC_1} + \frac{DP}{DD_1} = 3$$

以及

$$(a+b+c+d)^2 \geqslant \frac{8}{3}\left(\sum ab\right)$$

得到.

引申 6 设 $D_0 - A_0 B_0 C_0$ 是以四面体 $D-ABC$ 的四个面的三角形的重心为顶点的四面体,P 为 $D_0 - A_0 B_0 C_0$ 的内部或者面上任意一点,且 AP, BP, CP, DP 与对面交于 A_1, B_1, C_1, D_1,求证

$$\frac{44}{27} < \frac{AP \cdot BP \cdot CP}{AA_1 \cdot BB_1 \cdot CC_1} + \frac{AP \cdot BP \cdot DP}{AA_1 \cdot BB_1 \cdot DD_1} +$$

$$\frac{BP \cdot CP \cdot DP}{BB_1 \cdot CC_1 \cdot DD_1} + \frac{AP \cdot CP \cdot DP}{AA_1 \cdot CC_1 \cdot DD_1}$$

$$\leqslant \frac{27}{16}$$

题目解说   本题为一个新题.

渊源探索   本题为引申 1 的空间类比联想产生的结果.

方法透析   仔细分析引申 4 的解答过程,看看对本题的证明有无启示!

证明   由引申 4 的证明过程知

$$\sum \frac{AP \cdot BP \cdot CP}{AA_1 \cdot BB_1 \cdot CC_1}$$

$$= \sum \frac{1}{27}(2+x)(2+y)(2+z)$$

$$= \frac{1}{27} \sum \left[2^3 + 2^2(x+y+z) + 2(xy+yz+zx) + xyz\right]$$

$$> \frac{1}{27} \sum \left[2^3 + 2^2(x+y+z)\right]$$

$$= \frac{44}{27}$$

另外,由 $(a+b+c+d)^3 \geqslant 16(\sum abc)$ 知

$$\sum \frac{AP \cdot BP \cdot CP}{AA_1 \cdot BB_1 \cdot CC_1} \leqslant \frac{1}{16}\left(\sum \frac{AP}{AA_1}\right)^3 = \frac{27}{16}$$

综上所述,本节从一道 IMO 试题出发,引申出若干类似问题的过程,实际上运用了类比思维的数学方法,每一个解决问题的方法也来自于类比思维,这是命题与解题的常用方法.

§4   几道竞赛题的关联

问题 1   设 $a,b,c \in \mathbf{R}^*$,求证

$$\frac{a^3}{a^2+ab+b^2} + \frac{b^3}{b^2+bc+c^2} + \frac{c^3}{c^2+ca+a^2} \geqslant \frac{1}{3}(a+b+c)$$

题目解说   本题为 2013 年沙特阿拉伯竞赛试题.

方法透析   此题早已有人讨论过,在此,笔者仍遵循自己的新近作品《从

分析解题过程学解题 —— 竞赛中的几何问题研究》一书的思想,对此题目及其解答予以阐述,看看原作者在自己的题目及其解答里面揭示出了什么规律.

证明 1 由柯西不等式知

$$\frac{a^3}{a^2+ab+b^2}+\frac{b^3}{b^2+bc+c^2}+\frac{c^3}{c^2+ca+a^2}$$

$$=\frac{(a^2)^2}{a(a^2+ab+b^2)}+\frac{(b^2)^2}{b(b^2+bc+c^2)}+\frac{(c^2)^2}{c(c^2+ca+a^2)}$$

$$\geqslant \frac{(a^2+b^2+c^2)^2}{a^3+b^3+c^3+a^2b+b^2c+c^2a+b^2a+a^2c+c^2b}$$

$$=\frac{(a^2+b^2+c^2)^2}{a^3+b^3+c^3+a^2(b+c)+b^2(c+a)+c^2(a+b)}$$

$$=\frac{(a^2+b^2+c^2)^2}{[a^3+a^2(b+c)]+[b^3+b^2(c+a)]+[c^3+c^2(a+b)]}$$

$$=\frac{(a^2+b^2+c^2)^2}{a(a^2+b^2+c^2)+b(a^2+b^2+c^2)+c(a^2+b^2+c^2)}$$

$$=\frac{(a^2+b^2+c^2)^2}{(a+b+c)(a^2+b^2+c^2)}$$

$$=\frac{a^2+b^2+c^2}{a+b+c}$$

$$\geqslant \frac{1}{3}\frac{(a+b+c)^2}{a+b+c}$$

$$=\frac{1}{3}(a+b+c)$$

即

$$\frac{a^3}{a^2+ab+b^2}+\frac{b^3}{b^2+bc+c^2}+\frac{c^3}{c^2+ca+a^2}\geqslant \frac{1}{3}(a+b+c)$$

评注 (1) 本题的证明表明柯西不等式的变形:$\dfrac{a^2}{x}+\dfrac{b^2}{y}+\dfrac{c^2}{z}\geqslant$ $\dfrac{(a+b+c)^2}{x+y+z}$ 在解决本题过程中起到不可磨灭的作用,当然分解因式也功不可没,且最后一步还用到了熟知的不等式:$a^2+b^2+c^2\geqslant \dfrac{1}{3}(a+b+c)^2$,最后才宣告结束.

(2) 本题实质上还证明了

$$\frac{a^3}{a^2+ab+b^2}+\frac{b^3}{b^2+bc+c^2}+\frac{c^3}{c^2+ca+a^2}\geqslant \frac{a^2+b^2+c^2}{a+b+c}$$

这个结果要比原题结论更强.

（3）如果你还掌握 $3(a^2-ab+b^2) \geqslant a^2+ab+b^2$，就可以有：

证明 2 由熟知的不等式

$$3(a^2-ab+b^2) \geqslant a^2+ab+b^2$$

可知，令

$$A = \frac{a^3}{a^2+ab+b^2} + \frac{b^3}{b^2+bc+c^2} + \frac{c^3}{c^2+ca+a^2}$$

$$B = \frac{b^3}{a^2+ab+b^2} + \frac{c^3}{b^2+bc+c^2} + \frac{a^3}{c^2+ca+a^2}$$

则

$$A - B = \frac{a^3-b^3}{a^2+ab+b^2} + \frac{b^3-c^3}{b^2+bc+c^2} + \frac{c^3-a^3}{c^2+ca+a^2} = 0$$

因此

$$2A = A + B = \frac{a^3+b^3}{a^2+ab+b^2} + \frac{b^3+c^3}{b^2+bc+c^2} + \frac{c^3+a^3}{c^2+ca+a^2}$$

$$\geqslant \frac{1}{3}\left(\frac{a^3+b^3}{a^2-ab+b^2} + \frac{b^3+c^3}{b^2-bc+c^2} + \frac{c^3+a^3}{c^2-ca+a^2} \right)$$

$$= \frac{1}{3}\left[(a+b) + (b+c) + (c+a) \right]$$

$$= \frac{2}{3}(a+b+c)$$

即

$$\frac{a^3}{a^2+ab+b^2} + \frac{b^3}{b^2+bc+c^2} + \frac{c^3}{c^2+ca+a^2} \geqslant \frac{1}{3}(a+b+c)$$

评注 本证明利用了已知结论 $3(a^2-ab+b^2) \geqslant (a^2+ab+b^2)$，十分巧妙.

如果想到从分子着手去凑分母，会有什么结果呢？2018 年 2 月 4 日我在浙江三门中学讲课时，有一个高一学生给出了如下一个十分优美的解法，令人叹为观止.

证明 3 （2018 年 2 月 4 日浙江三门中学戴尚好（高一）） 因为

$$a^2+ab+b^2 \geqslant 3ab$$

所以

$$\frac{a^3}{a^2+ab+b^2} = \frac{a^3+a^2b+ab^2-a^2b-ab^2}{a^2+ab+b^2}$$

$$= \frac{a(a^2+ab+b^2)-a^2b-ab^2}{a^2+ab+b^2}$$

$$= a - \frac{a^2b+ab^2}{a^2+ab+b^2}$$

从分析解题过程学解题——
竞赛中的向量几何与不等式研究

$$\geqslant a - \frac{a+b}{3}$$

同理可得

$$\frac{b^3}{b^2+bc+c^2} \geqslant b - \frac{b+c}{3}$$

$$\frac{c^3}{c^2+ca+a^2} \geqslant c - \frac{c+a}{3}$$

这三个式子相加即得结论.

引申 1 设 $x,y,z \in \mathbf{R}^*$,且 $xyz=1$,求证

$$\frac{x^3+y^3}{x^2+xy+y^2} + \frac{y^3+z^3}{y^2+yz+z^2} + \frac{z^3+x^3}{z^2+zx+x^2} \geqslant 2$$

题目解说 本题为 2009 年克罗地亚竞赛中的一道题.

渊源探索 将上题中的分式 $\dfrac{a^3}{a^2+ab+b^2}$ 改写成 $\dfrac{b^3}{b^2+ab+a^2}$,即将分母顺序反着写,那么分式 $\dfrac{a^3}{a^2+ab+b^2}$ 与 $\dfrac{b^3}{b^2+ab+a^2}$ 加起来有什么结果产生呢?再给条件加以限制即得本题.

方法透析 从题目结构一看便知 $a^3+b^3 = (a+b)(a^2-ab+b^2)$,于是便想到 $3(a^2-ab+b^2) \geqslant a^2+ab+b^2$,解决方法就诞生了.

证明 由前面介绍熟知的不等式 $3(a^2-ab+b^2) \geqslant (a^2+ab+b^2)$ 得

$$\frac{x^3+y^3}{x^2+xy+y^2} + \frac{y^3+z^3}{y^2+yz+z^2} + \frac{z^3+x^3}{z^2+zx+x^2}$$

$$= \frac{(x+y)(x^2-xy+y^2)}{x^2+xy+y^2} + \frac{(y+z)(y^2-yz+z^2)}{y^2+yz+z^2} +$$

$$\frac{(z+x)(z^2-zx+x^2)}{z^2+zx+x^2}$$

$$\geqslant \frac{x+y}{3} + \frac{y+z}{3} + \frac{z+x}{3}$$

$$= \frac{2(x+y+z)}{3}$$

$$\geqslant 2\sqrt[3]{xyz} = 2$$

评注 这个证明是建立在熟知不等式 $3(a^2-ab+b^2) \geqslant a^2+ab+b^2$ 基础上的一个好方法,这表明熟记一些基本变形不等式是十分有用的.

引申 2 设 $x,y,z \in \mathbf{R}^*$,求证

$$\frac{x^3+y^3}{x^3+y^3+xyz} + \frac{y^3+z^3}{y^3+z^3+xyz} + \frac{z^3+x^3}{z^3+x^3+xyz} \geqslant 2$$

题目解说 本题似乎为一个新题.

渊源探索 对上题中分式 $\dfrac{a^3}{a^2+ab+b^2}$ 的理解,一是分式中分母的中间一项为两边两个量的几何平均值,二是分母三项成等比数列,如果利用第一种思路继续行进,那么对于三个变量的几何平均值会有什么样的结论呢? 这样思考就得到了本题.

方法透析 注意到不等式从左到右是大于或等于的分式不等式,于是,一般的想法是将分母放大,三元均值不等式就成为首选.

证明
$$\sum \frac{x^3+y^3}{x^3+y^3+xyz}$$
$$\geqslant \sum \frac{x^3+y^3}{x^3+y^3+\frac{1}{3}(x^3+y^3+z^3)}$$
$$= \sum \frac{3(x^3+y^3)}{4(x^3+y^3)+z^3}$$
$$= \sum \frac{3(x+y)}{4(x+y)+z}$$
$$(\diamondsuit\ x^3 \to x, y^3 \to y, z^3 \to z, x+y+z=1)$$
$$= \sum \frac{3(1-z)}{4(1-z)+z}$$
$$= \sum \left(1-\frac{1}{3x-4}\right)$$
$$\geqslant 2$$

到此结论获得证明.

评注 本题的证明稍微复杂一点,但是令 $x+y+z=1$ 是一步巧妙的假设,因为三个数之和总可以看成一个整体,所以为运算方便,可以做上述处理.

对于变量个数更多个,会有什么结论呢?

引申 3 设 $a,b,c,d \in \mathbf{R}^*$,求证

$$\frac{a^4+b^4+c^4}{a^4+b^4+c^4+abcd} + \frac{b^4+c^4+d^4}{b^4+c^4+d^4+abcd} +$$
$$\frac{c^4+d^4+a^4}{c^4+d^4+a^4+abcd} + \frac{d^4+a^4+b^4}{d^4+a^4+b^4+abcd} \geqslant 3$$

题目解说 本题似乎为一个新题.

渊源探索 这是对上题中变量个数方面的思考.

方法透析 注意到不等式从左到右是大于或等于的分式不等式,于是,一般的想法是将分母放大,四元均值不等式就成为首选.

证明　与上题大致相同,留给读者练习吧!

现在我们如果继续在变量个数方面考虑,看看有什么新的想法. 请大家写出来吧!

问题 2　设 $a,b,c>0$,求证

$$\frac{a^3+b^3}{a^2+ab+b^2}+\frac{b^3+c^3}{b^2+bc+c^2}+\frac{c^3+a^3}{c^2+ca+a^2}\geqslant\frac{2}{3}(a+b+c)$$

题目解说　本题为《中等数学》2018 年第 10 期 593 题,本题实质上是笔者在《讲经说法捕捉灵感之 6》(许兴华数学微信公众号(2018 年 10 月 12 日))里面的一个中间结果.

证明　先看作者的证明.

因为

$$\frac{a^2-ab+b^2}{a^2+ab+b^2}=\frac{1}{3}+\frac{2(a-b)^2}{3(a^2+ab+b^2)}\geqslant\frac{1}{3}$$

所以

$$\sum\frac{a^3+b^3}{a^2+ab+b^2}\geqslant\sum\frac{a+b}{3}=\frac{2}{3}\sum a$$

即原不等式获得证明.

评注　本题的证明看起来比较简单,直接配方就可以解决,可能有很多读者觉得这个配方怎么来得这么突然神奇? 当然人家高手解题我们普通人要一下子达到是不客观的,那怎么能让我们这些吃瓜群众也能看得容易点儿呢?

其实,再回头来看证明过程,完成本题证明的核心一环就是利用 $a^2-ab+b^2\geqslant\frac{1}{3}(a^2+ab+b^2)$,这是常见的一个简单题目,可见,做过的简单题目要牢记,并能随时拿来一用.

二、类似问题探讨

与此相关的问题还有哪些呢? 从上题的证明过程立刻可以获得.

引申 1　设 $a,b,c>0$,求证

$$\sqrt[n]{\frac{a^2-ab+b^2}{a^2+ab+b^2}}+\sqrt[n]{\frac{b^2-bc+c^2}{b^2+bc+c^2}}+\sqrt[n]{\frac{c^2-ca+a^2}{c^2+ca+a^2}}\geqslant\frac{3}{\sqrt[n]{3}}$$

题目解说　本题为一个新题.

渊源探索　本题为上述源头题目解答过程(用到 $a^2-ab+b^2\geqslant\frac{1}{3}(a^2+ab+b^2)$)的延伸思考.

方法透析　直接从上述源头题目的解答过程去分析寻找.

证明 容易知道

$$a^2 + ab + b^2 = \frac{3}{4}(a+b)^2 + \frac{1}{4}(a-b)^2$$

$$a^2 - ab + b^2 = \frac{1}{4}(a+b)^2 + \frac{3}{4}(a-b)^2$$

$$\Rightarrow 3(a^2 - ab + b^2) - (a^2 + ab + b^2) = 2(a-b)^2$$

$$\Rightarrow a^2 - ab + b^2 \geqslant \frac{1}{3}(a^2 + ab + b^2)$$

$$\Rightarrow \sqrt[n]{\frac{a^2 - ab + b^2}{a^2 + ab + b^2}} \geqslant \frac{1}{\sqrt[n]{3}}$$

即

$$\sqrt[n]{\frac{a^2 - ab + b^2}{a^2 + ab + b^2}} + \sqrt[n]{\frac{b^2 - bc + c^2}{b^2 + bc + c^2}} + \sqrt[n]{\frac{c^2 - ca + a^2}{c^2 + ca + a^2}} \geqslant \frac{3}{\sqrt[n]{3}}$$

到此结论获得证明.

评注 这个证明十分巧妙,直接运用问题 1 的证明过程.

一个变题

$$\sqrt[n]{\frac{a^2 - ab + b^2}{b^2 + bc + c^2}} + \sqrt[n]{\frac{b^2 - bc + c^2}{c^2 + ca + a^2}} + \sqrt[n]{\frac{c^2 - ca + a^2}{a^2 + ab + b^2}} \geqslant \frac{3}{\sqrt[n]{3}}$$

引申 2 设 $a, b, c > 0$,求证

$$27(a^2 - ab + b^2)(b^2 - bc + c^2)(c^2 - ca + a^2)$$
$$\geqslant (a^2 + ab + b^2)(b^2 + bc + c^2)(c^2 + ca + a^2)$$

题目解说 本题为一个新题.

渊源探索 本题为 $a^2 - ab + b^2 \geqslant \frac{1}{3}(a^2 + ab + b^2)$ 的直接结果.

证明 由问题 1 的证明过程知

$$a^2 - ab + b^2 \geqslant \frac{1}{3}(a^2 + ab + b^2)$$

将类似的三个不等式相乘即得结论.

引申 3 设 $a, b, c > 0$,求证

$$27(a^2 - ab + b^2)(b^2 - bc + c^2)(c^2 - ca + a^2)$$
$$\geqslant (ab + bc + ca)^3$$

题目解说 本题为一个新题.

渊源探索 本题为 $a^2 - ab + b^2 \geqslant \frac{1}{3}(a^2 + ab + b^2)$ 和熟知的结论

$$(a^2 + ab + b^2)(b^2 + bc + c^2)(c^2 + ca + a^2) \geqslant (ab + bc + ca)^3$$

的综合结果.

方法透析 由问题 2 知,只需证明

$$(a^2 + ab + b^2)(b^2 + bc + c^2)(c^2 + ca + a^2) \geqslant (ab + bc + ca)^3$$

证明 1 令 $A = a^2 + ab + b^2$, $B = b^2 + bc + c^2$, $C = c^2 + ca + a^2$, 则

$$3 = \frac{A}{A} + \frac{B}{B} + \frac{C}{C}$$

$$= \frac{a^2 + ab + b^2}{A} + \frac{b^2 + bc + c^2}{B} + \frac{c^2 + ca + a^2}{C}$$

$$= \frac{a^2}{A} + \frac{ab}{A} + \frac{b^2}{A} + \frac{b^2}{B} + \frac{bc}{B} + \frac{c^2}{B} + \frac{c^2}{C} + \frac{ca}{C} + \frac{a^2}{C}$$

$$= \left(\frac{ab}{A} + \frac{b^2}{B} + \frac{a^2}{C} \right) + \left(\frac{bc}{B} + \frac{b^2}{A} + \frac{c^2}{C} \right) + \left(\frac{c^2}{B} + \frac{a^2}{A} + \frac{ca}{C} \right)$$

$$\geqslant 3 \left[\frac{ab}{\sqrt[3]{ABC}} + \frac{bc}{\sqrt[3]{ABC}} + \frac{ca}{\sqrt[3]{ABC}} \right]$$

评注 也可以运用赫尔德不等式证明.

证明 2 运用赫尔德不等式知

$$(a^2 + ab + b^2)(b^2 + bc + c^2)(c^2 + ca + a^2)$$

$$\geqslant (ab + bc + ca)^3$$

到此结论获得证明.

引申 4 在 $\triangle ABC$ 中,求证

$$\left(\tan^2 \frac{A}{2} - \tan \frac{A}{2} \tan \frac{B}{2} + \tan^2 \frac{B}{2} \right) \left(\tan^2 \frac{B}{2} - \tan \frac{B}{2} \tan \frac{C}{2} + \tan^2 \frac{C}{2} \right) \cdot$$

$$\left(\tan^2 \frac{C}{2} - \tan \frac{C}{2} \tan \frac{A}{2} + \tan^2 \frac{A}{2} \right) \geqslant \frac{1}{27}$$

提示 只要想到三角形中的恒等式

$$\tan \frac{A}{2} \tan \frac{B}{2} + \tan \frac{B}{2} \tan \frac{C}{2} + \tan \frac{C}{2} \tan \frac{A}{2} = 1$$

代入引申 3 的结论即可.

§5 两道竞赛题的解法分析

一、题目及其证明

问题 设 n 为正整数,$a_1, a_2, \cdots, a_n$ 为非负数,求证

173

$$\frac{1}{1+a_1} + \frac{a_1}{(1+a_1)(1+a_2)} + \frac{a_1a_2}{(1+a_1)(1+a_2)(1+a_3)} + \cdots +$$

$$\frac{a_1a_2a_3\cdots a_{n-1}}{(1+a_1)(1+a_2)\cdots(1+a_n)} \leqslant 1$$

题目解说　本题为 2012 年第 11 届中国女子竞赛中的一道题.

证明　因为 $\frac{1}{1+a} = 1 - \frac{a}{1+a}$,所以

$$\frac{a_1a_2a_3\cdots a_{i-1}}{(1+a_1)(1+a_2)\cdots(1+a_i)}$$

$$= \frac{a_1a_2a_3\cdots a_{i-1}}{(1+a_1)(1+a_2)\cdots(1+a_{i-1})} \cdot \frac{1}{1+a_i}$$

$$= \frac{a_1a_2a_3\cdots a_{i-1}}{(1+a_1)(1+a_2)\cdots(1+a_{i-1})} \cdot \left(1 - \frac{a_i}{1+a_i}\right)$$

$$= \frac{a_1a_2a_3\cdots a_{i-1}}{(1+a_1)(1+a_2)\cdots(1+a_{i-1})} -$$
$$\frac{a_1a_2a_3\cdots a_{i-1}a_i}{(1+a_1)(1+a_2)\cdots(1+a_{i-1})(1+a_i)}$$

因此

$$\frac{1}{1+a_1} + \frac{a_1}{(1+a_1)(1+a_2)} + \frac{a_1a_2}{(1+a_1)(1+a_2)(1+a_3)} + \cdots +$$

$$\frac{a_1a_2a_3\cdots a_{n-1}}{(1+a_1)(1+a_2)\cdots(1+a_n)}$$

$$= 1 - \frac{a_1a_2a_3\cdots a_n}{(1+a_1)(1+a_2)\cdots(1+a_n)} \leqslant 1$$

即结论获得证明.

评注　本题通常被称为数列和式不等式,目标不等式左边的分式结构呈现逐步增多的情况,类似于数列求和,故若站在数列求和角度去看待本题,应该立刻想到解决数列问题中常用的一些技巧和方法,例如裂项求和法,这样上述方法的来历就应该水到渠成了.

二、方法的延伸应用

引申　实数列 $\{a_n\}$ 满足

$$a_1 = \frac{1}{2}, \quad a_{k+1} = -a_k + \frac{1}{2-a_k} \quad (k = 1, 2, 3, \cdots)$$

证明

$$\left[\frac{n}{2(a_1 + a_2 + \cdots + a_n)} - 1\right]^n$$

174

$$\leqslant \left(\frac{a_1 + a_2 + \cdots + a_n}{n}\right)^n \left(\frac{1}{a_1} - 1\right)\left(\frac{1}{a_2} - 1\right)\cdots\left(\frac{1}{a_n} - 1\right)$$

题目解说　本题为 2006 年中国数学奥林匹克竞赛中的一道题.

方法透析　从题目要证的结构看出,首先需要证明,对任意的 $a_k \in (0,1)(k=1,2,3,\cdots)$,于是要分析函数 $f(x) = -x + \frac{1}{2-x}, x \in \left[0, \frac{1}{2}\right]$ 的性质,是否是单调的. 其次,需要构造一个函数 $g(x) = \frac{1}{x} - 1$(这是待证式子两边的函数结构),搞清楚这个函数是否满足函数不等式的性质.

证明 1　分两步进行.

第一步:先证明 $0 < a_n \leqslant \frac{1}{2}$. 构造函数 $f(x) = -x + \frac{1}{2-x}, x \in \left[0, \frac{1}{2}\right]$,因为 $f(x)$ 在 $x \in \left[0, \frac{1}{2}\right]$ 是单调下降的(这个很容易确定),而 $f(0) = \frac{1}{2}$, $f\left(\frac{1}{2}\right) = \frac{1}{6} > 0$,于是

$$a_{n+1} = f(a_n) \geqslant f\left(\frac{1}{2}\right) > 0$$

$$a_{n+1} = f(a_n) \leqslant f(0) = \frac{1}{2}$$

所以,$0 < a_n \leqslant \frac{1}{2}$.

第二步:再证明原题. 原不等式等价于

$$\left[\frac{n}{2(a_1 + a_2 + \cdots + a_n)} - 1\right]^n \left(\frac{n}{a_1 + a_2 + \cdots + a_n}\right)^n$$

$$\leqslant \left(\frac{1}{a_1} - 1\right)\left(\frac{1}{a_2} - 1\right)\cdots\left(\frac{1}{a_n} - 1\right)$$

设 $g(x) = \frac{1}{x} - 1$,对 $x_1, x_2 \in \left(0, \frac{1}{2}\right]$,容易得到

$$\left(\frac{1}{x_1} - 1\right)\left(\frac{1}{x_2} - 1\right) \geqslant \left(\frac{2}{x_1 + x_2} - 1\right)^2$$

于是,由数学归纳法知

$$\left(\frac{1}{x_1} - 1\right)\left(\frac{1}{x_2} - 1\right)\cdots\left(\frac{1}{x_n} - 1\right) \geqslant \left(\frac{n}{x_1 + x_2 + \cdots x_n} - 1\right)^n \tag{1}$$

到此,还没有用到条件(递推式),接下来应该考虑题目条件了.

另一方面,根据题设以及柯西不等式得

$$\sum_{i=1}^{n}(1-a_i) = \sum_{i=1}^{n}\frac{1}{a_i+a_{i+1}} - n$$

$$\geqslant \frac{n^2}{\sum_{i=1}^{n}(a_i+a_{i+1})} - n$$

$$= \frac{n^2}{a_{n+1}-a_1+2\sum_{i=1}^{n}a_i} - n$$

$$\geqslant \frac{n^2}{2\sum_{i=1}^{n}a_i} - n$$

$$= n\left[\frac{n}{2\sum_{i=1}^{n}a_i} - 1\right]$$

所以

$$\sum_{i=1}^{n}(1-a_i) \geqslant n\left[\frac{n}{2\sum_{i=1}^{n}a_i} - 1\right]$$

对上式两边同除以 $\sum_{i=1}^{n}a_i$，得

$$\frac{\sum_{i=1}^{n}(1-a_i)}{\sum_{i=1}^{n}a_i} \geqslant \frac{n}{\sum_{i=1}^{n}a_i}\left[\frac{n}{2\sum_{i=1}^{n}a_i} - 1\right]$$

因此

$$\left[\frac{n}{2(a_1+a_2+\cdots+a_n)} - 1\right]^n \left(\frac{n}{a_1+a_2+\cdots+a_n}\right)^n$$

$$\leqslant \left[\frac{\sum_{i=1}^{n}(1-a_n)}{\sum_{i=1}^{n}a_n}\right]^n = \left[\frac{(1-a_1)+(1-a_2)+\cdots+(1-a_n)}{a_1+a_2+\cdots+a_n}\right]^n$$

$$\leqslant \left(\frac{1}{a_1}-1\right)\left(\frac{1}{a_2}-1\right)\cdots\left(\frac{1}{a_n}-1\right) \quad （注意到式（1））$$

从而原题得证.

    评注　本题的证明过程主要在于抓住要证结论的结构特征,从而可以从构造函数入手,这是解决本题的关键所在.

    证明 2　笔者首先用数学归纳法证明

$$0 < a_n \leqslant \frac{1}{2}, n = 1, 2, 3, \cdots$$

当 $n = 1$ 时命题成立.

假设命题对 $n(n \geqslant 1)$ 成立,即有 $0 < a_n \leqslant \frac{1}{2}$.

假设

$$f(x) = -x + \frac{1}{2-x} = 2 - x + \frac{1}{2-x} - 2, x \in \left[0, \frac{1}{2}\right]$$

则 $f(x)$ 是减函数(令 $u = 2 - x$,则 $u \in \left[\frac{1}{2}, 2\right]$,$u + \frac{1}{u}$ 是 u 的增函数,又 u 是 x 的减函数),于是

$$a_{n+1} = f(a_n) \leqslant f(0) = \frac{1}{2}$$

$$a_{n+1} = f(a_n) \geqslant f\left(\frac{1}{2}\right) = \frac{1}{6}$$

即命题对 $n + 1$ 成立.

由数学归纳法知

$$0 < a_n \leqslant \frac{1}{2}, n = 1, 2, 3, \cdots$$

原命题等价于

$$\left(\frac{n}{a_1 + a_2 + \cdots + a_n}\right)^n \left[\frac{n}{2(a_1 + a_2 + \cdots + a_n)} - 1\right]^n$$

$$\leqslant \left(\frac{1}{a_1} - 1\right)\left(\frac{1}{a_2} - 1\right) \cdots \left(\frac{1}{a_n} - 1\right)$$

设 $f(x) = \ln\left(\frac{1}{x} - 1\right)$,$x \in \left(0, \frac{1}{2}\right)$,则 $f(x)$ 为 $\left(0, \frac{1}{2}\right)$ 中的下凸函数,对 $0 < x_1, x_2 < \frac{1}{2}$,有

$$f\left(\frac{x_1 + x_2}{2}\right) \leqslant \frac{f(x_1) + f(x_2)}{2}$$

事实上

$$f\left(\frac{x_1 + x_2}{2}\right) \leqslant \frac{f(x_1) + f(x_2)}{2}$$

$$\Leftrightarrow \left(\frac{2}{x_1 + x_2} - 1\right)^2 \leqslant \left(\frac{1}{x_1} - 1\right)\left(\frac{1}{x_2} - 1\right)$$

$$\Leftrightarrow (x_1 - x_2)^2 \geqslant 0$$

所以,由琴生不等式可得

$$f\left(\frac{x_1 + x_2 + \cdots + x_n}{n}\right) \leqslant \frac{f(x_1) + f(x_2) + \cdots + f(x_n)}{n}$$

即

$$\left(\frac{n}{a_1 + a_2 + a_3 + \cdots + a_n} - 1\right)^n \leqslant \left(\frac{1}{a_1} - 1\right)\left(\frac{1}{a_2} - 1\right)\cdots\left(\frac{1}{a_n} - 1\right)$$

另一方面,由题设及柯西不等式知

$$\sum_{i=1}^{n}(1 - a_i) = \sum_{i=1}^{n}\frac{1}{a_i + a_{i+1}} - n$$

$$\geqslant \frac{n^2}{\sum_{i=1}^{n}(a_i + a_{i+1})} - n$$

$$= \frac{n^2}{a_{n+1} - a_1 + 2\sum_{i=1}^{n}a_i} - n$$

$$\geqslant \frac{n^2}{2\sum_{i=1}^{n}a_i} - n$$

$$= n\left[\frac{n}{2\sum_{i=1}^{n}a_i} - 1\right]$$

即

$$\sum_{i=1}^{n}(1 - a_i) \geqslant n\left[\frac{n}{2\sum_{i=1}^{n}a_i} - 1\right]$$

所以

$$\frac{\sum_{i=1}^{n}(1 - a_i)}{\sum_{i=1}^{n}a_i} \geqslant \frac{n}{\sum_{i=1}^{n}a_i}\left[\frac{n}{2\sum_{i=1}^{n}a_i} - 1\right]$$

即

$$\left(\frac{n}{a_1 + a_2 + \cdots + a_n}\right)^n\left[\frac{n}{2(a_1 + a_2 + \cdots + a_n)} - 1\right]^n$$

$$\leqslant \left[\frac{(1 - a_1) + (1 - a_2) + \cdots + (1 - a_n)}{a_1 + a_2 + a_3 + \cdots + a_n}\right]^n$$

$$= \left[\frac{n}{a_1 + a_2 + a_3 + \cdots + a_n} - 1\right]^n$$

$$\leqslant \left(\frac{1}{a_1} - 1\right)\left(\frac{1}{a_2} - 1\right)\cdots\left(\frac{1}{a_n} - 1\right)$$

178

到此结论获得证明.

可见,对一道已有题目的解答过程进行有效透彻的分析,是提高解题能力的重要标志,将这个至关重要的环节经常运用于我们的编拟题目以及解题过程,我们的解题能力不提高可能也很难.

§6 三角代换 —— 看清本质

一、题目及解答

问题 1 设 $a,b,c>0$,$a+b+c=abc$,求证

$$\sqrt{(1+a^2)(1+b^2)}+\sqrt{(1+b^2)(1+c^2)}+\sqrt{(1+c^2)(1+a^2)}-$$
$$\sqrt{(1+a^2)(1+b^2)(1+c^2)}\geqslant 4$$

题目解说 本题为 2017 年摩尔多瓦数学奥林匹克竞赛中的一道题.

证明 1 以下对官方的解答叙述稍做修改,以便于读者理解掌握.

注意到条件等式

$$a+b+c=abc\Leftrightarrow \frac{1}{ab}+\frac{1}{bc}+\frac{1}{ca}=1$$

于是,由柯西不等式得

$$\sqrt{(1+a^2)(1+b^2)}+\sqrt{(1+b^2)(1+c^2)}+\sqrt{(1+c^2)(1+a^2)}-$$
$$\sqrt{(1+a^2)(1+b^2)(1+c^2)}$$

$$\geqslant (1+ab)+(1+bc)+(1+ca)-abc\sqrt{\left(\frac{1}{a^2}+1\right)\left(\frac{1}{b^2}+1\right)\left(\frac{1}{c^2}+1\right)}$$

$$=3+(ab+bc+ca)-$$

$$abc\sqrt{\left(\frac{1}{a^2}+\frac{1}{ab}+\frac{1}{bc}+\frac{1}{ca}\right)\left(\frac{1}{b^2}+\frac{1}{ab}+\frac{1}{bc}+\frac{1}{ca}\right)\left(\frac{1}{c^2}+\frac{1}{ab}+\frac{1}{bc}+\frac{1}{ca}\right)}$$

$$=3+(ab+bc+ca)-$$

$$abc\sqrt{\left[\left(\frac{1}{a}+\frac{1}{c}\right)\left(\frac{1}{a}+\frac{1}{b}\right)\right]\left[\left(\frac{1}{b}+\frac{1}{c}\right)\left(\frac{1}{b}+\frac{1}{a}\right)\right]\left[\left(\frac{1}{c}+\frac{1}{a}\right)\left(\frac{1}{c}+\frac{1}{b}\right)\right]}$$

$$=3+(ab+bc+ca)-abc\sqrt{\left[\left(\frac{1}{a}+\frac{1}{b}\right)\left(\frac{1}{b}+\frac{1}{c}\right)\left(\frac{1}{c}+\frac{1}{a}\right)\right]^2}$$

$$=3+(ab+bc+ca)-abc\left(\frac{1}{a}+\frac{1}{b}\right)\left(\frac{1}{b}+\frac{1}{c}\right)\left(\frac{1}{c}+\frac{1}{a}\right)$$

$$= 3 + (ab + bc + ca) - \frac{(a+b)(b+c)(c+a)}{abc}$$

$$= 3 + (ab + bc + ca)\left(\frac{1}{ab} + \frac{1}{bc} + \frac{1}{ca}\right) - \frac{(a+b)(b+c)(c+a)}{abc}$$

$$= 3 + \frac{(ab + bc + ca)(a + b + c) - (a+b)(b+c)(c+a)}{abc}$$

$$\geqslant 3 + 1 = 4$$

到此结论获得证明.

评注 （1）本题的解答过程中的一步重要变形

$$\sqrt{(1+a^2)(1+b^2)(1+c^2)} = abc\sqrt{\left(\frac{1}{a^2}+1\right)\left(\frac{1}{b^2}+1\right)\left(\frac{1}{c^2}+1\right)} \qquad (1)$$

富有技巧,一般学生是搞不明白要义的,其实,再往下细看便知,这样的变形是为了使用 $\frac{1}{ab} + \frac{1}{bc} + \frac{1}{ca} = 1$,即将式(1)右边根号下的 1 换成 $\frac{1}{ab} + \frac{1}{bc} + \frac{1}{ca}$,为分解因式奠定基础,这就是本解法的高明之处,回头再看,觉得这个解法十分高雅,难以企及! 此外,在证明的尾部,还使用了常见的恒等式

$$(ab + bc + ca)(a + b + c) = (a+b)(b+c)(c+a) + abc$$

这也是需要我们记住的一个重要的恒等变形.

（2）在高雅之余,大家可能觉得这个证明比较麻烦,于是就有人想,此题有无更简单一些的方法呢?

二、三角法证明

从条件 $a,b,c \in \mathbf{R}^*$，$a+b+c=abc$ 联想到锐角 $\triangle ABC$ 中的三角恒等式

$$\tan A + \tan B + \tan C = \tan A \tan B \tan C$$

于是就有了下面的证明.

证明 2 由条件,可令 $a = \tan A, b = \tan B, c = \tan C$,于是,原题左边化为

$$\sqrt{(1+a^2)(1+b^2)} + \sqrt{(1+b^2)(1+c^2)} +$$
$$\sqrt{(1+c^2)(1+a^2)} - \sqrt{(1+a^2)(1+b^2)(1+c^2)}$$

$$= \sqrt{(1+\tan^2 A)(1+\tan^2 B)} + \sqrt{(1+\tan^2 B)(1+\tan^2 C)} +$$
$$\sqrt{(1+\tan^2 C)(1+\tan^2 A)} - \sqrt{(1+\tan^2 A)(1+\tan^2 B)(1+\tan^2 C)}$$

$$= \frac{1}{\cos A} \cdot \frac{1}{\cos B} + \frac{1}{\cos B} \cdot \frac{1}{\cos C} + \frac{1}{\cos C} \cdot \frac{1}{\cos A} - \frac{1}{\cos A} \cdot \frac{1}{\cos B} \cdot \frac{1}{\cos C}$$

$$= \frac{\cos A + \cos B + \cos C - 1}{\cos A \cos B \cos C}$$

$$=\frac{4\sin\dfrac{A}{2}\sin\dfrac{B}{2}\sin\dfrac{C}{2}}{\cos A\cos B\cos C}$$

$$\geqslant 4$$

最后一步用到了熟知的三角不等式

$$\cos A\cos B\cos C\leqslant\sin\frac{A}{2}\sin\frac{B}{2}\sin\frac{C}{2}$$

到此结论获得证明.

说明 在锐角 $\triangle ABC$ 中,有 $\cos A\cos B\cos C\leqslant\sin\dfrac{A}{2}\sin\dfrac{B}{2}\sin\dfrac{C}{2}$,则由条件知

$$\cos A\cos B=\frac{1}{2}\big[\cos(A+B)+\cos(A-B)\big]$$

$$\leqslant\frac{1}{2}\big[\cos(A+B)+1\big]$$

$$=\cos^2\frac{A+B}{2}=\sin^2\frac{C}{2}$$

$$\Rightarrow\cos A\cos B\leqslant\sin^2\frac{C}{2}$$

同理还有两个式子,三个式子相乘便得结论.

证明 3 三角代换法(2017 年 8 月 30 日).

由条件知,可作代换,令 $a=\cot\dfrac{A}{2}$,$b=\cot\dfrac{B}{2}$,$c=\cot\dfrac{C}{2}$,则原不等式等价于

$$\sqrt{(1+a^2)(1+b^2)}+\sqrt{(1+b^2)(1+c^2)}+\sqrt{(1+c^2)(1+a^2)}-$$
$$\sqrt{(1+a^2)(1+b^2)(1+c^2)}$$

$$=\frac{1}{\sin\dfrac{A}{2}\sin\dfrac{B}{2}}+\frac{1}{\sin\dfrac{B}{2}\sin\dfrac{C}{2}}+\frac{1}{\sin\dfrac{C}{2}\sin\dfrac{A}{2}}-\frac{1}{\sin\dfrac{A}{2}\sin\dfrac{B}{2}\sin\dfrac{C}{2}}$$

$$=\frac{\sin\dfrac{A}{2}+\sin\dfrac{B}{2}+\sin\dfrac{C}{2}-1}{\sin\dfrac{A}{2}\sin\dfrac{B}{2}\sin\dfrac{C}{2}}$$

$$=\frac{\sin\dfrac{A}{2}+\sin\dfrac{B}{2}+\sin\dfrac{C}{2}-\left(\cos A+\cos B+\cos C-4\sin\dfrac{A}{2}\sin\dfrac{B}{2}\sin\dfrac{C}{2}\right)}{\sin\dfrac{A}{2}\sin\dfrac{B}{2}\sin\dfrac{C}{2}}$$

$$=4+\frac{\sin\dfrac{A}{2}+\sin\dfrac{B}{2}+\sin\dfrac{C}{2}-(\cos A+\cos B+\cos C)}{\sin\dfrac{A}{2}\sin\dfrac{B}{2}\sin\dfrac{C}{2}}$$

$$\geqslant 4$$

最后一步用到了熟知的不等式

$$\sin \frac{A}{2} + \sin \frac{B}{2} + \sin \frac{C}{2} \geqslant \cos A + \cos B + \cos C$$

评注 （1）当做完或者看完，或者听完（老师讲解）一道题目之后，有时候觉得方法不好，或者很麻烦，那么，就应该再想想有无更好的方法. 其实可探究的方法很多，比如类比联想就是一个好方法，由 $1 + \tan^2 A = \sec^2 A$ 想到正切代换. 数学追求简单美，这是毋庸置疑的，也是我们的一贯追求.

（2）若站在命题的角度看本题，也许认为就是运用三角代换编拟出来的，换句话说，从三角代换方向去命题是一个很好的思路.

§7 竞赛中的一些三角问题分析

本节我们将从 2005 年中国数学奥林匹克中的一道题目出发，看看竞赛中的一些三角问题的意义，不妥之处，请大家批评指正.

一、题目与解答

问题 1 设 $\theta_i \in \left(-\dfrac{\pi}{2}, \dfrac{\pi}{2}\right)(i=1,2,3,4)$，求证：存在 $x \in \mathbf{R}$，使得下面两个不等式

$$\cos^2 \theta_1 \cos^2 \theta_2 - (\sin \theta_1 \sin \theta_2 - x)^2 \geqslant 0 \tag{1}$$

$$\cos^2 \theta_3 \cos^2 \theta_4 - (\sin \theta_3 \sin \theta_4 - x)^2 \geqslant 0 \tag{2}$$

同时成立的充要条件是

$$\sum_{i=1}^{4} \sin^2 \theta_i \leqslant 2\left(1 + \prod_{i=1}^{4} \sin \theta_i + \prod_{i=1}^{4} \cos \theta_i\right) \tag{3}$$

题目解说 本题为 2005 年中国数学奥林匹克第 1 题.

证明 由题目条件知（1）（2）分别等价于

$$\sin \theta_1 \sin \theta_2 - \cos \theta_1 \cos \theta_2 \leqslant x \leqslant \sin \theta_1 \sin \theta_2 + \cos \theta_1 \cos \theta_2 \tag{4}$$

$$\sin \theta_3 \sin \theta_4 - \cos \theta_3 \cos \theta_4 \leqslant x \leqslant \sin \theta_3 \sin \theta_4 + \cos \theta_3 \cos \theta_4 \tag{5}$$

于是，存在 $x \in \mathbf{R}$，使得（4）（5）同时成立的充要条件就是它们的交集不空，即

$$\sin \theta_1 \sin \theta_2 + \cos \theta_1 \cos \theta_2 - \sin \theta_3 \sin \theta_4 + \cos \theta_3 \cos \theta_4 \geqslant 0 \tag{6}$$

且

$$\sin \theta_3 \sin \theta_4 + \cos \theta_3 \cos \theta_4 - \sin \theta_1 \sin \theta_2 + \cos \theta_1 \cos \theta_2 \geqslant 0 \tag{7}$$

另外，利用平方关系进一步可将（3）化为

$$0 \leqslant \sum_{i=1}^{4} \cos^2 \theta_i - 2 + 2\left(\prod_{i=1}^{4} \sin \theta_i + \prod_{i=1}^{4} \cos \theta_i\right)$$

$$= \cos^2 \theta_1 + \cos^2 \theta_2 - 1 + \cos^2 \theta_3 + \cos^2 \theta_4 - 1 + 2\left(\prod_{i=1}^{4} \sin \theta_i + \prod_{i=1}^{4} \cos \theta_i\right)$$

$$= (\cos^2 \theta_1 - \sin^2 \theta_2) + (\cos^2 \theta_3 - \sin^2 \theta_4) + 2\left(\prod_{i=1}^{4} \sin \theta_i + \prod_{i=1}^{4} \cos \theta_i\right)$$

$$= \cos(\theta_1 - \theta_2)\cos(\theta_1 + \theta_2) + \cos(\theta_3 - \theta_4)\cos(\theta_3 + \theta_4) + 2\left(\prod_{i=1}^{4} \sin \theta_i + \prod_{i=1}^{4} \cos \theta_i\right)$$

$$= \cos^2 \theta_1 \cos^2 \theta_2 - \sin^2 \theta_1 \sin^2 \theta_2 + \cos^2 \theta_3 \cos^2 \theta_4 - \sin^2 \theta_3 \sin^2 \theta_4 +$$

$$2\left(\prod_{i=1}^{4} \sin \theta_i + \prod_{i=1}^{4} \cos \theta_i\right)$$

$$= \left(\cos^2 \theta_1 \cos^2 \theta_2 + 2\prod_{i=1}^{4} \cos \theta_i + \cos^2 \theta_3 \cos^2 \theta_4\right) -$$

$$\left(\sin^2 \theta_1 \sin^2 \theta_2 - 2\prod_{i=1}^{4} \sin \theta_i + \sin^2 \theta_3 \sin^2 \theta_4\right)$$

$$= (\cos \theta_1 \cos \theta_2 + \cos \theta_3 \cos \theta_4)^2 -$$

$$(\sin \theta_1 \sin \theta_2 - \sin \theta_3 \sin \theta_4)^2$$

即

$$(\cos \theta_1 \cos \theta_2 + \cos \theta_3 \cos \theta_4)^2 \geqslant (\sin \theta_1 \sin \theta_2 - \sin \theta_3 \sin \theta_4)^2 \qquad (8)$$

当存在 $x \in \mathbf{R}$,使得(4)(5)同时成立时,由(6)(7)立刻可以得到(8),从而(3)成立.

反之,当(3)成立,亦即(8)成立时,若有(6)(7)不成立,则有

$$\sin \theta_1 \sin \theta_2 + \cos \theta_1 \cos \theta_2 - \sin \theta_3 \sin \theta_4 + \cos \theta_3 \cos \theta_4 < 0$$

$$\sin \theta_3 \sin \theta_4 + \cos \theta_3 \cos \theta_4 - \sin \theta_1 \sin \theta_2 + \cos \theta_1 \cos \theta_2 < 0$$

这两个式子相加得

$$2(\cos \theta_1 \cos \theta_2 + \cos \theta_3 \cos \theta_4) < 0$$

这与 $\theta_i \in \left(-\dfrac{\pi}{2}, \dfrac{\pi}{2}\right)$ $(i = 1, 2, 3, 4)$ 是矛盾的.

所以,必有(6)(7)同时成立,因此,存在 $x \in \mathbf{R}$,使得(4)(5)同时成立.

评注 本题看似复杂,其实只要善于分析,也是不会感到有多大难度的. 证明本题的关键在于寻找条件不等式与结论不等式的关系,而对结论的变形需要通过熟练的三角公式去解决,这一步比较有难度.

二、类似问题

问题 2 设函数 $f(x) = 1 - a\cos x - b\sin x - A\cos 2x - B\sin 2x$,其中 a,

b, A, B 都是已知常数,证明:对任意一个实数 x,都有 $f(x) \geqslant 0$,则 $a^2 + b^2 \leqslant 2$,而且 $A^2 + B^2 \leqslant 1$.

题目解说　本题为 28 届 IMO 中的一道题.

证明　由题设知

$$f(x) = 1 - \sqrt{a^2 + b^2} \cos(x - \theta) - \sqrt{A^2 + B^2} \cos 2(x - \varphi)$$

在上式中,分别令

$$x = \theta + \frac{\pi}{4}, x = \theta - \frac{\pi}{4}$$

得

$$f\left(\theta + \frac{\pi}{4}\right) = 1 - \sqrt{\frac{a^2 + b^2}{2}} - \sqrt{A^2 + B^2} \cos 2\left(\theta - \varphi + \frac{\pi}{4}\right)$$

$$= 1 - \sqrt{\frac{a^2 + b^2}{2}} + \sqrt{A^2 + B^2} \cos 2(\theta - \varphi) \geqslant 0$$

$$f\left(\theta - \frac{\pi}{4}\right) = 1 - \sqrt{\frac{a^2 + b^2}{2}} - \sqrt{A^2 + B^2} \cos 2\left(\theta - \varphi - \frac{\pi}{4}\right)$$

$$= 1 - \sqrt{\frac{a^2 + b^2}{2}} - \sqrt{A^2 + B^2} \cos 2\left(\theta - \varphi + \frac{\pi}{4}\right)$$

$$= 1 - \sqrt{\frac{a^2 + b^2}{2}} - \sqrt{A^2 + B^2} \cos 2(\theta - \varphi) \geqslant 0$$

这两个式子相加得

$$2\left(1 - \sqrt{\frac{a^2 + b^2}{2}}\right) \geqslant 0$$

即

$$a^2 + b^2 \leqslant 2$$

同理可得

$$f(\varphi) = 1 - \sqrt{a^2 + b^2} \cos(\varphi - \theta) - \sqrt{A^2 + B^2} \cos 0$$

$$= 1 - \sqrt{a^2 + b^2} \cos(\varphi - \theta) - \sqrt{A^2 + B^2} \geqslant 0$$

$$f(\varphi + \pi) = 1 - \sqrt{a^2 + b^2} \cos(\varphi - \theta + \pi) - \sqrt{A^2 + B^2} \cos 2\pi$$

$$= 1 + \sqrt{a^2 + b^2} \cos(\varphi - \theta) - \sqrt{A^2 + B^2} \geqslant 0$$

这两个式子相加得

$$2(1 - \sqrt{A^2 + B^2}) \geqslant 0$$

即

$$\sqrt{A^2 + B^2} \leqslant 1$$

综上,对任意实数 x,都有 $f(x) \geqslant 0$,则 $a^2 + b^2 \leqslant 2$,而且 $A^2 + B^2 \leqslant 1$.

评注 本题结论明显是辅助角公式运用之后的系数要满足的关系,再抓住恒成立的条件,只需运用特殊法,给主变量赋以特殊值,再稍做变形即得结论.但给定变量赋值有点技巧,需要赋特殊值.

问题 3 给定正整数 n,求最小的正数 λ,使得对任何 $\theta_i \in \left(0, \dfrac{\pi}{2}\right)$ $(i = 1, 2, 3, \cdots, n)$,只要

$$\tan \theta_1 \tan \theta_2 \tan \theta_3 \cdots \tan \theta_n = \sqrt{2^n}$$

就有

$$\cos \theta_1 + \cos \theta_2 + \cdots + \cos \theta_n \leqslant \lambda$$

题目解说 本题为 2003 年中国数学奥林匹克第 3 题,《中等数学》2003 年第 2 期 P26.

方法透析 从特殊性入手,当 $n = 1$ 时,怎么样? 当 $n = 2$ 时,怎么样? 由此探究.

解 当 $n = 1$ 时,条件变为 $\tan \theta_1 = \sqrt{2}$,那么

$$\cos \theta_1 = \frac{1}{\sec \theta_1} = \frac{1}{\sqrt{\sec^2 \theta_1}} = \frac{1}{\sqrt{1 + \tan^2 \theta_1}} = \frac{1}{\sqrt{1 + 2}} = \frac{\sqrt{3}}{3}$$

此时 $\lambda = \dfrac{\sqrt{3}}{3}$.

当 $n = 2$ 时,条件变为 $\tan \theta_1 \tan \theta_2 = 2$,那么,可以猜测

$$\cos \theta_1 + \cos \theta_2 \leqslant \frac{2\sqrt{3}}{3} \tag{1}$$

等号成立的条件为 $\theta_1 = \theta_2 = \arctan \sqrt{2}$.

事实上,式(1)等价于

$$(\cos \theta_1 + \cos \theta_2)^2 \leqslant \left(\frac{2\sqrt{3}}{3}\right)^2$$

即

$$\frac{1}{1 + \tan^2 \theta_1} + \frac{1}{1 + \tan^2 \theta_2} + 2\sqrt{\frac{1}{1 + \tan^2 \theta_1} \cdot \frac{1}{1 + \tan^2 \theta_2}} \leqslant \frac{4}{3} \tag{2}$$

而 $\tan \theta_1 \tan \theta_2 = 2$,所以,式(2)等价于

$$\frac{2 + \tan^2 \theta_1 + \tan^2 \theta_2}{5 + \tan^2 \theta_1 + \tan^2 \theta_2} + 2\sqrt{\frac{1}{5 + \tan^2 \theta_1 + \tan^2 \theta_2}} \leqslant \frac{4}{3} \tag{3}$$

令 $t = 5 + \tan^2 \theta_1 + \tan^2 \theta_2$,那么,式(3)等价于

$$\frac{t-3}{t} + \frac{2}{\sqrt{t}} \leqslant \frac{4}{3}$$

即

$$t - 6\sqrt{t} + 9 \geqslant 0 \tag{4}$$

式(4)等价于

$$\left(\sqrt{t} - 3\right)^2 \geqslant 0$$

于是，$\lambda = \dfrac{2\sqrt{3}}{3}$.

当 $n \geqslant 3$ 时，不妨设 $\theta_1 \geqslant \theta_2 \geqslant \cdots \geqslant \theta_n$，则

$$\tan \theta_1 \tan \theta_2 \tan \theta_3 \geqslant 2\sqrt{2}$$

因为 $\cos x = \sqrt{1 - \sin^2 x} < 1 - \dfrac{1}{2}\sin^2 x$，所以

$$\cos \theta_1 + \cos \theta_2 < 2 - \frac{1}{2}(\sin^2 \theta_1 + \sin^2 \theta_2) < 2 - \sin \theta_1 \sin \theta_2$$

但是

$$\tan^2 \theta_1 \geqslant \frac{8}{\tan^2 \theta_2 \tan^2 \theta_3} \Rightarrow \frac{1}{\cos^2 \theta_1} \geqslant \frac{8 + \tan^2 \theta_2 \tan^2 \theta_3}{\tan^2 \theta_2 \tan^2 \theta_3}$$

即

$$\cos \theta_1 \leqslant \frac{\tan \theta_2 \tan \theta_3}{\sqrt{8 + \tan^2 \theta_2 \tan^2 \theta_3}} = \frac{\sin \theta_2 \sin \theta_3}{\sqrt{8\cos^2 \theta_2 \cos^2 \theta_3 + \sin^2 \theta_2 \sin^2 \theta_3}}$$

于是

$$\cos \theta_2 + \cos \theta_3 + \cos \theta_1$$
$$< 2 - \sin \theta_2 \sin \theta_3 \left[1 - \frac{1}{\sqrt{8\cos^2 \theta_2 \cos^2 \theta_3 + \sin^2 \theta_2 \sin^2 \theta_3}}\right] \tag{5}$$

容易知道

$$8\cos^2 \theta_2 \cos^2 \theta_3 + \sin^2 \theta_2 \sin^2 \theta_3 \geqslant 1$$

这等价于

$$8 + \tan^2 \theta_2 \tan^2 \theta_3 \geqslant \frac{1}{\cos^2 \theta_2 \cos^2 \theta_3} = (1 + \tan^2 \theta_2)(1 + \tan^2 \theta_3)$$

即

$$\tan^2 \theta_2 + \tan^2 \theta_3 \leqslant 7 \tag{6}$$

由此可得式(6)成立时，有

$$\tan^2 \theta_1 \geqslant \tan^2 \theta_2 \geqslant \frac{7}{2}$$

从分析解题过程学解题——
竞赛中的向量几何与不等式研究

所以

$$\cos \theta_1 \leqslant \cos \theta_2 \leqslant \sqrt{\frac{1}{1+\frac{7}{2}}} = \frac{\sqrt{2}}{3}$$

于是

$$\cos \theta_1 + \cos \theta_2 + \cos \theta_3 \leqslant \frac{2\sqrt{2}}{3} + 1 < 2$$

由此可得

$$\cos \theta_1 + \cos \theta_2 + \cdots + \cos \theta_n < n - 1$$

另一方面,取 $\theta_1 = \theta_2 = \cdots = \theta_n = \alpha > 0, \alpha \to 0$,则

$$\theta_1 = \arctan \frac{2^{\frac{n}{2}}}{(\tan \alpha)^{n-1}}$$

显然 $\theta_1 \to \frac{\pi}{2}$,从而

$$\cos \theta_1 + \cos \theta_2 + \cdots + \cos \theta_n \to n - 1$$

综上可得 $\lambda = n - 1$.

评注 求解本题比较艰辛,需要仔细领悟其解法的真谛.

§8 三角代换与几个不等式的证明

问题 设 $x, y, z \in \mathbf{R}^*$,且 $xy + yz + zx = 1$,求证

$$x(1-y^2)(1-z^2) + y(1-z^2)(1-x^2) + z(1-x^2)(1-y^2) \leqslant \frac{4\sqrt{3}}{9}$$

题目解说 本题为 1994 年香港竞赛题.

证明 1 (本证明由江苏蔡玉书给出)由三元均值不等式知

$$1 = xy + yz + zx \geqslant 3\sqrt[3]{xyyzzx} \Rightarrow xyz \leqslant \frac{\sqrt{3}}{9}$$

于是,原不等式左边

$$x(1-y^2)(1-z^2) + y(1-z^2)(1-x^2) + z(1-x^2)(1-y^2)$$

$$= \sum x - \sum x(y^2 + z^2) + xyz(xy + yz + zx)$$

$$= \sum x - \sum x^2(y+z) + xyz$$

$$= \sum x - \sum x(xy + zx) + xyz$$

$$= \sum x - \sum x(1-yz) + xyz$$

$$= 4xyz \leqslant \frac{4\sqrt{3}}{9}$$

评注 解决本题的关键一步就是如下变形

$$\sum x(y^2 + z^2) = \sum x^2(y+z) = \sum x(xy+zx) = \sum x(1-yz)$$

为利用已知条件打好基础.

证明 2 三角代换法.

由条件可设 $x = \tan \alpha, y = \tan \beta, z = \tan \gamma, \alpha + \beta + \gamma = \dfrac{\pi}{2}$,则

$$x(1-y^2)(1-z^2) + y(1-z^2)(1-x^2) + z(1-x^2)(1-y^2)$$

$$= \frac{1}{2}(1-x^2)(1-y^2)(1-z^2)\left(\frac{2x}{1-x^2} + \frac{2y}{1-y^2} + \frac{2z}{1-z^2}\right)$$

$$= \frac{1}{2}(1-x^2)(1-y^2)(1-z^2)(\tan 2\alpha + \tan 2\beta + \tan 2\gamma)$$

$$= \frac{1}{2}(1-x^2)(1-y^2)(1-z^2)\frac{2x}{1-x^2} \cdot \frac{2y}{1-y^2} \cdot \frac{2z}{1-z^2}$$

$$= 4xyz$$

评注 这个证明过程的产生源于三角公式 $\tan 2\alpha = \dfrac{2\tan \alpha}{1-\tan \alpha^2}$ 的联想发现,再结合条件等式 $xy + yz + zx = 1$ 等价于 $\triangle ABC$ 中的等式 $\tan \dfrac{A}{2} \tan \dfrac{B}{2} + \tan \dfrac{B}{2} \tan \dfrac{C}{2} + \tan \dfrac{C}{2} \tan \dfrac{A}{2} = 1$,于是上述方法产生了.

引申 1 设 $x, y, z \in \mathbf{R}^*$,且 $xy + yz + zx = 1$,求证

$$xyz(x+y)(y+z)(z+x) \geqslant (1-x^2)(1-y^2)(1-z^2)$$

题目解说 本题为 2016 年全国高中数学联赛江西预赛中的一道题.

渊源探索 从上题的证明过程中可以看出,正切二倍角公式在解决不等式方面有着重要应用,类似的,关于三角形中的其他正切公式还有什么应用呢?比如,在 $\triangle ABC$ 中,有 $\tan A + \tan B + \tan C = \tan A \tan B \tan C$,有用吗?

方法透析 从本题的结构可以看出,用右边去除左边,立刻产生正切二倍角公式的代换的联想思维.

证明 1 由条件可设 $x = \tan \alpha, y = \tan \beta, z = \tan \gamma, \alpha + \beta + \gamma = \dfrac{\pi}{2}$,即

$$\tan 2\alpha \tan 2\beta \tan 2\gamma$$

$$= \tan 2\alpha + \tan 2\beta + \tan 2\gamma$$

$$\geqslant 3\sqrt[3]{\tan 2\alpha \tan 2\beta \tan 2\gamma}$$

$$\Rightarrow \tan 2\alpha \tan 2\beta \tan 2\gamma \geqslant 3\sqrt{3}$$

原不等式等价于

$$\frac{2x}{1-x^2} \cdot \frac{2y}{1-y^2} \cdot \frac{2z}{1-z^2}$$

$$\geqslant \frac{8}{(x+y)(y+z)(z+x)}$$

$$\Leftrightarrow \tan 2\alpha \tan 2\beta \tan 2\gamma$$

$$\geqslant \frac{8}{(\tan \alpha + \tan \beta)(\tan \beta + \tan \gamma)(\tan \gamma + \tan \alpha)} \quad （再切化弦）$$

$$= \frac{8\cos^2\alpha \cos^2\beta \cos^2\gamma}{\sin(\alpha+\beta)\sin(\beta+\gamma)\sin(\gamma+\alpha)} \quad （注意 \alpha+\beta+\gamma=\frac{\pi}{2}）$$

$$= \frac{8\cos^2\alpha \cos^2\beta \cos^2\gamma}{\cos \gamma \cos \beta \cos \alpha}$$

$$= 8\cos \alpha \cos \beta \cos \gamma$$

因为

$$\cos \alpha \cos \beta \cos \gamma \leqslant \frac{3\sqrt{3}}{8}$$

所以原不等式获得证明.

证明 2 原不等式等价于

$$(zx+xy)(xy+yz)(yz+zx) \geqslant (1-x^2)(1-y^2)(1-z^2)$$

$$\Leftrightarrow (1-xy)(1-yz)(1-zx) \geqslant (1-x^2)(1-y^2)(1-z^2)$$

$$\Leftrightarrow xyz(x+y+z)-(xyz)^2 \geqslant 1-x^2-y^2-z^2 +$$

$$x^2y^2+y^2z^2+z^2x^2-(xyz)^2$$

$$\Leftrightarrow xyz(x+y+z) \geqslant 1-x^2-y^2-z^2+x^2y^2+y^2z^2+z^2x^2 \qquad (1)$$

但是

$$1=(xy+yz+zx)^2=x^2y^2+y^2z^2+z^2x^2+2xyz(x+y+z)$$

$$x^2+y^2+z^2=(x^2+y^2+z^2)(xy+yz+zx)$$

$$=xy(x^2+y^2)+yz(y^2+z^2)+$$

$$zx(z^2+x^2)+xyz(x+y+z)$$

代入式(1) 得

$$xy(x^2+y^2)+yz(y^2+z^2)+zx(z^2+x^2) \geqslant 2(x^2y^2+y^2z^2+z^2x^2)$$

$$\Leftrightarrow xy(x-y)^2+yz(y-z)^2+zx(z-x)^2 \geqslant 0$$

到此结论获得证明.

评注 本题的上述两个方法完全来源于对上题方法的深刻理解和把握.

引申 2 设 $a,b,c \in \mathbf{R}^*, a+b+c=1$,求证

$$\frac{b\sqrt{c}}{a(\sqrt{3c}+\sqrt{ab})}+\frac{c\sqrt{a}}{b(\sqrt{3a}+\sqrt{bc})}+\frac{a\sqrt{b}}{c(\sqrt{3b}+\sqrt{ca})} \geqslant \frac{3\sqrt{3}}{4}$$

题目解说 本题来源于奥数微信群,具体情况不详.

方法透析 题目中的如此分式不等式的解决,一般来看,都可以考虑运用柯西不等式的变形

$$\frac{a^2}{x}+\frac{b^2}{y}+\frac{c^2}{z} \geqslant \frac{(a+b+c)^2}{x+y+z}$$

另外,从条件等式 $a+b+c=1$,一般可以联想到三角形中的恒等式:在 $\triangle ABC$ 中的等式

$$\tan\frac{A}{2}\tan\frac{B}{2}+\tan\frac{B}{2}\tan\frac{C}{2}+\tan\frac{C}{2}\tan\frac{A}{2}=1$$

证明 1 注意到

$$1=a+b+c \geqslant 3\sqrt[3]{abc} \Rightarrow abc \leqslant \frac{1}{27}$$

所以,根据柯西不等式知

$$\frac{b\sqrt{c}}{a(\sqrt{3c}+\sqrt{ab})}+\frac{c\sqrt{a}}{b(\sqrt{3a}+\sqrt{bc})}+\frac{a\sqrt{b}}{c(\sqrt{3b}+\sqrt{ca})}$$

$$=\sum \frac{(bc)^2}{abc(\sqrt{3}c+\sqrt{abc})} \geqslant \frac{(ab+bc+ca)^2}{abc(\sqrt{3}\sum c+3\sqrt{abc})}$$

$$\geqslant \frac{3abc}{abc(\sqrt{3}+3\sqrt{abc})} \geqslant \frac{3abc}{abc(\sqrt{3}+3\sqrt{\frac{1}{27}})}=\frac{3\sqrt{3}}{4}$$

评注 这个证明是设法构造出柯西不等式的变形:$\dfrac{a^2}{x}+\dfrac{b^2}{y}+\dfrac{c^2}{z} \geqslant \dfrac{(a+b+c)^2}{x+y+z}$,再结合分析法达到解决问题的目的.

证明 2 根据柯西不等式知

$$\frac{b\sqrt{c}}{a(\sqrt{3c}+\sqrt{ab})}+\frac{c\sqrt{a}}{b(\sqrt{3a}+\sqrt{bc})}+\frac{a\sqrt{b}}{c(\sqrt{3b}+\sqrt{ca})}$$

$$=\sum \frac{(bc)^2}{abc(\sqrt{3c}+\sqrt{abc})} \geqslant \frac{(ab+bc+ca)^2}{abc(\sqrt{3}\sum c+3\sqrt{abc})}$$

只要证明

$$\frac{(ab+bc+ca)^2}{abc(\sqrt{3}+3\sqrt{abc})} \geqslant \frac{3\sqrt{3}}{4}$$

即

$$(ab+bc+ca)^2 \geqslant \frac{3\sqrt{3}}{4}abc(\sqrt{3}+3\sqrt{abc})$$

因为

$$(ab+bc+ca)^2 \geqslant abc(a+b+c)=abc$$

所以

$$1 \geqslant 3\sqrt{3}\sqrt{abc} \Leftrightarrow abc \leqslant \frac{1}{27}$$

评注 本证明仍然运用柯西不等式的变形：$\dfrac{a^2}{x}+\dfrac{b^2}{y}+\dfrac{c^2}{z} \geqslant \dfrac{(a+b+c)^2}{x+y+z}$.

证明 3 设 $a = \cot A\cot B, b = \cot B\cot C, c = \cot A\cot C (A,B,C$ 为锐角三角形的内角，注意到 $\cot A\cot B + \cot B\cot C + \cot A\cot C = 1)$，则

$$\frac{c\sqrt{a}}{b(\sqrt{3a}+\sqrt{bc})} = \frac{\cot C\cot A\sqrt{\cot A\cot B}}{\cot B\cot C(\sqrt{3\cot A\cot B}+\sqrt{\cot A\cot B\cot^2 C})}$$

$$= \frac{\cot A}{\cot B(\sqrt{3}+\cot C)}$$

同理可得

$$\frac{a\sqrt{b}}{c(\sqrt{3b}+\sqrt{ca})} = \frac{\cot B}{\cot C(\sqrt{3}+\cot A)}$$

$$\frac{b\sqrt{c}}{a(\sqrt{3c}+\sqrt{ab})} = \frac{\cot C}{\cot A(\sqrt{3}+\cot B)}$$

从而

$$\frac{b\sqrt{c}}{a(\sqrt{3c}+\sqrt{ab})} + \frac{c\sqrt{a}}{b(\sqrt{3a}+\sqrt{bc})} + \frac{a\sqrt{b}}{c(\sqrt{3b}+\sqrt{ca})}$$

$$= \frac{\cot A}{\cot B(\sqrt{3}+\cot C)} + \frac{\cot B}{\cot C(\sqrt{3}+\cot A)} + \frac{\cot C}{\cot A(\sqrt{3}+\cot B)}$$

$$\geqslant \frac{(\cot A+\cot B+\cot C)^2}{\cot A\cot B(\sqrt{3}+\cot C)+\cot B\cot C(\sqrt{3}+\cot A)+\cot C\cot A(\sqrt{3}+\cot B)}$$

$$\geqslant \frac{3(\cot A\cot B+\cot B\cot C+\cot C\cot A)}{\sqrt{3}+3\cot A\cot B\cot C}$$

$$\geqslant \frac{3}{\sqrt{3}+3\left(\dfrac{\cot A\cot B+\cot B\cot C+\cot C\cot A}{3}\right)^{\frac{3}{2}}}$$

$$= 3\frac{\sqrt{3}}{4}$$

评注　这个证明方法是进行三角代换之后,明显可以看出柯西不等式(分式形式)的变形:$\dfrac{a^2}{x}+\dfrac{b^2}{y}+\dfrac{c^2}{z}\geqslant\dfrac{(a+b+c)^2}{x+y+z}$ 的运用空间.

证明 4　根据柯西不等式知

$$\frac{b\sqrt{c}}{a(\sqrt{3c}+\sqrt{ab})}+\frac{c\sqrt{a}}{b(\sqrt{3a}+\sqrt{bc})}+\frac{a\sqrt{b}}{c(\sqrt{3b}+\sqrt{ca})}$$

$$=\sum\frac{(bc)^2}{abc(\sqrt{3}c+\sqrt{abc})}$$

$$=\sum\frac{\left(\sqrt{\dfrac{bc}{a}}\right)^2}{(\sqrt{3}c+\sqrt{abc})}$$

$$\geqslant\frac{\left(\sqrt{\dfrac{bc}{a}}+\sqrt{\dfrac{ca}{b}}+\sqrt{\dfrac{ab}{c}}\right)^2}{(\sqrt{3}\sum c+3\sqrt{abc})}$$

$$\geqslant\frac{3\left(\sqrt{\dfrac{bc}{a}\cdot\dfrac{ca}{b}}+\sqrt{\dfrac{ca}{b}\cdot\dfrac{ab}{c}}+\sqrt{\dfrac{ab}{c}\cdot\dfrac{bc}{a}}\right)^2}{(\sqrt{3}+3\sqrt{abc})}$$

$$=\frac{3(a+b+c)^2}{(\sqrt{3}+3\sqrt{abc})}$$

$$\geqslant\frac{3(a+b+c)^2}{(\sqrt{3}+3\sqrt{\dfrac{1}{27}})}$$

$$=3\frac{\sqrt{3}}{4}$$

总之,本题的多个证明均多次运用柯西不等式,此种形式的不等式大约都是运用此种方法解决的,不可忘记!

§9　2005 年联赛加试不等式问题的讨论

(本节发表在《中等数学》2006(5):10-13)

本节将从 2005 年全国高中数学联赛加试第 2 题出发,谈谈本题的多个解法,不妥之处,请大家批评指正.

一、题目与解答

问题 1　设正数 a,b,c,x,y,z 满足

$$cy + bz = a, az + cx = b, bx + ay = c$$

求函数

$$f(x, y, z) = \frac{x^2}{1+x} + \frac{y^2}{1+y} + \frac{z^2}{1+z}$$

的最小值.

题目解说　本题为 2005 年全国高中数学联赛加试第 2 题.

解 1　求解本题需要先了解如下引理.

引理　在 $\triangle ABC$ 中, 求证

$$\tan^2 \frac{A}{2} + \tan^2 \frac{B}{2} + \tan^2 \frac{C}{2} \geqslant 2 - 8\sin \frac{A}{2} \sin \frac{B}{2} \sin \frac{C}{2} \tag{1}$$

等号成立的条件是 $\triangle ABC$ 为等边三角形.

引理的证明　用向量方法证明如下.

设 $\boldsymbol{i}, \boldsymbol{j}, \boldsymbol{k}$ 是平面上的单位向量, 且 $\boldsymbol{j}$ 与 $\boldsymbol{k}$ 所成角为 $\pi - A$, $\boldsymbol{k}$ 与 $\boldsymbol{i}$ 所成角为 $\pi - B$, $\boldsymbol{i}$ 与 $\boldsymbol{j}$ 所成角为 $\pi - C$, 则

$$\left(\boldsymbol{i} \tan \frac{A}{2} + \boldsymbol{j} \tan \frac{B}{2} + \boldsymbol{k} \tan \frac{C}{2} \right)^2 \geqslant 0$$

所以

$$\tan^2 \frac{A}{2} + \tan^2 \frac{B}{2} + \tan^2 \frac{C}{2}$$

$$\geqslant 2\tan \frac{A}{2} \tan \frac{B}{2} \cos C + 2\tan \frac{B}{2} \tan \frac{C}{2} \cos A + 2\tan \frac{C}{2} \tan \frac{A}{2} \cos B$$

$$= 2\tan \frac{A}{2} \tan \frac{B}{2} (1 - 2\sin^2 \frac{C}{2}) + 2\tan \frac{B}{2} \tan \frac{C}{2} (1 - 2\sin^2 \frac{A}{2}) +$$

$$2\tan \frac{C}{2} \tan \frac{A}{2} (1 - 2\sin^2 \frac{B}{2})$$

$$= 2 \left(\tan \frac{A}{2} \tan \frac{B}{2} + \tan \frac{B}{2} \tan \frac{C}{2} + \tan \frac{C}{2} \tan \frac{A}{2} \right) -$$

$$4\sin \frac{A}{2} \sin \frac{B}{2} \sin \frac{C}{2} \left(\frac{\sin \frac{A}{2}}{\cos \frac{B}{2} \cos \frac{C}{2}} + \frac{\sin \frac{B}{2}}{\cos \frac{C}{2} \cos \frac{A}{2}} + \frac{\sin \frac{C}{2}}{\cos \frac{A}{2} \cos \frac{B}{2}} \right)$$

$$= 2 - 4\sin \frac{A}{2} \sin \frac{B}{2} \sin \frac{C}{2} \cdot \frac{\sin A + \sin B + \sin C}{2\cos \frac{A}{2} \cos \frac{B}{2} \cos \frac{C}{2}}$$

$$= 2 - 8\sin \frac{A}{2} \sin \frac{B}{2} \sin \frac{C}{2}$$

注意到在 $\triangle ABC$ 中有熟知的等式

$$\tan\frac{A}{2}\tan\frac{B}{2}+\tan\frac{B}{2}\tan\frac{C}{2}+\tan\frac{C}{2}\tan\frac{A}{2}=1$$

从而式(1)得证.

现在回到本题的解答.

根据三个条件等式容易求出 x,y,z 用 a,b,c 表达的式子

$$x=\frac{b^2+c^2-a^2}{2bc},y=\frac{c^2+a^2-b^2}{2ca},z=\frac{a^2+b^2-c^2}{2ab}$$

因为 a,b,c,x,y,z 都是正数,所以

$$a^2+b^2-c^2>0,b^2+c^2-a^2>0,c^2+a^2-b^2>0$$

即以 a,b,c 为对应边可以构成一个锐角 $\triangle ABC$,联想到余弦定理,于是便可令 $x=\cos A,y=\cos B,z=\cos C$,从而

$$f(x,y,z)=\frac{\cos^2 A}{1+\cos A}+\frac{\cos^2 B}{1+\cos B}+\frac{\cos^2 C}{1+\cos C}$$

$$=\frac{1-\sin^2 A}{2\cos^2\frac{A}{2}}+\frac{1-\sin^2 B}{2\cos^2\frac{B}{2}}+\frac{1-\sin^2 C}{2\cos^2\frac{C}{2}}$$

$$=\frac{1-4\sin^2\frac{A}{2}\cos^2\frac{A}{2}}{2\cos^2\frac{A}{2}}+\frac{1-4\sin^2\frac{B}{2}\cos^2\frac{B}{2}}{2\cos^2\frac{B}{2}}+\frac{1-4\sin^2\frac{C}{2}\cos^2\frac{C}{2}}{2\cos^2\frac{C}{2}}$$

$$=\frac{\sin^2\frac{A}{2}+\cos^2\frac{A}{2}-4\sin^2\frac{A}{2}\cos^2\frac{A}{2}}{2\cos^2\frac{A}{2}}+$$

$$\frac{\sin^2\frac{B}{2}+\cos^2\frac{B}{2}-4\sin^2\frac{B}{2}\cos^2\frac{B}{2}}{2\cos^2\frac{B}{2}}+$$

$$\frac{\sin^2\frac{C}{2}+\cos^2\frac{C}{2}-4\sin^2\frac{C}{2}\cos^2\frac{C}{2}}{2\cos^2\frac{C}{2}}$$

$$=\frac{3}{2}+\frac{1}{2}\left(\tan^2\frac{A}{2}+\tan^2\frac{B}{2}+\tan^2\frac{C}{2}\right)-$$

$$2\left(\sin^2\frac{A}{2}+\sin^2\frac{B}{2}+\sin^2\frac{C}{2}\right)$$

$$=\frac{3}{2}+\frac{1}{2}\left(\tan^2\frac{A}{2}+\tan^2\frac{B}{2}+\tan^2\frac{C}{2}\right)-2\left(1-2\sin\frac{A}{2}\sin\frac{B}{2}\sin\frac{C}{2}\right)$$

$$\geqslant \frac{3}{2} + \frac{1}{2}\left(2 - 8\sin\frac{A}{2}\sin\frac{B}{2}\sin\frac{C}{2}\right) - 2\left(1 - 2\sin\frac{A}{2}\sin\frac{B}{2}\sin\frac{C}{2}\right)$$

$$= \frac{1}{2}$$

等号成立的条件显然是在 $A=B=C=60°$ 时达到，最后一个不等式是根据引理得到的．

因此，$f(x,y,z) = \dfrac{x^2}{1+x} + \dfrac{y^2}{1+y} + \dfrac{z^2}{1+z}$ 的最小值为 $\dfrac{1}{2}$．

二、解法分析

上面的解 1 是在赛后笔者给出的一个证明，发表在《中等数学》2006(5)：10-13．发表之后，笔者想知道还有无其他好的方法，于是得到对本题解决方法讨论的想法．

解 2 同上面的解 1 得到

$$f(x,y,z) = \sum \frac{\cos^2 A}{1 + \cos A} = \sum \frac{\left(\cos^2\frac{A}{2} - \sin^2\frac{A}{2}\right)^2}{2\cos^2\frac{A}{2}}$$

$$= \sum \frac{\cos^4\frac{A}{2} - 2\sin^2\frac{A}{2}\cos^2\frac{A}{2} + \sin^4\frac{A}{2}}{2\cos^2\frac{A}{2}}$$

$$= \frac{1}{2}\sum \left(\tan^2\frac{A}{2} + 1 - 4\sin^2\frac{A}{2}\right)$$

$$= \frac{1}{2}\left(\sum \tan^2\frac{A}{2}\right) + \frac{3}{2} - 2\sum \sin^2\frac{A}{2}$$

$$\geqslant \frac{1}{2}\left(2 - 8\prod \sin\frac{A}{2}\right) + \frac{3}{2} - 2\left(1 - 2\prod \sin\frac{A}{2}\right)$$

$$= \frac{1}{2}$$

等号成立的条件显然是在 $A=B=C=60°$ 时达到，最后一个不等式是根据引理得到的．

因此，$f(x,y,z) = \dfrac{x^2}{1+x} + \dfrac{y^2}{1+y} + \dfrac{z^2}{1+z}$ 的最小值为 $\dfrac{1}{2}$．

解 3

$$f(x,y,z) = \sum \frac{\cos^2 A}{1 + \cos A} = \sum \frac{\left(1 - 2\sin^2\frac{A}{2}\right)^2}{2\cos^2\frac{A}{2}}$$

$$= \sum \frac{1 - 4\sin^2 \frac{A}{2} + 4\sin^4 \frac{A}{2}}{2\cos^2 \frac{A}{2}}$$

$$= \frac{1}{2} \sum \frac{\left(\sin^2 \frac{A}{2} + \cos^2 \frac{A}{2}\right) - 4\sin^2 \frac{A}{2} + 4\sin^4 \frac{A}{2}}{2\cos^2 \frac{A}{2}}$$

$$= \frac{1}{2} \sum \left(1 - 3\tan^2 \frac{A}{2} + 4\sin^2 \frac{A}{2}\tan^2 \frac{A}{2}\right)$$

$$= \frac{1}{2} \sum \left[1 - 3\tan^2 \frac{A}{2} + 4\left(1 - \cos^2 \frac{A}{2}\right)\tan^2 \frac{A}{2}\right]$$

$$= \frac{1}{2} \sum \left(1 + \tan^2 \frac{A}{2} - 4\cos^2 \frac{A}{2}\tan^2 \frac{A}{2}\right)$$

$$= \frac{1}{2} \sum \left(1 + \tan^2 \frac{A}{2} - 4\sin^2 \frac{A}{2}\right)$$

$$\geqslant \frac{3}{2} + \frac{1}{2}\left(2 - \prod \sin \frac{A}{2}\right) - 2\left(1 - 2\prod \sin \frac{A}{2}\right)$$

$$= \frac{1}{2}$$

解 4 由条件知 $x = \dfrac{b^2 + c^2 - a^2}{2bc}$，于是

$$\frac{x^2}{1 + x} = \frac{(b^2 + c^2 - a^2)^2}{2bc(2bc + b^2 + c^2 - a^2)}$$

$$\geqslant \frac{(b^2 + c^2 - a^2)^2}{4b^2 c^2 + (b^2 + c^2)(b^2 + c^2 - a^2)}$$

$$（这一步将 2bc 放大到 b^2 + c^2）$$

$$= \frac{(b^2 + c^2 - a^2)^2}{b^4 + c^4 + 6b^2 c^2 - c^2 a^2 - a^2 b^2}$$

同理还有

$$\frac{y^2}{1 + y} \geqslant \frac{(c^2 + a^2 - b^2)^2}{c^4 + a^4 + 6c^2 a^2 - a^2 b^2 - b^2 c^2}$$

和

$$\frac{z^2}{1 + z} \geqslant \frac{(a^2 + b^2 - c^2)^2}{a^4 + b^4 + 6a^2 b^2 - b^2 c^2 - c^2 a^2}$$

由柯西不等式及

$$\sum (a^4 + b^4 + 6a^2 b^2 - b^2 c^2 - c^2 a^2) = 2\left(\sum a^2\right)^2$$

从分析解题过程学解题——
竞赛中的向量几何与不等式研究

$$f(x,y,z) \geqslant \sum \frac{(b^2+c^2-a^2)^2}{4b^2c^2+(b^2+c^2)(b^2+c^2-a^2)}$$

$$\geqslant \frac{\left(\sum a^2\right)^2}{2\left(\sum a^2\right)^2} = \frac{1}{2}$$

等号成立的条件为 $a=b=c$，即 $x=y=z=\dfrac{1}{2}$ 时达到，所以，$f(x,y,z)=$

$\dfrac{x^2}{1+x}+\dfrac{y^2}{1+y}+\dfrac{z^2}{1+z}$ 的最小值为 $\dfrac{1}{2}$.

解5 因为

$$f(x,y,z) = \sum \frac{(b^2+c^2-a^2)^2}{4b^2c^2+2bc(b^2+c^2-a^2)}$$

$$\geqslant \frac{\left(\sum a^2\right)^2}{4\sum b^2c^2+2\sum bc(b^2+c^2-a^2)} \tag{1}$$

但是

$$\sum bc(b^2+c^2-a^2)$$
$$=a^3b+ab^3+b^3c+bc^3+c^3a+ca^3-a^2bc-ab^2c-abc^2 \tag{2}$$

而

$$a^2(a-b)(a-c)+b^2(b-a)(b-c)+c^2(c-a)(c-b) \geqslant 0 \tag{3}$$

等价于

$$\sum a^4 \geqslant a^3b+ab^3+b^3c+bc^3+c^3a+ca^3-a^2bc-ab^2c-abc^2$$

所以

$$f(x,y,z) \geqslant \frac{\left(\sum a^2\right)^2}{4\sum b^2c^2+2\sum bc(b^2+c^2-a^2)}$$

$$\geqslant \frac{\left(\sum a^2\right)^2}{4\sum b^2c^2+2\sum a^4} = \frac{1}{2}$$

评注 式(3)是熟知的不等式,下面不等式对任意实数 x,y,z

$$A^2(x-y)(x-z)+B^2(y-x)(y-z)+C^2(z-x)(z-y) \geqslant 0$$

恒成立的充要条件是

$$A^4+B^4+C^4 \leqslant 2(A^2B^2+B^2C^2+C^2A^2) \quad (A,B,C \geqslant 0)$$

的一种变形.

解6 由条件等式可得

$$a^2+b^2+c^2=2bcx+2cay+2abz$$

197

$$\frac{x^2}{1+x} \geqslant \frac{x^2}{1+\dfrac{b^2+c^2}{2bc}x} = \frac{2bcx^2}{2bc+(b^2+c^2)x}$$

$$= \frac{(2bcx)^2}{(2bc)^2+2bc(b^2+c^2)x}$$

同理还有两个式子,这三个式子相加得到

$$f(x,y,z) = \sum \frac{x^2}{1+x} \geqslant \sum \frac{(2bcx)^2}{(2bc)^2+2bc(b^2+c^2)x}$$

$$\geqslant \frac{\left(2\sum bcx\right)^2}{\sum\left[(2bc)^2+2bc(b^2+c^2)x\right]}$$

而

$$\sum\left[(2bc)^2+2bc(b^2+c^2)x\right]$$

$$= 2\left[2b^2c^2+2c^2a^2+2a^2b^2+b^3cx+bc^3x+a^3cy+ac^3y+a^3bz+ab^3z\right]$$

$$= 2\left[2b^2c^2+2c^2a^2+2a^2b^2+b^3(cx+az)+a^3(cy+bz)+c^3(ay+bx)\right]$$

$$= 2\left[2b^2c^2+2c^2a^2+2a^2b^2+b^4+a^4+c^4\right]$$

$$= 2(b^2+a^2+c^2)^2$$

$$= 2(2bcx+2cay+2abz)^2$$

因此,$f(x,y,z) = \dfrac{x^2}{1+x}+\dfrac{y^2}{1+y}+\dfrac{z^2}{1+z}$ 的最小值为 $\dfrac{1}{2}$.

综上所述,上面的一些方法有些来自于一些刊物,不全是笔者的想法和做法,从总体来看,各种方法都不是很简单,这表明加试题目的解决不是很容易.

最后值得一提的是前面给出引理的向量证明,在此之前没有看到过此种证明方法.

§10　2001 年韩国竞赛题讨论

一、题目及其解答

问题 1　设 $a,b,c \in \mathbf{R}^*$,求证

$$\sqrt{(a^2b+b^2c+c^2a)(ab^2+bc^2+ca^2)}$$

$$\geqslant abc + \sqrt[3]{(a^3+abc)(b^3+abc)(c^3+abc)}$$

题目解说　本题为 2001 年韩国奥林匹克数学竞赛中的一道题.

证明 1　初看本题结构复杂,不易入手,从命题人给出的解答可以看出,本

题的证明不易,下面先看韩国人的解答.

由柯西不等式及三元均值不等式知

$$\sqrt{(a^2b+b^2c+c^2a)(ab^2+bc^2+ca^2)}$$

$$=\frac{1}{2}\sqrt{\left[b(a^2+bc)+c(b^2+ca)+a(c^2+ab)\right]\left[c(a^2+bc)+a(b^2+ca)+b(c^2+ab)\right]}$$

$$\geqslant\frac{1}{2}\left[\sqrt{bc}\,(a^2+bc)+\sqrt{ca}\,(b^2+ca)+\sqrt{ab}\,(c^2+ab)\right]$$

$$\geqslant\frac{3}{2}\sqrt[3]{\sqrt{bc}\,(a^2+bc)\,\sqrt{ca}\,(b^2+ca)\,\sqrt{ab}\,(c^2+ab)}$$

$$=\frac{3}{2}\sqrt[3]{(a^3+abc)(b^3+abc)(c^3+abc)}$$

$$=\frac{1}{2}\sqrt[3]{(a^3+abc)(b^3+abc)(c^3+abc)}+$$

$$\sqrt[3]{(a^3+abc)(b^3+abc)(c^3+abc)}$$

$$\geqslant abc+\sqrt[3]{(a^3+abc)(b^3+abc)(c^3+abc)}$$

等号成立的条件为 $a=b=c$.

上面最后一步用到了赫尔德不等式

$$(x_1^3+x_2^3+x_3^3)(y_1^3+y_2^3+y_3^3)(z_1^3+z_2^3+z_3^3)\geqslant(x_1y_1z_1+x_2y_2z_2+x_3y_3z_3)^3$$

$$x_i,y_i,z_i\in\mathbf{R}^*,i=1,2,3$$

评注　上面的证明似乎很难想到,中间有较高的技巧配合,对于普通学生来讲不是很容易,于是,笔者想有无较好的自然方法呢?

证明 2　注意到不等式两边都是三次齐次式,于是可做如下变形.

对原不等式两边同除以 abc 得

$$\sqrt{\left(\frac{a}{c}+\frac{b}{a}+\frac{c}{b}\right)\left(\frac{b}{c}+\frac{c}{a}+\frac{a}{b}\right)}\geqslant1+\sqrt[3]{\left(\frac{a}{bc}+1\right)\left(\frac{b}{ca}+1\right)\left(\frac{c}{ab}+1\right)}$$

$$\Leftrightarrow\sqrt{3+\sum\frac{a^2}{bc}+\sum\frac{bc}{a^2}}\geqslant1+\sqrt[3]{2+\sum\frac{a^2}{bc}+\sum\frac{bc}{a^2}}$$

$$\Leftrightarrow\sqrt{1+A}\geqslant1+\sqrt[3]{A}\quad(\text{令}\ B=\sqrt[3]{A}=\sqrt[3]{2+\sum\frac{a^2}{bc}+\sum\frac{bc}{a^2}}\geqslant2)$$

$$\Leftrightarrow B^2-B-2\geqslant0$$

这显然成立,从而原不等式获得证明.

评注　本题的证明 2 没有太高的技巧,只有稍微复杂的运算,其思想方法是作代换,将复杂的表面现象转化为简单的实质结构,构造出方便易看的形式,只是在作代换时注意运用多元均值不等式而已.

从上面的证明 1 可以看出，从左边进行到右边，具有较高的技巧性，中间两次运用了常用不等式进行放缩，表明这个不等式较弱（势），于是笔者在 2018 年 4 月 6 日将本题发布到微信群《奥数教练群》，许多不等式高手"一拥而上"，对其"拳打脚踢"，首先是江苏的褚小光先生（2018 年 4 月 13 日）给出了这个不等式的如下加强.

二、题目加强

问题 2 设 $a, b, c \in \mathbf{R}^*$，求证

$$\sqrt{(a^2 b + b^2 c + c^2 a)(ab^2 + bc^2 + ca^2)} + abc$$

$$\geqslant 2\sqrt[3]{(a^3 + abc)(b^3 + abc)(c^3 + abc)}$$

证明 1 褚晓光老师利用恒等式

$$(a^2 b + b^2 c + c^2 a)(ab^2 + bc^2 + ca^2)$$

$$= (a^2 + bc)(b^2 + ca)(c^2 + ab) + (abc)^2$$

则原不等式等价于

$$\sqrt{(a^2 + bc)(b^2 + ca)(c^2 + ab) + (abc)^2} + abc$$

$$\geqslant 2\sqrt[3]{(a^3 + abc)(b^3 + abc)(c^3 + abc)}$$

对上述不等式两边同除以 abc 得（令 $x = a^2 + bc, y = b^2 + ca, z = c^2 + ab$）

$$\sqrt{\frac{xyz}{(abc)^2} + 1} + 1 \geqslant 2\sqrt[3]{\frac{xyz}{(abc)^2}} \quad （再令 k = \sqrt[3]{\frac{xyz}{(abc)^2}}）$$

$$\Leftrightarrow \sqrt{k^3 + 1} + 1 \geqslant 2k$$

$$\Leftrightarrow k(k-2)^2 \geqslant 0$$

这显然成立，从而原不等式获得证明.

评注 褚晓光老师利用了如下这个漂亮的恒等式

$$(a^2 b + b^2 c + c^2 a)(ab^2 + bc^2 + ca^2) = (a^2 + bc)(b^2 + ca)(c^2 + ab) + (abc)^2$$

预计他是抓住了欲证明不等式右边结构凑出来的可能性极大，因为右边三个式子中的每一个提出一个变量后，需要分解因式的右边部分，所以联想此恒等式是可能的.

证明 2 这是笔者在研究本题证明时想到的，既然问题 1 可以作整体代换解决，那么本题证明是否可行？下面沿用问题 1 证明 2 的思想.

对原不等式两边同除以 abc，知其等价于

$$\sqrt{\left(\frac{a}{c} + \frac{b}{a} + \frac{c}{b}\right)\left(\frac{b}{c} + \frac{c}{a} + \frac{a}{b}\right)} + 1 \geqslant \sqrt[3]{\left(\frac{a}{bc} + 1\right)\left(\frac{b}{ca} + 1\right)\left(\frac{c}{ab} + 1\right)}$$

$$\Leftrightarrow \sqrt{3 + \sum \frac{a^2}{bc} + \sum \frac{bc}{a^2}} + 1 \geqslant \sqrt[3]{2 + \sum \frac{a^2}{bc} + \sum \frac{bc}{a^2}}$$

$$\Leftrightarrow \sqrt{1+A} + 1 \geqslant \sqrt[3]{A} \quad (\diamondsuit B = \sqrt[3]{A} = \sqrt[3]{2 + \sum \frac{a^2}{bc} + \sum \frac{bc}{a^2}} \geqslant 2)$$

$$\Leftrightarrow \sqrt{1+B^3} + 1 \geqslant B$$

$$\Leftrightarrow 1 + B^3 \geqslant (B-1)^2$$

$$\Leftrightarrow 左边 - 右边 = B(B^2 - B + 2) \geqslant 0$$

这显然成立,从而原不等式获得证明.

问题 3 设 $a,b,c \in \mathbf{R}^*$,求证

$$\sqrt[3]{(a^3 + b^3 + abc)(b^3 + c^3 + abc)(c^3 + a^3 + abc)}$$

$$\geqslant \sqrt{(a^2 b + b^2 c + c^2 a)(ab^2 + bc^2 + ca^2)}$$

$$\geqslant abc + \sqrt[3]{(a^3 + abc)(b^3 + abc)(c^3 + abc)}$$

证明 只证明前面部分,本证明来自于一位微信网友,抱歉忘记了尊姓大名!

由赫尔德不等式知

$$\sqrt[3]{(a^3 + b^3 + abc)(b^3 + c^3 + abc)(c^3 + a^3 + abc)}$$

$$= \sqrt[3]{[(\sqrt[3]{a^3 + b^3})^3 + (\sqrt[3]{abc})^3][(\sqrt[3]{b^3 + c^3})^3 + (\sqrt[3]{abc})^3][(\sqrt[3]{c^3 + a^3})^3 + (\sqrt[3]{abc})^3]}$$

$$\geqslant (\sqrt[3]{a^3 + b^3} \cdot \sqrt[3]{b^3 + c^3} \cdot \sqrt[3]{c^3 + a^3} + abc)$$

又由二元均值不等式知

$$(a^2 b + b^2 c + c^2 a) + (ab^2 + bc^2 + ca^2)$$

$$\geqslant 2\sqrt{(a^2 b + b^2 c + c^2 a)(ab^2 + bc^2 + ca^2)}$$

于是,只要证明

$$\sqrt[3]{a^3 + b^3} \cdot \sqrt[3]{b^3 + c^3} \cdot \sqrt[3]{c^3 + a^3} + abc$$

$$\geqslant \frac{(a^2 b + b^2 c + c^2 a) + (ab^2 + bc^2 + ca^2)}{2}$$

而

$$(a^3 + b^3)(b^3 + c^3)(c^3 + a^3) -$$

$$\left[\frac{(a^2 b + b^2 c + c^2 a) + (ab^2 + bc^2 + ca^2)}{2} - abc\right]^3$$

$$= \frac{1}{2} c^3 (a^4 + b^4 + 2ab^3 + 2a^3 b)(a-b)^2 +$$

$$\frac{1}{2} b^3 (a^4 + c^4 + 2ac^3 + 2a^3 c)(a-c)^2 +$$

201

$$\frac{1}{2}a^3(b^4 + c^4 + 2bc^3 + 2b^3c)(b-c)^2 +$$

$$\frac{3}{8}(a^2 - b^2)^2(b^2 - c^2)^2(c^2 - a^2)^2 \geqslant 0$$

即

$$\sqrt[3]{a^3 + b^3} \cdot \sqrt[3]{b^3 + c^3} \cdot \sqrt[3]{c^3 + a^3} + abc$$

$$\geqslant \frac{(a^2b + b^2c + c^2a) + (ab^2 + bc^2 + ca^2)}{2}$$

评注 看看本题的构造过程可知,许多题目都是在自己的研究探索过程中诞生的! 这就是从分析解题过程学解题、学编题.

§11 2003 年中国数学奥林匹克第 6 题分析

一、题目与解答

问题 1 设 a,b,c,d 为正数,满足 $ab + cd = 1$,点 $P_i(x_i, y_i)(i = 1,2,3,4)$,是以原点为圆心的单位圆周上的四点,求证

$$(ay_1 + by_2 + cy_3 + dy_4)^2 + (ax_4 + bx_3 + cx_2 + dx_1)^2$$

$$\leqslant 2\left(\frac{a^2 + b^2}{ab} + \frac{c^2 + d^2}{cd}\right)$$

题目解说 本题为 2003 年中国数学奥林匹克第 6 题.

证明 由条件并结合柯西不等式知

$$(ay_1 + by_2 + cy_3 + dy_4)^2 + (ax_4 + bx_3 + cx_2 + dx_1)^2$$

$$= \frac{(ay_1 + by_2 + cy_3 + dy_4)^2}{ab + cd} + \frac{(ax_4 + bx_3 + cx_2 + dx_1)^2}{ab + cd}$$

$$\leqslant \frac{(ay_1 + by_2)^2}{ab} + \frac{(cy_3 + dy_4)^2}{cd} + \frac{(ax_4 + bx_3)^2}{ab} + \frac{(cx_2 + dx_1)^2}{cd}$$

$$= \left[\frac{(ay_1 + by_2)^2}{ab} + \frac{(cx_2 + dx_1)^2}{cd}\right] + \left[\frac{(cy_3 + dy_4)^2}{cd} + \frac{(ax_4 + bx_3)^2}{ab}\right] \quad (1)$$

但是

$$(ay_1 + by_2)^2 \leqslant (ay_1 + by_2)^2 + (ax_1 - bx_2)^2$$

$$= a^2 + b^2 + 2ab(y_1y_2 - x_1x_2)$$

即

$$x_1x_2 - y_1y_2 \leqslant \frac{a^2 + b^2 - (ay_1 + by_2)^2}{2ab} \quad (2)$$

同理

$$(cx_2 + dx_1)^2 \leqslant (cx_2 + dx_1)^2 + (cy_2 - dy_1)^2$$
$$= c^2 + d^2 + 2cd(x_1 x_2 - y_1 y_2)$$

即

$$y_1 y_2 - x_1 x_2 \leqslant \frac{c^2 + d^2 - (cx_2 + dx_1)^2}{2cd} \qquad (3)$$

(2) + (3) 得到

$$\frac{(ay_1 + by_2)^2}{ab} + \frac{(cx_2 + dx_1)^2}{cd} \leqslant \frac{a^2 + b^2}{ab} + \frac{c^2 + d^2}{cd}$$

同理

$$\frac{(cy_3 + dy_4)^2}{cd} + \frac{(ax_4 + bx_3)^2}{ab} \leqslant \frac{a^2 + b^2}{ab} + \frac{c^2 + d^2}{cd}$$

所以

$$\left[\frac{(ay_1 + by_2)^2}{ab} + \frac{(cx_2 + dx_1)^2}{cd} \right] + \left[\frac{(cy_3 + dy_4)^2}{cd} + \frac{(ax_4 + bx_3)^2}{ab} \right]$$
$$\leqslant 2 \left(\frac{a^2 + b^2}{ab} + \frac{c^2 + d^2}{cd} \right)$$

评注 本题证明的基础是反向运用柯西不等式的变形

$$\frac{x^2}{a} + \frac{y^2}{b} + \frac{z^2}{c} \geqslant \frac{(x + y + z)^2}{a + b + c} \quad (a, b, c, x, y, z \in \mathbf{R}^*)$$

难点在于(2)(3)的构造,这个构造相当不容易,是命题人的得意之作(其实,他们是柯西不等式的配方证明过程中的一步,有些技巧性,通常人们不大注意),于是,产生有无简单一些方法的思考.

证明 2 这个证明由西南师大附中王勇给出,见《中等数学》2004(3):17.

由柯西不等式以及题目条件: $x_i^2 + y_i^2 = 1(i = 1, 2, 3, 4)$ 和 $ab + cd = 1$,知

$$(ay_1 + by_2 + cy_3 + dy_4)^2 + (ax_4 + bx_3 + cx_2 + dx_1)^2$$

$$\leqslant (ad y_1^2 + bc y_2^2 + cb y_3^2 + ad y_4^2) \left(\frac{a}{d} + \frac{b}{c} + \frac{c}{b} + \frac{d}{a} \right) +$$

$$(da x_1^2 + bc x_2^2 + bc x_3^2 + ad x_4^2) \left(\frac{d}{a} + \frac{c}{b} + \frac{b}{c} + \frac{a}{d} \right)$$

$$= \left(\frac{d}{a} + \frac{c}{b} + \frac{b}{c} + \frac{a}{d} \right) (2ad + 2bc) \quad (\text{提公因式,利用已知条件})$$

$$= \left[\left(\frac{d}{a} + \frac{b}{c} \right) + \left(\frac{c}{b} + \frac{a}{d} \right) \right] (2ad + 2bc)$$

$$= \left(\frac{ab + cd}{ac} + \frac{ab + cd}{bd} \right) (2ad + 2bc) \quad (\text{目标是为利用 } ab + cd = 1)$$

$$= 2\left(\frac{1}{ac} + \frac{1}{bd}\right)(ad + bc)$$

$$= 2\left(\frac{ad + bc}{ac} + \frac{ad + bc}{bd}\right)$$

$$= 2\left(\frac{d}{c} + \frac{b}{a} + \frac{a}{b} + \frac{c}{d}\right)$$

$$= 2\left(\frac{a^2 + b^2}{ab} + \frac{c^2 + d^2}{cd}\right)$$

评注 这个证明非常优美,直接运用柯西不等式构造所需要的形式,目的是为利用 $x_i^2 + y_i^2 = 1 (i = 1, 2, 3, 4)$ 消去诸多变量 $x_i, y_i (i = 1, 2, 3, 4)$ 打下基础,如行云流水般一气呵成,堪称技巧高超!

二、问题的推广延伸

这个问题是否还可做进一步的推广? 即对于如下 α, β 等情形会如何?

引申 设 $\alpha = \sum_{i=1}^{6} a_i y_i, \beta = \sum_{i=1}^{6} a_i x_{7-i}$,且 $x_i^2 + y_i^2 = 1, a_i \in \mathbf{R}^* (i = 1, 2, 3, 4, 5, 6), a_1 a_6 + a_2 a_5 + a_3 a_4 = 1$,求证

$$\alpha^2 + \beta^2 \leqslant 2\left(\frac{a_1^2 + a_6^2}{a_1 a_6} + \frac{a_2^2 + a_5^2}{a_2 a_5} + \frac{a_3^2 + a_4^2}{a_3 a_4}\right)$$

题目解说 本题为一个新题(2004 年 2 月 3 日).

渊源探索 本题是问题 1 的变量个数方面的推广.

证明 由柯西不等式知

$$(a_1 y_1 + a_2 y_2 + a_3 y_3 + a_4 y_4 + a_5 y_5 + a_6 y_6)^2 +$$
$$(a_1 x_6 + a_2 x_5 + a_3 x_4 + a_4 x_3 + a_5 x_2 + a_6 x_1)^2$$
$$\leqslant (a_1 a_6 y_1^2 + a_2 a_5 y_2^2 + a_3 a_4 y_3^2 + a_4 a_3 y_4^2 + a_5 a_2 y_5^2 + a_1 a_6 y_6^2) \cdot$$
$$\left(\frac{a_1}{a_6} + \frac{a_2}{a_5} + \frac{a_3}{a_4} + \frac{a_4}{a_3} + \frac{a_5}{a_2} + \frac{a_6}{a_1}\right) +$$
$$(a_1 a_6 x_6^2 + a_2 a_5 x_5^2 + a_3 a_4 x_4^2 + a_4 a_3 x_3^2 + a_5 a_2 x_2^2 + a_1 a_6 x_1^2) \cdot$$
$$\left(\frac{a_1}{a_6} + \frac{a_2}{a_5} + \frac{a_3}{a_4} + \frac{a_4}{a_3} + \frac{a_5}{a_2} + \frac{a_6}{a_1}\right)$$
$$= 2(a_1 a_6 + a_2 a_5 + a_3 a_4)\left(\frac{a_1}{a_6} + \frac{a_2}{a_5} + \frac{a_3}{a_4} + \frac{a_4}{a_3} + \frac{a_5}{a_2} + \frac{a_6}{a_1}\right)$$
$$= 2\left(\frac{a_1}{a_6} + \frac{a_2}{a_5} + \frac{a_3}{a_4} + \frac{a_4}{a_3} + \frac{a_5}{a_2} + \frac{a_6}{a_1}\right)$$
$$= 2\left(\frac{a_1^2 + a_6^2}{a_1 a_6} + \frac{a_2^2 + a_5^2}{a_2 a_5} + \frac{a_3^2 + a_4^2}{a_3 a_4}\right)$$

即

$$\alpha^2 + \beta^2 \leqslant 2\left(\frac{a_1^2 + a_6^2}{a_1 a_6} + \frac{a_2^2 + a_5^2}{a_2 a_5} + \frac{a_3^2 + a_4^2}{a_3 a_4}\right)$$

综上所述,解决完一道题目之后,需要认真回顾反思,反思解决本题所用的技巧在哪里,都运用了什么知识,所用方法是否是通法,是否适用于一般的情况等,这是提高解题能力的重要一环.

§12 2005 年高中数学联赛第 13 题的背景及解法讨论

(本节已发表在浙江《中学教研》2006 年第 5 期)

探讨一些竞赛试题的背景和演变是一件十分有意义的工作,它既可以挖掘知识之间的纵横联系,又可以培养学生发现问题、解决问题的能力,同时可以激发学生学习数学的兴趣,还可以揭示命题人的思维方法,为学生发现问题的本质提供思路和供借鉴的模式,让他们也能享受到做科学研究的乐趣,使他们以后在科学研究的道路上走的更好些,更远些.

下面我们对 2005 年的一道全国高中数学联赛第13题的解法及来历做以探讨,供感兴趣的读者参考.

一、题目

2005 年全国高中数学联赛第 13 题:

数列 $\{a_n\}$ 满足:$a_0 = 1, a_{n+1} = \frac{1}{2}(7a_n + \sqrt{45a_n^2 - 36})$,$n \in \mathbf{N}$,证明:

(1) 对任意 $n \in \mathbf{N}$,a_n 为整数;

(2) 对任意 $n \in \mathbf{N}$,$a_{n+1}a_n - 1$ 为一个完全平方数.

二、先看本题的解法

(1) 一般有三种解法.

解 1 递推并利用根与系数的关系.

对原递推式移项,再两边平方整理便得

$$a_{n+1}^2 - 7a_{n+1}a_n + a_n^2 + 9 = 0 \tag{1}$$

再递推得

$$a_n^2 - 7a_n a_{n-1} + a_{n-1}^2 + 9 = 0$$

改换一种叙述方式得

$$a_{n-1}^2 - 7a_{n-1}a_n + a_n^2 + 9 = 0 \tag{2}$$

可以看出，a_{n+1}，a_{n-1} 为下面关于 x 的一元二次方程

$$x^2 - 7xa_n + a_n^2 + 9 = 0$$

的两个根，所以

$$a_{n+1} + a_{n-1} = 7a_n$$

即

$$a_{n+1} = 7a_n - a_{n-1} \tag{3}$$

根据 $a_0 = 1$ 及原递推式知 $a_1 = 5$，再结合数学归纳法知，对任意 $n \in \mathbf{N}$，a_n 都是整数.

解 2 递推并分解因式.

对原递推式移项，再两边平方整理便得

$$a_{n+1}^2 - 7a_{n+1}a_n + a_n^2 + 9 = 0$$

再递推得

$$a_n^2 - 7a_n a_{n-1} + a_{n-1}^2 + 9 = 0$$

这两式作差并分解因式，得

$$(a_{n+1} - a_{n-1})(a_{n+1} + a_{n-1} - 7a_n) = 0 \tag{4}$$

根据原递推式 $a_{n+1} \geqslant \dfrac{7}{2}a_n > a_n > a_{n-1}$，所以由式（4）知

$$a_{n+1} + a_{n-1} - 7a_n = 0$$

以下同解 1.

解 3 解方程法.

对原递推式移项，再两边平方整理便得

$$a_{n+1}^2 - 7a_{n+1}a_n + a_n^2 + 9 = 0$$

再递推得

$$a_n^2 - 7a_n a_{n-1} + a_{n-1}^2 + 9 = 0$$

视为 a_{n-1} 的方程，求出 a_{n-1} 得

$$a_{n-1} = \frac{1}{2}\left(7a_n - \sqrt{45a_n^2 - 36}\right) \quad (a_{n-1} < a_n \text{ 由条件知求根公式取负号}) \tag{5}$$

联立原递推式式（5），知

$$a_{n+1} + a_{n-1} = 7a_n$$

以下同解 1.

（2）有两种方法.

解 1 由（1）中解 1 的式（1）知

$$7a_{n+1}a_n = a_{n+1}^2 + a_n^2 + 9$$

206

再配方得

$$9(a_{n+1}a_n - 1) = (a_{n+1} + a_n)^2$$

即

$$a_{n+1}a_n - 1 = \left(\frac{a_{n+1} + a_n}{3}\right)^2 \tag{6}$$

根据(1)的结论知,对任意 $n \in \mathbf{N}, a_n$ 都是整数,所以式(6)的左边为整数,从而右边也是整数,即 $3 \mid (a_{n+1} + a_n)$,即 $a_{n+1}a_n - 1$ 是一个完全平方数.

解 2 由式(6)知,对任意 $n \in \mathbf{N}$,有

$$1 = a_{n+1}a_n - \left(\frac{a_{n+1} + a_n}{3}\right)^2$$

所以递推得

$$1 = a_{n+1}a_n - \left(\frac{a_{n+1} + a_n}{3}\right)^2$$

$$= a_n a_{n-1} - \left(\frac{a_n + a_{n-1}}{3}\right)^2$$

$$= \cdots = a_1 a_0 - \left(\frac{a_1 + a_0}{3}\right)^2$$

$$= 5 - \left(\frac{1+5}{3}\right)^2$$

这表明 $a_{n+1}a_n - 1$ 为一个完全平方数.

说明:找到数列相邻几项的递推式是解决第一小题的关键,而配方是完成第二小题的根本,值得我们记取.

三、本题的背景探索

1.(第 9 届全俄中学生数学竞赛题) 已知 $x_0 = 1, x_{n+1} = 5x_n + \sqrt{24x_n^2 + 1}$ $(n = 0, 1, 2, \cdots)$,证明:对一切自然数 n, x_n 均为整数.

2.(2001 年英国数学奥林匹克竞赛题(第二轮)) 证明:数列 $y_0 = 1, y_{n+1} = \frac{1}{2}(3y_n + \sqrt{5y_n^2 - 41})(n = 0, 1, 2, \cdots)(n \geqslant 0)$ 是整数数列.

3.(第 19 届巴尔干地区数学奥林匹克竞赛题) 已知数列:$a_1 = 20, a_2 = 30, a_{n+2} = 3a_{n+1} - a_n (n \geqslant 1)$,求所有正整数 n,使得 $1 + 5a_n a_{n+1}$ 为一个完全平方数.

4.(2002 年罗马尼亚为 IMO 和巴尔干地区数学奥林匹克选拔考试供题(第一轮)) 设数列 $\{a_n\}(n \geqslant 0)$ 如下定义:$a_0 = a_1 = 1, a_{n+1} = 14a_n - a_{n-1}(n \geqslant 1)$,证明:对所有的正整数 $n, 2a_n - 1$ 是完全平方数.

本题可以看作是今年这道竞赛题经过转化得到递推式后的情形.反过来,

今年的这道竞赛题便可以看作是上述题 2 和题 3 的合成(串联).

5. (26 届 IMO 备选题)设 $a_0 = 20, a_{n+1} = (k+1)a_n + k(a_n+1) + 2\sqrt{k(k+1)(a_n+1)}(n \geqslant 1, n \in \mathbf{N}, k \in \mathbf{N})$,证明:对一切自然数 n, a_n 均为整数.

四、几个类似题

1. (22 届 IMO 候选题)已知数列 $\{a_n\}$ 满足 $x_1 = 1$,且 $x_{n+1} = \frac{1}{16}(1 + 4x_n + \sqrt{1+24x_n})(n \geqslant 1)$,求数列 $\{x_n\}$ 的通项公式.

2. 试证:由 $a_n = \frac{2a_{n-1}^2 - 3a_{n-1} - 9}{2a_{n-2}}, a_0 = 1, a_1 = 5$ 所确定的数列各项都是整数.

3. 设 $a_1 = a_2 = a_3 = 1, a_{n+2} = \frac{1 + a_{n+1}a_n}{a_{n-1}}(n \geqslant 2)$,求证:对任意的 $n \in \mathbf{N}, a_n$ 均为整数.

以上几道题目都可以用前面解竞赛题的方法求解,供感兴趣的读者练习.

§13 2004 年联赛加试平面几何试题的解法讨论

(本节已发表在《中学教研》2005(3):36-37)

2004 年全国高中数学联赛加试第一大题:

如图 5 所示,在锐角 $\triangle ABC$ 中,AB 上的高 CE 与 AC 上的高 BD 相交于点 H,以 DE 为直径的圆分别交 AB, AC 于 F, G 两点,FG 与 AH 相交于点 K,已知 $BC = 25, BD = 20, BE = 7$,求 AK 的长.

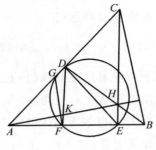

图 5

今年的这道平面几何题目是近年来少有的较容易求解的试题,它摆脱了高难度的门槛,使得大多数学生容易进入,但又不是简单到人人都能很快拿下,因为较为复杂的计算加运算也使得一些学生望而却步,因此本题是训练学生良好运算能力的一道好题,下面给出几种方法,供感兴趣的读者讨论.

解 1 由 $CE \perp AB, BD \perp AC$ 知 B, C, D, E 和 A, D, H, E 分别四点共圆,且 H 为 $\triangle ABC$ 的垂心,以及 D, G, F, E 四点共圆,于是

$$\angle B = \angle AHE = \angle ADE = \angle AFG$$

所以,K, F, E, H 四点共圆. 又 $BC = 25, BD = 20, BE = 7$,所以 $CE = 24, CD = 15$,在圆内接四边形 $BCDE$ 中,根据托勒密定理知,$DE = 15$,再由 BC 为 $\triangle CDE$ 的外接圆直径,所以

$$\sin\angle ACE = \frac{DE}{BC} = \frac{15}{25} = \frac{3}{5}$$

从而

$$\tan\angle ACE = \frac{3}{4}$$

在直角 $\triangle ACE$ 中

$$AE = CE \tan\angle ACE = 24 \cdot \frac{3}{4} = 18$$

在直角 $\triangle AHE$ 中

$$AH = \frac{AH}{\sin\angle AHE} = \frac{18}{\sin\angle B} = \frac{18}{\frac{24}{25}} = \frac{75}{4}$$

又因为 $\angle DFE = 90°$,所以

$$FE = DE \cos\angle DEF = 15 \cdot \frac{15}{25} = 9$$

从而

$$AK = AF \cos\angle AFG = AF \cos\angle B = (AE - EF) \cos\angle B = \frac{216}{25}$$

评注 这一解法是充分关注 $AK \perp FG$ 而得到的,三角气息比较浓郁,是高中学生容易想到的,但缺乏欧几里得风味,下面介绍一种纯正的几何方法.

解 2 上面的解法告诉我们,$CE = 24, CD = 15, DE = 15$,而 $\triangle ADB \backsim \triangle AEC$,于是

$$\frac{AD}{AE} = \frac{BD}{CE} = \frac{20}{24} = \frac{5}{6}$$

又因为 $\triangle ADE \backsim \triangle ABC$,所以

$$\frac{AD}{AB} = \frac{DE}{BC} = \frac{AD}{AE + 7} = \frac{15}{25}$$

上面两式联立得 $AE=18,AD=15$. 可以看出 $AD=CD=15$, 即 D 为 AC 的中点, 但因为 $DF \perp AE$, 所以 $DF /\!\!/ CE$, 从而 F 平分 AE, 所以 $FE=9$.

又因为 $\triangle AHE \backsim \triangle CBE$, 所以

$$\frac{AH}{AE}=\frac{CB}{CE}$$

因此

$$AH=\frac{3 \times 25}{4}$$

但由于 $\angle AFG=\angle ADE=\angle AHE$ (D,G,F,E 和 A,D,H,E 分别四点共圆), 因此 K,F,E,H 四点共圆, 故 $AK \cdot AH=AF \cdot AE$, 从而

$$AK=\frac{AE \cdot AF}{AH}=\frac{18 \times 9}{\dfrac{3 \times 25}{4}}=\frac{216}{25}$$

评注 这一解法的优点在于, 观察到 F,E,H,K 四点共圆, 再利用切割线定理(或者说是相似三角形理论)获得结论, 这一方法就将平面几何的传统方法表现得淋漓尽致了.

上面两种解法都是在设法求出 DE 上做文章, 下面给出一种不求 DE 的方法.

解 3 上面的解 1 告诉我们, $CE=24,CD=15$, 结合条件知

$$\triangle ADB \backsim \triangle AEC$$

所以

$$\frac{AD}{AE}=\frac{AB}{AC}=\frac{BD}{CE}$$

即

$$\frac{AD}{AE}=\frac{AE+7}{AD+15}=\frac{20}{24}$$

所以 $AD=15,AE=18$, 即 $AD=DC=15$, 因此 D 为 AC 的中点, 记 AH 的延长线交 BC 于 M (图 6), 于是 D,G,F,E 是以 DE 为直径的共圆四点, 故 $DF /\!\!/ CE$, 即 F 平分 AE, 从而 $AF=FE=9$. 又因为 $\triangle AMB \backsim \triangle CEB$, 所以

$$\frac{AM}{CE}=\frac{AB}{CB}$$

即

$$AM=24$$

由解 1 知 $\angle AFG=\angle B$, 所以 $GF /\!\!/ BC$, 因此 $\triangle AFK \backsim \triangle ABM$, 即

$$\frac{AK}{AM} = \frac{AF}{AB}$$

故得

$$AK = \frac{AF \cdot AM}{AB} = \frac{216}{25}$$

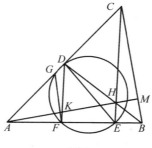

图 6

评注　这一解法是充分运用已知条件,得到 $GF \parallel BC$,即 $\triangle AFK \backsim \triangle ABM$,再利用相似三角形性质得到结论.

(2012 年 11 月 28 日)由本题可以演绎出 2012 年华约自主招生考试题,参考《数学通讯》2012 年教师刊第 4 期 P58.

§14　二次齐次式在解题中的应用之一

(本节已发表在《上海中学数学》2001(5))

众所周知,二次齐次式是指如下关于 x,y 的式子:$ax^2 + bxy + cy^2$(a,b,c 为常数).巧妙构造并合理应用这一有意义的式子会给你解题带来意想不到的效果,尤其是在简化解析几何中的运算将显示出无比的优越性.下面是笔者在课堂教学中对一些解析几何问题的做法,写出来供同行讨论品评.

问题 1　抛物线 $y = -\frac{1}{2}x^2$ 与过点 $M(0,-1)$ 的直线 L 交于 A,B 两点,O 为坐标系原点,如果 OA 和 OB 的斜率之和为 1,求直线 L 的方程.

分析　本题的常规解法是先设直线 L 的点斜式方程,再根据几何知识求出过原点 O 而与 AB 垂直的直线 ON 的方程,进而,求得 AB 的中点 N 的坐标,再根据几何知识得 $2NO = AB$,列出关于 m 的方程,由此确定 m 的取值,这样便得 L 的方程.

这里利用构造二次齐次式避免了求点 N 的坐标以及应用距离公式这两个

211

过程.

解 设直线 L 的点斜式为 $y=kx-1$，与抛物线方程联立得

$$x^2=-2y(kx-y)$$

并令 $\dfrac{y}{x}=m$，此式可变形为

$$2m^2-2km-1=0 \tag{1}$$

因为 OA 与 OB（记 $A(x_1,y_1)$，$B(x_2,y_2)$）的斜率之和为 1，即式（1）中的两根 $m_1=\dfrac{y_1}{x_1}$，$m_2=\dfrac{y_2}{x_2}$ 满足 $k=m_1+m_2=1$，从而直线 L 的方程为

$$x-y-1=0$$

问题 2 已知圆 C：$x^2+y^2-2x+4y-4=0$，是否存在斜率为 1 的直线 L，使得 L 被圆 C 截得的弦 AB 为直径的圆过原点，若存在，求出直线 L 的方程. 若不存在，请说明理由.

分析 本题的常规解法是假如 L 存在，即设直线 L 的斜截式：$y=x+m$，再求 AB 的中点，进一步利用圆的几何性质 $2\cdot OA=AB$，列出 m 的等式，再求出 m，说明是存在的.

这里改用构造二次齐次式方法给出一种较为简易的解法.

解 设直线 L 的斜截式为 $y=x+m(m\neq 0)$，并与圆方程联立得

$$x^2+y^2+(-2x+4y)\frac{y-x}{m}-4\left(\frac{y-x}{m}\right)^2=0$$

整理得

$$x^2(m^2+2m-4)-xy(6m-8)+y^2(m^2+4m-4)=0$$

依题意知 $x\neq 0$，所以令 $k=\dfrac{y}{x}$，此式可变形为

$$k^2(m^2+4m-4)-k(6m-8)+(m^2+2m-4)=0$$

于是因 L 与圆交于相异两点 $A(x_1,y_1)$，$B(x_2,y_2)$，那么，$m^2+4m-4\neq 0$，由根与系数的关系知

$$k_1k_2=\frac{y_1y_2}{x_1x_2}=\frac{m^2+2m-4}{m^2+4m-4}$$

要以 AB 为直径的圆过原点，即要 $OA\perp OB$，所以

$$k_1k_2=\frac{y_1y_2}{x_1x_2}=\frac{m^2+2m-4}{m^2+4m-4}=-1$$

因此 $m=1$，或 $m=-4$.

从而满足题意的直线为 $y=x+1$ 和 $y=x-4$.

问题 3 （2000 年北京、安徽春季高考第 22 题）设 A,B 为抛物线 $y^2=4px$（$p>0$）上除原点以外的两个动点，且 $OA \perp OB,OM \perp AB,M \in AB$，求动点 M 的轨迹方程，并说明它表示什么曲线.

分析 本题的解法已有多文讨论，并有较多解法，但都较为烦琐，这里改用构造二次齐次式方法给出一种较为简易的解法.

解 设直线 AB 的方程为 $y=kx+b(b \neq 0$，否则与 A,O,B 不共线矛盾）.

与抛物线 $y^2=4px$ 交于 $A(x_1,y_1),B(x_2,y_2)$，则

$$y^2=4px\left(\frac{y-kx}{b}\right)$$

即

$$by^2-4pxy+4pkx^2=0$$

所以

$$\frac{y_2y_2}{x_1x_2}=\frac{4pk}{b}$$

但 $OA \perp OB$，所以

$$\frac{y_2y_2}{x_1x_2}=\frac{4pk}{b}=-1$$

从而直线 AB 的方程可改写为

$$y=kx-4pk \qquad\qquad (1)$$

又注意到 $OM \perp AB$，所以 OM 的直线方程为

$$y=-\frac{1}{k}x \qquad\qquad (2)$$

式(1)与(2)联立消去 k，得

$$x^2+y^2+4px=0$$

即 M 的轨迹是以 $(2p,0)$ 为圆心，$2p$ 为半径的圆，去掉原点.

问题 4 （2000 年全国高中数学联赛一试压轴题）已知 $C_0:x^2+y^2=1$ 和 $C_1:b^2x^2+a^2y^2=a^2b^2(a>b>0)$.试问：当且仅当 a,b 满足什么条件时，对 C_1 上任意一点 P，均存在以 P 为顶点，与 C_0 外切、与 C_1 内接的平行四边形？并证明你的结论.

分析 根据本人掌握的信息知，本题难住了许多参赛选手，主要问题在于对题目条件不知如何驾驭，这里提供一种构造二次齐次式的方法，并探讨本题的来源，供读者参考.

首先，高考复习资料里已广为流传着如下一道数学命题：

过椭圆 $C_1:b^2x^2+a^2y^2=a^2b^2(a>b>0)$ 的中心 O 引 $OA \perp OB,A,B \in$

C_1,则 $\dfrac{1}{|OA|^2} + \dfrac{1}{|OB|^2}$ 为定值.

其证明很简单:设 OA 的直线方程为 $y = kx$,则 OB 的直线方程为 $y = -\dfrac{1}{k}x$. 与椭圆方程分别联立可得

$$A\left(\sqrt{\dfrac{a^2 b^2}{a^2 k^2 + b^2}}, \sqrt{\dfrac{a^2 b^2 k^2}{a^2 k^2 + b^2}}\right), B\left(\sqrt{\dfrac{a^2 b^2 k^2}{a^2 + b^2 k^2}}, \sqrt{\dfrac{a^2 b^2}{a^2 + b^2 k^2}}\right)$$

那么

$$\dfrac{1}{|OA|^2} + \dfrac{1}{|OB|^2} = \dfrac{1}{a^2} + \dfrac{1}{b^2}$$

演变 由 $\mathrm{Rt}\triangle ABC$ 的直角顶点 O 作 $OH \perp AB$ 于点 H,由平面几何知识知

$$\dfrac{1}{|OH|^2} = \dfrac{1}{|OA|^2} + \dfrac{1}{|OB|^2} = \dfrac{1}{a^2} + \dfrac{1}{b^2}$$

即从点 O 向 AB 所作垂线长为定值. 现在反向延长 OA,OB,分别与 C_1 交于 C,D,则得到平行四边形 $ABCD$,这时,O 到四边的距离均为定值 $\dfrac{1}{a^2} + \dfrac{1}{b^2}$. 现令 $\dfrac{1}{a^2} + \dfrac{1}{b^2} = 1$,此时的平行四边形 $ABCD$ 外切于单位圆、内接于椭圆,这个平行四边形便是菱形. 这样,便叙述出了这道竞赛题的来历.

下面我们来解答本届竞赛题.

解 首先,可以肯定 a,b 满足 $\dfrac{1}{a^2} + \dfrac{1}{b^2} = 1$,证明如下:

如图 7 所示,由切线长定理知平行四边形 $ABCD$ 为菱形,所以 $AC \perp BD$. 要使该菱形 $ABCD$ 与单位圆外切,只要求出 $O(0,0)$ 到 AB 的距离,再令其为 1 即可.

亦即与原点 O 距离为 1 的直线交椭圆于 A,B 两点,求 $OA \perp OB$ 时题目所要满足的条件?

现设 AB 的法线式直线方程为

$$x\cos\alpha + y\sin\alpha - 1 = 0$$

与椭圆方程联立得

$$b^2 x^2 + a^2 y^2 = a^2 b^2 (x\cos\alpha + y\sin\alpha)^2$$

即

$$x^2(a^2 b^2\cos 2\alpha - b^2) + 2a^2 b^2 xy\sin\alpha\cos\alpha + y^2(a^2 b^2\sin 2\alpha - a^2) = 0$$

现设 $A(x_1, y_1)$,$B(x_2, y_2)$,则由根与系数的关系知 $OA \perp OB$,即

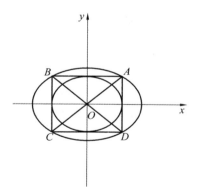

图 7

$$-1 = \frac{y_1 y_2}{x_2 x_2} = \frac{a^2 b^2 \sin^2 \alpha - a^2}{a^2 b^2 \cos^2 \alpha - b^2}$$

即

$$\frac{1}{a^2} + \frac{1}{b^2} = 1$$

以上我们利用构造二次齐次式简洁明快地解决了解析几何中的几个命题,可称是一法多题的典范.实际上,它在其他方面亦有着及其广泛的应用,限于篇幅,不再举例,以下几个问题留给感兴趣的读者作为练习.

练习题

1. 求椭圆 $b^2 x^2 + a^2 y^2 = a^2 b^2 (a > b > 0)$ 在中心张直角之弦的中点轨迹方程.

2. (1991 年全国理科高考压轴题) 过双曲线 $C: b^2 x^2 - a^2 y^2 = a^2 b^2$ 的右焦点 F 作斜率为 $\sqrt{\dfrac{3}{5}}$ 的直线,交双曲线于 P, Q 两点,O 是坐标系原点,若 $OP \perp OQ$,且 $|PQ| = 4$,求双曲线方程.

3. 设实数 a, b, c,使得下面不等式
$$a(x - y)(x - z) + b(y - x)(y - z) + c(z - x)(z - y) \geqslant 0$$
对任意实数 x, y, z 恒成立,那么 a, b, c 需满足什么条件(等式或不等式)?

4. (1993 年全国高中数学联赛题) 实数 x, y 满足 $4x^2 - 5xy + 4y^2 = 5$,记 $S = x^2 + y^2$,求 $\dfrac{1}{S_{\min}} + \dfrac{1}{S_{\max}}$.

215

5. 已知直线 $L:x+y=m$ 与抛物线 $C:x^2=p(y+1)(p>0)$ 有两个公共点 A,B.

(1) 求证 L 在 Y 轴上的截距大于 $-1-\dfrac{p}{4}$;

(2) 设以 AB 为直径的圆过原点,且原点到 AB 的距离不大于 $\dfrac{\sqrt{2}}{2}$,求 p 的取值范围.($p\in(0,1]$)

§15　二次齐次式在解题中的应用之二

这是上一节的继续.

(本节已发表在《中学数学月刊》2002(4):41-42)

数学解题过程潜藏着丰富的智慧,认真分析解题过程的每一步,并注意领悟其内涵,随时都会给你的解题宝库增添新的财富.二次齐次式,即如下关于 x,y 的式子:$ax^2+bxy+cy^2$(a,b,c 为常数) 就是数学解题过程中的一朵"奇葩",它仅存在于一小部分人的解题过程之中,未被大多数人视为一种解题方法而得到重视.其实,只要在解题过程中稍加注意即知,它是一种较为常见又具有强劲威力的重要方法,尤其是若能合理构造并巧妙应用二次齐次式,有时会给我们解题教学带来莫大的快乐,这既是简化解题过程的灵丹妙药,又是培养思维灵活性的金桥,不愧为小而巧、灵活又显奇功的一种解题方法.文献 [1][2][3] 曾就简化解析几何运算做了适当阐述,本节就其在解决综合问题方面再予以论述,可视为它们的补充和完善.

问题 1　(1993 年全国高中数学联赛题)实数 x,y 满足 $4x^2-5xy+4y^2=5$,记 $S=x^2+y^2$,求 $S_{\min}^{-1}+S_{\max}^{-1}$.

分析　本题已有多种刊物讨论,这里运用构造二次齐次式给出一种十分简洁的解法.

解　由条件知 $\dfrac{x^2+y^2}{S}=1$,所以

$$4x^2-5xy+4y^2=5\cdot\dfrac{x^2+y^2}{S}$$

即

$$(4S-5)y^2-5Sxy+(4S-5)x^2=0 \qquad (1)$$

(1) 当 $x = 0$ 时，$y^2 = \dfrac{5}{4}$，$S = x^2 + y^2 = \dfrac{5}{4}$.

(2) 当 $x \neq 0$ 时，式(1) 变为

$$(4S - 5)\left(\frac{y}{x}\right)^2 - 5S \cdot \frac{y}{x} + (4S - 5) = 0$$

视此式为 $\dfrac{y}{x}$ 的一元二次方程，那么，应有

$$\Delta = (5S)^2 - 4(4S - 5)^2 \geqslant 0$$

解得

$$\frac{10}{13} \leqslant S \leqslant \frac{10}{3}$$

等号成立的条件分别为

$$x = -y = \pm\frac{\sqrt{65}}{13}, \quad x = -y = \pm\frac{\sqrt{15}}{3}$$

综上可知，$S_{\min}^{-1} + S_{\max}^{-1} = \dfrac{8}{5}$.

这一解法的优势在于一次性得到 S 的最大值和最小值，起到简化运算降低成本的功效.

问题 2 （2001年全国高中数学联赛一试第13题）设 $\{a_n\}$ 为等差数列，$\{b_n\}$ 为等比数列，且 $b_1 = a_1^2, b_2 = a_2^2, b_3 = a_3^2 (a_1 < a_2)$，有

$$\lim_{n \to \infty}(b_1 + b_2 + \cdots + b_n) = 1 + \sqrt{2}$$

试求数列 $\{a_n\}$ 的首项和公差.

解 本题容易上手，入口较宽，但对能力的要求也较高，又具一定综合性，同时，也是我们一些老师感到棘手的题目，这里利用构造二次齐次式给出一种较好的解法，供参考.

设等差数列 $\{a_n\}$ 的公差为 d，等比数列 $\{b_n\}$ 的公比为 q，则根据 $a_1 < a_2$，知

$$d = a_2 - a_1 > 0 \tag{1}$$

因为

$$\lim_{n \to \infty}(b_1 + b_2 + \cdots + b_n) = 1 + \sqrt{2}$$

且

$$q = \frac{b_2}{b_1} = \frac{a_2^2}{a_1^2} > 0$$

知 $q \in (0, 1)$，根据 $\{b_n\}$ 为等比数列及题目条件有

$$b_2^2 = b_1 b_3$$

所以 $a_2^4 = a_1^2 a_3^2$，即

$$a_2^2 = \pm a_1 a_3 \tag{2}$$

如果 $a_2^2 = a_1 a_3$，即

$$(a_1 + d)^2 = a_1(a_1 + 2d)$$

那么 $d = 0$，这与式(1)矛盾.

于是，应有 $a_2^2 = -a_1 a_3$，则

$$(a_1 + d)^2 = -a_1(a_1 + 2d)$$

即

$$a_2^2 + 2a_1 a_2 - a_1^2 = 0$$

所以

$$\frac{a_2}{a_1} = -1 + \sqrt{2} \tag{3}$$

而 $q = \dfrac{b_2}{b_1} = \dfrac{a_2^2}{a_1^2} < 1$，并注意到式(1)，可知 $a_1 + a_2 < 0$，进而得

$$a_1 < 0 \tag{4}$$

根据 $0 < q < 1$ 知

$$q = \frac{b_2}{b_1} = \frac{a_2^2}{a_1^2} = (-1 + \sqrt{2})^2$$

即

$$\frac{a_2}{a_1} = -1 + \sqrt{2} \tag{5}$$

所以

$$q = \frac{b_2}{b_1} = \frac{a_2^2}{a_1^2} = 3 - 2\sqrt{2}$$

因此

$$1 + \sqrt{2} = \lim_{n \to \infty}(b_1 + b_2 + \cdots + b_n) = \frac{b_1}{1 - q} \tag{6}$$

由式(4)(5)(6)得 $a_1 = -\sqrt{2}$，再注意到式(5)有 $a_2 = -2 + \sqrt{2}$，故

$$d = a_2 - a_1 = 2\sqrt{2} - 2$$

读者不难从上述解法中窥探到解题过程的曲折漫长及每一个解题步骤在后面各环节的基石和桥梁作用.

这一解法的优点在于直接攻击目标 —— 等差数列的首项和公差.

问题 3 （1999年全国高中数学联赛一试第三大题）已知当 $x \in [0,1]$ 时，不等式

$$x^2 \cos \theta - x(1-x) + (1-x)^2 \sin \theta > 0 \tag{1}$$

恒成立,试求 θ 的取值范围.

本题一般都是整理成关于 x 的二次三项式,然后利用二次函数图像的性质,这样会使运算过程变得较为复杂.下面提供一种分式代换,可使解题过程更加简洁明了.

解 由题设知式(1) 对 $x \in [0,1]$ 恒成立,所以令 $x = 0$ 和 $x = 1$,得

$$\sin \theta > 0 \ , \cos \theta > 0 \tag{2}$$

当 $x \neq 0$ 时,式(1) 可变形为

$$t^2 \sin \theta - t + \cos \theta > 0 \quad (t = \frac{1-x}{x}) \tag{3}$$

即对 $t \geqslant 0$ 式(3) 恒成立,但式(3) 的左边关于 t 的二次函数图像对称轴 $t = \dfrac{1}{2\sin \theta} > 0$,于是应有

$$\Delta = 1 - 4\sin \theta \cos \theta < 0 \tag{4}$$

联合(2)(4) 得原题中 θ 的取值范围为

$$2k\pi + \frac{\pi}{12} < \theta < 2k\pi + \frac{5\pi}{12} \quad (k \in \mathbf{Z})$$

这一解法的明显特点在于把握原式左边是关于 $x, 1-x$ 的二次齐次式,进而使用分式代换,使得大大简化了本题的求解过程.

问题 4 设 $\alpha, \beta \in \mathbf{R}^*$,且 $\alpha + \beta < \pi$,求证:对任意实数 x, y, z 都有下面不等式成立

$$
\begin{aligned}
& x^2 \sin^2 \alpha + y^2 \sin^2 \beta + z^2 \sin^2 (\alpha + \beta) \\
\geqslant & xy[\sin^2 \alpha + \sin^2 \beta - \sin^2 (\alpha + \beta)] + \\
& yz[\sin^2 \beta + \sin^2 (\alpha + \beta) - \sin^2 \alpha] + \\
& zx[\sin^2 (\alpha + \beta) + \sin^2 \alpha - \sin^2 \beta]
\end{aligned}
$$

这个不等式貌似复杂,一般的想法是利用母不等式,但也不够简洁,这里利用二次齐次式给出一个较好的证法.

证明 原式等价于

$$
\begin{aligned}
& (x-y)^2 \sin^2 \beta + [\sin^2 \alpha - \sin^2 \beta - \sin^2 (\alpha + \beta)] \cdot \\
& (x-y)(x-z) + (x-z)^2 \sin^2 (\alpha + \beta) \geqslant 0
\end{aligned}
\tag{1}
$$

当 $x = y = z$ 时,式(1) 显然成立.

当 $x \neq z$ 时,令 $t = \dfrac{x-y}{x-z}$,且存在 $\gamma > 0$,满足 $\alpha + \beta + \gamma = \pi$,于是,$\alpha, \beta, \gamma$ 可作成一个 $\triangle ABC$ 的三内角,记其外接圆半径、三边长分别为 $2R, a, b, c$,则式(1)

等价于:

证明:在 $\triangle ABC$ 中
$$t^2 b^2 + (a^2 - b^2 - c^2)t + c^2 \geqslant 0 \tag{2}$$
对任意实数 t 恒成立.

以下只要证明式(2)的判别式 $\Delta < 0$ 即可.

事实上
$$\Delta = (a^2 - b^2 - c^2)^2 - 4b^2 c^2$$
$$= -(a+b+c)(-a+b+c)(a-b+c)(a+b-c) < 0$$

从而式(1)成立,故原不等式得证.

同法,还可将本题推广为:

设 $\alpha \in \mathbf{R}^*, \beta \in \mathbf{R}^*$,且 $\alpha + \beta < \pi, k \in [0,2]$,求证:对任意实数 x, y, z 都有下面的不等式成立

$$x^2 \sin^k\alpha + y^2 \sin^k\beta + z^2 \sin^k(\alpha+\beta)$$
$$\geqslant xy[\sin^k\alpha + \sin^k\beta - \sin^k(\alpha+\beta)] +$$
$$yz[\sin^k\beta + \sin^k(\alpha+\beta) - \sin^k\alpha] +$$
$$zx[\sin^k(\alpha+\beta) + \sin^k\alpha - \sin^k\beta]$$

这是一个富有挑战性的问题,其证明留给感兴趣的读者.对于 $k > 2$ 时,我们还不能确认上式的真伪,有待进一步讨论.

数学解题教学是一种充满乐趣的智力活动,在通常的解题过程中,只要你有心捕捉、刻意追求、处处留心、用心感受,就能唾手可得有用的东西,一些不被大多数人注意的小技巧往往在解题过程中会起到意想不到的大作用,善于分析、善于总结,逐步形成自觉运用总结所得的习惯,长久下去,解题能力自会提高,这就是:从分析解题过程学会解题.

问题 5 设 $f(x) = x^2 + ax + b, a, b \in \mathbf{R}$,且实数 p, q 适合 $p + q = 1$,求不等式

$$pf(x) + qf(y) \geqslant f(px + qy)$$

对一切实数 x, y 都成立的条件.（答: $p, q \in [0,1]$）

参考文献

[1] 王扬.二次齐次式在解题中的应用[J].上海中学数学,2001(5).

[2] 曾春生,吕生仁.构造齐次方程解解几题[J].中学数学月刊,2001(6).

[3] 王军.构造齐次方程解一类解析几何题[J].中学数学月刊,2001(7).

从分析解题过程学解题——
竞赛中的向量几何与不等式研究

§16　二项式定理在解竞赛题中的应用

（本节已发表在《中等数学》1999(3):5-9）

二项式定理,由于其结构复杂,多年来在高考试题里未能充分展现其应有的知识地位,然而,数学竞赛命题者却对此情有独钟,而涉及二项式定理的试题又常使参赛学生感到棘手,这里,笔者介绍应用二项式定理解决几类问题的方法.

一、解决一些整数问题

（1）构造对偶式,利用二项式定理判断整数问题.

问题 1　（1980 年迎春杯数学竞赛题）当 $n \in \mathbf{N}$ 时,$(3+\sqrt{7})^n$ 的整数部分是奇数,还是偶数? 请证明你的结论.

分析　因为 $(3+\sqrt{7})^n$ 可表示为一个整数与一个纯小数的和,而这个整数即为所求,要判断此整数的奇偶性,由 $(3+\sqrt{7})$ 联想到其共轭根式 $(3-\sqrt{7}) \in (0,1)$,其和 $(3+\sqrt{7})+(3-\sqrt{7})$ 是一个偶数,即 $(3+\sqrt{7})$ 的整数部分为奇数,于是,可从研究对偶式 $(3+\sqrt{7})^n$ 与 $(3-\sqrt{7})^n$ 的和入手.

证明　首先,我们肯定 $(3+\sqrt{7})^n$ 的整数部分为奇数.

事实上,因为 $0 < (3-\sqrt{7}) < 1$,且

$$(3+\sqrt{7})^n + (3-\sqrt{7})^n = 2 \cdot (3^n \mathrm{C}_n^0 + 7 \cdot 3^{n-2} \mathrm{C}_n^2 + 7^2 \cdot 3^{n-4} \mathrm{C}_n^4 + \cdots)$$

$$\triangleq 2k \in \mathbf{N}(\triangleq \text{ 表示记作})$$

所以

$$(3+\sqrt{7})^n = 2k - (3-\sqrt{7})^n = (2k-1) + 1 - (3-\sqrt{7})^n$$

即 $[(3+\sqrt{7})^n] = 2k - 1$（$[x]$ 表示 x 的整数部分）,因此,$(3+\sqrt{7})^n$ 的整数部分为奇数.

（2）构造对偶式,利用二项式定理处理整除性问题.

问题 2　（第 6 届普特南数学竞赛题）试证:大于 $(1+\sqrt{3})^{2n}$ 的最小整数数能被 2^{n+1} 整除（$n \in \mathbf{N}$）.

分析　由 $(1+\sqrt{3})^{2n}$ 联想到 $(1-\sqrt{3})^{2n} \in (0,1)$,考虑二者之和.

证明　注意到 $0 < (1-\sqrt{3})^{2n} < 1$,结合二项式定理有

$$(1+\sqrt{3})^{2n}+(1-\sqrt{3})^{2n}=2(3^n+3^{n-1}C_{2n}^2+3^{n-2}C_{2n}^4+\cdots)$$

$$\triangleq 2k\in\mathbf{N}$$

则大于 $(1+\sqrt{3})^{2n}$ 的最小正整数必为 $2k$，又

$$\begin{aligned}
2k&=(1+\sqrt{3})^{2n}+(1-\sqrt{3})^{2n}\\
&=(\sqrt{3}+1)^{2n}+(\sqrt{3}-1)^{2n}\\
&=[(1+\sqrt{3})^2]^n+[(1-\sqrt{3})^2]^n\\
&=2^n[(2+\sqrt{3})^n+(2-\sqrt{3})^n] \qquad\qquad (1)
\end{aligned}$$

而由二项式定理知

$$(2+\sqrt{3})^n-(2-\sqrt{3})^n\triangleq 2k_1\in\mathbf{N}$$

所以

$$式(1)=2^{n+1}k_1$$

即 $2^{n+1}\mid 2k$，从而命题得证.

评注 此题也可用数学归纳法证明.

（3）构造二项式，利用递推式证明整除性问题.

问题 3 设 $m=4l+1$，l 是非负整数，求证

$$a=C_n^1+mC_n^3+m^2C_n^5+\cdots+m^{\frac{n-1}{2}}C_n^n \quad (n=2k+1,k\in\mathbf{N})$$

能被 2^{n-1} 整除.

分析 联想到二项展开式的结构，构造 a 的二项式

$$\frac{1}{2\sqrt{m}}[(1+\sqrt{m})^n-(1-\sqrt{m})^n]$$

并设法分离出整数 2^{n-1}.

证明 有二项式定理知

$$\begin{aligned}
a&=\frac{1}{2\sqrt{m}}[(1+\sqrt{m})^n-(1-\sqrt{m})^n]\\
&=2^{n-1}\cdot\frac{1}{\sqrt{m}}\left[\left(\frac{1+\sqrt{m}}{2}\right)^n-\left(\frac{1-\sqrt{m}}{2}\right)^n\right]
\end{aligned}$$

欲证原题，只要证

$$b_n=\frac{1}{\sqrt{m}}\left[\left(\frac{1+\sqrt{m}}{2}\right)^n-\left(\frac{1-\sqrt{m}}{2}\right)^n\right]$$

为整数即可.

但易知 $b_{n+1}=b_n+lb_{n-1}$，且 $b_1=1$，$b_2=2$，由数学归纳法易知 $b_n(n\in\mathbf{N},n\geqslant$ 3）皆为整数，因此

$$2^{n-1} \mid C_n^1 + mC_n^3 + m^2 C_n^5 + \cdots + m^{\frac{n-1}{2}} C_n^n \quad (n=2k+1, k \in \mathbf{N})$$

评注　递推法与归纳法联手是解决本题的巧妙之处.

问题 4　（第 29 届 IMO 备选题）一个整数数列定义如下

$$a_0 = 0, a_1 = 1 \tag{1}$$

$$a_n = 2a_{n-1} + a_{n-2} \quad (n \geqslant 2) \tag{2}$$

证明：当且仅当 $2^k \mid a_n$ 时，有 $2^k \mid n$.

分析　问题 3 由二项式构造递推式进而顺利完成了证明，此题则给出了递推式，是否可以逆用问题 3 的思想是值得思考的.

证明　由条件 (1)(2) 知

$$a_n = \frac{1}{2\sqrt{2}} \left[(1+\sqrt{2})^n - (1-\sqrt{2})^n \right]$$

设

$$n = 2^k (2l+1) \quad (l, k \in \mathbf{N})$$

则

$$a_n = \frac{(1+\sqrt{2})^{2^k} - (1-\sqrt{2})^{2^k}}{2\sqrt{2}} \cdot \left[(1+\sqrt{2})^{2^k \cdot 2l} + (1+\sqrt{2})^{2^k \cdot (2l-2)} + \cdots + (1-\sqrt{2})^{2^k \cdot 2l} \right]$$

后面括号里中间一项为 1，其余的项每两个共轭根式之和为 2 的倍数，所以后面括号中的数之和为奇数，因此

$$2^k \mid a_n \Longleftrightarrow 2^k \mid \frac{(1+\sqrt{2})^{2^k} - (1-\sqrt{2})^{2^k}}{2\sqrt{2}}$$

事实上，令

$$b_k = \frac{(1+\sqrt{2})^{2^k} - (1-\sqrt{2})^{2^k}}{2\sqrt{2}}$$

则有

$$b_{k+1} = \frac{(1+\sqrt{2})^{2^{k+1}} - (1-\sqrt{2})^{2^{k+1}}}{2\sqrt{2}}$$

$$= \frac{\left[(1+\sqrt{2})^{2^k} \right]^2 - \left[(1-\sqrt{2})^{2^k} \right]^2}{2\sqrt{2}}$$

$$= \frac{(1+\sqrt{2})^{2^k} - (1-\sqrt{2})^{2^k}}{2\sqrt{2}} \left[(1+\sqrt{2})^{2^k} + (1-\sqrt{2})^{2^k} \right]$$

$$\triangleq \frac{(1+\sqrt{2})^{2^k} - (1-\sqrt{2})^{2^k}}{2\sqrt{2}} \cdot 2m_k \quad （应用二项式定理）$$

即

$$b_{k+1} = 2m_k b_k$$

所以

$$b_k = 2m_{k-1}b_{k-1} = \cdots = 2^k m_1 m_2 \cdots m_k \quad (m_i \in \mathbf{N}, i = 1, 2, \cdots, k-1, m_k \in \mathbf{N})$$

即

$$2^k \mid b_n \Leftrightarrow 2^k \mid a_k \Leftrightarrow 2^k \mid n$$

二、证明不等式

问题 5 （第 21 届全苏数学竞赛题）证明：对任意的正整数 n，不等式

$$(2n+1)^n \geqslant (2n)^n + (2n-1)^n$$

成立．

证明 由二项式定理有

$$(2n+1)^n - (2n-1)^n = 2[(2n)^{n-1}C_n^1 + (2n)^{n-3}C_n^3 + \cdots] \geqslant (2n)^n$$

于是本题得证．

问题 6 （1988 年全国高中数学联赛题）设 $a, b \in \mathbf{R}^*$，且 $\dfrac{1}{a} + \dfrac{1}{b} = 1$，试证：对每个 $n \in \mathbf{N}$，都有

$$(a+b)^n - a^n - b^b \geqslant 2^{2n} - 2^{n+1}$$

分析 本题一般采用数学归纳法，但合理应用二项式定理也是解此题的良策．

证明 1 由 $1 = \dfrac{1}{a} + \dfrac{1}{b} \geqslant \dfrac{2}{\sqrt{ab}}$，知 $\sqrt{ab} \geqslant 2$，对欲证不等式左边直接应用二项式定理有

$$(a+b)^n - a^n - b^b = C_n^1 a^{n-1}b + C_n^2 a^{n-2}b^2 + \cdots + C_n^{n-2} a^2 b^{n-2} + C_n^{n-1} ab^{n-1}$$

$$= \frac{1}{2}[(a^{n-1}b + ab^{n-1})C_n^1 + (a^{n-2}b^2 + a^2b^{n-2})C_n^2 + \cdots]$$

$$\geqslant \sqrt{(ab)^n}(C_n^1 + C_n^2 + \cdots + C_n^{n-1})$$

$$\geqslant 2^n(2^n - 2)$$

$$= 2^{2n} - 2^{n+1}$$

证明 2 作变换后应用二项式定理．

令 $a = 1 + \dfrac{1}{t}, b = 1 + t(t \in \mathbf{R}^*)$，结合 $a + b = ab$，有

$$(a+b)^n - a^n - b^b$$

$$= a^n b^n - a^n - b^n$$

$$= (a^n - 1)(b^n - 1) - 1$$

$$= \left[\left(1 + \frac{1}{t}\right)^n - 1\right]\left[(1 + t)^n - 1\right] - 1$$

$$= (t^{-1}C_n^1 + t^{-2}C_n^2 + \cdots + t^{-n}C_n^n)(tC_n^1 + t^2C_n^2 + \cdots + t^nC_n^n) - 1$$

$$\geqslant (C_n^1 + C_n^2 + \cdots + C_n^n)^2 - 1 \quad (\text{柯西不等式})$$

$$= (2^n - 1)^2 - 1$$

$$= 2^{2n} - 2^{n+1}$$

评注　证明 2 中的代换及 $xy - x - y = (x-1)(y-1) - 1$ 的运用恰到好处,值得一提.

三、结合其他知识解某些综合问题

有些复杂的问题看似与二项式定理无关,其实通过观察,分析题目的特征,联想构造合适的二项式模型,便可使问题迅速获解.

问题 7　(第 30 届 IMO 预选题)数列 $\{a_n\}(n \geqslant 0)$,$a_n = [n\sqrt{2}]$,证明:$\{a_n\}$ 中含有无穷多个完全平方.

分析　问题 4 的证明过程启示我们:$(1 + \sqrt{2})^n$ 的展开式可表示为 $x\sqrt{2} + y(x, y \in \mathbf{N})$ 的形式,故只需考虑 $x\sqrt{2}$ 的整数性质.

证明　设 m 为正整数,由二项式定理知

$$(\sqrt{2} + 1)^m = x_m\sqrt{2} + y_m, (\sqrt{2} - 1)^m = x_m\sqrt{2} - y_m \quad (x_m, y_m \in \mathbf{N})$$

两式相乘得

$$2x_m^2 - y_m^2 = 1 \Rightarrow 2x_m^2 = y_m^2 + 1 \tag{1}$$

所以

$$2x_m^2 > y_m^2 \Rightarrow y_m < \sqrt{2}\,x_m \tag{2}$$

式(1)的两边同乘以 y_m^2 得

$$2(x_my_m)^2 = y_m^4 + y_m^2 > y_m^4$$

所以

$$y_m^2 < \sqrt{2}\,x_my_m < 2x_m^2 = y_m^2 + 1 \tag{3}$$

记 $n = x_my_m$,则 $a_n = [n\sqrt{2}] = y_m^2$ 为完全平方数.

这便证得了本题结论.

评注　构造出不等式(3)是成功解决此题的关键.

问题 8　(第 29 届 IMO 备选题)设数列 $g(n)$ 定义如下:$g(1) = 0$,$g(2) = 1$,$g(n+2) = g(n+1) + g(n) + 1(n \geqslant 1)$,如果 n 为大于 5 的素数,求证:$n \mid g(n)[g(n) + 1]$.

分析   联想到问题 4 的结构,由本题所给递推式可求得通项公式 —— 二项式模型,进而给利用数论知识铺平道路.

证明   令 $f(n) = g(n) + 1$,则

$$f(1) = 1, f(2) = 2 \tag{1}$$

$$f(n+2) = f(n+1) + f(n) \tag{2}$$

由(1)及(2)易推出

$$f(n) = \frac{1}{\sqrt{5}} \left[\left(\frac{1+\sqrt{5}}{2} \right)^{n+1} - \left(\frac{1-\sqrt{5}}{2} \right)^{n+1} \right]$$

$$= \frac{1}{2^n} (\mathrm{C}_{n+1}^1 + 5\mathrm{C}_{n+1}^3 + 5^2 \mathrm{C}_{n+1}^5 + \cdots + 5^{\frac{n-1}{2}} \mathrm{C}_{n+1}^n) \tag{3}$$

注意到 n 为大于 5 的素数,所以

$$(2, n) = 1 \Rightarrow (2^n, n) = 1 \text{ 且 } n \mid \mathrm{C}_{n+1}^i \quad (3 \leqslant i \leqslant n-1)$$

由式(3)知

$$2^n f(n) \equiv (n+1)(1 + 5^{\frac{n-1}{2}}) \equiv 1 + 5^{\frac{n-1}{2}} \pmod{n}$$

所以

$$2^n [f(n) - 1] \equiv 1 + 5^{\frac{n-1}{2}} - 2^n \pmod{n} \equiv -1 + 5^{\frac{n-1}{2}} \pmod{n}$$

因此

$$f(n)[f(n) - 1] \equiv 1 - 5^{n-1} \equiv 0 \pmod{n}$$

(这几步应用了费马小定理)从而

$$n \mid g(n)[g(n) + 1] \Leftrightarrow n \mid f(n)[f(n) - 1]$$

评注   费马小定理在解决整除性问题中的工具作用是不可低估的,而变换数列则使新数列的通项常规化 —— 二项式模型是解题的关键.

问题 9   (第 23 届 IMO 备选题)数列 $a_0, a_1, a_2, \cdots$ 满足 $a_0 = 1, a_1 = 1$, $a_{n+1} = 2a_n + (a-1)a_{n-1} (n \in \mathbf{N})$. 设 $p_0 > 2$ 是给定的素数,求满足下列两个条件的 a 的最小值:

(1)如果 p 是素数,且 $p \leqslant p_0$,那么 $p \mid a_p$;

(2)如果 p 是素数,且 $p > p_0$,那么 $p \nmid a_p$(表示 p 不整除 a_p).

解   由题目条件知

$$a_n = \frac{1}{2\sqrt{a}} [(1 + \sqrt{a})^n - (1 - \sqrt{a})^n]$$

注意到 p 是素数,则

$$p \mid \mathrm{C}_p^k \quad (k = 1, 2, \cdots, p-1)$$

由二项式定理有

$$a_n = \frac{1}{2\sqrt{a}}\left[(1+\sqrt{a})^n - (1-\sqrt{a})^n\right]$$

$$= \sum_{i=0}^{\frac{p-1}{2}} C_p^{2i+1} a^i \equiv a^{\frac{p-1}{2}} \pmod{p}$$

而当 $p=2$ 时

$$a_2 = \frac{1}{2\sqrt{a}}\left[(1+\sqrt{a})^2 - (1-\sqrt{a})^2\right] = 2 \equiv 0 \pmod{2}$$

因此,使(1)(2)成立的充要条件是 a 为满足 $0 < p \leqslant p_0$ 的所有素数 p 之积.

练习题

1.设在 $(5\sqrt{2}+7)^{2n+1}$ 的展开式中,用 I 记它的整数部分,F 记它的小数部分,求证:$(F+I)F$ 是一个定值.

2.对任意非负整数 n,证明:$2^{n+1} \mid \left[(1+\sqrt{3})^{2n+1}\right]$.

3.设 $a, b \in \mathbf{R}^*, n \geqslant 2, n \in \mathbf{N}$,求证

$$\frac{a^n + a^{n-1}b + \cdots + ab^{n-1} + b^n}{n+1} \geqslant \left(\frac{a+b}{2}\right)^n$$

4.证明:数列 $a_n = \dfrac{(2+\sqrt{3})^n - (2-\sqrt{3})^n}{2\sqrt{3}}$ 的每一项都是整数,其中 $n \in \mathbf{N}$,并求所有使 a_n 被 3 整除的 $n (n \in \mathbf{Z})$.

5.(1978 年捷克斯洛伐克数学竞赛题) 证明:数列 $b_n = \left(\dfrac{3+\sqrt{5}}{2}\right)^n + \left(\dfrac{3-\sqrt{5}}{2}\right)^n - 2$ 的每一项都是自然数,$n \in \mathbf{N}$,且当 n 为偶数或奇数时分别有形式 $5m^2$ 或 $m^2 (m \in \mathbf{N})$.

参考答案

1.
$$(5\sqrt{2}+7)^{2n+1} - (5\sqrt{2}-7)^{2n+1}$$
$$= 2(C_{2n+1}^1 \cdot 50^n \cdot 7 + C_{2n+1}^3 \cdot 50^{n-2} \cdot 7^3 + \cdots) \triangleq 2m \in \mathbf{N}$$

而 $0 < (5\sqrt{2}-7)^{2n+1} < 1$,则

$$F = (5\sqrt{2}-7)^{2n+1}, I+F = (5\sqrt{2}+7)^{2n+1}$$

所以

$$(I+F)F = (5\sqrt{2}+7)^{2n+1}(5\sqrt{2}-7)^{2n+1}$$

$$= (50-49)^{2n+1} = 1$$

2. 因为

$$-1 < (1+\sqrt{3})^{2n+1} < 0$$

$$[(1+\sqrt{3})^{2n+1}] = (1+\sqrt{3})^{2n+1} + (1-\sqrt{3})^{2n+1}$$

$$= (1+\sqrt{3})^{2n}(1+\sqrt{3}) + (1-\sqrt{3})^{2n}(1-\sqrt{3})$$

$$= (1+\sqrt{3})^{2n} + (1-\sqrt{3})^{2n} + \sqrt{3}[(1+\sqrt{3})^{2n} - (1-\sqrt{3})^{2n}]$$

根据问题 2 知

$$2^{n+1} \mid [(1+\sqrt{3})^{2n} - (1-\sqrt{3})^{2n}]$$

则只要证

$$2^{n+1} \mid \sqrt{3}[(1+\sqrt{3})^{2n} - (1-\sqrt{3})^{2n}] \tag{1}$$

而

$$(1+\sqrt{3})^{2n} - (1-\sqrt{3})^{2n} = 2^n[(2+\sqrt{3})^n - (2-\sqrt{3})^n]$$

$$\triangleq 2^{n+1}k\sqrt{3} \quad (k \in \mathbf{N})$$

即

$$\sqrt{3}[(1+\sqrt{3})^{2n} - (1-\sqrt{3})^{2n}] = 3 \cdot 2^{n+1}k$$

所以,式(1)成立.

3. 当 $a = b$ 时,结论显然成立. 只要证明当 $a \neq b$ 时,结论成立,这时原结论等价于

$$\frac{a^{n+1}-b^{n+1}}{(n+1)(a-b)} \geqslant \left(\frac{a+b}{2}\right)^n$$

令

$$a = x+y, b = x-y \quad (x,y \in \mathbf{R}^*)$$

$$\Rightarrow x = \frac{a+b}{2} > 0, y = \frac{a-b}{2}$$

这时

$$\frac{a^{n+1}-b^{n+1}}{(n+1)(a-b)} = \frac{1}{2y(n+1)}[(x+y)^{n+1} - (x-y)^{n+1}]$$

$$= \frac{1}{n+1}(C_{n+1}^1 x^n + C_{n+1}^3 x^{n-2} + \cdots)$$

$$\geqslant \frac{1}{n+1}C_{n+1}^1 x^n$$

$$= \left(\frac{a+b}{2}\right)^n$$

4. $a_0 = 0, a_1 = 1$,所以

$$a_n = (2^{n-1}C_n^1 + 2^{n-3}C_n^3 + 2^{n-5}C_n^5 + \cdots) \in \mathbf{N} \quad (n \in \mathbf{N})$$

又易知

$$a_{n+2} = 4a_{n+1} - a_n \Rightarrow a_{n+2} \equiv a_{n+1} - a_n (\bmod 3)$$

数列 $a_0, a_1, a_2, \cdots$ 前 8 项除以 3 的余数依次为 $0, 1, 1, 0, 2, 2, 0, 1$,所以

$$a_6 \equiv a_0 (\bmod 3), a_7 \equiv a_1 (\bmod 3)$$

且对 $n \in \mathbf{N}$,有

$$a_{n+6} \equiv a_n (\bmod 3)$$

于是,在此数列中凡 a_{3k} 的项且只有这些项除以 3 的余数为 $0(k \in \mathbf{N})$,又因为 $(2+\sqrt{3})(2-\sqrt{3}) = 1$,所以

$$a_n = \frac{(2+\sqrt{3})^n - (2-\sqrt{3})^n}{2\sqrt{3}} = \frac{(2-\sqrt{3})^{-n} - (2+\sqrt{3})^{-n}}{2\sqrt{3}} = -a_{-n}$$

即 $n < 0, n \in \mathbf{N}, a_n \in \mathbf{N}$,且仅当 $n \equiv 0 (\bmod 3)$ 时,$a_n \equiv 0 (\bmod 3)$.

5. 设 $a_n = \left(\frac{\sqrt{5}+1}{2}\right)^n - \left(\frac{\sqrt{5}-1}{2}\right)^n$,则 $n \in \mathbf{N}$ 时,$a_n > 0$,且有

$$a_{n+2} = \sqrt{5}\, a_{n+1} - a_n$$

以下用归纳法证明 a_{2n-1} 是整数,a_{2n} 具有形式 $m\sqrt{5}\, (n \in \mathbf{Z})$.

事实上,$a_1 = 1, a_2 = \sqrt{5}$,假设结论对某个 $k \in \mathbf{N}$ 成立,则

$$a_{2k+1} = \sqrt{5}\, a_{2k} - a_{2k-1} = 5m - a_{2k-1}$$

$$a_{2k+2} = \sqrt{5}\, a_{2k+1} - a_{2k} = \sqrt{5}(a_{2k+1} - m)$$

即结论对 $k+1$ 也成立,从而

$$b_n = \left(\frac{3+\sqrt{5}}{2}\right)^n + \left(\frac{3-\sqrt{5}}{2}\right)^n - 2$$

$$= \left(\frac{\sqrt{5}+1}{2}\right)^{2n} + \left(\frac{\sqrt{5}-1}{2}\right)^{2n} - 2\left(\frac{\sqrt{5}+1}{2} \cdot \frac{\sqrt{5}-1}{2}\right)^n$$

$$= \left[\left(\frac{\sqrt{5}+1}{2}\right)^n - \left(\frac{\sqrt{5}-1}{2}\right)^n\right]^2 = a_n^2$$

因此当 n 为奇数时，b_n 是 $a_n(a_n \in \mathbf{N})$ 的平方.

当 n 是偶数时，b_n 有如下形式

$$(m\sqrt{5})^2 = 5m^2 \in \mathbf{N}$$

§17　垂心性质的妙用

（这是我的儿子王开在上初二时发表于《中学数学月刊》2003(3):46-47 的一篇文章）

我们在学习平面几何初期，感到几何很难学，老师布置的几何题常常难住我的小脑袋.不过我对几何还是感兴趣的，经常都把老师交给我们的题目记在心头，一有时间就琢磨起来，刚接触几何时，老师留给我们的思考题比较简单，很快就完成了.到上一学期末，老师留的几何题就比较难了，常常几天都解决不了.

有一次老师留了一道题，我用三角形垂心性质给出了一个比老师公布的解答还要简洁的方法，我第一次感到几何学的还有点眉目.从此我对几何的学习兴趣倍增，每次都想将老师留的思考题寻求简单的方法解出来，给老师一个惊喜.后来老师又留了一些题目，其中有一道题目我又用三角形垂心性质给出了一个漂亮的证法，老师倍加赞赏，使我又一次尝到了学几何的乐趣.

现将这两道题目写出来，与同学们交流.

问题 1　如图 8 所示，在 △ABC 中，以 AB，AC 为边各向 △ABC 外侧作正方形 ABDE，ACFG，求证：△ABC 的高 AH 与线段 CD 及 BF 相交于一点.

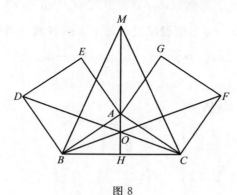

图 8

证明　延长 HA 到 M，使 AM＝BC，因为 ACFG 为正方形，HA ⊥ BC，所

以

$$\angle MHC = \angle GAC = \angle ACF = 90°$$

因为

$$\angle MAG + \angle HAC = 90°, \angle HAC + \angle ACB = 90°$$

所以

$$\angle MAG = \angle ACB, \angle MAC = \angle BCF$$

因为

$$CF = AC, BC = MA$$

所以

$$\triangle BCF \cong \triangle MAC, BF \perp MC$$

同理,可得 $CD \perp BM$,在 $\triangle MBC$ 中,注意到

$$MH \perp BC, BF \perp MC, CD \perp BM$$

因此 DC, AH, BF 交于一点.

师评 证明三线交于一点常用方法之一便是证出三线分别为某三角形的三条高,由此启发我们,三角形中的另外两种特殊情况 —— 三中线、三内角平分线分别交于一点也不要忘记!

问题 2 如图 9 所示,在正方形 $ABCD$ 中,两条对角线 AC 与 BD 交于 O,AF 平分 $\angle BAC$ 交 BD 于 F,$DE \perp AF$ 与 H,而且分别交 AB, AC 与 E, G,求证:$OF = \dfrac{1}{2} BE$.

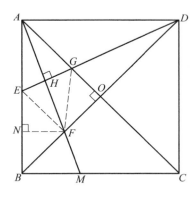

图 9

证明 联结 FG, EF,过点 F 作 AB 的垂线,垂足为 N.

因为 $DE \perp AF, AC \perp BD$,所以 G 为 $\triangle AFD$ 的垂心,因此 $FG \parallel AB$.

因为 AM 平分 $\angle BAC, ED \perp AM$,所以 $AEFG$ 为菱形,所以 $AE = AG$,因

此 $EF \parallel AC$,故 $\angle BEF = \angle BAC = \angle EBF = 45°$.

因为 $\angle ENF = \angle AOB = 90°$,所以 $NF = EN = NB$,因此 $OF = \dfrac{BE}{2}$.

师评　本题的证明关键在于由已知的两条垂线,想到 G 是 $\triangle AFD$ 的垂心,尽管它与要证的结论差距较大,但由此可得 $AEFG$ 为菱形,进一步判断 $\triangle BEF$ 为等腰三角形,于是问题得以顺利解决.

问题 3　如图 10 所示,在 $\text{Rt}\triangle ABC$ 中,$\angle B = 90°$,以 AB,BC 为边向 $\triangle ABC$ 外作正方形 $ABDE$ 和 $BCQP$,联结 EC 交 AB 于 R,AQ 交 BC 于 O,求证: $BR = BO$.

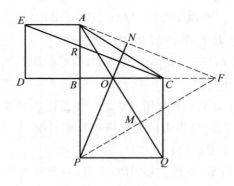

图 10

证明　延长 BC 到 F,使 $CF = DB$,联结 PF,AF. 根据题目所知 $AB = DB$, $BC = BP$,所以

$$BF = PA$$

因为

$$BP = PQ, \angle PBF = \angle QPA = 90°$$

所以

$$\triangle BPF \cong \triangle PQA$$

因此

$$\angle BFP = \angle PAQ$$

又

$$\angle BOA = \angle MOF$$

从而 $\angle AMF = \angle ABO$,即 $AM \perp PF$.

因为 O 为 $\triangle APF$ 的垂心,所以 $PN \perp AF$,因此 $\angle AFB = \angle APN$.

因为 $AE = CF$,$AE \parallel CF$,所以 $AECF$ 为平行四边形,因此

$$\angle ECD = \angle AFD = \angle APN$$

又因为 $BP = BC$,所以

$$\triangle BPO \cong \triangle BCR$$

因此 $BO = BR$.

师评 证明两条线段相等,可考虑全等.联结 PO,这样 BF,AQ,PQ 交于一点,又 $BC \perp AP$,故想到构造以 AP 为边的三角形,若联结 PC,PC 与 AQ 不垂直,故想到将 BC 延长到 F,也可见垂心的妙用.

问题 4 如图 11 所示,在等腰 $\triangle ABC$ 中,$AB = AC$,$AD \perp BC$,$DE \perp AC$,F 为 DE 的中点,求证:$AF \perp BE$.

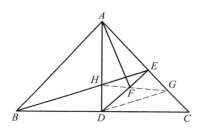

图 11

证明 设 G 为 CE 的中点,AD 与 GF 交于点 H,联结 DG,注意到 GF 为 $\triangle EDC$ 的中位线,所以 $FG \parallel DC$,因此 $AD \perp HG$.再注意到 $DE \perp AC$,所以 F 为 $\triangle ADG$ 的垂心,因此 $AF \perp DG$,但是 $DG \parallel BE$,从而 $AF \perp BE$.

上述三道题由浅入深,循序渐进,由易到难,其证明过程充分展现垂心在解题中的实用价值,同时,也告诉我们,善于思考,发散思维,及时捕捉,是找到解题突破口的金钥匙.

§18　几道奥赛平面几何试题的关联

(本节已发表在《中等数学》2005(8):11-12)

问题 1 如图 12 所示,在 $\triangle ABC$ 中,$AB > AC$,AD 为 $\angle A$ 的平分线…(1),点 E 在 $\triangle ABC$ 内部,且 $EC \perp AD$ 交 AB 于 F…(2),$ED \parallel AC$…(3),求证:射线 AE 平分边 BC…(4).

笔者在文献[1]中,曾对上面的问题 1(题中条件的标号是笔者所加)进行过深入的讨论,指出,由 4 个条件中任何 3 个都可得到另一个结论.受该文的启

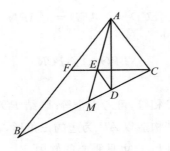

图 12

发,我们对此题再做些相关讨论,展示两道竞赛题的渊源和演变,给学生提供一种探索数学问题发展的美好前景,教会学生如何发现问题,如何编拟数学命题的方法,如有不妥,望感兴趣的读者批评.

问题 1 较早见于第 58 届莫斯科数学竞赛 11 年级 21 题,只是叙述方式稍有变化.

也就是在文献[1]中,笔者曾得到如下问题(现列为问题 2).

问题 2 在 $\triangle ABC$ 中,$AB > AC$,AD 为 $\angle A$ 的平分线,点 E 在 $\triangle ABC$ 内部,且 $EC \perp AD$ 交 AB 于 F,射线 AE 平分边 BC,求证:$ED \parallel AC$(图 12).

现在我们在问题 2 中再添加一个层次,过 E 作 $PQ \parallel BC$,分别交 AB,AC 于 P,Q,则得到:

问题 3 在 $\triangle ABC$ 中,$AB > AC$,AD 为 $\angle A$ 的平分线,点 E 在 $\triangle ABC$ 内部,且 $EC \perp AD$ 交 AB 于 F,射线 AE 平分边 BC,过 E 作 $PQ \parallel BC$,分别交 AB,AC 于 P,Q,求证:$PE = EQ$(如图 12,请读者画出 PQ).

本结论的证明已是一眼看穿的事实,所以证明在此就略去了.

在问题 3 的基础上,再添加一个层次,如果令 $DF \perp AB$,$DE \perp PQ$,但去掉射线 AE 平分边 BC,$PQ \parallel BC$,则得到(字母重新标记):

问题 4 在 $\triangle ABC$ 中,$AB = AC$,AD 为 $\angle A$ 的平分线,点 M 在 BC 上,且 $DB \perp AB$ 交 AB 于 B,E 在 AB 的延长线上,F 在 AC 上,$DM \perp EF$,求证:$ME = MF$(图 13).

证明 联结 DE,DC,DF,则因 $DB \perp AB$,及 $AB = AC$,AD 为 $\angle A$ 的平分线,知 $DC \perp AC$,同时,注意到 $DM \perp EF$,所以,B,E,D,M 和 M,D,C,F 分别四点共圆,所以

$$\angle MED = \angle MBD = \angle DCM = \angle DFM$$

即 $\triangle DFE$ 为等腰三角形,结合 $DM \perp EF$ 知,$ME = MF$.

继续研究问题 4 的变式,考虑它的另一个侧面,我们来证明:

234

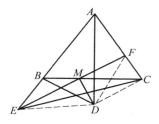

图 13

问题 5　在 $\triangle ABC$ 中，$AB=AC$，AD 为 $\angle A$ 的平分线，点 M 在 BC 内部，且 $DB \perp AB$ 交 AB 于 B，E 在 AB 的延长线上，F 在 AC 上，$ME=MF$，求证：$DM \perp EF$（图 14）.

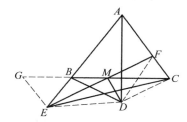

图 14

证明　过 E 作 $EG \parallel AC$ 交 CB 的延长线于 G，于是

$$\angle EGB = \angle FCM$$

且注意到 $EM=MF$，从而

$$\triangle EMG \cong \triangle FMC$$

所以 $EG=CF$，但是 $\angle ACB=\angle ABC=\angle GBE$，所以 $EB=EG=CF$. 再考虑到 $DC=DB$，所以

$$\triangle DEB \cong \triangle DCF$$

于是 $DE=DF$，即 DM 是等腰 $\triangle DEF$ 的底边 EF 上的中线，因此，$DM \perp EF$.

这样我们就可将上述两道题目综合为（字母重新标记）：

问题 6　如图 15 所示，$\triangle ABC$ 为等腰三角形，$AB=AC$，如果：

（1）M 是 BC 的中点，O 是直线 AM 上的点，使得 $OB \perp AB$；

（2）Q 是线段 BC 上不同于 B 和 C 的一个任意点；

（3）E 在直线 AB 上，F 在直线 AB 上，使得 E,Q,F 三点共线.

求证：$QO \perp EF$ 的充要条件是 $QE=QF$.

这是第 35 届（1994 年）IMO 中的第 2 题.

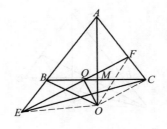

图 15

再考虑文献[3,4]中的2000年亚太地区数学奥林匹克的一道试题（现列为问题7）：

问题7　如图16所示，设 AM，AN 分别是 $\triangle ABC$ 的一条中线和内角平分线，过点 N 作 AN 的垂线，分别交 AM，AB 于点 Q，P，过 P 作 AB 的垂线交 AN 于点 O，求证：$OQ \perp BC$.

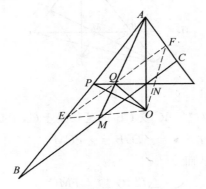

图 16

分析　过 Q 作 $EF \parallel BC$ 分别交 AB，AC 于 E，F，联结 OE，OF，将图形补形为图16的结构（这时的图形已是前面熟悉的样子，让人看起来比较亲近），则由 M 为 BC 的中点知，$EQ = QF$，这样，问题7就等价于问题6.

所以，本题可以看作是由问题6演变而来.

于是，由问题6知问题7可进一步改述为：

问题8　如图16所示，设 AN 是 $\triangle ABC$ 的内角平分线，M 在 BC 上，过点 N 作 AN 的垂线，分别交 AM，AB 于点 Q，P，过 P 作 AB 的垂线交 AN 于点 O，求证：$BM = MC$ 的充要条件是 $OQ \perp BC$.

综上所述，问题7实质上为第35届（1994年）IMO中的第2题或者第58届莫斯科数学竞赛11年级21题的一个侧面.

236

参考文献

[1] 王扬. 对一个平面几何问题的思考[J]. 中学数学教学参考, 2002(4): 40-41.

[2] 第 58 届莫斯科数学竞赛[J]. 中等数学, 1997(3):58.

[3] 冯志刚. 2000 年各国或地区数学奥林匹克问题选编[J]. 数学通讯, 2001(23).

§19　一道竞赛题探源

（本节已发表在《中学教研》2001(3):25）

在 2000 年 10 月 15 日举行的全国高中数学联赛一试中, 压轴题 15:

已知 $C_0 : x^2 + y^2 = 1$ 和 $C_1 : \dfrac{x^2}{a^2} + \dfrac{y^2}{b^2} = 1 (a > b > 0)$, 试问: 当且仅当 a, b 满足什么条件时, 对 C_1 上任意一点 P, 均存在以 P 为顶点, 与 C_0 相切, 与 C_1 内接的平行四边形, 并证明你的结论.

这是一道饶有趣味的开放性试题, 其中, 点 P 的任意性就使本题显得十分灵活, 所述平行四边形既要与已知圆外切, 又是内接于单位圆外边的椭圆, 这个存在性问题使众多学生颇感棘手, 一些老师也觉得难以捉摸.

笔者经过研究认为, 此题可能是由如下一道广为流传的解析几何题编拟而来, 从而道破本年度这道赛题的"天机", 现写出来, 供感兴趣的读者品评.

在此, 不妨将这道题列为如下:

定理　过椭圆 $C_1 : \dfrac{x^2}{a^2} + \dfrac{y^2}{b^2} = 1 (a > b > 0)$ 的中心 O 引 $OA \perp OB$, A, B 在椭圆 C 上, 联结 AB, 则 O 到 AB 的距离为定值.

证明　如图 17 所示, 建立极坐标系, 使极点在直角坐标系原点, 极轴为 Ox 轴, 则题中直角坐标系下的椭圆方程在此坐标系下可化为

$$\rho^2 \left(\frac{\cos^2 \theta}{a^2} + \frac{\sin^2 \theta}{b^2} \right) = 1$$

因为 $OA \perp OB$, 设 $\angle BOX = \alpha$, 则 $\angle AOX = 90° + \alpha$, 所以 A, B 两点的极坐标可设为

$$A\left(\rho_2, \alpha + \frac{\pi}{2} \right), B(\rho_1, \alpha)$$

237

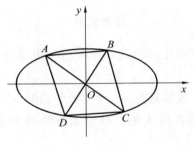

图 17

因此

$$\frac{1}{OA^2}+\frac{1}{OB^2}=\frac{1}{\rho_1^2}+\frac{1}{\rho_2^2}$$

$$=\left(\frac{\cos^2\alpha}{a^2}+\frac{\sin^2\alpha}{b^2}\right)+\left[\frac{\cos^2\left(\frac{\pi}{2}+\alpha\right)}{a^2}+\frac{\sin^2\left(\frac{\pi}{2}+\alpha\right)}{b^2}\right]$$

$$=\frac{1}{a^2}+\frac{1}{b^2}$$

过 O 作 $OM\perp AB$ 于 M,则由平面几何知识知

$$\frac{1}{OM^2}=\frac{1}{OA^2}+\frac{1}{OB^2}$$

$$=\frac{1}{a^2}+\frac{1}{b^2}(定值)$$

即 OM 为定值.

现将 AO,BO 分别延长,交椭圆 C_1 于 C,D 两点,根据椭圆的对称性不难得知,四边形 $ABCD$ 为平行四边形,若要说四边形与单位圆外切,只需 $OM=1$,即只要 $\frac{1}{a^2}+\frac{1}{b^2}=1$,显然此时的平行四边形 $ABCD$ 为菱形.

由上面的讨论不难得知,本年度的这道压轴题是由前面的定理演变而来.

§20　一道竞赛题引起的思考

(本节是我的儿子王开在上初二时发表于《中学数学杂志》2002(2):47-48 的一篇文章)

学数学就意味着解题,解题就要有一个套路.一个极为重要的解题套路就是联想,善于联想是学好数学的必备素质,良好的联想能力既能表现出一个人

238

的思维灵活,思维敏捷,又往往是数学解题成功的一座金桥,良好的联想能力能很快使你从困惑走向光明.

下面是我在数学学习中的一点想法,写出来与同学们交流.

问题 1　在 $\triangle ABC$ 中,$AP \perp BC$,O 为 AP 上任意一点,CO,BO 分别与 AB,AC 交于 D,E,求证:$\angle DPA = \angle EPA$.

这是第18届普特南数学竞赛题,也是爱尔兰2001年第14届数学奥林匹克试题,现已被许多资料收录.本题证明的一般方法有三种:一是过 D,E 分别作 AP 的垂线,再利用平行线知识及相似三角形性质获证;二是过 O 作 $MN \parallel BC$,构造成比例线段,再利用全等三角形性质获证;三是用著名的塞瓦定理,但这超出了初中学生的知识范围,而下面的证法则另辟蹊径,既自然又独特,给人耳目一新之感.

证明　如图18所示,作 $DM \perp BC$,$EN \perp BC$,垂足分别为 M,N,DM,EN 分别交 BE,CD 于 F,G,则 $DM \parallel PA \parallel EN$,所以
$$DM : AP = DF : AO, EN : AP = EG : AO$$
两式相除,得
$$DM : EN = DF : EG$$
又因为 $\triangle ODF \backsim \triangle OGE$,所以
$$DF : EG = FO : EO = MP : NP$$
因此
$$DM : EN = MP : NP$$
而 $\angle DMP = \angle ENP = 90°$,所以 $\triangle DMP \backsim \triangle ENP$,因此 $\angle MDP = \angle PEN$,即 $\angle DNA = \angle EPA$.

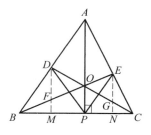

图 18

这一证法不同于往日见到的证明,其中构造直角梯形 $DMNE$ 是颇具特色的构图方式,并且运用这一构图方式可解决许多类似问题,故不妨称此法为"构造直角梯形模型",下面利用构造直角梯形模型再来解决几道问题,与同学们交

流.

问题 2 已知圆 O 是 $\triangle ABC$ 的内切圆,切点依次为 $D,E,F,DP \perp EF$ 于 P,求证:$\angle FPB = \angle EPC$.

这是《数学教学》$1993(3\text{-}4)$ 数学问题与解答栏 481 题,老师曾给各位同学们介绍过原作者的同一法证明,大家总感到不如直接证明好.下面构造的直角梯形模型证法则比较常规,易于掌握.

证明 如图 19 所示,作 $BM \perp EF$,$CN \perp EF$,垂足分别为直线 EF 上的 M,N,因为 AE,AF 为 $\triangle ABC$ 的内切圆圆 O 的切线,所以 $\angle AEF = \angle AFE$,即 $\angle BFM = \angle CEN$,所以

$$\text{Rt}\triangle BMF \backsim \text{Rt}\triangle CNE$$

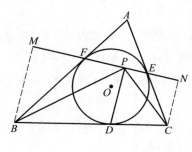

图 19

因为

$$CN : BM = CE : BF = CD : BD$$

因为 $BM \parallel PD \parallel CN$,所以

$$PN : MP = CD : BD = CN : BM$$

而 $\angle BMP = \angle CNP = 90°$,所以

$$\text{Rt}\triangle BMP \backsim \text{Rt}\triangle CNP$$

因此 $\angle MPB = \angle NPC$,故 $\angle BPF = \angle CPE$.

问题 3 $\triangle ABC$ 的边 BC 外的旁切圆圆 O 分别切 BC,AC,AB 或其延长线于 $D,F,E,DP \perp EF$ 于 P,求证:$\angle BPD = \angle CPD$.

这是《数学教学》$1996(5)$ 数学问题与解答栏 402 题,这可看成是问题 2 中的 $\triangle ABC$ 的内切圆圆 O 从 $\triangle ABC$ 内平移到 $\triangle ABC$ 外的结果.

证明 如图 20 所示,作 $BM \perp EF$,$CN \perp EF$,垂足分别为 M,N,因为 AF,AE 为圆 O 的切线,所以 $\angle AEF = \angle AFE$,所以

$$\text{Rt}\triangle EMB \backsim \text{Rt}\triangle FNC$$

因此

$$BM : CN = EB : CF = BD : CD = MP : NP$$

从而

$$\mathrm{Rt}\triangle EMB \backsim \mathrm{Rt}\triangle FNC$$

故 $\angle EPB = \angle FPC$. 因为 $DP \perp EF$,所以

$$90° - \angle EPB = 90° - \angle FPC$$

因此 $\angle BPD = \angle CPD$.

这一证法要比原作者提供的同一法证明自然的多.

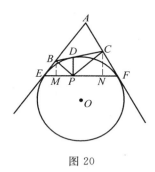

图 20

§21　一道联赛压轴题的背景与解法分析

(本节已发表在《中学教研》2003(2):38-39)

对于高考复习和竞赛辅导,怎样才能做到有的放矢,怎样才能做到高效率的复习,怎样才能以最快的速度提高学生的解题能力和思维水平,这是广大中学生和数学老师普遍关注的当前中学数学教育的一大主题目标. 所以,作为老师就应该在以上诸方面多多研究,努力攻关,才能使教无定法、学无常法的精神落到实处. 笔者认为,教授学生一些处理问题的发现过程和方法,使学生真切领会研究数学的全过程,使他们从学生时代起就接受搞数学研究的教育,学会研究数学的方法,才能使他们在数学学习领域走得更好些,更远些.

在平时的数学教学中,我们认为,展示数学问题的来龙去脉、发展变化,是教学高效率的一条重要途径.

下面我们以 2002 年全国高中数学联赛中的一道题为例来阐述笔者在数学竞赛辅导方面的一点简单做法,供感兴趣的读者参考.

一、竞赛题及解法分析

2002 年全国高中数学联赛一试第三大题(本卷压轴题 15):

设二次函数

$$f(x) = ax^2 + bx + c \quad (a,b,c \in \mathbf{R}, a \neq 0)$$

满足条件：

(1) 当 $x \in \mathbf{R}$ 时，$f(x-4) = f(2-x)$，且 $f(x) \geqslant x$；

(2) 当 $x \in (0,2)$ 时，$f(x) \leqslant \left(\dfrac{1+x}{2}\right)^2$；

(3) $f(x)$ 在 $\mathbf{R}$ 上的最小值为 0.

求最大的 $m(m > 1)$，使得存在 $t \in \mathbf{R}$，只要 $x \in [1,m]$，就有

$$f(x+t) \leqslant x$$

分析 该题本身具有一定抽象性和概括性，一般学生较难理解，命题人给出了一种更富抽象性的纯代数的解答，笔者将其介绍给学生，经过讲解，较好的学生对题目和解答仍颇感困惑，为此，笔者对此题进行了研究，结合二次函数图像给出一种学生容易理解并能掌握的常用方法 —— 数形结合法，由此也揭示了命题的由来，使学生在求解本题的过程中看清问题的演绎过程.

由条件(1)知，所述二次函数图像的对称轴为 $x = -1$，即 $x = -\dfrac{b}{2a} = -1$，所以 $b = 2a$，则

$$f(x) = ax^2 + 2ax + c = a(x+1)^2 + c - a$$

再考虑条件(3)，知 $a > 0, a = c$.

所以，$f(x) = a(x+1)^2$，又根据条件(1)(2)知

$$1 \leqslant f(1) \leqslant 4a \leqslant \left(\frac{1+1}{2}\right)^2$$

于是 $a = \dfrac{1}{4}$，从而

$$f(x) = \frac{1}{4}(x+1)^2$$

要使 $x \in [1,m]$ 时，有

$$f(x+t) \leqslant x \tag{1}$$

即在区间 $[1,m](m > 1)$ 上函数 $y = f(x+t)$ 的图像位于直线 $y = x$ 的图像下方，由图像平移法则知，应有 $t < 0$，即需将 $y = f(x)$ 的图像向右平移 $-t$ 个长度单位(图 21).

要使式(1)成立，由图像可知，只要

$$f(1+t) \leqslant 1 \tag{2}$$

且

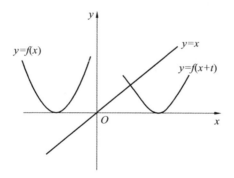

图 21

$$f(m+t) \leqslant m \qquad\qquad (3)$$

由式（2）知

$$-4 \leqslant t \leqslant 0$$

由式（3）知

$$m^2 - 2(1-t)m + (t^2 + 2t + 1) \leqslant 0$$

解得

$$1 - t - \sqrt{-4t} \leqslant m \leqslant 1 - t + \sqrt{-4t}$$

注意到 $-4 \leqslant t \leqslant 0$，所以

$$m \leqslant 1 - t + \sqrt{-4t} \leqslant 1 - (-4) + \sqrt{-4(-4)} = 9$$

即在 $t = -4$ 时，对 $x \in [1, 9]$，恒有 $f(x-4) \leqslant x$.

评注 这一解法根据图形来理解，靠图形来说话，最终以图形来化解矛盾，达到简易理解走出思维低谷，取得化难为易的功效.

二、试题的背景和分析

下面的两个背景题目都是当前高考复习资料上广为流传的，相信最近几年从事高三数学教学的老师都非常熟悉，读者不难从这两道题目摸索到 2002 年这道竞赛压轴题的来历.

背景 1 已知二次函数

$$f(x) = ax^2 + bx + c \quad (a, b, c \in \mathbf{R}, a \neq 0)$$

满足条件：$f(-1) = 0$，对 $x \in \mathbf{R}$ 都有 $f(x) \geqslant x$；当 $x \in (0, 2)$ 时，$f(x) \leqslant \left(\dfrac{1+x}{2}\right)^2$，求 $f(1)$ 及 $f(x)$ 的表达式.

解 由条件知

$$1 \leqslant f(1) \leqslant \left(\frac{1+1}{2}\right)^2 = 1$$

即 $f(1) = 1$. 于是

$$0 = f(-1) = a - b + c \tag{1}$$
$$1 = f(1) = a + b + c \tag{2}$$

又对 $x \in \mathbf{R}$ 都有

$$ax^2 + (b-1)x + c \geqslant 0$$

即 $ax^2 + (b-1)x + c \geqslant 0$ 对 $x \in \mathbf{R}$ 恒成立,所以

$$\begin{cases} a > 0 \\ \Delta = (b-1)^2 - 4ac \geqslant 0 \end{cases} \Rightarrow \begin{cases} a > 0 \\ ac \geqslant \frac{1}{16} \end{cases} \tag{3}$$

由(1)(2)(3)知 $a > 0, c > 0, a + c = \frac{1}{2}$,所以,由二元均值不等式知

$$ac \leqslant \frac{1}{16} \tag{4}$$

结合(3)及(4)中不等式等号成立的条件知 $a = c = \frac{1}{4}$ 及 $b = \frac{1}{2}$.

因此,所求二次函数为

$$f(x) = \frac{1}{4}x^2 + \frac{1}{2}x + \frac{1}{4} = \frac{1}{4}(x+1)^2$$

背景 2 已知函数 $f(x) = ax^2 + bx + c$ 的图像经过 $(-1, 0)$,是否存在常数 a, b, c,使得不等式

$$x \leqslant f(x) \leqslant \frac{1 + x^2}{2}$$

对一切实数 x 都成立?

评述 由上面两道背景题不难看出,2002 年的这道竞赛题是站在这两道题目的肩膀上将函数图像向右平移后,使得图像落在直线 $y = x$ 的下方,再求得所要满足的条件,由此得到本竞赛题.

笔者曾在文献[1]中对 2000 年全国高中数学联赛一试压轴题 15 题的来源做过探讨,相信早已有之的竞赛命题的这一方向还会持续下去,这就给我们竞赛辅导提供了一个强有力的信息 —— 通常的竞赛辅导不能放过任意一道有价值的而暂时看来还很平常的问题,应该站在已经求解的基础上再向前多迈几步,这样,一方面教授了学生解题的方法,同时学生又掌握了发现新的数学问题的套路,使其学习水平达到较高层次.

顺便指出,2002 年全国高中数学联赛一试第三大题 13 题:"知点 $A(0, 2)$ 和

抛物线 $y^2 = x + 4$ 上两点 B, C,使得 $AB \perp BC$,求点 C 的纵坐标的取值范围."
也是两个简单问题的组合,请看笔者提供的下面的解法.

    解   如图 22 所示,因 C 为抛物线

$$y^2 = x + 4 \tag{1}$$

上一点,故可设 $C(m^2 - 4, m)$,要使得 $AB \perp BC$,只要以 AC 为直径的圆与抛物线相交即可,而以 AC 为直径的圆方程为

$$(x - 0)(x - m^2 + 4) + (y - m)(y - 2) = 0 \tag{2}$$

(参见现行高中数学课本(试验修订本)第二册 P82.)

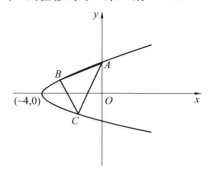

图 22

    联立式(1)(2)可得

$$(y^2 - 4)(y^2 - m^2) + (y - 2)(y - m) = 0$$

注意到 $y \neq 2, y \neq m$,所以

$$(y + 2)(y + m) + 1 = 0$$

即

$$y^2 + y(2 + m) + 2m + 1 = 0$$

因为 y 为实数,所以

$$\Delta = (2 + m)^2 - 4(2m + 1) \geqslant 0$$

解得 $m \leqslant 0$ 或 $m \geqslant 4$.

    当 $m = 0$ 时,点 B 的坐标为 $(-3, -1)$;当 $m = 4$ 时,点 B 的坐标为 $(5, -3)$.
即点 C 纵坐标的取值范围为 $m \leqslant 0$ 或 $m \geqslant 4$.

    本题的这一解法又是优于命题组公布的关于本题解法的又一例证,再次证明了"抓住基本题,大步朝前走,必有大收获"的经验.

参考文献

[1] 王扬.一道竞赛题探源[J].中学教研,2001(3).

§22 2001 年高中联赛第 13 题评析

（本节已发表在《中学教研》2002(5):20-21）

2001 年全国高中数学联赛一试第 13 题：

设 $\{a_n\}$ 为等差数列，$\{b_n\}$ 为等比数列，且 $b_1=a_1^2,b_2=a_2^2,b_3=a_3^2(a_1<a_2)$，有

$$\lim_{n\to\infty}(b_1+b_2+\cdots+b_n)=1+\sqrt{2}$$

试求：数列 $\{a_n\}$ 的首项和公差.

本题是一个不偏不异、不高不难，能够准确度量考生的知识水平和实际能力的好试题. 从题目所反映的知识范围看，属于高考范畴，但从对考生能力的要求看，已明显超于高考. 此题能使众多的选手容易上手，但做得普遍较差，甚至有些老师也颇感棘手，因为题目的求解过程确实迂回曲折，考查的知识点较多，如果没有较强的分析综合、逻辑判断能力，那么要彻底攻克这道题需要费一番周折.

下面是我们对本题解法的研究体会，供有兴趣的读者品评.

解 1 关注等差数列，直奔解题目标.

设等差数列 $\{a_n\}$ 的公差为 d，等比数列 $\{b_n\}$ 的公比为 q，则根据 $a_1<a_2$，知

$$d=a_2-a_1>0 \tag{1}$$

因为

$$\lim_{n\to\infty}(b_1+b_2+\cdots+b_n)=1+\sqrt{2}$$

且 $q=\dfrac{b_2}{b_1}=\dfrac{a_2^2}{a_1^2}>0$，知 $q\in(0,1)$，根据 $\{b_n\}$ 为等比数列及题目条件有 $b_2^2=b_1b_3$，所以 $a_2^4=a_1^2a_3^2$，即

$$a_2^2=\pm a_1a_3 \tag{2}$$

如果 $a_2^2=a_1a_3$，即 $(a_1+d)^2=a_1(a_1+2d)$，那么 $d=0$，这与式（1）矛盾. 所以，应有 $a_2^2=-a_1a_3$，则

$$(a_1+d)^2=-a_1(a_1+2d)$$

即

$$a_2^2+2a_1a_2-a_1^2=0$$

所以

$$\frac{a_2}{a_1} = -1 + \sqrt{2} \tag{3}$$

而 $q = \dfrac{b_2}{b_1} = \dfrac{a_2^2}{a_1^2} < 1$，并注意到式（1），可知

$$a_1 + a_2 < 0$$

进而得

$$a_1 < 0 \tag{4}$$

根据 $0 < q < 1$ 知

$$q = \frac{b_2}{b_1} = \frac{a_2^2}{a_1^2} = (-1+\sqrt{2})^2$$

即

$$\frac{a_2}{a_1} = -1 + \sqrt{2} \tag{5}$$

所以

$$q = \frac{b_2}{b_1} = \frac{a_2^2}{a_1^2} = \frac{a_3^2}{a_2^2} = \frac{a_3 + a_2}{a_2 + a_1}$$

因此

$$\begin{aligned}
1 + \sqrt{2} &= \lim_{n \to \infty}(b_1 + b_2 + \cdots + b_n) \\
&= \frac{b_1}{1-q} = \frac{a_1^2}{1 - \dfrac{a_3 + a_2}{a_1 + a_2}} \\
&= \frac{a_1^2(a_1 + a_2)}{-2(a_2 - a_1)}
\end{aligned} \tag{6}$$

由式（4）（5）（6）得 $a_1 = -\sqrt{2}$，再注意到式（5）有

$$a_2 = -2 + \sqrt{2}$$

所以

$$d = a_2 - a_1 = 2\sqrt{2} - 2$$
$$a_1 = -\sqrt{2}$$

读者不难从上述解 1 中窥探到解题过程的曲折漫长及每一个解题步骤在后面各环节的基石和桥梁作用.

这一解法的优点在于：直接攻击目标 —— 等差数列的首项和公差.

解 2 洞察等比数列，正难则反攻击.

同解 1 可得

$$a_1 < a_2 < 0, \frac{a_2}{a_1} = -1 + \sqrt{2}$$

平方得

$$(-1+\sqrt{2})^2 = \left(\frac{a_2}{a_1}\right)^2 = \frac{b_2}{b_1} \tag{1}$$

又

$$1+\sqrt{2} = \lim_{n\to\infty}(b_1 + b_2 + \cdots + b_n)$$

$$= \frac{b_1}{1-q} = \frac{b_1}{1-\frac{b_2}{b_1}} = \frac{b_1^2}{b_1 - b_2} \tag{2}$$

式(1)(2)联立可得 $b_1 = 2 \Rightarrow a_1 = -\sqrt{2}$，从而 $a_2 = \sqrt{2} - 2$.

所以等差数列 $\{a_n\}$ 的公差 $d = a_2 - a_1 = 2\sqrt{2} - 2$，首项 $a_1 = -\sqrt{2}$.

解 2 的特点在于：致力于条件 $b_1 = a_1^2, b_2 = a_2^2, b_3 = a_3^2$ 的潜心研究.

解 3 着眼于公比的求解.

同解 1 的讨论知

$$a_1 < a_2 < 0, d > 0, 0 < q < 1 \tag{1}$$

再由题目的条件进一步知

$$4b_2 = 4a_2^2 = (2a_2)^2 = (a_1 + a_3)^2 = a_1^2 + 2a_1 a_2 + a_2^2$$

所以

$$(4b_2 - b_1 - b_3)^2 = 4a_1^2 a_3^2 = 4b_1 b_3$$

注意到 $b_2 = qb_1, b_3 = b_1 q^2$，并代入上式得 $q = 3 \pm 2\sqrt{2}$，再回顾(1)，所以

$$q = 3 - 2\sqrt{2}$$

代入

$$1+\sqrt{2} = \lim_{n\to\infty}(b_1 + b_2 + \cdots + b_n) = \frac{b_1}{1-q}$$

得 $b_1 = 2$，再反思(1)及题目条件知

$$a_1 = -\sqrt{b_1} = -\sqrt{2}$$

所以

$$a_2 = -\sqrt{b_2} = -\sqrt{b_1 q} = \sqrt{2} - 2$$

因此

$$d = a_2 - a_1 = 2\sqrt{2} - 2$$

抓住公比不放手，执着地追求是这一解法成功的关键所在.

解 4 起步于目标的追求，成功至公比的化解.

同解 1 的讨论知

$$a_1 < a_2 < 0, d > 0, 0 < q < 1 \tag{1}$$

及

$$a_2^2 = -a_1 a_3$$

所以

$$(a_1 + d)^2 = -a_1(a_1 + 2d)$$

于是

$$\frac{d}{a_1} = -2 \pm \sqrt{2} \tag{2}$$

再由题目条件知

$$q = \frac{b_2}{b_1} = \frac{a_2^2}{a_1^2} = \frac{(a_1 + d)^2}{a_1^2} = \left(1 + \frac{d}{a_1}\right)^2$$

并将式(2)代入上式知

$$\frac{d}{a_1} = -2 + \sqrt{2} \tag{3}$$

所以

$$1 + \sqrt{2} = \lim_{n \to \infty}(b_1 + b_2 + \cdots + b_n) = \frac{b_1}{1-q} = \frac{a_1^2}{1 - \left(1 + \dfrac{d}{a_1}\right)} \tag{4}$$

式(3)(4)联立得 $a_1 = -\sqrt{2}$，所以 $d = a_2 - a_1 = 2\sqrt{2} - 2$．

望着目标前进是解题者的一贯追求．

解 5 同解 1 的讨论得 $a_1 < a_2 < 0$，及 $a_2^2 = -a_1 a_3$，知 $a_3 > 0$．

并注意题目条件知

$$a_1 = -\sqrt{b_1}, a_2 = -\sqrt{b_2}, a_3 = \sqrt{b_3}$$

又 $\{a_n\}$ 为等差数列，所以 $2a_2 = a_1 + a_3$，即

$$-2\sqrt{b_2} = -\sqrt{b_1} + \sqrt{b_3}$$

所以

$$-2\sqrt{q} = -1 + q$$

即 $q = 3 \pm 2\sqrt{2}$，结合 $0 < q < 1$，有 $q = 3 - 2\sqrt{2}$，以下同解 3．

这一简洁解法的出炉源于对等差数列本质的驾驭，以及等差数列与等比数列微妙关系的深层次透析．

以上我们提供了本题的五种思考方向，当然，各解法中的不同环节的排列和组合还会派生出一些差别细微的方法，算不上质的不同的思考，这里略去了．

249

是否还有更好的办法,有待大家进一步探索.

通过对本题解法的讨论可以看出,本题的确是容易上手,入口宽广,使众多选手都可一显身手、小试锋芒的好试题,但要在有限时间内顺利攻下这座"城池"并非易事,没有扎实的基本功和良好的数学素养,纵使你投入再高的热情,也只能是触摸一下本题而已,不可能征服这座难融化的"冰山".

上述的解法告诉我们,通常的数学教学不仅要教学生怎样做题,更要教学生从多角度、多层次进行一题多解的分析,培养学生的个性特点,以利于在解题中发挥自己的优势:一是自身能力的优势,包括自己的兴趣去向和建立的数学模式,如对等差感兴趣就从等差入手,惯于等比思考,就从等比开门,这样从优势出发往往会取得较佳的效果;二是方法灵活多样的优势,一个擅长数学缜密思维的人,如果方法灵活多样,就可能会如虎添翼,诚如解 5,多半是方法灵活多样者的杰作.

§23　几个四元不等式问题的证明

问题 1　已知 $a,b,c,d \in \mathbf{R}^*$，$a+b+c+d=4$，求证

$$a^2bc + b^2da + c^2da + d^2bc \leqslant 4$$

题目解说　本题为 2008 年江苏省复赛试题，《中等数学》2008(11):28.

证明　由二元均值不等式得

$$
\begin{aligned}
a^2bc + b^2da + c^2da + d^2bc &= ab(ac+bd) + cd(ac+bd) \\
&= (ac+bd)(ab+cd) \\
&\leqslant \frac{1}{4}(ac+bd+ab+cd)^2 \\
&= \frac{1}{4}[(a+d)(b+c)]^2 \\
&\leqslant \frac{1}{4} \cdot \left(\frac{1}{4}\right)^2[(a+d)+(b+c)]^4 \\
&= 4
\end{aligned}
$$

证明结束.

评注　本证明的关键是运用分解因式.

类似于上面题目的涉及四个变量结构的不等式还有什么其他问题呢?

类似问题 1　设 $a,b,c,d \in \mathbf{R}^*$，求证

250

$$\sqrt{\frac{a^2+b^2+c^2+d^2}{4}} \geqslant \sqrt[3]{\frac{abc+bcd+cda+dab}{4}}$$

证明 由二元均值不等式知

$$\frac{abc+bcd+cda+dab}{4}$$

$$=\frac{bc(a+d)+da(b+c)}{4}$$

$$=\frac{bc}{2}\cdot\frac{a+d}{2}+\frac{da}{2}\cdot\frac{b+c}{2}$$

$$\leqslant\left(\frac{b^2+c^2}{4}\right)\sqrt{\frac{a^2+d^2}{2}}+\left(\frac{d^2+a^2}{4}\right)\sqrt{\frac{b^2+c^2}{2}}$$

$$=\frac{1}{4}\cdot\sqrt{(b^2+c^2)(a^2+d^2)}\left(\sqrt{\frac{b^2+c^2}{2}}+\sqrt{\frac{a^2+d^2}{2}}\right)$$

$$\leqslant\frac{b^2+c^2+a^2+d^2}{4}\cdot\sqrt{\frac{\frac{b^2+c^2}{2}+\frac{a^2+d^2}{2}}{2}}$$

$$=\sqrt{\frac{b^2+c^2+a^2+d^2}{4}}\cdot\sqrt{\frac{b^2+c^2+a^2+d^2}{4}}\cdot\sqrt{\frac{b^2+c^2+a^2+d^2}{4}}$$

$$=\left[\frac{\sqrt{\frac{b^2+c^2+a^2+d^2}{4}}+\sqrt{\frac{b^2+c^2+a^2+d^2}{4}}+\sqrt{\frac{b^2+c^2+a^2+d^2}{4}}}{3}\right]^3$$

即

$$\sqrt[3]{\frac{abc+bcd+cda+dab}{4}}\leqslant\sqrt{\frac{b^2+c^2+a^2+d^2}{4}}$$

评注 同法可证明更加强的形式

$$\sqrt[3]{\frac{abc+bcd+cda+dab}{4}}\leqslant\frac{a+b+c+d}{4}$$

事实上

$$\frac{abc+bcd+cda+dab}{4}=\frac{bc(a+d)+da(b+c)}{4}$$

$$=\frac{bc}{2}\cdot\frac{a+d}{2}+\frac{da}{2}\cdot\frac{b+c}{2}$$

$$\leqslant\frac{(b+c)^2}{8}\cdot\frac{a+d}{2}+\frac{(d+a)^2}{8}\cdot\frac{b+c}{2}$$

$$=\frac{(b+c)(a+d)}{16}(a+b+c+d)$$

$$\leqslant \frac{(b+c+a+d)^3}{16 \cdot 4}$$

$$= \left(\frac{b+c+a+d}{4}\right)^3$$

即

$$\sqrt[3]{\frac{abc+bcd+cda+dab}{4}} \leqslant \frac{b+c+a+d}{4}$$

由此结论以及平均值不等式

$$\frac{b^2+c^2+a^2+d^2}{4} \geqslant \left(\frac{b+c+a+d}{4}\right)^2$$

$$\Rightarrow \frac{b+c+a+d}{4} \leqslant \sqrt{\frac{b^2+c^2+a^2+d^2}{4}}$$

所以

$$\sqrt[3]{\frac{abc+bcd+cda+dab}{4}} \leqslant \frac{b+c+a+d}{4} \leqslant \sqrt{\frac{b^2+c^2+a^2+d^2}{4}}$$

这是一个有意义的结论.

类似问题 2 设 $a,b,c,d \in \mathbf{R}^*$,求证

$$(a^3+a^2b+ab^2+b^3)(b^3+b^2c+bc^2+c^3) \cdot$$

$$(c^3+c^2d+cd^2+d^3)(d^3+d^2a+da^2+a^3)$$

$$\geqslant (abc+bcd+cda+dab)^4$$

证明 运用赫尔德不等式得

$$(ab^2+b^3+a^3+a^2b)(b^2c+bc^2+c^3+b^3) \cdot$$

$$(c^3+c^2d+cd^2+d^3)(a^3+d^3+d^2a+da^2)$$

$$\geqslant (abc+bcd+cda+dab)^4$$

类似问题 3 设 $a,b,c,d \in \mathbf{R}^*$,求证

$$(a^3+b^3+c^3+abc)(b^3+c^3+d^3+bcd) \cdot$$

$$(c^3+d^3+a^3+cda)(d^3+a^3+b^3+dab)$$

$$\geqslant (abc+bcd+cda+dab)^4$$

证明 运用赫尔德不等式得

$$(a^3+b^3+abc+c^3)(b^3+bcd+c^3+d^3) \cdot$$

$$(d^3+c^3+a^3+cda)(dab+d^3+b^3+a^3)$$

$$\geqslant (abc+bcd+cda+dab)^4$$

评注 本节告诉我们,通常做题不仅要达到会做题,还要注意联想同类相关题目及其解法,这就是人们通常说的举一反三吧!

以下问题 2 到问题 4 的证明由山东隋振林老师给出.

问题 2　设 $a,b,c,d \in \mathbf{R}^*$，且满足 $\dfrac{1}{a} + \dfrac{1}{b} + \dfrac{1}{c} + \dfrac{1}{d} = a+b+c+d$，求证

$$ab + bc + cd + da \geqslant 4$$

题目解说　本题为上海万惠华在近期（2018 年 11 月 27 日）发表于微信群里的一道题目，并引起热烈讨论，经过笔者努力研究，现在给出如下证明，供大家品评.

证明　由二元均值不等式以及题设条件，有

$$(ab + bc + cd + da)\left(\frac{1}{a} + \frac{1}{b} + \frac{1}{c} + \frac{1}{d}\right)$$

$$= (b+d)(a+c)\left(\frac{b+d}{bd} + \frac{a+c}{ac}\right)$$

$$= \frac{(b+d)^2(a+c)}{bd} + \frac{(a+c)^2(b+d)}{ac}$$

$$\geqslant \frac{4bd \cdot (a+c)}{bd} + \frac{4ac \cdot (b+d)}{ac}$$

$$= 4(a+c+b+d)$$

所以，原不等式成立.

评注　这个证明的技巧在于分解因式，合理组合，最后一步就是设法消除分母，只有利用二元均值不等式才可以达到.

问题 3　设 $a,b,c,d \in \mathbf{R}^*$，且满足 $(a+b)(b+c)(c+d)(d+a) \leqslant 16$，求证

$$ab + bc + cd + da \geqslant abc + bcd + cda + dab$$

题目解说　本题为上海万惠华在近期（2018 年 11 月 28 日）发表于微信群里的一道题目，并引起热烈讨论，经过笔者认真研究，现在给出如下证明，供大家品评.

证明　对题设不等式利用四组变量的赫尔德不等式，得

$$16 \geqslant (a+b)(b+c)(c+d)(d+a)$$

$$= (a+b)(c+b)(c+d)(a+d)$$

$$\geqslant (\sqrt[4]{a^2 c^2} + \sqrt[4]{b^2 d^2})^4$$

$$= (\sqrt{ac} + \sqrt{bd})^4$$

即

$$\sqrt{ac} + \sqrt{bd} \leqslant 2 \tag{1}$$

由二元均值不等式知，所证不等式等价于

$$\frac{abc + bcd + cda + dab}{ab + bc + cd + da} = \frac{ac(b + d) + bd(c + a)}{(a + c)(b + d)}$$

$$= \frac{ac}{a + c} + \frac{bd}{b + d}$$

$$\leqslant \frac{ac}{2\sqrt{ac}} + \frac{bd}{2\sqrt{bd}}$$

$$= \frac{1}{2}(\sqrt{ac} + \sqrt{bd})$$

$$\leqslant \frac{2}{2} = 1$$

这里最后的不等式利用了结论(1),显然,不等式等号成立的条件是 $a = b = c = d = 1$.

到此原不等式获得证明.

评注 1　本证明中(1)的构造十分有用,其目的就是为常用的四变量等式
$$ab + bc + cd + da = (a + c)(b + d)$$
利用二元均值不等式消除分母创造条件.

评注 2　本题的证明过程还表明在 $(a + b)(b + c)(c + d)(d + a) = 16$ 时,也有 $ab + bc + cd + da \geqslant abc + bcd + cda + dab$.

问题 4　设 $a, b, c, d \in \mathbf{R}^*$,且满足 $(a + b)(b + c)(c + d)(d + a) = 16$,求证
$$a + b + c + d + (a + c)(b + d) \geqslant 4 + abc + bcd + cda + dab$$

题目解说　本题为上海万惠华在近期(2018 年 11 月 28 日)发表于微信群里的一道题目,并引起热烈讨论,经过笔者认真研究,现在也给出如下证明,供大家品评.

证明　利用问题 3 的结论
$$(a + c)(b + d) = ab + bc + cd + da \geqslant abc + bcd + cda + dab$$
所以,只需证明
$$a + b + c + d \geqslant 4$$
事实上,由四元均值不等式以及题设条件,有
$$2(a + b + c + d) = (a + b) + (b + c) + (c + d) + (d + a)$$
$$\geqslant 4\sqrt[4]{(a + b)(b + c)(c + d)(d + a)}$$
$$= 4\sqrt[4]{16} = 8$$
$$\Rightarrow a + b + c + d \geqslant 4$$

从而,原不等式成立,不等式等号成立的条件是 $a = b = c = d = 1$.

评注 从上述证明可以看出,本题实际上是问题 3 与 $a+b+c+d \geqslant 4$ 的简单组合.

§24 漫游四点共圆王国

(本节是我的儿子王开在上初二年级时写的文章,发表于《中学教研》2002(9):31-34)

解答平面几何问题的最为重要一步就是适当添加辅助线 —— 直线或直线段,由此引发应有的几何联想,达到解决问题的目的,这是人所共知的事实.然而,仅有此还是不够的,有些复杂问题仅靠添加直线或直线段还是不能解决问题,还需要构造一些非常规的几何图形 —— 如圆内接四边形等,构造这种图形的优点是:可将看似毫不相关的信息联系起来构成定量关系,架起已知通向未知的桥梁,形成思维的自然飞跃,促成问题的快速解决,这是近期笔者在做题时得到的一点体会,不妨称此法为构造"四点共圆模型",现写出来与大家交流.

一、证明四点共圆 —— 搭起解决问题的人行天桥

首先,作为本节的开头,先向大家介绍如何证明四点共圆 —— 四边形的对角和为平角,或者四边形的某一个外角等于它的内对角,这是解决四点共圆的两种基本方法.

问题 1 设点 P 为等腰 $\triangle ABC$ 的底边 BC 上任意一点,过点 P 作两腰的平行线与两腰分别交于点 Q,R,又 P_1 是 P 关于直线 QR 的对称点,求证:P_1,B,C,A 四点共圆.

证明 1 如图 23 所示,因为 P_1 是 P 关于直线 QR 的对称点,且

$$PQ \ /\!/ \ AC, PR \ /\!/ \ AB$$

所以

$$\triangle PQR \cong \triangle P_1QR \cong \triangle ARQ$$

因此

$$P_1Q = PQ$$

$$\angle QP_1R = \angle QAR$$

于是 $P_1A \ /\!/ \ QR$,从而 A,P_1,Q,R 四点共圆,且

$$\angle P_1AQ = \angle AP_1R$$

但 $\triangle ABC$ 为等腰三角形,且

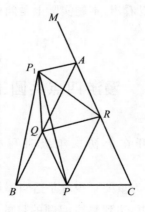

图 23

$$PR \parallel BA, PQ \parallel AC$$

$$BQ = QP = QP_1$$

$$\angle BP_1Q = \angle P_1BQ$$

$$\angle PBQ = \angle BPQ = \angle C$$

又四边形内角和为一个周角,所以

$$\angle C + \angle PBQ + \angle BP_1Q + \angle P_1BQ + \angle QP_1R +$$

$$\angle QAR + \angle AP_1R + \angle P_1AQ = 360°$$

即

$$\angle C + \angle BP_1Q + \angle QP_1R + \angle AP_1R = 180°$$

也即 P_1, B, C, A 四点共圆.

评注 瞄准四边形对角和为平角(四点共圆)是解决本题的成功所在.

证明 2 由证明 1 知

$$\angle BP_1Q = \angle P_1BQ, \angle PBQ = \angle BPQ$$

$$P_1A \parallel RQ$$

$$\angle P_1AR + \angle ARQ = 180°$$

则

$$\angle ARQ = \angle P_1QR$$

所以

$$\angle P_1AR + \angle P_1QB = 180°$$

因为

$$\angle BP_1Q = \angle P_1BQ, \angle PBQ = \angle BPQ$$

所以

从分析解题过程学解题——
竞赛中的向量几何与不等式研究

$$\angle P_1QP = 2\angle P_1QR = \angle P_1QA + \angle AQP$$
$$= \angle BP_1Q + \angle P_1BQ + \angle PBQ + \angle BPQ$$
$$= 2\angle P_1BQ + 2\angle PBQ$$

即

$$\angle P_1QR = \angle P_1BQ + \angle PBQ$$

因为

$$\angle P_1AR + \angle P_1QR = \angle P_1AR + \angle P_1BQ + \angle PBQ = 180°$$

所以 P_1, B, C, A 四点共圆.

评注 本题的奋斗目标虽说是证明四点共圆,但其奋斗历程也是比较艰辛的,因为要在较多的相等线段中捕捉到相等而有用的角,并且能够巧妙运并非易事.

问题 2 设 I 为 $\triangle ABC$ 的内心,$\triangle BIC$ 的外心为 D,则 A, B, C, D 四点共圆.

证明 如图 24 所示,设 M, N 分别为 IB, BC 的中点,联结 DM, DN, MN,则由条件知

$$DM \perp BI, DN \perp BC, \angle MBC = \angle MDN$$

即 B, M, N, D 四点共圆,且

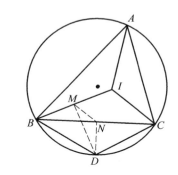

图 24

$$\angle ICB = \angle MNB = \angle MDB$$
$$2\angle BDN = 2\angle MDN + 2\angle MDB$$
$$= 2\angle MBC + 2\angle ICB$$
$$= \angle ABC + \angle ACB$$

所以

$$\angle BDC = \angle ABC + \angle ACB$$
$$\angle BAC + \angle CDB = 180°$$

257

即 A, B, C, D 四点共圆.

评注 本题的证明过程又揭示了一个构造四点共圆的方法 —— 对同一线段张直角的两个角的顶点与线段的两个端点构成一个四点共圆组.

二、构造四点共圆 —— 建立解决问题的单行道

在研究平面几何问题时,构造四点共圆模型可将许多分散信息统一于一个圆中,这有利于挖掘题目内在结构的有机联系,可直接突破已知与未知的天然屏障.

问题 3 (伊朗第 15 届数学奥林匹克第一轮第二题)设直线 KL 和 KN 是圆 C 的切线,L, N 分别为切点,在 KN 上取一点 M.设点 P 是圆 C 与 $\triangle KLM$ 的外接圆的另一个交点,Q 为从点 N 向 ML 所引的垂线的垂足(图 25),求证:$\angle MPQ = 2\angle LMK$.

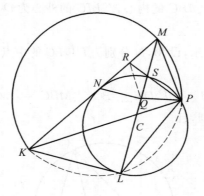

图 25

证明 设直线 ML 交圆 C 于 S,延长 PS 交直线 MK 于点 R,由 M, P, L, K 四点共圆,知

$$\angle MLK = \angle MPK$$

又直线 KL 是圆 C 的切线,所以

$$\angle MLK = \angle RPL$$

$$\angle MPR = \angle KPL = \angle KML$$

但

$$\angle MRP = \angle MRP$$

所以

$$\triangle RMS \backsim \triangle RPM$$

$$RM^2 = RS \cdot RP$$

而直线 KN 是圆 C 的切线,所以

$$NR^2 = RS \cdot RP$$

则

$$RM = RN$$

但

$$NQ \perp ML$$

从而

$$RM = RQ$$

$$\angle RMQ = \angle RQM = \angle RPM$$

即 R,Q,P,M 四点共圆

$$\angle RMQ = \angle RPQ, \angle MPQ = 2\angle LMK$$

即结论获得证明.

问题 4 (2001 年中国数学奥林匹克集训队选拔考试题)平面上有一凸四边形 $ABCD$,其内部有两点 E,F,满足

$$AE = BE, CE = DE, \angle AEB = \angle CED$$

$$AF = DF, BF = CF, \angle AFD = \angle BFC$$

求证

$$\angle AFD + \angle AEB = 180°$$

证明 如图 26 所示,设 AC 与 BD 交于点 P,联结 PE,则由

$$AE = BE, CE = DE$$

$$\angle AEB = \angle CED, \angle AEC = \angle BED$$

得

$$\triangle BED \cong \triangle AEC, \angle CAE = \angle DBE$$

即 A,P,E,B 四点共圆.

$$\angle AEB = \angle APB$$

又

$$AF = DF, BF = CF, \angle AFD = \angle BFC$$

则

$$\angle BFD = \angle AFC$$

所以

$$\triangle BFD \cong \triangle CFA, \angle CAF = \angle BDF$$

即 A,P,F,D 四点共圆

$$\angle AFD = \angle APD$$

259

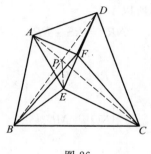

图 26

又
$$\angle APB + \angle APD = 180°$$

从而
$$\angle AFD + \angle AEB = 180°$$

评注 四点共圆在本题求解过程中的威力是巨大的,他将表面看似毫不相关的两个角转化为一个平面角的两部分,构成和为天然的平角,使一个高难度的竞赛题很容易的得到解决.

问题5 (本题为《数学通报》2002 年第 3 期问题 1361)如图 27 所示,C 为圆上任意一点,AB 为圆的直径,$CD \perp AB$ 于 D,G,H 分别为 $\triangle ACD$,$\triangle BCD$ 的内心,过 G,H 的直线分别交 AC,BC 于 E,F,求证
$$CD = CE = CF$$

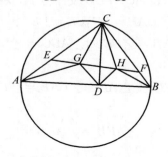

图 27

证明 由 C 为圆上任意一点,AB 为直径,$CD \perp AB$,得
$$\triangle ABC \backsim \triangle CBD \backsim \triangle ACD$$
又 G,H 分别为 $\triangle ACD$,$\triangle BCD$ 的内心,则
$$GD : DH = AC : BC$$
$$\angle GDH = \angle ACB = 90°$$
$$\triangle GHD \backsim \triangle ACD, \angle HGD = \angle CAB$$

所以 A,D,G,E 四点共圆（四边形外角定理）

$$\angle GDA = \angle CEG = \angle GDC = 45°$$

又

$$CG = CG, \angle ECG = \angle DCG$$

从而

$$\triangle CGE \cong \triangle CGD \Rightarrow CE = CD$$

同理可得 $CF = CD$，即 $CD = CE = CF$.

评注 探求到的四点共圆组 A,D,G,E 在此题的求解过程中起到了决定性的一步，为构造全等三角形立下汗马功劳，值得一提的是，这一证明要比公布的解答简洁多了！

三、构造四点共圆组 —— 建设易于解决问题的多信息通道

前面几道问题的证明已清楚地表明，四点共圆在解题中的桥梁和基石作用，下面将看到有些复杂的问题，寻找一两个四点共圆组是不足以解决问题的，需要构造四点共圆链，只有在这个链式作用下，问题才能得以逐步解决.

问题 6 （乌克兰提供第 36 届 IMO 预选题几何部分第 4 题）给定锐角 $\triangle ABC$，在边 BC 上取点 A_1,A_2（A_1 在 B 与 A_2 之间），在 CA 上取两点 B_1,B_2（B_1 在 C 与 B_2 之间），在边 AB 上取两点 C_1,C_2（C_1 在 A 与 C_2 之间），使得

$$\angle AA_1A_2 = \angle AA_2A_1 = \angle BB_1B_2 = \angle BB_2B_1 = \angle CC_1C_2 = \angle CC_2C_1$$

直线 AA_1,BB_1,CC_1 交成一个三角形，直线 AA_2,BB_2,CC_2 交成一个三角形，证明：这两个三角形的六个顶点在一个圆上.

证明 设直线 AA_1,BB_1,CC_1 交成一个三角形为 $\triangle UVW$，直线 AA_2,BB_2,CC_2 交成一个三角形为 $\triangle XYZ$，如图 28 所示，以下分三步进行证明.

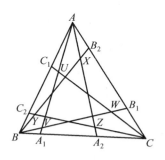

图 28

（1）证明 Y,V,W,X（或者 U,V,Z,X，或者 U,Y,Z,W）四点共圆.

根据题目条件知

261

$$\angle B_1BB_2 = \angle A_1AA_2 = \angle C_1CC_2$$
$$\angle AA_1C = \angle ABC + \angle BAA_1$$
$$\angle AC_2C = \angle ABC + \angle C_2CB$$

从而
$$\angle BAA_1 = \angle C_2CB$$

即 A,B,V,X 与 B,C,W,Y 分别四点共圆,所以
$$\angle BAV = \angle BXV$$
$$\angle YCB = \angle YWB$$
$$\angle BXV = \angle YWB$$

即 Y,V,W,X 四点共圆.

(2)再证明 Y,V,Z,W 四点共圆.

由条件知
$$\angle ABB_1 = \angle ACC_2$$

所以 C_2,B,C,B_1 四点共圆.
$$\angle C_2B_1B = \angle C_2CB$$

所以 Y,B,C,W 四点共圆.
$$\angle C_2CB = \angle A_1AB = \angle C_2B_1B$$

所以 C_2,V,B_1,A 四点共圆.

同理可得 C_2,Z,B_1,A 四点共圆. 所以 C_2,V,Z,B_1 四点共圆.
$$\angle C_2B_1V = \angle C_2ZV = \angle C_2CB = \angle YWB$$

从而 Y,V,Z,W 四点共圆.

(3)最后证明 U,Y,V,Z,W,X 六点共圆.

因不共线的三点确定一个圆,于是,由前面的证明知 Y,V,Z,W,X 五点共圆,又 U,V,Z,X 四点共圆. 从而 U,Y,V,Z,W,X 六点共圆.

评注 这个六点共圆问题的证明较为复杂,即先证明目标六点中四点共圆,然后将此圆看成由其中某三个点确定的,然后,再说明另外的某点在此圆上,形成五点共圆,进而得到六点共圆,这是解决问题的关键程序,也是解决多点共圆问题的基本思想.

这一散发着浓郁几何气息的未超出初中学生知识范畴的解法比官方公布的含有三角知识的答案纯正且初等.

问题 7 如图 29 所示,$AD \perp BC,BE \perp AC,CF \perp AB,FH \perp BC,FG \perp AC,EN \perp BC,EM \perp AB,DQ \perp AB,DP \perp AC$.

求证:M,Q,H,N,P,G 六点共圆.

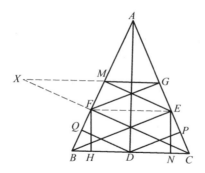

图 29

证明　此题的证明需要分以下四步完成.

(1) 先证明 $MG \parallel BC$(或者 $QH \parallel AC$,$NP \parallel AB$).

如图 29 所示,延长 GM,CF 交于点 X,因为 $CF \perp AB$,$BE \perp AC$,所以 F,B,C,E 四点共圆.

又 $FG \perp AC$,$FG \parallel BE$,则

$$\angle FCB = \angle FEB = \angle GFE$$

而 $EM \perp AB$,所以 M,E,F,G 四点共圆,因此

$$\angle GFE = \angle GME$$

又 $ME \parallel FC$,所以

$$\angle GME = \angle X = \angle FCB$$

因此

$$MG \parallel BC$$

(2) 再证明 Q,H,N,P(或者 H,P,G,M,或者 G,M,Q,H) 四点共圆.

因为 $DQ \perp AB$,$DP \perp AC$,所以 Q,D,P,A 四点共圆.

又 $AD \perp BC$,所以

$$\angle ABC = \angle QDA = \angle QPA$$

又 $QH \parallel AC$,$PN \parallel AB$,所以

$$\angle ABC = \angle PNC = \angle QPA = \angle HQP$$

因此 Q,H,N,P 四点共圆.

(3) 再证明 M,G,P,Q(或者 Q,H,N,M,或者 N,P,G,H) 四点共圆.

因为 $MG \parallel BC$,$\angle ABC = \angle QPA$,所以

$$\angle ABC = \angle AMG = \angle QPA$$

即 M,G,P,Q 四点共圆.

(4) 最后证明 M,Q,H,N,P,G 六点共圆.

由(2)的证明知 G,M,Q,H 四点共圆,(3)证明了 M,G,P,Q 四点共圆,结合不共线三点确定一个圆知,M,G,P,H,Q 五点共圆,再由 H,N,P,G 四点共圆,从而可以断定 M,Q,H,N,P,G 六点共圆.

评注 这两道题的证明将四点共圆方法的灵活性表现得淋漓尽致,更显四点共圆模型的奇特神韵.

下面一道题打造的四点共圆模型,标志着四点共圆方法的运用已经炉火纯青.

问题 8 (哥伦比亚提供的第 36 届 IMO 预选题,几何部分第 8 题)若 $\triangle ABC$ 的边 BC 上有一圆分别与边 AB,AC 交于 C_1,B_1,$\triangle ABC$ 与 $\triangle AB_1C_1$ 的垂心分别为 H,H_1,C_1C 与 B_1B 交于点 P,则 H_1,P,H 三点共线.

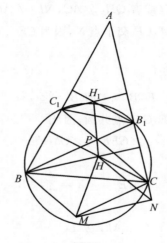

图 30

证明 如图 30 所示,分别作平行四边形 $PHNC,PBMC$,则
$$HN \parallel PC \parallel BM, \quad PC = HN = BM$$
即 $BHNM$ 为平行四边形.

又 AB,AC 均为圆的割线,即
$$\triangle ABC \backsim \triangle AB_1C_1$$
其垂心分别为 H,H_1,则
$$\triangle HBC \backsim \triangle H_1B_1C_1$$
$$\angle H_1B_1C_1 = \angle HBC$$
而 B,C,B_1,C_1 四点共圆,从而
$$\triangle PCB \backsim \triangle PC_1B_1 \backsim \triangle MBC$$
$$\angle PB_1C_1 = \angle PCB = \angle CBM$$

所以

$$\angle H_1 B_1 P = \angle HBM$$
$$H_1 B_1 : HB = B_1 C_1 : BC = PB_1 : BM$$

因此

$$\triangle H_1 B_1 P \backsim \triangle HBM$$

但

$$\angle BB_1 C = \angle BC_1 C$$

从而

$$\angle CMN = \angle B_1 BH = \angle C_1 CH = \angle CHN$$

进而 H, M, N, C 四点共圆.

所以

$$\angle NCM = \angle MHN = \angle BMH$$

但

$$\angle MCN = \angle BPH$$

从而

$$\angle BMH = \angle B_1 PH_1 = \angle BPH$$

即 H_1, P, H 三点共线.

评注 证明比较复杂的三点共线问题,人们都习惯于考虑采用梅涅劳斯定理的逆定理,而本题采用了一种证明三点共线的最常用的方法 —— 对顶角相等.

上面我们运用了四点共圆这个常规方法解决了一系列较为复杂且十分精彩的问题,只要我们乐于进入四点共圆这个五彩缤纷的世界,熟练驾驭四点共圆方法,就会看到四点共圆模型应用的广泛性、深刻性、灵活性,给我们解题增添无穷乐趣. 构造一个四点共圆组可解决诸如六点共圆等较高层次的问题,给我们解决竞赛中的几何问题提供了一种可供参考的模式,它启发我们既要学会自觉构建自己的思维模式,又要学会充分运用这种模式解决所给问题,拓展这种模式的应用功能.

§25　正弦定理的类似与若干几何不等式

(本节发表于《福建中学数学》1992(3))

在平面三角学中,著名的正弦定理是人们所共知的,求解三角形中的许多问题无不与此结缘,最近笔者在研究某些国际数学竞赛题时发现了类似于正弦定理的两个结论,且应用较为广泛,现介绍如下.

定理 设 I 为 $\triangle ABC$ 的内心,联结 AI,BI,CI 并延长分别交 $\triangle ABC$ 外接圆(半径记为 R)于 A_1,B_1,C_1,求证:

$$\frac{IA}{2\sin\dfrac{B}{2}\sin\dfrac{C}{2}}=\frac{IB}{2\sin\dfrac{C}{2}\sin\dfrac{A}{2}}=\frac{IC}{2\sin\dfrac{A}{2}\sin\dfrac{B}{2}}=2R \qquad (1)$$

$$\frac{IA_1}{\sin\dfrac{A}{2}}=\frac{IB_1}{\sin\dfrac{B}{2}}=\frac{IC_1}{\sin\dfrac{C}{2}}=2R \qquad (2)$$

证明 记 $\triangle ABC$ 的内切圆半径为 r,根据三角形面积公式知

$$\frac{1}{2}(a+b+c)r=2R^2\sin A\sin B\sin C$$

即

$$(\sin A+\sin B+\sin C)r=2R\sin A\sin B\sin C$$

故

$$r=4R\sin\frac{A}{2}\sin\frac{B}{2}\sin\frac{C}{2}$$

如图 31 所示,过点 I 作 $ID\perp AC$ 于 D,则

$$IA=\frac{ID}{\sin\dfrac{A}{2}}=\frac{r}{\sin\dfrac{A}{2}}=4R\sin\frac{B}{2}\sin\frac{C}{2}$$

即

$$\frac{IA}{2\sin\dfrac{B}{2}\sin\dfrac{C}{2}}=2R$$

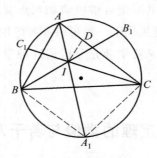

图 31

同理可得

$$\frac{IB}{2\sin\dfrac{C}{2}\sin\dfrac{A}{2}}=2R, \frac{IC}{2\sin\dfrac{A}{2}\sin\dfrac{B}{2}}=2R$$

即

$$\frac{IA}{2\sin\dfrac{B}{2}\sin\dfrac{C}{2}}=\frac{IB}{2\sin\dfrac{C}{2}\sin\dfrac{A}{2}}=\frac{IC}{2\sin\dfrac{A}{2}\sin\dfrac{B}{2}}=2R$$

联结 A_1B,A_1C,在 $\triangle ABA_1$ 中,根据正弦定理

$$AA_1=2R\sin\left(B+\frac{A}{2}\right)=2R\sin\left(C+\frac{A}{2}\right)$$

所以

$$AA_1=R\sin\left(B+\frac{A}{2}\right)+R\sin\left(C+\frac{A}{2}\right)$$

$$IA_1=AA_1-IA$$

$$=R\left[\sin\left(B+\frac{A}{2}\right)+\sin\left(C+\frac{A}{2}\right)-4\sin\frac{B}{2}\sin\frac{C}{2}\right]$$

$$=2R\sin\frac{A}{2}$$

即

$$\frac{IA_1}{\sin\dfrac{A}{2}}=2R$$

同理可得

$$\frac{IB_1}{\sin\dfrac{B}{2}}=2R, \frac{IC_1}{\sin\dfrac{C}{2}}=2R$$

即

$$\frac{IA_1}{\sin\dfrac{A}{2}}=\frac{IB_1}{\sin\dfrac{B}{2}}=\frac{IC_1}{\sin\dfrac{C}{2}}=2R$$

评注 本结论的证明很简单,但是其意义深远,它们刻画了三角形内心的性质,以此为工具结合三角形中的三角不等式,可十分方便地解决许多与内心相关的几何不等式问题.

为了方便,以下约定各字母的意义同上.

问题 1 求证

$$IA_1+IB_1+IC_1\leqslant 3R$$

证明 由定理中的(2)知

$$IA_1 + IB_1 + IC_1 = 2R\left(\sin\frac{A}{2} + \sin\frac{B}{2} + \sin\frac{C}{2}\right) \leqslant 3R$$

这里应用了熟知的三角不等式

$$\sin\frac{A}{2} + \sin\frac{B}{2} + \sin\frac{C}{2} \leqslant \frac{3}{2}$$

问题 2 在锐角 $\triangle ABC$ 中,求证

$$\frac{1}{IA_1} + \frac{1}{IB_1} + \frac{1}{IC_1} \leqslant \frac{1}{2R}\left(\frac{1}{\cos A} + \frac{1}{\cos B} + \frac{1}{\cos C}\right)$$

证明 由定理中的(2)知,结论等价于

$$\frac{1}{\cos A} + \frac{1}{\cos B} + \frac{1}{\cos C} \geqslant \frac{1}{\sin\dfrac{A}{2}} + \frac{1}{\sin\dfrac{B}{2}} + \frac{1}{\sin\dfrac{C}{2}}$$

但是

$$\frac{1}{\cos A} + \frac{1}{\cos B} \geqslant \frac{4}{\cos A + \cos B}$$

$$= \frac{4}{2\cos\dfrac{A+B}{2}\cos\dfrac{A-B}{2}}$$

$$\geqslant \frac{2}{\cos\dfrac{A+B}{2}}$$

$$= \frac{2}{\sin\dfrac{C}{2}}$$

即

$$\frac{1}{\cos A} + \frac{1}{\cos B} \geqslant \frac{2}{\sin\dfrac{C}{2}}$$

同理可得

$$\frac{1}{\cos B} + \frac{1}{\cos C} \geqslant \frac{2}{\sin\dfrac{A}{2}}$$

$$\frac{1}{\cos C} + \frac{1}{\cos A} \geqslant \frac{2}{\sin\dfrac{B}{2}}$$

这三个式子相加即得

$$\frac{1}{\cos A} + \frac{1}{\cos B} + \frac{1}{\cos C} \geqslant \frac{1}{\sin\dfrac{A}{2}} + \frac{1}{\sin\dfrac{B}{2}} + \frac{1}{\sin\dfrac{C}{2}}$$

从而结论获得证明.

这里给出的 $\dfrac{1}{\cos A}+\dfrac{1}{\cos B}+\dfrac{1}{\cos C}\geqslant\dfrac{1}{\sin\dfrac{A}{2}}+\dfrac{1}{\sin\dfrac{B}{2}}+\dfrac{1}{\sin\dfrac{C}{2}}$ 的证明要比

苏州大学《中学数学》1991 年第 6 期 P19 的简便.

问题 3 求证

$$IA+IB+IC\leqslant r+\frac{5R}{2}$$

证明 据定理中的(1)知,结论等价于

$$4R\left(\sin\frac{A}{2}\sin\frac{B}{2}+\sin\frac{B}{2}\sin\frac{C}{2}+\sin\frac{C}{2}\sin\frac{A}{2}\right)\leqslant r+\frac{5R}{2}$$

由于

$$\sum\cos A=1+4\prod\sin\frac{A}{2}\quad(\prod\text{ 表示循环乘积})$$

$$r=4R\sin\frac{A}{2}\sin\frac{B}{2}\sin\frac{C}{2}$$

因此

$$2\left(\sin\frac{A}{2}\sin\frac{B}{2}+\sin\frac{B}{2}\sin\frac{C}{2}+\sin\frac{C}{2}\sin\frac{A}{2}\right)+$$

$$\sin^2\frac{A}{2}+\sin^2\frac{B}{2}+\sin^2\frac{C}{2}\leqslant\frac{9}{4}$$

$$\Leftrightarrow\left(\sin\frac{A}{2}+\sin\frac{B}{2}+\sin\frac{C}{2}\right)^2\leqslant\frac{9}{4}$$

而

$$\sin\frac{A}{2}+\sin\frac{B}{2}+\sin\frac{C}{2}\leqslant\frac{3}{2}$$

于是上式获得证明,即结论获得证明.

问题 4 求证

$$\frac{1}{IA}+\frac{1}{IB}+\frac{1}{IC}\geqslant\frac{18}{5R+2r}$$

证明 由问题 3 以及柯西不等式立即得证.

问题 5 在锐角 $\triangle ABC$ 中,求证

$$\frac{1}{IA_1^2}+\frac{1}{IB_1^2}+\frac{1}{IC_1^2}\leqslant\frac{1}{4R^2}\left(\frac{1}{\cos^2 A}+\frac{1}{\cos^2 B}+\frac{1}{\cos^2 C}\right)$$

证明 由定理中的(2)知,结论等价于

$$\frac{1}{\cos^2 A}+\frac{1}{\cos^2 B}+\frac{1}{\cos^2 C}\geqslant\frac{1}{\sin^2\dfrac{A}{2}}+\frac{1}{\sin^2\dfrac{B}{2}}+\frac{1}{\sin^2\dfrac{C}{2}}$$

即等价于

$$\tan^2 A + \tan^2 B + \tan^2 C \geqslant \cot^2 \frac{A}{2} + \cot^2 \frac{B}{2} + \cot^2 \frac{C}{2}$$

由于

$$\tan^2 A + \tan^2 B + \tan^2 C \geqslant \tan A \tan B + \tan B \tan C + \tan C \tan A$$

因此只要证明

$$\tan A \tan B + \tan B \tan C + \tan C \tan A \geqslant \cot^2 \frac{A}{2} + \cot^2 \frac{B}{2} + \cot^2 \frac{C}{2}$$

而

$$\tan A \tan B \geqslant \cot^2 \frac{C}{2}$$

$$\Leftrightarrow \frac{\cos(A-B) + \cos C}{\cos(A-B) - \cos C} \geqslant \frac{1 + \cos C}{1 - \cos C}$$

$$\Leftrightarrow \cos(A-B) \leqslant 1$$

故

$$\tan A \tan B \geqslant \cot^2 \frac{C}{2}$$

同理可得

$$\tan B \tan C \geqslant \cot^2 \frac{A}{2}, \tan C \tan A \geqslant \cot^2 \frac{B}{2}$$

这三个式子相加即得

$$\tan A \tan B + \tan B \tan C + \tan C \tan A \geqslant \cot^2 \frac{A}{2} + \cot^2 \frac{B}{2} + \cot^2 \frac{C}{2}$$

从而原不等式获得证明.

问题 6 求证

$$IA_1(-IA + IB + IC) + IB_1(IA - IB + IC) + IC_1(IA + IB - IC) \geqslant 6Rr$$

证明 由定理知

$$IA_1(-IA + IB + IC)$$

$$= 8R^2 \sin \frac{A}{2} \left(\sin \frac{C}{2} \sin \frac{A}{2} + \sin \frac{A}{2} \sin \frac{B}{2} - \sin \frac{B}{2} \sin \frac{C}{2} \right)$$

$$= 8R^2 \sin^2 \frac{A}{2} \left(\sin \frac{C}{2} + \sin \frac{B}{2} \right) - 2Rr$$

同理可得另外两个式子,相加即得

$$IA_1(-IA + IB + IC) + IB_1(IA - IB + IC) + IC_1(IA + IB - IC)$$

$$= 8R^2 \left[\sin^2 \frac{A}{2} \left(\sin \frac{B}{2} + \sin \frac{C}{2} \right) + \sin^2 \frac{B}{2} \left(\sin \frac{C}{2} + \sin \frac{A}{2} \right) + \right.$$

从分析解题过程学解题——
竞赛中的向量几何与不等式研究

$$\sin^2 \frac{C}{2} \left(\sin \frac{A}{2} + \sin \frac{B}{2} \right) \Big] - 6Rr$$

$$\geqslant 8R^2 \cdot 6 \sin \frac{A}{2} \sin \frac{B}{2} \sin \frac{C}{2} - 6Rr$$

$$= 12Rr - 6Rr = 6Rr$$

即结论获得证明.

评注 同理可得

$$IA_1^2(- IA^2 + IB^2 + IC^2) + IB_1^2(IA^2 - IB^2 + IC^2) +$$
$$IC_1^2(IA^2 + IB^2 - IC^2) \geqslant 12R^2r^2$$

问题 7 （第 31 届 IMO 预选题）求证

$$IA_1 + IB_1 + IC_1 \geqslant IA + IB + IC$$

证明 根据定理知,上式等价于

$$\sin \frac{A}{2} + \sin \frac{B}{2} + \sin \frac{C}{2} \geqslant 2 \left(\sin \frac{A}{2} \sin \frac{B}{2} + \sin \frac{B}{2} \sin \frac{C}{2} + \sin \frac{C}{2} \sin \frac{A}{2} \right)$$

由于

$$\sin \frac{A}{2} + \sin \frac{B}{2} + \sin \frac{C}{2} \leqslant \frac{3}{2}$$

因此由代数不等式 $3(ab + bc + ca) \leqslant (a + b + c)^2$ 知

$$3 \left(\sin \frac{A}{2} \sin \frac{B}{2} + \sin \frac{B}{2} \sin \frac{C}{2} + \sin \frac{C}{2} \sin \frac{A}{2} \right)$$

$$\leqslant \left(\sin \frac{A}{2} + \sin \frac{B}{2} + \sin \frac{C}{2} \right)^2$$

$$\leqslant \frac{3}{2} \left(\sin \frac{A}{2} + \sin \frac{B}{2} + \sin \frac{C}{2} \right)$$

即原不等式获得证明.

评注 这里的证明远比北京大学出版社出版的《数学奥林匹克第 31 届国际数学竞赛预选题》一书给出的证法简明,且若将此题的叙述方法稍做改变,便成为 1991 年国家教委数学实验班招生数学试题的最后一题(见《中等数学》1991 年第 3 期 P35),该刊物上给出的证明利用了琴生不等式,也不够简明.

问题 8 求证

$$AA_1 + BB_1 + CC_1 > AB + BC + CA$$

证明 因为

$$IA + IB > AB, IB + IC > BC, IC + IA > AC$$

所以

$$2(IA + IB + IC) > AB + BC + CA$$

再结合问题 7 的结论知

$$AB + BC + CA$$
$$< 2(IA + IB + IC)$$
$$= (IA + IB + IC) + (IA + IB + IC)$$
$$< (IA + IB + IC) + (IA_1 + IB_1 + IC_1)$$
$$= A_1A + B_1B + C_1C$$

即原题获得证明.

练习题

1.（本题来自于微信群的一个朋友张洪豪（天津））设 R_a, R_b, R_c 分别表示 $\triangle ABC$ 的三边 a, b, c 上旁切圆的半径，r 为 $\triangle ABC$ 的内切圆半径，求证

$$R_a R_b R_c \geqslant 27r^3$$

证明　设 p 表示 $\triangle ABC$ 的半周长，如图 1 所示，由三角形面积公式知

$$rp = S_{\triangle ABC} = \frac{1}{2} S_{AFME} = S_{BFMEC}$$

$$= \frac{1}{2} \cdot 2p \cdot R_a - 2 \cdot \frac{1}{2} \cdot a \cdot R_a$$

$$= \frac{1}{2}(b + c - a) \cdot R_a$$

$$\Rightarrow R_a = \frac{2pr}{b + c - a}$$

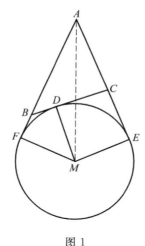

图 1

所以

$$R_a R_b R_c = \frac{8p^3 r^3}{(b + c - a)(c + a - b)(a + b - c)}$$

又由三元均值不等式知

$$2p = a + b + c$$

$$= (b + c - a) + (c + a - b) + (a + b - c)$$

$$\geqslant 3\sqrt[3]{(b + c - a)(c + a - b)(a + b - c)}$$

273

$$\Rightarrow \frac{8p^3}{(b+c-a)(c+a-b)(a+b-c)} \geqslant 27$$

$$\Rightarrow R_a R_b R_c \geqslant 27r^3$$

即结论获得证明.

2.(2017 年世界数学团体锦标赛试题)已知 $a,b \in \mathbf{R}^*, a+2b=1$,求 $a+\sqrt{ab}$ 的最大值.

解 本解答源于《数学教学》2019 年第 1 期 P39,湖北邹峰.

记

$$p = a + \sqrt{ab}$$

所以

$$p \leqslant a + \frac{\sqrt{6}-2}{4}a + \frac{\sqrt{6}+2}{2}b$$

$$= \frac{\sqrt{6}+2}{4}(a+2b)$$

$$= \frac{\sqrt{6}+2}{4}$$

当 $a = \frac{\sqrt{6}+3}{6}, b = \frac{3-\sqrt{6}}{12}$ 时取等号.

原作者评注 巧用 $\sqrt{ab} \leqslant \frac{\sqrt{6}-2}{4}a + \frac{\sqrt{6}+2}{2}b$,以及 $ab > 0, a+2b=1$ 为定值下的最值问题,关键是对二元系数的处理,在不同条件定值下的不等式问题.

3.设 $a,b \in \mathbf{R}^*, a+2b=1$,求 $\frac{a+2b}{a+\sqrt{ab}}$ 的最小值.

解 本题是对上一题的简单变形,目的是让本题的形式变得熟悉,上一题的解答较难理解,这里给出一个较为自然的解法.

回顾前面诸多问题,其实就是需要运用待定系数法.

解 设有 $x,y \in \mathbf{R}^*$,使得

$$a + xa + yb \geqslant a + 2\sqrt{xyab} = a + 2\sqrt{xy} \cdot \sqrt{ab}$$

同时满足

$$\begin{cases} 1+x = \frac{1}{2}y \\ 2\sqrt{xy} = 1 \end{cases} \Rightarrow x = \frac{\sqrt{6}-2}{4}, y = \frac{\sqrt{6}+2}{2}$$

即有

从分析解题过程学解题——
竞赛中的向量几何与不等式研究

$$\sqrt{ab} \leqslant \frac{\sqrt{6}-2}{4}a + \frac{\sqrt{6}+2}{2}b$$

即

$$\frac{a+2b}{a+\sqrt{ab}} \geqslant \frac{a+2b}{a+\frac{\sqrt{6}-2}{4}a+\frac{\sqrt{6}+2}{2}b}$$

$$= \frac{a+2b}{\frac{\sqrt{6}+2}{4}(a+2b)}$$

$$= 2(\sqrt{6}-2)$$

这就是原题作者给出的数据的由来.

4. 设 $a,b \in \mathbf{R}^*$，求 $p = \dfrac{1}{a+\sqrt{ab}} - \dfrac{2}{\sqrt{a+b}}$ 的最小值.

解 本解答源于《数学教学》2019 年第 1 期 P39，湖北邹峰.

$$p = \frac{1}{a+\sqrt{ab}} - \frac{2}{\sqrt{a+b}}$$

$$\geqslant \frac{1}{a+\left(\frac{\sqrt{2}-1}{2}\right)a+\left(\frac{\sqrt{2}+1}{2}\right)b} - \frac{2}{\sqrt{a+b}}$$

$$= \frac{2(\sqrt{2}-1)}{a+b} - \frac{2}{\sqrt{a+b}}$$

$$= 2(\sqrt{2}-1)\left[\frac{1}{\sqrt{a+b}} - \frac{\sqrt{2}+1}{2}\right]^2 - \frac{\sqrt{2}+1}{2}$$

$$\geqslant -\frac{\sqrt{2}+1}{2}$$

等号成立的条件为 $a = 2-\sqrt{2}, b = 10 - 7\sqrt{2}$.

评注 这个解答的系数配凑也很巧妙，可能读者会问，这个系数是如何凑出来的？

引申 设 $a,c \in \mathbf{R}^*$，求 $p = \dfrac{a+2b}{a+\sqrt{ab}}$ 的最小值.

解 设 $x,y \in \mathbf{R}^*$，使得

$$a + xa + yb \geqslant a + 2\sqrt{xyab} = a + 2\sqrt{xy} \cdot \sqrt{ab}$$

同时满足

$$\begin{cases} 1+x=\dfrac{1}{2}y \\ 2\sqrt{xy}=1 \end{cases} \Rightarrow x=\dfrac{\sqrt{6}-2}{4}, y=\dfrac{\sqrt{6}+2}{2}$$

即有

$$\sqrt{ab} \leqslant \frac{\sqrt{6}-2}{4}a + \frac{\sqrt{6}+2}{2}b$$

这就原题作者给出的数据的由来,从而

$$\frac{a+2b}{a+\sqrt{ab}} \geqslant \frac{a+2b}{a+\dfrac{\sqrt{6}-2}{4}a+\dfrac{\sqrt{6}+2}{2}b} = 2(\sqrt{6}-2)$$

评注 有了这一题,上一题的解答就不难了,换句话说,上题就是外加本题的再发展.

5.(2017 年世界数学团体锦标赛试题)设 $a,c \in \mathbf{R}^*$,$a+b=ab$,求

$$p = \frac{a}{a+1} + \frac{b}{b+1}$$

的最小值.

解 本解答源于《数学教学》2019 年第 1 期 P340,湖北邹峰.

由条件得

$$a+b=ab \Rightarrow \frac{1}{a}+\frac{1}{b}=1$$

所以

$$p = \frac{a}{a+1} + \frac{b}{b+1} = \frac{1}{1+\dfrac{1}{a}} + \frac{1}{1+\dfrac{1}{b}}$$

$$\geqslant \frac{1}{2+\dfrac{1}{a}+\dfrac{1}{b}} = \frac{1}{3}$$

等号成立的条件为 $a=b=2$.

6.设 $a>1,b>2$,求 $\dfrac{(a+b)^2}{\sqrt{a^2-1}+\sqrt{b^2-4}}$ 的最小值.

解 令 $x=\sqrt{a^2-1}$,$y=\sqrt{b^2-4}$,则

$$a=\sqrt{x^2+1}, b=\sqrt{y^2+4}$$

于是由不等式

$$a^2+b^2 \geqslant \frac{(a+b)^2}{2}$$

得

$$\sqrt{a^2 + b^2} \geqslant \frac{a+b}{\sqrt{2}}$$

从而

$$
\begin{aligned}
\frac{(a+b)^2}{\sqrt{a^2-1}+\sqrt{b^2-4}} &= \frac{(\sqrt{x^2+1}+\sqrt{y^2+4})^2}{x+y} \\
&\geqslant \frac{\left(\dfrac{x+1}{\sqrt{2}}+\dfrac{y+2}{\sqrt{2}}\right)^2}{x+y} \\
&= \frac{1}{2} \cdot \frac{(x+y+3)^2}{x+y} \\
&= \frac{1}{2} \cdot \frac{(x+y)^2+6(x+y)+9}{x+y} \\
&= \frac{1}{2} \cdot \left(x+y+\frac{9}{x+y}+6\right) \\
&\geqslant \frac{1}{2} \cdot \left(2\sqrt{(x+y)\cdot\frac{9}{x+y}}+6\right) \\
&= 6
\end{aligned}
$$

注意上面两次运用不等式等号成立的条件知

$$x+y=\frac{9}{x+y}, x=1, y=2$$

评注 本方法立刻可以将本结论推广到多个变量.

推广 设 $a>1, b>2, c>3$，求 $\dfrac{(a+b+c)^2}{\sqrt{a^2-1}+\sqrt{b^2-4}+\sqrt{c^2-9}}$ 的最小值.

7. 设 $a,b,c,d \in \mathbf{R}^*, a^2+b^2+c^2+d^2=1$，求 $ab+ac+ad+bc+bd+3cd$ 的最大值.

解 本题源于《数学教学》2019 年第 1 期 P40 第 2 题，湖北邹峰.

原作者给出的解答令人费解，下面提出一种较为合理的解答.

设

$$x, y \in \mathbf{R}^*, xy = \frac{1}{4} \tag{1}$$

注意到二元均值不等式，得

$$ab+ac+ad+bc+bd+3cd$$
$$= ac+ad+bc+bd+ab+3cd$$
$$= (a+b)(c+d)+ab+3cd$$

$$\leqslant x(a+b)^2 + y(c+d)^2 + \frac{a^2+b^2}{2} + 3\left(\frac{c^2+d^2}{2}\right)$$

$$\leqslant 2x(a^2+b^2) + 2y(c^2+d^2) + \frac{a^2+b^2}{2} + 3\left(\frac{c^2+d^2}{2}\right)$$

$$= (2x+\frac{1}{2})a^2 + (2x+\frac{1}{2})b^2 + (2y+\frac{3}{2})c^2 + (2y+\frac{3}{2})d^2$$

令

$$2x+\frac{1}{2} = 2y+\frac{3}{2} \tag{2}$$

联合(1)(2)得到

$$x = \frac{\sqrt{5}-1}{4}, y = \frac{\sqrt{5}+1}{4}$$

所以

$$(2x+\frac{1}{2})a^2 + (2x+\frac{1}{2})b^2 + (2y+\frac{3}{2})c^2 + (2y+\frac{3}{2})d^2 \leqslant \frac{\sqrt{5}+2}{2}$$

等号成立的条件为

$$a^2 = b^2 = \frac{5-\sqrt{5}}{20}, c^2 = d^2 = \frac{5+\sqrt{5}}{20}$$

8. (2018 年俄罗斯数学奥林匹克竞赛题)设 $a,b,c,d \in \mathbf{R}^*$，$a^2+b^2+c^2+d^2=1$，求证

$$a+b+c+d+\frac{1}{abcd} \geqslant 18$$

证明　本题源于《数学教学》2019 年第 1 期 P41 第 1 题，湖北邹峰.

原作者给出的解答令人费解，下面提出一种较为合理的解答.

分析可知，本题为一个四元对称不等式，条件也是对称等式，且由四个变量相等时可得

$$a = b = c = d = \frac{1}{2}, \frac{1}{abcd} = 16$$

于是，要对目标式子运用多元均值不等式，需要考虑等号成立的条件，即需要对 $\frac{1}{abcd}=16$ 进行变形为 $\frac{1}{32abcd}=\frac{1}{2}$，所以由均值不等式得

$$a+b+c+d+\frac{1}{abcd}$$

$$= a+b+c+d+\overbrace{\frac{1}{32abcd}+\cdots+\frac{1}{32abcd}}^{32个}$$

$$\geqslant 36 \sqrt[36]{abcd \left(\frac{1}{32abcd}\right)^{32}}$$

$$= \frac{36}{\sqrt[36]{32^{32} \left(a^2 b^2 c^2 d^2\right)^{\frac{31}{2}}}}$$

$$\geqslant \frac{36}{\sqrt[36]{32^{32} \left(\frac{a^2 + b^2 + c^2 + d^2}{4}\right)^{62}}} = 18$$

等号成立的条件为 $a = b = c = d = \frac{1}{2}$.

9.（2018 年俄罗斯数学奥林匹克竞赛题）设 $a, b \in \mathbf{R}^*, a + b = 1$，求证

$$\sqrt{1 + 2a^2} + 2\sqrt{\left(\frac{5}{12}\right)^2 + b^2}$$

的最小值.

解　本题源于《数学教学》2019 年第 1 期 P41 第 5 题，湖北邹峰.

由柯西不等式知

$$(1 + 2a^2)\left(\left(\frac{2}{3}\right)^2 + \frac{1}{2}\right) \geqslant \left(\frac{2}{3} + a\right)^2$$

$$\left(\left(\frac{5}{12}\right)^2 + b^2\right)\left(\left(\frac{5}{6}\right)^2 + \frac{1}{4}\right) \geqslant \left(\frac{25}{72} + \frac{1}{2}b\right)^2$$

因此

$$\sqrt{1 + 2a^2} + 2\sqrt{\left(\frac{5}{12}\right)^2 + b^2}$$

$$\geqslant \frac{\frac{2}{3} + a}{\frac{\sqrt{34}}{6}} + 2\left(\frac{\frac{25}{72} + \frac{1}{2}b}{\frac{\sqrt{34}}{6}}\right)$$

$$= \frac{5\sqrt{34}}{12}$$

等号成立的条件为 $a = \frac{3}{4}, b = \frac{1}{4}$.

评注　原作者给出的解答令人费解，系数的配凑何以得来？有无一种较为合理的解答？

10.（2007 年广西预赛试题《中等数学》2008(4):32）若点 $P(x, y)$ 在直线 $x + 3y = 3$ 上运动，求函数 $f(x, y) = 3^x + 9^y$ 的最小值.

解　由条件知 $x + 3y = 3$，从而

279

$$f(x,y) = 3^x + 9^y = 3^{3-3y} + 3^{2y} = \frac{27}{3^{3y}} + 3^{2y}$$

$$= \frac{1}{2} \cdot \frac{27}{3^{3y}} + \frac{1}{2} \cdot \frac{27}{3^{3y}} + \frac{1}{3} \cdot 3^{2y} + \frac{1}{3} \cdot 3^{2y} + \frac{1}{3} \cdot 3^{2y}$$

$$\geqslant 5 \sqrt[5]{\frac{1}{2} \cdot \frac{27}{3^{3y}} \cdot \frac{1}{2} \cdot \frac{27}{3^{3y}} \cdot \frac{1}{3} \cdot 3^{2y} \cdot \frac{1}{3} \cdot 3^{2y} \cdot \frac{1}{3} \cdot 3^{2y}}$$

$$= 5 \sqrt[5]{\frac{1}{4} \cdot 3^3} = 5 \cdot \left(\frac{27}{4}\right)^{\frac{1}{5}}$$

等号成立的条件为

$$\frac{1}{2} \cdot \frac{27}{3^{3y}} = \frac{1}{3} \cdot 3^{2y} \Rightarrow y = \frac{1}{5} \log_3 \frac{81}{2}, x = \frac{1}{5} \log_3 \frac{3}{2}$$

故

$$f(x,y) = (3^x + 9^y)_{\min} = 5 \cdot \left(\frac{27}{4}\right)^{\frac{1}{5}}$$

11. 设 $x, y, z \in \mathbf{R}^*$，求证

$$\sum \left(\frac{1}{x^2} + x^2 + 6\right) \geqslant 4 \sum \left(x + \frac{1}{x}\right)$$

证明 因为

$$\frac{1}{x^2} + x^2 + 6 = \left(\frac{1}{x} + x\right)^2 + 4 \geqslant 4 \left(\frac{1}{x} + x\right)$$

所以结论成立.

12. (本题来源于微信群 2018 年 5 月 27 日) 设 $x, y \in \mathbf{R}^*$，且 $x^2 + y^2 + \frac{1}{x} + \frac{1}{y} = \frac{27}{4}$，求 $\frac{15}{x} - \frac{3}{4y}$ 的最小值.

解 由条件等式知

$$\frac{27}{4} = x^2 + y^2 + \frac{1}{x} + \frac{1}{y}$$

$$= \left(x^2 + \frac{8}{x} + \frac{8}{x}\right) + \left(y^2 + \frac{1}{8y} + \frac{1}{8y}\right) - \frac{15}{x} + \frac{3}{4y}$$

$$\geqslant 12 + \frac{3}{4} - \frac{15}{x} + \frac{3}{4y}$$

$$\Rightarrow \frac{15}{x} - \frac{3}{4y} \geqslant 6$$

等号成立的条件为 $x = 2, y = \frac{1}{2}$.

评注 本题的解决根本是利用三元均值不等式,但是配凑的很巧妙.

13. 设 $x \in \mathbf{R}^*$，求函数 $y = \dfrac{1}{\sqrt{1+x^2}} + 2\sqrt{\dfrac{x}{1+x}}$ 的最大值.

解 观察知 $x = 1$ 时取到最大值，于是，由二元均值不等式知

$$y = \frac{1}{\sqrt{1+x^2}} + 2\sqrt{\frac{x}{1+x}}$$

$$\leqslant \frac{1}{\sqrt{\dfrac{(1+x)^2}{2}}} + 2\sqrt{\frac{x}{1+x}}$$

$$= \sqrt{2}\left(\frac{1}{1+x} + \frac{\sqrt{2x(1+x)}}{1+x}\right)$$

$$\leqslant \sqrt{2}\left[\frac{1}{1+x} + \frac{\dfrac{2x+(1+x)}{2}}{1+x}\right]$$

$$= \frac{3\sqrt{2}}{2}$$

等号成立的条件为 $x = 1$.

14.（杨学枝在《奥数论坛》提出并证明 2006 年 12 月 6 日）设 $x, y \in \mathbf{R}^*$，$x + y = 6$，求证

$$\sqrt[3]{\frac{x}{1+y}} + \sqrt[3]{\frac{y}{1+x}} \leqslant 2$$

证明 要证原不等式，只要证

$$2\sqrt[3]{(1+x)(1+y)} \geqslant \sqrt[3]{x(1+x)} + \sqrt[3]{y(1+y)}$$

注意到条件等式，再根据熟知的不等式知

$$(a_1^3 + b_1^3)(a_2^3 + b_2^3)(a_3^3 + b_3^3) \geqslant (a_1 a_2 a_3 + b_1 b_2 b_3)^3$$

于是

$$2\sqrt[3]{(1+x)(1+y)} = \sqrt[3]{8(1+x)(1+y)}$$

$$= \sqrt[3]{(x+1)(1+y)[(1+x)+(1+y)]}$$

$$\geqslant \sqrt[3]{x(1+x)} + \sqrt[3]{y(1+y)}$$

因此原不等式获得证明.

15.（2005 国家集训队测验试题）设 $a, b, c, d \in \mathbf{R}^*$，$abcd = 1$，求证

$$\frac{1}{(1+a)^2} + \frac{1}{(1+b)^2} + \frac{1}{(1+c)^2} + \frac{1}{(1+d)^2} \geqslant 1$$

证明 先证明

$$\frac{1}{(1+a)^2}+\frac{1}{(1+b)^2}\geqslant\frac{1}{1+ab}$$

等价于

$$1+(a^2+b^2)ab-2ab-(ab)^2\geqslant0$$

由于

$$1+(a^2+b^2)ab-2ab-(ab)^2$$
$$\geqslant1+2ab\cdot ab-2ab-(ab)^2$$
$$=(1-ab)^2\geqslant0$$

即

$$\frac{1}{(1+a)^2}+\frac{1}{(1+b)^2}\geqslant\frac{1}{1+ab}$$

成立,从而

$$\frac{1}{(1+c)^2}+\frac{1}{(1+d)^2}\geqslant\frac{1}{1+cd}=\frac{1}{1+\frac{1}{ab}}=\frac{ab}{1+ab}$$

所以

$$\frac{1}{(1+a)^2}+\frac{1}{(1+b)^2}+\frac{1}{(1+c)^2}+\frac{1}{(1+d)^2}\geqslant1$$

评注 2006年12月6日.本题实质上是对函数 $f(x)=\frac{1}{(1+x)^2}$ 的性质的深入研究,得到 $f(a)+f(b)\geqslant\sqrt{f(ab)}$,进而可研究更深入的结果.

16.(《数学教学》2006(6)问题674)已知 a,b,c 是满足 $a^2+b^2+c^2=3$ 的正实数,求证

$$\frac{1}{a(1+b^2)}+\frac{1}{b(1+c^2)}+\frac{1}{c(1+a^2)}\geqslant\frac{3}{2}$$

证明 由柯西不等式知

$$\frac{1}{a(1+b^2)}+\frac{1}{b(1+c^2)}+\frac{1}{c(1+a^2)}\geqslant\frac{9}{a+b+c+ab^2+bc^2+ca^2} \qquad (1)$$

又由平均值不等式知

$$b^3+a^2b\geqslant2ab^2,c^3+b^2c\geqslant2bc^2,a^3+c^2a\geqslant2ca^2$$

三个式子相加得

$$a^3+b^3+c^3+a^2b+b^2c+c^2a\geqslant2(ab^2+bc^2+ca^2)$$

由于

$$(a+b+c)(a^2+b^2+c^2)$$
$$=a^3+b^3+c^3+a^2b+b^2c+c^2a+ab^2+bc^2+ca^2$$

$$\geqslant 3(ab^2 + bc^2 + ca^2)$$

即

$$ab^2 + bc^2 + ca^2 \leqslant \frac{1}{3}(a+b+c)(a^2+b^2+c^2)$$

$$= a + b + c$$

且

$$(a+b+c)^2 \leqslant 3(a^2+b^2+c^2) = 9$$

$$a + b + c \leqslant 3$$

代入式(1)知,命题获得证明.

17.(2006 年国家集训队测试题)设 $x,y,z \geqslant 0$,且 $x+y+z=1$. 求证

$$\frac{xy}{\sqrt{xy+yz}} + \frac{yz}{\sqrt{yz+zx}} + \frac{zx}{\sqrt{zx+xy}} \leqslant \frac{\sqrt{2}}{2} \tag{1}$$

证明 1 由柯西不等式知道

$$\frac{xy}{\sqrt{xy+yz}} + \frac{yz}{\sqrt{yz+zx}} + \frac{zx}{\sqrt{zx+xy}}$$

$$= \frac{x\sqrt{y}}{\sqrt{x+z}} + \frac{y\sqrt{z}}{\sqrt{y+x}} + \frac{z\sqrt{x}}{\sqrt{z+y}}$$

$$= \sqrt{x+y} \cdot \frac{x\sqrt{y}}{\sqrt{x+z} \cdot \sqrt{x+y}} + \sqrt{y+z} \cdot \frac{y\sqrt{z}}{\sqrt{y+x} \cdot \sqrt{y+z}} +$$

$$\sqrt{z+x} \cdot \frac{z\sqrt{x}}{\sqrt{z+y} \cdot \sqrt{z+x}}$$

$$\leqslant \sqrt{2(x+y+z)} \cdot \sqrt{\frac{x^2y}{(x+y)(x+z)} + \frac{y^2z}{(y+x)(y+z)} + \frac{z^2x}{(z+x)(z+y)}}$$

因此只要证明

$$\frac{x^2y}{(x+y)(x+z)} + \frac{y^2z}{(y+x)(y+z)} + \frac{z^2x}{(z+x)(z+y)} \leqslant \frac{1}{4}$$

展开得到

$$x^3y + y^3z + z^3x + x^3z + z^3y + y^3x \geqslant 2(x^2y^2 + y^2z^2 + z^2x^2)$$

这是一个很容易证得的不等式,继而结论获得证明.

证明 2 由柯西不等式知,要使式(1)成立,只需证明

$$(xy + yz + zx) \cdot \left(\frac{xy}{xy+yz} + \frac{yz}{yz+zx} + \frac{zx}{zx+xy} \right) \leqslant \frac{1}{2}$$

等价于

$$\sum yz \cdot \sum \frac{x}{z+x} = [xz + y(z+x)] \sum \frac{x}{z+x}$$

$$= \sum \frac{x^2 z}{z+x} + \sum xy$$

$$\leqslant \frac{1}{2} \left(\sum x \right)^2$$

即证明

$$2 \sum \frac{x^2 z}{z+x} \leqslant \sum x^2$$

因

$$\sum \frac{x^2 z}{z+x} \leqslant \sum \frac{x(z+x)}{2} \leqslant \sum x^2$$

故上式成立,从而式(1) 成立.

评注 以上证法由杨学枝给出,另一证法见命题组的证明(较烦琐).

证明 3 令 $x = a^2, y = b^2, z = c^2$,于是,$a^2 + b^2 + c^2 = 1$,原不等式等价于

$$\sum \frac{a^2 b^2}{\sqrt{a^2 b^2 + b^2 c^2}} \leqslant \frac{\sqrt{2}}{2}$$

因 $\sqrt{a^2 b^2 + b^2 c^2} \geqslant \frac{\sqrt{2}}{2}(ab + bc)$,故只要证明

$$A = \sum \frac{a^2 b^2}{ab + bc} \leqslant \frac{1}{2}$$

构造对偶式

$$B = \sum \frac{b^2 c^2}{ab + bc}$$

而

$$A - B = \sum \frac{a^2 b^2 - b^2 c^2}{ab + bc} = \sum (ab - bc) = 0$$

即 $A = B$,故要证明

$$A \leqslant \frac{1}{2} \Leftrightarrow A + B \leqslant 1$$

$$\Leftrightarrow A + B = \sum \frac{a^2 b^2 + b^2 c^2}{ab + bc} \leqslant 1$$

$$\Leftrightarrow \sum \frac{a^2 + c^2}{a + c} \cdot b \leqslant \sum b^2$$

而

$$\sum \frac{a^2 + c^2}{a + c} \cdot b - \sum b^2$$

$$= \sum \left(\frac{a^2 + c^2}{a + c} \cdot b - b^2 \right)$$

$$= \sum \frac{b}{a + c} \left[a(a - b) + c(c - b) \right]$$

$$= \sum \frac{ab(a - b)}{a + c} + \sum \frac{bc(c - b)}{a + c}$$

$$= \sum \frac{ba(a - b)}{a + c} + \sum \frac{ab(b - a)}{c + b}$$

$$= \sum \left[ab(a - b) \left(\frac{1}{a + c} - \frac{1}{b + c} \right) \right]$$

$$= - \sum \frac{ab(a - b)^2}{(a + c)(b + c)} \leqslant 0$$

到此命题全部证明完毕.

评注 《中等数学》2007 年第 4 期 P19,这是冯跃峰的证明.

18. 设 $a, b, c \in \mathbf{R}^*$,求证

$$\left(\frac{2a}{b + c} \right)^{\frac{3}{5}} + \left(\frac{2b}{c + a} \right)^{\frac{3}{5}} + \left(\frac{2c}{a + b} \right)^{\frac{3}{5}} \geqslant 3$$

证明 令 $y = \sqrt{a}(1 - a)$,则

$$y^2 = \frac{1}{2} \cdot 2a(1 - a)(1 - a) \leqslant \frac{4}{27}$$

所以

$$\sqrt{a}(1 - a) \leqslant \frac{2}{3\sqrt{3}}$$

即

$$\frac{2a}{1 - a} \geqslant 3\sqrt{3} \cdot a^{\frac{2}{3}}$$

不妨设 $a + b + c = 1$,则

$$\left(\frac{2a}{b + c} \right)^{\frac{3}{5}} + \left(\frac{2b}{c + a} \right)^{\frac{3}{5}} + \left(\frac{2c}{a + b} \right)^{\frac{3}{5}}$$

$$= \left(\frac{2a}{1 - a} \right)^{\frac{3}{5}} + \left(\frac{2b}{1 - b} \right)^{\frac{3}{5}} + \left(\frac{2c}{1 - c} \right)^{\frac{3}{5}}$$

$$\geqslant \left(\sum 3\sqrt{3} \cdot a^{\frac{2}{3}} \right)^{\frac{3}{5}}$$

$$= 3^{\frac{9}{10}} \sum a^{\frac{9}{10}}$$

$$\geqslant 3^{\frac{9}{10}} \cdot \frac{3}{3^{\frac{9}{10}}} = 3$$

最后用到了熟知的幂平均不等式

$$\frac{a^m + b^m + c^m}{3} \geqslant \left(\frac{a+b+c}{3}\right)^m$$

19.设 α,β,γ 分别是长方体一条体对角线与它共于一顶点的三条棱所成的角,求多元函数

$$y = \frac{1}{1+2\cot^2\alpha} + \frac{1}{1+2\cot^2\beta} + \frac{1}{1+2\cot^2\gamma}$$

的最小值(参见《中学教研》2006(3):44).

解　由条件知 $\cos^2\alpha + \cos^2\beta + \cos^2\gamma = 1$,所以

$$y = \frac{1}{1+2\cot^2\alpha} + \frac{1}{1+2\cot^2\beta} + \frac{1}{1+2\cot^2\gamma}$$

$$= \frac{\sin^2\alpha}{\sin^2\alpha + 2\cos^2\alpha} + \frac{\sin^2\beta}{\sin^2\beta + 2\cos^2\beta} + \frac{\sin^2\gamma}{\sin^2\gamma + 2\cos^2\gamma}$$

$$= \frac{1-\cos^2\alpha}{1+\cos^2\alpha} + \frac{1-\cos^2\beta}{1+\cos^2\beta} + \frac{1-\cos^2\gamma}{1+\cos^2\gamma}$$

$$= 3 - 2 \cdot \left[\frac{2 \cdot \cos^2\alpha}{1+\cos^2\alpha} + \frac{2 \cdot \cos^2\beta}{1+\cos^2\beta} + \frac{2 \cdot \cos^2\gamma}{1+\cos^2\gamma}\right]$$

$$\geqslant 3 - 2 \cdot \left[\frac{(1+1+1) \cdot (\cos^2\alpha + \cos^2\beta + \cos^2\gamma)}{(1+1+1) + (\cos^2\alpha + \cos^2\beta + \cos^2\gamma)}\right]$$

$$= \frac{3}{2}$$

评注　这里用到了不等式

$$\sum \frac{a_i b_i}{a_i + b_i} \leqslant \frac{\left(\sum a_i\right)\left(\sum b_i\right)}{\left(\sum a_i\right) + \left(\sum b_i\right)}$$

其实,本题也可以有如下简单的证明:

原函数式可以转化为

$$y = \frac{1-\cos^2\alpha}{1+\cos^2\alpha} + \frac{1-\cos^2\beta}{1+\cos^2\beta} + \frac{1-\cos^2\gamma}{1+\cos^2\gamma}$$

$$= -3 + 2\sum \frac{1}{1+\cos^2\alpha}$$

$$\geqslant -3 + 2 \cdot \frac{9}{\sum(1+\cos^2\alpha)}$$

$$= \frac{3}{2}$$

20.(1998 年亚太地区竞赛题)设 $a,b,c \in \mathbf{R}^*$,求证

$$\left(1+\frac{a}{b}\right)\left(1+\frac{b}{c}\right)\left(1+\frac{c}{a}\right)\geqslant 2\left(1+\frac{a+b+c}{\sqrt[3]{abc}}\right)$$

证明 由三元均值不等式得

$$\left(1+\frac{a}{b}\right)\left(1+\frac{b}{c}\right)\left(1+\frac{c}{a}\right)=2+\frac{b+c}{a}+\frac{c+a}{b}+\frac{a+b}{c}$$

$$=-1+(a+b+c)\left(\frac{1}{a}+\frac{1}{b}+\frac{1}{c}\right)$$

$$\geqslant-1+\frac{3(a+b+c)}{\sqrt[3]{abc}}$$

$$=-1+\frac{2(a+b+c)}{\sqrt[3]{abc}}+\frac{a+b+c}{\sqrt[3]{abc}}$$

$$\geqslant-1+\frac{2(a+b+c)}{\sqrt[3]{abc}}+3$$

$$=2+\frac{2(a+b+c)}{\sqrt[3]{abc}}$$

因此

$$\left(1+\frac{a}{b}\right)\left(1+\frac{b}{c}\right)\left(1+\frac{c}{a}\right)\geqslant 2\left(1+\frac{a+b+c}{\sqrt[3]{abc}}\right)$$

21. 设 $x,y,z\in \mathbf{R}^{*}$,$xyz=8$,求证

$$\sum\frac{x^{2}}{\sqrt{(1+x^{3})(1+y^{3})}}\geqslant\frac{4}{3}$$

证明 因为

$$\sqrt{(1+x^{3})(1+y^{3})}=\sqrt{(1+x)(1-x+x^{2})(1+y)(1-y+y^{2})}$$

$$\leqslant\frac{1}{4}\left[(1+x+1-x+x^{2})(1+y+1-y+y^{2})\right]$$

$$=\frac{1}{4}\left[(2+x^{2})(2+y^{2})\right]$$

所以,要证明原不等式,只要证明

$$\sum\frac{x^{2}}{(2+x^{2})(2+y^{2})}\geqslant\frac{1}{3}$$

将上式展开得

$$2\sum x^{2}+\sum x^{2}y^{2}\geqslant 8+x^{2}y^{2}z^{2}$$

这由均值不等式知早已成立.

22. 设 $x,y,z\in \mathbf{R}^{*}$,求证

$$\prod\left(x^2+\frac{3}{4}\right)\geqslant\sqrt{\prod(x+y)}$$

证明1 从等号成立的条件入手,可以看出,原不等式等号成立的条件是 $x=y=z=\frac{1}{2}$,所以只要证明

$$\left(x^2+\frac{3}{4}\right)\left(y^2+\frac{3}{4}\right)\geqslant(x+y)$$

展开配方得

$$\left(xy-\frac{1}{4}\right)^2+\frac{1}{2}\left(x-\frac{1}{2}\right)^2+\frac{1}{2}\left(y-\frac{1}{2}\right)^2+\frac{1}{4}(x+y-1)^2\geqslant0$$

上面的证明看起来很容易理解,其实配方就具有很高的技巧性,属于一种非常规的方法,下面我们给出一个简单的直接证明.

证明2 (2007年9月25日)由抽屉原理知,三个数 $\left(x^2-\frac{1}{4}\right)$, $\left(y^2-\frac{1}{4}\right)$, $\left(z^2-\frac{1}{4}\right)$ 必有两个同号,不妨设 $\left(x^2-\frac{1}{4}\right)$, $\left(y^2-\frac{1}{4}\right)$ 是同号的,则有

$$\left(x^2-\frac{1}{4}\right)\left(y^2-\frac{1}{4}\right)\geqslant0$$

即

$$\left(x^2+\frac{3}{4}\right)\left(y^2+\frac{3}{4}\right)\geqslant x^2+y^2+\frac{1}{2}$$

由二元均值不等式知

$$x^2+y^2+\frac{1}{2}\geqslant\frac{(x+y)^2}{2}+\frac{1}{2}\geqslant x+y$$

同理可得

$$\left(y^2+\frac{3}{4}\right)\left(z^2+\frac{3}{4}\right)\geqslant y+z$$

$$\left(z^2+\frac{3}{4}\right)\left(x^2+\frac{3}{4}\right)\geqslant z+x$$

这三个式子相乘便得结论.

证明3 (2007年9月28日,柳彤——我的高一学生(深圳育才中学学生)的证明)运用柯西不等式知

$$\left(x^2+\frac{3}{4}\right)\left(y^2+\frac{3}{4}\right)=\left(x^2+\frac{1}{4}+\frac{1}{2}\right)\left(y^2+\frac{1}{4}+\frac{1}{2}\right)$$

$$\geqslant\left(\frac{1}{2}x+\frac{1}{2}y+\frac{1}{2}\right)^2$$

$$= \frac{1}{4}(x+y+1)^2$$

$$\geqslant \frac{1}{4}(2\sqrt{(x+y)\cdot 1})^2$$

$$= x+y$$

同理可得

$$\left(y^2+\frac{3}{4}\right)\left(z^2+\frac{3}{4}\right) \geqslant y+z$$

$$\left(z^2+\frac{3}{4}\right)\left(x^2+\frac{3}{4}\right) \geqslant z+x$$

这三个式子相乘便得结论.

评注　这个证明很巧妙,巧在敏锐地观察到不等式等号成立的条件是 $x = y = z = \frac{1}{2}$,然后充分利用观察到的信息.

23. 设 $x,y,z \in \mathbf{R}^*$,求证

$$\frac{1}{\left(x^2+\frac{3}{4}\right)^3+\left(y^2+\frac{3}{4}\right)^3+\left(x^2+\frac{3}{4}\right)\left(y^2+\frac{3}{4}\right)\left(z^2+\frac{3}{4}\right)}+$$

$$\frac{1}{\left(y^2+\frac{3}{4}\right)^3+\left(z^2+\frac{3}{4}\right)^3+\left(x^2+\frac{3}{4}\right)\left(y^2+\frac{3}{4}\right)\left(z^2+\frac{3}{4}\right)}+$$

$$\frac{1}{\left(z^2+\frac{3}{4}\right)^3+\left(x^2+\frac{3}{4}\right)^3+\left(x^2+\frac{3}{4}\right)\left(y^2+\frac{3}{4}\right)\left(z^2+\frac{3}{4}\right)}$$

$$\leqslant \frac{1}{\sqrt{(x+y)(y+z)(z+x)}}$$

提示:根据不等式

$$\frac{1}{x^3+y^3+xyz}+\frac{1}{y^3+z^3+xyz}+\frac{1}{z^3+x^3+xyz} \leqslant \frac{1}{xyz}$$

24.(2005 年国家集训队 3 月 16 日第 2 题)设 $a,b,c \geqslant 0, ab+bc+ca = \frac{1}{3}$,求证

$$\sum \frac{1}{a^2-bc+1} \leqslant 3$$

证明　设 $M = a+b+c, N = ab+bc+ca$,则原不等式等价于

$$\sum \frac{1}{a^2-bc+N+2N} \leqslant 1 \Leftrightarrow \sum \frac{1}{aM+2N} \leqslant 1$$

$$\sum \left(\frac{-N}{aM + 2N} + \frac{1}{2} \right) \geq \frac{3}{2} - 1 \Leftrightarrow \sum \frac{aM}{aM + 2N} \geq 1$$

由柯西不等式知

$$\sum \frac{aM}{aM + 2N} \geq \frac{\left(\sum aM \right)^2}{\sum aM + 2N} = \frac{M^4}{M^4} = 1$$

25.(《数学竞赛之窗》2005(5):44,训练题二试第 2 题）设 $x, y, z \in \mathbf{R}^*$, $xyz = 1$,求证

$$\sum \frac{1}{x^2(1 + y) + 1} \geq 1$$

证明　因为

$$\frac{1}{x^2(1 + y) + 1} = \frac{yz}{x^2 yz(1 + y) + yz}$$

$$= \frac{yz}{xyz(x + xy) + yz}$$

$$= \frac{yz}{x + xy + yz}$$

同理

$$\frac{1}{y^2(1 + z) + 1} = \frac{zx}{y + yz + zx}$$

$$\frac{1}{z^2(1 + x) + 1} = \frac{xy}{z + zx + xy}$$

所以

$$\sum \frac{1}{x^2(1 + y) + 1} = \sum \frac{yz}{x + xy + yz}$$

$$= \sum \frac{(yz)^2}{yz(x + xy + yz)}$$

$$\geq \frac{\left(\sum yz \right)^2}{\sum yz(x + xy + yz)}$$

于是,要证明原不等式,只要证明

$$\frac{\left(\sum yz \right)^2}{\sum yz(x + xy + yz)}$$

$$\geq 1 \Leftrightarrow \sum (yz)^2 + 2xyz \left(\sum x \right)$$

$$\geq xyz \left(\sum x \right) + \sum (yz)^2 + 3xyz$$

$$\Leftrightarrow x + y + z \geq 3$$

这已经是事实.

26. (2004—2005 年俄罗斯《中学数学》,见《数学通讯》2006(21):34 第 6 题)
设 $a,b,c \in \mathbf{R}^*, a+b+c=1$,求证

$$\sum \sqrt{\frac{ab}{c+ab}} \leqslant \frac{3}{2}$$

证明　　因为

$$\sqrt{\frac{ab}{c+ab}} = \sqrt{\frac{ab}{1-a-b+ab}}$$

$$= \sqrt{\frac{ab}{(1-a)(1-b)}}$$

$$= \sqrt{\frac{b}{1-a}} \cdot \sqrt{\frac{a}{1-b}}$$

$$\leqslant \frac{1}{2}\left(\frac{b}{1-a} + \frac{a}{1-b}\right)$$

$$= \frac{1}{2}\left(\frac{b}{b+c} + \frac{a}{c+a}\right)$$

即

$$\sum \sqrt{\frac{ab}{c+ab}} \leqslant \frac{1}{2}\sum\left(\frac{b}{b+c} + \frac{a}{c+a}\right) = \frac{3}{2}$$

所以

$$\sum \sqrt{\frac{ab}{c+ab}} \leqslant \frac{3}{2}$$

因此结论得证.

27. (《数学竞赛之窗》2005(6):18 第 2 题,并做了推广) 已知 $a,b,c \in \mathbf{R}^*$,
求证

$$\frac{(1+a)^3}{b} + \frac{(1+b)^3}{c} + \frac{(1+c)^3}{a} \geqslant \frac{81}{4}$$

证明 1　原作者卢伟同学的证明.

因为

$$\frac{(1+a)^3}{b} = \frac{\left(\frac{1}{2}+\frac{1}{2}+a\right)^3}{b} \geqslant \frac{27}{4} \cdot \frac{a}{b}$$

同理可得另外两个式子,所以

$$\frac{(1+a)^3}{b} + \frac{(1+b)^3}{c} + \frac{(1+c)^3}{a} \geqslant 3^3 \sum \left(\frac{1}{\sqrt[3]{4}}\right)^3 \frac{a}{b} \geqslant \frac{81}{4}$$

291

证明 2 （2006 年 12 月 1 日）从等号成立的条件入手，得

$$\frac{(1+a)^3}{b} + \frac{27}{4} + \frac{27b}{2} \geq 3 \cdot 3^2 \cdot \frac{1}{2}(a+1) = \frac{27(a+1)}{2}$$

同理可得另外两个式子，这三式相加即得结论.

28.（2004 年波罗的海竞赛题）设 p,q,r 为正数，且 $pqr = 1$，证明：对所有 $n \in \mathbf{N}^*$，都有

$$\frac{1}{p^n + q^n + 1} + \frac{1}{q^n + r^n + 1} + \frac{1}{r^n + p^n + 1} \leq 1$$

证明 设 $a = p^n, b = q^n, c = r^n$，则 $abc = 1$，于是，原不等式等价于

$$\frac{1}{a+b+1} + \frac{1}{b+c+1} + \frac{1}{c+a+1} \leq 1$$

因为

$$x^3 + y^3 \geq xy(x+y) \Rightarrow a+b \geq (ab)^{\frac{1}{3}}(a^{\frac{1}{3}} + b^{\frac{1}{3}})$$

所以

$$\frac{1}{a+b+1} = \frac{(abc)^{\frac{1}{3}}}{b+c+(abc)^{\frac{1}{3}}}$$
$$\leq \frac{(abc)^{\frac{1}{3}}}{(ab)^{\frac{1}{3}}(a^{\frac{1}{3}} + b^{\frac{1}{3}}) + (abc)^{\frac{1}{3}}}$$
$$= \frac{c^{\frac{1}{3}}}{a^{\frac{1}{3}} + b^{\frac{1}{3}} + c^{\frac{1}{3}}}$$

同理可得另外两个式子，这三式相加即得结论.

小结 本题不如直接设 $a^3 = p^n, b^3 = q^n, c^3 = r^n$，再利用前面的不等式证明，这样更方便.

本题的来源是：

(1)（26 届美国竞赛题）设 x,y,z 都是正数，求证

$$\frac{1}{x^3 + y^3 + xyz} + \frac{1}{y^3 + z^3 + xyz} + \frac{1}{z^3 + x^3 + xyz} \leq \frac{1}{xyz}$$

(2)（1996 年第 37 届 IMO 预选题）$a,b,c \in \mathbf{R}^*, abc = 1$，求证

$$\frac{ab}{a^5 + b^5 + ab} + \frac{bc}{b^5 + c^5 + bc} + \frac{ca}{c^5 + a^5 + ca} \leq 1$$

29. 设 $a,b,c \in \mathbf{R}^*$，且 $ab + bc + ca = 3abc$，求证

$$\frac{1}{\sqrt{2a^2 + 5ab + 2b^2}} + \frac{1}{\sqrt{2b^2 + 5bc + 2c^2}} + \frac{1}{\sqrt{2c^2 + 5ca + 2a^2}} \leq 1$$

证明 来自于微信群，注意到

$$2a^2 + 5ab + 2b^2 = 2(a-b)^2 + 9ab \geq 9ab$$

所以

$$\sqrt{2a^2 + 5ab + 2b^2} \geqslant 3\sqrt{ab}$$

即

$$\frac{1}{\sqrt{2a^2 + 5ab + 2b^2}} \leqslant \frac{1}{3\sqrt{ab}}$$

从而

$$\sum \frac{1}{\sqrt{2a^2 + 5ab + 2b^2}} \leqslant \frac{1}{3} \sum \frac{1}{\sqrt{ab}}$$

$$\leqslant \frac{1}{3}\left(\frac{1}{a} + \frac{1}{b} + \frac{1}{c}\right)$$

$$= 1$$

评注 这个证明采用的配方法比较巧妙，其实对于 $2a^2 + 5ab + 2b^2 = (2a+b)(a+2b)$，在这里无用武之地，但是在其他地方不一定无用.

30.（2006 年波兰数学奥林匹克竞赛题）已知 $a,b,c \in \mathbf{R}^*$，$a+b+c=abc$，求证

$$\frac{a^4 + b^4}{ab(a^3 + b^3)} + \frac{b^4 + c^4}{bc(b^3 + c^3)} + \frac{c^4 + a^4}{ca(c^3 + a^3)} \geqslant 1$$

证明 注意到

$$\frac{a^4 + b^4}{a^3 + b^3} \geqslant \frac{a+b}{2} \Leftrightarrow 2(a^4 + b^4) \geqslant (a+b)(a^3 + b^3)$$

$$\Leftrightarrow (a-b)(a^3 - b^3) \geqslant 0$$

这是熟知的不等式，从而

$$\frac{a^4 + b^4}{ab(a^3 + b^3)} + \frac{b^4 + c^4}{bc(b^3 + c^3)} + \frac{c^4 + a^4}{ca(c^3 + a^3)}$$

$$= \frac{c(a^4 + b^4)}{abc(a^3 + b^3)} + \frac{a(b^4 + c^4)}{abc(b^3 + c^3)} + \frac{b(c^4 + a^4)}{abc(c^3 + a^3)}$$

$$= \frac{c(a^4 + b^4)}{(ab + bc + ca)(a^3 + b^3)} + \frac{a(b^4 + c^4)}{(ab + bc + ca)(b^3 + c^3)} +$$

$$\frac{b(c^4 + a^4)}{(ab + bc + ca)(c^3 + a^3)}$$

$$\geqslant \frac{c(a+b)}{2(ab + bc + ca)} + \frac{a(b+c)}{2(ab + bc + ca)} + \frac{b(c+a)}{2(ab + bc + ca)}$$

$$= 1$$

从而结论获得证明.

推广 （2019 年 3 月 9 日）已知 $a,b,c,d \in \mathbf{R}^*$，$ab + ac + ad + bc + bd +$

$cd = abcd$,求证

$$\frac{a^4 + b^4 + c^4}{abc(a^3 + b^3 + c^3)} + \frac{b^4 + c^4 + d^4}{bcd(b^3 + c^3 + d^3)} +$$

$$\frac{c^4 + d^4 + a^4}{cda(c^3 + d^3 + a^3)} + \frac{d^4 + a^4 + b^4}{dab(d^3 + a^3 + b^3)} \geqslant \frac{2}{3}$$

证明　注意到

$$\frac{a^4 + b^4 + c^4}{a^3 + b^3 + c^3} \geqslant \frac{a + b + c}{3}$$

$$\Leftrightarrow 3(a^4 + b^4 + c^4) \geqslant (a + b + c)(a^3 + b^3 + c^3)$$

这是熟知的切比雪夫不等式,从而上式成立. 于是,令

$$ab + ac + ad + bc + bd + cd = s$$

因此

$$\frac{a^4 + b^4 + c^4}{abc(a^3 + b^3 + c^3)} + \frac{b^4 + c^4 + d^4}{bcd(b^3 + c^3 + d^3)} + \frac{c^4 + d^4 + a^4}{cda(c^3 + d^3 + a^3)} + \frac{d^4 + a^4 + b^4}{dab(d^3 + a^3 + b^3)}$$

$$= \frac{d(a^4 + b^4 + c^4)}{abcd(a^3 + b^3 + c^3)} + \frac{a(b^4 + c^4 + d^4)}{abcd(b^3 + c^3 + d^3)} + \frac{b(c^4 + d^4 + a^4)}{abcd(c^3 + d^3 + a^3)} + \frac{c(d^4 + a^4 + b^4)}{abcd(d^3 + a^3 + b^3)}$$

$$= \frac{d(a^4 + b^4 + c^4)}{s(a^3 + b^3 + c^3)} + \frac{a(b^4 + c^4 + d^4)}{s(b^3 + c^3 + d^3)} + \frac{b(c^4 + d^4 + a^4)}{s(c^3 + d^3 + a^3)} + \frac{c(d^4 + a^4 + b^4)}{s(d^3 + a^3 + b^3)}$$

$$\geqslant \frac{1}{3}\left[\frac{d(a + b + c)}{s} + \frac{a(b + c + d)}{s} + \frac{b(c + d + a)}{s} + \frac{c(d + a + b)}{s}\right]$$

$$= \frac{1}{3}\left[\frac{(a + b + c + d)^2 - \sum a^2}{s}\right]$$

$$= \frac{2}{3}$$

31.(2018 年沙特阿拉伯竞赛题)设 $a, b, c \in \mathbf{R}^*$,$abc = 1$,求证

$$\sqrt{2(1 + a^2)(1 + b^2)(1 + c^2)} \geqslant 1 + a + b + c$$

证明 1　(四川熊昌进)复数 $z_1 = 1 + ai, z_2 = 1 + bi, z_3 = 1 + ci$,则

$$\sqrt{2(1 + a^2)(1 + b^2)(1 + c^2)}$$

$$= \sqrt{2}\,|z_1 \cdot z_2 \cdot z_3|$$

$$= \sqrt{2}\,|(1 - ab - bc - ca) + (a + b + c - 1)i|$$

$$= \sqrt{2}\,\sqrt{(1 - ab - bc - ca)^2 + (a + b + c - 1)^2}$$

$$= \sqrt{2}\,\sqrt{\left(1 - \frac{1}{c} - \frac{1}{a} - \frac{1}{b}\right)^2 + (a + b + c - 1)^2}$$

$$= \sqrt{2\left(\left(1 - \frac{1}{c} - \frac{1}{a} - \frac{1}{b}\right)^2 + (a + b + c - 1)^2\right)}$$

$$\geqslant \left(\frac{1}{c}+\frac{1}{a}+\frac{1}{b}-1\right)+(a+b+c-1) \quad (注意\ 2(x^2+y^2)\geqslant(x+y)^2)$$

$$\geqslant \left(3\cdot\sqrt[3]{\frac{1}{c}\cdot\frac{1}{a}\cdot\frac{1}{b}}-1\right)+(a+b+c-1)$$

$$=1+a+b+c$$

即结论获得证明.

证明 2 （张艳宗）运用柯西不等式

$$2(1+a^2)(1+b^2)(1+c^2)$$

$$=(1+a^2b^2+a^2+b^2)(c^2+c^2+1+1)$$

$$=\left(1+\frac{1}{c^2}+a^2+b^2\right)(c^2+c^2+1+1)$$

$$\geqslant(1+a+b+c)^2$$

即原不等式获得证明.

32. 设 $a,b,c\geqslant0,ab+bc+ca=1$,求证

$$\frac{1}{a+b}+\frac{1}{b+c}+\frac{1}{c+a}\geqslant\frac{5}{2} \tag{1}$$

证明 1 采用分析与逆证相结合的方法.

原不等式等价于

$$\sum(a^2+ab+bc+ca)\geqslant\frac{5}{2}\prod(a+b)$$

而

$$\prod(a+b)^2=\prod(a+b)(a+c)=\prod(a^2+ab+ac+bc)=\prod(a^2+1)$$

$$\Leftrightarrow 3+\sum a^2\geqslant\frac{5}{2}\sqrt{\prod(1+a^2)}$$

$$\Leftrightarrow 4\left(3+\sum a^2\right)^2\geqslant25\prod(1+a^2)$$

$$\Leftrightarrow 11+4\left(\sum a^2\right)^2\geqslant\sum a^2+25\sum a^2b^2+25a^2b^2c^2$$

$$\Leftrightarrow 11+4\sum a^4\geqslant\sum a^3(b+c)+a^2bc+ab^2c+abc^2+17\sum a^2b^2+25a^2b^2c^2$$

$$\Leftrightarrow 4\sum a^4+21(a+b+c)abc\geqslant\sum a^3(b+c)+6\sum a^2b^2+25a^2b^2c^2$$

由于

$$\sum(a^4+a^2bc)\geqslant\sum a^3(b+c)$$

(注意:设 a,b,c 是三角形的三边长),则有

$$a^2(a-b)(a-c)+b^2(b-a)(b-c)+c^2(c-a)(c-b)\geqslant0$$

即
$$\sum a^4 + abc \sum a \geqslant \sum a^3(b+c)$$

也是舒尔不等式,于是
$$3\sum a^4 + 20(a+b+c)abc \geqslant 6\sum a^2b^2 + 25a^2b^2c^2$$

但是
$$\sum a^4 + abc\sum a \geqslant \sum a^3(b+c) \geqslant 2\sum a^2b^2$$

故只要证明
$$17(a+b+c)abc \geqslant 25a^2b^2c^2$$

从而结论成立.

证明 2 《数学教学》2011 年第 2 期 P27,这个证明由蒋明斌给出.

记 $p = x+y+z$,则
$$\frac{1}{x+y} + \frac{1}{y+z} + \frac{1}{z+x} = \sum \frac{1}{p-z} = \frac{p^2+1}{p-xyz}$$

从而原不等式等价于
$$2(p^2+1) \geqslant 5(p-xyz)$$

即
$$2p^2 - 5p + 5xyz + 2 \geqslant 0 \tag{2}$$

而式(1)取到等号的条件为 x,y,z 中有一个为 0,另外两个为 1,此时,$p=2$,于是
$$2p^2 - 5p + 5xyz + 2 = 2(p-2) + 3p + 5xyz - 6$$
$$= 2(p-2) + 3(x+y+z) + 5xyz - 6$$

因此要证明式(2),只要证明
$$P = 3(x+y+z) + 5xyz - 6 \geqslant 0$$

因为
$$xy + yz + zx = 1 \Rightarrow x = \frac{1-yz}{y+z}$$

所以
$$P = 3\left(\frac{1-yz}{y+z} + y + z\right) + 5\frac{1-yz}{y+z} \cdot yz - 6$$
$$= \frac{3(y+z-1)^2 + 2yz - 5(yz)^2}{y+z}$$

即
$$P(y+z)x = 3x(y+z-1)^2 + xyz(2-5yz)$$

同理可得

$$P(z+x)y = 3y(z+x-1)^2 + xyz(2-5zx)$$

$$P(x+y)z = 3z(x+y-1)^2 + xyz(2-5xy)$$

三个式子相加得

$$2P = 2(xy+yz+zx)P$$
$$= 3(x+y-1)^2 + xyz(2-5xy) +$$
$$3(y+z-1)^2 + xyz(2-5yz) +$$
$$3(z+x-1)^2 + xyz(2-5zx)$$

即

$$2P = 3(x+y-1)^2 + 3(y+z-1)^2 + 3(z+x-1)^2 + xyz \geqslant 0$$

从而命题获得证明.

证明 3 参考《中学生数学》2012 第 2 期上封底.

由恒等式

$$(x+y)(y+z)(z+x) = (x+y+z)(xy+yz+zx) - xyz$$

以及 $xy+yz+zx = 1, x, y, z$ 至多有一个为 0,所以

$$\frac{1}{x+y} + \frac{1}{y+z} + \frac{1}{z+x} = \frac{(x+y+z)^2 + 1}{x+y+z - xyz}$$

$$\geqslant \frac{(x+y+z)^2 + 1}{x+y+z}$$

设 $x+y+z = t$,则 $f(t) = \dfrac{t^2+1}{t}, t \geqslant 2$. 容易证明 $f(t) = \dfrac{t^2+1}{t}$ 在区间 $[2, +\infty)$

是单调递增的函数,即 $f(t) \geqslant f(2) = \dfrac{5}{2}$. 从而命题获得证明.

33. 设 $a, b, c > 0, a+b+c = 1$,求证

$$\frac{a^2+b}{b+c} + \frac{b^2+c}{c+a} + \frac{c^2+a}{a+b} \geqslant 3$$

证明 由三元算术几何平均值不等式知

$$\frac{a^2+b}{b+c} + a + \frac{b^2+c}{c+a} + b + \frac{c^2+a}{a+b} + c$$

$$= \frac{a^2+b+a(b+c)}{b+c} + \frac{b^2+c+b(c+a)}{c+a} + \frac{c^2+a+c(a+b)}{a+b}$$

$$= \frac{b+a(a+b+c)}{b+c} + \frac{c+b(b+c+a)}{c+a} + \frac{a+c(a+b+c)}{a+b}$$

$$= \frac{b+a}{b+c} + \frac{c+b}{c+a} + \frac{a+c}{a+b}$$

$$\geqslant 3$$

从而原不等式获得证明.

34.(2004—2005 年俄罗斯《中学数学》,见《数学通讯》2006(21):34 第 3 题)

设 $a,b,c,d>0$,证明

$$\sqrt[3]{ab}+\sqrt[3]{cd} \leqslant \sqrt[3]{(a+b+c)(b+c+d)}$$

证明 由三元均值不等式知

$$\frac{\sqrt[3]{ab}+\sqrt[3]{cd}}{\sqrt[3]{(a+b+c)(b+c+d)}}$$

$$=\frac{\sqrt[3]{ab}}{\sqrt[3]{(a+b+c)(b+c+d)}}+\frac{\sqrt[3]{cd}}{\sqrt[3]{(a+b+c)(b+c+d)}}$$

$$=\sqrt[3]{\frac{a(b+c)b}{(a+b+c)(b+c+d)(b+c)}}+$$

$$\sqrt[3]{\frac{c(b+c)d}{(a+b+c)(b+c+d)(b+c)}}$$

$$\leqslant \frac{1}{3}\left[\frac{a}{a+b+c}+\frac{b+c}{b+c+d}+\frac{b}{b+c}+\frac{b+c}{a+b+c}+\frac{d}{b+c+d}+\frac{c}{b+c}\right]$$

$$=1$$

从而原不等式获得证明.

35.设 x,y,z 为正数,n 为大于或等于 2 的正整数,求证

$$2^{n+1}(x^{n+1}+y^{n+1}+z^{n+1})^2 \geqslant 3\sum(y^2+z^2)^{n+1} \qquad (1)$$

先证明一个引理:

引理 对正整数 $n \geqslant 2$,正数 $a,b>0$,恒有

$$2^n(a^{2n+2}+b^{2n+2})+2^{n+2}a^{n+1}b^{n+1} \geqslant 3(a^2+b^2)^{n+1} \qquad (2)$$

引理的证明 采用归纳法.

首先,证明 $n=2$ 时候成立,此时不等式变为

$$4(a^6+b^6)+16a^3b^3 \geqslant 3(a^2+b^2)^3$$

上式等价于

$$4(a^6+b^6)-(a^2+b^2)^3 \geqslant 2[(a^2+b^2)^3-8a^3b^3]$$

$$\Leftrightarrow 3(a^2-b^2)(a^4-b^4) \geqslant 2[(a^3-b^3)^2+3a^2b^2(a-b)^2]$$

$$\Leftrightarrow [3(a+b)^2(a^2+b^2)-2(a^2+ab+b^2)^2-6a^2b^2](a-b)^2 \geqslant 0$$

$$\Leftrightarrow [(a+b)^2+2ab](a-b)^4 \geqslant 0$$

显然,式(2)成立.

若假设对 n 成立,我们来证明对 $n+1$ 也成立.

这时,只要证明

$$\frac{2^{n+1}(a^{2n+4}+b^{2n+4})+2^{n+3}a^{n+2}b^{n+2}}{2^n(a^{2n+2}+b^{2n+2})+2^{n+2}a^{n+1}b^{n+1}} \geqslant a^2+b^2 \qquad (3)$$

上式等价于

$$2(a^{2n+4}+b^{2n+4})+8a^{n+2}b^{n+2} \geqslant (a^2+b^2)[(a^{2n+2}+b^{2n+2})+4a^{n+1}b^{n+1}]$$

$$\Longleftrightarrow 2(a^{2n+4}+b^{2n+4})-(a^{2n+2}+b^{2n+2})(a^2+b^2) \geqslant 4(a^2+b^2)a^{n+1}b^{n+1}-8a^{n+2}b^{n+2}$$

$$\Longleftrightarrow (a^2-b^2)(a^{2n+2}-b^{2n+2}) \geqslant 4a^{n+1}b^{n+1}(a-b)^2$$

$$\Longleftrightarrow (a+b)(a^{2n+1}+a^{2n}b+\cdots+b^{2n+1})(a-b)^2 \geqslant 4a^{n+1}b^{n+1}(a-b)^2$$

又由平均值不等式得

$$(a+b)(a^{2n+1}+a^{2n}b+\cdots+b^{2n+1}) \geqslant 2(n+1)a^{n+1}b^{n+1} \geqslant 4a^{n+1}b^{n+1}$$

从而最后一个不等式显然成立,我们证明了不等式(3).

由归纳假设我们证明了引理的正确性.

回到原题:由

$$2^{n+1}(x^{n+1}+y^{n+1}+z^{n+1})^2-3\sum(y^2+z^2)^{n+1}$$

$$=\sum 2^n(x^{2n+2}+y^{2n+2})+2^{n+2}x^{n+1}y^{n+1}-3(x^2+y^2)^{n+1}$$

而由引理得以上每一项都是非负数,从而

$$2^{n+1}(x^{n+1}+y^{n+1}+z^{n+1})^2-3\sum(y^2+z^2)^{n+1} \geqslant 0$$

这样我们就证明了本问题.

评注　不知道对 n 为实数的情况怎么考虑?

36.(2004 年中国西部竞赛第 8 题)求证:对正实数 a,b,c 都有

$$1 < \frac{a}{\sqrt{a^2+b^2}}+\frac{b}{\sqrt{b^2+c^2}}+\frac{c}{\sqrt{c^2+a^2}} \leqslant \frac{3\sqrt{2}}{2}$$

证明 1　《数学竞赛之窗》2006(10-11),不等式右侧的证明由蒋明斌给出.

由柯西不等式知

$$\left[\sum\frac{a}{\sqrt{a^2+b^2}}\right]^2=\left[\sum\left(\sqrt{a^2+c^2}\cdot\frac{a}{\sqrt{a^2+b^2}\cdot\sqrt{a^2+c^2}}\right)\right]^2$$

$$\leqslant \sum(a^2+c^2)\cdot\left[\sum\frac{a^2}{(a^2+b^2)(a^2+c^2)}\right]$$

于是,要证明原式,只要证明

$$\sum(a^2+c^2)\cdot\left[\sum\frac{a^2}{(a^2+b^2)(a^2+c^2)}\right] \leqslant \frac{9}{2}$$

展开得

$$a^4b^2+b^4c^2+c^4a^2+a^2b^4+b^2c^4+c^2a^4 \geqslant 6a^2b^2c^2$$

这是熟知的结论,从而右边不等式获得证明.

证明 2 由柯西不等式知

$$\left[\sum\frac{a}{\sqrt{a^2+b^2}}\right]^2$$

$$=\frac{1}{\sqrt{(a^2+b^2)(b^2+c^2)(c^2+a^2)}}\cdot$$

$$\left[(a\sqrt{b^2+c^2})\sqrt{c^2+a^2}+(b\sqrt{c^2+a^2})\cdot\sqrt{a^2+b^2}+(c\sqrt{a^2+b^2})\cdot\sqrt{b^2+c^2}\right]$$

$$\leqslant\frac{\sqrt{[a^2(b^2+c^2)+b^2(c^2+a^2)+c^2(a^2+b^2)][(c^2+a^2)+(a^2+b^2)+(b^2+c^2)]}}{\sqrt{(a^2+b^2)(b^2+c^2)(c^2+a^2)}}$$

$$\leqslant\frac{\sqrt{[2(xy+yz+zx)][2(x+y+z)]}}{\sqrt{(x+y)(y+z)(z+x)}}\quad(\diamondsuit\ x=a^2,y=b^2,z=c^2)$$

$$=2\sqrt{\frac{3xyz+x^2(y+z)+y^2(z+x)+z^2(x+y)}{2xyz+x^2(y+z)+y^2(z+x)+z^2(x+y)}}$$

$$=2\sqrt{1+\frac{xyz}{2xyz+x(y^2+z^2)+y(z^2+x^2)+z(x^2+y^2)}}$$

$$=2\sqrt{1+\frac{1}{2+\dfrac{x(y^2+z^2)+y(z^2+x^2)+z(x^2+y^2)}{xyz}}}$$

$$\leqslant2\sqrt{1+\frac{1}{2+6}}$$

$$=\frac{3\sqrt{2}}{2}$$

下面再证明左侧不等式.

由条件知,原不等式等价于

$$\frac{1}{\sqrt{1+\left(\dfrac{b}{a}\right)^2}}+\frac{1}{\sqrt{1+\left(\dfrac{c}{b}\right)^2}}+\frac{1}{\sqrt{1+\left(\dfrac{a}{c}\right)^2}}>1$$

令 $x=\left(\dfrac{b}{a}\right)^2,y=\left(\dfrac{c}{b}\right)^2,z=\left(\dfrac{a}{c}\right)^2,xyz=1$,上面不等式等价于

$$\frac{1}{\sqrt{1+x}}+\frac{1}{\sqrt{1+y}}+\frac{1}{\sqrt{1+z}}>1$$

由不等式的对称性可设 $x\leqslant y\leqslant z$,于是

$$\frac{1}{\sqrt{1+x}}+\frac{1}{\sqrt{1+y}}+\frac{1}{\sqrt{1+z}}>\frac{1}{\sqrt{1+x}}+\frac{1}{\sqrt{1+y}}>\frac{1}{\sqrt{1+x}}+\frac{1}{\sqrt{1+\dfrac{1}{x}}}>1$$

即不等式左边获得证明,即原不等式全部证明完毕.

37.(2007 年 CMO 第 1 题)设 a,b,c 是给定复数,记 $|a+b|=m$,$|a-b|=n$,$mn \neq 0$,求证

$$\max\{|ac+b|,|a+bc|\} \geqslant \frac{mn}{\sqrt{m^2+n^2}}$$

分析 经观察知,条件等式中没有 c,结论不等式中有 c,于是,消去 c 成为十分重要的环节.

证明 1 由熟知的复数恒等式

$$|a+b|^2+|a-b|^2=2(|a|^2+|b|^2)$$

于是

$$m^2+n^2=2(|a|^2+|b|^2)$$
$$mn=|a+b| \cdot |a-b|=|a^2-b^2|$$
$$=|(a^2+abc)-(b^2+abc)|$$
$$=|a(a+bc)-b(b+ac)|$$
$$\leqslant |a(a+bc)|+|b(b+ac)|$$
$$=|a| \cdot |(a+bc)|+|b| \cdot |(b+ac)|$$
$$\leqslant u(|a|+|b|)$$

记 $u=\max\{|(a+bc)|,|(b+ac)|\}$,则

$$\frac{mn}{\sqrt{m^2+n^2}} \leqslant \frac{u(|a|+|b|)}{\sqrt{2(|a|^2+|b|^2)}}$$

对比结论知,只要证明

$$\frac{|a|+|b|}{\sqrt{2(|a|^2+|b|^2)}} \leqslant 1$$

即得结论,然而这是熟知的代数不等式结论.

证明 2 这个证明由四川蒋明斌给出,见《中学数学月刊》2007(7):42.

要证明的结论等价于

$$\max\{|ac+b|^2,|a+bc|^2\} \geqslant \frac{m^2n^2}{m^2+n^2}$$

即

$$(m^2+n^2)\max\{|ac+b|^2,|a+bc|^2\} \geqslant m^2n^2 \tag{1}$$

注意到

$$\max\{|ac+b|^2,|a+bc|^2\} \geqslant \frac{|ac+b|^2+|a+bc|^2}{2}$$

和

301

$$m^2 + n^2 = 2(|a|^2 + |b|^2)$$

所以要证明式(1),只要证明

$$(|a|^2 + |b|^2)\max\{|ac + b|^2, |a + bc|^2\} \geqslant |a^2 - b^2|^2$$

由柯西不等式知

$$(|a|^2 + |b|^2)\max\{|ac + b|^2, |a + bc|^2\}$$
$$= (|b|^2 + |a|^2)\max\{|ac + b|^2, |a + bc|^2\}$$
$$\geqslant \{|abc + b^2| + |a^2 + abc|\}^2$$
$$\geqslant |a^2 - b^2|^2$$

即原不等式获得证明.

38.(2006 年法国在中国招收 50 名留学生考试题)设正实数 a,b,c 满足 $abc = 1$,求证

$$\frac{a}{(1+a)(1+b)} + \frac{b}{(1+b)(1+c)} + \frac{c}{(1+c)(1+a)} \geqslant \frac{3}{4}$$

证明　李兴怀提供的证明.

通分得到

$$原不等式左边 = \frac{ab + bc + ca + a + b + c}{abc + ab + bc + ca + a + b + c + 1}$$

$$= \frac{ab + bc + ca + a + b + c}{ab + bc + ca + a + b + c + 2}$$

$$= \frac{1}{1 + \dfrac{2}{ab + bc + ca + a + b + c}}$$

$$\geqslant \frac{1}{1 + \dfrac{2}{6}} = \frac{3}{4}$$

注　本题的证明也可以对原不等式左边变形处理.

39.(46 届 IMO 第 3 题,《中等数学》2005(9):21.另外 2006(1):19 给出了变量个数方面的推广)设 $x, y, z \in \mathbf{R}^*$,且 $xyz \geqslant 1$,求证

$$\frac{x^5 - x^2}{x^5 + y^2 + z^2} + \frac{y^5 - y^2}{y^5 + z^2 + x^2} + \frac{z^5 - z^2}{z^5 + x^2 + y^2} \geqslant 0$$

证明 1　首先证明

$$\frac{x^5 - x^2}{x^5 + y^2 + z^2} \geqslant \frac{x^5 - x^2}{x^3(x^2 + y^2 + z^2)}$$

事实上

$$\frac{x^5 - x^2}{x^5 + y^2 + z^2} - \frac{x^5 - x^2}{x^3(x^2 + y^2 + z^2)} = \frac{x^2(x^3 - 1)^2(y^2 + z^2)}{x^3(x^2 + y^2 + z^2)(x^5 + y^2 + z^2)} \geqslant 0$$

等,所以,由条件知

$$-\frac{1}{x} \geqslant -\frac{1}{yz}, \quad -\frac{1}{y} \geqslant -\frac{1}{zx}, \quad -\frac{1}{z} \geqslant -\frac{1}{xy}$$

于是

$$\frac{x^5-x^2}{x^5+y^2+z^2} + \frac{y^5-y^2}{y^5+z^2+x^2} + \frac{z^5-z^2}{z^5+x^2+y^2}$$

$$\geqslant \frac{x^5-x^2}{x^3(x^2+y^2+z^2)} + \frac{y^5-y^2}{y^3(y^2+z^2+x^2)} + \frac{z^5-z^2}{z^3(z^2+x^2+y^2)}$$

$$= \frac{1}{x^2+y^2+z^2}\left(\frac{x^5-x^2}{x^3} + \frac{y^5-y^2}{y^3} + \frac{z^5-z^2}{z^3}\right)$$

$$= \frac{1}{x^2+y^2+z^2}\left(x^2+y^2+z^2 - \frac{1}{x} - \frac{1}{y} - \frac{1}{z}\right)$$

$$\geqslant \frac{1}{x^2+y^2+z^2}(x^2+y^2+z^2 - yz - zx - xy)$$

$$\geqslant 0$$

从而,原不等式获得证明.

这是摩尔多瓦一个学生的证明,获得了当年竞赛特别奖.

证明 2　原不等式可以变形为

$$\frac{x^2+y^2+z^2}{x^5+y^2+z^2} + \frac{y^2+z^2+x^2}{y^5+z^2+x^2} + \frac{z^2+x^2+y^2}{z^5+x^2+y^2} \leqslant 3$$

即

$$\frac{1}{x^5+y^2+z^2} + \frac{1}{y^5+z^2+x^2} + \frac{1}{z^5+x^2+y^2} \leqslant \frac{3}{x^2+y^2+z^2}$$

由柯西不等式及题设条件 $xyz \geqslant 1$,知

$$(x^5+y^2+z^2)(yz+y^2+z^2) \geqslant \left[x^2(xyz)^{\frac{1}{2}} + y^2 + z^2\right]^2$$

$$\geqslant (x^2+y^2+z^2)^2$$

即

$$\frac{x^2+y^2+z^2}{x^5+y^2+z^2} \leqslant \frac{yz+y^2+z^2}{x^2+y^2+z^2}$$

同理可得

$$\frac{x^2+y^2+z^2}{y^5+z^2+x^2} \leqslant \frac{zx+z^2+x^2}{x^2+y^2+z^2}$$

$$\frac{x^2+y^2+z^2}{z^5+x^2+y^2} \leqslant \frac{xy+x^2+y^2}{x^2+y^2+z^2}$$

这三个不等式同向相加得

$$\frac{x^2 + y^2 + z^2}{x^5 + y^2 + z^2} + \frac{x^2 + y^2 + z^2}{y^5 + z^2 + x^2} + \frac{x^2 + y^2 + z^2}{z^5 + x^2 + y^2}$$

$$\leqslant \frac{xy + x^2 + y^2}{x^2 + y^2 + z^2} + \frac{yz + y^2 + z^2}{x^2 + y^2 + z^2} + \frac{zx + z^2 + x^2}{x^2 + y^2 + z^2}$$

$$= 2 + \frac{xy + yz + zx}{x^2 + y^2 + z^2}$$

$$\leqslant 3$$

从而原不等式获得证明.

推广 1 （原命题的指数推广）设 $x, y, z \in \mathbf{R}^*$，且 $xyz \geqslant 1, k > 0$，求证

$$\frac{x^{\frac{5k}{2}} - x^k}{x^{\frac{5k}{2}} + y^k + z^k} + \frac{y^{\frac{5k}{2}} - y^k}{y^{\frac{5k}{2}} + z^k + x^k} + \frac{z^{\frac{5k}{2}} - z^k}{z^{\frac{5k}{2}} + x^k + y^k} \geqslant 0$$

推广 2 （原命题的变量个数方面的推广）设 $x, y, z, w \in \mathbf{R}^*$，且 $xyzw \geqslant 1$，求证

$$\frac{x^7 - x^3}{x^7 + y^3 + z^3 + w^3} + \frac{y^7 - y^3}{y^7 + z^3 + w^3 + x^3} +$$

$$\frac{z^7 - z^3}{z^7 + w^3 + x^3 + y^3} + \frac{w^7 - w^3}{w^7 + x^3 + y^3 + z^3} \geqslant 0$$

40. 设 a, b, c 都是正数，求证

$$\frac{ab}{a + b + 2c} + \frac{bc}{b + c + 2a} + \frac{ca}{c + a + 2b} \leqslant \frac{1}{4}(a + b + c)$$

证明　由熟知的不等式

$$\frac{4}{x + y} \leqslant \frac{1}{x} + \frac{1}{y}$$

知

$$\frac{ab}{a + b + 2c} \leqslant \frac{ab}{4}\left(\frac{1}{a + c} + \frac{1}{b + c}\right)$$

$$= \frac{1}{4}\left(\frac{ab}{a + c} + \frac{ab}{b + c}\right)$$

同理还有另外两个式子，这三个式子相加得到结论.

几个类似的结论：

设 a, b, c 都是正数，求证

$$\frac{ab}{a + 2b + c} + \frac{bc}{b + 2c + a} + \frac{ca}{c + 2a + b} \leqslant \frac{1}{4}(a + b + c)$$

变题　设 a, b, c 都是正数，求证

$$\frac{a}{2a + b + c} + \frac{b}{2b + c + a} + \frac{c}{2c + a + b} \leqslant \frac{3}{4}$$

提示：由 $\dfrac{4}{x+y} \leqslant \dfrac{1}{x} + \dfrac{1}{y}$ 得

$$\dfrac{a}{2a+b+c} \leqslant \dfrac{a}{4}\left(\dfrac{1}{a+c} + \dfrac{1}{a+b}\right)$$

$$= \dfrac{1}{4}\left(\dfrac{a}{a+c} + \dfrac{a}{a+b}\right)$$

41. 设 a,b,c 都是正数，求证

$$\dfrac{a^4}{4a^4+b^4+c^4} + \dfrac{b^4}{a^4+4b^4+c^4} + \dfrac{c^4}{a^4+b^4+4c^4} \leqslant \dfrac{1}{2}$$

简证　由二元均值不等式知

$$\dfrac{a^4}{4a^4+b^4+c^4} = \dfrac{a^4}{2a^4+a^4+b^4+a^4+c^4}$$

$$\leqslant \dfrac{a^4}{2a^4+2a^2b^2+2a^2c^2}$$

$$= \dfrac{1}{2} \cdot \dfrac{a^2}{a^2+b^2+c^2}$$

同理还有另外两个式子，三个式子相加即得结论.

42. 设 a,b,c 都是正数，求证

$$\dfrac{ab}{a^2+b^2+2c^2} + \dfrac{bc}{2a^2+b^2+c^2} + \dfrac{ca}{a^2+2b^2+c^2} \leqslant \dfrac{3}{4}$$

简证　由二元均值不等式知

$$\dfrac{ab}{a^2+b^2+2c^2} = \dfrac{ab}{(a^2+c^2)+(b^2+c^2)}$$

$$\leqslant \dfrac{ab}{2\sqrt{(a^2+c^2)(b^2+c^2)}}$$

$$= \dfrac{1}{4} \cdot 2 \dfrac{a}{\sqrt{a^2+c^2}} \cdot \dfrac{b}{\sqrt{b^2+c^2}}$$

$$\leqslant \dfrac{1}{4}\left(\dfrac{a^2}{a^2+c^2} + \dfrac{b^2}{b^2+c^2}\right)$$

同理可得另外两个式子，三个式子相加得到结论.

43. (47 届 IMO 预选题代数部分第 5 题) 设 a,b,c 是一个三角形的三边长，求证

$$\dfrac{\sqrt{b+c-a}}{\sqrt{b}+\sqrt{c}-\sqrt{a}} + \dfrac{\sqrt{c+a-b}}{\sqrt{c}+\sqrt{a}-\sqrt{b}} + \dfrac{\sqrt{a+b-c}}{\sqrt{a}+\sqrt{b}-\sqrt{c}} \leqslant 3$$

证明　注意到

$$\sqrt{a}+\sqrt{b} > \sqrt{a+b} > \sqrt{c}$$

$$\sqrt{b} + \sqrt{c} > \sqrt{b+c} > \sqrt{a}$$

$$\sqrt{c} + \sqrt{a} > \sqrt{c+a} > \sqrt{b}$$

令 $x = \sqrt{b} + \sqrt{c} - \sqrt{a}$，$y = \sqrt{c} + \sqrt{a} - \sqrt{b}$，$z = \sqrt{a} + \sqrt{b} - \sqrt{c}$，则

$$x > 0, y > 0, z > 0$$

那么，有

$$\sqrt{a} = \frac{y+z}{2}, \sqrt{b} = \frac{z+x}{2}, \sqrt{c} = \frac{x+y}{2}$$

所以

$$b + c - a = \left(\frac{z+x}{2}\right)^2 + \left(\frac{x+y}{2}\right)^2 - \left(\frac{y+z}{2}\right)^2$$

$$= \frac{x^2 + xy + zx - yz}{2}$$

$$= x^2 - \frac{1}{2}(x-y)(x-z)$$

因此

$$\frac{\sqrt{b+c-a}}{\sqrt{b} + \sqrt{c} - \sqrt{a}} = \sqrt{1 - \frac{(x-y)(x-z)}{2x^2}}$$

$$\leqslant \sqrt{1 - \frac{(x-y)(x-z)}{2x^2} + \left[\frac{(x-y)(x-z)}{4x^2}\right]^2}$$

$$= \sqrt{\left[1 - \frac{(x-y)(x-z)}{4x^2}\right]^2}$$

$$= 1 - \frac{(x-y)(x-z)}{4x^2}$$

同理

$$\frac{\sqrt{c+a-b}}{\sqrt{c} + \sqrt{a} - \sqrt{b}} \leqslant 1 - \frac{(y-x)(y-z)}{4y^2}$$

$$\frac{\sqrt{a+b-c}}{\sqrt{a} + \sqrt{b} - \sqrt{c}} \leqslant 1 - \frac{(z-x)(z-y)}{4z^2}$$

将上面三个式子相加知，只需证明

$$\frac{(x-y)(x-z)}{x^2} + \frac{(y-z)(y-x)}{y^2} + \frac{(z-x)(z-y)}{z^2} \geqslant 0 \qquad (1)$$

由于式(1)是三个变量的对称式，因此可设 $x \leqslant y \leqslant z$，那么，式(1)三个分式的中间一个是负数，另外两个都是正数，于是，要证明式(1)，只要证明两个正数中的某一个大于该负数的绝对值即可，而

$$\frac{(x-y)(x-z)}{x^2} = \frac{(y-x)(z-x)}{x^2}$$

$$\geqslant -\frac{(y-x)(z-y)}{y^2}$$

所以

$$\frac{(x-y)(x-z)}{x^2} + \frac{(y-x)(z-y)}{y^2} \geqslant 0$$

从而式(1)成立.

评注　本题的证明具有典型性,这个代换是一个三角形中的新的代换方式,而且过程比较复杂迂回,请读者仔细领悟! 另外上面的式(1)也可称为舒尔不等式.

44. 设 $a,b,c \in (0,1)$,求证

$$\sqrt{abc} + \sqrt{(1-a)(1-b)(1-c)} < 1$$

证明 1　因为 $a,b,c \in (0,1)$,所以

$$\sqrt{abc} + \sqrt{(1-a)(1-b)(1-c)} < a + 1 - a = 1$$

证明 2　因为 $a,b,c \in (0,1)$,所以

$$\sqrt{abc} + \sqrt{(1-a)(1-b)(1-c)}$$

$$< \sqrt[3]{abc} + \sqrt[3]{(1-a)(1-b)(1-c)}$$

$$\leqslant \frac{a+b+c}{3} + \frac{1-a+1-b+1-c}{3}$$

$$= 1$$

类似的,可以证明

$$abc + (1-a)(1-b)(1-c) \leqslant 1$$

(2010 年斯洛文尼亚竞赛题)此法还可以将本题推广到更多个变量的情形.

45. (2012 年 4 月山东杨烈敏提出)设 $a,b,c \in \mathbf{R}^*, a+b+c=3$,证明

$$\frac{a}{1+ab} + \frac{b}{1+bc} + \frac{c}{1+ca} \geqslant \frac{3}{2}$$

引理

$$(x^2 + y^2 + z^2)^2 \geqslant 3(x^3 z + y^3 x + z^3 y)$$

引理证明

$$6(左边 - 右边) = \sum (2x^2 - y^2 - z^2 - xy + yz)^2 \geqslant 0$$

现在证明原题

$$\sum \frac{a}{1+ab} = \sum \frac{a + a^2 b - a^2 b}{1+ab} = 3 - \sum \frac{a^2 b}{1+ab} \geqslant \frac{3}{2}$$

307

等价于

$$\sum \frac{a^2 b}{1+ab} \leqslant \frac{3}{2}$$

即

$$\sum \frac{a^2 b}{1+ab} \leqslant \sum \frac{a^2 b}{2\sqrt{ab}} = \frac{1}{2}\sum (\sqrt{a})^3 (\sqrt{b})^1$$

$$\leqslant \frac{1}{2} \cdot \frac{1}{3}\left(\sum a\right)^2 = \frac{3}{2}$$

46.(越南范建雄著,隋振林译《不等式的秘密(第一卷)》P110 第 2 题)设 $a,b,c>0$,求证

$$\left(\frac{1}{a}+\frac{1}{b}+\frac{1}{c}\right)\left(\frac{1}{1+a}+\frac{1}{1+b}+\frac{1}{1+c}\right) \geqslant \frac{9}{1+abc}$$

证明 原书证明作了一个代换较为烦琐,现在给出一个简单的证明.

结合排序不等式知

$$\frac{1}{a(1+a)}+\frac{1}{b(1+b)}+\frac{1}{c(1+c)} \geqslant \frac{1}{b(1+a)}+\frac{1}{c(1+b)}+\frac{1}{a(1+c)}$$

$$\frac{1}{a(1+a)}+\frac{1}{b(1+b)}+\frac{1}{c(1+c)} \geqslant \frac{1}{c(1+a)}+\frac{1}{a(1+b)}+\frac{1}{b(1+c)}$$

只要证明

$$\frac{1}{b(1+a)}+\frac{1}{c(1+b)}+\frac{1}{a(1+c)} \geqslant \frac{3}{1+abc}$$

即可.

由于

$$(1+abc)\left[\frac{1}{b(1+a)}+\frac{1}{c(1+b)}+\frac{1}{a(1+c)}\right]$$

$$=\frac{1+abc}{b(1+a)}+\frac{1+abc}{c(1+b)}+\frac{1+abc}{a(1+c)}$$

$$=\left[\frac{1+abc}{b(1+a)}+1\right]+\left[\frac{1+abc}{c(1+b)}+1\right]+\left[\frac{1+abc}{a(1+c)}+1\right]-3$$

$$=\frac{1+abc+b+ab}{b(1+a)}+\frac{1+abc+c+bc}{c(1+b)}+\frac{1+abc+a+ca}{a(1+c)}$$

$$=\frac{(1+b)+ab(c+1)}{b(1+a)}+\frac{(1+c)+bc(a+1)}{c(1+b)}+\frac{(1+a)+ac(b+1)}{a(1+c)}-3$$

$$=\frac{(1+b)}{b(1+a)}+\frac{a(c+1)}{(1+a)}+\frac{(1+c)}{c(1+b)}+\frac{b(a+1)}{(1+b)}+\frac{(1+a)}{a(1+c)}+\frac{c(b+1)}{(1+c)}-3$$

$$\geqslant 3$$

从分析解题过程学解题——
竞赛中的向量几何与不等式研究

因此

$$\frac{1}{b(1+a)}+\frac{1}{c(1+b)}+\frac{1}{a(1+c)}\geqslant\frac{3}{1+abc}$$

同理可证明

$$\frac{1}{c(1+a)}+\frac{1}{a(1+b)}+\frac{1}{b(1+c)}\geqslant\frac{3}{1+abc}$$

从而原不等式得证.

47.（越南范建雄著,隋振林译《不等式的秘密（第一卷）》P111 第 3 题）设 $a,b,c>0$,求证

$$\frac{a}{a^2+2b+3}+\frac{b}{b^2+2c+3}+\frac{c}{c^2+2a+3}\leqslant\frac{1}{2}$$

证明 原书印刷有误,现在改证了.

由二元均值不等式知

$$a^2+2b+3=a^2+1+2(b+1)$$
$$\geqslant 2a+2(b+1)=2(a+b+1)$$

类似还有其他两个不等式,所以

$$\frac{a}{a^2+2b+3}+\frac{b}{b^2+2c+3}+\frac{c}{c^2+2a+3}$$

$$\leqslant\frac{1}{2}\left(\frac{a}{a+b+1}+\frac{b}{b+c+1}+\frac{c}{c+a+1}\right)$$

$$\Leftrightarrow\frac{a}{a+b+1}+\frac{b}{b+c+1}+\frac{c}{c+a+1}\leqslant 1$$

$$\Leftrightarrow\frac{b+1}{a+b+1}+\frac{c+1}{b+c+1}+\frac{a+1}{c+a+1}\geqslant 2$$

由于

$$\frac{b+1}{a+b+1}+\frac{c+1}{b+c+1}+\frac{a+1}{c+a+1}$$

$$\geqslant\frac{(b+c+a+3)^2}{(b+1)(a+b+1)+(c+1)(b+c+1)+(a+1)(c+a+1)}$$

$$=2$$

因此

$$\frac{a}{a^2+2b+3}+\frac{b}{b^2+2c+3}+\frac{c}{c^2+2a+3}\leqslant\frac{1}{2}$$

48.（越南范建雄著,隋振林译《不等式的秘密（第一卷）》P115 第 10 题）设 $a,b,c>0,abc=1$,求证

$$\frac{1}{(a+1)(a+2)} + \frac{1}{(b+1)(b+2)} + \frac{1}{(c+1)(c+2)} \geqslant \frac{1}{2}$$

证明   由 $a,b,c > 0, abc = 1$,存在三个正数 x,y,z,使得

$$a = \frac{yz}{x^2}, b = \frac{zx}{y^2}, c = \frac{xy}{z^2}$$

从而原不等式等价于

$$\sum \frac{x^4}{(x^2+yz)(2x^2+yz)} \geqslant \frac{1}{2}$$

由于

$$\sum \frac{x^4}{(x^2+yz)(2x^2+yz)}$$

$$\geqslant \frac{(x^2+y^2+z^2)^2}{(x^2+yz)(2x^2+yz)+(y^2+zx)(2y^2+zx)+(z^2+xy)(2z^2+xy)}$$

因此只要证明

$$2(x^2+y^2+z^2)^2 \geqslant \sum (x^2+yz)(2x^2+yz)$$

即

$$3\sum x^2 y^2 \geqslant 3xyz(x+y+z)$$

$$x^2(y-z)^2 + y^2(z-x)^2 + z^2(x-y)^2 \geqslant 0$$

结论到此获得证明.

49.(越南范建雄著,隋振林译《不等式的秘密(第一卷)》P34 例 3.1.2) 设 $a,b,c,d > 0$,且 $a^2+b^2+c^2+d^2 = 4$,求证

$$\frac{a^2}{b+c+d} + \frac{b^2}{c+d+a} + \frac{c^2}{d+a+b} + \frac{d^2}{a+b+c} \geqslant \frac{4}{3}$$

证明   由排序不等式知

$$\frac{a^2}{b+c+d} + \frac{b^2}{c+d+a} + \frac{c^2}{d+a+b} + \frac{d^2}{a+b+c}$$

$$\geqslant \frac{1}{4}\left(\frac{1}{b+c+d} + \frac{1}{c+d+a} + \frac{1}{d+a+b} + \frac{1}{a+b+c}\right) \cdot$$

$$(a^2+b^2+c^2+d^2)$$

$$= \left(\frac{1}{b+c+d} + \frac{1}{c+d+a} + \frac{1}{d+a+b} + \frac{1}{a+b+c}\right)$$

$$\geqslant \frac{16}{3(d+b+c+a)} \quad \text{(注意柯西不等式)}$$

$$\geqslant \frac{16}{3\sqrt{4(a^2+b^2+c^2+d^2)}}$$

$$= \frac{4}{3}$$

到此结论获得证明.

评注　本题证明运用了 $a^2 + b^2 + c^2 + d^2 \geqslant \dfrac{(a+b+c+d)^2}{4}$.

50. 设边长为 a, b, c 的 $\triangle ABC$ 的半周长和内切圆半径分别为 p, r,求证

$$\frac{a(p-a)}{\sqrt{bc}} + \frac{b(p-b)}{\sqrt{ca}} + \frac{c(p-c)}{\sqrt{ab}} \geqslant 3\sqrt{3}\, r$$

证明 1　运用代数法.

由三角形面积公式知

$$(pr)^2 = S^2_{\triangle ABC} = p(p-a)(p-b)(p-c)$$

所以

$$(p-a)(p-b)(p-c) = pr^2$$

由于

$$\begin{aligned} p &= (p-a) + (p-b) + (p-c) \\ &\geqslant 3\sqrt[3]{(p-a)(p-b)(p-c)} \end{aligned}$$

因此

$$p^3 \geqslant 27(p-a)(p-b)(p-c) = 27pr^2$$

从而

$$p^2 \geqslant 27r^2$$

于是

$$\begin{aligned} &\frac{a(p-a)}{\sqrt{bc}} + \frac{b(p-b)}{\sqrt{ca}} + \frac{c(p-c)}{\sqrt{ab}} \\ &\geqslant 3\sqrt[3]{\frac{a(p-a)}{\sqrt{bc}} \cdot \frac{b(p-b)}{\sqrt{ca}} \cdot \frac{c(p-c)}{\sqrt{ab}}} \\ &= 3\sqrt[3]{(p-a) \cdot (p-b) \cdot (p-c)} \\ &= 3\sqrt[3]{pr^2} \geqslant 3\sqrt[3]{3\sqrt{3}\, r^3} \\ &= 3\sqrt{3}\, r \end{aligned}$$

即结论获得证明.

证明 2　由熟知的三角恒等式及不等式知

$$\cot\frac{A}{2}\cot\frac{B}{2}\cot\frac{C}{2} = \cot\frac{A}{2} + \cot\frac{B}{2} + \cot\frac{C}{2}$$

$$\geqslant 3 \cdot \sqrt[3]{\cot\frac{A}{2}\cot\frac{B}{2}\cot\frac{C}{2}}$$

所以

$$\cot \frac{A}{2} \cot \frac{B}{2} \cot \frac{C}{2} \geqslant 3\sqrt{3}$$

又因为

$$\cot \frac{A}{2} = \frac{p-a}{r}, \cot \frac{B}{2} = \frac{p-b}{r}, \cot \frac{C}{2} = \frac{p-c}{r}$$

所以

$$\cot \frac{A}{2} \cot \frac{B}{2} \cot \frac{C}{2} = \frac{(p-a)(p-b)(p-c)}{r^3} \geqslant 3\sqrt{3}$$

即

$$(p-a)(p-b)(p-c) \geqslant 3\sqrt{3}\, r^3$$

而

$$\frac{a(p-a)}{\sqrt{bc}} + \frac{b(p-b)}{\sqrt{ca}} + \frac{c(p-c)}{\sqrt{ab}}$$

$$\geqslant 3 \sqrt[3]{\frac{a(p-a)}{\sqrt{bc}} \cdot \frac{b(p-b)}{\sqrt{ca}} \cdot \frac{c(p-c)}{\sqrt{ab}}}$$

$$= 3\sqrt[3]{(p-a) \cdot (p-b) \cdot (p-c)}$$

$$\geqslant 3\sqrt[3]{3\sqrt{3}\, r^3}$$

$$= 3\sqrt{3}\, r$$

证明完毕.

51. 设 $a,b,c \in \mathbf{R}^*$，求证

$$\frac{a^2+bc}{b+c} + \frac{b^2+ca}{c+a} + \frac{c^2+ab}{a+b} \geqslant a+b+c$$

证明 本题源于张艳宗，徐银杰编著《数学奥林匹克中的常见不等式》P161 例 5.2.1.

事实上

$$\frac{a^2+bc}{b+c} - a = \frac{a^2+bc-a(b+c)}{b+c}$$

$$= \frac{(a-b)(a-c)}{b+c}$$

同理可得

$$\frac{b^2+ca}{c+a} - b = \frac{(b-a)(b-c)}{c+a}$$

$$\frac{c^2+ab}{a+b} - c = \frac{(c-a)(c-b)}{a+b}$$

所以

$$\frac{a^2+bc}{b+c}+\frac{b^2+ca}{c+a}+\frac{c^2+ab}{a+b}-a-b-c$$

$$=\frac{(a-b)(a-c)}{b+c}+\frac{(b-a)(b-c)}{c+a}+\frac{(c-a)(c-b)}{a+b}$$

$$=\frac{1}{b+c}(a-b)(a-c)+\frac{1}{c+a}(b-a)(b-c)+\frac{1}{a+b}(c-a)(c-b)$$

$$\geqslant 0$$

最后一步用到了舒尔不等式.

52.(2004 年江西南昌竞赛题)设 $a,b,c \in \mathbf{R}^*$，$a+b+c=1$，求证

$$\sum a^2 + 9abc \geqslant 2\sum ab$$

证明 由于

$$(a+b+c)(ab+bc+ca) = \sum a^2(b+c) + 3abc$$

$$(a^2+b^2+c^2)(a+b+c) = \sum a^3 + \sum a^2(b+c)$$

因此,要证明原不等式,只要证明

$$\left(\sum a^2\right)\left(\sum a\right) + 9abc \geqslant 2\left(\sum ab\right)\left(\sum a\right)$$

即

$$\sum a^3 + 3abc \geqslant \sum a^2(b+c)$$

这就是舒尔不等式.

53.设 $a,b,c \in \mathbf{R}^*$，求证

$$\sqrt{a^2+ab+b^2} + \sqrt{a^2+ac+c^2} \geqslant \sqrt{3a^2+(a+b+c)^2}$$

证明 1 注意到

$$a^2+ab+b^2 = \left(b+\frac{a}{2}\right)^2 + \left(\frac{\sqrt{3}\,a}{2}\right)^2$$

$$a^2+ac+c^2 = \left(c+\frac{a}{2}\right)^2 + \left(\frac{\sqrt{3}\,a}{2}\right)^2$$

于是

$$\sqrt{a^2+ab+b^2} + \sqrt{a^2+ac+c^2}$$

$$=\sqrt{\left(b+\frac{a}{2}\right)^2 + \left(\frac{\sqrt{3}\,a}{2}\right)^2} + \sqrt{\left(c+\frac{a}{2}\right)^2 + \left(\frac{\sqrt{3}\,a}{2}\right)^2}$$

$$=\sqrt{\left(b+\frac{a}{2}\right)^2 + \left(\frac{\sqrt{3}\,a}{2}\right)^2} + \sqrt{\left(-c-\frac{a}{2}\right)^2 + \left(-\frac{\sqrt{3}\,a}{2}\right)^2}$$

313

$$\geqslant \sqrt{\left[b+\frac{a}{2}-\left(-c-\frac{a}{2}\right)\right]^2+\left[\frac{\sqrt{3}a}{2}-\left(-\frac{\sqrt{3}a}{2}\right)\right]^2}$$

$$=\sqrt{3a^2+(a+b+c)^2}$$

因此

$$\sqrt{a^2+ab+b^2}+\sqrt{a^2+ac+c^2}\geqslant\sqrt{3a^2+(a+b+c)^2}$$

最后一步用到了闵可夫斯基不等式.

证明 2　构造法.

因为

$$a^2+ab+b^2=\left(b+\frac{a}{2}\right)^2+\left(\frac{\sqrt{3}}{2}a\right)^2$$

$$a^2+ac+c^2=\left(c+\frac{a}{2}\right)^2+\left(\frac{\sqrt{3}}{2}a\right)^2$$

所以,令

$$z_1=b+\frac{a}{2}+\frac{\sqrt{3}}{2}ai$$

$$z_2=c+\frac{a}{2}+\frac{\sqrt{3}}{2}ai$$

则由复数知识知

$$\sqrt{a^2+ab+b^2}+\sqrt{a^2+ac+c^2}$$
$$=|z_1|+|z_2|$$
$$\geqslant|z_1+z_2|$$
$$=\left|b+\frac{a}{2}+c+\frac{a}{2}+\sqrt{3}ai\right|$$
$$=\sqrt{3a^2+(a+b+c)^2}$$

从而原不等式获得证明.

54. 设 $x,y,z\in\mathbf{R}^*$, $x^2+y^2+z^2=3$, 求证

$$\frac{1}{x^3+2}+\frac{1}{y^3+2}+\frac{1}{z^3+2}\geqslant 1$$

证明　注意到

$$\frac{1}{2}-\frac{1}{x^3+2}=\frac{x^3+2-2}{2(x^3+2)}=\frac{1}{2}\cdot\frac{x^2}{x^2+\frac{2}{x}}$$

$$=\frac{1}{2}\cdot\frac{x^2}{x^2+\frac{1}{x}+\frac{1}{x}}$$

$$\leqslant \frac{1}{2} \cdot \frac{x^2}{3}$$

所以

$$\frac{1}{x^3+2} \geqslant \frac{1}{2} - \frac{1}{2} \cdot \frac{x^2}{3}$$

从而

$$\sum \frac{1}{x^3+2} \geqslant \frac{3}{2} - \frac{1}{2} \cdot \sum \frac{x^2}{3} = 1$$

等号成立的条件为 $x = y = z = 1$.

55. 设 $x, y, z \in (0, \sqrt{5})$, 且 $x^4 + y^4 + z^4 \geqslant 27$, 求多元函数

$$\frac{x}{x^2-5} + \frac{y}{y^2-5} + \frac{z}{z^2-5}$$

的最大值.

证明　令 $u = (5-x^2)x^3$, 则

$$u^2 = (5-x^2)^2 x^6$$

$$= \frac{27}{8}(5-x^2)(5-x^2) \cdot \frac{2}{3}x^2 \cdot \frac{2}{3}x^2 \cdot \frac{2}{3}x^2$$

$$\leqslant \frac{27}{8} \cdot \left[\frac{(5-x^2)+(5-x^2)+\frac{2}{3}x^2+\frac{2}{3}x^2+\frac{2}{3}x^2}{5}\right]^5$$

$$= \frac{27}{8} \cdot 2^5$$

$$= 4 \cdot 27$$

所以

$$(5-x^2)x^3 \leqslant 6\sqrt{3}$$

即

$$\frac{x}{x^2-5} \leqslant -\frac{1}{6\sqrt{3}}x^4$$

于是

$$\frac{x}{x^2-5} + \frac{y}{y^2-5} + \frac{z}{z^2-5}$$

$$\leqslant -\frac{1}{6\sqrt{3}}\sum x^4$$

$$= -\frac{9}{2\sqrt{3}}$$

因此

315

$$\frac{x}{x^2-5} + \frac{y}{y^2-5} + \frac{z}{z^2-5} \leqslant -\frac{9}{2\sqrt{3}}$$

等号成立的条件为 $x^2 = y^2 = z^2 = \sqrt{3}$.

56. 设 $x_i, y_i \in \mathbf{R}^*$, $(x_i-1)^2 + (y_i-1)^2 = 1 (i=1,2,3)$, 求

$$| x_1 y_3 + x_3 y_1 - (x_2 y_3 + x_3 y_2) |$$

的最大值.

解 由柯西不等式得

$$| x_1 y_3 + x_3 y_1 - (x_2 y_3 + x_3 y_2) |^2$$
$$= [x_3(y_1 - y_2) + y_3(x_1 - x_2)]^2$$
$$\leqslant (x_3^2 + y_3^2)[(x_1 - x_2)^2 + (y_1 - y_2)^2]$$
$$\leqslant 4(1+\sqrt{2})^2$$

因此

$$| x_1 y_3 + x_3 y_1 - (x_2 y_3 + x_3 y_2) | \leqslant 2(1+\sqrt{2})$$

等号成立的条件为 $x_3^2 + y_3^2 = (1+\sqrt{2})^2$, 且 $\dfrac{y_3}{x_3} \cdot \dfrac{y_1 - y_2}{x_1 - x_2} = -1$.

评注 本题可以推广到三组变量的情况.

设 $x_i, y_i, z_i \in \mathbf{R}^*$, $(x_i-1)^2 + (y_i-1)^2 = 1 (i=1,2,3)$, 求

$$| x_1 z_3 + y_3 z_1 + x_3 y_1 - (x_3 y_2 + y_3 z_2 + x_2 z_3) |$$

的最大值.

提示:注意

$$x_1 z_3 + y_3 z_1 + x_3 y_1 - (x_3 y_2 + y_3 z_2 + x_2 z_3)$$
$$= x_3(y_1 - y_2) + y_3(z_1 - z_2) + z_3(x_1 - x_2)$$

再运用柯西不等式可获得结论.

57. 求证

$$\left(1 + \frac{1}{2^2}\right)\left(1 + \frac{1}{3^2}\right) \cdots \left(1 + \frac{1}{n^2}\right) < 2$$

证明 1 本题的这个解答来自于微信群.

由于

$$\left(1 + \frac{1}{2^2}\right)\left(1 + \frac{1}{3^2}\right) \cdots \left(1 + \frac{1}{n^2}\right)$$

$$= \frac{\left[1 - \left(\frac{1}{2^2}\right)^2\right]\left[1 - \left(\frac{1}{3^2}\right)^2\right] \cdots \left[1 - \left(\frac{1}{n^2}\right)^2\right]}{\left(1 - \frac{1}{2^2}\right)\left(1 - \frac{1}{3^2}\right) \cdots \left(1 - \frac{1}{n^2}\right)}$$

$$= \frac{\left[1 - \left(\frac{1}{2^2}\right)^2\right]\left[1 - \left(\frac{1}{3^2}\right)^2\right]\cdots\left[1 - \left(\frac{1}{n^2}\right)^2\right]}{\dfrac{1\cdot 3}{2\cdot 2}\cdot\dfrac{2\cdot 4}{3\cdot 3}\cdot\dfrac{4\cdot 6}{5\cdot 5}\cdot\ \cdots\ \cdot\dfrac{(n-1)\cdot(n+1)}{n\cdot n}}$$

$$= \left[1 - \left(\frac{1}{2^2}\right)^2\right]\left[1 - \left(\frac{1}{3^2}\right)^2\right]\cdots\left[1 - \left(\frac{1}{n^2}\right)^2\right]\cdot\frac{2n}{n+1}$$

$$< 1\cdot 1\cdot 1\cdot\ \cdots\ \cdot\frac{2n+2}{n+1} < 2$$

证明 2　由熟知的不等式 $\ln(1+x) < x$ 知

$$\sum_{k=1}^{n}\ln\left(1+\frac{1}{k^2}\right) < \sum_{k=1}^{n}\frac{1}{k^2}$$

$$= \sum_{k=1}^{n}\left(\frac{1}{k-\frac{1}{2}} - \frac{1}{k-\frac{1}{2}}\right)$$

$$= \frac{2}{3} - \frac{2}{2n+1}$$

$$< \frac{2}{3}$$

58. 求函数 $u = \dfrac{\cos\alpha - 2}{\sqrt{3 - 2\cos\alpha - \sin\alpha}}$ 的值域.

解　原函数可以整理成

$$u = \frac{\cos\alpha - 2}{\sqrt{3 - 2\cos\alpha - \sin\alpha}}$$

$$= \frac{-\sqrt{2}(2-\cos\alpha)}{\sqrt{6 - 4\cos\alpha - 2\sin\alpha}}$$

$$= \frac{-\sqrt{2}(2-\cos\alpha)}{\sqrt{(2-\cos\alpha)^2 + (1-\sin\alpha)^2}}$$

$$= \frac{-\sqrt{2}}{\sqrt{1 + \left(\dfrac{1-\sin\alpha}{2-\cos\alpha}\right)^2}}$$

令 $k = \dfrac{1-\sin\alpha}{2-\cos\alpha}$ 表示两点 $A(\cos\alpha, \sin\alpha)$, $B(2,1)$ 连线的斜率, 从而 $k = \dfrac{1-\sin\alpha}{2-\cos\alpha} \in \left[0, \dfrac{4}{3}\right]$, 即

$$-\frac{3\sqrt{2}}{5} \leqslant u \leqslant -\sqrt{2}$$

等号成立的条件为 $\alpha = \dfrac{\pi}{2}$ 时取到最大值, $\alpha = -\arcsin\dfrac{3}{5}$ 时取到最小值.

59. 设 $f(x) = x^3 - \dfrac{3}{2}x^2 + \dfrac{3}{4}x + \dfrac{1}{8}$，求

$$f\left(\frac{1}{2017}\right) + f\left(\frac{1}{2017}\right) + f\left(\frac{2}{2017}\right) + \cdots + f\left(\frac{2016}{2017}\right)$$

的值.

解　原函数可以化为

$$f(x) = \left(x - \frac{1}{2}\right)^3 + \frac{1}{4}$$

从而此函数图像关于点 $P\left(\dfrac{1}{2}, \dfrac{1}{4}\right)$ 对称，所以

$$f\left(\frac{1}{2} - x\right) + f\left(\frac{1}{2} + x\right) = 2f\left(\frac{1}{2}\right) = 2 \cdot \frac{1}{4} = \frac{1}{2} \tag{1}$$

$$t = \frac{1}{2} + x = 1 - \left(\frac{1}{2} - x\right) \Rightarrow \frac{1}{2} - x = 1 - t$$

即式(1)等价于

$$f(t) + f(1 - t) = \frac{1}{2} \tag{2}$$

因此

$$f\left(\frac{1}{2017}\right) + f\left(\frac{1}{2017}\right) + f\left(\frac{2}{2017}\right) + \cdots + f\left(\frac{2016}{2017}\right) +$$

$$f\left(\frac{2016}{2017}\right) + f\left(\frac{2015}{2017}\right) + f\left(\frac{2014}{2017}\right) + \cdots + f\left(\frac{1}{2017}\right)$$

$$= 2016 \times \frac{1}{2}$$

于是，可得

$$f\left(\frac{1}{2017}\right) + f\left(\frac{1}{2017}\right) + f\left(\frac{2}{2017}\right) + \cdots + f\left(\frac{2016}{2017}\right) = 504$$

60. 设两个同心圆 $M_1(r)$，$M_2(R)(R > r)$，在 M_1 上任取一动点 P，过点作 $PA \perp PB$，A，B 均落在 M_2 上，求线段 AB 长度的最大值.

解　如图 2 所示，设两同心圆的圆心为 O，作 $OC \perp PA$，$OD \perp PB$，C，D 分别为垂足，于是

$$\begin{aligned}
AB^2 &= PA^2 + PB^2 \\
&= (PC + CA)^2 + (PD + DB)^2 \\
&= (CA^2 + PD^2) + (DB^2 + PC^2) + 2(PC \cdot CA + PD \cdot DB) \\
&= (CA^2 + OC^2) + (DB^2 + OD^2) + 2(PC \cdot CA + PD \cdot DB) \\
&= R^2 + R^2 + 2(PC \cdot CA + PD \cdot DB)
\end{aligned}$$

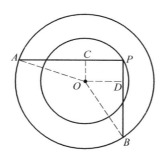

图 2

$$\leqslant 2R^2 + 2\sqrt{(PC^2 + PD^2)(CA^2 + DB^2)}$$

$$= 2R^2 + 2\sqrt{r^2(2R^2 - OC^2 - OD^2)}$$

$$= 2R^2 + 2\sqrt{r^2(2R^2 - r^2)}$$

等号成立的条件为 $\dfrac{PC}{CA} = \dfrac{PD}{BD} \Leftrightarrow \triangle PCD \backsim \triangle PAB$.

61. 设 $a,b,c \in \mathbf{R}^*$，$ab + bc + ca = 3$，求证

$$\frac{1}{1+a^2} + \frac{1}{1+b^2} + \frac{1}{1+c^2} \geqslant \frac{3}{2}$$

证明 1 本证明来自于湖南的小朋友万宇康（初二年级 2018 年 12 月 17 日）.

$$\frac{1}{1+a^2} + \frac{1}{1+b^2} + \frac{1}{1+c^2} \geqslant \frac{3}{2}$$

$$\Leftrightarrow \frac{a^2}{1+a^2} + \frac{b^2}{1+b^2} + \frac{c^2}{1+c^2} \leqslant \frac{3}{2}$$

$$\Leftrightarrow \frac{3a^2}{3+3a^2} + \frac{3b^2}{3+3b^2} + \frac{3c^2}{3+3c^2} \leqslant \frac{3}{2}$$

$$\Leftrightarrow \frac{3a^2}{ab+bc+ca+3a^2} + \frac{3b^2}{ab+bc+ca+3b^2} + \frac{3c^2}{ab+bc+ca+3c^2} \leqslant \frac{3}{2}$$

$$\Leftrightarrow \frac{\left(\frac{1}{2}a + \frac{1}{2}a\right)^2}{a(a+b+c)+bc+2a^2} + \frac{\left(\frac{1}{2}b + \frac{1}{2}b\right)^2}{b(a+b+c)+ca+2b^2} +$$

$$\frac{\left(\frac{1}{2}c + \frac{1}{2}c\right)^2}{c(a+b+c)+ab+2c^2} \leqslant \frac{1}{2}$$

$$\Leftrightarrow \left[\frac{\left(\frac{1}{2}a\right)^2}{a(a+b+c)} + \frac{\left(\frac{1}{2}a\right)^2}{bc+2a^2} \right] + \left[\frac{\left(\frac{1}{2}b\right)^2}{b(a+b+c)} + \frac{\left(\frac{1}{2}b\right)^2}{ca+2b^2} \right] +$$

$$\left[\frac{\left(\frac{1}{2}c\right)^2}{c(a+b+c)}+\frac{\left(\frac{1}{2}c\right)^2}{ab+2c^2}\right]\leqslant\frac{1}{2}$$

（注意，这里用到柯西不等式）

$$\Leftrightarrow\frac{1}{4}+\frac{1}{4}\left[\frac{a^2}{bc+2a^2}+\frac{b^2}{ca+2b^2}+\frac{c^2}{ab+2c^2}\right]\leqslant\frac{1}{2}$$

$$\Leftrightarrow\frac{a^2}{bc+2a^2}+\frac{b^2}{ca+2b^2}+\frac{c^2}{ab+2c^2}\leqslant 1$$

$$\Leftrightarrow\frac{bc}{bc+2a^2}+\frac{ca}{ca+2b^2}+\frac{ab}{ab+2c^2}\geqslant 1$$

由于

$$\frac{bc}{bc+2a^2}+\frac{ca}{ca+2b^2}+\frac{ab}{ab+2c^2}$$

$$\geqslant\frac{(bc+ca+ab)^2}{(bc)^2+(ca)^2+(ab)^2+2abc(a+b+c)}$$

$$=\frac{(bc+ca+ab)^2}{(bc+ca+ab)^2}=1$$

因此本题得证.

评注 本题的证明有点难度，过程曲折弯转，值得好好思考.

证明 2 原不等式等价于

$$a^2+b^2+c^2+3\geqslant a^2b^2+b^2c^2+c^2a^2+3a^2b^2c^2$$

由于

$$3=ab+bc+ca\geqslant 3\sqrt[3]{ab\cdot bc\cdot ca}\Rightarrow abc\leqslant 1$$

$$(a+b+c)^2\geqslant 3(ab+bc+ca)=9$$

$$a+b+c\geqslant 3abc$$

因此只要证明

$$a^2+b^2+c^2+3\geqslant a^2b^2+b^2c^2+c^2a^2+(a+b+c)abc$$

$$\Leftrightarrow(a^2+b^2+c^2)(ab+bc+ca)+(ab+bc+ca)^2$$

$$\geqslant 3(a^2b^2+b^2c^2+c^2a^2)+3(a+b+c)abc$$

$$\Leftrightarrow ab(a-b)^2+bc(b-c)^2+ca(c-a)^2\geqslant 0$$

等号成立的条件为 $a=b=c$.

62. 设 $a,b,c\in\mathbf{R}^*$，求证

$$\frac{1}{b(1+c)}+\frac{1}{c(1+a)}+\frac{1}{a(1+b)}\geqslant\frac{3}{1+abc}$$

证明 1 设 $a=\frac{y}{x}k,b=\frac{z}{y}k,c=\frac{x}{z}k$，则原不等式等价于

$$\frac{1}{\frac{z}{y} \cdot k\left(1+\frac{x}{z} \cdot k\right)} + \frac{1}{\frac{x}{z} \cdot k\left(1+\frac{y}{x} \cdot k\right)} + \frac{1}{\frac{y}{x} \cdot k\left(1+\frac{z}{y} \cdot k\right)} \geq \frac{3}{1+k^3}$$

$$\Leftrightarrow \frac{y}{k(z+xk)} + \frac{z}{k(x+yk)} + \frac{x}{k(y+zk)} \geq \frac{3}{1+k^3}$$

$$\Leftrightarrow \frac{y^2}{ky(z+xk)} + \frac{z^2}{kz(x+yk)} + \frac{x^2}{kx(y+zk)} \geq \frac{3}{1+k^3}$$

因此只要证

$$\frac{(x+y+z)^2}{ky(z+xk)+kz(x+yk)+kx(y+zk)} \geq \frac{3}{1+k^3}$$

$$\Leftrightarrow \frac{(x+y+z)^2}{(k+k^2)(xy+yz+zx)} \geq \frac{3}{1+k^3}$$

即要证

$$\frac{3(xy+yz+zx)}{(k+k^2)(xy+yz+zx)} \geq \frac{3}{1+k^3}$$

$$\Leftrightarrow 1+k^3 \geq k+k^2$$

$$\Leftrightarrow (k-1)^2(k+1) \geq 0$$

从而原不等式获证.

证明 2 只要证明

$$(1+abc)\left[\frac{1}{b(1+c)} + \frac{1}{c(1+a)} + \frac{1}{a(1+b)}\right] \geq 3$$

由于

$$\frac{1+abc}{b(1+c)} + 1 = \frac{1+abc+b+bc}{b(1+c)}$$

$$= \frac{(1+b)+bc(1+a)}{b(1+c)}$$

$$= \frac{(1+b)}{b(1+c)} + \frac{c(1+a)}{(1+c)}$$

$$\frac{1+abc}{c(1+a)} + 1 = \frac{(1+c)+ca(1+b)}{c(1+a)}$$

$$= \frac{(1+c)}{c(1+a)} + \frac{a(1+b)}{(1+a)}$$

$$\frac{1+abc}{a(1+b)} + 1 = \frac{(1+a)}{a(1+b)} + \frac{b(1+c)}{(1+b)}$$

因此

$$(1+abc)\left[\frac{1}{b(1+c)} + \frac{1}{c(1+a)} + \frac{1}{a(1+b)}\right]$$

321

$$\geq \frac{(1+b)}{b(1+c)} + \frac{c(1+a)}{(1+c)} + \frac{(1+c)}{c(1+a)} + \frac{a(1+b)}{(1+a)} + \frac{(1+a)}{a(1+b)} + \frac{b(1+c)}{(1+b)} - 3$$

$$\geq 6\sqrt[6]{\frac{(1+b)}{b(1+c)} \cdot \frac{c(1+a)}{(1+c)} \cdot \frac{(1+c)}{c(1+a)} \cdot \frac{a(1+b)}{(1+a)} \cdot \frac{(1+a)}{a(1+b)} \cdot \frac{b(1+c)}{(1+b)}} - 3$$

$$= 3$$

63. 设 $x, y, z \in \mathbf{R}^*$, 求证

$$\left(x^2 + \frac{1}{2}yz\right)\left(y^2 + \frac{1}{2}zx\right)\left(z^2 + \frac{1}{2}xy\right) \geq \frac{1}{8}(xy + yz + zx)^3$$

证明　本证明由山东隋振林老师给出.

运用赫尔德不等式知

$$\left(x^2 + \frac{1}{2}yz\right)\left(y^2 + \frac{1}{2}zx\right)\left(z^2 + \frac{1}{2}xy\right)$$

$$= \left(\frac{1}{2}x^2 + \frac{1}{2}yz + \frac{1}{2}x^2\right)\left(\frac{1}{2}y^2 + \frac{1}{2}y^2 + \frac{1}{2}zx\right)\left(\frac{1}{2}xy + \frac{1}{2}z^2 + \frac{1}{2}z^2\right)$$

$$\geq \left(\frac{1}{2}xy + \frac{1}{2}yz + \frac{1}{2}zx\right)^3$$

$$= \frac{1}{8}(xy + yz + zx)^3$$

结论获得证明.

评注　由本题结论立刻得到:在 $\triangle ABC$ 中,求证

$$\left(\tan^2 \frac{A}{2} + \frac{1}{2}\tan \frac{B}{2}\tan \frac{C}{2}\right)\left(\tan^2 \frac{B}{2} + \frac{1}{2}\tan \frac{C}{2}\tan \frac{A}{2}\right) \cdot$$

$$\left(\tan^2 \frac{C}{2} + \frac{1}{2}\tan \frac{A}{2}\tan \frac{B}{2}\right) \geq \frac{1}{8}$$

64. 已知 $x, y, z \in \mathbf{R}^*$, 且

$$P = \frac{x}{x+y} + \frac{y}{y+z} + \frac{z}{z+x}$$

$$Q = \frac{y}{x+y} + \frac{z}{y+z} + \frac{x}{z+x}$$

$$R = \frac{z}{x+y} + \frac{x}{y+z} + \frac{y}{z+x}$$

记 $f = \max\{P, Q, R\}$, 求 $f_{\min}$.

题目解说　本题为《中等数学》2006(5):41,高中训练题二. 原解法比较复杂,这里给出一个简单的解法(2006年6月6日).

解　由条件知

$$3f = 3\max\{P, Q, R\} \geq P + Q + R$$

$$= 3 + \frac{x}{y+z} + \frac{y}{z+x} + \frac{z}{x+y}$$

$$\geqslant 3 + \frac{3}{2} = \frac{9}{2}$$

所以 $f_{\min} \geqslant \dfrac{3}{2}$，等号成立的条件是 $x = y = z$.

评注 也可以用排序不等式.

65. 若 $a, b \in \mathbf{R}^*$，$ab(a+b) = 4$，求 $2a + b$ 的最小值.

证明 本题来源于微信群.

令 $u = 2a + b$，则

$$u^2 = (2a+b)^2$$

$$= 4a^2 + 4ab + b^2$$

$$= 4a(a+b) + b^2$$

$$= \frac{16}{b} + b^2$$

$$= \frac{8}{b} + \frac{8}{b} + b^2$$

$$\geqslant 12$$

即 $u \geqslant 2\sqrt{3}$，等号成立的条件是 $\dfrac{8}{b} = b^2$，$ab(a+b) = 4$，即 $b = 2$，$a = \sqrt{3} - 1$.

66. 设 $a, b \in \mathbf{R}^*$，且 $3a + b = 14$，求 $\dfrac{a^2}{a+2b} + \dfrac{b^2}{b+2}$ 的最小值.

解 由二元均值不等式知

$$\frac{a^2}{a+2b} + \frac{a+2b}{4} \geqslant a$$

$$\frac{b^2}{b+2} + \frac{b+2}{4} \geqslant b$$

所以

$$\frac{a^2}{a+2b} + \frac{b^2}{b+2} \geqslant a + b - \left(\frac{a+2b}{4} + \frac{b+2}{4}\right) = 3$$

等号成立的条件为

$$\frac{a^2}{a+2b} = \frac{a+2b}{4}, \quad \frac{b^2}{b+2} = \frac{b+2}{4}, \quad 3a + b = 14$$

即 $a = 4$，$b = 2$ 时，$\dfrac{a^2}{a+2b} + \dfrac{b^2}{b+2}$ 的最小值 3.

67. （本题由广州杨志明提出）设 $a, b, c, d \in \mathbf{R}^*$，$abcd \geqslant 1$，求证

$$(a+b)(b+c)(c+d)(d+a) \geqslant (a+1)(b+1)(c+1)(d+1)$$

证明 下面为南京师大附中李新宇同学的解答(2018年12月10日左右).

运用赫尔德不等式得

$$(a+b)(b+c)(c+d)(d+a)$$

$$=\sqrt[8]{(a+b)^3 (a+d)^3 (b+c)(d+c)} \cdot$$

$$\sqrt[8]{(b+a)^3 (b+c)^3 (a+d)(c+d)} \cdot$$

$$\sqrt[8]{(c+d)^3 (c+b)^3 (b+a)(d+a)} \cdot$$

$$\sqrt[8]{(d+a)^3 (d+c)^3 (a+b)(c+b)}$$

$$\geqslant (\sqrt[8]{a^6 bd} + \sqrt[8]{b^3 d^3 c^2})(\sqrt[8]{b^6 ac} + \sqrt[8]{a^3 c^3 d^2}) \cdot$$

$$(\sqrt[8]{c^6 bd} + \sqrt[8]{d^3 b^3 a^2})(\sqrt[8]{d^6 ac} + \sqrt[8]{a^3 c^3 b^2})$$

$$=[\sqrt[8]{bd}(\sqrt[8]{a^6} + \sqrt[8]{(bcd)^2})][\sqrt[8]{ac}(\sqrt[8]{b^6} + \sqrt[8]{(cda)^2})] \cdot$$

$$[\sqrt[8]{bd}(\sqrt[8]{c^6} + \sqrt[8]{(dab)^2})][\sqrt[8]{ac}(\sqrt[8]{d^6} + \sqrt[8]{(abc)^2})]$$

$$=[\sqrt[8]{a^6} + \sqrt[8]{(bcd)^2}][\sqrt[8]{b^6} + \sqrt[8]{(cda)^2}] \cdot$$

$$[\sqrt[8]{c^6} + \sqrt[8]{(dab)^2}][\sqrt[8]{d^6} + \sqrt[8]{(abc)^2}]$$

$$=\sqrt[8]{(abcd)^2}\left[\sqrt[8]{a^6} + \sqrt{\left(\frac{1}{a}\right)^2}\right]\left[\sqrt[8]{b^6} + \sqrt{\left(\frac{1}{b}\right)^2}\right] \cdot$$

$$\left[\sqrt[8]{c^6} + \sqrt{\left(\frac{1}{c}\right)^2}\right]\left[\sqrt[8]{d^6} + \sqrt{\left(\frac{1}{d}\right)^2}\right]$$

$$=\sqrt[8]{(abcd)^2} \cdot \sqrt[8]{\frac{1}{(abcd)^2}}(\sqrt[8]{a^8} + 1)(\sqrt[8]{b^8} + 1) \cdot$$

$$(\sqrt[8]{c^8} + 1)(\sqrt[8]{d^8} + 1)$$

$$=(a+1)(b+1)(c+1)(d+1)$$

到此结论获得证明.

68.(2018 年伊朗竞赛题)设 $a,b,c \in \mathbf{R}^*, ab + bc + ca = 1$,求证

$$\left(\sqrt{bc} + \frac{1}{2a + \sqrt{bc}}\right)\left(\sqrt{ca} + \frac{1}{2b + \sqrt{ca}}\right)\left(\sqrt{ab} + \frac{1}{2c + \sqrt{ab}}\right) \geqslant 8abc$$

证明 由均值不等式知

$$\left(\sqrt{bc} + \frac{1}{2a + \sqrt{bc}}\right)\left(\sqrt{ca} + \frac{1}{2b + \sqrt{ca}}\right)\left(\sqrt{ab} + \frac{1}{2c + \sqrt{ab}}\right)$$

$$=abc\left(1 + \frac{1}{2a\sqrt{bc} + bc}\right)\left(1 + \frac{1}{2b\sqrt{ca} + ca}\right)\left(1 + \frac{1}{2c\sqrt{ab} + ab}\right)$$

$$= abc\left(1 + \frac{1}{2\sqrt{abac} + bc}\right)\left(1 + \frac{1}{2\sqrt{bcab} + ca}\right)\left(1 + \frac{1}{2\sqrt{cabc} + ab}\right)$$

$$\geqslant abc\left(1 + \frac{1}{ab + ca + bc}\right)\left(1 + \frac{1}{ab + bc + ca}\right)\left(1 + \frac{1}{bc + ca + ab}\right)$$

$$= 8abc$$

评注 本题也可以运用三角代换证明.

69. (这是前面题 8(2018 年俄罗斯数学奥林匹克竞赛题) 的三个变量的思考) 设 $a,b,c \in \mathbf{R}^*$, $a^2 + b^2 + c^2 = 1$, 求证

$$a + b + c + \frac{1}{abc} \geqslant 4\sqrt{3}$$

证明 1 注意到

$$\frac{1}{abc} = \frac{a^2 + b^2 + c^2}{abc} \geqslant \frac{ab + bc + ca}{abc} = \frac{1}{a} + \frac{1}{b} + \frac{1}{c}$$

$$3\sqrt{3}\,a^2 + 3a + \frac{3}{a} \geqslant 5\sqrt[5]{9\sqrt{3}} = 5\sqrt{3}$$

所以

$$a + \frac{1}{a} \geqslant \frac{5\sqrt{3}}{3} - \sqrt{3}\,a^2$$

因此

$$a + b + c + \frac{1}{abc} \geqslant a + b + c + \frac{1}{a} + \frac{1}{b} + \frac{1}{c}$$

$$\geqslant \left(a + \frac{1}{a}\right) + \left(b + \frac{1}{b}\right) + \left(c + \frac{1}{c}\right)$$

$$\geqslant 3 \cdot \frac{5\sqrt{3}}{3} - \sqrt{3}\sum a^2$$

$$= 4\sqrt{3}$$

评注 本证明略显烦琐,下面给出一个较为简单的证明.

证明 2 (2018 年 11 月 12 日) 注意到条件以及三元均值不等式知

$$1 = a^2 + b^2 + c^2 \geqslant 3\sqrt[3]{a^2 b^2 c^2} \Rightarrow abc \leqslant \frac{1}{3\sqrt{3}}$$

$$a + b + c + \frac{1}{abc} = (a + b + c)(a^2 + b^2 + c^2) + \frac{1}{abc}$$

$$\geqslant 9abc + \frac{1}{abc}$$

$$\geqslant 4\sqrt{3}$$

最后一步用到函数 $y=9x+\dfrac{1}{x}$ 在 $\left(0,\dfrac{1}{3}\right)$ 的性质,到此结论获得证明.

70.(这是前面题 8(2018 年俄罗斯数学奥林匹克竞赛题)的指数推广)设 $a,b,c\in\mathbf{R}^*,a^3+b^3+c^3+d^3=1$,求证

$$a+b+c+d+\frac{1}{abcd}\geqslant 2\sqrt[3]{2}+4\sqrt[3]{4}$$

证明 由条件以及多元均值不等式知

$$1=a^3+b^3+c^3+d^3\geqslant 4\sqrt[4]{a^3b^3c^3d^3}\Rightarrow abcd\leqslant\left(\frac{1}{4}\right)^{\frac{4}{3}}$$

$$a+b+c+d+\frac{1}{abcd}=(a^3+b^3+c^3+d^3)(a+b+c+d)+\frac{1}{abcd}$$

$$\geqslant 16abcd+\frac{1}{abcd}$$

$$\geqslant 2\sqrt[3]{2}+4\sqrt[3]{4}$$

最后一步用到函数 $y=16x+\dfrac{1}{x}$ 在 $\left(0,\dfrac{1}{4\sqrt[3]{2}}\right]$ 上单调下降,在 $\left(\dfrac{1}{4\sqrt[3]{2}},\dfrac{1}{4}\right]$ 上单调上升.到此结论获得证明.

71.设 $a,b,c\in\mathbf{R}^*$,求证

$$\frac{a+b+c}{\sqrt[3]{abc}}\leqslant\frac{a}{b}+\frac{b}{c}+\frac{c}{a}.$$

证明 设 $x^3=\dfrac{a}{b},y^3=\dfrac{b}{c}$,则

$$\frac{a+b+c}{\sqrt[3]{abc}}=\frac{\dfrac{a}{c}+\dfrac{b}{c}+1}{\sqrt[3]{\dfrac{ab}{c^2}}}$$

所以

$$\frac{a+b+c}{\sqrt[3]{abc}}\leqslant\frac{a}{b}+\frac{b}{c}+\frac{c}{a}$$

$$\Leftrightarrow\frac{x^3y^3+y^3+1}{xy^2}\leqslant x^3+y^3+\frac{1}{x^3y^3}$$

$$\Leftrightarrow x^5y^4+x^2y^4+x^2y\leqslant x^6y^3+x^3y^6+1$$

但

$$\frac{2}{3}x^6y^3+\frac{1}{3}x^3y^6=\frac{1}{3}x^6y^3+\frac{1}{3}x^6y^3+\frac{1}{3}x^3y^6\geqslant x^5y^4$$

$$\frac{2}{3}x^3y^6+\frac{1}{3}=\frac{1}{3}x^3y^6+\frac{1}{3}x^3y^6+\frac{1}{3}\geqslant x^2y^4$$

$$\frac{1}{3}x^6y^3 + \frac{2}{3} = \frac{1}{3}x^6y^3 + \frac{1}{3} + \frac{1}{3} \geqslant x^2y$$

三个式子相加得到结论.

72. 设 $a,b,c \in \mathbf{R}^*$,求证

$$\frac{(1+a^2)(1+b^2)(1+c^2)}{(1+a)(1+b)(1+c)} \geqslant \frac{1+abc}{2}$$

证明 注意到

$$\left(\frac{1+a^2}{1+a}\right)^3 \geqslant \frac{1+a^3}{2}$$

等三个式子,于是,据赫尔德不等式知

$$\frac{1+a^3}{2} \cdot \frac{1+b^3}{2} \cdot \frac{1+c^3}{2} \geqslant \frac{(1+abc)^3}{8}$$

所以

$$\sqrt[3]{\frac{1+a^3}{2} \cdot \frac{1+b^3}{2} \cdot \frac{1+c^3}{2}} \geqslant \frac{1+abc}{2}$$

即

$$\frac{(1+a^2)(1+b^2)(1+c^2)}{(1+a)(1+b)(1+c)} \geqslant \frac{1+abc}{2}$$

73. 设 $a,b,c \in \mathbf{R}^*$,求证

$$\frac{4a}{b+c} + \frac{b}{c+a} + \frac{c}{a+b} \geqslant 2$$

证明 1 由柯西不等式知

$$\begin{aligned}
\frac{4a}{b+c} + \frac{b}{c+a} + \frac{c}{a+b} &= \frac{4a}{b+c} + \frac{b^2}{b(c+a)} + \frac{c^2}{c(a+b)} \\
&= \frac{4a}{b+c} + \frac{(b+c)^2}{b(c+a)+c(a+b)} \\
&= \frac{4a}{b+c} + \frac{(b+c)^2}{a(b+c)+2bc} \\
&= 4 \cdot \frac{a}{b+c} + \frac{1}{\dfrac{a}{b+c} + 2\dfrac{bc}{(b+c)^2}} \\
&\geqslant 4 \cdot \frac{a}{b+c} + \frac{1}{\dfrac{a}{b+c} + 2 \cdot \dfrac{1}{4}} \\
&= 4 \cdot \frac{a}{b+c} + \frac{1}{\dfrac{a}{b+c} + \dfrac{1}{2}}
\end{aligned}$$

$$= 4\left(\frac{a}{b+c} + \frac{1}{2}\right) + \frac{1}{\dfrac{a}{b+c} + \dfrac{1}{2}} - 2$$

$$\geqslant 2$$

证明 2   本解答由张云华给出.

注意到

$$2 = \frac{1}{\dfrac{a}{b+c} + 1} + \frac{1}{\dfrac{b}{c+a} + 1} + \frac{1}{\dfrac{c}{a+b} + 1}$$

$$= \frac{4}{\dfrac{4a}{b+c} + 4} + \frac{1}{\dfrac{b}{c+a} + 1} + \frac{1}{\dfrac{c}{a+b} + 1}$$

$$\geqslant \frac{(2+1+1)^2}{\dfrac{4a}{b+c} + \dfrac{b}{c+a} + \dfrac{c}{a+b} + 6}$$

即

$$\frac{4a}{b+c} + \frac{b}{c+a} + \frac{c}{a+b} \geqslant 2$$

评注   本题可以推广到多个变量? 请读者探讨.

74. 设 $a,b,c,d \in \mathbf{R}^*$, $a + 2b + 3c + 4d \leqslant 10$, 求证

$$\frac{1}{1+3a} + \frac{1}{1+3b^2} + \frac{1}{1+3c^3} + \frac{1}{1+3d^4} \geqslant 1 \tag{1}$$

证明   来自于微信群.

式(1)等价于

$$\frac{a}{1+3a} + \frac{b^2}{1+3b^2} + \frac{c^3}{1+3c^3} + \frac{d^4}{1+3d^4} \leqslant 1 \tag{2}$$

但是

$$1 + 3a = 1 + a + a + a \geqslant 4a^{\frac{3}{4}}$$

$$1 + 3b^2 = 1 + b^2 + b^2 + b^2 \geqslant 4b^{\frac{3}{2}}$$

$$1 + 3c^3 = 1 + c^3 + c^3 + c^3 \geqslant 4c^{\frac{9}{4}}$$

$$1 + 3d^4 = 1 + d^4 + d^4 + d^4 \geqslant 4d^3$$

于是

$$\frac{a}{1+3a} + \frac{b^2}{1+3b^2} + \frac{c^3}{1+3c^3} + \frac{d^4}{1+3d^4}$$

$$\leqslant \frac{1}{4}\left(\frac{a}{a^{\frac{3}{4}}} + \frac{b^2}{b^{\frac{3}{2}}} + \frac{c^3}{c^{\frac{9}{4}}} + \frac{d^4}{d^3}\right)$$

$$= \frac{1}{4}(a^{\frac{1}{4}} + b^{\frac{1}{2}} + c^{\frac{3}{4}} + d)$$

所以只要证明

$$a^{\frac{1}{4}} + b^{\frac{1}{2}} + c^{\frac{3}{4}} + d \leqslant 4$$

由于

$$3 + a = 1 + 1 + 1 + a \geqslant 4a^{\frac{1}{4}}$$

$$2 + 2b \geqslant 4b^{\frac{1}{2}}$$

$$1 + 3c = 1 + c + c + c \geqslant 4c^{\frac{3}{4}}$$

$$4d = 4d$$

因此四个式子相加即得

$$a^{\frac{1}{4}} + b^{\frac{1}{2}} + c^{\frac{3}{4}} + d \leqslant 4$$

从而式(2)得证,即式(1)得证.

75. 设 $a,b,c \in \mathbf{R}^{*}$, $a + b + c = 1$, 求证

$$\frac{a^3 + b^2}{b + c} + \frac{b^3 + c^2}{c + a} + \frac{c^3 + a^2}{a + b} \geqslant \frac{2}{3}$$

证明 运用柯西不等式得

$$\frac{a^3 + b^2}{b + c} + \frac{b^3 + c^2}{c + a} + \frac{c^3 + a^2}{a + b}$$

$$= \frac{a^3}{b + c} + \frac{b^3}{c + a} + \frac{c^3}{a + b} + \frac{b^2}{b + c} + \frac{c^2}{c + a} + \frac{a^2}{a + b}$$

$$\geqslant \frac{(a^2 + b^2 + c^2)^2}{a(b + c) + b(c + a) + c(a + b)} + \frac{(b + c + a)^2}{2(a + b + c)}$$

$$= \frac{(a^2 + b^2 + c^2)^2}{2(ab + bc + ca)} + \frac{a + b + c}{2}$$

$$\geqslant \frac{(a^2 + b^2 + c^2)(ab + bc + ca)}{2(ab + bc + ca)} + \frac{1}{2}$$

$$= \frac{(a^2 + b^2 + c^2)}{2} + \frac{1}{2}$$

$$\geqslant \frac{(a + b + c)^2}{2 \cdot 3} + \frac{1}{2}$$

$$= \frac{2}{3}$$

到此证明完毕.

76. (2016 年河北省竞赛题) 求函数 $f(x) = \sqrt{x^2 - x^4} + \sqrt{2x^2 - x^4}$ 的最大值.

解 由柯西不等式知

$$f(x) = \sqrt{x^2 - x^4} + \sqrt{2x^2 - x^4}$$
$$= \sqrt{x^2(1 - x^2)} + \sqrt{(2 - x^2)x^2}$$
$$\leqslant [x^2 + (2 - x^2)][(1 - x^2) + x^2]$$
$$= \sqrt{2}$$

等号成立的条件为 $\dfrac{x^2}{1 - x^2} = \dfrac{2 - x^2}{x^2}$，即 $x^2 = \dfrac{2}{3}$.

77. (本题为《数学通讯》2010年第9期上(学生刊)征解问题27)设 $a, b, c \in$ $\mathbf{R}^*$，$a + b + c = 3$，求证

$$2\sum a^3 + 3abc \geqslant 9$$

证明 由舒尔不等式知

$$\sum a^3 + 3abc \geqslant \sum a(b^2 + c^2)$$

以及

$$\sum a^3 \geqslant 3abc$$

所以

$$2\sum a^3 + 3abc = 27 \cdot \frac{2\sum a^3 + 3abc}{(a + b + c)^3}$$

$$= 27 \cdot \frac{\sum a^3 + \sum a^3 + 3abc}{\sum a^3 + 6abc + 3\sum a(b^2 + c^2)}$$

$$\geqslant 27 \cdot \frac{\sum a^3 + \sum a(b^2 + c^2)}{\sum a^3 + 6abc + 3\sum a(b^2 + c^2)}$$

$$= 27 \cdot \frac{1}{1 + 2 \cdot \dfrac{3abc + \sum a(b^2 + c^2)}{\sum a^3 + \sum a(b^2 + c^2)}}$$

$$\geqslant 27 \cdot \frac{1}{1 + 2 \cdot \dfrac{3abc + \sum a(b^2 + c^2)}{3abc + \sum a(b^2 + c^2)}}$$

$$= 9$$

即

$$2\sum a^3 + 3abc \geqslant 9$$

330

评注　本题的解答多次用到 $\sum x^3 + xyz \geqslant \sum x(y^2 + z^2)$，特别一提的是，对上述分式中的分子中有两个 $\sum x^3 + xyz$，不是一次缩小，而是分拆成两个，这是一个重要技巧.

78.（2004 年南昌竞赛题）设 $a, b, c \in \mathbf{R}^*$，且 $a + b + c = 1$，求证

$$a^2 + b^2 + c^2 + 9abc \geqslant 2(ab + bc + ca)$$

证明　因为

$$
\begin{aligned}
\frac{a^2 + b^2 + c^2 + 9abc}{(a+b+c)(ab+bc+ac)} &= \frac{(a^2+b^2+c^2)(a+b+c) + 9abc}{3abc + \sum a(b^2+c^2)} \\
&= \frac{\sum a^3 + 9abc + \sum a(b^2+c^2)}{3abc + \sum a(b^2+c^2)} \\
&= 1 + \frac{\sum a^3 + 6abc}{3abc + \sum a(b^2+c^2)} \\
&= 1 + \frac{\sum a^3 + 3abc + 3abc}{3abc + \sum a(b^2+c^2)} \\
&\geqslant 1 + \frac{\sum a(b^2+c^2) + 3abc}{3abc + \sum a(b^2+c^2)} \\
&= 2
\end{aligned}
$$

所以

$$a^2 + b^2 + c^2 + 9abc \geqslant 2(ab + bc + ca)$$

评注 1　本题也可以直接运用凑齐次证明多项式不等式，凑一次后，本题实际上就是舒尔不等式，略.

评注 2　也可以如下证明，原不等式等价于 $\left(\sum a^2\right)\left(\sum a\right) + 9abc \geqslant 2\left(\sum ab\right)\left(\sum a\right)$ 展开为舒尔不等式.

79.（2018 年塔吉克斯坦国家队选拔试题）设 $a, b \in \mathbf{R}^*$，$x, y \in (0,1)$，$\dfrac{a}{1-x} + \dfrac{b}{1-y} = 1$，求证

$$\sqrt[3]{bx} + \sqrt[3]{ay} \leqslant 1$$

证明 1　（2018 年 8 月 6 日四川熊昌进给出）

注意到条件知

$$[2 - (x + y)](x + y) \leqslant 1$$

所以

$$1 \geqslant [2-(x+y)](x+y)\left(\frac{a}{1-x}+\frac{b}{1-y}\right)$$

$$=[(1-x)+(1-y)](y+x)\left(\frac{a}{1-x}+\frac{b}{1-y}\right)$$

$$\geqslant (\sqrt[3]{bx}+\sqrt[3]{ay})^3$$

即

$$\sqrt[3]{bx}+\sqrt[3]{ay} \leqslant 1$$

证明 2 （2018 年 8 月 16 日河南驻马店郭新华给出）

由柯西不等式以及条件知

$$1=\frac{a}{1-x}+\frac{b}{1-y} \geqslant \frac{(\sqrt{a}+\sqrt{b})^2}{2-x-y}$$

$$\Rightarrow 2-x-y \geqslant (\sqrt{a}+\sqrt{b})^2$$

$$\Rightarrow 2-x-y \geqslant (\sqrt{a}+\sqrt{b})^2+1-1 \geqslant 2(\sqrt{a}+\sqrt{b})-1$$

$$\Rightarrow x+y+2(\sqrt{a}+\sqrt{b}) \leqslant 3$$

所以

$$\sqrt[3]{bx}+\sqrt[3]{ay}=\sqrt[3]{\sqrt{b}\sqrt{b}\,x}+\sqrt[3]{\sqrt{a}\sqrt{a}\,y}$$

$$\leqslant \frac{1}{3}[\sqrt{b}+\sqrt{b}+x+\sqrt{a}+\sqrt{a}+y]$$

$$\leqslant 1$$

证明完毕.

证明 3 由三元均值不等式知

$$1=\left[\frac{a}{1-x}+(1-x)+y\right]+\left[\frac{b}{1-y}+(1-y)+x\right]-2$$

$$\geqslant 3\sqrt[3]{ay}+3\sqrt[3]{bx}-2$$

80. 设 $a,b,c \in \mathbf{R}^*$，$x,y,z \in (0,1)$，且 $\frac{a}{1-x}+\frac{b}{1-y}+\frac{c}{1-z}=3$，求证

$$\sqrt[3]{ay}+\sqrt[3]{bz}+\sqrt[3]{cx} \leqslant 2$$

证明 由条件及三元均值不等式知

$$3=\left[\frac{a}{1-x}+(1-x)+y\right]+\left[\frac{b}{1-y}+(1-y)+z\right]+$$

$$\left[\frac{c}{1-z}+(1-z)+x\right]-3$$

$$\geqslant 3\sqrt[3]{ay} + 3\sqrt[3]{bz} + 3\sqrt[3]{cx} - 3$$

所以

$$\sqrt[3]{ay} + \sqrt[3]{bz} + \sqrt[3]{cx} \leqslant 2$$

到此结论获得证明.

81. 设 $x, y, z \in \mathbf{R}^*$,求证

$$1 + 3(x+y)^2 + xy + 4(xy)^2 \geqslant 3(x+y)(2xy+1)$$

证明　原不等式等价于

$$3(x+y)^2 + (2xy+1)^2 \geqslant 3xy + 3(x+y)(2xy+1)$$

由于

$$\frac{3(x+y)^2}{4} \geqslant 3xy$$

$$\frac{9(x+y)^2}{4} + (2xy+1)^2 \geqslant 3(x+y)(2xy+1)$$

因此由这两个式子相加即得结论,即原不等式获得证明.

82.(2018 年 8 月陈省身杯竞赛题)设 $a, b, c \in \mathbf{R}^*$,求证

$$\sqrt[3]{ab} + \sqrt[3]{cd} \leqslant \sqrt[3]{a+b+c} \cdot \sqrt[3]{a+c+d}$$

方法透析　联想柯西不等式的一个证明

$$(a^2+b^2)(x^2+y^2) \geqslant (ax+by)^2$$

$$\Leftrightarrow \sqrt{(a^2+b^2)(x^2+y^2)} \geqslant (ax+by)$$

$$\Leftrightarrow \frac{a}{\sqrt{a^2+b^2}}\frac{x}{\sqrt{x^2+y^2}} + \frac{b}{\sqrt{a^2+b^2}}\frac{y}{\sqrt{x^2+y^2}} \leqslant 1$$

由于

$$\frac{a}{\sqrt{a^2+b^2}}\frac{x}{\sqrt{x^2+y^2}} + \frac{b}{\sqrt{a^2+b^2}}\frac{y}{\sqrt{x^2+y^2}}$$

$$\leqslant \frac{1}{2}\left[\left(\frac{a}{\sqrt{a^2+b^2}}\right)^2 + \left(\frac{x}{\sqrt{x^2+y^2}}\right)^2 + \left(\frac{b}{\sqrt{a^2+b^2}}\right)^2 + \left(\frac{y}{\sqrt{x^2+y^2}}\right)^2\right]$$

$$= 1$$

因此结论获证.

原题证明　原不等式等价于

$$\frac{\sqrt[3]{ab}}{\sqrt[3]{a+b+c} \cdot \sqrt[3]{a+c+d}} + \frac{\sqrt[3]{cd}}{\sqrt[3]{a+b+c} \cdot \sqrt[3]{a+c+d}} \leqslant 1$$

由于

$$\frac{\sqrt[3]{ab}}{\sqrt[3]{a+b+c} \cdot \sqrt[3]{a+c+d}} = \sqrt[3]{\frac{a}{a+c} \cdot \frac{b}{a+b+c} \cdot \frac{a+c}{a+c+d}}$$

$$\leqslant \frac{1}{3}\left(\frac{a}{a+c}+\frac{b}{a+b+c}+\frac{a+c}{a+c+d}\right)$$

$$\frac{\sqrt[3]{cd}}{\sqrt[3]{a+b+c}\cdot\sqrt[3]{a+c+d}}=\sqrt[3]{\frac{c}{a+c}\cdot\frac{a+c}{a+b+c}\cdot\frac{d}{a+c+d}}$$

$$\leqslant \frac{1}{3}\left(\frac{c}{a+c}+\frac{a+c}{a+b+c}+\frac{d}{a+c+d}\right)$$

因此上面两个式子相加即得结论.

83. 设 $x_1, x_2, \cdots, x_n \in \mathbf{R}^*$, 且 $x_1 x_2 \cdots x_n = 1$, 求证

$$\frac{1}{x_1(1+x_1)}+\frac{1}{x_2(1+x_2)}+\cdots+\frac{1}{x_n(1+x_n)}\geqslant \frac{n}{2}$$

证明 （2018 年 5 月 20 日潘成华给出）

对原不等式两边加 n, 于是, 原不等式等价于

$$\frac{x_1^2+x_1+1}{x_1(1+x_1)}+\frac{x_2^2+x_2+1}{x_2(1+x_2)}+\cdots+\frac{x_n^2+x_n+1}{x_n(1+x_n)}\geqslant \frac{3n}{2}$$

因为 $a^2+a+1\geqslant \frac{3}{4}(a+1)^2$, 所以

$$\frac{x_1^2+x_1+1}{x_1(1+x_1)}+\frac{x_2^2+x_2+1}{x_2(1+x_2)}+\cdots+\frac{x_n^2+x_n+1}{x_n(1+x_n)}$$

$$\geqslant \frac{3}{4}\left[\frac{x_1+1}{x_1}+\frac{x_2+1}{x_2}+\cdots+\frac{x_n+1}{x_n}\right]$$

$$=\frac{3}{4}\left[n+\frac{1}{x_1}+\frac{1}{x_2}+\cdots+\frac{1}{x_n}\right]$$

$$\geqslant \frac{3}{4}\left[n+n\right]=\frac{3n}{2}$$

评注 本题充分运用了二元不等式中的一个有效变形

$$a^2+a+1\geqslant \frac{3}{4}(a+1)^2$$

以及多元均值不等式, 比较巧妙.

84. 设 $x, y, z \in \mathbf{R}^*$, $x+y+z=6$, 求证

$$\frac{1}{x^2+6}+\frac{1}{y^2+6}+\frac{1}{z^2+6}\geqslant \frac{3}{10}$$

证明 本题来自于微信群（2018 年 10 月 10 日左右）.

作代换 $x \to 2a, y \to 2b, z \to 2c$, 则 $a+b+c=3$, 原不等式变形为

$$\frac{1}{2a^2+3}+\frac{1}{2b^2+3}+\frac{1}{2c^2+3}\geqslant \frac{3}{5}$$

$$\Leftrightarrow (2a^2+3)(2b^2+3)+(2b^2+3)(2c^2+3)+(2c^2+3)(2a^2+3)$$

$$\geqslant \frac{3}{5}(2a^2+3)(2b^2+3)(2c^2+3)$$

$$\Leftrightarrow 27+3(a^2+b^2+c^2)\geqslant 8(a^2b^2+b^2c^2+c^2a^2)+12a^2b^2c^2$$

（注意到 $a+b+c=3$）

$$\Leftrightarrow \frac{1}{3}(a+b+c)^4+\frac{1}{3}(a+b+c)^2(a^2+b^2+c^2)$$

$$\geqslant 8(a^2b^2+b^2c^2+c^2a^2)+12a^2b^2c^2$$

$$\Leftrightarrow \frac{1}{3}(a+b+c)^2[(a+b+c)^2+(a^2+b^2+c^2)]$$

$$\geqslant 8(a^2b^2+b^2c^2+c^2a^2)+12a^2b^2c^2$$

$$\Leftrightarrow \frac{1}{3}(a+b+c)^2[2(a^2+b^2+c^2)+2(ab+bc+ca)]$$

$$\geqslant 8(a^2b^2+b^2c^2+c^2a^2)+12a^2b^2c^2$$

$$\Leftrightarrow (a+b+c)^2[(a^2+b^2+c^2)+(ab+bc+ca)]$$

$$\geqslant 3[4(a^2b^2+b^2c^2+c^2a^2)+6a^2b^2c^2]$$

$$\Leftrightarrow \sum a^4+4\sum a^2b^2+7abc\sum a+3\sum ab(a^2+b^2)$$

$$\geqslant 12\sum a^2b^2+18a^2b^2c^2$$

由于

$$\sum a^4+abc\sum a\geqslant \sum c(a^3+b^3)=\sum ab(a^2+b^2)$$

这是四次舒尔不等式,因此只需证

$$4\sum a^2b^2+6abc\sum a+4\sum ab(a^2+b^2)$$

$$\geqslant 12\sum a^2b^2+18a^2b^2c^2$$

$$\Leftrightarrow 18abc+4\sum ab(a^2+b^2)\geqslant 8\sum a^2b^2+18a^2b^2c^2$$

$$\Leftrightarrow 18abc+8\sum a^2b^2\geqslant 8\sum a^2b^2+18a^2b^2c^2$$

$$\Leftrightarrow abc\leqslant 1$$

这是早已成立的不等式.

85. 设 $a,b,c\in \mathbf{R}^*, abc=1$,求证

$$3+a^2+b^2+c^2\geqslant 2(ab+bc+ca)$$

证明 1 福建仙游林琳的解答(2019 年 1 月 18 日).

由抽屉原理知 $(a-1),(b-1),(c-1)$ 必有两个同时不小于 0,或者必有两个不大于 0,不妨设 $(a-1),(b-1)$ 均不小于 0,则有

$$(a-1)(b-1) \geqslant 0$$

$$\Leftrightarrow 1 \geqslant a + b - ab$$

$$\Leftrightarrow 2 \geqslant 2a + 2b - 2ab$$

于是

$$2c \geqslant 2ac + 2bc - 2abc = 2ac + 2bc - 2$$

$$\Rightarrow 2 \geqslant 2ac + 2bc - 2c$$

（两边同时加上 $1 + a^2 + b^2 + c^2$）

$$\Rightarrow 3 + a^2 + b^2 + c^2 \geqslant 2ac + 2bc - 2c + 1 + a^2 + b^2 + c^2$$

$$= 2ac + 2bc + a^2 + b^2 + 1 - 2c + c^2$$

$$\geqslant ac + 2bc + 2ab$$

因此

$$3 + a^2 + b^2 + c^2 \geqslant 2ac + 2bc + 2ab$$

证明 2　浙江张艳宗的解答（2019 年 1 月 18 日）.

注意舒尔不等式得

$$a^2 = x^3, b^2 = y^3, c^2 = z^3 \Rightarrow xyz = 1$$

于是

$$a^2 + b^2 + c^2 + 3 = x^3 + y^3 + z^3 + 3xyz$$

$$\geqslant \sum x(y^2 + z^2)$$

$$= xy^2 + xz^2 + yx^2 + yz^2 + zx^2 + zy^2$$

$$= (xy^2 + yx^2) + (zy^2 + yz^2) + (xz^2 + zx^2)$$

$$\geqslant 2(x^{\frac{3}{2}} y^{\frac{3}{2}} + y^{\frac{3}{2}} z^{\frac{3}{2}} + z^{\frac{3}{2}} x^{\frac{3}{2}})$$

$$= 2(ab + bc + ca)$$

因此即结论获得证明.

评注　这个证明似乎给出了本题的来历，非常漂亮.

证明 3　以下为邬天泉的证明，有所改动.

由抽屉原理知 $(a-1),(b-1),(c-1)$ 必有两个同时不小于 0，或者必有两个不大于 0，不妨设 $(a-1),(b-1)$ 均不小于 0，则有

$$(a-1)(b-1) \geqslant 0 \Leftrightarrow \left(\frac{1}{a} - 1\right)\left(\frac{1}{b} - 1\right) \geqslant 0$$

于是，原不等式等价于

$$3 + a^2 + b^2 + \frac{1}{(ab)^2} \geqslant 2ab + \frac{2}{ab}(b+a) = 2ab + 2\left(\frac{1}{a} + \frac{1}{b}\right)$$

$$\Leftrightarrow (a-b)^2 + \frac{1}{(ab)^2} - 2\left(\frac{1}{a} + \frac{1}{b}\right) + 3 \geqslant 0$$

$$\Leftrightarrow (a-b)^2 + \left(\frac{1}{(ab)^2} - \frac{2}{ab} + 1\right) + \frac{2}{ab} - 2\left(\frac{1}{a} + \frac{1}{b}\right) + 2 \geqslant 0$$

$$\Leftrightarrow (a-b)^2 + \left(\frac{1}{ab} - 1\right)^2 + 2\left(\frac{1}{a} - 1\right)\left(\frac{1}{b} - 1\right) \geqslant 0$$

这是已经成立的结果.

证明 4 2019 年 1 月 19 日来自于微信群,有所改动.

原不等式等价于

$$(a+b+c)(3+a^2+b^2+c^2) \geqslant 2(ab+bc+ca)(a+b+c)$$

$$\Rightarrow \sum a^3 + \sum a(b^2+c^2) + 3(a+b+c) \geqslant 2\sum a(b^2+c^2) + 6abc$$

$$\Leftrightarrow \sum a^3 + 3(a+b+c) \geqslant \sum a(b^2+c^2) + 6abc$$

由于

$$\sum a^3 + 3abc \geqslant \sum a(b^2+c^2)$$

因此只需证明

$$3(a+b+c) \geqslant 9abc$$

即

$$(a+b+c) \geqslant 3abc$$

$$\frac{1}{ab} + \frac{1}{bc} + \frac{1}{ca} \geqslant 3$$

这由均值不等式知显然.

86. (2008 年伊朗竞赛题) 设 $a,b,c \in \mathbf{R}^*$, $ab+bc+ca=1$,求证

$$\sqrt{a^3+a} + \sqrt{b^3+b} + \sqrt{c^3+c} \geqslant 2\sqrt{a+b+c}$$

证明 本证明由蔡玉书给出(2019 年 1 月 18 日).

由条件知

$$a^3+a = a(a^2+1) = a(a^2+ab+bc+ca)$$
$$= a(a+b)(a+c)$$

所以结合条件知,原不等式等价于

$$\sum \sqrt{a(a+b)(a+c)} \geqslant 2\sqrt{(a+b+c)(ab+bc+ca)}$$

$$\Leftrightarrow \sum a(a+b)(a+c) + 2\sum \sqrt{a(a+b)(a+c)} \cdot \sqrt{b(b+c)(b+a)}$$

$$\geqslant 4(a+b+c)(ab+bc+ca)$$

$$= 4\left[\sum a^2(b+c) + 3abc\right]$$

即

$$a^3 + \sum a^2(b+c) + 3abc + 2\sum \sqrt{a(a+b)(a+c)} \cdot \sqrt{b(b+c)(b+a)}$$
$$\geqslant 4\sum a^2(b+c) + 12abc$$

因为

$$\sum a^2(b+c) + 3abc \geqslant \sum a^2(b+c)$$

所以只要证明

$$\sum (a+b)\sqrt{ab(a+c)(b+c)} \geqslant \sum a^2(b+c) + 6abc$$

又因为

$$(a+b)\sqrt{ab(a+c)(b+c)} \geqslant (a+b)\sqrt{ab} \cdot (c+\sqrt{ab})$$
$$= (a+b)(ab+\sqrt{abc^2})$$
$$= ab(a+b) + (a+b)\sqrt{abc^2}$$
$$\geqslant ab(a+b) + 2\sqrt{ab} \cdot \sqrt{abc^2}$$
$$= ab(a+b) + 2abc$$

所以

$$\sum (a+b)\sqrt{ab(a+c)(b+c)} \geqslant \sum a^2(b+c) + 6abc$$

因此结论得证.

87. (1992 年波兰竞赛题) 设 $a,b,c \in \mathbf{R}^*$, 求证

$$2\sqrt{ab+bc+ca} \leqslant \sqrt{3} \cdot \sqrt[3]{(a+b)(b+c)(c+a)}$$

证明　本证明由蔡玉书给出 (2019 年 1 月 18 日).

注意到

$$abc \leqslant \frac{1}{8}(a+b)(b+c)(c+a)$$

$$a+b+c \geqslant \sqrt{3(ab+bc+ca)}$$

$$(a+b+c)(ab+bc+ca) = (a+b)(b+c)(c+a) + abc$$

因为

$$(a+b)(b+c)(c+a) + abc$$
$$\leqslant (a+b)(b+c)(c+a) + \frac{1}{8}(a+b)(b+c)(c+a)$$
$$= \frac{9}{8}(a+b)(b+c)(c+a)$$

所以

从分析解题过程学解题——
竞赛中的向量几何与不等式研究

$$\frac{9}{8}(a+b)(b+c)(c+a) \geqslant (a+b+c)(ab+bc+ca)$$

$$\geqslant \sqrt{3(ab+bc+ca)} \cdot (ab+bc+ca)$$

$$= \sqrt{3}(ab+bc+ca)^{\frac{3}{2}}$$

因此

$$\frac{9}{8}(a+b)(b+c)(c+a) \geqslant \sqrt{3}(ab+bc+ca)^{\frac{3}{2}}$$

即

$$2\sqrt{ab+bc+ca} \leqslant \sqrt{3} \cdot \sqrt[3]{(a+b)(b+c)(c+a)}$$

故结论获得证明.

88.(《数学通报》问题 2453) 设 $a,b,c \in \mathbf{R}^*$，求证

$$\sum \frac{1}{(2a+b)(2a+c)} \geqslant \frac{1}{ab+bc+ca}$$

证明 本证明由山东隋振林老师给出(2019 年 1 月 18 日).

由柯西不等式得

$$\frac{ab+bc+ca}{(2a+b)(2a+c)} = \frac{1}{2} \cdot \frac{(2a+b)c+(2a+c)b}{(2a+b)(2a+c)}$$

$$= \frac{1}{2} \cdot \left(\frac{(2a+b)c}{(2a+b)(2a+c)} + \frac{(2a+c)b}{(2a+b)(2a+c)} \right)$$

$$= \frac{1}{2} \cdot \left(\frac{c}{2a+c} + \frac{b}{2a+b} \right)$$

$$\sum \frac{ab+bc+ca}{(2a+b)(2a+c)} = \frac{1}{2} \cdot \left(\sum \frac{c}{2a+c} + \sum \frac{b}{2a+b} \right)$$

$$= \frac{1}{2} \cdot \left[\sum \frac{c^2}{c(2a+c)} + \sum \frac{b^2}{b(2a+b)} \right]$$

$$\geqslant \frac{1}{2} \cdot \left[\frac{\left(\sum c\right)^2}{\sum c(2a+c)} + \frac{\left(\sum b\right)^2}{\sum b(2a+b)} \right]$$

$$= 1$$

因此

$$\sum \frac{1}{(2a+b)(2a+c)} \geqslant \frac{1}{ab+bc+ca}$$

证明 2 作代换 $a \to \frac{1}{x}, b \to \frac{1}{y}, c \to \frac{1}{z}$，则

$$\frac{1}{ab+bc+ca} = \frac{1}{\frac{1}{xy}+\frac{1}{yz}+\frac{1}{zx}} = \frac{xyz}{x+y+z}$$

$$\frac{1}{(2a+b)(2a+c)} = \frac{1}{\left(\dfrac{2}{x}+\dfrac{1}{y}\right)\left(\dfrac{2}{x}+\dfrac{1}{z}\right)} = \frac{x^2yz}{(2y+x)(2z+x)}$$

于是结论等价于

$$\sum \frac{x^2yz}{(2y+x)(2z+x)} \geqslant \frac{xyz}{x+y+z}$$

即

$$\sum \frac{x}{(2y+x)(2z+x)} \geqslant \frac{1}{x+y+z}$$

由于

$$\sum \frac{x}{(2y+x)(2z+x)} \geqslant \sum \frac{x}{\left[\dfrac{(2y+x)+(2z+x)}{2}\right]^2}$$

$$= \sum \frac{x}{(x+y+z)^2}$$

$$= \frac{1}{x+y+z}$$

因此

$$\sum \frac{1}{(2a+b)(2a+c)} \geqslant \frac{1}{ab+bc+ca}$$

89. 设 $a,b,c,d \in \mathbf{R}^*$,求证

$$\frac{4a}{b+c+d} + \frac{b}{a+c+d} + \frac{c}{a+b+d} + \frac{d}{a+b+c} \geqslant \frac{4}{3}$$

证明　由柯西不等式知

$$\frac{4a}{b+c+d} + \frac{b}{a+c+d} + \frac{c}{a+b+d} + \frac{d}{a+b+c}$$

$$= \frac{4a}{b+c+d} + \frac{b^2}{b(a+c+d)} + \frac{c^2}{c(a+b+d)} + \frac{d^2}{d(a+b+c)}$$

$$\geqslant \frac{4a}{b+c+d} + \frac{(b+c+d)^2}{b(a+c+d)+c(a+b+d)+d(a+b+c)}$$

$$= \frac{4a}{b+c+d} + \frac{(b+c+d)^2}{a(b+c+d)+2(bc+cd+db)}$$

$$\geqslant \frac{4a}{b+c+d} + \frac{(b+c+d)^2}{a(b+c+d)+2\dfrac{(b+c+d)^2}{3}}$$

$$= \frac{4a}{b+c+d} + \frac{1}{\dfrac{a}{b+c+d}+\dfrac{2}{3}}$$

$$= 4\left(\frac{a}{b+c+d} + \frac{2}{3}\right) + \frac{1}{\dfrac{a}{b+c+d} + \dfrac{2}{3}} - \frac{8}{3}$$

$$\geqslant \frac{4}{3}$$

等号成立的条件为

$$\frac{a}{b+c+d} + \frac{2}{3} = \frac{1}{\dfrac{a}{b+c+d} + \dfrac{2}{3}}$$

即

$$\frac{a}{b+c+d} = \frac{1}{6}$$

中间一步用到了熟知的不等式

$$(b+c+d)^2 \geqslant 3(bc+cd+db)$$

即

$$\frac{bc+cd+db}{(b+c+d)^2} \leqslant \frac{1}{3}$$

到此结论获得证明.

90. 设 $a,b,c \in \mathbf{R}^*$,求证

$$\sum \sqrt{\frac{a^2+b^2}{2}} + \sum a \geqslant \sum \left(\frac{a^2+b^2}{a+b} + \sqrt{ab}\right)$$

题目解说　由 $a,b,c \in \mathbf{R}^*$,知

$$\sum a \geqslant \sum \sqrt{ab}$$

而

$$\frac{a^2+b^2}{a+b} \geqslant \sqrt{\frac{a^2+b^2}{2}}$$

这两个不等式反向相加便得本题结论,但方向取第一个不等式的方向,这是一种构造不等式的方法,此法得到的结果有时候也对!

证明　先证明

$$\sqrt{\frac{a^2+b^2}{2}} + \frac{a+b}{2} \geqslant \frac{a^2+b^2}{a+b} + \sqrt{ab} \qquad (*)$$

原不等式等价于

$$\sqrt{\frac{a^2+b^2}{2}} - \sqrt{ab} \geqslant \frac{a^2+b^2}{a+b} - \frac{a+b}{2}$$

$$\Leftrightarrow \frac{(a-b)^2}{\sqrt{\dfrac{a^2+b^2}{2}}+\sqrt{ab}} \geqslant \frac{(a-b)^2}{a+b}$$

$$\Leftrightarrow (a+b)(a-b)^2 \geqslant (a-b)^2\left(\sqrt{\frac{a^2+b^2}{2}}+\sqrt{ab}\right)$$

$$\Leftrightarrow \left[a+b-\left(\sqrt{\frac{a^2+b^2}{2}}+\sqrt{ab}\right)\right](a-b)^2 \geqslant 0$$

由于

$$a+b-\left(\sqrt{\frac{a^2+b^2}{2}}+\sqrt{ab}\right) \geqslant 0$$

$$\Leftrightarrow \frac{a+b}{2}-\sqrt{ab} \geqslant \sqrt{\frac{a^2+b^2}{2}}-\frac{a+b}{2}$$

$$\Leftrightarrow \frac{(\sqrt{a}-\sqrt{b})^2}{2} \geqslant \frac{\dfrac{a^2+b^2}{2}-\left(\dfrac{a+b}{2}\right)^2}{\sqrt{\dfrac{a^2+b^2}{2}}+\dfrac{a+b}{2}}$$

$$\Leftrightarrow \frac{(\sqrt{a}-\sqrt{b})^2}{2} \geqslant \frac{(a-b)^2}{4\left(\sqrt{\dfrac{a^2+b^2}{2}}+\dfrac{a+b}{2}\right)}$$

$$\Leftrightarrow \frac{(\sqrt{a}-\sqrt{b})^2}{2} \geqslant \frac{(\sqrt{a}-\sqrt{b})^2(\sqrt{a}+\sqrt{b})^2}{4\left(\sqrt{\dfrac{a^2+b^2}{2}}+\dfrac{a+b}{2}\right)}$$

又由于

$$2\left(\sqrt{\frac{a^2+b^2}{2}}+\frac{a+b}{2}\right) \geqslant (\sqrt{a}+\sqrt{b})^2$$

$$\Leftrightarrow \sqrt{\frac{a^2+b^2}{2}} \geqslant \sqrt{ab}$$

这是熟知的结论.

类似于(*)的式子还有两个,三个式子相加便得结论.

91. 设 $a,b,c \in \mathbf{R}^*, a+b+c=1$,求证

$$2\left(\frac{b}{a}+\frac{c}{b}+\frac{a}{c}\right) \geqslant \frac{1+a}{1-a}+\frac{1+b}{1-c}+\frac{1+c}{1-c}$$

证明 1 由条件知

$$\frac{1+a}{1-a}=\frac{1-a+2a}{1-a}=1+2\cdot\frac{a}{1-a}=1+2\cdot\frac{a}{b+c}$$

所以

$$\frac{1+a}{1-a} + \frac{1+b}{1-c} + \frac{1+c}{1-c} = 3 + 2 \cdot \left(\frac{a}{b+c} + \frac{b}{c+a} + \frac{c}{a+b}\right)$$

从而原不等式等价于

$$2\left(\frac{b}{a} + \frac{c}{b} + \frac{a}{c}\right) \geqslant 3 + 2 \cdot \left(\frac{a}{b+c} + \frac{b}{c+a} + \frac{c}{a+b}\right)$$

$$\Leftrightarrow \frac{b}{a} + \frac{c}{b} + \frac{a}{c} - \left(\frac{a}{b+c} + \frac{b}{c+a} + \frac{c}{a+b}\right) \geqslant \frac{3}{2}$$

$$\Leftrightarrow \left(\frac{b}{a} - \frac{b}{c+a}\right) + \left(\frac{c}{b} - \frac{c}{a+b}\right) + \left(\frac{a}{c} - \frac{a}{b+c}\right) \geqslant \frac{3}{2}$$

$$\Leftrightarrow \frac{bc}{a(c+a)} + \frac{ca}{b(a+b)} + \frac{ab}{c(b+c)} \geqslant \frac{3}{2}$$

由柯西不等式知

$$\left[(c+a) + (a+b) + (b+c)\right]\left(\frac{bc}{a(c+a)} + \frac{ca}{b(a+b)} + \frac{ab}{c(b+c)}\right)$$

$$\geqslant \left(\sqrt{\frac{bc}{a}} + \sqrt{\frac{ca}{b}} + \sqrt{\frac{ab}{c}}\right)^2$$

所以

$$\frac{bc}{a(c+a)} + \frac{ca}{b(a+b)} + \frac{ab}{c(b+c)}$$

$$\geqslant \frac{\left(\sqrt{\frac{bc}{a}} + \sqrt{\frac{ca}{b}} + \sqrt{\frac{ab}{c}}\right)^2}{2(a+b+c)}$$

$$= \frac{\left(\sqrt{\frac{bc}{a}} + \sqrt{\frac{ca}{b}} + \sqrt{\frac{ab}{c}}\right)^2}{2}$$

因此只需证

$$\left(\sqrt{\frac{bc}{a}} + \sqrt{\frac{ca}{b}} + \sqrt{\frac{ab}{c}}\right)^2 \geqslant 3$$

而由

$$(a+b+c)^2 \geqslant 3(ab+bc+ca)$$

知上式早已成立,从而原不等式获得证明.

证明 2 同上面的分析知,原结论等价于

$$\frac{bc}{a(c+a)} + \frac{ca}{b(a+b)} + \frac{ab}{c(b+c)} \geqslant \frac{3}{2}$$

由柯西不等式知

$$\frac{bc}{a(c+a)} + \frac{ca}{b(a+b)} + \frac{ab}{c(b+c)}$$

$$= \frac{(bc)^2}{abc(c+a)} + \frac{(ca)^2}{abc(a+b)} + \frac{(ab)^2}{abc(b+c)}$$

$$\geqslant \frac{(bc+ca+ab)^2}{2abc(a+b+c)}$$

$$\geqslant \frac{3abc(a+b+c)}{2abc(a+b+c)}$$

$$= \frac{3}{2}$$

从而原不等式得证.

92. 如图 3 所示,两个正方形 $ABCD$ 和 $CEFG$,GD 与 AF 交于点 H,且 $B,C,$
G 三点共线,求证:$\angle FHG = 45°$

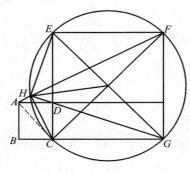

图 3

证明 1　运用三角法. 设 $BC = x, CG = y, y > x > 0$,则 $\angle HAD = \alpha$,

$\angle HDA = \beta$,$\tan \alpha = \dfrac{y-x}{x+y}$,$\tan \beta = \dfrac{x}{y}$,于是

$$\tan(\alpha + \beta) = \frac{\tan \alpha + \tan \beta}{1 - \tan \alpha \tan \beta}$$

$$= \frac{\dfrac{y-x}{x+y} + \dfrac{x}{y}}{1 - \dfrac{y-x}{x+y} + \dfrac{x}{y}} = 1$$

所以 $\angle FHG = \alpha + \beta = 45°$.

证明 2　这是微信群里一个老师的方法(2019 年 1 月 30 日).

利用纯正的平面几何知识.

设 $BC = x, CG = y$,则

$$\left. \begin{array}{l} \dfrac{AC}{FC} = \dfrac{\sqrt{2}\,x}{\sqrt{2}\,y} = \dfrac{x}{y} = \dfrac{CD}{CG} \\[2mm] \angle ACF = 90° = \angle DCG \end{array} \right\} \Rightarrow \triangle ACF \backsim \triangle DCG$$

即
$$\angle CFH = \angle DGC$$
从而 F,H,C,G 四点共圆,进一步 F,E,H,C,G 五点共圆,从而 $\angle FHG = \angle FEG = 45°.$

93.（本题来自于微信群）如图 4 所示,设 E,F,G,H 分别为圆 O 的内接四边形 $ABCD$ 的边 AB,BC,CD,DA 的中点,分别过点 E,F,G,H 作对边的垂线,求证:这四条垂线共于一点.

证明　对原证明有所改动.

如图 4 所示,设 $EM \perp CD,GK \perp AB,EM \bigcap GK = N.$ 联结 OE,OG,则 $OE \perp AB,OG \perp CD$,于是结合条件知
$$OE \ /\!/ \ GK,OG \ /\!/ \ EM \Rightarrow NEOG \text{ 为平行四边形}$$
即 ON 与 EG 互相平分,记其交点为 P,则点 P 位于平行四边形 $HEFG$ 的对角线的交点（EG 的中点为定点）,换句话说,两条垂线 EM 与 GK 的交点 N 是定点 O 关于定点 P 的对称点,同理可证,从点 H,F 所作对边的垂线的交点也是定点 N,从而欲证明的四条垂线共于一点.

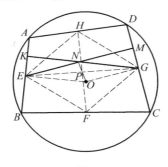

图 4

94.在圆内接四边形 $ABCD$ 中,点 E,F 分别为 $\triangle ABC,\triangle BCD$ 的重心,点 G,H 分别为 $\triangle ABC,\triangle BCD$ 的垂心,求证:$EF \ /\!/ \ GH.$

证明　如图 5 所示,设 K 为边 BC 的中点,则由三角形重心性质知
$$\frac{KE}{KA} = \frac{KF}{KD} = \frac{1}{3} \Rightarrow EF \ /\!/ \ AD$$
再据三角形的垂心性质知
$$\frac{AG}{\cos\angle BAC} = 2R = \frac{DH}{\cos\angle BDC}$$
（$2R$ 为圆的直径,注意到 $\angle BDC = \angle BAC$）于是
$$AG = DH,AG \perp BC,DH \perp BC$$

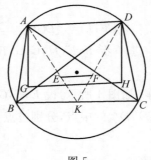

图 5

因此

$$DH \parallel AD \Rightarrow AGHD \ 为平行四边形 \Rightarrow GH \parallel AD$$

从而 $EF \parallel GH$.

评注 本题实际上已经证明了 $EF \parallel GH$, $GH = 3EF$.

95.（本题以及解答来自于微信群）设点 P 是边长为 3 的正 $\triangle ABC$ 的边 AC 上任意一点, $PB = PD$, $\angle PBD = \angle PDC = 30°$, 求线段 CD 的最小值.

解 1 由条件知

$$BD = 2 \cdot PB \cos 30° = \sqrt{3} \cdot PB$$

即 PB 取最小值时, BD 就最小, 要使得 PB 最小, 只有 $PB \perp AC$, 又

$$BC + CD \geqslant BD$$

等号成立的条件为 B, C, D 三点共线, 此时, $CD = \dfrac{3}{2}$.

解 2 如图 6 所示, 作 $BF \perp AC$ 于点 F, 将线段 DP 绕着点 D 逆时针旋转 $60°$ 到 DE 位置, 联结 PE, 则 $\triangle DPE$ 为正三角形, 点 C 到 $\triangle DPE$ 的三个顶点距离和最小时, 应有

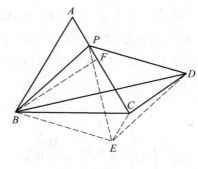

图 6

$$CP = CD = CE = \frac{2}{3} \cdot PD \cdot \sin 60°$$

$$\geqslant \frac{2}{3} \cdot BF \cdot \sin 60°$$

$$= \frac{2}{3} \cdot BA \cdot \sin 60° \cdot \sin 60° = \frac{3}{2}$$

96. 在 $\triangle ABC$ 中,若 $\sin A \sin\left(B + \dfrac{A}{2}\right) = \sin B \sin\left(A + \dfrac{B}{2}\right)$,求证:该三角形为等腰三角形.

证明 条件等式等价于

$$\sin A \sin\left(\frac{B}{2} + \frac{A+B}{2}\right) = \sin B \sin\left(\frac{A}{2} + \frac{A+B}{2}\right)$$

$$\Leftrightarrow \sin \frac{A}{2} \cos \frac{A}{2} \sin\left(\frac{B}{2} + 90° - \frac{C}{2}\right) = \sin \frac{B}{2} \cos \frac{B}{2} \sin\left(\frac{A}{2} + 90° - \frac{C}{2}\right)$$

$$\Leftrightarrow \sin \frac{A}{2} \cos \frac{A}{2} \cos\left(\frac{B}{2} - \frac{C}{2}\right) = \sin \frac{B}{2} \cos \frac{B}{2} \cos\left(\frac{A}{2} - \frac{C}{2}\right)$$

$$\Leftrightarrow \sin \frac{A}{2} \cos \frac{A}{2}\left(\cos \frac{B}{2} \cos \frac{C}{2} + \sin \frac{B}{2} \sin \frac{C}{2}\right)$$

$$= \sin \frac{B}{2} \cos \frac{B}{2}\left(\cos \frac{A}{2} \cos \frac{C}{2} + \sin \frac{A}{2} \sin \frac{C}{2}\right)$$

$$\Leftrightarrow \left(\sin \frac{A}{2} - \sin \frac{B}{2}\right) + \tan \frac{A}{2} \tan \frac{B}{2} \tan \frac{C}{2}\left(\cos \frac{A}{2} - \cos \frac{B}{2}\right) = 0$$

$$\Leftrightarrow \sin \frac{A-B}{4} \cos \frac{A+B}{4} - \tan \frac{A}{2} \tan \frac{B}{2} \tan \frac{C}{2} \sin \frac{A-B}{4} \sin \frac{A+B}{4} = 0$$

$$\Leftrightarrow \sin \frac{A-B}{4}\left(1 - \tan \frac{A}{2} \tan \frac{B}{2} \tan \frac{C}{2} \tan \frac{A+B}{4}\right) = 0$$

$$\Leftrightarrow A = B$$

即原结论获证.

97. 设 M 为 $\triangle ABC$ 所在平面上任意一点,作 M 关于 A 的对称点 M_1,再作 M_1 关于 B 的对称点 M_2,M_2 关于 C 的对称点 M_3,M_3 关于 A 的对称点 M_4,M_4 关于 B 的对称点 M_5,M_5 关于 C 的对称点 M_6,如此进行下去,问 $M_{2\,004}$ 的位置如何?

解 在平面上任意取一点 O,有题设条件知

$$\overrightarrow{OM_1} + \overrightarrow{OM_2} = 2 \cdot \overrightarrow{OB} \tag{1}$$

$$\overrightarrow{OM_2} + \overrightarrow{OM_3} = 2 \cdot \overrightarrow{OC} \tag{2}$$

$$\overrightarrow{OM_3} + \overrightarrow{OM_4} = 2 \cdot \overrightarrow{OA} \tag{3}$$

$$\overrightarrow{OM_4} + \overrightarrow{OM_5} = 2 \cdot \overrightarrow{OB} \tag{4}$$

$$\overrightarrow{OM_5} + \overrightarrow{OM_6} = 2 \cdot \overrightarrow{OC} \tag{5}$$

于是,(1)-(2)+(3)-(4)+(5)得

$$\overrightarrow{OM_1} + \overrightarrow{OM_6} = 2 \cdot \overrightarrow{OA} \tag{6}$$

但是,由题目条件知

$$\overrightarrow{OM_1} + \overrightarrow{OM} = 2 \cdot \overrightarrow{OA} \tag{7}$$

对比(6)与(7)知,M 与 M_6 重合,从而,由题目形成的点列 $\{M_n\}$ 是一个周期为6的点列,而 $2004 = 6 \times 334$,所以,$M_{2004} = M$.

98. 设 P, Q 分别为四边形 $ABCD$ 的对角线 AC 和 BD 的中点,求证

$$AB^2 + BC^2 + CD^2 + DA^2 = AC^2 + BD^2 + 4PQ^2$$

分析 选取基向量 $\overrightarrow{DA} = a, \overrightarrow{DB} = b, \overrightarrow{DC} = c$ 是关键.

证明 设 $\overrightarrow{DA} = a, \overrightarrow{DB} = b, \overrightarrow{DC} = c$,那么

$$AB^2 + BC^2 + CD^2 + DA^2 = (b - a)^2 + (c - b)^2 + c^2 + a^2$$
$$= 2(a^2 + b^2 + c^2) - 2(a \cdot b + b \cdot c)$$
$$AC^2 + BD^2 + 4PQ^2 = (c - a)^2 + b^2 + 4(\overrightarrow{DP} - \overrightarrow{DQ})^2$$
$$= (c - a)^2 + b^2 + (b - a - c)^2$$
$$= 2(a^2 + b^2 + c^2) - 2(a \cdot b + b \cdot c)$$

所以,结论得证.

评注 由此可以得到一个不等式

$$AB^2 + BC^2 + CD^2 + DA^2 \geqslant AC^2 + BD^2$$

另外,当 P 与 G 重合时,有 $AB^2 + BC^2 + CD^2 + DA^2 = AC^2 + BD^2$,这是平行四边形中的结论.

99.(越南范建雄著,隋振林译《不等式的秘密(第二卷)》P3 例 1.1.5)设 $a, b, c \in \mathbf{R}^*$,求证

$$\frac{a^2 + b^2 + c^2}{ab + bc + ca} + \frac{8abc}{(a+b)(b+c)(c+a)} \geqslant 2$$

证明 原不等式等价于

$$\left(\frac{a^2 + b^2 + c^2}{ab + bc + ca} - 1 \right) + \left(\frac{8abc}{(a+b)(b+c)(c+a)} - 1 \right) \geqslant 0$$

$$\Leftrightarrow \frac{(a-b)^2 + (b-c)^2 + (c-a)^2}{2(ab+bc+ca)} - \frac{c(a-b)^2 + a(b-c)^2 + b(c-a)^2}{(a+b)(b+c)(c+a)} \geqslant 0$$

$$\Leftrightarrow \left(\frac{1}{2(ab+bc+ca)} - \frac{a}{(a+b)(b+c)(c+a)} \right)(b-c)^2 +$$

$$\left(\frac{1}{2(ab+bc+ca)}-\frac{b}{(a+b)(b+c)(c+a)}\right)(a-c)^2+$$

$$\left(\frac{1}{2(ab+bc+ca)}-\frac{c}{(a+b)(b+c)(c+a)}\right)(a-b)^2\geqslant 0$$

由原不等式的对称性，不妨设 $a\geqslant b\geqslant c$，即 $-c\geqslant -b\geqslant -a$，则

$$\frac{1}{2(ab+bc+ca)}-\frac{c}{(a+b)(b+c)(c+a)}$$

$$\geqslant \frac{1}{2(ab+bc+ca)}-\frac{b}{(a+b)(b+c)(c+a)}$$

$$\geqslant \frac{1}{2(ab+bc+ca)}-\frac{a}{(a+b)(b+c)(c+a)}$$

$$\frac{1}{2(ab+bc+ca)}-\frac{b}{(a+b)(b+c)(c+a)}+$$

$$\frac{1}{2(ab+bc+ca)}-\frac{a}{(a+b)(b+c)(c+a)}$$

$$=\frac{1}{ab+bc+ca}-\frac{1}{(b+c)(c+a)}-$$

$$\frac{1}{ab+bc+ca}-\frac{1}{c^2+ab+bc+ca}>0$$

$$\Rightarrow \frac{1}{2(ab+bc+ca)}-\frac{b}{(a+b)(b+c)(c+a)}>0$$

由于 $a-c\geqslant a-b$，因此

$$\left[\frac{1}{2(ab+bc+ca)}-\frac{a}{(a+b)(b+c)(c+a)}\right](b-c)^2+$$

$$\left[\frac{1}{2(ab+bc+ca)}-\frac{b}{(a+b)(b+c)(c+a)}\right](a-c)^2+$$

$$\left[\frac{1}{2(ab+bc+ca)}-\frac{c}{(a+b)(b+c)(c+a)}\right](a-b)^2$$

$$\geqslant \left[\frac{1}{2(ab+bc+ca)}-\frac{a}{(a+b)(b+c)(c+a)}\right](b-c)^2+$$

$$\left[\frac{1}{2(ab+bc+ca)}-\frac{b}{(a+b)(b+c)(c+a)}\right](a-b)^2+$$

$$\left[\frac{1}{2(ab+bc+ca)}-\frac{c}{(a+b)(b+c)(c+a)}\right](a-b)^2$$

$$=\left[\frac{1}{2(ab+bc+ca)}-\frac{a}{(a+b)(b+c)(c+a)}\right](b-c)^2+$$

$$\left[\frac{1}{ab+bc+ca}-\frac{1}{(a+b)(c+a)}\right](a-b)^2\geqslant 0$$

注意到

$$\frac{1}{2(ab+bc+ca)}-\frac{c}{(a+b)(b+c)(c+a)}\geqslant 0$$

从而原不等式获得证明.

100.（越南范建雄著,隋振林译《不等式的秘密（第二卷）》P4 例 1.1.6）设 $a,b,c\in \mathbf{R}^*$,求证

$$\frac{a^2+b^2}{a+b}+\frac{b^2+c^2}{b+c}+\frac{c^2+a^2}{c+a}\leqslant \frac{3(a^2+b^2+c^2)}{a+b+c}$$

证明 1　原书叙述过程不易理解,这里给出一种较好的写法,便于读者理解,目标是将不等式的两边配方成 $x(a-b)^2+y(b-c)^2+z(c-a)^2$ 的形式.

原不等式等价于

$$\frac{a^2+b^2}{a+b}+\frac{b^2+c^2}{b+c}+\frac{c^2+a^2}{c+a}$$

$$=\frac{(a-b)^2+2ab}{a+b}+\frac{(b-c)^2+2bc}{b+c}+\frac{(c-a)^2+2ca}{c+a}$$

$$=\frac{(a-b)^2+\frac{(a+b)^2-(a-b)^2}{2}}{a+b}+\frac{(b-c)^2+\frac{(b+c)^2-(b-c)^2}{2}}{b+c}+$$

$$\frac{(c-a)^2+\frac{(c+a)^2-(c-a)^2}{2}}{c+a}$$

$$=\frac{(a-b)^2+(a+b)^2}{2(a+b)}+\frac{(b-c)^2+(b+c)^2}{2(b+c)}+\frac{(c-a)^2+(c+a)^2}{2(c+a)}$$

$$=\frac{(a-b)^2}{2(a+b)}+\frac{a+b}{2}+\frac{(b-c)^2}{2(b+c)}+\frac{b+c}{2}+\frac{(c-a)^2}{2(c+a)}+\frac{c+a}{2}$$

$$=\frac{(a-b)^2}{2(a+b)}+\frac{(b-c)^2}{2(b+c)}+\frac{(c-a)^2}{2(c+a)}+(a+b+c)$$

又

$$\frac{3(a^2+b^2+c^2)}{a+b+c}=\frac{(a-b)^2+(b-c)^2+(c-a)^2+(a+b+c)^2}{a+b+c}$$

$$=\frac{(a-b)^2+(b-c)^2+(c-a)^2}{a+b+c}+a+b+c$$

从而原不等式等价于

$$\frac{(a-b)^2}{2(a+b)}+\frac{(b-c)^2}{2(b+c)}+\frac{(c-a)^2}{2(c+a)}\leqslant \frac{(a-b)^2+(b-c)^2+(c-a)^2}{a+b+c}$$

$$\Leftrightarrow \frac{a+b+c}{a+b}(a-b)^2+\frac{a+b+c}{b+c}(b-c)^2+\frac{a+b+c}{c+a}(c-a)^2$$

$$\leqslant 2\big[(a-b)^2 + (b-c)^2 + (c-a)^2\big]$$

$$\Leftrightarrow (a-b)^2\Big(1-\frac{c}{a+b}\Big) + \Big(1-\frac{a}{b+c}\Big)(b-c)^2 +$$

$$\Big(1-\frac{b}{c+a}\Big)(c-a)^2 \geqslant 0$$

不妨设 $a \geqslant b \geqslant c$，则

$$1-\frac{c}{a+b} \geqslant 0, 1-\frac{b}{c+a} \geqslant 0$$

而 $1-\dfrac{a}{b+c}$ 不确定，所以需要另寻思路. 因为我们前面已经用过 $(a-c)^2 \geqslant (b-c)^2$，所以

$$\frac{(a-c)^2}{(b-c)^2} \geqslant \frac{a^2}{b^2} \Rightarrow (a-c)^2 \geqslant \frac{a^2}{b^2}(b-c)^2$$

因此

$$(a-b)^2\Big(1-\frac{c}{a+b}\Big) + \Big(1-\frac{a}{b+c}\Big)(b-c)^2 + \Big(1-\frac{b}{c+a}\Big)(c-a)^2$$

$$\geqslant (a-b)^2\Big(1-\frac{c}{a+b}\Big) + \Big(1-\frac{a}{b+c}\Big)(b-c)^2 + \Big(1-\frac{b}{c+a}\Big)(b-c)^2\frac{a^2}{b^2}$$

$$= (a-b)^2\Big(1-\frac{c}{a+b}\Big) + \Big[\Big(1-\frac{a}{b+c}\Big) + \Big(1-\frac{b}{c+a}\Big)\frac{a^2}{b^2}\Big](b-c)^2$$

以下只要证明

$$\Big(1-\frac{a}{b+c}\Big) + \Big(1-\frac{b}{c+a}\Big)\frac{a^2}{b^2} \geqslant 0$$

即

$$a^2 + b^2 \geqslant \frac{a^2 b}{c+a} + \frac{ab^2}{b+c}$$

注意到 $a \geqslant b \geqslant c$，因此上式显然成立.

从而原不等式获得证明.

评注 通常若记 $S_a = 1-\dfrac{a}{b+c}$，$S_b = 1-\dfrac{b}{c+a}$，$S_c = 1-\dfrac{c}{a+b}$，则上面不等式可以简单写成

$$S_c(a-b)^2 + S_a(b-c)^2 + S_b(c-a)^2 \geqslant 0$$

《不等式的秘密》称其为标准形式.

证明 2 同上面的证明得

$$(a-b)^2\Big(1-\frac{c}{a+b}\Big) + \Big(1-\frac{a}{b+c}\Big)(b-c)^2 + \Big(1-\frac{b}{c+a}\Big)(c-a)^2 \geqslant 0$$

351

不妨设 $a \geqslant b \geqslant c$，则

$$1 - \frac{c}{a+b} \geqslant 0, 1 - \frac{b}{c+a} \geqslant 0$$

而 $1 - \dfrac{a}{b+c}$ 不确定，所以需要另寻思路. 因为我们前面已经用过 $(a-c)^2 \geqslant (b-c)^2$，所以

$$\frac{(a-c)^2}{(b-c)^2} \geqslant \frac{a^2}{b^2} \Rightarrow (a-c)^2 \geqslant \frac{a}{b}(b-c)^2$$

从而

$$(a-b)^2\left(1 - \frac{c}{a+b}\right) + \left(1 - \frac{a}{b+c}\right)(b-c)^2 + \left(1 - \frac{b}{c+a}\right)(c-a)^2$$

$$\geqslant (a-b)^2\left(1 - \frac{c}{a+b}\right) + \left(1 - \frac{a}{b+c}\right)(b-c)^2 + \left(1 - \frac{b}{c+a}\right)\frac{a}{b}(b-c)^2$$

$$= (a-b)^2\left(1 - \frac{c}{a+b}\right) + \left[\left(1 - \frac{a}{b+c}\right) + \left(1 - \frac{b}{c+a}\right)\frac{a}{b}\right](b-c)^2$$

以下只要证明

$$\left(1 - \frac{a}{b+c}\right) + \left(1 - \frac{b}{c+a}\right)\frac{a}{b} \geqslant 0$$

即

$$a + b \geqslant \frac{ab}{b+c} + \frac{ab}{c+a} = \frac{b}{b+c} \cdot a + \frac{a}{c+a} \cdot b$$

上式显然成立，从而原不等式获得证明.

101. 在 $\triangle ABC$ 中，$\overrightarrow{AB} = (x_1, y_1)$，$\overrightarrow{AC} = (x_2, y_2)$，则 $\triangle ABC$ 的面积为

$$S_{\triangle ABC} = \frac{1}{2}|x_1 y_2 - x_2 y_1|$$

证明 1 问题结果等价于 $\triangle ABC$ 的定点 A 落在坐标系原点，另外两个顶点坐标为 $B = (x_1, y_1)$，$C = (x_2, y_2)$ 的三角形面积，由三角形面积行列式公式知

$$S_{\triangle ABC} = \frac{1}{2}\begin{vmatrix} x_1 & y_1 & 1 \\ x_2 & y_2 & 1 \\ 0 & 0 & 1 \end{vmatrix} = \frac{1}{2}|x_1 y_2 - x_2 y_1|$$

证明 2 向量方法

$$S_{\triangle ABC} = \frac{1}{2}|\overrightarrow{AB}| \cdot |\overrightarrow{AC}| \cdot \sin A$$

$$= \frac{1}{2}\sqrt{|\overrightarrow{AB}|^2 \cdot |\overrightarrow{AC}|^2 \cdot \sin^2 A}$$

$$= \frac{1}{2}\sqrt{|\overrightarrow{AB}|^2 \cdot |\overrightarrow{AC}|^2 \cdot (1 - \cos^2 A)}$$

$$= \frac{1}{2} \sqrt{|\overrightarrow{AB}|^2 \cdot |\overrightarrow{AC}|^2 - |\overrightarrow{AB}|^2 \cdot |\overrightarrow{AC}|^2 \cos^2 A}$$

$$= \frac{1}{2} \sqrt{(x_1^2 + y_1^2)(x_2^2 + y_2^2) - |\overrightarrow{AB}|^2 \cdot |\overrightarrow{AC}|^2 \cos^2 A}$$

$$= \frac{1}{2} \sqrt{(x_1^2 + y_1^2)(x_2^2 + y_2^2) - (\overrightarrow{AB} \cdot \overrightarrow{AC})^2}$$

$$= \frac{1}{2} \sqrt{(x_1^2 + y_1^2)(x_2^2 + y_2^2) - (x_1 x_2 + y_1 y_2)^2}$$

$$= \frac{1}{2} |x_1 y_2 - x_2 y_1|$$

到此结论获得证明.

应用 1 已知直线 L 与椭圆 $C: \dfrac{x^2}{3} + \dfrac{y^2}{2} = 1$ 交于不同两点 $P(x_1, y_1)$, $Q(x_2, y_2)$, 且 $\triangle OPQ$ 的面积为 $S = \dfrac{\sqrt{6}}{2}$, 其中 O 为坐标原点, 求证:

(1) $x_1^2 + x_2^2$ 和 $y_1^2 + y_2^2$ 均为定值;

(2) 设线段 PQ 的中点为 M, 求 $|OM| \cdot |PQ|$ 的最大值.

解 (1) 依照题意可设

$$x_1 = \sqrt{3} \cos \alpha, \ y_1 = \sqrt{2} \sin \alpha$$
$$x_2 = \sqrt{3} \cos \beta, \ y_2 = \sqrt{2} \sin \beta$$

由三角形面积

$$\frac{\sqrt{6}}{2} = S = \frac{1}{2} |x_1 y_2 - x_2 y_1| = \frac{\sqrt{6}}{2} |\sin(\alpha - \beta)|$$

可得

$$\sin(\alpha - \beta) = \pm 1$$

$$\Rightarrow \alpha - \beta = \frac{k\pi}{2} \quad (k = 1, 3)$$

$$\Rightarrow \alpha = \beta + \frac{k\pi}{2}$$

$$\Rightarrow \sin^2 \alpha = \cos^2 \beta$$

所以

$$x_1^2 + x_2^2 = 3(\cos^2 \alpha + \cos^2 \beta) = 3(\cos^2 \alpha + \sin^2 \alpha) = 3$$
$$y_1^2 + y_2^2 = 2(\cos^2 \alpha + \cos^2 \beta) = 2(\cos^2 \alpha + \sin^2 \alpha) = 2$$

(2) 由上面的过程可知, 若 $\alpha - \beta = \dfrac{\pi}{2}$, 则

$$x_1 = \sqrt{3}\cos\alpha, y_1 = \sqrt{2}\sin\alpha$$

$$x_2 = \sqrt{3}\cos\beta = -\sqrt{3}\sin\alpha, y_2 = \sqrt{2}\cos\alpha$$

$$OM^2 = \frac{1}{2}\left[3(\cos\alpha - \sin\alpha)^2 + 2(\sin\alpha + \cos\alpha)^2\right]$$

$$= \frac{1}{2}\sqrt{5 - \sin 2\alpha}$$

$$PQ^2 = \frac{1}{2}\left[3(\cos\alpha + \sin\alpha)^2 + 2(\sin\alpha - \cos\alpha)^2\right]$$

$$= \frac{1}{2}\sqrt{5 + \sin 2\alpha}$$

因此

$$PQ^2 \cdot OM^2 \leqslant \frac{25}{4}$$

等号成立的条件为 $\sin^2 2\alpha = 0$.

若 $\alpha - \beta = \frac{3\pi}{2}$，即 $\beta = \alpha + \frac{3\pi}{2}$，同理可得结论.

102. 设 $x, y, z \in \mathbf{R}^*$，$xy + yz + zx + 2xyz = 1$，求证：

(1) $xyz \leqslant \frac{1}{8}$；

(2) $xy + yz + zx \geqslant \frac{3}{4}$.

证明 由条件结合均值不等式知

$$1 = xy + yz + zx + 2xyz \quad (令\ t = \sqrt[3]{xyz})$$

$$\geqslant 3t^2 + 2t^3$$

由于

$$(2t - 1)(t + 1)^2 \leqslant 0$$

因此可得

$$t \leqslant \frac{1}{2}$$

即

$$xyz \leqslant \frac{1}{8}$$

$$\Rightarrow 1 = xy + yz + zx + 2xyz \leqslant xy + yz + zx + \frac{1}{4}$$

$$\Rightarrow xy + yz + zx \geqslant \frac{3}{4}$$

103. 设 $x,y,z \in \mathbf{R}^*$,$xy+yz+zx+2=xyz$,求证：

(1) $\sum \sqrt{x} \leqslant \dfrac{3}{2}\sqrt{xyz}$;

(2) $xy+yz+zx \geqslant 2\sum x$.

证明 （1）由均值不等式结合条件 $xy+yz+zx+2=xyz$ 知

$$1 = \frac{1}{1+x}+\frac{1}{1+y}+\frac{1}{1+z}$$

$$= \frac{yz}{yz+xyz}+\frac{zx}{zx+xyz}+\frac{xy}{xy+xyz}$$

$$\geqslant \frac{(\sqrt{yz}+\sqrt{zx}+\sqrt{xy})^2}{xy+yz+zx+3xyz}$$

$$\Rightarrow xy+yz+zx+3xyz$$

$$\geqslant (\sqrt{yz}+\sqrt{zx}+\sqrt{xy})^2$$

展开整理便得

$$\sum \sqrt{x} \leqslant \frac{3}{2}\sqrt{xyz}$$

（2）由 $1=\dfrac{1}{1+x}+\dfrac{1}{1+y}+\dfrac{1}{1+z}$ 知,$\dfrac{1}{1+x}$,$\dfrac{1}{1+y}$,$\dfrac{1}{1+z}$ 三个中至少有两个

不小于 $\dfrac{1}{3}$,不妨设 $\dfrac{1}{1+x} \geqslant \dfrac{1}{3}$,$\dfrac{1}{1+y} \geqslant \dfrac{1}{3}$,则 $(x-2)(y-2) \geqslant 0$,于是,由 $xy+$

$yz+zx+2=xyz$,可得

$$z = \frac{x+y+2}{xy-1}$$

从而

$$xy+yz+zx \geqslant 2\sum x$$

$$\Leftrightarrow xy+z(x+y) \geqslant 2(x+y)+2z$$

$$\Leftrightarrow xy+\frac{x+y+2}{xy-1}(x+y) \geqslant 2(x+y)+2\frac{x+y+2}{xy-1}$$

$$\Leftrightarrow (x-2)(y-2)(xy-1)+(x-y)^2 \geqslant 0$$

到此结论获得证明.

104. 设 $x,y \in \mathbf{R}^*$,$C(x,y) \in L:2x+y=1$,求证：$u=x+\sqrt{x^2+y^2}$ 的最

小值.

解 1 记直线 L 分别交两轴于 A,B,设 $C(x,y)$,则 $u=x+\sqrt{x^2+y^2}$ 表示

直线 L 上的点 C 到 y 轴的距离与到坐标原点的距离之和,过点 C 作 y 轴的垂线

CD,如图 7 所示,则

$$u = x + \sqrt{x^2 + y^2} = CD + OC$$

只要求 $u = CD + OC$ 的最小值即可.

作点 O 关于直线 L 的对称点 E,联结 EC,再作 $EG \perp Oy$,分别交 y 轴和直线 L 于 G,H,则

$$u = CD + OC = CD + CE \geqslant EG = \frac{4}{5}$$

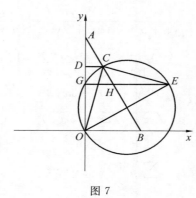

图 7

解 2 设

$$u = x + \sqrt{x^2 + y^2} \geqslant \lambda = \lambda(2x + y)$$
$$\Leftrightarrow x^2 + y^2 \geqslant [x(2\lambda - 1) + \lambda y]^2$$

由于

$$[(2\lambda - 1)^2 + \lambda^2](x^2 + y^2) \geqslant [x(2\lambda - 1) + \lambda y]^2$$
$$\Leftrightarrow (2\lambda - 1)^2 + \lambda^2 = 1$$

因此 $\lambda = \frac{4}{5}$,即 u 的最小值为 $\frac{4}{5}$.

105.(本题源于微信群)设 a,b,c 为 $\triangle ABC$ 的三边长,求证

$$ab(2a - b - c) + bc(2b - a - c) + ca(2c - a - b) \geqslant 0$$

证明 作代换,令 $a = x + y, b = y + z, c = z + x$,则原不等式等价于

$$(x + y)(y + z)(x + y - 2z) + (y + z)(z + x)(y + z - 2x) +$$
$$(z + x)(x + y)(z + x - 2y) \geqslant 0$$
$$\Leftrightarrow x^3 + y^3 + z^3 + xy^2 + yz^2 + zx^2 \geqslant 2x^2 y + 2y^2 z + 2z^2 x$$
$$\Leftrightarrow (x^3 - 2x^2 y + xy^2) + (y^3 - 2y^2 z + yz^2) + (z^3 - 2z^2 x + zx^2) \geqslant 0$$
$$\Leftrightarrow x(x - y)^2 + y(y - z)^2 + z(z - x)^2 \geqslant 0$$

这显然成立.

评注　由于 $\sqrt{a}$, $\sqrt{b}$, $\sqrt{c}$ 也可以作成一个三角形的三边长,因此,用这三个数代换原来的三个数还可以得到一个不等式

$$\sqrt{ab}\,(2\sqrt{a}-\sqrt{b}-\sqrt{c})+\sqrt{bc}\,(2\sqrt{b}-\sqrt{a}-\sqrt{c})+\sqrt{ca}\,(2\sqrt{c}-\sqrt{a}-\sqrt{b})\geqslant 0$$

106. 在两个 $\triangle A_1B_1C_1$, $\triangle ABC$ 中,求证

$$\frac{1}{\sin A_1(-\sin A+\sin B+\sin C)}+$$

$$\frac{1}{\sin B_1(\sin A-\sin B+\sin C)}+$$

$$\frac{1}{\sin C_1(\sin A+\sin B-\sin C)}\geqslant 4$$

证明　由于

$$-\sin A+\sin B+\sin C$$

$$=2\sin\frac{B+C}{2}\cos\frac{B-C}{2}-2\sin\frac{A}{2}\cos\frac{A}{2}$$

$$=2\cos\frac{A}{2}\left(\cos\frac{B-C}{2}-\cos\frac{B+C}{2}\right)$$

$$=4\cos\frac{A}{2}\sin\frac{B}{2}\sin\frac{C}{2}$$

因此

$$\frac{1}{\sin A_1(-\sin A+\sin B+\sin C)}+$$

$$\frac{1}{\sin B_1(-\sin A+\sin B+\sin C)}+$$

$$\frac{1}{\sin C_1(-\sin A+\sin B+\sin C)}$$

$$\geqslant\frac{3}{\sqrt[3]{\prod\sin A_1\prod(-\sin A+\sin B+\sin C)}}$$

$$=\frac{3}{\sqrt[3]{\prod\sin A_1\cdot 8\prod\sin\frac{A}{2}\cdot\prod\sin A}}$$

$$\geqslant\frac{3}{\sqrt[3]{\left(\frac{\sqrt{3}}{2}\right)^3\cdot 1\cdot\left(\frac{\sqrt{3}}{2}\right)^3}}$$

$$=4$$

上面最后用到了熟知的三角不等式结论

$$8\prod \sin\frac{A}{2} \leqslant 1, \prod \sin A \leqslant \left(\frac{\sqrt{3}}{2}\right)^3$$

到此结论得证.

类似结论 1　在两个 $\triangle A_1B_1C_1, \triangle ABC$ 中,求证

$$\cfrac{1}{\cos\dfrac{A_1}{2}\left(-\cos\dfrac{A}{2}+\cos\dfrac{B}{2}+\cos\dfrac{C}{2}\right)}+$$

$$\cfrac{1}{\cos\dfrac{B_1}{2}\left(\cos\dfrac{A}{2}-\cos\dfrac{B}{2}+\cos\dfrac{C}{2}\right)}+$$

$$\cfrac{1}{\cos\dfrac{C_1}{2}\left(\cos\dfrac{A}{2}+\cos\dfrac{B}{2}-\cos\dfrac{C}{2}\right)}\geqslant 4$$

提示:对上式作角变换即可.

类似结论 2　在两个 $\triangle A_1B_1C_1, \triangle ABC$ 中,R_1, R 分别为两个三角形的外接圆半径,求证:

(1) $\dfrac{1}{a_1(-a+b+c)}+\dfrac{1}{b_1(a-b+c)}+\dfrac{1}{c_1(a+b-c)}\geqslant \dfrac{1}{4R_1R}$;

(2) $\dfrac{1}{\sqrt{a_1}(-\sqrt{a}+\sqrt{b}+\sqrt{c})}+\dfrac{1}{\sqrt{b_1}(\sqrt{a}-\sqrt{b}+\sqrt{c})}+\dfrac{1}{\sqrt{c_1}(\sqrt{a}+\sqrt{b}-\sqrt{c})}\geqslant$

$\dfrac{1}{2\sqrt{R_1R}}.$

提示:注意到 $\sqrt{a}, \sqrt{b}, \sqrt{c}$ 也可以作成三角形三边.

107.(47 届 IMO 第 3 题)求最小实数 M,使得对一切实数 a, b, c 都成立不等式

$$|ab(a^2-b^2)+bc(b^2-c^2)+ca(c^2-a^2)|\leqslant M(a^2+b^2+c^2)^2$$

证明 1

$$ab(a^2-b^2)+bc(b^2-c^2)+ca(c^2-a^2)$$

$$=-(a-b)(b-c)(c-a)(a+b+c)$$

记 $a-b=x, b-c=y, c-a=z, a+b+c=s$,则

$$a^2+b^2+c^2=\frac{1}{3}(x^2+y^2+z^2+s^2)$$

原不等式变为

$$M(x^2+y^2+z^2+s^2)^2\geqslant 9|xyzs|$$

由 $x+y+z=0$ 知,x, y, z 中两个同号而与另一个反号.不妨设 $x, y\geqslant 0$,记

$u = \dfrac{x+y}{2}$，则

$$z^2 = 4u^2, x^2 + y^2 \geqslant 2u^2, xy \leqslant u^2$$

于是，由算术－几何平均不等式知

$$(x^2 + y^2 + z^2 + s^2)^2 \geqslant (6u^2 + s^2)^2 = (2u^2 + 2u^2 + 2u^2 + s^2)^2$$

$$\geqslant (4\sqrt[4]{2u^2 \cdot 2u^2 \cdot 2u^2 \cdot s^2})^2$$

$$= 32\sqrt{2}\, u^3 |s| \geqslant 16\sqrt{2}\, |xyzs|$$

即 $M = \dfrac{9\sqrt{2}}{32}$ 时原不等式成立.

等号在 $s = \sqrt{2}\,u, x = y = u, z = -2u$，即 $a : b : c = (\sqrt{2}+3) : \sqrt{2} : (\sqrt{2}-3)$
时成立. 故所求的最小的 $M = \dfrac{9\sqrt{2}}{32}$.

证明 2　不妨设 $a \geqslant b \geqslant c, a = c + \alpha + \beta, b = c + \alpha, \alpha, \beta \in \mathbf{R}^*$，则

$$\frac{\left| \sum ab(a^2 - b^2) \right|}{\left(\sum a^2 \right)^2} = \frac{\alpha\beta(\alpha + \beta) |3c + (2\alpha + \beta)|}{[3c^2 + 2c(2\alpha + \beta) + \alpha^2 + (\alpha + \beta)^2]^2}$$

$$= \frac{9}{\sqrt{2}} \cdot \frac{\sqrt{\alpha(\alpha + \beta) \cdot \beta(\alpha + \beta) \cdot 2\alpha\beta \cdot (3c + 2\alpha + \beta)^2}}{9 \cdot [3c^2 + 2c(2\alpha + \beta) + \alpha^2 + (\alpha + \beta)^2]^2}$$

$$\leqslant \frac{9}{\sqrt{2}} \cdot \frac{\left[\dfrac{\alpha(\alpha + \beta) + \beta(\alpha + \beta) + 2\alpha\beta + (3c + 2\alpha + \beta)^2}{4} \right]^2}{[(3c + 2\alpha + \beta)^2 + 2(\alpha^2 + \alpha\beta + \beta^2)]^2}$$

$$\leqslant \frac{9}{16\sqrt{2}}$$

注意有 $\alpha^2 + \beta^2 + 4\alpha\beta \leqslant 2(\alpha^2 + \alpha\beta + \beta^2)$.

评注　以上证明 2 由杨学枝给出，证明 1 见命题者解答.

108. 设 $a, b \in \mathbf{R}^*, ab = 1$，求二元函数 $U = \dfrac{a}{a^2 + 2} + \dfrac{b}{b^2 + 2}$ 的最大值.

解　由条件知

$$U = \frac{a}{a^2 + 2} + \frac{b}{b^2 + 2}$$

$$= \frac{a}{a^2 + 2ab} + \frac{b}{b^2 + 2ab}$$

$$= \frac{1}{a + 2b} + \frac{1}{b + 2a}$$

$$= \frac{3(a + b)}{ab + 2(a + b)^2}$$

$$= \frac{3(a+b)}{1+2(a+b)^2}$$

$$= \frac{3}{\frac{1}{x}+2x} \quad (\diamondsuit \ x = a+b \geqslant 2)$$

$$\leqslant \frac{2}{3}$$

而 $y = \frac{1}{x} + 2x (x \in [2, +\infty))$ 单调上升,从而原二元函数的最大值为 $\frac{2}{3}$,等号在两个变量相等都取 1 时达到.

109.(2019 年哈萨克斯坦竞赛题)设 $a,b,c \in \mathbf{R}^*$,$\frac{1}{a} + \frac{1}{b} + \frac{1}{c} = 1$,求证

$$\frac{b+c}{a+bc} + \frac{c+a}{b+ca} + \frac{a+b}{c+ab} \geqslant \frac{12}{a+b+c-1}$$

证明 由条件 $\frac{1}{a} + \frac{1}{b} + \frac{1}{c} = 1$ 知

$$ab + bc + ca = abc$$

所以

$$\frac{b+c}{a+bc} + \frac{c+a}{b+ca} + \frac{a+b}{c+ab}$$

$$= \frac{a(b+c)}{a(a+bc)} + \frac{b(c+a)}{b(b+ca)} + \frac{c(a+b)}{c(c+ab)}$$

$$= \frac{a(b+c)}{a^2+abc} + \frac{b(c+a)}{b^2+bca} + \frac{c(a+b)}{c^2+cab}$$

$$= \frac{a(b+c)}{a^2+ab+bc+ca} + \frac{b(c+a)}{b^2+ab+bc+ca} + \frac{c(a+b)}{c^2+ab+bc+ca}$$

$$= \frac{a(b+c)}{(a+b)(a+c)} + \frac{b(c+a)}{(b+c)(b+a)} + \frac{c(a+b)}{(c+a)(c+b)}$$

$$= \frac{a(b+c)^2}{(a+b)(a+c)(b+c)} + \frac{b(c+a)^2}{(a+b)(a+c)(b+c)} +$$

$$\frac{c(a+b)^2}{(a+b)(a+c)(b+c)}$$

$$\geqslant \frac{4abc}{(a+b)(a+c)(b+c)} + \frac{4abc}{(a+b)(a+c)(b+c)} +$$

$$\frac{4abc}{(a+b)(a+c)(b+c)}$$

$$= \frac{12abc}{(a+b)(a+c)(b+c)}$$

$$= \frac{12abc}{(a+b+c)(ab+bc+ca)-abc}$$

$$= \frac{12abc}{(a+b+c)abc-abc}$$

$$= \frac{12}{a+b+c-1}$$

即原不等式获得证明.

110. 设 $x, y \in \mathbf{R}$,求二元函数 $U = \cos x \cos y \cos(x-y)$ 的最小值.

题目解说　本题源于微信群"天南海北数学人"(2019 年 4 月 22 日).

方法透析　本题抓住三角公式之间的关系,可以利用构造二次函数法.

解　由三角公式知

$$U = \cos x \cos y \cos(x-y)$$

$$= \cos x \cos y (\cos x \cos y + \sin x \sin y)$$

$$= \cos^2 x \cos^2 y - \sin x \sin y \cos x \cos y$$

$$= \frac{1}{4}\left[(\cos 2x+1)(\cos 2y+1) + \sin 2x \sin 2y\right]$$

$$= \frac{1}{4}\left[\cos 2x \cos 2y + \cos 2x + \cos 2y + \sin 2x \sin 2y + 1\right]$$

$$= \frac{1}{4}\left[\cos 2x + \cos 2y + \cos 2(x-y) + 1\right]$$

$$= \frac{1}{4}\left[2\cos(x+y)\cos(x-y) + \cos 2(x-y) + 1\right]$$

$$= \frac{1}{4}\left[2\cos(x+y)\cos(x-y) + 2\cos^2(x-y)\right]$$

$$= \frac{1}{2}\left[\cos(x-y) + \frac{\cos(x+y)}{2}\right]^2 - \frac{\cos^2(x+y)}{8}$$

$$\geqslant -\frac{\cos^2(x+y)}{8}$$

$$\geqslant -\frac{1}{8}$$

等号成立的条件为

$$\cos^2(x+y) = 1, \cos(x-y) + \frac{\cos(x+y)}{2} = 0$$

即

$$x+y = k\pi, x-y = k\pi \pm \frac{\pi}{3} \quad (k \in \mathbf{Z})$$

刘培杰数学工作室
已出版(即将出版)图书目录——初等数学

书　　名	出版时间	定　价	编号
新编中学数学解题方法全书(高中版)上卷(第2版)	2018—08	58.00	951
新编中学数学解题方法全书(高中版)中卷(第2版)	2018—08	68.00	952
新编中学数学解题方法全书(高中版)下卷(一)(第2版)	2018—08	58.00	953
新编中学数学解题方法全书(高中版)下卷(二)(第2版)	2018—08	58.00	954
新编中学数学解题方法全书(高中版)下卷(三)(第2版)	2018—08	68.00	955
新编中学数学解题方法全书(初中版)上卷	2008—01	28.00	29
新编中学数学解题方法全书(初中版)中卷	2010—07	38.00	75
新编中学数学解题方法全书(高考复习卷)	2010—01	48.00	67
新编中学数学解题方法全书(高考真题卷)	2010—01	38.00	62
新编中学数学解题方法全书(高考精华卷)	2011—03	68.00	118
新编平面解析几何解题方法全书(专题讲座卷)	2010—01	18.00	61
新编中学数学解题方法全书(自主招生卷)	2013—08	88.00	261
数学奥林匹克与数学文化(第一辑)	2006—05	48.00	4
数学奥林匹克与数学文化(第二辑)(竞赛卷)	2008—01	48.00	19
数学奥林匹克与数学文化(第二辑)(文化卷)	2008—07	58.00	36′
数学奥林匹克与数学文化(第三辑)(竞赛卷)	2010—01	48.00	59
数学奥林匹克与数学文化(第四辑)(竞赛卷)	2011—08	58.00	87
数学奥林匹克与数学文化(第五辑)	2015—06	98.00	370
世界著名平面几何经典著作钩沉——几何作图专题卷(上)	2009—06	48.00	49
世界著名平面几何经典著作钩沉——几何作图专题卷(下)	2011—01	88.00	80
世界著名平面几何经典著作钩沉(民国平面几何老课本)	2011—03	38.00	113
世界著名平面几何经典著作钩沉(建国初期平面三角老课本)	2015—08	38.00	507
世界著名解析几何经典著作钩沉——平面解析几何卷	2014—01	38.00	264
世界著名数论经典著作钩沉(算术卷)	2012—01	28.00	125
世界著名数学经典著作钩沉——立体几何卷	2011—02	28.00	88
世界著名三角学经典著作钩沉(平面三角卷Ⅰ)	2010—06	28.00	69
世界著名三角学经典著作钩沉(平面三角卷Ⅱ)	2011—01	38.00	78
世界著名初等数论经典著作钩沉(理论和实用算术卷)	2011—07	38.00	126
发展你的空间想象力	2017—06	38.00	785
空间想象力进阶	2019—05	68.00	1062
走向国际数学奥林匹克的平面几何试题诠释. 第1卷	即将出版		1043
走向国际数学奥林匹克的平面几何试题诠释. 第2卷	即将出版		1044
走向国际数学奥林匹克的平面几何试题诠释. 第3卷	2019—03	78.00	1045
走向国际数学奥林匹克的平面几何试题诠释. 第4卷	即将出版		1046
平面几何证明方法全书	2007—08	35.00	1
平面几何证明方法全书习题解答(第2版)	2006—12	18.00	10
平面几何天天练上卷·基础篇(直线型)	2013—01	58.00	208
平面几何天天练中卷·基础篇(涉及圆)	2013—01	28.00	234
平面几何天天练下卷·提高篇	2013—01	58.00	237
平面几何专题研究	2013—07	98.00	258

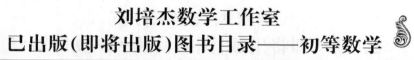

刘培杰数学工作室
已出版(即将出版)图书目录——初等数学

书　名	出版时间	定　价	编号
最新世界各国数学奥林匹克中的平面几何试题	2007—09	38.00	14
数学竞赛平面几何典型题及新颖解	2010—07	48.00	74
初等数学复习及研究(平面几何)	2008—09	58.00	38
初等数学复习及研究(立体几何)	2010—06	38.00	71
初等数学复习及研究(平面几何)习题解答	2009—01	48.00	42
几何学教程(平面几何卷)	2011—03	68.00	90
几何学教程(立体几何卷)	2011—07	68.00	130
几何变换与几何证题	2010—06	88.00	70
计算方法与几何证题	2011—06	28.00	129
立体几何技巧与方法	2014—04	88.00	293
几何瑰宝——平面几何500名题暨1000条定理(上、下)	2010—07	138.00	76,77
三角形的解法与应用	2012—07	18.00	183
近代的三角形几何学	2012—07	48.00	184
一般折线几何学	2015—08	48.00	503
三角形的五心	2009—06	28.00	51
三角形的六心及其应用	2015—10	68.00	542
三角形趣谈	2012—08	28.00	212
解三角形	2014—01	28.00	265
三角学专门教程	2014—09	28.00	387
图天下几何新题试卷.初中(第2版)	2017—11	58.00	855
圆锥曲线习题集(上册)	2013—06	68.00	255
圆锥曲线习题集(中册)	2015—01	78.00	434
圆锥曲线习题集(下册·第1卷)	2016—10	78.00	683
圆锥曲线习题集(下册·第2卷)	2018—01	98.00	853
论九点圆	2015—05	88.00	645
近代欧氏几何学	2012—03	48.00	162
罗巴切夫斯基几何学及几何基础概要	2012—07	28.00	188
罗巴切夫斯基几何学初步	2015—06	28.00	474
用三角、解析几何、复数、向量计算解数学竞赛几何题	2015—03	48.00	455
美国中学几何教程	2015—04	88.00	458
三线坐标与三角形特征点	2015—04	98.00	460
平面解析几何方法与研究(第1卷)	2015—05	18.00	471
平面解析几何方法与研究(第2卷)	2015—06	18.00	472
平面解析几何方法与研究(第3卷)	2015—07	18.00	473
解析几何研究	2015—01	38.00	425
解析几何学教程.上	2016—01	38.00	574
解析几何学教程.下	2016—01	38.00	575
几何学基础	2016—01	58.00	581
初等几何研究	2015—02	58.00	444
十九和二十世纪欧氏几何学中的片段	2017—01	58.00	696
平面几何中考.高考.奥数一本通	2017—07	28.00	820
几何学简史	2017—08	28.00	833
四面体	2018—01	48.00	880
平面几何证明方法思路	2018—12	68.00	913
平面几何图形特性新析.上篇	2019—01	68.00	911
平面几何图形特性新析.下篇	2018—06	88.00	912
平面几何范例多解探究.上篇	2018—04	48.00	910
平面几何范例多解探究.下篇	2018—12	68.00	914
从分析解题过程学解题:竞赛中的几何问题研究	2018—07	68.00	946
从分析解题过程学解题:竞赛中的向量几何与不等式研究(全2册)	2019—06	138.00	1090
二维、三维欧氏几何的对偶原理	2018—12	38.00	990
星形大观及闭折线论	2019—03	68.00	1020
圆锥曲线之设点与设线	2019—05	60.00	1063

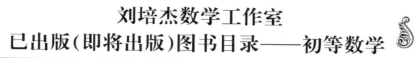

刘培杰数学工作室
已出版（即将出版）图书目录——初等数学

书　　名	出版时间	定　价	编号
俄罗斯平面几何问题集	2009－08	88.00	55
俄罗斯立体几何问题集	2014－03	58.00	283
俄罗斯几何大师——沙雷金论数学及其他	2014－01	48.00	271
来自俄罗斯的5000道几何习题及解答	2011－03	58.00	89
俄罗斯初等数学问题集	2012－05	38.00	177
俄罗斯函数问题集	2011－03	38.00	103
俄罗斯组合分析问题集	2011－01	48.00	79
俄罗斯初等数学万题选——三角卷	2012－11	38.00	222
俄罗斯初等数学万题选——代数卷	2013－08	68.00	225
俄罗斯初等数学万题选——几何卷	2014－01	68.00	226
俄罗斯《量子》杂志数学征解问题100题选	2018－08	48.00	969
俄罗斯《量子》杂志数学征解问题又100题选	2018－08	48.00	970
463个俄罗斯几何老问题	2012－01	28.00	152
《量子》数学短文精粹	2018－09	38.00	972
谈谈素数	2011－03	18.00	91
平方和	2011－03	18.00	92
整数论	2011－05	38.00	120
从整数谈起	2015－10	28.00	538
数与多项式	2016－01	38.00	558
谈谈不定方程	2011－05	28.00	119
解析不等式新论	2009－06	68.00	48
建立不等式的方法	2011－03	98.00	104
数学奥林匹克不等式研究	2009－08	68.00	56
不等式研究（第二辑）	2012－02	68.00	153
不等式的秘密（第一卷）	2012－02	28.00	154
不等式的秘密（第一卷）（第2版）	2014－02	38.00	286
不等式的秘密（第二卷）	2014－01	38.00	268
初等不等式的证明方法	2010－06	38.00	123
初等不等式的证明方法（第二版）	2014－11	38.00	407
不等式·理论·方法（基础卷）	2015－07	38.00	496
不等式·理论·方法（经典不等式卷）	2015－07	38.00	497
不等式·理论·方法（特殊类型不等式卷）	2015－07	48.00	498
不等式探究	2016－03	38.00	582
不等式探秘	2017－01	88.00	689
四面体不等式	2017－01	68.00	715
数学奥林匹克中常见重要不等式	2017－09	38.00	845
三正弦不等式	2018－09	98.00	974
函数方程与不等式:解法与稳定性结果	2019－04	68.00	1058
同余理论	2012－05	38.00	163
[x]与{x}	2015－04	48.00	476
极值与最值.上卷	2015－06	28.00	486
极值与最值.中卷	2015－06	38.00	487
极值与最值.下卷	2015－06	28.00	488
整数的性质	2012－11	38.00	192
完全平方数及其应用	2015－08	78.00	506
多项式理论	2015－10	88.00	541
奇数、偶数、奇偶分析法	2018－01	98.00	876
不定方程及其应用.上	2018－12	58.00	992
不定方程及其应用.中	2019－01	78.00	993
不定方程及其应用.下	2019－02	98.00	994

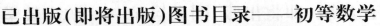

刘培杰数学工作室
已出版(即将出版)图书目录——初等数学

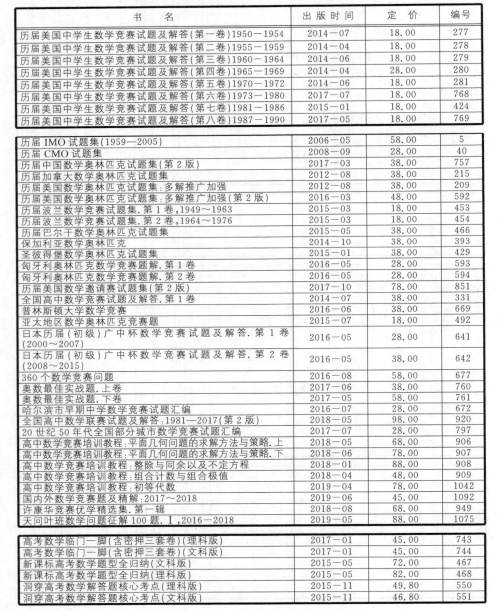

书　名	出版时间	定　价	编号
历届美国中学生数学竞赛试题及解答(第一卷)1950—1954	2014—07	18.00	277
历届美国中学生数学竞赛试题及解答(第二卷)1955—1959	2014—04	18.00	278
历届美国中学生数学竞赛试题及解答(第三卷)1960—1964	2014—06	18.00	279
历届美国中学生数学竞赛试题及解答(第四卷)1965—1969	2014—04	28.00	280
历届美国中学生数学竞赛试题及解答(第五卷)1970—1972	2014—06	18.00	281
历届美国中学生数学竞赛试题及解答(第六卷)1973—1980	2017—07	18.00	768
历届美国中学生数学竞赛试题及解答(第七卷)1981—1986	2015—01	18.00	424
历届美国中学生数学竞赛试题及解答(第八卷)1987—1990	2017—05	18.00	769
历届IMO试题集(1959—2005)	2006—05	58.00	5
历届CMO试题集	2008—09	28.00	40
历届中国数学奥林匹克试题集(第2版)	2017—03	38.00	757
历届加拿大数学奥林匹克试题集	2012—08	38.00	215
历届美国数学奥林匹克试题集:多解推广加强	2012—08	38.00	209
历届美国数学奥林匹克试题集:多解推广加强(第2版)	2016—03	48.00	592
历届波兰数学竞赛试题集.第1卷,1949～1963	2015—03	18.00	453
历届波兰数学竞赛试题集.第2卷,1964～1976	2015—03	18.00	454
历届巴尔干数学奥林匹克试题集	2015—05	38.00	466
保加利亚数学奥林匹克	2014—10	38.00	393
圣彼得堡数学奥林匹克试题集	2015—01	38.00	429
匈牙利奥林匹克数学竞赛题解.第1卷	2016—05	28.00	593
匈牙利奥林匹克数学竞赛题解.第2卷	2016—05	28.00	594
历届美国数学邀请赛试题集(第2版)	2017—10	78.00	851
全国高中数学竞赛试题及解答.第1卷	2014—07	38.00	331
普林斯顿大学数学竞赛	2016—06	38.00	669
亚太地区数学奥林匹克竞赛题	2015—07	18.00	492
日本历届(初级)广中杯数学竞赛试题及解答.第1卷(2000～2007)	2016—05	28.00	641
日本历届(初级)广中杯数学竞赛试题及解答.第2卷(2008～2015)	2016—05	38.00	642
360个数学竞赛问题	2016—08	58.00	677
奥数最佳实战题.上卷	2017—06	38.00	760
奥数最佳实战题.下卷	2017—05	58.00	761
哈尔滨市早期中学数学竞赛试题汇编	2016—07	28.00	672
全国高中数学联赛试题及解答:1981—2017(第2版)	2018—05	98.00	920
20世纪50年代全国部分城市数学竞赛试题汇编	2017—07	28.00	797
高中数学竞赛培训教程:平面几何问题的求解方法与策略.上	2018—05	68.00	906
高中数学竞赛培训教程:平面几何问题的求解方法与策略.下	2018—06	78.00	907
高中数学竞赛培训教程:整除与同余以及不定方程	2018—01	88.00	908
高中数学竞赛培训教程:组合计数与组合极值	2018—04	48.00	909
高中数学竞赛培训教程:初等代数	2019—04	78.00	1042
国内外数学竞赛题及精解:2017～2018	2019—06	45.00	1092
许康华竞赛优学精选集.第一辑	2018—08	68.00	949
天问叶班数学问题征解100题.Ⅰ,2016—2018	2019—05	88.00	1075
高考数学临门一脚(含密押三套卷)(理科版)	2017—01	45.00	743
高考数学临门一脚(含密押三套卷)(文科版)	2017—01	45.00	744
新课标高考数学题型全归纳(文科版)	2015—05	72.00	467
新课标高考数学题型全归纳(理科版)	2015—05	82.00	468
洞穿高考数学解答题核心考点(理科版)	2015—11	49.80	550
洞穿高考数学解答题核心考点(文科版)	2015—11	46.80	551

书　名	出版时间	定　价	编号
高考数学题型全归纳:文科版.上	2016—05	53.00	663
高考数学题型全归纳:文科版.下	2016—05	53.00	664
高考数学题型全归纳:理科版.上	2016—05	58.00	665
高考数学题型全归纳:理科版.下	2016—05	58.00	666
王连笑教你怎样学数学:高考选择题解题策略与客观题实用训练	2014—01	48.00	262
王连笑教你怎样学数学:高考数学高层次讲座	2015—02	48.00	432
高考数学的理论与实践	2009—08	38.00	53
高考数学核心题型解题方法与技巧	2010—01	28.00	86
高考思维新平台	2014—03	38.00	259
30分钟拿下高考数学选择题、填空题(理科版)	2016—10	39.80	720
30分钟拿下高考数学选择题、填空题(文科版)	2016—10	39.80	721
高考数学压轴题解题诀窍(上)(第2版)	2018—01	58.00	874
高考数学压轴题解题诀窍(下)(第2版)	2018—01	48.00	875
北京市五区文科数学三年高考模拟题详解:2013~2015	2015—08	48.00	500
北京市五区理科数学三年高考模拟题详解:2013~2015	2015—09	68.00	505
向量法巧解数学高考题	2009—08	28.00	54
高考数学万能解题法(第2版)	即将出版	38.00	691
高考物理万能解题法(第2版)	即将出版	38.00	692
高考化学万能解题法(第2版)	即将出版	28.00	693
高考生物万能解题法(第2版)	即将出版	28.00	694
高考数学解题金典(第2版)	2017—01	78.00	716
高考物理解题金典(第2版)	2019—05	68.00	717
高考化学解题金典(第2版)	2019—05	58.00	718
我一定要赚分:高中物理	2016—01	38.00	580
数学高考参考	2016—01	78.00	589
2011~2015年全国及各省市高考数学文科精品试题审题要津与解法研究	2015—10	68.00	539
2011~2015年全国及各省市高考数学理科精品试题审题要津与解法研究	2015—10	88.00	540
最新全国及各省市高考数学试卷解法研究及点拨评析	2009—02	38.00	41
2011年全国及各省市高考数学试题审题要津与解法研究	2011—10	48.00	139
2013年全国及各省市高考数学试题解析与点评	2014—01	48.00	282
全国及各省市高考数学试题审题要津与解法研究	2015—02	48.00	450
高中数学章节起始课的教学研究与案例设计	2019—05	28.00	1064
新课标高考数学——五年试题分章详解(2007~2011)(上、下)	2011—10	78.00	140,141
全国及各省市高考数学试题审题要津与解法研究	2013—04	78.00	248
新编全国及各省市中考数学压轴题审题要津与解法研究	2014—05	58.00	342
全国及各省市5年中考数学压轴题审题要津与解法研究(2015版)	2015—04	58.00	462
中考数学专题总复习	2007—04	28.00	6
中考数学较难题、难题常考题型解题方法与技巧.上	2016—01	48.00	584
中考数学较难题、难题常考题型解题方法与技巧.下	2016—01	58.00	585
中考数学较难题常考题型解题方法与技巧	2016—09	48.00	681
中考数学难题常考题型解题方法与技巧	2016—09	48.00	682
中考数学中档题常考题型解题方法与技巧	2017—08	68.00	835
中考数学选择填空压轴好题妙解365	2017—05	38.00	759

书　名	出版时间	定　价	编号
中考数学小压轴汇编初讲	2017—07	48.00	788
中考数学大压轴专题微言	2017—09	48.00	846
北京中考数学压轴题解题方法突破(第4版)	2019—01	58.00	1001
助你高考成功的数学解题智慧:知识是智慧的基础	2016—01	58.00	596
助你高考成功的数学解题智慧:错误是智慧的试金石	2016—04	58.00	643
助你高考成功的数学解题智慧:方法是智慧的推手	2016—04	68.00	657
高考数学奇思妙解	2016—04	38.00	610
高考数学解题策略	2016—05	48.00	670
数学解题泄天机(第2版)	2017—10	48.00	850
高考物理压轴题全解	2017—04	48.00	746
高中物理经典问题25讲	2017—05	28.00	764
高中物理教学讲义	2018—01	48.00	871
2016年高考文科数学真题研究	2017—04	58.00	754
2016年高考理科数学真题研究	2017—04	78.00	755
2017年高考理科数学真题研究	2018—01	58.00	867
2017年高考文科数学真题研究	2018—01	48.00	868
初中数学、高中数学脱节知识补缺教材	2017—06	48.00	766
高考数学小题抢分必练	2017—10	48.00	834
高考数学核心素养解读	2017—09	38.00	839
高考数学客观题解题方法和技巧	2017—10	38.00	847
十年高考数学精品试题审题要津与解法研究.上卷	2018—01	68.00	872
十年高考数学精品试题审题要津与解法研究.下卷	2018—01	58.00	873
中国历届高考数学试题及解答.1949—1979	2018—01	38.00	877
历届中国高考数学试题及解答.第二卷,1980—1989	2018—10	28.00	975
历届中国高考数学试题及解答.第三卷,1990—1999	2018—10	48.00	976
数学文化与高考研究	2018—03	48.00	882
跟我学解高中数学题	2018—07	58.00	926
中学数学研究的方法及案例	2018—05	58.00	869
高考数学抢分技能	2018—07	68.00	934
高一新生常用数学方法和重要数学思想提升教材	2018—06	38.00	921
2018年高考数学真题研究	2019—01	68.00	1000
高考数学全国卷16道选择、填空题常考题型解题诀窍:理科	2018—09	88.00	971
高中数学一题多解	2019—06	58.00	1087

新编640个世界著名数学智力趣题	2014—01	88.00	242
500个最新世界著名数学智力趣题	2008—06	48.00	3
400个最新世界著名数学最值问题	2008—09	48.00	36
500个世界著名数学征解问题	2009—06	48.00	52
400个中国最佳初等数学征解老问题	2010—01	48.00	60
500个俄罗斯数学经典老题	2011—01	28.00	81
1000个国外中学物理好题	2012—04	48.00	174
300个日本高考数学题	2012—05	38.00	142
700个早期日本高考数学试题	2017—02	88.00	752
500个前苏联早期高考数学试题及解答	2012—05	28.00	185
546个早期俄罗斯大学生数学竞赛题	2014—03	38.00	285
548个来自美苏的数学好问题	2014—11	28.00	396
20所苏联著名大学早期入学试题	2015—02	18.00	452
161道德国工科大学生必做的微分方程习题	2015—05	28.00	469
500个德国工科大学生必做的高数习题	2015—06	28.00	478
360个数学竞赛问题	2016—08	58.00	677
200个趣味数学故事	2018—02	48.00	857
470个数学奥林匹克中的最值问题	2018—10	88.00	985
德国讲义日本考题.微积分卷	2015—04	48.00	456
德国讲义日本考题.微分方程卷	2015—04	38.00	457
二十世纪中叶中、英、美、日、法、俄高考数学试题精选	2017—06	38.00	783

刘培杰数学工作室
已出版(即将出版)图书目录——初等数学

书　　名	出版时间	定　价	编号
中国初等数学研究　2009卷(第1辑)	2009—05	20.00	45
中国初等数学研究　2010卷(第2辑)	2010—05	30.00	68
中国初等数学研究　2011卷(第3辑)	2011—07	60.00	127
中国初等数学研究　2012卷(第4辑)	2012—07	48.00	190
中国初等数学研究　2014卷(第5辑)	2014—02	48.00	288
中国初等数学研究　2015卷(第6辑)	2015—06	68.00	493
中国初等数学研究　2016卷(第7辑)	2016—04	68.00	609
中国初等数学研究　2017卷(第8辑)	2017—01	98.00	712
几何变换(Ⅰ)	2014—07	28.00	353
几何变换(Ⅱ)	2015—06	28.00	354
几何变换(Ⅲ)	2015—01	38.00	355
几何变换(Ⅳ)	2015—12	38.00	356
初等数论难题集(第一卷)	2009—05	68.00	44
初等数论难题集(第二卷)(上、下)	2011—02	128.00	82,83
数论概貌	2011—03	18.00	93
代数数论(第二版)	2013—08	58.00	94
代数多项式	2014—06	38.00	289
初等数论的知识与问题	2011—02	28.00	95
超越数论基础	2011—03	28.00	96
数论初等教程	2011—03	28.00	97
数论基础	2011—03	18.00	98
数论基础与维诺格拉多夫	2014—03	18.00	292
解析数论基础	2012—08	28.00	216
解析数论基础(第二版)	2014—01	48.00	287
解析数论问题集(第二版)(原版引进)	2014—05	88.00	343
解析数论问题集(第二版)(中译本)	2016—04	88.00	607
解析数论基础(潘承洞,潘承彪著)	2016—07	98.00	673
解析数论导引	2016—07	58.00	674
数论入门	2011—03	38.00	99
代数数论入门	2015—03	38.00	448
数论开篇	2012—07	28.00	194
解析数论引论	2011—03	48.00	100
Barban Davenport Halberstam均值和	2009—01	40.00	33
基础数论	2011—03	28.00	101
初等数论100例	2011—05	18.00	122
初等数论经典例题	2012—07	18.00	204
最新世界各国数学奥林匹克中的初等数论试题(上、下)	2012—01	138.00	144,145
初等数论(Ⅰ)	2012—01	18.00	156
初等数论(Ⅱ)	2012—01	18.00	157
初等数论(Ⅲ)	2012—01	28.00	158

刘培杰数学工作室
已出版(即将出版)图书目录——初等数学

书　名	出版时间	定　价	编号
平面几何与数论中未解决的新老问题	2013—01	68.00	229
代数数论简史	2014—11	28.00	408
代数数论	2015—09	88.00	532
代数、数论及分析习题集	2016—11	98.00	695
数论导引提要及习题解答	2016—01	48.00	559
素数定理的初等证明.第2版	2016—09	48.00	686
数论中的模函数与狄利克雷级数(第二版)	2017—11	78.00	837
数论:数学导引	2018—01	68.00	849
范式大代数	2019—02	98.00	1016
解析数学讲义.第一卷,导来式及微分、积分、级数	2019—04	88.00	1021
解析数学讲义.第二卷,关于几何的应用	2019—04	68.00	1022
解析数学讲义.第三卷,解析函数论	2019—04	78.00	1023
分析·组合·数论纵横谈	2019—04	58.00	1039
数学精神巡礼	2019—01	58.00	731
数学眼光透视(第2版)	2017—06	78.00	732
数学思想领悟(第2版)	2018—01	68.00	733
数学方法溯源(第2版)	2018—08	68.00	734
数学解题引论	2017—05	58.00	735
数学史话览胜(第2版)	2017—01	48.00	736
数学应用展观(第2版)	2017—08	68.00	737
数学建模尝试	2018—04	48.00	738
数学竞赛采风	2018—01	68.00	739
数学测评探营	2019—05	58.00	740
数学技能操握	2018—03	48.00	741
数学欣赏拾趣	2018—02	48.00	742
从毕达哥拉斯到怀尔斯	2007—10	48.00	9
从迪利克雷到维斯卡尔迪	2008—01	48.00	21
从哥德巴赫到陈景润	2008—05	98.00	35
从庞加莱到佩雷尔曼	2011—08	138.00	136
博弈论精粹	2008—03	58.00	30
博弈论精粹.第二版(精装)	2015—01	88.00	461
数学 我爱你	2008—01	28.00	20
精神的圣徒　别样的人生——60位中国数学家成长的历程	2008—09	48.00	39
数学史概论	2009—06	78.00	50
数学史概论(精装)	2013—03	158.00	272
数学史选讲	2016—01	48.00	544
斐波那契数列	2010—02	28.00	65
数学拼盘和斐波那契魔方	2010—07	38.00	72
斐波那契数列欣赏(第2版)	2018—08	58.00	948
Fibonacci数列中的明珠	2018—06	58.00	928
数学的创造	2011—02	48.00	85
数学美与创造力	2016—01	48.00	595
数海拾贝	2016—01	48.00	590
数学中的美(第2版)	2019—04	68.00	1057
数论中的美学	2014—12	38.00	351

刘培杰数学工作室
已出版(即将出版)图书目录——初等数学

书　名	出版时间	定　价	编号
数学王者　科学巨人——高斯	2015—01	28.00	428
振兴祖国数学的圆梦之旅:中国初等数学研究史话	2015—06	98.00	490
二十世纪中国数学史料研究	2015—10	48.00	536
数字谜、数阵图与棋盘覆盖	2016—01	58.00	298
时间的形状	2016—01	38.00	556
数学发现的艺术:数学探索中的合情推理	2016—07	58.00	671
活跃在数学中的参数	2016—07	48.00	675
数学解题——靠数学思想给力(上)	2011—07	38.00	131
数学解题——靠数学思想给力(中)	2011—07	48.00	132
数学解题——靠数学思想给力(下)	2011—07	38.00	133
我怎样解题	2013—01	48.00	227
数学解题中的物理方法	2011—06	28.00	114
数学解题的特殊方法	2011—06	48.00	115
中学数学计算技巧	2012—01	48.00	116
中学数学证明方法	2012—01	58.00	117
数学趣题巧解	2012—03	28.00	128
高中数学教学通鉴	2015—05	58.00	479
和高中生漫谈:数学与哲学的故事	2014—08	28.00	369
算术问题集	2017—03	38.00	789
张教授讲数学	2018—07	38.00	933
自主招生考试中的参数方程问题	2015—01	28.00	435
自主招生考试中的极坐标问题	2015—04	28.00	463
近年全国重点大学自主招生数学试题全解及研究.华约卷	2015—02	38.00	441
近年全国重点大学自主招生数学试题全解及研究.北约卷	2016—05	38.00	619
自主招生数学解证宝典	2015—09	48.00	535
格点和面积	2012—07	18.00	191
射影几何趣谈	2012—04	28.00	175
斯潘纳尔引理——从一道加拿大数学奥林匹克试题谈起	2014—01	28.00	228
李普希兹条件——从几道近年高考数学试题谈起	2012—10	18.00	221
拉格朗日中值定理——从一道北京高考试题的解法谈起	2015—10	18.00	197
闵科夫斯基定理——从一道清华大学自主招生试题谈起	2014—01	28.00	198
哈尔测度——从一道冬令营试题的背景谈起	2012—08	28.00	202
切比雪夫逼近问题——从一道中国台北数学奥林匹克试题谈起	2013—04	38.00	238
伯恩斯坦多项式与贝齐尔曲面——从一道全国高中数学联赛试题谈起	2013—03	38.00	236
卡塔兰猜想——从一道普特南竞赛试题谈起	2013—06	18.00	256
麦卡锡函数和阿克曼函数——从一道前南斯拉夫数学奥林匹克试题谈起	2012—08	18.00	201
贝蒂定理与拉姆贝克莫斯尔定理——从一个拣石子游戏谈起	2012—08	18.00	217
皮亚诺曲线和豪斯道夫分球定理——从无限集谈起	2012—08	18.00	211
平面凸图形与凸多面体	2012—10	28.00	218
斯坦因豪斯问题——从一道二十五省市自治区中学数学竞赛试题谈起	2012—07	18.00	196

刘培杰数学工作室
已出版(即将出版)图书目录——初等数学

书　名	出版时间	定　价	编号
纽结理论中的亚历山大多项式与琼斯多项式——从一道北京市高一数学竞赛试题谈起	2012—07	28.00	195
原则与策略——从波利亚"解题表"谈起	2013—04	38.00	244
转化与化归——从三大尺规作图不能问题谈起	2012—08	28.00	214
代数几何中的贝祖定理(第一版)——从一道IMO试题的解法谈起	2013—08	18.00	193
成功连贯理论与约当块理论——从一道比利时数学竞赛试题谈起	2012—04	18.00	180
素数判定与大数分解	2014—08	18.00	199
置换多项式及其应用	2012—10	18.00	220
椭圆函数与模函数——从一道美国加州大学洛杉矶分校(UCLA)博士资格考题谈起	2012—10	28.00	219
差分方程的拉格朗日方法——从一道2011年全国高考理科试题的解法谈起	2012—08	28.00	200
力学在几何中的一些应用	2013—01	38.00	240
高斯散度定理、斯托克斯定理和平面格林定理——从一道国际大学生数学竞赛试题谈起	即将出版		
康托洛维奇不等式——从一道全国高中联赛试题谈起	2013—03	28.00	337
西格尔引理——从一道第18届IMO试题的解法谈起	即将出版		
罗斯定理——从一道前苏联数学竞赛试题谈起	即将出版		
拉克斯定理和阿廷定理——从一道IMO试题的解法谈起	2014—01	58.00	246
毕卡大定理——从一道美国大学数学竞赛试题谈起	2014—07	18.00	350
贝齐尔曲线——从一道全国高中联赛试题谈起	即将出版		
拉格朗日乘子定理——从一道2005年全国高中联赛试题的高等数学解法谈起	2015—05	28.00	480
雅可比定理——从一道日本数学奥林匹克试题谈起	2013—04	48.00	249
李天岩—约克定理——从一道波兰数学竞赛试题谈起	2014—06	28.00	349
整系数多项式因式分解的一般方法——从克朗耐克算法谈起	即将出版		
布劳维不动点定理——从一道前苏联数学奥林匹克试题谈起	2014—01	38.00	273
伯恩赛德定理——从一道英国数学奥林匹克试题谈起	即将出版		
布查特—莫斯特定理——从一道上海市初中竞赛试题谈起	即将出版		
数论中的同余数问题——从一道普特南竞赛试题谈起	即将出版		
范·德蒙行列式——从一道美国数学奥林匹克试题谈起	即将出版		
中国剩余定理:总数法构建中国历史年表	2015—01	28.00	430
牛顿程序与方程求根——从一道全国高考试题解法谈起	即将出版		
库默尔定理——从一道IMO预选试题谈起	即将出版		
卢丁定理——从一道冬令营试题的解法谈起	即将出版		
沃斯滕霍姆定理——从一道IMO预选试题谈起	即将出版		
卡尔松不等式——从一道莫斯科数学奥林匹克试题谈起	即将出版		
信息论中的香农熵——从一道近年高考压轴题谈起	即将出版		
约当不等式——从一道希望杯竞赛试题谈起	即将出版		
拉比诺维奇定理	即将出版		
刘维尔定理——从一道《美国数学月刊》征解问题的解法谈起	即将出版		
卡塔兰恒等式与级数求和——从一道IMO试题的解法谈起	即将出版		
勒让德猜想与素数分布——从一道爱尔兰竞赛试题谈起	即将出版		
天平称重与信息论——从一道基辅市数学奥林匹克试题谈起	即将出版		
哈密尔顿—凯莱定理:从一道高中数学联赛试题的解法谈起	2014—09	18.00	376
艾思特曼定理——从一道CMO试题的解法谈起	即将出版		

刘培杰数学工作室
已出版(即将出版)图书目录——初等数学

书　名	出版时间	定　价	编号
阿贝尔恒等式与经典不等式及应用	2018—06	98.00	923
迪利克雷除数问题	2018—07	48.00	930
糖水中的不等式——从初等数学到高等数学	2019—07	48.00	1093
帕斯卡三角形	2014—03	18.00	294
蒲丰投针问题——从2009年清华大学的一道自主招生试题谈起	2014—01	38.00	295
斯图姆定理——从一道"华约"自主招生试题的解法谈起	2014—01	18.00	296
许瓦兹引理——从一道加利福尼亚大学伯克利分校数学系博士生试题谈起	2014—08	18.00	297
拉姆塞定理——从王诗宬院士的一个问题谈起	2016—04	48.00	299
坐标法	2013—12	28.00	332
数论三角形	2014—04	38.00	341
毕克定理	2014—07	18.00	352
数林掠影	2014—09	48.00	389
我们周围的概率	2014—10	38.00	390
凸函数最值定理:从一道华约自主招生题的解法谈起	2014—10	28.00	391
易学与数学奥林匹克	2014—10	38.00	392
生物数学趣谈	2015—01	18.00	409
反演	2015—01	28.00	420
因式分解与圆锥曲线	2015—01	18.00	426
轨迹	2015—01	28.00	427
面积原理:从常庚哲命的一道CMO试题的积分解法谈起	2015—01	48.00	431
形形色色的不动点定理:从一道28届IMO试题谈起	2015—01	38.00	439
柯西函数方程:从一道上海交大自主招生的试题谈起	2015—02	28.00	440
三角恒等式	2015—02	28.00	442
无理性判定:从一道2014年"北约"自主招生试题谈起	2015—01	38.00	443
数学归纳法	2015—03	18.00	451
极端原理与解题	2015—04	28.00	464
法雷级数	2014—08	18.00	367
摆线族	2015—01	38.00	438
函数方程及其解法	2015—05	38.00	470
含参数的方程和不等式	2012—09	28.00	213
希尔伯特第十问题	2016—01	38.00	543
无穷小量的求和	2016—01	28.00	545
切比雪夫多项式:从一道清华大学金秋营试题谈起	2016—01	38.00	583
泽肯多夫定理	2016—03	38.00	599
代数等式证题法	2016—01	28.00	600
三角等式证题法	2016—01	28.00	601
吴大任教授藏书中的一个因式分解公式:从一道美国数学邀请赛试题的解法谈起	2016—06	28.00	656
易卦——类万物的数学模型	2017—08	68.00	838
"不可思议"的数与数系可持续发展	2018—01	38.00	878
最短线	2018—01	38.00	879
幻方和魔方(第一卷)	2012—05	68.00	173
尘封的经典——初等数学经典文献选读(第一卷)	2012—07	48.00	205
尘封的经典——初等数学经典文献选读(第二卷)	2012—07	38.00	206
初级方程式论	2011—03	28.00	106
初等数学研究(Ⅰ)	2008—09	68.00	37
初等数学研究(Ⅱ)(上、下)	2009—05	118.00	46,47

刘培杰数学工作室
已出版(即将出版)图书目录——初等数学

书　名	出版时间	定　价	编号
趣味初等方程妙题集锦	2014—09	48.00	388
趣味初等数论选美与欣赏	2015—02	48.00	445
耕读笔记(上卷):一位农民数学爱好者的初数探索	2015—04	28.00	459
耕读笔记(中卷):一位农民数学爱好者的初数探索	2015—05	28.00	483
耕读笔记(下卷):一位农民数学爱好者的初数探索	2015—05	28.00	484
几何不等式研究与欣赏.上卷	2016—01	88.00	547
几何不等式研究与欣赏.下卷	2016—01	48.00	552
初等数列研究与欣赏·上	2016—01	48.00	570
初等数列研究与欣赏·下	2016—01	48.00	571
趣味初等函数研究与欣赏.上	2016—09	48.00	684
趣味初等函数研究与欣赏.下	2018—09	48.00	685
火柴游戏	2016—05	38.00	612
智力解谜.第1卷	2017—07	38.00	613
智力解谜.第2卷	2017—07	38.00	614
故事智力	2016—07	48.00	615
名人们喜欢的智力问题	即将出版		616
数学大师的发现、创造与失误	2018—01	48.00	617
异曲同工	2018—09	48.00	618
数学的味道	2018—01	58.00	798
数学千字文	2018—10	68.00	977
数贝偶拾——高考数学题研究	2014—04	28.00	274
数贝偶拾——初等数学研究	2014—04	38.00	275
数贝偶拾——奥数题研究	2014—04	48.00	276
钱昌本教你快乐学数学(上)	2011—12	48.00	155
钱昌本教你快乐学数学(下)	2012—03	58.00	171
集合、函数与方程	2014—01	28.00	300
数列与不等式	2014—01	38.00	301
三角与平面向量	2014—01	28.00	302
平面解析几何	2014—01	38.00	303
立体几何与组合	2014—01	28.00	304
极限与导数、数学归纳法	2014—01	38.00	305
趣味数学	2014—03	28.00	306
教材教法	2014—04	68.00	307
自主招生	2014—05	58.00	308
高考压轴题(上)	2015—01	48.00	309
高考压轴题(下)	2014—10	68.00	310
从费马到怀尔斯——费马大定理的历史	2013—10	198.00	I
从庞加莱到佩雷尔曼——庞加莱猜想的历史	2013—10	298.00	II
从切比雪夫到爱尔特希(上)——素数定理的初等证明	2013—07	48.00	III
从切比雪夫到爱尔特希(下)——素数定理100年	2012—12	98.00	III
从高斯到盖尔方特——二次域的高斯猜想	2013—10	198.00	IV
从库默尔到朗兰兹——朗兰兹猜想的历史	2014—01	98.00	V
从比勃巴赫到德布朗斯——比勃巴赫猜想的历史	2014—02	298.00	VI
从麦比乌斯到陈省身——麦比乌斯变换与麦比乌斯带	2014—02	298.00	VII
从布尔到豪斯道夫——布尔方程与格论漫谈	2013—10	198.00	VIII
从开普勒到阿诺德——三体问题的历史	2014—05	298.00	IX
从华林到华罗庚——华林问题的历史	2013—10	298.00	X

刘培杰数学工作室
已出版(即将出版)图书目录——初等数学

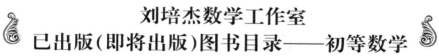

书　名	出版时间	定　价	编号
美国高中数学竞赛五十讲.第1卷(英文)	2014—08	28.00	357
美国高中数学竞赛五十讲.第2卷(英文)	2014—08	28.00	358
美国高中数学竞赛五十讲.第3卷(英文)	2014—09	28.00	359
美国高中数学竞赛五十讲.第4卷(英文)	2014—09	28.00	360
美国高中数学竞赛五十讲.第5卷(英文)	2014—10	28.00	361
美国高中数学竞赛五十讲.第6卷(英文)	2014—11	28.00	362
美国高中数学竞赛五十讲.第7卷(英文)	2014—12	28.00	363
美国高中数学竞赛五十讲.第8卷(英文)	2015—01	28.00	364
美国高中数学竞赛五十讲.第9卷(英文)	2015—01	28.00	365
美国高中数学竞赛五十讲.第10卷(英文)	2015—02	38.00	366
三角函数(第2版)	2017—04	38.00	626
不等式	2014—01	38.00	312
数列	2014—01	38.00	313
方程(第2版)	2017—04	38.00	624
排列和组合	2014—01	28.00	315
极限与导数(第2版)	2016—04	38.00	635
向量(第2版)	2018—08	58.00	627
复数及其应用	2014—08	28.00	318
函数	2014—01	38.00	319
集合	即将出版		320
直线与平面	2014—01	28.00	321
立体几何(第2版)	2016—04	38.00	629
解三角形	即将出版		323
直线与圆(第2版)	2016—11	38.00	631
圆锥曲线(第2版)	2016—09	48.00	632
解题通法(一)	2014—07	38.00	326
解题通法(二)	2014—07	38.00	327
解题通法(三)	2014—05	38.00	328
概率与统计	2014—01	28.00	329
信息迁移与算法	即将出版		330
IMO 50 年.第1卷(1959—1963)	2014—11	28.00	377
IMO 50 年.第2卷(1964—1968)	2014—11	28.00	378
IMO 50 年.第3卷(1969—1973)	2014—09	28.00	379
IMO 50 年.第4卷(1974—1978)	2016—04	38.00	380
IMO 50 年.第5卷(1979—1984)	2015—04	38.00	381
IMO 50 年.第6卷(1985—1989)	2015—04	58.00	382
IMO 50 年.第7卷(1990—1994)	2016—01	48.00	383
IMO 50 年.第8卷(1995—1999)	2016—06	38.00	384
IMO 50 年.第9卷(2000—2004)	2015—04	58.00	385
IMO 50 年.第10卷(2005—2009)	2016—01	48.00	386
IMO 50 年.第11卷(2010—2015)	2017—03	48.00	646

刘培杰数学工作室

已出版(即将出版)图书目录——初等数学

书　名	出版时间	定　价	编号
数学反思(2006—2007)	即将出版		915
数学反思(2008—2009)	2019—01	68.00	917
数学反思(2010—2011)	2018—05	58.00	916
数学反思(2012—2013)	2019—01	58.00	918
数学反思(2014—2015)	2019—03	78.00	919
历届美国大学生数学竞赛试题集.第一卷(1938—1949)	2015—01	28.00	397
历届美国大学生数学竞赛试题集.第二卷(1950—1959)	2015—01	28.00	398
历届美国大学生数学竞赛试题集.第三卷(1960—1969)	2015—01	28.00	399
历届美国大学生数学竞赛试题集.第四卷(1970—1979)	2015—01	18.00	400
历届美国大学生数学竞赛试题集.第五卷(1980—1989)	2015—01	28.00	401
历届美国大学生数学竞赛试题集.第六卷(1990—1999)	2015—01	28.00	402
历届美国大学生数学竞赛试题集.第七卷(2000—2009)	2015—08	18.00	403
历届美国大学生数学竞赛试题集.第八卷(2010—2012)	2015—01	18.00	404
新课标高考数学创新题解题诀窍:总论	2014—09	28.00	372
新课标高考数学创新题解题诀窍:必修1~5分册	2014—08	38.00	373
新课标高考数学创新题解题诀窍:选修2—1,2—2,1—1,1—2分册	2014—09	38.00	374
新课标高考数学创新题解题诀窍:选修2—3,4—4,4—5分册	2014—09	18.00	375
全国重点大学自主招生英文数学试题全攻略:词汇卷	2015—07	48.00	410
全国重点大学自主招生英文数学试题全攻略:概念卷	2015—01	28.00	411
全国重点大学自主招生英文数学试题全攻略:文章选读卷(上)	2016—09	38.00	412
全国重点大学自主招生英文数学试题全攻略:文章选读卷(下)	2017—01	58.00	413
全国重点大学自主招生英文数学试题全攻略:试题卷	2015—07	38.00	414
全国重点大学自主招生英文数学试题全攻略:名著欣赏卷	2017—03	48.00	415
劳埃德数学趣题大全.题目卷.1:英文	2016—01	18.00	516
劳埃德数学趣题大全.题目卷.2:英文	2016—01	18.00	517
劳埃德数学趣题大全.题目卷.3:英文	2016—01	18.00	518
劳埃德数学趣题大全.题目卷.4:英文	2016—01	18.00	519
劳埃德数学趣题大全.题目卷.5:英文	2016—01	18.00	520
劳埃德数学趣题大全.答案卷:英文	2016—01	18.00	521
李成章教练奥数笔记.第1卷	2016—01	48.00	522
李成章教练奥数笔记.第2卷	2016—01	48.00	523
李成章教练奥数笔记.第3卷	2016—01	38.00	524
李成章教练奥数笔记.第4卷	2016—01	38.00	525
李成章教练奥数笔记.第5卷	2016—01	38.00	526
李成章教练奥数笔记.第6卷	2016—01	38.00	527
李成章教练奥数笔记.第7卷	2016—01	38.00	528
李成章教练奥数笔记.第8卷	2016—01	48.00	529
李成章教练奥数笔记.第9卷	2016—01	28.00	530

刘培杰数学工作室
已出版(即将出版)图书目录——初等数学

书　名	出版时间	定　价	编号
第19～23届"希望杯"全国数学邀请赛试题审题要津详细评注(初一版)	2014—03	28.00	333
第19～23届"希望杯"全国数学邀请赛试题审题要津详细评注(初二、初三版)	2014—03	38.00	334
第19～23届"希望杯"全国数学邀请赛试题审题要津详细评注(高一版)	2014—03	28.00	335
第19～23届"希望杯"全国数学邀请赛试题审题要津详细评注(高二版)	2014—03	38.00	336
第19～25届"希望杯"全国数学邀请赛试题审题要津详细评注(初一版)	2015—01	38.00	416
第19～25届"希望杯"全国数学邀请赛试题审题要津详细评注(初二、初三版)	2015—01	58.00	417
第19～25届"希望杯"全国数学邀请赛试题审题要津详细评注(高一版)	2015—01	48.00	418
第19～25届"希望杯"全国数学邀请赛试题审题要津详细评注(高二版)	2015—01	48.00	419
物理奥林匹克竞赛大题典——力学卷	2014—11	48.00	405
物理奥林匹克竞赛大题典——热学卷	2014—04	28.00	339
物理奥林匹克竞赛大题典——电磁学卷	2015—07	48.00	406
物理奥林匹克竞赛大题典——光学与近代物理卷	2014—06	28.00	345
历届中国东南地区数学奥林匹克试题集(2004～2012)	2014—06	18.00	346
历届中国西部地区数学奥林匹克试题集(2001～2012)	2014—07	18.00	347
历届中国女子数学奥林匹克试题集(2002～2012)	2014—08	18.00	348
数学奥林匹克在中国	2014—06	98.00	344
数学奥林匹克问题集	2014—01	38.00	267
数学奥林匹克不等式散论	2010—06	38.00	124
数学奥林匹克不等式欣赏	2011—09	38.00	138
数学奥林匹克超级题库(初中卷上)	2010—01	58.00	66
数学奥林匹克不等式证明方法和技巧(上、下)	2011—08	158.00	134,135
他们学什么:原民主德国中学数学课本	2016—09	38.00	658
他们学什么:英国中学数学课本	2016—09	38.00	659
他们学什么:法国中学数学课本.1	2016—09	38.00	660
他们学什么:法国中学数学课本.2	2016—09	28.00	661
他们学什么:法国中学数学课本.3	2016—09	38.00	662
他们学什么:苏联中学数学课本	2016—09	28.00	679
高中数学题典——集合与简易逻辑·函数	2016—07	48.00	647
高中数学题典——导数	2016—07	48.00	648
高中数学题典——三角函数·平面向量	2016—07	48.00	649
高中数学题典——数列	2016—07	58.00	650
高中数学题典——不等式·推理与证明	2016—07	38.00	651
高中数学题典——立体几何	2016—07	48.00	652
高中数学题典——平面解析几何	2016—07	78.00	653
高中数学题典——计数原理·统计·概率·复数	2016—07	48.00	654
高中数学题典——算法·平面几何·初等数论·组合数学·其他	2016—07	68.00	655

刘培杰数学工作室
已出版(即将出版)图书目录——初等数学

书　　名	出版时间	定　价	编号
台湾地区奥林匹克数学竞赛试题.小学一年级	2017—03	38.00	722
台湾地区奥林匹克数学竞赛试题.小学二年级	2017—03	38.00	723
台湾地区奥林匹克数学竞赛试题.小学三年级	2017—03	38.00	724
台湾地区奥林匹克数学竞赛试题.小学四年级	2017—03	38.00	725
台湾地区奥林匹克数学竞赛试题.小学五年级	2017—03	38.00	726
台湾地区奥林匹克数学竞赛试题.小学六年级	2017—03	38.00	727
台湾地区奥林匹克数学竞赛试题.初中一年级	2017—03	38.00	728
台湾地区奥林匹克数学竞赛试题.初中二年级	2017—03	38.00	729
台湾地区奥林匹克数学竞赛试题.初中三年级	2017—03	28.00	730
不等式证题法	2017—04	28.00	747
平面几何培优教程	即将出版		748
奥数鼎级培优教程.高一分册	2018—09	88.00	749
奥数鼎级培优教程.高二分册.上	2018—04	68.00	750
奥数鼎级培优教程.高二分册.下	2018—04	68.00	751
高中数学竞赛冲刺宝典	2019—04	68.00	883
初中尖子生数学超级题典.实数	2017—07	58.00	792
初中尖子生数学超级题典.式、方程与不等式	2017—08	58.00	793
初中尖子生数学超级题典.圆、面积	2017—08	38.00	794
初中尖子生数学超级题典.函数、逻辑推理	2017—08	48.00	795
初中尖子生数学超级题典.角、线段、三角形与多边形	2017—07	58.00	796
数学王子——高斯	2018—01	48.00	858
坎坷奇星——阿贝尔	2018—01	48.00	859
闪烁奇星——伽罗瓦	2018—01	58.00	860
无穷统帅——康托尔	2018—01	48.00	861
科学公主——柯瓦列夫斯卡娅	2018—01	48.00	862
抽象代数之母——埃米·诺特	2018—01	48.00	863
电脑先驱——图灵	2018—01	58.00	864
昔日神童——维纳	2018—01	48.00	865
数坛怪侠——爱尔特希	2018—01	68.00	866
当代世界中的数学.数学思想与数学基础	2019—01	38.00	892
当代世界中的数学.数学问题	2019—01	38.00	893
当代世界中的数学.应用数学与数学应用	2019—01	38.00	894
当代世界中的数学.数学王国的新疆域(一)	2019—01	38.00	895
当代世界中的数学.数学王国的新疆域(二)	2019—01	38.00	896
当代世界中的数学.数林撷英(一)	2019—01	38.00	897
当代世界中的数学.数林撷英(二)	2019—01	48.00	898
当代世界中的数学.数学之路	2019—01	38.00	899

刘培杰数学工作室
已出版(即将出版)图书目录——初等数学

书　名	出版时间	定　价	编号
105 个代数问题:来自 AwesomeMath 夏季课程	2019－02	58.00	956
106 个几何问题:来自 AwesomeMath 夏季课程	即将出版		957
107 个几何问题:来自 AwesomeMath 全年课程	即将出版		958
108 个代数问题:来自 AwesomeMath 全年课程	2019－01	68.00	959
109 个不等式:来自 AwesomeMath 夏季课程	2019－04	58.00	960
国际数学奥林匹克中的 110 个几何问题	即将出版		961
111 个代数和数论问题	2019－05	58.00	962
112 个组合问题:来自 AwesomeMath 夏季课程	2019－05	58.00	963
113 个几何不等式:来自 AwesomeMath 夏季课程	即将出版		964
114 个指数和对数问题:来自 AwesomeMath 夏季课程	即将出版		965
115 个三角问题:来自 AwesomeMath 夏季课程	即将出版		966
116 个代数不等式:来自 AwesomeMath 全年课程	2019－04	58.00	967
紫色慧星国际数学竞赛试题	2019－02	58.00	999
澳大利亚中学数学竞赛试题及解答(初级卷)1978～1984	2019－02	28.00	1002
澳大利亚中学数学竞赛试题及解答(初级卷)1985～1991	2019－02	28.00	1003
澳大利亚中学数学竞赛试题及解答(初级卷)1992～1998	2019－02	28.00	1004
澳大利亚中学数学竞赛试题及解答(初级卷)1999～2005	2019－02	28.00	1005
澳大利亚中学数学竞赛试题及解答(中级卷)1978～1984	2019－03	28.00	1006
澳大利亚中学数学竞赛试题及解答(中级卷)1985～1991	2019－03	28.00	1007
澳大利亚中学数学竞赛试题及解答(中级卷)1992～1998	2019－03	28.00	1008
澳大利亚中学数学竞赛试题及解答(中级卷)1999～2005	2019－03	28.00	1009
澳大利亚中学数学竞赛试题及解答(高级卷)1978～1984	2019－05	28.00	1010
澳大利亚中学数学竞赛试题及解答(高级卷)1985～1991	2019－05	28.00	1011
澳大利亚中学数学竞赛试题及解答(高级卷)1992～1998	2019－05	28.00	1012
澳大利亚中学数学竞赛试题及解答(高级卷)1999～2005	2019－05	28.00	1013
天才中小学生智力测验题.第一卷	2019－03	38.00	1026
天才中小学生智力测验题.第二卷	2019－03	38.00	1027
天才中小学生智力测验题.第三卷	2019－03	38.00	1028
天才中小学生智力测验题.第四卷	2019－03	38.00	1029
天才中小学生智力测验题.第五卷	2019－03	38.00	1030
天才中小学生智力测验题.第六卷	2019－03	38.00	1031
天才中小学生智力测验题.第七卷	2019－03	38.00	1032
天才中小学生智力测验题.第八卷	2019－03	38.00	1033
天才中小学生智力测验题.第九卷	2019－03	38.00	1034
天才中小学生智力测验题.第十卷	2019－03	38.00	1035
天才中小学生智力测验题.第十一卷	2019－03	38.00	1036
天才中小学生智力测验题.第十二卷	2019－03	38.00	1037
天才中小学生智力测验题.第十三卷	2019－03	38.00	1038

刘培杰数学工作室
已出版(即将出版)图书目录——初等数学

书　名	出版时间	定　价	编号
重点大学自主招生数学备考全书:函数	即将出版		1047
重点大学自主招生数学备考全书:导数	即将出版		1048
重点大学自主招生数学备考全书:数列与不等式	即将出版		1049
重点大学自主招生数学备考全书:三角函数与平面向量	即将出版		1050
重点大学自主招生数学备考全书:平面解析几何	即将出版		1051
重点大学自主招生数学备考全书:立体几何与平面几何	即将出版		1052
重点大学自主招生数学备考全书:排列组合.概率统计.复数	即将出版		1053
重点大学自主招生数学备考全书:初等数论与组合数学	即将出版		1054
重点大学自主招生数学备考全书:重点大学自主招生真题.上	2019－04	68.00	1055
重点大学自主招生数学备考全书:重点大学自主招生真题.下	2019－04	58.00	1056

联系地址:哈尔滨市南岗区复华四道街 10 号　哈尔滨工业大学出版社刘培杰数学工作室

网　　址:http://lpj.hit.edu.cn/

邮　　编:150006

联系电话:0451－86281378　　　13904613167

E-mail:lpj1378@163.com